MATHEMATISCHE WERKE

VON

KARL WEIERSTRASS.

MATHEMATISCHE WERKE

VON

KARL WEIERSTRASS.

HERAUSGEGEBEN
UNTER MITWIRKUNG EINER VON DER KÖNIGLICH PREUSSISCHEN AKADEMIE DER WISSENSCHAFTEN EINGESETZTEN COMMISSION.

VIERTER BAND.

VORLESUNGEN

ÜBER DIE

THEORIE DER ABELSCHEN TRANSCENDENTEN.

BERLIN.
MAYER & MÜLLER.
1902.

VORLESUNGEN

ÜBER DIE

THEORIE DER ABELSCHEN TRANSCENDENTEN

VON

KARL WEIERSTRASS.

BEARBEITET

VON

G. HETTNER UND J. KNOBLAUCH.

BERLIN.
MAYER & MÜLLER.
1902.

VORWORT.

Schon im Jahre 1889 hatte Weierstrass den Wunsch geäussert, die von ihm an der hiesigen Universität gehaltenen Vorlesungen über Abelsche Transcendenten durch uns herausgeben zu lassen. Und zwar sollte sich die Veröffentlichung an die Vorlesungen vom Wintersemester 1875—76 und Sommersemester 1876 anschliessen, weil sich diese durch die Einheitlichkeit ihrer Durchführung ausgezeichnet hatten; die Vorlesungen früherer oder späterer Jahre sollten nur in geringem Umfange zur Ergänzung herangezogen werden.

Ein grosser Theil des Manuscripts ist damals von uns fertig gestellt worden, allein der Druck wurde verschoben, weil Weierstrass sich inzwischen zur Herausgabe seiner Mathematischen Werke entschlossen hatte. Von diesen enthalten die drei ersten Bände die von ihm verfassten Abhandlungen, die folgenden Bände die Vorlesungen, soweit sie zur Veröffentlichung bestimmt sind. Dass die über Abelsche Transcendenten zuerst erscheinen, hat seinen Grund in dem oben Gesagten; voraussichtlich werden zunächst die über elliptische Functionen folgen.

Obgleich die im vorliegenden Bande enthaltenen Vorlesungen von Weierstrass stets unter dem Titel »Theorie der Abelschen Functionen« angekündigt worden sind, haben wir sie doch mit seiner Zustimmung als solche über Abelsche Transcendenten bezeichnet, weil die Theorie der Abelschen Functionen im eigentlichen Sinne darin nur kurz skizzirt ist, während die grundlegenden algebraischen Untersuchungen und die Theorie der Abelschen Integrale genau durchgeführt sind.

Der Veröffentlichung liegen die Ausarbeitungen zu Grunde, die wir seiner Zeit nach den Vorlesungen der beiden vorher erwähnten Semester angefertigt haben. Nur für das 26., 28. und die erste Hälfte des 29. Kapitels konnten wir uns auf ein Manuscript stützen, das Weierstrass früher bei seinen Zuhörern in Umlauf gesetzt hatte. Andere für die Vorlesungen angefertigte Entwürfe oder sonstige Aufzeichnungen, die wir hätten benutzen können, haben sich auch in seinem Nachlasse nicht vorgefunden. Für die zweite Hälfte des 29., das 30. und das 34. Kapitel sind die Ausarbeitungen von G. Valentin und C. Weltzien aus dem Wintersemester 1873—74 und die beiden ersten Paragraphen des Buches von F. Schottky »Abriss einer Theorie der Abelschen Functionen von drei Variabeln« (Leipzig 1880) mit herangezogen worden.

Weierstrass selbst hat von dem Inhalt dieses Bandes nur zu einem kleinen Theile Kenntniss genommen; als er am 19. Februar 1897 starb, war der Druck erst bis zum achtzehnten Bogen vorgeschritten.

Berlin, den 12. März 1902.

Georg Hettner. Johannes Knoblauch.

INHALTS-VERZEICHNISS.

EINLEITUNG.

In der Theorie der Abelschen Transcendenten müssen die Integrale von den Functionen im engeren Sinne in ähnlicher Weise unterschieden werden, wie es in der Theorie der elliptischen Transcendenten der Fall ist.

Das Integral einer algebraischen Function einer Veränderlichen nennt man nach dem Vorschlage Jacobi's ein Abelsches Integral, weil Abel zuerst die wichtigsten Eigenschaften dieser Integrale für den Fall einer beliebigen algebraischen Irrationalität erkannt hat.

Wird y als algebraische Function von x durch irgend eine irreductible algebraische Gleichung $f(x, y) = 0$ definirt, so betrachten wir zugleich mit der Function y alle rationalen Functionen $R(xy)$ der beiden durch jene Gleichung verbundenen Argumente x und y und untersuchen dann die in der Form

$$\int R(xy)\, dx$$

enthaltenen Abelschen Integrale.

Es sei nun (ab) ein beliebiges Werthepaar, das der algebraischen Gleichung $f(x, y) = 0$ genügt, so lassen sich, wie später bewiesen werden wird, alle diejenigen Werthepaare (xy), welche die Gleichung befriedigen und in der Umgebung des Werthepaares (ab) liegen, d. h. für welche die absoluten Beträge der Differenzen $x-a$ und $y-b$ eine hinreichend kleine positive Grösse nicht überschreiten, durch zwei nach Potenzen einer unabhängigen Veränderlichen t fortschreitende Reihen

$$x = \varphi(t), \quad y = \psi(t)$$

der Art darstellen, dass auch zu jedem solchen Werthepaare (xy) nur ein Werth von t gehört. Die Gesammtheit der auf diese Weise definirten Werthepaare $(\varphi(t), \psi(t))$ nennen wir ein Element des durch die Gleichung $f(x, y) = 0$ definirten algebraischen Gebildes. Nur für einzelne singuläre Werthepaare (ab) des Gebildes sind mehrere Functionenpaare $(\varphi(t), \psi(t))$ erforderlich, um alle der Gleichung genügenden Werthepaare (xy), die in der Umgebung von (ab) liegen, darzustellen.

Da auf Grund der gegebenen Gleichung $f(x, y) = 0$ zu jedem Werthe von x mehrere Werthe von y gehören, so würde in der Definition des Abelschen Integrals zwischen bestimmten Grenzen eine Unbestimmtheit auftreten, wenn für die beiden Grenzen nur die Werthe x_0 und x_1 der einen Veränderlichen x gegeben wären; es müssen vielmehr gleichzeitig auch die beiden zugehörigen Werthe y_0 und y_1 der anderen Veränderlichen y eindeutig fixirt sein.

Zunächst mögen nun in dem Abelschen Integral zwischen bestimmten Grenzen

$$\int_{(x_0 y_0)}^{(x_1 y_1)} R(xy)\,dx$$

die Grenzen $(x_0 y_0)$ und $(x_1 y_1)$ demselben Element des Gebildes angehören. Aus den Gleichungen

$$x = \varphi(t), \quad y = \psi(t)$$

ergebe sich für $t = t_0$ das Werthepaar $(x_0 y_0)$ und für $t = t_1$ das Werthepaar $(x_1 y_1)$, und es gehe durch die Substitution $x = \varphi(t)$, $y = \psi(t)$ das Differential $R(xy)\,dx$ in $g(t)\,dt$ über. Kommt dann in der Entwickelung von $g(t)$ nach Potenzen von t kein Glied der Form ct^{-1} vor, so setzen wir

$$\int_{(x_0 y_0)}^{(x_1 y_1)} R(xy)\,dx = h(t_1) - h(t_0),$$

wobei die Function $h(t)$ der Gleichung

$$g(t)\,dt = dh(t)$$

genügen soll. In diesem Falle ist also das Integral eine eindeutige Function von t_0 und t_1, oder von den beiden als Grenzen auftretenden Werthepaaren $(x_0 y_0)$ und $(x_1 y_1)$. Enthält aber $g(t)$ ein Glied der Form ct^{-1}, so sei

$$g(t) = ct^{-1} + g_1(t)$$

und

$$g_1(t)\,dt = dh_1(t);$$

unter dieser Voraussetzung werde

$$\int_{(x_0 y_0)}^{(x_1 y_1)} R(xy)\,dx = c \log \frac{t_1}{t_0} + h_1(t_1) - h_1(t_0)$$

gesetzt, dann ist jetzt wegen des auf der rechten Seite vorkommenden Logarithmus das Integral eine unendlich vieldeutige Function von t_0 und t_1, oder von den Werthepaaren $(x_0 y_0)$ und $(x_1 y_1)$. Damit ist einem Abelschen Integral zunächst ein bestimmter Sinn beigelegt, wenn die Grenzen demselben Element des durch die Gleichung $f(x, y) = 0$ definirten Gebildes angehören.

Ist dies aber nicht der Fall, so lassen sich, wie später gezeigt werden soll, zwischen den Werthepaaren $(x_0 y_0)$ und $(x_1 y_1)$ stets eine endliche Anzahl Werthepaare $(x'y')$, $(x''y'')$, ... $(x^{(r)} y^{(r)})$ der Art einschalten, dass je zwei benachbarte Werthepaare demselben Element angehören. Dann definiren wir die Werthe des Integrals

$$\int_{(x_0 y_0)}^{(x_1 y_1)} R(xy)\,dx$$

durch die Werthe der Summe

$$\int_{(x_0 y_0)}^{(x' y')} R(xy)\,dx + \int_{(x'y')}^{(x''y'')} R(xy)\,dx + \cdots + \int_{(x^{(r)} y^{(r)})}^{(x_1 y_1)} R(xy)\,dx,$$

in der jedes einzelne Integral nach dem Vorangeschickten eine bestimmte Bedeutung hat.

Wir können jetzt nicht mehr sagen, die Werthe des Integrals

$$\int_{(x_0 y_0)}^{(x_1 y_1)} R(xy)\,dx$$

seien durch Angabe der Grenzen $(x_0 y_0)$ und $(x_1 y_1)$ bestimmt, denn sie hängen jetzt noch von dem Integrationswege ab, d. h. von den zur Vermittelung zwischen den Grenzen $(x_0 y_0)$ und $(x_1 y_1)$ eingeschalteten Werthepaaren

$$(x'y'),\ (x''y''),\ \ldots\ (x^{(r)} y^{(r)}).$$

Aber wir werden sehen, dass jeder der unendlich vielen verschiedenen Werthe, die das Integral

$$\int_{(x_0 y_0)}^{(x_1 y_1)} R(xy)\,dx$$

bei Festhaltung der Grenzen $(x_0 y_0)$ und $(x_1 y_1)$ annehmen kann, sich von einem beliebigen dieser Werthe nur durch eine Periode unterscheidet, d. h. durch einen Ausdruck der Form

$$2m\tilde{\omega} + 2m'\tilde{\omega}' + 2m''\tilde{\omega}'' + \cdots,$$

in welchem $m, m', m'', \ldots$ ganze Zahlen oder Null sind und $2\tilde{\omega}, 2\tilde{\omega}', 2\tilde{\omega}'', \ldots$ eine endliche Anzahl von Constanten bedeuten, die nur von der Gleichung $f(x,y) = 0$ des algebraischen Gebildes und der im Integral vorkommenden rationalen Function $R(xy)$, nicht aber von den Grenzen $(x_0 y_0)$ und $(x_1 y_1)$ des Integrals abhängen. Diese Grössen $2\tilde{\omega}, 2\tilde{\omega}', 2\tilde{\omega}'', \ldots$ bilden ein sogenanntes primitives Periodensystem des Integrals, wenn sie so gewählt werden, dass sich jede Periode des Integrals aus ihnen durch Addition und Subtraction zusammensetzen lässt, während keine von ihnen in gleicher Weise aus den übrigen gebildet werden kann.

Ist das Werthepaar, welches die obere Grenze des Integrals bildet, identisch mit dem für die untere Grenze gegebenen Werthepaar, so nennen wir den Integrationsweg einen geschlossenen; es lassen sich nun stets solche geschlossene Integrationswege auffinden, über die erstreckt, das Integral $\int R(xy)\,dx$ einen der Werthe $2\tilde{\omega}, 2\tilde{\omega}', 2\tilde{\omega}'', \ldots$ annimmt. Wir erhalten also ein primitives Periodensystem durch die Ausführung einer gewissen Anzahl von Integralen über geschlossene Integrationswege.

In ähnlicher Weise wird bei gleichzeitiger Betrachtung mehrerer Abelscher Integrale, die zu derselben algebraischen Gleichung $f(x,y) = 0$ gehören, der Begriff eines primitiven Systems simultaner Perioden festgestellt.

Die Abelschen Integrale zerfallen, wie die elliptischen, in Integrale dreier Arten, welche sich durch die verschiedene Weise, wie sie unendlich werden, unterscheiden.

Jeder irreductiblen algebraischen Gleichung $f(x,y) = 0$ kommt eine gewisse charakteristische Zahl ϱ zu, die ganz und positiv oder Null ist, und die wir den Rang des durch die Gleichung definirten algebraischen Gebildes nennen. Wir werden sehen, wie sich diese Zahl ϱ aus den Eigenschaften des Gebildes berechnen lässt. Für jedes algebraische Gebilde ist nun der Rang identisch mit der Anzahl der ihm zugehörigen von einander linear unabhängigen Integrale erster Art

$$\int H(xy)_\alpha\,dx, \qquad (\alpha = 1, 2, \ldots \varrho)$$

und diese besitzen ein primitives System von 2ϱ simultanen Perioden

$$2\omega_{\alpha 1},\ 2\omega_{\alpha 2},\ \dots\ 2\omega_{\alpha\varrho};\quad 2\omega'_{\alpha 1},\ 2\omega'_{\alpha 2},\ \dots\ 2\omega'_{\alpha\varrho}\qquad (\alpha = 1, 2, \dots \varrho).$$

Die Eigenschaften der Abelschen Integrale bieten also eine vollkommene Analogie zu denen der elliptischen Integrale, und in der That sind ja die letzteren unter den ersteren als Specialfall enthalten. Wir müssen, um zu den elliptischen Integralen zu gelangen, das zu Grunde liegende algebraische Gebilde durch die Gleichung

$$y^2 - R(x) = 0$$

definiren und dabei unter $R(x)$ eine ganze rationale Function dritten oder vierten Grades von x verstehen; die vorher als Rang des Gebildes definirte Zahl ϱ wird dann gleich 1. Ist dagegen $R(x)$ eine ganze rationale Function höheren als vierten Grades, so nennen wir die aus der Gleichung

$$y^2 - R(x) = 0$$

hervorgehenden Abelschen Integrale speciell hyperelliptische Integrale. Damit der Rang des hyperelliptischen Gebildes $y^2 - R(x) = 0$ gleich einer bestimmten Zahl ϱ ist, muss die ganze rationale Function $R(x)$ ohne gleiche Linearfactoren und vom $(2\varrho+1)^{\text{ten}}$ oder $(2\varrho+2)^{\text{ten}}$ Grade angenommen werden.

In der Theorie der elliptischen Integrale ist das Eulersche Theorem von hervorragender Wichtigkeit, besonders weil wir von ihm ausgehend zu einer vollständigen Theorie der elliptischen Functionen gelangen können. Das Theorem sagt aus, dass die Summe zweier elliptischer Integrale erster Art durch ein einziges Integral derselben Art, dessen obere Grenze algebraisch von den oberen Grenzen der beiden gegebenen Integrale abhängt, dargestellt werden kann. Wird zwischen x und y die algebraische Gleichung

$$y^2 = (1-x^2)(1-k^2x^2)$$

angenommen, und sind $(x_1 y_1)$ und $(x_2 y_2)$ zwei beliebige durch diese Gleichung verbundene Werthepaare, so besteht die Integralgleichung

$$\int_{(01)}^{(x_1 y_1)} \frac{dx}{y} + \int_{(01)}^{(x_2 y_2)} \frac{dx}{y} = \int_{(01)}^{(x' y')} \frac{dx}{y},$$

wobei in dem Werthepaar $(x'y')$ sowohl x' wie y' eine rationale Function von x_1, y_1, x_2, y_2 ist, und zwar ergiebt sich x' mittels der Gleichung

$$x' = \frac{x_1 y_2 + x_2 y_1}{1 - k^2 x_1^2 x_2^2};$$

umgekehrt sind auch x_1 und y_1 durch x', y', x_2, y_2 rational darstellbar.

Bestimmen wir nun aus der Differentialgleichung

$$du = \frac{dx_1}{y_1}$$

x_1 als Function von u mit den Nebenbedingungen, dass x_1 für $u = 0$ verschwinden und die erste Ableitung $\frac{dx_1}{du}$ für $u = 0$ den Werth $+1$ erhalten soll, so folgt aus dem Eulerschen Theorem, dass diese Function, die mit $\varphi(u)$ bezeichnet werden möge, für je zwei beliebige, dem absoluten Betrage nach hinreichend kleine Argumente u und v der Functionalgleichung

$$\varphi(u+v) = \frac{\varphi(u)\,\varphi'(v) + \varphi(v)\,\varphi'(u)}{1 - k^2 \varphi^2(u)\,\varphi^2(v)}$$

genügt. Die Function $\varphi(u)$ besitzt also ein algebraisches Additionstheorem. Mit Hülfe desselben können wir nachweisen, dass $\varphi(u)$ für alle endlichen Argumente u eine eindeutig definirte Function mit dem Charakter einer rationalen Function ist und können hiervon ausgehend zu einer vollständigen Theorie der elliptischen Functionen gelangen.

Das Eulersche Theorem lässt sich nun unmittelbar auf die Summe beliebig vieler elliptischer Integrale erster Art ausdehnen. Es ist

$$\int_{(g_1 h_1)}^{(x_1 y_1)} \frac{dx}{y} + \int_{(g_2 h_2)}^{(x_2 y_2)} \frac{dx}{y} + \cdots + \int_{(g_r h_r)}^{(x_r y_r)} \frac{dx}{y} = \int_{(g' h')}^{(x' y')} \frac{dx}{y},$$

wobei $(x_1 y_1), (x_2 y_2), \ldots (x_r y_r), (g_1 h_1), (g_2 h_2), \ldots (g_r h_r)$ und $(g' h')$ beliebige Werthepaare des elliptischen Gebildes darstellen und x' und y' rational aus den Grössen $x_1, y_1, \ldots g', h'$ zusammengesetzt sind. In dieser Form hat nun das Theorem durch Abel eine Erweiterung zunächst für hyperelliptische Integrale gefunden. Bedeutet $R(x)$ eine ganze rationale Function von x vom Grade $2\varrho + 1$ oder $2\varrho + 2$, ist also der Rang des hyperelliptischen Gebildes $y^2 - R(x) = 0$ gleich ϱ, so können die Integrale

$$\int \frac{x^{\beta-1}}{y}\,dx \qquad (\beta = 1, 2, \ldots \varrho)$$

als die ϱ Integrale erster Art betrachtet werden, und es bestehen nach dem Abelschen Theorem für die hyperelliptischen Integrale erster Art die ϱ Integralgleichungen

$$\sum_{\lambda=1}^{r} \int_{(g_\lambda h_\lambda)}^{(x_\lambda y_\lambda)} \frac{x^{\beta-1}}{y} dx = \sum_{\alpha=1}^{\varrho} \int_{(g'_\alpha h'_\alpha)}^{(x'_\alpha y'_\alpha)} \frac{x^{\beta-1}}{y} dx \qquad (\beta = 1, 2, \dots \varrho).$$

In diesen bedeutet r eine beliebige ganze positive Zahl; die in den oberen und unteren Grenzen der Integrale auf den linken Seiten und die in den unteren Grenzen der Integrale auf den rechten Seiten auftretenden Werthepaare $(x_\lambda y_\lambda)$, $(g_\lambda h_\lambda)$ und $(g'_\alpha h'_\alpha)$ können willkürlich angenommen werden, während die in den oberen Grenzen der ϱ Integrale rechts vorkommenden Grössen x'_α und y'_α rational von den Wurzeln einer Gleichung ϱ^{ten} Grades abhängen, deren Coefficienten rational aus den gegebenen Grössen $x_\lambda, y_\lambda, g_\lambda, h_\lambda, g'_\alpha, h'_\alpha$ zusammengesetzt sind. Die Integrationswege sind sämmtlich bis auf einen beliebig, müssen aber in den ϱ Gleichungen, welche das vorstehende System bilden, übereinstimmend gewählt werden.

Jacobi erkannte nun, wie aus diesem Abelschen Theorem die Existenz von periodischen Functionen mehrerer Veränderlichen, die ein algebraisches Additionstheorem besitzen, hervorgeht, indem er ähnlich verfuhr, wie dies vorher für die elliptischen Functionen angedeutet worden ist.

Aus dem System von ϱ Differentialgleichungen

$$du_\beta = \sum_{\alpha=1}^{\varrho} \frac{x_\alpha^{\beta-1}}{y_\alpha} dx_\alpha \qquad (\beta = 1, 2, \dots \varrho)$$

mit der Nebenbedingung, dass für $u_1 = 0, u_2 = 0, \dots u_\varrho = 0$ das Werthepaar $(x_\alpha y_\alpha)$ in das Werthepaar $(a_\alpha b_\alpha)$ übergeht, wobei $(a_1 b_1), (a_2 b_2), \dots (a_\varrho b_\varrho)$ sämmtlich unter einander verschieden sein sollen, lassen sich für alle Werthe $u_1, u_2, \dots u_\varrho$, die dem absoluten Betrage nach hinreichend klein sind, die Grössen $x_1, x_2, \dots x_\varrho$ als Potenzreihen:

$$x_\alpha = \varphi_\alpha(u_1, u_2, \dots u_\varrho) \qquad (\alpha = 1, 2, \dots \varrho)$$

darstellen. Bezeichnen wir dann mit $(v_1, v_2, \dots v_\varrho)$ ein beliebiges anderes System von Werthen der Argumente, welches jedoch so gewählt werden muss, dass es selbst, sowie das System $(u_1 + v_1, u_2 + v_2, \dots u_\varrho + v_\varrho)$ innerhalb des Convergenzbereichs der Reihen $\varphi_1(u_1, u_2, \dots u_\varrho)$, $\varphi_2(u_1, u_2, \dots u_\varrho)$, $\dots$ $\varphi_\varrho(u_1, u_2, \dots u_\varrho)$ liegt, so bestehen, wenn

$$\begin{aligned} \varphi_\alpha(v_1, v_2, \ldots v_\varrho) &= x'_\alpha, \\ \varphi_\alpha(u_1+v_1, u_2+v_2, \ldots u_\varrho+v_\varrho) &= x''_\alpha \end{aligned} \qquad (\alpha = 1, 2, \ldots \varrho)$$

gesetzt wird, die ϱ Gleichungen

$$\sum_{\alpha=1}^{\varrho} \int_{(a_\alpha b_\alpha)}^{(x_\alpha y_\alpha)} \frac{x^{\beta-1}}{y} dx + \sum_{\alpha=1}^{\varrho} \int_{(a_\alpha b_\alpha)}^{(x'_\alpha y'_\alpha)} \frac{x^{\beta-1}}{y} dx = \sum_{\alpha=1}^{\varrho} \int_{(a_\alpha b_\alpha)}^{(x''_\alpha y''_\alpha)} \frac{x^{\beta-1}}{y} dx$$

$$(\beta = 1, 2, \ldots \varrho).$$

Mithin folgt nach dem Abelschen Theorem, dass die Functionswerthe x''_α algebraische Functionen von $x_1, x_2, \ldots x_\varrho$ und $x'_1, x'_2, \ldots x'_\varrho$ sind. Die ϱ Potenzreihen $\varphi_\alpha(u_1, u_2, \ldots u_\varrho)$ haben demnach die Eigenschaft, dass ihre Werthe für das zusammengesetzte Argumentensystem $(u_1+v_1, u_2+v_2, \ldots u_\varrho+v_\varrho)$ sich algebraisch aus den Werthen für die einfachen Argumente $u_1, u_2, \ldots u_\varrho$ und $v_1, v_2, \ldots v_\varrho$ berechnen lassen, d. h. die Functionenelemente $\varphi_\alpha(u_1, u_2, \ldots u_\varrho)$ besitzen ein algebraisches Additionstheorem.

Schreiben wir die zwischen den Werthepaaren $(x_\alpha y_\alpha)$ und den Veränderlichen $u_1, u_2, \ldots u_\varrho$ bestehenden Differentialgleichungen als Integralgleichungen in der Form

$$u_\beta = \sum_{\alpha=1}^{\varrho} \int_{(a_\alpha b_\alpha)}^{(x_\alpha y_\alpha)} \frac{x^{\beta-1}}{y} dx, \qquad (\beta = 1, 2, \ldots \varrho)$$

so ergiebt sich aus den vorhergehenden Erörterungen über die Perioden der Integrale erster Art noch eine weitere wichtige Eigenschaft der Functionenelemente $\varphi_\alpha(u_1, u_2, \ldots u_\varrho)$. Sie sind nämlich in dem Sinne 2ϱ-fach periodisch, dass sie ihrem Werthe nach ungeändert bleiben, wenn die Argumente $u_1, u_2, \ldots u_\varrho$ gleichzeitig um die Grössen

$$2\omega_{1\beta}, \; 2\omega_{2\beta}, \; \ldots \; 2\omega_{\varrho\beta}$$

oder die Grössen $\qquad (\beta = 1, 2, \ldots \varrho)$

$$2\omega'_{1\beta}, \; 2\omega'_{2\beta}, \; \ldots \; 2\omega'_{\varrho\beta}$$

vermehrt werden.

Es zeigt sich nun unmittelbar, dass die durch die Functionenelemente $\varphi_\alpha(u_1, u_2, \ldots u_\varrho)$ definirten analytischen Functionen bei weiterer Ausdehnung ihres Gültigkeitsbereichs nicht eindeutig bleiben, dass wir aber eindeutige Functionen erhalten, wenn wir aus den ϱ Werthepaaren $(x_1 y_1), (x_2 y_2), \ldots (x_\varrho y_\varrho)$ rationale symmetrische Ausdrücke bilden und diese mit Hülfe der ϱ Differentialgleichungen

$$du_\beta = \sum_{\alpha=1}^{\varrho} \frac{x_\alpha^{\beta-1}}{y_\alpha} dx_\alpha \qquad (\beta = 1, 2, \ldots \varrho)$$

als Functionen von $u_1, u_2, \ldots u_\varrho$ darstellen. Das algebraische Additionstheorem und die Periodicität bleibt auch für diese eindeutigen Functionen von ϱ Veränderlichen erhalten. In ihrer wirklichen Darstellung besteht die Lösung des im Vorhergehenden charakterisirten sogenannten Jacobischen Umkehrungsproblems.

Nachdem Jacobi dieses Problem gestellt hatte, gelang es zuerst Rosenhain, im Falle zweier Variabeln analytische Ausdrücke für jene eindeutigen Functionen aufzustellen. Es war ihm geglückt, die elliptischen Thetafunctionen für zwei Veränderliche richtig zu verallgemeinern und den Zusammenhang dieser verallgemeinerten Thetafunctionen mit dem Jacobischen Umkehrungsproblem zu entdecken. Fast gleichzeitig löste Göpel das Problem in ähnlicher Weise, aber ebenfalls nur für den Fall zweier Veränderlichen.

Bevor jedoch die Arbeiten Rosenhain's und Göpel's bekannt wurden, hatte auch ich das Problem in Angriff genommen. Wie wir sahen, ist jede rationale symmetrische Function der ϱ Werthepaare $(x_1 y_1), (x_2 y_2), \ldots (x_\varrho y_\varrho)$, wenn zwischen diesen und den ϱ Variabeln $u_1, u_2, \ldots u_\varrho$ die ϱ vorher aufgestellten Differentialgleichungen bestehen, eine eindeutige Function der Veränderlichen $u_1, u_2, \ldots u_\varrho$, und jede solche Function nennen wir eine Abelsche Function. Doch kann der Fall eintreten, dass auch eine algebraische symmetrische Function dieser ϱ Werthepaare $(x_1 y_1), (x_2 y_2), \ldots (x_\varrho y_\varrho)$ eine eindeutige Function von $u_1, u_2, \ldots u_\varrho$ ist, und auch dann wird eine solche Function eine Abelsche Function genannt. Es gelang mir nun, die Abelschen Functionen als Quotienten zweier beständig convergenten Potenzreihen darzustellen. Die Zähler und Nenner sind ganze rationale Functionen von Thetafunctionen von ϱ Veränderlichen, und so wurde ich zu den Thetafunctionen beliebig vieler Veränderlichen geführt, deren Form mir vorher unbekannt war.

Abel hat jedoch den Satz, welchen wir oben als Abelsches Theorem bezeichneten, auf die Integrale der aus einer beliebigen algebraischen Irrationalität entspringenden algebraischen Functionen ausgedehnt. Auch an diese Erweiterung des Abelschen Theorems knüpft sich ein Umkehrungsproblem an, und es entstand wieder die Aufgabe, in diesem allgemeineren Fall symmetrische Functionen der ϱ Werthepaare $(x_\alpha y_\alpha)$ als eindeutige Functionen von ϱ Veränderlichen $u_1, u_2, \ldots u_\varrho$ darzustellen.

Eine directe Lösung dieses Problems habe ich bereits im Sommer 1857 in einer ausführlichen Abhandlung der Berliner Akademie vorgelegt. Das schon der Druckerei übergebene Manuscript wurde aber von mir wieder zuzückgezogen, weil wenige Wochen später Riemann eine Arbeit über dasselbe Problem veröffentlichte, welche auf ganz anderen Grundlagen als die meinige beruhte und nicht ohne Weiteres erkennen liess, dass sie in ihren Resultaten mit der meinigen vollständig übereinstimme. Der Nachweis hierfür erforderte einige Untersuchungen hauptsächlich algebraischer Natur, deren Durchführung mir nicht ganz leicht wurde und viel Zeit in Anspruch nahm. Nachdem aber diese Schwierigkeit beseitigt war, schien mir eine durchgreifende Umarbeitung meiner Abhandlung erforderlich. Andere Arbeiten, sowie Gründe, deren Besprechung gegenwärtig nicht mehr von Interesse ist, bewirkten dann, dass ich erst gegen Ende des Jahres 1869 der Lösung des allgemeinen Umkehrungsproblems diejenige Form geben konnte, in der ich sie von da an in meinen Vorlesungen vorgetragen habe.

Die Schwierigkeiten, denen man in der Theorie der Abelschen Transcendenten begegnet ist, rühren theilweise daher, dass man sofort auf die Theorie der Integrale einging, ohne zu bedenken, dass man die Eigenschaften der zu integrirenden algebraischen Functionen noch nicht genügend erforscht hatte. Bei den hyperelliptischen Integralen liess sich das Meiste mittels wirklicher Durchführung der Rechnung erledigen, bei beliebigen Abelschen Integralen ist dies jedoch unmöglich. Es muss daher der Theorie der Abelschen Integrale eine ausführliche Untersuchung der algebraischen Functionen vorangeschickt werden.

ERSTER ABSCHNITT.

ALGEBRAISCHE GRUNDLAGE DER THEORIE.

Erstes Kapitel.

Das algebraische Gebilde.

Wird zwischen zwei veränderlichen Grössen x und y irgend eine algebraische Gleichung $f(x, y) = 0$ angenommen, so möge die Gesammtheit der dieselbe befriedigenden Werthepaare (xy) das durch die Gleichung definirte algebraische Gebilde, jedes einzelne Werthepaar (xy) aber eine Stelle oder ein Punkt dieses Gebildes genannt werden. Man kann dabei immer voraussetzen, dass $f(x, y)$ eine ganze rationale Function von x und y sei. Ist dieselbe unzerlegbar, d. h. nicht als Product zweier ganzen Functionen von x und y darstellbar, deren Coefficienten rational aus den Coefficienten von $f(x, y)$ zusammengesetzt sind, so nennt man die Gleichung $f(x, y) = 0$ irreductibel und das durch dieselbe definirte Gebilde ein monogenes. Anderenfalls lässt sich $f(x, y)$ immer als Product mehrerer unzerlegbaren ganzen Functionen von x und y darstellen. Man kann daher sich darauf beschränken, ausschliesslich monogene Gebilde in Betracht zu ziehen, wie im Folgenden immer geschehen soll, wenn nicht ausdrücklich etwas Anderes festgesetzt wird.

Den im Endlichen gelegenen Stellen des algebraischen Gebildes müssen noch, damit es ein in sich abgeschlossenes werde, eine endliche Anzahl unendlich ferner Stellen, d. h. solcher Stellen (xy), für welche die Grössen x und y nicht beide endliche Werthe haben, adjungirt werden. Auf diese unendlich fernen Stellen des Gebildes werden wir später zurückkommen.

Zunächst handelt es sich nun um folgende Aufgabe. Es sollen, wenn (ab) irgend eine bestimmte im Endlichen gelegene Stelle eines gegebenen Gebildes ist, alle diejenigen Stellen (xy) des letzteren bestimmt werden, für welche die absoluten Beträge der beiden Differenzen $x-a$ und $y-b$ eine gewisse

Grenze, die beliebig klein angenommen werden kann, nicht überschreiten. Man kann dies auch kürzer so ausdrücken, es sind alle Stellen des Gebildes darzustellen, welche der gegebenen Stelle (ab) unendlich nahe liegen oder die Umgebung dieser Stelle bilden.

Bezeichnen wir die partiellen Ableitungen erster Ordnung der ganzen rationalen Function $f(x,y)$ mit $f(x,y)_1$ und $f(x,y)_2$, diejenigen zweiter Ordnung mit $f(x,y)_{11}$, $f(x,y)_{12}$, $f(x,y)_{22}$ u. s. f., so ist

$$f(x,y) = f(a,b)_1(x-a)+f(a,b)_2(y-b)+\tfrac{1}{2}f(a,b)_{11}(x-a)^2+f(a,b)_{12}(x-a)(y-b)$$
$$+\tfrac{1}{2}f(a,b)_{22}(y-b)^2+\cdots.$$

Es beginnt daher die Entwickelung von $f(x,y)$ blos für solche Stellen (ab) mit Gliedern zweiter oder höherer Ordnung von $x-a$ und $y-b$, für welche gleichzeitig

$$f(a,b)_1 = 0, \quad f(a,b)_2 = 0$$

ist. Diese singulären Stellen des Gebildes, welche aber stets nur in endlicher Anzahl vorhanden sein können, schliessen wir vorläufig von der Betrachtung aus.

Um nicht verschiedene Fälle unterscheiden zu müssen, wenn eine der beiden Grössen $f(a,b)_1$ oder $f(a,b)_2$ gleich Null ist, führen wir statt x und y zwei neue Veränderliche s und t durch die linearen Gleichungen

$$s = f(a,b)_1(x-a)+f(a,b)_2(y-b),$$
$$t = \alpha(x-a)+\beta(y-b)$$

ein, in denen die Constanten α und β nur der Bedingung unterworfen werden sollen, dass die Determinante

$$\beta f(a,b)_1-\alpha f(a,b)_2$$

den Werth 1 hat. Durch diese Substitution nimmt die Gleichung $f(x,y)=0$ die Form

$$s+(s,t)_2+(s,t)_3+\cdots = 0$$

an, wobei $(s,t)_\mu$ eine ganze homogene Function μ^{ter} Dimension von s und t bedeutet. Die Aufgabe, alle Stellen (xy) darzustellen, welche in der Umgebung der beliebigen im Endlichen gelegenen, nicht singulären Stelle (ab) des Gebildes $f(x,y)=0$ liegen, reducirt sich demnach auf die Darstellung aller Stellen (st), die der Umgebung der Stelle $(0,0)$ des aus $f(x,y)=0$ durch

Transformation hervorgegangenen algebraischen Gebildes

$$s+(s,t)_2+(s,t)_3+\cdots = 0$$

angehören.

Es lässt sich nun eine für $t=0$ verschwindende Potenzreihe $\mathfrak{P}(t)$ so bestimmen, dass für alle Werthe von s und t, deren absoluter Betrag unterhalb einer gewissen Grenze angenommen wird, die Werthepaare (st), welche die vorstehende Gleichung befriedigen, mit denen identisch sind, die sich aus der Gleichung

$$s = \mathfrak{P}(t)$$

ergeben. Der Beweis für diese Behauptung kann meiner Abhandlung »Einige auf die Theorie der analytischen Functionen mehrerer Veränderlichen sich beziehende Sätze«*) entnommen werden.

Löst man nun die obigen linearen Gleichungen

$$\begin{aligned} s &= f(a,b)_1(x-a)+f(a,b)_2(y-b), \\ t &= \quad\;\; \alpha(x-a)+\quad\;\; \beta(y-b) \end{aligned}$$

nach x und y auf und substituirt $s=\mathfrak{P}(t)$, so möge man

$$x = \varphi(t), \quad y = \psi(t)$$

erhalten. Hierbei stellen $\varphi(t)$ und $\psi(t)$ zwei nach ganzen positiven Potenzen von t fortschreitende Reihen dar, welche die Form

$$\begin{aligned} \varphi(t) &= a-f(a,b)_2 t+\cdots, \\ \psi(t) &= b+f(a,b)_1 t+\cdots \end{aligned}$$

haben und convergiren, sobald der absolute Betrag von t eine bestimmte Grösse nicht überschreitet. In Folge der über die Stelle (ab) gemachten Voraussetzung können also die Glieder erster Ordnung in $\varphi(t)$ und $\psi(t)$ nicht gleichzeitig fortfallen. Die Veränderliche t ist eine rationale Function von x und y, und es gehören daher zu zwei verschiedenen Werthen von t zwei verschiedene Werthepaare (xy), und umgekehrt entsprechen auch zwei verschiedenen Werthepaaren (xy) zwei verschiedene Werthe von t.

*) Vgl. Art. 1 der Abhdlg.; Bd. II S. 135—142 dieser Ausgabe.

Demnach ergiebt sich der Satz: Es lässt sich der absolute Betrag von t so beschränken, dass alle Werthepaare (xy), welche die Gleichung $f(x,y)=0$ befriedigen und für welche die absoluten Beträge von $x-a$ und $y-b$ hinreichend klein sind, mit den Werthepaaren, die sich aus den Gleichungen

$$x = \varphi(t), \quad y = \psi(t)$$

ergeben, übereinstimmen. Dabei kann man stets bewirken, dass jedem Werthepaare (xy) nur ein Werth von t entspricht und umgekehrt. Wir können dieses Resultat auch so ausdrücken: Für hinreichend kleine Werthe von $|t|$ liefert das Functionenpaar $x=\varphi(t)$, $y=\psi(t)$ alle Stellen (xy), die dem algebraischen Gebilde angehören und in der Umgebung der Stelle (ab) liegen.

Die Gesammtheit der auf diese Weise bestimmten Werthepaare $(\varphi(t), \psi(t))$ nennen wir ein Element des durch die Gleichung $f(x,y)=0$ definirten algebraischen Gebildes und das zu dem Werthe $t=0$ gehörende Werthepaar (ab) den Mittelpunkt dieses Elements. Zur Darstellung aller der Umgebung einer nicht singulären Stelle angehörigen Werthepaare des algebraischen Gebildes ist also nur ein Element erforderlich.

Zwei Elemente des Gebildes mögen äquivalent heissen, wenn sie denselben Mittelpunkt haben und in einer bestimmten Umgebung desselben jede Stelle des einen auch eine Stelle des anderen ist.

Welches ist nun die Bedingung für die Äquivalenz zweier Elemente des Gebildes?

Ein Element des Gebildes $f(x,y)=0$ mit dem Mittelpunkt (ab) werde durch das Functionenpaar

$$x = \varphi(t), \quad y = \psi(t)$$

dargestellt, und es werde für t eine Potenzreihe von τ der Form

$$t = c_1\tau + c_2\tau^2 + \cdots$$

substituirt, in welcher der Coefficient c_1 von Null verschieden ist und welche für Werthe von τ, die dem absoluten Betrage nach hinlänglich klein sind, convergirt. Geht hierdurch $\varphi(t)$ in $\varphi_1(\tau)$, $\psi(t)$ in $\psi_1(\tau)$ über, so wollen wir zeigen, dass das Functionenpaar

$$x = \varphi_1(\tau), \quad y = \psi_1(\tau)$$

ein Element des Gebildes liefert, welches dem vorher betrachteten Elemente äquivalent ist.

Denn da für Werthe von τ, die dem absoluten Betrage nach hinlänglich klein sind, auch der absolute Betrag von t beliebig klein ist, so stellt für jeden solchen Werth von τ das Functionenpaar $x = \varphi_1(\tau)$, $y = \psi_1(\tau)$ nur Werthepaare (xy) dar, die der Gleichung $f(x, y) = 0$ genügen und in der Umgebung der Stelle (ab) liegen. Da ferner nach den Sätzen der vorher angeführten Abhandlung zu jedem unendlich kleinen Werthe von t stets ein einziger unendlich kleiner Werth von τ gehört, so bekommen wir für zwei verschiedene dem absoluten Betrage nach hinlänglich kleine Werthe von τ zwei verschiedene Werthe von t, mithin auch zwei verschiedene Werthepaare (xy). Endlich erhalten wir mittels des Functionenpaares $x = \varphi_1(\tau)$, $y = \psi_1(\tau)$ auch alle in der Umgebung von (ab) gelegenen Stellen (xy) des Gebildes und jede nur einmal. Denn zu jeder solchen Stelle (xy) gehört ein einziger Werth von t, mithin auch von τ. Das Functionenpaar $x = \varphi_1(\tau)$, $y = \psi_1(\tau)$ stellt also ein Element des Gebildes mit dem Mittelpunkt (ab) dar, welches dem ursprünglichen Elemente äquivalent ist. Diese beiden Elemente decken sich in der Umgebung der Stelle (ab), sie brauchen aber nicht dieselbe Ausdehnung zu haben.

Wenn umgekehrt die beiden Functionenpaare

$$x = \varphi(t), \quad y = \psi(t)$$

und

$$x = \varphi_1(\tau), \quad y = \psi_1(\tau)$$

zwei äquivalente Elemente des Gebildes mit dem Mittelpunkte (ab) darstellen, so muss das zweite Functionenpaar aus dem ersten durch eine Substitution

$$t = c_1\tau + c_2\tau^2 + \cdots$$

hervorgehen, wobei die Potenzreihe rechts für hinlänglich kleine Werthe von $|\tau|$ convergirt und der Coefficient c_1 nicht verschwindet. Es sei nämlich

$$x = \varphi(t) = a + a' t^{\mu} + a'' t^{\mu+1} + \cdots,$$

so folgt hieraus, wenn wir annehmen, dass der Coefficient a' von Null verschieden ist, und einen beliebigen der μ Werthe von $\left(\frac{x-a}{a'}\right)^{\frac{1}{\mu}}$ gleich u setzen,

$$u = t\left\{1+\frac{a''}{a'}t+\cdots\right\}^{\frac{1}{\mu}} = t\{1+t\mathfrak{P}(t)\},$$

wo $\mathfrak{P}(t)$ eine nach ganzen positiven Potenzen von t fortschreitende Reihe darstellt. Die gleiche Bedeutung soll das Functionszeichen $\mathfrak{P}$ überall im Folgenden haben, auch wenn es zur Unterscheidung mehrerer verschiedener Potenzreihen mit einem unteren oder oberen Index versehen ist.

Aus der Entwickelung von u nach Potenzen von t ergiebt sich umgekehrt auch für t eine Reihe der Form

$$t = u+\varkappa''u^2+\cdots.$$

Zu jedem von a verschiedenen Werthe von x, für welchen der absolute Betrag von $x-a$ hinreichend klein ist, gehören μ verschiedene Werthe der Wurzelgrösse u und demnach der Grösse t, mithin zu Folge der Gleichung $y = \psi(t)$ auch μ verschiedene Werthe von y, für welche $|y-b|$ unterhalb einer beliebig kleinen Grösse liegt. Denn wären die μ Werthe von y nicht sämmtlich verschieden, so würden in der Umgebung von (ab) solche Stellen (xy) existiren, welche durch das Functionenpaar $x = \varphi(t)$, $y = \psi(t)$ für zwei verschiedene Werthe von t dargestellt werden.

Ist ferner

$$x = \varphi_1(\tau) = a+a_1'\tau^{\mu_1}+a_1''\tau^{\mu_1+1}+\cdots,$$

wobei a_1' nicht Null sein soll, so folgt entsprechend dem Vorhergehenden

$$v = \tau\{1+\tau\mathfrak{P}_1(\tau)\}$$

und

$$\tau = v+\varkappa_1''v^2+\cdots,$$

wenn wir einen beliebigen der μ_1 Werthe von $\left(\frac{x-a}{a_1'}\right)^{\frac{1}{\mu_1}}$ gleich v setzen. Das Functionenpaar $x = \varphi_1(\tau)$, $y = \psi_1(\tau)$ liefert mithin zu jedem von a verschiedenen Werthe von x, für den $|x-a|$ hinreichend klein ist, μ_1 verschiedene Werthe von y, für welche $|y-b|$ beliebig klein ist.

Da nun in einer bestimmten Umgebung des Mittelpunkts (ab) der beiden äquivalenten Elemente jede Stelle des einen Elements auch eine Stelle des anderen sein muss, so ist nothwendig

$$\mu = \mu_1.$$

Demnach ergiebt sich bei passender Bestimmung des Werthes von $\left(\frac{a_1'}{a'}\right)^{\frac{1}{\mu}}$

$$u = \left(\frac{a_1'}{a'}\right)^{\frac{1}{\mu}} v,$$

es wird also

$$t = c_1\tau + c_2\tau^2 + \cdots,$$

wobei der Coefficient c_1 nicht verschwindet.

Das algebraische Gebilde kann aber auch *singuläre Stellen*, d. h. solche Stellen (ab), für welche gleichzeitig

$$f(a,b)_1 = 0, \quad f(a,b)_2 = 0$$

ist, enthalten. Wir wollen jetzt zu deren Betrachtung übergehen und zeigen, dass zur Darstellung aller in der Umgebung einer singulären Stelle gelegenen Werthepaare (xy) nicht immer ein einziges Functionenpaar $x = \varphi(t)$, $y = \psi(t)$ ausreicht, sondern dass hierzu mehrere, stets aber eine endliche Anzahl, Functionenpaare erforderlich sein können. Eine singuläre Stelle kann daher gleichzeitig in mehreren verschiedenen, einander nicht äquivalenten Elementen des Gebildes liegen.

Es sei (ab) irgend eine singuläre Stelle des algebraischen Gebildes $f(x, y) = 0$, so gehe durch die Substitution

$$x = a + \xi, \quad y = b + \eta$$

die ganze rationale Function $f(x, y)$ in $f_0(\xi, \eta)$ über, und es sei nach homogenen Functionen geordnet

$$f_0(\xi, \eta) = (\xi, \eta)_\mu + (\xi, \eta)_{\mu+1} + \cdots,$$

wo $(\xi, \eta)_\mu$ die erste nicht identisch verschwindende Function bezeichnet. Dann muss

$$\mu \geqq 2$$

sein. Um uns kurz ausdrücken zu können, werden wir eine ganze rationale Function oder eine algebraische Gleichung von der μ^{ten} *Ordnung* in Bezug auf die Stelle $(0,0)$ nennen, wenn sie nach homogenen Functionen steigender Dimensionen geordnet mit Gliedern μ^{ter} Dimension, die nicht sämmtlich identisch verschwinden, beginnt. Hiernach können wir sagen, es muss $f_0(\xi, \eta)$ eine ganze rationale Function wenigstens von der zweiten Ordnung sein.

In Linearfactoren zerlegt sei die homogene Function niedrigster Dimension

$$(\xi, \eta)_\mu = C(g\eta - h\xi)^{\mu_0}(g'\eta - h'\xi)^{\mu_1} \dots (g^{(\nu)}\eta - h^{(\nu)}\xi)^{\mu_\nu};$$

hierbei ist

$$\mu_0 + \mu_1 + \dots + \mu_\nu = \mu,$$

und $C, g, h, g', h', \dots g^{(\nu)}, h^{(\nu)}$ bezeichnen constante Grössen, deren erste vorläufig unbestimmt bleibt, jedoch nicht Null sein kann. Von den übrigen Constanten sind nur die Verhältnisse $\frac{g}{h}, \frac{g'}{h'}, \dots \frac{g^{(\nu)}}{h^{(\nu)}}$ bestimmt; wir nehmen an, dass die Quotienten $\frac{g}{h}, \frac{g'}{h'}, \dots \frac{g^{(\nu)}}{h^{(\nu)}}$ sämmtlich unter einander verschieden sind und dass in keinem der Brüche Zähler und Nenner einen gemeinsamen Theiler haben.

Nachdem nun zwei Constanten α und β beliebig, doch so angenommen worden sind, dass die Grösse

$$(\alpha, \beta)_\mu$$

nicht verschwindet, mögen $g, h, g', h', \dots g^{(\nu)}, h^{(\nu)}$ selbst dadurch bestimmt werden, dass die Gleichungen

$$g^{(\varkappa)}\beta - h^{(\varkappa)}\alpha = 1 \qquad (\varkappa = 0, 1, \dots \nu)$$

stattfinden, wobei $g^{(0)}$ und $h^{(0)}$ durch g und h ersetzt werden müssen. Dann ist aus dem Ansatz für $(\xi, \eta)_\mu$ auch die Constante C bestimmt.

Führen wir durch die Substitution

$$\xi = (g + \alpha\eta_1)\xi_1,$$
$$\eta = (h + \beta\eta_1)\xi_1$$

die neuen Variabeln ξ_1 und η_1 ein, so wird

$$(\xi, \eta)_\mu = \xi_1^\mu (g + \alpha\eta_1, h + \beta\eta_1)_\mu$$

und

$$(g + \alpha\eta_1, h + \beta\eta_1)_\mu = C\eta_1^{\mu_0}\{g'h - h'g + \eta_1\}^{\mu_1} \cdots \{g^{(\nu)}h - h^{(\nu)}g + \eta_1\}^{\mu_\nu}.$$

Demnach verwandelt sich durch jene Substitution $(\xi, \eta)_\mu$ in das Product von $\xi_1^\mu \eta_1^{\mu_0}$ und einer ganzen rationalen Function von η_1, die für $\eta_1 = 0$ nicht verschwindet. Jede der übrigen homogenen Functionen $(\xi, \eta)_{\mu+1}, (\xi, \eta)_{\mu+2}, \dots$ enthält nach Einführung der neuen Veränderlichen ξ_1 und η_1 ebenfalls den Factor ξ_1^μ, also wird

$$f_0(\xi, \eta) = \xi_1^\mu f_1(\xi_1, \eta_1),$$

wo

$$f_1(\xi_1, \eta_1) = (g + \alpha\eta_1, h + \beta\eta_1)_\mu + \xi_1(g + \alpha\eta_1, h + \beta\eta_1)_{\mu+1} + \cdots$$

eine ganze rationale Function von nicht höherer als der Ordnung μ_0 ist. Denn das Anfangsglied von $(g + \alpha\eta_1, h + \beta\eta_1)_\mu$ ist das Product einer Constanten mit $\eta_1^{\mu_0}$, und es kann sich nicht fortheben, da alle übrigen Glieder von $f_1(\xi_1, \eta_1)$ den Factor ξ_1 oder höhere Potenzen von η_1 enthalten.

Genau ebenso, wie mit Hülfe des Linearfactors $g\eta - h\xi$ die transformirte Function $f_1(\xi_1, \eta_1)$ hergestellt wurde, lässt sich mit Hülfe der übrigen Linearfactoren der Function $(\xi, \eta)_\mu$

$$g'\eta - h'\xi,\ g''\eta - h''\xi,\ \ldots\ g^{(\nu)}\eta - h^{(\nu)}\xi$$

eine Reihe transformirter Functionen

$$f_1^{(1)}(\xi_1, \eta_1),\ f_1^{(2)}(\xi_1, \eta_1),\ \ldots\ f_1^{(\nu)}(\xi_1, \eta_1)$$

bilden. Es soll nun gezeigt werden, dass die unendlich kleinen Werthepaare $(\xi\eta)$, welche die Gleichung $f_0(\xi, \eta) = 0$ befriedigen, d. h. also die in der Umgebung der Stelle $(0, 0)$ des Gebildes $f_0(\xi, \eta) = 0$ gelegenen Stellen, mit der Gesammtheit derjenigen Paare $(\xi\eta)$ übereinstimmen, welche durch die Substitutionen

$$\begin{array}{llll} \xi = (g + \alpha\eta_1)\xi_1, & \xi = (g' + \alpha\eta_1)\xi_1, & \ldots & \xi = (g^{(\nu)} + \alpha\eta_1)\xi_1, \\ \eta = (h + \beta\eta_1)\xi_1; & \eta = (h' + \beta\eta_1)\xi_1; & \ldots & \eta = (h^{(\nu)} + \beta\eta_1)\xi_1 \end{array}$$

aus denjenigen unendlich kleinen Werthepaaren $(\xi_1\eta_1)$ erhalten werden, welche den $\nu + 1$ Gleichungen

$$f_1(\xi_1, \eta_1) = 0; \qquad f_1^{(1)}(\xi_1, \eta_1) = 0; \qquad \ldots \qquad f_1^{(\nu)}(\xi_1, \eta_1) = 0$$

genügen; so dass in der Umgebung der Stelle $(0, 0)$ die Gleichung $f_0(\xi, \eta) = 0$ durch den Complex dieser $\nu + 1$ Gleichungen ersetzt werden kann.

Zunächst geht aus den Relationen

$$\xi = (g + \alpha\eta_1)\xi_1, \quad \eta = (h + \beta\eta_1)\xi_1,$$
$$f_0(\xi, \eta) = \xi_1^\mu f_1(\xi_1, \eta_1)$$

und den entsprechenden für die Functionen $f_1^{(1)}(\xi_1, \eta_1), \ldots f_1^{(\nu)}(\xi_1, \eta_1)$ unmittelbar hervor, dass jedem unendlich kleinen Werthepaare $(\xi_1 \eta_1)$, welches einer der Gleichungen

$$f_1(\xi_1, \eta_1) = 0, \quad f_1^{(1)}(\xi_1, \eta_1) = 0, \quad \ldots \quad f_1^{(\nu)}(\xi_1, \eta_1) = 0$$

genügt, ein eben solches Werthepaar $(\xi\eta)$ entspricht, welches die Gleichung $f_0(\xi, \eta) = 0$ befriedigt. Umgekehrt braucht aber $(\xi_1 \eta_1)$ nicht ein unendlich kleines Werthepaar zu sein, wenn $(\xi\eta)$ ein solches ist.

Aus der Darstellung:

$$f_1(\xi_1, \eta_1) = C\eta_1^{\mu_0}\{g'h - h'g + \eta_1\}^{\mu_1} \cdots \{g^{(\nu)}h - h^{(\nu)}g + \eta_1\}^{\mu_\nu} + \xi_1(g + \alpha\eta_1, h + \beta\eta_1)_{\mu+1} + \cdots$$

ergiebt sich, dass $f_1(0, \eta_1)$ in Bezug auf η_1 von der Ordnung μ_0 ist; durch die Gleichung $f_1(\xi_1, \eta_1) = 0$ werden daher nach den Sätzen der vorher citirten Abhandlung zu jedem unendlich kleinen Werthe von ξ_1 μ_0 unendlich kleine Werthe von η_1 bestimmt. Berechnet man nun mittels der Gleichungen

$$\xi = (g + \alpha\eta_1)\xi_1, \quad \eta = (h + \beta\eta_1)\xi_1$$

zu diesen μ_0 Werthepaaren $(\xi_1 \eta_1)$ die μ_0 zugehörigen Werthepaare $(\xi\eta)$, so erhält man zu jedem unendlich kleinen Werthe von ξ_1 μ_0 verschiedene zugehörige unendlich kleine Werthepaare $(\xi\eta)$. Entsprechendes gilt für jede der aus den übrigen Linearfactoren von $(\xi, \eta)_\mu$ durch Transformation abgeleiteten Gleichungen $f_1^{(1)}(\xi_1, \eta_1) = 0, \ldots f_1^{(\nu)}(\xi_1, \eta_1) = 0$.

Je zwei verschiedene der Gleichungen $f_1(\xi_1, \eta_1) = 0$, $f_1^{(1)}(\xi_1, \eta_1) = 0, \ldots$ $f_1^{(\nu)}(\xi_1, \eta_1) = 0$ liefern aber zu einem unendlich kleinen Werthe von ξ_1 verschiedene unendlich kleine Werthepaare $(\xi\eta)$, denn für die aus $f_1^{(\varkappa)}(\xi_1, \eta_1) = 0$ hervorgehenden Werthepaare $(\xi\eta)$ wird der Grenzwerth von $\frac{\eta}{\xi}$ für $\xi_1 = 0$ gleich $\frac{h^{(\varkappa)}}{g^{(\varkappa)}}$ und die Grössen $\frac{h}{g}, \frac{h'}{g'}, \cdots \frac{h^{(\nu)}}{g^{(\nu)}}$ sind sämmtlich unter einander verschieden. Dabei ist die Gleichung $f_1^{(0)}(\xi_1, \eta_1) = 0$ durch $f_1(\xi_1, \eta_1) = 0$ zu ersetzen. Zu jedem unendlich kleinen Werthe von ξ_1 bestimmt daher die Gesammtheit dieser transformirten Gleichungen $\mu_0 + \mu_1 + \cdots + \mu_\nu = \mu$ verschiedene unendlich kleine Werthepaare $(\xi\eta)$, welche der Gleichung $f_0(\xi, \eta) = 0$ genügen.

Andererseits werde untersucht, wie viel unendlich kleine Werthepaare $(\xi\eta)$, für welche $\beta\xi - \alpha\eta$ einen gegebenen unendlich kleinen Werth ξ_1 hat, die Gleichung

$$f_0(\xi, \eta) = (\xi, \eta)_\mu + (\xi, \eta)_{\mu+1} + \cdots = 0$$

liefert. Es gehe durch die Substitution

$$\beta\xi - \alpha\eta = \xi_1, \quad -\beta'\xi + \alpha'\eta = \eta',$$

in welcher die Grössen α' und β' nur der Bedingung

$$\beta\alpha' - \alpha\beta' = 1$$

unterworfen sind, die Function $f_0(\xi, \eta)$ in $F_0(\xi_1, \eta')$ über. Aus dieser Substitution folgt umgekehrt

$$\alpha'\xi_1 + \alpha\eta' = \xi, \quad \beta'\xi_1 + \beta\eta' = \eta,$$

mithin wird

$$F_0(\xi_1, \eta') = (\alpha'\xi_1 + \alpha\eta', \beta'\xi_1 + \beta\eta')_\mu + (\alpha'\xi_1 + \alpha\eta', \beta'\xi_1 + \beta\eta')_{\mu+1} + \cdots,$$

woraus

$$F_0(0, \eta') = (\alpha, \beta)_\mu \eta'^\mu + (\alpha, \beta)_{\mu+1} \eta'^{\mu+1} + \cdots$$

hervorgeht. Da nun α und β so gewählt sind, dass die Grösse $(\alpha, \beta)_\mu$ nicht verschwindet, so ergeben sich aus der Gleichung $F_0(\xi_1, \eta') = 0$ zu jedem unendlich kleinen Werthe von ξ_1 μ verschiedene unendlich kleine Werthe von η', mithin auch aus der Gleichung $f_0(\xi, \eta) = 0$ μ verschiedene unendlich kleine Werthepaare $(\xi\eta)$, für welche $\beta\xi - \alpha\eta = \xi_1$ ist.

Für die μ Werthepaare $(\xi\eta)$, die sich in der vorher angegebenen Weise zu einem unendlich kleinen Werthe von ξ_1 aus den $\nu+1$ transformirten Gleichungen $f_1^{(\varkappa)}(\xi_1, \eta_1) = 0$ $(\varkappa = 0, 1, \ldots \nu)$ berechnen lassen, ist stets $\beta\xi - \alpha\eta = \xi_1$, sie genügen der Gleichung $f_0(\xi, \eta) = 0$, ihre Anzahl stimmt mit der Anzahl der Werthepaare, die sich direct aus dieser Gleichung ergeben und für welche $\beta\xi - \alpha\eta = \xi_1$ ist, überein, und sie sind, wie diese, falls ξ_1 nicht gleich Null ist, unter einander verschieden; mithin sind die aus den $\nu+1$ transformirten Gleichungen berechneten unendlich kleinen Werthepaare $(\xi\eta)$ mit den direct aus der Gleichung $f_0(\xi, \eta) = 0$ berechneten identisch.

Die Summe der Ordnungszahlen dieser $\nu+1$ transformirten Gleichungen ist nicht grösser als die Ordnungszahl der ursprünglichen Gleichung $f_0(\xi, \eta) = 0$, denn $f_1^{(\varkappa)}(\xi_1, \eta_1) = 0$ ist höchstens von der Ordnung $\mu_\varkappa$.

Für jede der Gleichungen $f_1^{(\varkappa)}(\xi_1, \eta_1) = 0$, die von der ersten Ordnung ist, können wir nun, wie wir vorher gesehen haben, ein Functionenpaar $\xi_1 = \varphi(t)$, $\eta_1 = \psi(t)$ finden, welches alle unendlich kleinen Stellen $(\xi_1\eta_1)$ des algebraischen Gebildes $f_1^{(\varkappa)}(\xi_1, \eta_1) = 0$ liefert.

Eine transformirte Gleichung $f_1^{(\varkappa)}(\xi_1, \eta_1) = 0$ aber, welche nicht von der ersten Ordnung ist, behandeln wir in ähnlicher Weise weiter, wie vorher die Gleichung $f_0(\xi, \eta) = 0$. Es sei z. B. nach homogenen Functionen geordnet

$$f_1(\xi_1, \eta_1) = (\xi_1, \eta_1)_{\mu'} + (\xi_1, \eta_1)_{\mu'+1} + \cdots$$

und hierin $\mu' \geqq 2$, so werde wieder $(\xi_1, \eta_1)_{\mu'}$ in Linearfactoren zerlegt, und zwar sei

$$(\xi_1, \eta_1)_{\mu'} = C_1(g_1\eta_1 - h_1\xi_1)^{\mu_0'}(g_1'\eta_1 - h_1'\xi_1)^{\mu_1'} \dots .$$

Setzen wir dann analog dem Früheren

$$\xi_1 = (g_1 + \alpha_1\eta_2)\xi_2, \quad \eta_1 = (h_1 + \beta_1\eta_2)\xi_2,$$

so folge

$$f_1(\xi_1, \eta_1) = \xi_2^{\mu'} f_2(\xi_2, \eta_2).$$

Verfahren wir entsprechend mit den anderen Linearfactoren von $(\xi_1, \eta_1)_{\mu'}$ und sodann ebenso mit den übrigen transformirten Gleichungen

$$f_1^{(1)}(\xi_1, \eta_1) = 0, \quad \dots \quad f_1^{(\nu)}(\xi_1, \eta_1) = 0,$$

so erhalten wir aus jeder der Gleichungen $f_1^{(\varkappa)}(\xi_1, \eta_1) = 0$ $(\varkappa = 0, 1, \dots \nu)$ so viel transformirte Gleichungen $f_2^{(\lambda)}(\xi_2, \eta_2) = 0$, wie die homogene Function niedrigster Dimension in $f_1^{(\varkappa)}(\xi_1, \eta_1)$ verschiedene Linearfactoren hat. Jede Gleichung $f_1^{(\varkappa)}(\xi_1, \eta_1) = 0$, die nicht von der ersten Ordnung ist, wird also durch eine gewisse Anzahl anderer Gleichungen $f_2^{(\lambda)}(\xi_2, \eta_2) = 0$ ersetzt, und ist eine der letzteren nicht von der ersten Ordnung, so transformiren wir sie weiter.

Es ist nun der Nachweis wesentlich, dass das angegebene Verfahren zuletzt zu lauter transformirten Gleichungen erster Ordnung führen muss. Dazu genügt es zu beweisen, dass wir mit einer Gleichung μ^{ter} Ordnung beginnend nach einer endlichen Anzahl Transformationen zu Gleichungen gelangen, deren Ordnungszahlen sämmtlich kleiner als μ sind.

Die Gleichung, von der wir ausgehen, sei

$$f_0(\xi, \eta) = (\xi, \eta)_\mu + (\xi, \eta)_{\mu+1} + \cdots = 0, \quad \mu \geqq 2.$$

Erstens enthalte $(\xi, \eta)_\mu$ zwei oder mehrere verschiedene Linearfactoren, es sei also $(\xi, \eta)_\mu$ nicht die μ^{te} Potenz einer linearen Function. Die Ordnungszahlen der transformirten Gleichungen

$$f_1(\xi_1, \eta_1) = 0, \quad f_1^{(1)}(\xi_1, \eta_1) = 0, \quad \ldots \quad f_1^{(\nu)}(\xi_1, \eta_1) = 0$$

sind dann, wie gezeigt wurde, höchstens gleich $\mu_0, \mu_1, \ldots \mu_\nu$. Da nun diese Zahlen sämmtlich kleiner als μ sind, so gelangen wir in diesem Falle schon durch die ersten Transformationen zu lauter Gleichungen, deren Ordnungszahlen niedriger sind, als die der Gleichung $f_0(\xi, \eta) = 0$.

Zweitens sei $(\xi, \eta)_\mu$ die μ^{te} Potenz einer linearen Function. Der Voraussetzung nach ist jetzt

$$f_0(\xi, \eta) = C(g\eta - h\xi)^\mu + (\xi, \eta)_{\mu+1} + \cdots,$$

wobei $\mu \geqq 2$ ist und g und h nicht beide gleich Null sind. Mittels der Substitution

$$\xi = (g + \alpha\eta_1)\xi_1, \quad \eta = (h + \beta\eta_1)\xi_1$$

folgt dann

$$f_0(\xi, \eta) = \xi_1^\mu f_1(\xi_1, \eta_1),$$

und es ist

$$f_1(\xi_1, \eta_1) = C\eta_1^\mu + \xi_1(g + \alpha\eta_1, h + \beta\eta_1)_{\mu+1} + \xi_1^2(g + \alpha\eta_1, h + \beta\eta_1)_{\mu+2} + \cdots = 0$$

die erste transformirte Gleichung. Nun werde angenommen, dass man auch bei den $r-1$ folgenden Transformationen jedes Mal nur eine einzige transformirte Gleichung μ^{ter} Ordnung erhalte, und zwar möge sich aus der Gleichung $f_1(\xi_1, \eta_1) = 0$ durch die Substitution

$$\xi_1 = (g_1 + \alpha_1\eta_2)\xi_2, \quad \eta_1 = (h_1 + \beta_1\eta_2)\xi_2$$

die Gleichung $f_2(\xi_2, \eta_2) = 0$ u. s. f., schliesslich aus der Gleichung

$$f_{r-1}(\xi_{r-1}, \eta_{r-1}) = 0$$

durch die Substitution

$$\xi_{r-1} = (g_{r-1} + \alpha_{r-1}\eta_r)\xi_r, \quad \eta_{r-1} = (h_{r-1} + \beta_{r-1}\eta_r)\xi_r$$

die Gleichung $f_r(\xi_r, \eta_r) = 0$ ergeben. In Folge der gemachten Voraussetzung ist $f_1(\xi_1, \eta_1)$ von der Form

$$f_1(\xi_1, \eta_1) = C_1(g_1\eta_1 - h_1\xi_1)^\mu + (\xi_1, \eta_1)_{\mu+1} + \cdots,$$

wo g_1 von Null verschieden sein muss, während h_1 auch verschwinden kann.

Demnach wird

$$f_2(\xi_2, \eta_2) = C_1 \eta_2^\mu + \xi_2(g_1 + \alpha_1\eta_2, h_1 + \beta_1\eta_2)_{\mu+1} + \xi_2^2(g_1 + \alpha_1\eta_2, h_1 + \beta_1\eta_2)_{\mu+2} + \cdots$$
$$= C_2(g_2\eta_2 - h_2\xi_2)^\mu + (\xi_2, \eta_2)_{\mu+1} + \cdots,$$

und es kann hierin g_2 wieder nicht gleich Null sein. So weiter schliessend findet man, dass $g_1, g_2, \ldots g_r$ sämmtlich von Null verschieden sind, mag die Constante g gleich Null sein oder nicht. Drückt man $\xi_{r-2}, \eta_{r-2}, \ldots \xi_1, \eta_1, \xi, \eta$ successive durch ξ_r und η_r aus, so erhält man

$$\xi_{r-2} = \xi_r\{\quad g_{r-2}g_{r-1} + \cdots\}, \qquad \eta_{r-2} = \xi_r\{\quad h_{r-2}g_{r-1} + \cdots\},$$
$$\cdots\cdots\cdots\cdots \qquad \cdots\cdots\cdots\cdots$$
$$\xi_1 = \xi_r\{g_1 g_2 \ldots g_{r-1} + \cdots\}, \qquad \eta_1 = \xi_r\{h_1 g_2 \ldots g_{r-1} + \cdots\},$$
$$\xi = \xi_r\{g\, g_1 \ldots g_{r-1} + \cdots\}, \qquad \eta = \xi_r\{h\, g_1 \ldots g_{r-1} + \cdots\},$$

wobei die Punkte in den Klammern Glieder andeuten, die wenigstens eine der beiden Variabeln ξ_r und η_r als Factor enthalten.

Es werde jetzt vorausgesetzt, dass die Constante g von Null verschieden ist. Aus der Annahme der Irreductibilität der Gleichung $f(x, y) = 0$ folgt unmittelbar, dass $f_0(\xi, \eta)$ und $\frac{\partial f_0(\xi, \eta)}{\partial \eta}$, als Functionen von η betrachtet, keinen gemeinsamen Theiler haben, die Resultante in Bezug auf η der beiden Functionen $f_0(\xi, \eta)$ und $\frac{\partial f_0(\xi, \eta)}{\partial \eta}$, die mit $R(\xi)$ bezeichnet werden möge, verschwindet demnach nicht identisch. Daher muss $R(\xi)$ die Form

$$R(\xi) = \xi^\lambda\{c_0 + c_1\xi + \cdots\}$$

haben, wo c_0 von Null verschieden sein soll und $\lambda \geqq 0$ ist. Ersetzt man hier ξ durch den obigen Ausdruck in ξ_r und η_r, so folgt

$$R(\xi) = \xi_r^\lambda R_0(\xi_r, \eta_r),$$

wobei die ganze rationale Function $R_0(\xi_r, \eta_r)$ für $\xi_r = 0$, $\eta_r = 0$ nicht verschwindet.

Die Resultante $R(\xi)$ lässt sich aber noch in anderer Weise darstellen. Es mögen $P(\xi, \eta)$ und $Q(\xi, \eta)$ der Art als ganze rationale Functionen von ξ und η bestimmt werden, dass

$$P(\xi, \eta) f_0(\xi, \eta) + Q(\xi, \eta) \frac{\partial f_0(\xi, \eta)}{\partial \eta} = R(\xi)$$

wird. Führt man auf der linken Seite dieser Gleichung ebenfalls ξ_r und η_r statt ξ und η ein, so mögen $P(\xi, \eta)$ und $Q(\xi, \eta)$ in die ganzen rationalen

Functionen $P_0(\xi_r, \eta_r)$ und $Q_0(\xi_r, \eta_r)$ übergehen, während die Ausdrücke für $f_0(\xi, \eta)$ und $\frac{\partial f_0(\xi, \eta)}{\partial \eta}$ durch ξ_r und η_r jetzt gebildet werden sollen.

Aus der ersten der Gleichungen

$$\begin{aligned} f_0(\xi, \eta) &= \xi_1^\mu f_1(\xi_1, \eta_1), \\ f_1(\xi_1, \eta_1) &= \xi_2^\mu f_2(\xi_2, \eta_2), \\ &\ldots\ldots\ldots \\ f_{r-1}(\xi_{r-1}, \eta_{r-1}) &= \xi_r^\mu f_r(\xi_r, \eta_r) \end{aligned}$$

folgt mittels partieller Differentiation

$$\frac{\partial f_0(\xi, \eta)}{\partial \xi_1} = \frac{\partial f_0(\xi, \eta)}{\partial \xi}(g + \alpha\eta_1) + \frac{\partial f_0(\xi, \eta)}{\partial \eta}(h + \beta\eta_1) = \mu\xi_1^{\mu-1} f_1(\xi_1, \eta_1) + \xi_1^\mu \frac{\partial f_1(\xi_1, \eta_1)}{\partial \xi_1},$$

$$\frac{\partial f_0(\xi, \eta)}{\partial \eta_1} = \frac{\partial f_0(\xi, \eta)}{\partial \xi}\alpha\xi_1 + \frac{\partial f_0(\xi, \eta)}{\partial \eta}\beta\xi_1 = \xi_1^\mu \frac{\partial f_1(\xi_1, \eta_1)}{\partial \eta_1}.$$

Durch Auflösung dieser Gleichungen ergiebt sich

$$\frac{\partial f_0(\xi, \eta)}{\partial \xi} = \xi_1^{\mu-1}\left\{ \beta\mu f_1(\xi_1, \eta_1) + \beta\xi_1 \frac{\partial f_1(\xi_1, \eta_1)}{\partial \xi_1} - (h + \beta\eta_1)\frac{\partial f_1(\xi_1, \eta_1)}{\partial \eta_1} \right\},$$

$$\frac{\partial f_0(\xi, \eta)}{\partial \eta} = \xi_1^{\mu-1}\left\{ -\alpha\mu f_1(\xi_1, \eta_1) - \alpha\xi_1 \frac{\partial f_1(\xi_1, \eta_1)}{\partial \xi_1} + (g + \alpha\eta_1)\frac{\partial f_1(\xi_1, \eta_1)}{\partial \eta_1} \right\}.$$

Es sind also

$$f_0(\xi, \eta), \quad \frac{\partial f_0(\xi, \eta)}{\partial \xi}, \quad \frac{\partial f_0(\xi, \eta)}{\partial \eta}$$

ganze rationale Functionen von ξ_1 und η_1 mit dem gemeinschaftlichen Factor $\xi_1^{\mu-1}$, und zwar sind sie homogen und linear in Bezug auf

$$f_1(\xi_1, \eta_1), \quad \frac{\partial f_1(\xi_1, \eta_1)}{\partial \xi_1}, \quad \frac{\partial f_1(\xi_1, \eta_1)}{\partial \eta_1}.$$

Analog folgt, dass diese letzteren drei Functionen rational und ganz in ξ_2 und η_2 sind, den gemeinschaftlichen Factor $\xi_2^{\mu-1}$ haben und homogen und linear durch

$$f_2(\xi_2, \eta_2), \quad \frac{\partial f_2(\xi_2, \eta_2)}{\partial \xi_2}, \quad \frac{\partial f_2(\xi_2, \eta_2)}{\partial \eta_2}$$

dargestellt werden können. Schliesst man so weiter und führt die erhaltenen Resultate in

$$f_0(\xi, \eta), \quad \frac{\partial f_0(\xi, \eta)}{\partial \xi}, \quad \frac{\partial f_0(\xi, \eta)}{\partial \eta}$$

ein, so wird

$$f_0(\xi,\eta) = \xi_1^\mu\ \xi_2^\mu\ \dots \xi_r^\mu\ \ f_r(\xi_r,\eta_r),$$

$$\frac{\partial f_0(\xi,\eta)}{\partial\xi} = \xi_1^{\mu-1}\xi_2^{\mu-1}\dots\xi_r^{\mu-1}F(\xi_r,\eta_r),$$

$$\frac{\partial f_0(\xi,\eta)}{\partial\eta} = \xi_1^{\mu-1}\xi_2^{\mu-1}\dots\xi_r^{\mu-1}G(\xi_r,\eta_r),$$

wobei die Functionen $F(\xi_r,\eta_r)$ und $G(\xi_r,\eta_r)$ rational und ganz in ξ_r und η_r sind. Dadurch geht der obige Ausdruck von $R(\xi)$, wenn $\Phi(\xi_r,\eta_r)$ eine Function derselben Art bedeutet, in

$$R(\xi) = \xi_1^{\mu-1}\xi_2^{\mu-1}\dots\xi_r^{\mu-1}\{\xi_1\xi_2\dots\xi_r f_r(\xi_r,\eta_r)P_0(\xi_r,\eta_r)+G(\xi_r,\eta_r)Q_0(\xi_r,\eta_r)\} = \xi_r^{r(\mu-1)}\Phi(\xi_r,\eta_r)$$

über. Vergleicht man diese Darstellung mit der vorher für $R(\xi)$ gefundenen:

$$R(\xi) = \xi_r^\lambda R_0(\xi_r,\eta_r),$$

so folgt

$$r(\mu-1)\leqq\lambda.$$

Hierbei ist λ eine bestimmte positive Zahl, deren Grösse nur von der Gleichung $f(x,y)=0$ des algebraischen Gebildes und von der singulären Stelle (a,b) abhängt, während $\mu\geqq 2$ ist; man erhält also durch diese Ungleichung eine bestimmte Grenze für die ganze positive Zahl r.

Es war vorausgesetzt worden, dass die Constante g nicht gleich Null sei; ist diese Voraussetzung nicht erfüllt, so ist die Constante h von Null verschieden. Dann bildet man die Resultante in Bezug auf ξ der beiden Functionen $f_0(\xi,\eta)$ und $\frac{\partial f_0(\xi,\eta)}{\partial\xi}$ und kann ganz analog folgern, dass auch in diesem Falle r eine bestimmte endliche Zahl nicht überschreiten kann.

Damit ist bewiesen, dass man stets nach einer endlichen Anzahl von Transformationen zu einer Gleichung gelangen muss, deren Glieder niedrigster Dimension entweder als Product mehrerer verschiedener Linearfactoren oder als Potenz nur eines Linearfactors mit einem Exponenten, der kleiner als μ ist, darstellbar sind. Mittels der angegebenen Methode kommt man also schliesslich zu lauter transformirten Gleichungen erster Ordnung, deren Gesammtheit für die Umgebung der Stelle $(0,0)$ mit der einen Gleichung $f_0(\xi,\eta)=0$ gleichbedeutend ist.

Im Allgemeinen tritt diese Erniedrigung der Ordnung bei den successiven Transformationen sehr schnell ein. Haben z. B. in der Gleichung $f_0(\xi, \eta) = 0$ die beiden homogenen Functionen niedrigster Dimension $(\xi, \eta)_\mu$ und $(\xi, \eta)_{\mu+1}$ keinen gemeinsamen Lineartheiler, so erhält man schon durch die ersten Transformationen lauter Gleichungen erster Ordnung. Denn es sei

$$f_0(\xi, \eta) = (\xi, \eta)_\mu + (\xi, \eta)_{\mu+1} + \cdots$$

und in Linearfactoren zerlegt

$$(\xi, \eta)_\mu = C(g\eta - h\xi)^{\mu_0}(g'\eta - h'\xi)^{\mu_1} \ldots,$$
$$(\xi, \eta)_{\mu+1} = C'(k\eta - l\xi)^{\nu_0}(k'\eta - l'\xi)^{\nu_1} \ldots,$$

so ist unter der gemachten Voraussetzung keine der Grössen $\frac{g}{h}, \frac{g'}{h'}, \cdots$ mit einer der Grössen $\frac{k}{l}, \frac{k'}{l'}, \cdots$ identisch. Setzt man dann

$$\xi = (g + \alpha\eta_1)\xi_1, \quad \eta = (h + \beta\eta_1)\xi_1,$$

so wird

$$(\xi, \eta)_\mu = C\xi_1^\mu \eta_1^{\mu_0}\{g'h - h'g + \eta_1\}^{\mu_1} \ldots,$$
$$(\xi, \eta)_{\mu+1} = C'\xi_1^{\mu+1}\{kh - lg + (k\beta - l\alpha)\eta_1\}^{\nu_0}\{k'h - l'g + (k'\beta - l'\alpha)\eta_1\}^{\nu_1} \ldots.$$

Nun ist $f_0(\xi, \eta) = \xi_1^\mu f_1(\xi_1, \eta_1)$, demnach enthält $f_1(\xi_1, \eta_1)$ das Glied erster Dimension

$$C'\xi_1(kh - lg)^{\nu_0}(k'h - l'g)^{\nu_1} \ldots,$$

welches weder verschwinden, noch sich fortheben kann. Die Gleichung $f_1(\xi_1, \eta_1) = 0$ ist also von der ersten Ordnung, und das Nämliche gilt für jede der aus den anderen Linearfactoren von $(\xi, \eta)_\mu$ durch Transformation hervorgehenden Gleichungen.

Durch successive Anwendung der besprochenen Transformationen erhalten wir, wenn (ab) irgend eine singuläre Stelle des durch die irreductible algebraische Gleichung $f(x, y) = 0$ definirten Gebildes ist, d. h. wenn $f(a, b)_1$ und $f(a, b)_2$ gleichzeitig verschwinden, das folgende System von algebraischen Gleichungen:

$$\begin{array}{lll} f_0(\xi, \eta) = 0, & f_1(\xi_1, \eta_1) = 0, & f_2(\xi_2, \eta_2) = 0, \ \ldots \\ & f_1^{(1)}(\xi_1, \eta_1) = 0, & f_2^{(1)}(\xi_2, \eta_2) = 0, \ \ldots \\ & \ldots\ldots\ldots & \ldots\ldots\ldots \end{array}$$

In jeder Colonne stehen diejenigen Gleichungen, welche durch Transformation aus denen der vorhergehenden Colonne entstanden sind. Wenn in einer Colonne eine Gleichung erster Ordnung auftritt, so nehmen wir dieselbe entweder unverändert in die folgende Colonne auf, oder wir transformiren sie abermals, da sich durch eine solche Transformation ihre Ordnung nicht erhöht. Die letzte Colonne enthält lauter Gleichungen erster Ordnung und zwar höchstens μ Gleichungen, wenn $f_0(\xi, \eta) = 0$ von der μ^{ten} Ordnung ist. Berechnen wir zu den sämmtlichen unendlich kleinen Werthepaaren, die den Gleichungen der letzten Colonne genügen, die zugehörigen Werthe von x und y, so erhalten wir sämmtliche Werthepaare (xy), welche die Gleichung $f(x, y) = 0$ befriedigen und in einer gewissen Umgebung der Stelle (ab) liegen.

Ist nun $f_\nu(\xi_\nu, \eta_\nu) = 0$ eine Gleichung der letzten Colonne, also von der ersten Ordnung, so können wir nach den zu Anfang des Kapitels angestellten Betrachtungen zwei Potenzreihen $\varphi_\nu(t)$ und $\psi_\nu(t)$ so bestimmen, dass für hinreichend kleine Werthe von $|t|$ die Gesammtheit der Werthepaare $(\varphi_\nu(t), \psi_\nu(t))$ ein Element des Gebildes $f_\nu(\xi_\nu, \eta_\nu) = 0$ mit dem Mittelpunkt $(0, 0)$ bildet. Nun sind x und y ganze rationale Functionen von ξ und η, diese eben solche Functionen von ξ_1 und η_1 u. s. f., also sind auch x und y rational und ganz durch ξ_ν und η_ν darstellbar. Substituiren wir also $\varphi_\nu(t)$ und $\psi_\nu(t)$ für ξ_ν und η_ν, so ergeben sich für x und y zwei Potenzreihen

$$x = \varphi(t), \quad y = \psi(t),$$

welche für Werthe von t, die dem absoluten Betrage nach hinreichend klein sind, convergiren, die gegebene Gleichung $f(x, y) = 0$ identisch befriedigen und für $t = 0$ die Werthe a und b annehmen.

Wird der absolute Betrag von t hinreichend beschränkt, so liefert dieses Functionenpaar nicht nur zu zwei verschiedenen Werthen von t zwei verschiedene Werthepaare (xy), sondern es gehören auch umgekehrt zu zwei verschiedenen Werthepaaren (xy) zwei verschiedene Werthe von t. Aus den Gleichungen

$$\xi = (g + \alpha\eta_1)\xi_1, \quad \eta = (h + \beta\eta_1)\xi_1$$

folgt nämlich

$$\xi_1 = \beta\xi - \alpha\eta, \qquad \eta_1 = \frac{g\eta - h\xi}{\beta\xi - \alpha\eta},$$

mithin sind ξ_1 und η_1 und daher schliesslich auch ξ_ν und η_ν rational durch

ξ und η, also auch durch x und y darstellbar, während das Umgekehrte schon vorher bewiesen wurde. Da nun, wie wir bei der Definition des Elements eines algebraischen Gebildes sahen, zu verschiedenen Werthen von t, die dem absoluten Betrage nach hinreichend klein sind, verschiedene Werthepaare $(\xi_\nu \eta_\nu)$ gehören und umgekehrt, so entsprechen zwei derartigen Werthen von t auch zwei verschiedene Werthepaare (xy) und umgekehrt.

Nach dem Früheren kann die Variable t als rationale Function von ξ_ν und η_ν eingeführt werden; dann folgt auch für das Functionenpaar $x = \varphi(t)$, $y = \psi(t)$, welches die Umgebung der singulären Stelle (ab) darstellt, dass t rational in Bezug auf x und y ist.

Die Gesammtheit der durch das Functionenpaar $x = \varphi(t)$, $y = \psi(t)$ definirten Stellen (xy) nennen wir wieder ein Element des algebraischen Gebildes $f(x, y) = 0$ und die zu dem Werthe $t = 0$ gehörende singuläre Stelle (ab) den Mittelpunkt dieses Elements. Ohne etwas Wesentliches zu ändern, darf man ein Element des Gebildes, auch wenn dessen Mittelpunkt eine singuläre Stelle ist, durch ein äquivalentes Element ersetzen.

Ebenso wie aus der Gleichung $f_\nu(\xi_\nu, \eta_\nu) = 0$ der letzten Colonne das Functionenpaar

$$x = \varphi(t), \qquad y = \psi(t)$$

hervorgeht, mögen aus den anderen Gleichungen jener Colonne die Functionenpaare

$$x = \varphi^{(1)}(t), \quad y = \psi^{(1)}(t),$$
$$x = \varphi^{(2)}(t), \quad y = \psi^{(2)}(t),$$
$$\cdots\cdots\cdots$$

entstehen. Jedes derselben definirt ein Element des Gebildes, und diese Elemente haben sämmtlich als gemeinsamen Mittelpunkt die singuläre Stelle (ab). Aus der Bildungsweise dieser Functionenpaare ist unmittelbar klar, dass nicht zwei dieser Elemente einander äquivalent sind; sie sind vielmehr sämmtlich nothwendig, um alle Stellen (xy) des algebraischen Gebildes, welche in der Umgebung der Stelle (ab) liegen, darzustellen, und zwar erhalten wir durch jene Functionenpaare, mit Ausnahme der Stelle (ab) selbst, jede dieser Stellen (xy) nur ein einziges Mal, wenn t alle Werthe innerhalb eines gewissen den Nullpunkt umgebenden Bereichs annimmt. Enthält die letzte Colonne λ Gleichungen erster Ordnung, so sind λ Elemente zur Darstellung der Umgebung der Stelle (ab) erforderlich, und wir nennen diese eine λ-fache Stelle des Gebildes.

Demnach sind wir zu dem folgenden Resultat gelangt: Im Allgemeinen lassen sich alle der Umgebung irgend einer Stelle angehörigen Werthepaare (xy) des durch die Gleichung $f(x, y) = 0$ definirten algebraischen Gebildes durch ein einziges Functionenpaar $x = \varphi(t)$, $y = \psi(t)$ darstellen; nur für singuläre Stellen des Gebildes, die dadurch charakterisirt sind, dass für sie die beiden partiellen Ableitungen erster Ordnung $f(x, y)_1$ und $f(x, y)_2$ gleichzeitig verschwinden, kann der Fall eintreten, dass mehrere, stets aber eine endliche Anzahl, Functionenpaare erforderlich sind, um alle Werthepaare (xy) ihrer Umgebung zu liefern. Eine singuläre Stelle kann also der Mittelpunkt mehrerer verschiedener, einander nicht äquivalenter Elemente sein, was wir auch so ausdrücken, durch eine singuläre Stelle können mehrere Elemente hindurchgehen.

Gehört eine singuläre Stelle (ab) nur einem Element $(\varphi(t), \psi(t))$ an, so müssen nothwendig $\varphi(t)$ und $\psi(t)$ die Form

$$\varphi(t) = a + a' t^{\lambda} + a'' t^{\lambda+1} + \cdots,$$
$$\psi(t) = b + b' t^{\mu} + b'' t^{\mu+1} + \cdots$$

haben, wo die ganzen Zahlen λ und μ beide $\geqq 2$ sind. Ist aber die singuläre Stelle (ab) der Mittelpunkt mehrerer nicht äquivalenter Elemente, so erhalten wir zur Darstellung ihrer Umgebung mehrere Functionenpaare der vorstehenden Form, in denen aber λ und μ auch gleich 1 sein können.

Gehen durch eine singuläre Stelle mehrere Elemente hindurch, so fixiren wir stets nicht nur die Stelle, sondern auch das Element, in dem wir sie uns gelegen denken.

Bei den vorhergehenden Untersuchungen wurde die Voraussetzung gemacht, dass (a, b) eine im Endlichen gelegene reguläre oder singuläre Stelle des algebraischen Gebildes sei, dass also a und b bestimmte endliche Werthe haben. Wir müssen aber dem Gebilde noch unendlich ferne Stellen adjungiren.

Es sei nach Potenzen von y geordnet

$$f(x, y) = f_0(x) y^n + f_1(x) y^{n-1} + \cdots + f_n(x),$$

so dass also der Grad der algebraischen Gleichung $f(x, y) = 0$ in Bezug auf y gleich n ist. Bezeichnet dann a irgend eine Wurzel der Gleichung $f_0(x) = 0$, so giebt es für jeden Werth von x, für welchen $|x-a|$ hinreichend klein ist, ein oder mehrere Werthepaare (xy), welche der aus $f(x, y) = 0$ hervorgehenden Gleichung

$$f_0(x)+f_1(x)\frac{1}{y}+\cdots+f_n(x)\frac{1}{y^n} = 0$$

genügen und für welche $\left|\frac{1}{y}\right|$ einen beliebig kleinen Werth hat. Diese Werthepaare (xy) nehmen für $x = a$ die Form (a, ∞) an, und wir wollen für jeden Werth der Wurzel a diese unendlich fernen Stellen (a, ∞) dem algebraischen Gebilde zuordnen, weil es stets Stellen (xy) des Gebildes giebt, die ihnen beliebig nahe liegen. Reducirt sich $f_0(x)$ auf eine Constante, so hat das Gebilde keine unendlich fernen Stellen dieser Form.

Ist m der Grad der Gleichung $f(x, y) = 0$ in Bezug auf x und

$$f(x, y) = g_0(y)x^m+g_1(y)x^{m-1}+\cdots+g_m(y),$$

so ergiebt sich durch dieselben Schlüsse, dass auch eine oder mehrere unendlich ferne Stellen der Form (∞, b) dem Gebilde zuzuordnen sind, wenn für b der Reihe nach die Wurzeln der Gleichung $g_0(y) = 0$ gesetzt werden.

Verschwindet in der Function

$$f(x, y) = \sum_{\mu,\nu} a_{\mu,\nu}x^\mu y^\nu \qquad (0 \leqq \mu \leqq m,\ 0 \leqq \nu \leqq n)$$

der Coefficient $a_{m,n}$ des Gliedes $(m+n)^{\text{ter}}$ Dimension, so folgt aus der Darstellung

$$f(x, y) = x^m y^n \sum_{\mu,\nu} a_{\mu,\nu}\left(\frac{1}{x}\right)^{m-\mu}\left(\frac{1}{y}\right)^{n-\nu}, \qquad (0 \leqq \mu \leqq m,\ 0 \leqq \nu \leqq n)$$

dass zu jedem dem absoluten Betrage nach hinreichend kleinen Werthe von $\frac{1}{x}$ ein oder mehrere Werthepaare (xy) gehören, welche die Gleichung $f(x, y) = 0$ befriedigen und für welche $\left|\frac{1}{y}\right|$ beliebig klein ist. Gehen wir für $\frac{1}{x} = 0$ zur Grenze über, so liefern diese Werthepaare (xy) unendlich ferne Stellen der Form (∞, ∞), welche aus dem vorher angeführten Grunde ebenfalls dem Gebilde zu adjungiren sind.

Die unendlich fernen Stellen des algebraischen Gebildes $f(x, y) = 0$ können also die Formen

$$(a, \infty),\ (\infty, b),\ (\infty, \infty)$$

haben, wo a und b endliche Grössen bedeuten. Es soll nun zunächst bewiesen werden, dass die Anzahl der sämmtlichen unendlich fernen Stellen des Gebildes stets gleich r ist, wenn r die Dimension der Gleichung $f(x, y) = 0$ in Bezug auf x und y bedeutet.

Nach homogenen Functionen geordnet sei

$$f(x, y) = (x, y)_r + (x, y)_{r-1} + \cdots + (x, y)_0,$$

und durch Zerlegung der Function höchster Dimension $(x, y)_r$ in Linearfactoren folge

$$(x, y)_r = C(gy - hx)^{\mu_0}(g'y - h'x)^{\mu_1} \ldots (g^{(\nu)}y - h^{(\nu)}x)^{\mu_\nu},$$

wobei

$$\mu_0 + \mu_1 + \cdots + \mu_\nu = r$$

sein muss. Von den Constanten $g, h, g', h', \ldots g^{(\nu)}, h^{(\nu)}$ sind nur die Verhältnisse $\frac{g}{h}, \frac{g'}{h'}, \cdots \frac{g^{(\nu)}}{h^{(\nu)}}$ bestimmt, und erst nachdem die Werthe jener Grössen selbst fixirt sind, hat die Constante C einen bestimmten Werth.

Zunächst möge der Fall betrachtet werden, dass $f(x, y)$ auch vom r^{ten} Grade in Bezug auf jede der beiden Variabeln x und y ist. Dann hat $f(x, y)$ die Form

$$f(x, y) = f_0 y^r + f_1(x) y^{r-1} + f_2(x) y^{r-2} + \cdots + f_r(x),$$

wo f_0 eine von Null verschiedene Constante bezeichnet und der Grad der ganzen rationalen Function $f_r(x)$ gleich r ist; der Grad jeder der übrigen ganzen Functionen $f_1(x), \ldots f_{r-1}(x)$ überschreitet nicht ihren Index. Das Gebilde hat in diesem Falle keine unendlich fernen Stellen der Form (a, ∞) oder (∞, b), da die höchsten Potenzen y^r und x^r in $f(x, y)$ mit Constanten multiplicirt sind; unter der gemachten Voraussetzung müssen daher für unendlich ferne Stellen (x, y) des Gebildes nothwendig x und y gleichzeitig unendlich gross werden. Um diese Stellen zu ermitteln, bringen wir nach dem Vorhergehenden, da kein Glied $a_{r,r} x^r y^r$ in $f(x, y)$ vorkommt, diese Function auf die Form

$$x^r y^r F\left(\frac{1}{x}, \frac{1}{y}\right)$$

und betrachten die unendlich kleinen Werthepaare $\left(\frac{1}{x}, \frac{1}{y}\right)$, für welche

$F\left(\frac{1}{x}, \frac{1}{y}\right)$ gleich Null ist. Durch die Substitution

$$\frac{1}{x} = \xi, \quad \frac{1}{y} = \eta$$

wird

$$F\left(\frac{1}{x}, \frac{1}{y}\right) = F(\xi, \eta) = C(g\xi - h\eta)^{\mu_0}(g'\xi - h'\eta)^{\mu_1} \dots (g^{(\nu)}\xi - h^{(\nu)}\eta)^{\mu_\nu} + (\xi, \eta)'_{r+1} + \dots + (\xi, \eta)'_{2r},$$

wo $(\xi, \eta)'_\lambda$ eine homogene Function λ^{ter} Dimension bedeutet und keine der Constanten $g, h, g', h', \dots g^{(\nu)}, h^{(\nu)}$ verschwinden kann. Demnach ergeben sich aus der Gleichung $F(\xi, \eta) = 0$ zu jedem unendlich kleinen Werthe von ξ r unendlich kleine Werthe von η, und zwar wird, wenn wir für $\xi = 0$ zur Grenze übergehen, der Werth von $\frac{\eta}{\xi}$ für μ_0 dieser Werthe gleich $\frac{g}{h}$, für μ_1 dieser Werthe gleich $\frac{g'}{h'}$, u. s. w. Die Gleichung $f(x, y) = 0$ liefert mithin zu einem unendlich grossen Werthe von x r unendlich grosse Werthe von y, für welche der Quotient $\frac{y}{x}$ μ_0-mal den Werth $\frac{h}{g}$ annimmt, μ_1-mal den Werth $\frac{h'}{g'}$, u. s. w. Die r unendlich fernen Stellen des Gebildes entsprechen also den r Linearfactoren $g^{(\varkappa)}y - h^{(\varkappa)}x$ der homogenen Function $(x, y)_r$ höchster Dimension.

Ist zweitens $f(x, y) = 0$ eine Gleichung r^{ter} Dimension, deren Grad in Bezug auf eine oder beide Variabeln kleiner als r ist, so werde sie durch die lineare Substitution

$$x = \alpha' x' + \beta' y', \quad y = \gamma' x' + \delta' y'$$

transformirt. Die vier Constanten $\alpha', \beta', \gamma', \delta'$ sollen dabei so gewählt werden, dass weder die Substitutions-Determinante

$$\alpha'\delta' - \beta'\gamma',$$

noch eine der beiden Grössen

$$(\alpha', \gamma')_r, \quad (\beta', \delta')_r$$

verschwindet. Geht hierdurch die Function $f(x, y)$ in $\varphi(x', y')$ über, so ist die transformirte Gleichung r^{ter} Dimension $\varphi(x', y') = 0$ auch in Bezug auf x' und y' vom r^{ten} Grade. Die Anzahl der unendlich fernen Stellen $(x'y')$, welche die Gleichung $\varphi(x', y') = 0$ befriedigen, ist also nach den vorangeschickten Betrachtungen gleich r, und zwar sind es nur solche Stellen, für welche gleichzeitig x' und y' unendlich gross werden. Zu jedem dieser r Werthepaare $(x'y')$ gehört zu Folge der zwischen x, y und x', y' bestehenden linearen Relationen ein Werthepaar (xy), für welches wenigstens eine der beiden Grössen x und y keinen endlichen Werth hat und welches der Gleichung $f(x,y)=0$ genügt. Jedes algebraische Gebilde r^{ter} Dimension hat also stets r unendlich ferne Stellen. Auf diese Untersuchung kommen wir später nochmals ausführlicher zurück.

Entsprechend der Definition der Umgebung einer im Endlichen gelegenen Stelle sagen wir, alle diejenigen Stellen (xy) des Gebildes, für welche die absoluten Beträge von $x-a$ und $\frac{1}{y}$, oder von $\frac{1}{x}$ und $y-b$, oder von $\frac{1}{x}$ und $\frac{1}{y}$ eine gewisse beliebig klein angenommene Grenze nicht überschreiten, liegen in der Umgebung einer unendlich fernen Stelle (a,∞), oder (∞,b), oder (∞,∞).

Um die Umgebung aller Stellen (a,∞), wobei a eine bestimmte Wurzel der Gleichung $f_0(x)=0$ bedeutet, darzustellen, führen wir statt x und y zwei neue Veränderliche

$$\xi = x-a, \quad \eta = \frac{1}{y}$$

ein. Geht hierdurch die gegebene Gleichung $f(x,y)=0$ in $f_0(\xi,\eta)=0$ über, so entspricht jeder der Umgebung einer unendlich fernen Stelle (a,∞) des Gebildes $f(x,y)=0$ angehörigen Stelle (xy) ein unendlich kleines Werthepaar $(\xi\eta)$ des transformirten Gebildes $f_0(\xi,\eta)=0$ und umgekehrt. Aus den sämmtlichen Functionenpaaren

$$\xi = a't^{\lambda}+a''t^{\lambda+1}+\cdots,$$
$$\eta = b't^{\mu}+b''t^{\mu+1}+\cdots,$$

welche die verschiedenen nicht äquivalenten Elemente des Gebildes $f_0(\xi,\eta)=0$ mit dem Mittelpunkte $(0,0)$ darstellen, gehen daher die Functionenpaare

$$x = \varphi(t) = a+a't^{\lambda}+a''t^{\lambda+1}+\cdots,$$
$$y = \psi(t) = \frac{1}{b'}t^{-\mu}\{1+t\mathfrak{P}(t)\}$$

hervor, welche sämmtliche, der Umgebung aller Stellen (a,∞) des Gebildes $f(x,y)=0$ angehörige Stellen liefern.

In ähnlicher Weise führen wir durch die Substitutionen

$$\xi = \frac{1}{x}, \quad \eta = y-b$$

oder

$$\xi = \frac{1}{x}, \quad \eta = \frac{1}{y}$$

die Bildung der Functionenpaare $x = \varphi(t)$, $y = \psi(t)$, welche die Stellen (xy) der Umgebung der unendlich fernen Stellen (∞, b) oder (∞, ∞) liefern, auf die Bildung der Functionenpaare für die Umgebung der Stelle $(0, 0)$ von transformirten Gebilden zurück.

Die Gesammtheit der Stellen $(\varphi(t), \psi(t))$, die durch ein in der angegebenen Weise gebildetes Functionenpaar für hinlänglich kleine Werthe von $|t|$ bestimmt werden, nennen wir ein unendlich fernes Element des algebraischen Gebildes. Auch für solche Elemente gilt die Definition und die früher (S. 16 u. 17) aufgestellte Bedingung für die Äquivalenz, und es kann auch bei ihnen die Variable t so eingeführt werden, dass sie eine rationale Function von x und y ist.

Ein unendlich fernes Element $(\varphi(t), \psi(t))$ ist dadurch charakterisirt, dass eine oder beide Potenzreihen negative Potenzen von t, aber stets nur in endlicher Anzahl enthalten; es können also $\varphi(t)$ und $\psi(t)$ in der Form

$$\varphi(t) = t^{-\varepsilon}(a + a't + a''t^2 + \cdots),$$
$$\psi(t) = t^{-\varepsilon}(b + b't + b''t^2 + \cdots)$$

angenommen werden, wobei wenigstens eine der Grössen a und b von Null verschieden und die ganze Zahl $\varepsilon \geqq 1$ ist. Führen wir dieses Functionenpaar in $f(x, y) = 0$ ein, so ergiebt sich die Gleichung

$$t^{-r\varepsilon}\{(a, b)_r + t\mathfrak{P}(t)\} = 0,$$

und da die Coefficienten der einzelnen Potenzen von t verschwinden müssen, so ist $(a, b)_r = 0$, d. h. a und b sind zwei zusammengehörigen Grössen $g^{(\varkappa)}$ und $h^{(\varkappa)}$ proportional, wenn wir $g^{(0)}$ und $h^{(0)}$ durch g und h ersetzen. Gehen wir zu einem äquivalenten Elemente über, so können wir annehmen, dass $a = g^{(\varkappa)}$ und $b = h^{(\varkappa)}$ ist. Ein unendlich fernes Element lässt sich also stets durch ein Functionenpaar der Form

$$x = t^{-\varepsilon}\{g^{(\varkappa)} + t\,\mathfrak{P}_{1,\varkappa}(t)\},$$
$$y = t^{-\varepsilon}\{h^{(\varkappa)} + t\,\mathfrak{P}_{2,\varkappa}(t)\}$$

darstellen, wo eine der beiden Constanten $g^{(\varkappa)}$ und $h^{(\varkappa)}$, aber nicht beide gleichzeitig verschwinden können.

Umgekehrt entspricht auch jedem der verschiedenen Linearfactoren $g^{(\varkappa)}y-h^{(\varkappa)}x$ von $(x,y)_r$ wenigstens ein Functionenpaar dieser Form, welches ein unendlich fernes Element des Gebildes darstellt.

Ist für den Linearfactor $g^{(\varkappa)}y-h^{(\varkappa)}x$ der zugehörige Exponent $\mu_\varkappa$ gleich 1, so wird die Umgebung der unendlich fernen Stelle, welche diesem Factor entspricht, durch ein einziges Functionenpaar der Form

$$x = g^{(\varkappa)}t^{-1}+\mathfrak{P}_{1,\varkappa}(t),$$
$$y = h^{(\varkappa)}t^{-1}+\mathfrak{P}_{2,\varkappa}(t)$$

vollständig dargestellt. Hat die homogene Function $(x,y)_r$ lauter verschiedene Linearfactoren, haben also die Exponenten $\mu_0, \mu_1, \ldots$ sämmtlich den Werth 1, so nennen wir das algebraische Gebilde im Unendlichen regulär. Dasselbe enthält dann genau r unendlich ferne Elemente, welche sämmtlich die vorstehende Form haben. In keinem Falle ist aber die Anzahl der unendlich fernen Elemente des Gebildes grösser als r.

Wenn die Dimension der Gleichung $f(x,y)=0$ mit dem Grade in Bezug auf jede der beiden Variabeln x und y übereinstimmt, so werden wir später, um die unendlich fernen Elemente des Gebildes zu finden, auch folgendermassen verfahren. Wir nehmen, ebenso wie bei den singulären im Endlichen gelegenen Stellen (S. 20), zwei Grössen α und β so an, dass

$$(\alpha,\beta)_r$$

nicht verschwindet, und bestimmen die Constanten $g, h, g', h', \ldots g^{(\nu)}, h^{(\nu)}$, welche unter der über das Gebilde gemachten Voraussetzung sämmtlich von Null verschieden sind und von denen bisher nur die Verhältnisse $\frac{g}{h}, \frac{g'}{h'}, \ldots \frac{g^{(\nu)}}{h^{(\nu)}}$ fixirt waren, durch die Gleichungen

$$g^{(\varkappa)}\beta-h^{(\varkappa)}\alpha = 1 \qquad (\varkappa=0,1,\ldots\nu).$$

Dann ist nach dem Vorhergehenden bei richtiger Bestimmung des Werthes der Constanten C

$$(x,y)_r = C(gy-hx)^{\mu_0}(g'y-h'x)^{\mu_1}\ldots(g^{(\nu)}y-h^{(\nu)}x)^{\mu_\nu}.$$

In dem jetzt betrachteten Falle sind die r unendlich fernen Stellen des Gebildes sämmtlich von der Form (∞, ∞). Wir wollen zunächst die Umgebung derjenigen μ_0 dieser unendlich fernen Stellen betrachten, für welche der Werth von $\frac{y}{x}$, wenn wir für $x = \infty$ zur Grenze übergehen, gleich $\frac{h}{g}$ ist, welche also aus dem Factor $(gy-hx)^{\mu_0}$ von $(x,y)_r$ hervorgehen.

Durch die Substitution

$$x = \frac{1}{\xi_1}(g+\alpha\eta_1), \quad y = \frac{1}{\xi_1}(h+\beta\eta_1)$$

geht $f(x,y)$ in $\xi_1^{-r} f_1(\xi_1, \eta_1)$ über, wenn

$$f_1(\xi_1, \eta_1) = (g+\alpha\eta_1, h+\beta\eta_1)_r + \xi_1(g+\alpha\eta_1, h+\beta\eta_1)_{r-1} + \cdots$$

gesetzt wird; dabei ist

$$(g+\alpha\eta_1, h+\beta\eta_1)_r = C\eta_1^{\mu_0}\{g'h-h'g+\eta_1\}^{\mu_1}\cdots\{g^{(\nu)}h-h^{(\nu)}g+\eta_1\}^{\mu_\nu}.$$

Die Gleichung $f_1(\xi_1, \eta_1) = 0$ ergiebt zu jedem unendlich kleinen Werthe von ξ_1 μ_0 unendlich kleine Werthe von η_1, und behandeln wir sie genau so weiter, wie früher bei der Betrachtung der im Endlichen gelegenen singulären Stellen die ebenso bezeichnete Gleichung, so erhalten wir schliesslich ein oder mehrere Functionenpaare

$$\xi_1 = \varphi_1(t) = a't^{\lambda} + a''t^{\lambda+1} + \cdots,$$
$$\eta_1 = \psi_1(t) = b't^{\mu} + b''t^{\mu+1} + \cdots,$$

in denen die Exponenten λ und μ beide $\geqq 1$ sein müssen. Für hinreichend kleine Werthe von $|t|$ liefern diese alle unendlich kleinen Werthepaare $(\xi_1 \eta_1)$, welche die Gleichung $f_1(\xi_1, \eta_1) = 0$ identisch befriedigen. Bestimmen wir dann für jedes dieser Functionenpaare aus den Gleichungen

$$\frac{1}{\varphi_1(t)}(g+\alpha\psi_1(t)) = \varphi(t), \quad \frac{1}{\varphi_1(t)}(h+\beta\psi_1(t)) = \psi(t)$$

die Potenzreihen $\varphi(t)$ und $\psi(t)$, so treten in den beiden Reihen eines Paares negative Potenzen von t auf, aber nur in endlicher Anzahl, denn das Anfangsglied muss in beiden Reihen die Potenz $t^{-\lambda}$ enthalten, da die Constanten g und h nicht gleich Null sind. Indem wir nun für jedes dieser Paare von Potenzreihen $x = \varphi(t)$, $y = \psi(t)$ setzen, erhalten wir ein oder mehrere Functionenpaare, die für Werthe von t, welche dem absoluten Betrage nach hinreichend klein sind, alle Stellen (xy) der Umgebung der aus dem Factor $(gy-hx)^{\mu_0}$ hervorgehenden μ_0 unendlich fernen Stellen des Gebildes liefern.

In gleicher Weise lassen sich aus den anderen Factoren

$$(g'y-h'x)^{\mu_1}, \qquad (g''y-h''x)^{\mu_2}, \qquad \ldots \quad (g^{(\nu)}y-h^{(\nu)}x)^{\mu_\nu}$$

von $(x, y)_r$ die transformirten Gleichungen

$$f_1^{(1)}(\xi_1, \eta_1) = 0, \quad f_1^{(2)}(\xi_1, \eta_1) = 0, \quad \ldots \quad f_1^{(\nu)}(\xi_1, \eta_1) = 0$$

bilden. Für einen hinreichend kleinen Werth von ξ_1 ergiebt die Gesammtheit der $\nu+1$ transformirten Gleichungen $\mu_0+\mu_1+\cdots+\mu_\nu = r$ unendlich kleine Werthepaare $(\xi_1 \eta_1)$, mithin auch r Stellen (xy), welche der Umgebung der unendlich fernen Stellen des Gebildes $f(x, y) = 0$ angehören. Aus der endlichen Anzahl von Functionenpaaren, welche die unendlich kleinen Werthepaare $(\xi_1 \eta_1)$ liefern, entspringt eine gleiche Anzahl, welche die Umgebung der sämmtlichen unendlich fernen Stellen des Gebildes $f(x, y) = 0$ darstellen.

Dieses Verfahren stimmt im Wesentlichen mit der vorher für die Billung der unendlich fernen Elemente angegebenen Methode überein. Denn da in dem eben betrachteten Falle $f(x, y) = 0$ nur unendlich ferne Stellen der Form (∞, ∞) hat, so ist nach der früheren Methode die Substitution

$$\xi = \frac{1}{x}, \quad \eta = \frac{1}{y}$$

anzuwenden. Durch diese gehe $f(x, y) = 0$ in die transformirte Gleichung

$$f_0(\xi, \eta) = (\xi, \eta)'_r + (\xi, \eta)'_{r+1} + \cdots + (\xi, \eta)'_{2r} = 0$$

über, wobei $(\xi, \eta)'_\lambda$ eine homogene Function λ^{ter} Dimension bedeuten soll. Dabei ist $(\xi, \eta)'_r = (\eta, \xi)_r$ und folglich

$$(\xi, \eta)'_r = (-1)^r C(h\eta - g\xi)^{\mu_0}(h'\eta - g'\xi)^{\mu_1} \ldots (h^{(\nu)}\eta - g^{(\nu)}\xi)^{\mu_\nu}.$$

Um die Functionenpaare für die Umgebung der Stelle $(0, 0)$ der Gleichung $f_0(\xi, \eta) = 0$ zu bilden, ist zunächst die erste transformirte Gleichung $f'(\xi', \eta') = 0$ herzustellen, wenn wir zum Unterschied von der eben in anderer Bedeutung benutzten Bezeichnung jetzt f', ξ', η' schreiben, wo wir früher (S. 20 u. folg.) f_1, ξ_1, η_1 gebrauchten. Demnach ist

$$\xi = (h+\alpha'\eta')\xi', \quad \eta = (g+\beta'\eta')\xi'$$

zu substituiren, wobei α' und β' so gewählt werden müssen, dass $(\alpha', \beta')'_r = (\beta', \alpha')_r$ nicht verschwindet und dass

$$h^{(\varkappa)}\beta' - g^{(\varkappa)}\alpha' = 1 \qquad (\varkappa = 0, 1, \ldots \nu)$$

ist. Wir können demnach

$$\alpha' = -\beta, \quad \beta' = -\alpha$$

setzen. Aus der Gleichung $f(x, y) = 0$ ergiebt sich also die erste transformirte Gleichung $f'(\xi', \eta') = 0$ durch die Substitution

$$x = \frac{1}{\xi'(h-\beta\eta')}, \quad y = \frac{1}{\xi'(g-\alpha\eta')},$$

während vorher, um die erste transformirte Gleichung $f_1(\xi_1, \eta_1) = 0$ zu erhalten,

$$x = \frac{1}{\xi_1}(g+\alpha\eta_1), \quad y = \frac{1}{\xi_1}(h+\beta\eta_1)$$

gesetzt wurde. Hieraus folgt

$$\xi' = \frac{\xi_1}{(g+\alpha\eta_1)(h+\beta\eta_1)}, \quad \eta' = -\eta_1.$$

Es sind demnach ξ' und η' rationale Functionen von ξ_1 und η_1, die zu jedem unendlich kleinen Werthepaar $(\xi_1 \eta_1)$, welches der Gleichung $f_1(\xi_1, \eta_1) = 0$ genügt, ein unendlich kleines die Gleichung $f'(\xi', \eta') = 0$ befriedigendes Werthepaar $(\xi'\eta')$ ergeben, und umgekehrt. Wir können also zur Bildung der Functionenpaare, welche die Umgebung der aus dem Factor $(gy-hx)^{\mu_0}$ hervorgehenden unendlich fernen Stellen liefern, ebenso gut von der Gleichung $f_1(\xi_1, \eta_1) = 0$ wie von der Gleichung $f'(\xi', \eta') = 0$ ausgehen. Gleiches gilt für die übrigen unendlich fernen Stellen des Gebildes.

Anstatt jede der beiden durch die algebraische Gleichung $f(x, y) = 0$ verbundenen Veränderlichen x und y in der Umgebung einer bestimmten Stelle des Gebildes durch eine unabhängige Variable t auszudrücken, ist es bisweilen zweckmässig, die eine Veränderliche, z. B. y, als Function der anderen zu betrachten. Es sei die Gleichung $f(x, y) = 0$ in Bezug auf y

vom n^{ten} Grade, so gehören zu jedem Werthe von x n Werthe der algebraischen Function y, die mit

$$\overset{1}{y}, \overset{2}{y}, \dots \overset{n}{y}$$

bezeichnet werden mögen. Von diesen n Werthen sind dann und nur dann zwei oder mehrere einander gleich, wenn x mit einem der stets nur in endlicher Anzahl vorhandenen singulären Werthe $g_1, g_2, \dots$ des Arguments der algebraischen Function y zusammenfällt, für welche die Discriminante $D(x)$ der als Function von y aufgefassten Function $f(x, y)$ verschwindet. Man erhält die Gleichung $D(x) = 0$ durch Elimination von y aus den beiden Gleichungen $f(x, y) = 0$ und $f(x, y)_2 = 0$.

Bezeichnet a ein beliebiges von $g_1, g_2, \dots$ verschiedenes Argument, und sind $b_1, b_2, \dots b_n$ die n zugehörigen Werthe der algebraischen Function y, so wird die Umgebung der Stelle $(a b_\nu)$ durch ein einziges Functionenpaar

$$x = a + a'_\nu t + a''_\nu t^2 + \cdots,$$
$$\overset{\nu}{y} = b_\nu + t\,\overline{\mathfrak{P}}_\nu(t)$$

dargestellt, in welchem der Coefficient a'_ν nicht verschwindet. Daher ergiebt sich für Werthe von x, die in der Umgebung des Werthes a liegen, d. h. für welche der absolute Betrag von $x-a$ hinreichend klein ist,

$$t = c'_\nu(x-a) + c''_\nu(x-a)^2 + \cdots,$$

und wenn man diese Entwickelung in die Reihe für $\overset{\nu}{y}$ einsetzt, so folgt

$$\overset{\nu}{y} = b_\nu + (x-a)\,\mathfrak{P}_\nu(x-a).$$

Ist demnach x ein Werth in der Umgebung des nicht singulären Arguments a der algebraischen Function, so lassen sich ihre n zugehörigen Werthe durch n verschiedene Potenzreihen

$$\overset{\nu}{y} = b_\nu + (x-a)\,\mathfrak{P}_\nu(x-a) \qquad (\nu = 1, 2, \dots n)$$

darstellen.

Werden für $x = a$ ein oder mehrere zugehörige Werthe von y unendlich gross, so enthält das Gebilde eine oder mehrere unendlich ferne Stellen der Form (a, ∞), und es treten dann in den entsprechenden Potenzreihen auch negative Potenzen von $x-a$ auf, jedoch stets nur in endlicher Anzahl.

Es liege nun zweitens x in der Umgebung eines singulären Werthes g des Arguments der algebraischen Function, wobei g eine beliebige der Wurzeln $g_1, g_2, \ldots$ der Gleichung $D(x) = 0$ bedeuten soll; die unter einander verschiedenen Werthe der Function y, welche sich für das Argument $x = g$ ergeben, mögen mit $\overset{1}{h}, \overset{2}{h}, \ldots$ bezeichnet werden. Ferner sei n' die Anzahl der sämmtlichen nicht äquivalenten Elemente des algebraischen Gebildes $f(x, y) = 0$, die zum Mittelpunkte eine der Stellen $(g\overset{1}{h}), (g\overset{2}{h}), \ldots$ haben, und diese n' Elemente mögen durch die Functionenpaare

$$x = g + g'_\varkappa t^{\sigma_\varkappa} + g''_\varkappa t^{\sigma_\varkappa + 1} + \cdots, \qquad (\varkappa = 1, 2, \ldots n')$$
$$y = \mathfrak{P}_\varkappa(t)$$

dargestellt werden, in denen die Constanten $g'_\varkappa$ sämmtlich von Null verschieden sein sollen und die ganzen positiven Zahlen $\sigma_\varkappa \geqq 1$ sind. Aus der ersten dieser beiden Reihen folgt nun

$$t = \left(\frac{x-g}{g'_\varkappa}\right)^{\frac{1}{\sigma_\varkappa}} + c''_\varkappa \left(\frac{x-g}{g'_\varkappa}\right)^{\frac{2}{\sigma_\varkappa}} + \cdots$$

und hieraus

$$y = \mathfrak{P}_\varkappa\left(\left(\frac{x-g}{g'_\varkappa}\right)^{\frac{1}{\sigma_\varkappa}}\right).$$

Das $\varkappa^{\text{te}}$ Functionenpaar ergiebt also für y eine nach ganzen positiven Potenzen von $\left(\frac{x-g}{g'_\varkappa}\right)^{\frac{1}{\sigma_\varkappa}}$ fortschreitende Reihe mit eindeutigen Coefficienten, die für alle Werthe von x, welche in der Umgebung von g liegen, convergirt. Die Exponenten in der Potenzreihe $\mathfrak{P}_\varkappa$ können sich nicht sämmtlich auf solche mit kleinerem Nenner reduciren; denn wäre dies der Fall und etwa

$$y = \overset{0}{\mathfrak{P}}_\varkappa\left(\left(\frac{x-g}{g'_\varkappa}\right)^{\frac{1}{\sigma'_\varkappa}}\right),$$

wo $\sigma'_\varkappa$ ein Theiler von $\sigma_\varkappa$ oder gleich 1 sein müsste, so würde sich hieraus das Functionenpaar

$$x = g + g'_\varkappa t^{\sigma'_\varkappa},$$
$$y = \overset{0}{\mathfrak{P}}_\varkappa(t)$$

ergeben, was gegen die Voraussetzung ist.

Indem man der Wurzelgrösse $\left(\frac{x-g}{g'_\varkappa}\right)^{\frac{1}{\sigma_\varkappa}}$ nach einander ihre $\sigma_\varkappa$ verschiedenen Werthe beilegt, erhält man aus der Reihe

$$y = \mathfrak{P}_\varkappa\left(\left(\frac{x-g}{g'_\varkappa}\right)^{\frac{1}{\sigma_\varkappa}}\right)$$

zu jedem Werthe von x, welcher der Umgebung von g angehört, $\sigma_\varkappa$ verschiedene Werthe von y, die für $x = g$ in einen einzigen zusammenfallen. Da nun zu Folge der Gleichung $f(x, y) = 0$ zu jedem Werthe von x n im Allgemeinen verschiedene Werthe von y gehören und der Voraussetzung nach die n' Functionenpaare die sämmtlichen Stellen des Gebildes in der Umgebung der Stellen $(g\overset{1}{h})$, $(g\overset{2}{h})$, ... liefern, so ist

$$\sigma_1 + \sigma_2 + \cdots + \sigma_{n'} = n,$$

und mithin

$$n' \leqq n.$$

Die Entwickelungen der n Werthe der algebraischen Function y zerfallen also für die Umgebung eines singulären Werthes g des Arguments x in n' Gruppen; der $\varkappa^{\text{ten}}$ Gruppe gehören diejenigen $\sigma_\varkappa$ conjugirten Reihen an, die in einander übergehen, wenn man der darin vorkommenden Wurzelgrösse ihre $\sigma_\varkappa$ verschiedenen Werthe giebt.

Ist daher g eine Grösse, für welche zwar die Discriminante $D(x)$ verschwindet, aber $n' = n$, also $\sigma_1 = \sigma_2 = \cdots = \sigma_{n'} = 1$ ist, so erhält man die n Werthe der Function y, die zu einem in der Umgebung von g gelegenen Werthe x gehören, durch n verschiedene Potenzreihen

$$y = \mathfrak{P}_1(x-g), \quad y = \mathfrak{P}_2(x-g), \quad \ldots \quad y = \mathfrak{P}_n(x-g).$$

Zu einem Werthe von x jedoch, welcher in der Umgebung einer Grösse g liegt, für die nicht nur die Discriminante $D(x)$ verschwindet, sondern auch $n' < n$ ist, für welche also wenigstens eine der Zahlen $\sigma_1, \sigma_2, \ldots \sigma_{n'}$ grösser als 1 ist, ergeben sich die sämmtlichen zugehörigen Werthe von y mit Hülfe von n' Reihen der Form

$$y = \mathfrak{P}_1\left(\left(\frac{x-g}{g'_1}\right)^{\frac{1}{\sigma_1}}\right), \quad y = \mathfrak{P}_2\left(\left(\frac{x-g}{g'_2}\right)^{\frac{1}{\sigma_2}}\right), \quad \ldots \quad y = \mathfrak{P}_{n'}\left(\left(\frac{x-g}{g'_{n'}}\right)^{\frac{1}{\sigma_{n'}}}\right).$$

Ein solcher Werth g soll ein **wesentlich singulärer** Werth des Arguments der algebraischen Function y genannt werden.

Wenn für irgend einen singulären Werth g des Arguments ein oder mehrere zugehörige Werthe von y unendlich gross werden, so treten in deren Entwickelungen eine endliche Anzahl negativer Potenzen von $x-g$ oder $\left(\frac{x-g}{g'_\varkappa}\right)^{\frac{1}{\sigma_\varkappa}}$ auf.

Die Umgebung jeder unendlich fernen Stelle des Gebildes, für welche der Werth von x unendlich gross ist, welche also die Form (∞, b) oder (∞, ∞) hat, wird, wie gezeigt wurde, durch ein oder mehrere Functionenpaare $x = \varphi(t)$, $y = \psi(t)$ dargestellt, in denen die Reihe $\varphi(t)$ eine endliche Anzahl negativer Potenzen von t enthält. Wendet man auf ein solches Functionenpaar dieselben Schlüsse an wie vorher, so folgt, dass sich für Werthe von x, welche in der Umgebung von $x = \infty$ liegen, d. h. welche dem absoluten Betrage nach hinreichend gross sind, die n zugehörigen Werthe von y nach ganzen oder gebrochenen Potenzen von $\frac{1}{x}$ entwickeln lassen, und zwar haben diese Reihen dieselbe Form, wie die obigen, wenn man in jenen $x-a$ oder $x-g$ durch $\frac{1}{x}$ ersetzt.

Sind für $x = \infty$ die n zugehörigen Werthe $b_1, b_2, \ldots b_n$ von y sämmtlich endlich und unter einander verschieden, so erhält man n Reihen

$$\overset{\nu}{y} = b_\nu + b'_\nu x^{-1} + b''_\nu x^{-2} + \cdots, \qquad (\nu = 1, 2, \ldots n)$$

welche sich durch die n Functionenpaare

$$x = t^{-1}, \quad \overset{\nu}{y} = b_\nu + t\,\mathfrak{P}_\nu(t) \qquad (\nu = 1, 2, \ldots n)$$

ersetzen lassen.

Werden aber für $x = \infty$ ein oder mehrere Werthe y unendlich gross, so enthalten die zugehörigen Entwickelungen nach Potenzen von $\frac{1}{x}$ eine endliche Anzahl negativer Potenzen von $\frac{1}{x}$.

Treten in den für die Umgebung von $x = \infty$ gültigen Entwickelungen der Werthe von y gebrochene Potenzen von $\frac{1}{x}$ auf, so ist $x = \infty$ ein wesentlich singulärer Werth des Arguments der algebraischen Function.

Zweites Kapitel.

Rationale Functionen des Paares (xy).

Eine rationale Function der beiden Argumente x und y, welche nicht von einander unabhängig, sondern durch die Gleichung $f(x, y) = 0$ des algebraischen Gebildes verbunden sind, soll als »rationale Function des Paares (xy)« bezeichnet werden. Eine solche Function $R(xy)$ lässt sich als Quotient zweier ganzen Functionen darstellen, und man kann auch bewirken, dass der Nenner nur von x oder nur von y abhängt. Für jedes Paar (ab) hat die Function einen bestimmten Werth, wenngleich es möglich ist, dass Zähler und Nenner gleichzeitig verschwinden oder unendlich gross werden und die Function daher in unbestimmter Form erscheint. Setzt man nämlich das Functionenpaar

$$x = \varphi(t), \quad y = \psi(t),$$

welches die Umgebung der Stelle (ab) liefert, oder, wenn (ab) eine singuläre Stelle des Gebildes ist, ein bestimmtes der zugehörigen Functionenpaare (S. 32) in den Ausdruck von $R(xy)$ ein, so erhält man, nöthigenfalls nach Erweiterung mit einer gewissen positiven Potenz von t, im Zähler und im Nenner der rationalen Function eine Entwickelung nach positiven Potenzen dieser Grösse. Es wird also

$$R(xy) = \frac{A_0 t^\mu + A_1 t^{\mu+1} + \cdots}{B_0 t^\nu + B_1 t^{\nu+1} + \cdots}$$

oder

$$R(xy) = t^{\mu-\nu} \frac{A_0 + A_1 t + \cdots}{B_0 + B_1 t + \cdots},$$

wo A_0 und B_0 nicht Null sind. Da nun für $t = 0$ $x = a, y = b$ wird und der zweite Factor rechts sich auf $\frac{A_0}{B_0}$ reducirt, so hat, wie behauptet, $R(xy)$ für die

Stelle (ab) einen bestimmten Werth, welcher speciell für $\mu > \nu$ gleich Null, für $\mu < \nu$ unendlich gross ist.

Wir stellen uns jetzt die wichtige Aufgabe, alle diejenigen Paare (xy) zu finden, für welche eine gegebene rationale Function $R(xy)$ einen beliebig vorgeschriebenen Werth s annimmt, wobei wir vorläufig s als endlich voraussetzen. Bezeichnen $\overset{1}{y}, \overset{2}{y}, \dots \overset{n}{y}$ die zu irgend einem Werthe von x gehörigen Werthe von y (S. 42), so muss in dem Product

$$(s-R(x\overset{1}{y}))(s-R(x\overset{2}{y}))\dots(s-R(x\overset{n}{y}))$$

mindestens ein Factor gleich Null sein, wenn $R(xy)$ den Werth s annehmen soll. Dieses Product ist als ganze Function von s und rationale Function von x in der Form

$$s^n + \frac{F_1(x)}{F_0(x)} s^{n-1} + \dots + \frac{F_n(x)}{F_0(x)}$$

darstellbar; es soll nun zunächst bewiesen werden, dass der so erhaltene Ausdruck entweder selbst unzerlegbar oder Potenz einer unzerlegbaren ganzen Function von s und x ist.

Angenommen nämlich, die betrachtete Function sei nicht unzerlegbar, so ist sie darstellbar als Product von unzerlegbaren Functionen:

$$\prod_{\varkappa=1}^{n}(s-R(x\overset{\varkappa}{y})) = G_1(s,x)\,G_2(s,x)\dots G_\mu(s,x).$$

Dabei kann man voraussetzen, dass in jeder der Functionen $G_1, \dots G_\mu$ der Coefficient der höchsten Potenz von s gleich 1 ist. Fasst man nun einen der unzerlegbaren Factoren, z. B. G_1, in's Auge und substituirt für s die Function $R(xy)$, so muss die rationale Function

$$G_1(R(xy), x)$$

für mindestens einen der Werthe $\overset{1}{y}, \dots \overset{n}{y}$ von y gleich Null sein; denn $G_1(s,x)$ ist gleich dem Product gewisser Factoren aus der Reihe

$$s-R(x\overset{1}{y}), \dots s-R(x\overset{n}{y}).$$

Hiernach hat die Gleichung $G_1(R(xy),x) = 0$ mit $f(x,y) = 0$ wenigstens eine Wurzel y gemein. Und da die letztere Gleichung als irreductibel angenommen ist, so müssen ihre sämmtlichen Wurzeln $\overset{1}{y}, \dots \overset{n}{y}$ auch Wurzeln der ersteren sein. Daraus kann nun leicht die Übereinstimmung sämmtlicher Functionen $G_1, \dots G_\mu$ gefolgert werden. Wir denken uns der Grösse x, von welcher wir bei dieser Untersuchung ausgehen wollen, irgend einen bestimmten endlichen Werth beigelegt mit Ausschluss derjenigen, für welche entweder mehrere der zugehörigen, aus der Gleichung $f(x, y) = 0$ folgenden Werthe von y einander gleich sind oder einer der Werthe von y oder die Function $R(xy)$ selbst unendlich gross wird, d. h., wenn wir uns diese auf die Form $\frac{F(xy)}{G(x)}$ gebracht denken, die ganze Function $G(x)$ verschwindet. Zu einem der nicht ausgeschlossenen Werthe von x werde aus $G_1(s, x) = 0$ ein Werth von s bestimmt, dann lässt sich diesem ein Werth $\overset{\nu}{y}$ so zuordnen, dass

$$s = R(x\overset{\nu}{y})$$

wird. Ebenso nun, wie $G_1(R(xy), x)$ für alle Werthe $\overset{1}{y}, \dots \overset{n}{y}$ verschwinden musste, wird auch $G_2(R(xy), x)$ für diese Werthe gleich Null, mithin verschwindet $G_2(s, x)$ für die Wurzel $s = R(x\overset{\nu}{y})$ der Gleichung $G_1(s, x) = 0$. Da aber G_1 unzerlegbar war, so müssen alle Wurzeln von $G_1 = 0$ auch die Gleichung $G_2 = 0$ befriedigen, und wenn q der Grad von $G_1(s, x)$ in Bezug auf s ist, so ist auch G_2 mindestens vom Grade q. Eine Ausnahme könnte nur dann eintreten, wenn für jeden Werth von x mehrere Wurzeln s der Gleichung $G_1(s, x) = 0$ einander gleich wären; doch ist dies durch die Unzerlegbarkeit von G_1 ausgeschlossen. Da nun die ganze Untersuchung mit G_2 anstatt mit G_1 begonnen werden konnte, so ist auch der Grad von G_1 mindestens gleich dem von G_2, d. h. diese beiden Functionen, und ebenso die übrigen, $G_3, \dots G_\mu$, sind von gleichem Grade. Endlich ist der Coefficient der höchsten Potenz von s in allen derselbe, nämlich gleich 1, mithin sind die μ Functionen identisch, und man hat, wie behauptet wurde:

$$\prod_{\varkappa=1}^{n} (s - R(x\overset{\varkappa}{y})) = (G_1(s, x))^\mu,$$

oder, wenn man auf beiden Seiten nach Potenzen von s entwickelt:

$$s^n + \frac{F_1(x)}{F_0(x)} s^{n-1} + \dots + \frac{F_n(x)}{F_0(x)} = \left(s^q + \frac{H_1(x)}{H_0(x)} s^{q-1} + \dots + \frac{H_q(x)}{H_0(x)}\right)^\mu.$$

Bei der Herleitung dieser Gleichung wurde eine endliche Anzahl von Werthen x ausgeschlossen; da aber auf beiden Seiten rationale Functionen von s und x stehen, so ist unmittelbar klar, dass die Gleichung allgemein gilt.

$F_0(x)$ und $H_0(x)$ bezeichnen die kleinsten gemeinsamen Nenner der links und rechts vorkommenden rationalen Functionen von x; es ist mithin

$$F_0(x) = H_0(x)^\mu.$$

Wollen wir nun diejenigen Werthepaare (xy) finden, welche der Gleichung $R(xy) = s$ genügen, so haben wir zunächst x aus der Gleichung

$$F_0(x)s^n + F_1(x)s^{n-1} + \cdots + F_n(x) = (H_0(x)s^q + H_1(x)s^{q-1} + \cdots + H_q(x))^\mu = 0$$

zu bestimmen. Denn ist x eine Wurzel dieser Gleichung, so muss einer der Factoren $s - R(x\overset{\nu}{y})$ des vorher betrachteten Products verschwinden. Für jeden Werth von s erhalten wir $\frac{p}{\mu}$ Werthe von x, wenn wenigstens eine der ganzen rationalen Functionen $F_0(x), \ldots F_n(x)$ vom p^{ten}, keine aber von höherem Grade ist. Bei Berechnung der zugehörigen Werthe von y ist zu unterscheiden, ob $\mu = 1$ oder $\mu > 1$ ist.

1) Wenn $\mu = 1$ ist, so liefert die Gleichung $G_1(s, x) = 0$ zu einem Werthe von x n im Allgemeinen verschiedene Werthe von s, und nur für specielle x können zwei oder mehrere dieser Werthe einander gleich sein. Gehören nun zu einem Werthepaar (sx) k verschiedene Werthe von y, so entsprechen einem Werthe von x kn im Allgemeinen verschiedene Werthe y; demnach muss $k = 1$ sein, und durch Elimination von y aus den Gleichungen

$$\begin{cases} f(x, y) = 0 \\ R(xy) = s \end{cases}$$

ergiebt sich y als rationale Function von x und s. Man kann daher sagen, dass für $\mu = 1$ p im Allgemeinen verschiedene Werthepaare (xy) existiren, für welche $R(xy)$ den gegebenen Werth s annimmt.

2) Ist $\mu > 1$, so bekommt man zu einem Werthe von s nur $\frac{p}{\mu}$ Werthe von x, und zu einem gegebenen x gehören nur $q = \frac{n}{\mu}$ im Allgemeinen verschiedene Werthe von s. Hat nun k dieselbe Bedeutung wie im ersten Fall, so ergeben sich zu einem Werthe von x $\frac{kn}{\mu}$ im Allgemeinen verschiedene Werthe von y, mithin muss $k = \mu$ sein, d. h. aus den beiden Gleichungen $f(x, y) = 0$ und $R(xy) = s$ erhält man jetzt für y eine Gleichung μ^{ten} Grades:

$$y^\mu + M_1(s, x)y^{\mu-1} + \cdots + M_\mu(s, x) = 0.$$

Die Anzahl der Werthepaare, für welche $R(xy) = s$ wird, ist mithin auch in diesem Falle gleich p.

In Verbindung mit dem Vorhergehenden lässt sich dieses Resultat auch folgendermassen aussprechen: Das Product

$$\prod_{\varkappa=1}^{n}(s-R(x\overset{\varkappa}{y}))$$

ist dann und nur dann Potenz einer unzerlegbaren Function, wenn für jeden beliebigen Werth von x in der Reihe der Werthe $R(x\overset{1}{y}), \dots R(x\overset{n}{y})$ sich gleiche finden.

Wenn specielle Werthe von s ausgenommen werden, so giebt es demnach immer p Werthepaare (xy), für welche $R(xy)$ einen vorgeschriebenen Werth s annimmt. Die Zahl p soll als Grad dieser rationalen Function des Paares (xy) bezeichnet werden. Zur Ermittelung desselben stellt man nach dem Vorhergehenden das Product

$$\prod_{\varkappa=1}^{n}(s-R(x\overset{\varkappa}{y}))$$

dar als ganze Function von s, deren Coefficienten rationale Functionen von x sind, bringt diese auf den kleinsten gemeinschaftlichen Nenner und multiplicirt mit ihm die ganze Function. Der Grad, welchen die dann im Zähler stehende Function von s und x in Bezug auf x hat, giebt den Grad von $R(xy)$ an, und es ist dabei gleichgültig, ob die Function von s und x reductibel oder irreductibel ist.

Obgleich man auf die angegebene Weise auch in denjenigen Fällen, wo $\mu > 1$ ist, zum Ziel kommt, so ist es doch nützlich, ein anderes Verfahren zu kennen, durch welches man immer mit Hülfe einer Gleichung p^{ten} Grades seinen Zweck erreicht. Wir machen dabei die Voraussetzung, der Werth von s sei so beschaffen, dass die p Werthepaare (xy), für welche $R(xy) = s$ wird, sämmtlich von einander verschieden sind. Durch die Substitution

$$\begin{cases} x' = \alpha x + \beta y \\ y' = \gamma x + \delta y, \end{cases}$$

in welcher die Determinante der Coefficienten von Null verschieden, etwa gleich 1 ist, mögen die beiden Gleichungen $f(x, y) = 0$ und $R(xy) = s$ in

$$\begin{cases} f_1(x', y') = 0 \\ s - R_1(x'y') = 0 \end{cases}$$

übergehen. Bildet man nun das Product aller Differenzen, welche sich ergeben, wenn man in $s-R_1(x'y')$ für y' nach einander die verschiedenen, aus der ersten Gleichung für einen Werth von x' folgenden Werthe substituirt, und setzt dann das Product gleich Null, so erhält man eine Gleichung, welche irreductibel sein muss, wenn die ausgesprochene Absicht erreicht werden soll. Dazu braucht man die Coefficienten $\alpha, \beta, \gamma, \delta$ nur so zu wählen, dass man für alle p Werthepaare (xy), welche zu einem Werthe s gehören, verschiedene Werthe x' erhält. Es genügt hierzu die Substitution:

$$\begin{cases} x' = x+ky \\ y' = y. \end{cases}$$

Denn wäre jetzt

$$x'_a = x'_b,$$

so müsste die Gleichung

$$x_a - x_b + k(y_a - y_b) = 0$$

bestehen, was offenbar für beliebiges k nicht möglich ist; denn die gleichzeitigen Annahmen

$$x_a = x_b, \quad y_a = y_b$$

sind dadurch ausgeschlossen, dass die p Werthepaare (xy) immer von einander verschieden sein sollten. Das Product der Differenzen

$$s - R(x'-ky', y'),$$

erstreckt über alle Wurzeln y' der Gleichung $f_1(x', y') = 0$, kann daher nur für specielle Werthe von k eine Potenz sein, und diese Werthe schliessen wir aus. Wir erhalten dann eine irreductible Gleichung

$$G(s, x') = 0,$$

welche uns die gesuchten p Werthe der Hülfsgrösse x' liefert. Aus den beiden Gleichungen $f_1(x', y') = 0$, $s - R_1(x'y') = 0$ ergiebt sich daher y' als rationale Function von s und x':

$$y' = \mathfrak{R}(s, x'),$$

also wird schliesslich

$$\begin{cases} x = x' - k\mathfrak{R}(s, x') \\ y = \mathfrak{R}(s, x'). \end{cases}$$

Die gesuchten Werthepaare (xy) werden mithin dadurch gefunden, dass man eine Gleichung zwischen s und einer Hülfsgrösse x' bildet und diese Gleichung, die in Bezug auf x' vom p^{ten} Grade ist, nach x' auflöst. x und y sind dann rationale Functionen von s und den p verschiedenen Wurzeln x'.

Bei der vorhergehenden Untersuchung haben wir eine Anzahl singulärer Werthe von s ausgeschlossen, nämlich ausser $s = \infty$ diejenigen Werthe, für welche erstens die Wurzeln x' der Gleichung $G(s, x') = 0$ nicht sämmtlich von einander verschieden sind, zweitens eine solche Wurzel unendlich gross wird, und drittens x und y in unbestimmter Form erscheinen. Ob der gefundene Satz auch für solche Werthe von s noch gültig bleibt, kann entschieden werden, wenn die Untersuchung für $s = 0$ allgemein durchgeführt ist; denn der Fall eines beliebigen Werthes von s lässt sich leicht hierauf zurückführen.

Wir haben mithin zunächst folgende beiden Fragen zu beantworten: Erstens, wie findet man alle Werthepaare, für welche $R(xy)$ gleich Null wird; zweitens, wie oft ist jedes Werthepaar zu zählen, damit in allen Fällen der oben (S. 50) aufgestellte Satz erhalten bleibt, die Function $R(xy)$ also für genau p Werthepaare verschwindet.

Wird in die Gleichung

$$G(s, x') = 0$$

oder

$$G_0(s)x'^p + G_1(s)x'^{p-1} + \cdots + G_p(s) = 0$$

der Werth $s = 0$ eingeführt, so können jedenfalls nicht alle Coefficienten $G_0(s), \dots G_p(s)$ gleichzeitig verschwinden, denn dann wäre die Gleichung reductibel, was der Annahme nach nicht der Fall ist. Einzelne Coefficienten aber können gleich Null werden. Verschwindet z. B. $G_p(s)$ für $s = 0$, so ist eine Wurzel x' gleich Null, verschwindet dagegen $G_0(s)$, so kann man sagen, dass eine Wurzel x' unendlich gross wird. Es kann nun aber auch vorkommen, dass wenn man $s = 0$ nimmt und diesen Werth, sowie einen der zugehörigen Werthe von x' in den Ausdruck $y' = \mathfrak{R}(s, x')$ einsetzt, diese Grösse und damit auch x und y formell unbestimmt werden. Aber für beliebige, von $s = 0$ wenig verschiedene Werthe tritt dieser singuläre Fall nicht ein, und wir werden daher zunächst s nicht gleich Null setzen, sondern unendlich klein annehmen.

Alle Werthepaare (sx'), für welche s unendlich klein ist, kann man auf die früher angegebene Weise bestimmen. Die Gleichung $G(s,x')=0$ definirt nämlich ein algebraisches Gebilde. Ist nun $x'=a'$ ein bestimmter der Werthe von x', die sich für $s=0$ aus dieser Gleichung ergeben, so setzen wir

$$x'-a'=\xi$$

in die Gleichung ein, wobei $\frac{1}{x'}$ für $x'-a'$ genommen werden muss, falls $a'=\infty$ ist. Dann können wir aus der transformirten Gleichung zwischen s und ξ alle unendlich kleinen Werthepaare $(s\xi)$ bestimmen, folglich auch aus $G(s,x')=0$ alle Werthepaare (sx'), welche dem Paare $(0a')$ benachbart sind. Nun ist die Stelle $(0a')$ Mittelpunkt entweder eines einzigen oder mehrerer verschiedener nicht äquivalenter Elemente des Gebildes $G(s,x')=0$, es ergeben sich also zur Darstellung der Umgebung jener Stelle ein oder mehrere Functionenpaare

$$\begin{cases} s = t\bar{\varphi}(t) \\ x' = a'+t\bar{\psi}(t). \end{cases}$$

Setzen wir diese in die Gleichungen

$$\begin{cases} x = x'-k\mathfrak{R}(s,x') \\ y = \mathfrak{R}(s,x') \end{cases}$$

ein, so erhalten wir ein oder mehrere Functionenpaare

$$\begin{cases} x = \varphi(t) \\ y = \psi(t), \end{cases}$$

welche die sämmtlichen Elemente des Gebildes $f(x,y)=0$ mit einem und demselben Mittelpunkte darstellen. Wenn nun für $t=0$ x den Werth a, y den Werth b annimmt, so wissen wir, dass $R(xy)$ für das Werthepaar (ab) den Werth Null hat, und erkennen zugleich, ob die Stelle (ab) einem oder mehreren Elementen des Gebildes $f(x,y)=0$ angehört. Führen wir dieses Verfahren für jeden der Werthe a' durch, so haben wir unsere erste Aufgabe gelöst, indem wir alle Werthepaare (ab), für welche $R(xy)=0$ ist, ohne Zweideutigkeit bestimmt haben.

Es ist nun noch die zweite Frage zu beantworten, wie oft man ein solches Werthepaar (ab) zu zählen hat.

Ist in einer Gleichung $f(x)=0$ die linke Seite durch die ν^{te} Potenz von $x-a$, aber keine höhere, theilbar, so sagt man, die Gleichung habe die

ν-fache Wurzel a. Der Grund für diese Ausdrucksweise ist der, dass in diesem Fall, wenn man eine Wurzel $x = a$ der Gleichung n^{ten} Grades $f(x) = 0$ gefunden hat, die Aufsuchung der übrigen Wurzeln von einer Gleichung $(n-1)^{\text{ten}}$ Grades abhängt, welche die Wurzel $x = a$ noch einmal liefert, u. s. f. Man kann die Sachlage auch folgendermassen auffassen: Wenn man sich die Aufgabe stellt, alle Werthe x zu finden, für welche $f(x)$ nicht Null, sondern unendlich klein, gleich ε, wird, so erhält man n verschiedene Lösungen. Unter diesen sind ν vorhanden, welche dem Werthe a unendlich nahe liegen. Geht man dann zur Grenze für $\varepsilon = 0$ über, so wird man folgerichtig die Wurzel a ν-mal zählen. Ganz analog können wir hier bei der Definition der Ordnungszahl eines Werthepaares (ab) verfahren. Zu einem unendlich kleinen s gehören p verschiedene Werthepaare (xy), welche den beiden Gleichungen $f(x,y) = 0$, $R(xy) = s$ genügen. Liegen nun für einen solchen Werth λ Paare (xy) einem bestimmten Werthepaare (ab), für welches $R(xy)$ den Werth Null hat, unendlich nahe, so sagen wir, (ab) gehöre λ-mal zu dem Werthe $s = 0$ oder es sei λ die Ordnungszahl der Stelle (ab).

Um die Zahl λ zu finden, führen wir zunächst eine neue Bezeichnung ein, welche sich im Folgenden als zweckmässig erweisen wird.

Wir wollen nämlich ein Functionenpaar $(\varphi(t), \psi(t))$, welches ein Element des Gebildes $f(x,y) = 0$ darstellt, mit

$$(x_t\, y_t)$$

bezeichnen. Ist der Mittelpunkt des Elements eine im Endlichen gelegene Stelle (ab), so sind x_t und y_t Potenzreihen der Form:

$$x_t = a + t\mathfrak{P}_1(t), \quad y_t = b + t\mathfrak{P}_2(t).$$

Hat aber das Element eine unendlich ferne Stelle (a, ∞) zum Mittelpunkt, so ist (S. 36)

$$x_t = a + t\mathfrak{P}_1(t), \quad y_t = t^{-\mu}\overline{\mathfrak{P}}_2(t),$$

mithin

$$\frac{1}{y_t} = t\mathfrak{P}_2(t).$$

In diesem Falle hat also die Entwickelung von $\frac{1}{y_t}$ dieselbe Form, wie die von $y_t - b$ für ein im Endlichen gelegenes Element. Entsprechendes gilt für die unendlich fernen Stellen (∞, b) und (∞, ∞).

Ist nun der Mittelpunkt des Elements $(x_t y_t)$ eine Stelle (ab), für welche $R(xy)$ verschwindet, so wird

$$s = R(x_t y_t) = c t^\lambda + c_1 t^{\lambda+1} + \cdots,$$

wobei λ eine positive ganze Zahl ist. Aus dieser Gleichung geht nun unmittelbar hervor, dass zu einem unendlich kleinen Werthe von s λ unendlich kleine Werthe von t gehören. Jedem Werthe von t entspricht aber ein einziges Werthepaar (xy), es giebt also genau λ Werthepaare (xy), welche für ein unendlich kleines s dem Werthepaare (ab) unendlich nahe und in demselben Elemente liegen. Ist ein Paar (ab) gleichzeitig Mittelpunkt mehrerer Elemente, so hat man für jedes Element eine solche Zahl λ zu bestimmen, welche als Ordnungszahl der Stelle (ab) für das betrachtete Element bezeichnet werden soll.

Die Zahl λ ist keineswegs von dem Functionenpaar abhängig, welches zur Darstellung des betrachteten Elementes gewählt wird. Denn man erhält aus einem Elemente $(x_t y_t)$ ein äquivalentes $(x_\tau y_\tau)$ durch eine Substitution $t = \mathfrak{P}(\tau)$, wo $\mathfrak{P}(\tau)$ mit der ersten Potenz von τ beginnt (S. 16). Setzt man dann die Reihen x_τ, y_τ in $R(xy)$ ein, so ergiebt sich wieder τ^λ als Anfangspotenz der Entwickelung.

Bestimmt man nun endlich auf irgend einem Wege alle nicht äquivalenten Elemente $(x_t y_t)$, für welche die Entwickelung $R(x_t y_t)$ mit einer positiven Potenz von t beginnt, und bezeichnet für jedes dieser Elemente den Mittelpunkt, also das Werthepaar, welches für $t = 0$ aus $(x_t y_t)$ hervorgeht, mit (ab), so ist stets $R(ab) = 0$. Die Summe der Ordnungszahlen, welche zu allen Stellen (ab) gehören, muss aber genau gleich p sein. Denn dies war die Anzahl aller Stellen, für welche $R(xy)$ einen unendlich kleinen Werth annimmt, und andererseits erhält man alle Werthepaare, welche zu einem unendlich kleinen Werthe von $R(xy)$ gehören, indem man alle Functionenpaare $(x_t y_t)$ sucht, welche in $R(xy)$ eingesetzt eine positive Potenz t^λ als Anfangsglied ergeben; jedes dieser Functionenpaare liefert dann nach dem Obigen zu einem unendlich kleinen Werthe von s λ unendlich kleine Werthepaare (xy). Die Darstellung von p als Summe jener Ordnungszahlen drückt also den Grad von $R(xy)$ noch in einer anderen Weise aus, als es durch die ursprüngliche Definition geschah.

Betrachten wir nun an Stelle von $s = 0$ einen beliebigen anderen Werth $s = s_0$, so brauchen wir nur

$$s = s' + s_0$$

einzuführen, sodass die Gleichung

$$s' + s_0 - R(xy) = 0$$

entsteht. Setzen wir nun in der ganzen Untersuchung überall $R(xy) - s_0$ an die Stelle von $R(xy)$, so wird im Princip nichts geändert; wir erhalten alle Werthepaare, wofür diese Function verschwindet, und folglich alle, wofür $R(xy) = s_0$ wird, und zwar jedesmal mit der richtigen Ordnungszahl.

Auch ist es jetzt leicht, die gestellte Aufgabe zu lösen, wenn $s = \infty$ ist. Man hat dann nur die Function $\frac{1}{R(xy)}$ zu betrachten und die Werthepaare aufzusuchen, für welche diese Function gleich Null wird. Nun ist der Grad der rationalen Functionen $R(xy)$, $R(xy) - s_0$ und $\frac{1}{R(xy)}$ derselbe, denn der Grad der Gleichung $G(s, x') = 0$ in Bezug auf x' ändert sich nicht, wenn man $s - s_0$ oder $\frac{1}{s}$ an die Stelle von s setzt. Daher ergiebt sich hier unmittelbar ein Satz, dessen Beweis auf den ersten Blick viel schwieriger erscheint, dass nämlich die Anzahl der Werthepaare, für welche eine rationale Function des Paares (xy) einen beliebigen endlichen Werth annimmt oder unendlich gross wird, gleich ist der Anzahl derjenigen Werthepaare, wofür sie Null wird, jede Stelle mit der zugehörigen Ordnungszahl gerechnet. Diese gleiche Anzahl der Werthepaare, für welche die Function $R(xy)$ einen beliebig vorgeschriebenen Werth annimmt, ist immer p, wenn p den Grad der rationalen Function $R(xy)$ bezeichnet.

Aus dem Bisherigen ist ersichtlich, dass der Begriff eines Elementes nicht entbehrt werden kann. Denn nur mit dessen Hülfe ergiebt sich die richtige Bestimmung der Ordnungszahlen.

Es mögen jetzt zwei rationale Functionen des Paares (xy) angenommen werden:

$$\begin{cases} \xi = R_1(xy) \\ \eta = R_2(xy). \end{cases}$$

Vermöge dieser Gleichungen wird jedem Werthepaare (xy) eine Werthepaar $(\xi\eta)$ zugeordnet, und man erhält, da ξ und η offenbar wieder durch eine algebraische Gleichung verbunden sind, aus dem ursprünglichen Gebilde

$f(x,y)=0$ ein zweites algebraisches Gebilde $f_1(\xi,\eta)=0$. Um die gegenseitige Beziehung beider Gebilde zu betrachten, hat man zunächst anzugeben, wie man die Gleichung zwischen ξ und η herstellen kann. Der Grad von $R_1(xy)$ sei ν, und es mögen mit

$$(x_1 y_1), \ldots (x_\nu y_\nu)$$

die Werthepaare bezeichnet werden, welche zu einem Werthe von ξ gehören. Wir bilden das Product

$$(\eta - R_2(x_1 y_1))(\eta - R_2(x_2 y_2)) \ldots (\eta - R_2(x_\nu y_\nu))$$

und stellen die Coefficienten der einzelnen Potenzen von η als rationale Functionen von ξ dar. Hierzu führen wir auf Grund der S. 50—51 angestellten Erörterung zunächst wieder die Grössen x' und y' ein und erhalten dann die beiden Gleichungen

$$\left\{\begin{aligned} f(x'-ky', y') &= 0 \\ \xi - R_1(x'-ky', y') &= 0, \end{aligned}\right.$$

aus welchen durch Elimination von y' folge

$$G(\xi, x') = 0.$$

Dann ist nach S. 51, wenn die Wurzeln dieser irreductiblen Gleichung mit $x'_1, \ldots x'_\nu$ bezeichnet werden,

$$\left\{\begin{aligned} x_\varkappa &= x'_\varkappa - k\mathfrak{R}(\xi, x'_\varkappa) \\ y_\varkappa &= \mathfrak{R}(\xi, x'_\varkappa). \end{aligned}\right. \qquad (\varkappa = 1, 2, \ldots \nu)$$

Substituirt man diese Werthe in das obige Product, so verwandelt es sich in eine Function von η, deren Coefficienten symmetrische Functionen der Grössen $x'_\varkappa$ sind, also rational durch die Coefficienten der Gleichung $G(\xi, x')=0$, d. h. durch ξ ausgedrückt werden können. Setzt man nun ferner

$$R_2(x_\varkappa y_\varkappa) = \overline{R}_2(\xi, x'_\varkappa),$$

so kann man sich leicht davon überzeugen, dass das transformirte Product

$$(\eta - \overline{R}_2(\xi, x'_1)) \ldots (\eta - \overline{R}_2(\xi, x'_\nu))$$

entweder unzerlegbar oder Potenz einer unzerlegbaren Function ist. Zu dem Zweck hat man lediglich in den früheren Betrachtungen (S. 47—49) ξ an die Stelle von x und x' an die Stelle von y zu setzen. Nun haben wir gesehen (S. 50), dass eine Potenz einer unzerlegbaren Function sich nur dann herausstellen kann, wenn unter den Functionswerthen $\overline{R}_2(\xi, x'_1), \ldots \overline{R}_2(\xi, x'_\nu)$ sich stets gleiche finden, wie auch der Werth von ξ beschaffen sei. Sind daher auch nur für einen Werth von ξ die ν Werthe $\overline{R}_2(\xi, x'_\varkappa)$ und damit die Werthe $R_2(x_\varkappa y_\varkappa)$ von einander verschieden, so kann das Product nicht Potenz einer unzerlegbaren Function sein. Dies Resultat lässt sich folgendermassen aussprechen: Wenn man den beiden Grössen x, y zwei andere durch die Gleichungen

$$\xi - R_1(xy) = 0, \quad \eta - R_2(xy) = 0$$

zuordnet, aus der ersten für irgend einen Werth ξ die zugehörigen Werthepaare (xy) bestimmt und in die zweite einsetzt, so erhält man durch Multiplication der ν entstehenden Gleichungen eine neue $f_1(\xi, \eta) = 0$, welche irreductibel ist, wenn für irgend einen besonderen Werth von ξ gezeigt werden kann, dass die ν Functionswerthe $R_2(x_\varkappa y_\varkappa)$ von einander verschieden sind. Da die beiden Grössen ξ und η gleichberechtigt sind, so kann man auch aus der zweiten Gleichung alle μ Werthepaare entnehmen, welche zu einem Werthe von η gehören, in die erste einsetzen und die entstehenden Gleichungen mit einander multipliciren. Ueber den Beweis der Irreductibilität der Gleichung $f_1(\xi, \eta) = 0$, welche in Bezug auf ξ vom μ^{ten} Grade wird, gilt das Analoge wie vorher. Sind die Werthe von $R_1(xy)$ für die eingesetzten Werthepaare nicht im Allgemeinen verschieden, so ist die Gleichung nicht irreductibel.

Erhält man nun durch das angegebene Verfahren eine irreductible Gleichung zwischen ξ und η, so tritt die wichtige Folgerung ein, dass nicht allein jedem Werthepaar (xy) nur ein Werthepaar $(\xi\eta)$ entspricht, sondern auch umgekehrt jedem Paar $(\xi\eta)$ nur ein Paar (xy). Denn wenn zu verschiedenen Werthen $x'_\varkappa$ auch verschiedene Werthe $\eta = \overline{R}_2(\xi, x'_\varkappa)$ gehören, wo die Grössen $x'_\varkappa$ die Wurzeln der Gleichung $G(\xi, x') = 0$ sind, so erhält man bei der Elimination von x' diese Grösse rational durch ξ und η ausgedrückt, und daher auch

$$x = \mathfrak{R}_1(\xi\eta),$$
$$y = \mathfrak{R}_2(\xi\eta).$$

Dieses gegenseitige Entsprechen der Werthepaare ist immer dann ein ganz bestimmtes, wenn man zu der Stelle (xy) auch das Element giebt, welchem sie angehören soll.

Wenn umgekehrt nicht nur ξ und η sich rational durch x und y, sondern auch diese Grössen sich als rationale Functionen von ξ und η darstellen lassen, so ist die durch Elimination von x und y entstehende Gleichung $f_1(\xi, \eta) = 0$ irreductibel. Denn würden für jeden Werth von ξ unter den ν zugehörigen Functionswerthen $R_2(x_\chi y_\chi)$, d. h. unter den jenem Werthe zuzuordnenden Werthen von η sich gleiche finden, so würde die Substitution dieser Werthepaare ($\xi\eta$) in die rationale Function $\mathfrak{R}_1(\xi\eta)$ zu einem Werthe von x nicht lauter verschiedene Werthepaare ($\xi\eta$) liefern. Die Gleichung $f(x, y) = 0$ könnte dann nach dem Obigen nicht irreductibel sein.

Von zwei Gebilden, die in der genannten Beziehung zu einander stehen, sodass jeder bestimmten Stelle des einen eine bestimmte Stelle des anderen entspricht, sagt man, dass sie durch rationale Transformation aus einander hervorgehen. Die beiden irreductiblen Gleichungen zwischen x, y einerseits und ξ, η andererseits sind dann in gewissem Sinne als äquivalent zu betrachten. Hiermit erhält man eine Eintheilung der algebraischen Gebilde, welche von der gewöhnlichen ganz verschieden ist. In der analytischen Geometrie, wo diese Gebilde Curven sind, ist man naturgemäss zuerst auf eine Eintheilung derselben nach dem Grade gekommen, und zwar namentlich deshalb, weil man zunächst das Verhalten einer Curve in Bezug auf eine gerade Linie untersuchte. In neuerer Zeit ist man auch darauf geführt worden, die Classe einer Curve zu betrachten, d. h. die Zahl der Tangenten, welche man von einem beliebigen Punkte aus an die Curve ziehen kann. Es ist dies nichts Anderes als der Grad einer bestimmten transformirten Curve. Bei unserer Eintheilung nun würden wir alle diejenigen Curven zusammenfassen, deren Gleichungen aus einer gegebenen durch rationale Transformation hervorgehen, wie es z. B. mit der Fusspunktcurve und der Evolute der Fall ist. Von diesem Gesichtspunkt aus erscheint die Curve zweiten Grades als näher verwandt mit ihrer Fusspunktcurve als mit einer Curve dritten Grades, obgleich jene von höherem Grade ist.

Da das Gebilde, aus welchem eine Reihe anderer durch rationale Transformation hervorgehen soll, in der verschiedensten Weise gewählt werden kann, so lässt sich auch die Frage aufwerfen, durch was für eine Gleichung das einfachste dieser Gebilde zu charakterisiren ist. Der Begriff des einfachsten Gebildes ist aber kein fest bestimmter. Denn man könnte z. B. diejenige Gleichung als einfachste bezeichnen, welche von der niedrigsten Dimension ist, oder auch diejenige, welche in Bezug auf eine Variable den niedrigsten Grad hat, u. s. w. Allein es zeigt sich — worauf freilich hier nicht eingegangen werden kann —, dass es wesentlicher ist, durch rationale Transformation eine Gleichung aufzustellen, welche ein Minimum von Constanten enthält.

Die Untersuchung, zu welcher wir uns jetzt wenden, ist als eine der wichtigsten für die Theorie der Abelschen Transcendenten zu bezeichnen. Sie betrifft die Bildung einer rationalen Function des Paares (xy), deren Unendlichkeitsstellen gegeben sind. Eine rationale Function einer Veränderlichen x ist bestimmt, wenn diejenigen Werthe bekannt sind, für welche sie verschwindet, diejenigen, für welche sie unendlich wird, und ausserdem noch ihr Werth für einen einzigen Werth des Arguments, wobei die Null- und Unendlichkeitspunkte mit der zugehörigen Ordnungszahl in Rechnung zu bringen sind. Eine ganze Function n^{ten} Grades speciell ist durch ihre n Nullwerthe und ihren Werth für ein beliebiges Argument bestimmt; denn sie wird unendlich für den n-mal zu zählenden Werth $x = \infty$. Die analoge Bestimmung für eine rationale Function des Paares (xy) würde sofort ausführbar sein, wenn es gelänge, eine Function $F(xy, x'y')$ herzustellen, welche an einer unbestimmt gelassenen Stelle $(x'y')$ unendlich gross würde, und zwar von der ersten Ordnung. Denn sucht man alsdann eine Function, welche an den gegebenen Stellen $(a_1 b_1), \ldots (a_\nu b_\nu)$ unendlich gross wird, so findet man für sie den Ausdruck

$$C_0 + C_1 F(xy, a_1 b_1) + \cdots + C_\nu F(xy, a_\nu b_\nu),$$

in welchem die unbestimmten Coefficienten $C_\varkappa$ noch dazu benutzt werden können, die Function an ν anderen Stellen Null werden zu lassen. Man erhält nämlich aus dieser Bedingung ν lineare Gleichungen für die Grössen $C_\varkappa$. Die Bestimmung der gesuchten Function würde dadurch vollendet werden, dass man ihren Werth noch für ein beliebiges Werthepaar (ab) vorschriebe.

Die Lösung der Aufgabe stellt sich also in diesem Falle im Wesentlichen so, wie bei den rationalen Functionen einer veränderlichen Grösse.

Eine solche Function $F(xy, x'y')$ lässt sich unter Anderem dann bilden, wenn x und y, mithin auch x' und y', durch eine allgemeine Gleichung zweiten Grades

$$f(x, y) = a_{11}x^2 + 2a_{12}xy + a_{22}y^2 + 2a_{13}x + 2a_{23}y + a_{33} = 0$$

mit einander verbunden sind. Setzt man nämlich in diesem Falle

$$F(xy, x'y') = \frac{g(xy)}{x - x'},$$

so ist die ganze Function $g(xy)$ so zu bestimmen, dass $F(xy, x'y')$, als Function des Paares (xy) betrachtet, für den zweiten Werth y'', welcher ausser y' noch zu $x = x'$ gehört, nicht unendlich wird; d. h. es muss die Bedingung gelten

$$g(x'y'') = 0.$$

Man sieht leicht, auf welche Weise sie zu erfüllen ist. Die Function $f(x', y)$ nämlich wird Null für $y = y'$ und $y = y''$. Dividirt man sie demnach durch $y - y'$, so erhält man eine ganze Function. Es ist, wenn $\frac{\partial^2 f(x, y)}{\partial y^2} = f(x, y)_{22}$ gesetzt wird:

$$f(x', y) = f(x', y')_2 (y - y') + \frac{1}{2} f(x', y')_{22} (y - y')^2,$$

mithin

$$\frac{f(x', y)}{y - y'} = f(x', y')_2 + \frac{1}{2} f(x', y')_{22} (y - y'),$$

und diese Function genügt der für $g(xy)$ aufgestellten Bedingung. Die rationale Function

$$F(xy, x'y') = \frac{f(x', y)}{(x - x')(y - y')}$$

ist daher die gesuchte, denn sie wird nur an der Stelle $(x'y')$ unendlich, und zwar mit der Ordnungszahl 1. Dass sie für einen unendlich grossen Werth von x nicht unendlich wird, folgt hier daraus, dass das Verhältniss $\frac{y}{x}$ immer endlich ist.

Allein man überzeugt sich ohne Schwierigkeit, dass eine Function $F(xy, x'y')$, die an einer einzigen Stelle von der ersten Ordnung unendlich gross wird, im Allgemeinen nicht existirt. Denn da für eine solche Function $F(xy, x'y')$ der Grad p gleich 1 ist, so erhält man nach S. 49 aus den beiden

Gleichungen

$$\begin{cases} f(x,y) = 0 \\ F(xy, x'y') = \xi \end{cases}$$

eine Gleichung zwischen ξ und x, welche in Bezug auf die letztere Grösse vom ersten Grade ist, also x rational durch ξ ausgedrückt ergiebt. Da nun der zugehörige Ausdruck von y rational in ξ und x ist, so wird er jetzt rational in ξ allein, und das betrachtete Gebilde hat mithin die Eigenthümlichkeit, dass sich x und y rational durch einen Parameter ξ ausdrücken lassen. Dieser Fall soll im Folgenden ausser Betracht bleiben, da für ein Gebilde von solcher Beschaffenheit alle sich etwa darbietenden Aufgaben auf die leichteste Weise gelöst werden können. Es wird bewiesen werden, dass wenn man das durch die Gleichung $f(x,y) = 0$ definirte algebraische Gebilde als Curve auffasst, diese in dem eben besprochenen Fall so viele Doppelpunkte hat, wie sie ihrem Grade nach überhaupt besitzen kann.

Es sei jetzt $f(x,y) = 0$ wieder ein beliebiges irreductibles algebraisches Gebilde, und zwar sei $f(x,y)$ in Bezug auf y vom n^{ten}, in Bezug auf x vom m^{ten} Grade:

$$f(x,y) = f_0(x)y^n + f_1(x)y^{n-1} + \cdots + f_n(x).$$

Jeder Coefficient $f_\varkappa(x)$ ist nach der gemachten Annahme eine ganze Function von x von nicht höherem als dem m^{ten} Grade. Um nun eine Function herzustellen, welche ausser an gewissen anderen Stellen jedenfalls für das Werthepaar $(x'y')$ von der ersten Ordnung unendlich gross wird, wobei wir stets annehmen wollen, dass $(x'y')$ eine im Endlichen gelegene, nicht singuläre Stelle des Gebildes ist, untersuchen wir zunächst die Function

$$\frac{f(x,y')}{(x'-x)(y'-y)}.$$

Setzt man

$$f(xy,y') = \frac{f(x,y')}{y'-y},$$

so ist

$$\begin{aligned} f(xy,y') = \frac{f(x,y')-f(x,y)}{y'-y} &= f_0(x)\frac{y'^n - y^n}{y'-y} + f_1(x)\frac{y'^{n-1}-y^{n-1}}{y'-y} + \cdots \\ &= f_0(x)(y'^{n-1} + yy'^{n-2} + \cdots + y^{n-1}) \\ &\quad + f_1(x)(y'^{n-2} + yy'^{n-3} + \cdots + y^{n-2}) \\ &\quad + \cdot\;\cdot\;\cdot\;\cdot\;\cdot\;\cdot\;\cdot\;\cdot \\ &\quad + f_{n-1}(x), \end{aligned}$$

und wenn nach Potenzen von y' geordnet wird,

$$f(xy, y') = f_0(x)y'^{n-1} + f_1(x, y)y'^{n-2} + \cdots + f_{n-1}(x, y).$$

Dabei haben die auftretenden Coefficienten folgende Ausdrücke:

$$\begin{aligned} f_1(x, y) &= f_0(x)y + f_1(x), \\ f_2(x, y) &= f_0(x)y^2 + f_1(x)y + f_2(x), \\ &\cdots\cdots\cdots\cdots \\ f_{n-1}(x, y) &= f_0(x)y^{n-1} + f_1(x)y^{n-2} + \cdots + f_{n-1}(x). \end{aligned}$$

Da der Voraussetzung nach die Stelle $(x'y')$ nicht singulär ist, so verschwinden in der Entwickelung

$$f(x, y) = f(x', y')_1(x - x') + f(x', y')_2(y - y') + \cdots = 0$$

die beiden Grössen $f(x', y')_1$ und $f(x', y')_2$ nicht gleichzeitig; und zwar sei $f(x', y')_2$ nicht Null, sodass die n Wurzeln y der Gleichung $f(x', y) = 0$ sämmtlich unter einander verschieden sind. Setzt man $x = x'$, $y = y'$ in den Ausdruck der Function $f(xy, y')$ ein, so folgt

$$f(x'y', y') = nf_0(x')y'^{n-1} + (n-1)f_1(x')y'^{n-2} + \cdots = f(x', y')_2,$$

und da diese Grösse nicht Null ist, so wird die Function $\frac{f(x, y')}{(x'-x)(y'-y)} = \frac{f(xy, y')}{x'-x}$ für $x = x'$, $y = y'$ in der That unendlich gross. Setzt man dagegen $x = x'$, $y = y''$, wo y'' irgend eine andere Wurzel der Gleichung $f(x', y) = 0$ bezeichnet, so ergiebt sich aus der Entwickelung

$$f(x, y') = f(x', y')_1(x - x') + \cdots,$$

dass die Function $\frac{f(x, y')}{(x'-x)(y'-y)}$ für $x = x'$, $y = y''$ den Werth $-\frac{f(x', y')_1}{y'-y''}$ annimmt, also endlich bleibt. Wird x als endlich, y aber als unendlich vorausgesetzt, so kann die Function ebenfalls nicht unendlich werden; wohl aber ist dies für $x = \infty$ möglich. Allein man kann mit Hülfe der aufgestellten Function leicht eine andere finden, welche im Unendlichen nicht mehr unendlich wird. Es seien, wenn y als Function von x betrachtet wird (S. 42), $a', a'', \ldots a^{(m-1)}$ eine Reihe endlicher, nicht singulärer Werthe des Arguments x, sodass unter den zugehörigen Werthen von y keine gleichen sich finden. Um zu bewirken, dass die neue Function für $x = \infty$ nicht mehr unendlich gross wird, betrachten wir anstatt der vorhergehenden jetzt die Function

$$\frac{f(xy, y')(x'-a')\dots(x'-a^{(m-1)})}{(x'-x)(x-a')\dots(x-a^{(m-1)})}.$$

Sie wird von der ersten Ordnung unendlich gross für $x=x'$, $y=y'$ und ausserdem an $(m-1)n=l$ anderen Stellen, welche man erhält, indem man $x=a', a'', \dots a^{(m-1)}$ setzt und y jedesmal die n zugehörigen Werthe beilegt. Für hinreichend kleine Werthe von $|x-x'|$ und $|y-y'|$ nimmt die Entwickelung dieser Function nach Potenzen von $x-x'$ die Form an

$$\frac{f(x', y')_2}{x'-x}+\mathfrak{P}(x'-x).$$

Der Coefficient von $(x'-x)^{-1}$ ist also gleich $f(x', y')_2$; um diesen Werth zu erhalten, wurde im Zähler der Function der Factor $(x'-a')\dots(x'-a^{(m-1)})$ hinzugefügt.

Für unsere Untersuchung ist es wesentlich, eine rationale Function des Paares (xy) herzustellen, welche ausser für die Stelle $(x'y')$ nur an solchen Stellen unendlich gross wird, die nicht für sich allein ein vollständiges System von Unendlichkeitsstellen einer anderen rationalen Function des Paares (xy) bilden können. Dabei soll es sich, wie bisher, um ein Unendlichgrosswerden mit der Ordnungszahl 1 handeln. Diese Voraussetzung wird auch im Folgenden, so lange nichts Anderes bemerkt wird, festgehalten werden.

Die neue Function, deren Existenz jetzt bewiesen werden soll, bezeichnen wir wieder mit $F(xy, x'y')$, die l Stellen, welche aus der Gleichung $f(x, y)=0$ für $x=a', a'', \dots a^{(m-1)}$ erhalten werden, mit

$$(a_1 b_1), \dots (a_l b_l).$$

Es werde nun angenommen, $\mathfrak{F}_1(xy)$ sei eine rationale Function, welche nur für die letzteren Stellen oder wenigstens nur für solche, welche unter ihnen enthalten sind, von der ersten Ordnung unendlich gross wird. Zu diesen Stellen gehöre $(a_1 b_1)$. Stellt dann das Functionenpaar $(x_t y_t)$ das Element mit dem Mittelpunkt $(a_1 b_1)$ dar, so ergiebt sich

$$\mathfrak{F}_1(x_t y_t) = c_1 t^{-1}+\cdots,$$

oder, wenn $\frac{\mathfrak{F}_1(xy)}{c_1}$ anstatt $\mathfrak{F}_1(xy)$ gesetzt wird,

$$\mathfrak{F}_1(x_t y_t) = t^{-1}+\cdots,$$

und

$$\frac{f(x_t y_t, y')(x'-a')\dots(x'-a^{(m-1)})}{(x'-x_t)(x_t-a')\dots(x_t-a^{(m-1)})} = F^{(1)}(x'y')t^{-1}+\cdots,$$

wobei $F^{(1)}(x'y')$ eine ganze rationale Function des Paares $(x'y')$ bedeutet. Die Differenz

$$\frac{f(xy, y')(x'-a')\dots(x'-a^{(m-1)})}{(x'-x)(x-a')\dots(x-a^{(m-1)})} - F^{(1)}(x'y')\mathfrak{F}_1(xy)$$

wird dann an der Stelle $(a_1 b_1)$ nicht mehr unendlich, und ihre Unendlichkeitsstellen sind daher $(x'y')$; $(a_2 b_2), \dots (a_l b_l)$. Ist jetzt $\mathfrak{F}_2(xy)$ eine Function, welche nur an den Stellen $(a_2 b_2), \dots (a_l b_l)$ unendlich gross wird, so kann man mit ihrer Hülfe eine Function herstellen, die nur noch an der Stelle $(x'y')$ und an den $l-2$ Stellen $(a_3 b_3), \dots (a_l b_l)$ unendlich wird, u. s. f. Jedoch kann durch Fortsetzung dieses Verfahrens sicher nicht bewirkt werden, dass die Stellen $(a_\chi b_\chi)$ sämmtlich wegfallen. Denn dann würde eine Function existiren, die nur an der einen Stelle $(x'y')$ unendlich gross wird, und wir würden auf den jetzt ausgeschlossenen Fall zurückkommen, dass x und y sich rational durch einen Parameter ausdrücken lassen. Es muss demnach für die Anzahl der übrig bleibenden Stellen $(a_\chi b_\chi)$ eine untere Grenze geben. Wird diese mit ϱ bezeichnet, so lässt sich also eine in (xy) und $(x'y')$ rationale Function $F(xy, x'y')$ bilden, welche an der beliebigen, variablen Stelle $(x'y')$ und an ϱ ebenfalls beliebigen, aber als fest zu betrachtenden Stellen von der ersten Ordnung unendlich wird, während es keine rationale Function giebt, die nur an diesen festen Stellen mit der Ordnungszahl 1 unendlich gross würde. Setzt man $l-\varrho = k$, so erhält man für $F(xy, x'y')$ die Darstellung

$$F(xy, x'y') = \frac{f(xy, y')(x'-a')\dots(x'-a^{(m-1)})}{(x'-x)(x-a')\dots(x-a^{(m-1)})} - F^{(1)}(x'y')\mathfrak{F}_1(xy) - \cdots - F^{(k)}(x'y')\mathfrak{F}_k(xy),$$

wobei also $\mathfrak{F}_1(xy), \dots \mathfrak{F}_k(xy)$ rationale Functionen bezeichnen, die an den $l = (m-1)n$ Stellen, für welche $x = a', \dots a^{(m-1)}$ ist, oder an einigen dieser Stellen unendlich gross werden. Die ganze rationale Function $F^{(1)}(x'y')$ erscheint als Coefficient von t^{-1} in der Entwickelung von

$$\frac{f(x_t y_t, y')(x'-a')\dots(x'-a^{(m-1)})}{(x'-x_t)(x_t-a')\dots(x_t-a^{(m-1)})}$$

nach Potenzen von t, wenn das Element $(x_t y_t)$ den Mittelpunkt $(a_1 b_1)$ hat. $F^{(2)}(x'y')$ ist der Coefficient von t^{-1} in der Entwickelung von

$$\frac{f(x_t y_t, y')(x'-a')\dots(x'-a^{(m-1)})}{(x'-x_t)(x_t-a')\dots(x_t-a^{(m-1)})} - F^{(1)}(x'y')\mathfrak{F}_{\bar{1}}(x_t y_t),$$

wo $(x_t y_t)$ jetzt die Umgebung der Stelle $(a_2 b_2)$ darstellt, und entsprechend findet man die Functionen $F^{(3)}(x'y'), \dots F^{(k)}(x'y')$.

Eine Function dieser Art ist noch nicht völlig bestimmt, denn man kann sie, ohne Änderung ihrer wesentlichen Eigenschaften, mit einer beliebigen Constanten multipliciren und ausserdem eine willkürliche Constante zu ihr addiren. Für die eben gebildete Function $F(xy, x'y')$ erhalten wir, wenn wir x, y in der Nähe von x', y' annehmen,

$$F(xy, x'y') = \frac{f(x'y')_2}{x'-x} + \mathfrak{P}(x-x').$$

Das Anfangsglied $\frac{f(x'y')_2}{x'-x}$ wollen wir beibehalten, d. h. die multiplicative Constante gleich 1 setzen. Die additive Constante könnte man dazu benutzen, die Function an einer beliebig gewählten Stelle $(a_0 b_0)$ zum Verschwinden zu bringen. Alsdann ist die Function eindeutig bestimmt, sobald die Stellen $(x'y')$; $(a_1 b_1), \dots (a_\varrho b_\varrho)$ fixirt sind. Denn gäbe es zwei Functionen dieser Art, so würde ihre Differenz $\overline{F}(xy, x'y') - F(xy, x'y')$ an der Stelle $(x'y')$ nicht mehr unendlich werden, sondern nur noch an den Stellen $(a_1 b_1), \dots (a_\varrho b_\varrho)$. Da jedoch eine solche Function nicht existirt, so muss sich die Differenz auf eine Constante reduciren; und diese ist Null, weil $F(xy, x'y')$ und $\overline{F}(xy, x'y')$ an der Stelle $(a_0 b_0)$ verschwinden. Mithin sind die beiden Functionen identisch.

Je nach der Wahl der Stellen $(a_\alpha b_\alpha)$ lassen sich beliebig viele Functionen $F(xy, x'y')$ bilden. Doch soll jetzt gezeigt werden, dass für sie alle die Anzahl dieser Stellen, d. h. die Zahl ϱ, denselben Werth haben muss. Ist dies bewiesen, so werden wir die algebraischen Gebilde nach dem Werthe von ϱ eintheilen können.

Wir nehmen an, es sei eine zweite Function $\overline{F}(xy, x'y')$ hergestellt, welche an der Stelle $(x'y')$ und an den σ, von den ϱ Stellen $(a_\alpha b_\alpha)$ verschiedenen Stellen $(a'b'), \dots (a^{(\sigma)} b^{(\sigma)})$ mit der Ordnungszahl 1 unendlich gross wird, während keine Function existirt, die nur an diesen σ Stellen von der ersten Ordnung unendlich würde. Die zweite Function soll für hinreichend kleine Werthe von $|x-x'|$ und $|y-y'|$ nach Potenzen von $x-x'$ entwickelt dasselbe Anfangsglied aufweisen wie $F(xy, x'y')$ und ebenfalls an der Stelle $(a_0 b_0)$ verschwinden. Die Differenz

$$\overline{F}(xy, x'y') - F(xy, x'y')$$

wird dann an der Stelle $(x'y')$ nicht mehr unendlich. Setzt man aber für (xy) das Functionenpaar $(x_t y_t)$, welches die Umgebung der Stelle $(a'b')$ liefert, so beginnt die Entwickelung mit t^{-1}, multiplicirt mit einem gewissen Coefficienten. Nun ist $F(xy, a'b')$ eine Function, welche die letztere Eigenschaft ebenfalls besitzt. Daher wird ein Coefficient C' sich so bestimmen lassen, dass

$$\overline{F}(xy, x'y') - F(xy, x'y') - C'F(xy, a'b')$$

an der Stelle $(a'b')$ endlich bleibt, und allgemein werden die Coefficienten $C', C'', \ldots C^{(\sigma)}$ so gewählt werden können, dass die Function

$$\overline{F}(xy, x'y') - F(xy, x'y') - C'F(xy, a'b') - \cdots - C^{(\sigma)}F(xy, a^{(\sigma)}b^{(\sigma)})$$

an keiner der Stellen $(a^{(\beta)}b^{(\beta)})$ $(\beta = 1, 2, \ldots \sigma)$ unendlich wird. Sie könnte also nur noch an den ϱ Stellen $(a_\alpha b_\alpha)$, welche Unendlichkeitsstellen der Functionen $F(xy, x'y')$ und $F(xy, a^{(\beta)}b^{(\beta)})$ sind, unendlich gross werden; da eine solche Function aber nicht existirt, so muss sie sich auf eine Constante reduciren, und zwar auf Null, weil alle vorkommenden Functionen für die Stelle $(a_0 b_0)$ verschwinden. Wir schliessen also zunächst, dass wenn eine Function $\overline{F}(xy, x'y')$ von der angenommenen Beschaffenheit existirt, sie sich aus den Functionen $F(xy, x'y')$ und $F(xy, a^{(\beta)}b^{(\beta)})$ in folgender Weise zusammensetzen lässt:

$$\overline{F}(xy, x'y') = F(xy, x'y') + C'F(xy, a'b') + \cdots + C^{(\sigma)}F(xy, a^{(\sigma)}b^{(\sigma)}).$$

Soll nun der Ausdruck auf der rechten Seite für die Stellen $(a_1 b_1), \ldots (a_\varrho b_\varrho)$ nicht mehr unendlich werden, so müssen ϱ Bedingungsgleichungen unter den Grössen $C^{(\beta)}$ bestehen. Man erhält sie, indem man den Coefficienten des Gliedes t^{-1} jedesmal dann gleich Null setzt, wenn das für (xy) eingeführte Functionenpaar die Umgebung einer der Stellen $(a_1 b_1), \ldots (a_\varrho b_\varrho)$ darstellt, in folgender Form:

$$\left\{\begin{array}{l} F^{(1)}(x'y') + C'F^{(1)}(a'b') + \cdots + C^{(\sigma)}F^{(1)}(a^{(\sigma)}b^{(\sigma)}) = 0 \\ \cdot\;\cdot\;\cdot\;\cdot\;\cdot\;\cdot\;\cdot\;\cdot\;\cdot\;\cdot\;\cdot\;\cdot\;\cdot\;\cdot\;\cdot\;\cdot\;\cdot\;\cdot\;\cdot \\ F^{(\varrho)}(x'y') + C'F^{(\varrho)}(a'b') + \cdots + C^{(\sigma)}F^{(\varrho)}(a^{(\sigma)}b^{(\sigma)}) = 0, \end{array}\right.$$

wo $F^{(\beta)}(xy)$ eine rationale Function des Paares (xy) bedeutet. Ist nun $\sigma < \varrho$, so kann man im Allgemeinen, d. h. so lange die festen Stellen nicht besondere Bedingungen befriedigen, keine Grössen $C^{(\beta)}$ finden, welche diesen Gleichungen genügen. Ist dagegen $\sigma = \varrho$, so ist dies möglich, vorausgesetzt dass nicht die Determinante der Coefficienten der $C^{(\beta)}$ verschwindet, ein Fall, der nur bei specieller Wahl der festen Stellen eintreten kann. Verschwindet diese Determinante, so lässt sich eine Function, nämlich

$$C'F(xy, a'b') + \cdots + C^{(\varrho)}F(xy, a^{(\varrho)}b^{(\varrho)})$$

bilden, welche nur an den Stellen $(a'b'), \ldots (a^{(\varrho)}b^{(\varrho)})$ unendlich gross wird. Ist endlich $\sigma > \varrho$, so könnte man in der ganzen Rechnung die Rolle der Stellen $(a'b'), \ldots (a^{(\sigma)}b^{(\sigma)})$ und $(a_1b_1), \ldots (a_\varrho b_\varrho)$ vertauschen, mithin für $F(xy, x'y')$ einen Ansatz machen:

$$F(xy, x'y') = \overline{F}(xy, x'y') + C_1\overline{F}(xy, a_1b_1) + \cdots + C_\varrho\overline{F}(xy, a_\varrho b_\varrho),$$

um sich dann in analoger Weise wie vorher zu überzeugen, dass die Bestimmung von $C_1, \ldots C_\varrho$ im Allgemeinen nicht möglich ist. Das Resultat dieser Untersuchung ist demnach: Wenn man zwei Functionen $F(xy, x'y')$ und $\overline{F}(xy, x'y')$ von den angenommenen Eigenschaften hat, so müssen sie nothwendig von demselben Grade sein. Vorausgesetzt ist bei der Deduction allerdings, dass die beiden Reihen $(a_1b_1), \ldots (a_\varrho b_\varrho)$ und $(a'b'), \ldots (a^{(\sigma)}b^{(\sigma)})$ keine gemeinschaftlichen Stellen enthalten. Aber auch wenn dies der Fall ist, ändert sich im Princip nichts; denn man kann dann eine dritte Reihe zu Hülfe nehmen, welche mit keiner der beiden ersten eine Stelle gemein hat. Oder man verfährt direct, indem man die Summation nur über so viele Functionen $F(xy, a^{(\beta)}b^{(\beta)})$ erstreckt, als verschiedene Stellen in den beiden Reihen vorhanden sind, und hierauf denselben Weg einschlägt wie vorher. Man bekommt dann weniger Unbekannte und weniger Gleichungen.

Wir gehen nun noch näher auf die Aufgabe ein, eine rationale Function des Paares (xy) zu bilden, welche an σ gegebenen Stellen von der ersten Ordnung unendlich gross wird. Die Lösung dieser Aufgabe ist möglich, sobald $\sigma > \varrho$ angenommen wird, wie schon aus dem Vorhergehenden ersichtlich ist. Es seien jetzt $(x_1y_1), \ldots (x_ry_r)$ und $(a_1b_1), \ldots (a_{\varrho'}b_{\varrho'})$ die Unendlichkeitsstellen der zu bildenden Function, wobei wir annehmen, dass die in der ersten Reihe enthaltenen r Stellen nicht in der Reihe $(a_1b_1), \ldots (a_\varrho b_\varrho)$ vorkommen. Dann ist $\sigma = r + \varrho'$ und $\sigma > \varrho$, also $r > \varrho - \varrho'$. Wir betrachten die Function

$$C_1F(xy, x_1y_1) + C_2F(xy, x_2y_2) + \cdots + C_rF(xy, x_ry_r),$$

welche bei beliebigen Coefficienten C_α an den $r+\varrho$ Stellen $(x_1 y_1), \dots (x_r y_r)$, $(a_1 b_1), \dots (a_\varrho b_\varrho)$ unendlich gross wird, und bestimmen die Coefficienten so, dass sie an den $\varrho-\varrho'$ Stellen $(a_{\varrho'+1} b_{\varrho'+1}), \dots (a_\varrho b_\varrho)$ nicht mehr unendlich wird. Setzt man für (xy) ein Functionenpaar, welches die Umgebung einer dieser $\varrho-\varrho'$ Stellen liefert, und entwickelt nach Potenzen von t, so ergeben sich, da jedesmal der Coefficient von t^{-1} verschwinden muss, die Bedingungsgleichungen

$$C_1 F^{(\alpha)}(x_1 y_1) + C_2 F^{(\alpha)}(x_2 y_2) + \cdots + C_r F^{(\alpha)}(x_r y_r) = 0 \qquad (\alpha = \varrho'+1, \dots \varrho).$$

Wir erhalten demnach $\varrho-\varrho'$ homogene lineare Gleichungen mit r Unbekannten $C_1, \dots C_r$, und da

$$r > \varrho - \varrho',$$

so ist die Bestimmung der Unbekannten möglich, und es existiren also stets Functionen, welche an mehr als ϱ beliebig gewählten Stellen, und nur an diesen, von der ersten Ordnung unendlich gross werden. Die Zahl $\varrho+1$ giebt hiernach die kleinste Anzahl beliebig zu wählender Stellen eines Gebildes $f(x, y) = 0$ an, welche angenommen werden muss, damit sich eine rationale Function des Paares (xy) bilden lasse, die nur an diesen Stellen von der ersten Ordnung unendlich gross wird.

Aus der durchgeführten Untersuchung geht hervor, dass die Zahl ϱ nur von der Natur des gegebenen Gebildes abhängt. Sie soll als der **Rang** des algebraischen Gebildes bezeichnet werden.

Von welcher Bedeutung der Rang für die Theorie der algebraischen Gebilde ist, erkennt man namentlich aus dem Satze, dass diese Zahl für alle Gebilde, welche aus einander durch rationale Transformation hervorgehen, denselben Werth behält. Dies ist aus der Bedeutung von ϱ leicht abzuleiten. Es seien nämlich zwei Grössen ξ, η mit x, y durch die Gleichungen verbunden:

$$\begin{cases} \xi = R_1(xy) \\ \eta = R_2(xy), \end{cases}$$

wo die rationalen Functionen $R_1(xy)$ und $R_2(xy)$ so gewählt sind, dass auch umgekehrt x und y sich rational durch ξ und η ausdrücken lassen. Die durch Elimination von x und y entstehende Gleichung

$$f_1(\xi, \eta) = 0,$$

welche nach dem Früheren (S. 59) irreductibel ist, stellt das transformirte algebraische Gebilde dar. Irgend eine rationale Function $\mathfrak{R}(xy)$ verwandelt sich durch die obige Substitution in eine rationale Function $\mathfrak{R}_1(\xi\eta)$, und den Unendlichkeitsstellen $(x_1 y_1), \ldots (x_p y_p)$ der ersten Function entsprechen die Unendlichkeitsstellen $(\xi_1 \eta_1), \ldots (\xi_p \eta_p)$ der zweiten. Sind endlich $(x_t y_t)$ und $(\xi_t \eta_t)$ zwei Functionenpaare, welche entsprechende Elemente der beiden Gebilde darstellen, so müssen die Entwickelungen von $\mathfrak{R}(x_t y_t)$ und $\mathfrak{R}_1(\xi_t \eta_t)$ nach Potenzen von t identisch sein; die beiden Functionen haben demnach für entsprechende Unendlichkeitsstellen und Nullstellen dieselben Ordnungszahlen, und der Grad beider ist derselbe.

Wenn also die Werthepaare $(\xi'\eta')$ und $(x'y')$, $(\alpha_1\beta_1), \ldots (\alpha_\varrho\beta_\varrho)$ und $(a_1 b_1), \ldots (a_\varrho b_\varrho)$, $(\alpha_0\beta_0)$ und $(a_0 b_0)$ einander entsprechen, so kann man sagen, dass die Function $F_1(\xi\eta, \xi'\eta')$, welche aus $F(xy, x'y')$ durch die obige Substitution hervorgeht, an der Stelle $(\xi'\eta')$ und den Stellen $(\alpha_1\beta_1), \ldots (\alpha_\varrho\beta_\varrho)$ von der ersten Ordnung unendlich wird, an der Stelle $(\alpha_0\beta_0)$ aber verschwindet. Die Stellen $(\alpha_1\beta_1), \ldots (\alpha_\varrho\beta_\varrho)$ sind offenbar so beschaffen, dass es keine rationale Function des Paares $(\xi\eta)$ giebt, die nur für sie von der ersten Ordnung unendlich würde; denn sonst würde es auch eine Function von (xy) geben, die nur an den Stellen $(a_1 b_1), \ldots (a_\varrho b_\varrho)$ unendlich wird, was ausgeschlossen ist. Das durch rationale Transformation erlangte Gebilde $f_1(\xi, \eta) = 0$ ist mithin ebenfalls vom Range ϱ.

Der Rang hat hiernach für die algebraischen Gebilde eine ganz andere Bedeutung als z. B. die Ordnung oder Classe für die algebraischen Curven. Denn diese Zahlen bleiben nur bei linearen Transformationen ungeändert, während ϱ auch bei einer allgemeinen rationalen Transformation nicht verändert wird.

Wir kehren zu der Function $F(xy, x'y')$ zurück, deren Einführung auch für die Theorie der Integrale algebraischer Functionen von wesentlicher Bedeutung ist, und gehen auf ihre Zusammensetzung noch näher ein. Wir haben diese Function (S. 64—65) in der Form dargestellt:

$$F(xy, x'y') = \frac{f(xy, y')(x'-a')\ldots(x'-a^{(m-1)})}{(x'-x)(x-a')\ldots(x-a^{(m-1)})} - F^{(1)}(x'y')\mathfrak{F}_1(xy) - \cdots - F^{(k)}(x'y')\mathfrak{F}_k(xy).$$

Durch die Subtraction des Ausdrucks

$$\sum_\varkappa F^{(\varkappa)}(x'y')\mathfrak{F}_\varkappa(xy)$$

wurde erreicht, dass die Function $F(xy, x'y')$ ausser der Stelle $(x'y')$ nur noch $l-k=\varrho$ Unendlichkeitsstellen besitzt, die nicht für sich allein ein vollständiges System von Unendlichkeitsstellen einer rationalen Function bilden können. Die Zerlegung in Partialbrüche ergiebt

$$\frac{(x'-a')\dots(x'-a^{(m-1)})}{(x'-x)(x-a')\dots(x-a^{(m-1)})} = \frac{c}{x'-x} + \frac{c'}{x-a'} + \dots + \frac{c^{(m-1)}}{x-a^{(m-1)}}.$$

Hierbei ist $c = 1$, die folgenden Coefficienten $c', \dots c^{(m-1)}$ sind ganze Functionen von x'. Man erhält also aus der obigen Gleichung die Darstellung

$$F(xy, x'y') = \frac{f(xy, y')}{x'-x} + \sum_{\lambda} \overline{F}^{(\lambda)}(x'y')\,\mathfrak{F}_{\lambda}(xy),$$

in welcher wesentlich ist, dass in der Summe von Producten an zweiter Stelle der eine Factor nur von $(x'y')$, der andere nur von (xy) abhängt; und zwar ist der erste Factor eine ganze Function des Paares $(x'y')$, der zweite eine rationale Function des Paares (xy). Das Glied an erster Stelle ist unmittelbar aus der Gleichung $f(x, y) = 0$ zu bilden.

Hat man eine solche Function, so kann man aus ihr durch das oben beschriebene Verfahren beliebig viele herstellen. Sind nämlich $(a'b'), \dots (a^{(\varrho)}b^{(\varrho)})$ andere ϱ Stellen, für welche es keine Function giebt, die nur an ihnen von der ersten Ordnung unendlich wird, so sei $F(xy, x'y', a'b', \dots a^{(\varrho)}b^{(\varrho)})$ eine Function, die ausser an der Stelle $(x'y')$ nur an diesen ϱ festen Stellen unendlich wird. Um sie zu bilden, gehen wir von dem Ausdruck

$$F(xy, x'y') + C'F(xy, a'b') + \dots + C^{(\varrho)}F(xy, a^{(\varrho)}b^{(\varrho)})$$

aus und bestimmen die Coefficienten $C^{(\alpha)}$ so, dass er an den Stellen $(a_\alpha b_\alpha)$ endlich bleibt. Wir erhalten dadurch ϱ Gleichungen der Form

$$F^{(\alpha)}(x'y') + C'F^{(\alpha)}(a'b') + \dots + C^{(\varrho)}F^{(\alpha)}(a^{(\varrho)}b^{(\varrho)}) = 0 \qquad (\alpha = 1, 2, \dots \varrho).$$

Die Determinante aus den Coefficienten der Grössen $C^{(\alpha)}$ kann nicht Null sein; denn dies würde bedeuten, dass es eine Function gäbe, welche nur an den Stellen $(a'b'), \dots (a^{(\varrho)}b^{(\varrho)})$ unendlich würde (S. 68). $C^{(\alpha)}$ ergiebt sich mithin als lineare Function $\overline{\overline{F}}^{(\alpha)}(x'y')$ der Grössen $F^{(1)}(x'y'), \dots F^{(\varrho)}(x'y')$, sodass man

$$F(xy, x'y', a'b', \dots a^{(\varrho)}b^{(\varrho)}) = F(xy, x'y') + \sum_{\alpha=1}^{\varrho} \overline{\overline{F}}^{(\alpha)}(x'y')F(xy, a^{(\alpha)}b^{(\alpha)})$$

oder, wenn man für $F(xy, x'y')$ den vorher gefundenen Ausdruck einsetzt,

$$F(xy, x'y', a'b', \dots a^{(\varrho)}b^{(\varrho)}) = \frac{f(xy, y')}{x'-x} + \sum_{\mu} (x'y')_{\mu}[xy]_{\mu}$$

erhält, wo in der Summe wieder ganze Functionen des Paares $(x'y')$ mit rationalen Functionen des Paares (xy) multiplicirt sind.

Man braucht also nur eine Function von den angegebenen Eigenschaften wirklich herzustellen. Auch ist die Voraussetzung nicht wesentlich, dass die Unendlichkeitsstellen $(a'b'), \dots (a^{(\varrho)}b^{(\varrho)})$ der Function alle von einander verschieden sind. Um diese Beschränkung aufzuheben, ist es vor Allem nöthig, aus der Function $F(xy, x'y')$ eine andere abzuleiten, die an einer willkürlich angenommenen Stelle von beliebig vorgeschriebener Ordnung und an ϱ anderen Stellen von der ersten Ordnung unendlich gross wird.

Dieselbe Rolle wie hier $F(xy, x'y')$ spielt für die rationalen Functionen einer Veränderlichen die Function $\frac{1}{x-x'}$, welche für $x = x'$ von der ersten Ordnung unendlich wird. Man kann aus ihr Functionen, welche an einer gegebenen Stelle a von beliebiger Ordnung unendlich gross werden, dadurch ableiten, dass man $x' = a + t$ setzt und nach Potenzen von t entwickelt:

$$\frac{1}{x-a-t} = \frac{1}{x-a} + \frac{1}{(x-a)^2}t + \cdots.$$

Die Coefficienten der Entwickelung liefern nämlich Functionen, die an der Stelle $x = a$ von der ersten, zweiten, ... Ordnung unendlich gross werden. Ganz ähnlich könnte man für die Function

$$\frac{F(xy, x'y')}{f(x'y')_2}$$

verfahren, deren Entwickelung für die Umgebung der Stelle $(x'y')$ mit $\frac{1}{x'-x}$ beginnt (S. 66). Setzt man hier, wenn (ab) eine Stelle bedeutet, für die $f(xy)_2$ nicht verschwindet,

$$x' = a + t, \quad y' = b + t\mathfrak{P}(t),$$

so erhält man die Entwickelung

$$-\frac{1}{x-a-t} + \mathfrak{P}(x-a-t),$$

aus der ähnlich wie vorher Functionen abgeleitet werden könnten, die an der Stelle (ab) von beliebiger Ordnung unendlich werden. Allein wir dürfen, um hinreichend allgemein zu verfahren, die Stelle (ab) jener Beschränkung nicht unterwerfen.

Es sei $(x'_\tau y'_\tau)$ ein beliebiges Functionenpaar, welches ein Element mit dem Mittelpunkt $(x'y')$ darstellt. Dann empfiehlt es sich, anstatt $\frac{F(xy, x'_\tau y'_\tau)}{f(x'_\tau y'_\tau)_2}$ nach Potenzen von τ zu entwickeln, von vornherein den Ausdruck noch mit $\frac{dx'_\tau}{d\tau}$ zu multipliciren, weil er nur in dieser Verbindung in der Theorie der Integrale algebraischer Functionen gebraucht wird und alsdann auch keine der Variablen x und y vor der anderen bevorzugt ist. Denn durch Differentiation der Gleichung $f(x, y) = 0$ folgt

$$f(xy)_1 dx + f(xy)_2 dy = 0,$$

mithin

$$\frac{dx}{f(xy)_2} = -\frac{dy}{f(xy)_1},$$

und es ist daher

$$\frac{F(xy, x'_\tau y'_\tau)}{f(x'_\tau y'_\tau)_2}\frac{dx'_\tau}{d\tau} = -\frac{F(xy, x'_\tau y'_\tau)}{f(x'_\tau y'_\tau)_1}\frac{dy'_\tau}{d\tau}.$$

Im Folgenden werde nun bleibend

$$\frac{F(xy, x'y') - F(a_0 b_0, x'y')}{f(x'y')_2} = H(xy, x'y')$$

gesetzt, wobei $F(xy, x'y')$ die $\varrho + 1$ Unendlichkeitsstellen $(x'y'), (a_1 b_1), \ldots (a_\varrho b_\varrho)$ hat, aber noch nicht an der Stelle $(a_0 b_0)$ verschwinden soll. Dann ist $H(xy, x'y')$ eine rationale Function des Paares (xy), die ausser an der Stelle $(x'y')$ noch an ϱ von einander verschiedenen festen Stellen $(a_1 b_1), \ldots (a_\varrho b_\varrho)$ von der ersten Ordnung unendlich wird und an der Stelle $(a_0 b_0)$ verschwindet; $\frac{F(xy, x'y')}{f(x'y')_2}$ kann hierbei in der Form:

$$\frac{F(xy, x'y')}{f(x'y')_2} = \frac{f(xy, y')}{(x'-x) f(x'y')_2} + \sum_\lambda \frac{(x'y')_\lambda [xy]_\lambda}{f(x'y')_2}$$

dargestellt werden, wo $(x'y')_\lambda$ eine ganze Function des Paares $(x'y')$ und $[xy]_\lambda$ eine rationale Function des Paares (xy) bedeutet.

Unsere nächste Aufgabe ist, die Entwickelung von

$$H(x_t y_t, x'_\tau y'_\tau)\frac{dx'_\tau}{d\tau}$$

nach Potenzen von t und τ zu untersuchen. Dabei soll $(x_t y_t)$ ein willkürlich angenommenes Functionenpaar sein und mit $(x_\tau y_\tau)$ dasjenige Functionenpaar bezeichnet werden, welches aus jenem durch Vertauschung von t mit τ oder durch eine Substitution

$$t = c\tau + c'\tau^2 + \cdots$$

hervorgeht. $(x'_t y'_t)$ und $(x'_\tau y'_\tau)$ dagegen sollen ein Element darstellen, das mit dem durch $(x_t y_t)$ oder $(x_\tau y_\tau)$ dargestellten nicht äquivalent ist.

Für diese Untersuchung ist es nöthig, beurtheilen zu können, wann der Quotient zweier Potenzreihen von t und τ sich in eine gewöhnliche Potenzreihe entwickeln lässt. In meiner Ahhandlung »Einige auf die Theorie der analytischen Functionen mehrerer Veränderlichen sich beziehende Sätze« habe ich im § 2 den folgenden Satz bewiesen, mit dessen Hülfe die aufgeworfene Frage zu entscheiden ist:

»Kann man zeigen, dass der absolute Betrag des Quotienten

$$\frac{\mathfrak{P}_1(x_1, \dots x_n)}{\mathfrak{P}_0(x_1, \dots x_n)},$$

wenn $(x_1, \dots x_n)$ in einer gewissen Umgebung der Stelle $(0, \dots 0)$ und so, dass $\mathfrak{P}_0(x_1, \dots x_n)$ nicht gleich Null ist, angenommen wird, stets kleiner als eine angebbare Grösse ist, so reicht dies aus, um festzustellen, dass $\mathfrak{P}_1(x_1, \dots x_n)$ durch $\mathfrak{P}_0(x_1, \dots x_n)$ theilbar ist.« Dabei wird vorausgesetzt, dass $\mathfrak{P}_0(0, \dots 0)$ und $\mathfrak{P}_1(0, \dots 0)$ gleich Null sind.*)

Bei diesem Nachweise kann man noch eine endliche Anzahl von Werthsystemen $(x_1, \dots x_n)$ ausschliessen.

Will man diesen Satz auf

$$H(x_t y_t, x'_\tau y'_\tau)\frac{dx'_\tau}{d\tau} = \frac{F(x_t y_t, x'_\tau y'_\tau) - F(a_0 b_0, x'_\tau y'_\tau)}{f(x'_\tau y'_\tau)_2}\,\frac{dx'_\tau}{d\tau}$$

$$= \frac{f(x_t y_t, y'_\tau)}{(x'_\tau - x_t)f(x'_\tau y'_\tau)_2}\,\frac{dx'_\tau}{d\tau} - \frac{f(a_0 b_0, y'_\tau)}{(x'_\tau - a_0)f(x'_\tau y'_\tau)_2}\,\frac{dx'_\tau}{d\tau} + \frac{1}{f(x'_\tau y'_\tau)_2}\sum_\lambda \{[x_t y_t]_\lambda - [a_0 b_0]_\lambda\}(x'_\tau y'_\tau)_\lambda \frac{dx'_\tau}{d\tau}$$

anwenden, so ist zunächst zu bemerken, dass das zweite und dritte Glied rechts sich stets nach Potenzen von t und τ entwickeln lassen, und dass dabei negative Potenzen, wenn sie überhaupt vorkommen, sicher nur in endlicher Anzahl auftreten. Bei der Untersuchung des ersten Gliedes der rechten Seite sind mehrere Fälle zu unterscheiden.

Erstens: x_t und x'_τ haben für $t = 0$ und $\tau = 0$ endliche, von einander

*) Vgl. Bd. II, S. 146 dieser Ausgabe.

verschiedene Werthe. Der Nenner beginnt dann, nöthigenfalls nach Absonderung eines Factors τ^β, mit einer constanten, von Null verschiedenen Grösse, und die Entwickelung des ersten Gliedes nach steigenden Potenzen von t und τ ist möglich.

Zweitens: Von den beiden Functionen x_t und x'_τ wird die eine, z. B. x_t, für $t=0$ unendlich gross, während die andere für $\tau=0$ endlich bleibt. Dann kann man setzen

$$\frac{1}{x_t - x'_\tau} = \frac{1}{x_t} + \frac{x'_\tau}{x_t^2} + \cdots$$

und erhält für jenes Glied, wie man leicht sieht, wieder eine Potenzreihe von t und τ.

Drittens: x_t und x'_τ reduciren sich für die Nullwerthe auf denselben endlichen Werth a, sodass

$$\begin{cases} x_t = a + a_1 t^\mu + \cdots \\ y_t = b + b_1 t^\nu + \cdots, \end{cases}$$

$$\begin{cases} x'_\tau = a + a'_1 \tau^{\mu'} + \cdots \\ y'_\tau = b' + b'_1 \tau^{\nu'} + \cdots \end{cases}$$

gesetzt werden kann. b' ist hierbei nur dann gleich b, wenn die beiden nicht äquivalenten Elemente $(x_t y_t)$ und $(x'_\tau y'_\tau)$ denselben Mittelpunkt haben. Wird für $t=0$ oder $\tau=0$ y_t oder y'_τ unendlich gross, so ist $y_t - b$ durch $\frac{1}{y_t}$ und $y'_\tau - b'$ durch $\frac{1}{y'_\tau}$ zu ersetzen (S. 54). Dann schliessen wir zunächst solche Werthe von t und τ aus, für welche entweder $f(x'_\tau y'_\tau)_2$ verschwindet, oder y_t oder y'_τ unendlich gross wird. Alsdann kann der Quotient $\frac{f(x_t y_t, y'_\tau)}{f(x'_\tau y'_\tau)_2}$, da $f(xy, y')$ eine ganze rationale Function von x, y, y' ist (S. 62), für kleine Werthe von $|t|$ und $|\tau|$ nach steigenden Potenzen dieser Grössen entwickelt werden. Ist das Werthepaar (ab') ein singuläres, sodass $f(ab')_2$ verschwindet, oder stellt eins der beiden Functionenpaare ein unendlich fernes Element des Gebildes dar, so können in dieser Entwickelung auch negative Potenzen auftreten, aber nur in endlicher Anzahl. Bezeichnet man mit $\mathfrak{P}(t, \tau)$ eine Potenzreihe, welche nur positive Potenzen von t und τ enthält, so kann man also stets schreiben:

$$\frac{f(x_t y_t, y'_\tau)}{(x_t - x'_\tau) f(x'_\tau y'_\tau)_2} \frac{dx'_\tau}{d\tau} = \frac{\mathfrak{P}(t, \tau)}{t^\alpha \tau^\beta} \frac{1}{x_t - x'_\tau}.$$

Wäre nun $\frac{\mathfrak{P}(t,\tau)}{x_t-x'_\tau}$ nicht nach positiven Potenzen von t und τ entwickelbar, so würde man für unzählige Werthsysteme (t,τ) bewirken können, dass der Nenner verschwindet, der Zähler aber nicht, wobei man ausser den schon vorher ausgeschlossenen Werthen von t und τ auch die Werthe $t=0$, $\tau=0$ ausschliessen darf. Der Quotient und demnach die linke Seite der vorstehenden Gleichung würde also für unendlich viele Werthsysteme (t,τ) unendlich gross werden. Es wird aber

$$\frac{f(x_t y_t, y'_\tau)}{(x_t-x'_\tau)f(x'_\tau y'_\tau)_2}\frac{dx'_\tau}{d\tau}$$

unter den gemachten Annahmen nur unendlich, wenn gleichzeitig $x_t=x'_\tau$, $y_t=y'_\tau$ ist. Bestimmt man nun zu einem kleinen Werthe von t einen entsprechenden Werth von τ so, dass $x_t=x'_\tau$ wird, so ist nicht stets $y_t=y'_\tau$, denn sonst würde $(x_t y_t)$ dasselbe Element darstellen wie $(x'_\tau y'_\tau)$. Die rechte Seite der obigen Gleichung lässt sich mithin in eine Potenzreihe von t und τ entwickeln, die nur eine endliche Anzahl negativer Potenzen enthalten kann.

Viertens: Ist x_t für $t=0$ und gleichzeitig x'_τ für $\tau=0$ unendlich gross, hat man also

$$\frac{1}{x_t}=gt^\mu+\cdots,$$

$$\frac{1}{x'_\tau}=g'\tau^{\mu'}+\cdots,$$

so setze man

$$\frac{1}{x_t-x'_\tau}=-\frac{1}{\frac{1}{x_t}-\frac{1}{x'_\tau}}\cdot\frac{1}{x_t x'_\tau};$$

man erhält dann dasselbe Resultat wie vorher, nur kommt noch eine Potenzreihe aus dem Factor $\frac{1}{x_t x'_\tau}$ hinzu. Die Form der Entwickelung bleibt unverändert bestehen.

Bezeichnet nun

$$P(t,\tau),$$

auch wenn der Buchstabe P mit einem Index versehen ist, stets eine nach ganzen Potenzen von t und τ fortschreitende Reihe, welche negative Potenzen, wenn überhaupt, nur in endlicher Anzahl enthält, so ergiebt sich durch Zusammenfassung des Vorhergehenden das Resultat: Es ist

$$H(x_t y_t, x'_\tau y'_\tau)\frac{dx'_\tau}{d\tau}=P_1(t,\tau),$$

sobald, wie oben festgesetzt, die beiden Functionenpaare $(x_t y_t)$ und $(x'_\tau y'_\tau)$ nicht äquivalente Elemente des Gebildes darstellen.

Es bleibt noch die Entwickelung von $H(x_t y_t, x_\tau y_\tau)\frac{dx_\tau}{d\tau}$ vorzunehmen, also der vorher ausgeschlossene Fall zu untersuchen, in welchem die beiden Functionenpaare dasselbe oder äquivalente Elemente darstellen. Es sei

$$x_t = a + a_1 t^\mu + \cdots,$$

so kann gesetzt werden

$$x_\tau = a + a_1 \tau^\mu + \cdots,$$

also

$$x_t - x_\tau = a_1(t^\mu - \tau^\mu) + \cdots = (t-\tau)\mathfrak{P}(t, \tau).$$

Da nun für $\tau = 0$ die Entwickelung von $x_t - x_\tau$ mit $a_1 t^\mu$ beginnt, so kann man nach den im ersten Kapitel mehrfach angewandten Sätzen der Functionentheorie setzen:

$$x_t - x_\tau = [t^\mu + (\tau)_1 t^{\mu-1} + \cdots + (\tau)_\mu]\overline{\mathfrak{P}}(t, \tau),$$

wo das Anfangsglied von $\overline{\mathfrak{P}}(t, \tau)$ eine constante, von Null verschiedene Grösse ist und $(\tau)_1, \ldots (\tau)_\mu$ Potenzreihen von τ mit nur positiven Potenzen bezeichnen. Aus der Entwickelung

$$\frac{f(x_t y_t, y_\tau)}{(x_t - x_\tau) f(x_\tau y_\tau)_2} \frac{dx_\tau}{d\tau} = \frac{\mathfrak{P}_0(t, \tau)}{t^\alpha \tau^\beta} \frac{1}{x_t - x_\tau} \frac{dx_\tau}{d\tau} = -\frac{\mathfrak{P}_0(t, \tau)}{t^\alpha \tau^\beta} \frac{d \log (x_t - x_\tau)}{d\tau}$$

folgt daher

$$\frac{f(x_t y_t, y_\tau)}{(x_t - x_\tau) f(x_\tau y_\tau)_2} \frac{dx_\tau}{d\tau} = \frac{\mathfrak{P}_1(t, \tau)}{t^\alpha \tau^\beta [t^\mu + (\tau)_1 t^{\mu-1} + \cdots + (\tau)_\mu]}.$$

Zu jedem hinreichend kleinen Werthe von τ gehören zu Folge der Gleichung

$$t^\mu + (\tau)_1 t^{\mu-1} + \cdots + (\tau)_\mu = 0$$

μ Werthe t, für welche der Nenner verschwindet. Einer von diesen ist $t = \tau$, die übrigen seien mit $t_1, \ldots t_{\mu-1}$ bezeichnet. Wir schliessen nun ausser dem Werthepaar $t = 0$, $\tau = 0$ erstens diejenigen unendlich kleinen Werthe von τ aus, für welche die zugehörigen Werthe von t nicht sämmtlich verschieden sind, und zweitens diejenigen, für welche $f(x_\tau y_\tau)_2 = 0$ ist. Für alle nicht ausgeschlossenen Werthe braucht dann, wenn $x_t = x_\tau$ ist, nicht auch $y_t = y_\tau$ zu sein, vielmehr tritt dies nur für den einen Werth $t = \tau$ ein. Wenn der zu x_τ gehörige Werth y_t von y_τ verschieden ist, so verschwindet der Zähler des betrachteten Ausdruckes, denn $f(xy, y')$ wird Null, wenn x gleich x', y aber von y' verschieden angenommen wird. Es verschwindet daher auch $\mathfrak{P}_1(t, \tau)$ für $t = t_1, \dots t_{\mu-1}$. Für $t = \tau$ wird $\frac{f(xy, y')}{f(x'y')_2} = 1$ (S. 63), also ergiebt sich

$$\frac{\mathfrak{P}_0(t, \tau)}{t^\alpha \tau^\beta} = \begin{cases} 0 & \text{für } t = t_1, \dots t_{\mu-1} \\ 1 & \text{für } t = \tau. \end{cases}$$

Aus $x_t - x_\tau = (t-\tau)\mathfrak{P}(t, \tau)$ folgt noch

$$\frac{d\log(x_t - x_\tau)}{d\tau} = -\frac{1}{t-\tau} + P_2(t, \tau).$$

Betrachtet man nun die Function

$$\frac{f(x_t y_t, y_\tau)}{(x_t - x_\tau) f(x_\tau y_\tau)_2} \frac{dx_\tau}{d\tau} - \frac{1}{t-\tau},$$

so wird diese für $t = \tau$ nicht mehr unendlich. Setzt man $t = t_1, \dots t_{\mu-1}$, so hat nach Ausschluss der angegebenen Werthe von τ sowohl das erste, wie das zweite Glied einen endlichen Werth. Die Potenzentwickelung ist daher für diese Function möglich, d. h. es wird

$$\frac{f(x_t y_t, y_\tau)}{(x_t - x_\tau) f(x_\tau y_\tau)_2} \frac{dx_\tau}{d\tau} - \frac{1}{t-\tau} = \frac{\overline{P}_1(t, \tau)}{t^\alpha \tau^\beta}.$$

Stellen $(x_t y_t)$ und $(x_\tau y_\tau)$ dasselbe unendlich ferne Element des Gebildes dar, so sind $\frac{1}{x_t}$ und $\frac{1}{x_\tau}$ einzuführen (S. 75), und es ändert sich in den vorhergehenden Betrachtungen nichts Wesentliches. Demnach gelangen wir in dem vorliegenden Fall zu dem Resultat:

$$H(x_t y_t, x_\tau y_\tau) \frac{dx_\tau}{d\tau} = \frac{1}{\tau - t} + P(t, \tau).$$

Nach Aufstellung der beiden fundamentalen Gleichungen für die Entwickelung von $H(x_t y_t, x'_\tau y'_\tau)\frac{dx'_\tau}{d\tau}$ und von $H(x_t y_t, x_\tau y_\tau)\frac{dx_\tau}{d\tau}$ müssen wir uns nun darüber Rechenschaft ablegen, wann negative Potenzen von t und τ überhaupt vorkommen können. In den beiden mit $P(t, \tau)$ und $P_1(t, \tau)$ bezeichneten Potenzreihen können negative Potenzen von t nicht auftreten, so lange das Functionenpaar $(x_t y_t)$ nicht die Umgebung einer der Stellen $(a_1 b_1), \dots (a_\varrho b_\varrho)$ darstellt. Denn sonst würden die rechten Seiten der aufgestellten Gleichungen für $t=0$ unendlich gross werden, welchen Werth innerhalb gewisser Grenzen man auch der Grösse τ beilegte. Es wird aber die Function $H(xy, x'y')$ nur unendlich gross, und zwar von der ersten Ordnung, wenn (xy) gleich einem der Paare $(a_\alpha b_\alpha)$ genommen wird, und ausserdem für $(xy)=(x'y')$, d. h. für $t=\tau$.

Das Functionenpaar, welches die Umgebung der Stelle $(a_\alpha b_\alpha)$ darstellt, werde nun mit

$$(\overset{\alpha}{x}_t \overset{\alpha}{y}_t)$$

bezeichnet. Für dieses Functionenpaar tritt bei der Entwickelung von $H(xy, x'y')$ nach Potenzen von t die eine negative Potenz t^{-1} auf, und es werde gesetzt

$$\text{(A.)} \qquad H(\overset{\alpha}{x}_t \overset{\alpha}{y}_t, x'y') = H(x'y')_\alpha t^{-1} + \sum_{\nu=0}^{\infty} H^{(\nu)}(x'y')_\alpha t^\nu.$$

Die rationalen Functionen $H(x'y')_\alpha$ und $H'(x'y')_\alpha = -H^{(1)}(x'y')_\alpha$ des Paares $(x'y')$, die hier als Entwickelungs-Coefficienten erscheinen, werden eine bedeutende Rolle in den ferneren Untersuchungen spielen.

Um zu Functionen zu gelangen, die an einer gegebenen Stelle von beliebig hoher Ordnung unendlich gross werden, entwickeln wir, wie oben (S. 72—73) angedeutet wurde,

$$H(xy, x_\tau y_\tau)\frac{dx_\tau}{d\tau}$$

nach steigenden Potenzen von τ. Es sei, wenn (ab) das Werthepaar bezeichnet, das aus $(x_\tau y_\tau)$ für $\tau=0$ hervorgeht:

$$\text{(B.)} \qquad H(xy, x_\tau y_\tau)\frac{dx_\tau}{d\tau} = -\sum_\mu H(xy, ab)_\mu \tau^\mu.$$

Wir wollen die Eigenschaften der Functionen $H(xy, ab)_\mu$ untersuchen und zunächst annehmen, dass (ab) nicht mit einer der Stellen $(a_\alpha b_\alpha)$ zusammenfällt. Setzt man in die Gleichung (B.) $(x_t y_t)$ für (xy) ein, wobei $(x_t y_t)$ und $(x_\tau y_\tau)$ äquivalente Elemente sein sollen, und entwickelt die linke Seite nach steigenden Potenzen von τ, so ergiebt sich

$$-\sum_\mu H(x_t y_t, ab)_\mu \tau^\mu + t^{-1} + \tau t^{-2} + \tau^2 t^{-3} + \cdots = P(t, \tau).$$

Hieraus folgt durch Vergleichung der Coefficienten von τ^μ auf beiden Seiten

$$-H(x_t y_t, ab)_\mu + t^{-\mu-1} = [P(t,\tau)]_{\tau^\mu},$$

wenn, wie üblich, der Coefficient von τ^{μ} in der Reihe $P(t,\tau)$ mit $[P(t,\tau)]_{\tau^{\mu}}$ bezeichnet wird. Da nun in der Reihe $P(t,\tau)$ nach der über $(x_t y_t)$ gemachten Annahme negative Potenzen von t nicht vorkommen, so wird

$$H(x_t y_t, ab)_{\mu} = t^{-\mu-1} + \mathfrak{P}(t).$$

Für ein anderes Functionenpaar $(x'_t y'_t)$, dessen Mittelpunkt weder die Stelle (ab) noch eine der Stellen $(a_\alpha b_\alpha)$ ist, erhält man ebenso aus der Gleichung $H(x_t y_t, x'_\tau y'_\tau)\frac{dx'_\tau}{d\tau} = P_1(t,\tau)$:

$$-H(x'_t y'_t, ab)_{\mu} = [P_1(t,\tau)]_{\tau^{\mu}},$$

d. h.

$$H(x'_t y'_t, ab)_{\mu} = \mathfrak{P}_1(t).$$

Endlich ist auch

$$H(\overset{\alpha}{x}_t \overset{\alpha}{y}_t, x_\tau y_\tau)\frac{dx_\tau}{d\tau} = P_1(t,\tau),$$

aber $P_1(t,\tau)$ enthält jetzt die negative Potenz t^{-1}, und zwar wird nach (A.)

$$H(\overset{\alpha}{x}_t \overset{\alpha}{y}_t, x_\tau y_\tau)\frac{dx_\tau}{d\tau} = H(x_\tau y_\tau)_\alpha \frac{dx_\tau}{d\tau} t^{-1} + \cdots.$$

In derselben Weise wie vorher ergiebt sich

$$H(\overset{\alpha}{x}_t \overset{\alpha}{y}_t, ab)_{\mu} = -t^{-1}\left[H(x_\tau y_\tau)_\alpha \frac{dx_\tau}{d\tau}\right]_{\tau^{\mu}} + \mathfrak{P}(t) \qquad (\alpha = 1, 2, \ldots \varrho).$$

Um die Form der Entwickelung von $H(\overset{\alpha}{x}_t \overset{\alpha}{y}_t, ab)_{\mu}$ zu ermitteln, wenn (ab) mit einer der Stellen $(a_\alpha b_\alpha)$ zusammenfällt, gehen wir von den Gleichungen

$$H(xy, \overset{\alpha}{x}_\tau \overset{\alpha}{y}_\tau)\frac{d\overset{\alpha}{x}_\tau}{d\tau} = -\sum_{\mu} H(xy, a_\alpha b_\alpha)_{\mu}\tau^{\mu},$$

$$H(\overset{\alpha}{x}_t \overset{\alpha}{y}_t, \overset{\alpha}{x}_\tau \overset{\alpha}{y}_\tau)\frac{d\overset{\alpha}{x}_\tau}{d\tau} + \frac{1}{t-\tau} = P(t,\tau)$$

aus. Der Ausdruck $H(\overset{\alpha}{x}_t \overset{\alpha}{y}_t, \overset{\alpha}{x}_\tau \overset{\alpha}{y}_\tau)\frac{d\overset{\alpha}{x}_\tau}{d\tau}$ muss von der ersten Ordnung unendlich gross werden, wenn man $t = 0$ setzt, τ aber innerhalb gewisser Grenzen beliebig lässt. Daher tritt in $P(t,\tau)$ die Potenz t^{-1} auf, und zwar nach (A.) mit dem Coefficienten

$$H(\overset{\alpha}{x}_\tau \overset{\alpha}{y}_\tau)_\alpha \frac{d\overset{\alpha}{x}_\tau}{d\tau}.$$

Entwickelt man nun wieder in der zweiten der vorstehenden Gleichungen beide Seiten nach steigenden Potenzen von τ und bestimmt den Coefficienten von τ^μ, so folgt mit Hülfe der ersten Gleichung:

$$-H(\overset{\alpha}{x}_t\overset{\alpha}{y}_t, a_\alpha b_\alpha)_\mu + t^{-\mu-1} = [P(t,\tau)]_{\tau^\mu},$$

d. h.

$$H(\overset{\alpha}{x}_t\overset{\alpha}{y}_t, a_\alpha b_\alpha)_\mu = t^{-\mu-1} - t^{-1}\left[H(\overset{\alpha}{x}_\tau\overset{\alpha}{y}_\tau)_\alpha \frac{d\overset{\alpha}{x}_\tau}{d\tau}\right]_{\tau^\mu} + \mathfrak{P}(t) \qquad (\alpha = 1, 2, \dots \varrho).$$

Bedeutet $(a_\beta b_\beta)$ eine von $(a_\alpha b_\alpha)$ verschiedene Stelle aus der Reihe $(a_1 b_1), \dots (a_\varrho b_\varrho)$, und wird $(\overset{\beta}{x}_t\overset{\beta}{y}_t)$ für das erste Functionenpaar gesetzt, so ist die Gleichung

$$H(\overset{\beta}{x}_t\overset{\beta}{y}_t, \overset{\alpha}{x}_\tau\overset{\alpha}{y}_\tau)\frac{d\overset{\alpha}{x}_\tau}{d\tau} = P_1(t,\tau)$$

zu benutzen; dann ergiebt sich

$$H(\overset{\beta}{x}_t\overset{\beta}{y}_t, a_\alpha b_\alpha)_\mu = -t^{-1}\left[H(\overset{\alpha}{x}_\tau\overset{\alpha}{y}_\tau)_\beta \frac{d\overset{\alpha}{x}_\tau}{d\tau}\right]_{\tau^\mu} + \mathfrak{P}_1(t) \qquad \binom{\alpha, \beta = 1, 2, \dots \varrho}{\alpha \gtrless \beta}.$$

Endlich ist

$$H(x'_t y'_t, \overset{\alpha}{x}_\tau\overset{\alpha}{y}_\tau)\frac{d\overset{\alpha}{x}_\tau}{d\tau} = P_1(t,\tau),$$

wo die Potenzreihe keine negativen Potenzen von t enthält, mithin

$$H(x'_t y'_t, a_\alpha b_\alpha)_\mu = \mathfrak{P}(t) \qquad (\alpha = 1, 2, \dots \varrho).$$

Die drei zuletzt ausgeführten Entwickelungen lassen erkennen, dass die Function

$$H(xy, a_\alpha b_\alpha)_\mu$$

nur an den Stellen $(a_1 b_1), \dots (a_\varrho b_\varrho)$ unendlich wird.

Nimmt man nun $\mu = 0$, so tritt überall nur die $(-1)^{\text{te}}$ Potenz von t auf. Da aber eine Function, welche nur an den Stellen $(a_\alpha b_\alpha)$ von der ersten Ordnung unendlich wird, nicht existirt, so muss $H(xy, a_\alpha b_\alpha)_0$ eine Constante sein. In der Gleichung (B.), welche zur Definition der Functionen $H(xy, ab)_\mu$ dient, wird die linke Seite gleich Null, wenn $(xy) = (a_0 b_0)$ gesetzt wird (S. 73). Folglich verschwindet auch die rechte Seite jedenfalls, wenn das Functionenpaar $(x_\tau y_\tau)$ nicht die Umgebung der Stelle $(a_0 b_0)$ darstellt, d. h. es ist

$$H(a_0 b_0, ab)_\mu = 0$$

für jedes Werthepaar (ab), welches von $(a_0 b_0)$ verschieden ist, und speciell

$$H(a_0 b_0, a_\alpha b_\alpha)_\mu = 0.$$

Setzt man nun in der Gleichung

$$H(xy, a_\alpha b_\alpha)_0 = C$$

$(xy) = (a_0 b_0)$, so folgt $C = 0$, also

$$H(xy, a_\alpha b_\alpha)_0 = 0.$$

Wir wollen jetzt untersuchen, ob in der Gleichung (B.) (S. 79) auch negative Potenzen von τ vorkommen können und in welcher Anzahl, ob also Functionen $H(xy, ab)_\mu$ mit einem negativen Index existiren. Es war allgemein (S. 78)

$$H(x_t y_t, x_\tau y_\tau)\frac{dx_\tau}{d\tau} = \frac{1}{\tau - t} + P(t, \tau),$$

und es traten in $P(t, \tau)$ negative Potenzen von t nur auf, wenn $(x_t y_t)$ mit einem der Functionenpaare $(\overset{\alpha}{x}_t \overset{\alpha}{y}_t)$ zusammenfiel. Mithin wird

$$H(x_t y_t, ab)_{-\mu} = -[\tau^{-1} + t\tau^{-2} + \cdots + P(t, \tau)]_{\tau^{-\mu}} = -t^{\mu-1} - [P(t, \tau)]_{\tau^{-\mu}},$$

d. h.

$$H(x_t y_t, ab)_{-\mu} = \mathfrak{P}(t).$$

Ferner ist

$$H(x'_t y'_t, ab)_{-\mu} = -[P_1(t, \tau)]_{\tau^{-\mu}} = \mathfrak{P}_1(t).$$

In den Gleichungen

$$H(\overset{\alpha}{x}_t \overset{\alpha}{y}_t, \overset{\alpha}{x}_\tau \overset{\alpha}{y}_\tau)\frac{d\overset{\alpha}{x}_\tau}{d\tau} + \frac{1}{t - \tau} = P(t, \tau),$$

$$H(\overset{\alpha}{x}_t \overset{\alpha}{y}_t, x_\tau y_\tau)\frac{dx_\tau}{d\tau} = P_1(t, \tau)$$

kommt auf den rechten Seiten die eine negative Potenz t^{-1} vor. Das Ergebniss aus allen vier Gleichungen ist also, dass $H(xy, ab)_{-\mu}$ nur an den Stellen $(a_\alpha b_\alpha)$, und zwar von der ersten Ordnung, unendlich werden kann. Dies ist nicht möglich, und es folgt daher, auch wenn (ab) mit einer Stelle $(a_\alpha b_\alpha)$ identisch ist,

$$H(xy, ab)_{-\mu} = C.$$

Nun haben wir aus der Gleichung (B.) abgeleitet, dass

$$H(a_0 b_0, ab)_\mu = 0$$

ist. Dies gilt für positive und negative Werthe von μ, und es ergiebt sich daher für $(xy) = (a_0 b_0)$ aus der vorhergehenden Gleichung $C = 0$, d. h.

$$H(xy, ab)_{-\mu} = 0,$$

wenn nur die Stelle (ab) von $(a_0 b_0)$ verschieden ist.

Um die in Rede stehenden Functionen auch für die letztere Stelle zu untersuchen, setzt man zweckmässig

$$H(xy, x'y') = \overline{H}(xy, x'y') - \overline{H}(a_0 b_0, x'y'),$$

wo die neue Function $\overline{H}(xy, x'y')$ die Eigenschaft besitzen soll, an einer von $(a_0 b_0)$ verschiedenen Stelle $(\bar{a}_0 \bar{b}_0)$ zu verschwinden. Im Übrigen möge sie, wie die ursprüngliche Function $H(xy, x'y')$, an den Stellen $(x'y')$, $(a_1 b_1)$, ... $(a_\varrho b_\varrho)$ unendlich gross werden, und ihre Entwickelung für die Umgebung der Stelle $(x'y')$ mit dem Gliede $\frac{1}{x'-x}$ beginnen.

Führen wir das Functionenpaar $(\overset{0}{x}_\tau \overset{0}{y}_\tau)$ ein, so wird

$$H(xy, \overset{0}{x}_\tau \overset{0}{y}_\tau) \frac{d\overset{0}{x}_\tau}{d\tau} = \overline{H}(xy, \overset{0}{x}_\tau \overset{0}{y}_\tau) \frac{d\overset{0}{x}_\tau}{d\tau} - \overline{H}(a_0 b_0, \overset{0}{x}_\tau \overset{0}{y}_\tau) \frac{d\overset{0}{x}_\tau}{d\tau},$$

und nach dem vorher Bewiesenen enthält der erste Theil auf der rechten Seite keine negativen Potenzen von τ. Es ist also

$$\left[H(xy, \overset{0}{x}_\tau \overset{0}{y}_\tau) \frac{d\overset{0}{x}_\tau}{d\tau}\right]_{\tau^{-\mu}} = -\left[\overline{H}(a_0 b_0, \overset{0}{x}_\tau \overset{0}{y}_\tau) \frac{d\overset{0}{x}_\tau}{d\tau}\right]_{\tau^{-\mu}}.$$

Ferner kommen in der Formel

$$\overline{H}(\overset{0}{x}_t \overset{0}{y}_t, \overset{0}{x}_\tau \overset{0}{y}_\tau) \frac{d\overset{0}{x}_\tau}{d\tau} + \frac{1}{t-\tau} = \overline{P}(t, \tau)$$

rechts negative Potenzen von t nicht vor, da $(\overset{0}{x}_t \overset{0}{y}_t)$ nicht die Umgebung einer der Stellen $(a_1 b_1)$ ... $(a_\varrho b_\varrho)$ darstellt. Für $t = 0$ folgt

$$\overline{H}(a_0 b_0, \overset{0}{x}_\tau \overset{0}{y}_\tau) \frac{d\overset{0}{x}_\tau}{d\tau} - \tau^{-1} = \overline{P}(0, \tau).$$

In $\overline{P}(t, \tau)$ können aber auch negative Potenzen von τ nicht auftreten. Denn giebt man t einen bestimmten, von Null verschiedenen Werth, für welchen das Functionenpaar $(\overset{0}{x}_t \overset{0}{y}_t)$ in (xy) übergehen möge, so müsste $\overline{P}(t,\tau)$, mithin auch $\overline{H}(xy, \overset{0}{x}_\tau \overset{0}{y}_\tau)\frac{d\overset{0}{x}_\tau}{d\tau}$, für $\tau = 0$ unendlich gross werden, d. h. $\overline{H}(xy, a_0 b_0)_{-\mu}$ von Null verschieden sein; dies ist aber nach dem Obigen nicht der Fall. Auf der rechten Seite der Gleichung

$$\overline{H}(a_0 b_0, \overset{0}{x}_\tau \overset{0}{y}_\tau)\frac{d\overset{0}{x}_\tau}{d\tau} = \tau^{-1} + \overline{P}(0, \tau)$$

ist hiernach τ^{-1} die einzige negative Potenz, also

$$\overline{H}(a_0 b_0, a_0 b_0)_{-1} = -1, \quad \overline{H}(a_0 b_0, a_0 b_0)_{-\mu} = 0 \quad (\mu > 1),$$

und hieraus folgt weiter:

$$H(xy, a_0 b_0)_{-\mu} = \begin{cases} 1, & \mu = 1 \\ 0, & \mu > 1. \end{cases}$$

Für einen positiven Index μ geben die auf S. 79—81 über die Functionen $H(xy, ab)_\mu$ entwickelten Gleichungen zusammengestellt folgende Formelsysteme:

$$\text{(I)} \begin{cases} (1) & H(x_t y_t, ab)_\mu = t^{-\mu-1} + \mathfrak{P}(t) \\ (2) & H(x_t' y_t', ab)_\mu = \mathfrak{P}(t) \\ (3) & H(\overset{\alpha}{x}_t \overset{\alpha}{y}_t, ab)_\mu = -t^{-1}\left[H(x_\tau y_\tau)_\alpha \frac{dx_\tau}{d\tau}\right]_{\tau^\mu} + \mathfrak{P}(t) \qquad (\alpha = 1, \dots \varrho). \end{cases}$$

$$\text{(II)} \begin{cases} (1) & H(\overset{\alpha}{x}_t \overset{\alpha}{y}_t, a_\alpha b_\alpha)_\mu = t^{-\mu-1} - t^{-1}\left[H(\overset{\alpha}{x}_\tau \overset{\alpha}{y}_\tau)_\alpha \frac{d\overset{\alpha}{x}_\tau}{d\tau}\right]_{\tau^\mu} + \mathfrak{P}(t) \qquad (\alpha = 1, \dots \varrho) \\ (2) & H(\overset{\beta}{x}_t \overset{\beta}{y}_t, a_\alpha b_\alpha)_\mu = -t^{-1}\left[H(\overset{\alpha}{x}_\tau \overset{\alpha}{y}_\tau)_\beta \frac{d\overset{\alpha}{x}_\tau}{d\tau}\right]_{\tau^\mu} + \mathfrak{P}(t) \qquad \left(\begin{matrix}\alpha, \beta = 1, \dots \varrho \\ \alpha \gtrless \beta\end{matrix}\right) \\ (3) & H(x_t' y_t', a_\alpha b_\alpha)_\mu = \mathfrak{P}(t) \qquad (\alpha = 1, \dots \varrho). \end{cases}$$

Nunmehr sind wir im Stande, das Verhalten der Function $H(xy, x'y')$ vollständig klarzulegen. Es ist für die Untersuchung wesentlich, diese Function, wenn man (xy) in der Nähe einer Stelle (ab) und $(x'y')$ in der Nähe derselben Stelle oder einer anderen $(a'b')$ annimmt und $(x_t y_t)$ für (xy), $(x_\tau y_\tau)$ für $(x'y')$ setzt, nach Potenzen von t und τ entwickeln und die Form der Entwickelung angeben zu können. Die Bezeichnungen $(\overset{\alpha}{x}_t \overset{\alpha}{y}_t)$ und $(\overset{0}{x}_t \overset{0}{y}_t)$ wollen wir in der bisherigen Bedeutung beibehalten. Die Paare $(x_t y_t)$ und $(x_t' y_t')$

sollen von den $(\overset{\alpha}{x}_t\overset{\alpha}{y}_t)$ und von einander verschieden sein, $(x_t y_t)$ oder $(x_\tau y_\tau)$ auch von $(\overset{0}{x}_\tau\overset{0}{y}_\tau)$.

Unter diesen Voraussetzungen ist, wenn $\mathfrak{P}(t,\tau)$ immer eine Potenzreihe bezeichnet, welche negative Potenzen weder von t noch von τ enthält:

$$(\mathrm{III})\quad\begin{cases}(1)\quad H(x_t y_t, x_\tau y_\tau)\dfrac{dx_\tau}{d\tau} = \dfrac{1}{\tau-t}+\mathfrak{P}(t,\tau)\\[2ex] (2)\quad H(\overset{\alpha}{x}_t\overset{\alpha}{y}_t, x_\tau y_\tau)\dfrac{dx_\tau}{d\tau} = t^{-1}H(x_\tau y_\tau)_\alpha\dfrac{dx_\tau}{d\tau}+\mathfrak{P}(t,\tau)\\[2ex] (3)\quad H(x'_t y'_t, x_\tau y_\tau)\dfrac{dx_\tau}{d\tau} = \mathfrak{P}(t,\tau).\end{cases}$$

Negative Potenzen von τ treten in keiner der drei Formeln auf, weil $H(xy,ab)_{-\mu}=0$ ist.

Ein zweites Formelsystem ergiebt sich, wenn $(x_\tau y_\tau)$ durch $(\overset{\alpha}{x}_\tau\overset{\alpha}{y}_\tau)$ ersetzt wird:

$$(\mathrm{IV})\quad\begin{cases}(1)\quad H(\overset{\alpha}{x}_t\overset{\alpha}{y}_t, \overset{\alpha}{x}_\tau\overset{\alpha}{y}_\tau)\dfrac{d\overset{\alpha}{x}_\tau}{d\tau} = \dfrac{1}{\tau-t}+t^{-1}H(\overset{\alpha}{x}_\tau\overset{\alpha}{y}_\tau)_\alpha\dfrac{d\overset{\alpha}{x}_\tau}{d\tau}+\mathfrak{P}(t,\tau)\\[2ex] (2)\quad H(\overset{\beta}{x}_t\overset{\beta}{y}_t, \overset{\alpha}{x}_\tau\overset{\alpha}{y}_\tau)\dfrac{d\overset{\alpha}{x}_\tau}{d\tau} = t^{-1}H(\overset{\alpha}{x}_\tau\overset{\alpha}{y}_\tau)_\beta\dfrac{d\overset{\alpha}{x}_\tau}{d\tau}+\mathfrak{P}(t,\tau)\\[2ex] (3)\quad H(x'_t y'_t, \overset{\alpha}{x}_\tau\overset{\alpha}{y}_\tau)\dfrac{d\overset{\alpha}{x}_\tau}{d\tau} = \mathfrak{P}(t,\tau).\end{cases}$$

In beiden Systemen gilt die Gleichung (3) auch dann, wenn man $(\overset{0}{x}_t\overset{0}{y}_t)$ für $(x'_t y'_t)$ setzt.

Eine dritte Gruppe von Formeln finden wir durch Entwickelung von

$$H(x_t y_t, \overset{0}{x}_\tau\overset{0}{y}_\tau)\frac{d\overset{0}{x}_\tau}{d\tau}$$

nach Potenzen von τ. Hier tritt die negative Potenz τ^{-1} auf, und zwar mit dem Coefficienten -1.

$$(\mathrm{V})\quad\begin{cases}(1)\quad H(\overset{0}{x}_t\overset{0}{y}_t, \overset{0}{x}_\tau\overset{0}{y}_\tau)\dfrac{d\overset{0}{x}_\tau}{d\tau} = \dfrac{1}{\tau-t}-\tau^{-1}+\mathfrak{P}(t,\tau)\\[2ex] (2)\quad H(\overset{\alpha}{x}_t\overset{\alpha}{y}_t, \overset{0}{x}_\tau\overset{0}{y}_\tau)\dfrac{d\overset{0}{x}_\tau}{d\tau} = -\tau^{-1}+t^{-1}H(\overset{0}{x}_\tau\overset{0}{y}_\tau)_\alpha\dfrac{d\overset{0}{x}_\tau}{d\tau}+\mathfrak{P}(t,\tau)\\[2ex] (3)\quad H(x'_t y'_t, \overset{0}{x}_\tau\overset{0}{y}_\tau)\dfrac{d\overset{0}{x}_\tau}{d\tau} = -\tau^{-1}+\mathfrak{P}(t,\tau).\end{cases}$$

Aus diesen Gleichungssystemen kann man eine wichtige Eigenschaft der Functionen $H(xy)_\alpha$ ableiten. Betrachten wir z. B. die Formel (III, 2), so kann in der Entwickelung der linken Seite nach steigenden Potenzen von τ eine negative Potenz von τ nicht auftreten, mithin muss

$$H(x_\tau y_\tau)_\alpha \frac{dx_\tau}{d\tau} = \mathfrak{P}(\tau)$$

sein. Ebensowenig kommen unter derselben Voraussetzung in (IV, 1) oder (IV, 2) auf den linken Seiten negative Potenzen von τ vor, und man hat daher

$$H(\overset{\alpha}{x}_\tau \overset{\alpha}{y}_\tau)_\alpha \frac{d\overset{\alpha}{x}_\tau}{d\tau} = \mathfrak{P}(\tau),$$

$$H(\overset{\alpha}{x}_\tau \overset{\alpha}{y}_\tau)_\beta \frac{d\overset{\alpha}{x}_\tau}{d\tau} = \mathfrak{P}(\tau).$$

Endlich enthält in der Formel (V, 2) die Entwickelung von

$$H(\overset{\alpha}{x}_t \overset{\alpha}{y}_t, \overset{0}{x}_\tau \overset{0}{y}_\tau) \frac{d\overset{0}{x}_\tau}{d\tau}$$

nur die eine negative Potenz $-\tau^{-1}$, folglich ist

$$H(\overset{0}{x}_\tau \overset{0}{y}_\tau)_\alpha \frac{d\overset{0}{x}_\tau}{d\tau} = \mathfrak{P}(\tau).$$

Hiermit sind alle Fälle erschöpft, und man sieht, dass wenn $(x_\tau y_\tau)$ ein beliebiges Functionenpaar bezeichnet, wohl in $H(x_\tau y_\tau)_\alpha$, aber nicht in $H(x_\tau y_\tau)_\alpha \frac{dx_\tau}{d\tau}$ negative Potenzen von τ auftreten können.

Wir werden im fünften Kapitel, bei der wirklichen Berechnung des Ranges eines algebraischen Gebildes, an zwei Beispielen zeigen, wie mit Hülfe dieser Eigenschaft die Functionen $H(xy)_\alpha$ sich herstellen lassen.

Drittes Kapitel.

Darstellung einer rationalen Function des Paares (xy) durch die Function $H(xy, x'y')$.

Um die Sätze über die H-Functionen auf die Darstellung einer beliebigen rationalen Function des Paares (xy) anwenden zu können, ist ein wichtiger Hülfssatz vorauszuschicken. Es sei zunächst $F(x)$ eine rationale Function im gewöhnlichen Sinne, $a_1, \dots a_m$ die verschiedenen Werthe von x, für welche sie unendlich wird, so kann man $F(x)$ darstellen in der Form:

$$\begin{aligned} F(x) = g(x) &+ \frac{A_1}{x-a_1} + \frac{A_1'}{(x-a_1)^2} + \cdots \\ &+ \cdots\cdots\cdots\cdots \\ &+ \frac{A_m}{x-a_m} + \frac{A_m'}{(x-a_m)^2} + \cdots. \end{aligned}$$

Denken wir uns nun die Function für Werthe in der Nähe von a_1 entwickelt und setzen zu diesem Zweck

$$x = a_1 + t,$$

so kommen Glieder mit negativen Potenzen von t nur in der ersten Horizontalreihe vor. Der Coefficient von t^{-1} speciell ist gleich A_1. Macht man die Entwickelung auch in der Nähe der anderen Unendlichkeitsstellen, so folgt

$$\sum_{\nu=1}^{m} [F(a_\nu + t)]_{t^{-1}} = \sum_{\nu=1}^{m} A_\nu.$$

Man kann nun andererseits die Function $F(x)$ auch für grosse Werthe von x entwickeln, solche nämlich, welche dem absoluten Betrage nach grösser als $|a_1|, \dots |a_m|$ sind. Dazu setzen wir

$$x = \frac{1}{t}$$

und geben t einen kleinen Werth. Es ist dann

$$\frac{1}{(x-a)^\mu} = \frac{1}{x^\mu\left(1-\frac{a}{x}\right)^\mu} = t^\mu(1+\mu a t+\cdots).$$

Soll also ein Glied mit der ersten Potenz von t vorkommen, so muss nothwendig $\mu = 1$ sein, d. h. man erhält solche Potenzen nur aus den Anfangsgliedern der obigen Horizontalreihen, oder es ist

$$\left[F\left(\frac{1}{t}\right)\right]_t = \sum_{\nu=1}^{m} A_\nu,$$

mithin

$$\left[F\left(\frac{1}{t}\right)\right]_t = \sum_{\nu=1}^{m} [F(a_\nu+t)]_{t^{-1}}.$$

Dies ist einer der wesentlichsten Sätze aus der Theorie der rationalen Functionen. Er liefert umgekehrt wieder die Darstellung der Function durch Partialbrüche.

Die Gleichung

$$y-F(x) = 0$$

stellt ein algebraisches Gebilde dar, und zwar haben wir es mit dem einfachsten Falle zu thun, wo nämlich die Gleichung in Bezug auf eine der Veränderlichen vom ersten Grade ist. Wir wollen untersuchen, wann in der Entwickelung der Function

$$y_t \frac{dx_t}{dt}$$

ein Glied mit t^{-1} auftreten kann. Negative Potenzen überhaupt können erstens erscheinen, wenn y für einen endlichen Werth von x unendlich gross wird. Dann kann man setzen

$$\text{(a.)} \qquad \begin{cases} x_t = a_\nu + t \\ y_t = A_\nu t^{-1} + A'_\nu t^{-2} + \cdots + \mathfrak{P}(t), \end{cases}$$

und es wird

$$\sum\left[y_t \frac{dx_t}{dt}\right]_{t^{-1}} = \sum [F(a_\nu+t)]_{t^{-1}} = \sum_{\nu=1}^{m} A_\nu,$$

die beiden ersten Summen ausgedehnt über alle Elemente, welche durch ein Functionenpaar von der Gestalt (a.) gegeben werden.

Wird zweitens für $t = 0$ x unendlich gross, während der Werth von y endlich oder unendlich sein kann, so ist zu setzen

$$\text{(b.)} \qquad \begin{cases} x_t = \dfrac{1}{t} \\ y_t = P(t). \end{cases}$$

Um für diesen Fall die Glieder mit t^{-1} zu bestimmen, hat man in der Entwickelung von $F(x_t)$ die Potenz t^1 beizubehalten; denn diese wird mit $\frac{dx_t}{dt} = -\frac{1}{t^2}$ multiplicirt. Was die ganze Function $g(x)$ betrifft, so ist

$$g(x)dx = dg_1(x),$$

wo $g_1(x)$ wieder eine ganze rationale Function von x bezeichnet. $g_1(x_t)$ enthält daher nur negative Potenzen von t, und in der Ableitung

$$\frac{dg_1(x_t)}{dt} = g(x_t)\frac{dx_t}{dt}$$

kann t^{-1} nicht auftreten. Nun war

$$[F(x)]_{\frac{1}{x}} = \left[F\left(\frac{1}{t}\right)\right]_t = \sum_{\nu=1}^{m} A_\nu,$$

mithin wird für die Annahme (b.):

$$\left[y_t \frac{dx_t}{dt}\right]_{t^{-1}} = -\sum_{\nu=1}^{m} A_\nu.$$

Aus der Zusammenstellung der beiden Fälle folgt

$$\sum\left[y_t \frac{dx_t}{dt}\right]_{t^{-1}} = 0,$$

wenn jetzt die Summation über alle Functionenpaare $(x_t y_t)$ ausgedehnt wird, für welche in $y_t \frac{dx_t}{dt}$ überhaupt negative Potenzen von t auftreten.

Es sei jetzt allgemein

$$f(x, y) = 0$$

die Gleichung eines beliebigen algebraischen Gebildes und $F(xy)$ eine rationale Function des Paares (xy). Die Entwickelung von

$$F(x_t y_t)\frac{dx_t}{dt}$$

kann negative Potenzen von t einerseits dann enthalten, wenn $(x_t y_t)$ die Umgebung einer der Stellen darstellt, für welche $F(xy)$ unendlich gross wird; die Anzahl dieser Functionenpaare ist jedenfalls eine endliche. Andererseits kann eine negative Potenz auch auftreten, wenn eines derjenigen Functionenpaare eingesetzt wird, bei welchen für $t = 0$ x_t unendlich gross wird. Es ist aber nicht unbedingt nöthig, dass für alle diese Functionenpaare wirklich negative Potenzen vorkommen. Denn es kann sein, dass von den beiden Factoren des Products der eine von einer bestimmten Ordnung unendlich gross, der andere von derselben oder einer höheren Ordnung unendlich klein wird.

Die Summe

$$\sum\left[F(x_t y_t)\frac{dx_t}{dt}\right]_{t^{-1}},$$

ausgedehnt über alle Elemente, für welche ein Glied mit t^{-1} wirklich vorkommt, kann ohne Änderung ihres Werthes auch allgemeiner über alle eben genannten Elemente erstreckt werden; denn wenn einige von ihnen keine negative Potenz von t liefern, so fallen die diesen entsprechenden Glieder von selbst heraus. Es seien nun

$$a_1, a_2, \ldots a_m$$

diejenigen Werthe von x, für welche wenigstens einer der n zugehörigen Werthe von $F(xy)$ unendlich gross wird. Mit $(\overset{\varkappa}{x}_t \overset{\varkappa}{y}_t)$ soll ein beliebiges der Functionenpaare bezeichnet werden, welche für $t = 0$ den Werth $x = a_\varkappa$ und einen zugehörigen Werth von y liefern, während $(\overset{\infty}{x}_t \overset{\infty}{y}_t)$ der Reihe nach alle diejenigen Functionenpaare darstelle, welche für $t = 0$ $x = \infty$ geben. Dann ist

$$\sum\left[F(x_t y_t)\frac{dx_t}{dt}\right]_{t^{-1}} = \sum\left[F(\overset{1}{x}_t \overset{1}{y}_t)\frac{d\overset{1}{x}_t}{dt}\right]_{t^{-1}} + \cdots + \sum\left[F(\overset{m}{x}_t \overset{m}{y}_t)\frac{d\overset{m}{x}_t}{dt}\right]_{t^{-1}} + \sum\left[F(\overset{\infty}{x}_t \overset{\infty}{y}_t)\frac{d\overset{\infty}{x}_t}{dt}\right]_{t^{-1}},$$

d. h. die Glieder, welche die auf der linken Seite stehende ursprüngliche Summe bilden, sind in dem Aggregat der Theilsummen rechts sicher enthalten. Die Bestimmung dieser letzteren Summen kann nun, wie wir sogleich sehen werden, mittels des vorher aufgestellten Hülfssatzes bewirkt werden.

Es ist jedoch nicht überflüssig, zu bemerken, dass der Coefficient von t^{-1} in der Gleichung

$$F(x_t y_t)\frac{dx_t}{dt} = ct^{-1} + P'(t)$$

ungeändert bleibt, wenn man das Element $(x_t y_t)$ durch ein äquivalentes ersetzt. Führt man nämlich ein solches Element $(\bar{x}_\tau \bar{y}_\tau)$ durch die Substitution

$$t = g_1\tau + g_2\tau^2 + \cdots$$

ein, in welcher g_1 von Null verschieden ist (S. 16), so wird

$$F(\bar{x}_\tau \bar{y}_\tau)\frac{d\bar{x}_\tau}{d\tau} = F(x_t y_t)\frac{dx_t}{dt}\frac{dt}{d\tau} = ct^{-1}\frac{dt}{d\tau} + P'(t)\frac{dt}{d\tau} = c\frac{d\log t}{d\tau} + \frac{dP(t)}{d\tau}.$$

In dem zweiten Gliede rechts kommt τ^{-1} nicht vor, denn sonst müsste $P(t)$, als Potenzreihe von τ dargestellt, ein logarithmisches Glied enthalten, und dies könnte wiederum nur der Fall sein, wenn $P(t)$ selbst ein solches enthielte. Ferner ist

$$\log t = \log\tau + \mathfrak{P}(\tau),$$

$$\frac{d\log t}{d\tau} = \frac{d\log\tau}{d\tau} + \mathfrak{P}'(\tau),$$

mithin

$$F(\bar{x}_\tau \bar{y}_\tau)\frac{d\bar{x}_\tau}{d\tau} = c\frac{d\log\tau}{d\tau} + P_1(\tau) = c\tau^{-1} + P_1(\tau).$$

Die Substitution ist demnach auf den Coefficienten der $(-1)^{\text{ten}}$ Potenz ohne Einfluss, während die Coefficienten der übrigen Potenzen geändert werden. Dies beruht also auf dem einfachen Satze, dass bei der Differentiation einer Potenzreihe von t niemals ein Glied mit t^{-1} auftritt, und dass umgekehrt eine Potenzreihe, welche t^{-1} nicht enthält, immer als Ableitung einer anderen Potenzreihe aufgefasst werden kann.

Wir wollen nun die erste Theilsumme

$$\Sigma\left[F(\overset{1}{x}_t \overset{1}{y}_t)\frac{d\overset{1}{x}_t}{dt}\right]_{t^{-1}}$$

berechnen, welche ein Repräsentant aller übrigen ist. Es seien wie früher $\overset{1}{y}, \overset{2}{y}, \ldots \overset{n}{y}$ die Werthe von y, welche zu einem Werthe x vermöge der Gleichung des Gebildes gehören. Die symmetrische Function dieser n Werthe:

$$F(x\overset{1}{y}) + F(x\overset{2}{y}) + \cdots + F(x\overset{n}{y}),$$

als rationale Function von x dargestellt, werde mit $F(x)$ bezeichnet. Diese Function kann für $x = a_1$ unendlich gross werden. Es sei nun zunächst a_1

kein wesentlich singulärer Werth des Arguments der algebraischen Function y (S. 45), so kann man setzen

$$x_t = a_1 + t, \quad \overset{\lambda}{y}_t = P_\lambda(t), \qquad (\lambda = 1, \dots n)$$

und es wird dann

$$\sum_{\lambda=1}^{n} [F(a_1 + t, \overset{\lambda}{y}_t)]_{t^{-1}} = [F(a_1 + t)]_{t^{-1}}.$$

Es ist dabei nicht nöthig, dass jeder der Ausdrücke $F(a_1, \overset{\lambda}{y})$ wirklich unendlich gross wird. Tritt t^{-1} in einzelnen Gliedern nicht auf, so werden einzelne der in die Summe aufgenommenen Coefficienten von selbst gleich Null. Da nun

$$\frac{dx_t}{dt} = 1$$

ist, so kann man auch schreiben

$$\sum_{\lambda=1}^{n} \left[F(x_t \overset{\lambda}{y}_t) \frac{dx_t}{dt}\right]_{t^{-1}} = \sum_{\lambda=1}^{n} [F(a_1 + t, \overset{\lambda}{y}_t)]_{t^{-1}} = [F(a_1 + t)]_{t^{-1}}.$$

Die Grösse links ist aber gleich der ersten Theilsumme. Hiernach wird, wenn in $F(xy)$ der Reihe nach alle nicht äquivalenten Elemente $(x_t y_t)$ des Gebildes eingesetzt werden, bei denen sich x_t für $t = 0$ auf einen der Werthe $a_1, \dots a_m$ reducirt, die Summe der Coefficienten aller $(-1)^{\text{ten}}$ Potenzen von t gleich

$$\sum_{\nu=1}^{m} [F(a_\nu + t)]_{t^{-1}}.$$

Ist auch $x = \infty$ kein wesentlich singulärer Werth des Arguments, so kann man setzen

$$x_t = \frac{1}{t}, \quad \overset{\lambda}{y}_t = P_\lambda(t), \qquad (\lambda = 1, \dots n)$$

$$\frac{dx_t}{dt} = -t^{-2},$$

und es wird

$$\sum_{\lambda=1}^{n} \left[F(x_t \overset{\lambda}{y}_t) \frac{dx_t}{dt}\right]_{t^{-1}} = -\sum_{\lambda=1}^{n} [F(x_t \overset{\lambda}{y}_t) t^{-2}]_{t^{-1}} = -\sum_{\lambda=1}^{n} [F(x_t \overset{\lambda}{y}_t)]_t = -[F(x_t)]_t = -\left[F\left(\frac{1}{t}\right)\right]_t.$$

Nun war (S. 88)

$$\sum_{\nu=1}^{m} [F(a_\nu + t)]_{t^{-1}} - \left[F\left(\frac{1}{t}\right)\right]_t = 0,$$

also wird

$$\sum\left[F(x_t y_t)\frac{dx_t}{dt}\right]_{t^{-1}} = 0,$$

die Summe ausgedehnt über alle Elemente $(x_t y_t)$, für welche x_t die Umgebung eines der Werthe $a_1, \dots a_m$, ∞ darstellt.

Ist zweitens a_1 ein wesentlich singulärer Werth des Arguments, so wird die Umgebung der durch diesen Werth bestimmten Stellen des Gebildes durch weniger als n Functionenpaare vollständig dargestellt (S. 43—44), welche die Form haben

$$\begin{array}{ll} x'_t = a_1 + a'_1 t^{\sigma_1}, & y'_t = P_1(t), \\ x''_t = a_1 + a''_1 t^{\sigma_2}, & y''_t = P_2(t), \\ \cdot\;\cdot\;\cdot\;\cdot\;\cdot\;\cdot & \cdot\;\cdot\;\cdot\;\cdot\;\cdot \\ x_t^{(n')} = a_1 + a_1^{(n')} t^{\sigma_{n'}}, & y_t^{(n')} = P_{n'}(t). \end{array}$$

Dabei ist

$$\sigma_1 + \sigma_2 + \dots + \sigma_{n'} = n.$$

Das erste dieser Functionenpaare geht für $a'_1 t^{\sigma_1} = \tau$ über in

$$x'_\tau = a_1 + \tau, \quad y'_\tau = P_1\left(\left(\frac{\tau}{a'_1}\right)^{\frac{1}{\sigma_1}}\right),$$

und y'_τ liefert, wenn man der Wurzelgrösse $\left(\frac{\tau}{a'_1}\right)^{\frac{1}{\sigma_1}}$ ihre verschiedenen Werthe ertheilt, die σ_1 conjugirten Werthe

$$\overset{1}{y'_\tau}, \overset{2}{y'_\tau}, \dots \overset{\sigma_1}{y'_\tau}.$$

Bei dieser Bezeichnung ist also $\overset{1}{y'_\tau}$ für y'_τ gesetzt; bedeutet ε_1 eine primitive σ_1^{te} Wurzel der Einheit, so geht $\overset{2}{y'_\tau}$ aus $\overset{1}{y'_\tau}$ hervor, wenn man $\varepsilon_1\left(\frac{\tau}{a'_1}\right)^{\frac{1}{\sigma_1}}$ für $\left(\frac{\tau}{a'_1}\right)^{\frac{1}{\sigma_1}}$ setzt, u. s. w. Ist nun

$$F(x'_\tau \overset{1}{y'_\tau}) = c\tau^{-1} + P\left(\left(\frac{\tau}{a'_1}\right)^{\frac{1}{\sigma_1}}\right) = \frac{c}{a'_1}\left(\left(\frac{\tau}{a'_1}\right)^{\frac{1}{\sigma_1}}\right)^{-\sigma_1} + P\left(\left(\frac{\tau}{a'_1}\right)^{\frac{1}{\sigma_1}}\right),$$

wo die Reihe $P\left(\left(\frac{\tau}{a'_1}\right)^{\frac{1}{\sigma_1}}\right)$ kein Glied mit der Potenz τ^{-1} enthalten soll, so erhalten wir durch die angegebene Substitution

$$F(x'_\tau \overset{2}{y'_\tau}) = \frac{c}{a'_1}\left(\varepsilon_1\left(\frac{\tau}{a'_1}\right)^{\frac{1}{\sigma_1}}\right)^{-\sigma_1} + \dots = c\tau^{-1} + \dots.$$

Der Coefficient von τ^{-1} bleibt also hierbei ungeändert, und es wird

$$[F(\overset{1}{x'_\tau}\, \overset{1}{y'_\tau}) + \cdots + F(\overset{\sigma_1}{x'_\tau}\, \overset{\sigma_1}{y'_\tau})]_{\tau^{-1}} = \sigma_1 [F(x'_\tau y'_\tau)]_{\tau^{-1}}.$$

Nun ist

$$\left[F(x'_t y'_t)\frac{dx'_t}{dt}\right]_{t^{-1}} = [F(x'_t y'_t)\, a'_1 \sigma_1 t^{\sigma_1 - 1}]_{t^{-1}} = a'_1 \sigma_1 [F(x'_t y'_t)]_{t^{-\sigma_1}} = \sigma_1 [F(x'_\tau y'_\tau)]_{\tau^{-1}},$$

mithin folgt für das erste Functionenpaar $(x'_t y'_t)$

$$\left[F(x'_t y'_t)\frac{dx'_t}{dt}\right]_{t^{-1}} = [F(\overset{1}{x'_\tau}\, \overset{1}{y'_\tau}) + \cdots + F(\overset{\sigma_1}{x'_\tau}\, \overset{\sigma_1}{y'_\tau})]_{\tau^{-1}}.$$

Macht man jetzt den entsprechenden Ansatz auch für die übrigen Elemente $(x''_t y''_t), \ldots (x^{(n')}_t y^{(n')}_t)$, addirt sämmtliche Ausdrücke und berücksichtigt die Gleichung

$$F(\overset{1}{x'_\tau}\, \overset{1}{y'_\tau}) + \cdots + F(\overset{\sigma_1}{x'_\tau}\, \overset{\sigma_1}{y'_\tau}) + F(\overset{1}{x''_\tau}\, \overset{1}{y''_\tau}) + \cdots + F(\overset{\sigma_2}{x''_\tau}\, \overset{\sigma_2}{y''_\tau}) + \cdots = F(a_1 + \tau),$$

so ergiebt sich nach der oben (S. 90) eingeführten Bezeichnung

$$\Sigma \left[F(\overset{1}{x}_t \overset{1}{y}_t)\frac{d\overset{1}{x}_t}{dt}\right]_{t^{-1}} = [F(a_1 + \tau)]_{\tau^{-1}}.$$

Hiernach bleibt auch für einen singulären Werth a_1 der Ausdruck der ersten Theilsumme derselbe wie vorher (S. 92).

Ist auch $x = \infty$ singulär, so kann für grosse Werthe von x geschrieben werden

$$x'_t = a' t^{-\sigma_1}, \quad y'_t = P_1(t),$$
$$x''_t = a'' t^{-\sigma_2}, \quad y''_t = P_2(t),$$
$$\cdots\cdots\cdots$$

und man hat, dem Vorhergehenden entsprechend,

$$\left[F(x'_t y'_t)\frac{dx'_t}{dt}\right]_{t^{-1}} = -[F(x'_t y'_t)\, a' \sigma_1 t^{-\sigma_1 - 1}]_{t^{-1}} = -a'\sigma_1 [F(x'_t y'_t)]_{t^{\sigma_1}} = -\sigma_1 [F(x'_\tau y'_\tau)]_{\tau},$$

wo x'_τ aus x'_t durch die Substitution $t^{\sigma_1} = a'\tau$ hervorgeht, also gleich $\frac{1}{\tau}$ ist. Bildet man auch hier die Summe, welche derjenigen entspricht, die oben gleich $F(a_1 + \tau)$ gefunden wurde, so ergiebt sich deren Werth jetzt gleich

$F\left(\frac{1}{\tau}\right)$, und man erhält für die letzte Theilsumme in der Formel auf S. 90 die Gleichung

$$\sum\left[F(\overset{\infty}{x}_t\overset{\infty}{y}_t)\frac{d\overset{\infty}{x}_t}{dt}\right]_{t^{-1}} = -\left[F\left(\frac{1}{\tau}\right)\right]_\tau.$$

Demnach folgt schliesslich mit Hülfe des Satzes S. 88 wieder

$$\sum\left[F(x_t y_t)\frac{dx_t}{dt}\right]_{t^{-1}} = 0,$$

die Summe erstreckt über alle nicht äquivalenten Elemente des Gebildes, für welche in der Entwickelung von $F(x_t y_t)\frac{dx_t}{dt}$ Glieder mit t^{-1} vorkommen können. Diese Gleichung gilt mithin auch dann, wenn in der Reihe der Argumente

$$a_1,\ a_2,\ \dots\ a_m,\ \infty$$

sich wesentlich singuläre finden.

Setzt man für ein bestimmtes Functionenpaar $(x_t y_t)$

$$\left[F(x_t y_t)\frac{dx_t}{dt}\right]_{t^{-1}} = c,$$

also

$$F(x_t y_t)\frac{dx_t}{dt} = ct^{-1} + P(t),$$

wo die Potenzreihe $P(t)$ kein Glied mit t^{-1} enthält, so erhält man durch Integration

$$\int F(x_t y_t)\,dx_t = c\log t + \overline{P}(t)$$

und kann daher c auch als den logarithmischen Coefficienten in der Entwickelung des Integrals $\int F(x_t y_t)\,dx_t$ bezeichnen. Entwickelt man dieses Integral für alle nicht äquivalenten Elemente $(x_t y_t)$ des algebraischen Gebildes nach Potenzen von t, so ist die Summe aller logarithmischen Coefficienten nach dem bewiesenen Satze gleich Null.

Wir führen jetzt an Stelle von $F(xy)$ eine Function der Form

$$F(xy)\,(H(x''y'', xy) - H(x'y', xy))$$

ein und gehen daher von der Gleichung aus:

$$\sum\left[F(x_\tau y_\tau)(H(x''y'', x_\tau y_\tau) - H(x'y', x_\tau y_\tau))\frac{dx_\tau}{d\tau}\right]_{\tau^{-1}} = 0.$$

Die Stellen, an welchen $F(xy)$ unendlich gross wird, seien mit $(x_\nu y_\nu)$ bezeichnet, die Functionenpaare, durch welche ihre Umgebung dargestellt wird, mit $(x_\tau^{(\nu)} y_\tau^{(\nu)})$. Die Stellen $(x_\nu y_\nu)$ und $(x'y')$, $(x''y'')$ seien unter einander verschieden. Die H-Function wollen wir uns mit einer Nullstelle $(a_0 b_0)$ gebildet denken, welche mit keiner der genannten Stellen zusammenfällt, und wir können endlich, um ganz sicher zu gehen, $(x'y')$ und $(x''y'')$ auch als von den $(a_\alpha b_\alpha)$ verschieden voraussetzen. In der Entwickelung der neuen Function nach Potenzen von τ können negative Potenzen vorkommen: 1) wenn man $(x_\tau y_\tau)$ gleich einem der Functionenpaare $(x_\tau^{(\nu)} y_\tau^{(\nu)})$ nimmt; 2) wenn in

$$(H(x''y'', x_\tau y_\tau) - H(x'y', x_\tau y_\tau))\frac{dx_\tau}{d\tau}$$

negative Potenzen auftreten, was nach den Formelsystemen auf S. 85 nur der Fall sein kann, wenn $(x_\tau y_\tau)$ für $\tau = 0$ entweder $(a_0 b_0)$ oder $(x'y')$ oder $(x''y'')$ liefert. Nun heben sich die beiden Potenzen $-\tau^{-1}$, welche nach der Formel (V, 3) für die erste Annahme erscheinen würden, in der Differenz der beiden H-Functionen auf. Setzt man dann in (III, 1) $t = 0$, so folgt

$$H(x''y'', x''_\tau y''_\tau)\frac{dx''_\tau}{d\tau} = \tau^{-1} + \mathfrak{P}(\tau),$$

und der eine der gesuchten Coefficienten ergiebt sich mithin gleich $F(x''y'')$, der andere ebenso gleich $-F(x'y')$. Hiernach wird

$$F(x''y'') - F(x'y') = -\sum_\nu \left[F(x_\tau^{(\nu)} y_\tau^{(\nu)})(H(x''y'', x_\tau^{(\nu)} y_\tau^{(\nu)}) - H(x'y', x_\tau^{(\nu)} y_\tau^{(\nu)}))\frac{dx_\tau^{(\nu)}}{d\tau}\right]_{\tau^{-1}},$$

die Summe jetzt ausgedehnt über alle Unendlichkeitsstellen der Function $F(xy)$. Setzt man noch für $(x''y'')$ das unbestimmte Paar (xy), so erhält man:

$$F(xy) = F(x'y') - \sum_\nu \left[F(x_\tau^{(\nu)} y_\tau^{(\nu)})(H(xy, x_\tau^{(\nu)} y_\tau^{(\nu)}) - H(x'y', x_\tau^{(\nu)} y_\tau^{(\nu)}))\frac{dx_\tau^{(\nu)}}{d\tau}\right]_{\tau^{-1}}.$$

Dies ist der allgemeinste Ausdruck einer beliebigen rationalen Function $F(xy)$ mittels der Function $H(xy, x'y')$. Er bildet das Analogon zu der Darstellung einer gewöhnlichen rationalen Function durch ein Aggregat von Partialbrüchen, welche nur an je einer Stelle unendlich gross werden.

Nehmen wir für $(x'y')$ ein constantes Paar, so können wir schreiben:

$$F(xy) = C - \sum_\nu \left[F(x_\tau^{(\nu)} y_\tau^{(\nu)})\, H(xy, x_\tau^{(\nu)} y_\tau^{(\nu)})\frac{dx_\tau^{(\nu)}}{d\tau}\right]_{\tau^{-1}},$$

wo C nur von $(x'y')$, nicht von (xy) abhängig ist. Diese Formel giebt eine Vorschrift zur Darstellung der Function $F(xy)$. Um sie vollständig zu entwickeln, wollen wir voraussetzen, dass $F(xy)$ an den l Stellen

$$(x_1 y_1), \dots (x_l y_l)$$

von der Ordnung

$$\mu_1, \quad \dots \quad \mu_l$$

unendlich werde. Es sei dann

$$F(x_\tau^{(\nu)} y_\tau^{(\nu)}) = C_\nu \tau^{-1} + C'_\nu \tau^{-2} + \cdots + C_\nu^{(\mu_\nu - 1)} \tau^{-\mu_\nu} + \mathfrak{P}(\tau).$$

Ferner ist (S. 79)

$$-H(xy, x_\tau^{(\nu)} y_\tau^{(\nu)}) \frac{dx_\tau^{(\nu)}}{d\tau} = \sum_\mu H(xy, x_\nu y_\nu)_\mu \tau^\mu.$$

Diese beiden Ausdrücke haben wir zu multipliciren und den Coefficienten von τ^{-1} zu bestimmen. Mit Hülfe der Gleichungen (S. 83, 84)

$$H(xy, ab)_{-\mu} = 0, \quad H(xy, a_0 b_0)_{-\mu} = \begin{cases} 1, & \mu = 1 \\ 0, & \mu > 1 \end{cases}$$

ergiebt sich:

$$-\left[F(x_\tau^{(\nu)} y_\tau^{(\nu)}) H(xy, x_\tau^{(\nu)} y_\tau^{(\nu)}) \frac{dx_\tau^{(\nu)}}{d\tau}\right]_{\tau^{-1}} = c_\nu + C_\nu H(xy, x_\nu y_\nu)_0 + \cdots + C_\nu^{(\mu_\nu - 1)} H(xy, x_\nu y_\nu)_{\mu_\nu - 1},$$

und beim Einsetzen in die erste Formel:

$$F(xy) = C_0 + \sum_{\nu=1}^{l} \{C_\nu H(xy, x_\nu y_\nu)_0 + C'_\nu H(xy, x_\nu y_\nu)_1 + \cdots + C_\nu^{(\mu_\nu - 1)} H(xy, x_\nu y_\nu)_{\mu_\nu - 1}\}.$$

Auf diese Form lässt sich also jede rationale Function des Paares (xy) bringen, und zwar zunächst für solche Stellen, welche von $(a_1 b_1), \dots (a_\varrho b_\varrho)$ verschieden sind. Für $(xy) = (a_0 b_0)$ verschwinden sämmtliche Functionen $H(xy, x_\nu y_\nu)_\mu$, mithin ergiebt sich

$$C_0 = F(a_0 b_0).$$

Für $(xy) = (a_\alpha b_\alpha)$ $(\alpha = 1, \dots \varrho)$ wird die linke Seite nicht unendlich gross, wenn, wie wir vorläufig der Einfachheit wegen annehmen wollen, keine der Stellen $(x_\nu y_\nu)$ mit einer aus der Reihe der $(a_\alpha b_\alpha)$ zusammenfällt. Dagegen wird jede einzelne Function rechts unendlich gross. Soll also die Darstellung auch für $(xy) = (a_\alpha b_\alpha)$ gelten, d. h. überhaupt für alle Stellen, an denen $F(xy)$ endlich bleibt, so ist nachzuweisen, dass der Ausdruck rechts an den Stellen $(a_\alpha b_\alpha)$

ebenfalls endlich ist. Nun hat man nach der Formel (I, 3) auf S. 84:

$$H(\overset{\alpha}{x}_t \overset{\alpha}{y}_t, x_\nu y_\nu)_\mu = -t^{-1}\left[H(x_\tau^{(\nu)} y_\tau^{(\nu)})_\alpha \frac{dx_\tau^{(\nu)}}{d\tau}\right]_{\tau^\mu} + \mathfrak{P}(t).$$

Demnach müsste sein

$$\sum_{\nu=1}^{l}\left\{C_\nu\left[H(x_\tau^{(\nu)} y_\tau^{(\nu)})_\alpha \frac{dx_\tau^{(\nu)}}{d\tau}\right]_{\tau^0} + \cdots + C_\nu^{(\mu_\nu-1)}\left[H(x_\tau^{(\nu)} y_\tau^{(\nu)})_\alpha \frac{dx_\tau^{(\nu)}}{d\tau}\right]_{\tau^{\mu_\nu-1}}\right\} = 0 \quad (\alpha = 1, \ldots \varrho).$$

Diese ϱ Gleichungen bestehen aber in der That. Denn wendet man den auf S. 90—95 bewiesenen Satz

$$\sum\left[F(x_\tau y_\tau)\frac{dx_\tau}{d\tau}\right]_{\tau^{-1}} = 0$$

unter der Voraussetzung an, dass $F(xy)\,H(xy)_\alpha$ für $F(xy)$ gesetzt wird, so folgt zunächst

$$\sum\left[F(x_\tau y_\tau)\,H(x_\tau y_\tau)_\alpha \frac{dx_\tau}{d\tau}\right]_{\tau^{-1}} = 0.$$

Nun enthält die Entwickelung von $H(x_\tau y_\tau)_\alpha \frac{dx_\tau}{d\tau}$ für kein Functionenpaar $(x_\tau y_\tau)$ negative Potenzen von τ (S. 86). In Folge dessen können in der eben aufgestellten Gleichung solche Potenzen höchstens dann auftreten, wenn $(x_\tau y_\tau)$ die Umgebung einer Unendlichkeitsstelle von $F(xy)$ darstellt, d. h. die Summe ist über die Functionenpaare $(x_\tau^{(\nu)} y_\tau^{(\nu)})$ zu erstrecken. Es wird demnach

$$\sum_{\nu=1}^{l}\left[F(x_\tau^{(\nu)} y_\tau^{(\nu)})\,H(x_\tau^{(\nu)} y_\tau^{(\nu)})_\alpha \frac{dx_\tau^{(\nu)}}{d\tau}\right]_{\tau^{-1}} = 0.$$

Setzt man nun für $F(x_\tau^{(\nu)} y_\tau^{(\nu)})$ die Entwickelung S. 97 ein, so ergeben sich genau die vorhin als nothwendig erkannten Relationen.

Gehen wir, anstatt von $F(xy)$, umgekehrt von einem Ausdruck aus, wie er durch die rechte Seite der auf S. 97 gefundenen Darstellung definirt wird, so können wir zeigen, dass er eine rationale Function des Paares (xy) ist, welche an den Stellen $(x_1 y_1), \ldots (x_l y_l)$, und nur an diesen, mit den Ordnungszahlen $\mu_1, \ldots \mu_l$ unendlich wird, wenn nur die Coefficienten C die eben abgeleiteten Gleichungen erfüllen. Dabei soll jetzt auch die Möglichkeit nicht ausgeschlossen werden, dass die Stellen $(x_\nu y_\nu)$ zum Theil mit den $(a_\alpha b_\alpha)$ zusammenfallen. Der angenommene Ausdruck werde wieder mit $F(xy)$ bezeichnet.

Wenn nun erstens $(x_\nu y_\nu)$ nicht mit einem der Paare $(a_\alpha b_\alpha)$ identisch ist, so gilt die Formel (I, 1) auf S. 84 in der Form

$$H(x_t^{(\nu)} y_t^{(\nu)}, x_\nu y_\nu)_\mu = t^{-\mu-1} + \mathfrak{P}(t).$$

Hieraus ergiebt sich

$$F(x_t^{(\nu)} y_t^{(\nu)}) = C_\nu t^{-1} + C'_\nu t^{-2} + \cdots + C_\nu^{(\mu_\nu - 1)} t^{-\mu_\nu} + \mathfrak{P}(t),$$

sodass also die Function an der betrachteten Stelle wirklich mit der vorgeschriebenen Ordnungszahl μ_ν unendlich gross wird. Ist zweitens $(x_\nu y_\nu) = (a_\alpha b_\alpha)$, wo α eine bestimmte Zahl aus der Reihe $1, \ldots \varrho$ bedeutet, so hat man nach der Formel (II, 1) (S. 84):

$$H(x_t^{(\nu)} y_t^{(\nu)}, x_\nu y_\nu)_\mu = t^{-\mu-1} - t^{-1} \left[H(x_\tau^{(\nu)} y_\tau^{(\nu)})_\alpha \frac{dx_\tau^{(\nu)}}{d\tau} \right]_{\tau^\mu} + \mathfrak{P}(t).$$

Beim Einsetzen wird das Aggregat der Glieder mit negativen Potenzen:

$$C_\nu t^{-1} + \cdots + C_\nu^{(\mu_\nu - 1)} t^{-\mu_\nu};$$

die übrigen, aus dem zweiten Gliede herrührenden, $(-1)^{\text{ten}}$ Potenzen von t verschwinden nach einer der ϱ Gleichungen, welche der Voraussetzung gemäss unter den Coefficienten C bestehen. Die Entwickelung von $F(x_t^{(\nu)} y_t^{(\nu)})$ hat also dieselbe Gestalt wie vorher. An den Stellen $(a_\alpha b_\alpha)$, welche nicht mit einer der Stellen $(x_\nu y_\nu)$ zusammenfallen, darf die Function nicht unendlich werden. In der That erscheint zwar nach der Formel (I, 3) auf S. 84 in $F(\overset{\alpha}{x}_t \overset{\alpha}{y}_t)$ ein Glied mit t^{-1}; der Coefficient verschwindet jedoch vermöge der schon eben benutzten Relationen.

Wir wollen jetzt die Stelle $(x_\nu y_\nu)$, für welche die Function $F(xy)$ von der Ordnung μ_ν unendlich werden soll, μ_ν-mal in die Reihe der Unendlichkeitsstellen aufnehmen. Wird demnach die Function unendlich an den Stellen

$$(x_1 y_1), \ldots (x_s y_s),$$

so soll das heissen, sie wird an einer Stelle, welche μ-mal vorkommt, unendlich von der Ordnung μ. Hiermit zusammenhängend führen wir folgende Bezeichnungen ein. Wir setzen, wenn $(x_\nu y_\nu)$ irgend ein Werthepaar der Reihe ist,

$$C_\nu = [F(x_\tau^{(\nu)} y_\tau^{(\nu)})]_{\tau^{-\mu-1}},$$

$$\overline{H}(xy, x_\nu y_\nu) = H(xy, x_\nu y_\nu)_\mu = -\left[H(xy, x_\tau^{(\nu)} y_\tau^{(\nu)}) \frac{dx_\tau^{(\nu)}}{d\tau}\right]_{\tau^\mu},$$

$$\overline{H}(x_\nu y_\nu)_\alpha = \left[H(x_\tau^{(\nu)} y_\tau^{(\nu)})_\alpha \frac{dx_\tau^{(\nu)}}{d\tau}\right]_{\tau^\mu},$$

falls der Stelle $(x_\nu y_\nu)$ μ andere, welche ihr gleich sind, vorausgehen. Kommt das Paar $(x_\nu y_\nu)$ unter den ihm vorangehenden noch nicht vor, so ist $\mu = 0$ zu setzen.

Dann wird

$$F(xy) = C_0 + C_1 \overline{H}(xy, x_1 y_1) + \cdots + C_s \overline{H}(xy, x_s y_s),$$

eine Formel, welche mit der auf S. 97 genau identisch ist. Die ϱ Bedingungsgleichungen für die Coefficienten C können in den neuen Bezeichnungen geschrieben werden:

$$C_1 \overline{H}(x_1 y_1)_\alpha + \cdots + C_s \overline{H}(x_s y_s)_\alpha = 0 \qquad (\alpha = 1, \ldots \varrho).$$

Bei dieser Darstellung der Function $F(xy)$ tritt die Analogie mit der Zerlegung einer rationalen Function von x in Partialbrüche $\frac{1}{x-a}, \frac{1}{(x-a)^2}, \ldots$ besonders deutlich hervor. Die letztere liefert einen Ausdruck, dessen einzelne Glieder von der ersten, zweiten etc. Ordnung unendlich gross werden; und zwar trifft dies auch für die ganze Function zu, welche dem Aggregat der Partialbrüche im Allgemeinen noch hinzuzufügen ist, da jedes einzelne Glied dieser Function im Unendlichen von einer gewissen Ordnung unendlich wird. Vollständig entspricht unsere Darstellung der Function $F(xy)$ dem allerdings nicht. Denn wir können, wenn $\varrho > 0$ ist, die Function nicht als eine Summe solcher darstellen, welche nur an je einer Stelle von der ersten Ordnung unendlich gross werden. Für diese Functionen treten hier andere ein, welche an einer gegebenen Stelle von der ersten, zweiten etc. Ordnung, und ausserdem an ϱ festen Stellen $(a_1 b_1), \ldots (a_\varrho b_\varrho)$ von der ersten Ordnung unendlich werden.

Das Bestehen der obigen ϱ Bedingungsgleichungen lässt erkennen, dass es Functionen, welche an s Stellen in der angegebenen Weise unendlich werden, im Allgemeinen nur giebt, wenn $s > \varrho$ ist. Allerdings brauchen auch dann die gestellten Forderungen nicht immer erfüllbar zu sein. Denn es könnte eintreten, dass wenn die Function z. B. an der Stelle $(x_1 y_1)$ von der Ordnung μ_1 unendlich werden soll, sich der früher mit $C_1^{(\mu_1-1)}$ bezeichnete Coefficient nothwendig gleich Null ergiebt. Jedenfalls aber bleibt bestehen, dass die Function nicht an anderen als den vorgeschriebenen Stellen unendlich gross wird. Dies können wir so ausdrücken: Die Reihe der Werthepaare, für welche die durch die obige Formel dargestellte Function $F(xy)$ unendlich gross wird, ist im Allgemeinen identisch mit der vorgeschriebenen Reihe, sonst ist sie wenigstens in dieser enthalten. D. h. jedes Werthepaar, welches in jener Reihe vorkommt, tritt mindestens ebenso oft auch in der vorgeschriebenen auf.

Wir können die Berechnung der Coefficienten so vornehmen, dass wir ϱ derselben homogen und linear durch die übrigen ausdrücken. Setzen wir jene in den Ausdruck von $F(xy)$ ein, so enthält er noch $s+1-\varrho$ willkürliche Coefficienten. Über letztere kann nun so verfügt werden, dass die Function an $s-\varrho$ vorgeschriebenen Stellen verschwindet. Wenn wir hierbei eine Stelle $(x'_1 y'_1)$ λ_1-mal in die Reihe der Nullstellen aufnehmen, so soll dies heissen, die Function wird an dieser Stelle von der Ordnung λ_1 gleich Null. Durch Angabe der $s-\varrho$ Nullstellen werden die Verhältnisse der sämmtlichen noch willkürlichen Constanten bestimmt; die letzte noch verfügbare Grösse C_0 kann dadurch fixirt werden, dass für irgend ein, von den Null- und Unendlichkeitsstellen verschiedenes Werthepaar ein bestimmter endlicher und von Null verschiedener Werth der Function vorgeschrieben wird. Wenn $\varrho = 0$ ist, so können ausser den s Unendlichkeitsstellen der Function auch alle s Nullstellen willkürlich angenommen werden. Es verhält sich dann Alles genau so wie bei den rationalen Functionen einer Veränderlichen.

Die Nullstellen, welche wir beliebig wählen können, seien

$$(\overset{(\varkappa)}{x}\,\overset{(\varkappa)}{y}), \qquad (\varkappa = 1, 2, \ldots s-\varrho)$$

die zugehörigen Functionenpaare

$$(\overset{(\varkappa)}{x}_t\,\overset{(\varkappa)}{y}_t) \qquad (\varkappa = 1, 2, \ldots s-\varrho).$$

Es ist nicht ausgeschlossen, dass $(\overset{(\varkappa)}{x}\,\overset{(\varkappa)}{y})$ mit einer Stelle $(a_\alpha b_\alpha)$ identisch ist; dann würden in der Entwickelung der einzelnen Glieder von $F(\overset{(\varkappa)}{x}_t\overset{(\varkappa)}{y}_t)$ negative Potenzen von t auftreten, welche jedoch vermöge der Bedingungsgleichungen auf S. 100 herausfallen.

Wir führen noch eine ähnliche Bezeichnung ein wie oben, nämlich:

$$\overline{H}(\overset{(\varkappa)}{x}\overset{(\varkappa)}{y}, x_\nu y_\nu) = [\overline{H}(\overset{(\varkappa)}{x}_t\overset{(\varkappa)}{y}_t, x_\nu y_\nu)]_{t\lambda},$$

wenn dem Werthepaare $(\overset{(\varkappa)}{x}\overset{(\varkappa)}{y})$ in der Reihe der Nullstellen λ gleiche vorausgehen. Kommt dieses Werthepaar nur einmal vor, so ist der Coefficient von t^0 in der Entwickelung von $F(\overset{(\varkappa)}{x}_t\overset{(\varkappa)}{y}_t)$ zum Verschwinden zu bringen, d. h.

$$C_0 + C_1\overline{H}(\overset{(\varkappa)}{x}\overset{(\varkappa)}{y}, x_1 y_1) + \cdots + C_s\overline{H}(\overset{(\varkappa)}{x}\overset{(\varkappa)}{y}, x_s y_s) = 0$$

zu setzen. Gehen dagegen der Stelle $(\overset{(\varkappa)}{x}\overset{(\varkappa)}{y})$ λ gleiche Stellen voraus, so ist der Coefficient von t^λ gleich Null zu machen:

$$C_1\overline{H}(\overset{(\varkappa)}{x}\overset{(\varkappa)}{y}, x_1 y_1) + \cdots + C_s\overline{H}(\overset{(\varkappa)}{x}\overset{(\varkappa)}{y}, x_s y_s) = 0.$$

Setzt man daher $\varepsilon_\varkappa$ gleich Null oder gleich Eins, je nachdem das Paar $(\overset{(\varkappa)}{x}\overset{(\varkappa)}{y})$ gleiche vor sich hat oder nicht, so kann man allgemein schreiben:

$$\varepsilon_\varkappa C_0 + C_1\overline{H}(\overset{(\varkappa)}{x}\overset{(\varkappa)}{y}, x_1 y_1) + \cdots + C_s\overline{H}(\overset{(\varkappa)}{x}\overset{(\varkappa)}{y}, x_s y_s) = 0 \qquad (\varkappa = 1, 2, \ldots s-\varrho).$$

Aus den $\varrho + (s-\varrho) = s$ linearen Gleichungen, welche nun unter den Coefficienten C bestehen, könnte leicht der Ausdruck von $F(xy)$ in Form einer Determinante abgeleitet werden.

Es kann vorkommen, dass die Function an einer der vorgeschriebenen Nullstellen von höherer als der angenommenen Ordnung verschwindet. Denn unter den übrigen Nullstellen der Function können sich eine oder mehrere der $s-\varrho$ willkürlich gewählten nochmals finden. Fasst man dies mit dem oben über die Unendlichkeitsstellen Bemerkten zusammen, so ergiebt sich: Tritt in der Reihe der angenommenen Unendlichkeitsstellen eine bestimmte μ-mal auf, so können wir sicher sein, dass $F(xy)$ an dieser Stelle von nicht höherer als der μ^{ten} Ordnung unendlich wird; kommt aber in der Reihe der gegebenen Nullstellen eine bestimmte λ-mal vor, so wird die Function an dieser von nicht niedrigerer als der λ^{ten} Ordnung Null.

Das wesentliche Resultat, dessen Bedeutung für die Abelschen Transcendenten sich später beim Abelschen Theorem herausstellen wird, ist, dass unter den $2s$ Werthepaaren, für welche eine rationale Function s^{ten} Grades des Paares (xy) unendlich und Null wird, nothwendig ϱ Relationen bestehen, welche von der Form der Function unabhängig sind. Diese Relationen ergeben sich durch Elimination der Coefficienten $C_0, \ldots C_s$ aus den ϱ Gleichungen auf S. 100, den $s-\varrho$ Gleichungen auf S. 102 und den ϱ, den letzteren entsprechenden, welche für die noch übrigen ϱ Nullstellen der Function $F(xy)$ aufgestellt werden können. Diese $s+\varrho$ Gleichungen sind in den $s+1$ Coefficienten homogen, enthalten nicht die Function $F(xy)$ selbst, sondern nur die H-Functionen und sind in den Werthepaaren, für welche $F(xy)$ Null und unendlich wird, rational. Um diesen Satz zu begründen, war es nicht nothwendig, die Function $H(xy, x'y')$, aus welcher alle anderen H-Functionen entspringen, wirklich herzustellen, sondern wir konnten uns damit begnügen, ihre Existenz nachgewiesen zu haben.

Viertes Kapitel.

Die ϱ linear unabhängigen Functionen $H(xy)_\alpha$.

Die ϱ rationalen Functionen des Paares (xy), welche mit $H(xy)_1, \ldots H(xy)_\varrho$ bezeichnet wurden, sind dadurch charakterisirt, dass

$$H(x_t y_t)_\alpha \frac{dx_t}{dt}$$

niemals negative Potenzen von t enthält, welches Element des Gebildes auch das Functionenpaar $(x_t y_t)$ darstellen möge. Nun sei $H(xy)$ eine rationale Function des Paares (xy) von derselben Eigenschaft. Nach dem allgemeinen Satze auf S. 95 ist dann

$$\sum \left[H(x_t y_t)\, H(x_t y_t, x'y') \frac{dx_t}{dt} \right]_{t^{-1}} = 0,$$

die Summation erstreckt über alle Elemente $(x_t y_t)$, für welche die Entwickelung von $H(x_t y_t, x'y')$ negative Potenzen von t enthält. Dies ist der Fall für das Element $(x'_t y'_t)$ mit dem Mittelpunkt $(x'y')$ und für die ϱ Elemente $(\overset{\alpha}{x}_t \overset{\alpha}{y}_t)$. Dabei werde $(x'y')$ von den $(a_\alpha b_\alpha)$ verschieden und so angenommen, dass $f(x'y')_2$ nicht verschwindet und $H(x'y')$ nicht unendlich gross wird. Dann kann gesetzt werden:

$$\begin{cases} x'_t = x' + t \\ y'_t = y' + t\mathfrak{P}(t), \end{cases}$$

und es ergiebt sich aus der Formel (III, 1) auf S. 85 für $\tau = 0$

$$H(x'_t y'_t, x'y') = -t^{-1} + \mathfrak{P}(t).$$

Ferner ist

$$H(x'_t y'_t) \frac{dx'_t}{dt} = H(x'y') + t\mathfrak{P}(t),$$

und bei Ausführung der Multiplication ergiebt sich

$$-H(x'y')$$

als Coefficient von t^{-1}.

Um die Untersuchung auch für die anderen Unendlichkeitsstellen durchzuführen, setzen wir nach der Definition der Functionen $H(x'y')_\alpha$ (S. 79)

$$H(\overset{\alpha}{x}_t\overset{\alpha}{y}_t, x'y') = H(x'y')_\alpha t^{-1} + \mathfrak{P}(t),$$

ferner

$$H(\overset{\alpha}{x}_t\overset{\alpha}{y}_t)\frac{d\overset{\alpha}{x}_t}{dt} = \left[H(\overset{\alpha}{x}_t\overset{\alpha}{y}_t)\frac{d\overset{\alpha}{x}_t}{dt}\right]_{t^0} + t\,\mathfrak{P}(t).$$

Jetzt wird für das Element $(\overset{\alpha}{x}_t\overset{\alpha}{y}_t)$ der Coefficient von t^{-1} gleich

$$\left[H(\overset{\alpha}{x}_t\overset{\alpha}{y}_t)\frac{d\overset{\alpha}{x}_t}{dt}\right]_{t^0} H(x'y')_\alpha,$$

mithin folgt aus dem genannten Satze:

$$-H(x'y') + \sum_{\alpha=1}^{\varrho}\left[H(\overset{\alpha}{x}_t\overset{\alpha}{y}_t)\frac{d\overset{\alpha}{x}_t}{dt}\right]_{t^0} H(x'y')_\alpha = 0,$$

oder, da $(x'y')$, abgesehen von der endlichen Anzahl ausgeschlossener Werthepaare, ein beliebiges Paar darstellt,

$$H(xy) = \sum_{\alpha=1}^{\varrho}\left[H(\overset{\alpha}{x}_t\overset{\alpha}{y}_t)\frac{d\overset{\alpha}{x}_t}{dt}\right]_{t^0} H(xy)_\alpha;$$

d. h. jede Function mit der charakteristischen Eigenschaft der ϱ Functionen $H(xy)_\alpha$ lässt sich als lineares Aggregat dieser Functionen darstellen. Da auf beiden Seiten der Gleichung rationale Functionen des Paares (xy) stehen, so gilt diese Formel auch für die endliche Anzahl der bei der Herleitung ausgeschlossenen Stellen (xy).

Es muss nun noch gezeigt werden, dass die Anzahl der in dem gefundenen Ausdruck vorkommenden Functionen $H(xy)_\alpha$ im Allgemeinen nicht verringert werden kann, dass also diese Functionen nicht linear von einander abhängig sind. Wir wollen zunächst einen allgemeinen Satz über die lineare Abhängigkeit einer Anzahl rationaler Functionen des Paares (xy) beweisen. Es bestehe also unter solchen Functionen $f_1(xy), \dots f_m(xy)$ eine homogene lineare Gleichung mit constanten Coefficienten

$$C_1 f_1(xy) + \cdots + C_m f_m(xy) = 0$$

zunächst unter der Voraussetzung, dass x und y durch die Gleichung $f(x,y) = 0$ des algebraischen Gebildes mit einander verbunden sind. Bringt man eine rationale Function des Paares (xy) auf die Form

$$\frac{G_1(xy)}{G_2(xy)},$$

so könnte $G_2(xy)$, als Function von y betrachtet, keinen gemeinsamen Theiler mit $f(xy)$ haben ausser dieser Function selbst, da $f(xy)$ irreductibel ist. Aber auch das Letztere findet nicht statt, denn sonst wäre die rationale Function für beliebige Werthepaare unendlich gross. Betrachtet man nun $f(xy)$ und $G_2(xy)$ als Functionen von y allein, so kann man zwei andere Functionen $\overline{P}(xy)$, $\overline{Q}(xy)$, welche in Bezug auf y ganz sind, der Art finden, dass

$$\overline{P}(xy)f(xy) + \overline{Q}(xy)\,G_2(xy) \;=\; 1$$

wird, und $\overline{Q}(xy)$ in Bezug auf y vom $(n-1)^{\text{ten}}$ Grade ist. Die Coefficienten von $\overline{P}(xy)$ und $\overline{Q}(xy)$ sind rationale Functionen von x. Werden sie auf den kleinsten gemeinsamen Nenner $R(x)$ gebracht, so kann gesetzt werden:

$$P(xy)f(xy) + Q(xy)\,G_2(xy) \;=\; R(x),$$

wo jetzt $P(xy)$ und $Q(xy)$ ganze Functionen auch von x bezeichnen. Da nun $f(xy) = 0$ ist, so wird

$$Q(xy)\,G_2(xy) \;=\; R(x),$$

$$\frac{G_1(xy)}{G_2(xy)} = \frac{G_1(xy)\,Q(xy)}{R(x)}.$$

Der Zähler der rechten Seite kann mit Hülfe der Gleichung $f(x,y) = 0$ auf den $(n-1)^{\text{ten}}$ Grad in y reducirt werden. Denken wir uns nun jede der Functionen $f_\chi(xy)$ auf diese Form $\frac{g_\chi(xy)}{r_\chi(x)}$ gebracht, so folgt

$$C_1\frac{g_1(xy)}{r_1(x)} + \cdots + C_m\frac{g_m(xy)}{r_m(x)} \;=\; 0,$$

eine Gleichung, welche auch für beliebige Werthe der als unabhängig von einander betrachteten Veränderlichen x und y bestehen muss. Denn geben wir x irgend einen Werth, für welchen unter den in Folge der Gleichung $f(x,y) = 0$ ihm zugehörigen n Werthen von y keine gleichen sich finden, so ist die linke Seite eine ganze Function $(n-1)^{\text{ten}}$ Grades von y, welche für n Argumente, also identisch, verschwindet. Man kann daher sagen: Wenn mehrere rationale Functionen von einander linear abhängig sind für alle Paare (xy), welche durch die Gleichung des Gebildes mit einander verbunden sind, so bleibt diese Abhängigkeit auch für beliebige Werthe von x und y bestehen, unter der Voraussetzung, dass jede Function auf die angegebene Form gebracht wird.

Nehmen wir nun an, es bestände unter den ϱ H-Functionen eine Gleichung

$$C_1 H(xy)_1 + \cdots + C_\varrho H(xy)_\varrho = 0.$$

Wir haben früher (S. 82) gefunden, dass $H(xy, a_\alpha b_\alpha)_0 = 0$ ist. In Folge dessen müssen in der Formel (II, 1) (S. 84)

$$H(\overset{\alpha}{x}_t \overset{\alpha}{y}_t, a_\alpha b_\alpha)_\mu = t^{-\mu-1} - t^{-1}\left[H(\overset{\alpha}{x}_\tau \overset{\alpha}{y}_\tau)_\alpha \frac{d\overset{\alpha}{x}_\tau}{d\tau}\right]_{\tau^\mu} + \mathfrak{P}(t)$$

für $\mu = 0$ die beiden Glieder mit t^{-1} sich aufheben, woraus

$$\left[H(\overset{\alpha}{x}_\tau \overset{\alpha}{y}_\tau)_\alpha \frac{d\overset{\alpha}{x}_\tau}{d\tau}\right]_{\tau^0} = 1$$

folgt. Ebenso ergiebt sich aus der Formel (II, 2) (S. 84)

$$H(\overset{\beta}{x}_t \overset{\beta}{y}_t, a_\alpha b_\alpha)_\mu = -t^{-1}\left[H(\overset{\alpha}{x}_\tau \overset{\alpha}{y}_\tau)_\beta \frac{d\overset{\alpha}{x}_\tau}{d\tau}\right]_{\tau^\mu} + \mathfrak{P}(t)$$

für $\mu = 0$ die Gleichung

$$\left[H(\overset{\alpha}{x}_\tau \overset{\alpha}{y}_\tau)_\beta \frac{d\overset{\alpha}{x}_\tau}{d\tau}\right]_{\tau^0} = 0.$$

Setzt man nun in der oben angenommenen, in Bezug auf die H-Functionen linearen Gleichung $(\overset{\alpha}{x}_\tau \overset{\alpha}{y}_\tau)$ für (xy), multiplicirt mit $\frac{d\overset{\alpha}{x}_\tau}{d\tau}$ und entwickelt, so wird das constante Glied auf der linken Seite gleich C_α. Dieses, d. h. alle Coefficienten $C_1, \ldots C_\varrho$, müssten verschwinden, wenn die Gleichung für beliebige Werthepaare (xy) erfüllt sein sollte. Es besteht mithin keine lineare Relation unter den ϱ Functionen $H(xy)_\alpha$, und man sieht auch hier wieder, dass ϱ eine ganz bestimmte, für das Gebilde charakteristische Zahl ist. — Hiermit ist also gezeigt, dass die allgemeinste Function derselben Beschaffenheit, wie die Functionen $H(xy)_\alpha$, sich als lineares Aggregat dieser ϱ Functionen, aber nicht einer geringeren Anzahl, darstellen lässt.

An Stelle der ursprünglichen Functionen $H(xy)_\alpha$ kann man ϱ andere vermöge der Gleichungen

$$\overset{\alpha}{H}(xy) = \sum_{\beta=1}^{\varrho} C_{\alpha\beta} H(xy)_\beta \qquad (\alpha = 1, \dots \varrho)$$

einführen, wenn man die Coefficienten $C_{\alpha\beta}$ nur so bestimmt, dass ihre Determinante nicht verschwindet. Denn dann sind die neuen Functionen ebenfalls linear unabhängig von einander. Man kann unter derselben Voraussetzung auch die ursprünglichen H-Functionen, und damit jede Function derselben Beschaffenheit, durch die neuen linear ausdrücken.

Um die Form der in Rede stehenden Functionen genauer zu bestimmen, haben wir auf ihre Entstehung aus der Function $H(xy, x'y')$ zurückzugreifen. Wir gingen (S. 64) aus von dem Quotienten

$$\frac{f(xy, y')(x'-a')\dots(x'-a^{(m-1)})}{(x'-x)(x-a')\dots(x-a^{(m-1)})}.$$

Existirte nun eine Function $\mathfrak{F}_1(xy)$, welche nur die von $(x'y')$ verschiedenen Stellen $(a'b'), \dots$ zu Unendlichkeitsstellen hat, so betrachteten wir die Differenz

$$\frac{f(xy, y')(x'-a')\dots(x'-a^{(m-1)})}{(x'-x)(x-a')\dots(x-a^{(m-1)})} - F^{(1)}(x'y')\,\mathfrak{F}_1(xy),$$

welche z. B. an der Stelle $(a'b')$ nicht mehr unendlich wird, wenn bei passender Wahl von C_1

$$F^{(1)}(x'y') = C_1 f(a'b', y')(x'-a'')\dots(x'-a^{(m-1)})$$

gesetzt wird. $F^{(1)}(x'y')$ ist also eine ganze Function $(m-2)^{\text{ten}}$ Grades von x' und $(n-1)^{\text{ten}}$ Grades von y' (S. 63, 65). Dieses Verfahren dachten wir uns fortgesetzt, bis wir zu einer Function $F(xy, x'y')$ mit den Unendlichkeitsstellen $(x'y'), (a_1 b_1), \dots (a_\varrho b_\varrho)$ gelangten, deren Anzahl nicht mehr verringert werden kann. Alle alsdann vorkommenden Functionen $F^{(\lambda)}(x'y')$ haben dieselben Eigenschaften wie $F^{(1)}(x'y')$.

Aus $F(xy, x'y')$ haben wir die Function $H(xy, x'y')$ durch Division mit $f(x'y')_2$ zu bilden (S. 73). Vorher jedoch bestimmen wir, um zu $H(x'y')_\alpha$ zu gelangen, den Coefficienten von t^{-1} in der Entwickelung von $F(\overset{\alpha}{x}_t \overset{\alpha}{y}_t, x'y')$ nach Potenzen von t. Setzt man unter der Annahme, dass $(a_\alpha b_\alpha)$ keine singuläre Stelle des Gebildes ist,

$$\overset{\alpha}{x}_t = a_\alpha + t, \quad \overset{\alpha}{y}_t = b_\alpha + t\,\mathfrak{P}(t),$$

so kann dieser Coefficient in der Form geschrieben werden:

$$\overline{C}_\alpha \frac{f(a_\alpha b_\alpha, y')(x'-a')\dots(x'-a^{(m-1)})}{(x'-a_\alpha)} - \sum_{\lambda=1}^{k} C_\alpha^{(\lambda)} F^{(\lambda)}(x'y') = G(x'y')_\alpha.$$

Das erste Glied der linken Seite ist, wie die folgenden, eine ganze Function von x' und y', weil der Factor $(x'-a_\alpha)$ nothwendig auch im Zähler vorkommt. Man hat also

$$H(x'y')_\alpha = \frac{G(x'y')_\alpha}{f(x'y')_2},$$

wo $G(x'y')_\alpha$ eine ganze Function des Paares $(x'y')$ ist. Wenn die H-Function mit dx' multiplicirt auftritt, wie es meist der Fall ist, so verschwindet bei dieser Darstellung die scheinbare Bevorzugung, welche wir der Grösse x' gegeben haben. Denn es ist

$$H(x'y')_\alpha dx' = G(x'y')_\alpha \frac{dx'}{f(x'y')_2} = -G(x'y')_\alpha \frac{dy'}{f(x'y')_1}.$$

Die Symmetrie zwischen den Grössen x' und y' wird allerdings dadurch gestört, dass die ganze Function $G(x'y')_\alpha$ in Bezug auf x' vom Grade $m-2$ ist, in Bezug auf y' dagegen als vom Grade $n-1$ erscheint. Es lässt sich jedoch beweisen, dass der Grad in y' gleich $n-2$ sein muss.

Um dies zu zeigen, bezeichnen wir irgend eine der Functionen $H(xy)_\alpha$ mit $H(xy)$, die zugehörige Function $G(xy)_\alpha$ mit $G(xy)$ und verstehen, wie früher, unter $\overset{1}{y}, \dots \overset{n}{y}$ die n Werthe von y, welche im Allgemeinen zu einem Werthe von x gehören; dann ist

$$\sum_{\nu=1}^{n} H(x\overset{\nu}{y}) = \sum_{\nu=1}^{n} \frac{G(x\overset{\nu}{y})}{f(x\overset{\nu}{y})_2}.$$

Die zu einem unendlich grossen Werth von x gehörigen Werthe von y mögen durch die Potenzreihen

$$y = P_1\left(x^{-\frac{1}{\sigma_1}}\right),$$

$$y = P_2\left(x^{-\frac{1}{\sigma_2}}\right),$$

$$\dots\dots\dots$$

oder durch die Functionenpaare

$$x_t = t^{-\sigma_1}, \quad y_t = P_1(t),$$

$$x_t = t^{-\sigma_2}, \quad y_t = P_2(t),$$

$$\dots\dots\dots\dots$$

dargestellt werden (S. 45); dabei können die Zahlen $\sigma_1, \sigma_2, \ldots$ auch sämmtlich gleich 1 sein. Der Ausdruck

$$\sum_{\nu=1}^{n} H(x\overset{\nu}{y})$$

zerfällt dann in Theilsummen, in deren jeder über die verschiedenen Werthe der nämlichen Wurzelgrösse zu summiren ist. Wird nun z. B. in $H(x\overset{1}{y})$ für $\overset{1}{y}$ die erste Potenzreihe eingesetzt und nach fallenden Potenzen von $x^{\frac{1}{\sigma_1}}$ entwickelt, so muss, wie wir zunächst beweisen wollen, der Exponent des Anfangsgliedes kleiner als -1 sein. Es sei

$$H(x\overset{1}{y}) = c_0 x^{\frac{\mu}{\sigma_1}} + c_1 x^{\frac{\mu-1}{\sigma_1}} + \cdots,$$

so ist

$$H(x_t\overset{1}{y}_t) = c_0 t^{-\mu} + c_1 t^{-\mu+1} + \cdots,$$

$$H(x_t\overset{1}{y}_t)\frac{dx_t}{dt} = -\sigma_1 c_0 t^{-\mu-\sigma_1-1} + \cdots.$$

Auf der linken Seite können keine negativen Potenzen von t vorkommen, mithin ergiebt sich

$$-\mu-\sigma_1-1 \geqq 0,$$

$$\frac{\mu}{\sigma_1} \leqq -1 - \frac{1}{\sigma_1}.$$

Entwickelt man demnach $H(x\overset{1}{y})$ nach fallenden Potenzen von x, so ist der Anfangs-Exponent in der That kleiner als -1. Dasselbe gilt auch für $H(x\overset{2}{y}), \ldots H(x\overset{n}{y})$. Die Function

$$\sum_{\nu=1}^{n} H(x\overset{\nu}{y})$$

ist aber, als symmetrische Function von $\overset{1}{y}, \ldots \overset{n}{y}$, rational in Bezug auf x. Der erste Exponent ihrer Entwickelung für grosse Werthe von x wird also, da er kleiner als -1 ist, höchstens gleich -2.

Die eben bewiesene Eigenschaft der Function $H(xy)$ lässt sich auch folgendermassen aussprechen: Die n Werthe des Ausdruckes $xH(xy)$ verschwinden für unendlich grosses x. Betrachten wir jetzt die Function in der Nähe eines endlichen Werthes a und setzen für irgend ein durch diesen Werth bestimmtes Element (S. 44—45)

$$x_t = a + a' t^{\sigma_1}, \quad \overset{1}{y}_t = P(t),$$

ferner

$$H(x\overset{1}{y}) = c_0\left(\frac{x-a}{a'}\right)^{\frac{\mu}{\sigma_1}} + \cdots,$$

so folgt

$$H(x_t\overset{1}{y}_t)\frac{dx_t}{dt} = \sigma_1 a' c_0 t^{\mu+\sigma_1-1} + \cdots.$$

Es muss also sein

$$\mu + \sigma_1 - 1 \geqq 0,$$
$$\frac{\mu}{\sigma_1} > -1.$$

Dasselbe gilt auch für die übrigen zu a gehörigen Elemente. In

$$(x-a)\,H(xy)$$

ist also der Exponent des Anfangsgliedes positiv, und dieses Product verschwindet daher für $x = a$.

Es sei nun

$$\frac{G(xy)}{f(xy)} = \frac{G_0(x)y^{n-1}+\cdots}{f_0(x)y^n+\cdots} = \frac{G_0(x)}{f_0(x)}y^{-1} + \cdots.$$

Andererseits erhält man bei der Zerlegung in Partialbrüche, wenn x als Parameter betrachtet wird,

$$\frac{G(xy)}{f(xy)} = \sum_{\nu=1}^{n} \frac{G(x\overset{\nu}{y})}{(y-\overset{\nu}{y})f(x\overset{\nu}{y})_2},$$

und hieraus durch Entwickelung nach fallenden Potenzen von y

$$\frac{G(xy)}{f(xy)} = y^{-1}\sum_{\nu=1}^{n}\frac{G(x\overset{\nu}{y})}{f(x\overset{\nu}{y})_2} + \cdots.$$

Mithin wird

$$\frac{G_0(x)}{f_0(x)} = \sum_{\nu=1}^{n}\frac{G(x\overset{\nu}{y})}{f(x\overset{\nu}{y})_2},$$

d. h.

$$\sum_{\nu=1}^{n} H(x\overset{\nu}{y}) = \frac{G_0(x)}{f_0(x)}.$$

Es muss jedoch $\frac{G_0(x)}{f_0(x)}$ gleich einer ganzen Function $G_1(x)$ sein. Denn wäre dies nicht der Fall, so sei a ein Werth von x, für welchen $f_0(x)$ verschwindet,

$G_0(x)$ aber von Null verschieden ist. Dann würde der Ausdruck

$$\sum_{\nu=1}^{n} (x-a) H(x\overset{\nu}{y})$$

für $x = a$ endlich und von Null verschieden oder unendlich gross werden, während er nach dem eben Bewiesenen verschwinden muss. Also folgt

$$\sum_{\nu=1}^{n} H(x\overset{\nu}{y}) = G_1(x).$$

Nun musste aber die Entwickelung der Function links nach fallenden Potenzen von x mit einem Gliede beginnen, dessen Exponent kleiner als -1 ist; daher kann die letzte Gleichung nicht bestehen, wenn nicht $G_1(x)$ und damit auch $G_0(x)$ verschwindet. D. h. der Coefficient von y^{n-1} in $G(xy)$ ist gleich Null, und diese Function vom $(m-2)^{\text{ten}}$ Grade in x, vom $(n-2)^{\text{ten}}$ Grade in y.

Die beiden Eigenschaften der H-Function, dass

$$x H(xy) = 0 \quad \text{für} \quad x = \infty,$$
$$(x-a) H(xy) = 0 \quad \text{für} \quad x = a,$$

wo a jede beliebige endliche Grösse bedeutet, sind, wie aus den obigen Beweisen sofort ersichtlich, in dem Sinne charakteristisch, dass für eine Function von diesen Eigenschaften das Product

$$H(x_t y_t) \frac{dx_t}{dt}$$

für kein Functionenpaar negative Potenzen von t enthält (S. 104).

Einige Eigenschaften der H-Functionen können auch durch Transformation des algebraischen Gebildes gefunden werden. Es seien ξ und η zwei rationale Functionen des Paares (xy), definirt durch die Gleichungen

$$\begin{cases} \xi = R_1(xy) \\ \eta = R_2(xy), \end{cases}$$

aus welchen sich auch umgekehrt x und y als rationale Functionen von ξ und η ergeben sollen. Vermöge dieser Substitution gehe die Gleichung $f(x, y) = 0$ in $\varphi(\xi, \eta) = 0$ über, und es werde zunächst untersucht, wie sich hierbei das Differential $\frac{dx}{f(xy)_2}$ umwandelt. Aus den Gleichungen

$$d\xi = \frac{\partial \xi}{\partial x} dx + \frac{\partial \xi}{\partial y} dy,$$

$$f(xy)_1 dx + f(xy)_2 dy = 0$$

folgt

$$d\xi = \left(\frac{\partial \xi}{\partial x} f(xy)_2 - \frac{\partial \xi}{\partial y} f(xy)_1\right) \frac{dx}{f(xy)_2},$$

$$\frac{d\xi}{\varphi(\xi\eta)_2} = M(xy) \frac{dx}{f(xy)_2}.$$

Hierin ist $M(xy)$ eine rationale Function des Paares (xy), in welcher keine der beiden Variablen vor der anderen bevorzugt ist. Denn wir könnten rechts $-\frac{dy}{f(xy)_1}$, links $-\frac{d\eta}{\varphi(\xi\eta)_1}$ einführen. Von dem Ausdrucke von $M(xy)$ hängt es hauptsächlich ab, wie die Differentiale $H(xy)_\alpha dx$ sich umgestalten. Wenn wir die Variablen vertauschen, so erhalten wir eine Gleichung der Form

$$\frac{dx}{f(xy)_2} = \mathrm{M}(\xi\eta) \frac{d\xi}{\varphi(\xi\eta)_2},$$

mithin durch Vergleichung mit der vorangehenden die einfache Beziehung

$$M(xy)\,\mathrm{M}(\xi\eta) = 1.$$

Ist $\frac{G(xy)}{f(xy)_2}$ eine H-Function für das Gebilde $f(x, y) = 0$, und geht bei der Transformation die ganze rationale Function $G(xy)$ in die rationale Function $R(\xi\eta)$ über, so muss

$$\frac{R(\xi\eta)\,\mathrm{M}(\xi\eta)}{\varphi(\xi\eta)_2}$$

eine H-Function für das transformirte Gebilde $\varphi(\xi, \eta) = 0$ sein. Denn sind $(x_t y_t)$ und $(\xi_t \eta_t)$ irgend zwei entsprechende Functionenpaare der beiden Gebilde, d. h. ist $\xi_t = R_1(x_t y_t)$, $\eta_t = R_2(x_t y_t)$, so ist stets

$$\frac{R(\xi_t \eta_t)\,\mathrm{M}(\xi_t \eta_t)}{\varphi(\xi_t \eta_t)_2} \frac{d\xi_t}{dt} = \frac{G(x_t y_t)}{f(x_t y_t)_2} \frac{dx_t}{dt} = \mathfrak{P}(t).$$

Wir wollen jetzt speciell setzen

$$\xi = \frac{ax + b}{cx + \partial},$$

$$\eta = \frac{a'y + b'}{c'y + \partial'},$$

oder umgekehrt

$$x = \frac{\partial\xi - b}{-c\xi + a},$$

$$y = \frac{\partial'\eta - b'}{-c'\eta + a'}.$$

Dann folgt, wenn $f(x, y)$ in Bezug auf x den Grad m und in Bezug auf y

den Grad n hat,

$$f(x,y) = \frac{1}{(a-c\xi)^m(a'-c'\eta)^n}\varphi(\xi,\eta).$$

Aus

$$cx\xi - ax + \partial\xi - b = 0$$

ergiebt sich

$$(cx+\partial)(a-c\xi) = a\partial - bc,$$

und analog

$$(c'y+\partial')(a'-c'\eta) = a'\partial'-b'c',$$

mithin

$$\varphi(\xi,\eta) = \frac{(a\partial-bc)^m(a'\partial'-b'c')^n}{(cx+\partial)^m(c'y+\partial')^n} f(x,y).$$

Differentiirt man nach η, so folgt mit Berücksichtigung der Gleichung $f(x,y)=0$:

$$\varphi(\xi\eta)_2 = \frac{(a\partial-bc)^m(a'\partial'-b'c')^n}{(cx+\partial)^m(c'y+\partial')^n} f(xy)_2\frac{dy}{d\eta}.$$

Nun ist

$$\frac{dy}{d\eta} = \frac{a'\partial'-b'c'}{(c'\eta-a')^2} = \frac{(c'y+\partial')^2}{a'\partial'-b'c'},$$

also

$$\varphi(\xi\eta)_2 = \frac{(a\partial-bc)^m(a'\partial'-b'c')^{n-1}}{(cx+\partial)^m(c'y+\partial')^{n-2}} f(xy)_2,$$

ferner

$$\frac{d\xi}{dx} = \frac{a\partial-bc}{(cx+\partial)^2},$$

also schliesslich

$$\frac{d\xi}{\varphi(\xi\eta)_2} = \frac{(cx+\partial)^{m-2}(c'y+\partial')^{n-2}}{(a\partial-bc)^{m-1}(a'\partial'-b'c')^{n-1}}\frac{dx}{f(xy)_2}.$$

Durch eine solche Transformation kann man bewirken, dass das Verhalten des neuen Gebildes im Unendlichen ein ganz bestimmtes wird, dass z. B. für einen unendlich grossen Werth von ξ alle Werthe von η endlich und von einander verschieden sind. Man kann zu dem Zwecke etwa setzen

$$\xi = \alpha + \frac{\beta}{x-a},$$
$$\eta = y,$$

wo a einen Werth von x bedeutet, für welchen alle zugehörigen Werthe von y endlich und von einander verschieden sind. Gelten, wenn x in der Nähe des Werthes a liegt, für die zugehörigen Werthe $\overset{1}{y}, \ldots \overset{n}{y}$ die Entwickelungen

$$\overset{\nu}{y} = b_\nu + (x-a)\mathfrak{P}_\nu(x-a), \qquad (\nu = 1, 2, \ldots n)$$

so ergiebt sich

$$\overset{\nu}{\eta} = b_\nu + \frac{\beta}{\xi-\alpha}\mathfrak{P}_\nu\left(\frac{\beta}{\xi-\alpha}\right) = b_\nu + b'_\nu\xi^{-1} + b''_\nu\xi^{-2} + \cdots.$$

Durch eine andere rationale Transformation könnte man auch erreichen, dass einem unendlich grossen Werth von ξ nur unendlich grosse Werthe von η entsprechen.

Wichtiger noch ist die allgemeinste gebrochene lineare Substitution, von der Form

$$\xi = \frac{a_0 + a_1 x + a_2 y}{c_0 + c_1 x + c_2 y}, \quad \eta = \frac{b_0 + b_1 x + b_2 y}{c_0 + c_1 x + c_2 y};$$

durch Auflösung dieser Gleichungen möge folgen

$$x = \frac{\alpha_0 + \alpha_1\xi + \alpha_2\eta}{\gamma_0 + \gamma_1\xi + \gamma_2\eta}, \quad y = \frac{\beta_0 + \beta_1\xi + \beta_2\eta}{\gamma_0 + \gamma_1\xi + \gamma_2\eta}$$

oder

$$x = \frac{p}{l}, \quad y = \frac{q}{l}.$$

Setzt man diese Ausdrücke in

$$f(x, y) = (x, y)_r + (x, y)_{r-1} + \cdots + (x, y)_0$$

ein, so folgt

$$f(x, y) = l^{-r}\{(p, q)_r + l(p, q)_{r-1} + \cdots + l^r(p, q_0)\} = l^{-r}\varphi(\xi, \eta).$$

Aus

$$dx = \frac{\partial x}{\partial \xi}d\xi + \frac{\partial x}{\partial \eta}d\eta,$$

$$dy = \frac{\partial y}{\partial \xi}d\xi + \frac{\partial y}{\partial \eta}d\eta$$

erhält man

$$\frac{\partial y}{\partial \eta}dx - \frac{\partial x}{\partial \eta}dy = \left(\frac{\partial x}{\partial \xi}\frac{\partial y}{\partial \eta} - \frac{\partial y}{\partial \xi}\frac{\partial x}{\partial \eta}\right)d\xi,$$

und für die Functional-Determinante rechts ergiebt sich, wenn

$$\begin{vmatrix} \alpha_0 & \alpha_1 & \alpha_2 \\ \beta_0 & \beta_1 & \beta_2 \\ \gamma_0 & \gamma_1 & \gamma_2 \end{vmatrix} = \delta$$

gesetzt wird,

$$\frac{\partial x}{\partial \xi}\frac{\partial y}{\partial \eta} - \frac{\partial y}{\partial \xi}\frac{\partial x}{\partial \eta} = \frac{\delta}{l^3}.$$

Ferner ist

$$dy = -\frac{f(xy)_1}{f(xy)_2}dx,$$

daher

$$\frac{dx}{f(xy)_2}\left(f(xy)_1\frac{\partial x}{\partial \eta}+f(xy)_2\frac{\partial y}{\partial \eta}\right) = \frac{\delta}{l^3}d\xi.$$

Endlich ergiebt sich durch Differentiation der Gleichung für $f(x, y)$ nach η:

$$f(xy)_1\frac{\partial x}{\partial \eta}+f(xy)_2\frac{\partial y}{\partial \eta} = l^{-r}\varphi(\xi\eta)_2,$$

mithin wird

$$\frac{dx}{f(xy)_2} = \delta l^{r-3}\frac{d\xi}{\varphi(\xi\eta)_2}.$$

Aus der ersten Transformation folgt sofort die S. 108 u. 112 bewiesene Eigenschaft der Function

$$H(xy) = \frac{G(xy)}{f(xy)_2}.$$

Wir setzen

$$\xi = \frac{1}{x-a}, \quad \eta = y,$$

so ist

$$H(xy)\,dx = G\left(a+\frac{1}{\xi}, \eta\right)\cdot\frac{(-1)^{m-1}}{(x-a)^{m-2}}\frac{d\xi}{\varphi(\xi\eta)_2} = (-1)^{m-1}G\left(a+\frac{1}{\xi}, \eta\right).\xi^{m-2}\frac{d\xi}{\varphi(\xi\eta)_2}.$$

Wäre nun G in Bezug auf x von höherem als dem $(m-2)^{\text{ten}}$ Grade, so würde

$$G\left(a+\frac{1}{\xi}, \eta\right).\xi^{m-2}$$

keine ganze Function werden, wie es doch sein muss. Ganz ebenso wird bewiesen, dass G in Bezug auf y nur vom Grade $n-2$ sein kann.

Durch die zweite Transformation erhalten wir

$$H(xy)\,dx = G\left(\frac{p}{l}, \frac{q}{l}\right)\cdot\delta l^{r-3}\frac{d\xi}{\varphi(\xi\eta)_2}.$$

Hieraus ist in derselben Weise wie eben zu schliessen, dass $G(xy)$ nicht von höherer als der $(r-3)^{\text{ten}}$ Dimension sein kann. Es ergiebt sich also folgendes Schlussresultat:

Wenn $H(xy) = \frac{G(xy)}{f(xy)_2}$ gesetzt wird, so ist in der ganzen Function $G(xy)$
der Grad in x nicht grösser als $m-2$,
- - - y - - - $n-2$,
die Dimension - - - $r-3$.

Fünftes Kapitel.

Erste Art der Berechnung des Ranges eines algebraischen Gebildes.

Der Rang ϱ eines algebraischen Gebildes $f(x,y)=0$ ist bisher nur begrifflich erklärt worden. Die ursprüngliche Definition sagte aus, dass es stets eine rationale Function des Paares (xy) giebt, welche an $\varrho+1$ willkürlich gewählten Stellen von der ersten Ordnung unendlich wird, während keine solche Function existirt, wenn man die Anzahl jener Stellen um eine vermindert. Sodann wurde nachgewiesen, dass diese Zahl ϱ mit der Anzahl der von einander linear unabhängigen Functionen $H(xy)_1, \ldots H(xy)_\varrho$ identisch ist. Jetzt müssen wir uns die Frage vorlegen, wie sich der Rang aus den Eigenschaften des Gebildes $f(x,y)=0$ selbst ermitteln lässt, ohne dass es nöthig ist, rationale Functionen des Paares (xy) hinzuzuziehen.

Da bei einer rationalen Transformation des algebraischen Gebildes der Rang ungeändert bleibt (S. 69), so wollen wir unseren Untersuchungen zunächst eine Gleichung $f(x,y)=0$ zu Grunde legen, welche die Beschaffenheit des Gebildes im Unendlichen leicht erkennen lässt. Die Gleichung $f(x,y)=0$ liefere nämlich für $x=\infty$ n Werthe $b_1, b_2, \ldots b_n$ von y, die sämmtlich endlich und unter einander verschieden sind. Ist dies nicht von vornherein der Fall, so sei a irgend ein endlicher Werth von x, für welchen die n zugehörigen Werthe von y diese Eigenschaft haben. Führen wir nun die neuen Variablen ξ und η durch die Substitution (S. 114)

$$\xi = \frac{1}{x-a}, \quad \eta = y$$

ein, so liefert die transformirte Gleichung $f_0(\xi,\eta)=0$ für $\xi=\infty$ n verschiedene endliche Werthe von η.

Hat das Gebilde $f(x, y) = 0$ diese Beschaffenheit im Unendlichen, so verschwindet für $x = \infty$ jede Function

$$H(xy) = \frac{G(xy)}{f(xy)_2},$$

welche der charakteristischen Bedingung genügt, dass stets

$$H(x_t y_t)\frac{dx_t}{dt} = \mathfrak{P}(t)$$

ist, und sie kann nur für solche Werthepaare (xy) unendlich gross werden, für welche der Nenner $f(xy)_2$ gleich Null wird. Denn für Werthe von x, welche dem absoluten Betrage nach hinreichend gross sind, erhalten wir (S. 45) in Folge der über das Gebilde $f(x, y) = 0$ gemachten Voraussetzung die zugehörigen Werthe $\overset{1}{y}, \overset{2}{y}, \ldots \overset{n}{y}$ von y durch n verschiedene Reihen

$$\overset{\nu}{y} = b_\nu + b'_\nu x^{-1} + b''_\nu x^{-2} + \cdots \qquad (\nu = 1, 2, \ldots n)$$

oder durch die n Functionenpaare

$$x_t = t^{-1}, \quad \overset{\nu}{y}_t = b_\nu + t\,\mathfrak{P}_\nu(t) \qquad (\nu = 1, 2, \ldots n)$$

dargestellt. Ist nun für hinreichend grosse Werthe von $|x|$

$$H(x\overset{\nu}{y}) = c_\nu x^{-l_\nu} + c'_\nu x^{-l_\nu - 1} + \cdots,$$

mithin

$$H(x_t\overset{\nu}{y}_t)\frac{dx_t}{dt} = -c_\nu t^{l_\nu - 2} - c'_\nu t^{l_\nu - 1} - \cdots,$$

so ergiebt sich, da die Entwickelung der linken Seite keine negativen Potenzen von t enthalten darf:

$$l_\nu \geqq 2.$$

Für unendlich grosse Werthe von x verschwindet demnach $H(x\overset{\nu}{y})$ und zwar wenigstens mit der Ordnungszahl 2; dies gilt für jeden der n zu $x = \infty$ gehörigen Werthe $\overset{1}{y}, \overset{2}{y}, \ldots \overset{n}{y}$.

Sind nun $(g_1 h_1), (g_2 h_2), \ldots$ die sämmtlichen Stellen, für welche die Function $H(xy)$ unendlich gross wird, so müssen $g_1, g_2, \ldots$ endliche Werthe haben. Wenn eine dieser Stellen Mittelpunkt mehrerer nicht äquivalenter Elemente des Gebildes ist, so kann sie in diese Reihe mehrfach aufzunehmen sein. Es stelle

$$\overset{\lambda}{x}_t = g_\lambda + g'_\lambda t^{s_\lambda} + \cdots, \quad \overset{\lambda}{y}_t = h_\lambda + t\,\mathfrak{P}_\lambda(t)$$

das Element des Gebildes mit dem Mittelpunkt $(g_\lambda h_\lambda)$ dar, wobei $\overset{\lambda}{y}_t - h_\lambda$ durch $\frac{1}{\overset{\lambda}{y}_t}$ zu ersetzen ist, wenn h_λ unendlich gross wird (S. 54), dann beginnt die Entwickelung von $H(\overset{\lambda}{x}_t \overset{\lambda}{y}_t)$ nach steigenden Potenzen von t mit einer negativen Potenz. Wird daher

$$H(\overset{\lambda}{x}_t \overset{\lambda}{y}_t) = C_{\lambda 0} t^{-s'_\lambda} + C_{\lambda 1} t^{-s'_\lambda + 1} + \cdots$$

gesetzt und angenommen, dass $C_{\lambda 0}$ nicht verschwindet, so besteht die Ungleichung

$$s'_\lambda > 0.$$

Dabei ist s'_λ die Ordnungszahl des Unendlichwerdens der Function $H(xy)$ an der Stelle $(g_\lambda h_\lambda)$. Bezeichnet demnach s' den Grad der rationalen Function $H(xy)$, so ist

$$s' = \sum_{(\lambda)} s'_\lambda.$$

Aus der charakteristischen Eigenschaft der Function $H(xy)$ und aus der Entwickelung

$$H(\overset{\lambda}{x}_t \overset{\lambda}{y}_t) \frac{d\overset{\lambda}{x}_t}{dt} = C_{\lambda 0} g'_\lambda s_\lambda t^{s_\lambda - s'_\lambda - 1} + \cdots$$

folgt nun

$$s_\lambda - s'_\lambda - 1 \geqq 0$$

oder

$$s_\lambda - 1 \geqq s'_\lambda$$

und

$$s_\lambda \geqq 2;$$

mithin muss für jede Stelle $(g_\lambda h_\lambda)$ der Nenner $f(xy)_2$ der Function $H(xy)$ verschwinden (S. 15).

Ist demnach das Gebilde $f(x, y) = 0$ so beschaffen, dass die zu $x = \infty$ gehörigen Werthe y sämmtlich endlich und von einander verschieden sind, und bedeuten $(g_1 h_1), (g_2 h_2), \ldots$ die Unendlichkeitsstellen der Function $H(xy)$, so sind die Grössen $g_1, g_2, \ldots$ unter den Werthen enthalten, für welche die Discriminante $D(x)$ der Function $f(x, y)$, diese als Function von y betrachtet, verschwindet (S. 42). Bilden wir für jede dieser Stellen $(g_\lambda h_\lambda)$ die vorher definirte Zahl s_λ, so ist

$$s' \leqq \sum_{(\lambda)} (s_\lambda - 1),$$

oder, wenn wir

$$\sum_{(\lambda)}(s_\lambda - 1) = s$$

setzen,

$$s' \leqq s.$$

Das nächste Ziel unserer Untersuchung bildet nun der Nachweis, dass

$$s' = s = 2\varrho + 2n - 2$$

ist, wo n den Grad der Gleichung $f(x, y) = 0$ in Bezug auf y bedeutet. Dazu beweisen wir zuerst, dass $H(xy)$ wenigstens für $2\varrho + 2n - 2$ Stellen verschwindet, wenn wir jede Stelle so oft zählen, wie die Ordnungszahl des Verschwindens angiebt, sodass also s', mithin auch s, nicht kleiner als $2\varrho + 2n - 2$ sein kann. Wir wollen ϱ Stellen

$$(x_1 y_1), \ldots (x_\varrho y_\varrho)$$

so wählen, dass es keine rationale Function des Paares (xy) giebt, welche nur an diesen Stellen von der ersten Ordnung unendlich wird. Dann kann das System der ϱ linear unabhängigen Functionen $H(xy)_1, \ldots H(xy)_\varrho$ der Art bestimmt werden, dass die Function $H(xy)_\alpha$ an der Stelle $(x_\alpha y_\alpha)$ den Werth 1 annimmt und an den übrigen $\varrho - 1$ Stellen $(x_1 y_1), \ldots (x_{\alpha-1} y_{\alpha-1}), (x_{\alpha+1} y_{\alpha+1}), \ldots (x_\varrho y_\varrho)$ mit der Ordnungszahl 1 verschwindet. Denn in Folge der über die Werthepaare $(x_\alpha y_\alpha)$ gemachten Annahme lassen sich die ϱ^2 Constanten $c_{\alpha 1}, c_{\alpha 2}, \ldots c_{\alpha\varrho}$ durch die ϱ Systeme von je ϱ linearen Gleichungen

$$c_{\alpha 1} \overline{H}(x_\beta y_\beta)_1 + c_{\alpha 2} \overline{H}(x_\beta y_\beta)_2 + \cdots + c_{\alpha\varrho} \overline{H}(x_\beta y_\beta)_\varrho = \begin{cases} 0 & \text{für } \beta \gtrless \alpha \\ 1 & \text{für } \beta = \alpha \end{cases} \qquad (\alpha, \beta = 1, 2, \ldots \varrho)$$

bestimmen, in welchen $\overline{H}(xy)_1, \ldots \overline{H}(xy)_\varrho$ irgend ein System von ϱ linear unabhängigen Functionen $H(xy)$ darstellen (S. 68). Setzen wir dann

$$H(xy)_\alpha = c_{\alpha 1} \overline{H}(xy)_1 + c_{\alpha 2} \overline{H}(xy)_2 + \cdots + c_{\alpha\varrho} \overline{H}(xy)_\varrho,$$

so ist in der That

$$H(x_\beta y_\beta)_\alpha = \begin{cases} 0 & \text{für } \beta \gtrless \alpha \\ 1 & \text{für } \beta = \alpha \end{cases} \qquad (\alpha, \beta = 1, 2, \ldots \varrho).$$

Dabei schliessen wir bei der Wahl von $(x_1 y_1), \ldots (x_\varrho y_\varrho)$ solche Stellen, für welche eine der Functionen $H(xy)_\alpha$ mit einer höheren Ordnungszahl verschwindet, im Folgenden aus. Die Functionen $H(xy)_1, \dots H(xy)_\varrho$ bilden ein linear unabhängiges System. Denn bestände zwischen ihnen eine Gleichung der Form

$$A_1 H(xy)_1 + A_2 H(xy)_2 + \cdots + A_\varrho H(xy)_\varrho = 0,$$

so würde sich, wenn wir die Werthepaare $(x_1 y_1), \dots (x_\varrho y_\varrho)$ der Reihe nach für (xy) einsetzten, ergeben, dass die Constanten $A_1, \dots A_\varrho$ sämmtlich gleich Null sind.

Die Coefficienten $c_{\alpha 1}, c_{\alpha 2}, \dots c_{\alpha\varrho}$ sind rationale Functionen der Paare $(x_1 y_1), (x_2 y_2), \dots (x_\varrho y_\varrho)$. Sie gehen aus dem ersten System $c_{11}, c_{12}, \dots c_{1\varrho}$ dadurch hervor, dass $(x_\alpha y_\alpha), (x_{\alpha+1} y_{\alpha+1}), \dots (x_{\alpha-2} y_{\alpha-2}), (x_{\alpha-1} y_{\alpha-1})$ an die Stelle von $(x_1 y_1), (x_2 y_2), \dots (x_{\varrho-1} y_{\varrho-1}), (x_\varrho y_\varrho)$ gesetzt werden, d. h. man erhält das System $c_{\alpha 1}, c_{\alpha 2}, \dots c_{\alpha\varrho}$ aus dem ersten durch cyclische Vertauschung der Werthepaare $(x_1 y_1), (x_2 y_2), \dots (x_\varrho y_\varrho)$. Bei dieser Vertauschung gehen also auch die Functionen $H(xy)_1, \dots H(xy)_\varrho$ in einander über.

Schliessen wir bei der Wahl der Stellen $(x_1 y_1), (x_2 y_2), \dots (x_\varrho y_\varrho)$ specielle Systeme aus, so werden die sämmtlichen Functionen $H(xy)_1, \dots H(xy)_\varrho$ an den nämlichen Stellen $(g_1 h_1), (g_2 h_2), \dots$ und mit denselben Ordnungszahlen $s_1', s_2', \dots$ unendlich gross und verschwinden für die Stellen $(\infty, b_1), \dots (\infty, b_n)$ mit den nämlichen Ordnungszahlen $l_1, \dots l_n$. Denn wenn die Function $H(xy)$, welche sich in der Form

$$H(xy) = C_1 H(xy)_1 + C_2 H(xy)_2 + \cdots + C_\varrho H(xy)_\varrho$$

darstellen lässt, an der Stelle $(g_\lambda h_\lambda)$ mit der Ordnungszahl s_λ' unendlich gross wird, so muss, wenn specielle Systeme bei der Wahl von $(x_1 y_1), (x_2 y_2), \dots (x_\varrho y_\varrho)$ ausgenommen werden, wenigstens für eine der Functionen $H(xy)_1, \dots H(xy)_\varrho$ die Ordnungszahl des Unendlichwerdens an der Stelle $(g_\lambda h_\lambda)$ gleich s_λ' sein. Es sei dies für die Function $H(xy)_1$ der Fall. Stellt, wie vorher, $(\overset{\lambda}{x}_t \overset{\lambda}{y}_t)$ das Element des Gebildes mit dem Mittelpunkt $(g_\lambda h_\lambda)$ dar, so ist

$$H(\overset{\lambda}{x}_t \overset{\lambda}{y}_t)_1 = C_{\lambda 0}' t^{-s_\lambda'} + C_{\lambda 1}' t^{-s_\lambda'+1} + \cdots.$$

Die Coefficienten $C_{\lambda 0}', C_{\lambda 1}', \dots$ sind hierin rationale Functionen der Paare $(x_1 y_1), (x_2 y_2), \dots (x_\varrho y_\varrho)$, und zwar verschwindet der erste Coefficient $C_{\lambda 0}'$ nicht identisch. Bei cyclischer Vertauschung dieser Paare geht auf der linken

Seite $H(xy)_1$ der Reihe nach in $H(xy)_2, \dots H(xy)_\varrho$ über, während rechts der Coefficient $C'_{\lambda 0}$ nur für specielle Systeme $(x_1 y_1), (x_2 y_2), \dots (x_\varrho y_\varrho)$ Null werden kann. Nach Ausschluss singulärer Systeme bei der Wahl von $(x_1 y_1), (x_2 y_2), \dots (x_\varrho y_\varrho)$ wird daher jede der ϱ Functionen $H(xy)_\alpha$ an jeder der Stellen $(g_\lambda h_\lambda)$ mit der Ordnungszahl s'_λ unendlich gross und ausserdem an keiner einzigen Stelle. Alle ϱ Functionen $H(xy)_1, \dots H(xy)_\varrho$ sind mithin vom Grade s'.

Ganz entsprechend lässt sich beweisen, dass die Functionen $H(xy)_\alpha$ an jeder der n Stellen (∞, b_ν) mit der nämlichen Ordnungszahl l_ν verschwinden.

Wir nehmen jetzt an, für die Stellen $(x_1 y_1), \dots (x_\varrho y_\varrho)$ sei ein nicht singuläres System gewählt, so können wir die Zahl s' ermitteln, indem wir z. B. für $H(xy)_1$ die Nullstellen und deren Ordnungszahlen bestimmen. Die Function $H(xy)_1$ verschwindet erstens an den $\varrho - 1$ Stellen $(x_2 y_2), (x_3 y_3), \dots (x_\varrho y_\varrho)$ mit der Ordnungszahl 1 und zweitens an den n Stellen (∞, b_ν) $(\nu = 1, 2, \dots n)$ mit den Ordnungszahlen $l_\nu \geqq 2$. Aber drittens muss die Function $H(xy)_1$ mindestens noch an $\varrho - 1$ Stellen verschwinden. Um dies nachzuweisen, untersuchen wir, für welche Werthepaare der Quotient

$$\frac{H(xy)}{H(xy)_1} = \frac{C_1 H(xy)_1 + C_2 H(xy)_2 + \cdots + C_\varrho H(xy)_\varrho}{H(xy)_1}$$

unendlich gross wird. Für $x = \infty$ verschwinden Zähler und Nenner mit derselben Ordnungszahl, der Quotient bleibt daher endlich. Der Zähler $H(xy)$ wird unendlich an den Stellen $(g_1 h_1), (g_2 h_2), \dots$ und nur an diesen; da aber auch der Nenner $H(xy)_1$ für jede dieser Stellen mit derselben Ordnungszahl unendlich wird, so bleibt der Quotient an diesen Stellen endlich. Mithin kann der Quotient nur an denjenigen Stellen unendlich gross werden, für welche x endlich ist und der Nenner $H(xy)_1$ verschwindet. Dies findet zunächst an den $\varrho - 1$ Stellen $(x_2 y_2), \dots (x_\varrho y_\varrho)$ statt. Ausserdem werde $H(xy)_1$ noch an ϱ' Stellen Null, wobei wir jede Stelle so oft zählen, wie ihre Ordnungszahl angiebt; wäre dann $\varrho' < \varrho - 1$, so würden sich die ϱ Constanten $C_1, C_2, \dots C_\varrho$ so bestimmen lassen, dass der Zähler $H(xy)$ an diesen ϱ' Stellen und ausserdem an einer willkürlich gewählten Stelle $(x_0 y_0)$ verschwände. Der Quotient $\frac{H(xy)}{H(xy)_1}$ würde dann nur an den $\varrho - 1$ Stellen $(x_2 y_2), \dots (x_\varrho y_\varrho)$ mit der Ordnungszahl 1 unendlich gross. Eine solche Function existirt aber nicht; sie könnte sich auch nicht auf eine Constante reduciren, da der Quotient an der Stelle $(x_0 y_0)$ verschwinden und an $\varrho - 1$ Stellen unendlich gross werden soll. Demnach ist $\varrho' \geqq \varrho - 1$, und wir finden für den Grad s' von $H(xy)_1$, welcher mit dem von $H(xy)$ identisch ist, die Ungleichung

$$s' \geqq 2\varrho - 2 + \sum_{\nu=1}^{n} l_\nu \geqq 2\varrho + 2n - 2,$$

also ist auch

$$s \geqq 2\varrho + 2n - 2.$$

Wir gehen jetzt zu einer zweiten Bestimmung der Zahl $s = \sum\limits_{(\lambda)} (s_\lambda - 1)$ über, aus welcher wir folgern werden, dass in der vorstehenden Formel nur das Gleichheitszeichen gelten kann. Da die Function $H(xy)$ an der Stelle $(g_\lambda h_\lambda)$ mit der Ordnungszahl s'_λ unendlich wird und $s'_\lambda \leqq s_\lambda - 1$ ist, so lassen sich, wenn

$$C_0 + \sum_{(\lambda)} \{ C_\lambda H(xy, g_\lambda h_\lambda)_0 + C'_\lambda H(xy, g_\lambda h_\lambda)_1 + \cdots + C_\lambda^{(s_\lambda - 2)} H(xy, g_\lambda h_\lambda)_{s_\lambda - 2} \} = R(xy)$$

gesetzt wird (S. 97), die Constanten C, deren Anzahl

$$\sum_{(\lambda)} (s_\lambda - 1) + 1 = s + 1$$

ist, so bestimmen, dass die Functionen $R(xy)$ und $H(xy)$ identisch werden. An den Stellen $(g_\lambda h_\lambda)$ nämlich, die wir zunächst betrachten, besitzt $R(xy)$ auch bei beliebigen Werthen der Constanten die charakteristische Eigenschaft der Function $H(xy)$. Denn stellt $(\overset{\lambda}{x}_t \overset{\lambda}{y}_t)$ wieder das Element mit dem Mittelpunkt $(g_\lambda h_\lambda)$ dar, so ist

$$\overset{\lambda}{x}_t = g_\lambda + g'_\lambda t^{s_\lambda} + \cdots,$$

folglich

$$\frac{d\overset{\lambda}{x}_t}{dt} = s_\lambda g'_\lambda t^{s_\lambda - 1} + \cdots.$$

Nun fanden wir (Formel (I, 1), S. 84)

$$H(\overset{\lambda}{x}_t \overset{\lambda}{y}_t, g_\lambda h_\lambda)_\mu = t^{-\mu-1} + \mathfrak{P}(t),$$

mithin enthält die Entwickelung von $R(\overset{\lambda}{x}_t \overset{\lambda}{y}_t) \frac{d\overset{\lambda}{x}_t}{dt}$ nur positive Potenzen von t. Ebenso hat auch bei beliebigen Werthen der Constanten die Function $R(xy)$ an jeder von $(a_1 b_1), (a_2 b_2), \ldots (a_\varrho b_\varrho)$ verschiedenen Stelle (xy), für welche x

einen endlichen Werth hat, die Eigenschaft der Function $H(xy)$. Für das Element $(\overset{\alpha}{x}_t \overset{\alpha}{y}_t)$ aber, dessen Mittelpunkt die Stelle $(a_\alpha b_\alpha)$ ist, ergab sich (Formel (I, 3), S. 84)

$$H(\overset{\alpha}{x}_t \overset{\alpha}{y}_t, g_\lambda h_\lambda)_\mu = -t^{-1}\left[H(\overset{\lambda}{x}_\tau \overset{\lambda}{y}_\tau)_\alpha \frac{d\overset{\lambda}{x}_\tau}{d\tau}\right]_{\tau^\mu} + \mathfrak{P}(t).$$

Soll daher keine der Entwickelungen

$$R(\overset{\alpha}{x}_t \overset{\alpha}{y}_t)\frac{d\overset{\alpha}{x}_t}{dt} \qquad (\alpha = 1, 2, \ldots \varrho)$$

negative Potenzen von t enthalten, so müssen die Constanten $C_\lambda, C'_\lambda, \ldots C_\lambda^{(s_\lambda - 2)}$ ϱ homogenen linearen Gleichungen genügen, denen gemäss wir sie uns jetzt bestimmt denken. Nun ist nur noch das Verhalten der Function $R(xy)$ für $x = \infty$ zu untersuchen. Wir hatten angenommen, das algebraische Gebilde erfordere zur Darstellung sämmtlicher Stellen (xy), bei denen x in der Umgebung des Werthes $x = \infty$ liegt, n Functionenpaare

$$x_t = t^{-1}, \quad \overset{\nu}{y}_t = b_\nu + t\,\mathfrak{P}_\nu(t); \qquad (\nu = 1, 2, \ldots n)$$

es müssen daher die Constanten in $R(xy)$ so bestimmt werden, dass in der Entwickelung von $R(x_t \overset{\nu}{y}_t)$ für $\nu = 1, 2, \ldots n$ die Coefficienten von t^0 und von t^1 verschwinden. Nun fanden wir (S. 95), dass

$$\Sigma\left[R(x_t y_t)\frac{dx_t}{dt}\right]_{t^{-1}} = 0$$

ist, wenn für $(x_t y_t)$ successive alle Functionenpaare gesetzt werden, für welche in der Entwickelung von $R(x_t y_t)\frac{dx_t}{dt}$ negative Potenzen von t auftreten. Sind aber die vorher angegebenen ϱ linearen Gleichungen erfüllt, so können nur für die n Functionenpaare

$$x_t = t^{-1}, \quad \overset{\nu}{y}_t = b_\nu + t\,\mathfrak{P}_\nu(t) \qquad (\nu = 1, 2, \ldots n)$$

negative Potenzen vorkommen. Daher muss

$$\sum_{\nu=1}^{n}\left[R(t^{-1}, \overset{\nu}{y}_t)\frac{dt^{-1}}{dt}\right]_{t^{-1}} = 0,$$

d. h.

$$\sum_{\nu=1}^{n}[R(t^{-1}, \overset{\nu}{y}_t)]_{t^1} = 0$$

sein. Ist demnach für $\nu = 1, 2, \ldots n-1$ der Coefficient von t^1 in der Entwickelung von $R(t^{-1}, \overset{\nu}{y}_t)$ gleich Null, so ist dies auch für $\nu = n$ der Fall. Die Forderung, dass in $R(x_t \overset{\nu}{y}_t)$ die Glieder mit t^0 und t^1 fortfallen, ergiebt mithin $2n-1$ homogene lineare Gleichungen unter den Constanten $C_0, C_\lambda, C'_\lambda, \ldots C_\lambda^{(s_\lambda - 2)}$ $(\lambda = 1, 2, \ldots)$.

Damit also die Function $R(xy)$ überall die charakteristische Eigenschaft der Function $H(xy)$ hat, müssen die $s+1$ in ihr enthaltenen Constanten im Ganzen $\varrho + 2n - 1$ homogene lineare Gleichungen erfüllen. Nun ist

$$s + 1 \geqq 2\varrho + 2n - 1,$$

nach Befriedigung jener Gleichungen bleiben daher mindestens noch

$$s + 1 - (\varrho + 2n - 1) = s - (\varrho + 2n - 2)$$

Constanten in dem Ausdruck für $R(xy)$ unbestimmt. Diese Zahl ist die richtige, wenn die linearen Gleichungen nicht von einander abhängen; sind aber von den aufgestellten Bedingungsgleichungen einige eine Folge der übrigen, so wird die Anzahl der unbestimmt bleibenden Coefficienten eine grössere sein. Nun enthält der allgemeinste Ausdruck der Function $H(xy)$ nur ϱ willkürliche Constanten, und zwar ist er in Bezug auf diese homogen; eine Function $R(xy)$ mit mehr als ϱ unbestimmten Constanten, welche die Eigenschaft der Function $H(xy)$ besitzt, kann daher nicht existiren, mithin muss

$$s - (\varrho + 2n - 2) \leqq \varrho$$

sein, also folgt

$$s \leqq 2\varrho + 2n - 2.$$

Vorher hatte sich die Ungleichung $s \geqq 2\varrho + 2n - 2$ ergeben, demnach ist

$$s = 2\varrho + 2n - 2,$$

oder

$$\varrho = \frac{s}{2} - (n-1).$$

Vermittelst dieser Gleichung lässt sich der Rang ϱ direct aus den Eigenschaften des Gebildes $f(x, y) = 0$ berechnen, ohne dass wir, wie noch gezeigt werden wird, nöthig hätten, rationale Functionen des Paares (xy) zu bilden. Auf der rechten Seite treten die beiden Zahlen n und s auf; n ist der Grad der Gleichung $f(x, y) = 0$ in Bezug auf y, auf die Bestimmung der Zahl

$s = \sum_{(\lambda)}(s_\lambda - 1)$ müssen wir jetzt noch genauer eingehen. Da der Rang ϱ eine ganze Zahl ist, so muss s stets eine gerade Zahl sein. Aus den vorhergehenden Betrachtungen ergiebt sich, dass $s = s'$ ist, mithin stellt die Zahl s den Grad jeder der ϱ Functionen $H(xy)_1, \dots H(xy)_\varrho$ dar.

Die Zahl s_λ ist durch die Entwickelung

$$\overset{\lambda}{x}_t = g_\lambda + g'_\lambda t^{s_\lambda} + \cdots$$

bestimmt (S. 118), wobei stets $s_\lambda \geqq 2$ sein muss. $(g_1 h_1), (g_2 h_2), \dots$ waren die Stellen, für welche $H(xy)$ unendlich gross wird, und für diese verschwindet $f(xy)_2$ der zu Anfang dieses Kapitels über $f(x, y) = 0$ gemachten Voraussetzung gemäss. Um demnach die Grössen $g_1, g_2, \dots$ zu berechnen, haben wir zunächst die Gleichung $D(x) = 0$ aufzulösen (S. 42). Ist nun erstens g gleich einem derjenigen singulären Werthe, für welche zwar die Discriminante $D(x)$ verschwindet, aber die n Werthe der Function y, welche zu einem in der Umgebung von g gelegenen Werthe x gehören, durch n verschiedene Potenzreihen

$$y = \mathfrak{P}_1(x-g), \quad y = \mathfrak{P}_2(x-g), \quad \dots \quad y = \mathfrak{P}_n(x-g)$$

dargestellt werden (S. 44), so kann man

$$x_t = g + t$$

setzen. Es kommt daher in der Entwickelung von x_t die erste Potenz von t vor, und ein solcher Werth g gehört nicht zu den Werthen $g_1, g_2, \dots$. Wenn dagegen g gleich einem wesentlich singulären Werthe des Arguments ist (S. 45), so erhalten wir für dessen Umgebung die sämmtlichen zugehörigen Werthe von y mit Hülfe von n' Reihen der Form

$$y = \mathfrak{P}_\varkappa\left(\left(\frac{x-g}{g'_\varkappa}\right)^{\frac{1}{\sigma_\varkappa}}\right) \qquad (\varkappa = 1, 2, \dots n')$$

oder von n' Functionenpaaren

$$x_t = g + g'_\varkappa t^{\sigma_\varkappa}, \quad y_t = \mathfrak{P}_\varkappa(t), \qquad (\varkappa = 1, 2, \dots n')$$

wo $n' < n$ sein muss. Die Zahlen $\sigma_1, \sigma_2, \dots \sigma_{n'}$, deren Summe

$$\sigma_1 + \sigma_2 + \cdots + \sigma_{n'} = n$$

ist, sind nicht sämmtlich gleich 1, es gehört mithin jeder solche wesentlich singuläre Werth g zu den Grössen $g_1, g_2, \ldots$. Ist das durch das Functionenpaar

$$x_t = g + g'_\chi t^{\sigma_\chi}, \quad y_t = \mathfrak{P}_\chi(t)$$

dargestellte Element des Gebildes identisch mit dem Element $(\overset{\lambda}{x}_t \overset{\lambda}{y}_t)$, so ist $s_\lambda = \sigma_\chi$. Bezeichnen wir daher mit $\sum\limits_{(\lambda)}'(s_\lambda - 1)$ die Summe derjenigen Glieder von $\sum\limits_{(\lambda)}(s_\lambda - 1)$, welche aus Functionenpaaren $(\overset{\lambda}{x}_t \overset{\lambda}{y}_t)$ hervorgehen, in denen $\overset{\lambda}{x}_t$ für $t = 0$ denselben Werth g_λ ergiebt, so ist

$$\sum_{(\lambda)}'(s_\lambda - 1) = (\sigma_1 - 1) + (\sigma_2 - 1) + \cdots + (\sigma_{n'} - 1) = n - n';$$

hat nämlich für eins dieser Functionenpaare σ_χ den Werth 1, so fällt das entsprechende Glied $\sigma_\chi - 1$ in der Summe einfach fort.

Die vorstehende Gleichung bleibt aber auch für die nicht wesentlich singulären Werthe g bestehen, denn für diese ist $n = n'$, also

$$\sigma_1 = \sigma_2 = \cdots = \sigma_{n'} = 1$$

(S. 44), mithin reduciren sich beide Seiten jener Gleichung auf Null. Demnach kann

$$s = \sum(n - n')$$

gesetzt werden, wobei für jede Wurzel der Gleichung $D(x) = 0$ die Zahl $n - n'$ zu ermitteln und über alle diese Zahlen zu summiren ist. Die Summe $\sum(n - n')$ enthält folglich soviel Glieder, als die Gleichung $D(x) = 0$ verschiedene Wurzeln hat.

Um also die Zahl s zu bestimmen, suchen wir zunächst die Werthe x auf, für welche die Discriminante $D(x)$ der Function $f(x, y)$, diese als Function von y aufgefasst, verschwindet. Für die Umgebung jedes dieser Werthe bestimmen wir die Anzahl n' der Gruppen, in welche die Entwickelungen der n Werthe der algebraischen Function y zerfallen (S. 44), und bilden die Differenz $n - n'$; dann ist s gleich der Summe aller dieser Differenzen. Für einen nicht wesentlich singulären Werth des Arguments x ist $n - n' = 0$, mithin ist s gleich der Anzahl der wesentlich singulären Werthe des Arguments x, wenn wir jeden von ihnen so oft zählen, wie die Zahl $n - n'$ angiebt.

Die Gleichung

$$\varrho = \frac{s}{2} - (n-1)$$

ist bisher nur unter der Voraussetzung abgeleitet worden, dass das Gebilde $f(x, y) = 0$ zu einem unendlich grossen Werthe von x n unter einander verschiedene endliche Werthe y liefert. Es ist nun leicht zu zeigen, dass der für ϱ gefundene Ausdruck von dieser Voraussetzung unabhängig ist. Transformiren wir das Gebilde $f(x, y) = 0$, wenn es nicht von vornherein jene Eigenschaft hat, durch die Substitution (S. 117)

$$\xi = \frac{1}{x-a}, \quad \eta = y$$

in ein Gebilde $f_0(\xi, \eta) = 0$, welches jener Voraussetzung entspricht, so ist sowohl der Rang ϱ, wie der Grad n in Bezug auf y und η für beide Gebilde derselbe. Zum Nachweis der allgemeinen Gültigkeit der Gleichung

$$\varrho = \frac{s}{2} - (n-1)$$

ist also nur zu untersuchen, wie bei beliebiger Beschaffenheit des Gebildes $f(x, y) = 0$ die Zahl s zu berechnen ist. Ist $f(x, y) = 0$ in Bezug auf x vom m^{ten} Grade, so ist

$$f_0(\xi, \eta) = \xi^m f\left(a + \frac{1}{\xi}, \eta\right).$$

Betrachten wir y als Function von x und η als Function von ξ, so mögen $g_1, g_2, \ldots$ die wesentlich singulären Werthe des Arguments x und $\gamma_1, \gamma_2, \ldots$ die entsprechenden des Arguments ξ sein. Dann ist

$$g_\lambda = a + \frac{1}{\gamma_\lambda},$$

wobei die Reihe der Grössen $g_1, g_2, \ldots$ den Werth ∞ enthält, wenn in der Reihe $\gamma_1, \gamma_2, \ldots$ der Werth 0 vorkommt.

Erstens sei nun γ irgend eine von Null verschiedene der Grössen $\gamma_1, \gamma_2, \ldots$ und $g = a + \frac{1}{\gamma}$; liegt dann ξ in der Umgebung von γ, so werden die zugehörigen Werthe von η durch n' Reihen der Form

$$\eta = \mathfrak{P}_\varkappa\left(\left(\frac{\xi - \gamma}{\gamma'_\varkappa}\right)^{\frac{1}{\sigma_\varkappa}}\right) \qquad (\varkappa = 1, 2, \ldots n')$$

geliefert. Nun ist

$$\frac{\xi-\gamma}{\gamma'_\varkappa} = \frac{1}{\gamma'_\varkappa}\left[\frac{1}{x-a}-\frac{1}{g-a}\right] = \frac{1}{g'_\varkappa}\,\frac{x-g}{a-g}\left\{1+\frac{x-g}{a-g}\,\mathfrak{P}\left(\frac{x-g}{a-g}\right)\right\},$$

wenn

$$g'_\varkappa = -\gamma'_\varkappa(a-g) = \frac{\gamma'_\varkappa}{\gamma}$$

gesetzt wird. Die Werthe von y, welche einem der Umgebung von g angehörigen Werthe von x entsprechen, erhalten wir demnach durch n' Reihen

$$y = \overline{\mathfrak{P}}_\varkappa\left(\left(\frac{x-g}{a-g}\right)^{\frac{1}{\sigma_\varkappa}}\right) \qquad (\varkappa = 1, 2, \ldots n').$$

In keinem dieser Ausdrücke können sich die Glieder mit gebrochenen Exponenten sämmtlich fortheben, denn zu jedem Werthe von x gehört ein Werth von ξ, und zu einem solchen liefert die Entwickelung

$$\eta = \mathfrak{P}_\varkappa\left(\left(\frac{\xi-\gamma}{\gamma'_\varkappa}\right)^{\frac{1}{\sigma_\varkappa}}\right)$$

$\sigma_\varkappa$ Werthe von η, also auch von y, mithin müssen sich auch aus der Reihe

$$y = \overline{\mathfrak{P}}_\varkappa\left(\left(\frac{x-g}{a-g}\right)^{\frac{1}{\sigma_\varkappa}}\right)$$

zu einem Werthe von x $\sigma_\varkappa$ Werthe y ergeben. Die Zahl n' ist demnach für den Werth γ des Arguments ξ im Gebilde $f_0(\xi, \eta) = 0$ dieselbe, wie für den entsprechenden Werth g des Arguments x im Gebilde $f(x, y) = 0$.

Es sei zweitens $\gamma = 0$, so ist $g = \infty$. Für die Umgebung des Werthes $\xi = 0$ mögen die n' Reihen

$$\eta = \mathfrak{P}_\varkappa\left(\left(\frac{\xi}{\gamma'_\varkappa}\right)^{\frac{1}{\sigma_\varkappa}}\right) \qquad (\varkappa = 1, 2, \ldots n')$$

die zugehörigen Werthe von η liefern. Durch die Substitution

$$\xi = \frac{1}{x-a} = x^{-1} + ax^{-2} + \cdots, \quad \eta = y$$

erhalten wir hieraus die für die Umgebung des Werthes $x = \infty$ gültigen

Entwickelungen

$$y = \overline{\mathfrak{P}}_{\varkappa}\left(\left(\frac{1}{x}\right)^{\frac{1}{\sigma_{\varkappa}}}\right), \qquad (\varkappa = 1, 2, \ldots n')$$

wobei sich die gebrochenen Potenzen wieder nicht sämmtlich fortheben können. $x = \infty$ ist also jetzt ein wesentlich singulärer Werth des Arguments x, und zwar ist die Zahl n' für ihn dieselbe, wie für den Werth $\xi = 0$ im Gebilde $f_0(\xi, \eta) = 0$. Da nun sowohl die Anzahl der wesentlich singulären Stellen, als auch die Differenz $n-n'$ für die einander entsprechenden Stellen in beiden Gebilden die gleiche ist, so hat auch die Zahl $s = \sum(n-n')$ für $f(x, y) = 0$ und $f_0(\xi, \eta) = 0$ den gleichen Werth.

Ist also $f(x, y) = 0$ eine ganz beliebige irreductible algebraische Gleichung, so entwickeln wir y erstens nach Potenzen von $x - g_\lambda$, wo für g_λ der Reihe nach die endlichen Wurzeln der Gleichung $D(x) = 0$ zu setzen sind, und zweitens nach Potenzen von $\frac{1}{x}$. Sind n' Reihen nöthig, um alle n zu einem hinreichend kleinen Werthe von $|x - g_\lambda|$ oder $\left|\frac{1}{x}\right|$ zugehörigen Werthe von y darzustellen, so zählen wir den singulären Werth g_λ oder ∞ $(n-n')$-mal; dann ist s gleich der Anzahl aller singulären Werthe, d. h. es ist

$$s = \sum(n-n').$$

Nachdem die gerade Zahl s in dieser Weise berechnet ist, gilt für jedes algebraische Gebilde die Formel

$$\varrho = \frac{s}{2} - (n-1).$$

Wir wollen jetzt die Bestimmung des Ranges und die Bildung der ϱ linear unabhängigen Functionen $H(xy)_\alpha$ an zwei speciellen algebraischen Gebilden durchführen. Wir betrachten erstens das Gebilde

$$g_0(\xi)\eta^2 + g_1(\xi)\eta + g_2(\xi) = 0,$$

wo $g_0(\xi)$, $g_1(\xi)$, $g_2(\xi)$ ganze rationale Functionen von ξ sind, und zweitens das Gebilde

$$y^n = R(x),$$

wo n eine ganze positive Zahl und $R(x)$ eine ganze rationale Function von x bedeutet.

Es sei also die irreductible algebraische Gleichung

$$g_0(\xi)\eta^2 + g_1(\xi)\eta + g_2(\xi) = 0$$

gegeben, so haben die drei ganzen rationalen Functionen $g_0(\xi), g_1(\xi), g_2(\xi)$ keinen gemeinsamen Theiler. Lösen wir die Gleichung nach η auf, so folgt

$$\eta = \frac{-g_1(\xi)+R_1(\xi)\sqrt{R(\xi)}}{2g_0(\xi)},$$

wenn wir

$$g_1^2(\xi)-4g_0(\xi)g_2(\xi) = R_1^2(\xi).R(\xi)$$

setzen. Dabei sind $R(\xi)$ und $R_1(\xi)$ ganze rationale Functionen von ξ, und zwar enthalte $R(\xi)$ lauter verschiedene Linearfactoren, deren Anzahl gleich m sei.

Führen wir statt ξ und η zwei neue Variable x und y durch die Substitution

$$\xi = x, \quad \eta = \frac{-g_1(x)+R_1(x).y}{2g_0(x)}$$

ein, aus welcher umgekehrt

$$x = \xi, \quad y = \frac{g_1(\xi)+2g_0(\xi).\eta}{R_1(\xi)}$$

sich ergiebt, so besteht zwischen x und y die Gleichung

$$y^2 = R(x).$$

Die gegebene Gleichung zwischen ξ und η kann demnach durch eine rationale Transformation auf die Gleichung

$$y^2 = R(x) = A(x-a_1)(x-a_2)\dots(x-a_m)$$

zurückgeführt werden, in welcher $R(x)$ eine ganze rationale Function m^{ten} Grades mit lauter verschiedenen Linearfactoren bedeutet, so dass also nicht zwei der Grössen $a_1, a_2, \dots a_m$ einander gleich sind. Bei der Berechnung des Ranges wollen wir nun statt der ursprünglichen diese letztere Gleichung zu Grunde legen (S. 69). Das durch eine Gleichung dieser Form definirte algebraische Gebilde nennen wir, wie schon in der Einleitung (S. 5) bemerkt wurde, ein hyperelliptisches Gebilde.

Betrachten wir in $f(x,y)=0$ y als Function von x, so sind die singulären Werthe des Arguments x die Wurzeln der Gleichung $D(x)=0$, welche sich durch Elimination von y aus $f(x,y)=0$ und $f(x,y)_2=0$ ergiebt (S. 42). Mithin sind es in dem vorliegenden Fall die Werthe $x=a_1$, $a_2, \dots a_m$. In der That entsprechen jedem Argumente a_0, welches von

$a_1, a_2, \ldots a_m$ verschieden ist, zwei entgegengesetzt gleiche Werthe $y = b_0$ und $y = -b_0$, und die beiden Stellen (a_0, b_0) und $(a_0, -b_0)$ gehören zwei verschiedenen, nicht äquivalenten Elementen an. Um diese darzustellen, bringen wir $\frac{y^2}{b_0^2}$ auf die Form:

$$\frac{y^2}{b_0^2} = \left(1+\frac{x-a_0}{a_0-a_1}\right)\left(1+\frac{x-a_0}{a_0-a_2}\right)\cdots\left(1+\frac{x-a_0}{a_0-a_m}\right).$$

Nehmen wir nun x so nahe bei a_0 an, dass $|x-a_0|$ kleiner ist als jede der Grössen $|a_1-a_0|, |a_2-a_0|, \ldots |a_m-a_0|$, so lässt sich die Quadratwurzel aus dem auf der rechten Seite stehenden Producte nach Potenzen von $x-a_0$ entwickeln, und wir erhalten

$$y = b_0\{1+(x-a_0)\mathfrak{P}(x-a_0)\}$$

und

$$y = -b_0\{1+(x-a_0)\mathfrak{P}(x-a_0)\},$$

mithin nach Einführung einer unabhängigen Variablen t

$$x_t = a_0+t, \quad y_t = b_0\{1+t\mathfrak{P}(t)\}$$

und

$$x_t = a_0+t, \quad y_t = -b_0\{1+t\mathfrak{P}(t)\}.$$

Diese beiden Functionenpaare stellen die Elemente dar, deren Mittelpunkte die regulären Stellen (a_0, b_0) und $(a_0, -b_0)$ sind.

Für die Umgebung eines singulären Werthes $a_\varkappa$ des Arguments x ergiebt sich

$$y^2 = R'(a_\varkappa)(x-a_\varkappa)+\tfrac{1}{2}R''(a_\varkappa)(x-a_\varkappa)^2+\cdots,$$

wobei zu Folge der Voraussetzung, dass $R(x)$ keine gleichen Linearfactoren enthält, $R'(a_\varkappa)$ sicher von Null verschieden ist. Alle Werthepaare (xy), welche man aus dieser Reihe erhält, werden auch durch das eine Functionenpaar

$$x_t = a_\varkappa+\frac{t^2}{R'(a_\varkappa)}, \quad y_t = t\{1+t^2\mathfrak{P}(t^2)\}$$

geliefert, d. h. die singuläre Stelle $(a_\varkappa 0)$ des Gebildes gehört einem einzigen Elemente an. Für jeden Werth $a_\varkappa$ wird mithin $n'=1$, also auch $n-n'=1$; $a_\varkappa$ ist daher ein wesentlich singulärer Werth des Arguments, und zwar ist er einfach zu zählen (S. 130).

Ist m eine gerade Zahl, so folgt aus der Gleichung

$$y^2 = Ax^m\left\{1 + A_1\frac{1}{x} + \cdots\right\},$$

wenn x dem absoluten Betrage nach grösser als jede der Grössen $|a_1|, |a_2|, \ldots |a_m|$ ist,

$$y = \pm\sqrt{A}\,x^{\frac{1}{2}m}\left\{1 + \frac{1}{x}\mathfrak{P}\left(\frac{1}{x}\right)\right\}.$$

Wir erhalten demnach in diesem Falle zwei unendlich ferne Elemente des Gebildes, welche durch die beiden Functionenpaare

$$x_t = t^{-1},\quad y_t = \sqrt{A}\,t^{-\frac{1}{2}m}\{1 + t\,\mathfrak{P}(t)\}$$

und

$$x_t = t^{-1},\quad y_t = -\sqrt{A}\,t^{-\frac{1}{2}m}\{1 + t\,\mathfrak{P}(t)\}$$

dargestellt werden; das Gebilde ist also im Unendlichen nicht singulär.

Ist aber m ungerade, so ist die unendlich ferne Stelle eine einfach zu zählende wesentlich singuläre. Denn das Gebilde hat dann nur das eine unendlich ferne Element

$$x_t = At^{-2},\quad y_t = A^{\frac{1}{2}(m+1)}t^{-m}\{1 + t^2\mathfrak{P}_1(t^2)\}.$$

Dieser Umstand bewirkt in der Theorie der hyperelliptischen Functionen eine Vereinfachung der Formeln, wenn für $R(x)$ eine ganze rationale Function ungeraden Grades gewählt wird.

Bei geradem m sind demnach $(a_1 0), (a_2 0), \ldots (a_m 0)$ die einzigen wesentlich singulären Stellen, und jede von ihnen ist einfach zu zählen, mithin wird die Zahl s gleich m (S. 130), also folgt, da $n = 2$ ist,

$$\varrho = \frac{m}{2} - 1,\quad m = 2\varrho + 2.$$

Ist aber der Grad m ungerade, so ist ausser den Stellen $(a_1 0), (a_2 0), \ldots (a_m 0)$ noch die unendlich ferne Stelle wesentlich singulär, mithin ist $s = m + 1$, also

$$\varrho = \frac{m-1}{2},\quad m = 2\varrho + 1.$$

In beiden Fällen hat sich, wie es sein muss, s gleich einer geraden Zahl ergeben.

Damit haben wir den Rang des hyperelliptischen Gebildes $y^2 = R(x)$, mithin auch den des ursprünglich gegebenen

$$g_0(\xi)\eta^2 + g_1(\xi)\eta + g_2(\xi) = 0$$

berechnet. Soll umgekehrt das hyperelliptische Gebilde $y^2 = R(x)$ von einem vorgeschriebenen Range ϱ sein, so ist für $R(x)$ eine ganze rationale Function $(2\varrho+1)^{\text{ten}}$ oder $(2\varrho+2)^{\text{ten}}$ Grades ohne gleiche Linearfactoren zu setzen.

Nun stellen wir für das hyperelliptische Gebilde $y^2 = R(x)$ die Functionen $H(xy)_\alpha$ her. Wir haben gesehen, dass das homogene lineare Aggregat $H(xy)$ der Functionen $H(xy)_\alpha$ sich auf die Form:

$$H(xy) = \frac{G(xy)}{f'(xy)_2}$$

bringen lassen muss. Dabei bedeutet $G(xy)$ eine ganze rationale Function von x und y, welche in Bezug auf die beiden Variablen den $(m-2)^{\text{ten}}$ und $(n-2)^{\text{ten}}$ Grad hat, wenn der Grad von $f(x, y)$ in x und y gleich m und n ist (S. 116). Mithin ist im vorliegenden Falle $G(xy)$ eine ganze rationale Function $G(x)$ von x allein und zwar von nicht höherem als dem $(m-2)^{\text{ten}}$ Grade. Setzen wir

$$G(x) = 2(c_0 x^\mu + c_1 x^{\mu-1} + \cdots + c_\mu),$$

wo also $\mu \leqq m-2$ ist, so wird

$$H(xy) = \frac{G(x)}{2y} = \frac{c_0 x^\mu + c_1 x^{\mu-1} + \cdots + c_\mu}{y}.$$

Stellt nun erstens das Functionenpaar $(x_t y_t)$ ein Element dar, dessen Mittelpunkt eine im Endlichen liegende reguläre Stelle ist, so enthält die Entwickelung von $H(x_t y_t)\frac{dx_t}{dt}$ bei beliebigen Werthen der $\mu+1$ Coefficienten in $G(x)$ nur positive Potenzen. Das Gleiche ist auch der Fall, wenn das Element eine singuläre Stelle $(a_\varkappa 0)$ zum Mittelpunkt hat, denn für ein solches ist

$$x_t = a_\varkappa + \frac{t^2}{R'(a_\varkappa)}, \quad y_t = t\{1 + t^2 \mathfrak{P}(t^2)\},$$

mithin wird

$$\frac{G(x_t)}{2y_t}\frac{dx_t}{dt} = \mathfrak{P}(t).$$

Drittens stelle $(x_t y_t)$ ein unendlich fernes Element dar. Ist der Grad m der ganzen rationalen Function $R(x)$ gerade, also gleich $2\varrho+2$, so hat das hyperelliptische Gebilde zwei unendlich ferne Elemente:

$$x_t = t^{-1},\quad y_t = \pm\sqrt{A}\, t^{-\frac{1}{2}m}\{1+t\mathfrak{P}(t)\},$$

folglich ist

$$\frac{1}{y_t}\frac{dx_t}{dt} = \mp\frac{1}{\sqrt{A}}\{t^{\varrho-1}+\cdots\},$$

$$G(x_t) = 2c_0 t^{-\mu}+\cdots,$$

also muss, wenn die Entwickelung von $\frac{G(x_t)}{2y_t}\frac{dx_t}{dt}$ keine negativen Potenzen von t enthalten soll,

$$\mu \leqq \varrho-1$$

sein. Wenn aber der Grad m eine ungerade Zahl, also gleich $2\varrho+1$ ist, so hat das Gebilde nur ein unendlich fernes Element:

$$x_t = At^{-2},\quad y_t = A^{\frac{1}{2}(m+1)} t^{-m}\{1+t^2\mathfrak{P}_1(t^2)\};$$

daher folgt

$$\frac{1}{y_t}\frac{dx_t}{dt} = -\frac{2}{A^{\varrho}}t^{2\varrho-2}+\cdots,$$

$$G(x_t) = 2c_0 A^{\mu} t^{-2\mu}+\cdots,$$

mithin ergiebt sich

$$2\varrho-2-2\mu \geqq 0,$$

also wie vorher

$$\mu \leqq \varrho-1.$$

Sowohl für gerades, wie für ungerades m hat demnach

$$\frac{c_0 x^{\varrho-1}+c_1 x^{\varrho-2}+\cdots+c_{\varrho-1}}{y}$$

die charakteristische Eigenschaft der Function $H(xy)$, und da die ϱ Constanten $c_0, c_1, \ldots c_{\varrho-1}$ unbestimmt bleiben, so kann

$$H(xy)_1 = \frac{1}{y},\quad H(xy)_2 = \frac{x}{y},\quad \cdots\quad H(xy)_\varrho = \frac{x^{\varrho-1}}{y}$$

gesetzt werden. Damit sind die ϱ linear unabhängigen Functionen $H(xy)_\alpha$ für das hyperelliptische Gebilde $y^2 = R(x)$ bestimmt.

Als zweites Beispiel betrachten wir das allgemeinere algebraische Gebilde

$$y^n = R(x),$$

wobei die ganze rationale Function m^{ten} Grades $R(x)$ so beschaffen sein muss, dass die Gleichung irreductibel ist. In Linearfactoren zerlegt sei

$$R(x) = A(x-a_1)^{\mathfrak{m}_1}(x-a_2)^{\mathfrak{m}_2}\dots(x-a_k)^{\mathfrak{m}_k}.$$

Ohne Beschränkung der Allgemeinheit können wir zwar nicht wieder, wie im vorhergehenden Beispiel, die Annahme machen, dass $R(x)$ lauter verschiedene Linearfactoren enthält, wohl aber, dass die Exponenten $\mathfrak{m}_1, \mathfrak{m}_2, \dots \mathfrak{m}_k$ sämmtlich kleiner als n sind. Es mögen nämlich $m_\varkappa$ und $n_\varkappa$ als ganze, nicht negative Zahlen so bestimmt werden, dass

$$\mathfrak{m}_\varkappa = n n_\varkappa + m_\varkappa \qquad (\varkappa = 1, 2, \dots k)$$

und $m_\varkappa < n$ ist. Setzt man dann

$$(x-a_1)^{n_1}(x-a_2)^{n_2}\dots(x-a_k)^{n_k} = R_0(x),$$
$$A(x-a_1)^{m_1}(x-a_2)^{m_2}\dots(x-a_k)^{m_k} = R_1(x),$$

so ist

$$R(x) = R_0^n(x)\,R_1(x),$$

und die Substitution

$$x = \xi, \quad y = \eta \,.\, R_0(\xi)$$

führt die Gleichung $y^n = R(x)$ in $\eta^n = R_1(\xi)$ über. Die beiden algebraischen Gebilde gehen durch rationale Transformation aus einander hervor, sie haben demnach denselben Rang, und wir können daher von vorn herein voraussetzen, in der Gleichung

$$y^n = R(x) = A(x-a_1)^{m_1}(x-a_2)^{m_2}\dots(x-a_k)^{m_k}$$

seien alle Exponenten $m_1, m_2, \dots m_k$ kleiner als n.

Die Zahlen $m_1, m_2, \dots m_k$, deren Summe

$$m_1 + m_2 + \dots + m_k = m$$

ist, dürfen nicht sämmtlich den nämlichen Theiler mit n gemein haben. Denn wäre n' ein solcher gemeinsamer Theiler, so wäre $y^{\frac{n}{n'}}$ gleich einer ganzen rationalen Function von x, mithin entgegen der Voraussetzung die Gleichung $y^n = R(x)$ reductibel. Dagegen kann der Exponent $m_\varkappa$ einen Theiler $n_\varkappa$ mit n gemein haben, wobei die Zahlen $n_1, n_2, \dots n_k$ nur dann sämmtlich einander gleich sein können, wenn sie gleich 1 sind. Wird

$$n = n_\varkappa \nu_\varkappa, \quad m_\varkappa = n_\varkappa \mu_\varkappa \qquad (\varkappa = 1, 2, \ldots k)$$

gesetzt, so ist $n > n_\varkappa \geqq 1$. Ferner kann die Zahl m, d. i. der Grad von $R(x)$, mit n einen gemeinsamen Theiler n_0 besitzen; es sei

$$n = n_0 \nu_0, \quad m = n_0 \mu_0,$$

wo $n \geqq n_0 \geqq 1$ sein muss.

Betrachten wir y als Function von x, so sind die im Endlichen gelegenen singulären Werthe des Arguments x wieder die Werthe $a_1, a_2, \ldots a_k$, für welche $R(x)$ verschwindet. Wenn nun $(a_0 b_0)$ eine beliebige im Endlichen gelegene Stelle des Gebildes ist, für welche a_0 mit keinem dieser singulären Werthe zusammenfällt, so lassen sich die Paare (xy) in der Umgebung der Stelle $(a_0 b_0)$ durch ein Functionenpaar der Form

$$x_t = a_0 + t, \quad y_t = b_0 \{1 + t\mathfrak{P}(t)\}$$

darstellen. Liegt aber x einem singulären Werthe $a_\varkappa$ hinreichend nahe, so ist

$$y^n = A_\varkappa (x - a_\varkappa)^{m_\varkappa} \{1 + (x - a_\varkappa)\mathfrak{P}_0(x - a_\varkappa)\},$$

mithin, wenn

$$C_\varkappa = A_\varkappa^{\frac{1}{n_\varkappa}}$$

gesetzt wird,

$$y^{\nu_\varkappa} = C_\varkappa (x - a_\varkappa)^{\mu_\varkappa} \{1 + (x - a_\varkappa)\mathfrak{P}_1(x - a_\varkappa)\}.$$

Hierbei denken wir uns der Wurzelgrösse $C_\varkappa$ einen beliebig bestimmten ihrer $n_\varkappa$ Werthe beigelegt. Die vorstehende Reihe liefert alsdann zu einem Werthe von x $\nu_\varkappa$ Werthe von y, und diese $\nu_\varkappa$ zusammengehörigen Paare (xy) ergeben sich, wie wir jetzt zeigen wollen, durch ein einziges Functionenpaar.

Da $\mu_\varkappa$ und $\nu_\varkappa$ relativ prim sind, so lassen sich stets zwei ganze positive Zahlen $\sigma_\varkappa < \mu_\varkappa$ und $\tau_\varkappa < \nu_\varkappa$ finden, für welche

$$\nu_\varkappa \sigma_\varkappa - \mu_\varkappa \tau_\varkappa = 1$$

ist. Mit Hülfe dieser Relation folgt aus der vorhergehenden Reihenentwickelung

$$C_\varkappa^{-\nu_\varkappa \sigma_\varkappa} y^{\nu_\varkappa} = C_\varkappa^{-\mu_\varkappa \tau_\varkappa} (x - a_\varkappa)^{\mu_\varkappa} \{1 + (x - a_\varkappa)\mathfrak{P}_1(x - a_\varkappa)\}$$

und, wenn

$$C_\chi^{-\tau_\chi}(x-a_\chi) = t^{\nu_\chi}$$

gesetzt wird,

$$(C_\chi^{-\sigma_\chi} y)^{\nu_\chi} = t^{\mu_\chi \nu_\chi}\{1+t\mathfrak{P}_2(t)\},$$

wobei die Coefficienten in der Reihe $\mathfrak{P}_2(t)$ eindeutig aus der Wurzelgrösse C_χ zusammengesetzt sind. Ziehen wir nun die ν_χ^te Wurzel auf beiden Seiten dieser Gleichung aus, so ergiebt sich das Functionenpaar

$$x_t = a_\chi + C_\chi^{\tau_\chi} t^{\nu_\chi}, \quad y_t = C_\chi^{\sigma_\chi} t^{\mu_\chi}\{1+t\mathfrak{P}(t)\}.$$

Dieses stellt für jeden bestimmten Werth von C_χ ein Element des algebraischen Gebildes dar, dessen Mittelpunkt die Stelle $(a_\chi 0)$ ist, und zwar liefert es zu einem Werthe von x, welcher in der Umgebung von a_χ liegt, ν_χ verschiedene Werthe von y. Indem wir der Wurzelgrösse $C_\chi = A_\chi^{\frac{1}{n_\chi}}$ der Reihe nach ihre n_χ verschiedenen Werthe beilegen, erhalten wir n_χ nicht äquivalente Elemente mit dem gemeinsamen Mittelpunkt $(a_\chi 0)$, welche zu einem x $n_\chi \nu_\chi = n$ verschiedene Werthe von y ergeben. Die Stelle $(a_\chi 0)$ gehört also n_χ verschiedenen Elementen des Gebildes an, und da $n_\chi < n$, so ist jede der Stellen $(a_1 0), (a_2 0), \ldots (a_k 0)$ eine wesentlich singuläre. Für die Umgebung von $(a_\chi 0)$ zerfallen die n Werthe y in n_χ Gruppen, diese Stelle ist demnach $(n-n_\chi)$-mal zu zählen (S. 130).

Wir müssen nun noch das Verhalten des algebraischen Gebildes für $x=\infty$ untersuchen. Ist x dem absoluten Betrage nach hinreichend gross, so folgt

$$y^n = Ax^m\left\{1+A_1\frac{1}{x}+\cdots\right\},$$

oder wenn wir dem Vorhergehenden entsprechend

$$C_0 = A_0^{\frac{1}{n_0}}$$

setzen und die Gleichungen $m = n_0\mu_0$, $n = n_0\nu_0$ berücksichtigen:

$$y^{\nu_0} = C_0 x^{\mu_0}\left\{1+\frac{1}{x}\mathfrak{P}_0\left(\frac{1}{x}\right)\right\}.$$

Nachdem wir wieder zwei positive ganze Zahlen σ_0 und τ_0 so bestimmt haben, dass

$$\nu_0\sigma_0 - \mu_0\tau_0 = 1$$

und

$$\sigma_0 < \mu_0, \quad \tau_0 < \nu_0$$

ist, erhalten wir durch die Substitution $C_0^{-\tau_0}x = t^{-\nu_0}$:

$$C_0^{-\sigma_0}y = t^{-\mu_0}\{1 + t\mathfrak{P}_1(t)\}.$$

Für jeden der n_0 Werthe der Wurzelgrösse C_0 stellt das Functionenpaar

$$x_t = C_0^{\tau_0}t^{-\nu_0}, \quad y_t = C_0^{\sigma_0}t^{-\mu_0}\{1 + t\mathfrak{P}_1(t)\}$$

ein unendlich fernes Element des betrachteten Gebildes dar. Es liefert zu einem unendlich grossen Werth von x ν_0 Werthe von y. Geben wir C_0 seine n_0 verschiedenen Werthe, so erhalten wir n_0 verschiedene unendlich ferne Elemente des Gebildes, deren Gesammtheit $n_0\nu_0 = n$ Werthe von y für $x = \infty$ ergiebt. Haben die Zahlen m und n keinen gemeinsamen Theiler, so ist $n_0 = 1$, und es gehören dann die sämmtlichen n Werthe von y einem einzigen Elemente an; sonst aber zerfallen die n Werthe y in n_0 Gruppen. Wenn der Grad m von $R(x)$ nicht die Zahl n als Theiler enthält, so ist $n_0 < n$ und daher $x = \infty$ ein wesentlich singulärer Werth des Arguments der algebraischen Function.

Hiernach erhalten wir

$$s = \sum_{\varkappa=0}^{k}(n - n_\varkappa) = n(k+1) - \sum_{\varkappa=0}^{k} n_\varkappa = (k+1)(n-1) - \sum_{\varkappa=0}^{k}(n_\varkappa - 1),$$

mithin ist der Rang des gegebenen algebraischen Gebildes $y^n = R(x)$:

$$\varrho = 1 + \frac{n}{2}(k-1) - \frac{1}{2}\sum_{\varkappa=0}^{k} n_\varkappa = \frac{1}{2}(k-1)(n-1) - \frac{1}{2}\sum_{\varkappa=0}^{k}(n_\varkappa - 1).$$

Als Specialfall können wir hieraus den Rang für das vorher betrachtete hyperelliptische Gebilde $y^2 = R(x)$ ermitteln. Für dieses ist $n = 2$ und $m_1 = m_2 = \cdots = m_k = 1$, mithin $k = m$ und $n_1 = n_2 = \cdots = n_k = 1$, folglich

$$\varrho = \frac{1}{2}(m - n_0).$$

Für eine Function $R(x)$ geraden Grades ist nun $n_0 = 2$, also $\varrho = \frac{m}{2} - 1$, $m = 2\varrho + 2$; für eine Function $R(x)$ ungeraden Grades dagegen ist $n_0 = 1$, mithin $\varrho = \frac{1}{2}(m-1)$, $m = 2\varrho+1$. Dies stimmt mit dem oben gefundenen Resultat überein.

Die Function $H(xy)$ muss für das Gebilde $y^n = R(x)$ die Form:

$$H(xy) = \frac{G_1(x)\,y^{n-2} + \cdots + G_{n-2}(x)\,y + G_{n-1}(x)}{y^{n-1}}$$

haben, wo $G_1(x)$, $G_2(x)$, ... $G_{n-1}(x)$ ganze rationale Functionen bedeuten. Ist ε eine primitive n^{te} Wurzel der Einheit und y irgend einer der n Werthe, welche zu Folge der Gleichung $y^n = R(x)$ zu einem Werthe von x gehören, so sind εy, $\varepsilon^2 y$, ... $\varepsilon^{n-1} y$ die übrigen Werthe, mithin hat auch jede der Functionen

$$H(x, \varepsilon y),\ H(x, \varepsilon^2 y),\ \ldots\ H(x, \varepsilon^{n-1} y),$$

als Function des Paares (xy) betrachtet, die charakteristische Eigenschaft einer H-Function, und demnach muss dies auch für die $n-1$ Functionen

$$\frac{1}{n}\sum_{\gamma=0}^{n-1} \varepsilon^{-\gamma(n-\beta)} H(x, \varepsilon^{\gamma} y) = \frac{G_\beta(x)}{y^\beta} \qquad (\beta = 1, 2, \ldots n-1)$$

der Fall sein. Die Entwickelung von

$$\frac{G_\beta(x_t)}{y_t^\beta}\,\frac{dx_t}{dt}$$

darf mithin für kein einziges Functionenpaar $(x_t y_t)$ negative Potenzen von t enthalten.

Stellt $(x_t y_t)$ die Umgebung einer im Endlichen gelegenen nicht singulären Stelle $(a_0 b_0)$ dar, so treten nur positive Potenzen auf, wie auch die ganze rationale Function $G_\beta(x)$ beschaffen sein mag.

Hat dagegen das Element $(x_t y_t)$ zum Mittelpunkt eine singuläre Stelle $(a_\varkappa 0)$, so ist

$$x_t = a_\varkappa + C_\varkappa^{\tau_\varkappa} t^{\nu_\varkappa}, \quad y_t = C_\varkappa^{\sigma_\varkappa} t^{\mu_\varkappa}\{1 + t\mathfrak{P}(t)\},$$

mithin enthält das Anfangsglied der Entwickelung von

$$\frac{1}{y_t^\beta}\,\frac{dx_t}{dt}$$

nach steigenden Potenzen von t die Potenz $t^{\nu_\varkappa - \beta\mu_\varkappa - 1}$. Ist erstens der Exponent $\nu_\chi - \beta\mu_\chi - 1$ eine negative Zahl, so muss die Entwickelung von $G_\beta(x_t)$ mit einer positiven Potenz von t beginnen, demnach $G_\beta(x)$ durch $x - a_\chi$ theilbar sein; und zwar müssen, wenn der Factor $x - a_\chi$ m'_χ-mal in $G_\beta(x)$ vorkommt, die Ungleichungen bestehen:

$$m'_\chi \nu_\chi \geqq \beta\mu_\chi + 1 - \nu_\chi,$$
$$m'_\chi > \frac{\beta m_\chi}{n} - 1.$$

Bezeichnen wir daher mit

$$\left(\frac{\beta m_\chi}{n}\right)$$

die grösste in $\frac{\beta m_\chi}{n}$ enthaltene ganze Zahl, so ist

$$m'_\chi \geqq \left(\frac{\beta m_\chi}{n}\right).$$

Umgekehrt gilt, sobald $G_\beta(x)$ den Factor $(x - a_\chi)^{\left(\frac{\beta m_\chi}{n}\right)}$ hat, die Entwickelung

$$\frac{G_\beta(x_t)}{y_t^\beta}\,\frac{dx_t}{dt} = \mathfrak{P}(t).$$

Damit demnach der Function $\frac{G_\beta(x)}{y^\beta}$ für die Umgebung jeder im Endlichen gelegenen singulären Stelle $(a_\chi 0)$ die Eigenschaft einer H-Function zukomme, muss die ganze rationale Function $G_\beta(x)$ von der Form:

$$G_\beta(x) = \left\{C_{\beta 1} x^{\nu'_\beta - 1} + C_{\beta 2} x^{\nu'_\beta - 2} + \cdots + C_{\beta \nu'_\beta}\right\} R_\beta(x)$$

sein, wenn

$$R_\beta(x) = (x - a_1)^{\left(\frac{\beta m_1}{n}\right)} (x - a_2)^{\left(\frac{\beta m_2}{n}\right)} \ldots (x - a_k)^{\left(\frac{\beta m_k}{n}\right)} \qquad (\beta = 1, 2, \ldots n-1)$$

gesetzt wird. Da die Zahlen $m_1, m_2, \ldots m_k$ sämmtlich kleiner als n sind, so ist stets

$$R_1(x) = 1.$$

Ist zweitens $\nu_\chi - \beta\mu_\chi - 1 \geqq 0$, so ist für jede beliebige ganze rationale Function $G_\beta(x)$

$$\frac{G_\beta(x_t)}{y_t^\beta}\,\frac{dx_t}{dt} = \mathfrak{P}(t).$$

Die Zahlen $\left(\frac{\beta m_\chi}{n}\right)$ sind aber jetzt sämmtlich gleich 0, mithin ist $R_\beta(x) = 1$, wir können also auch in diesem Falle $G_\beta(x)$ in der vorstehenden Form annehmen.

Nun muss der vorläufig beliebige Exponent ν'_β der Art bestimmt werden, dass die Entwickelung von $\frac{G_\beta(x_t)}{y_t^\beta}\frac{dx_t}{dt}$ auch für die unendlich fernen Elemente

$$x_t = C_0^{\tau_0} t^{-\nu_0}, \quad y_t = C_0^{\sigma_0} t^{-\mu_0}\{1 + t\mathfrak{P}_1(t)\}$$

keine negativen Potenzen von t enthält. Dies ist der Fall, wenn

$$\nu_0\left\{\nu'_\beta + \left(\frac{\beta m_1}{n}\right) + \left(\frac{\beta m_2}{n}\right) + \cdots + \left(\frac{\beta m_k}{n}\right)\right\} + 1 \leqq \beta\mu_0,$$

d. h. wenn

$$\nu'_\beta + \left(\frac{\beta m_1}{n}\right) + \left(\frac{\beta m_2}{n}\right) + \cdots + \left(\frac{\beta m_k}{n}\right) < \frac{\beta m}{n}$$

ist. Es stelle nun

$$\left[\frac{\beta m}{n}\right]$$

die grösste ganze Zahl dar, welche in $\frac{\beta m}{n}$ enthalten und kleiner als $\frac{\beta m}{n}$ ist, sodass also

$$\left[\frac{\beta m}{n}\right] = \begin{cases} \left(\frac{\beta m}{n}\right), & \text{falls } \frac{\beta m}{n} \text{ keine ganze Zahl,} \\ \left(\frac{\beta m}{n}\right) - 1, & \text{falls } \frac{\beta m}{n} \text{ eine ganze Zahl.} \end{cases}$$

Dann haben die $n-1$ Functionen

$$\frac{G_\beta(x)}{y^\beta} = \frac{C_{\beta 1} x^{\nu'_\beta - 1} + C_{\beta 2} x^{\nu'_\beta - 2} + \cdots + C_{\beta\nu'_\beta}}{y^\beta} R_\beta(x) \qquad (\beta = 1, 2, \ldots n-1)$$

bei beliebigen Werthen der Constanten $C_{\beta 1}, C_{\beta 2}, \ldots C_{\beta\nu'_\beta}$ für alle Elemente des Gebildes die Eigenschaften einer H-Function, sobald

$$\nu'_\beta = \left[\frac{\beta m}{n}\right] - \left(\frac{\beta m_1}{n}\right) - \left(\frac{\beta m_2}{n}\right) - \cdots - \left(\frac{\beta m_k}{n}\right)$$

gesetzt wird. Mithin können die Functionen

$$\frac{x^\gamma}{y^\beta} R_\beta(x) \qquad (\beta = 1, 2, \ldots n-1;\ \gamma = 0, 1, \ldots \nu'_\beta - 1)$$

als die ϱ Functionen $H(xy)_\alpha$ angenommen werden, woraus sich die vorher

(S. 135) für das hyperelliptische Gebilde gefundenen Ausdrücke der H-Functionen als Specialfälle ergeben.

Es lässt sich auch direct nachweisen, dass die Anzahl $\sum_{\beta=1}^{n-1} \nu'_\beta$ der so erhaltenen linear unabhängigen Functionen $H(xy)_\alpha$ wirklich gleich ϱ ist, wo nach dem Obigen ϱ für das Gebilde $y^n = R(x)$ den Werth

$$\frac{1}{2}(k-1)(n-1) - \frac{1}{2}\sum_{\varkappa=0}^{k}(n_\varkappa - 1)$$

hat. Ist nämlich β eine beliebige der Zahlen $1, 2, \ldots n-1$, so sei für $\varkappa = 0, 1, \ldots k$ $\delta_{\varkappa\beta}$ gleich 1 oder 0, je nachdem $\frac{\beta m_\varkappa}{n} = \frac{\beta \mu_\varkappa}{\nu_\varkappa}$ eine ganze oder gebrochene Zahl ist; dabei muss m_0 durch die Grösse m ersetzt werden. Dann wird

$$\left(\frac{(n-\beta)m_\varkappa}{n}\right) = m_\varkappa - 1 - \left(\frac{\beta m_\varkappa}{n}\right) + \delta_{\varkappa\beta},$$
$$\left[\frac{(n-\beta)m_\varkappa}{n}\right] = m_\varkappa - 1 - \left[\frac{\beta m_\varkappa}{n}\right] - \delta_{\varkappa\beta}, \qquad (\varkappa = 0, 1, \ldots k)$$

mithin

$$\left(\frac{\beta m_\varkappa}{n}\right) + \left(\frac{(n-\beta)m_\varkappa}{n}\right) = m_\varkappa - 1 + \delta_{\varkappa\beta},$$
$$\left[\frac{\beta m_\varkappa}{n}\right] + \left[\frac{(n-\beta)m_\varkappa}{n}\right] = m_\varkappa - 1 - \delta_{\varkappa\beta}. \qquad (\varkappa = 0, 1, \ldots k)$$

Zunächst sei nun n ungerade, so ergiebt sich

$$\sum_{\beta=1}^{n-1}\nu'_\beta = \frac{1}{2}(m-1)(n-1) - \sum_{\beta=1}^{\frac{1}{2}(n-1)}\delta_{0\beta} - \sum_{\varkappa=1}^{k}\left\{\frac{1}{2}(m_\varkappa - 1)(n-1) + \sum_{\beta=1}^{\frac{1}{2}(n-1)}\delta_{\varkappa\beta}\right\}$$
$$= \frac{1}{2}(k-1)(n-1) - \sum_{\varkappa=0}^{k}\sum_{\beta=1}^{\frac{1}{2}(n-1)}\delta_{\varkappa\beta}.$$

Nun ist $\sum_{\beta=1}^{\frac{1}{2}(n-1)}\delta_{\varkappa\beta}$ gleich der Anzahl der in der Reihe

$$\mu_\varkappa,\ 2\mu_\varkappa,\ \ldots\ \frac{n-1}{2}\mu_\varkappa$$

enthaltenen, durch $\nu_\varkappa$ theilbaren Zahlen; also folgt

$$\sum_{\beta=1}^{\frac{1}{2}(n-1)}\delta_{\varkappa\beta} = \left(\frac{n-1}{2\nu_\varkappa}\right) = \left(\frac{n_\varkappa}{2} - \frac{1}{2\nu_\varkappa}\right) = \frac{n_\varkappa - 1}{2},$$

denn $n_0, n_1, \ldots n_k$ müssen als Theiler von n ungerade Zahlen sein. Zu Folge dieses für die Summe auf der linken Seite gefundenen Werthes erhalten wir aber

$$\sum_{\beta=1}^{n-1} \nu'_\beta = \frac{1}{2}(k-1)(n-1) - \frac{1}{2}\sum_{\varkappa=0}^{k}(n_\varkappa - 1).$$

Ist zweitens n gerade, so sondern wir in der Summe $\sum_{\beta=1}^{n-1} \nu'_\beta$ das Glied $\nu'_{\frac{n}{2}}$ von den übrigen ab und erhalten dadurch

$$\sum_{\beta=1}^{n-1} \nu'_\beta = \frac{1}{2}(m-1)(n-2) - \sum_{\beta=1}^{\frac{1}{2}(n-2)} \delta_{0\beta} + \left[\frac{m}{2}\right] - \sum_{\varkappa=1}^{k}\left\{\frac{1}{2}(m_\varkappa - 1)(n-2) + \sum_{\beta=1}^{\frac{1}{2}(n-2)} \delta_{\varkappa\beta} + \left(\frac{m_\varkappa}{2}\right)\right\}$$

$$= \frac{1}{2}(k-1)(n-2) + \left[\frac{m}{2}\right] - \sum_{\beta=1}^{\frac{1}{2}(n-2)} \delta_{0\beta} - \sum_{\varkappa=1}^{k}\left\{\left(\frac{m_\varkappa}{2}\right) + \sum_{\beta=1}^{\frac{1}{2}(n-2)} \delta_{\varkappa\beta}\right\}.$$

Durch ähnliche Schlüsse, wie im vorher behandelten Fall, ergiebt sich zunächst

$$\sum_{\beta=1}^{\frac{1}{2}(n-2)} \delta_{\varkappa\beta} = \left(\frac{n-2}{2\nu_\varkappa}\right) = \left(\frac{n_\varkappa}{2} - \frac{1}{\nu_\varkappa}\right) \qquad (\varkappa = 0, 1, \ldots k).$$

Nun war für $\varkappa = 1, 2, \ldots k$ $\;n > n_\varkappa$ (S. 137), also ist $\nu_\varkappa \geqq 2$, mithin folgt

$$\left(\frac{n_\varkappa}{2} - \frac{1}{\nu_\varkappa}\right) = \begin{cases} \frac{n_\varkappa}{2} - 1, & \text{falls } n_\varkappa \text{ gerade,} \\ \frac{n_\varkappa - 1}{2}, & \text{falls } n_\varkappa \text{ ungerade.} \end{cases} \qquad (\varkappa = 1, 2, \ldots k)$$

Diese Formeln bleiben auch für $\varkappa = 0$ bestehen, denn ist $\nu_0 = 1$, so ist $n = n_0$, mithin n_0 eine gerade Zahl. Und da in Folge der Annahme, dass n gerade ist, $m_\varkappa$ und $n_\varkappa$ gleichzeitig gerade oder ungerade sind, so hat sich das Resultat ergeben:

$$\sum_{\beta=1}^{\frac{1}{2}(n-2)} \delta_{\varkappa\beta} = \begin{cases} \frac{n_\varkappa}{2} - 1, & \text{falls } m_\varkappa \text{ gerade,} \\ \frac{n_\varkappa - 1}{2}, & \text{falls } m_\varkappa \text{ ungerade.} \end{cases} \qquad (\varkappa = 0, 1, \ldots k)$$

Je nachdem nun m gerade oder ungerade ist, hat $\left[\frac{m}{2}\right]$ den Werth $\frac{m}{2} - 1$ oder $\frac{m-1}{2}$, also wird stets

$$\left[\frac{m}{2}\right] - \sum_{\beta=1}^{\frac{1}{2}(n-2)} \delta_{0\beta} = \frac{m - n_0}{2}.$$

Ferner ist $\left(\frac{m_\varkappa}{2}\right)$ gleich $\frac{m_\varkappa}{2}$, wenn $m_\varkappa$ gerade, und gleich $\frac{m_\varkappa - 1}{2}$, wenn $m_\varkappa$ ungerade, mithin folgt

$$\binom{m_\varkappa}{2} + \sum_{\beta=1}^{\frac{1}{2}(n-2)} \delta_{\varkappa\beta} = \frac{m_\varkappa + n_\varkappa}{2} - 1 \qquad (\varkappa = 1, 2, \ldots k).$$

Durch Substitution dieser Werthe in den obigen Ausdruck von $\sum_{\beta=1}^{n-1} \nu'_\beta$ erhält man nun

$$\begin{aligned}\sum_{\beta=1}^{n-1} \nu'_\beta &= \frac{1}{2}(k-1)(n-2) + \frac{m-n_0}{2} - \sum_{\varkappa=1}^{k} \left\{ \frac{m_\varkappa + n_\varkappa}{2} - 1 \right\} \\ &= \frac{1}{2}(k-1)(n-1) - \frac{1}{2} \sum_{\varkappa=0}^{k} (n_\varkappa - 1).\end{aligned}$$

In beiden Fällen, bei geradem und bei ungeradem n, hat sich demnach die Gleichung

$$\sum_{\beta=1}^{n-1} \nu'_\beta = \varrho$$

ergeben.

Sechstes Kapitel.

Zweite Art der Berechnung des Ranges eines algebraischen Gebildes.

Wenn die Gleichung $f(x, y) = 0$ des algebraischen Gebildes nicht nach einer der beiden Variablen, x oder y, algebraisch auflösbar ist, so stösst die Bestimmung des Ranges nach der im vorhergehenden Kapitel auseinandergesetzten Methode auf Schwierigkeiten. Wir gehen daher jetzt zu einer zweiten Art der Berechnung der Zahl ϱ über.

Hierbei tritt die Aufgabe auf, die Anzahl der Stellen zu bestimmen, welche die beiden Gebilde $f(x, y) = 0$ und $f(x, y)_2 = 0$ gemein haben; wir führen die entsprechende Aufgabe aber gleich allgemeiner für zwei beliebige irreductible algebraische Gebilde $f(x, y) = 0$ und $F(x, y) = 0$ der r^{ten} und r'^{ten} Dimension durch. Deuten wir die beiden Gebilde geometrisch als Curven, so handelt es sich um den Nachweis, dass zwei irreductible algebraische Curven von den Dimensionen r und r' einander in rr' Punkten schneiden. Gewöhnlich begnügt man sich damit zu zeigen, dass die Gleichung, welche durch Elimination von y aus $f(x, y) = 0$ und $F(x, y) = 0$ entsteht, vom $(rr')^{\text{ten}}$ Grade in Bezug auf x ist. Damit ist aber nur bewiesen, dass die beiden Curven nicht mehr als rr' gemeinsame Punkte haben. Für eine genaue Untersuchung der Anzahl der Schnittpunkte bedarf es besonders der Erörterung der beiden Fragen: Welche Bedeutung kommt unendlich fernen Punkten einer algebraischen Curve zu, und wie oft ist ein Schnittpunkt zweier algebraischen Curven zu zählen?

Die linke Seite der Gleichung $f(x, y) = 0$ sei nach homogenen Functionen geordnet

$$f(x, y) = (x, y)_r + (x, y)_{r-1} + \cdots + (x, y)_1 + (x, y)_0.$$

Wenn die Function höchster Dimension $(x, y)_r$ als Product von lauter verschiedenen Linearfactoren darstellbar ist, also in dem Product

$$(x, y)_r = C(gy-hx)(g'y-h'x)\dots(g^{(r-1)}y-h^{(r-1)}x)$$

die Verhältnisse $\frac{g}{h}, \frac{g'}{h'}, \dots \frac{g^{(r-1)}}{h^{(r-1)}}$ sämmtlich unter einander verschieden sind, so haben wir das durch die Gleichung $f(x, y) = 0$ definirte algebraische Gebilde im Unendlichen regulär genannt (S. 38). Es besitzt dann r nicht äquivalente Elemente im Unendlichen. Fassen wir das Gebilde als ebene Curve auf, so sagen wir in diesem Falle, die Curve habe r von einander verschiedene unendlich ferne Punkte. Zu dieser Ausdrucksweise führt folgende Ueberlegung.

Es bedeute s eine unabhängige Variable, sodass das System der beiden Gleichungen

$$x = a+ks, \quad y = b+ls$$

eine Gerade darstellt. Die Punkte (x, y), welche den Wurzeln s der Gleichung

$$f(a+ks, b+ls) = (k, l)_r s^r + \dots = 0$$

entsprechen, sind die Schnittpunkte dieser Geraden mit der Curve $f(x, y) = 0$. Wenn nun $(k, l)_r$ nicht verschwindet, so hat die Gleichung r^{ten} Grades bei richtiger Zählung r endliche Wurzeln s, mithin erhalten wir r im Endlichen gelegene Schnittpunkte der Geraden und der Curve. Verschwindet aber $(k, l)_r$, d. h. ist einer der r Factoren

$$g^{(\varkappa)}l - h^{(\varkappa)}k \qquad (\varkappa = 0, 1, \dots r-1)$$

gleich Null, so wird eine Wurzel der Gleichung unendlich gross, und wir sagen daher, jede der r verschiedenen Geraden

$$g^{(\varkappa)}(y-b) - h^{(\varkappa)}(x-a) = 0 \qquad (\varkappa = 0, 1, \dots r-1)$$

hat mit der Curve $f(x, y) = 0$ einen unendlich fernen Punkt gemein, oder jede der r Geraden

$$g^{(\varkappa)}y - h^{(\varkappa)}x = 0 \qquad (\varkappa = 0, 1, \dots r-1)$$

bestimmt eine Richtung, in welcher ein solcher Punkt der Curve liegt.

Enthält dagegen $(x, y)_r$ auch gleiche Linearfactoren, ist also das Gebilde $f(x, y) = 0$ im Unendlichen nicht regulär, so ergeben sich weniger als r von einander verschiedene unendlich ferne Punkte der Curve.

Zunächst soll nun bewiesen werden, dass sich stets und zwar auf unendlich viele Weisen die Constanten c_0, c_1, c_2 des algebraischen Gebildes

$$c_0 + c_1 x + c_2 y = 0$$

so bestimmen lassen, dass dieses mit dem Gebilde r^{ter} Dimension $f(x, y) = 0$ genau r von einander verschiedene, im Endlichen gelegene, nicht singuläre Stellen gemein hat. Oder geometrisch ausgedrückt, es lassen sich unendlich viele gerade Linien bestimmen, welche eine gegebene Curve r^{ter} Ordnung in r verschiedenen, im Endlichen gelegenen Punkten schneiden. Dabei machen wir keine specielle Voraussetzung über die homogene Function höchster Dimension $(x, y)_r$ in $f(x, y)$. Wenn die Gleichung $f(x, y) = 0$ nicht von vornherein in Bezug auf y vom r^{ten} Grade ist, so transformiren wir sie durch eine lineare Substitution

$$x = \alpha' x' + \beta' y', \quad y = \gamma' x' + \delta' y'$$

in der Weise, dass die neue Gleichung $f_0(x', y') = 0$ in Bezug auf y' den Grad r hat; hierzu wird erfordert, dass $(\beta', \delta')_r$ und die Determinante $\alpha'\delta' - \beta'\gamma'$ von Null verschieden sind (S. 35). Der Coefficient von y'^r in $f_0(x', y')$ ist jetzt eine Constante, mithin bleibt für endliche Werthe von x' auch y' endlich (S. 33). Es werde nun die Grösse a so gewählt, dass die Gleichung $f_0(a, y') = 0$ keine gleichen Wurzeln y' besitzt, eine Bedingung, durch welche nur eine endliche Anzahl von Werthen a ausgeschlossen wird. Die Gerade

$$x' - a = 0$$

schneidet dann die Curve $f_0(x', y') = 0$ in r von einander verschiedenen, im Endlichen gelegenen, nicht singulären Punkten; oder, wenn die Variablen x, y wieder eingeführt werden, die gerade Linie

$$\delta' x - \beta' y - a(\alpha'\delta' - \beta'\gamma') = 0$$

hat mit der Curve $f(x, y) = 0$ r verschiedene, im Endlichen gelegene, nicht singuläre Punkte gemein. Damit sind die Constanten c_0, c_1, c_2 in der geforderten Weise bestimmt.

Wir betrachten jetzt gleichzeitig mit $f(x, y) = 0$ ein zweites, von dem ersten verschiedenes, irreductibles algebraisches Gebilde $F(x, y) = 0$. Die Summe der Glieder höchster Dimension von $F(x, y)$ wollen wir mit $(x, y)'_{r'}$ bezeichnen. In der vorher betrachteten linearen Substitution wählen wir nun die Coefficienten α', β', γ', δ' so, dass nicht nur $(\beta', \delta')_r$, sondern auch $(\beta', \delta')'_{r'}$ von Null verschieden ist; dann ist der Grad der aus $F(x, y) = 0$ durch jene Substitution hervorgehenden Gleichung $F_0(x', y') = 0$ in Bezug auf y' gleich r'. Ferner wollen wir die Grösse a so annehmen, dass jede der beiden Gleichungen $f_0(a, y') = 0$ und $F_0(a, y') = 0$ lauter verschiedene Wurzeln y' hat und auch keine Wurzel der einen Gleichung zugleich Wurzel der anderen ist. Könnten wir a nicht auch der letzten Bedingung gemäss wählen, so hätten $f_0(x', y')$ und $F_0(x', y')$, mithin $f(x, y)$ und $F(x, y)$, einen gemeinsamen Theiler. Es lässt sich hiernach auf unendlich viele Weisen eine gerade Linie

$$c_0 + c_1 x + c_2 y = 0$$

so bestimmen, dass sie die Curve $f(x, y) = 0$ in r nicht singulären Punkten und die Curve $F(x, y) = 0$ in r' eben solchen Punkten schneidet, und dass diese $r + r'$ Punkte alle unter einander verschieden sind und sämmtlich im Endlichen liegen.

Um nun die Bestimmung der Anzahl der gemeinsamen Stellen zweier algebraischen Gebilde $f(x, y) = 0$ und $F(x, y) = 0$ von den Dimensionen r und r' zu vereinfachen, transformiren wir die beiden Gleichungen so, dass bei Zerlegung der Glieder höchster Dimension in Linearfactoren nicht zwei dieser $r + r'$ Factoren einander gleich sind. Beide Gebilde sind dann im Unendlichen regulär. Die allgemeinste Transformation, welche die Dimension einer algebraischen Gleichung unverändert lässt, wird durch eine gebrochene lineare Substitution mit demselben Nenner vermittelt; das ursprüngliche Gebilde steht dann mit dem transformirten Gebilde in collinearer Verwandtschaft. Wir setzen

$$u = a_0 + a_1 x + a_2 y,$$
$$v = b_0 + b_1 x + b_2 y,$$
$$w = c_0 + c_1 x + c_2 y,$$

wobei die Coefficienten c_0, c_1, c_2 in w so, wie vorher, bestimmt werden mögen, während die in den Functionen u und v enthaltenen nur der Bedingung unterworfen zu werden brauchen, dass die aus den Coefficienten der drei linearen Functionen gebildete Determinante nicht verschwindet. Die Gerade $w = 0$ schneidet dann die Curven $f(x, y) = 0$ und $F(x, y) = 0$ in $r + r'$ von einander verschiedenen, im Endlichen gelegenen Punkten. Zu Folge der gebrochenen linearen Substitution

$$\xi = \frac{u}{w}, \quad \eta = \frac{v}{w}$$

werde

$$f(x, y) = w^r \varphi(\xi, \eta), \quad F(x, y) = w^{r'} \Phi(\xi, \eta),$$

wo $\varphi(\xi, \eta)$ und $\Phi(\xi, \eta)$ ganze rationale Functionen ihrer Argumente bezeichnen; dann sind $\varphi(\xi, \eta) = 0$ und $\Phi(\xi, \eta) = 0$ die transformirten Gleichungen. Nach homogenen Functionen geordnet werde jetzt, da keine Verwechselung mit der vorher bei den Functionen $f(x, y)$ und $F(x, y)$ angewandten Bezeichnung eintreten kann,

$$\varphi(\xi, \eta) = (\xi, \eta)_r + (\xi, \eta)_{r-1} + \cdots + (\xi, \eta)_0,$$
$$\Phi(\xi, \eta) = (\xi, \eta)'_{r'} + (\xi, \eta)'_{r'-1} + \cdots + (\xi, \eta)'_0$$

gesetzt.

In Linearfactoren zerlegt sei

$$(\xi, \eta)_r = C_0(g_0\eta - h_0\xi)(g'_0\eta - h'_0\xi)\ldots(g_0^{(r-1)}\eta - h_0^{(r-1)}\xi)$$

und

$$(\xi, \eta)'_{r'} = C_1(g_1\eta - h_1\xi)(g'_1\eta - h'_1\xi)\ldots(g_1^{(r'-1)}\eta - h_1^{(r'-1)}\xi),$$

so sind einerseits

$$\frac{g_0}{h_0}, \frac{g'_0}{h'_0}, \ldots \frac{g_0^{(r-1)}}{h_0^{(r-1)}}$$

und andererseits

$$\frac{g_1}{h_1}, \frac{g'_1}{h'_1}, \ldots \frac{g_1^{(r'-1)}}{h_1^{(r'-1)}}$$

unter einander verschieden, und die beiden homogenen Functionen $(\xi, \eta)_r$ und $(\xi, \eta)'_{r'}$ haben ausserdem keinen gemeinsamen Lineartheiler. Es ist nämlich

$$f(x, y) = (u, v)_r + (u, v)_{r-1}w + \cdots + (u, v)_0 w^r,$$

mithin ist für die r Schnittpunkte der Geraden $w = 0$ und der Curve

$f(x, y) = 0$ auch

$$(u, v)_r = C_0(g_0 v - h_0 u)(g_0' v - h_0' u) \dots (g_0^{(r-1)} v - h_0^{(r-1)} u) = 0,$$

d. h. die Coordinaten jener r Schnittpunkte ergeben sich aus den r in x und y linearen Gleichungssystemen

$$\begin{cases} w = 0 \\ g_0^{(\varkappa)} v - h_0^{(\varkappa)} u = 0 \end{cases} \qquad (\varkappa = 0, 1, \dots r-1).$$

Diese r Schnittpunkte sind aber alle von einander verschieden, mithin ist dies auch für die Verhältnisse $\frac{g_0}{h_0}, \frac{g_0'}{h_0'}, \dots \frac{g_0^{(r-1)}}{h_0^{(r-1)}}$ der Fall. In derselben Weise folgt, dass die Coordinaten der r' Schnittpunkte der Geraden $w = 0$ und der Curve $F(x, y) = 0$ die r' Systeme

$$\begin{cases} w = 0 \\ g_1^{(\lambda)} v - h_1^{(\lambda)} u = 0 \end{cases} \qquad (\lambda = 0, 1, \dots r'-1)$$

befriedigen, und daher auch nicht zwei der Quotienten $\frac{g_1}{h_1}, \frac{g_1'}{h_1'}, \dots \frac{g_1^{(r'-1)}}{h_1^{(r'-1)}}$ einander gleich sind. Jedes der beiden transformirten Gebilde $\varphi(\xi, \eta) = 0$ und $\Phi(\xi, \eta) = 0$ ist folglich im Unendlichen regulär. Ferner sind die Schnittpunkte der Geraden $w = 0$ mit der Curve $f(x, y) = 0$ von denen mit der Curve $F(x, y) = 0$ verschieden, demnach ist keiner der Quotienten $\frac{g_0^{(\varkappa)}}{h_0^{(\varkappa)}}$ gleich einem Quotienten $\frac{g_1^{(\lambda)}}{h_1^{(\lambda)}}$, keiner der Linearfactoren von $(\xi, \eta)_r$ ist also mit einem von $(\xi, \eta)'_{r'}$ identisch: Den Schnittpunkten der Geraden $w = 0$ mit den beiden Curven $f(x, y) = 0$ und $F(x, y) = 0$ entsprechen r verschiedene unendlich ferne Punkte der Curve $\varphi(\xi, \eta) = 0$ und r' eben solche Punkte der Curve $\Phi(\xi, \eta) = 0$.

Da nach dem Vorhergehenden die beiden Gebilde $\varphi(\xi, \eta) = 0$ und $\Phi(\xi, \eta) = 0$ keine unendlich fernen Stellen gemein haben, so brauchen wir nur noch nachzuweisen, dass sie bei richtiger Zählung rr' gemeinsame, im Endlichen liegende Stellen besitzen. Die Anzahl der Werthepaare $(\xi \eta)$, für welche $\varphi(\xi, \eta)$ und $\Phi(\xi, \eta)$ gleichzeitig verschwinden, ist gleich dem Grade der rationalen Function $\Phi(\xi, \eta)$ des durch die Gleichung $\varphi(\xi, \eta) = 0$ verbundenen Paares $(\xi \eta)$, denn dieser ist identisch mit der Anzahl der Stellen, für welche die Function $\Phi(\xi, \eta)$ verschwindet, falls jede Stelle so oft gezählt wird, wie die zugehörige Ordnungszahl angiebt (S. 56). Der Grad ist aber auch gleich der Anzahl derjenigen Stellen, für welche die rationale Function $\Phi(\xi, \eta)$ des Paares $(\xi \eta)$ unendlich gross wird. Nun ist $\Phi(\xi, \eta)$ eine ganze Function von

ξ und η und kann daher nur für solche Stellen $(\xi\eta)$ unendlich werden, für welche wenigstens eine der Variablen ξ oder η unendlich wird; wir brauchen deshalb nur die unendlich fernen Stellen des Gebildes $\varphi(\xi,\eta)=0$ zu betrachten. Da die Linearfactoren $(g_0^{(\varkappa)}\eta-h_0^{(\varkappa)}\xi)$ von $(\xi,\eta)_r$ sämmtlich unter einander verschieden sind, so lassen sich die unendlich fernen Elemente des Gebildes $\varphi(\xi,\eta)=0$ durch r verschiedene Functionenpaare der Form

$$\xi_t = g_0^{(\varkappa)}t^{-1}+\mathfrak{P}_{1,\varkappa}(t), \quad \eta_t = h_0^{(\varkappa)}t^{-1}+\mathfrak{P}_{2,\varkappa}(t) \qquad (\varkappa=0,1,\dots r-1)$$

darstellen (S. 38). Führt man ein solches Functionenpaar in $\Phi(\xi,\eta)$ ein, so folgt

$$\Phi(\xi_t,\eta_t) = (g_0^{(\varkappa)},h_0^{(\varkappa)})'_{r'}t^{-r'}+\cdots$$

Kein Linearfactor von $(\xi,\eta)_r$ ist aber mit einem von $(\xi,\eta)'_{r'}$ identisch, mithin ist $(g_0^{(\varkappa)},h_0^{(\varkappa)})'_{r'}$ nicht gleich Null. $\Phi(\xi_t,\eta_t)$ wird daher für $t=0$ von der Ordnung r' unendlich gross, und da es r solche Functionenpaare giebt, so ist der Grad der rationalen Function $\Phi(\xi,\eta)$ des Paares $(\xi\eta)$ gleich rr'.

Damit ist bewiesen, dass zwei algebraische Gebilde von den Dimensionen r und r', bei welchen die homogenen Functionen höchster Dimension in lauter ungleiche Linearfactoren zerfallen, rr' gemeinschaftliche Stellen besitzen, vorausgesetzt dass jede dieser Stellen richtig gezählt wird. Stellt nämlich $(\xi_t\eta_t)$ ein Element des Gebildes $\varphi(\xi,\eta)=0$ dar, dessen Mittelpunkt $(\xi_0\eta_0)$ der Gleichung $\Phi(\xi,\eta)=0$ genügt, und gilt die Entwickelung

$$\Phi(\xi_t,\eta_t) = At^{\mu}+A't^{\mu+1}+\cdots,$$

so ist die Stelle $(\xi_0\eta_0)$ μ-mal als gemeinsame Stelle der beiden Gebilde $\varphi(\xi,\eta)=0$ und $\Phi(\xi,\eta)=0$ zu zählen (S. 55). Bestimmen wir in dieser Weise die Ordnungszahlen μ für alle nicht äquivalenten Elemente, welche zu solchen Stellen $(\xi_0\eta_0)$ gehören, so ist

$$\Sigma\mu = rr'.$$

Jetzt kehren wir zu den beiden beliebigen irreductiblen algebraischen Gebilden $f(x,y)=0$ und $F(x,y)=0$ zurück. Ist

$$(x,y)_r = C(gy-hx)^{\mu_0}(g'y-h'x)^{\mu_1}\dots(g^{(\nu)}y-h^{(\nu)}x)^{\mu_\nu}$$

die homogene Function höchster Dimension von $f(x,y)$, so mögen die Constanten c_1 und c_2 der linearen Function

$$w = c_0 + c_1 x + c_2 y$$

ausser den vorhergehenden Bedingungen (S. 149) noch den weiteren unterworfen werden, dass keine der Grössen

$$c_1 g^{(\varkappa)} + c_2 h^{(\varkappa)} \qquad (\varkappa = 0, 1, \ldots \nu)$$

verschwindet. Die r von einander verschiedenen Schnittpunkte der Geraden $w = 0$ und der Curve $f(x, y) = 0$ seien $(a'b'), (a''b''), \ldots (a^{(r)}b^{(r)})$; stellt dann das Functionenpaar

$$x_t = a^{(\lambda)} + a_1^{(\lambda)} t + \cdots, \quad y_t = b^{(\lambda)} + b_1^{(\lambda)} t + \cdots$$

das Element des Gebildes $f(x, y) = 0$ mit dem Mittelpunkt $(a^{(\lambda)} b^{(\lambda)})$ dar, so ist wenigstens einer der beiden Coefficienten $a_1^{(\lambda)}$ und $b_1^{(\lambda)}$ nicht Null, da $(a^{(\lambda)} b^{(\lambda)})$ keine singuläre Stelle ist. Es können demnach c_1 und c_2 ferner auch so gewählt werden, dass die Grössen

$$c_1 a_1^{(\lambda)} + c_2 b_1^{(\lambda)} \qquad (\lambda = 1, 2, \ldots r)$$

von Null verschieden sind.

Mittels der vorher besprochenen Substitution

$$\xi = \frac{u}{w}, \quad \eta = \frac{v}{w},$$

durch welche

$$\frac{f(x, y)}{w^r} = \varphi(\xi, \eta), \quad \frac{F(x, y)}{w^{r'}} = \Phi(\xi, \eta)$$

wird, lässt sich zu jedem Functionenpaar $(x_t y_t)$ ein entsprechendes Functionenpaar $(\xi_t \eta_t)$ berechnen, und umgekehrt.

Führen wir in die lineare Function $w = c_0 + c_1 x + c_2 y$ statt (xy) ein Element $(x_t y_t)$ des Gebildes ein, so möge die hierdurch entstehende Potenzreihe von t mit w_t bezeichnet werden.

Erstens sei nun $(x_t y_t)$ ein Element des Gebildes $f(x, y) = 0$, dessen Mittelpunkt eine im Endlichen gelegene, von $(a'b'), (a''b''), \ldots (a^{(r)}b^{(r)})$ verschiedene Stelle ist. Dann beginnt w_t mit einer nicht verschwindenden Constanten, also muss das entsprechende Functionenpaar $(\xi_t \eta_t)$ ein im Endlichen gelegenes Element des Gebildes $\varphi(\xi, \eta) = 0$ darstellen. Da $\Phi(\xi, \eta)$ eine ganze rationale Function ist, so enthält die Entwickelung von $\Phi(\xi_t \eta_t)$ nur positive Potenzen von t, sodass sich ergiebt

$$\frac{F(x_t y_t)}{w_t^{r'}} = \mathfrak{P}(t).$$

Ist zweitens $(x_t y_t)$ das Element mit dem Mittelpunkt $(a^{(\lambda)} b^{(\lambda)})$, so folgt

$$w_t = (c_1 a_1^{(\lambda)} + c_2 b_1^{(\lambda)}) t + \cdots,$$

mithin

$$\frac{F(x_t y_t)}{w_t^{r'}} = \frac{F(a^{(\lambda)} b^{(\lambda)})}{(c_1 a_1^{(\lambda)} + c_2 b_1^{(\lambda)})^{r'} t^{r'}} + \cdots.$$

Hierin ist $F(a^{(\lambda)} b^{(\lambda)})$ nicht gleich Null, da die Gerade $w = 0$ die beiden Curven $f(x, y) = 0$ und $F(x, y) = 0$ in verschiedenen Punkten schneidet. Da ferner auch $(c_1 a_1^{(\lambda)} + c_2 b_1^{(\lambda)})^{r'}$ nicht verschwindet, so beginnt die Entwickelung rechts mit der Potenz $t^{-r'}$.

Drittens stelle $(x_t y_t)$ ein unendlich fernes Element des Gebildes $f(x, y) = 0$ dar. Die Reihen x_t und y_t haben dann die Form

$$x_t = t^{-\varepsilon}\{g^{(\varkappa)} + t\mathfrak{P}_{1,\varkappa}(t)\}, \quad y_t = t^{-\varepsilon}\{h^{(\varkappa)} + t\mathfrak{P}_{2,\varkappa}(t)\},$$

wo $\varepsilon \geqq 1$ ist (S. 37), folglich wird

$$w_t = (c_1 g^{(\varkappa)} + c_2 h^{(\varkappa)}) t^{-\varepsilon} + \cdots,$$

und zwar ist der obigen Voraussetzung über c_1 und c_2 entsprechend der Coefficient von $t^{-\varepsilon}$ nicht gleich Null. Da nun $F(x, y)$ von der Dimension r' ist, so wird der Exponent des Anfangsgliedes in der Entwickelung von $F(x_t y_t)$ gleich $-r'\varepsilon$ oder grösser, mithin ergiebt sich

$$\frac{F(x_t y_t)}{w_t^{r'}} = \mathfrak{P}(t).$$

Die Function

$$\frac{F(x, y)}{w^{r'}}$$

wird demnach nur an den r Stellen $(a^{(\lambda)} b^{(\lambda)})$ des Gebildes $f(x, y) = 0$ unendlich gross und zwar jedes Mal mit der Ordnungszahl r', ist also eine Function des Paares (xy) vom Grade rr'. Sie verschwindet daher auch für rr' Stellen des Gebildes $f(x, y) = 0$, falls wir eine Stelle, deren Umgebung durch das Functionenpaar $(x_t y_t)$ dargestellt wird, μ-mal zählen, wenn

$$\frac{F(x_t y_t)}{w_t^{r'}} = A t^{\mu} + \cdots$$

ist; μ muss dabei $\geqq 1$ sein.

Für jedes im Endlichen gelegene Element $(x_t y_t)$, welches hier in Betracht kommt, lässt sich diese Reihe durch

$$F(x_t y_t) = A' t^{\mu} + \cdots$$

ersetzen. Denn da $\frac{F(x, y)}{w^{r'}}$ für die Stellen $(a'b')$, $(a''b'')$, ... $(a^{(r)}b^{(r)})$ nicht verschwinden kann, so sind nur solche Elemente $(x_t y_t)$ zu berücksichtigen, welche keine der Stellen $(a^{(\lambda)}b^{(\lambda)})$ zum Mittelpunkt haben, und für solche beginnt die Entwickelung von $w_t^{r'}$ mit einer Constanten.

Eine im Endlichen gelegene Stelle (ab) zählen wir daher μ-mal, wenn für das sie umgebende Element $(x_t y_t)$ des Gebildes $f(x, y) = 0$

$$F(x_t y_t) = A' t^{\mu} + \cdots$$

ist. Die Ordnungszahl μ einer unendlich fernen Stelle bestimmen wir dagegen aus der Entwickelung

$$\frac{F(x_t y_t)}{w_t^{r'}} = A t^{\mu} + \cdots,$$

wenn $(x_t y_t)$ im Gebilde $f(x, y) = 0$ die Umgebung jener unendlich fernen Stelle darstellt. Dann können wir sagen, die beiden beliebigen irreductiblen algebraischen Gebilde $f(x, y) = 0$ und $F(x, y) = 0$ der r^{ten} und r'^{ten} Dimension haben stets rr' Stellen gemein.

Nach diesen vorbereitenden Betrachtungen gehen wir nun zu der zweiten Art der Berechnung des Ranges eines algebraischen Gebildes über. Das gegebene Gebilde $f(x, y) = 0$ r^{ter} Dimension werde zunächst durch eine gebrochene lineare Substitution in ein Gebilde $\varphi(\xi, \eta) = 0$ transformirt, welches in Bezug auf η den Grad r hat (S. 148) und im Unendlichen regulär ist (S. 149), folglich mit dem Gebilde $\varphi(\xi, \eta)_2 = 0$ keine unendlich fernen Stellen gemein hat. Da sich der Rang bei einer rationalen Transformation nicht ändert, so möge er zunächst für das Gebilde $\varphi(\xi, \eta) = 0$ nach der im vorhergehenden Kapitel entwickelten Formel

$$\varrho = \frac{s}{2} - (n-1)$$

berechnet werden (S. 128). In dieser bedeutete n den Grad der Gleichung in Bezug auf η; es ist also jetzt $n = r$. Um s zu finden, haben wir, da das Gebilde $\varphi(\xi, \eta) = 0$ im Unendlichen regulär ist, die sämmtlichen im Endlichen gelegenen Werthepaare $(g_1 h_1), (g_2 h_2), \ldots$ aufzusuchen, welche gleichzeitig den Gleichungen $\varphi(\xi, \eta) = 0$ und $\varphi(\xi, \eta)_2 = 0$ genügen (S. 130). Stellt dann das Functionenpaar

$$\overset{\lambda}{\xi}_t = g_\lambda + g'_\lambda t^{s_\lambda} + \cdots, \quad \overset{\lambda}{\eta}_t = h_\lambda + t\mathfrak{P}_\lambda(t)$$

ein Element mit dem Mittelpunkt $(g_\lambda h_\lambda)$ dar (S. 118), so ist (S. 120)

$$s = \sum_{(\lambda)} (s_\lambda - 1).$$

Demnach ergiebt sich

$$2\varrho = \sum_{(\lambda)} (s_\lambda - 1) - 2(r-1).$$

Die Anzahl der den beiden Gebilden $\varphi(\xi, \eta) = 0$ und $\varphi(\xi, \eta)_2 = 0$ gemeinsamen Stellen $(g_\lambda h_\lambda)$ ist nach dem vorangeschickten Satze gleich $r(r-1)$, wenn wir jede Stelle so oft zählen, wie die zugehörige Ordnungszahl angiebt. Gilt nun für das Functionenpaar $(\overset{\lambda}{\xi}_t \overset{\lambda}{\eta}_t)$ die Entwickelung

$$\varphi(\overset{\lambda}{\xi}_t \overset{\lambda}{\eta}_t)_2 = c'_\lambda t^{l_\lambda} + c''_\lambda t^{l_\lambda + 1} + \cdots,$$

wo c'_λ einen von Null verschiedenen Werth haben soll, so ist l_λ die Ordnungszahl, mit welcher die Function $\varphi(\xi, \eta)_2$ an der Stelle $(g_\lambda h_\lambda)$ verschwindet, und wir haben daher, da die beiden Gebilde $\varphi(\xi, \eta) = 0$ und $\varphi(\xi, \eta)_2 = 0$ keine unendlich ferne Stelle gemein haben,

$$\sum_{(\lambda)} l_\lambda = r(r-1),$$

mithin

$$2\varrho = (r-1)(r-2) - \sum_{(\lambda)} (l_\lambda - s_\lambda + 1).$$

Es werde von jetzt an zur Abkürzung

$$l_\lambda - s_\lambda + 1 = k_\lambda$$

gesetzt, so ist also

$$2\varrho = (r-1)(r-2) - \sum_{(\lambda)} k_\lambda.$$

Die Zahlen $k_1, k_2, \ldots$, welche den Stellen $(g_1 h_1), (g_2 h_2), \ldots$ zugehören, können wir noch in anderer Weise deuten. Für das Functionenpaar $(\overset{\lambda}{\xi}_t \overset{\lambda}{\eta}_t)$ wird

$$\frac{\dfrac{d\overset{\lambda}{\xi}_t}{dt}}{\varphi(\overset{\lambda}{\xi}_t \overset{\lambda}{\eta}_t)_2} = \frac{s_\lambda g'_\lambda}{c'_\lambda} t^{-k_\lambda} + \cdots,$$

es stellt also $-k_\lambda$ den Exponenten des Anfangsgliedes in der Entwickelung des Quotienten

$$\frac{\dfrac{d\xi_t}{dt}}{\varphi(\xi_t \eta_t)_2}$$

dar, wenn $(\xi_t \eta_t)$ das Element mit dem Mittelpunkt $(g_\lambda h_\lambda)$ ist.

Wie wir jetzt nachweisen wollen, ist für jedes im Endlichen gelegene Element $(\xi_t \eta_t)$ des Gebildes $\varphi(\xi, \eta) = 0$ der Exponent des Anfangsgliedes in der Entwickelung des vorstehenden Quotienten gleich Null oder negativ; und zwar ist er dann und nur dann negativ, wenn das Element $(\xi_t \eta_t)$ zum Mittelpunkt eine singuläre Stelle hat, d. h. eine solche, für welche gleichzeitig $\varphi(\xi, \eta)_1 = 0$ und $\varphi(\xi, \eta)_2 = 0$ ist (S. 19). Die Zahlen $k_1, k_2, \ldots$ haben also für die singulären Stellen des Gebildes positive Werthe; für diejenigen der Stellen $(g_1 h_1), (g_2 h_2), \ldots$ aber, für welche ausser $\varphi(\xi, \eta)_2$ nicht auch $\varphi(\xi, \eta)_1$ verschwindet, sind sie Null und können daher in der Summe $\sum_{(\lambda)} k_\lambda$ weggelassen werden.

Es sei nämlich $(\xi_0 \eta_0)$ eine im Endlichen gelegene Stelle des Gebildes, und es stelle das Functionenpaar

$$\xi_t = \xi_0 + \xi'_0 t^\varkappa + \xi''_0 t^{\varkappa+1} + \cdots,$$
$$\eta_t = \eta_0 + \eta'_0 t^\varkappa + \eta''_0 t^{\varkappa+1} + \cdots$$

das Element mit dem Mittelpunkt $(\xi_0 \eta_0)$ dar, wobei die beiden Constanten ξ'_0 und η'_0 nicht gleichzeitig verschwinden sollen. Dann ergiebt sich

$$\frac{\dfrac{d\xi_t}{dt}}{\varphi(\xi_t \eta_t)_2} = -\frac{\dfrac{d\eta_t}{dt}}{\varphi(\xi_t \eta_t)_1} = \frac{B\dfrac{d\xi_t}{dt} - A\dfrac{d\eta_t}{dt}}{A\varphi(\xi_t \eta_t)_1 + B\varphi(\xi_t \eta_t)_2},$$

wo A und B beliebige Grössen bedeuten.

Ist erstens $(\xi_0 \eta_0)$ keine singuläre Stelle, sind also $\varphi(\xi_0 \eta_0)_1$ und $\varphi(\xi_0 \eta_0)_2$ nicht beide gleich Null, so ist $\varkappa = 1$ (S. 15), folglich

$$\frac{\frac{d\xi_t}{dt}}{\varphi(\xi_t \eta_t)_2} = \frac{(B\xi_0' - A\eta_0') + t\mathfrak{P}_1(t)}{A\varphi(\xi_0 \eta_0)_1 + B\varphi(\xi_0 \eta_0)_2 + t\mathfrak{P}_2(t)}.$$

Wir können nun A und B so wählen, dass die Grösse

$$B\xi_0' - A\eta_0' = -\{A\varphi(\xi_0 \eta_0)_1 + B\varphi(\xi_0 \eta_0)_2\}$$

nicht verschwindet. Die Entwickelung der rechten und somit auch der linken Seite der vorstehenden Gleichung nach steigenden Potenzen von t hat dann die Form

$$-1 + t\mathfrak{P}(t).$$

Zweitens sei $(\xi_0 \eta_0)$ eine singuläre Stelle des Gebildes. Entwickelt man $\varphi(\xi, \eta)$ nach Potenzen von $\xi - \xi_0$ und $\eta - \eta_0$ und ordnet nach homogenen Functionen, so sei

$$\varphi(\xi, \eta) = (\xi - \xi_0, \eta - \eta_0)_m + (\xi - \xi_0, \eta - \eta_0)_{m+1} + \cdots,$$

und daher

$$\varphi(\xi\eta)_1 = (\xi - \xi_0, \eta - \eta_0)_{m-1}' + (\xi - \xi_0, \eta - \eta_0)_m' + \cdots,$$
$$\varphi(\xi\eta)_2 = (\xi - \xi_0, \eta - \eta_0)_{m-1}'' + (\xi - \xi_0, \eta - \eta_0)_m'' + \cdots.$$

Der Voraussetzung nach ist gleichzeitig $\varphi(\xi_0 \eta_0)_1 = 0$ und $\varphi(\xi_0 \eta_0)_2 = 0$, mithin

$$m \geqq 2,$$

also hat das erste Glied in der Entwickelung des Nenners

$$A\varphi(\xi_t \eta_t)_1 + B\varphi(\xi_t \eta_t)_2$$

einen Exponenten, der $\geqq \varkappa(m-1)$ ist, während der Zähler

$$B\frac{d\xi}{dt} - A\frac{d\eta}{dt},$$

sobald wir A und B so wählen, dass $B\xi_0' - A\eta_0'$ nicht verschwindet, mit einem Gliede der Ordnung $\varkappa - 1$ beginnt. Der Exponent des Anfangsgliedes von

$$\frac{\frac{d\xi_t}{dt}}{\varphi(\xi_t \eta_t)_2}$$

ist daher nicht grösser als

$$\varkappa-1-\varkappa(m-1) = -\varkappa(m-2)-1,$$

also jedenfalls $\leqq -1$. In der Umgebung einer singulären Stelle beginnt folglich die Entwickelung des Quotienten mit einer negativen Potenz von t.

Der Inhalt der vorher für die Zahl ϱ aufgestellten Gleichung kann demnach auch folgendermassen ausgesprochen werden: Bestimmt man alle Functionenpaare $(\xi_t \eta_t)$, welche die Umgebung der im Endlichen gelegenen, singulären Stellen des im Unendlichen regulären Gebildes $\varphi(\xi, \eta) = 0$ darstellen, und entwickelt für diese den Quotienten

$$\frac{\frac{d\xi_t}{dt}}{\varphi(\xi_t \eta_t)_2}$$

nach steigenden Potenzen von t, so hat diese Entwickelung die Form

$$a'_\lambda t^{-k_\lambda} + a''_\lambda t^{-k_\lambda+1} + \cdots,$$

und es ist

$$2\varrho = (r-1)(r-2) - \sum_{(\lambda)} k_\lambda.$$

Hiermit haben wir den Rang eines algebraischen Gebildes auf eine zweite Art berechnet. Da $(r-1)(r-2)$ eine gerade Zahl ist, so muss auch $\sum_{(\lambda)} k_\lambda$ eine solche sein.

Stellt $(\xi_t \eta_t)$ eins der r unendlich fernen Elemente des im Unendlichen regulären Gebildes $\varphi(\xi, \eta) = 0$ dar, so sind die Entwickelungen ξ_t und η_t von der Form (S. 38):

$$\xi_t = g^{(\varkappa)} t^{-1} + \mathfrak{P}_{1,\varkappa}(t), \quad \eta_t = h^{(\varkappa)} t^{-1} + \mathfrak{P}_{2,\varkappa}(t), \qquad (\varkappa = 0, 1, \ldots r-1)$$

und es ist

$$\varphi(\xi_t \eta_t)_2 = t^{-(r-1)} \{A_\varkappa + t\,\mathfrak{P}_\varkappa(t)\},$$

wo $A_\varkappa$ eine von Null verschiedene Constante bezeichnet. Demnach folgt

$$\frac{\frac{d\xi_t}{dt}}{\varphi(\xi_t \eta_t)_2} = -\frac{g^{(\varkappa)}}{A_\varkappa} t^{r-3} + \cdots.$$

Da nun $r \geqq 3$ ist, denn Gebilde des Ranges Null, zu denen solche erster und zweiter Dimension stets gehören, haben wir von der Betrachtung ausgeschlossen, so beginnt die Entwickelung der linken Seite auch für unendlich ferne Elemente niemals mit einer negativen Potenz.

Bei der Herleitung der Formel zur Berechnung des Ranges hatten wir das ursprünglich gegebene Gebilde

$$f(x,y) = (x,y)_r + (x,y)_{r-1} + \cdots + (x,y)_0 = 0$$

rational so transformirt, dass der Grad der Gleichung $\varphi(\xi,\eta) = 0$ in Bezug auf η gleich der Dimension r, und dass das transformirte Gebilde im Unendlichen regulär ist. Von dieser Transformation müssen wir uns nun wieder unabhängig zu machen suchen. Wir hatten

$$u = a_0 + a_1 x + a_2 y,$$
$$v = b_0 + b_1 x + b_2 y,$$
$$w = c_0 + c_1 x + c_2 y$$

gesetzt und die neuen Variablen durch die Gleichungen

$$\xi = \frac{u}{w}, \quad \eta = \frac{v}{w}$$

eingeführt. Die Substitutionscoefficienten $a_0, a_1, \ldots c_2$ mussten hierbei so gewählt werden, dass ihre Determinante Δ nicht verschwindet; ausserdem bestimmten wir c_0, c_1, c_2 so, dass die Gleichungen $f(x,y) = 0$ und $w = 0$ r von einander verschiedene, endliche, nicht singuläre Werthepaare gemein haben und dass, wenn

$$(x,y)_r = C(gy - hx)^{\mu_0}(g'y - h'x)^{\mu_1} \ldots (g^{(\nu)}y - h^{(\nu)}x)^{\mu_\nu}$$

gesetzt wird, die $\nu + 1$ Grössen

$$c_1 g^{(\varkappa)} + c_2 h^{(\varkappa)} \qquad (\varkappa = 0, 1, \ldots \nu)$$

von Null verschieden sind. Durch Auflösung der Substitutionsgleichungen nach x und y möge sich

$$x = \alpha_0 w + \alpha_1 u + \alpha_2 v, \quad y = \beta_0 w + \beta_1 u + \beta_2 v, \quad 1 = \gamma_0 w + \gamma_1 u + \gamma_2 v,$$

mithin

$$x = \frac{\alpha_0 + \alpha_1 \xi + \alpha_2 \eta}{\gamma_0 + \gamma_1 \xi + \gamma_2 \eta}, \quad y = \frac{\beta_0 + \beta_1 \xi + \beta_2 \eta}{\gamma_0 + \gamma_1 \xi + \gamma_2 \eta}$$

ergeben, oder, wenn wir p, q, l mittels der Gleichungen

$$p = \alpha_0 + \alpha_1 \xi + \alpha_2 \eta,$$
$$q = \beta_0 + \beta_1 \xi + \beta_2 \eta,$$
$$l = \gamma_0 + \gamma_1 \xi + \gamma_2 \eta$$

einführen,

$$x = \frac{p}{l}, \quad y = \frac{q}{l}.$$

Zwischen w und l besteht die Relation

$$wl = 1,$$

und wenn, wie früher (S. 115), die Determinante der Coefficienten der linearen Functionen p, q, l mit δ bezeichnet wird, so ist auch

$$\Delta\delta = 1.$$

Aus den Gleichungen

$$f(x, y) = \frac{\varphi(\xi, \eta)}{l^r},$$

$$\frac{dx}{f(xy)_2} = \delta\, l^{r-3} \frac{d\xi}{\varphi(\xi\eta)_2},$$

welche sich mittels dieser Substitution ergeben hatten (S. 115 u. 116), folgt umgekehrt

$$\varphi(\xi, \eta) = \frac{f(x, y)}{w^r},$$

$$\frac{d\xi}{\varphi(\xi\eta)_2} = \Delta w^{r-3} \frac{dx}{f(xy)_2}.$$

Das vorher gefundene Resultat lässt sich daher auch so aussprechen: Sucht man für das beliebige algebraische Gebilde $f(x, y) = 0$ alle nicht äquivalenten Elemente $(x_t y_t)$ auf, für welche in der Entwickelung von

$$\frac{w_t^{r-3}}{f(x_t y_t)_2} \frac{dx_t}{dt}$$

negative Potenzen von t vorkommen, und bezeichnet mit $-k_1, -k_2, \ldots$ die Exponenten in den Anfangsgliedern dieser Entwickelungen für die verschiedenen Elemente, so besteht die Gleichung

$$2\varrho = (r-1)(r-2) - \sum_{(\lambda)} k_\lambda,$$

wenn ϱ den Rang und r die Dimension des Gebildes $f(x, y) = 0$ bezeichnet.

Die singulären Stellen, für deren Umgebung negative Exponenten auftreten, können wir vorläufig nur mit Hülfe des transformirten Gebildes $\varphi(\xi, \eta) = 0$ finden. Wir wollen nun zeigen, wie man direct von $f(x, y) = 0$

ausgehend zu diesen Stellen gelangen kann. Aus der Gleichung

$$f(x, y) = \frac{\varphi(\xi, \eta)}{l^r} = 0$$

ergiebt sich durch Differentiation

$$f(xy)_1 = \frac{1}{l^r}\left\{\varphi(\xi\eta)_1 \frac{\partial \xi}{\partial x} + \varphi(\xi\eta)_2 \frac{\partial \eta}{\partial x}\right\},$$

$$f(xy)_2 = \frac{1}{l^r}\left\{\varphi(\xi\eta)_1 \frac{\partial \xi}{\partial y} + \varphi(\xi\eta)_2 \frac{\partial \eta}{\partial y}\right\},$$

oder wenn die Werthe

$$\frac{\partial \xi}{\partial x} = l(a_1 - c_1 \xi), \quad \frac{\partial \xi}{\partial y} = l(a_2 - c_2 \xi),$$

$$\frac{\partial \eta}{\partial x} = l(b_1 - c_1 \eta), \quad \frac{\partial \eta}{\partial y} = l(b_2 - c_2 \eta)$$

eingesetzt werden,

$$\frac{f(xy)_1}{w^{r-1}} = (a_1 - c_1 \xi)\,\varphi(\xi\eta)_1 + (b_1 - c_1 \eta)\,\varphi(\xi\eta)_2,$$

$$\frac{f(xy)_2}{w^{r-1}} = (a_2 - c_2 \xi)\,\varphi(\xi\eta)_1 + (b_2 - c_2 \eta)\,\varphi(\xi\eta)_2.$$

Den singulären Stellen des Gebildes $\varphi(\xi, \eta) = 0$, welche der Voraussetzung nach sämmtlich im Endlichen liegen, entsprechen demnach solche Stellen des Gebildes $f(x, y) = 0$, für welche gleichzeitig

$$\frac{f(xy)_1}{w^{r-1}} = 0, \quad \frac{f(xy)_2}{w^{r-1}} = 0$$

ist. Wenn der singulären Stelle $(\xi\eta)$ eine im Endlichen gelegene Stelle (xy) zugehört, so hat w für diese einen endlichen Werth, mithin ist $f(xy)_1 = 0$ und $f(xy)_2 = 0$; diese Stelle (xy) ist also auch für das Gebilde $f(x, y) = 0$ eine singuläre. Umgekehrt entspricht auch jeder im Endlichen gelegenen, singulären Stelle des Gebildes $f(x, y) = 0$ eine solche des Gebildes $\varphi(\xi, \eta) = 0$. Wenn aber der singulären Stelle $(\xi\eta)$ eine unendlich ferne Stelle (xy) entspricht, so wird w unendlich gross, es brauchen demnach $f(xy)_1$ und $f(xy)_2$ nicht zu verschwinden.

Wir definiren nun eine unendlich ferne singuläre Stelle (xy) des Gebildes $f(x, y) = 0$ als eine solche, für welche die entsprechende, im Endlichen gelegene Stelle $(\xi\eta)$ des transformirten Gebildes $\varphi(\xi,\eta)=0$ singulär ist. Dann müssen die unendlich fernen singulären Stellen (xy) des Gebildes $f(x,y)=0$ gleichzeitig den beiden Gleichungen $\frac{f(xy)_1}{w^{r-1}}=0$ und $\frac{f(xy)_2}{w^{r-1}}=0$ genügen.

Dafür, ob eine unendlich ferne Stelle des Gebildes singulär ist, wollen wir jetzt ein von der linearen Function w unabhängiges Kriterium aufsuchen. Die unendlich fernen Elemente des Gebildes werden durch Functionenpaare der Form

$$x_t = t^{-\varepsilon}\{g^{(\varkappa)}+t\mathfrak{P}_{1,\varkappa}(t)\},\quad y_t = t^{-\varepsilon}\{h^{(\varkappa)}+t\mathfrak{P}_{2,\varkappa}(t)\}$$

dargestellt (S. 37). Ist nun in

$$(x,y)_r = C(gy-hx)^{\mu_0}(g'y-h'x)^{\mu_1}\dots(g^{(\nu)}y-h^{(\nu)}x)^{\mu_\nu}$$

(S. 160) der Exponent $\mu_\varkappa$ des Factors $(g^{(\varkappa)}y-h^{(\varkappa)}x)$ gleich 1, so beginnt für jenes Functionenpaar wenigstens eine der beiden Entwickelungen von $f(x_ty_t)_1$ und $f(x_ty_t)_2$ mit der Potenz $t^{-(r-1)\varepsilon}$, und diejenige von w_t^{r-1} fängt mit dem Gliede

$$(c_1g^{(\varkappa)}+c_2h^{(\varkappa)})^{r-1}\,t^{-(r-1)\varepsilon}$$

an, wobei c_1 und c_2 so gewählt werden sollten, dass $c_1g^{(\varkappa)}+c_2h^{(\varkappa)}$ von Null verschieden ist. Demnach ist das Anfangsglied in einer der Entwickelungen von

$$\frac{f(x_ty_t)_1}{w_t^{r-1}},\quad \frac{f(x_ty_t)_2}{w_t^{r-1}}$$

nach Potenzen von t sicher eine von Null verschiedene Constante, d. h. die beiden Quotienten verschwinden nicht gleichzeitig für $t=0$. Die zu dem Factor $(g^{(\varkappa)}y-h^{(\varkappa)}x)$ gehörige unendlich ferne Stelle des Gebildes $f(x,y)=0$ ist also nicht singulär, sobald jener Factor nur in der ersten Potenz in $(x,y)_r$ enthalten ist.

Zweitens sei $\mu_\varkappa \geqq 2$, so wollen wir zeigen, dass die diesem Factor entsprechende unendlich ferne Stelle dann und nur dann singulär ist, wenn die homogene Function nächst niedrigerer Dimension $(x,y)_{r-1}$ ihn ebenfalls enthält. Zu diesem Nachweis wenden wir die im Vorhergehenden als Specialfall enthaltene Substitution an:

$$\xi = \frac{x}{1+c_1x+c_2y},\quad \eta = \frac{y}{1+c_1x+c_2y};$$

wir setzen demnach $u = x$, $v = y$, $w = 1 + c_1 x + c_2 y$, sodass

$$p = \xi,\quad q = \eta,\quad l = 1 - c_1\xi - c_2\eta,$$

mithin

$$x = \frac{\xi}{1 - c_1\xi - c_2\eta},\quad y = \frac{\eta}{1 - c_1\xi - c_2\eta},$$

$$wl = 1,\quad \Delta = 1,\quad \delta = 1$$

wird. Hierbei müssen die Constanten c_1 und c_2 so gewählt werden, dass die beiden Gebilde $f(x, y) = 0$ und $1 + c_1 x + c_2 y = 0$ r verschiedene, im Endlichen gelegene, nicht singuläre Stellen gemein haben und $\varphi(\xi, \eta)$ in η vom r^{ten} Grade ist. Aus der Gleichung

$$\varphi(\xi, \eta) = l^r f(x, y)$$

ergiebt sich für diese specielle Substitution

$$\varphi(\xi, \eta) = (\xi, \eta)_r + (\xi, \eta)_{r-1}(1 - c_1\xi - c_2\eta) + \cdots,$$

wo

$$(\xi, \eta)_r = C(g\eta - h\xi)^{\mu_0}(g'\eta - h'\xi)^{\mu_1} \ldots (g^{(\nu)}\eta - h^{(\nu)}\xi)^{\mu_\nu}$$

ist. Das unendlich ferne Element

$$x_t = t^{-\varepsilon}\{g^{(\varkappa)} + t\mathfrak{P}_{1,\varkappa}(t)\},\quad y_t = t^{-\varepsilon}\{h^{(\varkappa)} + t\mathfrak{P}_{2,\varkappa}(t)\}$$

des Gebildes $f(x, y) = 0$ entspreche nun dem Element $(\xi_t \eta_t)$ mit dem im Endlichen gelegenen Mittelpunkt $(\xi_0 \eta_0)$, so ist

$$1 - c_1\xi_0 - c_2\eta_0 = 0$$

und

$$\xi_t = \frac{x_t}{1 + c_1 x_t + c_2 y_t} = \frac{g^{(\varkappa)}}{c_1 g^{(\varkappa)} + c_2 h^{(\varkappa)}} + t\mathfrak{P}_1(t),$$

$$\eta_t = \frac{y_t}{1 + c_1 x_t + c_2 y_t} = \frac{h^{(\varkappa)}}{c_1 g^{(\varkappa)} + c_2 h^{(\varkappa)}} + t\mathfrak{P}_2(t).$$

Demnach folgt

$$\xi_0 = \frac{g^{(\varkappa)}}{c_1 g^{(\varkappa)} + c_2 h^{(\varkappa)}},\quad \eta_0 = \frac{h^{(\varkappa)}}{c_1 g^{(\varkappa)} + c_2 h^{(\varkappa)}};$$

es besteht also zwischen ξ_0 und η_0 die Relation

$$g^{(\varkappa)}\eta_0 - h^{(\varkappa)}\xi_0 = 0.$$

Führen wir eine Variable λ durch die Gleichung

$$g^{(\varkappa)}\eta - h^{(\varkappa)}\xi = \lambda$$

ein, so verschwinden l und λ, wenn gleichzeitig $\xi = \xi_0$ und $\eta = \eta_0$ gesetzt wird, und es ergiebt sich

$$\xi = \frac{g^{(\varkappa)} - g^{(\varkappa)} l - c_2 \lambda}{c_1 g^{(\varkappa)} + c_2 h^{(\varkappa)}}, \quad \eta = \frac{h^{(\varkappa)} - h^{(\varkappa)} l + c_1 \lambda}{c_1 g^{(\varkappa)} + c_2 h^{(\varkappa)}},$$

$$\begin{aligned}
\varphi(\xi, \eta) &= \lambda^{\mu_\varkappa}(\alpha + \cdots) + l(\lambda, l), \\
\varphi(\xi, \eta)_1 &= -\mu_\varkappa h^{(\varkappa)} \lambda^{\mu_\varkappa - 1}(\alpha + \cdots) + \lambda^{\mu_\varkappa}(\alpha' + \cdots) - c_1(\lambda, l) + \cdots, \\
\varphi(\xi, \eta)_2 &= \mu_\varkappa g^{(\varkappa)} \lambda^{\mu_\varkappa - 1}(\alpha + \cdots) + \lambda^{\mu_\varkappa}(\alpha'' + \cdots) - c_2(\lambda, l) + \cdots,
\end{aligned}$$

wobei

$$(\lambda, l) = (\xi, \eta)_{r-1} + (\xi, \eta)_{r-2}(1 - c_1\xi - c_2\eta) + \cdots$$

eine ganze rationale Function von λ und l und α eine von Null verschiedene Constante ist. Die sämmtlichen durch Punkte angedeuteten Glieder enthalten wenigstens eine der Grössen l oder λ als Factor. Ist nun $(\xi_0 \eta_0)$ eine singuläre Stelle des Gebildes $\varphi(\xi, \eta) = 0$, so müssen $\varphi(\xi, \eta)$, $\varphi(\xi, \eta)_1$ und $\varphi(\xi, \eta)_2$ für $\xi = \xi_0$, $\eta = \eta_0$, d. h. für $l = 0$, $\lambda = 0$ verschwinden, es muss demnach, da $\mu_\varkappa \geqq 2$ ist, $(\xi_0, \eta_0)_{r-1}$ und also auch $(g^{(\varkappa)}, h^{(\varkappa)})_{r-1}$ gleich Null sein. Mithin hat $(x, y)_{r-1}$ den Factor $(g^{(\varkappa)} y - h^{(\varkappa)} x)$. Enthält umgekehrt in dem Falle, dass $\mu_\varkappa \geqq 2$ ist, $(x, y)_{r-1}$ diesen Factor, so bestehen die beiden Gleichungen $\varphi(\xi_0, \eta_0)_1 = 0$ und $\varphi(\xi_0, \eta_0)_2 = 0$; $(\xi_0 \eta_0)$ ist folglich eine singuläre Stelle des durch die Gleichung $\varphi(\xi, \eta) = 0$ dargestellten Gebildes.

Die unendlich ferne Stelle des Gebildes

$$f(x, y) = (x, y)_r + (x, y)_{r-1} + \cdots = 0,$$

welche aus dem Factor $(g^{(\varkappa)} y - h^{(\varkappa)} x)$ von $(x, y)_r$ hervorgeht, ist demnach dann und nur dann eine singuläre, wenn $(g^{(\varkappa)} y - h^{(\varkappa)} x)$ in $(x, y)_r$ in höherer als der ersten Potenz enthalten ist und gleichzeitig in $(x, y)_{r-1}$ als Factor vorkommt. Dies giebt ein Mittel, auch die unendlich fernen singulären Stellen zu finden, ohne die lineare Function w und eine Transformation in ein Gebilde, welches im Unendlichen regulär ist, anwenden zu müssen.

Um in der Gleichung

$$2\varrho = (r-1)(r-2) - \sum_{(\lambda)} k_\lambda,$$

welche nach dem Vorhergehenden (S. 161) zur Bestimmung des Ranges dienen kann, $\sum_{(\lambda)} k_\lambda$ zu berechnen, mussten wir zunächst die im Endlichen und im Unendlichen gelegenen singulären Stellen des Gebildes $f(x, y) = 0$ aufsuchen; und zwar fanden wir die Zahl k_λ aus der Entwickelung

$$\frac{w_t^{\nu-3}}{f(x_t y_t)_2} \frac{dx_t}{dt} = C_\lambda t^{-k_\lambda} + C'_\lambda t^{-k_\lambda+1} + \cdots,$$

wenn $(x_t y_t)$ das Element darstellt, dessen Mittelpunkt die λ^{te} dieser Stellen ist. Gehen durch eine singuläre Stelle mehrere nicht äquivalente Elemente hindurch (S. 32), so nehmen wir sie hierbei in die Reihe der singulären Stellen mehrmals auf. Wir wollen nun zeigen, wie das im ersten Kapitel auseinandergesetzte Verfahren, alle nicht äquivalenten Elemente des Gebildes zu finden, deren Mittelpunkt eine bestimmte singuläre Stelle ist, ausreicht, um $\sum\limits_{(\lambda)} k_\lambda$ zu berechnen, ohne dass die vorstehende Reihenentwickelung wirklich ausgeführt zu werden braucht. Dabei nehmen wir der Einfachheit wegen an, das durch die Gleichung $f(x, y) = 0$ definirte Gebilde habe im Unendlichen keine singuläre Stelle, sonst transformiren wir es zunächst in der oben (S. 155) angegebenen Weise. Bei der Bestimmung der Zahlen k_λ können wir dann den Factor $w_t^{\nu-3}$ auf der linken Seite der vorstehenden Gleichung weglassen. Um die Betrachtungen des ersten Kapitels unmittelbar anwenden zu können, führen wir jetzt nicht, wie vorher, die Function $\varphi(\xi, \eta)$ statt $f(x, y)$ ein, sondern behalten $f(x, y) = 0$ als Gleichung des transformirten, im Unendlichen regulären Gebildes bei.

War (ab) irgend eine bestimmte singuläre Stelle des gegebenen Gebildes, so gingen wir (S. 19) bei der Darstellung der Elemente mit dem Mittelpunkt (ab) durch die Substitution

$$x = a + \xi, \quad y = b + \eta$$

von $f(x, y) = 0$ zu einer transformirten Gleichung

$$f_0(\xi, \eta) = (\xi, \eta)_\mu + (\xi, \eta)_{\mu+1} + \cdots = 0$$

über. Die Ordnung μ dieser Gleichung in Bezug auf die Stelle $(0, 0)$ ist mindestens gleich 2. Aus jedem Element $(\xi_t \eta_t)$, dessen Mittelpunkt die singuläre Stelle $(0, 0)$ des Gebildes $f_0(\xi, \eta) = 0$ ist, ergiebt sich zu Folge der Gleichungen

$$x_t = a + \xi_t, \quad y_t = b + \eta_t$$

ein Element $(x_t y_t)$ des Gebildes $f(x, y) = 0$ mit dem Mittelpunkt (ab).

Nun ist

$$\frac{\frac{dx_t}{dt}}{f(x_t y_t)_2} = \frac{\frac{d\xi_t}{dt}}{f_0(\xi_t \eta_t)_2};$$

bezeichnen wir daher mit $-K_{(ab)}$ die Summe der Exponenten $-k_\lambda$ der ersten Glieder in den Entwickelungen der rechten Seite nach steigenden Potenzen von t, welche wir für die verschiedenen nicht äquivalenten Elemente $(\xi_t \eta_t)$ mit dem Mittelpunkte $(0,0)$ erhalten, so ist die zu bestimmende Zahl $\sum\limits_{(\lambda)} k_\lambda$ gleich $\Sigma K_{(ab)}$, wobei in der zweiten Summe so viele Glieder $K_{(ab)}$ auftreten, wie das Gebilde $f(x,y) = 0$ verschiedene singuläre Stellen (ab) hat.

Durch einen bestimmten Algorithmus (S. 29) leiteten wir aus $f_0(\xi,\eta) = 0$ successive ein System von algebraischen Gleichungen ab:

$$\begin{array}{llll} f_0(\xi,\eta) = 0, & f_1(\xi_1,\eta_1) = 0, & f_2(\xi_2,\eta_2) = 0, & \ldots \\ & f_1^{(1)}(\xi_1,\eta_1) = 0, & f_2^{(1)}(\xi_2,\eta_2) = 0, & \ldots \\ \cdot & \cdot & \cdot & \cdot \end{array}$$

Die Anzahl der in der zweiten Colonne enthaltenen Gleichungen war mit derjenigen der ungleichen Linearfactoren von $(\xi,\eta)_\mu$ identisch. Und zwar hatten wir, um diese Gleichungen zu bilden, gesetzt

$$(\xi,\eta)_\mu = C(g\eta - h\xi)^{\mu_0}(g'\eta - h'\xi)^{\mu_1} \ldots (g^{(\nu)}\eta - h^{(\nu)}\xi)^{\mu_\nu},$$

wobei also jetzt $g^{(\varkappa)}$ und $h^{(\varkappa)}$ eine andere Bedeutung haben, als vorher in diesem Kapitel. Durch die Substitution

$$\xi = (g^{(\varkappa)} + \alpha\eta_1)\xi_1, \quad \eta = (h^{(\varkappa)} + \beta\eta_1)\xi_1, \qquad (\varkappa = 0, 1, \ldots \nu)$$

in welcher α und β so gewählt wurden, dass

$$g^{(\varkappa)}\beta - h^{(\varkappa)}\alpha = 1 \qquad (\varkappa = 0, 1, \ldots \nu)$$

ist (S. 20 und 21), ergab sich

$$f_0(\xi,\eta) = \xi_1^\mu f_1^{(\varkappa)}(\xi_1,\eta_1) \qquad (\varkappa = 0, 1, \ldots \nu).$$

Die nicht äquivalenten Elemente des Gebildes $f_0(\xi,\eta) = 0$ mit dem Mittelpunkt $(0,0)$ gehen mittels jener Substitutionen aus allen denjenigen Elementen der durch die Gleichungen der zweiten Colonne

$$f_1(\xi_1,\eta_1) = 0, \quad f_1^{(1)}(\xi_1,\eta_1) = 0, \quad \ldots \quad f_1^{(\nu)}(\xi_1,\eta_1) = 0$$

dargestellten Gebilde hervor, welche nicht äquivalent sind und den nämlichen Mittelpunkt $(0, 0)$ haben.

Aus den Relationen zwischen ξ, η und ξ_1, η_1 folgt umgekehrt (S. 30)

$$\xi_1 = \beta\xi - \alpha\eta, \quad \eta_1 = \frac{g^{(\varkappa)}\eta - h^{(\varkappa)}\xi}{\beta\xi - \alpha\eta},$$

und durch Differentiation der Gleichung $f_0(\xi, \eta) = \xi_1^\mu f_1^{(\varkappa)}(\xi_1, \eta_1)$ nach η_1 (S. 27):

$$\alpha\frac{\partial f_0(\xi, \eta)}{\partial \xi} + \beta\frac{\partial f_0(\xi, \eta)}{\partial \eta} = \xi_1^{\mu-1}\frac{\partial f_1^{(\varkappa)}(\xi_1, \eta_1)}{\partial \eta_1},$$

mithin wird

$$\frac{\frac{d\xi_t}{dt}}{f_0(\xi_t\eta_t)_2} = -\frac{\frac{d\eta_t}{dt}}{f_0(\xi_t\eta_t)_1} = \frac{\beta\frac{d\xi_t}{dt} - \alpha\frac{d\eta_t}{dt}}{\alpha f_0(\xi_t\eta_t)_1 + \beta f_0(\xi_t\eta_t)_2} = \frac{1}{\xi_1^{\mu-1}}\frac{\frac{d\xi_1}{dt}}{\frac{\partial f_1^{(\varkappa)}(\xi_1\eta_1)}{\partial \eta_1}},$$

wo rechts für ξ_1 und η_1 das Functionenpaar einzusetzen ist, welches zu Folge der Substitutionsgleichungen dem Paare $(\xi_t\eta_t)$ entspricht.

Entwickelt man nun für die verschiedenen nicht äquivalenten Elemente $(\xi_1\eta_1)$, welche die Umgebung des Punktes $(0, 0)$ des Gebildes $f_1(\xi_1, \eta_1) = 0$ vollständig darstellen, den Quotienten

$$\frac{\frac{d\xi_1}{dt}}{\frac{\partial f_1(\xi_1\eta_1)}{\partial \eta_1}}$$

nach steigenden Potenzen von t, so sei $-K_1$ die Summe der Exponenten der Anfangsglieder; $-K_0$ aber bedeute die entsprechende Summe für die Entwickelungen von

$$\frac{\frac{d\xi_t}{dt}}{f_0(\xi_t\eta_t)_2},$$

wenn man für $(\xi_t\eta_t)$ der Reihe nach nur solche Functionenpaare setzt, welche sich aus den eben definirten Elementen $(\xi_1\eta_1)$ durch die Substitutionsgleichungen

$$\xi = (g + \alpha\eta_1)\xi_1, \quad \eta = (h + \beta\eta_1)\xi_1$$

ergeben. Von den sämmtlichen Functionenpaaren $(\xi_t\eta_t)$ mit dem Mittelpunkt

(0, 0) betrachten wir also augenblicklich nur diejenigen, welche aus der ersten Gleichung der zweiten Colonne hervorgehen. Dabei haben ξ_t und η_t die Form

$$\xi_t = g\,t^m + g_1 t^{m+1} + \cdots,$$
$$\eta_t = h\,t^m + h_1 t^{m+1} + \cdots,$$

mithin wird

$$\xi_1 = \beta\xi_t - \alpha\eta_t = t^m + \cdots.$$

Zu Folge der Gleichung

$$\frac{\dfrac{d\xi_t}{dt}}{f_0(\xi_t\eta_t)_2} = \frac{1}{\xi_1^{\mu-1}}\,\frac{\dfrac{d\xi_1}{dt}}{\dfrac{\partial f_1(\xi_1\eta_1)}{\partial\eta_1}}$$

ist nun für jedes dieser Functionenpaare $(\xi_t\eta_t)$ der Exponent des Anfangsgliedes in der Entwickelung der linken Seite um $m(\mu-1)$ kleiner als der entsprechende Exponent für

$$\frac{\dfrac{d\xi_1}{dt}}{\dfrac{\partial f_1(\xi_1\eta_1)}{\partial\eta_1}};$$

demnach besteht die Relation

$$K_0 = (\mu-1)\Sigma m + K_1.$$

Die Bestimmung von Σm wird folgendermassen ausgeführt. Aus der Entwickelung

$$\xi_1 = t^m + \cdots$$

findet man zu einem unendlich kleinen Werthe von ξ_1 m unendlich kleine Werthe von t, mithin zu Folge der Gleichungen

$$\xi_t = g\,t^m + g_1 t^{m+1} + \cdots, \quad \eta_t = h\,t^m + h_1 t^{m+1} + \cdots$$

auch m unendlich kleine Werthepaare $(\xi\eta)$. Die sämmtlichen Functionenpaare $(\xi_t\eta_t)$, welche in der vorher angegebenen Weise aus der Gleichung $f_1(\xi_1, \eta_1) = 0$ entspringen, liefern also zu einem unendlich kleinen Werthe von ξ_1 Σm unendlich kleine Werthepaare $(\xi\eta)$. Andererseits ist früher (S. 22) gezeigt worden, dass sich aus der Gleichung $f_1(\xi_1, \eta_1) = 0$ zu jedem unendlich kleinen Werthe von ξ_1 μ_0 unendlich kleine Werthepaare, welche der Gleichung $f_0(\xi,\eta)=0$ genügen, berechnen lassen; mithin folgt

$$\Sigma m = \mu_0,$$

also

$$K_0 = (\mu-1)\mu_0 + K_1.$$

Für die übrigen Gleichungen

$$f_1^{(1)}(\xi_1,\eta_1) = 0, \quad f_1^{(2)}(\xi_1,\eta_1) = 0, \quad \ldots \quad f_1^{(\nu)}(\xi_1,\eta_1) = 0$$

der zweiten Colonne des vorher aufgestellten Systems mögen nun

$$K_1^{(1)} \text{ und } K_0^{(1)}, \qquad K_1^{(2)} \text{ und } K_0^{(2)}, \qquad \ldots \quad K_1^{(\nu)} \text{ und } K_0^{(\nu)}$$

die entsprechende Bedeutung haben, wie für die erste Gleichung $f_1(\xi_1,\eta_1)=0$ jener Colonne die Zahlen

$$K_1 \text{ und } K_0.$$

Dann ist

$$K_{(ab)} = K_0 + K_0^{(1)} + \cdots + K_0^{(\nu)},$$

und mittels derselben Schlüsse, durch welche eben die Relation

$$K_0 = (\mu-1)\mu_0 + K_1$$

abgeleitet wurde, ergiebt sich

$$K_0^{(1)} = (\mu-1)\mu_1 + K_1^{(1)},$$
$$\cdots\cdots\cdots\cdots$$
$$K_0^{(\nu)} = (\mu-1)\mu_\nu + K_1^{(\nu)}.$$

Durch Addition dieser $\nu+1$ Gleichungen folgt

$$K_0 + K_0^{(1)} + \cdots + K_0^{(\nu)} = \mu(\mu-1) + K_1 + K_1^{(1)} + \cdots + K_1^{(\nu)},$$

oder

$$K_{(ab)} = \mu(\mu-1) + K_1 + K_1^{(1)} + \cdots + K_1^{(\nu)}.$$

Es leuchtet sofort ein, welche wichtige Folgerung wir aus dieser Relation ziehen können, indem wir sie wiederholt anwenden. Durch einmalige Transformation gehen aus $f_0(\xi,\eta)=0$ die Gleichungen der zweiten Colonne

$$f_1(\xi_1,\eta_1) = 0, \quad f_1^{(1)}(\xi_1,\eta_1) = 0, \quad \ldots$$

hervor, welche in Bezug auf die Stelle $(0,0)$ von der Ordnung

$$\mu', \qquad \mu_1', \qquad \ldots$$

sein sollen. Durch abermalige Transformation ergeben sich aus diesen Gleichungen die der dritten Colonne

$$f_2(\xi_2, \eta_2) = 0, \quad f_2^{(1)}(\xi_2, \eta_2) = 0, \quad \ldots,$$

und für diese mögen

$$K_2, \qquad K_2^{(1)}, \qquad \ldots$$

die entsprechende Bedeutung haben, wie $K_1, K_1^{(1)}, \ldots$ für die ersten transformirten Gleichungen. Dann folgt durch wiederholte Anwendung jener Relation

$$K_1 + K_1^{(1)} + \cdots + K_1^{(\nu)} = \mu'(\mu'-1) + \mu_1'(\mu_1'-1) + \cdots + K_2 + K_2^{(1)} + \cdots.$$

So schliessen wir weiter. Die Ordnung jeder Gleichung der letzten Colonne ist gleich 1; die Entwickelung des Quotienten, der für eine solche Gleichung dem Quotienten

$$\frac{\frac{d\xi_t}{dt}}{f_0(\xi_t \eta_t)_2}$$

entspricht, beginnt also nicht mit einer negativen Potenz, und es werden daher die entsprechenden Zahlen K sämmtlich gleich Null. Demnach ergiebt sich

$$K_{(ab)} = \sum_{(\varepsilon)} \mu_\varepsilon(\mu_\varepsilon - 1).$$

Die Zahl $K_{(ab)}$ kann also mit Hülfe der Ordnungszahlen (S. 19) der für die singuläre Stelle (ab) durch successive Transformation aus $f(x, y) = 0$ hervorgehenden Gleichungen gefunden werden, und zwar ist sie stets gerade.

Indem wir $K_{(ab)}$ für jede singuläre Stelle (ab) von $f(x, y) = 0$ in der angegebenen Weise bestimmen, finden wir den Rang ϱ des Gebildes aus der Gleichung

$$\varrho = \frac{1}{2}(r-1)(r-2) - \frac{1}{2}\sum K_{(ab)},$$

wobei die Summe so viele Glieder enthält, als verschiedene singuläre Stellen im Gebilde vorhanden sind.

Sind für eine singuläre Stelle (ab) die durch die erste Transformation hervorgehenden Gleichungen schon sämmtlich von der ersten Ordnung, so ist

$$K_1 = K_1^{(1)} = \cdots = K_1^{(\nu)} = 0,$$

mithin $K_{(ab)} = \mu(\mu-1)$. Dies ist z. B. der Fall, wenn die beiden homogenen Functionen niedrigster Dimension $(\xi, \eta)_\mu$ und $(\xi, \eta)_{\mu+1}$ keinen gemeinschaftlichen Theiler haben (S. 29).

Für ein algebraisches Gebilde, welches keine singuläre Stelle enthält, wird

$$\varrho = \frac{1}{2}(r-1)(r-2).$$

Unter einem gewöhnlichen singulären Punkt (ab) einer irreductiblen algebraischen Curve $f(x, y) = 0$ wollen wir einen solchen verstehen, für welchen in Bezug auf die Stelle $(0, 0)$ die Ordnung μ der durch die Substitution $x = a + \xi$, $y = b + \eta$ hervorgehenden Gleichung $f_0(\xi, \eta) = 0$ gleich 2 ist und schon durch einmalige Transformation sich eine oder zwei Gleichungen erster Ordnung ergeben. Dies tritt für die gewöhnlichen Doppelpunkte ein, bei denen die Function niedrigster Dimension $(\xi, \eta)_2$ von $f_0(\xi, \eta) = 0$ in zwei verschiedene Linearfactoren zerfällt, und für die gewöhnlichen Spitzen, für die $(\xi, \eta)_2$ das Quadrat einer linearen Function ist, welche nicht in der homogenen Function $(\xi, \eta)_3$ als Factor vorkommt.

Hat nun die Curve $f(x, y) = 0$ überhaupt nur gewöhnliche singuläre Punkte, so ist für jede singuläre Stelle $K_{(ab)} = 2$, mithin

$$\varrho = \frac{1}{2}(r-1)(r-2) - \text{Anzahl der gewöhnlichen singulären Punkte.}$$

Ist daher die gegebene Curve vom Range Null und besitzt sie nur gewöhnliche singuläre Punkte, so ist deren Anzahl gleich $\frac{1}{2}(r-1)(r-2)$, also sind dann so viele singuläre Punkte vorhanden, wie eine irreductible Curve r^{ter} Dimension überhaupt haben kann (vgl. S. 62).

Das algebraische Gebilde $f(x, y) = 0$ sei jetzt von der speciellen Beschaffenheit, dass es m unendlich ferne Stellen $(a_1, \infty), (a_2, \infty), \ldots (a_m, \infty)$ und n solche Stellen $(\infty, b_1), (\infty, b_2), \ldots (\infty, b_n)$, aber keine Stellen der Form (∞, ∞) hat, wobei $a_1, a_2, \ldots a_m$ einerseits und $b_1, b_2, \ldots b_n$ andererseits von einander verschiedene, endliche Grössen sein sollen. Dann ist sein Rang

$$\varrho = (m-1)(n-1) - \frac{1}{2}\sum_{(\varkappa)} k_\varkappa,$$

wenn die Zahlen $-k_\varkappa$ der Reihe nach gleich den Exponenten der Anfangsglieder in denjenigen Entwickelungen von

$$\frac{1}{f(x_t y_t)_2}\frac{dx_t}{dt}$$

nach steigenden Potenzen von t sind, für welche überhaupt negative Potenzen auftreten können.

Es sei nämlich

$$\begin{aligned} f(x,y) &= f_0(x)y^n + f_1(x)y^{n-1} + \cdots + f_n(x) \\ &= g_0(y)x^m + g_1(y)x^{m-1} + \cdots + g_m(y), \end{aligned}$$

so muss (S. 33) $f_0(x)$ eine ganze Function m^{ten} Grades und $g_0(y)$ eine solche n^{ten} Grades sein, und zwar verschwindet die erste für m von einander verschiedene Werthe $a_1, a_2, \ldots a_m$, die zweite für n Werthe $b_1, b_2, \ldots b_n$ der gleichen Beschaffenheit. Die Dimension r von $f(x,y)$ ist daher gleich $m+n$, und die Functionen $f_0(x)$ und $g_0(y)$ dürfen mit ihren ersten Ableitungen keinen gemeinsamen Theiler haben. Um das unendlich ferne Element, dessen Mittelpunkt die Stelle (a_μ, ∞) ist, darzustellen, setzen wir (S. 36)

$$x = a_\mu + \xi, \quad y = \frac{1}{\eta},$$

dann wird die transformirte Gleichung

$$f_0'(a_\mu)\xi + f_1(a_\mu)\eta + \cdots = 0,$$

und da der Voraussetzung nach $f_0'(a_\mu)$ nicht verschwindet, so folgt hieraus

$$\xi = -\frac{f_1(a_\mu)}{f_0'(a_\mu)}\eta + \cdots = \eta\,\mathfrak{P}_\mu(\eta).$$

Demnach stellt das Functionenpaar

$$x_t = a_\mu + t\,\mathfrak{P}_\mu(t), \quad y_t = t^{-1}$$

die Umgebung der Stelle (a_μ, ∞) dar. Ebenso ergiebt sich, dass das Element mit dem Mittelpunkt (∞, b_ν) durch zwei Gleichungen der Form

$$x_t = t^{-1}, \quad y_t = b_\nu + t\,\overline{\mathfrak{P}}_\nu(t)$$

geliefert wird.

Zur Berechnung des Ranges dieses Gebildes wenden wir die vorher (S. 161) entwickelte Regel an. Da $r = m+n$ ist, so wird für das durch das

Functionenpaar

$$x_t = a_\mu + t\mathfrak{P}_\mu(t), \quad y_t = t^{-1}$$

dargestellte unendlich ferne Element

$$\frac{w_t^{r-3}}{f(x_t y_t)_2} \frac{dx_t}{dt} = -\frac{w_t^{m+n-3}}{f(x_t y_t)_1} \frac{dy_t}{dt} = C_\mu t^{-(m-1)} + \cdots.$$

Mithin ist für jede der m Stellen $(a_1, \infty), (a_2, \infty), \ldots (a_m, \infty)$

$$k_\mu = m-1 \qquad (\mu = 1, 2, \ldots m).$$

Ebenso ergeben sich für die Functionenpaare

$$x_t = t^{-1}, \quad y_t = b_\nu + t\overline{\mathfrak{P}}_\nu(t) \qquad (\nu = 1, 2, \ldots n)$$

die entsprechenden Zahlen

$$k_{m+\nu} = n-1 \qquad (\nu = 1, 2, \ldots n).$$

Sondern wir daher auf der rechten Seite der Gleichung

$$\varrho = \frac{1}{2}(r-1)(r-2) - \frac{1}{2}\sum_{(\lambda)} k_\lambda$$

die Zahlen k_λ, welche sich auf die $m+n$ unendlich fernen Elemente beziehen, von der Summe der übrigen ab und setzen die eben für sie gefundenen Werthe ein, so folgt

$$\begin{aligned}\varrho &= \frac{1}{2}(m+n-1)(m+n-2) - \frac{1}{2}m(m-1) - \frac{1}{2}n(n-1) - \frac{1}{2}\sum_{(\varkappa)} k_\varkappa \\ &= (m-1)(n-1) - \frac{1}{2}\sum_{(\varkappa)} k_\varkappa,\end{aligned}$$

wo $-k_\varkappa$ der Reihe nach gleich den Exponenten der Anfangsglieder in den Entwickelungen von

$$\frac{1}{f(x_t y_t)_2} \frac{dx_t}{dt}$$

(S. 166) für die verschiedenen im Endlichen gelegenen, einander nicht äquivalenten Elemente, für welche überhaupt negative Potenzen von t vorkommen, zu setzen ist. Da für die unendlich fernen Elemente des betrachteten Gebildes die Entwickelung dieses Quotienten niemals eine negative Potenz enthält, so können wir in dem vorhergehenden Satz die Bedingung, dass die Elemente im Endlichen liegen, auch weglassen.

Hat das Gebilde $f(x,y)=0$ nicht von vornherein die eben vorausgesetzten Eigenschaften, so lässt sich dies doch leicht durch eine rationale Transformation erreichen (vgl. S. 114). Denn es werde

$$\xi = \frac{1}{x-\alpha}, \quad \eta = \frac{1}{y-\beta}$$

gesetzt, wo α und β beliebige endliche Grössen sein sollen, die jedoch so gewählt sind, dass $f(\alpha,\beta)$ nicht verschwindet und jede der beiden Gleichungen $f(\alpha,y)=0$ und $f(x,\beta)=0$ lauter verschiedene, endliche Wurzeln hat. Das transformirte Gebilde $\varphi(\xi,\eta)=0$ ist dann von der $(m+n)^{\text{ten}}$ Dimension und in Bezug auf ξ und η vom Grade m und n. Wenn ξ unendlich gross wird, so liefert die Gleichung $\varphi(\xi,\eta)=0$ für η nur endliche Werthe, denn sonst müsste $y=\beta$ für $x=\alpha$ werden, also $f(\alpha,\beta)$ gleich Null sein. Und da die Wurzeln $\beta_1, \beta_2, \dots \beta_n$ der Gleichung $f(\alpha,y)=0$ von einander verschieden sein sollen, so sind auch nicht zwei der Werthe

$$\frac{1}{\beta_1-\beta}, \quad \frac{1}{\beta_2-\beta}, \quad \dots \quad \frac{1}{\beta_n-\beta}$$

von η, die sich mittels der Gleichung $\varphi(\xi,\eta)=0$ für $\xi=\infty$ ergeben, einander gleich. Ebenso lässt sich beweisen, dass wenn η unendlich gross wird, ξ m verschiedene endliche Werthe annimmt. Das transformirte Gebilde $\varphi(\xi,\eta)=0$ hat also die verlangte Beschaffenheit.

Siebentes Kapitel.

Die Bildung der Functionen $H(xy)_\alpha$.

Wir müssen uns nun zu der Aufgabe wenden, für ein gegebenes algebraisches Gebilde die Functionen $H(xy)_\alpha$ und $H(xy, x'y')$, von denen bisher nur die Existenz nachgewiesen worden ist, wirklich darzustellen.

Zunächst beschäftigen wir uns mit der Bildung der Function $H(xy)$, für welche die Entwickelung von

$$H(x_t y_t)\frac{dx_t}{dt}$$

nach Potenzen von t für kein Element $(x_t y_t)$ des algebraischen Gebildes $f(x, y) = 0$ negative Potenzen von t enthält. Ihr allgemeinster Ausdruck stellt sich dar als ein lineares homogenes Aggregat mit unbestimmten Coefficienten der ϱ linear unabhängigen Functionen $H(xy)_\alpha$ (S. 105). Bringen wir $H(xy)$ auf die Form

$$\frac{G(xy)}{f(xy)_2},$$

so ist $G(xy)$ eine ganze rationale Function des Paares (xy) höchstens $(r-3)^{\text{ter}}$ Dimension (S. 116); r bedeutet hierbei, wie immer, die Dimension der Gleichung $f(x, y) = 0$.

Im vorigen Kapitel hatten wir eine lineare Function

$$c_0 + c_1 x + c_2 y$$

der Art bestimmt, dass die Gerade $c_0 + c_1 x + c_2 y = 0$ mit der Curve $f(x, y) = 0$ r verschiedene, im Endlichen gelegene, nicht singuläre Stellen gemein hat (S. 148). Diese Stellen können bei der folgenden Untersuchung ausgeschlossen werden. Denn da sie der Voraussetzung nach im Endlichen liegen und nicht singulär sind, so enthält die Entwickelung von

$$\frac{G(x_t y_t)}{f(x_t y_t)_2} \frac{dx_t}{dt},$$

wie auch die ganze rationale Function $G(xy)$ beschaffen sein möge, keine negativen Potenzen, wenn der Mittelpunkt des Elements $(x_t y_t)$ eine dieser Stellen ist.

Wenn nun der Quotient

$$\frac{(c_0 + c_1 x_t + c_2 y_t)^{r-3}}{f(x_t y_t)_2} \frac{dx_t}{dt}$$

nach steigenden Potenzen von t entwickelt wird, so treten negative Potenzen nur für diejenigen Elemente $(x_t y_t)$ auf, deren Mittelpunkt eine singuläre Stelle ist (S. 157, 161 und 162); für das λ^{te} dieser Elemente war der Exponent des Anfangsgliedes mit $-k_\lambda$ bezeichnet worden. Der Zähler $G(xy)$ der Function $H(xy)$ muss demnach so bestimmt werden, dass die Entwickelung von

$$\frac{G(x_t y_t)}{(c_0 + c_1 x_t + c_2 y_t)^{r-3}}$$

für jedes nicht ausgeschlossene Element mit einer Constanten oder positiven Potenz von t beginnt, und zwar mit der k_λ^{ten} oder einer höheren, wenn der Mittelpunkt des Elements $(x_t y_t)$ die λ^{te} singuläre Stelle ist.

Zunächst wollen wir den speciellen Fall untersuchen, in welchem das Gebilde $f(x, y) = 0$ keine singulären Stellen im Endlichen oder Unendlichen besitzt, also sein Rang

$$\rho = \frac{1}{2}(r-1)(r-2)$$

ist (S. 172). Die Entwickelung von

$$\frac{(c_0 + c_1 x_t + c_2 y_t)^{r-3}}{f(x_t y_t)_2} \frac{dx_t}{dt}$$

enthält dann nach dem eben Bemerkten für kein endlich oder unendlich fernes Element eine negative Potenz von t. Demnach kann für $G(xy)$ eine beliebige ganze rationale Function $(r-3)^{\text{ter}}$ Dimension von x und y gesetzt werden. Eine solche enthält $\frac{1}{2}(r-1)(r-2) = \varrho$ willkürliche Constanten; es sind mithin die ϱ linear unabhängigen Functionen $H(xy)_\alpha$ gleich

$$\frac{x^\varkappa y^\lambda}{f(xy)_2} \qquad (\varkappa, \lambda = 0, 1, \ldots r-3;\ \varkappa+\lambda \leqq r-3).$$

Ist z. B. $f(x, y)$ von der dritten Dimension, und besitzt das Gebilde keine singuläre Stelle, so wird $\varrho = 1$ und

$$H(xy)_1 = \frac{1}{f(xy)_2};$$

ist $f(x, y) = 0$ ein Gebilde vierter Dimension und von gleicher Beschaffenheit, also vom Range 3, so können wir

$$H(xy)_1 = \frac{1}{f(xy)_2}, \quad H(xy)_2 = \frac{x}{f(xy)_2}, \quad H(xy)_3 = \frac{y}{f(xy)_2}$$

setzen.

Es enthalte jetzt das algebraische Gebilde $f(x, y) = 0$ auch singuläre Stellen. Dann sei, wie früher, nach homogenen Functionen geordnet,

$$f(x, y) = (x, y)_r + (x, y)_{r-1} + \cdots + (x, y)_0,$$

und in Linearfactoren zerlegt sei die homogene Function höchster Dimension

$$(x, y)_r = C(gy-hx)^{\mu_0}(g'y-h'x)^{\mu_1}(g''y-h''x)^{\mu_2}\ldots.$$

Wir wollen nun die Gleichung des Gebildes homogen machen, indem wir

$$x = \frac{u}{w}, \quad y = \frac{v}{w}$$

substituiren. Um jede Unbestimmtheit zu beseitigen, nehmen wir dabei an, zwischen den drei Variablen u, v, w bestehe die Relation

$$Au + Bv + w = 1,$$

in welcher A und B zwei Constanten von der Beschaffenheit bedeuten, dass die Gebilde

$$Ax + By + 1 = 0$$

und $f(x, y) = 0$ r von einander verschiedene, im Endlichen gelegene, nicht singuläre Stellen gemein haben und dass die Grössen

$$Ag^{(\varkappa)} + Bh^{(\varkappa)} \qquad (\varkappa = 0, 1, 2, \ldots)$$

sämmtlich von Null verschieden sind. Durch Elimination von w folgt

$$x = -\frac{u}{Au + Bv - 1}, \quad y = -\frac{v}{Au + Bv - 1},$$

mithin ergeben sich u, v, w als gebrochene lineare Functionen:

$$u = \frac{x}{Ax + By + 1}, \quad v = \frac{y}{Ax + By + 1}, \quad w = \frac{1}{Ax + By + 1}.$$

Nur für die Stellen (xy), für welche der Nenner $Ax + By + 1$ verschwindet, werden eine oder mehrere der Variablen u, v, w unendlich gross, den singulären Stellen des Gebildes $f(x, y) = 0$ entsprechen also endliche Werthe von u, v, w. Ist (xy) eine unendlich ferne Stelle, so muss nach der über die Constanten A und B gemachten Voraussetzung nothwendig $w = 0$ sein.

Führen wir $\frac{u}{w}$ und $\frac{v}{w}$ statt x und y in die Function $f(x, y)$ ein, so erhalten wir

$$f(x, y) = \frac{(u, v)_r + w(u, v)_{r-1} + \cdots + w^r (u, v)_0}{w^r},$$

oder wenn wir die ganze rationale homogene Function im Zähler der rechten Seite

$$(u, v)_r + w(u, v)_{r-1} + \cdots + w^r (u, v)_0 = F(u, v, w)$$

setzen,

$$F(u, v, w) = w^r f(x, y) = \frac{f(x, y)}{(Ax + By + 1)^r}.$$

Für die unendlich fernen Stellen des Gebildes $f(x, y) = 0$ verschwindet $Ax + By + 1$ nicht, und wenn (xy) irgend eine bestimmte endliche Stelle ist, so können den Constanten A und B solche Werthe beigelegt werden, dass $Ax + By + 1$ ebenfalls von Null verschieden ist. Wir können daher annehmen, dass für jede im Endlichen gelegene oder unendlich ferne Stelle (xy), welche wir gerade betrachten,

$$\frac{f(x, y)}{(Ax + By + 1)^r} = 0$$

ist.

Die singulären, im Endlichen gelegenen Stellen des Gebildes $f(x, y) = 0$ sind dadurch charakterisirt, dass für sie gleichzeitig

$$f(x, y) = 0, \quad f(x, y)_1 = 0, \quad f(x, y)_2 = 0$$

ist (S. 19 und 162). Nun folgt für jede Stelle (xy) des Gebildes

$$\frac{\partial F(u, v, w)}{\partial u} - A\frac{\partial F(u, v, w)}{\partial w} = w^r\left\{f(x, y)_1\frac{\partial x}{\partial u} + f(x, y)_2\frac{\partial y}{\partial u}\right\},$$

$$\frac{\partial F(u, v, w)}{\partial v} - B\frac{\partial F(u, v, w)}{\partial w} = w^r\left\{f(x, y)_1\frac{\partial x}{\partial v} + f(x, y)_2\frac{\partial y}{\partial v}\right\},$$

mithin ist für eine singuläre Stelle

$$F(u, v, w) = 0, \quad \frac{\partial F(u, v, w)}{\partial u} - A\frac{\partial F(u, v, w)}{\partial w} = 0, \quad \frac{\partial F(u, v, w)}{\partial v} - B\frac{\partial F(u, v, w)}{\partial w} = 0.$$

Nach dem Eulerschen Satz über homogene Functionen besteht aber die Relation

$$rF(u, v, w) = u\frac{\partial F(u, v, w)}{\partial u} + v\frac{\partial F(u, v, w)}{\partial v} + w\frac{\partial F(u, v, w)}{\partial w}$$

$$= u\left(\frac{\partial F(u, v, w)}{\partial u} - A\frac{\partial F(u, v, w)}{\partial w}\right) + v\left(\frac{\partial F(u, v, w)}{\partial v} - B\frac{\partial F(u, v, w)}{\partial w}\right) + \frac{\partial F(u, v, w)}{\partial w},$$

also muss, wenn die vorhergehenden drei Gleichungen erfüllt sind,

$$\frac{\partial F(u, v, w)}{\partial w} = 0,$$

mithin auch

$$\frac{\partial F(u, v, w)}{\partial u} = 0, \quad \frac{\partial F(u, v, w)}{\partial v} = 0$$

sein. Demnach sind die im Endlichen gelegenen, singulären Stellen $\left(\frac{a}{c}\,\frac{b}{c}\right)$ des Gebildes $f(x, y) = 0$ dadurch bestimmt, dass a, b, c gleichzeitig den Gleichungen

$$F(u, v, w) = 0, \quad \frac{\partial F(u, v, w)}{\partial u} = 0, \quad \frac{\partial F(u, v, w)}{\partial v} = 0, \quad \frac{\partial F(u, v, w)}{\partial w} = 0,$$

$$Au + Bv + w = 1$$

genügen.

Dies gilt genau ebenso für die im Unendlichen liegenden, singulären Stellen von $f(x, y) = 0$. Denn liefert das Element

$$x_t = t^{-\varepsilon}\left\{g^{(\varkappa)} + t\mathfrak{P}_{1,\varkappa}(t)\right\}, \quad y_t = t^{-\varepsilon}\left\{h^{(\varkappa)} + t\mathfrak{P}_{2,\varkappa}(t)\right\}$$

die Umgebung einer solchen Stelle (S. 37), so muss $(x,y)_r$ den Factor $(g^{(\varkappa)}y-h^{(\varkappa)}x)$ in höherer als der ersten Potenz und gleichzeitig $(x,y)_{r-1}$ ihn wenigstens in der ersten Potenz enthalten (S. 165). Es werde nun

$$f(x,y) = (x,y)_r + (x,y)_{r-1} + \psi(x,y)$$

und

$$(x,y)_r = (g^{(\varkappa)}y-h^{(\varkappa)}x)^{\mu_\varkappa}(x,y)'_{r-\mu_\varkappa},$$
$$(x,y)_{r-1} = (g^{(\varkappa)}y-h^{(\varkappa)}x)(x,y)'_{r-2}$$

gesetzt, wo also $\mu_\varkappa \geqq 2$ ist und $\psi(x,y)$ eine ganze rationale Function $(r-2)^{\text{ter}}$ Dimension, $(x,y)'_{r-\mu_\varkappa}$ und $(x,y)'_{r-2}$ homogene Functionen $(r-\mu_\varkappa)^{\text{ter}}$ und $(r-2)^{\text{ter}}$ Dimension bedeuten. Bei Einführung der Verhältnisse $\frac{u}{w}$ und $\frac{v}{w}$ statt x und y ergiebt sich dann

$$\psi(x,y) = \psi\left(\frac{u}{w},\frac{v}{w}\right) = \frac{\chi(u,v,w)}{w^{r-2}},$$
$$F(u,v,w) = (g^{(\varkappa)}v-h^{(\varkappa)}u)^{\mu_\varkappa}(u,v)'_{r-\mu_\varkappa} + w(g^{(\varkappa)}v-h^{(\varkappa)}u)(u,v)'_{r-2} + w^2\chi(u,v,w).$$

Dabei ist $\chi(u,v,w)$ homogen von der $(r-2)^{\text{ten}}$ Dimension. Durch partielle Differentiation erhalten wir

$$\frac{\partial F(u,v,w)}{\partial u} = -\mu_\varkappa h^{(\varkappa)}(g^{(\varkappa)}v-h^{(\varkappa)}u)^{\mu_\varkappa-1}(u,v)'_{r-\mu_\varkappa} - h^{(\varkappa)}w(u,v)'_{r-2}$$
$$+ (g^{(\varkappa)}v-h^{(\varkappa)}u)^{\mu_\varkappa}\frac{\partial(u,v)'_{r-\mu_\varkappa}}{\partial u} + w(g^{(\varkappa)}v-h^{(\varkappa)}u)\frac{\partial(u,v)'_{r-2}}{\partial u} + w^2\frac{\partial\chi(u,v,w)}{\partial u},$$
$$\frac{\partial F(u,v,w)}{\partial v} = \mu_\varkappa g^{(\varkappa)}(g^{(\varkappa)}v-h^{(\varkappa)}u)^{\mu_\varkappa-1}(u,v)'_{r-\mu_\varkappa} + g^{(\varkappa)}w(u,v)'_{r-2}$$
$$+ (g^{(\varkappa)}v-h^{(\varkappa)}u)^{\mu_\varkappa}\frac{\partial(u,v)'_{r-\mu_\varkappa}}{\partial v} + w(g^{(\varkappa)}v-h^{(\varkappa)}u)\frac{\partial(u,v)'_{r-2}}{\partial v} + w^2\frac{\partial\chi(u,v,w)}{\partial v},$$
$$\frac{\partial F(u,v,w)}{\partial w} = (g^{(\varkappa)}v-h^{(\varkappa)}u)(u,v)'_{r-2} + 2w\chi(u,v,w) + w^2\frac{\partial\chi(u,v,w)}{\partial w}.$$

Für diejenige singuläre unendlich ferne Stelle, welche dem Linearfactor $(g^{(\varkappa)}y-h^{(\varkappa)}x)$ entspricht, ist $g^{(\varkappa)}v-h^{(\varkappa)}u=0$, und da ausserdem im Unendlichen w verschwindet, so ergiebt sich auch in dem jetzt betrachteten Fall

$$F(u,v,w)=0,\quad \frac{\partial F(u,v,w)}{\partial u}=0,\quad \frac{\partial F(u,v,w)}{\partial v}=0,\quad \frac{\partial F(u,v,w)}{\partial w}=0,$$
$$Au+Bv+w=1.$$

Ist also (a,b,c) ein durch diese Gleichungen bestimmtes singuläres Werthsystem, so ist $\left(\frac{a}{c}\,\frac{b}{c}\right)$ eine singuläre Stelle des Gebildes $f(x, y) = 0$; dabei besteht die Relation

$$Aa + Bb + c = 1.$$

Für eine unendlich ferne singuläre Stelle ist $c = 0$.

Setzt man für die Umgebung irgend eines singulären Werthsystems (a, b, c)

$$u = a + \xi, \quad v = b + \eta, \quad w = c + \zeta,$$

so sind in der Entwickelung von $F(u, v, w) = F(a + \xi, b + \eta, c + \zeta)$ nach Potenzen von ξ, η, ζ die Glieder 0ter und 1ter Dimension identisch gleich Null. Und da

$$\zeta = -(A\xi + B\eta)$$

ist, so geht $F(u, v, w)$ in eine ganze rationale Function $f_0(\xi, \eta)$ von ξ und η über, welche nach homogenen Functionen der verschiedenen Dimensionen geordnet mit Gliedern zweiter oder höherer Dimension beginnt. Indem man eine entsprechende Transformation für jedes singuläre System (a, b, c) vornimmt, erhält man aus $F(u, v, w) = 0$ so viele transformirte Gleichungen $f_0(\xi, \eta) = 0$, wie es singuläre Systeme giebt. Dabei brauchen die Werthe der beiden Constanten A und B für die verschiedenen singulären Systeme nicht in gleicher Weise gewählt zu werden.

Nach diesen Erörterungen über die singulären Stellen kommen wir auf die Bildung der Function $H(xy)$ zurück.

Wir denken uns ein bestimmtes singuläres System (a, b, c) fixirt und in der angegebenen Weise aus dem Gebilde $f(x, y) = 0$ mittels der Substitution

$$x = \frac{a + \xi}{c - A\xi - B\eta}, \quad y = \frac{b + \eta}{c - A\xi - B\eta}$$

die transformirte Gleichung $f_0(\xi, \eta) = 0$ aufgestellt. Nach den früher (S. 161) entwickelten Formeln besteht die Relation

$$\frac{dx}{f(xy)_2} = \delta\, l^{r-3} \frac{d\xi}{f_0(\xi\eta)_2},$$

wobei

$$l = c - A\xi - B\eta = \frac{1}{1 + Ax + By},$$

$$\delta = \begin{vmatrix} a & 1 & 0 \\ b & 0 & 1 \\ c & -A & -B \end{vmatrix} = Aa + Bb + c = 1$$

zu setzen ist, mithin ergiebt sich

$$(1+Ax+By)^{r-3}\frac{dx}{f(xy)_2} = \frac{d\xi}{f_0(\xi\eta)_2}.$$

Es sei nun

$$f_0(\xi,\eta) = (\xi,\eta)_\mu + (\xi,\eta)_{\mu+1} + \cdots,$$

so muss

$$\mu \geqq 2$$

sein. Um alle Elemente des Gebildes $f_0(\xi,\eta) = 0$, deren Mittelpunkt die Stelle $(0,0)$ ist, darzustellen, zerlegen wir (S. 20) die homogene Function niedrigster Dimension $(\xi,\eta)_u$ in ihre Linearfactoren:

$$(\xi,\eta)_\mu = C(g\eta - h\xi)^{\mu_0}(g'\eta - h'\xi)^{\mu_1}(g''\eta - h''\xi)^{\mu_2}\ldots,$$

wobei

$$\mu_0 + \mu_1 + \mu_2 + \cdots = \mu$$

ist, und führen zunächst zwei Variable ξ_1, η_1 durch die Substitution

$$\xi = (g + \alpha\eta_1)\xi_1, \quad \eta = (h + \beta\eta_1)\xi_1$$

ein. Die Constanten α und β sind dabei den Gleichungen

$$g^{(\varkappa)}\beta - h^{(\varkappa)}\alpha = 1 \qquad (\varkappa = 0, 1, 2, \ldots)$$

gemäss zu wählen. Dann ergiebt sich (S. 21)

$$f_0(\xi,\eta) = \xi_1^\mu f_1(\xi_1,\eta_1),$$

mithin wird (S. 168)

$$\frac{d\xi}{f_0(\xi\eta)_2} = \frac{1}{\xi_1^{\mu-1}}\frac{d\xi_1}{\frac{\partial f_1(\xi_1\eta_1)}{\partial\eta_1}}.$$

Indem wir auf diese Weise die Transformation fortsetzen, falls nicht schon $f_1(\xi_1,\eta_1) = 0$ mit Gliedern der ersten Dimension beginnt, kommen wir zuletzt zu einer Gleichung erster Ordnung (S. 30)

$$f_\nu(\xi_\nu,\eta_\nu) = 0,$$

in welcher der Coefficient von η_ν nicht Null sei. Nunmehr folgt aus dem Vorhergehenden

$$(1+Ax+By)^{r-3}\frac{dx}{f(xy)_2} = \frac{d\xi}{f_0(\xi\eta)_2} = \frac{1}{\xi_1^{\mu-1}\xi_2^{\mu'-1}\ldots\xi_\nu^{\mu^{(\nu-1)}-1}}\frac{d\xi_\nu}{\frac{\partial f_\nu(\xi_\nu\eta_\nu)}{\partial\eta_\nu}},$$

wenn die bei den successiven Transformationen auftretenden Gleichungen

$$f_1(\xi_1, \eta_1) = 0, \quad f_2(\xi_2, \eta_2) = 0, \quad \dots \quad f_{\nu-1}(\xi_{\nu-1}, \eta_{\nu-1}) = 0$$

der Reihe nach von der μ'^{ten}, μ''^{ten}, ... $\mu^{(\nu-1)\,\text{ten}}$ Ordnung sind. Aus dem Functionenpaar

$$\xi_\nu = \varphi_\nu(t), \quad \eta_\nu = \psi_\nu(t),$$

welches für hinreichend kleine Werthe von $|t|$ die Umgebung der Stelle $(0, 0)$ des Gebildes $f_\nu(\xi_\nu, \eta_\nu) = 0$ darstellt, ergeben sich mit Hülfe der Substitutionsgleichungen Potenzreihen für $\xi_{\nu-1}, \xi_{\nu-2}, \dots \xi_1$, welche sämmtlich für $t = 0$ verschwinden. Das Anfangsglied in der Entwickelung des Products

$$\xi_1^{\mu-1} \xi_2^{\mu'-1} \dots \xi_\nu^{\mu^{(\nu-1)}-1}$$

enthält daher eine positive Potenz von t. Die Beschaffenheit der Function $f_\nu(\xi_\nu, \eta_\nu)$ zeigt nun (S. 15), dass die Reihe für

$$\frac{\dfrac{d\xi_\nu}{dt}}{\dfrac{\partial f_\nu(\xi_\nu \eta_\nu)}{\partial \eta_\nu}}$$

mit einer von Null verschiedenen Constanten beginnt; demnach sind die Exponenten der Anfangsglieder der beiden Quotienten

$$\frac{1}{\xi_1^{\mu-1} \xi_2^{\mu'-1} \dots \xi_\nu^{\mu^{(\nu-1)}-1}}$$

und

$$\frac{(1 + Ax_t + By_t)^{r-3}}{f(x_t y_t)_2} \frac{dx_t}{dt}$$

einander gleich, d. h. sie sind gleich der zu der betrachteten singulären Stelle gehörigen Zahl $-k_\lambda$ (S. 177), wenn $\left(\frac{a}{c}\ \frac{b}{c}\right)$ die λ^{te} singuläre Stelle des Gebildes $f(x, y) = 0$ ist. Die Entwickelung von

$$\frac{1}{\xi_1^{\mu-1} \xi_2^{\mu'-1} \dots \xi_\nu^{\mu^{(\nu-1)}-1}} \frac{\dfrac{d\xi_\nu}{dt}}{\dfrac{\partial f_\nu(\xi_\nu \eta_\nu)}{\partial \eta_\nu}}$$

beginnt daher mit der Potenz t^{-k_λ}.

Die ganze Function $(r-3)^{\text{ter}}$ Dimension $G(xy)$, welche im Zähler der zu bildenden Function $H(xy)$ auftritt, gehe durch die Einführung der Variablen ξ, η über in

$$\frac{\overline{G}(\xi\eta)}{(c-A\xi-B\eta)^{r-3}},$$

wo $\overline{G}(\xi\eta)$ eine ganze rationale Function derselben Dimension des durch die Gleichung $f_0(\xi,\eta)=0$ verbundenen Paares $(\xi\eta)$ ist, deren Coefficienten linear aus denen von $G(xy)$ zusammengesetzt sind. Durch Einführung der Variablen ξ_1, η_1 werde

$$\overline{G}(\xi\eta) = \mathfrak{G}_1(\xi_1\eta_1),$$

dann sind die Coefficienten von $\mathfrak{G}_1(\xi_1\eta_1)$ wieder linear in denen von $\overline{G}(\xi\eta)$, während die Dimension von $\mathfrak{G}_1(\xi_1\eta_1)$ nicht mehr die $(r-3)^{\text{te}}$ ist. In analoger Weise entstehe aus $\mathfrak{G}_1(\xi_1\eta_1)$ die ganze rationale Function $\mathfrak{G}\,(\xi_2\eta_2)$ u. s. f., schliesslich möge

$$\overline{G}(\xi\eta) = \mathfrak{G}_\nu(\xi_\nu\eta_\nu)$$

sein. Nach den vorhergehenden Betrachtungen sind die Coefficienten dieser Function $\mathfrak{G}_\nu(\xi_\nu\eta_\nu)$ aus denen von $\overline{G}(\xi\eta)$, mithin auch aus den Coefficienten von $G(xy)$, linear zusammengesetzt.

Multipliciren wir die entsprechenden Seiten der beiden Gleichungen

$$\frac{dx}{f(xy)_2} = (c-A\xi-B\eta)^{r-3}\frac{d\xi}{f_0(\xi\eta)_2}$$

und

$$G(xy) = \frac{\overline{G}(\xi\eta)}{(c-A\xi-B\eta)^{r-3}}$$

mit einander, so ergiebt sich

$$\frac{G(x_ty_t)}{f(x_ty_t)_2}\frac{dx_t}{dt} = \frac{\overline{G}(\xi_t\eta_t)}{f_0(\xi_t\eta_t)_2}\frac{d\xi_t}{dt}$$

$$= \frac{\mathfrak{G}_\nu(\xi_\nu\eta_\nu)}{\xi_1^{\mu-1}\,\xi_2^{\mu'-1}\ldots\xi_\nu^{\mu^{(\nu-1)}-1}}\,\frac{\dfrac{d\xi_\nu}{dt}}{\dfrac{\partial f_\nu(\xi_\nu\eta_\nu)}{\partial\eta_\nu}}.$$

Soll nun der Quotient

$$\frac{G(xy)}{f(xy)_2}$$

gleich der Function $H(xy)$ sein, so darf die Entwickelung der linken Seite der vorstehenden Gleichung nach Potenzen von t keine negativen Potenzen enthalten, wir müssen daher rechts in der Entwickelung von $\mathfrak{G}_\nu(\xi_\nu \eta_\nu)$ die Coefficienten aller Potenzen von t, deren Exponent kleiner als k_λ ist, gleich Null setzen. So erhalten wir k_λ lineare Gleichungen für die Coefficienten in $G(xy)$.

Das gleiche Verfahren muss für alle transformirten Gleichungen erster Ordnung (S. 29) eingeschlagen werden, die sich aus $f_0(\xi, \eta) = 0$ durch Anwendung der früher auseinandergesetzten Transformationen herleiten lassen, und schliesslich ist mit den Gleichungen $f_0(\xi, \eta) = 0$, welche den übrigen singulären Werthsystemen von $F(u, v, w) = 0$ entsprechen, in genau derselben Weise vorzugehen. Dadurch ergeben sich $\sum\limits_{(\lambda)} k_\lambda$ Gleichungen, welche sämmtlich in Bezug auf die Coefficienten von $G(xy)$ linear sind. Mit ihrer Hülfe lassen sich die Coefficienten von $G(xy)$ als lineare homogene Functionen einer Anzahl von ihnen, welche selbst unbestimmt bleiben, darstellen, und so erhält man den allgemeinsten Ausdruck der Function $G(xy)$ und damit den der Function $H(xy)$.

Die Ausführbarkeit dieses Verfahrens leuchtet ein; aber eine genauere Untersuchung lehrt, dass wir auf diese Weise zu viele Gleichungen unter den Coefficienten von $G(xy)$ erhalten, und zwar doppelt so viele, als erforderlich sind. Die Anzahl der unabhängigen Gleichungen lässt sich a priori in folgender Weise ermitteln.

Da die Function $G(xy)$ von der $(r-3)^{\text{ten}}$ Dimension ist, so enthält sie

$$\frac{1}{2}(r-1)(r-2)$$

unbestimmte Coefficienten. Der allgemeinste Ausdruck der Function $H(xy)$, also auch der von $G(xy)$, enthält jedoch nur ϱ willkürliche Constanten; es müssen demnach unter jenen $\frac{1}{2}(r-1)(r-2)$ Coefficienten

$$\frac{1}{2}(r-1)(r-2)-\varrho$$

von einander unabhängige Gleichungen bestehen, eine Zahl, welche von jetzt an mit r' bezeichnet werden möge. Nach dem früher (S. 165 und 167) Bewiesenen ist nun

$$r' = \frac{1}{2}(r-1)(r-2) - \varrho = \frac{1}{2}\sum_{(\lambda)} k_\lambda = \frac{1}{2}\Sigma K_{(ab)};$$

vorher ergab sich aber die doppelte Anzahl linearer Gleichungen für diese Coefficienten, es kann also nur die Hälfte jener Gleichungen von einander unabhängig sein.

Wir wollen jetzt die Aufstellung dieser r' unabhängigen Bedingungen für den am häufigsten vorkommenden Fall näher ausführen. Es seien nämlich für alle singulären Stellen des Gebildes $f(x, y) = 0$ die Gleichungen

$$f_1(\xi_1, \eta_1) = 0, \quad f_1^{(1)}(\xi_1, \eta_1) = 0, \quad f_1^{(2)}(\xi_1, \eta_1) = 0, \quad \ldots,$$

welche sich durch einmalige Transformation aus den den einzelnen singulären Stellen entsprechenden Gleichungen $f_0(\xi, \eta) = 0$ herleiten lassen, sämmtlich von der ersten Ordnung. Dann ist für jede singuläre Stelle (S. 172)

$$K_{(ab)} = \mu(\mu-1),$$

wobei μ die Ordnung von $f_0(\xi, \eta) = 0$ in Bezug auf die Stelle $(0, 0)$ bedeutet. Soll nun

$$\frac{G(xy)}{f(xy)_2} = H(xy)$$

sein, so dürfen in der Entwickelung von

$$\frac{G(x_t y_t)}{f(x_t y_t)_2} \frac{dx_t}{dt}$$

niemals negative Potenzen von t auftreten. Ist der Mittelpunkt des Elements $(x_t y_t)$ eine singuläre Stelle, so setzen wir nach dem Vorhergehenden

$$\frac{G(x_t y_t)}{f(x_t y_t)_2} \frac{dx_t}{dt} = \frac{\overline{G}(\xi_t \eta_t)}{f_0(\xi_t \eta_t)_2} \frac{d\xi_t}{dt} = \frac{\mathfrak{G}_1(\xi_1 \eta_1)}{\xi_1^{\mu-1}} \frac{\frac{d\xi_1}{dt}}{\frac{\partial f_1(\xi_1 \eta_1)}{\partial \eta_1}}.$$

Die Bedingung, dass in $\overline{G}(\xi\eta)$ die Coefficienten aller Glieder $\varkappa^{\text{ter}}$ Dimension verschwinden, erfordert das Bestehen von $\varkappa + 1$ linearen Gleichungen unter den Coefficienten von $G(xy)$. Damit also $\overline{G}(\xi\eta)$ mit Gliedern $(\mu-1)^{\text{ter}}$ Dimension beginne, müssen

$$1 + 2 + \cdots + (\mu - 1) = \frac{1}{2}\mu(\mu-1) = \frac{1}{2} K_{(ab)}$$

Bedingungen bestehen, welche sämmtlich in diesen Coefficienten linear sind. Stellen wir nun die entsprechenden Gleichungen für jede singuläre Stelle des Gebildes $f(x,y)=0$ auf, so erhalten wir $\frac{1}{2}\Sigma K_{(ab)}=r'$ lineare Bedingungsgleichungen für die Coefficienten der ganzen rationalen Function $G(xy)$, also die richtige Anzahl.

Nun muss gezeigt werden, dass wenn diese r' Gleichungen befriedigt sind, für kein Element $(x_t y_t)$ in der Entwickelung von

$$\frac{G(x_t y_t)}{f(x_t y_t)_2}\frac{dx_t}{dt}$$

negative Potenzen von t auftreten. Für ein Element, welches zum Mittelpunkt eine im Endlichen gelegene, nicht singuläre Stelle hat, ist dies unmittelbar klar. Ist zweitens der Mittelpunkt des Elements eine singuläre Stelle, so bilden wir zunächst die transformirte Gleichung $f_1(\xi_1,\eta_1)=0$. Der Voraussetzung nach (S. 183) kann das Element dieses Gebildes mit dem Mittelpunkt $(0,0)$ durch ein Functionenpaar der Form

$$\xi_1 = t,\quad \eta_1 = t\mathfrak{P}(t)$$

dargestellt werden, sodass also das Anfangsglied in der Entwickelung von

$$\frac{\dfrac{d\xi_1}{dt}}{\dfrac{\partial f_1(\xi_1\eta_1)}{\partial\eta_1}}$$

eine Constante ist. Wenn nun $\overline{G}(\xi\eta)$, also auch $\mathfrak{G}_1(\xi_1\eta_1)$, nur Glieder $(\mu-1)^{\text{ter}}$ und höherer Dimension enthält, so treten in der Reihe für

$$\frac{\mathfrak{G}_1(\xi_1\eta_1)}{\xi_1^{\mu-1}}\frac{\dfrac{d\xi_1}{dt}}{\dfrac{\partial f_1(\xi_1\eta_1)}{\partial\eta_1}} = \frac{G(x_t y_t)}{f(x_t y_t)_2}\frac{dx_t}{dt}$$

keine negativen Potenzen von t auf. Das Nämliche gilt für jede der übrigen transformirten Gleichungen $f_1^{(1)}(\xi_1,\eta_1)=0$, $f_1^{(2)}(\xi_1,\eta_1)=0, \ldots.$ Drittens betrachten wir eine unendlich ferne, nicht singuläre Stelle (S. 162). Bringen wir dann

$$\frac{G(x_t y_t)}{f(x_t y_t)_2}\frac{dx_t}{dt}$$

auf die Form

$$\frac{G(x_t y_t)}{(1+Ax_t+By_t)^{r-3}} \cdot \frac{(1+Ax_t+By_t)^{r-3}}{f'(x_t y_t)_2} \frac{dx_t}{dt},$$

so liefert die Entwickelung keines der beiden Factoren negative Potenzen; für den ersten Factor folgt dies aus dem Werthe der Dimension der ganzen rationalen Function $G(xy)$, für den zweiten Factor aus den Ergebnissen des vorhergehenden Kapitels (S. 157, 159 und 161). Die Function

$$\frac{G(xy)}{f'(xy)_2}$$

ist also mit der Function $H(xy)$ identisch, sobald unter den Coefficienten von $G(xy)$ jene r' linearen Gleichungen bestehen.

Die Bedingungen, welche die Coefficienten der Function

$$G(xy) = \frac{\overline{G}(\xi\eta)}{(c-A\xi-B\eta)^{r-3}}$$

erfüllen müssen, dass nämlich die Glieder 0ter, 1ter, ... $(\mu-2)^{\text{ter}}$ Dimension in $\overline{G}(\xi\eta)$ identisch verschwinden, lassen sich auch noch in anderer Form darstellen. Wird für $x = \frac{u}{w}$, $y = \frac{v}{w}$, wo $Au+Bv+w = 1$ sein sollte,

$$G(xy) = \frac{\mathfrak{G}(u, v, w)}{w^{r-3}},$$

so ist $\mathfrak{G}(u, v, w)$ eine ganze homogene Function $(r-3)^{\text{ter}}$ Dimension von u, v, w. Stellt nun (a, b, c) ein singuläres, der Gleichung $F(u, v, w) = 0$ genügendes Werthsystem, also $\left(\frac{a}{c}\ \frac{b}{c}\right)$ eine singuläre Stelle des Gebildes $f(x, y) = 0$ dar, so werde

$$u = a+\xi, \quad v = b+\eta, \quad w = c+\zeta$$

gesetzt, und es gehe hierdurch $\mathfrak{G}(u, v, w)$ in $\mathfrak{G}(a+\xi, b+\eta, c+\zeta)$ über, wobei nach homogenen Functionen geordnet

$$\mathfrak{G}(a+\xi, b+\eta, c+\zeta) = (\xi, \eta, \zeta)_0 + (\xi, \eta, \zeta)_1 + \cdots + (\xi, \eta, \zeta)_{r-3}$$

sei. Nun ist

$$\zeta = -(A\xi+B\eta);$$

wenn also die homogenen Functionen $(\xi, \eta, \zeta)_0$, $(\xi, \eta, \zeta)_1$, ... $(\xi, \eta, \zeta)_{\mu-2}$ sämmtlich identisch gleich Null sind, so verschwinden auch in $\overline{G}(\xi\eta)$ die homogenen Functionen $(\xi, \eta)_0$, $(\xi, \eta)_1$, ... $(\xi, \eta)_{\mu-2}$ der 0ten, 1ten, ... $(\mu-2)^{\text{ten}}$ Dimension identisch. Umgekehrt ergiebt sich aus Letzterem auch das Erstere, denn es ist

$$(\xi, \eta)_\varkappa = (\xi, \eta, -(A\xi + B\eta))_\varkappa,$$

und da A und B willkürlich sind, so müssen, wenn $(\xi, \eta)_\varkappa$ identisch verschwindet, auch die einzelnen Coefficienten von ξ, η und ζ in $(\xi, \eta, \zeta)_\varkappa$ Null sein. So zeigt es sich sofort, dass die linearen Bedingungsgleichungen nicht die Constanten A und B enthalten. Die Gleichungen, welche sich durch Nullsetzen der Glieder 0ter, 1ter, ... $(\mu-2)^{\text{ter}}$ Dimension ergeben, sind aber nicht von einander unabhängig. Denn zu Folge des Eulerschen Satzes über homogene Functionen lässt sich jede Ableitung $(\varkappa-1)^{\text{ter}}$ Ordnung der Function $\mathfrak{G}(u, v, w)$ nach u, v oder w als homogenes Aggregat von Ableitungen $\varkappa^{\text{ter}}$ Ordnung darstellen, demnach verschwinden die Ableitungen 0ter, 1ter, ... $(\mu-3)^{\text{ter}}$ Ordnung sämmtlich für das Werthsystem (a, b, c), wenn alle Ableitungen $(\mu-2)^{\text{ter}}$ Ordnung hierfür verschwinden. Mithin erhalten wir als nothwendige und hinreichende Bedingung dafür, dass die Entwickelung von $\mathfrak{G}(a+\xi, b+\eta, c+\zeta)$ oder von $\overline{G}(\xi\eta)$ mit Gliedern $(\mu-1)^{\text{ter}}$ Dimension beginnt, das Verschwinden aller partiellen Ableitungen $(\mu-2)^{\text{ter}}$ Ordnung von $\mathfrak{G}(u, v, w)$ für $u = a$, $v = b$, $w = c$, was in der That $\frac{1}{2}\mu(\mu-1) = \frac{1}{2}K_{(ab)}$ Bedingungsgleichungen für jede singuläre Stelle ergiebt.

Beispielsweise habe das algebraische Gebilde $f(x, y) = 0$ nur gewöhnliche singuläre Punkte (S. 172). Dann ist, wie wir gefunden haben, der Rang des Gebildes gleich

$$\frac{1}{2}(r-1)(r-2) - \text{Anzahl der gewöhnlichen singulären Punkte.}$$

Nun hat jetzt für jedes singuläre Werthsystem (a, b, c) μ den Werth 2, mithin ergiebt sich die Gleichung

$$\mathfrak{G}(a, b, c) = 0$$

als hinreichend und nothwendig, damit die Entwickelung von

$$\mathfrak{G}(a+\xi, b+\eta, c+\zeta)$$

mit Gliedern $(\mu-1)^{\text{ter}} = 1^{\text{ter}}$ Dimension beginnt. Demnach erhalten wir zur Bestimmung der Coefficienten in $G(xy)$ für jede singuläre Stelle eine einzige Gleichung, also ist die Gesammtzahl der Gleichungen gleich

$$\frac{1}{2}(r-1)(r-2) - \varrho.$$

Von den $\frac{1}{2}(r-1)(r-2)$ Coefficienten der ganzen rationalen Function $(r-3)^{\text{ter}}$ Dimension $G(xy)$ bleiben also, wie es sein muss, ϱ willkürlich, wenn $\frac{G(xy)}{f(xy)_2}$ die Function $H(xy)$ sein soll.

Jetzt kehren wir wieder zur Betrachtung eines beliebigen algebraischen Gebildes $f(x, y) = 0$ zurück. Zwischen den

$$\frac{1}{2}(r-1)(r-2) = r' + \varrho$$

Coefficienten der ganzen rationalen Function $(r-3)^{\text{ter}}$ Dimension $G(xy)$ bestehen r' unabhängige lineare Gleichungen, es können daher r' dieser Coefficienten $C'_1, C'_2, \ldots C'_{r'}$ durch die ϱ übrigen linear und homogen dargestellt werden, oder es lassen sich $C'_1, C'_2, \ldots C'_{r'}$ stets so auswählen, dass die Determinante der Coefficienten von $C'_1, C'_2, \ldots C'_{r'}$ nicht verschwindet. Bezeichnen wir nun die ϱ Coefficienten, welche unbestimmt bleiben, mit $C_1, C_2, \ldots C_\varrho$, so nimmt $G(xy)$ die Form an:

$$G(xy) = C_1 G^{(1)}(xy) + C_2 G^{(2)}(xy) + \cdots + C_\varrho G^{(\varrho)}(xy).$$

Setzen wir alle Coefficienten $C_1, C_2, \ldots C_\varrho$ bis auf einen gleich Null und diesen einen gleich 1, so ergeben sich ϱ linear unabhängige Functionen

$$\frac{G^{(1)}(xy)}{f(xy)_2}, \quad \frac{G^{(2)}(xy)}{f(xy)_2}, \quad \ldots \quad \frac{G^{(\varrho)}(xy)}{f(xy)_2},$$

die wir mit

$$H(xy)_1, \quad H(xy)_2, \quad \ldots \quad H(xy)_\varrho$$

bezeichnen könnten.

Es möge indess nach Annahme der ϱ Stellen $(a_1 b_1), (a_2 b_2), \ldots (a_\varrho b_\varrho)$ die Function $H(xy)_\alpha$ so bestimmt werden, dass sie für die Stelle $(a_\alpha b_\alpha)$ den Werth 1 annimmt und an den übrigen $\varrho - 1$ Stellen $(a_\beta b_\beta)$ verschwindet (S. 120). Dazu müssen in dem Ausdruck

$$C_1 G^{(1)}(xy) + C_2 G^{(2)}(xy) + \cdots + C_\varrho G^{(\varrho)}(xy)$$

die Constanten $C_1, C_2, \ldots C_\varrho$ den Gleichungen

$$C_1 G^{(1)}(a_\beta b_\beta) + C_2 G^{(2)}(a_\beta b_\beta) + \cdots + C_\varrho G^{(\varrho)}(a_\beta b_\beta) = \begin{cases} 0 & \text{für } \beta \gtrless \alpha \\ f(a_\alpha b_\alpha)_2 & \text{für } \beta = \alpha \end{cases} \qquad (\beta = 1, 2, \ldots \varrho)$$

gemäss bestimmt werden, was möglich ist, sobald keine rationale Function des Paares (xy) existirt, welche nur an den ϱ Stellen $(a_1 b_1), (a_2 b_2), \dots (a_\varrho b_\varrho)$ von der ersten Ordnung unendlich wird; denn die Determinante jener linearen Gleichungen

$$D = |G^{(\beta)}(a_\alpha b_\alpha)| \qquad (\alpha, \beta = 1, 2, \dots \varrho)$$

ist dann von Null verschieden (S. 68). Setzen wir ferner

$$D_\alpha(xy) = \begin{vmatrix} G^{(1)}(a_1 b_1) & \dots & G^{(1)}(a_{\alpha-1} b_{\alpha-1}) & G^{(1)}(xy) & G^{(1)}(a_{\alpha+1} b_{\alpha+1}) & \dots & G^{(1)}(a_\varrho b_\varrho) \\ . & \dots & . & . & . & \dots & . \\ . & \dots & . & . & . & \dots & . \\ G^{(\varrho)}(a_1 b_1) & \dots & G^{(\varrho)}(a_{\alpha-1} b_{\alpha-1}) & G^{(\varrho)}(xy) & G^{(\varrho)}(a_{\alpha+1} b_{\alpha+1}) & \dots & G^{(\varrho)}(a_\varrho b_\varrho) \end{vmatrix},$$

so wird

$$H(xy)_\alpha = \frac{f(a_\alpha b_\alpha)_2}{D} \frac{D_\alpha(xy)}{f(xy)_2}.$$

Man könnte versuchen, die ϱ Constanten $C_1, C_2, \dots C_\varrho$ in dem Ausdruck der Function $H(xy)$ so zu bestimmen, dass $H(xy)$ an ϱ gegebenen Stellen $(a'b'), (a''b''), \dots (a^{(\varrho)}b^{(\varrho)})$ verschwindet. Dazu müssten die ϱ Gleichungen

$$C_1 G^{(1)}(a^{(\alpha)}b^{(\alpha)}) + C_2 G^{(2)}(a^{(\alpha)}b^{(\alpha)}) + \dots + C_\varrho G^{(\varrho)}(a^{(\alpha)}b^{(\alpha)}) = 0 \qquad (\alpha = 1, 2, \dots \varrho)$$

durch Werthe $C_1, C_2, \dots C_\varrho$ zu befriedigen sein, welche nicht alle gleich Null sind, also müsste die Determinante

$$|G^{(\beta)}(a^{(\alpha)}b^{(\alpha)})| \qquad (\alpha, \beta = 1, 2, \dots \varrho)$$

verschwinden, was aber für beliebig gewählte Stellen $(a'b'), (a''b''), \dots (a^{(\varrho)}b^{(\varrho)})$ nicht der Fall ist.

Die Constanten $C_1, C_2, \dots C_\varrho$ lassen sich indess so wählen, dass $H(xy)$ an ϱ willkürlich gegebenen Stellen $(a'b'), (a''b''), \dots (a^{(\varrho)}b^{(\varrho)})$ vorgeschriebene Werthe, welche nicht sämmtlich gleich Null sind, annimmt, denn die in diesem Falle für jene Constanten bestehenden linearen Gleichungen sind stets auflösbar, wenn die Determinante $|G^{(\beta)}(a^{(\alpha)}b^{(\alpha)})|$ nicht Null ist.

Achtes Kapitel.

Die Bildung der Function $H(xy, x'y')$.

In der Theorie der Integrale, welche aus der Integration algebraischer Differentiale entspringen, kommt es nicht sowohl auf die wirkliche Herstellung des Ausdrucks der Function $H(xy, x'y')$ an, als vielmehr auf die genaue Kenntniss ihrer Zusammensetzungsweise und ihrer Eigenschaften. Dennoch gehen wir jetzt auf die Bildung dieser Function näher ein, da sich die hierauf bezüglichen Untersuchungen an die des vorhergehenden Kapitels unmittelbar anschliessen. Wir beschränken uns wieder (S. 187) auf den Fall, in welchem sich für jede singuläre Stelle schon nach der ersten Transformation Gleichungen ergeben, die sämmtlich von der ersten Ordnung sind.

Wir haben im vorigen Kapitel (S. 177) die Frage erörtert, unter welchen Bedingungen die Entwickelung von

$$\frac{G(x_t y_t)}{(c_0 + c_1 x_t + c_2 y_t)^{r-3}}$$

mit der k_λ^{ten} oder einer höheren Potenz von t beginnt, wenn der Mittelpunkt des Elements $(x_t y_t)$ die λ^{te} singuläre Stelle (S. 32) des Gebildes ist; oder was dasselbe bedeutet, wann für ein solches Element in der Entwickelung von

$$\frac{G(x_t y_t)}{f(x_t y_t)_2} \frac{dx_t}{dt}$$

nach Potenzen von t keine negativen Exponenten vorkommen. Dabei war $G(xy)$ eine ganze rationale Function des Paares (xy) von der $(r-3)^{\text{ten}}$ Dimension. Jetzt wollen wir die gleiche Untersuchung für den Fall durchführen, dass statt $G(xy)$ eine ganze Function höherer Dimension gesetzt wird; wir bezeichnen sie dann vorübergehend mit $E(xy)$ und nehmen an, ihre

Dimension sei gleich s. Für $x = \frac{u}{w}$, $y = \frac{v}{w}$, wobei wieder $Au + Bv + w = 1$ sein möge, sei

$$E(xy) = \frac{\mathfrak{E}(u, v, w)}{w^s},$$

so ist $\mathfrak{E}(u, v, w)$ eine ganze homogene Function von u, v, w. Die Bedingungsgleichungen dafür, dass für die Umgebung einer singulären Stelle in der Entwickelung von

$$\frac{E(x_t y_t)}{f(x_t y_t)_2} \frac{dx_t}{dt}$$

niemals negative Potenzen von t auftreten, erhalten wir, wenn wir alle partiellen Ableitungen $(\mu - 2)^{\text{ter}}$ Ordnung von $\mathfrak{E}(u, v, w)$ für jedes singuläre Werthsystem (a, b, c) gleich Null setzen (S. 190). Jedes solche System liefert also $\frac{1}{2}\mu(\mu - 1)$ Gleichungen, es ergeben sich mithin im Ganzen wieder

$$\frac{1}{2}\Sigma\mu(\mu - 1) = \frac{1}{2}\Sigma K_{(ab)} = r'$$

Bedingungen. Diese gehen in die früher aufgestellten über, sobald allen Coefficienten der Glieder höherer als $(r - 3)^{\text{ter}}$ Dimension in $\mathfrak{E}(u, v, w)$ der Werth Null beigelegt wird. Für die Function $G(xy)$ konnten wir nun mit Hülfe der r' Bedingungsgleichungen r' Coefficienten $C_1', C_2', \ldots C_{r'}'$ durch ϱ Coefficienten $C_1, C_2, \ldots C_\varrho$ darstellen (S. 191), was wir durch die symbolische Gleichung

$$(C_1', C_2', \ldots C_{r'}') = (C_1, C_2, \ldots C_\varrho)$$

andeuten wollen. Genau ebenso lassen sich für die Function $E(xy)$ r' Coefficienten durch die übrigen ausdrücken, sodass wir schreiben können

$$(C_1', C_2', \ldots C_{r'}') = (C_1, C_2, \ldots C_\varrho, \ldots).$$

Denn da die linken Seiten der jetzt aufzulösenden Gleichungen, wenn wir die Coefficienten der Glieder höherer Dimension auf die rechten Seiten bringen, dieselben sind, wie die linken Seiten der Gleichungen für die Bestimmung der Coefficienten der Function $G(xy)$, so können wir auch die hier auftretenden Gleichungen nach $C_1', C_2', \ldots C_{r'}'$ auflösen. Welches auch die Dimension s von $E(xy)$ ist, es lassen sich stets dieselben Coefficienten durch die übrigen darstellen.

Ist $s = r-2$, so enthält $E(xy)$

$$\frac{1}{2}r(r-1)$$

Coefficienten, die Anzahl der Gleichungen ist $r' = \frac{1}{2}(r-1)(r-2)-\varrho$, also bleiben dann in dem allgemeinen Ausdruck der Function $E(xy)$, für welche die Entwickelung von

$$\frac{E(x_t y_t)}{f(x_t y_t)_2}\frac{dx_t}{dt}$$

in der Umgebung einer singulären Stelle niemals negative Potenzen von t liefert,

$$\frac{1}{2}r(r-1)-r' = r-1+\varrho$$

Coefficienten willkürlich.

Hat aber die Function $E(xy)$ die Dimension $r-1$, so kommen noch r Coefficienten zu den vorher eingeführten hinzu, sie enthält also

$$2r-1+\varrho$$

willkürliche Coefficienten.

Der Definition nach (S. 73) ist

$$H(xy, x'y') = \frac{F(xy, x'y')-F(a_0 b_0, x'y')}{f(x'y')_2},$$

wobei

$$F(xy, x'y') = \frac{f(xy, y')}{x'-x}+\sum_{(\lambda)}\overline{F}^{(\lambda)}(x'y')\,\overline{\mathfrak{F}}_\lambda(xy)$$

gesetzt worden war (S. 71). Hierbei ist (S. 62), wenn die gegebene Gleichung $f(x, y) = 0$ in x vom m^{ten} und in y vom n^{ten} Grade ist, die Function

$$f(xy, y') = \frac{f(x, y')-f(x, y)}{y'-y}$$

ganz und vom $(n-1)^{\text{ten}}$ Grade in Bezug auf y'. $f(xy, y')$ wird für $y' = y$ gleich $f(xy)_2$, dagegen gleich Null, wenn y' einen der $n-1$ anderen, von y verschiedenen Werthe hat, welche zu Folge der Gleichung $f(x, y) = 0$ zu dem Werthe x gehören. Die Functionen $\overline{\mathfrak{F}}_\lambda(xy)$ sind rationale Functionen des Paares (xy), und zwar können sie als linear unabhängig angenommen werden, da sich sonst die Anzahl der Glieder in der Summe vermindern lassen würde.

Die Functionen $\overline{F}^{(\lambda)}(x'y')$ sind ganz und rational und zwar, wie jetzt gezeigt werden soll, höchstens vom $(m-2)^{\text{ten}}$ Grade in x' und vom $(n-1)^{\text{ten}}$ Grade in y'. Wir haben (S. 65) für $F(xy, x'y')$ die Darstellung gefunden:

$$F(xy, x'y') = \frac{f(xy, y')(x'-a')\dots(x'-a^{(m-1)})}{(x'-x)(x-a')\dots(x-a^{(m-1)})} - F^{(1)}(x'y')\mathfrak{F}_1(xy) - \dots - F^{(k)}(x'y')\mathfrak{F}_k(xy),$$

in der $\mathfrak{F}_1(xy), \dots \mathfrak{F}_k(xy)$ rationale Functionen von (xy) und $F^{(1)}(x'y'), \dots F^{(k)}(x'y')$ ganze rationale Functionen von $(x'y')$ sind. Die Function $F^{(1)}(x'y')$ wurde hierbei durch die Entwickelung

$$\frac{f(x_t y_t, y')(x'-a')\dots(x'-a^{(m-1)})}{(x'-x_t)(x_t-a')\dots(x_t-a^{(m-1)})} = F^{(1)}(x'y')t^{-1} + \cdots$$

bestimmt, in welcher $(x_t y_t)$ das Element mit dem Mittelpunkt $(a_1 b_1)$ darstellt und a_1 unter den Grössen $a', a'', \dots a^{(m-1)}$ enthalten ist. Da $f(xy, y')$ eine ganze Function $(n-1)^{\text{ten}}$ Grades in Bezug auf y' ist, so ist $F^{(1)}(x'y')$ eine ganze rationale Function höchstens $(m-2)^{\text{ten}}$ Grades in x', $(n-1)^{\text{ten}}$ Grades in y'. $F^{(2)}(x'y')$ ist als Coefficient von t^{-1} in der Entwickelung von

$$\frac{f(x_t y_t, y')(x'-a')\dots(x'-a^{(m-1)})}{(x'-x_t)(x_t-a')\dots(x_t-a^{(m-1)})} - F^{(1)}(x'y')\mathfrak{F}_1(x_t y_t)$$

zu bestimmen, wenn $(x_t y_t)$ das Element mit dem Mittelpunkt $(a_2 b_2)$ darstellt, wobei a_2 wieder mit einer der Grössen $a', a'', \dots a^{(m-1)}$ identisch ist; in dieser Weise fortfahrend erhalten wir der Reihe nach die Functionen $F^{(3)}(x'y'), \dots F^{(k)}(x'y')$. Daraus folgt, dass die Functionen $F^{(2)}(x'y'), \dots F^{(k)}(x'y')$ ebenfalls höchstens die Grade $m-2$ und $n-1$ in Bezug auf x' und y' haben. Nun wurde (S. 71) mittels Partialbruchzerlegung

$$\frac{(x'-a')(x'-a'')\dots(x'-a^{(m-1)})}{(x'-x)(x-a')\dots(x-a^{(m-1)})}$$

in der Form

$$\frac{1}{x'-x} + \frac{c'}{x-a'} + \dots + \frac{c^{(m-1)}}{x-a^{(m-1)}}$$

dargestellt. Dabei ist z. B.

$$c' = \frac{(x'-a'')\dots(x'-a^{(m-1)})}{(a'-a'')\dots(a'-a^{(m-1)})},$$

also eine ganze Function $(m-2)^{\text{ten}}$ Grades von x'; und das Gleiche gilt für jeden der übrigen Zähler $\bar{c}'', \ldots c^{(m-1)}$. Bringen wir nun $F(xy, x'y')$ auf die Form

$$F(xy, x'y') = \frac{f(xy, y')}{x'-x} + \sum_{(\lambda)} \bar{F}^{(\lambda)}(x'y') \mathfrak{F}_\lambda(xy),$$

so ist jede Function $\bar{F}^{(\lambda)}(x'y')$ entweder gleich einer Function $F^{(\varkappa)}(x'y')$, oder sie entsteht als Product einer Grösse $c^{(\varkappa)}$ mit einer in $f(xy, y')$ enthaltenen Potenz von y'. In beiden Fällen findet sich, dass der grösste Werth des Grades von $\bar{F}^{(\lambda)}(x'y')$ in Bezug auf x' gleich $m-2$ und in Bezug auf y' gleich $n-1$ ist.

Als Function des Paares (xy) betrachtet, wurde $H(xy, x'y')$ an $\varrho+1$ willkürlich gewählten Stellen $(a_1 b_1), (a_2 b_2), \ldots (a_\varrho b_\varrho)$ und $(x'y')$ von der ersten Ordnung unendlich gross und an einer beliebig angenommenen Stelle $(a_0 b_0)$ gleich Null, während es keine rationale Function des Paares (xy) giebt, welche nur an den ϱ Stellen $(a_1 b_1), (a_2 b_2), \ldots (a_\varrho b_\varrho)$ von der ersten Ordnung unendlich wird. Diese Stellen mögen als nicht singulär vorausgesetzt werden.

Als Function des Paares $(x'y')$ aufgefasst, hat $H(xy, x'y')$ die folgenden beiden Eigenschaften. Erstens treten in der Entwickelung von

$$H(xy, x'_t y'_t) \frac{dx'_t}{dt}$$

negative Potenzen von t nur dann auf, wenn der Mittelpunkt des Elements $(x'_t y'_t)$ eine der beiden Stellen (xy) oder $(a_0 b_0)$ ist, und zwar ist im ersten Fall (S. 85, (III, 1))

$$H(xy, x'_t y'_t) \frac{dx'_t}{dt} = t^{-1} + \mathfrak{P}(t),$$

im letzteren Falle (S. 85, (V, 3))

$$H(xy, x'_t y'_t) \frac{dx'_t}{dt} = -t^{-1} + \bar{\mathfrak{P}}(t).$$

Zweitens bestehen für jedes Werthepaar (xy) die Gleichungen

$$H(xy, a_\alpha b_\alpha) = 0, \qquad (\alpha = 1, 2, \ldots \varrho)$$

d. h. die Function $H(xy, x'y')$ verschwindet identisch, wenn $(x'y')$ mit einer der ϱ Stellen $(a_\alpha b_\alpha)$ zusammenfällt. Nach der Formel (S. 79, (B.))

$$H(xy, x_\tau y_\tau) \frac{dx_\tau}{d\tau} = -\sum_{(\mu)} H(xy, ab)_\mu \tau^\mu$$

erhält man nämlich, wenn für $(x_\tau y_\tau)$ das Element $(\overset{\alpha}{x}_\tau \overset{\alpha}{y}_\tau)$ mit dem Mittelpunkt $(a_\alpha b_\alpha)$ gesetzt wird,

$$H(xy, \overset{\alpha}{x}_\tau \overset{\alpha}{y}_\tau) \frac{d\overset{\alpha}{x}_\tau}{d\tau} = -\sum_{(\mu)} H(xy, a_\alpha b_\alpha)_\mu \tau^\mu.$$

Nun ist (S. 82 und 83)

$$H(xy, a_\alpha b_\alpha)_0 = 0,$$
$$H(xy, a_\alpha b_\alpha)_{-\mu} = 0, \qquad (\mu \geqq 1)$$

also folgt

$$H(xy, \overset{\alpha}{x}_\tau \overset{\alpha}{y}_\tau) \frac{d\overset{\alpha}{x}_\tau}{d\tau} = -\sum_{\mu=1}^{\infty} H(xy, a_\alpha b_\alpha)_\mu \tau^\mu,$$

woraus sich für $\tau = 0$ die zu beweisende Gleichung ergiebt.

Wir wollen nun zeigen, dass diese beiden Eigenschaften für die Function $H(xy, x'y')$ charakteristisch sind, d. h. dass die Function durch sie vollkommen bestimmt ist. Denn gesetzt, es sei $\overline{H}(xy, x'y')$ eine rationale Function mit den nämlichen beiden Eigenschaften wie $H(xy, x'y')$, so enthält die Entwickelung der Differenz

$$\left\{\overline{H}(xy, x'_t y'_t) - H(xy, x'_t y'_t)\right\} \frac{dx'_t}{dt}$$

für kein endlich oder unendlich fernes Element $(x'_t y'_t)$ des Gebildes negative Potenzen von t, mithin ist jene Differenz bei passender Bestimmung der rationalen Functionen $(xy)_\beta$ gleich

$$\sum_{\beta=1}^{\varrho} (xy)_\beta H(x'_t y'_t)_\beta \frac{dx'_t}{dt},$$

also muss

$$\overline{H}(xy, x'y') = H(xy, x'y') + \sum_{\beta=1}^{\varrho} (xy)_\beta H(x'y')_\beta$$

sein. Da nun beide Functionen $H(xy, x'y')$ und $\overline{H}(xy, x'y')$ an den ϱ Stellen $(a_\alpha b_\alpha)$ verschwinden, so bestehen die ϱ Gleichungen

$$\sum_{\beta=1}^{\varrho} (xy)_\beta H(a_\alpha b_\alpha)_\beta = 0, \qquad (\alpha = 1, 2, \ldots \varrho)$$

mithin verschwinden die Coefficienten $(xy)_\beta$ identisch; denn die ϱ Stellen $(a_1 b_1), (a_2 b_2), \ldots (a_\varrho b_\varrho)$ sollten der Bedingung unterworfen sein, dass die Determinante

$$|H(a_\alpha b_\alpha)_\beta| \qquad (\alpha, \beta = 1, 2, \ldots \varrho)$$

nicht Null ist (S. 68). Demnach ergiebt sich

$$\overline{H}(xy, x'y') = H(xy, x'y');$$

die Function $H(xy, x'y')$ ist also durch die beiden vorher angeführten Eigenschaften bestimmt.

Diese Bemerkung giebt ein Mittel, die Function herzustellen, ohne die algebraischen Untersuchungen zu Hülfe zu nehmen, auf denen ihr Existenzbeweis beruhte. Wir betrachten dazu

$$H(xy, x'y') = \frac{F(xy, x'y') - F(a_0 b_0, x'y')}{f(x'y')_2}$$

als Function des Paares $(x'y')$ und haben uns daher mit der Bildung einer Function zu beschäftigen, welche die beiden vorher angeführten Eigenschaften besitzt. Unter (xy) und $(a_0 b_0)$ verstehen wir beliebige, von $(a_1 b_1)$, $(a_2 b_2)$, … $(a_\varrho b_\varrho)$ verschiedene Stellen des Gebildes $f(x, y) = 0$, für welche $f(xy)_2$ und $f(a_0 b_0)_2$ nicht Null sind. Ferner setzen wir voraus, dass der Grad n der Gleichung $f(x, y) = 0$ in Bezug auf y gleich der Dimension r ist. Durch eine rationale Transformation (S. 35) kann dies immer erreicht werden.

Wird der Zähler der Function $H(xy, x'y')$

$$F(xy, x'y') - F(a_0 b_0, x'y') = \frac{f(xy, y')}{x' - x} - \frac{f(a_0 b_0, y')}{x' - a_0} + \sum_{(\mu)} \overline{F}^{(\mu)}(x'y') \{ \mathfrak{F}_\mu(xy) - \mathfrak{F}_\mu(a_0 b_0) \}$$

auf die Form:

$$F(xy, x'y') - F(a_0 b_0, x'y') = \frac{E(xy, x'y')}{(x' - x)(x' - a_0)}$$

gebracht, so ist

$$E(xy, x'y') = (x' - a_0) f(xy, y') - (x' - x) f(a_0 b_0, y') + (x' - x)(x' - a_0) \sum_{(\mu)} \overline{F}^{(\mu)}(x'y') \{ \overline{\mathfrak{F}}_\mu(xy) - \overline{\mathfrak{F}}_\mu(a_0 b_0) \}$$

eine ganze rationale Function von x' und y' und zwar höchstens vom m^{ten} Grade in x' und vom $(n-1)^{\text{ten}}$ Grade in y'.

Zunächst wollen wir aber auch die Dimension der Function $E(xy, x'y')$ in Bezug auf die beiden Variablen x' und y' ermitteln, und zwar durch ähnliche Schlüsse, wie sie früher (S. 116) bei der Bestimmung der Dimension des Zählers $G(xy)$ von

$$H(xy) = \frac{G(xy)}{f(xy)_2}$$

angewendet wurden. Durch die allgemeinste gebrochene lineare Substitution, welche die Dimension r jedes Gebildes unverändert lässt (S. 115):

$$x = \frac{\alpha_0 + \alpha_1 \xi + \alpha_2 \eta}{\gamma_0 + \gamma_1 \xi + \gamma_2 \eta} = \frac{p}{l}, \quad y = \frac{\beta_0 + \beta_1 \xi + \beta_2 \eta}{\gamma_0 + \gamma_1 \xi + \gamma_2 \eta} = \frac{q}{l}$$

mögen zwei neue Variable ξ, η eingeführt werden. Dann besteht (S. 116), wenn $\varphi(\xi, \eta) = 0$ die Gleichung des transformirten Gebildes und δ die Determinante der Substitutionscoefficienten ist, die Relation

$$\frac{dx}{f(xy)_2} = \delta\, l^{r-3} \frac{d\xi}{\varphi(\xi\eta)_2}.$$

Den Stellen $(x'y'), (a_1 b_1), \dots (a_\varrho b_\varrho)$ und $(a_0 b_0)$ des Gebildes $f(x, y) = 0$ sollen nun die Stellen $(\xi'\eta'), (\xi_1 \eta_1), \dots (\xi_\varrho \eta_\varrho)$ und $(\xi_0 \eta_0)$ des transformirten Gebildes entsprechen, so ist

$$x' = \frac{\alpha_0 + \alpha_1 \xi' + \alpha_2 \eta'}{\gamma_0 + \gamma_1 \xi' + \gamma_2 \eta'} = \frac{p'}{l'}, \qquad y' = \frac{\beta_0 + \beta_1 \xi' + \beta_2 \eta'}{\gamma_0 + \gamma_1 \xi' + \gamma_2 \eta'} = \frac{q'}{l'}$$

und

$$a_0 = \frac{\alpha_0 + \alpha_1 \xi_0 + \alpha_2 \eta_0}{\gamma_0 + \gamma_1 \xi_0 + \gamma_2 \eta_0} = \frac{p_0}{l_0}, \qquad b_0 = \frac{\beta_0 + \beta_1 \xi_0 + \beta_2 \eta_0}{\gamma_0 + \gamma_1 \xi_0 + \gamma_2 \eta_0} = \frac{q_0}{l_0}.$$

Ferner seien $(x'_t y'_t)$ und $(\xi'_t \eta'_t)$ die beiden Elemente mit den Mittelpunkten $(x'y')$ und $(\xi'\eta')$, und durch Einführung des Functionenpaares $(\xi'_t \eta'_t)$ statt $(\xi\eta)$ gehe p', q', l' in p'_t, q'_t, l'_t über; dann ergiebt sich

$$H(xy, x'_t y'_t) \frac{dx'_t}{dt} = \frac{F(xy, x'_t y'_t) - F(a_0 b_0, x'_t y'_t)}{f(x'_t y'_t)_2} \frac{dx'_t}{dt}$$
$$= \left\{ F\left(\frac{p}{l}\, \frac{q}{l}, \frac{p'_t}{l'_t}\, \frac{q'_t}{l'_t}\right) - F\left(\frac{p_0}{l_0}\, \frac{q_0}{l_0}, \frac{p'_t}{l'_t}\, \frac{q'_t}{l'_t}\right) \right\} \frac{\delta\, l'^{r-3}_t}{\varphi(\xi'_t \eta'_t)_2} \frac{d\xi'_t}{dt}.$$

Hieraus folgt nun, dass

$$\left\{ F\left(\frac{p}{l}\, \frac{q}{l}, \frac{p'}{l'}\, \frac{q'}{l'}\right) - F\left(\frac{p_0}{l_0}\, \frac{q_0}{l_0}, \frac{p'}{l'}\, \frac{q'}{l'}\right) \right\} \frac{\delta\, l'^{r-3}}{\varphi(\xi'\eta')_2}$$

für das Gebilde $\varphi(\xi, \eta) = 0$ die H-Function ist, welche an den $\varrho + 1$ Stellen $(\xi_1 \eta_1), \dots (\xi_\varrho \eta_\varrho), (\xi'\eta')$ von der ersten Ordnung unendlich wird und an der Stelle $(\xi_0 \eta_0)$ verschwindet. Denn zu Folge der vorstehenden Gleichung enthält die Entwickelung von

$$\left\{ F\left(\frac{p}{l}\, \frac{q}{l}, \frac{p'_t}{l'_t}\, \frac{q'_t}{l'_t}\right) - F\left(\frac{p_0}{l_0}\, \frac{q_0}{l_0}, \frac{p'_t}{l'_t}\, \frac{q'_t}{l'_t}\right) \right\} \frac{\delta\, l'^{r-3}_t}{\varphi(\xi'_t \eta'_t)_2} \frac{d\xi'_t}{dt}$$

blos für die beiden Elemente $(\xi'_t \eta'_t)$ mit den Mittelpunkten $(\xi\eta)$ und $(\xi_0\eta_0)$ eine negative Potenz von t und zwar nur das Glied $\pm t^{-1}$. Ausserdem verschwindet die Function

$$\left\{F\left(\frac{p}{l}\,\frac{q}{l},\,\frac{p'}{l'}\,\frac{q'}{l'}\right)-F\left(\frac{p_0}{l_0}\,\frac{q_0}{l_0},\,\frac{p'}{l'}\,\frac{q'}{l'}\right)\right\}\frac{\delta\, l'^{r-3}}{\varphi(\xi'\eta')_2}$$

identisch, wenn $(\xi'\eta')$ mit einer der Stellen $(\xi_1\eta_1), \ldots (\xi_\varrho\eta_\varrho)$ zusammenfällt; nach dem vorher bewiesenen Satze ist sie daher die H-Function für das Gebilde $\varphi(\xi, \eta) = 0$.

Setzt man nun speciell $p = \xi$, $q = \eta$, $\gamma_2 = 0$, so wird

$$\frac{E\left(\frac{\xi}{l}\,\frac{\eta}{l},\,\frac{\xi'}{l'}\,\frac{\eta'}{l'}\right)}{(\xi'-\xi)(\xi'-\xi_0)}\,\frac{l l_0}{\gamma_0}\,\frac{l'^{r-1}}{\varphi(\xi'\eta')_2}$$

die H-Function für das transformirte Gebilde. Mithin muss

$$E\left(\frac{\xi}{l}\,\frac{\eta}{l},\,\frac{\xi'}{l'}\,\frac{\eta'}{l'}\right)\frac{l l_0}{\gamma_0}\,l'^{r-1}$$

eine ganze Function von ξ' und η' sein, was nur möglich ist, wenn die Dimension von $E(xy, x'y')$ in Bezug auf x' und y' die Zahl $r-1$ nicht übersteigt.

Der vorhergehende Satz lässt sich für ein im Unendlichen reguläres Gebilde $\varphi(\xi, \eta) = 0$, welches in Bezug auf η den Grad r hat, auch unmittelbar beweisen. Wenn nämlich $(\xi'_t \eta'_t)$ irgend eins der r unendlich fernen Elemente darstellt, so ist (S. 159)

$$\frac{\dfrac{d\xi'_t}{dt}}{\varphi(\xi'_t \eta'_t)_2} = -\frac{g^{(\varkappa)}}{A_\varkappa}\,t^{r-3}+\cdots; \qquad (\varkappa = 0, 1, \ldots r-1)$$

die Entwickelung von $E(\xi\eta, \xi'_t\eta'_t)$ muss daher die Form $t^{-(r-1)}\mathfrak{P}(t)$ haben. Für sämmtliche r unendlich fernen Elemente ist dies aber nur möglich, wenn $E(\xi\eta, \xi'\eta')$ in Bezug auf ξ' und η' von nicht höherer als der $(r-1)^{\text{ten}}$ Dimension ist. Transformirt man nun die gegebene Gleichung $f(x, y) = 0$ in eine solche, welche die eben für $\varphi(\xi, \eta) = 0$ vorausgesetzten Eigenschaften hat, so ergiebt sich der Beweis auch für das Gebilde $f(x, y) = 0$.

Da für die Gleichung $f(x, y) = 0$ $n = r$ ist, so wird, wenn A_0 eine von Null verschiedene Constante bedeutet,

$$f(x, y) = A_0 y^r + f_1(x) y^{r-1} + \cdots$$

und

$$f(xy,y') = \frac{f(x,y')-f(x,y)}{y'-y} = A_0\frac{y'^r-y^r}{y'-y}+f_1(x)\frac{y'^{r-1}-y^{r-1}}{y'-y}+\cdots,$$

mithin hat die Potenz y'^{r-1} in $f(xy,y')$ den Coefficienten A_0. Der Coefficient von y'^{r-1} in

$$(x'-a_0)f(xy,y')-(x'-x)f(a_0b_0,y')$$

ist daher gleich

$$A_0(x'-a_0)-A_0(x'-x) = A_0(x-a_0),$$

er hängt also nicht von x' ab.

Wird nun

$$E(xy,x'y') = \sum_{\varkappa=0}^{r-1}(xy,x')_\varkappa y'^\varkappa$$

gesetzt, so sind die Coefficienten $(xy,x')_\varkappa$ rationale Functionen von (xy) und ganze Functionen von x'. Mit Hülfe der Relation $f(xy,y)=f(xy)_2$ ergiebt sich für $x'=x$, $y'=y$

$$\frac{E(xy,xy)}{x-a_0} = f(xy)_2.$$

Hat aber y' einen der $r-1$ in Folge der Gleichung $f(x,y)=0$ zu x gehörigen Werthe, welche von y verschieden sind, so verschwindet $f(xy,y')$, mithin ist

$$E(xy,xy') = 0.$$

Diese und die vorhergehende Gleichung können in die eine

$$\frac{E(xy,xy')}{x-a_0} = f(xy,y')$$

zusammengefasst werden. Setzen wir daher (S. 63)

$$f(xy,y') = A_0y'^{r-1}+f_1(x,y)y'^{r-2}+\cdots+f_{r-1}(x,y),$$

so ergeben sich die Gleichungen

$$(xy,x)_\varkappa = (x-a_0)f_{r-\varkappa-1}(x,y), \qquad (\varkappa=0,1,\ldots r-2)$$

$$(xy,x)_{r-1} = (x-a_0)A_0.$$

Ebenso folgt aus der Definitionsgleichung

$$E(xy,x'y') = (x'-a_0)f(xy,y')-(x'-x)f(a_0b_0,y')+(x'-x)(x'-a_0)\sum_{(\mu)}\overline{F}^{(\mu)}(x'y')\{\overline{\mathfrak{F}}_\mu(xy)-\overline{\mathfrak{F}}_\mu(a_0b_0)\}$$

für $x' = a_0$

$$\frac{E(xy, a_0 b_0)}{x - a_0} = f(a_0 b_0)_2$$

und

$$E(xy, a_0 b_0') = 0,$$

falls b_0' einer der $r-1$ zu $x = a_0$ gehörigen, von b_0 verschiedenen Werthe ist; oder, wenn wieder beide Gleichungen in eine vereinigt werden:

$$\frac{E(xy, a_0 b_0')}{x - a_0} = f(a_0 b_0, b_0') = A_0 b_0'^{r-1} + f_1(a_0, b_0) b_0'^{r-2} + \cdots + f_{r-1}(a_0, b_0),$$

wo b_0' eine beliebige der r Wurzeln der Gleichung $f(a_0, b_0') = 0$ bedeutet. Hieraus ergiebt sich

$$(xy, a_0)_\varkappa = (x - a_0) f_{r-\varkappa-1}(a_0, b_0), \qquad (\varkappa = 0, 1, \ldots r-2)$$

$$(xy, a_0)_{r-1} = (x - a_0) A_0.$$

Da ausser den $2r$ eben entwickelten noch die ϱ Gleichungen

$$E(xy, a_\alpha b_\alpha) = 0 \qquad (\alpha = 1, 2, \ldots \varrho)$$

bestehen, so sind insgesammt $2r + \varrho$ Bedingungen für die von (xy) abhängigen Coefficienten der Function $E(xy, x'y')$ vorhanden.

Es sei jetzt $E(xy, x'y')$, als Function des Paares $(x'y')$ betrachtet, irgend eine Function $(r-1)^{\text{ter}}$ Dimension, welche die zu Anfang dieses Kapitels für die Function $E(xy)$ vorausgesetzte Eigenschaft hat, dass in der Entwickelung von

$$\frac{E(xy, x_t' y_t')}{f(x_t' y_t')_2} \frac{dx_t'}{dt}$$

für die Umgebung einer singulären Stelle des Gebildes niemals negative Potenzen von t vorkommen. Dann tritt in

$$\frac{E(xy, x_t' y_t')}{(x_t' - x)(x_t' - a_0) f(x_t' y_t')_2} \frac{dx_t'}{dt}$$

eine negative Potenz von t nur für solche Elemente $(x_t' y_t')$ auf, bei denen sich x_t' für $t = 0$ auf die Werthe x oder a_0 reducirt. Denn stellt $(x_t' y_t')$ ein unendlich fernes, nicht singuläres Element dar, so enthält in der Gleichung

$$\frac{E(xy, x_t' y_t')}{(x_t' - x)(x_t' - a_0) f(x_t' y_t')_2} \frac{dx_t'}{dt} = \frac{E(xy, x_t' y_t')}{(c_0 + c_1 x_t' + c_2 y_t')^{r-1}} \cdot \frac{(c_0 + c_1 x_t' + c_2 y_t')^2}{(x_t' - x)(x_t' - a_0)} \cdot \frac{(c_0 + c_1 x_t' + c_2 y_t')^{r-3}}{f(x_t' y_t')_2} \frac{dx_t'}{dt}$$

keiner der drei Factoren rechts eine negative Potenz von t; das Gleiche gilt daher auch für die linke Seite.

Diese Function $E(xy, x'y')$ enthält nach dem Früheren (S. 195) $2r-1+\varrho$ willkürliche, von (xy) abhängige Coefficienten. Bestehen zwischen ihnen die $2r$ mit den Relationen

$$\frac{E(xy, xy)}{x-a_0} = f(xy)_2, \qquad E(xy, xy') = 0,$$

$$\frac{E(xy, a_0 b_0)}{x-a_0} = f(a_0 b_0)_2, \quad E(xy, a_0 b_0') = 0$$

äquivalenten Gleichungen, so tritt in der Entwickelung von

$$\frac{E(xy, x_t' y_t')}{(x_t'-x)(x_t'-a_0)f(x_t' y_t')_2} \frac{dx_t'}{dt}$$

eine negative Potenz von t, und zwar $\pm t^{-1}$, nur dann auf, wenn der Mittelpunkt des Elements $(x_t' y_t')$ eine der beiden Stellen (xy) oder $(a_0 b_0)$ ist. Fügen wir noch die ϱ Gleichungen

$$E(xy, a_\alpha b_\alpha) = 0 \qquad (\alpha = 1, 2, \dots \varrho)$$

hinzu, so ist nach dem vorher (S. 198) bewiesenen Satze

$$\frac{E(xy, x_t' y_t')}{(x_t'-x)(x_t'-a_0)f(x_t' y_t')_2} \frac{dx_t'}{dt} = H(xy, x_t' y_t') \frac{dx_t'}{dt}.$$

Da sich aber für die $2r-1+\varrho$ zu bestimmenden Coefficienten $2r+\varrho$ Gleichungen ergeben haben, so muss nothwendig eine von ihnen eine Folge der übrigen sein.

Dies lässt sich auch direct nachweisen. Denn die Reihe für

$$\frac{E(xy, x_t' y_t')}{(x_t'-x)(x_t'-a_0)f(x_t' y_t')_2} \frac{dx_t'}{dt}$$

enthält nur dann negative Potenzen, wenn $(x_t' y_t')$ das Element mit dem Mittelpunkt (xy) oder $(a_0 b_0)$ darstellt. Und zwar ist die Form der Entwickelung im ersten Falle

$$\frac{E(xy, xy)}{(x-a_0)f(xy)_2} t^{-1} + \mathfrak{P}(t),$$

im zweiten

$$-\frac{E(xy, a_0 b_0)}{(x-a_0)f(a_0 b_0)_2} t^{-1} + \overline{\mathfrak{P}}(t).$$

Nach einem früher bewiesenen Satze (S. 95) verschwindet aber die Summe der Coefficienten von t^{-1} in der Entwickelung von

$$\frac{E(xy, x'_t y'_t)}{(x'_t - x)(x'_t - a_0) f(x'_t y'_t)_2} \frac{dx'_t}{dt},$$

diese Summe erstreckt über alle nicht äquivalenten Elemente des Gebildes, für welche überhaupt ein solches Glied vorkommen kann; also muss sein

$$\frac{E(xy, xy)}{(x-a_0) f(xy)_2} - \frac{E(xy, a_0 b_0)}{(x-a_0) f(a_0 b_0)_2} = 0.$$

Sind demnach die Coefficienten in $E(xy, x'y')$ so bestimmt, dass

$$\frac{E(xy, xy)}{x - a_0} = f(xy)_2$$

ist, so besteht von selbst auch die Gleichung

$$\frac{E(xy, a_0 b_0)}{x - a_0} = f(a_0 b_0)_2;$$

es ist also in der That eine der obigen $2r + \varrho$ Gleichungen eine Folge der übrigen.

Nachdem die Function $E(xy, x'y')$ in der angegebenen Weise bestimmt ist, ergiebt sich $H(xy, x'y')$ aus der Gleichung

$$H(xy, x'y') = \frac{E(xy, x'y')}{(x'-x)(x'-a_0) f(x'y')_2}.$$

In den Bedingungsgleichungen zur Bestimmung der Coefficienten der Function $E(xy, x'y')$ treten die singulären Stellen $\left(\frac{a}{c}\ \frac{b}{c}\right)$ des Gebildes $f(x, y) = 0$ auf (S. 194). Die Werthe von $\frac{a}{c}$ und $\frac{b}{c}$ ergeben sich hierbei durch die Lösung algebraischer Gleichungen. Sind $A, B, C, \ldots$ die Coefficienten der Gleichung $f(x, y) = 0$, und ist δ eine durch eine gewisse irreductible algebraische Gleichung

$$G(\delta; A, B, C, \ldots) = 0$$

definirte Hülfsgrösse, so lassen sich $\frac{a}{c}$ und $\frac{b}{c}$ in der Form

$$\frac{a}{c} = R_1(\delta; A, B, C, \ldots), \quad \frac{b}{c} = R_2(\delta; A, B, C, \ldots)$$

darstellen, wobei R_1 und R_2 rationale Functionen ihrer Argumente bezeichnen.

Jede der aufgestellten Bedingungsgleichungen, in welcher eine singuläre Stelle $\left(\frac{a}{c}\,\frac{b}{c}\right)$ auftritt, erhält durch Substitution dieser Ausdrücke die Gestalt

$$\mathfrak{G}(\delta; A, B, C, \ldots) = 0,$$

wo die linke Seite eine ganze rationale Function von δ ist, deren Grad in Bezug auf δ niedriger als der Grad der Gleichung $G(\delta; A, B, C, \ldots) = 0$ angenommen werden kann. Dann muss die Gleichung $\mathfrak{G}(\delta; A, B, C, \ldots) = 0$ für alle Wurzeln von $G(\delta; A, B, C, \ldots) = 0$ erfüllt werden, d. h. die Coefficienten von δ in $\mathfrak{G}(\delta; A, B, C, \ldots)$ müssen einzeln verschwinden. Daraus folgt, dass die Bedingungsgleichungen für die Coefficienten der Function $E(xy, x'y')$ sich stets in der Art umgestalten lassen, dass sie die Coefficienten $A, B, C, \ldots$ der gegebenen algebraischen Gleichung $f(x, y) = 0$ rational enthalten.

Es ist noch daran zu erinnern, dass wir die wirkliche Bildung der Function $H(xy, x'y')$ nur für den speciellen Fall durchgeführt haben, in dem sich aus jeder der Gleichungen, welche für die Umgebung der singulären Stellen das Gebilde darstellen, schon nach der ersten Transformation lauter Gleichungen erster Ordnung ergeben. Wenn diese Voraussetzung nicht eintritt, so lässt sich die Function $H(xy, x'y')$ ebenfalls ohne Schwierigkeit aufstellen; doch gehen wir darauf nicht ein.

Lassen wir bei der Bestimmung der Coefficienten in $E(xy, x'y')$ die ϱ Gleichungen

$$E(xy, a_\alpha b_\alpha) = 0 \qquad (\alpha = 1, 2, \ldots \varrho)$$

weg, so enthält die Function noch ϱ willkürliche Coefficienten. Welche Werthe diese auch haben mögen, die Eigenschaft bleibt erhalten, dass in der Entwickelung von

$$\frac{E(xy, x_t' y_t')}{(x_t' - x)(x_t' - a_0) f(x_t' y_t')_2} \frac{dx_t'}{dt}$$

negative Potenzen von t nur dann auftreten, wenn das Element $(x_t' y_t')$ eine der beiden Stellen (xy) oder $(a_0 b_0)$ zum Mittelpunkt hat.

Setzen wir jetzt, unter (xy) und $(a_0 b_0)$ beliebige Stellen verstehend, für welche, wie vorher, $f(xy)_2$ und $f(a_0 b_0)_2$ nicht verschwinden,

$$\frac{E(xy, x'y')}{(x' - x)(x' - a_0) f(x'y')_2} = \overline{H}(xy, x'y'),$$

so enthält diese Function noch ϱ willkürliche Coefficienten. Auch jetzt kommen in

$$\overline{H}(xy, x'_t y'_t)\frac{dx'_t}{dt}$$

negative Potenzen von t nur vor, wenn der Mittelpunkt des Elements $(x'_t y'_t)$ die Stelle (xy) oder $(a_0 b_0)$ ist; und zwar ist wieder das einzige Glied mit einer negativen Potenz im ersten Fall gleich t^{-1} und im zweiten gleich $-t^{-1}$.

Jede rationale Function des Paares (xy) haben wir früher (S. 97) in der Form

$$F(xy) = C_0 + \sum_{(\nu)}\left\{C_\nu H(xy, x_\nu y_\nu)_0 + C'_\nu H(xy, x_\nu y_\nu)_1 + \cdots + C_\nu^{(\mu_\nu - 1)} H(xy, x_\nu y_\nu)_{\mu_\nu - 1}\right\}$$

dargestellt, wobei die Summe sich auf alle Stellen $(x_\nu y_\nu)$ des Gebildes bezieht, für welche die Function $F(xy)$ unendlich gross wird; μ_ν bedeutet dabei die Ordnungszahl des Unendlichwerdens von $F(xy)$ an der Stelle $(x_\nu y_\nu)$. Der Beweis dieser Formel beruhte darauf, dass in der Entwickelung von

$$H(xy, x'_\tau y'_\tau)\frac{dx'_\tau}{d\tau}$$

negative Potenzen von τ nur vorkommen, wenn das Element $(x'_\tau y'_\tau)$ für $\tau = 0$ eine der beiden Stellen (xy) oder $(a_0 b_0)$ liefert, und dass im ersten Fall das Anfangsglied gleich τ^{-1}, im zweiten gleich $-\tau^{-1}$ ist. Die andere Eigenschaft von $H(xy, x'y')$, als Function des Paares $(x'y')$ betrachtet zu verschwinden, wenn $(x'y')$ mit einer der ϱ Stellen $(a_\alpha b_\alpha)$ zusammenfällt (S. 197), ist für die Darstellung der Function $F(xy)$ in jener Form nicht wesentlich.

Es sei nämlich $F(xy)$ eine beliebige rationale Function des Paares (xy), so ist nach dem häufig angewandten Satze (S. 95)

$$\sum\left[F(x'_\tau y'_\tau)\left\{\overline{H}(xy, x'_\tau y'_\tau) - \overline{H}(x_0 y_0, x'_\tau y'_\tau)\right\}\frac{dx'_\tau}{d\tau}\right]_{\tau^{-1}} = 0,$$

die Summe über alle Elemente $(x'_\tau y'_\tau)$ ausgedehnt, für welche in der Entwickelung des in der Klammer stehenden Ausdrucks negative Potenzen von τ vorkommen. Hierbei werde angenommen, dass die Function $F(xy)$ für die Stellen (xy), $(x_0 y_0)$ und $(a_0 b_0)$ nicht unendlich gross wird. Dann ist für das Element, welches die Umgebung der Stelle (xy) darstellt, der Coefficient von τ^{-1} gleich

$$F(xy),$$

und entsprechend ergiebt sich für das Element $(x'_\tau y'_\tau)$ mit dem Mittelpunkte $(x_0 y_0)$ als Coefficient von τ^{-1}

$$-F(x_0 y_0).$$

Demnach erhalten wir

$$F(xy) - F(x_0 y_0) = -\sum_{(\nu)} \left[F(\overset{(\nu)}{x}_\tau \overset{(\nu)}{y}_\tau) \{ \overline{H}(xy, \overset{(\nu)}{x}_\tau \overset{(\nu)}{y}_\tau) - \overline{H}(x_0 y_0, \overset{(\nu)}{x}_\tau \overset{(\nu)}{y}_\tau) \} \frac{d\overset{(\nu)}{x}_\tau}{d\tau} \right]_{\tau^{-1}},$$

wobei die Summation über diejenigen Elemente $(\overset{(\nu)}{x}_\tau \overset{(\nu)}{y}_\tau)$ zu erstrecken ist, für deren Mittelpunkte $(x_\nu y_\nu)$ die Function $F(xy)$ unendlich gross wird.

Ebenso wie für die Function $H(xy, x'y')$ (S. 79, (B.)) werde auch hier

$$\overline{H}(xy, \overset{(\nu)}{x}_\tau \overset{(\nu)}{y}_\tau) \frac{d\overset{(\nu)}{x}_\tau}{d\tau} = -\sum_{(\mu)} \overline{H}(xy, x_\nu y_\nu)_\mu \tau^\mu$$

gesetzt. Da der Annahme nach das Element $(\overset{(\nu)}{x}_\tau \overset{(\nu)}{y}_\tau)$ nicht die Umgebung einer der beiden Stellen (xy) und $(a_0 b_0)$ darstellt, so nimmt der Index μ nur den Werth Null und positive Werthe an. Gilt nun die Entwickelung

$$F(\overset{(\nu)}{x}_\tau \overset{(\nu)}{y}_\tau) = C_\nu \tau^{-1} + C'_\nu \tau^{-2} + \cdots + C_\nu^{(\mu_\nu - 1)} \tau^{-\mu_\nu} + \mathfrak{P}(\tau),$$

ist also auch jetzt μ_ν die Ordnungszahl, mit welcher $F(xy)$ an der Stelle $(x_\nu y_\nu)$ unendlich gross wird, so folgt

$$F(xy) = C_0 + \sum_{(\nu)} \left\{ C_\nu \overline{H}(xy, x_\nu y_\nu)_0 + C'_\nu \overline{H}(xy, x_\nu y_\nu)_1 + \cdots + C_\nu^{(\mu_\nu - 1)} \overline{H}(xy, x_\nu y_\nu)_{\mu_\nu - 1} \right\}.$$

Demnach kann eine beliebige rationale Function des Paares (xy) in analoger Weise durch die Function $\overline{H}(xy, x'y')$ ausgedrückt werden, wie dies früher mittels der Function $H(xy, x'y')$ geschehen ist; es kommt also bei dieser Darstellung auf die Eigenschaft, dass $H(xy, x'y')$ für $(x'y') = (a_\alpha b_\alpha)$ verschwindet, nicht an.

Der vorstehende Ausdruck liefert bei unbestimmten Coefficienten C_ν, C'_ν, ... nicht etwa stets eine rationale Function des Paares (xy), die nur an den Stellen $(x_\nu y_\nu)$ unendlich gross wird. Dazu müssen vielmehr Bedingungsgleichungen erfüllt sein, welche vollkommen den früher (S. 98) bei der Darstellung einer rationalen Function durch die Function $H(xy, x'y')$ aufgestellten entsprechen.

Wir wollen nun die entwickelte Formel anwenden, um die Function $H(xy, x'y')$ durch $\overline{H}(xy, x'y')$ auszudrücken. Aus der vorher bewiesenen Gleichung ergiebt sich

$$H(xy, x'y') - H(x_0 y_0, x'y') = -\sum_{(\nu)} \left[H(\overset{(\nu)}{x}_\tau \overset{(\nu)}{y}_\tau, x'y') \{ \overline{H}(xy, \overset{(\nu)}{x}_\tau \overset{(\nu)}{y}_\tau) - \overline{H}(x_0 y_0, \overset{(\nu)}{x}_\tau \overset{(\nu)}{y}_\tau) \} \frac{d\overset{(\nu)}{x}_\tau}{d\tau} \right]_{\tau^{-1}}.$$

Die Stellen $(x_\nu y_\nu)$, für welche $H(xy, x'y')$ unendlich gross wird, sind jetzt $(x'y')$, $(a_1 b_1)$, ... $(a_\varrho b_\varrho)$, wobei die Annahme gemacht werde, dass $f(xy)_2$ für keine von ihnen verschwindet. Aus den beiden Formeln (S. 66 und S. 79, (A.))

$$H(x'_\tau y'_\tau, x'y') = -\tau^{-1} + \mathfrak{P}(\tau),$$

$$H(\overset{\alpha}{x}_\tau \overset{\alpha}{y}_\tau, x'y') = H(x'y')_\alpha \tau^{-1} + \sum_{\nu=0}^{\infty} H^{(\nu)}(x'y')_\alpha \tau^\nu \qquad (\alpha = 1, 2, \ldots \varrho)$$

folgt dann, wenn

$$x'_\tau = x' + \tau, \quad \overset{\alpha}{x}_\tau = a_\alpha + \tau$$

gesetzt wird,

$$H(xy, x'y') - H(x_0 y_0, x'y') = \overline{H}(xy, x'y') - \overline{H}(x_0 y_0, x'y')$$
$$- \sum_{\alpha=1}^{\varrho} H(x'y')_\alpha \{ \overline{H}(xy, a_\alpha b_\alpha) - \overline{H}(x_0 y_0, a_\alpha b_\alpha) \}.$$

Für $(x'y') = (a_\beta b_\beta)$ ist

$$H(a_\beta b_\beta)_\alpha = \begin{cases} 0 & \text{für } \beta \gtrless \alpha \\ 1 & \text{für } \beta = \alpha, \end{cases} \qquad (\alpha, \beta = 1, 2, \ldots \varrho)$$

mithin ergiebt sich

$$H(xy, x'y') = \overline{H}(xy, x'y') - \sum_{\alpha=1}^{\varrho} H(x'y')_\alpha \overline{H}(xy, a_\alpha b_\alpha).$$

Führen wir nun für $H(x'y')_\alpha$ den im vorigen Kapitel (S. 192) gefundenen Ausdruck

$$H(x'y')_\alpha = \frac{f(a_\alpha b_\alpha)_2}{D} \frac{D_\alpha(x'y')}{f(x'y')_2}$$

und für die Function $\overline{H}(xy, x'y')$ wieder den Quotienten

$$\frac{E(xy, x'y')}{(x'-x)(x'-a_0) f(x'y')_2}$$

ein und setzen zur Abkürzung

$$\frac{D . E(xy, x'y')}{(x'-x)(x'-a_0)} - \sum_{\alpha=1}^{\varrho} \frac{D_\alpha(x'y')\, E(xy, a_\alpha b_\alpha)}{(a_\alpha - x)(a_\alpha - a_0)} = \mathfrak{F}(xy; x'y', a_1 b_1, \ldots a_\varrho b_\varrho),$$

so erhalten wir schliesslich

$$H(xy, x'y') = \frac{\mathfrak{F}(xy; x'y', a_1 b_1, \ldots a_\varrho b_\varrho)}{D . f(x'y')_2}.$$

Wie man aus den Werthen von D und $D_\alpha(x'y')$ erkennt (S. 192), wechselt die Function $\mathfrak{F}(xy; x'y', a_1 b_1, \ldots a_\varrho b_\varrho)$ ihr Zeichen, wenn man zwei der Stellen $(x'y'), (a_1 b_1), \ldots (a_\varrho b_\varrho)$ mit einander vertauscht; der Ausdruck von $H(xy, x'y')$ ist demnach in Bezug auf die Stellen $(a_1 b_1), \ldots (a_\varrho b_\varrho)$ symmetrisch gebildet.

Neuntes Kapitel.

Die Bildung einer rationalen Function des Paares (xy) mit einer einzigen Unendlichkeitsstelle.

Mit Hülfe einer rationalen Function des Paares (xy), welche an einer einzigen Stelle von hinreichend hoher Ordnung unendlich wird, werden wir das algebraische Gebilde so transformiren, dass es nur ein Element im Unendlichen hat. Für dieses transformirte Gebilde $\varphi(\xi, \eta) = 0$ werden wir sodann an Stelle der Function $H(xy, x'y')$, welche an $\varrho+1$ beliebig gewählten Stellen $(x'y')$, $(a_1 b_1)$, $(a_2 b_2)$, $\dots$ $(a_\varrho b_\varrho)$ mit der Ordnungszahl 1 unendlich wird, eine rationale Function $\overline{H}(\xi\eta, \xi'\eta')$ des Paares $(\xi\eta)$ einführen, die im Endlichen nur an einer willkürlich gewählten Stelle $(\xi'\eta')$ von der ersten Ordnung und ausserdem für die unendlich ferne Stelle von hinreichend hoher Ordnung unendlich wird. Die Bildung einer solchen Function ist für manche Untersuchungen erforderlich.

Jede rationale Function $F(xy)$ des Paares (xy), welche an einer einzigen, im Endlichen gelegenen Stelle (ab) mit der Ordnungszahl σ unendlich gross wird, lässt sich, wie früher (S. 97) bewiesen worden ist, in der Form:

$$F(xy) = c_0 + c_1 H(xy, ab)_0 + c_2 H(xy, ab)_1 + \cdots + c_\sigma H(xy, ab)_{\sigma-1}$$

darstellen. Dabei wird die Function $H(xy, ab)_\mu$ an der Stelle (ab) von der $(\mu+1)^{\text{ten}}$ Ordnung und ausserdem nur noch an den ϱ Stellen $(a_1 b_1)$, $(a_2 b_2)$, $\dots$ $(a_\varrho b_\varrho)$ von der ersten Ordnung unendlich gross. Bezeichnet $(\bar{x}_t \bar{y}_t)$ das Element des Gebildes mit dem Mittelpunkte (ab), $(\overset{\alpha}{x}_t \overset{\alpha}{y}_t)$ dasjenige mit dem Mittelpunkt $(a_\alpha b_\alpha)$, so bestehen, wie wir gefunden haben (S. 84, (I, 1 und 3)), die Entwickelungen

$$H(\bar{x}_t \bar{y}_t, ab)_\mu = t^{-\mu-1} + \mathfrak{P}(t)$$

und

$$H(\overset{\alpha}{x}_t \overset{\alpha}{y}_t, ab)_\mu = -t^{-1}\left[H(x_\tau y_\tau)_\alpha \frac{dx_\tau}{d\tau}\right]_{\tau^\mu} + \mathfrak{P}(t) \qquad (\alpha = 1, 2, \ldots \varrho).$$

Hierbei wird vorausgesetzt, dass die Stelle (ab) mit keiner der Stellen $(a_1 b_1), (a_2 b_2), \ldots (a_\varrho b_\varrho)$ zusammenfällt. Ferner sei

$$H(\bar{x}_\tau \bar{y}_\tau)_\alpha \frac{d\bar{x}_\tau}{d\tau} = h_{\alpha 1} + h_{\alpha 2}\tau + \cdots \qquad (\alpha = 1, 2, \ldots \varrho).$$

Soll nun die Function $F(xy)$ nur an der einen Stelle (ab) unendlich gross werden, so ist dafür nothwendig und hinreichend (S. 98), dass die σ Coefficienten $c_1, c_2, \ldots c_\sigma$ die ϱ linearen homogenen Gleichungen

$$h_{\alpha 1} c_1 + h_{\alpha 2} c_2 + \cdots + h_{\alpha\sigma} c_\sigma = 0 \qquad (\alpha = 1, 2, \ldots \varrho)$$

befriedigen; und falls sich hieraus für c_σ ein von Null verschiedener Werth ergiebt, so ist $F(xy)$ eine rationale Function des Paares (xy), welche nur an der Stelle (ab) von der σ^{ten} Ordnung unendlich wird. Wir haben bei der Untersuchung, unter welchen Bedingungen dies stattfindet, zwei Fälle zu unterscheiden, je nachdem die Determinante

$$|h_{\alpha\beta}| \qquad (\alpha, \beta = 1, 2, \ldots \varrho)$$

von Null verschieden oder gleich Null ist. Das Letztere kann nur für specielle Stellen (ab) eintreten.

Liegt zunächst der allgemeine Fall vor, ist also die Determinante

$$|h_{\alpha\beta}| \qquad (\alpha, \beta = 1, 2, \ldots \varrho)$$

von Null verschieden, so können für $\sigma \leqq \varrho$ die ϱ linearen Gleichungen

$$h_{\alpha 1} c_1 + h_{\alpha 2} c_2 + \cdots + h_{\alpha\sigma} c_\sigma = 0 \qquad (\alpha = 1, 2, \ldots \varrho)$$

nur durch das Werthsystem $c_1 = 0,\ c_2 = 0,\ \ldots\ c_\sigma = 0$ befriedigt werden. Ist aber $\sigma \geqq \varrho + 1$, so lassen sich $c_1, c_2, \ldots c_\varrho$ als lineare homogene Functionen der willkürlich bleibenden Grössen $c_{\varrho+1}, c_{\varrho+2}, \ldots c_\sigma$ darstellen. Sobald daher c_σ von Null verschieden angenommen wird, ergiebt sich aus der Gleichung

$$F(xy) = c_0 + c_1 H(xy, ab)_0 + c_2 H(xy, ab)_1 + \cdots + c_\sigma H(xy, ab)_{\sigma-1}$$

$F(xy)$ als eine rationale Function σ^{ten} Grades mit der einzigen Unendlichkeitsstelle (ab). Verschwindet also die Determinante

$$|h_{\alpha\beta}| \qquad (\alpha, \beta = 1, 2, \dots \varrho)$$

nicht, so existirt keine rationale Function, welche nur an der Stelle (ab) von der ersten, zweiten, . . . oder ϱ^{ten} Ordnung unendlich wird, wohl aber giebt es solche Functionen, welche an jener Stelle von der $(\varrho+1)^{\text{ten}}$ oder einer beliebigen höheren Ordnung unendlich gross werden.

Zweitens sei für die Stelle (ab)

$$|h_{\alpha\beta}| = 0, \qquad (\alpha, \beta = 1, 2, \dots \varrho)$$

so lässt sich den ϱ linearen Gleichungen

$$h_{\alpha 1} c_1 + h_{\alpha 2} c_2 + \cdots + h_{\alpha \varrho} c_\varrho = 0 \qquad (\alpha = 1, 2, \dots \varrho)$$

durch Grössen $c_1, c_2, \dots c_\varrho$ genügen, welche nicht sämmtlich gleich Null sind; es existirt demnach eine rationale Function des Paares (xy) mit einer einzigen Unendlichkeitsstelle (ab) vom ϱ^{ten} oder von niedrigerem Grade, je nachdem sich c_ϱ als von Null verschieden oder gleich Null ergiebt. Sind auch die ϱ Gleichungen

$$h_{\alpha 1} c_1 + h_{\alpha 2} c_2 + \cdots + h_{\alpha \varrho-1} c_{\varrho-1} = 0 \qquad (\alpha = 1, 2, \dots \varrho)$$

noch zu befriedigen, ohne dass $c_1, c_2, \dots c_{\varrho-1}$ sämmtlich verschwinden, so giebt es auch eine solche Function $(\varrho-1)^{\text{ten}}$ Grades, falls $c_{\varrho-1}$ von Null verschieden ist, oder niedrigeren Grades, falls $c_{\varrho-1}$ gleich Null ist. In dem letzten System setzen wir nun $c_{\varrho-1}$ gleich Null und untersuchen, ob ihm dann noch Werthe $c_1, c_2, \dots c_{\varrho-2}$ genügen, welche nicht sämmtlich verschwinden, u. s. f. Schliesslich kommen wir zu einem Gleichungssystem

$$h_{\alpha 1} c_1 + h_{\alpha 2} c_2 + \cdots + h_{\alpha\, l-1} c_{l-1} = 0, \qquad (\alpha = 1, 2, \dots \varrho)$$

welches nur durch die Werthe $c_1 = 0$, $c_2 = 0$, $\dots$ $c_{l-1} = 0$ zu befriedigen ist, während dem vorhergehenden System

$$h_{\alpha 1} c_1 + h_{\alpha 2} c_2 + \cdots + h_{\alpha l} c_l = 0 \qquad (\alpha = 1, 2, \dots \varrho)$$

noch Grössen $c_1, c_2, \dots c_l$ genügen, die nicht alle gleich Null sind. Insbesondere muss dann c_l von Null verschieden sein, sodass eine Function existirt, welche nur an der einen Stelle (ab) mit der Ordnungszahl l unendlich wird; l ist dann auch gleich dem Grade dieser rationalen Function des Paares

(xy). Dagegen giebt es keine Function niedrigeren Grades, für welche (ab) die einzige Unendlichkeitsstelle ist.

Während also im allgemeinen Falle l den Werth $\varrho+1$ hat, ist für die zuletzt betrachteten speciellen Stellen (ab) $l \leqq \varrho$. Für alle Stellen aber muss l grösser als 1 sein, denn wäre $l=1$, so würde es für das Gebilde eine Function ersten Grades geben, was vermöge der stets beibehaltenen Voraussetzung, dass der Rang des betrachteten Gebildes grösser als Null sein soll, ausgeschlossen ist (S. 62).

Ist die Zahl l in dieser Weise bestimmt, so kann eine rationale Function $(l+1)^{\text{ten}}$ Grades existiren, welche nur an der Stelle (ab) unendlich wird, doch braucht dies nicht der Fall zu sein. Nun soll gezeigt werden, dass sich für jede Stelle (ab) eine Zahl k der Art finden lässt, dass jedenfalls Functionen, die nur an der Stelle (ab) unendlich gross werden, für alle höheren Grade $k+1, k+2, \ldots$ existiren. Verschwindet für die Stelle (ab) die Determinante $|h_{\alpha\beta}|$ nicht, so ist $k=\varrho$.

Wir betrachten dazu das System der Coefficienten

$$\begin{array}{l} h_{11}, h_{12}, h_{13}, \ldots, \\ \cdot \quad \cdot \quad \cdot \quad \cdot \quad \cdot \quad \cdot \\ h_{\varrho 1}, h_{\varrho 2}, h_{\varrho 3}, \ldots, \end{array}$$

welche in den Entwickelungen der ϱ Functionen

$$H(\bar{x}_\tau \bar{y}_\tau)_\alpha \frac{d\bar{x}_\tau}{d\tau} \qquad (\alpha = 1, 2, \ldots \varrho)$$

auftreten. Jede seiner Horizontalreihen enthält unbegrenzt viele Elemente. Denken wir uns nun durch Herausgreifen von ϱ Verticalreihen Determinanten ϱ^{ten} Grades gebildet, so muss, da die ϱ Functionen $H(xy)_\alpha$ linear unabhängig sind, unbedingt der Fall eintreten, dass eine der so gebildeten Determinanten ϱ^{ten} Grades nicht verschwindet.

Die Indices $n_1, n_2, \ldots n_\nu$ mögen nämlich so gewählt werden, dass die Determinante

$$|h_{\gamma\delta}| \qquad (\gamma = 1, 2, \ldots \nu;\ \delta = n_1, n_2, \ldots n_\nu)$$

von Null verschieden ist; eine Forderung, welche sich jedenfalls für $\nu = 1$ erfüllen lässt. Wenn nun die Determinante

$$|h_{\gamma'\delta'}| \qquad (\gamma' = 1, 2, \ldots \nu+1;\ \delta' = n_1, n_2, \ldots n_{\nu+1})$$

für alle Indices $n_{\nu+1}$ verschwände, so würde sich die Gleichung

$$C_1 h_{1\mu} + C_2 h_{2\mu} + \cdots + C_{\nu+1} h_{\nu+1\,\mu} = 0$$

für jeden Werth des Index μ durch die nämlichen Werthe der Constanten $C_1, C_2, \ldots C_{\nu+1}$ befriedigen lassen, ohne dass alle diese Werthe gleich Null sind. Die $\nu+1$ Functionen $H(xy)_1, H(xy)_2, \ldots H(xy)_{\nu+1}$ wären mithin linear abhängig. Ist $\nu+1=\varrho$, so ist damit die Behauptung bewiesen; sonst wenden wir dieselben Schlüsse wiederholt an.

Es seien nun die Indices $k_1, k_2, \ldots k_\varrho$ in aufsteigender Reihe geordnet, und es sei

$$\left| h_{\alpha k_\beta} \right| \qquad (\alpha, \beta = 1, 2, \ldots \varrho)$$

unter allen nicht verschwindenden Determinanten diejenige, in welcher k_ϱ den kleinsten Werth hat, während mit $m, n, \ldots q$ diejenigen $k_\varrho - \varrho$ der Zahlen $1, 2, \ldots k_\varrho$ bezeichnet werden mögen, welche von $k_1, k_2, \ldots k_\varrho$ verschieden sind. Dann lassen sich aus den Gleichungen

$$h_{\alpha 1} c_1 + h_{\alpha 2} c_2 + \cdots + h_{\alpha\sigma} c_\sigma = 0, \qquad (\alpha = 1, 2, \ldots \varrho)$$

in denen σ eine beliebige ganze Zahl bedeutet, welche grösser als k_ϱ ist, die Coefficienten $c_{k_1}, c_{k_2}, \ldots c_{k_\varrho}$ durch die übrigen $c_m, c_n, \ldots c_q, c_{k_\varrho+1}, c_{k_\varrho+2}, \ldots c_\sigma$ in der Form

$$c_{k_\alpha} = (k_\alpha, m) c_m + (k_\alpha, n) c_n + \cdots + (k_\alpha, q) c_q + (k_\alpha, k_\varrho+1) c_{k_\varrho+1} + (k_\alpha, k_\varrho+2) c_{k_\varrho+2} + \cdots + (k_\alpha, \sigma) c_\sigma$$
$$(\alpha = 1, 2, \ldots \varrho)$$

darstellen, wobei die Grössen $c_m, c_n, \ldots c_q, c_{k_\varrho+1}, c_{k_\varrho+2}, \ldots c_\sigma$ auf der rechten Seite willkürlich bleiben. Durch Substitution dieser Werthe in den vorher aufgestellten Ausdruck einer rationalen Function $F(xy)$ σ^{ten} Grades mit einer einzigen Unendlichkeitsstelle (ab) folgt

$$\begin{aligned}
F(xy) = c_0 &+ c_m \{ H(xy, ab)_{m-1} + (k_1, m) H(xy, ab)_{k_1-1} + \cdots + (k_\varrho, m) H(xy, ab)_{k_\varrho-1} \} \\
&+ \cdots\cdots\cdots\cdots\cdots\cdots\cdots\cdots \\
&+ c_q \{ H(xy, ab)_{q-1} + (k_1, q) H(xy, ab)_{k_1-1} + \cdots + (k_\varrho, q) H(xy, ab)_{k_\varrho-1} \} \\
&+ c_{k_\varrho+1} \{ H(xy, ab)_{k_\varrho} + (k_1, k_\varrho+1) H(xy, ab)_{k_1-1} + \cdots + (k_\varrho, k_\varrho+1) H(xy, ab)_{k_\varrho-1} \} \\
&+ \cdots\cdots\cdots\cdots\cdots\cdots\cdots\cdots \\
&+ c_\sigma \{ H(xy, ab)_{\sigma-1} + (k_1, \sigma) H(xy, ab)_{k_1-1} + \cdots + (k_\varrho, \sigma) H(xy, ab)_{k_\varrho-1} \}.
\end{aligned}$$

Setzen wir hierin $\sigma = k_\varrho + 1$ und nehmen $c_{k_\varrho+1}$ von Null verschieden an, so ergiebt sich die Existenz einer rationalen Function $F(xy)$ vom Grade $k_\varrho + 1$. Hat σ den Werth $k_\varrho + 2$, und verschwindet $c_{k_\varrho+2}$ nicht, so wird $F(xy)$ eine Function $(k_\varrho + 2)^{\text{ten}}$ Grades, u. s. f. Schliesslich folgt, da σ beliebig ist, dass Functionen mit der einzigen Unendlichkeitsstelle (ab) von jedem Grade existiren, welcher grösser als k_ϱ ist. Die gesuchte Zahl k kann also gleich der im Vorhergehenden bestimmten Zahl k_ϱ gesetzt werden.

Auf der Bildung solcher Functionen des Paares (xy), welche an einer einzigen Stelle (ab) unendlich gross werden, beruht eine wichtige rationale Transformation des algebraischen Gebildes $f(x, y) = 0$. Nach Annahme der Stelle (ab) sei in der Reihe der Zahlen, welche die Grade der Functionen angeben, die nur an dieser Stelle unendlich gross werden, ν eine beliebige und μ eine auf ν folgende Zahl, welche mit ν keinen gemeinsamen Theiler hat. Eine solche Zahl μ giebt es jedenfalls unter den Zahlen $k+1, k+2, \ldots$. Für eine Stelle (ab), für welche

$$|h_{\alpha\beta}| \qquad (\alpha, \beta = 1, 2, \ldots \varrho)$$

nicht verschwindet, kann z. B. $\nu = \varrho + 1$ und $\mu = \varrho + 2$ angenommen werden. Sind nun $R_1(xy)$ und $R_2(xy)$ zwei Functionen ν^{ten} und μ^{ten} Grades, deren einzige Unendlichkeitsstelle (ab) ist, so werde

$$\xi = R_1(xy), \quad \eta = R_2(xy)$$

gesetzt. Eliminiren wir x und y mit Hülfe von $f(x, y) = 0$ aus diesen beiden Gleichungen, so erhalten wir eine algebraische Gleichung $\varphi(\xi, \eta) = 0$, deren Grade in Bezug auf ξ und η gleich μ und ν sind. Für das Gebilde $f(x, y) = 0$ sei nämlich

$$\bar{x}_t = a + t\,\mathfrak{P}_1(t), \quad \bar{y}_t = b + t\,\mathfrak{P}_2(t),$$

so ist

$$\xi = R_1(\bar{x}_t\bar{y}_t) = c_1\{t^{-\nu} + c_1' t^{-\nu+1} + \cdots\},$$
$$\eta = R_2(\bar{x}_t\bar{y}_t) = c_2\{t^{-\mu} + c_2' t^{-\mu+1} + \cdots\},$$

wobei c_1 und c_2 von Null verschieden sein müssen. Oder, wenn der Einfachheit wegen $R_1(xy)$ für $\frac{R_1(xy)}{c_1}$ und $R_2(xy)$ für $\frac{R_2(xy)}{c_2}$ gesetzt wird, so folgt

$$\xi = R_1(\bar{x}_t\bar{y}_t) = t^{-\nu} + c_1' t^{-\nu+1} + \cdots,$$
$$\eta = R_2(\bar{x}_t\bar{y}_t) = t^{-\mu} + c_2' t^{-\mu+1} + \cdots.$$

Hierbei treten in $\bar{x}_t$ oder $\bar{y}_t$ eine endliche Anzahl negativer Potenzen von t auf, wenn a oder b unendlich gross wird. Aus der vorletzten Reihe ergiebt sich für Werthe von ξ, welche dem absoluten Betrage nach hinreichend gross sind,

$$t = \xi^{-\frac{1}{\nu}} + C\xi^{-\frac{2}{\nu}} + \cdots,$$

mithin wird

$$\eta = \xi^{\frac{\mu}{\nu}}\Big\{1 + \xi^{-\frac{1}{\nu}}\mathfrak{P}\big(\xi^{-\frac{1}{\nu}}\big)\Big\}.$$

Da μ und ν relative Primzahlen sind, so liefert diese Reihe ν Werthe von η zu einem Werthe von ξ, d. h. die Gleichung $\varphi(\xi, \eta) = 0$ ist in Bezug auf η vom ν^{ten} Grade. Ganz entsprechend wird bewiesen, dass sie in Bezug auf ξ den Grad μ hat.

Die algebraische Gleichung $\varphi(\xi, \eta) = 0$ ist irreductibel. Denn gesetzt, es wäre $\varphi(\xi, \eta)$ Potenz einer irreductiblen Function $\psi(\xi, \eta)$ (S. 57—58), so sei

$$\varphi(\xi, \eta) = \psi^{\lambda}(\xi, \eta).$$

Ist nun $\psi(\xi, \eta)$ in Bezug auf ξ und η vom Grade μ' und ν', so müsste

$$\mu = \lambda\mu', \quad \nu = \lambda\nu'$$

sein, was der Annahme widerspricht, dass μ und ν relativ prim sind.

Mithin ergeben sich auch umgekehrt x und y als rationale Functionen von ξ und η (S. 58):

$$x = \mathfrak{R}_1(\xi\eta), \quad y = \mathfrak{R}_2(\xi\eta),$$

und die beiden Gebilde $f(x, y) = 0$ und $\varphi(\xi, \eta) = 0$ gehen durch rationale Transformation aus einander hervor (S. 59).

In der Gleichung $\varphi(\xi, \eta) = 0$ sind die Coefficienten der höchsten Potenzen ξ^{μ} und η^{ν} Constanten, und zwar darf angenommen werden, dass sie die Werthe $+1$ und -1 haben. Denn die Gleichung $\varphi(\xi, \eta) = 0$ hat nach Division durch den Coefficienten von η^{ν} die Form

$$\eta^{\nu} + f_1(\xi)\eta^{\nu-1} + \cdots + f_{\nu}(\xi) = 0.$$

Gesetzt nun, es wären hierin $f_1(\xi), f_2(\xi), \ldots f_{\nu}(\xi)$ sämmtlich oder theilweise gebrochene rationale Functionen von ξ, so würde η ausser für $\xi = \infty$ auch für diejenigen Werthe von ξ unendlich gross werden, für welche die Nenner von $f_1(\xi), f_2(\xi), \dots f_\nu(\xi)$ verschwänden. Dies ist aber unmöglich, da $\eta = R_2(xy)$ nur an der Stelle (ab) unendlich wird und an dieser ξ keinen endlichen Werth hat. Demnach müssen sich $f_1(\xi), f_2(\xi), \dots f_\nu(\xi)$ auf ganze Functionen von ξ reduciren. Stellt man die Gleichung $\varphi(\xi, \eta) = 0$ in der Form

$$\xi^\mu + g_1(\eta)\,\xi^{\mu-1} + \cdots + g_\mu(\eta) = 0$$

dar, so kann man ebenso beweisen, dass $g_1(\eta), g_2(\eta), \dots g_\mu(\eta)$ ganze Functionen von η sind; es ist daher

$$\varphi(\xi, \eta) = A\xi^\mu + B\eta^\nu + \cdots.$$

Aus der Entwickelung

$$\eta = \xi^{\frac{\mu}{\nu}} + \cdots$$

folgt aber, dass die Constanten A und B einander entgegengesetzt gleich sein müssen, und hieraus weiter, dass die Coefficienten von ξ^μ und η^ν in der Gleichung $\varphi(\xi, \eta) = 0$ gleich $+1$ und -1 angenommen werden dürfen.

Die ν unendlich grossen Werthe von η, welche vermöge der Gleichung $\varphi(\xi, \eta) = 0$ zu einem unendlich grossen Werthe von $|\xi|$ gehören, ergeben sich, wie wir gefunden haben, mit Hülfe der einen Reihe

$$\eta = \xi^{\frac{\mu}{\nu}} \left\{ 1 + \xi^{-\frac{1}{\nu}} \mathfrak{P}\left(\xi^{-\frac{1}{\nu}}\right) \right\}.$$

Das algebraische Gebilde $\varphi(\xi, \eta) = 0$ hat demnach die besondere Eigenschaft, nur ein unendlich fernes Element $(\overset{\infty}{\xi}_t \overset{\infty}{\eta}_t)$ zu haben, wobei den Entwickelungen $\overset{\infty}{\xi}_t$ und $\overset{\infty}{\eta}_t$ die Form

$$\overset{\infty}{\xi}_t = t^{-\nu}, \quad \overset{\infty}{\eta}_t = t^{-\mu}\{1 + t\,\mathfrak{P}(t)\}$$

gegeben werden kann.

Ein Beispiel für ein Gebilde $\varphi(\xi, \eta) = 0$, welches nur ein Element im Unendlichen besitzt, hatten wir in dem hyperelliptischen

$$\eta^2 = R(\xi),$$

wenn $R(\xi)$ eine ganze rationale Function ungeraden Grades ist. Bezeichnet m den Grad von $R(\xi)$, so wird das unendlich ferne Element in diesem Fall durch ein Functionenpaar

$$\overset{\infty}{\xi}_t = At^{-2}, \quad \overset{\infty}{\eta}_t = A^{\frac{1}{2}(m+1)} t^{-m}\{1 + t^2\,\mathfrak{P}(t^2)\}$$

dargestellt. Das Gebilde hat dagegen zwei unendlich ferne Elemente, wenn $R(\xi)$ eine ganze Function geraden Grades ist (S. 133).

Wir gehen nun dazu über, für das so transformirte algebraische Gebilde $\varphi(\xi, \eta) = 0$ eine rationale Function $\overline{H}(\xi\eta, \xi'\eta')$ zu bilden, welche im Endlichen nur an der einen willkürlich gewählten Stelle $(\xi'\eta')$ von der ersten Ordnung unendlich gross wird und ausserdem von hinreichend hoher Ordnung für die unendlich ferne Stelle. Der Einfachheit wegen nehmen wir für $(\xi'\eta')$ eine nicht singuläre Stelle des Gebildes an. Setzen wir entsprechend dem Früheren (S. 62)

$$\varphi(\xi\eta, \eta') = \frac{\varphi(\xi, \eta') - \varphi(\xi, \eta)}{\eta' - \eta},$$

so wird der Quotient

$$\frac{\varphi(\xi\eta, \eta')}{(\xi' - \xi)\, \varphi(\xi'\eta')_2},$$

als Function des Paares $(\xi\eta)$ betrachtet, für $\xi = \xi'$, $\eta = \eta'$ von der ersten Ordnung unendlich, und zwar gilt (S. 63) für die Umgebung der Stelle $(\xi'\eta')$ die Entwickelung

$$-\frac{1}{\xi - \xi'} + \mathfrak{P}(\xi - \xi');$$

er bleibt dagegen endlich, wenn für $\xi = \xi'$ der Variablen η einer der $\nu - 1$ übrigen Werthe η'' beigelegt wird, welche zu Folge der Gleichung $\varphi(\xi, \eta) = 0$ zu $\xi = \xi'$ gehören. Ausser an der Stelle $(\xi'\eta')$ kann daher der Quotient nur noch für unendlich grosse Werthe von ξ unendlich werden. Für das unendlich ferne Element des Gebildes

$$\overset{\infty}{\xi}_t = t^{-\nu}, \quad \overset{\infty}{\eta}_t = t^{-\mu}\{1 + t\,\mathfrak{P}(t)\}$$

sei

$$\frac{\varphi(\overset{\infty}{\xi}_t \overset{\infty}{\eta}_t, \eta')}{(\xi' - \overset{\infty}{\xi}_t)\, \varphi(\xi'\eta')_2} = \frac{g_1(\xi'\eta')}{\varphi(\xi'\eta')_2} t^{-1} + \frac{g_2(\xi'\eta')}{\varphi(\xi'\eta')_2} t^{-2} + \cdots + \frac{g_r(\xi'\eta')}{\varphi(\xi'\eta')_2} t^{-r} + \mathfrak{P}(t),$$

wo r eine endliche positive ganze Zahl und $g_1(\xi'\eta')$, $g_2(\xi'\eta')$, ... $g_r(\xi'\eta')$ ganze Functionen sind.

Während rationale Functionen des Paares (xy), die nur an der Stelle (ab) unendlich gross werden, von jedem Grade vorhanden sind, welcher die Zahl k (S. 214) übersteigt, giebt es jedenfalls keine solche Function ersten

Grades, aber auch noch für andere Zahlen der Reihe $1, 2, \dots k$ können Functionen des betreffenden Grades fehlen. Es werde angenommen, dass für die Stelle (ab) keine Functionen vom Grade $\varkappa_1, \varkappa_2, \dots \varkappa_{\varrho'}$ vorhanden sind. Dabei sollen diese Zahlen ihrer Grösse nach geordnet werden:

$$\varkappa_1 < \varkappa_2 < \dots < \varkappa_{\varrho'},$$

sodass $\varkappa_1 = 1$ ist. $\lambda_1, \lambda_2, \dots \lambda_\varepsilon$ seien die von $\varkappa_1, \varkappa_2, \dots \varkappa_{\varrho'}$ verschiedenen der Zahlen $1, 2, \dots r$, und zwar sei

$$1 < \lambda_1 < \lambda_2 < \dots < \lambda_\varepsilon.$$

Wir können annehmen, dass $r \geqq \varkappa_{\varrho'}$ ist, indem wir sonst in der vorhergehenden Entwickelung die etwa fehlenden Potenzen von t mit dem Coefficienten Null hinzufügen; dann sind die Zahlen $1, 2, \dots r$ und $\varkappa_1, \varkappa_2, \dots \varkappa_{\varrho'}, \lambda_1, \lambda_2, \dots \lambda_\varepsilon$ abgesehen von der Reihenfolge identisch, also ist $\varepsilon + \varrho' = r$.

Der Definition von $\lambda_1, \lambda_2, \dots \lambda_\varepsilon$ gemäss existiren Functionen $\lambda_1^{\text{ten}}, \lambda_2^{\text{ten}}, \dots \lambda_\varepsilon^{\text{ten}}$ Grades:

$$F_{\lambda_1}(xy), \quad F_{\lambda_2}(xy), \quad \dots \quad F_{\lambda_\varepsilon}(xy),$$

die nur an der Stelle (ab) unendlich gross werden. Sie gehen, wenn man die Variablen ξ, η durch die Substitution

$$x = \mathfrak{R}_1(\xi\eta), \quad y = \mathfrak{R}_2(\xi\eta)$$

einführt, in rationale Functionen

$$\psi_{\lambda_1}(\xi\eta), \quad \psi_{\lambda_2}(\xi\eta), \quad \dots \quad \psi_{\lambda_\varepsilon}(\xi\eta)$$

des durch die Gleichung $\varphi(\xi, \eta) = 0$ verbundenen Paares $(\xi\eta)$ über, welche nur für die unendlich ferne Stelle dieses Gebildes mit den durch ihre Indices gegebenen Ordnungszahlen unendlich gross werden. Durch Multiplication mit Constanten können wir stets bewirken, dass für das unendlich ferne Element

$$\overset{\infty}{\xi}_t = t^{-\nu}, \quad \overset{\infty}{\eta}_t = t^{-\mu}\{1 + t\mathfrak{P}(t)\}$$

in jeder dieser Functionen der Coefficient des Anfangsgliedes in der Entwickelung nach steigenden Potenzen von t gleich 1 ist. Nun bilden wir, unter $C_0, C_1, \dots C_\varepsilon$ unbestimmte Grössen verstehend, die Differenz

$$\frac{\varphi(\overset{\infty}{\xi}_t\overset{\infty}{\eta}_t,\eta')}{(\xi'-\overset{\infty}{\xi}_t)\,\varphi(\xi'\eta')_2}-C_0-C_1\psi_{\lambda_1}(\overset{\infty}{\xi}_t\overset{\infty}{\eta}_t)-C_2\psi_{\lambda_2}(\overset{\infty}{\xi}_t\overset{\infty}{\eta}_t)-\cdots-C_\varepsilon\psi_{\lambda_\varepsilon}(\overset{\infty}{\xi}_t\overset{\infty}{\eta}_t)$$

$$\begin{aligned}= \;& \frac{g_1(\xi'\eta')}{\varphi(\xi'\eta')_2}t^{-1}+\frac{g_2(\xi'\eta')}{\varphi(\xi'\eta')_2}t^{-2}+\cdots+\frac{g_r(\xi'\eta')}{\varphi(\xi'\eta')_2}t^{-r}+\mathfrak{P}(t)\\ & -C_0-C_1\{t^{-\lambda_1}+c_1't^{-\lambda_1+1}+\cdots\}\\ & -\;\cdot\;\cdot\;\cdot\;\cdot\;\cdot\;\cdot\;\cdot\;\cdot\;\cdot\\ & -C_\varepsilon\{t^{-\lambda_\varepsilon}+c_\varepsilon't^{-\lambda_\varepsilon+1}+\cdots\}\end{aligned}$$

und bestimmen die Coefficienten $C_1, C_2, \dots C_\varepsilon$ der Art als Functionen von $(\xi'\eta')$, dass auf der rechten Seite die Potenzen $t^{-\lambda_1}, t^{-\lambda_2}, \dots t^{-\lambda_\varepsilon}$ herausfallen. Es bleiben dann von den negativen Potenzen nur solche mit den Exponenten $-\varkappa_1, -\varkappa_2, \cdots -\varkappa_{\varrho'}$ übrig, und wie sich zeigen wird, verschwindet auch kein Coefficient einer dieser Potenzen identisch (S. 224). Die Grösse C_0 werde schliesslich so fixirt, dass aus der Entwickelung rechts auch das constante Glied herausfällt. Setzen wir dann

$$\frac{\varphi(\xi\eta,\eta')}{(\xi'-\xi)\,\varphi(\xi'\eta')_2}-C_0-C_1\psi_{\lambda_1}(\xi\eta)-C_2\psi_{\lambda_2}(\xi\eta)-\cdots-C_\varepsilon\psi_{\lambda_\varepsilon}(\xi\eta)=\overline{H}(\xi\eta,\xi'\eta'),$$

so wird die Function $\overline{H}(\xi\eta,\xi'\eta')$ nur für die Stelle $(\xi'\eta')$ und im Unendlichen unendlich gross. In der Umgebung der Stelle $(\xi'\eta')$ gilt, wie wir gefunden haben, die Entwickelung

$$\frac{\varphi(\xi\eta,\eta')}{(\xi'-\xi)\,\varphi(\xi'\eta')_2}=-\frac{1}{\xi-\xi'}+\mathfrak{P}(\xi-\xi'),$$

woraus, wenn $(\xi_t'\eta_t')$ das Element mit dem Mittelpunkt $(\xi'\eta')$ darstellt, sich unmittelbar

$$\overline{H}(\xi_t'\eta_t',\xi'\eta')=-t^{-1}+\overline{\mathfrak{P}}(t)$$

ergiebt. Für das unendlich ferne Element $(\overset{\infty}{\xi}_t\overset{\infty}{\eta}_t)$ folgt

$$\overline{H}(\overset{\infty}{\xi}_t\overset{\infty}{\eta}_t,\xi'\eta')=\frac{G_1(\xi'\eta')}{\varphi(\xi'\eta')_2}t^{-\varkappa_1}+\frac{G_2(\xi'\eta')}{\varphi(\xi'\eta')_2}t^{-\varkappa_2}+\cdots+\frac{G_\varrho(\xi'\eta')}{\varphi(\xi'\eta')_2}t^{-\varkappa_{\varrho'}}+t\,\mathfrak{P}(t),$$

wo $G_1(\xi'\eta'), G_2(\xi'\eta'), \dots G_{\varrho'}(\xi'\eta')$ eine endliche Anzahl ganzer Functionen sind.

Durch die beiden Eigenschaften, dass die Entwickelung von $\overline{H}(\xi_t\eta_t, \xi'\eta')$ in der Umgebung der Stelle $(\xi'\eta')$ die Form $-t^{-1}+\mathfrak{P}(t)$ hat, sowie dass für das unendlich ferne Element negative Potenzen von t nur mit den Exponenten $-\varkappa_1, -\varkappa_2, \cdots -\varkappa_{\varrho'}$ auftreten und kein constantes Glied vorkommt, ist die Function $\overline{H}(\xi\eta, \xi'\eta')$ vollkommen bestimmt. Denn gesetzt, diese beiden Eigenschaften kämen noch einer zweiten Function $\overline{H}_0(\xi\eta, \xi'\eta')$ zu, so könnte die Differenz

$$\overline{H}(\xi\eta, \xi'\eta') - \overline{H}_0(\xi\eta, \xi'\eta')$$

weder für die Stelle $(\xi'\eta')$ noch für irgend eine andere im Endlichen gelegene Stelle unendlich gross werden. Für das unendlich ferne Element $(\overset{\infty}{\xi}_t\overset{\infty}{\eta}_t)$ müsste aber

$$\overline{H}(\overset{\infty}{\xi}_t\overset{\infty}{\eta}_t, \xi'\eta') - \overline{H}_0(\overset{\infty}{\xi}_t\overset{\infty}{\eta}_t, \xi'\eta') = \chi_1(\xi'\eta')t^{-\varkappa_1} + \chi_2(\xi'\eta')t^{-\varkappa_2} + \cdots + \chi_{\varrho'}(\xi'\eta')t^{-\varkappa_{\varrho'}} + t\mathfrak{P}(t)$$

sein. Es würde also

$$\overline{H}(\xi\eta, \xi'\eta') - \overline{H}_0(\xi\eta, \xi'\eta')$$

nur im Unendlichen und zwar mit einer der Ordnungszahlen $\varkappa_1, \varkappa_2, \ldots \varkappa_{\varrho'}$ unendlich gross. Eine solche Function existirt aber nicht; sie kann sich auch nicht auf eine von Null verschiedene Constante reduciren, denn in den Entwickelungen von $\overline{H}(\overset{\infty}{\xi}_t\overset{\infty}{\eta}_t, \xi'\eta')$ und $\overline{H}_0(\overset{\infty}{\xi}_t\overset{\infty}{\eta}_t, \xi'\eta')$ fehlt das constante Glied. Die Differenz der beiden Functionen muss daher verschwinden, d. h. $\overline{H}(\xi\eta, \xi'\eta')$ und $\overline{H}_0(\xi\eta, \xi'\eta')$ sind identisch.

Statt der Function $H(xy, x'y')$, welche in diesen Vorlesungen als Ausgangspunkt gewählt worden ist, kann auch die Function $\overline{H}(\xi\eta, \xi'\eta')$ den für die Theorie der Abelschen Transcendenten erforderlichen algebraischen Untersuchungen zu Grunde gelegt werden; freilich ist dann die Existenz dieser Function mittels anderer, als der vorhergehenden Schlüsse, zu beweisen.

Wir können nun für diese neue $\overline{H}$-Function der Reihe nach die Formeln aufstellen, welche den für die Function $H(xy, x'y')$ bewiesenen entsprechen. Insbesondere bleiben die beiden Fundamentalsätze (S. 76 und 78)

$$H(x_t y_t, x'_\tau y'_\tau)\frac{dx'_\tau}{d\tau} = P_1(t, \tau),$$

$$H(x_t y_t, x_\tau y_\tau)\frac{dx_\tau}{d\tau} = \frac{1}{\tau - t} + P(t, \tau)$$

in ganz derselben Form für die $\overline{H}$-Function bestehen; denn beim Beweise kam es nur auf das erste Glied von $H(xy, x'y')$

$$\frac{f(xy, y')}{(x'-x)f(x'y')_2}$$

an (S. 74), und das erste Glied der Function $\overline{H}(\xi\eta, \xi'\eta')$ ist diesem vollkommen entsprechend gebildet.

Die Function $H(xy, x'y')$ wird ausser an der Stelle $(x'y')$ an den ϱ verschiedenen Stellen $(a_1 b_1)$, $(a_2 b_2)$, ... $(a_\varrho b_\varrho)$ unendlich gross, und ihre Entwickelung nach Potenzen von t beginnt für die Umgebung der Stelle $(a_\alpha b_\alpha)$ mit $H(x'y')_\alpha t^{-1}$ (S. 79, (A.)). Die Stellen $(a_\alpha b_\alpha)$ sind bei der Function $\overline{H}(\xi\eta, \xi'\eta')$ sämmtlich durch die unendlich ferne Stelle des Gebildes $\varphi(\xi, \eta) = 0$ ersetzt, wobei den Anfangsgliedern $H(x'y')_\alpha t^{-1}$ der ϱ verschiedenen Entwickelungen jetzt die Glieder mit den negativen Potenzen $t^{-\varkappa_1}, t^{-\varkappa_2}, \ldots$ in der einen Entwickelung

$$\overline{H}(\overset{\infty}{\xi}_t \overset{\infty}{\eta}_t, \xi'\eta') = \frac{G_1(\xi'\eta')}{\varphi(\xi'\eta')_2} t^{-\varkappa_1} + \frac{G_2(\xi'\eta')}{\varphi(\xi'\eta')_2} t^{-\varkappa_2} + \cdots + \frac{G_{\varrho'}(\xi'\eta')}{\varphi(\xi'\eta')_2} t^{-\varkappa_{\varrho'}} + t\mathfrak{P}(t)$$

entsprechen; oder setzen wir

$$\frac{G_\alpha(\xi'\eta')}{\varphi(\xi'\eta')_2} = \overline{H}(\xi'\eta')_\alpha, \qquad (\alpha = 1, 2, \ldots \varrho')$$

so ist

$$\overline{H}(\overset{\infty}{\xi}_t \overset{\infty}{\eta}_t, \xi'\eta') = \overline{H}(\xi'\eta')_1 t^{-\varkappa_1} + \overline{H}(\xi'\eta')_2 t^{-\varkappa_2} + \cdots + \overline{H}(\xi'\eta')_{\varrho'} t^{-\varkappa_{\varrho'}} + t\mathfrak{P}(t).$$

Demnach bilden die Functionen

$$\overline{H}(\xi\eta)_\alpha \qquad (\alpha = 1, 2, \ldots \varrho')$$

das Analogon zu den Functionen

$$H(xy)_\alpha, \qquad (\alpha = 1, 2, \ldots \varrho)$$

und wie diese die charakteristische Beschaffenheit hatten, dass in der Entwickelung von

$$H(x_t y_t)_\alpha \frac{dx_t}{dt}$$

für kein einziges im Endlichen oder im Unendlichen gelegenes Element $(x_t y_t)$ negative Potenzen von t vorkommen, so besitzen die Functionen $\overline{H}(\xi\eta)_\alpha$ die Fundamentaleigenschaften, dass für kein Element des Gebildes $\varphi(\xi, \eta) = 0$ in

$$\overline{H}(\xi_t \eta_t)_\alpha \frac{d\xi_t}{dt}$$

negative Potenzen von t auftreten, und dass für das unendlich ferne Element $(\overset{\infty}{\xi}_t \overset{\infty}{\eta}_t)$ die Entwickelung von

$$\overline{H}(\overset{\infty}{\xi}_t \overset{\infty}{\eta}_t)_\alpha \frac{d\overset{\infty}{\xi}_t}{dt}$$

mit dem Gliede $t^{\varkappa_\alpha - 1}$ beginnt; ausser den Potenzen, deren Exponent $\mu < \varkappa_\alpha - 1$, fehlen aber noch alle diejenigen, für welche μ gleich einer der von $\varkappa_\alpha - 1$ verschiedenen Zahlen der Reihe $\varkappa_1 - 1, \varkappa_2 - 1, \ldots$ ist. Auch hier lässt sich beweisen, dass diese Functionen $\overline{H}(\xi\eta)_\alpha$ linear unabhängig sind und dass es ϱ solche Functionen giebt. Da nun jede von ihnen einem Exponenten $\varkappa_\alpha$ entspricht, so ist die Anzahl ϱ' der Zahlen $\varkappa_\alpha$ gleich ϱ. Für die ϱ Functionen

$$\overline{H}(\xi\eta)_\alpha \qquad (\alpha = 1, 2, \ldots \varrho)$$

bestehen demnach, wenn $(\xi_t \eta_t)$ ein beliebiges, im Endlichen gelegenes, $(\overset{\infty}{\xi}_t \overset{\infty}{\eta}_t)$ aber das unendlich ferne Element des Gebildes darstellt, die Gleichungen:

$$(\mathrm{I}) \quad \begin{cases} (1) & \overline{H}(\xi_t \eta_t)_\alpha \dfrac{d\xi_t}{dt} = \mathfrak{P}(t) \\ (2) & \overline{H}(\overset{\infty}{\xi}_t \overset{\infty}{\eta}_t)_\alpha \dfrac{d\overset{\infty}{\xi}_t}{dt} = \mathfrak{P}(t) \\ (3) & \left[\overline{H}(\overset{\infty}{\xi}_t \overset{\infty}{\eta}_t)_\alpha \dfrac{d\overset{\infty}{\xi}_t}{dt}\right]_{t^\mu} = \begin{cases} 0 & \text{für } \mu < \varkappa_\alpha - 1 \\ 1 & \text{für } \mu = \varkappa_\alpha - 1 \\ 0 & \text{für } \mu = \varkappa_\beta - 1 \qquad (\beta > \alpha). \end{cases} \end{cases}$$

Zu dem Nachweis der Übereinstimmung der Anzahl der Zahlen $\varkappa_1, \varkappa_2, \ldots$ mit dem Range ϱ des Gebildes führt auch folgende Betrachtung. Es möge eine rationale Function des Paares $(\xi\eta)$ gebildet werden, welche an σ gegebenen, von einander unabhängigen Stellen $(\xi_1\eta_1), (\xi_2\eta_2), \ldots (\xi_\sigma\eta_\sigma)$ von der ersten Ordnung unendlich gross wird. Entsprechend dem Früheren (S. 97) lässt sich eine solche Function mit Hülfe von $\overline{H}(\xi\eta, \xi'\eta')$ durch einen Ausdruck der Form

$$C_0 + C_1 \overline{H}(\xi\eta, \xi_1\eta_1) + C_2 \overline{H}(\xi\eta, \xi_2\eta_2) + \cdots + C_\sigma \overline{H}(\xi\eta, \xi_\sigma\eta_\sigma)$$

darstellen. Damit nun diese Summe für die unendlich ferne Stelle nicht unendlich wird, müssen unter den Coefficienten die linearen homogenen Gleichungen

$$C_1 \overline{H}(\xi_1\eta_1)_\alpha + C_2 \overline{H}(\xi_2\eta_2)_\alpha + \cdots + C_\sigma \overline{H}(\xi_\sigma\eta_\sigma)_\alpha = 0 \qquad (\alpha = 1, 2, \ldots)$$

bestehen. Ist die Anzahl der Zahlen $\varkappa_1, \varkappa_2, \ldots$ nicht kleiner als σ, so lassen sich keine von Null verschiedenen Werthe für $C_1, C_2, \ldots C_\sigma$ finden, falls nicht besondere Bedingungsgleichungen unter den Stellen $(\xi_1\eta_1), (\xi_2\eta_2), \ldots (\xi_\sigma\eta_\sigma)$ bestehen. Der Annahme nach ist dies nicht der Fall; es existirt mithin dann und nur dann eine Function der verlangten Eigenschaft, wenn diese Anzahl kleiner als σ ist. Nun wissen wir aber aus den früheren Betrachtungen (S. 69), dass die Bildung einer solchen Function mit σ beliebigen Unendlichkeitsstellen für $\sigma = \varrho + 1$ möglich ist, also kann die Anzahl der Zahlen $\varkappa_1, \varkappa_2, \ldots$ nicht grösser als ϱ sein; wäre sie aber kleiner als ϱ, so würde eine Function mit weniger als $\varrho + 1$ beliebigen Unendlichkeitsstellen existiren.

Für jede Stelle (ab) eines algebraischen Gebildes $f(x, y) = 0$ lassen sich also (S. 220) rationale Functionen bilden, die nur an dieser Stelle unendlich werden, und zwar von jedem Grade mit Ausnahme der Grade $\varkappa_1, \varkappa_2, \ldots \varkappa_\varrho$. Rationale Functionen $\varkappa_1^{\text{ten}}, \varkappa_2^{\text{ten}}, \ldots \varkappa_\varrho^{\text{ten}}$ Grades von dieser Beschaffenheit existiren dagegen nicht. Wird die Stelle (ab) nicht in specieller Weise gewählt, so sind die Zahlen $\varkappa_1, \varkappa_2, \ldots \varkappa_\varrho$ mit den Zahlen $1, 2, \ldots \varrho$ identisch. Damit hat die Zahl ϱ eine neue Bedeutung gewonnen.

Wir stellen nun für die Function $\overline{H}(\xi\eta, \xi'\eta')$ die wichtigsten Formeln zusammen. Es bedeute, wie bisher, $(\overset{\infty}{\xi}_t \overset{\infty}{\eta}_t)$ oder $(\overset{\infty}{\xi}_\tau \overset{\infty}{\eta}_\tau)$ das unendlich ferne Element, $(\xi_t\eta_t)$ oder $(\xi_\tau\eta_\tau)$ dasjenige mit dem Mittelpunkt $(\xi\eta)$, und $(\xi'_t\eta'_t)$ das Element mit einem von $(\xi\eta)$ verschiedenen Mittelpunkt $(\xi'\eta')$. Dann ist (vergl. S. 79, 83—85):

$$\text{(II)}\begin{cases} (1)\quad \overline{H}(\xi_t\eta_t, \xi_\tau\eta_\tau)\dfrac{d\xi_\tau}{d\tau} = \dfrac{1}{\tau - t} + \mathfrak{P}(t, \tau) \\[2ex] (2)\quad \overline{H}(\overset{\infty}{\xi}_t\overset{\infty}{\eta}_t, \xi_\tau\eta_\tau)\dfrac{d\xi_\tau}{d\tau} = \sum\limits_{\alpha=1}^{\varrho}\left\{\overline{H}(\xi_\tau\eta_\tau)_\alpha \dfrac{d\xi_\tau}{d\tau}\right\} t^{-\varkappa_\alpha} + t\,\mathfrak{P}(t, \tau) \\[2ex] (3)\quad \overline{H}(\xi'_t\eta'_t, \xi_\tau\eta_\tau)\dfrac{d\xi_\tau}{d\tau} = \mathfrak{P}(t, \tau). \end{cases}$$

$$\text{(III)}\begin{cases} (1)\quad \overline{H}(\overset{\infty}{\xi}_t\overset{\infty}{\eta}_t, \overset{\infty}{\xi}_\tau\overset{\infty}{\eta}_\tau)\dfrac{d\overset{\infty}{\xi}_\tau}{d\tau} = \dfrac{1}{\tau - t} - \tau^{-1} + \sum\limits_{\alpha=1}^{\varrho}\left\{\overline{H}(\overset{\infty}{\xi}_\tau\overset{\infty}{\eta}_\tau)_\alpha \dfrac{d\overset{\infty}{\xi}_\tau}{d\tau}\right\} t^{-\varkappa_\alpha} + t\,\mathfrak{P}(t, \tau) \\[2ex] (2)\quad \overline{H}(\xi_t\eta_t, \overset{\infty}{\xi}_\tau\overset{\infty}{\eta}_\tau)\dfrac{d\overset{\infty}{\xi}_\tau}{d\tau} = -\tau^{-1} + \mathfrak{P}(t, \tau). \end{cases}$$

Zehntes Kapitel.

Die charakteristischen Eigenschaften der algebraischen Functionen.

Im ersten Kapitel haben wir gefunden, dass jede Stelle des durch eine irreductible algebraische Gleichung $f(x, y) = 0$ definirten Gebildes der Mittelpunkt eines oder mehrerer, in jedem Falle aber einer endlichen Anzahl, nicht äquivalenter Elemente ist (S. 32 und 38). Dabei wurde ein Element des Gebildes analytisch durch ein Functionenpaar $(x_t y_t)$ dargestellt, in welchem x_t und y_t Potenzreihen von t bedeuten, die nach ganzen positiven Potenzen fortschreiten und innerhalb eines gewissen Bereiches convergiren. In der Umgebung einer unendlich fernen Stelle tritt in einer oder in beiden Reihen noch eine endliche Anzahl negativer Potenzen auf. Da dem algebraischen Gebilde unendlich viele Stellen angehören, so kommen ihm auch unendlich viele nicht äquivalente Elemente zu. Es wird aber in diesem Kapitel bewiesen werden, dass für ein algebraisches Gebilde stets eine endliche Anzahl Elemente der Art angegeben werden kann, dass jede Stelle wenigstens einem dieser Elemente angehört; mit anderen Worten, dass die Darstellung eines algebraischen Gebildes stets nur eine endliche Anzahl Elemente erfordert. Dies ist ein charakteristischer Unterschied zwischen den durch algebraische und den durch transcendente Gleichungen definirten Gebilden.

Stellen die Functionenpaare $x_t = \varphi(t)$, $y_t = \psi(t)$ und $x_\tau = \varphi_1(\tau)$, $y_\tau = \psi_1(\tau)$ zwei Elemente eines algebraischen Gebildes dar, und geht das eine Functionenpaar in das andere durch eine Substitution der Form

$$t = c_1\tau + c_2\tau^2 + \cdots$$

über, in der c_1 von Null verschieden ist, so sind die beiden Elemente äquivalent (S. 16).

Es mögen nun zwei Elemente desselben Gebildes, aber mit verschiedenen Mittelpunkten, durch die beiden Functionenpaare

$$x_t = \varphi(t), \qquad y_t = \psi(t)$$

und

$$x_\tau = \varphi_1(\tau), \qquad y_\tau = \psi_1(\tau)$$

gegeben sein. Wenn dann für einen Werth t_0 von t und einen Werth τ^0 von τ die zugehörigen Paare (xy) übereinstimmen, also

$$x_{t_0} = x_{\tau_0}, \qquad y_{t_0} = y_{\tau_0}$$

ist, und wenn ausserdem die Potenzreihen, welche wir für die Umgebung der Stelle $(x_{t_0} y_{t_0})$ aus jenen Elementen erhalten:

$$x_t - x_{t_0} = (t-t_0)\,\mathfrak{P}(t-t_0), \qquad y_t - y_{t_0} = (t-t_0)\,\overline{\mathfrak{P}}(t-t_0)$$

und

$$x_\tau - x_{t_0} = (\tau-\tau_0)\,\mathfrak{P}_1(\tau-\tau_0), \qquad y_\tau - y_{t_0} = (\tau-\tau_0)\,\overline{\mathfrak{P}}_1(\tau-\tau_0),$$

durch eine Substitution der Form

$$t - t_0 = c_1(\tau-\tau_0) + c_2(\tau-\tau_0)^2 + \cdots,$$

wo c_1 von Null verschieden ist, in einander übergehen, so stellen beide Elemente in hinreichend naher Umgebung der Stelle $(x_{t_0} y_{t_0})$ die nämlichen Stellen des Gebildes dar. Wir sagen deshalb, die beiden Elemente congruiren in der Umgebung der gemeinsamen Stelle.

Bei zwei demselben algebraischen Gebilde angehörenden Elementen genügt nun zum Nachweise ihres Congruirens, dass sie eine im Endlichen liegende, nicht singuläre Stelle gemein haben, d. h. eine solche Stelle (xy), für welche nicht gleichzeitig die beiden Ableitungen $f(x, y)_1$ und $f(x, y)_2$ verschwinden. Es seien nämlich zwei Elemente $(x_t y_t)$ und $(x_\tau y_\tau)$ mit verschiedenen Mittelpunkten für das Gebilde $f(x, y) = 0$ gegeben, die beide die nicht singuläre Stelle (ab) enthalten. Das erste Functionenpaar liefere die Stelle (ab) für $t = t_0$, und für die Umgebung von (ab) gehe aus ihm

$$x_t = a + (t-t_0)\,\mathfrak{P}(t-t_0), \qquad y_t = b + (t-t_0)\,\overline{\mathfrak{P}}(t-t_0)$$

hervor. Ebenso ergebe sich für $\tau = \tau_0$ aus dem zweiten Functionenpaar $x = a$, $y = b$, und es sei

$$x_\tau = a + (\tau - \tau_0)\mathfrak{P}_1(\tau - \tau_0), \qquad y_\tau = b + (\tau - \tau_0)\overline{\mathfrak{P}}_1(\tau - \tau_0).$$

Der Voraussetzung nach genügt jedes der beiden Functionenpaare der algebraischen Gleichung $f(x, y) = 0$, und $f(a, b)_1$ und $f(a, b)_2$ verschwinden nicht gleichzeitig. Nehmen wir z. B. an, es sei $f(a, b)_2$ von Null verschieden, so beginnen die Reihen $\mathfrak{P}(t - t_0)$ und $\mathfrak{P}_1(\tau - \tau_0)$ mit nicht verschwindenden Constanten. Demnach ergiebt sich aus der Gleichung $x_t - a = (t - t_0)\mathfrak{P}(t - t_0)$

$$t - t_0 = \gamma_1(x - a) + \gamma_2(x - a)^2 + \cdots,$$

wo γ_1 von Null verschieden ist. Indem wir in diese Entwickelung die Reihe

$$x_\tau - a = (\tau - \tau_0)\mathfrak{P}_1(\tau - \tau_0)$$

einsetzen, erhalten wir

$$t - t_0 = c_1(\tau - \tau_0) + c_2(\tau - \tau_0)^2 + \cdots.$$

Da nun hierin c_1 nicht verschwinden kann, so congruiren die beiden Elemente $(x_t y_t)$ und $(x_\tau y_\tau)$ in der Umgebung der Stelle (ab).

Wenn $(x_t y_t)$ ein Element des Gebildes mit dem Mittelpunkt (ab) darstellt, so sind x_t und y_t Potenzreihen von t, welche für $t = 0$ die Werthe a und b liefern und in der Umgebung der Stelle (ab), d. h. für alle Werthe von t, die dem absoluten Betrage nach hinreichend klein sind, convergiren. Wir müssen jetzt aber den Gültigkeitsbereich dieser Entwickelungen näher zu bestimmen suchen.

Hierbei werden wir uns das Element, um jede Willkür bei seiner Darstellung zu vermeiden, durch eine Reihe der Form

$$y = \mathfrak{P}(x - a)$$

definirt denken, wobei für eine endliche Anzahl von Werthen a auch gebrochene oder negative Potenzen von $x - a$ auf der rechten Seite auftreten können. Die Reihe $\mathfrak{P}(x - a)$ convergirt nicht etwa für alle Werthe von x, denn es lässt sich mit Leichtigkeit nachweisen, dass eine algebraische Gleichung zwischen x und y nicht dadurch befriedigt werden kann, dass für y eine beständig convergente Potenzreihe von x gesetzt wird. Ist nämlich

$$f(x,y) = f_0(x)y^n + f_1(x)y^{n-1} + \cdots + f_n(x) = 0$$

die gegebene algebraische Gleichung, so folgt für $y = zx^p$

$$z^n + \frac{f_1(x)}{f_0(x)}\frac{z^{n-1}}{x^p} + \cdots + \frac{f_\nu(x)}{f_0(x)}\frac{z^{n-\nu}}{x^{\nu p}} + \cdots + \frac{f_n(x)}{f_0(x)}\frac{1}{x^{np}} = 0.$$

Wählen wir nun die ganze Zahl p hinreichend gross, so verschwinden für $x = \infty$ alle Coefficienten $\frac{f_\nu(x)}{f_0(x)}\frac{1}{x^{\nu p}}$, und die Gleichung hat dann die n-fache Wurzel $z = 0$. Demnach existirt eine positive Zahl p von der Beschaffenheit, dass

$$\lim_{x=\infty} yx^{-p} = 0$$

ist. Gesetzt nun, es werde die Gleichung $f(x,y) = 0$ durch die beständig convergente Reihe

$$y = c_0 + c_1 x + \cdots$$

befriedigt, so ist

$$yx^{-p} = c_0 x^{-p} + c_1 x^{-p+1} + \cdots + c_{p-1}x^{-1} + \mathfrak{P}(x),$$

wo $\mathfrak{P}(x)$ ebenfalls eine beständig convergente Reihe bedeutet. Da aber ausserhalb jedes noch so grossen Bereiches stets Argumente x vorhanden sind, für welche der Werth einer solchen Reihe einem willkürlich gegebenen Werthe beliebig nahe kommt, so ist $\lim_{x=\infty} yx^{-p}$ nicht nothwendig gleich Null, also kann $y = c_0 + c_1 x + \cdots$ nicht Wurzel der algebraischen Gleichung sein.

Die Reihe

$$y = \mathfrak{P}(x-a),$$

welche ein Element des algebraischen Gebildes darstellt, muss demnach einen bestimmten endlichen Convergenzbereich besitzen; um ihn näher zu bestimmen, benutzen wir die folgenden Sätze der Functionentheorie.

Es sei $g(x|a)$ eine nach ganzen positiven Potenzen von $x-a$ fortschreitende Reihe, die für alle Werthe von x convergirt, welche der Ungleichung $|x-a| < \varrho$ genügen, deren Convergenzbereich also in der Ebene der complexen Grösse x durch das Innere eines Kreises K mit dem Radius ϱ und dem Mittelpunkt a gebildet wird. Dabei ist es gleichgültig, ob der Kreis

K den wahren Convergenzbereich bildet, oder ob sich dieser noch weiter erstreckt. Ist a' irgend ein anderer Punkt innerhalb des Convergenzbereiches, so können wir aus der Reihe $g(x|a)$ durch analytische Fortsetzung eine Reihe $g(x|a')$ ableiten, welche nach ganzen positiven Potenzen von $x-a'$ fortschreitet und deren Werth für alle Punkte x, die dem gemeinsamen Convergenzbereich der Reihen $g(x|a)$ und $g(x|a')$ angehören, mit dem Werthe von $g(x|a)$ übereinstimmt. Der Convergenzbereich dieser Reihe $g(x|a')$ ist ein Kreis K' mit dem Mittelpunkt a', dessen Radius ϱ' der Ungleichung

$$\varrho - |a-a'| \leqq \varrho' \leqq \varrho + |a-a'|$$

genügt; d. h. der Kreis K' liegt zwischen denjenigen beiden Kreisen mit dem gemeinsamen Mittelpunkt a', welche den Kreis K von innen und von aussen berühren. Ist $\varrho' > \varrho - |a-a'|$, so können wir daher für jeden Punkt a_1 des im Innern des Kreises K' liegenden Theiles der Peripherie des Kreises K eine nach ganzen positiven Potenzen von $x-a_1$ fortschreitende Reihe $g(x|a_1)$ bilden, welche für den mit dem Kreise K gemeinsamen Theil ihres Convergenzbereiches dem Werthe nach mit $g(x|a)$ übereinstimmt. Wenn sich nun für jeden beliebigen Punkt a_1 auf der Peripherie des Kreises K eine solche, innerhalb eines gewissen Bereiches convergirende Potenzreihe $g(x|a_1)$ ableiten lässt, welche für jeden Werth von x des gemeinsamen Convergenzbereiches denselben Werth wie $g(x|a)$ hat, so ist das Innere des Kreises K nicht der wahre Convergenzbereich von $g(x|a)$, sondern er erstreckt sich noch weiter. Daraus lässt sich umgekehrt schliessen, dass es auf der Grenze des wahren Convergenzbereiches der Reihe $g(x|a)$ wenigstens einen Punkt a_0 geben muss, für welchen eine solche Reihe $g(x|a_0)$ nicht existirt, oder wie man dies ausdrückt, an welchem die durch die Potenzreihe $g(x|a)$ definirte analytische Function den Charakter einer ganzen Function verliert.

Wir wollen nun unter

$$y = g(x|ab)$$

eine nach Potenzen von $x-a$ fortschreitende Reihe verstehen, die ein Element des gegebenen algebraischen Gebildes $f(x,y)=0$ mit dem Mittelpunkt (ab) darstellt. Dabei nehmen wir zunächst an, (ab) sei eine im Endlichen gelegene Stelle des Gebildes, für welche die Reihe $g(x|ab)$ nur ganze positive

Potenzen von $x-a$ enthält. Auf der Peripherie des Kreises mit dem Mittelpunkt a, innerhalb dessen die Reihe $g(x|ab)$ für alle Werthe von x convergirt, denken wir uns irgend einen nicht singulären Punkt a_1 fixirt. Unter einem singulären Werth des Arguments x oder einem singulären Punkt x wollen wir hierbei einen solchen verstehen, für welchen nicht alle zugehörigen Werthe von y von einander verschieden (S. 42) oder endlich sind. Da nur eine endliche Anzahl singulärer Werthe des Arguments vorhanden ist, so ist es stets möglich, a_1 dieser Forderung entsprechend zu wählen.

Zu dem Werthe $x = a_1$ mögen sich aus der Gleichung $f(x, y) = 0$ die n verschiedenen Werthe $b_1, b'_1, \ldots b_1^{(n-1)}$ ergeben, und es seien

$$y = g_1(x|a_1b_1), \quad y = g'_1(x|a_1b'_1), \quad \ldots \quad y = g_1^{(n-1)}(x|a_1b_1^{(n-1)})$$

die n Elemente mit den Mittelpunkten (a_1b_1), $(a_1b'_1)$, $\ldots$ $(a_1b_1^{(n-1)})$. Ist a_2 irgend ein nicht singulärer Punkt, welcher einerseits dem Convergenzbereich der Reihe $y = g(x|ab)$, andererseits den Bereichen der n Reihen

$$y = g_1(x|a_1b_1), \quad y = g'_1(x|a_1b'_1), \quad \ldots \quad y = g_1^{(n-1)}(x|a_1b_1^{(n-1)})$$

angehört, so hat $y = g(x|ab)$ für $x = a_2$ einen bestimmten Werth b_2. Wenn nun a_2 der Grösse a_1 hinreichend nahe angenommen wird, so liegt von den n verschiedenen Grössen $b_1, b'_1, \ldots b_1^{(n-1)}$ eine und nur eine dem Werthe b_2 beliebig nahe; es sei dies die Grösse b_1. Dann haben die beiden Elemente $y = g(x|ab)$ und $y = g_1(x|a_1b_1)$ die Stelle (a_2b_2) gemein, und da beide die Gleichung $f(x, y) = 0$ identisch befriedigen, so congruiren sie nach dem vorher bewiesenen Satze in der Umgebung von (a_2b_2).

Für jeden nicht singulären Punkt a_1 der Peripherie des Convergenzkreises von $y = g(x|ab)$ lässt sich also diese Reihe analytisch fortsetzen. Aber nicht für alle Punkte der Peripherie kann eine solche Fortsetzung existiren, sonst hätte $y = g(x|ab)$ für alle Punkte der Peripherie den Charakter einer ganzen Function, jener Kreis würde also nicht den wahren Convergenzbereich bilden. Demnach muss auf seinem Umfange eine Stelle x vorhanden sein, für welche wenigstens ein zugehöriger Werth von y unendlich gross wird, oder zwei oder mehrere endliche Werthe y einander gleich werden. Wenn das Gebilde die Eigenschaft besitzt, dass unendlich grosse Werthe von y nur zu eben solchen Werthen von x gehören, so tritt nothwendiger

Weise der zweite Fall ein. Die Reihe $g(x|ab)$ convergirt dann sicher für alle Punkte innerhalb des Kreises mit dem Mittelpunkt a, dessen Peripherie denjenigen dem Punkte a zunächst gelegenen singulären Punkt x enthält, für den zwei oder mehrere Werthe y einander gleich werden. Die Grenze des wahren Convergenzbereiches braucht aber nicht durch diesen Punkt, sondern erst durch einen entfernter gelegenen derselben Beschaffenheit hindurchzugehen.

Werden zweitens für $x = a$ zwei oder mehrere zugehörige Werthe von y einander gleich und schreitet die Reihe $y = g(x|ab)$ nach Potenzen einer Wurzel $(x-a)^{\frac{1}{\sigma}}$ fort, so sei

$$y = \mathfrak{P}\left((x-a)^{\frac{1}{\sigma}}\right).$$

Die Potenzreihe

$$y = \mathfrak{P}(z)$$

stellt nun, wenn wir durch die Substitution

$$x-a = z^{\sigma}$$

statt x die neue Variable z einführen, ein Element des durch die Gleichung

$$f(a+z^{\sigma}, y) = 0$$

definirten Gebildes dar; und da sie nur ganze positive Potenzen von z enthält, so geht die Peripherie ihres Convergenzkreises durch einen der vorher betrachteten singulären Werthe von z hindurch. Ist aber z_0 ein singulärer Werth des Arguments z der durch die Gleichung $f(a+z^{\sigma}, y) = 0$ definirten Function y, so ist $x_0 = a + z_0^{\sigma}$ ein singulärer Werth des Arguments x; und umgekehrt, wenn in der Gleichung $f(x, y) = 0$ das Argument x keinen singulären Werth hat, so ist ein durch die Substitution $x-a = z^{\sigma}$ bestimmter Werth von z nicht singulär. Demnach ergiebt sich, dass auch der Convergenzbereich der Reihe $\mathfrak{P}\left((x-a)^{\frac{1}{\sigma}}\right)$ ein Kreis mit dem Mittelpunkt a ist, dessen Peripherie durch einen singulären Punkt x hindurchgeht.

Drittens mögen für den endlichen Werth a von x ein oder mehrere Werthe von y unendlich gross werden, so kommen in deren Entwickelungen nach Potenzen von $x-a$ oder $(x-a)^{\frac{1}{\sigma}}$ auch negative Potenzen in endlicher Anzahl vor (S. 45). Durch die Substitution

$$y = \frac{\eta}{f_0(x)}$$

geht

$$f(x,y) = f_0(x)\,y^n + f_1(x)\,y^{n-1} + f_2(x)\,y^{n-2} + \cdots + f_n(x) = 0$$

in

$$\eta^n + f_1(x)\,\eta^{n-1} + f_2(x)\,f_0(x)\,\eta^{n-2} + \cdots + f_n(x)\,f_0^{n-1}(x) = 0$$

über. Diese Gleichung liefert zu einem endlichen Werth von x nur endliche Werthe von η, mithin müssen diejenigen endlichen Werthe von x, für welche ein zugehöriger Werth von y unendlich gross wird, Wurzeln der Gleichung

$$f_0(x) = 0$$

sein (S. 33); es genügt also auch a dieser Gleichung. Um y durch eine nach Potenzen von $x-a$ oder $(x-a)^{\frac{1}{\sigma}}$ fortschreitende Reihe darzustellen, können wir zunächst η nach Potenzen von $x-a$ oder $(x-a)^{\frac{1}{\sigma}}$ entwickeln und die Entwickelung durch $f_0(x)$ dividiren. Da η für endliche Werthe von x endlich bleibt, so geht die Peripherie des Convergenzkreises jeder der Reihen für η durch einen solchen singulären Punkt x hindurch, für den zwei oder mehrere Werthe von η, also auch von y, einander gleich werden. Mithin ergiebt sich als Convergenzbereich einer Entwickelung von y, die auch negative Potenzen von $x-a$ oder $(x-a)^{\frac{1}{\sigma}}$ enthält, ein Kreis mit dem Mittelpunkt a, der entweder durch einen Punkt x der eben besprochenen Beschaffenheit, oder durch einen singulären Punkt hindurchgeht, für welchen $f_0(x)$ verschwindet, y also unendlich gross wird.

Demnach sind wir zu folgendem Ergebniss gelangt: Hat x einen beliebigen endlichen Werth a, und sind $b, b', \ldots$ die zu Folge der Gleichung $f(x,y)=0$ zu a gehörenden Werthe von y, so werden die sämmtlichen nach ganzen oder gebrochenen Potenzen von $x-a$ fortschreitenden Reihen

$$y = g(x\,|\,ab), \quad y = g'(x\,|\,ab'), \quad \ldots,$$

welche die Elemente mit den Mittelpunkten $(ab), (ab'), \ldots$ darstellen, sicher convergiren, so lange x innerhalb des Kreises mit dem Mittelpunkt a liegt, dessen Peripherie durch denjenigen dem Punkte a zunächst liegenden Punkt x hindurchgeht, für welchen wenigstens ein Werth von y unendlich gross wird oder zwei oder mehrere Werthe von y einander gleich werden. Diese Reihen convergiren auch noch für die nicht singulären Punkte der Kreisperipherie selbst.

Schliesslich betrachten wir eine unendlich ferne Stelle der Form (∞, b) oder (∞, ∞), deren Umgebung durch eine Reihe

$$y = P\left(\left(\frac{1}{x}\right)^{\frac{1}{\sigma}}\right)$$

dargestellt wird, wo σ eine ganze positive Zahl $\geqq 1$ ist (S. 45). Werden x und y gleichzeitig unendlich gross, so enthält diese Reihe eine endliche Anzahl negativer Potenzen von $\left(\frac{1}{x}\right)^{\frac{1}{\sigma}}$. Um den jetzt zu betrachtenden Fall auf einen der früheren zurückzuführen, setzen wir

$$\frac{1}{x} = \xi;$$

die Gleichung $f(x, y) = 0$ geht dadurch in $f\left(\frac{1}{\xi}, y\right) = 0$ und die Reihe

$$y = P\left(\left(\frac{1}{x}\right)^{\frac{1}{\sigma}}\right)$$

in $y = P\left(\xi^{\frac{1}{\sigma}}\right)$ über. Nach dem Vorhergehenden ist der Convergenzbereich dieser Reihe ein Kreis mit dem Mittelpunkt $\xi = 0$, dessen Radius ϱ wenigstens bis zu dem nächsten singulären Punkt ξ_0 reicht. Mithin convergirt die Reihe

$$y = P\left(\left(\frac{1}{x}\right)^{\frac{1}{\sigma}}\right)$$

für $|x| > \varrho$, d. h. ausserhalb des Kreises mit dem Mittelpunkt $x = 0$ und dem Radius ϱ. Da nun die singulären Werthe von x und ξ einander entsprechen, so ergiebt sich:

Eine nach steigenden, ganzen oder gebrochenen Potenzen von $\frac{1}{x}$ fortschreitende Reihe, welche ein unendlich fernes Element des Gebildes

$f(x, y) = 0$ darstellt, convergirt für alle Punkte ausserhalb eines Kreises um den Nullpunkt, dessen Peripherie durch einen im Endlichen liegenden singulären Punkt x hindurchgeht. Nehmen wir als Radius des Kreises den Abstand des Nullpunktes von dem entferntesten, im Endlichen gelegenen, singulären Punkte, so convergirt jene Potenzreihe sicher ausserhalb dieses Kreises.

Wir wollen jetzt ein Element des algebraischen Gebildes $f(x, y) = 0$, dessen Mittelpunkt die Stelle (ab) ist, mit

$$\mathfrak{g}(xy \mid ab)$$

bezeichnen. Das Element ist, abgesehen davon, dass wir statt seiner auch ein äquivalentes einführen können, durch Angabe der Stelle (ab) vollkommen bestimmt, falls (ab) nicht singulär ist; durch eine singuläre Stelle (ab) können aber mehrere nicht äquivalente Elemente hindurchgehen, und es muss dann, wenn die Bezeichnung $\mathfrak{g}(xy \mid ab)$ einen bestimmten Sinn haben soll, dieses Element noch genauer definirt werden (S. 32). Das Element $\mathfrak{g}(xy \mid ab)$ wird, wie wir gesehen haben, analytisch dadurch gegeben, dass entweder $x-a$ und $y-b$ in Potenzreihen einer unabhängigen Variablen t entwickelt werden, welche für $t = 0$ verschwinden, oder y durch eine nach ganzen oder gebrochenen Potenzen von $x-a$ fortschreitende Reihe dargestellt wird. Diese wollen wir, wie schon vorher, mit

$$y = g(x \mid ab)$$

bezeichnen. Ist hierbei für die Stelle (ab) $a = \infty$, so ist $x-a$ durch $\frac{1}{x}$ zu ersetzen, und Entsprechendes gilt für y, wenn b unendlich gross wird (S. 54).

Denken wir uns die Werthe von x durch Punkte der complexen Zahlenebene dargestellt, so sagen wir, der Punkt a_1 liegt in der Umgebung des Punktes a, wenn er näher an a liegt, als jeder singuläre Punkt x (S. 231).

Es sei nun das Element $\mathfrak{g}(xy \mid a_0 b_0)$ gegeben, und es werde in der Umgebung des Punktes a_0, von dem wir annehmen, dass er nicht singulär ist, ein Punkt a_1 fixirt, so hat $y = g(x \mid a_0 b_0)$ für $x = a_1$ einen bestimmten Werth

$$b_1 = g(a_1 \mid a_0 b_0).$$

Dann können wir durch analytische Fortsetzung aus $y = g(x | a_0 b_0)$ die Reihe

$$y = g(x | a_1 b_1)$$

herleiten, welche das Element $\mathfrak{g}(xy | a_1 b_1)$ bestimmt. Der nicht singuläre Punkt a_2 liege wieder in der Umgebung des Punktes a_1, so liefert $y = g(x | a_1 b_1)$ für $x = a_2$ einen Werth

$$b_2 = g(a_2 | a_1 b_1).$$

Aus $g(x | a_1 b_1)$ ergiebt sich daher durch analytische Fortsetzung die Reihe

$$y = g(x | a_2 b_2),$$

welche das Element $\mathfrak{g}(xy | a_2 b_2)$ darstellt. In dieser Weise fortfahrend gelangen wir zu einer Folge von nicht singulären Punkten $a_1, a_2, a_3, \ldots$, von denen jeder in der Umgebung des vorhergehenden und der erste a_1 in der von a_0 liegt und für welche die zugehörigen Werthe $b_1, b_2, b_3, \ldots$ von y eindeutig bestimmt sind. Mit Hülfe dieser Punkte lassen sich aus dem gegebenen Element $\mathfrak{g}(xy | a_0 b_0)$ die Elemente $\mathfrak{g}(xy | a_1 b_1)$, $\mathfrak{g}(xy | a_2 b_2), \ldots$ ableiten, von denen jedes mit dem vorhergehenden congruirt.

Werden zwei nicht singuläre Werthe a_0 und a willkürlich angenommen, so ist es auf mannigfache Weise möglich, durch Einschaltung einer endlichen Anzahl nicht singulärer Punkte $a_1, a_2, \ldots a_\chi$ einen Übergang von a_0 nach a der Art herzustellen, dass jeder Punkt der Folge $a_0, a_1, \ldots a_\chi, a$ in der Umgebung des vorhergehenden liegt. Befindet sich z. B. in der geradlinigen Strecke $(a_0 \ldots a)$ kein singulärer Punkt, so können alle einzuschaltenden Punkte auf dieser Strecke angenommen werden, nur muss der Abstand je zweier benachbarter Punkte kleiner sein, als der kleinste Abstand eines singulären Punktes von dieser Strecke. Nach Fixirung dieser Punkte $a_0, a_1, a_2, \ldots a_\chi, a$ und nach Festsetzung des zu a_0 zugehörigen Werthes b_0 von y und des Elements $\mathfrak{g}(xy | a_0 b_0)$ ist nach dem Vorhergehenden auch die Reihe der Elemente

$$\mathfrak{g}(xy | a_1 b_1),\ \mathfrak{g}(xy | a_2 b_2),\ \ldots\ \mathfrak{g}(xy | a_\chi b_\chi),\ \mathfrak{g}(xy | ab)$$

unzweideutig bestimmt, und zwar ist für die Wahl der Werthe $b_1, b_2, \ldots b_\chi, b$ unter den zu jedem Argumente $a_1, a_2, \ldots a_\chi, a$ gehörigen Functionswerthen keine Freiheit mehr vorhanden. Es soll nun aber gezeigt werden, dass diese Zwischenpunkte $a_1, a_2, \ldots a_\chi$ sich stets so wählen lassen, dass der Werth b

von y, welchen man aus dem letzten Element $\mathfrak{g}(xy|ab)$ für $x = a$ erhält, unter den zu Folge der Gleichung $f(x, y) = 0$ zu a gehörigen Werthen y willkürlich bestimmt werden kann, wie auch der Werth b_0 fixirt sei. Der Beweis hierfür möge algebraisch geführt werden.

Wir transformiren zunächst die Gleichung $f(x, y) = 0$ rational so, dass das neue Gebilde nur ein unendlich fernes Element besitzt (S. 218). Ist dann die Gleichung $\varphi(\xi, \eta) = 0$ des transformirten Gebildes in Bezug auf ξ und η vom μ^{ten} und ν^{ten} Grade, so ergeben sich für alle Werthe von ξ, welche dem absoluten Betrage nach hinreichend gross sind, die ν Werthe von η aus einer einzigen Reihe der Form

$$\eta = \xi^{\frac{\mu}{\nu}}\left\{1 + \xi^{-\frac{1}{\nu}}\mathfrak{P}\left(\xi^{-\frac{1}{\nu}}\right)\right\}$$

oder aus dem einen Functionenpaar

$$\overset{\infty}{\xi}_t = t^{-\nu}, \quad \overset{\infty}{\eta}_t = t^{-\mu}\{1 + t\,\mathfrak{P}(t)\}.$$

Nun sei a_0 ein beliebiger, im Endlichen gelegener, nicht singulärer Punkt innerhalb des Convergenzbereiches der Reihe $\mathfrak{P}\left(\xi^{-\frac{1}{\nu}}\right)$, und es habe η für ihn die ν Werthe $b_0, b_0', \ldots b_0^{(\nu-1)}$, so soll nachgewiesen werden, dass alle ν Elemente

$$\mathfrak{g}(\xi\eta\,|\,a_0 b_0),\ \mathfrak{g}(\xi\eta\,|\,a_0 b_0'),\ \ldots\ \mathfrak{g}(\xi\eta\,|\,a_0 b_0^{(\nu-1)})$$

mit dem unendlich fernen Element congruiren. Es sei nämlich $a_0 = t_0^{-\nu}$, und es bezeichne ε eine primitive ν^{te} Wurzel der Einheit, so sind $t_0, \varepsilon t_0, \ldots \varepsilon^{\nu-1} t_0$ die ν Werthe von t, welche sich für $\xi = a_0$ ergeben. Dann kann gesetzt werden

$$b_0 = t_0^{-\mu}\{1 + t_0\mathfrak{P}(t_0)\},\ b_0' = (\varepsilon t_0)^{-\mu}\{1 + \varepsilon t_0\mathfrak{P}(\varepsilon t_0)\},\ \ldots\ b_0^{(\nu-1)} = (\varepsilon^{\nu-1}t_0)^{-\mu}\{1 + \varepsilon^{\nu-1}t_0\mathfrak{P}(\varepsilon^{\nu-1}t_0)\}.$$

Für die Umgebung der Stelle $(a_0 b_0)$ führen wir durch die Gleichung

$$t = t_0 + \tau$$

τ als neue Variable ein, so stellt das Functionenpaar

$$\xi_\tau = (t_0+\tau)^{-\nu} = a_0\left(1 + \frac{\tau}{t_0}\right)^{-\nu} = a_0 + \tau\,\mathfrak{P}_0(\tau), \quad \eta_\tau = (t_0+\tau)^{-\mu}\{1 + (t_0+\tau)\mathfrak{P}(t_0+\tau)\} = \mathfrak{P}_1(\tau)$$

das Element mit dem Mittelpunkte $(a_0 b_0)$ dar. Da $\tau\mathfrak{P}_0(\tau)$ mit der ersten Potenz von τ beginnt, so können wir τ aus der Gleichung $\xi_\tau = a_0 + \tau\mathfrak{P}_0(\tau)$ nach Potenzen von $\xi - a_0$ entwickeln und diese Entwickelung in die zweite Reihe einsetzen, wodurch sich

$$\eta = b_0 + (\xi - a_0)\overline{\mathfrak{P}}(\xi - a_0)$$

ergeben möge. Auch in dieser Form lässt sich das aus dem unendlich fernen abgeleitete Element

$$\mathfrak{g}(\xi\eta \,|\, a_0 b_0)$$

darstellen.

Ebenso können wir aus jenem auch das Element für die Umgebung der Stelle $(a_0 b_0')$ finden. Durch die Substitution

$$t = \varepsilon(t_0 + \tau)$$

folgt nämlich aus dem Functionenpaar, welches das unendlich ferne Element darstellt,

$$\xi_\tau = a_0 + \tau\mathfrak{P}_0(\tau), \quad \eta_\tau = \mathfrak{P}_1'(\tau),$$

oder nach Elimination von τ

$$\eta = b_0' + (\xi - a_0)\overline{\overline{\mathfrak{P}}}(\xi - a_0).$$

Diese Reihe liefert das Element $\mathfrak{g}(\xi\eta \,|\, a_0 b_0')$. In gleicher Weise kann jedes der ν Elemente

$$\mathfrak{g}(\xi\eta \,|\, a_0 b_0), \; \mathfrak{g}(\xi\eta \,|\, a_0 b_0'), \; \ldots \; \mathfrak{g}(\xi\eta \,|\, a_0 b_0^{(\nu-1)})$$

direct aus dem unendlich fernen Element hergeleitet werden.

Nun lässt sich zeigen, dass die zu einem beliebigen Argumente a, welches nicht im Convergenzbereich des unendlich fernen Elements zu liegen braucht und auch singulär sein kann, gehörenden Elemente

$$\mathfrak{g}(\xi\eta \,|\, ab), \; \mathfrak{g}(\xi\eta \,|\, ab'), \; \ldots$$

sämmtlich unmittelbar oder durch Vermittelung anderer mit dem unendlich fernen Element congruiren. In der Ebene der complexen Grösse ξ denken wir uns um den Nullpunkt als Mittelpunkt einen Kreis construirt, der in seinem Inneren alle im Endlichen gelegenen singulären Punkte ξ enthält, sodass für alle ausserhalb und auf der Peripherie dieses Kreises gelegenen

Punkte $\mathfrak{x}$ die das unendlich ferne Element darstellende Reihe

$$\eta = \mathfrak{x}^{\frac{\mu}{\nu}}\left\{1+\mathfrak{x}^{-\frac{1}{\nu}}\mathfrak{P}\left(\mathfrak{x}^{-\frac{1}{\nu}}\right)\right\}$$

convergirt. Es sei a_0 irgend ein Punkt auf der Peripherie dieses Kreises, und es seien $b_0, b_0', \dots b_0^{(\nu-1)}$ die ν verschiedenen, zu $\mathfrak{x} = a_0$ gehörenden Werthe von η. Da a_0 der Umgebung des Punktes $\mathfrak{x} = \infty$ angehört, so lassen sich nach dem Vorhergehenden alle ν Elemente

$$\mathfrak{g}(\mathfrak{x}\eta\,|\,a_0b_0),\ \mathfrak{g}(\mathfrak{x}\eta\,|\,a_0b_0'),\ \dots\ \mathfrak{g}(\mathfrak{x}\eta\,|\,a_0b_0^{(\nu-1)})$$

aus dem unendlich fernen Element ableiten.

Ist a ein beliebiger, zunächst nicht singulärer Punkt im Inneren des Kreises um den Nullpunkt, so können wir durch Vermittelung einer Reihe nicht singulärer Punkte $a_1, a_2, \dots a_\chi$ von a_0 nach a in der Art übergehen, dass jeder Punkt in der Umgebung des ihm vorangehenden liegt. Dann lassen sich aus

$$\mathfrak{g}(\mathfrak{x}\eta\,|\,a_0b_0),\ \mathfrak{g}(\mathfrak{x}\eta\,|\,a_0b_0'),\ \dots\ \mathfrak{g}(\mathfrak{x}\eta\,|\,a_0b_0^{(\nu-1)})$$

die ν Elemente

$$\mathfrak{g}(\mathfrak{x}\eta\,|\,a_1b_1),\ \mathfrak{g}(\mathfrak{x}\eta\,|\,a_1b_1'),\ \dots\ \mathfrak{g}(\mathfrak{x}\eta\,|\,a_1b_1^{(\nu-1)})$$

herleiten, wenn

$$b_1 = g(a_1\,|\,a_0b_0),\quad b_1' = g(a_1\,|\,a_0b_0'),\quad \dots\quad b_1^{(\nu-1)} = g(a_1\,|\,a_0b_0^{(\nu-1)})$$

gesetzt wird. Dabei sind nicht zwei der Werthepaare $(a_1b_1), (a_1b_1'), \dots (a_1b_1^{(\nu-1)})$ identisch, da a_1 kein singulärer Punkt ist. Sodann leiten wir die Elemente

$$\mathfrak{g}(\mathfrak{x}\eta\,|\,a_2b_2),\ \mathfrak{g}(\mathfrak{x}\eta\,|\,a_2b_2'),\ \dots\ \mathfrak{g}(\mathfrak{x}\eta\,|\,a_2b_2^{(\nu-1)})$$

ab, wobei $b_2, b_2', \dots b_2^{(\nu-1)}$ entsprechende Bedeutung haben, wie vorher $b_1, b_1', \dots b_1^{(\nu-1)}$, u. s. f.; schliesslich gehen aus

$$\mathfrak{g}(\mathfrak{x}\eta\,|\,a_\chi b_\chi),\ \mathfrak{g}(\mathfrak{x}\eta\,|\,a_\chi b_\chi'),\ \dots\ \mathfrak{g}(\mathfrak{x}\eta\,|\,a_\chi b_\chi^{(\nu-1)})$$

die ν Elemente

$$\mathfrak{g}(\mathfrak{x}\eta\,|\,ab),\quad \mathfrak{g}(\mathfrak{x}\eta\,|\,ab'),\quad \dots\ \mathfrak{g}(\mathfrak{x}\eta\,|\,ab^{(\nu-1)})$$

hervor. Hierbei sind, der Annahme über a entsprechend, die ν Stellen (ab), (ab'), ... $(ab^{(\nu-1)})$ sämmtlich von einander verschieden.

Damit ist bewiesen, dass sich aus dem unendlich fernen Elemente des Gebildes $\varphi(\xi, \eta) = 0$ alle zu einem beliebigen, nicht singulären Werthe $\xi = a$ gehörenden Elemente ableiten lassen. Wenn man daher für $\xi = a$ den zugehörigen Werth $\eta = b$ beliebig fixirt, so kann man von dem unendlich fernen Element zu $\mathfrak{g}(\xi\eta\,|\,ab)$ gelangen, indem man eine endliche Anzahl Elemente einschaltet, von denen jedes mit dem vorhergehenden congruirt.

Ferner sei a ein singulärer Werth des Arguments ξ, und ein bestimmtes, zu diesem gehörendes Element $\mathfrak{g}(\xi\eta\,|\,ab)$ werde durch das Functionenpaar

$$\xi_t = a + t^\sigma, \quad \eta_t = b + t\mathfrak{P}(t)$$

dargestellt. Dem Werthe $t = t_0$ entspreche $\xi = a_0$, wo a_0 irgend ein nicht singulärer Punkt in der Umgebung von a sei. Dann können durch die Substitutionen

$$t = t_0 + \tau, \quad t = \varepsilon(t_0 + \tau), \quad \ldots \quad t = \varepsilon^{\sigma-1}(t_0 + \tau),$$

in denen ε eine primitive σ^{te} Wurzel der Einheit bedeutet, σ verschiedene Elemente mit den Mittelpunkten $(a_0 b_0), (a_0 b_0'), \ldots (a_0 b_0^{(\sigma-1)})$ aus $\mathfrak{g}(\xi\eta\,|\,ab)$ hergeleitet werden, in derselben Weise, wie oben die ν Elemente

$$\mathfrak{g}(\xi\eta\,|\,a_0 b_0), \ \mathfrak{g}(\xi\eta\,|\,a_0 b_0'), \ \ldots \ \mathfrak{g}(\xi\eta\,|\,a_0 b_0^{(\nu-1)})$$

aus dem unendlich fernen Element. Das Element $\mathfrak{g}(\xi\eta\,|\,ab)$ geht demnach auch aus dem unendlich fernen hervor, da es mit $\mathfrak{g}(\xi\eta\,|\,a_0 b_0)$ und dieses mit dem unendlich fernen Element congruirt.

Hieraus ergiebt sich, dass alle Elemente eines algebraischen Gebildes, welches im Unendlichen die vorausgesetzte Beschaffenheit hat, unmittelbar oder durch Vermittelung anderer mit dem unendlich fernen Element congruiren. Denkt man sich nun irgend zwei Elemente des Gebildes in dieser Weise mit dem unendlich fernen Element in Zusammenhang gebracht, so sieht man unmittelbar, dass sie auch aus einander abgeleitet werden können.

Wir wollen uns nun von der Annahme, die wir bei diesen Erörterungen gemacht hatten, dass das algebraische Gebilde nur ein einziges unendlich fernes Element besitzt, wieder befreien. Ist $f(x, y) = 0$ eine beliebige irreductible algebraische Gleichung, so transformiren wir sie mittels zweier rationaler Functionen

$$\xi = R_1(xy), \quad \eta = R_2(xy)$$

des Paares (xy), welche nur an einer Stelle (ab) unendlich gross werden, der Art, dass das transformirte Gebilde $\varphi(\xi, \eta) = 0$ nur ein unendlich fernes Element besitzt (S. 218). Dieses Gebilde hat demnach die Eigenschaft, dass jedes seiner Elemente mit dem unendlich fernen durch Vermittelung einer endlichen Anzahl Elemente congruirt. Da auch umgekehrt x und y rationale Functionen von ξ und η sind (S. 217), so entsprechen einander die Elemente der Gebilde $\varphi(\xi, \eta) = 0$ und $f(x, y) = 0$; es congruiren daher alle Elemente des letzteren Gebildes direct oder durch Vermittelung anderer mit dem Element $\mathfrak{g}(xy\,|\,ab)$, welches dem unendlich fernen Element des Gebildes $\varphi(\xi, \eta) = 0$ entspricht. Mithin ergiebt sich auch für das Gebilde $f(x, y) = 0$ jedes Element aus jedem anderen durch Einschaltung einer endlichen Anzahl vermittelnder Elemente.

Aus diesem Grunde nennen wir ein irreductibles algebraisches Gebilde monogen. Das Gebilde würde nicht mehr monogen sein, wenn die dasselbe definirende algebraische Gleichung reductibel wäre.

Durch eine endliche Anzahl von Elementen kann jedes irreductible algebraische Gebilde vollständig dargestellt werden, d. h. es lässt sich eine endliche Anzahl von Elementen finden, deren Gesammtheit alle Stellen des Gebildes, wenn auch nicht jede nur einmal, liefert. Es seien nämlich $a_1, a_2, \ldots$ die im Endlichen gelegenen singulären Punkte, so denken wir uns in der Ebene der complexen Grösse x ein Quadrat mit dem Nullpunkt als Mittelpunkt construirt, welches einen ihm concentrischen Kreis umschliesst, der alle diese singulären Punkte in seinem Innern enthält. Das Quadrat theilen wir durch zwei Systeme von geraden Linien, welche seinen Seiten parallel sind, in eine beliebige Anzahl Rechtecke der Art, dass erstens jeder singuläre Punkt der Mittelpunkt eines Rechtecks ist, und zweitens die halbe Diagonale eines jeden Rechtecks kleiner ist als der Abstand seines Mittelpunktes von dem nächsten singulären Punkt. Da die Anzahl der singulären Punkte endlich ist, so lassen sich diese Bedingungen durch eine endliche Anzahl von Parallelen erfüllen, die Anzahl der Rechtecke ist daher ebenfalls endlich. Ist der Mittelpunkt a eines Rechtecks kein singulärer Punkt, und sind $b, b', \ldots b^{(n-1)}$ die n zugehörigen Werthe von y, so liegt dieses Rechteck ganz in dem Gültigkeitsbereich jedes der Elemente

$$\mathfrak{g}(xy\,|\,ab),\ \mathfrak{g}(xy\,|\,ab'),\ \ldots\ \mathfrak{g}(xy\,|\,ab^{(n-1)}).$$

Das Gleiche gilt auch, wenn das Rechteck einen der singulären Punkte a_λ zum Mittelpunkt hat, nur kann die Anzahl der zur Darstellung der Umgebung der Stellen $(a_\lambda b_\lambda)$, $(a_\lambda b'_\lambda)$, ... erforderlichen Elemente jetzt kleiner als n sein. Die Gesammtheit der Werthsysteme (xy), für welche der Werth x durch einen Punkt innerhalb des Quadrats dargestellt wird, ergiebt sich also aus einer endlichen Anzahl von Elementen. Der Gültigkeitsbereich derjenigen Elemente aber, deren Mittelpunkt eine unendlich ferne Stelle der Form (∞, b) oder (∞, ∞) ist, umfasst den gesammten Bereich ausserhalb des Quadrats; alle Werthepaare (xy), für welche x ein Punkt dieses Bereichs ist, werden also durch n oder eine geringere Anzahl von Elementen geliefert. Hiermit ist der Satz bewiesen.

Wenn die Gleichung $f(x, y) = 0$ in Bezug auf y vom n^{ten} Grade ist, so gehören zu jedem Werthe von x n Werthe der algebraischen Function y, von denen nur für eine endliche Anzahl singulärer Werthe $g_1, g_2, \ldots$ des Arguments x zwei oder mehrere Werthe von y einander gleich sein können (S. 42). Ist a irgend ein nicht singulärer Werth, so lassen sich für alle Argumente, welche der Umgebung von a angehören, die zugehörigen Werthe y durch n verschiedene, nach ganzen Potenzen von $x-a$ fortschreitende Reihen darstellen, und zwar können negative Potenzen nur für eine endliche Anzahl Werthe a und niemals in unendlicher Anzahl auftreten (S. 42). Liegt aber x in der Umgebung eines singulären Werthes g, so zerfallen die zugehörigen n Werthe von y in Gruppen. Die zu der nämlichen Gruppe gehörigen Werthe lassen sich nach Potenzen einer und derselben Wurzel von $x-g$ entwickeln, wobei wieder niemals eine unendliche Anzahl negativer Potenzen auftritt. Indem man der Wurzelgrösse ihre verschiedenen Werthe beilegt, erhält man die zu einer Gruppe gehörigen Werthe von y. Die Entwickelungen der verschiedenen Gruppen angehörigen Werthe können dagegen nach verschiedenen Wurzeln von $x-g$ fortschreiten (S. 44). Wenn ferner der absolute Betrag von x hinreichend gross ist, so lassen sich die Werthe von y nach ganzen oder gebrochenen Potenzen von $\frac{1}{x}$ entwickeln; negative Potenzen treten auch hierbei höchstens in endlicher Anzahl auf (S. 45).

Es soll nun gezeigt werden, dass auch umgekehrt diese Eigenschaften für eine algebraische Function hinreichend sind.

Zum Beweise möge ein Satz meiner Abhandlung »Zur Theorie der eindeutigen analytischen Functionen«*) benutzt werden: »Wenn eine eindeutige Function von x gegeben ist, für die es im Gebiete dieser Grösse nur ausserwesentlich singuläre Stellen giebt, so ist sie eine rationale Function von x«. Nach der in jener Abhandlung aufgestellten Definition der ausserwesentlich singulären Stellen können wir auch sagen: Wenn sich eine eindeutige Function von x in der Umgebung jedes im Endlichen gelegenen Arguments a nach ganzen Potenzen von $x-a$ der Art entwickeln lässt, dass nur für eine endliche Anzahl Argumente a negative Potenzen und stets nur in endlicher Anzahl auftreten, und wenn sie in der Umgebung des Werthes $x=\infty$ durch eine nach ganzzahligen Potenzen von $\frac{1}{x}$ fortschreitende Reihe dargestellt werden kann, die höchstens eine endliche Anzahl negativer Potenzen enthält, so ist sie eine rationale Function von x.

Ist jetzt y eine Function von x, welche die vorher für eine algebraische Function zusammengestellten Eigenschaften besitzt, so mögen die n Werthe, welche zu einem Werthe von x gehören, mit $\overset{1}{y}, \overset{2}{y}, \dots \overset{n}{y}$ bezeichnet werden. Dann ist jede Potenzsumme

$$s_\mu = \big(\overset{1}{y}\big)^\mu + \big(\overset{2}{y}\big)^\mu + \cdots + \big(\overset{n}{y}\big)^\mu \qquad (\mu = 1, 2, \dots)$$

eine eindeutige Function. Ist a kein singulärer Werth des Arguments x, so folgt aus den vorausgesetzten Eigenschaften unmittelbar, dass s_μ sich nach ganzen Potenzen von $x-a$ entwickeln lässt und dass nur eine endliche Anzahl Stellen a vorhanden ist, für welche negative Potenzen, immer jedoch nur in endlicher Anzahl, auftreten. Hat x einen singulären Werth g, so bestehen Entwickelungen der Form:

$$\begin{aligned} \overset{1}{y} &= c_1(x-g)^{\frac{\varkappa}{\sigma}} + c_2(x-g)^{\frac{\varkappa+1}{\sigma}} + \cdots, \\ \big(\overset{1}{y}\big)^\mu &= c_1'(x-g)^{\frac{\varkappa'}{\sigma}} + c_2'(x-g)^{\frac{\varkappa'+1}{\sigma}} + \cdots, \end{aligned}$$

wo $\varkappa$ und $\varkappa'$ Null oder ganze positive oder negative Zahlen sind. Indem wir auf der rechten Seite der Wurzelgrösse $(x-g)^{\frac{1}{\sigma}}$ ihre σ Werthe ertheilen, er-

*) Vgl. die Einleitung der Abhandlung; Bd. II, S. 79—81 dieser Ausgabe.

halten wir die σ mit $\overset{1}{y}$ zu derselben Gruppe gehörigen Werthe von y; sie seien $\overset{1}{y}, \overset{2}{y}, \ldots \overset{\sigma}{y}$. Dann folgt, wenn ε eine primitive σ^{te} Wurzel der Einheit ist,

$$\begin{aligned}(\overset{1}{y})^\mu + (\overset{2}{y})^\mu + \cdots + (\overset{\sigma}{y})^\mu = \; & c_1'\left(1 + \varepsilon^{\varkappa'} + \varepsilon^{2\varkappa'} + \cdots + \varepsilon^{(\sigma-1)\varkappa'}\right)(x-g)^{\frac{\varkappa'}{\sigma}} \\ & + c_2'\left(1 + \varepsilon^{\varkappa'+1} + \varepsilon^{2(\varkappa'+1)} + \cdots + \varepsilon^{(\sigma-1)(\varkappa'+1)}\right)(x-g)^{\frac{\varkappa'+1}{\sigma}} \\ & + \cdots\cdots\cdots\cdots\cdots,\end{aligned}$$

mithin fallen in dieser Entwickelung alle Potenzen von $x-g$ weg, für welche der Zähler des Exponenten nicht durch σ theilbar ist. In der Reihe treten daher lauter ganzzahlige, und zwar keine oder nur eine endliche Anzahl negativer Potenzen auf. Entsprechendes gilt für die übrigen Gruppen, in welche die Werthe $\overset{1}{y}, \overset{2}{y}, \ldots \overset{n}{y}$ für das singuläre Argument g zerfallen. Demnach kommen auch in der für die Umgebung eines singulären Punktes g gültigen Entwickelung von s_μ nur ganzzahlige Potenzen von $x-g$ mit höchstens einer endlichen Anzahl negativer Exponenten vor; und das Gleiche gilt für die Entwickelung von s_μ nach Potenzen von $\frac{1}{x}$ bei hinreichend grossen Werthen von $|x|$. Nach dem vorangeschickten Hülfssatz werden daher die Potenzsummen $s_1, s_2, \ldots s_n$ rationale Functionen von x, mithin sind $\overset{1}{y}, \overset{2}{y}, \ldots \overset{n}{y}$ Wurzeln einer algebraischen Gleichung n^{ten} Grades, deren Coefficienten sich rational durch x ausdrücken lassen; y ist also eine algebraische Function von x. Die vorher aufgestellten Eigenschaften sind demnach für eine solche Function nicht nur nothwendig, sondern auch hinreichend.

Mit jeder Stelle (xy) eines algebraischen Gebildes $f(x, y) = 0$ hänge nun eindeutig eine Grösse z der Art zusammen, dass wenn das Functionenpaar $x = \varphi(t)$, $y = \psi(t)$ irgend ein Element des Gebildes darstellt, auch z sich nach ganzen Potenzen von t entwickeln lässt, wobei nur für eine endliche Anzahl einander nicht äquivalenter Elemente negative Potenzen von t und zwar stets nur in endlicher Anzahl auftreten sollen. Dann ist, wie gezeigt werden wird, z eine rationale Function des Paares (xy).

Es seien wieder $\overset{1}{y}, \overset{2}{y}, \ldots \overset{n}{y}$ die Werthe der algebraischen Function y, welche zu Folge der Gleichung $f(x, y) = 0$ zu einem Werthe von x gehören. Der Voraussetzung nach entspricht dann jedem Werthepaar $(x\overset{\varkappa}{y})$ ein einziger Werth von z, der mit $\overset{\varkappa}{z}$ bezeichnet werden möge. Setzen wir nun unter Anwendung der Lagrangeschen Interpolationsformel

$$z = \sum_{\varkappa=1}^{n} \frac{\overset{\varkappa}{z}\, G(y)}{(y-\overset{\varkappa}{y})\, G'(\overset{\varkappa}{y})},$$

wobei

$$G(y) = (y-\overset{1}{y})(y-\overset{2}{y})\ldots(y-\overset{n}{y})$$

sein soll, so ist z der Reihe nach mit den Werthen $\overset{1}{z}, \overset{2}{z}, \ldots \overset{n}{z}$ identisch, wenn für die Variable y die Werthe $\overset{1}{y}, \overset{2}{y}, \ldots \overset{n}{y}$ der algebraischen Function von x gesetzt werden. Die Summe auf der rechten Seite ist eine ganze rationale Function $(n-1)^{\text{ten}}$ Grades von y, also hat z die Form:

$$z = R_0 + R_1 y + \cdots + R_{n-1} y^{n-1}.$$

Die Coefficienten $R_0, R_1, \ldots R_{n-1}$ sind symmetrische Functionen von $\overset{1}{y}, \overset{2}{y}, \ldots \overset{n}{y}$, da bei einer Vertauschung von $\overset{\alpha}{y}$ und $\overset{\beta}{y}$ auch $\overset{\alpha}{z}$ und $\overset{\beta}{z}$ in einander übergehen. Sie sind demnach eindeutige Functionen von x, und zwar wollen wir jetzt beweisen, dass sie rational in Bezug auf x sind. Das Element mit dem im Endlichen gelegenen Mittelpunkt $(a\overset{\varkappa}{b})$ werde durch das Functionenpaar

$$x_t = a + a_1 t^{\lambda} + a_2 t^{\lambda+1} + \cdots,$$
$$\overset{\varkappa}{y}_t = \overset{\varkappa}{b} + b_1 t^{\mu} + b_2 t^{\mu+1} + \cdots$$

dargestellt, wobei für eine nicht singuläre Stelle $(a\overset{\varkappa}{b})$ wenigstens eine der beiden Zahlen λ oder μ gleich 1 ist. Der Annahme nach besteht dann auch für $\overset{\varkappa}{z}$ eine Entwickelung:

$$\overset{\varkappa}{z} = c_1 t^{\nu} + c_2 t^{\nu+1} + \cdots.$$

Die erste der drei Reihen liefert zu einem Werthe von x in der Umgebung von a λ Werthe t; setzen wir diese successive in die zweite und dritte Reihe ein, so erhalten wir λ der Werthe $\overset{1}{y}, \overset{2}{y}, \ldots \overset{n}{y}$ und ebenso viele zugehörige Werthe $\overset{1}{z}, \overset{2}{z}, \ldots \overset{n}{z}$. Es gehört also in der That zu jeder Stelle $(x\overset{\varkappa}{y})$ ein Werth $\overset{\varkappa}{z}$. Wird nun t durch $x-a$ ausgedrückt und die so erhaltene Entwickelung in die beiden letzten Reihen eingeführt, so folgt

$$\overset{\varkappa}{y} = \overset{\varkappa}{b} + b_1'(x-a)^{\frac{\mu}{\lambda}} + b_2'(x-a)^{\frac{\mu+1}{\lambda}} + \cdots,$$
$$\overset{\varkappa}{z} = \qquad c_1'(x-a)^{\frac{\nu}{\lambda}} + c_2'(x-a)^{\frac{\nu+1}{\lambda}} + \cdots.$$

Indem wir hierin der Wurzelgrösse $(x-a)^{\frac{1}{\lambda}}$ ihre λ verschiedenen Werthe geben, erhalten wir Reihen, welche die zu einer Gruppe gehörigen Werthe $\overset{\varkappa}{y}$ und $\overset{\varkappa}{z}$ darstellen. Ebenso ergeben sich aus den anderen Elementen $(x_t y_t)$, bei welchen für $t=0$ $x_t = a$ wird, für die übrigen Werthe $\overset{1}{y}, \overset{2}{y}, \dots \overset{n}{y}$ und $\overset{1}{z}, \overset{2}{z}, \dots \overset{n}{z}$ Reihen, die nach ganzen oder gebrochenen Potenzen von $x-a$ fortschreiten. Ähnliches gilt für die unendlich fernen Elemente. Führen wir diese Entwickelungen in die Coefficienten $R_0, R_1, \dots R_{n-1}$ ein, so besitzen sie die sämmtlichen vorher aufgestellten charakteristischen Eigenschaften einer algebraischen Function von x, und da sie eindeutig in Bezug auf x sein müssen, so sind sie rationale Functionen.

Unter den angegebenen Bedingungen lässt sich also z auf die Form:

$$z = R_0(x) + R_1(x)\, y + \cdots + R_{n-1}(x)\, y^{n-1}$$

bringen, wo $R_0(x), R_1(x), \dots R_{n-1}(x)$ rationale Functionen von x sind. Da aber z in $\overset{\varkappa}{z}$ für $y = \overset{\varkappa}{y}$ übergeht, so ist $\overset{\varkappa}{z}$ eine rationale Function des durch die Gleichung $f(x,y) = 0$ verbundenen Paares $(x\overset{\varkappa}{y})$.

Damit haben wir die algebraische Grundlage der Theorie der Abelschen Transcendenten zu Ende geführt und gehen nun zur Untersuchung der Abelschen Integrale über.

ZWEITER ABSCHNITT.

DIE ABELSCHEN INTEGRALE.

Elftes Kapitel.

Einleitung in die Theorie der Abelschen Integrale.

Schon zu Anfang dieser Vorlesungen (S. 2 und 3) sind die Abelschen Integrale vorläufig erklärt und einige ihrer Haupteigenschaften angegeben worden; jetzt handelt es sich darum, die dort angedeuteten Betrachtungen weiter auszuführen. Wie bisher, legen wir unseren Untersuchungen ein durch die irreductible Gleichung $f(x, y) = 0$ definirtes algebraisches Gebilde zu Grunde und bezeichnen mit $F(xy)$ eine beliebige rationale Function des Paares (xy). Das Integral

$$\int F(xy)\, dx$$

soll als ein zu dem algebraischen Gebilde $f(x, y) = 0$ gehörendes Abelsches Integral bezeichnet werden.

Um festzustellen, was unter einer solchen Integralfunction verstanden werden soll, gehen wir von irgend einem, durch das Functionenpaar $(x_t y_t)$ dargestellten Elemente des Gebildes aus. Ist dann

$$F(x_t y_t)\, dx_t = g(t)\, dt,$$

und nehmen wir zunächst an, dass $g(t)$ entweder nur positive Potenzen enthalte, oder auch negative, unter denen aber die $(-1)^{\text{te}}$ fehlt, so können wir aus der Potenzreihe $g(t)$ durch Integration eine Potenzreihe $h(t)$ herleiten, die also der Gleichung

$$g(t)\, dt = dh(t)$$

genügt. Sind ferner t_0 und t_1 zwei Werthe, die dem Gültigkeitsbereich der Reihe $g(t)$ angehören, so definiren wir einen Werth des Integrals durch die Formel

$$\int_{t_0}^{t_1} F(x_t y_t) \frac{dx_t}{dt} dt = h(t_1) - h(t_0).$$

Jedem Werthe von t entspricht ein bestimmtes Werthepaar (xy), und umgekehrt gehört zu jedem Werthepaare (xy) ein bestimmter Werth von t; die Grösse t konnte als rationale Function von x und y angenommen werden (S. 14). Liefert nun das Functionenpaar $(x_t y_t)$ für $t = t_0$ und $t = t_1$ die beiden Stellen $(x_0 y_0)$ und $(x_1 y_1)$, so bezeichnen wir den eben definirten Werth des Integrals

$$\int_{t_0}^{t_1} F(x_t y_t) \frac{dx_t}{dt} dt$$

mit

$$\int_{(x_0 y_0)}^{(x_1 y_1)} F(xy)\, dx.$$

Wollte man in die Bezeichnung der Grenzen nur die Werthe x_0 und x_1 aufnehmen, also das Integral gleich

$$\int_{x_0}^{x_1} F(xy)\, dx$$

setzen, so würde nicht bestimmt sein, welcher der n Werthe von y jeder der beiden Grenzen zugeordnet werden soll.

Enthält die Potenzreihe $g(t)$ auch ein Glied mit t^{-1}, so möge

$$g(t) = ct^{-1} + g_1(t),$$

also

$$h(t) = c \log t + h_1(t)$$

sein. Der Coefficient c behält dabei denselben Werth, wenn man das betrachtete Element durch irgend ein ihm äquivalentes ersetzt (S. 91). Liegen die beiden Werthe t_0 und t_1 wieder innerhalb des Gültigkeitsbereichs der Reihe $g(t)$, und entsprechen ihnen die Paare $(x_0 y_0)$ und $(x_1 y_1)$, so definiren wir in diesem Falle:

$$\int_{(x_0 y_0)}^{(x_1 y_1)} F(xy)\, dx = \int_{t_0}^{t_1} F(x_t y_t) \frac{dx_t}{dt} dt = c \log \frac{t_1}{t_0} + h_1(t_1) - h_1(t_0).$$

Die so erklärte Integralfunction hängt jetzt nicht mehr eindeutig von den Grenzen $(x_0 y_0)$ und $(x_1 y_1)$ ab; aber man erhält alle ihre Werthe aus einem von ihnen durch Addition oder Subtraction eines ganzzahligen Vielfachen von

$$2c\pi i.$$

Gehören die von den Grenzen des Integrals

$$\int_{(x_0 y_0)}^{(x_1 y_1)} F(xy)\, dx$$

abhängigen Grössen t_0 und t_1 nicht gleichzeitig dem Gültigkeitsbereich der Reihe $g(t)$ an, oder werden die Grenzen von vornherein nicht in demselben Elemente angenommen, so kann man nach dem im vorigen Kapitel (S. 235 u. f.) auseinandergesetzten Verfahren zwischen $(x_0 y_0)$ und $(x_1 y_1)$ eine endliche Anzahl von Stellen

$$(x'y'),\ (x''y''),\ \ldots\ (x^{(r)} y^{(r)})$$

so einschalten, dass je zwei benachbarte in demselben Elemente liegen und die Integrale

$$\int_{(x_0 y_0)}^{(x'y')} F(xy)\, dx, \quad \int_{(x'y')}^{(x''y'')} F(xy)\, dx, \quad \ldots \quad \int_{(x^{(r)} y^{(r)})}^{(x_1 y_1)} F(xy)\, dx$$

nach dem Vorhergehenden sämmtlich eine Bedeutung haben. Wir definiren dann

$$\int_{(x_0 y_0)}^{(x_1 y_1)} F(xy)\, dx = \int_{(x_0 y_0)}^{(x'y')} F(xy)\, dx + \int_{(x'y')}^{(x''y'')} F(xy)\, dx + \cdots + \int_{(x^{(r)} y^{(r)})}^{(x_1 y_1)} F(xy)\, dx.$$

Die Integralfunction auf der linken Seite braucht jetzt selbst dann nicht mehr eindeutig durch die Grenzen $(x_0 y_0)$ und $(x_1 y_1)$ bestimmt zu sein, wenn kein logarithmisches Glied vorkommt, sondern ihr Werth kann noch von dem Integrationswege, d. h. von der Gesammtheit der zwischen $(x_0 y_0)$ und $(x_1 y_1)$ eingeschalteten Stellen, abhängen. Die Ermittelung der Art dieser Abhängigkeit wird den Gegenstand späterer Untersuchungen bilden, deren Ergebniss schon in der Einleitung (S. 4) vorläufig angegeben worden ist.

Zunächst aber soll eine wichtige Formel abgeleitet werden, die beim Beweise des a. a. O. ebenfalls bereits erwähnten Satzes über die Darstellbarkeit jedes Abelschen Integrals durch Integrale dreier verschiedener Arten Verwendung finden wird. Sie folgt aus der Theorie der H-Functionen in Verbindung mit dem im ersten Abschnitt oft benutzten Satze (S. 95)

$$\Sigma\left[F(x_t y_t)\frac{dx_t}{dt}\right]_{t^{-1}} = 0.$$

Stellt $(\overset{\alpha}{x}_t \overset{\alpha}{y}_t)$ das Element dar, dessen Mittelpunkt die Stelle $(a_\alpha b_\alpha)$ ist, so haben wir früher (S. 79) gesetzt

$$H(\overset{\alpha}{x}_t \overset{\alpha}{y}_t, x'y') = H(x'y')_\alpha t^{-1} + \sum_{\nu=0}^{\infty} H^{(\nu)}(x'y')_\alpha t^\nu.$$

Wir wollen jetzt

$$H(\overset{\alpha}{x}_t \overset{\alpha}{y}_t, xy) = t^{-1} H(xy)_\alpha + \overset{0}{H}(xy)_\alpha - t H'(xy)_\alpha + \cdots$$

schreiben, also $-H'(xy)_\alpha$ an die Stelle von $H^{(1)}(xy)_\alpha$ setzen. Unter (xy) wird dabei irgend ein von den Paaren $(a_\alpha b_\alpha)$ verschiedenes Werthepaar verstanden. Die Functionen

$$H'(xy)_\alpha, \qquad (\alpha = 1, 2, \ldots \varrho)$$

welche als die negativ genommenen Coefficienten der ersten Potenz von t in der Entwickelung von $H(\overset{\alpha}{x}_t \overset{\alpha}{y}_t, xy)$ erklärt sind, werden im Folgenden eine wichtige Rolle spielen. Die Eigenschaften der Functionen $H(xy)_\alpha$ kennen wir bereits aus dem ersten Abschnitt, während die Functionen $\overset{0}{H}(xy)_\alpha$ für das Folgende nicht von Wichtigkeit sind.

Bedeuten nun $(x_1 y_1)$ und $(x_2 y_2)$ irgend zwei von einander und von den Stellen $(a_\alpha b_\alpha)$ verschiedene Werthepaare, für welche $f(x,y)_2$ nicht verschwindet, so setzen wir in der Gleichung

$$\Sigma\left[F(x_t y_t)\frac{dx_t}{dt}\right]_{t^{-1}} = 0$$

$$F(xy) = H(xy, x_2 y_2)\cdot\frac{d}{dx}H(xy, x_1 y_1),$$

wo bei der Bildung von

$$\frac{d}{dx}H(xy, x_1 y_1)$$

y als Function von x zu betrachten ist. Es ergiebt sich dann

$$\Sigma\left[H(x_t y_t, x_2 y_2)\cdot\frac{d}{dt}H(x_t y_t, x_1 y_1)\right]_{t^{-1}} = 0,$$

die Summe erstreckt über alle Elemente $(x_t y_t)$, für die ein Glied mit t^{-1} überhaupt vorkommt, was nur für diejenigen eintreten kann, deren Mittelpunkt mit einer der Stellen $(x_1 y_1)$, $(x_2 y_2)$, $(a_1 b_1)$, ... $(a_\varrho b_\varrho)$ identisch ist. Es sei nun zunächst

$$x_t = x_1 + t,$$
$$y_t = y_1 + t\overline{\mathfrak{P}}(t),$$

so wird (S. 78)

$$H(x_t y_t, x_1 y_1) = -t^{-1} + \mathfrak{P}(t),$$
$$\frac{d}{dt} H(x_t y_t, x_1 y_1) = \quad t^{-2} + \mathfrak{P}'(t),$$
$$H(x_t y_t, x_2 y_2) = H(x_1 y_1, x_2 y_2) + t \frac{d}{dx_1} H(x_1 y_1, x_2 y_2) + \cdots.$$

Der erste Coefficient von t^{-1}, der bei der Bildung der Summe in Betracht kommt, ist hiernach

$$\frac{d}{dx_1} H(x_1 y_1, x_2 y_2).$$

Setzt man weiter

$$x_t = x_2 + t,$$
$$y_t = y_2 + t\overline{\mathfrak{P}}(t),$$

so folgt

$$H(x_t y_t, x_1 y_1) = H(x_2 y_2, x_1 y_1) + t \frac{d}{dx_2} H(x_2 y_2, x_1 y_1) + \cdots,$$
$$\frac{d}{dt} H(x_t y_t, x_1 y_1) = \frac{d}{dx_2} H(x_2 y_2, x_1 y_1) + \cdots,$$
$$H(x_t y_t, x_2 y_2) = -t^{-1} + \mathfrak{P}(t),$$

und ein zweiter Coefficient von t^{-1} wird mithin

$$-\frac{d}{dx_2} H(x_2 y_2, x_1 y_1).$$

Endlich sind noch die Functionenpaare $(\overset{\alpha}{x}_t \overset{\alpha}{y}_t)$ zu berücksichtigen. Aus

$$H(\overset{\alpha}{x}_t \overset{\alpha}{y}_t, x_1 y_1) = t^{-1} H(x_1 y_1)_\alpha + \overset{0}{H}(x_1 y_1)_\alpha - t H'(x_1 y_1)_\alpha + \cdots$$

folgt durch Differentiation

$$\frac{d}{dt} H(\overset{\alpha}{x}_t \overset{\alpha}{y}_t, x_1 y_1) = -t^{-2} H(x_1 y_1)_\alpha - H'(x_1 y_1)_\alpha + t\mathfrak{P}(t).$$

Multiplicirt man diese Gleichung mit

$$H(\overset{\alpha}{x}_t \overset{\alpha}{y}_t, x_2 y_2) = t^{-1} H(x_2 y_2)_\alpha + \overset{0}{H}(x_2 y_2)_\alpha - t H'(x_2 y_2)_\alpha + \cdots$$

und sucht wiederum den Coefficienten von t^{-1} auf, setzt dann $\alpha = 1, 2, \ldots \varrho$ und führt sämmtliche Ergebnisse in die Formel auf S. 253 ein, so erhält man

$$\frac{d}{dx_1} H(x_1 y_1, x_2 y_2) - \frac{d}{dx_2} H(x_2 y_2, x_1 y_1) = \sum_{\alpha=1}^{\varrho} \left\{ H(x_2 y_2)_\alpha H'(x_1 y_1)_\alpha - H(x_1 y_1)_\alpha H'(x_2 y_2)_\alpha \right\},$$

oder wenn man (xy) für $(x_1 y_1)$ und $(x'y')$ für $(x_2 y_2)$ schreibt,

$$\frac{d}{dx} H(xy, x'y') - \frac{d}{dx'} H(x'y', xy) = \sum_\alpha \left\{ H(x'y')_\alpha H'(xy)_\alpha - H(xy)_\alpha H'(x'y')_\alpha \right\}.$$

Von dieser Formel, die hier als einfaches Corollar der für die H-Functionen aufgestellten Fundamentalformeln erscheint, werden wir oft Gebrauch machen. Ihre ursprüngliche Herleitung auf dem Wege der Rechnung für den Fall eines hyperelliptischen Gebildes hat mir viel Mühe gekostet.

Ihr Beweis ist zunächst nur unter der Voraussetzung geführt worden, dass $f(x, y)_2$ und $f(x', y')_2$ nicht verschwinden. Da aber für alle nicht ausgeschlossenen Werthepaare die Gleichung eine Identität ist, so muss sie bestehen bleiben, so lange beide Seiten einen Sinn behalten.

Für die späteren Untersuchungen sind einige Eigenschaften der neu eingeführten Functionen

$$H'(xy)_\alpha \qquad (\alpha = 1, 2, \ldots \varrho)$$

von Wichtigkeit, die aus den für die Entwickelung der Function $H(xy, x'y')$ geltenden Grundformeln (III) und (IV) (S. 85) folgen. Wir nehmen zuerst die Formel (IV, 1) vor:

$$H(\overset{\alpha}{x}_t \overset{\alpha}{y}_t, \overset{\alpha}{x}_\tau \overset{\alpha}{y}_\tau) \frac{d\overset{\alpha}{x}_\tau}{d\tau} - \frac{1}{\tau - t} = t^{-1} H(\overset{\alpha}{x}_\tau \overset{\alpha}{y}_\tau)_\alpha \frac{d\overset{\alpha}{x}_\tau}{d\tau} + \mathfrak{P}(t, \tau),$$

entwickeln links nach steigenden Potenzen von t und ziehen die Gleichung hinzu, durch die $H'(xy)_\alpha$ definirt wird (S. 252), so erhalten wir

$$t^{-1} H(\overset{\alpha}{x}_\tau \overset{\alpha}{y}_\tau)_\alpha \frac{d\overset{\alpha}{x}_\tau}{d\tau} + \cdots - t H'(\overset{\alpha}{x}_\tau \overset{\alpha}{y}_\tau)_\alpha \frac{d\overset{\alpha}{x}_\tau}{d\tau} + \cdots - \frac{1}{\tau} - \frac{t}{\tau^2} - \cdots = t^{-1} H(\overset{\alpha}{x}_\tau \overset{\alpha}{y}_\tau)_\alpha \frac{d\overset{\alpha}{x}_\tau}{d\tau} + \mathfrak{P}(t, \tau),$$

also durch Vergleichung des Coefficienten von t^1 auf beiden Seiten

$$-H'(\overset{\alpha}{x}_\tau \overset{\alpha}{y}_\tau)_\alpha \frac{d\overset{\alpha}{x}_\tau}{d\tau} - \frac{1}{\tau^2} = \mathfrak{P}(\tau)$$

oder

$$H'(\overset{\alpha}{x}_\tau \overset{\alpha}{y}_\tau)_\alpha \frac{d\overset{\alpha}{x}_\tau}{d\tau} = -\tau^{-2} + \mathfrak{P}(\tau).$$

Über die in dieser Formel auftretende Potenzreihe von τ kann man noch Genaueres aussagen, wenn man in der Gleichung (IV, 1), von der ausgegangen wurde, $\tau = 0$ setzt. Mit Hülfe der Relationen (S. 82 und 83)

$$H(xy, a_\alpha b_\alpha)_{-\mu} = 0 \qquad (\mu \geqq 0)$$

ergiebt sich aus der Gleichung (B.) (S. 79), dass

$$\left[H(\overset{\alpha}{x}_t \overset{\alpha}{y}_t, \overset{\alpha}{x}_\tau \overset{\alpha}{y}_\tau) \frac{d\overset{\alpha}{x}_\tau}{d\tau}\right]_{\tau^0} = 0$$

ist. Mithin muss

$$t^{-1}\left[H(\overset{\alpha}{x}_\tau \overset{\alpha}{y}_\tau)_\alpha \frac{d\overset{\alpha}{x}_\tau}{d\tau}\right]_{\tau^0} + \mathfrak{P}(t, 0) = t^{-1},$$

also

$$\mathfrak{P}(t, 0) = 0$$

sein. Es kann daher

$$\mathfrak{P}(t, \tau) = \tau \overline{\mathfrak{P}}(t, \tau)$$

gesetzt werden, woraus sich mittels der vorhergehenden Betrachtungen

$$H'(\overset{\alpha}{x}_\tau \overset{\alpha}{y}_\tau)_\alpha \frac{d\overset{\alpha}{x}_\tau}{d\tau} = -\tau^{-2} + \tau \mathfrak{P}(\tau)$$

ergiebt. Die Vergleichung der Coefficienten von t^{-1} in der eben abgeleiteten Gleichung würde wieder die früher (S. 107) gefundenen Relationen

$$\left[H(\overset{\alpha}{x}_\tau \overset{\alpha}{y}_\tau)_\alpha \frac{d\overset{\alpha}{x}_\tau}{d\tau}\right]_{\tau^0} = 1 \qquad (\alpha = 1, 2, \ldots \varrho)$$

liefern, die auch in der Form

$$H(\overset{\alpha}{x}_\tau \overset{\alpha}{y}_\tau)_\alpha \frac{d\overset{\alpha}{x}_\tau}{d\tau} = 1 + \tau \mathfrak{P}(\tau) \qquad (\alpha = 1, 2, \ldots \varrho)$$

geschrieben werden können.

In der Formel (IV, 2) (S. 85)

$$H(\overset{\alpha}{x}_t\overset{\alpha}{y}_t,\overset{\beta}{x}_\tau\overset{\beta}{y}_\tau)\frac{d\overset{\beta}{x}_\tau}{d\tau} = t^{-1}H(\overset{\beta}{x}_\tau\overset{\beta}{y}_\tau)_\alpha\frac{d\overset{\beta}{x}_\tau}{d\tau}+\mathfrak{P}(t,\tau)$$

kann $\mathfrak{P}(t,\tau)=\tau\mathfrak{P}_1(t,\tau)$ gesetzt werden, wie sich durch Wiederholung der eben angestellten Erörterungen ergiebt. Dann liefert die Entwickelung beider Seiten nach steigenden Potenzen von t

$$t^{-1}H(\overset{\beta}{x}_\tau\overset{\beta}{y}_\tau)_\alpha\frac{d\overset{\beta}{x}_\tau}{d\tau}+\cdots-tH'(\overset{\beta}{x}_\tau\overset{\beta}{y}_\tau)_\alpha\frac{d\overset{\beta}{x}_\tau}{d\tau}+\cdots = t^{-1}H(\overset{\beta}{x}_\tau\overset{\beta}{y}_\tau)_\alpha\frac{d\overset{\beta}{x}_\tau}{d\tau}+\tau\mathfrak{P}_1(t,\tau),$$

also

$$H'(\overset{\beta}{x}_\tau\overset{\beta}{y}_\tau)_\alpha\frac{d\overset{\beta}{x}_\tau}{d\tau} = \tau\mathfrak{P}(\tau) \qquad (\alpha,\beta=1,2,\ldots\varrho;\ \alpha\gtrless\beta).$$

Endlich lautete die Formel (III, 2) (S. 85):

$$H(\overset{\alpha}{x}_t\overset{\alpha}{y}_t,x_\tau y_\tau)\frac{dx_\tau}{d\tau} = t^{-1}H(x_\tau y_\tau)_\alpha\frac{dx_\tau}{d\tau}+\mathfrak{P}_2(t,\tau).$$

Hieraus ergiebt sich

$$t^{-1}H(x_\tau y_\tau)_\alpha\frac{dx_\tau}{d\tau}+\cdots-tH'(x_\tau y_\tau)_\alpha\frac{dx_\tau}{d\tau}+\cdots = t^{-1}H(x_\tau y_\tau)_\alpha\frac{dx_\tau}{d\tau}+\mathfrak{P}_2(t,\tau),$$

mithin

$$H'(x_\tau y_\tau)_\alpha\frac{dx_\tau}{d\tau} = \mathfrak{P}(\tau) \qquad (\alpha=1,2,\ldots\varrho).$$

Das Functionenpaar $(\overset{0}{x}_\tau\overset{0}{y}_\tau)$, welches die Umgebung der Nullstelle (a_0b_0) der Function $H(xy,x'y')$ darstellt und in den Formeln (V) (S. 85) auftritt, braucht nicht besonders berücksichtigt zu werden. Bezeichnete nämlich $\overline{H}(xy,x'y')$ eine H-Function, die mit einer von (a_0b_0) verschiedenen Nullstelle gebildet ist, so war (S. 83)

$$H(x'y',xy) = \overline{H}(x'y',xy)-\overline{H}(a_0b_0,xy).$$

Setzt man nun $(\overset{\alpha}{x}_t\overset{\alpha}{y}_t)$ für $(x'y')$ und entwickelt, so sieht man, dass alle in Betracht kommenden Potenzen von t aus $\overline{H}(x'y',xy)$ hervorgehen. Die aus der Function $\overline{H}(x'y',xy)$ entspringenden Functionen $H(xy)_\alpha$ und $H'(xy)_\alpha$ sind daher mit den aus $H(x'y',xy)$ entstehenden identisch, d. h. von der Stelle

$(a_0 b_0)$ unabhängig, sodass die letzte der drei für die Functionen $H'(xy)_\alpha$ aufgestellten Formeln auch für $(x_\tau y_\tau) = (\overset{0}{x}_\tau \overset{0}{y}_\tau)$ gilt.

Die Eigenschaften der ϱ Functionen $H'(xy)_\alpha$ ergeben sich demnach vollständig aus dem folgenden Gleichungssystem:

$$\text{(I)} \quad \begin{cases} (1) \quad H'(x_\tau y_\tau)_\alpha \dfrac{dx_\tau}{d\tau} = \mathfrak{P}(\tau) \\ (2) \quad H'(\overset{\alpha}{x}_\tau \overset{\alpha}{y}_\tau)_\alpha \dfrac{d\overset{\alpha}{x}_\tau}{d\tau} = -\tau^{-2} + \tau\,\mathfrak{P}(\tau) \\ (3) \quad H'(\overset{\beta}{x}_\tau \overset{\beta}{y}_\tau)_\alpha \dfrac{d\overset{\beta}{x}_\tau}{d\tau} = \tau\,\mathfrak{P}(\tau), \qquad (\alpha \gtrless \beta) \end{cases}$$

während für die ϱ Functionen $H(xy)_\alpha$ die drei Gleichungen (S. 86 und 107)

$$\text{(II)} \quad \begin{cases} (1) \quad H(x_\tau y_\tau)_\alpha \dfrac{dx_\tau}{d\tau} = \mathfrak{P}(\tau) \\ (2) \quad H(\overset{\alpha}{x}_\tau \overset{\alpha}{y}_\tau)_\alpha \dfrac{d\overset{\alpha}{x}_\tau}{d\tau} = 1 + \tau\,\mathfrak{P}(\tau) \\ (3) \quad H(\overset{\beta}{x}_\tau \overset{\beta}{y}_\tau)_\alpha \dfrac{d\overset{\beta}{x}_\tau}{d\tau} = \tau\,\mathfrak{P}(\tau) \qquad (\alpha \gtrless \beta) \end{cases}$$

bestehen.

Zwölftes Kapitel.

Die Integrale erster, zweiter und dritter Art.

Mit Hülfe der im vorigen Kapitel (S. 254) entwickelten Formel lässt sich nun zeigen, dass jedes Abelsche Integral als ein Aggregat von Integralen dreier verschiedener Arten dargestellt werden kann.

Wir definiren die Integrale

$$\int H(xy)_\alpha \, dx \qquad (\alpha = 1, 2, \ldots \varrho)$$

als die ϱ Integrale erster Art. Sie haben die charakteristische Eigenschaft, an keiner Stelle des Gebildes unendlich gross zu werden. Denn wenn man, zunächst unter der Voraussetzung, dass $(x_0 y_0)$ und $(x_1 y_1)$ demselben Elemente des algebraischen Gebildes angehören, nach S. 250

$$\int_{(x_0 y_0)}^{(x_1 y_1)} H(xy)_\alpha \, dx = \int_{t_0}^{t_1} g(t)\, dt = h(t_1) - h(t_0)$$

setzt, so enthält die Potenzreihe $g(t)$, also auch $h(t)$, keine negativen Potenzen. Nimmt man ferner die obere Grenze $(x_1 y_1)$ beliebig an, so ist das Integral der Definition nach eine Summe von Integralen (S. 251), die sämmtlich endlich bleiben, und wird daher auch selbst an keiner Stelle unendlich gross. Allerdings könnte der Integrationsweg so gewählt werden, dass der absolute Betrag des Integrals jede gegebene Grösse übersteigt; aber für jeden bestimmten Weg hat das Integral einen bestimmten endlichen Werth, welches auch die Grenzen der Integration sein mögen. Dies ist der Sinn des Ausspruches, dass das Integral erster Art an keiner Stelle unendlich gross wird.

Die Integrale

$$\int H'(xy)_\alpha \, dx$$

sollen als die ϱ Integrale zweiter Art bezeichnet werden. Nach dem

Gleichungssystem (I) (S. 257) kommt in der Entwickelung von

$$H'(x_t y_t)_\alpha \frac{dx_t}{dt}$$

eine negative Potenz, und zwar die $(-2)^{\text{te}}$, nur dann vor, wenn $(x_t y_t)$ das Functionenpaar $(\overset{\alpha}{x}_t \overset{\alpha}{y}_t)$ ist. Liegen die Stellen $(x_0 y_0)$ und $(x_1 y_1)$ in der Umgebung der Stelle $(a_\alpha b_\alpha)$, so ist

$$\int_{(x_0 y_0)}^{(x_1 y_1)} H'(xy)_\alpha dx = \int_{t_0}^{t_1} (-t^{-2} + t\,\mathfrak{P}(t))\,dt = h(t_1) - h(t_0),$$

wo

$$h(t) = t^{-1} + \mathfrak{P}_1(t)$$

gesetzt ist, und $h(t_1) - h(t_0)$ unendlich gross wird, wenn t_1 oder t_0 verschwindet. Das Integral zweiter Art

$$\int_{(x_0 y_0)}^{(x_1 y_1)} H'(xy)_\alpha dx$$

wird demnach von der ersten Ordnung unendlich gross, wenn eine seiner Grenzen mit der Stelle $(a_\alpha b_\alpha)$ zusammenfällt, und nur in diesem Falle.

Als Integral dritter Art endlich bezeichnen wir das Integral

$$\int H(x'y', xy)\,dx.$$

Die Entwickelung von $H(x'y', x_t y_t)\frac{dx_t}{dt}$ enthält nur dann eine negative Potenz von t, und zwar die $(-1)^{\text{te}}$, wenn der Mittelpunkt des Elements $(x_t y_t)$ mit einer der Stellen $(x'y')$ oder $(a_0 b_0)$ zusammenfällt (S. 197). Gehören die Stellen $(x_0 y_0)$ und $(x_1 y_1)$ beide dem Elemente $(x_t y_t)$ an, dessen Mittelpunkt die Stelle $(x'y')$ ist, so hat man

$$\int_{(x_0 y_0)}^{(x_1 y_1)} H(x'y', xy)\,dx = \int_{t_0}^{t_1} (t^{-1} + \mathfrak{P}(t))\,dt = h(t_1) - h(t_0),$$

wo

$$h(t) = \log t + \mathfrak{P}_1(t)$$

ist. Eine Entwickelung derselben Art erhält man, wenn man die beiden Grenzen in der Umgebung von $(a_0 b_0)$ annimmt. Das Integral dritter Art

$$\int_{(x_0 y_0)}^{(x_1 y_1)} H(x'y', xy)\,dx$$

wird demnach logarithmisch unendlich gross, wenn eine seiner Grenzen mit einer der Stellen $(x'y')$ oder $(a_0 b_0)$ zusammenfällt; für alle übrigen Annahmen hat es einen endlichen Werth. Dies gilt auch, wenn die beiden Grenzen nicht demselben Elemente angehören; denn dann ist das Integral eine Summe von Integralen, die einzeln die genannten Eigenschaften haben.

Das Integral jeder rationalen Function $F(xy)$ des Paares (xy) lässt sich nun darstellen als eine Summe von Integralen der eben erklärten drei Arten, vermehrt um einen algebraischen Ausdruck. Zum Beweise gehen wir von der Gleichung aus

$$\sum\left[F(x_t y_t)\, H(x_t y_t, xy)\frac{dx_t}{dt}\right]_{t^{-1}} = 0,$$

die Summe erstreckt über alle Functionenpaare $(x_t y_t)$, für welche Glieder mit der $(-1)^{\text{ten}}$ Potenz von t vorkommen. Mit $(x_1 y_1), \ldots (x_r y_r)$ bezeichnen wir diejenigen Stellen, für deren Umgebung in der Entwickelung von

$$F(x_t y_t)\frac{dx_t}{dt}$$

negative Potenzen auftreten, und mit $(\overset{\nu}{x}_t \overset{\nu}{y}_t)$ das Functionenpaar, welches das Element mit dem Mittelpunkt $(x_\nu y_\nu)$ darstellt. Ausser diesen Functionenpaaren kommen bei der Bildung der Summe noch diejenigen in Betracht, die in derselben Weise zu den Stellen $(a_\alpha b_\alpha)$ und zu der Stelle (xy) gehören.

Setzen wir nun zunächst, unter der Annahme, dass $f(x,y)_2$ nicht Null ist,

$$x_t = x + t,$$
$$y_t = y + t\,\mathfrak{P}(t),$$

so wird (S. 66)

$$\left[F(x_t y_t)\, H(x_t y_t, xy)\frac{dx_t}{dt}\right]_{t^{-1}} = -F(xy).$$

Die in Rede stehende Gleichung kann daher geschrieben werden:

$$F(xy) = \sum_{\nu}{}'\left[F(\overset{\nu}{x}_t \overset{\nu}{y}_t)\, H(\overset{\nu}{x}_t \overset{\nu}{y}_t, xy)\frac{d\overset{\nu}{x}_t}{dt}\right]_{t^{-1}} + \sum_{\alpha=1}^{\varrho}\left[F(\overset{\alpha}{x}_t \overset{\alpha}{y}_t)\, H(\overset{\alpha}{x}_t \overset{\alpha}{y}_t, xy)\frac{d\overset{\alpha}{x}_t}{dt}\right]_{t^{-1}},$$

wo der Accent an dem ersten Summenzeichen andeuten soll, dass in diese Summe nur diejenigen Stellen aus der Reihe $(x_1 y_1), \ldots (x_r y_r)$ aufgenommen werden, die nicht zugleich in der Reihe $(a_1 b_1), \dots (a_\varrho b_\varrho)$ vorkommen. Diese Formel giebt eine eigenthümliche, von der im dritten Kapitel hergeleiteten verschiedene Darstellung einer beliebigen rationalen Function des Paares (xy).

Um sie vollständig zu entwickeln, setzen wir

$$F(\overset{\nu}{x}_t \overset{\nu}{y}_t) \frac{d\overset{\nu}{x}_t}{dt} = c_\nu t^{-1} + \sum_\lambda \lambda c_{\nu,\lambda} t^{\lambda-1},$$

wobei nicht ausgeschlossen sein soll, dass noch andere negative Potenzen als die $(-1)^{\text{te}}$ vorkommen, dass also λ auch negative Werthe annehmen kann.

Ist der Mittelpunkt des Elements $(x'_t y'_t)$ eine von (xy) und $(a_1 b_1), \dots (a_\varrho b_\varrho)$ verschiedene Stelle $(x_0 y_0)$, so enthält die rechte Seite der Gleichung

$$H(x'_t y'_t, xy) = \sum_\lambda \overset{\lambda}{H}(x_0 y_0, xy) t^\lambda$$

nur positive Potenzen von t. Unter der Voraussetzung, dass $(x_\nu y_\nu)$ nicht unter den Stellen $(a_\alpha b_\alpha)$ enthalten ist, ergiebt sich daher

$$\left[F(\overset{\nu}{x}_t \overset{\nu}{y}_t) H(\overset{\nu}{x}_t \overset{\nu}{y}_t, xy) \frac{d\overset{\nu}{x}_t}{dt}\right]_{t^{-1}} = c_\nu \overset{0}{H}(x_\nu y_\nu, xy) - \sum_{\mathfrak{n}} \mathfrak{n} c_{\nu,-\mathfrak{n}} \overset{\mathfrak{n}}{H}(x_\nu y_\nu, xy),$$

wo $-\mathfrak{n}$ der Reihe nach gleich den in der Summe

$$\sum_\lambda \lambda c_{\nu,\lambda} t^{\lambda-1}$$

auftretenden negativen Werthen von λ zu nehmen ist.

Zur Bestimmung des zweiten Theiles in dem Ausdrucke von $F(xy)$ (S. 260) setzen wir, unter der Annahme, dass die Stelle $(a_\alpha b_\alpha)$ in der Reihe $(x_1 y_1), \dots (x_r y_r)$ nicht vorkommt,

$$\overset{\alpha}{x}_t = a_\alpha + t,$$
$$\overset{\alpha}{y}_t = b_\alpha + t\,\mathfrak{P}(t).$$

Dann wird

$$\left[F(\overset{\alpha}{x}_t \overset{\alpha}{y}_t) H(\overset{\alpha}{x}_t \overset{\alpha}{y}_t, xy) \frac{d\overset{\alpha}{x}_t}{dt}\right]_{t^{-1}} = F(a_\alpha b_\alpha) H(xy)_\alpha.$$

Ist dagegen

$$(\overset{\beta}{x}_t \overset{\beta}{y}_t) = (\overset{\nu}{x}_t \overset{\nu}{y}_t),$$

so hat man zu setzen

$$H(\overset{\beta}{x}_t\overset{\beta}{y}_t, xy) = H(xy)_\beta t^{-1} + \sum_\lambda \overset{\lambda}{H}(x_\beta y_\beta, xy) t^\lambda,$$

und es folgt dann

$$\left[F(\overset{\beta}{x}_t\overset{\beta}{y}_t) H(\overset{\beta}{x}_t\overset{\beta}{y}_t, xy)\frac{d\overset{\beta}{x}_t}{dt}\right]_{t^{-1}} = c_\beta \overset{0}{H}(x_\beta y_\beta, xy) - \sum_\mathfrak{n} \mathfrak{n} c_{\beta,-\mathfrak{n}} \overset{\mathfrak{n}}{H}(x_\beta y_\beta, xy) + c_{\beta,1} H(xy)_\beta;$$

der Index $\mathfrak{n}$ durchläuft dabei dieselben Werthe wie vorher. Der zweite Theil lässt sich nun schreiben

$$\sum_\alpha{}' F(a_\alpha b_\alpha) H(xy)_\alpha + \sum_\beta{}' \left\{c_{\beta,1} H(xy)_\beta + c_\beta \overset{0}{H}(x_\beta y_\beta, xy) - \sum_\mathfrak{n} \mathfrak{n} c_{\beta,-\mathfrak{n}} \overset{\mathfrak{n}}{H}(x_\beta y_\beta, xy)\right\},$$

wenn die erste Summe über diejenigen Zahlen α sich erstreckt, für welche die Stellen $(a_\alpha b_\alpha)$ nicht unter den $(x_\nu y_\nu)$ vorkommen, und die zweite über diejenigen Zahlen β, für welche $(a_\beta b_\beta)$ unter den $(x_\nu y_\nu)$ enthalten ist. Setzt man jetzt

$$F(a_\alpha b_\alpha) = \left[F(\overset{\alpha}{x}_t\overset{\alpha}{y}_t)\frac{d\overset{\alpha}{x}_t}{dt}\right]_{t^0} = c^{(\alpha)},$$

so haben zu Folge der Gleichung

$$c_{\nu,1} = \left[F(\overset{\nu}{x}_t\overset{\nu}{y}_t)\frac{d\overset{\nu}{x}_t}{dt}\right]_{t^0}$$

für $\nu = \beta$ die Zeichen $c_{\beta,1}$ und $c^{(\beta)}$ dieselbe Bedeutung, sodass der zweite Theil des Ausdrucks von $F(xy)$ die Form annimmt

$$\sum_{\alpha=1}^{\varrho} c^{(\alpha)} H(xy)_\alpha + \sum_\beta{}' \left\{c_\beta \overset{0}{H}(x_\beta y_\beta, xy) - \sum_\mathfrak{n} \mathfrak{n} c_{\beta,-\mathfrak{n}} \overset{\mathfrak{n}}{H}(x_\beta y_\beta, xy)\right\}.$$

Durch Zusammenziehung beider Theile erhält man

$$F(xy) = \sum_{\nu=1}^{r} \left\{c_\nu \overset{0}{H}(x_\nu y_\nu, xy) - \sum_\mathfrak{n} \mathfrak{n} c_{\nu,-\mathfrak{n}} \overset{\mathfrak{n}}{H}(x_\nu y_\nu, xy)\right\} + \sum_{\alpha=1}^{\varrho} c^{(\alpha)} H(xy)_\alpha.$$

Die Functionen $\overset{0}{H}(x_\nu y_\nu, xy)$ sind die Coefficienten von t^0 in der Entwickelung von $H(\overset{\nu}{x}_t\overset{\nu}{y}_t, xy)$, also, wenn $(x_\nu y_\nu)$ nicht mit einer der Stellen $(a_\alpha b_\alpha)$ zusammenfällt, mit $H(x_\nu y_\nu, xy)$ identisch; wenn dies aber der Fall ist, so möge $H(a_\alpha b_\alpha, xy)$ statt $\overset{0}{H}(a_\alpha b_\alpha, xy)$ geschrieben werden.

Nun muss noch die Summe, die sich über die Zahlen $\mathfrak{n}$ erstreckt, umgeformt werden, was mit Hülfe der im vorigen Kapitel (S. 254) abgeleiteten Formel geschehen kann. Setzt man in ihr ein beliebiges Functionenpaar $(x_t y_t)$ an die Stelle von $(x'y')$ und multiplicirt auf beiden Seiten mit $\frac{dx_t}{dt}$, so folgt

$$\frac{d}{dt} H(x_t y_t, xy) = \frac{d}{dx} H(xy, x_t y_t) \cdot \frac{dx_t}{dt} + \sum_{\alpha=1}^{\varrho} \{ H'(x_t y_t)_\alpha H(xy)_\alpha - H(x_t y_t)_\alpha H'(xy)_\alpha \} \frac{dx_t}{dt}.$$

Wird im Besonderen $(\overset{\nu}{x}_t \overset{\nu}{y}_t)$ für $(x_t y_t)$ genommen und auf beiden Seiten der Coefficient von $t^{\mathfrak{n}-1}$ bestimmt, so ergiebt sich

$$\mathfrak{n} \overset{\mathfrak{n}}{H}(x_\nu y_\nu, xy) = \frac{d}{dx} \left\{ \left[H(xy, \overset{\nu}{x}_t \overset{\nu}{y}_t) \frac{d\overset{\nu}{x}_t}{dt} \right]_{t^{\mathfrak{n}-1}} \right\}$$
$$+ \sum_{\alpha=1}^{\varrho} \left\{ \left[H'(\overset{\nu}{x}_t \overset{\nu}{y}_t)_\alpha \frac{d\overset{\nu}{x}_t}{dt} \right]_{t^{\mathfrak{n}-1}} H(xy)_\alpha - \left[H(\overset{\nu}{x}_t \overset{\nu}{y}_t)_\alpha \frac{d\overset{\nu}{x}_t}{dt} \right]_{t^{\mathfrak{n}-1}} H'(xy)_\alpha \right\}.$$

Dadurch ist die Function $\overset{\mathfrak{n}}{H}(x_\nu y_\nu, xy)$ umgewandelt in ein Aggregat von Functionen $H(xy)_\alpha$ und $H'(xy)_\alpha$, jede multiplicirt mit einem bestimmten von x und y unabhängigen Coefficienten, das Ganze vermehrt um die Ableitung einer algebraischen Function von x.

Für die Function $F(xy)$ erhält man hiernach die Darstellung:

$$F(xy) = \sum_{\nu=1}^{r} c_\nu H(x_\nu y_\nu, xy) - \sum_{\nu=1}^{r} \sum_{\mathfrak{n}} c_{\nu,-\mathfrak{n}} \frac{d}{dx} \left\{ \left[H(xy, \overset{\nu}{x}_t \overset{\nu}{y}_t) \frac{d\overset{\nu}{x}_t}{dt} \right]_{t^{\mathfrak{n}-1}} \right\}$$
$$- \sum_{\nu=1}^{r} \sum_{\mathfrak{n}} c_{\nu,-\mathfrak{n}} \sum_{\alpha=1}^{\varrho} \left\{ \left[H'(\overset{\nu}{x}_t \overset{\nu}{y}_t)_\alpha \frac{d\overset{\nu}{x}_t}{dt} \right]_{t^{\mathfrak{n}-1}} H(xy)_\alpha - \left[H(\overset{\nu}{x}_t \overset{\nu}{y}_t)_\alpha \frac{d\overset{\nu}{x}_t}{dt} \right]_{t^{\mathfrak{n}-1}} H'(xy)_\alpha \right\}$$
$$+ \sum_{\alpha=1}^{\varrho} c^{(\alpha)} H(xy)_\alpha.$$

Man kann die Schreibweise dieser Formel sehr vereinfachen, wenn man die folgenden theils bereits angewandten, theils neuen Bezeichnungen einführt, die zugleich hervortreten lassen, welche algebraischen Rechnungen zur wirklichen Herstellung des Ausdrucks von $F(xy)$ in jedem Falle auszuführen sind. Es werde gesetzt:

$$[H(\overset{\nu}{x}_t \overset{\nu}{y}_t, xy)]_{t^0} = H(x_\nu y_\nu, xy),$$

$$\left[F(\overset{\nu}{x}_t\overset{\nu}{y}_t)\frac{d\overset{\nu}{x}_t}{dt}\right]_{t^{-1}} = c_\nu,$$

$$\left[F(\overset{\nu}{x}_t\overset{\nu}{y}_t)\frac{d\overset{\nu}{x}_t}{dt}\right]_{t^{-\mathfrak{n}-1}} = -\mathfrak{n}c_{\nu,-\mathfrak{n}}, \qquad (\mathfrak{n}>0)$$

$$\left[F(\overset{\alpha}{x}_t\overset{\alpha}{y}_t)\frac{d\overset{\alpha}{x}_t}{dt}\right]_{t^0} = c^{(\alpha)},$$

$$-\sum_{\mathfrak{n}} c_{\nu,-\mathfrak{n}}\left[H(xy, \overset{\nu}{x}_t\overset{\nu}{y}_t)\frac{d\overset{\nu}{x}_t}{dt}\right]_{t^{\mathfrak{n}-1}} = F(xy)_\nu,$$

$$\sum_{\mathfrak{n}} c_{\nu,-\mathfrak{n}}\left[H(\overset{\nu}{x}_t\overset{\nu}{y}_t)_\alpha\frac{d\overset{\nu}{x}_t}{dt}\right]_{t^{\mathfrak{n}-1}} = H_{\nu,\alpha},$$

$$\sum_{\mathfrak{n}} c_{\nu,-\mathfrak{n}}\left[H'(\overset{\nu}{x}_t\overset{\nu}{y}_t)_\alpha\frac{d\overset{\nu}{x}_t}{dt}\right]_{t^{\mathfrak{n}-1}} = H'_{\nu,\alpha},$$

$$\sum_{\nu=1}^{r} H_{\nu,\alpha} = g_\alpha,$$

$$\sum_{\nu=1}^{r} H'_{\nu,\alpha} - c^{(\alpha)} = g'_\alpha.$$

Dann wird schliesslich

$$F(xy) = \sum_{\nu=1}^{r} c_\nu H(x_\nu y_\nu, xy) - \sum_{\alpha=1}^{\varrho}\{g'_\alpha H(xy)_\alpha - g_\alpha H'(xy)_\alpha\} + \frac{d}{dx}\sum_{\nu=1}^{r} F(xy)_\nu.$$

Nach dem häufig angewandten algebraischen Lehrsatze (S. 95) ist die Summe der Coefficienten c_ν gleich Null. Hieraus folgt, dass der Ausdruck von der Nullstelle $(a_0 b_0)$ der Function $H(x'y', xy)$ nicht abhängt. Für die Functionen $H(xy)_\alpha$ und $H'(xy)_\alpha$ war dies bereits am Schlusse des vorigen Kapitels (S. 256) bewiesen worden. Setzt man nun auch in die erste Summe, wie bei jenem Beweise,

$$H(x'y', xy) = \overline{H}(x'y', xy) - \overline{H}(a_0 b_0, xy)$$

ein, wo die Function $\overline{H}(x'y', xy)$ mit einer von $(a_0 b_0)$ verschiedenen Nullstelle gebildet sein soll, so findet man

$$\sum_\nu c_\nu \overline{H}(a_0 b_0, xy) = 0;$$

mithin ändert der erste Theil bei anderweitiger Annahme über die Nullstelle $(a_0 b_0)$ seine Form nicht; und dasselbe gilt für den Differentialquotienten der Summe $\sum_{\nu=1}^{r} F(xy)_\nu$.

Bei der Integration der Function $F(xy)$ ergiebt nun der erste Theil Integrale dritter Art, der zweite Integrale erster und zweiter Art, und der dritte einen algebraischen Ausdruck $\overline{F}(xy)$. Damit ist gezeigt, dass das Integral einer beliebigen rationalen Function des Paares (xy) sich in der That stets auf die drei neuen Transcendenten zurückführen lässt, die als Integrale erster, zweiter und dritter Art bezeichnet worden sind.

In den gewöhnlich vorkommenden Fällen fallen die Glieder, welche die Integrale zweiter Art liefern, und der algebraische Theil aus der Formel heraus. Denn wenn auf der rechten Seite der Gleichung (S. 261)

$$F(\overset{\nu}{x}_t \overset{\nu}{y}_t)\frac{d\overset{\nu}{x}_t}{dt} = c_\nu t^{-1} + \sum_\lambda \lambda c_{\nu,\lambda} t^{\lambda-1}$$

andere negative Potenzen als die $(-1)^{\text{te}}$ nicht vorkommen, so sind die Coefficienten $c_{\nu,-\text{n}}$ sämmtlich gleich Null. Aus diesen waren aber die Coefficienten der Functionen $F(xy)_\nu$ und die Grössen g_α homogen und linear zusammengesetzt (S. 264).

In derselben Weise wie auf S. 254 kann man schliessen, dass die gefundene Darstellung, obgleich sie unter speciellen Annahmen bewiesen worden ist, doch für alle Werthepaare (xy) bestehen bleibt, für welche beide Seiten der Formel überhaupt eine Bedeutung haben. Festzuhalten ist aber, dass die ganze Entwickelung nur für $\varrho > 0$ gilt; für $\varrho = 0$ würde

$$\frac{d}{dx} H(xy, x'y') - \frac{d}{dx'} H(x'y', xy) = 0$$

sein (S. 277), und das Integral $\int F(xy)\,dx$ würde sich auf Logarithmen und einen algebraischen Ausdruck reduciren.

Die Function $F(xy)$ kann nur auf eine einzige Weise in der vorher gefundenen Form dargestellt werden. Angenommen nämlich, es gebe für sie noch einen anderen Ausdruck derselben Gestalt, so ist die Differenz beider identisch gleich Null. Es handelt sich mithin um den Nachweis, dass eine Gleichung der Form

$$0 = \sum_\nu c_\nu H(x_\nu y_\nu, xy)\,dx - \sum_\alpha \{g'_\alpha H(xy)_\alpha - g_\alpha H'(xy)_\alpha\}\,dx + d\overline{F}(xy)$$

nur bestehen kann, wenn sämmtliche Coefficienten $c_\nu, g_\alpha, g'_\alpha$ und die Function

$\overline{F}(xy)$ einzeln gleich Null sind. Nun kommt in der Entwickelung der ersten Summe für die Umgebung von $(x_\nu y_\nu)$ ein Glied $c_\nu t^{-1}dt$ vor. In der zweiten Summe tritt $t^{-1}dt$ nicht auf, ebensowenig in $d\overline{F}(xy)$; denn wenn auch in der Entwickelung von $\overline{F}(xy)$ selbst eine negative Potenz vorkommt, so enthält doch das Differential dieser Function nicht die $(-1)^{\text{te}}$ Potenz. Es muss daher jeder der Coefficienten c_ν gleich Null sein. Die angenommene Gleichung reducirt sich dann auf

$$\sum_\alpha g'_\alpha H(xy)_\alpha dx - \sum_\alpha g_\alpha H'(xy)_\alpha dx = d\overline{F}(xy).$$

Denkt man sie sich integrirt, so würde eine Summe von Integralen erster und zweiter Art gleich einer rationalen Function des Paares (xy) sein. Nun werden die Integrale erster Art an keiner Stelle, die Integrale zweiter Art nur an den Stellen $(a_\alpha b_\alpha)$, und zwar von der ersten Ordnung, unendlich gross; die rationale Function, die aus dem Differential auf der rechten Seite entspringt, würde also nur an den Stellen $(a_\alpha b_\alpha)$ mit der Ordnungszahl 1 unendlich werden. Da eine solche Function nicht existirt, so würde folgen

$$\sum_\alpha g'_\alpha H(xy)_\alpha dx - \sum_\alpha g_\alpha H'(xy)_\alpha dx = 0.$$

Es sei nun der Coefficient g_1 von Null verschieden. Setzt man alsdann für (xy) das Functionenpaar $(\overset{1}{x}_t \overset{1}{y}_t)$, so beginnt die Entwickelung der zweiten Summe mit

$$-g_1 t^{-2} dt,$$

während die der ersten nur positive Potenzen enthält. Es muss daher g_1, und folglich allgemein g_α gleich Null sein. Dann bleibt schliesslich die Gleichung

$$\sum_\alpha g'_\alpha H(xy)_\alpha dx = 0,$$

die nur für

$$g'_\alpha = 0 \qquad (\alpha = 1, 2, \ldots \varrho)$$

bestehen kann; denn die ϱ Functionen $H(xy)_\alpha$ sind linear unabhängig (S. 107). Damit ist bewiesen, dass in der Differenz zweier Ausdrücke für dasselbe Differential $F(xy)\,dx$ die Coefficienten einzeln verschwinden, d. h. dass die beiden Ausdrücke Glied für Glied übereinstimmen müssen.

Die Integration algebraischer Differentiale ist erst seit Abel systematisch betrieben worden. Während man früher Versuche auf gutes Glück machte und die Form der Integrale vermuthungsweise hinstellte, hat Abel die ganze zu lösende Aufgabe in eine bestimmte Fassung gebracht. Um planmässig zu verfahren, muss man vor Allem entscheiden können, unter welchen Bedingungen das vorgelegte Integral einer algebraischen Function selbst algebraisch ist, sodann, wann es sich durch algebraische Functionen und Logarithmen ausdrücken lässt, oder durch elliptische Integrale, u. s. w. Wir wissen jetzt aus unserer Formel, dass die Integration durch algebraische Functionen dann möglich ist, wenn die Coefficienten c_ν, g_α und g'_α einzeln verschwinden. Wenn nun folgender Satz feststeht, der sogleich bewiesen werden soll, dass nämlich das Integral einer rationalen Function des Paares (xy) sich stets rational durch x und y darstellen lässt, falls es überhaupt algebraisch ausführbar ist, so findet man das Integral selbst auf folgende Weise: Einerseits ist

$$F(xy)\,dx = dF_1(xy),$$

andererseits wird $F(xy)\,dx$ durch die Formel auf S. 264 gegeben. Zieht man beide Ausdrücke von einander ab, so erkennt man aus dem eben Bewiesenen, dass die Coefficienten c_ν, g_α und g'_α alle gleich Null sein müssen, und erhält

$$d(\overline{F}(xy) - F_1(xy)) = 0$$

oder

$$F_1(xy) = \overline{F}(xy) + C.$$

Man kann also nicht nur die Bedingungen angeben, unter denen ein algebraisches Differential in algebraischer Form zu integriren ist, sondern hat in unserer Formel auch ein Mittel, das Integral selbst zu finden.

Es soll nun zunächst der eben angeführte Satz bewiesen werden. Wir haben früher (S. 47—50) untersucht, wie man alle Werthepaare findet, für die eine gegebene rationale Function $R(xy)$ einen beliebig vorgeschriebenen Werth s annimmt, und dabei gesehen, dass man durch Elimination von y aus den Gleichungen

$$\begin{cases} f(x,y) = 0 \\ R(xy) = s \end{cases}$$

eine Gleichung zwischen x und s erhält, deren linke Seite entweder unzerlegbar oder Potenz einer unzerlegbaren ganzen Function von x und s ist; im ersten Falle ergab sich zugleich y als rationale Function von x und s (S. 49). Nun war die Gleichung zwischen x und s irreductibel, wenn für irgend einen Werth von x die n Werthe, die s annimmt, alle von einander verschieden sind. Man kann daher sagen, dass jede algebraische Function y von x sich rational durch x und eine rationale Function s von x und y ausdrücken lässt, vorausgesetzt, dass s als Function von x betrachtet, ebenso wie y n-deutig ist.

Nehmen wir nun an, das Integral

$$u = \int y\,dx$$

sei algebraisch ausführbar, so besteht zwischen u und x eine irreductible algebraische Gleichung

$$\varphi(u, x) = 0,$$

die in Bezug auf u vom k^{ten} Grade sei. Dann soll zunächst gezeigt werden, dass die Ableitung

$$\frac{du}{dx} = -\frac{\varphi(u, x)_2}{\varphi(u, x)_1}$$

ebenfalls eine k-deutige algebraische Function von x ist. Es sei a irgend ein nicht singulärer Werth des Arguments x der algebraischen Function u, so lassen sich in der Umgebung von a die k Werthe $u_1, u_2, \dots u_k$ der algebraischen Function u in Potenzreihen

$$u_\lambda = \mathfrak{P}_\lambda(x-a) \qquad (\lambda = 1, 2, \dots k)$$

entwickeln. Wäre nun

$$\frac{du_\mu}{dx} = \frac{du_\nu}{dx},$$

so würde

$$u_\mu = u_\nu + c$$

sein, es würden sich mithin mindestens zwei der Potenzreihen $\mathfrak{P}_\lambda(x-a)$ nur durch das constante Glied von einander unterscheiden. Die beiden Gleichungen

$$\varphi(u, x) = 0$$

und

$$\varphi(u + c, x) = 0$$

würden daher für $u = u_\nu$ gleichzeitig bestehen. Da nun aber die erste irreductibel ist, so müsste die zweite nicht blos durch deren specielle Wurzel $u = u_\nu$, sondern durch alle Wurzeln $u = u_1, u_2, \dots u_k$ befriedigt werden, und daraus würde dann weiter folgen, dass auch die Gleichungen

$$\varphi(u_\nu + 2c, x) = 0, \quad \varphi(u_\nu + 3c, x) = 0, \quad \dots$$

bestehen. Die algebraische Gleichung $\varphi(u, x) = 0$ müsste also unendlich viele Wurzeln haben. Damit ist bewiesen, dass $\frac{du}{dx}$ als Function von x betrachtet ebensoviele Werthe hat wie u selbst. Wählen wir nun $\frac{du}{dx}$ als diejenige rationale Function von x und u, welche der vorher betrachteten Function s entspricht, so lässt sich u rational durch x und $\frac{du}{dx} = s$ ausdrücken. Wenn also das Integral $\int y\,dx$ überhaupt algebraisch ausführbar ist, so lässt es sich rational durch x und y darstellen.

Wird nun $F(xy) = z$ gesetzt, so besteht zwischen z und x eine algebraische Gleichung, und es ist daher das Integral

$$\int z\,dx,$$

falls es sich algebraisch ausführen lässt, rational durch x und z darstellbar. Wenn also ein zu dem algebraischen Gebilde $f(x, y) = 0$ gehöriges, beliebiges Abelsches Integral

$$\int F(xy)\,dx$$

eine algebraische Function von x ist, so ist es rational durch x und $F(xy)$, mithin auch rational durch x und y ausdrückbar.

Wir wollen jetzt die für die Darstellung einer beliebigen rationalen Function $F(xy)$ durch die H-Functionen hergeleitete Formel (S. 264) durch Einführung zweier Functionen umgestalten, die ebenso wie $H'(xy)_\alpha$ und $H(xy, x'y')$ geeignet sind, Integrale zweiter und dritter Art zu liefern. Eine von diesen ist die schon früher (S. 206) betrachtete Function $\overline{H}(xy, x'y')$; die andere, mit der wir uns jetzt zunächst beschäftigen, definiren wir durch die Gleichung

$$\sum_\alpha H(x'y')_\alpha\, H'(xy)_\alpha - \frac{d}{dx} H(xy, x'y') = G(xy, x'y').$$

Aus der auf S. 254 aufgestellten Formel ergiebt sich sofort

$$G(xy, x'y') = G(x'y', xy).$$

Ferner wird

$$G(x_t y_t, x_\tau y_\tau)\frac{dx_t}{dt}\frac{dx_\tau}{d\tau} = \sum_\alpha H(x_\tau y_\tau)_\alpha \frac{dx_\tau}{d\tau} H'(x_t y_t)_\alpha \frac{dx_t}{dt} - \frac{d}{dt}\left(H(x_t y_t, x_\tau y_\tau)\frac{dx_\tau}{d\tau}\right).$$

Nun war (S. 78)

$$H(x_t y_t, x_\tau y_\tau)\frac{dx_\tau}{d\tau} = \frac{1}{\tau - t} + P(t, \tau);$$

setzt man dies in die vorhergehende Gleichung ein, so erhält man

$$G(x_t y_t, x_\tau y_\tau)\frac{dx_t}{dt}\frac{dx_\tau}{d\tau} = \overline{P}(t, \tau) - \frac{d}{dt}P(t, \tau) - \frac{1}{(\tau - t)^2}.$$

Aus den Grundformeln für die H-Functionen (S. 85) ist ferner ersichtlich, dass bei der Entwickelung von

$$H(x_t y_t, x_\tau y_\tau)\frac{dx_\tau}{d\tau}$$

in der Potenzreihe $P(t, \tau)$, die zu $\frac{1}{\tau - t}$ hinzutritt, nur dann eine negative Potenz von τ, und zwar $-\tau^{-1}$ vorkommt, wenn das Functionenpaar $(x_\tau y_\tau)$ die Umgebung der Stelle $(a_0 b_0)$ darstellt. Differentiirt man nun $P(t, \tau)$ nach t, so fällt auch in diesem Falle die negative Potenz von τ heraus, da ihr Coefficient von t unabhängig ist. In $\overline{P}(t, \tau)$ tritt ebenfalls keine negative Potenz von τ auf, da

$$H(x_\tau y_\tau)_\alpha \frac{dx_\tau}{d\tau} = \mathfrak{P}(\tau)$$

ist. Daher wird

$$G(x_t y_t, x_\tau y_\tau)\frac{dx_t}{dt}\frac{dx_\tau}{d\tau} = -\frac{1}{(\tau - t)^2} + P_1(t, \tau),$$

wo in $P_1(t, \tau)$ keine negativen Potenzen von τ vorkommen.

Es war ferner (S. 76)

$$H(x'_t y'_t, x_\tau y_\tau)\frac{dx_\tau}{d\tau} = P(t, \tau);$$

in $P(t, \tau)$ tritt nur unter derselben Bedingung wie vorher eine negative Potenz von τ auf. Daher enthält auch

$$G(x'_t y'_t, x_\tau y_\tau) \frac{dx'_t}{dt} \frac{dx_\tau}{d\tau} = \overline{P}(t, \tau) - \frac{d}{dt} P(t, \tau)$$

keine negative Potenz von τ, und man kann schreiben

$$G(x'_t y'_t, x_\tau y_\tau) \frac{dx'_t}{dt} \frac{dx_\tau}{d\tau} = P_2(t, \tau),$$

wo $P_2(t, \tau)$ eine Potenzreihe derselben Art wie $P_1(t, \tau)$ bedeutet.

Setzt man nun (S. 269)

$$G(x_t y_t, x_\tau y_\tau) \frac{dx_t}{dt} \frac{dx_\tau}{d\tau} = G(x_\tau y_\tau, x_t y_t) \frac{dx_t}{dt} \frac{dx_\tau}{d\tau} = -\frac{1}{(t-\tau)^2} + P_1(\tau, t),$$

so sieht man, dass in der Potenzreihe von t und τ auch keine negative Potenz von t vorkommen kann. Hiernach ergiebt sich allgemein

$$(1.) \qquad G(x_t y_t, x_\tau y_\tau) \frac{dx_t}{dt} \frac{dx_\tau}{d\tau} = -\frac{1}{(\tau - t)^2} + \mathfrak{P}(t, \tau).$$

Dieselben Schlüsse, auf die zweite Gleichung angewendet, führen zu der Formel

$$(2.) \qquad G(x'_t y'_t, x_\tau y_\tau) \frac{dx'_t}{dt} \frac{dx_\tau}{d\tau} = \mathfrak{P}(t, \tau).$$

Wir wollen jetzt untersuchen, wie eine Function $\overline{G}(xy, x'y')$, die ausser der Relation

$$\overline{G}(xy, x'y') = \overline{G}(x'y', xy)$$

die beiden, eben für die Function $G(xy, x'y')$ aufgestellten Gleichungen (1.) und (2.) erfüllt, mit dieser zusammenhängt. Es werde gesetzt

$$\overline{G}(xy, x'y') - G(xy, x'y') = D(xy, x'y').$$

Dann ist

$$D(x_t y_t, x_\tau y_\tau) \frac{dx_t}{dt} \frac{dx_\tau}{d\tau} = \mathfrak{P}(t, \tau),$$

denn das Glied $-\frac{1}{(\tau-t)^2}$ hebt sich aus der Differenz der beiden G-Functionen weg. Ebenso ergiebt sich

$$D(x'_t y'_t, x_\tau y_\tau)\frac{dx'_t}{dt}\frac{dx_\tau}{d\tau} = \mathfrak{P}_1(t,\tau).$$

Daraus folgt

$$\left[D(x_t y_t, x'_\tau y'_\tau)\frac{dx'_\tau}{d\tau}\right]_{\tau^0}\frac{dx_t}{dt} = \mathfrak{P}(t),$$

demnach ist, zunächst unter der Voraussetzung, dass $f(x',y')_2$ nicht verschwindet,

$$D(xy, x'y') = \sum_\alpha c_\alpha H(xy)_\alpha.$$

Setzen wir nun für (xy) nach einander ϱ Stellen $(x_\beta y_\beta)$, die nur so gewählt sind, dass die Determinante der Grössen $H(x_\beta y_\beta)_\alpha$ von Null verschieden ist, so erhalten wir für die Coefficienten c_α die Gleichungen

$$\sum_\alpha c_\alpha H(x_\beta y_\beta)_\alpha = D(x_\beta y_\beta, x'y') \qquad (\beta = 1, 2, \ldots \varrho).$$

Nun ist

$$D(xy, x'y') = D(x'y', xy),$$

d. h. die Function $D(xy, x'y')$ muss in Bezug auf $(x'y')$ dieselben Eigenschaften haben wie in Bezug auf (xy). Die rechten Seiten des für $c_1, \ldots c_\varrho$ aufgestellten Gleichungssystems sind also lineare homogene Aggregate der Functionen $H(x'y')_\beta$, und man erhält durch Auflösung:

$$c_\alpha = \sum_\beta c_{\alpha\beta} H(x'y')_\beta, \qquad (\alpha = 1, 2, \ldots \varrho)$$

wo die Coefficienten $c_{\alpha\beta}$ von den Werthepaaren (xy) und $(x'y')$ unabhängig sind. Setzt man dies oben ein, so folgt

$$D(xy, x'y') = \sum_{\alpha,\beta} c_{\alpha\beta} H(xy)_\alpha H(x'y')_\beta,$$

mithin

$$D(x'y', xy) = \sum_{\alpha,\beta} c_{\alpha\beta} H(x'y')_\alpha H(xy)_\beta,$$

$$\sum_{\alpha,\beta} c_{\alpha\beta} H(xy)_\alpha H(x'y')_\beta = \sum_{\alpha,\beta} c_{\alpha\beta} H(x'y')_\alpha H(xy)_\beta = \sum_{\alpha,\beta} c_{\beta\alpha} H(x'y')_\beta H(xy)_\alpha.$$

Da unter den Functionen $H(xy)_\alpha$ keine lineare Relation besteht, so ergiebt sich zunächst

$$\sum_\beta c_{\alpha\beta} H(x'y')_\beta = \sum_\beta c_{\beta\alpha} H(x'y')_\beta,$$

und hieraus folgt aus demselben Grunde

$$c_{\alpha\beta} = c_{\beta\alpha}.$$

Jede Function $\overline{G}(xy, x'y')$ entspringt also aus einer speciellen Function $G(xy, x'y')$ mit denselben Eigenschaften dadurch, dass man zu dieser ein Aggregat

$$\sum_{\alpha,\beta} c_{\alpha\beta} H(xy)_\alpha H(x'y')_\beta$$

hinzufügt, wo die Coefficienten $c_{\alpha\beta}$ die Eigenschaft haben, bei einer Vertauschung der beiden Indices ungeändert zu bleiben. Umgekehrt folgt sofort, dass wenn man ein solches Aggregat zu einer G-Function hinzuaddirt, man eine neue Function erhält, welche dieselben Eigenschaften hat wie $G(xy, x'y')$. Denn erstens bleibt sie ungeändert, wenn man (xy) mit $(x'y')$ vertauscht, und zweitens gehen aus dem hinzugefügten Aggregat nur positive Potenzen von t und τ hervor, wenn man $(x_t y_t)$ und $(x'_\tau y'_\tau)$ für (xy) und $(x'y')$ setzt und mit $\frac{dx_t}{dt}\frac{dx'_\tau}{d\tau}$ multiplicirt.

Um ein Beispiel für die Function $G(xy, x'y')$ zu geben, nehmen wir an, die gegebene Gleichung zwischen x und y sei die eines hyperelliptischen Gebildes vom Range ϱ:

$$y^2 = R(x),$$

für

$$R(x) = A_0 + A_1 x + \cdots + A_{2\varrho+2} x^{2\varrho+2}.$$

Es werde die Function

$$\begin{aligned} R(x, x') = A_0 &+ \frac{1}{2} A_1 (x + x') + A_2 x x' + \frac{1}{2} A_3 (x + x') x x' \\ &+ A_4 x^2 x'^2 + \frac{1}{2} A_5 (x + x') x^2 x'^2 + \cdots + \frac{1}{2} A_{2\varrho+1} (x + x') x^\varrho x'^\varrho + A_{2\varrho+2} x^{\varrho+1} x'^{\varrho+1} \end{aligned}$$

gebildet, welche folgende Eigenschaften hat:

$$\left.\begin{aligned} R(x, x') &= R(x) \\ \frac{\partial R(x, x')}{\partial x} &= \frac{1}{2} R'(x) \end{aligned}\right\} \text{ für } x' = x,$$

$$R(x, x') = R(x', x).$$

Dann wird

$$G(xy, x'y') = -\frac{yy' + R(x, x')}{2(x-x')^2 yy'}.$$

Um nun den Zusammenhang der G-Function mit den H'-Functionen zu erkennen, setzen wir in der Definitionsgleichung für $G(xy, x'y')$ (S. 269) das Functionenpaar $(\overset{\beta}{x}_t \overset{\beta}{y}_t)$ an die Stelle von $(x'y')$ und multipliciren mit $\frac{d\overset{\beta}{x}_t}{dt}$. Nach S. 107 ist

$$\left[H(\overset{\beta}{x}_t \overset{\beta}{y}_t)_\alpha \frac{d\overset{\beta}{x}_t}{dt}\right]_{t^0} = \begin{cases} 0 & \text{für } \beta \gtrless \alpha \\ 1 & \text{für } \beta = \alpha, \end{cases}$$

und nach S. 82

$$\left[H(xy, \overset{\beta}{x}_t \overset{\beta}{y}_t) \frac{d\overset{\beta}{x}_t}{dt}\right]_{t^0} = 0 \qquad (\beta = 1, 2, \ldots \varrho).$$

Hiernach erhält man

$$\left[G(xy, \overset{\beta}{x}_t \overset{\beta}{y}_t) \frac{d\overset{\beta}{x}_t}{dt}\right]_{t^0} = H'(xy)_\beta, \qquad (\beta = 1, 2, \ldots \varrho)$$

oder für nicht singuläre Stellen $(a_\beta b_\beta)$

$$G(xy, a_\beta b_\beta) = C_\beta H'(xy)_\beta, \qquad (\beta = 1, 2, \ldots \varrho)$$

wo C_β eine Constante bedeutet.

Man sieht also, dass in der Formel, welche die Reduction eines beliebigen Integrals auf die Integrale der drei Arten liefert, die Functionen $H'(xy)_\alpha$ durch G-Functionen ersetzt werden können. Statt der Function $G(xy, x'y')$ kann man auch eine der vorher (S. 271) definirten Functionen $\overline{G}(xy, x'y')$ einführen, denn es ist

$$\overline{G}(xy, a_\alpha b_\alpha) = G(xy, a_\alpha b_\alpha) - \sum_{\beta,\gamma} c_{\beta\gamma} H(xy)_\beta H(a_\alpha b_\alpha)_\gamma.$$

Es kommt daher in dem schliesslichen Ausdruck des Integrals $\int F(xy)\,dx$ nur noch ein Aggregat von Integralen erster Art hinzu, wenn man $\overline{G}(xy, a_\alpha b_\alpha)$ an die Stelle von $H'(xy)_\alpha$ setzt.

Die Function $H(x'y', xy)$, aus der die Integrale dritter Art entspringen, kann durch die Function $\overline{H}(x'y', xy)$ (S. 206) vertreten werden. Diese hatte, als Function des Paares (xy) betrachtet, alle wesentlichen Eigenschaften mit jener gemein bis auf die, für $(xy) = (a_1 b_1), \dots (a_\varrho b_\varrho)$ zu verschwinden. Hieraus hat sich die Gleichung

$$H(x'y', xy) = \overline{H}(x'y', xy) + \sum_\alpha c_\alpha H(xy)_\alpha$$

ergeben (S. 209). Der Ausdruck für das Integral einer beliebigen Function $F(xy)$ ändert sich daher durch Einführung dieser Function $\overline{H}(x'y', xy)$ wieder nur um ein Aggregat von Integralen erster Art. Man kann also das Differential $F(xy)\,dx$ schliesslich auf die Form

$$F(xy)\,dx = \sum_\nu c_\nu \overline{H}(x_\nu y_\nu, xy)\,dx + \sum_\alpha \bar{g}_\alpha \overline{G}(xy, a_\alpha b_\alpha)\,dx - \sum_\alpha \bar{\bar{g}}_\alpha H(xy)_\alpha\,dx + d\overline{F}(xy)$$

bringen.

Dreizehntes Kapitel.

Die Perioden des Logarithmus.

Um den Weg, welcher bei der Bestimmung der Perioden der Abelschen Integrale eingeschlagen werden soll, möglichst verständlich zu machen, wollen wir mit der Untersuchung des einfachsten Abelschen Integrals

$$\int \frac{dx}{x},$$

des natürlichen Logarithmus, beginnen.

Die rationalen Functionen der einen Veränderlichen x können als ebensolche Functionen des durch die algebraische Gleichung $y = x$ verbundenen Paares (xy) aufgefasst werden. Da nun das durch diese Gleichung definirte Gebilde den Rang Null hat, so sind keine Stellen $(a_\alpha b_\alpha)$ vorhanden; die Function $H(xy, x'y')$ wird daher nur an der einen Stelle $(x'y')$ von der ersten Ordnung unendlich gross. Die gleiche Eigenschaft besitzt $\frac{1}{x'-x}$; weil jedoch $H(xy, x'y')$ an einer willkürlich gewählten Stelle $(a_0 b_0)$ verschwinden sollte, so betrachten wir statt $\frac{1}{x'-x}$ die Function

$$\frac{1}{x'-x} - \frac{1}{x'-a_0}.$$

Diese hat also für die rationalen Functionen dieselbe Bedeutung, wie $H(xy, x'y')$ für die algebraischen. An die Stelle der Gleichung (S. 254)

$$\frac{d}{dx} H(xy, x'y') - \frac{d}{dx'} H(x'y', xy) = \sum_{\alpha=1}^{\varrho} \{ H(x'y')_\alpha H'(xy)_\alpha - H(xy)_\alpha H'(x'y')_\alpha \}$$

tritt hier die Relation

$$\frac{d}{dx}\left(\frac{1}{x'-x}-\frac{1}{x'-a_0}\right)-\frac{d}{dx'}\left(\frac{1}{x-x'}-\frac{1}{x-a_0}\right)=0,$$

und dem Integral $\int_{(x_1 y_1)}^{(x_2 y_2)} H(xy, x'y')\,dx'$ entspricht

$$\int_{x_1}^{x_2}\left(\frac{1}{x'-x}-\frac{1}{x'-a_0}\right)dx'.$$

Bevor wir jedoch auf die Untersuchung dieses Integrals näher eingehen, wollen wir zunächst das allgemeinere

$$\int_{x_1}^{x_2} F(x)\,dx$$

betrachten, in dem $F(x)$ irgend eine rationale Function der einen Variablen x ist und x_1 und x_2 zwei beliebige reelle oder complexe Grössen bedeuten. Die complexen Grössen denken wir uns durch Punkte in der Ebene geometrisch dargestellt; wir sprechen daher auch von den Punkten x, x_1, x_2 u. s. f.

Diejenigen endlichen Werthe von x, für welche die zu integrirende Function $F(x)$ unendlich gross wird, wollen wir die singulären Werthe des Arguments x oder die singulären Punkte x nennen. Die Umgebung eines beliebigen Punktes x_0 wird von der Gesammtheit der Punkte gebildet, die dem Punkte x_0 näher liegen, als der nächstgelegene singuläre Punkt. Die Punkte der Ebene ausserhalb eines Kreises, dessen Mittelpunkt der Nullpunkt ist und dessen Peripherie durch den vom Nullpunkt am weitesten abliegenden singulären Punkt hindurchgeht, bilden die Umgebung des Werthes $x = \infty$, d. h. des unendlich fernen Punktes.

Ist x ein Punkt der Umgebung eines nicht singulären, im Endlichen gelegenen Punktes x_0, so gilt die Entwickelung

$$F(x) = F(x_0)+\frac{1}{1!}F'(x_0)(x-x_0)+\frac{1}{2!}F''(x_0)(x-x_0)^2+\cdots.$$

Das Element des rationalen Gebildes $y = F(x)$, dessen Mittelpunkt die Stelle $(x_0, F(x_0))$ ist, kann demnach durch das Functionenpaar

$$x_t = x_0+t,\quad y_t = F(x_0)+\frac{1}{1!}F'(x_0)\,t+\frac{1}{2!}F''(x_0)\,t^2+\cdots$$

dargestellt werden. Liegen nun $x_1 = x_0 + t_1$ und $x_2 = x_0 + t_2$ beide in der Umgebung des Punktes x_0, d. h. gehören die Werthepaare $(x_1, F(x_1))$ und $(x_2, F(x_2))$ demselben Element des Gebildes an, so definiren wir einen Werth des Integrals $\int_{x_1}^{x_2} F(x)\,dx$ durch die Entwickelung:

$$\int_{x_1}^{x_2} F(x)\,dx = \left\{F(x_0)\,t_2 + \frac{1}{2!}F'(x_0)\,t_2^2 + \frac{1}{3!}F''(x_0)\,t_2^3 + \cdots\right\}$$
$$-\left\{F(x_0)\,t_1 + \frac{1}{2!}F'(x_0)\,t_1^2 + \frac{1}{3!}F''(x_0)\,t_1^3 + \cdots\right\},$$

und zwar ist dieser Werth des Integrals eindeutig bestimmt.

Liegt die Grösse x in der Umgebung des Werthes $x = \infty$, so können wir $F(x)$ nach fallenden Potenzen von x in der Form

$$F(x) = G(x) + \frac{c}{x} + \frac{c'}{x^2} + \frac{c''}{x^3} + \cdots$$

entwickeln, wobei die ganze rationale Function $G(x)$ identisch verschwindet, falls $F(x)$ eine echt gebrochene Function ist. Die Werthepaare (xy) des rationalen Gebildes $y = F(x)$, für welche x der Umgebung des unendlich fernen Punktes angehört, werden folglich durch das Functionenpaar

$$x_t = t^{-1}, \quad y_t = G(t^{-1}) + ct + c't^2 + c''t^3 + \cdots$$

dargestellt.

Wir wollen jetzt annehmen, die ganze Function $G(x)$ verschwinde identisch und der Coefficient c der $(-1)^{\text{ten}}$ Potenz von x sei gleich Null. Wenn dann die Punkte x_1 und x_2 beide in der Umgebung des unendlich fernen Punktes liegen, so definiren wir einen eindeutig bestimmten Werth des Integrals $\int_{x_1}^{x_2} F(x)\,dx$ durch die Reihe:

$$\int_{x_1}^{x_2} F(x)\,dx = -c't_2 - \frac{1}{2}c''t_2^2 - \cdots$$
$$+ c't_1 + \frac{1}{2}c''t_1^2 + \cdots,$$

worin

$$t_1 = \frac{1}{x_1}, \quad t_2 = \frac{1}{x_2}$$

gesetzt ist.

Gehören dagegen x_1 und x_2 nicht der Umgebung eines und desselben nicht singulären Punktes an, so schalten wir (S. 251) zur Berechnung des Integrals $\int_{x_1}^{x_2} F(x)dx$ eine endliche Anzahl nicht singulärer Punkte $x', x'', \ldots x^{(r)}$ zwischen x_1 und x_2 der Art ein, dass je zwei benachbarte Punkte x_1 und x', x' und x'', … $x^{(r)}$ und x_2 in der Umgebung desselben nicht singulären Punktes liegen. Das Integral lässt sich dann durch die Gleichung

$$\int_{x_1}^{x_2} F(x)\,dx = \int_{x_1}^{x'} F(x)\,dx + \int_{x'}^{x''} F(x)\,dx + \cdots + \int_{x^{(r)}}^{x_2} F(x)\,dx$$

definiren, wo nach dem Vorhergehenden jedes der Integrale rechts, mithin auch der Werth des Integrals $\int_{x_1}^{x_2} F(x)\,dx$, eindeutig bestimmt ist. Bei einer anderen Wahl der eingeschalteten Zwischenpunkte kann aber die Summe der Integrale auf der rechten Seite ihren Werth ändern; der Werth des Integrals $\int_{x_1}^{x_2} F(x)dx$ ist daher jetzt nicht mehr allein durch Angabe der Grenzen x_1 und x_2 eindeutig erklärt.

Es sei nun wieder x_0 ein im Endlichen gelegener, nicht singulärer Punkt, und es bezeichne r_0 seinen Abstand von dem ihm zunächst liegenden singulären Punkt, sodass die Gesammtheit der Punkte x, für welche $|x-x_0|<r_0$ ist, die Umgebung des Punktes x_0 bildet. Sind dann x_1 und x_2 irgend zwei Grössen, für welche

$$|x_1-x_0|<\frac{r_0}{3}, \quad |x_2-x_0|<\frac{r_0}{3}$$

ist, so wird der vorher erklärte Werth des Integrals $\int_{x_1}^{x_2} F(x)\,dx$ gleich

$$F(x_1)(x_2-x_1)+\frac{1}{2!}F'(x_1)(x_2-x_1)^2+\frac{1}{3!}F''(x_1)(x_2-x_1)^3+\cdots.$$

Wenn nun die Veränderliche τ auf die reellen Werthe $(0\ldots 1)$ beschränkt wird, so ergiebt sich durch Entwickelung von $F(x_1(1-\tau)+x_2\tau)$ nach Potenzen von τ und gliedweiser Integration

$$\int_0^1 F(x_1(1-\tau)+x_2\tau)\,d\tau = F(x_1)+\frac{1}{2!}F'(x_1)(x_2-x_1)+\frac{1}{3!}F''(x_1)(x_2-x_1)^2+\cdots$$

Es besteht daher für den angegebenen Werth des Integrals $\int_{x_1}^{x_2} F(x)\,dx$ die Gleichung

$$\int_{x_1}^{x_2} F(x)\,dx = (x_2 - x_1)\int_0^1 F(x_1(1-\tau) + x_2\tau)\,d\tau,$$

d. h. durch die Substitution

$$x = x_1(1-\tau) + x_2\tau$$

gehen die beiden Seiten dieser Gleichung in einander über. Den reellen Werthen $(0 \ldots 1)$ der Veränderlichen τ entsprechen die auf der geradlinigen Strecke $(x_1 \ldots x_2)$ gelegenen Werthe der Variablen x; wir sagen daher, der vorher definirte Werth des Integrals $\int_{x_1}^{x_2} F(x)\,dx$ ergiebt sich durch »Integration auf directem Wege«, d. h. auf dem geradlinigen Wege $(x_1 \ldots x_2)$.

Liegen x_1 und x_2 zwar in der Umgebung eines Punktes x_0, genügen sie aber nicht den Bedingungen

$$|x_1 - x_0| < \frac{r_0}{3} \quad \text{und} \quad |x_2 - x_0| < \frac{r_0}{3},$$

so kann durch Einschaltung einer Anzahl auf der geradlinigen Strecke $(x_1 \ldots x_2)$ passend gewählter Punkte herbeigeführt werden, dass je zwei benachbarte dieser Zwischenpunkte in Bezug auf einen dritten Punkt die vorher für x_1, x_2 und x_0 aufgestellten Bedingungen erfüllen.

Die Erklärung des zwischen zwei Punkten x_1 und x_2 auf directem Wege auszuführenden Integrals $\int F(x)\,dx$ stimmt daher mit der durch die Gleichung

$$\begin{aligned}\int_{x_1}^{x_2} F(x)\,dx = &\left\{F(x_0)\,t_2 + \frac{1}{2!}F'(x_0)\,t_2^2 + \frac{1}{3!}F''(x_0)\,t_2^3 + \cdots\right\}\\ &-\left\{F(x_0)\,t_1 + \frac{1}{2!}F'(x_0)\,t_1^2 + \frac{1}{3!}F''(x_0)\,t_1^3 + \cdots\right\}\end{aligned}$$

gegebenen überein, falls x_1 und x_2 beide der Umgebung eines und desselben nicht singulären, im Endlichen gelegenen Punktes angehören. Dagegen findet eine Übereinstimmung zwischen diesen beiden Erklärungen nicht mehr unbedingt statt, wenn die Grenzen x_1 und x_2 des Integrals in der Umgebung des unendlich fernen Punktes liegen. Den Fall, in welchem die Integration auf directem Wege durch einen singulären Punkt hindurchführt, haben wir bei unseren Betrachtungen ausgeschlossen.

Sind jetzt x_1 und x_2 wieder zwei beliebige, nicht singuläre Punkte, zwischen denen in der vorher angegebenen Weise Punkte $x', x'', \ldots x^{(\nu)}$ eingeschaltet worden sind, und wird der Werth des Integrals $\int_{x_1}^{x_2} F(x)\,dx$ mittels der Gleichung

$$\int_{x_1}^{x_2} F(x)\,dx = \int_{x_1}^{x'} F(x)\,dx + \int_{x'}^{x''} F(x)\,dx + \cdots + \int_{x^{(\nu)}}^{x_2} F(x)\,dx$$

berechnet, wobei alle Integrale rechts auf directem Wege ausgeführt werden sollen, so nennen wir die gebrochene, aus geraden Strecken zusammengesetzte Linie $(x_1 \ldots x' \ldots x'' \ldots\ldots x^{(\nu)} \ldots x_2)$ den **Integrationsweg** für das Integral $\int_{x_1}^{x_2} F(x)\,dx$, weil die einzelnen Integrale rechts über die Strecken $(x_1 \ldots x')$, $(x' \ldots x'')$, ... $(x^{(\nu)} \ldots x_2)$ in der eben besprochenen Weise ausgeführt werden können. Der Werth des Integrals kann ausser von den Grenzen auch von dem Integrationsweg abhängen. Die Punkte $x_1, x', x'', \ldots x^{(\nu)}, x_2$ nennen wir die Eckpunkte des Integrationsweges.

Unter einem **vollständigen Integral**, das durch einen Strich über dem Integralzeichen gekennzeichnet werden möge:

$$\overline{\int} F(x)\,dx,$$

wollen wir ein Integral verstehen, bei welchem der Integrationsweg eine geschlossene, aus geradlinigen Strecken gebildete Linie ist.

Jetzt gehen wir zur Untersuchung des Integrals

$$\int_{x_1}^{x_2} \left(\frac{1}{x'-x} - \frac{1}{x'-a_0}\right) dx'$$

über. Die Grenzen x_1 und x_2 seien zwei beliebige, von den singulären Punkten $x' = x$ und $x' = a_0$ der zu integrirenden Function verschiedene Werthe, und die Integration werde zunächst auf geradlinigem Wege ausgeführt. Setzen wir fest, dass der Punkt a_0 nicht auf der Strecke $(x_1 \ldots x_2)$ liegt, so hat das Integral für alle nicht dem Integrationswege angehörenden Punkte x einen ganz bestimmten Sinn; es ist eine eindeutige Function von x, welche nur für die Punkte der Strecke $(x_1 \ldots x_2)$ nicht definirt ist.

Der Differentialquotient dieses Integrals in Bezug auf x ist eine gebrochene rationale Function. Denn wählen wir eine Grösse h so, dass $|h| < |x - x'|$ ist, was stets möglich, da x ausserhalb der Strecke $(x_1 \dots x_2)$ und x' auf ihr liegt, so ist

$$\int_{x_1}^{x_2} \left(\frac{1}{x' - x - h} - \frac{1}{x' - a_0} \right) dx' - \int_{x_1}^{x_2} \left(\frac{1}{x' - x} - \frac{1}{x' - a_0} \right) dx' = -h \left(\frac{1}{x_2 - x} - \frac{1}{x_1 - x} \right) + h^2 \mathfrak{P}(h),$$

mithin folgt

$$\frac{d}{dx} \int_{x_1}^{x_2} \left(\frac{1}{x' - x} - \frac{1}{x' - a_0} \right) dx' = \frac{1}{x - x_2} - \frac{1}{x - x_1}.$$

Die Ableitung des natürlichen Logarithmus von x ist gleich $\frac{1}{x}$, und einer seiner eindeutig bestimmten Zweige verschwindet für $x = 1$. Soll daher die eben definirte Function mit diesem Zweige des Logarithmus übereinstimmen, so muss a_0 gleich 1 und $\frac{1}{x}$ gleich

$$\frac{d}{dx} \int_{x_1}^{x_2} \left(\frac{1}{x' - x} - \frac{1}{x' - 1} \right) dx' = \frac{1}{x - x_2} - \frac{1}{x - x_1},$$

also $x_1 = \infty$ und $x_2 = 0$ sein. Wird demnach eine Function $L(x)$ durch die Gleichung

$$L(x) = \int_{\infty}^{0} \left(\frac{1}{x' - x} - \frac{1}{x' - 1} \right) dx'$$

eingeführt, so ist $L(x)$ für alle Punkte der Ebene mit Ausnahme des Integrationsweges definirt, und es ist

$$L(1) = 0, \quad \frac{dL(x)}{dx} = \frac{1}{x}.$$

Für die Umgebung des unendlich fernen Punktes treten in der Entwickelung der zu integrirenden Function nach fallenden Potenzen von x' negative Potenzen nur mit den Exponenten $-2, -3, \dots$ auf. Die untere Grenze des Integrals kann daher unendlich gross angenommen werden, ohne dass das Integral aufhört, einen bestimmten endlichen Werth zu haben.

Der Integrationsweg ist eine vom Nullpunkt in das Unendliche gezogene Gerade, welche in der entgegengesetzten Richtung $(\infty \dots 0)$ durchlaufen wird. Wir können aber allgemeiner an ihre Stelle eine aus geradlinigen Strecken zusammengesetzte, vom Unendlichen nach dem Nullpunkt führende Linie treten lassen, und diese so wählen, dass die Function $L(x)$ für jeden im Endlichen gelegenen, vom Nullpunkt verschiedenen, vorgeschriebenen Punkt x erklärt ist. Die rationale Function

$$\frac{1}{x'-x} - \frac{1}{x'-1}$$

hat, als Function von x' betrachtet, nur die beiden im Endlichen gelegenen, singulären Punkte $x' = x$ und $x' = 1$. Fixiren wir nun ausserhalb eines Kreises, der diese beiden singulären Punkte einschliesst und dessen Mittelpunkt der Nullpunkt ist, einen Punkt ξ_1, so gehört ξ_1 der Umgebung des unendlich fernen Punktes an. Liegt ferner ein Punkt ξ_2 dem Punkte ξ_1 näher, als jeder der beiden Punkte x und 1, so befindet sich ξ_1 in der Umgebung von ξ_2. So nehmen wir eine endliche Anzahl von Punkten $\xi_1, \xi_2, \xi_3, \ldots \xi_r$ der Art an, dass jeder in der Umgebung des vorhergehenden und schliesslich der Nullpunkt in der von ξ_r liegt; die Wahl dieser Punkte ist auf unendlich viele Weisen möglich. Aus dem Unendlichen ziehen wir nun eine Gerade nach dem Punkte ξ_1, deren sämmtliche Punkte von den Punkten x und 1 einen grösseren Abstand haben, als ξ_1, und verbinden ξ_1 mit ξ_2, ξ_2 mit $\xi_3, \ldots,$ ξ_r mit dem Nullpunkt durch Strecken, so entsteht eine gebrochene Linie $(\infty \ldots \xi_1 \ldots \xi_2 \ldots\ldots \xi_r \ldots 0)$, welche wir mit l bezeichnen wollen. Dann können wir auch eine Function $L(x)$ durch das über die Linie l als Integrationsweg sich erstreckende Integral

$$\int \left(\frac{1}{x'-x} - \frac{1}{x'-1} \right) dx'$$

definiren, indem wir setzen

$$L(x) = \int_{\infty}^{\xi_1} + \int_{\xi_1}^{\xi_2} + \cdots + \int_{\xi_{r-1}}^{\xi_r} + \int_{\xi_r}^{0}.$$

Diese Function $L(x)$ hat für alle Punkte x mit Ausnahme der Punkte der gebrochenen Linie l eine Bedeutung; ihre Ableitung ist wieder gleich $\frac{1}{x}$, und sie verschwindet auch für $x = 1$.

Wenn die gerade Verbindungslinie $(x_1 \ldots x_2)$ der Punkte x_1 und x_2 nicht die Linie l schneidet oder mit ihr zusammenfällt, so ergiebt sich

$$\int_{x_1}^{x_2} \frac{dx}{x} = L(x_2) - L(x_1).$$

Hieraus lässt sich der fundamentale Satz ableiten: Wenn die gebrochene Linie l mit dem geschlossenen Integrationsweg $(x_1 \ldots x_2 \ldots\ldots x_k \ldots x_1)$ keinen

Fig. 1.

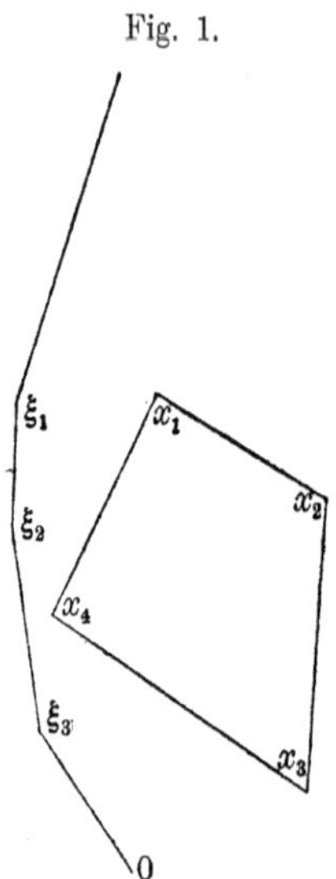

Punkt gemein hat, so verschwindet das über ihn erstreckte vollständige Integral $\overline{\int} \frac{dx}{x}$.

Denn da

$$\overline{\int} \frac{dx}{x} = \int_{x_1}^{x_2} \frac{dx}{x} + \int_{x_2}^{x_3} \frac{dx}{x} + \cdots + \int_{x_k}^{x_1} \frac{dx}{x}$$

ist, so lässt sich auf jedes einzelne der Integrale rechts die Gleichung

$$\int_{x_\varkappa}^{x_{\varkappa+1}} \frac{dx}{x} = L(x_{\varkappa+1}) - L(x_\varkappa)$$

anwenden, mithin wird

$$\overline{\int} \frac{dx}{x} = L(x_2) - L(x_1) + L(x_3) - L(x_2) + \cdots + L(x_1) - L(x_k) = 0.$$

Die Linie l kann aber bis auf die Bedingung, dass jeder Punkt $\xi_\varkappa$ in der Umgebung des vorhergehenden $\xi_{\varkappa-1}$ liegen muss, willkürlich vom Unendlichen nach dem Nullpunkt hin so gezogen werden, dass sie den geschlossenen Integrationsweg $(x_1 \ldots x_2 \ldots\ldots x_k \ldots x_1)$ nicht schneidet. Demnach ist stets das vollständige Integral $\overline{\int}\frac{dx}{x}$ gleich Null, wenn es möglich ist, vom Unendlichen nach dem Nullpunkt eine gebrochene Gerade so zu ziehen, dass sie nirgends mit dem geschlossenen Integrationsweg, über den sich das Integral erstreckt, zusammenfällt.

Bilden wir das Integral einer rationalen Function $F(x)$ auf zwei verschiedenen Wegen zwischen denselben Grenzen x_1 und x_2, so wollen wir das eine Integral zum Unterschied von dem anderen links oben mit einem Accent versehen, die beiden Integrale also mit

$$\int_{x_1}^{x_2} F(x)\,dx \quad \text{und} \quad {}'\!\!\int_{x_1}^{x_2} F(x)\,dx$$

bezeichnen. Es seien nun $x', x'', \ldots x^{(m)}$ passend gewählte Punkte des einen und $\xi', \xi'', \ldots \xi^{(n)}$ solche des anderen Integrationsweges, dann ist

$$\int_{x_1}^{x_2} F(x)\,dx = \int_{x_1}^{x'} F(x)\,dx + \int_{x'}^{x''} F(x)\,dx + \cdots + \int_{x^{(m)}}^{x_2} F(x)\,dx$$

und

$${}'\!\!\int_{x_1}^{x_2} F(x)\,dx = \int_{x_1}^{\xi'} F(x)\,dx + \int_{\xi'}^{\xi''} F(x)\,dx + \cdots + \int_{\xi^{(n)}}^{x_2} F(x)\,dx,$$

mithin wird

$$\int_{x_1}^{x_2} F(x)\,dx - {}'\!\!\int_{x_1}^{x_2} F(x)\,dx = \overline{\int} F(x)\,dx,$$

wobei sich das vollständige Integral auf der rechten Seite über den geschlossenen Integrationsweg $(x_1 \ldots x' \ldots\ldots x^{(m)} \ldots x_2 \ldots \xi^{(n)} \ldots\ldots \xi' \ldots x_1)$ erstreckt. Die Differenz zweier zwischen denselben Grenzen auf verschiedenen Wegen gebildeten Integrale derselben Function $F(x)$ ist also ein vollständiges Integral.

Zwei Integrale

$$\int_{x_1}^{x_2} \frac{dx}{x} \quad \text{und} \quad {}'\!\!\int_{x_1}^{x_2} \frac{dx}{x}$$

sind daher einander gleich, wenn es möglich ist, aus dem Unendlichen nach dem Nullpunkt eine gebrochene Linie zu ziehen, welche den geschlossenen Integrationsweg $(x_1 \ldots x_2 \ldots x_1)$ nicht schneidet.

Nun nehmen wir eine bestimmte, aus geradlinigen Strecken zusammengesetzte Linie vom Unendlichen nach dem Nullpunkte an, welche nicht durch den Punkt $+1$ hindurchgeht, und zwar der Einfachheit wegen die reelle Halbaxe $(-\infty \ldots 0)$. Dann ist

$$L(x) = \int_{-\infty}^{0} \left(\frac{1}{x'-x} - \frac{1}{x'-1} \right) dx'$$

für alle Punkte x, mit Ausschluss der Punkte dieser Geraden, eindeutig definirt. Es muss jetzt aber der Function $L(x)$ auch eine Bedeutung für die Punkte x der Geraden $(-\infty \ldots 0)$ selbst beigelegt werden.

Es seien x_1 und x_3 zwei beliebige Punkte auf der Halbaxe $(-\infty \ldots 0)$ und x_2 irgend ein ihr hinreichend nahe liegender Punkt. Dann soll untersucht

Fig. 2.

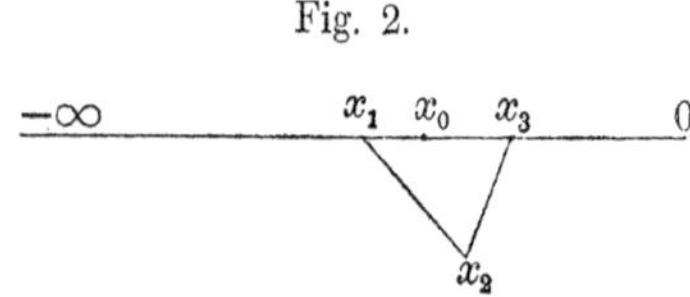

werden, unter welcher Bedingung in dem Integral

$$\int \left(\frac{1}{x'-x} - \frac{1}{x'-1} \right) dx'$$

die Integration über die Strecke $(x_1 \ldots x_3)$ durch die über die gebrochene Linie $(x_1 \ldots x_2 \ldots x_3)$ ersetzt werden kann. Nach dem Vorhergehenden ist

$$\int_{x_1}^{x_3} \frac{dx}{x} = \int_{x_1}^{x_2} \frac{dx}{x} + \int_{x_2}^{x_3} \frac{dx}{x},$$

falls sich vom Unendlichen nach dem Nullpunkt eine gebrochene Gerade ziehen lässt, welche die geschlossene Linie $(x_1 \ldots x_2 \ldots x_3 \ldots x_1)$ nicht schneidet. Daher besteht für das Integral $\int \frac{dx'}{x'-a}$ die Gleichung

$$\int_{x_1}^{x_3} \frac{dx'}{x'-a} = \int_{x_1}^{x_2} \frac{dx'}{x'-a} + \int_{x_2}^{x_3} \frac{dx'}{x'-a}$$

unter der Bedingung, dass es möglich ist, aus dem Unendlichen nach dem Punkte a eine gebrochene Gerade zu führen, die mit dem geschlossenen Wege

$(x_1 \dots x_2 \dots x_3 \dots x_1)$ keinen Punkt gemein hat. Mithin ergiebt sich

$$\int_{x_1}^{x_3}\left(\frac{1}{x'-x}-\frac{1}{x'-1}\right)dx' = \int_{x_1}^{x_2}\left(\frac{1}{x'-x}-\frac{1}{x'-1}\right)dx' + \int_{x_2}^{x_3}\left(\frac{1}{x'-x}-\frac{1}{x'-1}\right)dx',$$

falls man sowohl vom Punkte 1, wie vom Punkte x aus eine gebrochene Linie in das Unendliche ziehen kann, welche den Weg $(x_1 \dots x_2 \dots x_3 \dots x_1)$ nicht trifft. Für den Punkt 1 und für jeden Punkt x, der nicht im Innern oder auf dem Umfange des Dreiecks $(x_1 \dots x_2 \dots x_3 \dots x_1)$ liegt, ist dies stets möglich. Die vorhergehende Gleichung gilt demnach für alle nicht mit einem Punkte dieses Dreiecks zusammenfallenden Werthe von x.

Durch das Integral

$$'\!\!\int_{-\infty}^{0}\left(\frac{1}{x'-x}-\frac{1}{x'-1}\right)dx',$$

welches sich auf die gebrochene Gerade $(-\infty \dots x_1 \dots x_2 \dots x_3 \dots 0)$ beziehen soll wird für jeden Werth von x, der nicht mit einem Punkte des Integrationswegs zusammenfällt, eine Function

$$'L(x)$$

definirt. Der Werth dieser Function $'L(x)$ für irgend ein solches Argument x ändert sich nicht, wenn wir statt x_1, x_2, x_3 andere, den für diese Punkte festgesetzten Bedingungen genügende Punkte ξ_1, ξ_2, ξ_3 wählen, vorausgesetzt dass der Punkt x nicht in dem Bereich $(x_1 \dots x_2 \dots x_3 \dots \xi_3 \dots \xi_2 \dots \xi_1 \dots x_1)$ liegt. Bei der vorher eingeführten Function

$$L(x) = \int_{-\infty}^{0}\left(\frac{1}{x'-x}-\frac{1}{x'-1}\right)dx'$$

ist dagegen das Integral über die reelle Halbaxe $(-\infty \dots 0)$ zu erstrecken. Die beiden Functionen $L(x)$ und $'L(x)$ sind demnach verschiedene Functionen, insofern als ihr Gültigkeitsbereich nicht derselbe ist. Für alle Punkte x aber, die nicht dem Innern oder dem Umfange des Dreiecks $(x_1 \dots x_2 \dots x_3 \dots x_1)$ angehören, ist zu Folge der bewiesenen Gleichung

$$L(x) = {}'L(x).$$

Wenn x mit einem Punkte x_0 der Geraden $(-\infty \dots 0)$ zusammenfällt, hat die Function $L(x)$ keine Bedeutung mehr, dagegen ist dies für die Function $'L(x)$ noch der Fall, falls wir die beiden Punkte x_1 und x_3 zu beiden Seiten von x_0 auf der Halbaxe $(-\infty \ldots 0)$ annehmen (Fig. 2). Um nun die Function $L(x)$ auch für die Punkte dieser Halbaxe selbst zu definiren, setzen wir

$$L(x_0) = {}'L(x_0).$$

Ehe wir aber diesen Werth näher untersuchen, wollen wir die beiden Hälften, in welche eine durch zwei Punkte a und b bestimmte Gerade $(a \ldots b)$ die Zahlenebene theilt, durch ein analytisches Kriterium unterscheiden. Wir sagen, der Punkt x liegt auf der positiven oder der negativen Seite dieser Geraden, je nachdem der Quotient

$$\frac{x-a}{b-a} = u + vi$$

in seiner zweiten Coordinate v positiv oder negativ ist. Zu dieser Definition gelangen wir folgendermassen: Ist x eine beliebige, und sind a und b zwei gegebene, von einander verschiedene complexe Grössen, so können wir den Quotienten $\frac{x-a}{b-a}$ in der Form:

$$\frac{x-a}{b-a} = u + vi$$

darstellen, wo u und v eindeutig bestimmte reelle Grössen sind. Nun führen wir in der Zahlenebene ein neues Coordinatensystem ein, das zum Anfangspunkt den Punkt a, zur ersten Axe die Richtung $(a \ldots b)$ und zur zweiten Axe diejenige hierzu senkrechte Richtung hat, welche in Bezug auf die Strecke $(a \ldots b)$ ebenso liegt, wie die Strecke $(0 \ldots i)$ in Bezug auf die reelle Axe. Dann sind u und v die Coordinaten des Punktes x, wenn wir die Strecke $(a \ldots b)$ im neuen Coordinatensystem als Längeneinheit wählen. Drehen wir mithin die reelle Axe um ihren Schnittpunkt mit der Geraden $(a \ldots b)$, sodass die Strecke $(0 \ldots 1)$ die Richtung von $(a \ldots b)$ erhält, so liegt der Punkt $+i$ auf einer bestimmten Seite von $(a \ldots b)$, und je nachdem der Punkt x auf derselben oder auf der entgegengesetzten Seite liegt, befindet sich der aufgestellten Definition nach der Punkt x auf der positiven oder der negativen Seite der Geraden $(a \ldots b)$.

Ist $v = 0$, so gehört der Punkt x der durch die Punkte a und b bestimmten Geraden selbst an. Ein auf der positiven Seite der Geraden $(a \ldots b)$ gelegener Punkt liegt auf der negativen Seite der Geraden $(b \ldots a)$.

Stellt nun, wie vorher, x_0 einen Punkt der Geraden $(-\infty \dots 0)$ dar, und nähert sich ihm der Punkt x von der positiven Seite her, so wählen wir, damit $'L(x)$ eine Bedeutung hat, den Punkt x_2 auf der negativen Seite (Fig. 2). Geschieht dagegen die Annäherung an x_0 von der negativen Seite der Geraden $(-\infty \dots 0)$ aus, so nehmen wir x_2 auf der positiven Seite an.

Hiernach erhält die Function $L(x)$ in jedem Punkte der Ebene, mit Ausnahme des Nullpunktes und des unendlich fernen Punktes, eine Bedeutung, nur hängt, wie wir sehen werden, der Werth der Function in einem Punkte x_0 der reellen Halbaxe $(-\infty \dots 0)$ davon ab, von welcher Seite her sich x dem Punkte x_0 nähert. Je nachdem die Annäherung von der positiven oder der negativen Seite her erfolgt, wollen wir den Werth der Function für $x = x_0$ mit

$$\overset{+}{L}(x_0) \text{ oder } \overline{L}(x_0)$$

bezeichnen.

Dann ist leicht zu beweisen, dass auch die Ableitungen

$$\frac{d\overset{+}{L}(x_0)}{dx_0} \text{ und } \frac{d\overline{L}(x_0)}{dx_0}$$

existiren und beide gleich $\frac{1}{x_0}$ sind. Die Function $\overset{+}{L}(x_0)$ ist nur für die Halbaxe $(-\infty \dots 0)$ erklärt; um also ihre Ableitung im Punkte x_0 zu finden, müssen wir zu einem x_0 benachbarten Punkte x_0' dieser Geraden übergehen. Der Definition nach ist, wenn wir zur Berechnung von $'L(x_0)$ und $'L(x_0')$ den Punkt x_2 (Fig. 2) auf der negativen Seite der Geraden $(-\infty \dots 0)$ wählen,

$$\overset{+}{L}(x_0) = {}'L(x_0), \quad \overset{+}{L}(x_0') = {}'L(x_0');$$

aus der Entwickelung

$${}'L(x_0') = {}'L(x_0) + (x_0' - x_0)\frac{d\,'L(x_0)}{dx_0} + \cdots$$

folgt daher

$$\frac{\overset{+}{L}(x_0') - \overset{+}{L}(x_0)}{x_0' - x_0} = \frac{d\,'L(x_0)}{dx_0} + \frac{x_0' - x_0}{2}\,\frac{d^2\,'L(x_0)}{dx_0^2} + \cdots,$$

$$\frac{d\overset{+}{L}(x_0)}{dx_0} = \frac{d\,'L(x_0)}{dx_0} = \frac{1}{x_0}.$$

In derselben Weise wird auch für $\frac{d\overline{L}(x_0)}{dx_0}$ der Werth $\frac{1}{x_0}$ gefunden. Die Ableitung der Differenz $\overset{+}{L}(x_0)-\overset{-}{L}(x_0)$ ist demnach identisch gleich Null, und da Minuend und Subtrahend stetige Functionen von x_0 sind, so ist die Differenz eine von x_0 unabhängige Constante. Wir wollen

$$\overset{+}{L}(x_0)-\overset{-}{L}(x_0) = 2\omega$$

setzen.

Das vollständige Integral $\overline{\int}\frac{dx}{x}$ hat, wie wir gefunden haben (S. 285), den Werth Null, wenn sich vom Unendlichen nach dem Nullpunkt eine gebrochene Gerade ziehen lässt, welche nirgends den geschlossenen Integrationsweg trifft. Nach den vorhergehenden Betrachtungen sind wir nun im Stande, das Integral $\overline{\int}\frac{dx}{x}$ auch in dem Falle zu berechnen, wo sich der Integrationsweg und jene Gerade schneiden.

Wir betrachten hierzu das Integral

$$\int_{x_1}^{x_2}\frac{dx}{x},$$

dessen Integrationsweg zunächst die Strecke $(x_1 \dots x_2)$ sei. Liegt der Punkt x_2 auf der Halbaxe $(-\infty \dots 0)$, während sich der Punkt x_1 auf ihrer

Fig. 3.

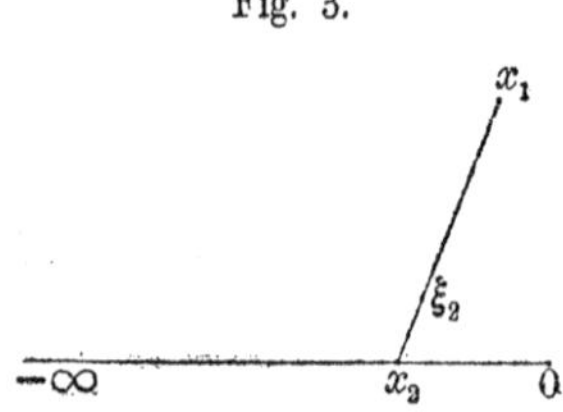

positiven Seite befindet, so folgt (S. 283), wenn ξ_2 ein beliebiger Punkt der Strecke $(x_1 \dots x_2)$ ist,

$$\int_{x_1}^{\xi_2}\frac{dx}{x} = L(\xi_2)-L(x_1).$$

Gehen wir nun zu dem Grenzfall über, wo der Punkt ξ_2 mit x_2 zusammenfällt, so wird

$$\int_{x_1}^{x_2}\frac{dx}{x} = \overset{+}{L}(x_2)-L(x_1).$$

Ist aber x_1 ein Punkt auf der negativen Seite der Halbaxe, so erhalten wir ebenso

$$\int_{x_1}^{x_2} \frac{dx}{x} = \bar{L}(x_2) - L(x_1).$$

Wenn zweitens x_1 ein Punkt der Halbaxe $(-\infty \ldots 0)$ ist, so folgt für das auf die Strecke $(x_1 \ldots x_2)$ sich beziehende Integral

$$\int_{x_1}^{x_2} \frac{dx}{x} = L(x_2) - \overset{+}{L}(x_1)$$

oder

$$\int_{x_1}^{x_2} \frac{dx}{x} = L(x_2) - \bar{L}(x_1),$$

je nachdem x_2 auf der positiven oder negativen Seite der Halbaxe liegt.

Sind ferner x_1 und x_2 zwei auf derselben Seite der Halbaxe $(-\infty \ldots 0)$ gelegene Punkte, und ist der Integrationsweg von x_1 nach x_2 eine gebrochene Gerade, welche die Halbaxe ein oder mehrere Male trifft und jedes Mal auf derselben Seite wieder verlässt, auf der sie sie erreicht hat, so ist

$$\int_{x_1}^{x_2} \frac{dx}{x} = L(x_2) - L(x_1).$$

Denn es mögen z. B. die Punkte x_1 und x_2 auf der positiven Seite der Halbaxe liegen, mit der die gebrochene Linie $(x_1 \ldots x_1' \ldots x_2' \ldots x_2)$ die Strecke $(x_1' \ldots x_2')$ gemein hat, so ist zu Folge der bewiesenen Gleichungen

$$\int_{x_1}^{x_2} \frac{dx}{x} = \overset{+}{L}(x_1') - L(x_1) + \overset{+}{L}(x_2') - \overset{+}{L}(x_1') + L(x_2) - \overset{+}{L}(x_2') = L(x_2) - L(x_1).$$

Das Integral hat also denselben Werth, wie wenn der Integrationsweg keinen Punkt mit der Halbaxe $(-\infty \ldots 0)$ gemein hätte.

Ganz anders verhält es sich, wenn der Integrationsweg ein oder mehrere Male die Halbaxe $(-\infty \ldots 0)$ schneidet oder streckenweise mit ihr zusammenfällt, sie aber auf verschiedenen Seiten anfangs erreicht und zuletzt verlässt.

Der Punkt x_1 möge zuerst auf der positiven und x_2 auf der negativen Seite der Halbaxe liegen, und es falle die Strecke $(x_1' \dots x_2')$ des gebrochenen

Fig. 4.

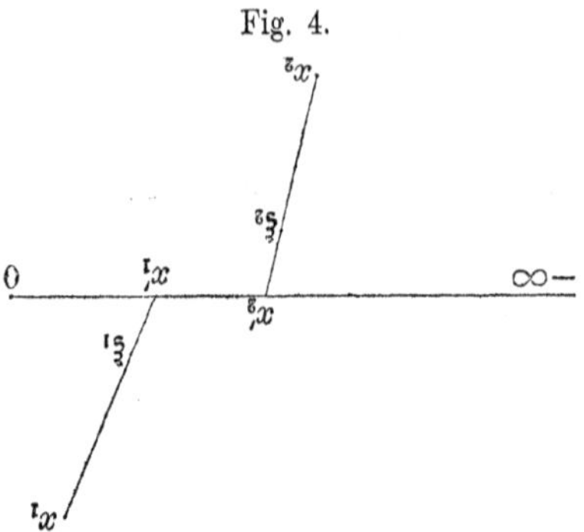

Integrationsweges $(x_1 \dots x_1' \dots x_2' \dots x_2)$ mit ihr zusammen. Dann ist

$$\int_{x_1}^{x_2} \frac{dx}{x} = \overset{+}{L}(x_1') - L(x_1) + \overset{+}{L}(x_2') - \overset{+}{L}(x_1') + L(x_2) - \bar{L}(x_2') = L(x_2) - L(x_1) + 2\omega.$$

Hätten dagegen die Punkte x_1 und x_2 die entgegengesetzte Lage in Bezug auf die Halbaxe gehabt, so würde sich

$$\int_{x_1}^{x_2} \frac{dx}{x} = L(x_2) - L(x_1) - 2\omega$$

ergeben haben. Schneidet der Integrationsweg $(x_1 \dots x_2)$ die Halbaxe, ohne mit ihr eine Strecke zusammenzulaufen, so gehen die beiden Punkte x_1' und x_2' in einen einzigen über; dadurch ändert sich jedoch in den vorhergehenden Betrachtungen nichts Wesentliches.

Sind aber mehrere Schnitte des Integrationsweges mit der Halbaxe vorhanden, oder sind beiden Linien eine oder mehrere Strecken gemeinsam, so möge eine Reihe von Punkten $\xi_1, \xi_2, \dots \xi_{2n-1}, \xi_{2n}$ auf dem Integrationsweg der Art eingeschaltet werden, dass ein Punkt $\xi_{2\varkappa-1}$ vor einem Schnitt oder vor einer gemeinsamen Strecke, der folgende Punkt $\xi_{2\varkappa}$ aber hinter dem Schnitt oder jenseits dieser Strecke liegt. Zwischen den beiden Punkten $\xi_{2\varkappa-1}$ und $\xi_{2\varkappa}$ soll nur ein Schnitt oder eine gemeinsame Strecke vorhanden sein. Dabei bleibt aber eine blosse Berührung oder ein streckenweises Zusammenfallen ohne wirklichen Schnitt unberücksichtigt, sodass die Punkte $\xi_{2\varkappa-1}$ und $\xi_{2\varkappa}$ stets auf verschiedenen Seiten der Halbaxe liegen. Die Grösse $\varepsilon_\varkappa$ soll nun gleich $+1$ oder gleich -1 sein, je nachdem der von $\xi_{2\varkappa-1}$ nach $\xi_{2\varkappa}$ durchlaufene

Integrationsweg von der positiven Seite der Halbaxe $(-\infty \ldots 0)$ zur negativen übergeht oder umgekehrt. Dann ist

$$\begin{aligned}\int_{x_1}^{x_2} \frac{dx}{x} = \; & L(\xi_1) - L(x_1) + L(\xi_2) - L(\xi_1) + 2\varepsilon_1 \omega \\ & + L(\xi_3) - L(\xi_2) + L(\xi_4) - L(\xi_3) + 2\varepsilon_2 \omega \\ & + \cdot \cdot \cdot \cdot \cdot \cdot \cdot \cdot \cdot \cdot \cdot \cdot \\ & + L(\xi_{2n-1}) - L(\xi_{2n-2}) + L(\xi_{2n}) - L(\xi_{2n-1}) + 2\varepsilon_n \omega \\ & + L(x_2) - L(\xi_{2n}) \\ = \; & L(x_2) - L(x_1) + 2\omega \sum_{\varkappa=1}^{n} \varepsilon_\varkappa .\end{aligned}$$

Die verschiedenen Werthe, welche das Integral

$$\int_{x_1}^{x_2} \frac{dx}{x}$$

bei Änderung des Integrationsweges, aber unter Festhaltung der Grenzen x_1 und x_2 annimmt, können sich also von der Differenz $L(x_2) - L(x_1)$ nur durch ein positives oder negatives Vielfaches von 2ω unterscheiden.

Wenn die Grenzen x_1 und x_2 zusammenfallen, so geht das betrachtete Integral in ein vollständiges Integral $\overline{\int} \frac{dx}{x}$ über, und es ergiebt sich aus den vorhergehenden Betrachtungen der Satz: Der Werth eines vollständigen Integrals $\overline{\int} \frac{dx}{x}$ ist stets gleich Null oder gleich einem Vielfachen der Grösse 2ω, und zwar hängt er nur insoweit von der Gestalt des Integrationsweges ab, als die Anzahl seiner positiv oder negativ zu zählenden Schnittpunkte mit der Halbaxe $(-\infty \ldots 0)$ in Betracht kommt.

Wählt man als Integrationsweg den Umfang des Quadrats mit den Eckpunkten $1, i, -1, -i$ und durchläuft ihn entgegengesetzt dem Drehungssinn des Zeigers der Uhr, so wird die Halbaxe $(-\infty \ldots 0)$ einmal in der Richtung von ihrer positiven zur negativen Seite durchkreuzt. Das über diesen Weg erstreckte vollständige Integral $\overline{\int} \frac{dx}{x}$ ist mithin gleich 2ω. Andererseits erhält man durch wirkliche Ausführung der Integration, wenn man $\overline{\int} \frac{dx}{x}$ in die Summe

$$\int_1^i \frac{dx}{x} + \int_i^{-1} \frac{dx}{x} + \int_{-1}^{-i} \frac{dx}{x} + \int_{-i}^1 \frac{dx}{x}$$

zerlegt und in den vier Integralen der Reihe nach

$$x = 1-(1-i)\tau, \qquad x = i-(1+i)\tau, \qquad x = -1+(1-i)\tau, \qquad x = -i+(1+i)\tau$$

substituirt,

$$\overline{\int} \frac{dx}{x} = 2\pi i.$$

Demnach ist die Grösse 2ω gleich $2\pi i$.

Jedes positive oder negative ganzzahlige Vielfache von $2\pi i$ heisst eine Periode, die Grösse $2\pi i$ selbst die primitive Periode des natürlichen Logarithmus. Alle Werthe des Integrals $\int_{x_1}^{x_2} \frac{dx}{x}$ ergeben sich aus irgend einem durch Hinzufügung von Perioden.

Vierzehntes Kapitel.

Die vollständigen Integrale algebraischer Differentiale.

Nach diesen vorbereitenden Untersuchungen aus der Theorie des Logarithmus kehren wir zu den Integralen rationaler Functionen des durch die algebraische Gleichung $f(x, y) = 0$ verbundenen Paares (xy) zurück. Es soll zunächst gezeigt werden, wie man durch passende Beschränkung der Veränderlichkeit dieses Paares bewirken kann, dass der Werth eines solchen Integrals $\int F(xy)\,dx$ eindeutig bestimmt wird.

Wir denken uns in der Ebene der Veränderlichen x irgend eine Linie, d. h. eine stetige Folge von Punkten x, der Art angenommen, dass die Linie nicht durch einen Punkt hindurchgeht, der einem singulären Werth des Arguments der algebraischen Function y (S. 42) entspricht oder für den diese Function unendlich gross wird. Zum Zweck der nachfolgenden Integration möge diese Linie von endlicher Länge angenommen werden. Einem beliebigen Punkte x_0 auf der Linie werde der Werth y_0 von y zugeordnet, der unter den n zu ihm gehörigen Werthen willkürlich gewählt werden kann, so lässt sich für die Umgebung des Punktes x_0 ein bestimmter der n Werthe von y in die Reihe

$$y = y_0 + y_0'(x - x_0) + \cdots = g(x \mid x_0 y_0)$$

entwickeln. Sind nun $\ldots, x_0, x_1, x_2, \ldots$ Punkte auf der Linie, von denen jeder in der Umgebung des vorhergehenden und des folgenden Punktes liegt, so gehört vermöge der Gleichung

$$y_1 = y_0 + y_0'(x_1 - x_0) + \cdots = g(x_1 \mid x_0 y_0)$$

zu x_1 ein bestimmter Werth y_1. Leitet man sodann für die Umgebung von

$(x_1 y_1)$ die Potenzreihe

$$y = g(x \mid x_1 y_1)$$

her, so sei

$$g(x_2 \mid x_1 y_1) = y_2.$$

Fährt man so fort, so kann man schliesslich jedem Punkte x der Linie einen bestimmten Werth von y zuordnen. Liegt x z. B. zwischen x_0 und x_1, so erhält man den zugehörigen Werth von y ebensowohl aus der ersten wie aus der zweiten Potenzreihe; entsprechend, wenn der Punkt x zwischen x_1 und x_2 liegt, u. s. w. Auch für die beiden Endpunkte der Integrationslinie ergeben sich hierbei ganz bestimmte Werthe von y.

Der auf diese Weise definirte Werth von y ist, wie leicht zu beweisen, unabhängig davon, wie auf der Linie die Zwischenpunkte der aufgestellten Bedingung gemäss gewählt werden. Es sei $y = \varphi(x)$ derjenige eindeutig bestimmte Zweig einer analytischen Function, dessen einzelne Elemente die Reihen $g(x \mid x_0 y_0), g(x \mid x_1 y_1), g(x \mid x_2 y_2), \ldots$ sind, während aus dem Elemente $g(x \mid x_0 y_0)$ in gleicher Weise bei Annahme anderer auf der betrachteten Linie gelegener Zwischenpunkte $x_1', x_2', \ldots$ durch analytische Fortsetzung $y = \bar{\varphi}(x)$ entstehen möge. Jede der beiden Functionen hat für alle Punkte der Linie den Charakter einer ganzen Function. Die Übereinstimmung der Werthe beider Functionen finde nun für alle Punkte der Linie von x_0 bis zu einem bestimmten Punkte ξ statt, dann stimmen die beiden für die Umgebung von ξ gültigen Elemente der Functionen $\varphi(x)$ und $\bar{\varphi}(x)$

$$y = c_0 + c_1(x - \xi) + \cdots,$$
$$y = c_0' + c_1'(x - \xi) + \cdots$$

für alle Punkte der Linie, die zwischen x_0 und ξ dem letzteren Punkte hinreichend nahe liegen, ihren Werthen nach überein, also müssen die Coefficienten entsprechender Potenzen in den beiden Reihen einander gleich sein. Ist dies aber der Fall, so findet die Übereinstimmung der Reihen auch noch über ξ hinaus statt. Wir haben demnach folgendes Resultat: Nimmt man in der Ebene der Veränderlichen x irgend eine Linie an, die durch keinen singulären Punkt hindurchgeht, und fixirt dann zu einem beliebigen in dieser Linie angenommenen Punkte x_0 einen der zugehörigen Werthe y_0 von y, so giebt es einen eindeutig bestimmten Zweig einer analytischen Function von x, der für alle Punkte, welche der angenommenen Linie angehören, einen Werth von y darstellt und für $x = x_0$ in y_0 übergeht. Weil der Annahme nach auch Anfangs- und Endpunkt der Linie nicht singulär sind, so kann man den Punkt x_0 mit einem von ihnen zusammenfallen lassen.

Es sei nun $F(xy)$ eine beliebige rationale Function des Paares (xy), und die Linie in der x-Ebene werde noch so gewählt, dass $F(xy)$ für keinen ihrer Punkte unendlich gross wird, wenn man y gleich der oben definirten Function $\varphi(x)$ setzt. Dann wird behauptet, dass sich ein ganz bestimmter eindeutiger Zweig $\psi(x)$ der Integralfunction $\int F(xy)\,dx$ definiren lässt, wenn bei der Integration x diese Linie durchläuft und für y die Werthe $\varphi(x)$ gesetzt werden. Wir nehmen wieder eine Reihe von Punkten $\ldots, x_0, x_1, x_2, \ldots$ auf der Linie so an, dass die Strecke $(x_0 \ldots x_1)$ des Integrationsweges ganz in der Umgebung von x_0 und von x_1 liegt, die Strecke $(x_1 \ldots x_2)$ in der Umgebung von x_1 und von x_2, u. s. w. Für die Punkte jeder einzelnen Strecke $\ldots, (x_0 \ldots x_1)$, $(x \ldots x_2), \ldots$ kann man dann die Function $F(x, \varphi(x))$ in eine gewöhnliche Potenzreihe entwickeln und zunächst für die Strecke $(x_0 \ldots x_1)$ eine Reihe $\psi(x)$ durch die Gleichung

$$\int_{x_0} F(x, \varphi(x))\,dx = \psi(x)$$

definiren, wo das Integral eine ganz bestimmte Bedeutung hat. Hieraus folgt

$$\psi(x_1) = \int_{x_0}^{x_1} F(x, \varphi(x))\,dx.$$

Für die nächste Strecke wird nun $\psi(x)$ durch die Gleichung

$$\psi(x) = \psi(x_1) + \int_{x_1} F(x, \varphi(x))\,dx$$

erklärt, und es ergiebt sich weiter

$$\psi(x_2) = \psi(x_1) + \int_{x_1}^{x_2} F(x, \varphi(x))\,dx.$$

Fährt man so fort, so erhält man

$$\psi(x_r) = \int_{x_0}^{x_1} F(x, \varphi(x))\,dx + \int_{x_1}^{x_2} F(x, \varphi(x))\,dx + \cdots + \int_{x_{r-1}}^{x_r} F(x, \varphi(x))\,dx,$$

und wenn der Werth x einem Punkte der $(r+1)^{\text{ten}}$ Strecke $(x_r \ldots x_{r+1})$ zugehört, so werde

$$\psi(x) = \psi(x_r) + \int_{x_r} F(x, \varphi(x))\,dx$$

gesetzt. Hierdurch wird also eine Function $\psi(x)$ eindeutig erklärt, die für jeden Punkt der Linie den Charakter einer ganzen Function hat, in der Nähe von x_0 mit der anfangs definirten Function $\psi(x)$ übereinstimmt und für $x = x_0$ verschwindet. Genau wie vorher kann gezeigt werden, dass auch die Function $\psi(x)$ von der Wahl der Zwischenpunkte unabhängig ist. Sind dann x' und x'' zwei beliebige Punkte der gewählten Linie, und ist $y' = \varphi(x')$, $y'' = \varphi(x'')$, so wird

$$\int_{(x'y')}^{(x''y'')} F(xy)\,dx = \psi(x'') - \psi(x');$$

diese Gleichung bedeutet aber nur, dass ein Werth des Integrales links durch die Differenz rechts gegeben wird.

Wenn also erstens die stetige Folge von Werthen, die x durchläuft, oder die Integrationslinie, mit den auf S. 295 und 297 festgesetzten Beschränkungen gegeben ist, und zweitens der Werth von y, der einem beliebig gewählten Punkte dieser Linie zugeordnet werden soll, fixirt ist, so lässt sich der Werth des Integrals von $F(xy)\,dx$ eindeutig definiren.

Um das Integral zu berechnen, kann man im Allgemeinen folgendermassen verfahren: Man stellt die Integrationslinie im Gebiete der Grösse x durch eine Gleichung

$$x = f(\tau)$$

dar, wo τ eine reelle Veränderliche, $f(\tau)$ eine complexe Function bedeutet, die so zu wählen ist, dass wenn τ die Werthe von τ_1 bis τ_2 annimmt, x die Punkte der Integrationslinie von x_1 bis x_2 durchläuft. Dann kann man eine Function $g(\tau)$ bilden, die zu jedem der Linie angehörigen Werthe von x einen eindeutig bestimmten Werth von y liefert. Durch Einführung von $f(\tau)$ und $g(\tau)$ gehe das Differential $F(xy)\,dx$ in $\chi(\tau)\,d\tau$ über. Vermöge der Gleichung

$$\int_{x_1}^{x_2} F(xy)\,dx = \int_{\tau_1}^{\tau_2} \chi(\tau)\,d\tau$$

wird alsdann unser Integral auf das einer Function einer reellen Veränderlichen zurückgeführt. Ist z. B. die Integrationslinie gerade, so kann man

$$f(\tau) = x_1(1-\tau)+x_2\tau$$

und $\tau_1 = 0$, $\tau_2 = 1$ setzen.

Bilden nicht nur die Punkte x eine geschlossene Linie, sondern kehren auch die zugehörigen, eindeutig fixirten Werthe der abhängigen Variablen y in sich zurück, wenn jene Linie stetig durchlaufen wird, so wollen wir eine solche Folge von Paaren (xy) der Kürze wegen als einen Kreis von Werthepaaren bezeichnen. Das über einen solchen geschlossenen Integrationsweg erstreckte Integral heisse ein vollständiges und werde mit $\bar{\int} F(xy)\,dx$ bezeichnet.

Wir wollen zunächst beweisen, dass die Werthepaare, durch die ein solcher Kreis von Paaren bestimmt wird, innerhalb gewisser Grenzen willkürlich geändert werden dürfen, ohne dass der Werth des Integrals dadurch beeinflusst wird. Die Integrationslinie in der Ebene der Grösse x enthalte wieder keinen der Werthe von x, für welche $F(xy)$ unendlich gross wird. Für die allgemeinen Untersuchungen ist es zweckmässig und ausreichend, den Integrationsweg so zu wählen, dass jene Linie nicht sowohl eine Curve ist, als aus einer endlichen Anzahl geradliniger Strecken besteht. Diese Strecken $(x_1 \dots x_2)$, $(x_2 \dots x_3)$, ... mögen der Reihe nach in der Umgebung der Punkte $g_1, g_2, \dots$ liegen, denen nicht singuläre Argumente der algebraischen Function y entsprechen sollen.

Fig. 5.

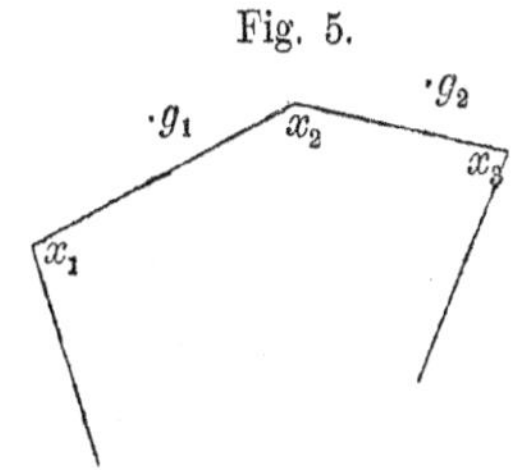

Ist der dem Werthe g_1 von x zugeordnete Werth h_1 von y fixirt, so ist für jeden anderen Punkt des Integrationsweges der zugehörige Werth von y bestimmt. In dem Integral $\bar{\int} F(xy)\,dx$ kommt die Summe

$$\int_{(x_1 y_1)}^{(x_2 y_2)} F(xy)\,dx + \int_{(x_2 y_2)}^{(x_3 y_3)} F(xy)\,dx$$

vor. Jetzt wollen wir uns den gemeinsamen Endpunkt der beiden Strecken $(x_1 \dots x_2)$ und $(x_2 \dots x_3)$ bis zu einem Punkte x_2' verschoben denken, der jedoch, ebenso wie x_2, sowohl der Umgebung von g_1 wie der von g_2 angehören soll. Der zu $x = x_2'$ gehörende Werth y_2' ist vollständig bestimmt, und es wird

$$\int_{(x_1 y_1)}^{(x_2' y_2')} F(xy)\,dx = \int_{(x_1 y_1)}^{(x_2 y_2)} F(xy)\,dx + \int_{(x_2 y_2)}^{(x_2' y_2')} F(xy)\,dx,$$

ferner

$$\int_{(x_2' y_2')}^{(x_3 y_3)} F(xy)\,dx = \int_{(x_2' y_2')}^{(x_2 y_2)} F(xy)\,dx + \int_{(x_2 y_2)}^{(x_3 y_3)} F(xy)\,dx.$$

Für die Strecke $(x_2 \dots x_2')$ stimmen die Werthe von y überein, die den Punkten in der Umgebung von g_1 und denen in der Umgebung von g_2 zugeordnet sind; daher ist

$$\int_{(x_2 y_2)}^{(x_2' y_2')} F(xy)\,dx = -\int_{(x_2' y_2')}^{(x_2 y_2)} F(xy)\,dx,$$

und man erhält

$$\int_{(x_1 y_1)}^{(x_2 y_2)} F(xy)\,dx + \int_{(x_2 y_2)}^{(x_3 y_3)} F(xy)\,dx = \int_{(x_1 y_1)}^{(x_2' y_2')} F(xy)\,dx + \int_{(x_2' y_2')}^{(x_3 y_3)} F(xy)\,dx,$$

d. h. man kann bei der Integration die Stelle $(x_2 y_2)$ durch die Stelle $(x_2' y_2')$ ersetzen. Ebenso kann man für alle anderen Strecken verfahren; das Integral bleibt daher ungeändert, wenn man die Eckpunkte des Polygons, welches in der Ebene der Variablen x den Integrationsweg darstellt, in der Weise verschiebt, dass jeder von ihnen innerhalb der beiden Bereiche bleibt, denen er ursprünglich angehört. Bei der neuen Integration muss indess beachtet werden, dass für y wieder derjenige eindeutige Zweig dieser algebraischen Function gesetzt wird, der für $x = g_1$ den Werth h_1 annimmt.

Vermöge solcher Variationen der Eckpunkte des Polygons kann bewirkt werden, dass jeder Eckpunkt nur zwei benachbarten Strecken angehört, dass also z. B. durch den Punkt x_2 kein anderes Stück der Integrationslinie hindurchgeht als die beiden Strecken $(x_1 \dots x_2)$ und $(x_2 \dots x_3)$. Einem Theile der Linie, die x bei der Integration durchläuft, kann man etwa die in der Figur 6 angedeutete Gestalt geben, wenn ursprünglich die beiden einander parallel gezeichneten Strecken in eine und dieselbe gerade Linie fielen.

Fig. 6.

Wir unterscheiden einfache und zusammengesetzte Integrationswege, und zwar soll unter einem einfachen ein solcher verstanden werden, der durch keine Stelle mehr als einmal hindurchgeht, wobei wir von einem Selbstschnitt nur dann sprechen, wenn an einer bestimmten Stelle des Integrationsweges nicht nur zwei Werthe von x, sondern auch die zugehörigen Werthe von y zusammenfallen. Der einfachste Fall ist der, dass schon die Linie, welche die unabhängige Variable x bei der Integration durchläuft, sich selbst nicht schneidet; denn dann fallen sicher keine zwei Paare (xy) des Integrationsweges zusammen. Schneidet dagegen jene Linie sich selbst, so findet trotzdem kein Selbstschnitt des Integrationsweges statt, wenn dem Schnittpunkte, betrachtet als den beiden sich schneidenden Strecken angehörig, verschiedene Werthe von y entsprechen. Jedenfalls kann nach dem Gesagten angenommen werden, dass der Schnittpunkt immer innerhalb einer Strecke der x-Linie, nicht in einem ihrer Eckpunkte liegt.

Ein Integrationsweg, in welchem ein und dasselbe Werthepaar (xy) mehrmals wiederkehrt, heisst zusammengesetzt; es soll gezeigt werden, dass ein solcher für die Integration in eine Reihe einfacher zerlegt werden kann. Die Linie im Gebiete der Grösse x sei dargestellt durch $(x_1 \ldots x_2 \ldots x_3 \ldots x_4 \ldots x_5 \ldots x_1)$ (Fig. 7); die Strecke $(x_2 \ldots x_3)$ werde von der Strecke $(x_5 \ldots x_1)$ in einem Punkte ξ geschnitten, dem für beide Strecken der Werth η von y zugehören möge. Wenn man nun die Integration auf folgendem Wege ausführt:

$$(x_1 y_1) \ldots (x_2 y_2) \ldots (\xi \eta),$$
$$(\xi \eta) \ldots (x_3 y_3) \ldots (x_4 y_4) \ldots (x_5 y_5) \ldots (\xi \eta),$$
$$(\xi \eta) \ldots (x_1 y_1),$$

so steht in der zweiten Zeile ein Kreis von Paaren, welcher einen einfachen geschlossenen Integrationsweg bildet; die erste und dritte Reihe zusammen

Fig. 7.

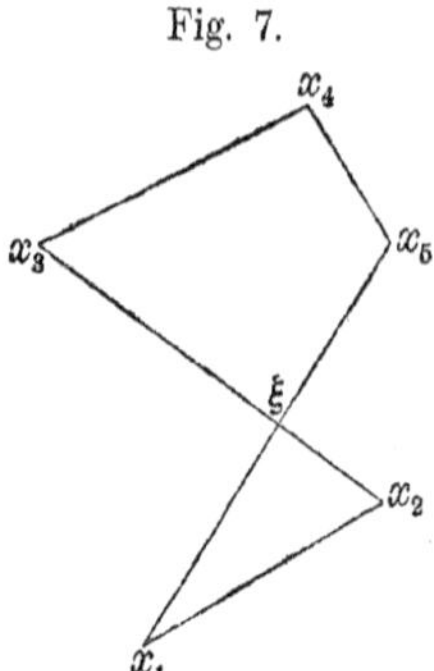

geben ebenfalls einen solchen Kreis. Das über den zusammengesetzten Integrationsweg ausgedehnte vollständige Integral zerfällt hiernach in zwei Integrale derselben Art, die über einfache Integrationswege erstreckt werden. Finden mehrere Durchkreuzungen statt, so fasst man zuerst eine beliebige von ihnen in's Auge und zerlegt den Integrationsweg in zwei, die in dieser Stelle zusammenhängen. Diese beiden, in denen die übrigen Selbstschnitte stattfinden, zerlegt man dann von Neuem und fährt damit so lange fort, bis man nur noch einfache Integrationswege hat. Die Summe der über diese Wege erstreckten vollständigen Integrale ist dann stets gleich dem ursprünglichen, über den zusammengesetzten Integrationsweg genommenen.

Die wichtige Frage, ob das Integral einer rationalen Function des Paares (xy) selbst rational ist, lässt sich mit Hülfe der Formel auf S. 264 entscheiden, die jedes Integral auf Integrale erster, zweiter, dritter Art und einen algebraischen Theil zurückzuführen erlaubte (S. 265); wir wollen aber jetzt noch ein zweites Kriterium hierfür herleiten, das des Verschwindens sämmtlicher vollständigen Integrale.

Am Schlusse des ersten Abschnitts (S. 244—246) ist nämlich Folgendes bewiesen worden: Wenn eine Grösse z für jedes Werthepaar (xy) eines algebraischen Gebildes eindeutig bestimmt ist und bei Einsetzung eines Functionenpaares $(x_t y_t)$ für (xy) sich als Potenzreihe von t darstellen lässt, die negative Potenzen nur in endlicher Anzahl und nur in der Umgebung einer endlichen Anzahl von Stellen enthält, so ist z eine rationale Function des Paares (xy). Es sei nun

$$z = \int_{(x_0 y_0)}^{(xy)} F(x'y')\,dx',$$

so ändert sich z bei jeder Änderung des Integrationsweges, aber bei Festhaltung der Grenzen, um ein vollständiges Integral. Sind nun, wie vorausgesetzt werden soll, alle diese Integrale gleich Null, so ist z seinem Werthe nach vom Integrationswege unabhängig und folglich eine eindeutige Function des Paares (xy). Nach Einführung eines Elementes $(x_t y_t)$, dessen Mittelpunkt die Stelle (ab) sei, wird

$$\frac{dz}{dt} = F(x_t y_t)\frac{dx_t}{dt}.$$

Bei der Entwickelung des Ausdruckes rechts nach Potenzen von t können nur für eine endliche Anzahl Stellen (ab) negative Potenzen vorkommen, aber jedenfalls nie t^{-1}. Denn sonst würde in der Reihe, welche z in der Umgebung von (ab) darstellt, ein logarithmisches Glied auftreten, und z würde keine eindeutige Function sein. Demnach kann auch z als Potenzreihe von t dargestellt werden, und zwar enthält diese negative Potenzen blos für eine endliche Zahl von Stellen (ab), und nur in endlicher Anzahl. Daher ist z nach dem oben citirten Satze eine rationale Function des Paares (xy), und $F(xy)$ die Ableitung dieser rationalen Function.

Da sich ein zusammengesetzter Integrationsweg in einfache zerlegen lässt, so genügt es für die Gültigkeit des eben bewiesenen Satzes, wenn alle vollständigen Integrale verschwinden, die über einfache Wege erstreckt werden.

Ist die zu integrirende Function, wie die Function $H(xy, x'y')$, eine rationale Function zweier Werthepaare (xy) und $(x'y')$, so müssen die Variablen x, y so beschränkt werden, dass diese Function $F(xy, x'y')$ an keiner Stelle $(x'y')$, die dem Integrationswege des Integrals $\int F(xy, x'y')\,dx'$ angehört, unendlich gross wird. Eine solche Beschränkung ist ausdrücklich einzuführen, weil die Unendlichkeitsstellen der Function $F(xy, x'y')$, als Function des Paares $(x'y')$ betrachtet, im Allgemeinen auch von (xy) abhängen. Durch das Integral

$$\int_{(ab)}^{(a'b')} F(xy, x'y')\,dx'$$

wird dann eine mit Ausnahme einzelner Stellen stetige Function des Paares (xy) definirt.

Fünfzehntes Kapitel.

Die Function $\Omega(xy)$.

Um nunmehr im Besonderen die Abelschen Integrale erster und zweiter Art zu untersuchen, kehren wir zu der Formel (S. 254) zurück:

$$\frac{d}{dx}H(xy, x'y') - \frac{d}{dx'}H(x'y', xy) = \sum_{\alpha=1}^{\varrho}\{H'(xy)_\alpha H(x'y')_\alpha - H(xy)_\alpha H'(x'y')_\alpha\}.$$

Es seien $(x_0 y_0)$ und $(x_1 y_1)$ zwei nicht singuläre Werthepaare, die demselben Elemente des gegebenen algebraischen Gebildes angehören. Man kann dann von $(x_0 y_0)$ bis $(x_1 y_1)$ auf einem Wege integriren, der durch keine der Stellen $(xy), (a_0 b_0), (a_1 b_1), \dots (a_\varrho b_\varrho)$ hindurchgeht, und erhält

$$\frac{d}{dx}\int_{(x_0 y_0)}^{(x_1 y_1)} H(xy, x'y')\,dx' = H(x_1 y_1, xy) - H(x_0 y_0, xy)$$
$$+\sum_\alpha\left\{H'(xy)_\alpha\int_{(x_0 y_0)}^{(x_1 y_1)} H(x'y')_\alpha\,dx' - H(xy)_\alpha\int_{(x_0 y_0)}^{(x_1 y_1)} H'(x'y')_\alpha\,dx'\right\}.$$

Dabei ist angenommen, dass

$$\int_{(x_0 y_0)}^{(x_1 y_1)}\frac{d}{dx}H(xy, x'y')\,dx' = \frac{d}{dx}\int_{(x_0 y_0)}^{(x_1 y_1)} H(xy, x'y')\,dx'$$

ist. Um dies zu beweisen, nehmen wir eine nicht singuläre Stelle $(x+u, y+v)$ so nahe bei (xy) an, dass sie nicht auf dem Integrationswege liegt, und entwickeln die Function

$$H(x+u\;\; y+v, x'y')$$

nach Potenzen von u und v. Da nun v, wenn $f(x, y)_2$ nicht Null ist, sich vermöge der Gleichung $f(x, y) = 0$ des algebraischen Gebildes nach Potenzen von u entwickeln lässt, so kann man $H(x+u\ y+v, x'y')$ als Potenzreihe von u in folgender Weise darstellen:

$$H(x+u\ y+v, x'y') = H(xy, x'y') + u\frac{d}{dx}H(xy, x'y') + \cdots.$$

Hiernach ist auch

$$\int_{(x_0y_0)}^{(x_1y_1)} H(x+u\ y+v, x'y')\,dx' - \int_{(x_0y_0)}^{(x_1y_1)} H(xy, x'y')\,dx' = u\int_{(x_0y_0)}^{(x_1y_1)} \frac{d}{dx}H(xy, x'y')\,dx' + \cdots;$$

es lässt sich also die Differenz links nach Potenzen von u entwickeln. Der Definition des Differentialquotienten gemäss ist dabei der Coefficient von u gleich

$$\frac{d}{dx}\int_{(x_0y_0)}^{(x_1y_1)} H(xy, x'y')\,dx',$$

und es wird daher, wie behauptet,

$$\frac{d}{dx}\int_{(x_0y_0)}^{(x_1y_1)} H(xy, x'y')\,dx' = \int_{(x_0y_0)}^{(x_1y_1)} \frac{d}{dx}H(xy, x'y')\,dx'.$$

Die auf v. S. gefundene Formel gilt indess auch in demselben Umfange wie die, aus der sie hergeleitet ist (S. 254). Setzen wir

$$\int_{(x_0y_0)}^{(x_1y_1)} H(xy, x'y')\,dx' = \Omega(xy; x_1y_1, x_0y_0),$$

so lehrt sie, dass diese Function, nach x differentiirt, eine rationale Function des Paares (xy) liefert. Nach Fixirung des Integrationsweges ist $\Omega(xy; x_1y_1, x_0y_0)$ eindeutig definirt für alle Stellen (xy) mit Ausnahme derjenigen, die auf dem Integrationswege liegen; wir werden ihr aber später auch für diese eine Bedeutung beilegen können.

Nimmt man einen bestimmten Kreis von nicht singulären Werthepaaren $(x_0y_0), (x_1y_1), \ldots (x_ry_r), (x_0y_0)$ der Art an, dass immer zwei aufeinander folgende Stellen einem und demselben Elemente des algebraischen Gebildes angehören, so kann man für je zwei benachbarte Stellen eine der gefundenen entsprechende Gleichung bilden. Durch Addition sämmtlicher Gleichungen erhält man dann auf der linken Seite die Ableitung nach x eines vollständigen Integrals

$$\overline{\int} H(xy, x'y')\,dx',$$

welches mit

$$\Omega(xy)$$

bezeichnet werden möge. Diese Function $\Omega(xy)$ ist alsdann eindeutig bestimmt für alle Werthepaare (xy) mit Ausnahme derer, die $(x'y')$ bei der Integration durchläuft. Sollte der Integrationsweg, der zu ihrer Definition dient, zusammengesetzt sein, so lässt sie sich stets darstellen als eine Summe ähnlicher Functionen, welche durch einfache Integrationswege bestimmt werden, und es genügt demnach, Functionen $\Omega(xy)$ der letzteren Art zu betrachten, wodurch die Untersuchung sich wesentlich vereinfacht.

Setzen wir

$$\overline{\int} H(x'y')_\alpha dx' = 2\omega_\alpha, \qquad \overline{\int} H'(x'y')_\alpha dx' = 2\eta_\alpha, \qquad (\alpha = 1, 2, \ldots \varrho)$$

wobei sich die Integration über irgend einen geschlossenen Weg erstreckt, so nennen wir $2\omega_1, 2\omega_2, \ldots 2\omega_\varrho$ ein System simultaner Perioden der ϱ Integrale erster Art und $2\eta_1, 2\eta_2, \ldots 2\eta_\varrho$ ein solches der Integrale zweiter Art.

Wird nun der geschlossene Weg so wie vorher für das Integral

$$\overline{\int} H(xy, x'y')\, dx'$$

gewählt, so folgt

$$\frac{d\Omega(xy)}{dx} = \sum_{\alpha=1}^{\varrho} \left\{ 2\omega_\alpha H'(xy)_\alpha - 2\eta_\alpha H(xy)_\alpha \right\},$$

d. h. auch das mit $\Omega(xy)$ bezeichnete vollständige Integral hat die Eigenschaft, nach x differentiirt eine rationale Function des Paares (xy) zu liefern, und zwar ist diese ein lineares Aggregat der 2ϱ Functionen $H(xy)_\alpha$ und $H'(xy)_\alpha$.

Wählen wir einen von dem eben betrachteten verschiedenen geschlossenen Integrationsweg, so erhalten wir eine andere Function $\Omega(xy)$, und es können auch ω_α und η_α andere Werthe annehmen. Bei Fixirung von 2ϱ verschiedenen Integrationswegen ergeben sich 2ϱ Functionen $\overset{\lambda}{\Omega}(xy)$ und 2ϱ Periodensysteme

$$2\overset{\lambda}{\omega}_\alpha, \; 2\overset{\lambda}{\eta}_\alpha, \qquad (\alpha = 1, 2, \ldots \varrho)$$

für welche Gleichungen von der Art der vorher gefundenen bestehen; und wenn es gelingt, jene Integrationswege so zu wählen, dass die Determinante der Grössen $\overset{\lambda}{\omega}_\alpha$ und $\overset{\lambda}{\eta}_\alpha$ von Null verschieden ist, so können wir aus diesen

Gleichungen die Functionen $H(xy)_\alpha$ und $H'(xy)_\alpha$ in der Form:

$$H(xy)_\alpha = \sum_{\lambda=1}^{2\varrho} c_{\alpha\lambda} \frac{d\overset{\lambda}{\Omega}(xy)}{dx}, \qquad (\alpha = 1, 2, \ldots \varrho)$$

$$H'(xy)_\alpha = \sum_{\lambda=1}^{2\varrho} c'_{\alpha\lambda} \frac{d\overset{\lambda}{\Omega}(xy)}{dx}$$

berechnen. Es wird sich zeigen, dass die Perioden jedes Integrals $\int \frac{d\overset{\lambda}{\Omega}(xy)}{dx} dx$ nur Vielfache von $2\pi i$ sind, und dass daher sämmtliche Perioden des Integrales

$$\int H(xy)_\alpha dx = \sum_{\lambda=1}^{2\varrho} c_{\alpha\lambda} \int \frac{d\overset{\lambda}{\Omega}(xy)}{dx} dx$$

aus den Grössen $c_{\alpha\lambda}$ und ähnlich die Perioden des Integrals $\int H'(xy)_\alpha dx$ aus den Grössen $c'_{\alpha\lambda}$ sich homogen und linear zusammensetzen lassen.

Die Function

$$\Omega(xy) = \overline{\int} H(xy, x'y') dx'$$

hatte eine Bedeutung für alle Stellen (xy), die nicht dem Integrationswege angehören. Auf dem Wege, den x' bei der Integration durchläuft, und der durch die Linie $(x_1 \ldots x_2 \ldots x_3 \ldots x_4 \ldots x_5 \ldots x_1)$ repräsentirt sein möge, z. B. auf der Strecke $(x_2 \ldots x_3)$, werde nun ein Punkt x_0 angenommen, zu welchem der Werth y_0 von y gehöre; es fragt sich, ob von einem Werthe der Function $\Omega(xy)$ noch die Rede sein kann, wenn die Stelle (xy) mit der Stelle $(x_0 y_0)$ zusammenfällt.

Fig. 8.

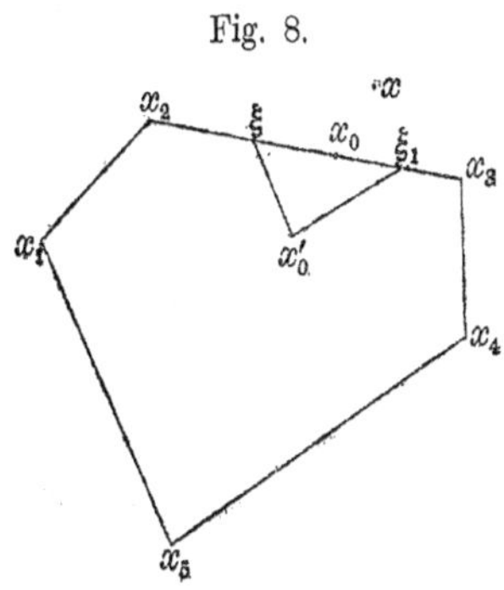

Um einen bestimmten Fall in's Auge zu fassen, setzen wir voraus, x liege auf der positiven Seite von $(x_2 \ldots x_3)$. Dann nehmen wir auf der Strecke $(x_2 \ldots x_3)$ in hinreichender Nähe von x_0 zwei Punkte, ξ und ξ_1, vor und hinter x_0 an, und ferner auf der negativen Seite von $(x_2 \dots x_3)$ einen Punkt x'_0 so nahe bei x_0, dass für die betrachtete Stelle (xy) die ursprüngliche Integrationslinie nach dem auf S. 300 bewiesenen Satze durch die Linie $(x_1 \dots x_2 \dots \xi \dots x'_0 \dots \xi_1 \dots x_3 \dots x_4 \dots x_5 \dots x_1)$ ersetzt werden kann. Den Punkten ξ, ξ_1, x_0, x'_0 mögen für den Integrationsweg die Werthe η, η_1, y_0, y'_0 von y zugehören. Das über den neuen Integrationsweg sich erstreckende vollständige Integral $\overline{\int} H(xy, x'y')\,dx'$ soll mit $\Omega_1(xy)$ bezeichnet werden. Dann ist also

$$\Omega(xy) = \int_{(\xi\eta)}^{(\xi_1\eta_1)} H(xy, x'y')\,dx' + {\int_{(\xi_1\eta_1)}^{(\xi\eta)}}' H(xy, x'y')\,dx',$$

$$\Omega_1(xy) = \int_{(\xi\eta)}^{(x'_0 y'_0)} H(xy, x'y')\,dx' + \int_{(x'_0 y'_0)}^{(\xi_1\eta_1)} H(xy, x'y')\,dx' + {\int_{(\xi_1\eta_1)}^{(\xi\eta)}}' H(xy, x'y')\,dx'.$$

In beiden Gleichungen ist das mit einem Accent versehene Integral über die gebrochene Linie $(\xi_1 \dots x_3 \dots x_4 \dots x_5 \dots x_1 \dots x_2 \dots \xi)$ zu erstrecken. Hieraus folgt weiter

$$\Omega_1(xy) - \Omega(xy) = \int_{(\xi\eta)}^{(x'_0 y'_0)} H(xy, x'y')\,dx' + \int_{(x'_0 y'_0)}^{(\xi_1\eta_1)} H(xy, x'y')\,dx' + \int_{(\xi_1\eta_1)}^{(\xi\eta)} H(xy, x'y')\,dx'.$$

Auf Grund dieser Formel, in welcher rechts über den Umfang des Dreiecks $(\xi \dots x'_0 \dots \xi_1)$ integrirt wird, ist leicht zu zeigen, dass die beiden Functionen $\Omega(xy)$ und $\Omega_1(xy)$ für alle Punkte, die ausserhalb des Dreiecks $(\xi \dots x'_0 \dots \xi_1)$ liegen, ihrem Werthe nach übereinstimmen. Es ist früher (S. 85, (III, 1)) die Formel

$$H(x_t y_t, x_\tau y_\tau)\frac{dx_\tau}{d\tau} = \frac{1}{\tau - t} + \mathfrak{P}(t, \tau)$$

aufgestellt worden, wo in $\mathfrak{P}(t, \tau)$ nur positive Potenzen von τ vorkommen. Betrachten wir nun das Element, dessen Mittelpunkt die Stelle $(x_0 y_0)$ ist, so können wir, wenn $f(x_0 y_0)_2$ nicht Null ist,

$$t = x - x_0, \quad \tau = x' - x_0$$

setzen, und erhalten

$$H(xy, x'y')\,dx' = \left\{\frac{1}{x' - x} + \mathfrak{P}(x - x_0, x' - x_0)\right\} dx'.$$

Integriren wir über den Weg $(\xi \dots x'_0 \dots \xi_1 \dots \xi)$, so wird das Integral der

Potenzreihe gleich Null, und das Integral

$$\int \frac{dx'}{x'-x}$$

ebenfalls, da der singuläre Punkt x nicht innerhalb des Dreiecks $(\xi \ldots x_0' \ldots \xi_1)$ liegt (S. 285). Daher kann für alle Punkte, die ausserhalb dieses Dreiecks liegen, der Integrationsweg $(\xi \ldots \xi_1)$ durch $(\xi \ldots x_0' \ldots \xi_1)$ ersetzt werden, oder die Werthe der Functionen $\Omega(xy)$ und $\Omega_1(xy)$ stimmen, wie behauptet, für alle solche Stellen überein. Verschwindet $f(x_0 y_0)_2$, aber nicht $f(x_0 y_0)_1$, so kann man sich von dieser Übereinstimmung dadurch überzeugen, dass man $t = y - y_0$, $\tau = y' - y_0$ setzt und die Relation (S. 73)

$$\frac{dx'}{f(x'y')_2} = -\frac{dy'}{f(x'y')_1}$$

benutzt.

Die Function $\Omega(xy)$ verliert ihre Bedeutung, wenn x mit x_0 und y mit y_0 zusammenfällt, aber die Function $\Omega_1(xy)$ hat für die Stelle $(x_0 y_0)$ einen ganz bestimmten Sinn. Nähert sich nun der Punkt x von der positiven Seite her dem Punkte x_0 und der zugehörige Werth y dem Werthe y_0, so definiren wir als den Werth der Function $\Omega(xy)$ für die Stelle $(x_0 y_0)$ den Werth $\Omega_1(x_0 y_0)$, denn die beiden Functionen $\Omega(x_0 y_0)$ und $\Omega_1(x_0 y_0)$ stimmten an allen Stellen (xy) mit Ausnahme derer, bei denen x dem Dreieck $(\xi \ldots x_0' \ldots \xi_1)$ angehört, überein. Dieser Werth möge mit

$$\overset{+}{\Omega}(x_0 y_0)$$

bezeichnet werden. Das Entwickelte bleibt in ganz analoger Weise bestehen, wenn der Punkt x sich dem Punkte x_0 von der negativen Seite her nähert. Man definirt alsdann eine Function $\Omega_1(xy)$ mittels der Integrationslinie $(x_1 \ldots x_2 \ldots \xi \ldots x_0'' \ldots \xi_1 \ldots x_3 \ldots x_4 \ldots x_5 \ldots x_1)$, wo x_0'' jetzt auf der positiven Seite von $(x_2 \ldots x_3)$ liegt. Ist

$$\bar{\Omega}(x_0 y_0)$$

der Werth dieser Function für die Stelle $(x_0 y_0)$, so setzen wir $\Omega(x_0 y_0) = \bar{\Omega}(x_0 y_0)$.

Man sieht sofort, dass die Functionen $\overset{+}{\Omega}(xy)$ und $\bar{\Omega}(xy)$ sich längs des Integrationsweges stetig ändern und dass sie dieselbe Ableitung haben wie $\Omega(xy)$. Es ist aber noch zu untersuchen, ob und wie die Werthe der beiden Functionen für dieselbe Stelle sich unterscheiden. Nach der Definition haben wir

$$\overset{+}{\Omega}(x_0 y_0) = \int_{(\xi\eta)}^{(x_0' y_0')} H(x_0 y_0, x'y')\,dx' + \int_{(x_0' y_0')}^{(\xi_1\eta_1)} H(x_0 y_0, x'y')\,dx' + \int_{(\xi_1\eta_1)}^{(\xi\eta)} H(x_0 y_0, x'y')\,dx',$$

$$\overset{-}{\Omega}(x_0 y_0) = \int_{(\xi\eta)}^{(x_0'' y_0'')} H(x_0 y_0, x'y')\,dx' + \int_{(x_0'' y_0'')}^{(\xi_1\eta_1)} H(x_0 y_0, x'y')\,dx' + \int_{(\xi_1\eta_1)}^{(\xi\eta)} H(x_0 y_0, x'y')\,dx',$$

mithin ist

$$\begin{aligned}\overset{+}{\Omega}(x_0 y_0) - \overset{-}{\Omega}(x_0 y_0) &= \int_{(\xi\eta)}^{(x_0' y_0')} H(x_0 y_0, x'y')\,dx' + \int_{(x_0' y_0')}^{(\xi_1\eta_1)} H(x_0 y_0, x'y')\,dx' \\ &+ \int_{(\xi_1\eta_1)}^{(x_0'' y_0'')} H(x_0 y_0, x'y')\,dx' + \int_{(x_0'' y_0'')}^{(\xi\eta)} H(x_0 y_0, x'y')\,dx' \\ &= \overline{\int} \left\{ \frac{1}{x' - x_0} + \mathfrak{P}(x' - x_0) \right\} dx',\end{aligned}$$

das Integral ausgedehnt über den Umfang des Vierecks $(\xi \ldots x_0' \ldots \xi_1 \ldots x_0'' \ldots \xi)$ (Fig. 9).

Fig. 9.

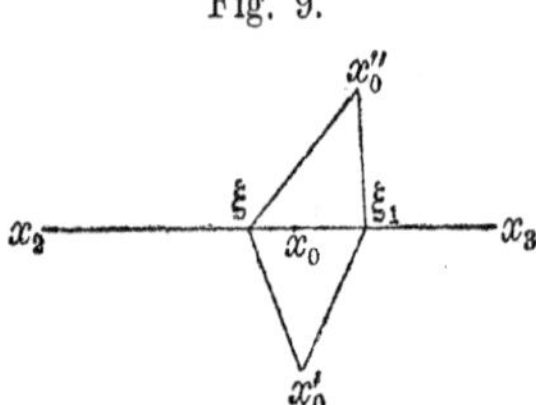

Die Potenzreihe giebt integrirt Null, da sie nur positive Potenzen enthält, dagegen wird jetzt (S. 294)

$$\overline{\int} \frac{dx'}{x' - x_0} = 2\pi i,$$

und es folgt mithin

$$\overset{+}{\Omega}(x_0 y_0) - \overset{-}{\Omega}(x_0 y_0) = 2\pi i.$$

Die Function $\Omega(xy)$ hat also auch für die Stellen des Integrationsweges eine Bedeutung gewonnen; aber sie nimmt zwei verschiedene Werthe an, je nachdem der Punkt x sich dem auf der Integrationslinie gelegenen Punkte x_0 von der einen oder der anderen Seite her nähert. Die beiden Werthe sind, wie beim Logarithmus, durch die constante Grösse $2\pi i$ unterschieden.

Integrirt man die Formel

$$\frac{d\Omega(xy)}{dx} = \sum_{\alpha=1}^{\varrho} \left\{ 2\omega_\alpha H'(xy)_\alpha - 2\eta_\alpha H(xy)_\alpha \right\}$$

zwischen den Grenzen $(x_n y_n)$ und $(x_{n+1} y_{n+1})$, so ergiebt sich, wenn der Integrationsweg den ursprünglichen, mittels dessen die Function $\Omega(xy)$ definirt war, nirgends schneidet,

$$\Omega(x_{n+1} y_{n+1}) - \Omega(x_n y_n) = \sum_{\alpha=1}^{\varrho} \left\{ 2\omega_\alpha \int_{(x_n y_n)}^{(x_{n+1} y_{n+1})} H'(xy)_\alpha dx - 2\eta_\alpha \int_{(x_n y_n)}^{(x_{n+1} y_{n+1})} H(xy)_\alpha dx \right\}.$$

Führt man solche Integrationen zwischen je zwei aufeinander folgenden Eckpunkten eines geschlossenen, geradlinig-gebrochenen Integrationsweges aus und addirt die entstehenden Gleichungen, so erhält man auf der linken Seite Null, und es folgt mithin, wenn $\overline{\omega}_\alpha$ und $\overline{\eta}_\alpha$ für den neuen Kreis dieselbe Bedeutung haben wie ω_α und η_α für den alten,

$$\sum_{\alpha=1}^{\varrho} (\eta_\alpha \overline{\omega}_\alpha - \omega_\alpha \overline{\eta}_\alpha) = 0.$$

Diese Relation besteht also zwischen den 4ϱ durch zwei geschlossene Integrationswege bestimmten Perioden $2\omega_\alpha$, $2\overline{\omega}_\alpha$ und $2\eta_\alpha$, $2\overline{\eta}_\alpha$ der Integrale erster und zweiter Art, wenn die beiden Integrationswege keine Stelle gemein haben.

Es coincidire nun der zweite geschlossene Integrationsweg an irgend einer Stelle $(x_0 y_0)$ mit dem ersten, d. h. es mögen für diese Stelle die Werthe von x und die zugehörigen Werthe von y für beide Wege übereinstimmen. Wir können nach dem oben (S. 300) Entwickelten annehmen, dass die beiden x-Linien sich nicht in einer Ecke, sondern innerhalb einer Strecke treffen; denn wäre dies nicht von vornherein der Fall, so würden wir es doch immer durch Variation des einen Integrationsweges bewirken können. Wenn, wie wir annehmen wollen, der Punkt x_n der zweiten Integrationslinie auf der negativen, der Punkt x_{n+1} auf der positiven Seite der Strecke $(x'_m \dots x'_{m+1})$ der ersten Integrationslinie liegt (S. 288), so sagen wir, die Strecke $(x_n \dots x_{n+1})$ schneide die Strecke $(x'_m \dots x'_{m+1})$ in positivem Sinne (Fig. 10). Es handelt

Fig. 10.

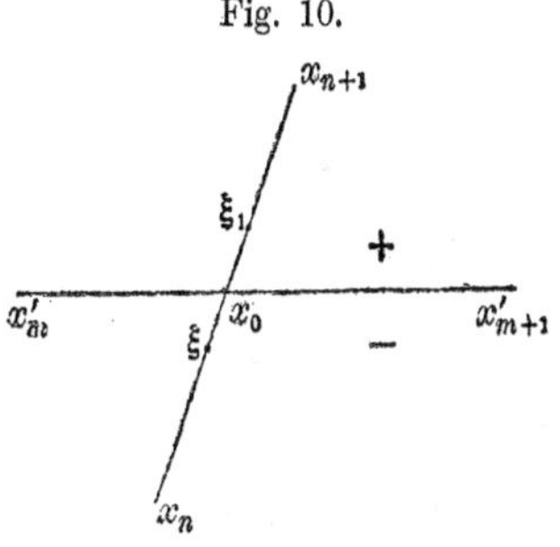

sich dann um die Berechnung des Integrals

$$\int_{(x_n y_n)}^{(x_{n+1} y_{n+1})} \frac{d\Omega(xy)}{dx} dx.$$

Nimmt man auf der negativen Seite von $(x'_m \dots x'_{m+1})$ einen Punkt ξ, auf der positiven Seite einen Punkt ξ_1 so an, dass diese Punkte der Strecke $(x_n \dots x_{n+1})$ angehören, und sind den Werthen ξ und ξ_1 von x die Werthe η und η_1 von y zugeordnet, so hat man die Grenzwerthe aufzusuchen, welche die Integrale

$$\int_{(x_n y_n)}^{(\xi\eta)} \frac{d\Omega(xy)}{dx} dx \quad \text{und} \quad \int_{(\xi_1 \eta_1)}^{(x_{n+1} y_{n+1})} \frac{d\Omega(xy)}{dx} dx$$

annehmen, wenn ξ und ξ_1 sich dem Durchkreuzungspunkte unbegrenzt nähern. Diese Werthe sind

$$\bar{\Omega}(x_0 y_0) - \Omega(x_n y_n) \quad \text{und} \quad \Omega(x_{n+1} y_{n+1}) - \overset{+}{\Omega}(x_0 y_0).$$

Es wird also

$$\int_{(x_n y_n)}^{(x_{n+1} y_{n+1})} \frac{d\Omega(xy)}{dx} dx = \Omega(x_{n+1} y_{n+1}) - \Omega(x_n y_n) - 2\pi i.$$

Die Integrale, die aus der rechten Seite der Formel

$$\frac{d\Omega(xy)}{dx} = \sum_{\alpha=1}^{\varrho} \{2\omega_\alpha H'(xy)_\alpha - 2\eta_\alpha H(xy)_\alpha\}$$

entspringen, nämlich

$$\int_{(x_n y_n)}^{(x_{n+1} y_{n+1})} H'(xy)_\alpha dx \quad \text{und} \quad \int_{(x_n y_n)}^{(x_{n+1} y_{n+1})} H(xy)_\alpha dx,$$

werden durch das Vorhandensein der Durchkreuzungsstelle nicht beeinflusst.

Wenn die Durchkreuzung in negativem Sinne stattfände, so würde nur $+2\pi i$ an Stelle von $-2\pi i$ zu setzen sein. Man hat daher allgemein

$$\Omega(x_{n+1} y_{n+1}) - \Omega(x_n y_n) = \sum_{\alpha=1}^{\varrho} \left\{ 2\omega_\alpha \int_{(x_n y_n)}^{(x_{n+1} y_{n+1})} H'(xy)_\alpha dx - 2\eta_\alpha \int_{(x_n y_n)}^{(x_{n+1} y_{n+1})} H(xy)_\alpha dx \right\} + 2\varepsilon_n \pi i,$$

wo ε_n gleich $+1$, gleich -1 oder gleich 0 ist, je nachdem der Weg $((x_n y_n) \dots (x_{n+1} y_{n+1}))$ den geschlossenen Integrationsweg, mit dessen Hülfe $\Omega(xy)$ definirt worden ist, in positivem Sinne, in negativem Sinne oder gar nicht schneidet. Bestimmt man nun die Zahl ε_n für jede Durchkreuzung der beiden geschlossenen Integrationswege und setzt

$$\sum \varepsilon_n = \varepsilon,$$

so erhält man durch Ausführung der Integration

$$\sum_\alpha (2\omega_\alpha . 2\bar{\eta}_\alpha - 2\eta_\alpha . 2\bar{\omega}_\alpha) + 2\varepsilon\pi i = 0$$

oder

$$\sum_{\alpha=1}^{\varrho} (\eta_\alpha \bar{\omega}_\alpha - \omega_\alpha \bar{\eta}_\alpha) = \frac{\varepsilon\pi i}{2}.$$

Man sieht sofort, dass diese Gleichung, die Verallgemeinerung einer aus der Theorie der elliptischen Functionen bekannten Relation, bei richtiger Bestimmung des Werthes von ε auch für zusammengesetzte Integrationswege gilt. Man hat dann die beiden Wege in ihre einfachen Bestandtheile zu zerlegen, jeden Theil des ersten mit dem in Betracht kommenden Theile des zweiten zusammenzustellen, für jede solche Combination die Zahlen ε_n zu bestimmen und die Summe dieser Zahlen gleich ε zu setzen.

Aus der Function $\Omega(xy)$, die für die Stellen des Integrationsweges selbst nicht eindeutig definirt ist, kann man nun eine allenthalben eindeutige Function des Paares (xy) dadurch herstellen, dass man

$$e^{\Omega(xy)} = E(xy)$$

setzt. Denn dann fällt die Unbestimmtheit weg, die bei der Function $\Omega(xy)$ in der Möglichkeit der Addition von $\pm 2\pi i$ ihren Grund hat. Die Function $E(xy)$ hat für alle Stellen (xy) mit Ausnahme der Stellen $(a_1 b_1), \dots (a_\varrho b_\varrho)$ den Charakter einer ganzen Function. Es ist nämlich

$$\frac{d\log E(xy)}{dx} = \sum_\alpha \{2\omega_\alpha H'(xy)_\alpha - 2\eta_\alpha H(xy)_\alpha\};$$

setzt man nun für (xy) irgend ein Functionenpaar $(x_t y_t)$ ein, so folgt

$$\frac{d\log E(x_t y_t)}{dt} = \sum_\alpha \{2\omega_\alpha H'(x_t y_t)_\alpha - 2\eta_\alpha H(x_t y_t)_\alpha\} \frac{dx_t}{dt}.$$

Nun ist für jedes Element des Gebildes (S. 86)

$$H(x_t y_t)_\alpha \frac{dx_t}{dt} = \mathfrak{P}_0(t),$$

und ferner (S. 257), wenn $(x_t y_t)$ die Umgebung irgend einer Stelle mit Ausnahme von $(a_\alpha b_\alpha)$ darstellt,

$$H'(x_t y_t)_\alpha \frac{dx_t}{dt} = \mathfrak{P}_1(t).$$

Daraus folgt durch Integration

$$\log E(x_t y_t) = \mathfrak{P}_2(t),$$

und endlich

$$E(x_t y_t) = E(1 + t\mathfrak{P}(t)),$$

wo E eine Constante bezeichnet. In der Umgebung jeder von $(a_1 b_1), \dots (a_\varrho b_\varrho)$ verschiedenen Stelle hat also $E(xy)$ den Charakter einer ganzen Function. Sie hat für jede solche Stelle einen endlichen und von Null verschiedenen Werth.

Für die Umgebung einer Stelle $(a_\alpha b_\alpha)$ hat man dagegen (S. 257)

$$H'(\overset{\alpha}{x}_t \overset{\alpha}{y}_t)_\beta \frac{d\overset{\alpha}{x}_t}{dt} = \begin{cases} t\mathfrak{P}(t) & (\alpha \gtrless \beta) \\ -t^{-2} + t\mathfrak{P}(t) & (\alpha = \beta). \end{cases}$$

Hieraus folgt

$$\log E(\overset{\alpha}{x}_t \overset{\alpha}{y}_t) = 2\omega_\alpha t^{-1} + \mathfrak{P}_0(t),$$

$$E(\overset{\alpha}{x}_t \overset{\alpha}{y}_t) = E_\alpha e^{2\omega_\alpha t^{-1}} \{1 + t\mathfrak{P}_\alpha(t)\} \qquad (\alpha = 1, 2, \dots \varrho).$$

Diese Formel zeigt den Unterschied im Verhalten der Function $E(xy)$ gegenüber einer Function, die überall im Endlichen den Charakter einer rationalen Function hat.

Da $H(a_0 b_0, x'y')$ identisch, d. h. für jedes Werthsystem $(x'y')$, gleich Null ist, so wird

$$\Omega(a_0 b_0) = \int H(a_0 b_0, x'y')\, dx' = 0,$$

mithin

$$E(a_0 b_0) = 1.$$

Hiermit ist die Natur der eindeutigen transcendenten Function $E(xy)$ vollständig bestimmt.

Wenn $\log E(xy)$ mit $\Omega(xy)$ übereinstimmen soll, so ist der Werth des Logarithmus so zu wählen, dass er an der Stelle $(a_0 b_0)$ verschwindet (vgl. Kap. 18).

Es ist nun zunächst zu zeigen, dass diese E-Functionen, mithin auch die Functionen $\Omega(xy)$, nicht etwa sämmtlich Constanten sind. Wir gehen wieder von der Formel (S. 313) aus

$$\frac{d\log E(xy)}{dx} = \sum_{\alpha}\{2\omega_\alpha H'(xy)_\alpha - 2\eta_\alpha H(xy)_\alpha\}.$$

Wenn $\varrho = 0$ ist, so sind die Functionen $H(xy)_\alpha$ und $H'(xy)_\alpha$ sämmtlich identisch gleich Null (S. 277), und die E-Functionen werden gleich 1; aber diesen Fall haben wir ein für alle Mal ausgeschlossen. Wären nun für $\varrho > 0$ die Functionen $E(xy)$ sämmtlich constant, so müsste stets

$$\frac{d\log E(xy)}{dx} = 0$$

sein, und dazu ist erforderlich, dass für jede Wahl des Integrationsweges alle Perioden $2\omega_\alpha$ und $2\eta_\alpha$ verschwinden. Nun lehrt der auf S. 302—303 bewiesene Satz, dass wenn die vollständigen Integrale

$$2\omega_\alpha = \overline{\int} H(x'y')_\alpha dx'$$

für alle Integrationswege gleich Null wären, das Integral $\int H(x'y')_\alpha dx'$ eine rationale Function von $(x'y')$ sein müsste. Dies ist aber nicht möglich, da eine rationale Function immer an einer oder mehreren Stellen unendlich gross werden muss. Wenn ferner alle vollständigen Integrale

$$2\eta_\alpha = \overline{\int} H'(x'y')_\alpha dx'$$

verschwänden, so müsste $\int H'(x'y')_\alpha dx'$ rational sein, was nicht stattfinden kann, weil dieses Integral nur an der Stelle $(a_\alpha b_\alpha)$ von der ersten Ordnung unendlich wird (S. 259), während eine rationale Function von dieser Eigenschaft nicht existirt. Demnach giebt es geschlossene Integrationswege, die für $\log E(xy)$ keine Constante, für $E(xy)$ also eine wirkliche Function ergeben.

Durch passende Wahl von 2ϱ verschiedenen geschlossenen Integrationswegen hatten wir uns 2ϱ Functionen $\overset{\lambda}{\Omega}(xy)$ $(\lambda = 1, 2, \ldots 2\varrho)$ gebildet gedacht, durch die wir die Functionen $H(xy)_\alpha$ und $H'(xy)_\alpha$ in der Form

$$H(xy)_\alpha = \sum_{\lambda=1}^{2\varrho} c_{\alpha\lambda}\frac{d\overset{\lambda}{\Omega}(xy)}{dx}, \qquad H'(xy)_\alpha = \sum_{\lambda=1}^{2\varrho} c'_{\alpha\lambda}\frac{d\overset{\lambda}{\Omega}(xy)}{dx} \qquad (\alpha = 1, 2, \ldots \varrho)$$

darstellen konnten (S. 307). Setzen wir nun

$$e^{\overset{\lambda}{\Omega}(xy)} = \overset{\lambda}{E}(xy), \qquad (\lambda = 1, 2, \ldots 2\varrho)$$

so entstehen 2ϱ $\dot{E}$-Functionen, durch deren Logarithmen sich demnach die H-Functionen in folgender Weise ausdrücken lassen:

$$\begin{aligned} H(xy)_\alpha &= \sum_{\lambda=1}^{2\varrho} c_{\alpha\lambda} \frac{d \log \overset{\lambda}{E}(xy)}{dx}, \\ H'(xy)_\alpha &= \sum_{\lambda=1}^{2\varrho} c'_{\alpha\lambda} \frac{d \log \overset{\lambda}{E}(xy)}{dx}. \end{aligned} \qquad (\alpha = 1, 2, \ldots \varrho)$$

Die Integrale der H-Functionen stellen sich dann als lineare Aggregate von Logarithmen der E-Functionen dar, die selbst eindeutige Functionen des Paares (xy) sind.

Sechzehntes Kapitel.

Die Perioden der Abelschen Integrale erster und zweiter Art.

Wir hatten früher (S. 288) rein arithmetisch definirt, was es heisst, ein Punkt x_3 liegt auf der positiven oder negativen Seite einer geraden Linie $(x_1 \dots x_2)$; es sollten nämlich diese beiden Seiten nach dem positiven oder negativen Vorzeichen der zweiten Coordinate des Quotienten

$$\frac{x_3 - x_1}{x_2 - x_1}$$

von einander unterschieden werden. Diesen Begriff müssen wir jetzt in gewisser Weise auf eine gebrochene Linie übertragen. Zunächst ist leicht zu sehen, dass die Quotienten

$$\frac{x_1 - x_2}{x_3 - x_2} \quad \text{und} \quad \frac{x_2 - x_3}{x_1 - x_3}$$

mit dem vorhergehenden in dem Zeichen ihrer zweiten Coordinate übereinstimmen; wenn also x_3 auf der positiven Seite von $(x_1 \dots x_2)$ liegt, so liegt auch x_1 auf der positiven Seite von $(x_2 \dots x_3)$ und x_2 auf der von $(x_3 \dots x_1)$, und wir sagen dann, dass die Punkte x_1, x_2, x_3 in positiver Ordnung auf einander folgen. Alsdann liegen auch sämmtliche Punkte des Winkels $(x_1 x_2 x_3)$ auf der positiven Seite beider Geraden $(x_1 \dots x_2)$ und $(x_2 \dots x_3)$; sie sollen als auf der positiven Seite der gebrochenen Linie $(x_1 \dots x_2 \dots x_3)$ liegend bezeichnet werden. Nimmt man eine Reihe von Punkten $x_4, x_5, \dots$ hinzu, die diesem Winkel angehören, in positiver Ordnung auf einander folgen und zu dem Punkte x_1 zurückführen, und verbindet sie der Reihe nach, den letzten mit x_1, durch gerade Linien, so liegen sämmtliche Punkte des Innern des so erhaltenen Polygons auf der positiven Seite von dessen Begrenzungslinie.

Ganz entsprechend verhält es sich, wenn die Eckpunkte eines so construirten Polygons in negativem Sinne auf einander folgen: immer kann man, wenn man eine bestimmte Folge für sämmtliche Ecken fixirt hat, die Punkte im Innern des Polygons durch ein Vorzeichen von den ausserhalb gelegenen Punkten unterscheiden.

Nun seien K und K' zwei geschlossene Integrationswege, die wenigstens eine Stelle gemein haben; die Integrationslinien in der Ebene der Veränderlichen x seien Polygone der eben gekennzeichneten Beschaffenheit. Wir denken uns beide Linien so durchlaufen, dass ihre Eckpunkte in positiver Ordnung auf einander folgen, das Innere jedes der beiden Polygone demnach auf der positiven Seite der Integrationslinie liegt. Dann sagen wir, der zweite Integrationsweg K' durchkreuze in einer bestimmten der gemeinsamen Stellen den ersten Weg K in positivem oder in negativem Sinne, je nachdem die zweite x-Linie die erste in dem jener Stelle entsprechenden Punkt in der Richtung von aussen nach innen oder in umgekehrter Richtung schneidet. Wenn daher an der betrachteten Stelle der Integrationsweg K von K' in positivem Sinne durchkreuzt wird, so durchkreuzt dort K den Weg K' in negativem Sinne.

Im Nachstehenden wird es sich hauptsächlich darum handeln, ϱ Paare geschlossener Integrationswege K_1, K'_1; K_2, K'_2; ... K_ϱ, K'_ϱ so auszuwählen, dass der Weg K'_α den Weg K_α einmal in positivem Sinne durchkreuzt, während sich die Integrationswege verschiedener Paare niemals schneiden. Für diesen Zweck ist noch Folgendes zu bemerken.

Es ist früher (S. 299—300) bewiesen worden, dass man, ohne den Werth eines vollständigen Integrals zu ändern, den Integrationsweg in mannigfaltiger Weise variiren kann. Unter diesen Variationen ist besonders diejenige bemerkenswerth, durch welche die neue x-Linie der ursprünglichen aequidistant oder, wie man auch sagen kann, parallel wird. Ist $(x_1 \dots x_2 \dots x_3 \dots x_4 \dots x_1)$ (Fig. 11) die ursprüngliche x-Linie, so kann man die neue in folgender Weise construiren: Man halbirt sämmtliche Winkel des Polygons und nimmt auf der ersten Halbirungslinie in der Nähe des Punktes x_1 auf der positiven oder negativen Seite der Integrationslinie einen Punkt x'_1 an, zieht von diesem Punkte eine Parallele zu $(x_1 \dots x_2)$ bis zum Durchschnitt mit der zweiten Halbirungslinie in x'_2, und fährt so fort, wie in der Figur angedeutet ist.

Ist der Kreis von Paaren ein einfacher, so kann der Kreis, welcher einer solchen Variation der x-Linie entspricht, jenen niemals durchkreuzen.

Fig. 11.

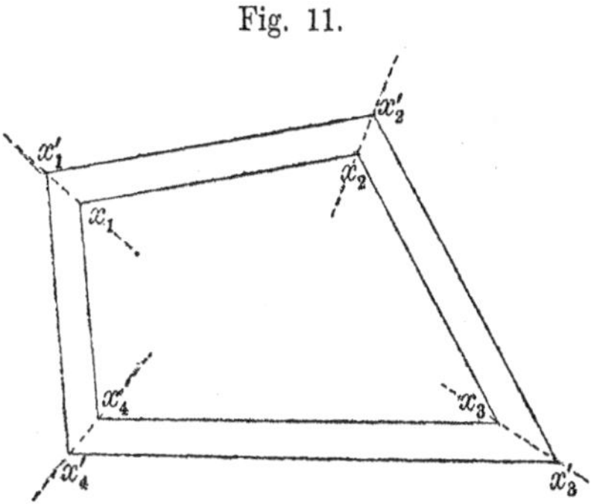

Denn eine Durchkreuzung könnte jedenfalls nur dann stattfinden, wenn die ursprüngliche x-Linie sich selbst schneidet; dies geschehe im Punkte ξ, welcher den Strecken $(x_2 \dots x_3)$ und $(x_4 \dots x_1)$ angehört (Fig. 12). Die Punkte, in denen die neue x-Linie diese Strecken schneidet, seien ξ_1 und ξ_2. Zu ξ_1 mögen die Werthe η_1 und η_1' von y gehören, je nachdem dieser Punkt als der Strecke $(x_2 \dots x_3)$ oder als der Strecke $(x_4' \dots x_1')$ angehörig betrachtet wird; es fragt sich, ob $\eta_1 = \eta_1'$ sein kann. Da der ursprüngliche Kreis ein einfacher ist, so gehören zu dem Punkte ξ, als Punkt der beiden Strecken

Fig. 12.

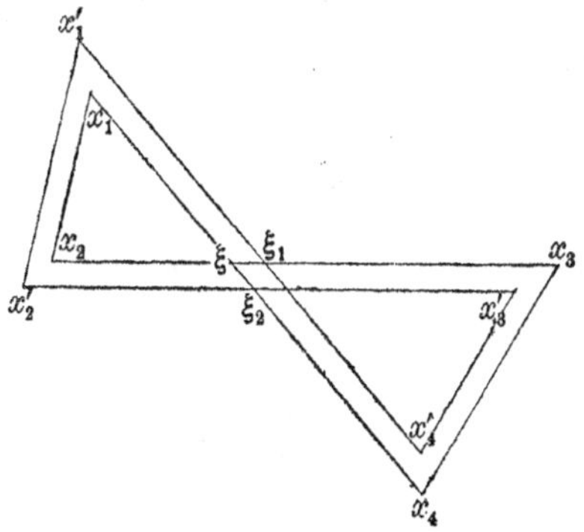

$(x_2 \dots x_3)$ und $(x_4 \dots x_1)$ aufgefasst, zwei verschiedene Werthe η und η' von y. ξ_1 ist auf der Linie $(x_2 \dots x_3)$ unendlich wenig von ξ entfernt, also ist auch η_1 unendlich wenig von η verschieden; da ferner die Linie $(x_4' \dots x_1')$ in unendlich kleinem Abstande der Linie $(x_4 \dots x_1)$ parallel läuft, so ist die Stelle $(\xi_1 \eta_1')$ unendlich wenig von der Stelle $(\xi \eta')$, d. h. η_1' unendlich wenig von η'

verschieden. Weil sich nun der Annahme nach η und η' um eine endliche Grösse unterscheiden, so haben auch η_1 und η'_1 eine endliche Differenz; es findet daher für den Punkt ξ_1 keine Durchkreuzung statt. Genau ebenso wird bewiesen, dass auch für den Punkt ξ_2 keine Durchkreuzung der beiden parallelen Integrationswege vorhanden ist.

Es ist nun leicht, einen einfachen Kreis von Paaren zu construiren, der mit einem gegebenen, ebenfalls einfachen Kreise nur eine einzige Durchkreuzungsstelle gemein hat. Um die Untersuchung durchzuführen, setzen wir

$$\sum_{\alpha=1}^{\varrho}\{2\omega_\alpha H'(xy)_\alpha - 2\eta_\alpha H(xy)_\alpha\} = F(xy),$$

wo die Perioden $2\omega_\alpha$, $2\eta_\alpha$ mittels des gegebenen Kreises von Paaren berechnet werden sollen, und beweisen zunächst, dass nicht sämmtliche vollständigen Integrale

$$\overline{\int} F(xy)\,dx$$

gleich Null sein können. Denn wäre dies der Fall, so müsste nach dem auf S. 302—303 bewiesenen Satze das Integral $\int F(xy)\,dx$ sich als rationale Function des Paares (xy) darstellen lassen. Aus dem Ausdrucke von $F(xy)$ sieht man aber, dass dieses Integral nur an den ϱ Stellen $(a_\alpha b_\alpha)$ von der ersten Ordnung unendlich werden kann, und da eine rationale Function von dieser Beschaffenheit nicht existirt, so muss es unbedingt einen zweiten einfachen Kreis geben, für welchen in der Gleichung (S. 313)

$$\overline{\int} F(xy)\,dx = \sum_\alpha (2\omega_\alpha . 2\bar{\eta}_\alpha - 2\eta_\alpha . 2\bar{\omega}_\alpha) = -2\varepsilon\pi i$$

die Zahl ε von Null verschieden ist. Dabei ist

$$2\bar{\omega}_\alpha = \overline{\int} H(xy)_\alpha\,dx, \qquad 2\bar{\eta}_\alpha = \overline{\int} H'(xy)_\alpha\,dx,$$

die Integrale auf den zweiten Weg bezogen, und es bedeutet ε die Anzahl der Durchkreuzungen des zweiten Kreises mit dem ersten, jede mit ihrem Vorzeichen gerechnet. Es muss also einen Kreis geben, der den ersten überhaupt nur einmal oder sonst mindestens zweimal hinter einander in demselben Sinne durchkreuzt; denn wenn immer eine positive und eine negative Durchkreuzung auf einander folgten, so würde $\varepsilon = 0$ werden. Die x-Linie des ersten Kreises werde durch $(a \ldots b \ldots c \ldots d \ldots e \ldots a)$ dargestellt (Fig. 13).

Wir nehmen an, ein zweiter einfacher Kreis durchkreuze ihn zweimal hinter einander in positivem Sinne. Die zu den Kreuzungsstellen gehörigen Punkte x mögen innerhalb der Strecken $(c \dots d)$ und $(e \dots a)$ liegen; in den Strecken $(a \dots b)$ und $(b \dots c)$ können noch beliebig viele Durchkreuzungen stattfinden.

Fig. 13.

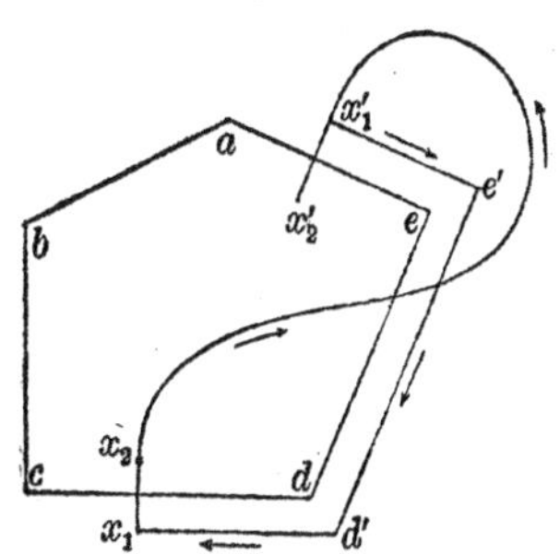

Zu beiden Seiten der x-Linie fixire man nun in der Nähe der Kreuzungspunkte je zwei Punkte x_1, x_2 und x'_1, x'_2 so, dass x'_1 von $(e \dots a)$ denselben Abstand hat wie x_1 von $(c \dots d)$. Zieht man dann von x_1 eine Parallele zu der ersten x-Linie bis zu x'_1 hin, so durchkreuzt der einfache Kreis $(x_1 \dots x_2 \dots x'_1 \dots e' \dots d' \dots x_1)$, der in der Figur durch Pfeile gekennzeichnet ist, den ursprünglichen nur an einer Stelle, zwischen x_1 und x_2, in positivem Sinne. Sollten die auf einander folgenden Durchkreuzungen der beiden Kreise ursprünglich in negativem Sinne geschehen, so würde man den construirten Kreis in entgegengesetztem Sinne zu durchlaufen haben.

Nachdem die Existenz eines Paares einfacher Kreise K_1, K'_1 bewiesen ist, deren zweiter den ersten nur an einer einzigen Stelle in positivem Sinne durchkreuzt, soll jetzt gezeigt werden, wie man zwei beliebige Stellen des Gebildes durch eine stetige Folge von Paaren verbinden kann, ohne diese beiden Kreise zu schneiden. Es werde dies zunächst für zwei Stellen $(x_1 y_1)$ und $(x_2 y_2)$ nachgewiesen, die in der Nähe und auf verschiedenen Seiten des ersten Kreises liegen. Die beiden Kreise seien in der x-Ebene durch $(a \dots b \dots c \dots d \dots a)$ und $(a' \dots b' \dots c' \dots d' \dots a')$ repräsentirt (Fig. 14).

Halbirt man die Winkel, welche die beiden Linien $(c \dots d)$ und $(d' \dots a')$, in denen die Durchkreuzung geschehen soll, im Kreuzungspunkte mit einander bilden, und nimmt auf den Halbirungslinien in beliebiger Nähe des Kreuzungspunktes die vier symmetrisch gelegenen Punkte $\xi_1, \xi_2, \xi_3, \xi_4$ an, so kann man von $(\xi_1 \eta_1)$ aus einen Weg construiren, der wieder zu dieser Stelle zurückführt und an keiner Stelle mit einem der beiden Kreise coincidirt; er ist in der Figur durch Pfeile angedeutet. Dieser Weg könnte die beiden Kreise

Fig. 14.

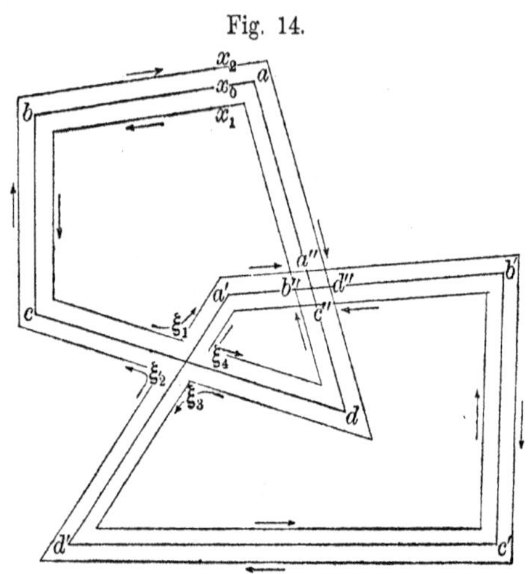

höchstens in den Stellen durchkreuzen, die zu den Punkten a'', b'', c'', d'' gehören. Aber eine leichte, der auf S. 319 angestellten völlig analoge Betrachtung zeigt, dass jedem dieser Punkte x, als den beiden verschiedenen Strecken angehörig betrachtet, auch verschiedene Werthe von y entsprechen; denn zu dem zweiten Schnittpunkte der x-Linien, den die Punkte a'', b'', c'', d'' umgeben, gehört keine Durchkreuzung der beiden Kreise. Nimmt man nun die Punkte x_1 und x_2 auf der construirten Hülfslinie zu beiden Seiten der x-Linie von K_1 an und ordnet ihnen Werthe y_1 und y_2 von y zu, die unendlich wenig von dem zu $x = x_0$ gehörenden Werthe y_0 verschieden sind, so sieht man, dass die Stelle $(x_1 y_1)$ mit der Stelle $(x_2 y_2)$ durch eine stetige Folge von Werthepaaren verbunden werden kann, die mit keinem der beiden Kreise coincidirt.

Irgend zwei Stellen $(x_1 y_1)$ und $(x_2 y_2)$, die in der Nähe eines Kreises liegen, kann man aber mit Leichtigkeit so verbinden, dass der Verbindungsweg nicht mit dem Kreise coincidirt. Denn sollte die der Geraden $(x_1 \ldots x_2)$ entsprechende Verbindung der beiden Stellen den Kreis, etwa in der Stelle $(x_0 y_0)$ in positivem Sinne, durchkreuzen, so betrachte man die beiden Stellen als einem zweiten Kreise angehörig, welcher den ersten in der Stelle $(x_0 y_0)$

und nur in dieser in positivem Sinne durchkreuzt; auf diesem Kreise kann man dann von $(x_1 y_1)$ zu $(x_2 y_2)$ gelangen, ohne den ersten zu überschreiten. Daraus folgt, dass auch zwischen zwei beliebigen Stellen $(x'y')$ und $(x''y'')$ ein Übergang durch eine stetige Folge von Werthepaaren der Art möglich ist, dass der Verbindungsweg die Kreise K_1 und K_1' nicht schneidet.

Die Eigenschaft des algebraischen Gebildes, dass zwei beliebige seiner Stellen verbunden werden können, ohne dass die Verbindungslinie einen willkürlich angenommenen Kreis von Werthepaaren kreuzt, kann man sich in folgender Weise geometrisch veranschaulichen. Man denke sich die Werthe von x und die von y in zwei parallelen Ebenen durch Punkte dargestellt, und ein Werthepaar (xy) durch den Strahl, welcher entsprechende Punkte der beiden Ebenen verbindet. Eine stetige Folge von Paaren (xy) wird alsdann durch eine stetige Folge von Strahlen repräsentirt, die eine geradlinige Fläche bilden. Dann folgt aus dem Vorhergehenden, wenn wir irgend zwei Strahlen s_1 und s_2 ins Auge fassen, dass es möglich ist, den Strahl s_1 so zu bewegen, dass er beständig ein Strahl des Strahlensystems bleibt und schliesslich in s_2 übergeht, ohne im Verlaufe dieser Bewegung jemals mit einem Strahle der Fläche zusammenzufallen. Der bewegliche Strahl kann allerdings die Fläche schneiden, aber ihr niemals in seiner ganzen Ausdehnung angehören. Das Strahlensystem verhält sich ähnlich wie eine Ringfläche, die z. B. durch einen erzeugenden Kreis nicht in zwei getrennte Theile zerlegt wird, auf der vielmehr zwei willkürlich angenommene Punkte stets ohne Überschreitung eines solchen Kreises durch eine auf der Fläche liegende Linie verbunden werden können.

Die Integrationslinie in der Ebene der Veränderlichen x ist im Vorhergehenden überall als aus geradlinigen Strecken zusammengesetzt angenommen worden, weil die allgemeinen Erörterungen hierdurch an Einfachheit gewinnen. Aus den Elementen der Functionentheorie ist aber bekannt, dass die Ergebnisse in allem Wesentlichen ihre Gültigkeit behalten, wenn der geradlinige Weg durch eine passend gewählte Curve ersetzt wird. So werden wir z. B. im nächsten Kapitel bei der Bestimmung der Perioden der hyperelliptischen Integrale die geschlossenen Integrationslinien zunächst als Ellipsen annehmen. Auch am Schlusse des 13. Kapitels hätte der Werth $2\pi i$ für die Periode des Logarithmus durch Integration längs eines Kreises, der den Nullpunkt zum Mittelpunkt hat, gefunden werden können. Wie man die Berechnung eines Integrales $\int_{x_1}^{x_2} F(xy)\,dx$ auf die eines solchen mit reeller Integrationsvariablen zurückführen kann, ist bereits S. 298 erörtert worden.

Wir kehren nun zu den Abelschen Integralen erster und zweiter Art zurück und setzen zur Abkürzung

$$\int_{(\xi_0\eta_0)}^{(\xi_1\eta_1)} H(xy)_\alpha\,dx = J_\alpha, \qquad (\alpha = 1, 2, \ldots \varrho)$$
$$\int_{(\xi_0\eta_0)}^{(\xi_1\eta_1)} H'(xy)_\alpha\,dx = J'_\alpha.$$

In diesen Integralen sollen die Grenzen keinem der beiden Kreise K_1 und K'_1 angehören. Der von $(\xi_0\eta_0)$ zu $(\xi_1\eta_1)$ führende Integrationsweg sei beliebig gewählt, nur so, dass er nicht durch die Eckpunkte der Kreise und durch die Kreuzungsstelle hindurchgeht. Ferner sei

$$2\omega_{\alpha 1} = \overline{\int_{(K_1)}} H(xy)_\alpha\,dx, \qquad 2\eta_{\alpha 1} = \overline{\int_{(K_1)}} H'(xy)_\alpha\,dx,$$
$$2\omega'_{\alpha 1} = \overline{\int_{(K'_1)}} H(xy)_\alpha\,dx, \qquad 2\eta'_{\alpha 1} = \overline{\int_{(K'_1)}} H'(xy)_\alpha\,dx,$$

wo sich die beiden ersten Integrale über den Kreis K_1, die beiden anderen über den Kreis K'_1 erstrecken; die Eckpunkte der Integrationslinien sollen dabei in positiver Ordnung auf einander folgen.

Es soll nun gezeigt werden, dass man den Integrationsweg, der die Integrale $J_1, \ldots J_\varrho$, $J'_1, \ldots J'_\varrho$ liefert, durch einen anderen ersetzen kann, der die beiden Kreise nicht durchschneidet, vorausgesetzt, dass man zu den Integralen J_α, J'_α passende Vielfache der Grössen $2\omega_{\alpha 1}$ und $2\omega'_{\alpha 1}$, $2\eta_{\alpha 1}$ und $2\eta'_{\alpha 1}$ addirt.

Durchkreuzt nämlich der Integrationsweg z. B. den Kreis K'_1 an der Stelle $(\xi\eta)$ in positivem Sinne, so können wir diese Durchkreuzung dadurch entfernen, dass wir in der x-Linie unendlich nahe bei ξ, vor und hinter der Durchkreuzung, zwei Punkte ξ' und ξ'' annehmen und dann die directe Linie $(\xi' \ldots \xi'')$ durch eine andere ersetzen, die in der nachstehenden Figur 15 durch Pfeile bezeichnet ist.

Fig. 15.

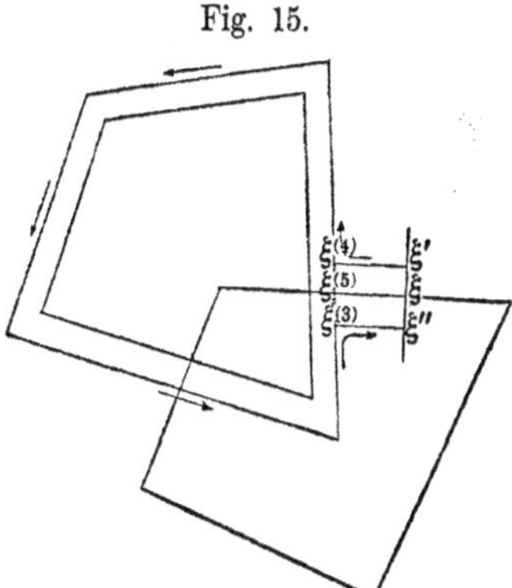

Es fragt sich, wie sich hierbei die Integrale J_α und J'_α ändern. Ist $\xi^{(5)}$ der Schnittpunkt der Linie $(\xi^{(3)} \dots \xi^{(4)})$ mit dem Kreise K'_1, so hat man

$$\int_{(\xi\eta)}^{(\xi^{(5)}\eta^{(5)})} H(xy)_\alpha dx = \int_{(\xi\eta)}^{(\xi'\eta')} H(xy)_\alpha dx + \int_{(\xi'\eta')}^{(\xi^{(4)}\eta^{(4)})} H(xy)_\alpha dx + \int_{(\xi^{(4)}\eta^{(4)})}^{(\xi^{(5)}\eta^{(5)})} H(xy)_\alpha dx,$$

da man den Integrationsweg immer in dieser Weise variiren kann, ohne den Werth des Integrals zu ändern. Ebenso darf man setzen

$$\int_{(\xi\eta)}^{(\xi^{(5)}\eta^{(5)})} H(xy)_\alpha dx = \int_{(\xi\eta)}^{(\xi''\eta'')} H(xy)_\alpha dx + \int_{(\xi''\eta'')}^{(\xi^{(3)}\eta^{(3)})} H(xy)_\alpha dx + \int_{(\xi^{(3)}\eta^{(3)})}^{(\xi^{(5)}\eta^{(5)})} H(xy)_\alpha dx$$

und erhält durch Subtraction von der vorhergehenden Gleichung

$$\int_{(\xi'\eta')}^{(\xi''\eta'')} H(xy)_\alpha dx = \int_{(\xi'\eta')}^{(\xi^{(4)}\eta^{(4)})} H(xy)_\alpha dx + \int_{(\xi^{(4)}\eta^{(4)})}^{(\xi^{(3)}\eta^{(3)})} H(xy)_\alpha dx + \int_{(\xi^{(3)}\eta^{(3)})}^{(\xi''\eta'')} H(xy)_\alpha dx.$$

Daher ist

$$J_\alpha = \int_{(\xi_0\eta_0)}^{(\xi'\eta')} H(xy)_\alpha dx + \int_{(\xi'\eta')}^{(\xi^{(4)}\eta^{(4)})} H(xy)_\alpha dx + \int_{(\xi^{(4)}\eta^{(4)})}^{(\xi^{(3)}\eta^{(3)})} H(xy)_\alpha dx + \int_{(\xi^{(3)}\eta^{(3)})}^{(\xi''\eta'')} H(xy)_\alpha dx$$
$$+ \int_{(\xi''\eta'')}^{(\xi_1\eta_1)} H(xy)_\alpha dx,$$

und man hat ferner, wenn $\bar{J}_\alpha$ das Integral von $H(xy)_\alpha$, über den neuen Weg erstreckt, bezeichnet,

$$\bar{J}_\alpha = \int_{(\xi_0\eta_0)}^{(\xi'\eta')} H(xy)_\alpha dx + \int_{(\xi'\eta')}^{(\xi^{(4)}\eta^{(4)})} H(xy)_\alpha dx + {\int'}_{(\xi^{(4)}\eta^{(4)})}^{(\xi^{(3)}\eta^{(3)})} H(xy)_\alpha dx + \int_{(\xi^{(3)}\eta^{(3)})}^{(\xi''\eta'')} H(xy)_\alpha dx$$
$$+ \int_{(\xi''\eta'')}^{(\xi_1\eta_1)} H(xy)_\alpha dx.$$

Durch Subtraction ergiebt sich

$$\bar{J}_\alpha - J_\alpha = \int_{(\xi^{(4)}\eta^{(4)})}^{\prime(\xi^{(3)}\eta^{(3)})} H(xy)_\alpha dx + \int_{(\xi^{(3)}\eta^{(3)})}^{(\xi^{(4)}\eta^{(4)})} H(xy)_\alpha dx,$$

also ein vollständiges Integral

$$\bar{\int} H(xy)_\alpha dx,$$

ausgedehnt über einen Weg, der in unendlich kleinem Abstande dem ersten Kreise von Paaren parallel läuft. Dieses Integral ist gleich $2\omega_{\alpha 1}$, sodass

$$\bar{J}_\alpha = J_\alpha + 2\omega_{\alpha 1}$$

wird. Wenn der Schnitt des betrachteten Integrationsweges mit dem Kreise K_1' nicht in positivem, sondern in negativem Sinne vor sich geht, so tritt, wie man sofort sieht, $-2\omega_{\alpha 1}$ an die Stelle von $2\omega_{\alpha 1}$. Wir erhalten also

$$\bar{J}_\alpha = J_\alpha \pm 2\omega_{\alpha 1},$$

wo das obere oder untere Zeichen gilt, je nachdem der zweite Kreis K_1' von dem Integrationswege in positivem oder in negativem Sinne durchkreuzt wird. Ganz ähnliche Betrachtungen lassen sich anstellen, wenn der erste Kreis K_1 durchkreuzt wird; man kann aber das Resultat sofort aus dem eben erhaltenen herleiten, indem man K_1' als ersten und K_1 als zweiten Kreis auffasst. K_1 durchkreuzt K_1' in negativem Sinne (S. 318), und bei einer Vertauschung von K_1 mit K_1' ist also $-\omega_{\alpha 1}'$ an die Stelle von $\omega_{\alpha 1}$ zu setzen. Es ergiebt sich dann

$$\bar{J}_\alpha = J_\alpha \mp 2\omega_{\alpha 1}',$$

wo das obere oder untere Zeichen gilt, je nachdem der Integrationsweg, welcher J_α liefert, den Kreis K_1 in positivem oder negativem Sinne schneidet.

Die für die Integrale $J_1, \ldots J_\varrho$ gefundenen Ergebnisse gelten natürlich ganz entsprechend auch für $J_1', \ldots J_\varrho'$.

Wir denken uns nun einen Integrationsweg, welcher die beiden Kreise K_1 und K_1' beliebig oft durchkreuzt. Indem wir für jede Kreuzungsstelle das eben entwickelte Verfahren anwenden, können wir der Reihe nach alle Durchkreuzungen entfernen und erhalten schliesslich einen Weg, der an keiner Stelle mit einem der beiden Kreise coincidirt. Ordnet man den einzelnen Durchkreuzungen des Integrationsweges $((\xi_0\eta_0)\ldots(\xi_1\eta_1))$ mit dem Kreise K_1 die Zahlen $\varepsilon_1, \varepsilon_2, \ldots$, denen mit dem Kreise K_1' die Zahlen $\varepsilon_1', \varepsilon_2', \ldots$ zu, wo jedes ε die öfters angegebene Bedeutung hat, also gleich ± 1 ist, so folgt

$$\begin{aligned}\bar{J}_\alpha = J_\alpha + 2\varepsilon_1'\omega_{\alpha 1} + 2\varepsilon_2'\omega_{\alpha 1} + \cdots \\ - 2\varepsilon_1\omega_{\alpha 1}' - 2\varepsilon_2\omega_{\alpha 1}' - \cdots,\end{aligned}$$

oder, wenn $\Sigma\varepsilon = m_1$ und $\Sigma\varepsilon' = m_1'$ gesetzt wird,

$$\bar{J}_\alpha = J_\alpha + 2m_1'\omega_{\alpha 1} - 2m_1\omega_{\alpha 1}'.$$

Mithin ist

$$J_\alpha = \bar{J}_\alpha - 2m_1'\omega_{\alpha 1} + 2m_1\omega_{\alpha 1}' \qquad (\alpha = 1, 2, \ldots \varrho)$$

und ebenso

$$J_\alpha' = \bar{J}_\alpha' - 2m_1'\eta_{\alpha 1} + 2m_1\eta_{\alpha 1}' \qquad (\alpha = 1, 2, \ldots \varrho).$$

Der Integrationsweg für die Integrale $\bar{J}_\alpha$ und $\bar{J}_\alpha'$ ist hierbei so beschaffen, dass er mit keinem der beiden Kreise K_1 und K_1' coincidirt.

Wir wollen nun untersuchen, wie viele Paare von Kreisen es geben kann, welche die Bedingungen erfüllen, dass jeder Kreis eines Paares den ihm zugeordneten einmal in positivem Sinne durchkreuzt, und dass zwei nicht demselben Paare angehörende Kreise keine Stelle gemein haben. Es seien μ solcher Paare von Kreisen gefunden, die mit

$$K_1, K_1';\ K_2, K_2';\ \ldots\ K_\mu, K_\mu'$$

bezeichnet werden sollen; dann lässt sich, wie gezeigt werden wird, für $\mu < \varrho$ immer noch ein neues Paar finden, das denselben Bedingungen genügt. Zwischen den Stellen $(\xi_0\eta_0)$ und $(\xi_1\eta_1)$ seien zwei verschiedene Integrationswege construirt. Der eine habe mit keinem der 2μ Kreise eine Stelle gemein; der andere kann jeden dieser Kreise beliebig oft durchkreuzen, und es mögen dann die Zahlen

$$m_\lambda,\ m_\lambda' \qquad (\lambda = 2, \ldots \mu)$$

für die Kreise K_λ, K_λ' dieselbe Bedeutung haben wie eben m_1, m_1' für die Kreise K_1, K_1'. Die über den ersten Weg erstreckten Integrale der Functionen $H(xy)_\alpha$ und $H'(xy)_\alpha$ sollen jetzt mit $\bar{J}_\alpha$ und $\bar{J}_\alpha'$, die auf den zweiten Weg sich beziehenden mit J_α und J_α', und die über die Kreise K_λ, K_λ' ausgedehnten vollständigen Integrale erster und zweiter Art mit

$$2\omega_{\alpha\lambda},\ 2\omega'_{\alpha\lambda} \text{ und } 2\eta_{\alpha\lambda},\ 2\eta'_{\alpha\lambda} \qquad (\lambda = 1, 2, \dots \mu)$$

bezeichnet werden. Dann hat man

$$J_\alpha = \bar{J}_\alpha - \sum_{\lambda=1}^{\mu} (2m'_\lambda \omega_{\alpha\lambda} - 2m_\lambda \omega'_{\alpha\lambda}),$$

$$J'_\alpha = \bar{J}'_\alpha - \sum_{\lambda=1}^{\mu} (2m'_\lambda \eta_{\alpha\lambda} - 2m_\lambda \eta'_{\alpha\lambda}).$$

Fällt $(\xi_0 \eta_0)$ mit $(\xi_1 \eta_1)$ zusammen, so gehen diese Gleichungen über in

$$2\omega_\alpha = 2\bar{\omega}_\alpha - \sum_{\lambda=1}^{\mu} (2m'_\lambda \omega_{\alpha\lambda} - 2m_\lambda \omega'_{\alpha\lambda}),$$

$$2\eta_\alpha = 2\bar{\eta}_\alpha - \sum_{\lambda=1}^{\mu} (2m'_\lambda \eta_{\alpha\lambda} - 2m_\lambda \eta'_{\alpha\lambda}).$$

Es soll nun bewiesen werden, dass für $\mu < \varrho$ der neue Kreis, welcher die Perioden $2\bar{\omega}_\alpha$ und $2\bar{\eta}_\alpha$ liefert, immer so gewählt werden kann, dass diese Grössen nicht für alle Indices $\alpha = 1, 2, \dots \varrho$ gleichzeitig verschwinden; oder, was dasselbe ist, dass die Perioden $2\omega_\alpha$ und $2\eta_\alpha$ sich nicht durch diejenigen, welche sich auf die 2μ gegebenen Kreise beziehen, ausdrücken lassen. Setzen wir nämlich

$$\sum_{\alpha=1}^{\varrho} \{c_\alpha H'(xy)_\alpha - c'_\alpha H(xy)_\alpha\} = F(xy)$$

und bilden die vollständigen Integrale dieser Function in Bezug auf die 2μ Kreise K_λ und K'_λ, so können wir den 2ϱ Constanten c_α und c'_α solche von Null verschiedene Werthe beilegen, dass diese Integrale sämmtlich verschwinden, d. h. dass man hat

$$\sum_{\alpha=1}^{\varrho} (2c_\alpha \eta_{\alpha\lambda} - 2c'_\alpha \omega_{\alpha\lambda}) = 0, \qquad (\lambda = 1, 2, \dots \mu)$$

$$\sum_{\alpha=1}^{\varrho} (2c_\alpha \eta'_{\alpha\lambda} - 2c'_\alpha \omega'_{\alpha\lambda}) = 0.$$

Denn die Anzahl der Unbekannten c_α, c'_α ist grösser als die Anzahl der Gleichungen, die zu ihrer Bestimmung dienen. Bildet man ferner das vollständige Integral der Function $F(xy)$ in Bezug auf den Kreis, welcher die Grössen $2\omega_\alpha$, $2\eta_\alpha$ lieferte, so erhält man

$$\bar{\int} F(xy)\,dx = \sum_{\alpha=1}^{\varrho} \{2c_\alpha \eta_\alpha - 2c'_\alpha \omega_\alpha\},$$

oder wenn man für die Perioden $2\omega_\alpha$, $2\eta_\alpha$ die gefundenen Ausdrücke einsetzt und die Relationen unter den Constanten c_α, c'_α berücksichtigt:

$$\overline{\int} F(xy)\,dx = \sum_{\alpha=1}^{\varrho} \left\{ 2c_\alpha \overline{\eta}_\alpha - 2c'_\alpha \overline{\omega}_\alpha \right\}.$$

Nun ist nach unseren Festsetzungen $\overline{\int} F(xy)\,dx$ ein beliebiges vollständiges Integral der Function $F(xy)$; wären daher die Perioden $2\overline{\omega}_\alpha$, $2\overline{\eta}_\alpha$ stets gleich Null, so würde nach dem auf S. 302 bewiesenen Satze $\int F(xy)\,dx$ eine rationale Function des Paares (xy) sein. Dies ist aber bei der Zusammensetzung dieses Integrales aus solchen erster und zweiter Art nur möglich, wenn alle Grössen c_α, c'_α gleich Null sind, während diese doch nach dem Obigen so bestimmt werden können, dass sie nicht sämmtlich verschwinden. Hiernach kann man in der That einen neuen Kreis $K_{\mu+1}$ so construiren, dass er mit keinem der bereits vorhandenen 2μ Kreise eine Stelle gemein hat, und dass die Perioden $2\overline{\omega}_\alpha$, $2\overline{\eta}_\alpha$, welche er liefert, nicht sämmtlich verschwinden. Ein solcher Kreis wird allerdings im Allgemeinen zusammengesetzt sein; aber dann kann man ihn in einfache Kreise zerlegen, für welche ebenfalls die Grössen $2\overline{\omega}_\alpha$ und $2\overline{\eta}_\alpha$ nicht sämmtlich gleich Null sein werden. Ist nun $K_{\mu+1}$ ein einfacher Kreis, der den gestellten Bedingungen genügt, so lässt sich ein neuer Kreis $\overline{K}_{\mu+1}$ entwerfen, welcher jenen nur einmal in positivem Sinne durchkreuzt (S. 320); mit den anderen 2μ Kreisen kann er eine beliebige Anzahl von Stellen gemein haben. Mit Hülfe dieses Kreises kann man dann endlich einen Kreis $K'_{\mu+1}$ herstellen, für welchen die Durchkreuzung mit $K_{\mu+1}$ dieselbe geblieben ist, der aber mit den ersten 2μ Kreisen an keiner Stelle coincidirt. Dann ist also ein neues Paar von Kreisen $K_{\mu+1}$, $K'_{\mu+1}$ gefunden, welches dieselben Eigenschaften hat wie die ersten 2μ Paare. Dieses Verfahren lässt sich fortsetzen, bis man ϱ Paare von Kreisen hat; für $\mu = \varrho$ aber können die Grössen c_α, c'_α nicht mehr so bestimmt werden, dass die auf S. 328 angegebenen Relationen bestehen, und es bleiben daher auch die auf diese Gleichungen gegründeten Schlüsse nicht mehr gültig.

Es ist jetzt leicht, die Relationen aufzustellen, die unter den $4\varrho^2$ durch die 2ϱ Kreise bestimmten Grössen ω_α und η_α bestehen. Es war (S. 313)

$$\sum_\alpha (\eta_\alpha \overline{\omega}_\alpha - \omega_\alpha \overline{\eta}_\alpha) = \frac{\varepsilon\pi i}{2}.$$

Setzt man nun, indem man die Kreise, über welche die vollständigen Integrale erstreckt werden sollen, in die Bezeichnung aufnimmt,

$$\begin{array}{ll} \overline{\int}_{(K_\beta)} H(xy)_\alpha dx = 2\omega_{\alpha\beta}, & \overline{\int}_{(K_\beta)} H'(xy)_\alpha dx = 2\eta_{\alpha\beta}, \\ \overline{\int}_{(K'_\beta)} H(xy)_\alpha dx = 2\omega'_{\alpha\beta}, & \overline{\int}_{(K'_\beta)} H'(xy)_\alpha dx = 2\eta'_{\alpha\beta} \end{array} \qquad (\alpha, \beta = 1, \ldots \varrho)$$

und beachtet, dass die Kreise K_β und K_γ, K'_β und K'_γ sich nie schneiden, die Kreise K_β und K'_γ aber nur dann, wenn $\beta = \gamma$, und zwar in einer einzigen Stelle, so erhält man aus der vorhergehenden Formel

$$\text{(A.)} \quad \left\{ \begin{array}{lr} \sum_{\alpha=1}^{\varrho} (\eta_{\alpha\beta}\omega_{\alpha\gamma} - \omega_{\alpha\beta}\eta_{\alpha\gamma}) = 0, & (K_\beta, K_\gamma) \\ \sum_{\alpha=1}^{\varrho} (\eta'_{\alpha\beta}\omega'_{\alpha\gamma} - \omega'_{\alpha\beta}\eta'_{\alpha\gamma}) = 0, & (K'_\beta, K'_\gamma) \\ \sum_{\alpha=1}^{\varrho} (\eta_{\alpha\beta}\omega'_{\alpha\gamma} - \omega_{\alpha\beta}\eta'_{\alpha\gamma}) = \left\{ \begin{array}{ll} 0 & (\beta \gtrless \gamma) \\ \frac{\pi i}{2} & (\beta = \gamma). \end{array} \right. & (K_\beta, K'_\gamma) \end{array} \right.$$

Die Anzahl dieser Relationen unter den $4\varrho^2$ Grössen ist, wie sofort zu sehen,

$$2 \cdot \frac{\varrho(\varrho-1)}{2} + \varrho^2 = \varrho(2\varrho - 1).$$

Diese Gleichungen, die sich für $\varrho = 1$, also in der Theorie der elliptischen Functionen, auf eine einzige reduciren, sind für das Folgende von der wesentlichsten Bedeutung. Sie sind von mir zuerst für die hyperelliptischen Functionen gefunden und im Jahre 1849 bekannt gemacht worden.*) Ihre Ausdehnung auf Integrale beliebiger algebraischer Differentiale bot in so fern einige Schwierigkeiten dar, als die für den Fall der hyperelliptischen Functionen gebrauchten Hülfsmittel sich allgemein nicht unmittelbar in Anwendung bringen liessen. Für die hyperelliptischen Functionen brauchte man eigentlich nur die Analogie mit den elliptischen Functionen genau in's Auge zu fassen. Die Bedeutung der Zahl ϱ stellte sich für sie leicht heraus, und man kam bei der Lösung des in der Einleitung gestellten Umkehrungsproblems auf eine später von mir mit $\mathrm{Al}(u_1, \ldots u_\varrho)$ bezeichnete Function, die für $\varrho = 1$ im Wesentlichen mit der σ-Function übereinstimmt und die Eigenschaft

*) Vgl. Bd. I, S. 124—128 dieser Ausgabe.

hat, dass

$$\mathrm{Al}(u_1+2\omega_1, \dots u_\varrho+2\omega_\varrho) = C e^{\sum\limits_{\alpha=1}^{\varrho} 2\eta_\alpha u_\alpha} \mathrm{Al}(u_1, \dots u_\varrho)$$

ist.*) Auf diese Weise sind die Grössen ω_α und η_α zuerst eingeführt und einander zugeordnet worden. Es giebt 2ϱ Grössensysteme, wofür eine solche Gleichung besteht. Welcher Art die unter ihnen stattfindenden Relationen sein müssen, erkennt man auf folgende Weise. Es ist, wenn $\overline{\omega}_\alpha$ und $\overline{\eta}_\alpha$ Grössen derselben Beschaffenheit wie ω_α und η_α sind,

$$\begin{aligned}\mathrm{Al}(u_1+2\overline{\omega}_1+2\omega_1, \dots) &= C e^{\sum\limits_{\alpha=1}^{\varrho} 2\eta_\alpha(u_\alpha+2\overline{\omega}_\alpha)} \mathrm{Al}(u_1+2\overline{\omega}_1, \dots) \\ &= CC' e^{\sum\limits_{\alpha=1}^{\varrho}(2\eta_\alpha u_\alpha+2\overline{\eta}_\alpha u_\alpha)+\sum\limits_{\alpha=1}^{\varrho} 4\eta_\alpha\overline{\omega}_\alpha} \mathrm{Al}(u_1, \dots).\end{aligned}$$

Vertauscht man nun die beiden Grössensysteme ω_α, η_α und $\overline{\omega}_\alpha$, $\overline{\eta}_\alpha$ mit einander, so bleibt die linke Seite ungeändert, und es folgt daher

$$e^{\sum\limits_{\alpha=1}^{\varrho} 4\eta_\alpha\overline{\omega}_\alpha} = e^{\sum\limits_{\alpha=1}^{\varrho} 4\overline{\eta}_\alpha\omega_\alpha}$$

oder

$$\sum_{\alpha=1}^{\varrho}(4\eta_\alpha\overline{\omega}_\alpha-4\omega_\alpha\overline{\eta}_\alpha) = 2k\pi i.$$

Die Bestimmung der ganzen Zahl k wurde dann zuerst in der Weise ausgeführt, dass $\omega_1, \dots \omega_\varrho$, $\eta_1, \dots \eta_\varrho$ für bestimmte Integrationswege in Form von Reihen dargestellt und das Anfangsglied der Entwickelung der Summe auf der linken Seite bestimmt wurde. Bei der Ausdehnung der Theorie auf die allgemeinen Abelschen Functionen musste aber ein anderer Weg eingeschlagen werden. Es handelte sich zunächst um den Beweis der Existenz von genau 2ϱ solchen Kreisen, wie sie oben eingeführt worden sind; dann liessen sich die Formeln ohne jede Rechnung herleiten.

Andere Relationen unter den Grössen ω_α und η_α erhalten wir aus dem System (A.) durch folgendes Verfahren. Wir setzen, unter $p_1, \dots p_\varrho$, $q_1, \dots q_\varrho$ beliebige Grössen verstehend,

$$\left.\begin{aligned}\sum_{\beta=1}^{\varrho}(2p_\beta\eta_{\alpha\beta}+2q_\beta\eta'_{\alpha\beta}) &= P_\alpha, \\ \sum_{\beta=1}^{\varrho}(2p_\beta\omega_{\alpha\beta}+2q_\beta\omega'_{\alpha\beta}) &= Q_\alpha.\end{aligned}\right\} \quad (\alpha = 1, 2, \dots \varrho)$$

*) Vgl. Bd. I, S. 146 dieser Ausgabe.

Mit Hülfe unserer Gleichungen können wir $p_1, \dots p_\varrho, q_1, \dots q_\varrho$ leicht durch $P_1, \dots P_\varrho, Q_1, \dots Q_\varrho$ ausdrücken. Es wird nämlich

$$\begin{aligned}\sum_{\alpha=1}^{\varrho}(P_\alpha\omega'_{\alpha\gamma}-Q_\alpha\eta'_{\alpha\gamma}) &= \sum_{\alpha=1}^{\varrho}\sum_{\beta=1}^{\varrho}2p_\beta(\eta_{\alpha\beta}\omega'_{\alpha\gamma}-\omega_{\alpha\beta}\eta'_{\alpha\gamma}) = 2p_\gamma\frac{\pi i}{2},\\ \sum_{\alpha=1}^{\varrho}(-P_\alpha\omega_{\alpha\gamma}+Q_\alpha\eta_{\alpha\gamma}) &= \sum_{\alpha=1}^{\varrho}\sum_{\beta=1}^{\varrho}2q_\beta(-\eta'_{\alpha\beta}\omega_{\alpha\gamma}+\omega'_{\alpha\beta}\eta_{\alpha\gamma}) = 2q_\gamma\frac{\pi i}{2}.\end{aligned} \qquad (\gamma=1,\dots\varrho)$$

Das heisst also, die angenommenen Gleichungen sind für beliebige Werthe der Grössen P_α und Q_α auflösbar. Daraus ergiebt sich, dass die Determinante

$$\begin{vmatrix} \omega_{11} & \dots & \omega_{1\varrho} & \omega'_{11} & \dots & \omega'_{1\varrho}\\ \cdot & \cdot & \cdot & \cdot & \cdot & \cdot\\ \omega_{\varrho 1} & \dots & \omega_{\varrho\varrho} & \omega'_{\varrho 1} & \dots & \omega'_{\varrho\varrho}\\ \eta_{11} & \dots & \eta_{1\varrho} & \eta'_{11} & \dots & \eta'_{1\varrho}\\ \cdot & \cdot & \cdot & \cdot & \cdot & \cdot\\ \eta_{\varrho 1} & \dots & \eta_{\varrho\varrho} & \eta'_{\varrho 1} & \dots & \eta'_{\varrho\varrho}\end{vmatrix}$$

von Null verschieden sein muss. Aus dem zweiten Gleichungssystem lässt sich, wie leicht zu sehen, umgekehrt das erste wieder herleiten.

Werden die gefundenen Ausdrücke für $p_1, \dots p_\varrho, q_1, \dots q_\varrho$ in das erste Gleichungssystem eingesetzt, so ergeben sich die Identitäten

$$\begin{aligned}P_\alpha &= \frac{2}{\pi i}\sum_{\gamma=1}^{\varrho}\sum_{\beta=1}^{\varrho}\left\{(P_\beta\omega'_{\beta\gamma}-Q_\beta\eta'_{\beta\gamma})\eta_{\alpha\gamma}+(-P_\beta\omega_{\beta\gamma}+Q_\beta\eta_{\beta\gamma})\eta'_{\alpha\gamma}\right\},\\ Q_\alpha &= \frac{2}{\pi i}\sum_{\gamma=1}^{\varrho}\sum_{\beta=1}^{\varrho}\left\{(P_\beta\omega'_{\beta\gamma}-Q_\beta\eta'_{\beta\gamma})\omega_{\alpha\gamma}+(-P_\beta\omega_{\beta\gamma}+Q_\beta\eta_{\beta\gamma})\omega'_{\alpha\gamma}\right\}\\ &\qquad (\alpha=1,\dots\varrho).\end{aligned}$$

Auf der rechten Seite der ersten Gleichung müssen die Coefficienten der Grössen Q_β sämmtlich, und die der Grössen P_β mit Ausnahme dessen von P_α verschwinden; Entsprechendes gilt für die zweite Gleichung. Mithin folgt

$$\text{(B.)}\quad\begin{cases}\displaystyle\sum_{\gamma=1}^{\varrho}(\omega_{\alpha\gamma}\omega'_{\beta\gamma}-\omega_{\beta\gamma}\omega'_{\alpha\gamma}) = 0,\\ \displaystyle\sum_{\gamma=1}^{\varrho}(\eta_{\alpha\gamma}\eta'_{\beta\gamma}-\eta_{\beta\gamma}\eta'_{\alpha\gamma}) = 0,\\ \displaystyle\sum_{\gamma=1}^{\varrho}(\eta_{\alpha\gamma}\omega'_{\beta\gamma}-\omega_{\beta\gamma}\eta'_{\alpha\gamma}) = \begin{cases}0 & (\beta \gtrless \alpha)\\ \dfrac{\pi i}{2} & (\beta=\alpha).\end{cases}\end{cases}$$

Diese Relationen sind also eine Folge der Formeln (A.) (S. 330). Während in jenen in Bezug auf den ersten Index α summirt wird, so bezieht sich in (B.) die Summation auf den zweiten Index γ, der nicht die H-Functionen, sondern die Kreise kennzeichnet, welche die einzelnen Perioden liefern. Die beiden ersten Formeln des Gleichungssystems (B.) sind deshalb besonders bemerkenswerth, weil in ihnen die vollständigen Integrale der Functionen $H(xy)_\alpha$ und $H'(xy)_\alpha$ getrennt auftreten.

Bei Einführung von Grössen $p'_\alpha, q'_\alpha, P'_\alpha, Q'_\alpha$, die durch dieselben Gleichungen mit einander verbunden sind wie die Grössen $p_\alpha, q_\alpha, P_\alpha, Q_\alpha$ (S. 331), lassen sich die beiden Systeme (A., B.) in die eine Formel

$$\sum_{\alpha=1}^{\varrho}(P_\alpha Q'_\alpha - P'_\alpha Q_\alpha) = 2\pi i \sum_{\alpha=1}^{\varrho}(p_\alpha q'_\alpha - p'_\alpha q_\alpha)$$

zusammenfassen.

Nach Aufstellung dieser fundamentalen Relationen kann man nun die Aufgabe lösen, sämmtliche Perioden der Integrale erster und zweiter Art zu bestimmen.

Für irgend zwei Systeme solcher Perioden galt die Gleichung (S. 313)

$$\sum_{\alpha=1}^{\varrho}(2\eta_\alpha . 2\overline{\omega}_\alpha - 2\omega_\alpha . 2\overline{\eta}_\alpha) = 2\varepsilon\pi i.$$

Nimmt man nun für $2\omega_\alpha$, $2\eta_\alpha$ ein beliebiges System simultaner, d. h. (S. 306) auf demselben Wege bestimmter Perioden und setzt für $2\overline{\omega}_\alpha$, $2\overline{\eta}_\alpha$ der Reihe nach alle diejenigen Periodensysteme, welche durch die 2ϱ Kreise geliefert werden, so folgt

$$\begin{aligned} 2\sum_{\alpha=1}^{\varrho}(\eta_{\alpha\beta}\omega_\alpha - \omega_{\alpha\beta}\eta_\alpha) &= m_\beta \pi i, \\ 2\sum_{\alpha=1}^{\varrho}(\eta'_{\alpha\beta}\omega_\alpha - \omega'_{\alpha\beta}\eta_\alpha) &= m'_\beta \pi i. \end{aligned} \qquad (\beta = 1, 2, \ldots \varrho)$$

Diese Gleichungen stimmen mit dem ersten System der Formeln auf S. 332, in denen $p_\alpha, q_\alpha, P_\alpha, Q_\alpha$ auftreten, für

$$P_\alpha = \eta_\alpha, \qquad Q_\alpha = \omega_\alpha,$$
$$p_\beta = -\frac{m'_\beta}{2}, \quad q_\beta = \frac{m_\beta}{2}$$

überein, können daher auch in der Form

$$\left.\begin{aligned} 2\omega_\alpha &= \sum_{\beta=1}^{\varrho}(-2m'_\beta\,\omega_{\alpha\beta}+2m_\beta\,\omega'_{\alpha\beta}),\\ 2\eta_\alpha &= \sum_{\beta=1}^{\varrho}(-2m'_\beta\,\eta_{\alpha\beta}+2m_\beta\,\eta'_{\alpha\beta}) \end{aligned}\right\} \qquad (\alpha=1,2,\ldots\varrho)$$

geschrieben werden. D. h. jede Periode $2\omega_\alpha$ eines Integrales erster Art lässt sich darstellen als ganzzahlige homogene lineare Function der 2ϱ Perioden desselben Integrales, welche durch die 2ϱ angenommenen Kreise geliefert werden; Entsprechendes gilt für die Integrale zweiter Art. Die Zahlencoefficienten sind nicht von der zu integrirenden Function, sondern nur vom Integrationswege abhängig. Ihre Bedeutung ist leicht anzugeben, wenn man sich erinnert, dass in der Ausgangsgleichung

$$\sum_{\alpha=1}^{\varrho}(2\eta_\alpha\,.\,2\bar{\omega}_\alpha-2\omega_\alpha\,.\,2\bar{\eta}_\alpha) = 2\varepsilon\pi i$$

die Zahl

$$\varepsilon = \Sigma\varepsilon_n$$

die Anzahl der Durchkreuzungen des Weges, auf dem die Grössen $2\omega_\alpha$, $2\eta_\alpha$ entstehen, mit demjenigen, auf welchem $2\bar{\omega}_\alpha$, $2\bar{\eta}_\alpha$ erhalten werden, bezeichnete; jedes ε_n war dabei gleich $+1$ oder gleich -1 zu setzen, wie auf S. 312 erörtert worden ist. Für unseren Fall sind $-m_\beta$ und $-m'_\beta$ gleich solchen Zahlen ε, und bei ihrer Bestimmung ist der Integrationsweg, der eben an zweiter Stelle genannt wurde, der Reihe nach als mit jedem der Kreise K_β und K'_β identisch anzunehmen.

Die gewonnenen Ergebnisse lassen sich in einfacher Weise aussprechen, wenn man den Begriff eines Systems primitiver Perioden einführt.

Es sei wieder $F(xy)$ eine beliebige rationale Function des Paares (xy), und

$$\overline{\int} F(xy)\,dx = 2\tilde{\omega}$$

irgend eine Periode der aus $F(xy)$ entspringenden Integralfunction. Durchläuft man den geschlossenen Integrationsweg, der diese Periode liefert, in umgekehrter Richtung, so erhält das Integral denselben Werth mit entgegengesetztem Vorzeichen. Es wird daher $-2\tilde{\omega}$ ebenfalls durch ein vollständiges Integral von $F(xy)\,dx$ dargestellt; d. h. wenn $2\tilde{\omega}$ eine Periode ist, so ist es auch $-2\tilde{\omega}$. Bestimmt man ferner auf einem anderen geschlossenen Wege eine zweite Periode

$$\overline{\int} F(xy)\,dx = 2\tilde{\omega}',$$

so kann man leicht beweisen, dass auch $2\tilde{\omega}+2\tilde{\omega}'$ eine Periode sein muss. Aus der Irreductibilität der Gleichung $f(x,y)=0$ des algebraischen Gebildes folgte nämlich, dass es möglich ist, eine Stelle $(x_0 y_0)$ mit einer anderen $(x_0' y_0')$ so zu verbinden, dass die zwischenliegenden Stellen stetig auf einander folgen, oder dass eine stetige Linie von x_0 nach x_0' so hinführt, dass für diesen Weg auch y_0 in y_0' übergeht (S. 241). Nehmen wir nun $(x_0 y_0)$ auf dem ersten, $(x_0' y_0')$ auf dem zweiten geschlossenen Integrationswege an, und verbinden $(x_0 y_0)$ mit $(x_0' y_0')$ durch eine stetige Folge von Paaren, die wir zweimal in entgegengesetzten Richtungen durchlaufen, so erhalten wir einen geschlossenen Integrationsweg, und dieser liefert, wie sofort zu sehen, $2\tilde{\omega}+2\tilde{\omega}'$ als Resultat der Integration.

Aus dem ersten dieser Sätze folgt, dass auch $2m\tilde{\omega}$ eine Periode sein muss, wo m eine beliebige positive oder negative ganze Zahl bedeutet; und weiter durch wiederholte Anwendung beider Sätze, dass wenn

$$2\tilde{\omega},\ 2\tilde{\omega}',\ 2\tilde{\omega}'',\ \ldots$$

Perioden des Integrals

$$\int F(xy)\,dx$$

sind, auch jeder Ausdruck

$$2m\tilde{\omega}+2m'\tilde{\omega}'+2m''\tilde{\omega}''+\cdots,$$

der sich durch Addition und Subtraction aus jenen Grössen zusammensetzen lässt, eine Periode darstellt.

Wir nennen nun ein System von Perioden eines Integrales primitiv, wenn sich aus den einzelnen Grössen des Systems alle Perioden des Integrals durch Addition und Subtraction zusammensetzen lassen, von diesen Grössen selbst jedoch keine in derselben Weise durch die übrigen ausgedrückt werden kann (S. 4). Die Definition simultaner oder zusammengehöriger Perioden zweier oder mehrerer zu demselben algebraischen Gebilde gehörenden Integralfunctionen wird genau so gestellt wie für die Integrale erster und zweiter Art (S. 306); es sollen darunter solche verstanden werden, die sich auf demselben geschlossenen Wege ergeben. Sind für die Integrale $\int F_1(xy)\,dx$, $\int F_2(xy)\,dx, \ldots$ der aus demselben Gebilde $f(x,y)=0$ entspringenden rationalen Functionen $F_1(xy)$, $F_2(xy), \ldots$

$$\begin{array}{l} 2\tilde{\omega}_1,\ 2\tilde{\omega}_1',\ \ldots\ 2\tilde{\omega}_1^{(r-1)}, \\ 2\tilde{\omega}_2,\ 2\tilde{\omega}_2',\ \ldots\ 2\tilde{\omega}_2^{(r-1)}, \\ \cdots\cdots\cdots \end{array}$$

simultane Perioden der Art, dass die unter einander stehenden Perioden durch Integration über denselben geschlossenen Weg erhalten werden, so heisst dieses System simultaner Perioden für die betrachteten Integralfunctionen ein primitives, wenn sich, falls $2\omega_1, 2\omega_2, \ldots$ irgendwelche simultane Perioden dieser Integralfunctionen sind, alle Grössen $\omega_1, \omega_2, \ldots$ stets in der Gestalt:

$$\begin{array}{l} \omega_1 = \nu\tilde{\omega}_1 + \nu'\tilde{\omega}_1' + \cdots + \nu^{(r-1)}\tilde{\omega}_1^{(r-1)} \\ \omega_2 = \nu\tilde{\omega}_2 + \nu'\tilde{\omega}_2' + \cdots + \nu^{(r-1)}\tilde{\omega}_2^{(r-1)} \\ \cdots\cdots\cdots\cdots \end{array}$$

darstellen lassen, während für keinen Werth von $\varkappa$ gleichzeitig Relationen der Form:

$$\begin{array}{l} \tilde{\omega}_1^{(\varkappa)} = \nu\tilde{\omega}_1 + \nu'\tilde{\omega}_1' + \cdots + \nu^{(\varkappa-1)}\tilde{\omega}_1^{(\varkappa-1)} + \nu^{(\varkappa+1)}\tilde{\omega}_1^{(\varkappa+1)} + \cdots + \nu^{(r-1)}\tilde{\omega}_1^{(r-1)}, \\ \tilde{\omega}_2^{(\varkappa)} = \nu\tilde{\omega}_2 + \nu'\tilde{\omega}_2' + \cdots + \nu^{(\varkappa-1)}\tilde{\omega}_2^{(\varkappa-1)} + \nu^{(\varkappa+1)}\tilde{\omega}_2^{(\varkappa+1)} + \cdots + \nu^{(r-1)}\tilde{\omega}_2^{(r-1)}, \\ \cdots\cdots\cdots\cdots\cdots\cdots \end{array}$$

bestehen; die Coefficienten $\nu, \nu', \ldots \nu^{(r-1)}$ sind dabei ganze Zahlen oder Null.

Die sämmtlichen Grössen

$$\begin{array}{l} 2\omega_{1\beta},\ 2\omega_{2\beta},\ \ldots\ 2\omega_{\varrho\beta}, \\ 2\eta_{1\beta},\ 2\eta_{2\beta},\ \ldots\ 2\eta_{\varrho\beta} \end{array}$$

werden durch Integration über denselben Kreis K_β erhalten (S. 330) und sind daher simultane Perioden für die 2ϱ Integrale erster und zweiter Art; dasselbe gilt für die Perioden

$$\begin{array}{l} 2\omega_{1\beta}',\ 2\omega_{2\beta}',\ \ldots\ 2\omega_{\varrho\beta}', \\ 2\eta_{1\beta}',\ 2\eta_{2\beta}',\ \ldots\ 2\eta_{\varrho\beta}', \end{array}$$

die sich durch Integration längs des Kreises K_β' ergeben. Ebenso bilden die früher (S. 334) für die Integrale erster und zweiter Art eingeführten Perioden

$$\begin{array}{l} 2\omega_1,\ 2\omega_2,\ \ldots\ 2\omega_\varrho, \\ 2\eta_1,\ 2\eta_2,\ \ldots\ 2\eta_\varrho, \end{array}$$

weil die Zahlen m_β und m'_β in den beiden Ausdrücken für $2\omega_\alpha$ und $2\eta_\alpha$ dieselben Werthe haben, ein System zusammengehöriger Perioden der Integrale erster und zweiter Art.

Es soll nun gezeigt werden, dass für die 2ϱ Integrale

$$\int H(xy)_\alpha dx \quad \text{und} \quad \int H'(xy)_\alpha dx \qquad (\alpha = 1, 2, \ldots \varrho)$$

die $4\varrho^2$ Grössen

$$2\omega_{\alpha 1},\ 2\omega_{\alpha 2},\ \ldots\ 2\omega_{\alpha\varrho},\ \ 2\omega'_{\alpha 1},\ 2\omega'_{\alpha 2},\ \ldots\ 2\omega'_{\alpha\varrho} \qquad (\alpha = 1, 2, \ldots \varrho)$$

und

$$2\eta_{\alpha 1},\ 2\eta_{\alpha 2},\ \ldots\ 2\eta_{\alpha\varrho},\ \ 2\eta'_{\alpha 1},\ 2\eta'_{\alpha 2},\ \ldots\ 2\eta'_{\alpha\varrho} \qquad (\alpha = 1, 2, \ldots \varrho)$$

ein primitives System simultaner Perioden bilden. Dass sich jede Periode eines Integrales erster oder zweiter Art durch Addition und Subtraction aus den Grössen der ersten oder zweiten Horizontalreihe in der erforderlichen Weise zusammensetzen lässt, haben wir bereits gesehen (S. 334). Es genügt daher zu beweisen, dass nicht 2ϱ lineare Relationen mit ganzzahligen Coefficienten

$$\begin{aligned} \nu_1\omega_{\alpha 1} + \cdots + \nu_\varrho\omega_{\alpha\varrho} + \nu'_1\omega'_{\alpha 1} + \cdots + \nu'_\varrho\omega'_{\alpha\varrho} &= 0, \\ \nu_1\eta_{\alpha 1} + \cdots + \nu_\varrho\eta_{\alpha\varrho} + \nu'_1\eta'_{\alpha 1} + \cdots + \nu'_\varrho\eta'_{\alpha\varrho} &= 0 \end{aligned} \qquad (\alpha = 1, 2, \ldots \varrho)$$

bestehen können.

Wir setzen

$$\begin{aligned} \nu_1\omega_{\alpha 1} + \cdots + \nu_\varrho\omega_{\alpha\varrho} + \nu'_1\omega'_{\alpha 1} + \cdots + \nu'_\varrho\omega'_{\alpha\varrho} &= \omega_\alpha, \\ \nu_1\eta_{\alpha 1} + \cdots + \nu_\varrho\eta_{\alpha\varrho} + \nu'_1\eta'_{\alpha 1} + \cdots + \nu'_\varrho\eta'_{\alpha\varrho} &= \eta_\alpha. \end{aligned}$$

Aus diesen beiden Gleichungen erhält man, wenn man mit $\eta_{\alpha\beta}$, $\omega_{\alpha\beta}$ multiplicirt, subtrahirt und über alle ϱ Werthe von α summirt,

$$\sum_{\alpha=1}^{\varrho} (\eta_{\alpha\beta}\omega_\alpha - \omega_{\alpha\beta}\eta_\alpha) = \nu'_\beta \frac{\pi i}{2}$$

und ähnlich

$$\sum_{\alpha=1}^{\varrho} (\eta'_{\alpha\beta}\omega_\alpha - \omega'_{\alpha\beta}\eta_\alpha) = -\nu_\beta \frac{\pi i}{2}.$$

Sollten nun 2ϱ identische Relationen, wie wir sie angenommen haben, unter den Grössen $\omega_{\alpha\beta}$, $\eta_{\alpha\beta}$ bestehen, sollten also alle Perioden $2\omega_\alpha$ und $2\eta_\alpha$ gleich Null sein, so würden sämmtliche Coefficienten ν_β und ν'_β verschwinden müssen. Das heisst also, wie behauptet, die Grössen, die durch Integration über einen bestimmten der Kreise K_1, K'_1, … K_ϱ, K'_ϱ erhalten werden, lassen sich nicht durch die Perioden ausdrücken, welche die übrigen $2\varrho-1$ Kreise liefern. Die Integrale erster und zweiter Art, die aus einem algebraischen Gebilde vom Range ϱ entspringen, sind mithin sämmtlich 2ϱ-fach periodisch in dem Sinne, dass alle Perioden jedes solchen Integrals durch Addition und Subtraction aus 2ϱ von ihnen zusammengesetzt werden können und die simultanen Perioden der 2ϱ Integrale erster und zweiter Art sich niemals durch weniger als 2ϱ Systeme von je 2ϱ simultanen Perioden ganzzahlig darstellen lassen.

Bezeichnet jetzt $F(xy)$ eine rationale Function des Paares (xy), deren Integration ausser einer rationalen Function nur Integrale erster und zweiter Art liefert, so ist (S. 264)

$$F(xy)\,dx = \sum_{\alpha=1}^{\varrho} c_\alpha H(xy)_\alpha dx + \sum_{\alpha=1}^{\varrho} c'_\alpha H'(xy)_\alpha dx + d\overline{F}(xy).$$

Denken wir uns auf irgend einem geschlossenen Wege eine Integration ausgeführt, so folge

$$2\tilde{\omega} = \sum_{\alpha=1}^{\varrho} 2c_\alpha \omega_\alpha + \sum_{\alpha=1}^{\varrho} 2c'_\alpha \eta_\alpha.$$

Setzt man nun für $2\omega_\alpha$, $2\eta_\alpha$ die auf S. 334 gefundenen Ausdrücke und führt die Bezeichnungen

$$\left.\begin{aligned} \sum_{\alpha=1}^{\varrho} 2c_\alpha \omega_{\alpha\beta} + \sum_{\alpha=1}^{\varrho} 2c'_\alpha \eta_{\alpha\beta} &= 2\tilde{\omega}_\beta, \\ \sum_{\alpha=1}^{\varrho} 2c_\alpha \omega'_{\alpha\beta} + \sum_{\alpha=1}^{\varrho} 2c'_\alpha \eta'_{\alpha\beta} &= 2\tilde{\omega}'_\beta \end{aligned}\right\} \qquad (\beta = 1, 2, \ldots \varrho)$$

ein, so wird

$$2\tilde{\omega} = \sum_{\beta=1}^{\varrho} (-2m'_\beta \tilde{\omega}_\beta + 2m_\beta \tilde{\omega}'_\beta).$$

Jedes Integral, das nur aus Integralen erster und zweiter Art zusammengesetzt ist, hat also ein primitives System von nicht mehr als 2ϱ Perioden (S. 335); man erhält sie, indem man das Differential $F(xy)\,dx$ längs der 2ϱ Kreise K_β, K'_β vollständig integrirt. Für das Integral $\int F(xy)\,dx$ spielt $2\tilde{\omega}$ dieselbe Rolle wie die Grössen $2\omega_\alpha$ und $2\eta_\alpha$ für die einzelnen Integrale erster und zweiter Art (S. 334); jene Periode wird auf demselben Integrationswege bestimmt wie diese. Es bedeutet daher auch in der letzten Formel m_β und

m'_β jedesmal die Anzahl der Punkte, in denen die beiden Wege, die $2\tilde{\omega}_\beta$ und $2\tilde{\omega}'_\beta$ liefern, durch den die Periode $2\tilde{\omega}$ bestimmenden Integrationsweg gekreuzt werden. Wenn mithin die 2ϱ Integrationskreise gegeben sind und es möglich ist, die Anzahl der Durchkreuzungen eines beliebig angenommenen geschlossenen Integrationsweges mit jedem von ihnen zu bestimmen, so kann man auch die Periode, welche dieser Weg liefert, wirklich herstellen; allerdings kommt eine derartige Bestimmung nur selten vor, aber es ist wesentlich, ihre Möglichkeit erkannt zu haben.

Siebzehntes Kapitel.

Die Perioden der hyperelliptischen Integrale.

Die im vorigen Kapitel entwickelte Theorie soll jetzt an dem Beispiel des hyperelliptischen Gebildes vom Range ϱ

$$y^2 = R(x),$$

für

$$R(x) = (x-a_0)(x-a_1)\dots(x-a_{2\varrho}),$$

erläutert werden (vgl. S. 131). Da $R(x)$ von ungeradem Grade ist, so ist, wie wir gesehen haben, die unendlich ferne Stelle eine einfach zu zählende wesentlich singuläre (S. 133).

Um zunächst die Function $H(xy, x'y')$ aufzustellen, die an den Stellen

$$(x'y');\ (x_1 y_1),\ \dots\ (x_\varrho y_\varrho)$$

unendlich gross und für die unendlich ferne Stelle Null werden möge, setzen wir

$$(x-x_1)(x-x_2)\dots(x-x_\varrho) = \pi(x),$$

so ist (vgl. S. 343)

$$H(xy, x'y') = -\frac{\pi(x')}{2y'}\left\{\frac{y}{(x-x')(x-x_1)\dots(x-x_\varrho)} - \frac{y'}{(x'-x)(x'-x_1)\dots(x'-x_\varrho)}\right.$$
$$\left.-\frac{y_1}{(x_1-x)(x_1-x')\dots(x_1-x_\varrho)} - \dots - \frac{y_\varrho}{(x_\varrho-x)(x_\varrho-x')\dots(x_\varrho-x_{\varrho-1})}\right\}.$$

Nimmt man insbesondere, was für die meisten Untersuchungen ausreicht, die Stellen

$$(a_1\, 0),\ (a_3\, 0),\ \dots\ (a_{2\varrho-1}\, 0)$$

als die Unendlichkeitsstellen

$$(x_1 y_1),\ (x_2 y_2),\ \dots\ (x_\varrho y_\varrho)$$

an und setzt

$$(x-a_1)(x-a_3)\dots(x-a_{2\varrho-1}) = P(x),$$

so wird

$$H(xy, x'y') = \frac{P(x')}{2(x'-x)y'}\left\{\frac{y}{P(x)}+\frac{y'}{P(x')}\right\}.$$

Zum Beweise der Richtigkeit dieser Formel bilden wir zunächst das Functionenpaar $(\overset{\alpha}{x}_t \overset{\alpha}{y}_t)$ für die Umgebung der Stelle $(a_{2\alpha-1} 0)$. Dazu setzen wir

$$(x-a_0)(x-a_2)\dots(x-a_{2\varrho}) = Q(x),$$

sodass

$$P(x)\,Q(x) = R(x)$$

ist, und definiren die Hülfsgrösse t durch die Gleichung

$$\frac{P(x)}{y} = \frac{y}{Q(x)} = t.$$

Diese Grösse ist also eine rationale Function des Paares (xy). Aus

$$t^2 = \frac{P(x)}{Q(x)}$$

folgt durch Entwickelung nach Potenzen von $x-a_{2\alpha-1}$

$$t^2 = \frac{P'(a_{2\alpha-1})}{Q(a_{2\alpha-1})}(x-a_{2\alpha-1})+\cdots,$$

und hieraus

$$\overset{\alpha}{x}_t = a_{2\alpha-1}+\frac{Q(a_{2\alpha-1})}{P'(a_{2\alpha-1})}t^2+\cdots$$

sowie

$$\overset{\alpha}{y}_t = Q(a_{2\alpha-1})t+\cdots.$$

Von diesen beiden Reihen enthält die erste nur gerade, die zweite nur ungerade Potenzen von t.

Wollte man

$$\frac{Q(x)}{y} = \frac{y}{P(x)} = t$$

setzen, so würde man ganz entsprechend auch die Umgebung jeder der Stellen $(a_{2\alpha} 0)$ durch ein Functionenpaar dieser Grösse t darstellen können.

Das unendlich ferne Element des Gebildes wird durch ein Functionenpaar der Form

$$x_t = t^{-2}, \qquad y_t = t^{-(2\varrho+1)}\{1+t^2\mathfrak{P}(t_{\text{ι}}^2)\}$$

geliefert (S. 133).

Für das hyperelliptische Gebilde $f(x,y) = y^2 - R(x) = 0$ ist die Function

$$f(xy, y') = \frac{f(x, y')}{y'-y},$$

von der wir bei der Bildung von $H(xy, x'y')$ ausgingen (S. 62), gleich

$$\frac{y'^2 - y^2}{y'-y} = y + y',$$

mithin ergiebt sich

$$\frac{f(xy, y')}{x'-x} = \frac{y+y'}{x'-x}.$$

Diese Function wird, ausser für $x = \infty$, noch für $x = x'$, $y = y'$ unendlich gross, und zwar von der ersten Ordnung, während sie für $x = x'$, $y = -y'$ endlich bleibt. Bilden wir nun die Function

$$\frac{1}{x'-x}\left(\frac{P(x')}{P(x)}y + y'\right) = \frac{P(x')}{x'-x}\left\{\frac{y}{P(x)} + \frac{y'}{P(x')}\right\},$$

so verhält sich diese für die Stellen $(x'y')$ und $(x', -y')$ genau wie die vorhergehende, bleibt aber im Unendlichen endlich. Denn für das unendlich ferne Element

$$x_t = t^{-2}, \qquad y_t = t^{-(2\varrho+1)}\{1+t^2\mathfrak{P}(t^2)\}$$

erhält man

$$\frac{1}{x'-x_t}\left(\frac{P(x')}{P(x_t)}y_t + y'\right) = -P(x')\,t + \cdots;$$

die Function verschwindet also im Unendlichen. Ferner wird sie unendlich gross und zwar von der ersten Ordnung, wenn $P(x)$ Null wird, d. h. an den ϱ Stellen $(a_1\,0), (a_3\,0), \ldots (a_{2\varrho-1}\,0)$; denn für die Umgebung der Stelle $(a_{2\alpha-1}\,0)$ ist

$$\frac{\overset{\alpha}{y}_t}{P(\overset{\alpha}{x}_t)} = \frac{1}{t}.$$

Die Function

$$\frac{P(x')}{x'-x}\left\{\frac{y}{P(x)}+\frac{y'}{P(x')}\right\}$$

hat also nur die $\varrho+1$ Unendlichkeitsstellen $(a_1 0), (a_3 0), \ldots (a_{2\varrho-1} 0)$ und $(x'y')$, und die unendlich ferne Stelle ist eine ihrer Nullstellen. Durch diese Eigenschaften war die Function $H(xy, x'y')$ nur bis auf einen von (xy) unabhängigen Factor bestimmt; es wurde deshalb festgesetzt (S. 66 und 73), dass ihre Entwickelung nach Potenzen von $x'-x$ mit dem Gliede $\frac{1}{x'-x}$ beginnen soll. Nun ist

$$\frac{y}{P(x)}+\frac{y'}{P(x')} = \frac{2y'}{P(x')}\left\{1+(x'-x)\mathfrak{P}(x'-x)\right\},$$

also ergiebt sich

$$H(xy, x'y') = \frac{P(x')}{2(x'-x)y'}\left\{\frac{y}{P(x)}+\frac{y'}{P(x')}\right\}.$$

Durch ganz ähnliche Betrachtungen lässt sich auch leicht die Richtigkeit des für die allgemeinere H-Function zu Anfang dieses Kapitels aufgestellten Ausdrucks nachweisen.

Die Functionen $H(x'y')_\alpha$ und $H'(x'y')_\alpha$ ergeben sich mittels der Gleichung (S. 252)

$$H(\overset{\alpha}{x}_t \overset{\alpha}{y}_t, x'y') = t^{-1}H(x'y')_\alpha + \overset{0}{H}(xy)_\alpha - tH'(x'y')_\alpha + \cdots.$$

Die Einführung von

$$\overset{\alpha}{x}_t = a_{2\alpha-1}+\frac{Q(a_{2\alpha-1})}{P'(a_{2\alpha-1})}t^2+\cdots,$$
$$\overset{\alpha}{y}_t = Q(a_{2\alpha-1})t+\cdots$$

in $H(\overset{\alpha}{x}_t \overset{\alpha}{y}_t, x'y')$ liefert zunächst

$$H(\overset{\alpha}{x}_t \overset{\alpha}{y}_t, x'y') = \frac{P(x')}{2(x'-\overset{\alpha}{x}_t)y'}\left\{t^{-1}+\frac{y'}{P(x')}\right\}.$$

Hierin ist

$$\frac{1}{x'-\overset{\alpha}{x}_t} = \frac{1}{x'-a_{2\alpha-1}-\frac{Q(a_{2\alpha-1})}{P'(a_{2\alpha-1})}t^2-\cdots} = \frac{1}{x'-a_{2\alpha-1}}+\frac{1}{(x'-a_{2\alpha-1})^2}\frac{Q(a_{2\alpha-1})}{P'(a_{2\alpha-1})}t^2+\cdots,$$

mithin folgt, wenn x, y für x', y' geschrieben wird,

$$H(xy)_\alpha = \frac{P(x)}{2y(x-a_{2\alpha-1})},$$
$$H'(xy)_\alpha = -\frac{Q(a_{2\alpha-1})}{P'(a_{2\alpha-1})}\,\frac{P(x)}{2y(x-a_{2\alpha-1})^2}. \qquad (\alpha = 1, 2, \ldots \varrho)$$

Auf anderem Wege ist ein vollständiges System von Functionen $H(xy)_\alpha$ bereits im fünften Kapitel (S. 134—135) hergestellt worden.

Jetzt wollen wir untersuchen, wie man für das hyperelliptische Gebilde die Kreise K_β und K'_β, die zur Berechnung der Perioden erforderlich sind, wirklich finden kann.

Wie schon erwähnt (S. 323), kann man sich die x-Linien der Kreise K_β, K'_β, für die wir Polygone angenommen hatten, durch andere geschlossene Linien ersetzt denken, wenn diese nur denselben Bedingungen unterworfen werden wie jene Polygone. Um für einen Kreis von Paaren K_β, für den die x-Linie z. B. ein wirklicher Kreis ist, den zugehörigen Kreis K'_β zu bestimmen, kann man die x-Linie durch ein eingeschriebenes Polygon ersetzen und dann auf die früher (S. 320) erläuterte Weise ein neues Polygon construiren, welches das erste nur einmal in positivem Sinne durchkreuzt. Die Anzahl der Polygonseiten darf beliebig gross und ihre Länge beliebig klein sein; man kann daher durch Übergang zur Grenze auch das zweite Polygon in eine geschlossene Curve verwandeln.

Bei der Anwendung auf den Fall des hyperelliptischen Gebildes handelt es sich zunächst um die Construction einer x-Linie von der Art, dass wenn man sie von irgend einem Punkte x_0 bis zu x_0 zurück durchläuft, y stetig von y_0 wieder in y_0 übergeht. Da x_0 ein Punkt der Linie, also nach den früher für die Integrationswege festgesetzten Bedingungen von den singulären Punkten $a_0, a_1, \ldots a_{2\varrho}$ verschieden ist, so ist der zu ihm gehörige Werth y_0 von Null verschieden, und man kann schreiben

$$\left(\frac{y}{y_0}\right)^2 = \frac{x-a_0}{x_0-a_0}\cdot\frac{x-a_1}{x_0-a_1}\cdots\frac{x-a_{2\varrho}}{x_0-a_{2\varrho}}.$$

Diese Gleichung ersetzen wir durch

$$y = y_0\, e^{\frac{1}{2}\log\frac{x-a_0}{x_0-a_0}+\cdots+\frac{1}{2}\log\frac{x-a_{2\varrho}}{x_0-a_{2\varrho}}}$$

und fixiren dabei jeden einzelnen Logarithmus so, dass sein Werth für $x = x_0$ gleich Null ist. Es ist leicht zu beurtheilen, wie jeder dieser Logarithmen sich ändert, wenn x von x_0 ausgehend eine geschlossene Curve durchläuft. Zieht man z. B. vom Punkte $a_\varkappa$ aus in beliebiger Richtung eine unbegrenzte Gerade, so ist ihre positive und ihre negative Seite nach S. 288 bestimmt. Bezeichnet man nun die Durchschnitte der geschlossenen Linie mit dieser Geraden mit $+1$ oder -1, je nachdem das Schneiden in positivem oder in negativem Sinne vor sich geht (S. 311), und nennt dann $\mu_\varkappa$ die Summe dieser Zahlen, sodass $\mu_\varkappa$ die Windungszahl der geschlossenen Curve für den Punkt $a_\varkappa$ ist, so ändert sich $\frac{1}{2}\log\frac{x-a_\varkappa}{x_0-a_\varkappa}$ um $\mu_\varkappa \pi i$ (S. 293), folglich die Summe der Logarithmen im Exponenten um

$$\sum_{\varkappa=0}^{2\varrho} \mu_\varkappa \pi i.$$

Ist nun $\Sigma\mu_\varkappa$ gerade, so erhält y den Werth y_0 wieder, wenn x einen Umlauf vollendet hat, im anderen Falle geht y in $-y_0$ über. Um die vorgeschriebene Bedingung zu erfüllen, hat man daher die x-Linie so zu wählen, dass $\Sigma\mu_\varkappa$ gerade ist. Dies tritt z. B. ein, wenn man für diese Linie eine beliebige geschlossene Curve nimmt, die durch jeden Punkt nur einmal hindurchgeht und eine gerade Anzahl von Punkten $a_\varkappa$ umschliesst. Denn die Windungszahl $\mu_\varkappa$ einer solchen Curve ist für jeden dieser Punkte gleich ± 1, für jeden der übrigen Punkte $a_\varkappa$ gleich Null, mithin ist $\Sigma\mu_\varkappa$ jedenfalls gerade.

In ganz ähnlicher Weise würde man verfahren können, wenn das betrachtete Gebilde die Gleichung

$$y^n = R(x)$$

hätte (vgl. S. 135).

Durch die in der Theorie der elliptischen Functionen auftretenden Formeln wird man veranlasst, die eben betrachteten geschlossenen Curven als Ellipsen anzunehmen. Bevor wir aber in dieser Weise die Perioden der hyperelliptischen Integrale berechnen, wollen wir das vollständige Integral des Differentials

$$\frac{dx}{\sqrt{(x-a')(x-a'')}},$$

erstreckt über den Umfang einer Ellipse mit den Brennpunkten a' und a'', betrachten.

Schon in den Elementen der Integralrechnung wird gezeigt, dass dieses Differential am einfachsten durch die Substitution

$$x = \frac{a'+a''}{2} + \frac{a'-a''}{2}\,\frac{\xi+\xi^{-1}}{2}$$

von der Irrationalität befreit werden kann. Substituirt man

$$\xi = re^{\varphi i},$$

so ergiebt sich

$$x = \frac{a'+a''}{2} + \frac{1}{2}\,\frac{a'-a''}{2}\left[\left(r+\frac{1}{r}\right)\cos\varphi + i\left(r-\frac{1}{r}\right)\sin\varphi\right],$$

und es folgt, wenn man

$$2\,\frac{x-\dfrac{a'+a''}{2}}{\dfrac{a'-a''}{2}} = u+vi$$

setzt,

$$u = \left(r+\frac{1}{r}\right)\cos\varphi, \qquad v = \left(r-\frac{1}{r}\right)\sin\varphi,$$

$$\frac{u^2}{\left(r+\dfrac{1}{r}\right)^2} + \frac{v^2}{\left(r-\dfrac{1}{r}\right)^2} = 1.$$

Dies ist die Gleichung einer Ellipse mit dem Mittelpunkte ($u = 0$, $v = 0$). Aus den Werthen $r \pm \frac{1}{r}$ der Halbaxen ergeben sich die Abscissen der Brennpunkte gleich ± 2. Wenn daher ξ einen Kreis mit beliebigem Radius um den Nullpunkt als Mittelpunkt durchläuft, so beschreibt x eine Ellipse mit dem Mittelpunkte

$$m = \frac{a'+a''}{2}$$

und den Brennpunkten a', a'' (Fig. 16). Diese Thatsache giebt der ange-

Fig. 16.

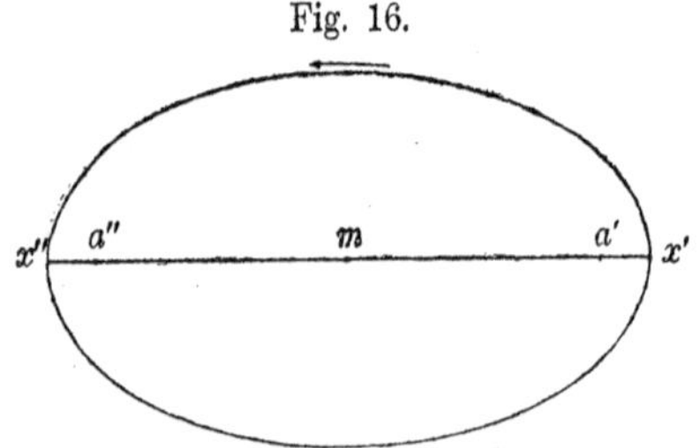

wendeten Substitution eine sehr anschauliche Bedeutung.

Es ist noch zu untersuchen, durch welche analytischen Festsetzungen man bewirken kann, dass der Umfang der Ellipse in einer bestimmten Richtung durchlaufen und die Gerade ma' in dem a' zunächst gelegenen Scheitelpunkt x' in einem vorgeschriebenen Sinne geschnitten wird. Der Punkt x beschreibe die Ellipse in positivem Sinne (S. 317), also so, dass die von der Curve umschlossene Fläche zur Linken bleibt. Das Schneiden geschehe ebenfalls in positivem Sinne, sodass sich der Punkt x von dem Scheitel x' aus anfänglich auf der positiven Seite von ma' bewegt.

Um etwas Bestimmtes festzusetzen, nehmen wir

$$a' > a''$$

an. Dieser Ungleichung soll auch dann eine Bedeutung beigelegt werden, wenn a' und a'' complexe Grössen sind; und zwar soll sie für

$$a' = \alpha' + \beta' i, \quad a'' = \alpha'' + \beta'' i$$

mit

$$\alpha' > \alpha''$$

gleichbedeutend sein, wenn α' von α'' verschieden ist, dagegen mit

$$\beta' > \beta'',$$

falls $\alpha' = \alpha''$ ist. Aus $a' - a'' > 0$ folgt

$$a' - m > 0.$$

Der Punkt x liegt auf der positiven Seite der Geraden ma', wenn

$$\frac{x-m}{a'-m} = \frac{x - \dfrac{a'+a''}{2}}{\dfrac{a'-a''}{2}} = \frac{1}{2}(u+vi)$$

in der zweiten Coordinate positiv ist, d. h. für

$$\frac{1}{2}\left(r - \frac{1}{r}\right) \sin\varphi > 0.$$

Soll diese Bedingung für kleine positive Werthe von φ gelten, so muss

$$r - \frac{1}{r} > 0,$$

$$r > 1$$

sein. Setzt man also zwischen x und ξ die obige Beziehung fest (S. 346), substituirt $\xi = re^{\varphi i}$ und nimmt $r > 1$ an, so beschreibt der Punkt x den Umfang einer Ellipse mit den Brennpunkten a' und a'' in positivem Sinne, wenn φ die Werthe $(0 \ldots 2\pi)$ stetig durchläuft; und zwar schneidet diese Ellipse die Gerade ma' im Punkte x' im gleichen Sinne. Der Punkt ξ durchläuft hierbei, ebenfalls in positivem Sinne, die Peripherie eines Kreises vom Radius r. Der Scheitel x' gehört zu $\varphi = 0$, der jenseit a'' gelegene x'' zu $\varphi = \pi$.

Die durch Veränderung von r entstehenden Ellipsen sind confocal. Lässt man r von Werthen > 1 her sich unbegrenzt der Einheit nähern, so schliessen sich die Ellipsen der Strecke $a'a''$ beliebig nahe an. Für den Grenzfall $r = 1$ wird

$$x = \frac{a'+a''}{2} + \frac{a'-a''}{2} \cos\varphi.$$

Für $\varphi = 0$ ist dann $x = a'$, für $\varphi = \pi$ $x = a''$, für $\varphi = 2\pi$ wieder $x = a'$; der Punkt x durchläuft, wenn ξ den Kreis vom Radius Eins beschreibt, die gerade Linie $a'a''$ von a' nach a'' und wieder nach a' zurück.

Bei beliebigen Werthen von r ist

$$x - a' = \frac{a''-a'}{2}\left(1 - \frac{\xi + \xi^{-1}}{2}\right),$$

$$x - a'' = \frac{a'-a''}{2}\left(1 + \frac{\xi + \xi^{-1}}{2}\right),$$

$$(x-a')(x-a'') = -\frac{(a'-a'')^2}{4}\left[1 - \frac{(\xi+\xi^{-1})^2}{4}\right] = \frac{(a'-a'')^2}{4}\,\frac{(\xi-\xi^{-1})^2}{4}.$$

Ein Werth der Wurzelgrösse $\sqrt{(x-a')(x-a'')}$ wird mithin gleich

$$\frac{a'-a''}{2}\,\frac{\xi-\xi^{-1}}{2}.$$

Für viele Untersuchungen ist es zweckmässig, von den beiden Werthen, die eine Quadratwurzel aus einer complexen Grösse haben kann, einen als den Hauptwerth auszuzeichnen. Cauchy hat als Principalwerth von

$$\sqrt{a+bi}$$

denjenigen definirt, dessen zweite Coordinate dasselbe Zeichen hat, wie die zweite Coordinate b der Grösse $a+bi$. Wir wollen eine etwas andere Bestimmung treffen. Unter einer positiven complexen Grösse soll eine solche verstanden werden, deren erste Coordinate positiv ist; ist diese jedoch gleich Null, so soll die complexe Grösse positiv oder negativ heissen, je nachdem die zweite Coordinate positiv oder negativ ist. Diese Bestimmung kann als Specialfall der auf S. 347 eingeführten Definition der Ungleichung $a' > a''$ betrachtet werden. Dies vorausgesetzt, möge, wenn die complexe Grösse x positiv ist, unter dem Hauptwerth von $\sqrt{x}$ der positive Werth verstanden werden. Ist dagegen x eine negative complexe Grösse, so soll der Hauptwerth von $\sqrt{x}$ gleich $i\sqrt{-x}$ sein, wo $\sqrt{-x}$ positiv ist.

Man kann den so erklärten Hauptwerth für alle Punkte der complexen Ebene mit Ausnahme der Geraden, die vom Nullpunkt durch den Punkt $-i$ hindurch in's Unendliche verläuft, durch einen einzigen Ausdruck darstellen. Es werde

$$x = \xi + \eta i = \varrho e^{\left(\varphi - \frac{\pi}{2}\right) i}$$

gesetzt, so erhält man, wenn

$$0 < \varphi < 2\pi$$

ist, für den Hauptwerth der Quadratwurzel aus x den Ausdruck

$$\sqrt{x} = \sqrt{\xi + \eta i} = \sqrt{\varrho}\, e^{\frac{1}{2}\left(\varphi - \frac{\pi}{2}\right) i},$$

wo $\sqrt{\varrho}$ positiv zu nehmen ist. Ist nämlich

$$\xi = \varrho \cos\left(\varphi - \frac{\pi}{2}\right)$$

positiv, liegt also φ zwischen den Grenzen 0 und π, so wird auch die erste Coordinate von

$$\sqrt{\varrho}\, e^{\frac{1}{2}\left(\varphi - \frac{\pi}{2}\right) i},$$

nämlich

$$\sqrt{\varrho} \cos \frac{1}{2}\left(\varphi - \frac{\pi}{2}\right),$$

positiv. Für $\varphi = \pi$, d. h. $\xi = 0$, ist x ebenfalls positiv, nämlich gleich ϱi, und der Hauptwerth von $\sqrt{\xi+\eta i}$ wird nach der ursprünglichen Definition

$$\sqrt{\varrho i} = \frac{1+i}{\sqrt{2}}\sqrt{\varrho};$$

derselbe Werth

$$\sqrt{\varrho}\, e^{\frac{\pi}{4}i} = \frac{1+i}{\sqrt{2}}\sqrt{\varrho}$$

folgt aber auch aus dem angenommenen Ausdruck.

Ist ferner ξ, also auch x, negativ, d. h.

$$\pi < \varphi < 2\pi,$$

so soll nach der Definition der Hauptwerth von $\sqrt{\xi+\eta i}$ gleich

$$i\sqrt{-(\xi+\eta i)}$$

gesetzt werden. Nun ist

$$-(\xi+\eta i) = \varrho\, e^{\left(\varphi-\frac{3\pi}{2}\right)i},$$

und für

$$\varphi = \pi + \varphi'$$

$$-(\xi+\eta i) = \varrho\, e^{\left(\varphi'-\frac{\pi}{2}\right)i}.$$

Weil φ' zwischen den Grenzen 0 und π liegt, so ergiebt sich nach dem bereits Bewiesenen als Hauptwerth der Quadratwurzel

$$\sqrt{-(\xi+\eta i)} = \sqrt{\varrho}\, e^{\frac{1}{2}\left(\varphi'-\frac{\pi}{2}\right)i} = \sqrt{\varrho}\, e^{\frac{1}{2}\left(\varphi-\frac{3\pi}{2}\right)i},$$

woraus

$$i\sqrt{-(\xi+\eta i)} = \sqrt{\varrho}\, e^{\frac{1}{2}\left(\varphi-\frac{\pi}{2}\right)i},$$

wieder mit der angenommenen Formel übereinstimmend.

Für $\varphi = 0$ dagegen wird

$$\xi+\eta i = \varrho\, e^{-\frac{\pi}{2}i} = -\varrho i,$$

mithin nach der Definition für den Hauptwerth

$$\sqrt{\xi+\eta i} = i\sqrt{\varrho i} = \frac{-1+i}{\sqrt{2}}\sqrt{\varrho}.$$

Der Ausdruck

$$\sqrt{\varrho}\, e^{\frac{1}{2}\left(\varphi-\frac{\pi}{2}\right)i}$$

liefert jedoch

$$\sqrt{\varrho}\, e^{-\frac{\pi}{4}i} = \frac{1-i}{\sqrt{2}}\sqrt{\varrho},$$

d. h. der Hauptwerth der Quadratwurzel wird für $\varphi = 0$, also für diejenige Gerade, die sich von 0 durch $-i$ in's Unendliche erstreckt, durch jene Formel nicht dargestellt.

Bestimmt man, dem Vorhergehenden entsprechend, den Hauptwerth von $\sqrt{x-a}$ durch einen analytischen Ausdruck, so wird dieser Hauptwerth dadurch für die ganze Ebene dargestellt mit Ausnahme einer geraden Linie, die vom Punkte a aus der Strecke $(0 \cdots -i)$ parallel läuft.

Unter dem Hauptwerth der Quadratwurzel aus einem Product soll das Product der Hauptwerthe der Wurzeln aus den einzelnen Factoren verstanden werden. Im Besonderen ist der Hauptwerth der Grösse $\sqrt{(x-a')(x-a'')}$ gleich dem Product der beiden Hauptwerthe von $\sqrt{x-a'}$ und $\sqrt{x-a''}$. Auf Grund dieser Definition wollen wir untersuchen, ob der auf S. 348 für jene Wurzelgrösse gefundene Werth der Hauptwerth ist.

Für den Scheitelpunkt x' der Ellipse ist

$$x'-a' = k'(a'-a''),$$
$$x'-a'' = k''(a'-a''),$$

wo k', k'' reelle positive Grössen bedeuten. Der Hauptwerth von $\sqrt{(x'-a')(x'-a'')}$ wird demnach gleich

$$\sqrt{k'k''}(a'-a'').$$

Dieser Werth ist positiv. Nun ändert sich der Hauptwerth von $\sqrt{x-a'}$ stetig, so lange x nicht den Strahl überschreitet, der von a' aus parallel zu $(0 \cdots -i)$ gezogen ist, und dasselbe gilt für den von $\sqrt{x-a''}$, so lange x nicht die Linie passirt, die von a'' aus jener Geraden parallel geht; daher ändert sich auch der Hauptwerth von $\sqrt{(x-a')(x-a'')}$ in der ganzen Ebene mit Ausnahme jener beiden Linien stetig. Für alle Punkte x, die in der Nähe von x' gelegen sind, muss hiernach der Hauptwerth der Wurzelgrösse positiv sein. Diese

Bedingung erfüllt in der That der Ausdruck (S. 348)

$$\frac{a'-a''}{2}\,\frac{\xi-\xi^{-1}}{2},$$

denn er ist für $x = x'$ positiv, da dort $\xi > 1$ ist. Dieser Ausdruck stellt also für denjenigen Ellipsenbogen, der nicht zwischen den betrachteten, von den Brennpunkten a' und a'' ausgehenden Strahlen liegt, den Hauptwerth von $\sqrt{(x-a')(x-a'')}$ dar; dagegen für den zwischen diesen Strahlen liegenden Bogen den dem Hauptwerth entgegengesetzten.

Das Differential

$$\frac{dx}{\sqrt{(x-a')(x-a'')}}$$

(S. 345) nimmt nun vermöge der betrachteten Substitution

$$x = \frac{a'+a''}{2} + \frac{a'-a''}{2}\,\frac{\xi+\xi^{-1}}{2}$$

eine sehr einfache Form an. Es ist

$$dx = \frac{a'-a''}{2}\,\frac{1-\xi^{-2}}{2}\,d\xi,$$

mithin

$$\frac{dx}{\sqrt{(x-a')(x-a'')}} = \frac{d\xi}{\xi}.$$

Bei einer Integration, bei der x in positivem Sinne den Umfang einer Ellipse mit den Brennpunkten a' und a'', also ξ, ebenfalls in positivem Sinne, den Umfang eines Kreises beschreibt (S. 348), wird demnach

$$\bar{\int}\frac{dx}{\sqrt{(x-a')(x-a'')}} = \bar{\int}\frac{d\xi}{\xi} = \bar{\int} i\,d\varphi = 2\pi i.$$

Die Wurzelgrösse ist hierbei so zu wählen, dass sie in dem auf der positiven Seite von ma' gelegenen Theil der Ellipse dem Hauptwerth gleich wird.

Die entsprechende Substitution soll jetzt auf ein vollständiges hyperelliptisches Integral

$$\bar{\int}\frac{f(x)\,dx}{\sqrt{R(x)}}$$

angewendet werden, in welchem $f(x)$ eine ganze Function bedeutet. Die Ergebnisse, die sich hierbei herausstellen, werden ohne Weiteres für die Berechnung der Perioden der Integrale erster Art verwerthet werden können.

Die Grössen $a_0, a_1, \ldots a_{2\varrho}$ in dem Ausdruck

$$R(x) = (x-a_0)(x-a_1)\ldots(x-a_{2\varrho})$$

wollen wir uns so geordnet denken, dass die Differenzen

$$a_0 - a_1,\; a_1 - a_2,\; \ldots\; a_{2\varrho-1} - a_{2\varrho}$$

sämmtlich positiv sind. Das Integral soll in positivem Sinne über den Umfang einer Ellipse erstreckt werden, die nur die Punkte a_α und $a_{\alpha+1}$ umschliesst und diese zu Brennpunkten hat. Demgemäss setzen wir

$$x = \frac{a_\alpha + a_{\alpha+1}}{2} + \frac{a_\alpha - a_{\alpha+1}}{2}\,\frac{\xi+\xi^{-1}}{2}$$

und erhalten

$$\sqrt{(x-a_\alpha)(x-a_{\alpha+1})} = \frac{a_\alpha - a_{\alpha+1}}{2}\,\frac{\xi-\xi^{-1}}{2}$$

für einen bestimmten, dem Vorhergehenden entsprechend zu erklärenden Werth der Quadratwurzel.

Ist ferner β eine von α und $\alpha+1$ verschiedene Zahl aus der Reihe $0, 1, \ldots 2\varrho$, so wird

$$x - a_\beta = \frac{a_\alpha + a_{\alpha+1}}{2} - a_\beta + \frac{a_\alpha - a_{\alpha+1}}{2}\,\frac{\xi+\xi^{-1}}{2}.$$

Man kann die rechte Seite als ein Product der Form

$$(g_\beta + h_\beta\,\xi)(g_\beta + h_\beta\,\xi^{-1})$$

darstellen, indem man die Coefficienten g_β, h_β den Gleichungen

$$g_\beta^2 + h_\beta^2 = \frac{a_\alpha + a_{\alpha+1}}{2} - a_\beta,$$

$$g_\beta h_\beta = \frac{a_\alpha - a_{\alpha+1}}{4}$$

entsprechend wählt, aus denen die Ausdrücke

$$g_\beta = \frac{1}{2}\left(\sqrt{a_\alpha - a_\beta} + \sqrt{a_{\alpha+1} - a_\beta}\right),$$

$$h_\beta = \frac{1}{2}\left(\sqrt{a_\alpha - a_\beta} - \sqrt{a_{\alpha+1} - a_\beta}\right)$$

hervorgehen. Welche Werthe den beiden Quadratwurzeln hierbei gegeben werden, ist willkürlich, nur müssen sie in beiden Formeln übereinstimmen. Durch passende Wahl der Wurzelwerthe kann man bewirken, dass $|h_\beta| < |g_\beta|$

wird. Setzt man nämlich

$$\frac{\sqrt{a_{\alpha+1}-a_\beta}}{\sqrt{a_\alpha-a_\beta}} = \mu+\nu i,$$

sodass

$$\frac{h_\beta}{g_\beta} = \frac{1-\mu-\nu i}{1+\mu+\nu i},$$

$$\left|\frac{h_\beta}{g_\beta}\right|^2 = \frac{(1-\mu)^2+\nu^2}{(1+\mu)^2+\nu^2}$$

ist, so erhält man

$$\left|\frac{h_\beta}{g_\beta}\right| < 1$$

für

$$\mu > 0.$$

Dabei kann ein Zeichen, z. B. das von g_β, noch willkürlich gewählt werden. Dass μ niemals gleich Null sein kann, ist leicht zu sehen, denn sonst würde

$$\frac{a_{\alpha+1}-a_\beta}{a_\alpha-a_\beta} < 0$$

werden, d. h. a_β zwischen a_α und $a_{\alpha+1}$ liegen, was der Voraussetzung widerspricht.

Man kann, wie jetzt gezeigt werden soll, der Bedingung $\mu > 0$ dadurch genügen, dass man für die beiden in g_β und h_β vorkommenden Wurzelgrössen die Hauptwerthe setzt. Nach der Annahme über a_β sind die Differenzen $a_\alpha - a_\beta$ und $a_{\alpha+1} - a_\beta$ gleichzeitig entweder positiv oder negativ. Setzt man also

$$a_{\alpha+1}-a_\beta = \varrho_1 e^{\left(\varphi_1-\frac{\pi}{2}\right)i},$$

$$a_\alpha-a_\beta = \varrho_2 e^{\left(\varphi_2-\frac{\pi}{2}\right)i},$$

so ist gleichzeitig entweder

$$0 < \varphi_1 \leqq \pi, \quad 0 < \varphi_2 \leqq \pi$$

oder

$$\pi < \varphi_1 \leqq 2\pi, \quad \pi < \varphi_2 \leqq 2\pi.$$

Es folgt

$$\frac{\sqrt{a_{\alpha+1}-a_\beta}}{\sqrt{a_\alpha-a_\beta}} = \sqrt{\frac{\varrho_1}{\varrho_2}}\, e^{\frac{1}{2}(\varphi_1-\varphi_2)i},$$

wenn die Hauptwerthe der beiden Wurzeln genommen werden (S. 349). Da nun den gemachten Bemerkungen zufolge immer

$$-\pi < \varphi_1 - \varphi_2 < \pi$$

oder

$$-\frac{\pi}{2} < \frac{1}{2}(\varphi_1 - \varphi_2) < \frac{\pi}{2}$$

ist, so wird der Quotient der Hauptwerthe der beiden Wurzeln in der That im reellen Theile positiv.

Nach Einführung von g_β und h_β erhält man einen Werth von $\sqrt{x-a_\beta}$ in der Form

$$\sqrt{x-a_\beta} = g_\beta\left(1+\frac{h_\beta}{g_\beta}\xi\right)^{\frac{1}{2}}\left(1+\frac{h_\beta}{g_\beta}\xi^{-1}\right)^{\frac{1}{2}}$$

dargestellt. Die rechte Seite dieser Gleichung ist vollständig bestimmt, denn die beiden gebrochenen Potenzen sind so zu nehmen, dass die erste für $\xi = 0$, die zweite für $\xi^{-1} = 0$ gleich 1 wird, und für die in g_β und h_β vorkommenden beiden Wurzeln sind die Hauptwerthe zu setzen. Es fragt sich dann, ob vermöge dieser Formel auch der Quadratwurzel auf der linken Seite ihr Hauptwerth beizulegen ist.

Der Hauptwerth von $\sqrt{x-a_\beta}$ ändert sich stetig in der ganzen Ebene mit Ausnahme einer Linie, die von a_β aus parallel der Geraden $(0 \cdots -i)$ in's Unendliche gezogen werden kann. Der Punkt a_β liegt der auf S. 353 gemachten Voraussetzung nach ausserhalb der Ellipse, welche die Punkte a_α und $a_{\alpha+1}$ umgiebt, und man kann diese Ellipse der Strecke $(a_\alpha \ldots a_{\alpha+1})$ so nahe anschliessen, dass auch jene, vom Punkte a_β ausgehende Gerade ganz ausserhalb der Curve liegt. Der Hauptwerth von $\sqrt{x-a_\beta}$ ändert sich dann im Innern und auf dem Umfange der Ellipse stetig, und es genügt daher nachzuweisen, dass für $x = a_\alpha$, d. h. für $\xi = 1$, der Ausdruck auf der rechten Seite der obigen Gleichung den Hauptwerth von $\sqrt{x-a_\beta}$ darstellt. Nun wird für $\xi = 1$ dieser Ausdruck gleich

$$g_\beta + h_\beta = \sqrt{a_\alpha - a_\beta},$$

wo nach dem Vorhergehenden unter $\sqrt{a_\alpha - a_\beta}$ der Hauptwerth zu verstehen ist. Daher ist auch auf der linken Seite der obigen Gleichung für $x = a_\alpha$ der Hauptwerth von $\sqrt{x-a_\beta}$ zu nehmen. Es wird also für alle Punkte innerhalb und auf der Ellipse, und überhaupt für die ganze Ebene mit Ausnahme der vorher ausgeschlossenen Geraden, der Hauptwerth von $\sqrt{x-a_\beta}$ durch die Formel

$$\sqrt{x-a_\beta} = g_\beta\left(1+\frac{h_\beta}{g_\beta}\xi\right)^{\frac{1}{2}}\left(1+\frac{h_\beta}{g_\beta}\xi^{-1}\right)^{\frac{1}{2}}$$

gegeben, wenn für die in g_β und h_β auftretenden Wurzelgrössen die Hauptwerthe gesetzt werden. Wenn die drei Punkte a_α, $a_{\alpha+1}$, a_β auf der imaginären Axe liegen, so brauchen diese Betrachtungen nicht unmittelbar zu gelten; es genügt aber dann eine Drehung der reellen und imaginären Axe, um auf den vorhergehenden Fall zurückzukommen.

Zum Zwecke der Darstellung von $\sqrt{R(x)}$ als Function von ξ hat man die Ausdrücke sämmtlicher Grössen $\sqrt{x-a_\beta}$ mit einander und mit dem von $\sqrt{(x-a_\alpha)(x-a_{\alpha+1})}$ zu multipliciren. Dabei ist zu unterscheiden, ob $\beta > \alpha+1$ oder $\beta < \alpha$ ist. Im ersten Falle wird nach der für die Grössen a_λ $(\lambda = 0, 1, \dots 2\varrho)$ getroffenen Anordnung g_β eine positive complexe Grösse; ist jedoch $\beta < \alpha$, so wird g_β gleich einer solchen Grösse, multiplicirt mit i (S. 349). Es werde nun allgemein

$$\frac{1}{2}\left(\sqrt{\pm(a_\alpha-a_\beta)}+\sqrt{\pm(a_{\alpha+1}-a_\beta)}\right) = \bar{g}_\beta$$

gesetzt, wo das obere oder das untere Zeichen gelten soll, je nachdem $\beta > \alpha+1$ oder $\beta < \alpha$ ist. Dann ist also $\bar{g}_\beta$ stets eine positive complexe Grösse. Definirt man ferner das Zeichen $\alpha|\beta$ durch die Bestimmungen

$$\alpha|\beta = \begin{cases} 0, & \alpha < \beta \\ 1, & \alpha > \beta, \end{cases}$$

so ist immer

$$g_\beta = i^{\alpha|\beta}\bar{g}_\beta,$$

und der Hauptwerth von $\sqrt{x-a_\beta}$ wird mithin gleich

$$i^{\alpha|\beta}\bar{g}_\beta\left(1+\frac{h_\beta}{g_\beta}\xi\right)^{\frac{1}{2}}\left(1+\frac{h_\beta}{g_\beta}\xi^{-1}\right)^{\frac{1}{2}}.$$

Für das Product aller dieser Hauptwerthe $\prod_\beta'\sqrt{x-a_\beta}$, erstreckt über sämmtliche von α und $\alpha+1$ verschiedenen Werthe von β, oder, was dasselbe ist (S. 351), für den Hauptwerth der Quadratwurzel aus dem Product $\prod_\beta'(x-a_\beta)$, besteht daher, weil α der Zahlen β kleiner sind als α, also

$$\sum_\beta{}' \alpha|\beta = \alpha$$

ist, die Gleichung

$$\sqrt{\prod_\beta{}'(x-a_\beta)} = i^\alpha \prod_\beta{}' \bar{g}_\beta \prod_\beta{}' \left\{\left(1+\frac{h_\beta}{g_\beta}\xi\right)^{\frac{1}{2}}\left(1+\frac{h_\beta}{g_\beta}\xi^{-1}\right)^{\frac{1}{2}}\right\}.$$

Genau wie auf S. 352 wird nun

$$\frac{dx}{\sqrt{(x-a_\alpha)(x-a_{\alpha+1})}} = \frac{d\xi}{\xi},$$

also ergiebt sich

$$\frac{dx}{\sqrt{R(x)}} = i^{-\alpha}\frac{d\xi}{\xi}\prod_\beta{}'\frac{1}{\bar{g}_\beta}\prod_\beta{}'\left\{\left(1+\frac{h_\beta}{g_\beta}\xi\right)^{-\frac{1}{2}}\left(1+\frac{h_\beta}{g_\beta}\xi^{-1}\right)^{-\frac{1}{2}}\right\}.$$

Für den in dieser Formel vorkommenden Werth von $\sqrt{R(x)}$ gilt dabei folgende Bestimmung. Man denke sich von den beiden Punkten a_α und $a_{\alpha+1}$ aus zwei gerade Linien parallel der Strecke $(0 \cdots -i)$ in's Unendliche gezogen. Versteht man dann unter $\sqrt{(x-a_\alpha)(x-a_{\alpha+1})}$ denjenigen Werth dieser Quadratwurzel, der für das nicht von diesen beiden Geraden eingeschlossene Stück des Ellipsenumfanges mit dem Hauptwerth übereinstimmt, für das eingeschlossene Stück aber ihm entgegengesetzt gleich ist, und legt auch jeder der Quadratwurzeln $\sqrt{x-a_\beta}$ $(\beta < \alpha$ oder $\beta > \alpha+1)$ ihren Hauptwerth bei, so ist $\sqrt{R(x)}$ gleich dem Product aller dieser Grössen:

$$\sqrt{R(x)} = \prod_{\lambda=0}^{2\varrho}\sqrt{x-a_\lambda}.$$

Wird noch

$$\prod_\beta{}'\bar{g}_\beta = R_0,$$

$$\prod_\beta{}'\left(1+\frac{h_\beta}{g_\beta}\xi\right)^{-\frac{1}{2}} = \Phi(\xi)$$

gesetzt, so folgt

$$\frac{dx}{\sqrt{R(x)}} = \frac{i^{-\alpha}}{R_0}\Phi(\xi)\Phi(\xi^{-1})\frac{d\xi}{\xi}.$$

Um das Integral $\int\frac{f(x)\,dx}{\sqrt{R(x)}}$ (vgl. S. 352) zu berechnen, hat man diesen Ausdruck mit

$$f(x) = C(x-c_1)^{\mu_1}(x-c_2)^{\mu_2}\ldots$$

zu multipliciren. Nun lässt sich jeder der Linearfactoren $x-c_1$, $x-c_2$, ... in ähnlicher Weise wie vorher $x-a_\beta$ als Product einer Function von ξ und derselben Function von ξ^{-1} darstellen (S. 353), demnach ergiebt sich

$$f(x) = \varphi(\xi)\,\varphi(\xi^{-1}),$$

wo $\varphi(\xi)$ eine ganze rationale Function ihres Arguments bedeutet.

Zum Zweck der Integration hatte man

$$\xi = r\,e^{\varphi i}$$

zu setzen (S. 346). Nimmt man nun die Grösse r so nahe der Einheit an, dass gleichzeitig

$$\left|\frac{h_\beta}{g_\beta}\xi\right| < 1, \quad \left|\frac{h_\beta}{g_\beta}\xi^{-1}\right| < 1$$

wird, so kann man $\Phi(\xi)$ und $\Phi(\xi^{-1})$ und damit auch $\Phi(\xi)\varphi(\xi)$ und $\Phi(\xi^{-1})\varphi(\xi^{-1})$ nach Potenzen von ξ und von ξ^{-1} entwickeln. Es sei

$$\Phi(\xi)\,\varphi(\xi) = \varkappa_0 + \varkappa_1\xi + \varkappa_2\xi^2 + \cdots,$$

mithin

$$\Phi(\xi^{-1})\,\varphi(\xi^{-1}) = \varkappa_0 + \varkappa_1\xi^{-1} + \varkappa_2\xi^{-2} + \cdots,$$

so folgt, da die vollständigen Integrale

$$\overline{\int}\xi^{m-1}d\xi \quad \text{und} \quad \overline{\int}\xi^{-m-1}d\xi$$

für jeden positiven ganzzahligen Werth von m gleich Null sind,

$$\overline{\int}\frac{f(x)\,dx}{\sqrt{R(x)}} = \frac{i^{-\alpha}}{R_0}\overline{\int}\frac{d\xi}{\xi}(\varkappa_0^2 + \varkappa_1^2 + \cdots)$$
$$= \frac{2\pi i^{-\alpha+1}}{R_0}(\varkappa_0^2 + \varkappa_1^2 + \cdots).$$

Aus diesem Ergebniss ist jede Beziehung auf die Grösse r verschwunden. Man kann demnach $r = 1$, also $\xi = e^{\varphi i}$ setzen und erhält dann, für

$$\Phi(\xi)\,\varphi(\xi) = F(\xi),$$

$$\overline{\int}\frac{f(x)\,dx}{\sqrt{R(x)}} = \frac{i^{-\alpha+1}}{R_0}\int_0^{2\pi}F(e^{\varphi i})\,F(e^{-\varphi i})\,d\varphi.$$

Das Product $F(e^{\varphi i})\,F(e^{-\varphi i})$ lässt sich als eine Reihe von Cosinus der Form $\cos n\varphi$ darstellen, und da

$$\int_0^{2\pi}\cos n\varphi\,d\varphi = 2\int_0^{\pi}\cos n\varphi\,d\varphi$$

ist, so hat man auch

$$\overline{\int}\frac{f(x)\,dx}{\sqrt{R(x)}} = \frac{2i^{-\alpha+1}}{R_0}\int_0^{\pi} F(e^{\varphi i})F(e^{-\varphi i})\,d\varphi = 2\int_{a_\alpha}^{a_{\alpha+1}}\frac{f(x)\,dx}{\sqrt{R(x)}}.$$

Damit ist das Integral links, das über den Umfang einer Ellipse zu erstrecken war, auf ein Integral reducirt, das sich auf die geradlinige Strecke $(a_\alpha \dots a_{\alpha+1})$ bezieht.

Ganz ähnlich würde man bei der Berechnung des Integrals verfahren können, wenn $f(x)$ eine gebrochene rationale Function bedeutete.

Um die gefundenen Resultate auf die hyperelliptischen Integrale erster und zweiter Art anzuwenden, gehen wir zu den Functionen (S. 344)

$$\begin{aligned} H(xy)_\beta &= \frac{P(x)}{2y(x-a_{2\beta-1})}, \\ H'(xy)_\beta &= -\frac{Q(a_{2\beta-1})}{P'(a_{2\beta-1})}\frac{P(x)}{2y(x-a_{2\beta-1})^2} \end{aligned} \qquad (\beta = 1, 2, \dots \varrho)$$

zurück. Integrirt man diese 2ϱ Functionen über einen und denselben geschlossenen Weg, so erhält man ein System zusammengehöriger Perioden der Integrale erster und zweiter Art. Für die Integrale erster Art lässt sich die Berechnung nach dem eben entwickelten Verfahren ohne Weiteres ausführen, denn

$$\frac{P(x)}{x-a_{2\beta-1}}$$

ist eine ganze Function. Es werde nun

$$\overline{\int} H(xy)_\beta\,dx = \overline{\int}\frac{P(x)}{x-a_{2\beta-1}}\frac{dx}{2y} = 2\omega_\beta \qquad (\beta = 1, 2, \dots \varrho)$$

gesetzt. Diese Perioden werden, wie aus dem bei der Berechnung angewendeten Verfahren selbst hervorgeht, eindeutige analytische Functionen der Grössen a_λ; sie ergeben sich nämlich als gleichmässig convergente Reihen dieser Grössen.

Dieser Eigenschaft zufolge kann man die Ableitung von $2\omega_\beta$ nach $a_{2\beta-1}$ durch Differentiation unter dem Integralzeichen herstellen. Es wird

$$\frac{\partial(2\omega_\beta)}{\partial a_{2\beta-1}} = \overline{\int}\frac{\partial}{\partial a_{2\beta-1}}\left(\frac{P(x)}{x-a_{2\beta-1}}\cdot\frac{1}{2y}\right)dx.$$

Nun ist $\frac{P(x)}{x-a_{2\beta-1}}$ von $a_{2\beta-1}$ unabhängig, und y von der Form

$$y = (x-a_{2\beta-1})^{\frac{1}{2}} Y,$$

wo Y die Grösse $a_{2\beta-1}$ nicht mehr enthält; es folgt also

$$\frac{\partial(2\omega_\beta)}{\partial a_{2\beta-1}} = \frac{1}{4}\int \frac{P(x)}{(x-a_{2\beta-1})^2}\frac{dx}{y}.$$

Setzt man noch

$$\int H'(xy)_\beta\, dx = 2\eta_\beta, \qquad (\beta = 1, 2, \ldots \varrho)$$

die Integrale über denselben Weg erstreckt wie vorher, so erhält man

$$2\eta_\beta = -2\frac{Q(a_{2\beta-1})}{P'(a_{2\beta-1})}\frac{\partial(2\omega_\beta)}{\partial a_{2\beta-1}} \qquad (\beta = 1, 2, .. \varrho).$$

Diese Formeln lehren, wie man aus einer Periode eines hyperelliptischen Integrals erster Art die zugehörige Periode des entsprechenden Integrals zweiter Art durch blosse Differentiation nach $a_{2\beta-1}$ finden kann.

Zu dem einen bisher allein betrachteten geschlossenen Integrationswege, dessen x-Linie eine Ellipse mit den Brennpunkten a_α und $a_{\alpha+1}$ war, nehmen wir jetzt einen zweiten hinzu, und zwar sei die x-Linie eine Ellipse mit den Brennpunkten $a_{\alpha-1}$ und a_α.

Fig. 17.

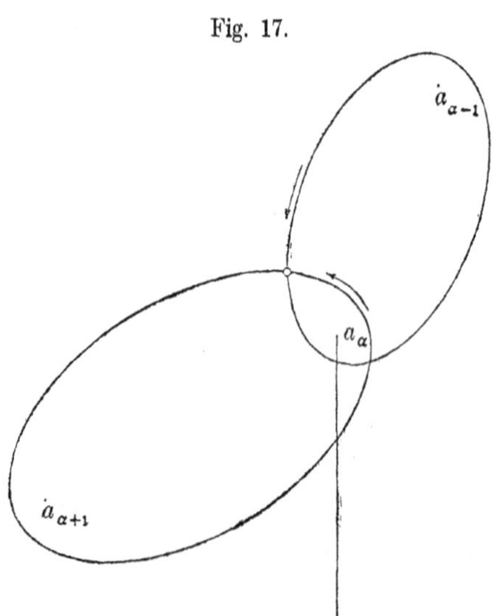

Denken wir uns dann die beiden Curven in positivem Sinne von den Punkten aus durchlaufen, in denen sie von den Geraden $a_{\alpha+1}a_\alpha$ und $a_\alpha a_{\alpha-1}$ geschnitten werden, so stimmen in den Integralen $\int H(xy)_\beta dx$ die Werthe von $\sqrt{R(x)}$ in dem ersten, in der Figur gekennzeichneten Schnittpunkte überein. In dem zweiten Schnittpunkte dagegen findet keine Übereinstimmung statt, denn in den auf die Ellipse mit den Brennpunkten a_α und $a_{\alpha+1}$ sich beziehenden Integralen hat $y = \sqrt{R(x)}$ auch in diesem Schnittpunkte den Hauptwerth, in den über die andere Ellipse erstreckten Integralen dagegen nicht. Daraus folgt, dass diese beiden Ellipsen, wenn sie in richtigem Sinne durchlaufen werden, die eine der Bedingungen erfüllen, die früher für die Kreise K_β und K'_β festgesetzt wurden, dass sie sich nämlich nur in einem Punkte in positivem Sinne durchkreuzen.

Wenn die Perioden $2\overset{\alpha}{\omega}_\beta$, $2\overset{\alpha}{\eta}_\beta$ der Integrale erster und zweiter Art durch Integration längs der Ellipse mit den Brennpunkten a_α und $a_{\alpha+1}$ entstehen, während die Perioden $2\overset{\alpha-1}{\omega}_\beta$, $2\overset{\alpha-1}{\eta}_\beta$ in derselben Weise der Ellipse mit den Brennpunkten $a_{\alpha-1}$ und a_α zugeordnet sind, so ist

$$\sum_{\beta=1}^{\varrho}(\overset{\alpha}{\eta}_\beta \overset{\alpha-1}{\omega}_\beta - \overset{\alpha}{\omega}_\beta \overset{\alpha-1}{\eta}_\beta) = \frac{\pi i}{2},$$

denn die zweite Ellipse schneidet die erste einmal in positivem Sinne (S. 313). Diese Relation gilt für je zwei auf einander folgende Ellipsen, die sich in gleicher Weise um drei benachbarte der Punkte $a_0, a_1, \ldots a_{2\varrho}$ construiren lassen.

Handelt es sich jetzt um die Bestimmung eines primitiven Systems simultaner Perioden der hyperelliptischen Integrale erster und zweiter Art, so hat man 2ϱ Integrationswege $K_1, K'_1; \ldots K_\varrho, K'_\varrho$ von der Beschaffenheit aufzusuchen, dass nur der zweite den ersten, der vierte den dritten, u. s. f. einmal in positivem Sinne durchkreuzt (S. 327). Die bis jetzt eingeführten Ellipsen haben nicht diese Beschaffenheit, da sich ja immer zwei auf einander folgende schneiden. Nun treffen die ϱ Ellipsen mit den Brennpunkten $a_1, a_2; a_3, a_4; a_5, a_6; \ldots a_{2\varrho-1}a_{2\varrho}$ bei geeigneter Wahl der Grösse ihrer Axen einander nicht; man findet daher Integrationswege der verlangten Eigenschaft, wenn man jenen Ellipsen ϱ andere zuordnet, deren jede eine von ihnen einmal in positivem Sinne schneidet und ausserdem alle vorhergehenden Ellipsen umschliesst.

Die Figur veranschaulicht dies für $\varrho = 2$ unter der Annahme, dass die Grössen $a_0, \ldots a_4$ reell sind. Auch steht es frei, diese Ellipsen durch Kreise

Fig. 18.

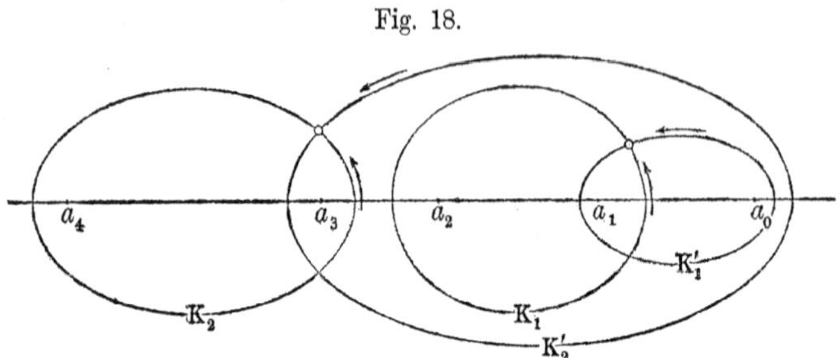

zu ersetzen, die also der Reihe nach die zwei Punkte a_0, a_1, die vier Punkte a_0, a_1, a_2, a_3, die sechs Punkte $a_0, \ldots a_5$ u. s. w. umfassen. Diese Kreise können noch speciellen Bedingungen unterworfen werden.

Es ist jedoch nicht nöthig, die Integration längs dieser oder äquivalenter Curven wirklich auszuführen, wenn es überhaupt nur darauf ankommt, ein primitives System simultaner Perioden zu bilden. Man kann dann bei den 2ϱ Ellipsen stehen bleiben, die je zwei auf einander folgende Punkte aus der Reihe $a_0, a_1, \ldots a_{2\varrho}$ zu Brennpunkten haben und für welche die Berechnung der vollständigen Integrale im Vorhergehenden entwickelt worden ist. Es werde nämlich gesetzt:

$$2\omega_{\alpha\beta} = 2\overset{2\beta-1}{\omega_\alpha}, \qquad 2\eta_{\alpha\beta} = 2\overset{2\beta-1}{\eta_\alpha},$$

$$2\omega'_{\alpha\beta} = 2\sum_{\delta=0}^{\beta-1}\overset{2\delta}{\omega_\alpha}, \qquad 2\eta'_{\alpha\beta} = 2\sum_{\delta=0}^{\beta-1}\overset{2\delta}{\eta_\alpha}.$$

Dass diese Grössen als ein primitives Periodensystem betrachtet werden können, beweisen wir, indem wir zeigen, dass sie den für solche Perioden charakteristischen Relationen genügen. Eine Gruppe dieser Relationen ist in der Formel

$$\sum_\alpha (\eta_{\alpha\beta}\,\omega'_{\alpha\gamma} - \omega_{\alpha\beta}\,\eta'_{\alpha\gamma}) = \begin{cases} 0 & (\beta \gtrless \gamma) \\ \dfrac{\pi i}{2} & (\beta = \gamma) \end{cases}$$

(S. 330, (A.)) enthalten. Setzt man nun für $\omega_{\alpha\beta}, \eta_{\alpha\beta}, \omega'_{\alpha\beta}, \eta'_{\alpha\beta}$ die obigen Ausdrücke, so ergiebt sich

$$\sum_\alpha (\eta_{\alpha\beta}\,\omega'_{\alpha\gamma} - \omega_{\alpha\beta}\,\eta'_{\alpha\gamma}) = \sum_{\delta=0}^{\gamma-1}\sum_{\alpha=1}^{\varrho}(\overset{2\beta-1}{\eta_\alpha}\,\overset{2\delta}{\omega_\alpha} - \overset{2\beta-1}{\omega_\alpha}\,\overset{2\delta}{\eta_\alpha}).$$

Ist hierin $\beta > \gamma$, so wird die $(2\beta)^{\text{te}}$ Ellipse nicht von der $(2\delta+1)^{\text{ten}}$ geschnitten, denn es ist dann

$$2\delta+1 \leqq 2\gamma-1 < 2\beta-1,$$

und der Ausdruck rechts ist Null (S. 313). Für $\beta = \gamma$ wird er gleich

$$\sum_\alpha \Big(\overset{2\beta-1}{\eta}_\alpha \overset{2\beta-2}{\omega}_\alpha - \overset{2\beta-1}{\omega}_\alpha \overset{2\beta-2}{\eta}_\alpha \Big) = \frac{\pi i}{2}.$$

Endlich erhält man für $\beta < \gamma$

$$\sum_\alpha \Big(\overset{2\beta-1}{\eta}_\alpha \overset{2\beta-2}{\omega}_\alpha - \overset{2\beta-1}{\omega}_\alpha \cdot \overset{2\beta-2}{\eta}_\alpha \Big) + \sum_\alpha \Big(\overset{2\beta-1}{\eta}_\alpha \overset{2\beta}{\omega}_\alpha - \overset{2\beta-1}{\omega}_\alpha \overset{2\beta}{\eta}_\alpha \Big) = \frac{\pi i}{2} - \frac{\pi i}{2} = 0.$$

Die obige Formel besteht also in jedem einzelnen Falle.

Ebenso kann man beweisen, dass die anderen Relationen, die für ein primitives System simultaner Perioden gelten (S. 330, (A.)), durch die für

$$\omega_{\alpha\beta},\ \omega'_{\alpha\beta},\ \eta_{\alpha\beta},\ \eta'_{\alpha\beta}$$

angenommenen Grössen erfüllt werden.

Als ich mich zuerst mit den hyperelliptischen Functionen beschäftigte, hat mir die Auffindung dieses Systems von Fundamentalperioden grosse Mühe gemacht. In der Theorie der elliptischen Functionen boten sich die Perioden von selbst dar, als vollständige Integrale über die beiden Ellipsen mit den Brennpunkten a_0, a_1 und a_1, a_2. Es lag nahe, auch für den allgemeinen Fall diejenigen Perioden als primitiv anzunehmen, die durch Integration über die 2ϱ hier zuerst betrachteten Ellipsen mit den Brennpunkten a_0, a_1; a_1, a_2; ... $a_{2\varrho-1}, a_{2\varrho}$ erhalten werden. Dann stimmte aber Manches nicht, z. B. bei den Eigenschaften der Thetafunctionen.

Weitere Resultate aus der Theorie der hyperelliptischen Functionen habe ich in einer Abhandlung »Zur Theorie der Abelschen Functionen«, Crelle's Journal Bd. 47, veröffentlicht.*) Die Theorie stützt sich dort hauptsächlich auf das Abelsche Theorem.

---

*) Bd. I, S. 133—152 dieser Ausgabe.

Achtzehntes Kapitel.

Die Functionen $E(xy)_\beta$ und $E'(xy)_\beta$.

Am Schlusse des fünfzehnten Kapitels wurde eine allenthalben eindeutige Function $E(xy)$ eingeführt, die mit

$$\Omega(xy) = \int^{-} H(xy, x'y')dx'$$

durch die Gleichung

$$e^{\Omega(xy)} = E(xy)$$

zusammenhängt. Es ist demnach der Werth der Function $\Omega(xy)$ gleich einem der Werthe von $\log E(xy)$, und es soll zunächst dieser Werth genauer bestimmt werden.

Wir haben gesehen, dass die Function $\Omega(xy)$ beim Übergange von irgend einer Stelle, z. B. $(a_0 b_0)$, zu einer anderen (xy) sich stetig ändert, so lange der von $(a_0 b_0)$ nach (xy) führende Weg weder den zur Definition von $\Omega(xy)$ (S. 306) dienenden Kreis von Paaren kreuzt, noch durch eine der Stellen $(a_1 b_1), \dots (a_\varrho b_\varrho)$ hindurchgeht. Wird nun der Logarithmus von $E(xy)$ so gewählt, dass er an der Stelle $(a_0 b_0)$, für die $H(xy, x'y')$ gleich Null ist, verschwindet, und wird der Weg von $(a_0 b_0)$ nach (xy) fixirt, so ist $\log E(xy)$ eindeutig bestimmt, und es ist $\Omega(xy)$ mit diesem Werth von $\log E(xy)$ jedenfalls so lange identisch, wie an den genannten Bedingungen festgehalten wird. Wir haben aber der Function $\Omega(xy)$ auch dann noch eine Bedeutung beilegen können, wenn (xy) auf jenem Kreise von Paaren liegt (S. 310). Es convergirte nämlich $\Omega(x_2 y_2) - \Omega(x_1 y_1)$ gegen die Grenze

$$\overset{+}{\Omega}(x_0 y_0) - \overset{-}{\Omega}(x_0 y_0) = 2\pi i,$$

wenn sich $(x_1 y_1)$ von der negativen, $(x_2 y_2)$ von der positiven Seite des Kreises her der auf ihm gelegenen Stelle $(x_0 y_0)$ näherte (vgl. S. 318). Bezeichnet man daher mit δ und δ' dem absoluten Betrage nach hinreichend kleine Grössen, nimmt $(x_1 y_1)$, $(x_2 y_2)$ zu beiden Seiten des Kreises und der Stelle $(x_0 y_0)$ unendlich nahe an, und fixirt einen bestimmten Integrationsweg $((a_0 b_0) \ldots (x_1 y_1) \ldots (x_2 y_2))$, der an der Stelle $(x_0 y_0)$ den betrachteten Kreis kreuzt, so ist

$$\Omega(x_2 y_2) = \Omega(x_1 y_1) + 2\pi i + \delta$$

und auch, weil sich $\log E(xy)$ stetig ändert,

$$\log E(x_2 y_2) = \log E(x_1 y_1) + \delta' = \Omega(x_1 y_1) + \delta'.$$

Hieraus folgt

$$\log E(x_2 y_2) = \Omega(x_2 y_2) - 2\pi i;$$

denn da $\log E(x_2 y_2)$ sich von $\Omega(x_2 y_2)$ jedenfalls nur durch ein Vielfaches von $2\pi i$ unterscheiden kann, so muss $\delta' - \delta = 0$ sein. Schneidet der Weg von $(a_0 b_0)$ nach $(x_2 y_2)$ den ausgeschlossenen Kreis in negativem Sinne, so tritt in der eben aufgestellten Gleichung $+2\pi i$ an die Stelle von $-2\pi i$. Wenn man überhaupt alle Durchkreuzungen eines von $(a_0 b_0)$ nach (xy) führenden Weges mit dem Kreise, auf den sich $\Omega(xy) = \int H(xy, x'y')dx'$ bezieht, aufsucht, ihnen je nach dem Sinne die Zahl $+1$ oder -1 zuordnet und die Summe dieser Zahlen μ nennt, so ergiebt sich

$$\log E(xy) = \Omega(xy) - 2\mu\pi i.$$

Man sieht aus dieser Formel unmittelbar, welcher Werth dem Logarithmus an jeder Stelle beigelegt werden muss, wenn der Weg gegeben ist, der von $(a_0 b_0)$ nach (xy) führt. Liegt die Stelle (xy) auf dem ausgeschlossenen Kreise selbst, so hat man für $\Omega(xy)$ nach der Definition $\overset{+}{\Omega}(xy)$ oder $\overset{-}{\Omega}(xy)$ zu setzen.

Nun wollen wir die Function $E(xy)$ näher untersuchen. Wir haben für sie die Gleichungen

$$\begin{aligned} E(x_t y_t) &= E\{1 + t\mathfrak{P}(t)\}, \\ E(\overset{\alpha}{x}_t \overset{\alpha}{y}_t) &= E_\alpha e^{2\omega_\alpha t^{-1}}\{1 + t\mathfrak{P}_\alpha(t)\}, \qquad (\alpha = 1, 2, \ldots \varrho) \\ E(a_0 b_0) &= 1 \end{aligned}$$

gefunden (S. 314), in denen $E, E_1, \ldots E_\varrho$ von Null verschiedene Constanten sind, während die Grössen $2\omega_1, 2\omega_2, \ldots 2\omega_\varrho$ simultane Perioden der Integrale erster Art $\int H(xy)_\alpha dx$ bedeuten. Den geschlossenen Integrationsweg für das Integral $\overline{\int} H(xy, x'y')\,dx'$, der mit demjenigen für die ϱ vollständigen Integrale

$$2\omega_\alpha = \overline{\int} H(xy)_\alpha dx \qquad (\alpha = 1, 2, \dots \varrho)$$

übereinstimmt, dachten wir uns in bestimmter Weise gewählt; er war nur an die Bedingung geknüpft, keine der Stellen $(a_0 b_0), (a_1 b_1), \dots (a_\varrho b_\varrho)$ zu enthalten (S. 304).

Die Werthepaare $(a_1 b_1), \dots (a_\varrho b_\varrho)$ sind wesentlich singuläre Stellen der Function $E(xy)$, da diese an ihnen den Charakter einer rationalen Function verliert; an jeder anderen Stelle hat sie einen bestimmten endlichen, von Null verschiedenen Werth. Wir bezeichnen daher die Function $E(xy)$, im Gegensatz zu der im nächsten Kapitel zu betrachtenden Function $E(xy; x_1 y_1, x_0 y_0)$, als eine nicht verschwindende E-Function.

Verändern wir den geschlossenen Integrationsweg, so erhalten wir im Allgemeinen andere Werthe des vollständigen Integrals $\overline{\int} H(xy, x'y')\,dx'$ und damit neue Functionen $E(xy)$.

Wenn

$$2\omega_1,\ 2\omega_2,\ \dots\ 2\omega_\varrho$$

ein beliebiges System simultaner Perioden der Abelschen Integrale erster Art ist, so lässt sich immer eine Function $E(xy)$ bilden, für welche die Gleichungen

$$E(\overset{\alpha}{x}_t \overset{\alpha}{y}_t) = E_\alpha e^{2\omega_\alpha t^{-1}} \{1 + t\mathfrak{P}_\alpha(t)\} \qquad (\alpha = 1, 2, \dots \varrho)$$

bestehen. Denn es sei K der Kreis von Paaren, über den erstreckt die Integrale $\overline{\int} H(xy)_1 dx, \dots \overline{\int} H(xy)_\varrho dx$ die Werthe $2\omega_1, \dots 2\omega_\varrho$ annehmen, so braucht man nur

$$E(xy) = e^{\overline{\int}_{(K)} H(xy, x'y')\,dx'},$$

$$2\eta_\alpha = \overline{\int}_{(K)} H'(xy)_\alpha dx \qquad (\alpha = 1, 2, \dots \varrho)$$

zu setzen. Dann ist für die so definirte E-Function (S. 306)

$$\frac{d \log E(xy)}{dx} = \sum_{\alpha=1}^{\varrho} \{2\omega_\alpha H'(xy)_\alpha - 2\eta_\alpha H(xy)_\alpha\}$$

und (S. 314)

$$E(\overset{\alpha}{x}_t \overset{\alpha}{y}_t) = E_\alpha e^{2\omega_\alpha t^{-1}} \{1 + t\mathfrak{P}_\alpha(t)\} \qquad (\alpha = 1, 2, \dots \varrho).$$

Zu verschiedenen Systemen simultaner Perioden der Integrale erster Art gehören also verschiedene Functionen $E(xy)$; wir wollen mit

$$E(xy\,|\,\omega_1, \omega_2, \dots \omega_\varrho)$$

diejenige bezeichnen, welche dem Periodensystem $2\omega_1, 2\omega_2, \dots 2\omega_\varrho$ entspricht.

Es soll nun gezeigt werden, dass die durch die Gleichungen auf S. 365 dargestellten Eigenschaften für die Function charakteristisch sind, d. h. dass jede Function $\overline{E}(xy)$, die den Gleichungen

$$\overline{E}(x_t y_t) = E\{1 + t\mathfrak{P}(t)\},$$

$$\overline{E}(\overset{\alpha}{x}_t \overset{\alpha}{y}_t) = E_\alpha e^{2c_\alpha t^{-1}}\{1 + t\mathfrak{P}_\alpha(t)\}, \qquad (\alpha = 1, 2, \dots \varrho)$$

$$\overline{E}(a_0 b_0) = 1$$

genügt, eine nicht verschwindende E-Function ist, sodass $\overline{E}(xy)$ bei passender Bestimmung des Integrationsweges auf die Form

$$e^{\int H(xy,\, x'y')\, dx'}$$

gebracht werden kann; $E, E_1, \dots E_\varrho, c_1, \dots c_\varrho$ sind dabei Constanten.

Zunächst werde bewiesen, dass die Grössen $2c_1, 2c_2, \dots 2c_\varrho$ ein System simultaner Perioden der Integrale

$$\int H(xy)_\alpha\, dx \qquad (\alpha = 1, 2, \dots \varrho)$$

bilden. Führen wir statt (xy) ein Element $(x_t y_t)$ des algebraischen Gebildes ein, so wird

$$\frac{d \log \overline{E}(xy)}{dx} = \frac{\dfrac{d \log \overline{E}(x_t y_t)}{dt}}{\dfrac{dx_t}{dt}}.$$

Im Zähler lässt sich $\log \overline{E}(x_t y_t)$, wie die der Voraussetzung nach bestehenden Gleichungen zeigen, in eine nach steigenden Potenzen von t fortschreitende Reihe entwickeln, die für ein Element $(\overset{\alpha}{x}_t \overset{\alpha}{y}_t)$ die Potenz t^{-1}, sonst aber niemals negative Potenzen enthält. Daher treten in der Entwickelung der Ableitung

$$\frac{d \log \overline{E}(x_t y_t)}{dt}$$

nur für eine endliche Anzahl nicht äquivalenter Elemente negative Potenzen von t auf. Der Nenner $\frac{dx_t}{dt}$ kann nur für einzelne Elemente $(x_t y_t)$ mit einer positiven Potenz von t beginnen, demnach kommen auch in dem Quotienten

$$\frac{\frac{d \log \bar{E}(x_t y_t)}{dt}}{\frac{dx_t}{dt}}$$

negative Potenzen von t nur für eine endliche Anzahl von Functionenpaaren und stets nur in endlicher Anzahl vor. Die eindeutige Function des Paares (xy)

$$\frac{d \log \bar{E}(xy)}{dx}$$

hat also an allen Stellen des Gebildes $f(x, y) = 0$ den Charakter einer rationalen Function, mithin ist sie eine rationale Function des Paares (xy) (S. 244), die mit $F(xy)$ bezeichnet werden möge.

Die Entwickelung von

$$\frac{d \log \bar{E}(x_t y_t)}{dt} = F(x_t y_t) \frac{dx_t}{dt}$$

enthält, wenn der Mittelpunkt des Elementes $(x_t y_t)$ nicht eine der Stellen $(a_\alpha b_\alpha)$ ist, keine negativen Potenzen von t, also ist

$$F(x_t y_t) \frac{dx_t}{dt} = \mathfrak{P}(t);$$

dagegen hat man

$$F(\overset{\alpha}{x}_t \overset{\alpha}{y}_t) \frac{d\overset{\alpha}{x}_t}{dt} = -2c_\alpha t^{-2} + \mathfrak{P}(t) \qquad (\alpha = 1, 2, \ldots \varrho).$$

Nun gelten die Gleichungen (S. 257)

$$H'(\overset{\alpha}{x}_t \overset{\alpha}{y}_t)_\alpha \frac{d\overset{\alpha}{x}_t}{dt} = -t^{-2} + t\,\mathfrak{P}(t), \qquad (\alpha = 1, 2, \ldots \varrho)$$

während für kein von $(\overset{\alpha}{x}_t \overset{\alpha}{y}_t)$ verschiedenes Element in der Entwickelung von $H'(x_t y_t)_\alpha \frac{dx_t}{dt}$ negative Potenzen von t auftreten. Führen wir daher die rationale Function

$$F_1(xy) = F(xy) - \sum_{\alpha=1}^{\varrho} 2c_\alpha H'(xy)_\alpha$$

ein, so wird für jedes beliebige Element des Gebildes

$$F_1(x_t y_t)\frac{dx_t}{dt} = \mathfrak{P}(t),$$

denn die negativen Potenzen, die in

$$F(\overset{\alpha}{x}_t \overset{\alpha}{y}_t)\frac{d\overset{\alpha}{x}_t}{dt}$$

vorkommen, heben sich in

$$F_1(\overset{\alpha}{x}_t \overset{\alpha}{y}_t)\frac{d\overset{\alpha}{x}_t}{dt}$$

weg. Die Function $F_1(xy)$ hat demnach die charakteristische Eigenschaft einer Function $H(xy)$, sodass (S. 105) bei passender Bestimmung der Constanten $c'_1, c'_2, \dots c'_\varrho$

$$F(xy) - \sum_{\alpha=1}^{\varrho} 2c_\alpha H'(xy)_\alpha = -\sum_{\alpha=1}^{\varrho} 2c'_\alpha H(xy)_\alpha,$$

mithin

$$\frac{d\log \overline{E}(xy)}{dx} = \sum_{\alpha=1}^{\varrho}\{2c_\alpha H'(xy)_\alpha - 2c'_\alpha H(xy)_\alpha\}$$

wird.

Um die Beschaffenheit der Constanten $c_1, \dots c_\varrho$ zu erkennen, wollen wir nun diejenigen 2ϱ vollständigen Integrale

$$\overline{\int}\frac{d\log \overline{E}(xy)}{dx}dx$$

betrachten, deren Integrationswege die im sechzehnten Kapitel eingeführten 2ϱ Kreise K_β und K'_β sind, über welche erstreckt die Integrale (S. 330)

$$\overline{\int}_{(K_\beta)} H(xy)_\alpha dx = 2\omega_{\alpha\beta}, \quad \overline{\int}_{(K'_\beta)} H(xy)_\alpha dx = 2\omega'_{\alpha\beta},$$
$$\overline{\int}_{(K_\beta)} H'(xy)_\alpha dx = 2\eta_{\alpha\beta}, \quad \overline{\int}_{(K'_\beta)} H'(xy)_\alpha dx = 2\eta'_{\alpha\beta} \qquad (\alpha, \beta = 1, 2, \dots \varrho)$$

ein primitives System simultaner Perioden der Abelschen Integrale erster und zweiter Art bilden (S. 337). Dann ergiebt sich, wenn m_β und m'_β ganze Zahlen oder Null sind,

$$\overline{\int}_{(K_\beta)}\frac{d\log \overline{E}(xy)}{dx}dx = 2m_\beta \pi i,$$
$$\overline{\int}_{(K'_\beta)}\frac{d\log \overline{E}(xy)}{dx}dx = 2m'_\beta \pi i, \qquad (\beta = 1, 2, \dots \varrho)$$

mithin folgt

$$\sum_{\alpha=1}^{\varrho}\{2c_\alpha\eta_{\alpha\beta}-2c'_\alpha\omega_{\alpha\beta}\} = m_\beta\pi i,$$
$$\sum_{\alpha=1}^{\varrho}\{2c_\alpha\eta'_{\alpha\beta}-2c'_\alpha\omega'_{\alpha\beta}\} = m'_\beta\pi i. \qquad (\beta=1,2,\dots\varrho)$$

Löst man diese Gleichungen auf, so wird (S. 331—332)

$$2c_\alpha = \sum_{\beta=1}^{\varrho}\{-2m'_\beta\omega_{\alpha\beta}+2m_\beta\omega'_{\alpha\beta}\},$$
$$2c'_\alpha = \sum_{\beta=1}^{\varrho}\{-2m'_\beta\eta_{\alpha\beta}+2m_\beta\eta'_{\alpha\beta}\}; \qquad (\alpha=1,2,\dots\varrho)$$

die Grössen $2c_1, \dots 2c_\varrho$ sind also simultane Perioden der ϱ Abelschen Integrale erster Art und sollen deshalb mit $2\omega_1, \dots 2\omega_\varrho$ bezeichnet werden. Der Voraussetzung nach gelten nun die Gleichungen

$$\bar{E}(\overset{\alpha}{x}_t\overset{\alpha}{y}_t) = E_\alpha e^{2\omega_\alpha t^{-1}}\{1+t\mathfrak{P}_\alpha(t)\}, \qquad (\alpha=1,2,\dots\varrho)$$

und der Quotient

$$\frac{\bar{E}(xy)}{E(xy\,|\,\omega_1,\dots\omega_\varrho)}$$

wird eine eindeutige Function des Paares (xy), die überall den Charakter einer rationalen Function hat. Denn auch für die Umgebung der Stellen $(a_\alpha b_\alpha)$ hebt sich nach Einführung des Functionenpaares $(\overset{\alpha}{x}_t\overset{\alpha}{y}_t)$ die Exponentialgrösse weg, und die Entwickelung des Quotienten beginnt mit einer von Null verschiedenen Constanten. Mithin ist dieser Quotient eine rationale Function des Paares (xy), die sich aber auf eine Constante reduciren muss, da sie an keiner Stelle unendlich gross werden kann. Für $(xy)=(a_0b_0)$ haben Zähler und Nenner beide den Werth 1, also folgt

$$\bar{E}(xy) = E(xy\,|\,\omega_1,\dots\omega_\varrho).$$

Damit ist bewiesen, dass jede Function, welche die Fundamentaleigenschaften einer nicht verschwindenden E-Function hat, selbst eine solche ist.

Unter

$$\Omega(xy)_\beta \text{ und } \Omega'(xy)_\beta \qquad (\beta=1,2,\dots\varrho)$$

wollen wir nun diejenigen Functionen

$$\Omega(xy) = \int \bar{H}(xy, x'y')\,dx'$$

verstehen, für welche der geschlossene Integrationsweg mit einem der Kreise K_β und K'_β übereinstimmt.

Bezeichnen wir in der Theorie der hyperelliptischen Transcendenten die Function $\Omega(xy)$ mit $\overset{\alpha}{\Omega}(xy)$, wenn das zu ihrer Definition dienende vollständige Integral über die Ellipse mit den Brennpunkten a_α und $a_{\alpha+1}$ erstreckt wird (S. 360), so können wir, der Definition von $\omega_{\alpha\beta}$ und $\eta_{\alpha\beta}$, $\omega'_{\alpha\beta}$ und $\eta'_{\alpha\beta}$ entsprechend (S. 362),

$$\Omega(xy)_\beta = \overset{2\beta-1}{\Omega}(xy),$$
$$\Omega'(xy)_\beta = \sum_{\delta=0}^{\beta-1} \overset{2\delta}{\Omega}(xy)$$

setzen.

Aus $\Omega(xy)_\beta$ und $\Omega'(xy)_\beta$ sollen die Functionen $E(xy)_\beta$ und $E'(xy)_\beta$ mittels der Gleichungen

$$E(xy)_\beta = e^{\Omega(xy)_\beta} = e^{\overline{\int}_{(K_\beta)} H(xy,\,x'y')\,dx'} \qquad (\beta = 1, 2, \dots \varrho)$$

und

$$E'(xy)_\beta = e^{\Omega'(xy)_\beta} = e^{\overline{\int}_{(K'_\beta)} H(xy,\,x'y')\,dx'} \qquad (\beta = 1, 2, \dots \varrho)$$

hervorgehen. Sind wieder $2\omega_{1\beta}, \dots 2\omega_{\varrho\beta}$ und $2\omega'_{1\beta}, \dots 2\omega'_{\varrho\beta}$ die Perioden der Abelschen Integrale erster Art, die sich durch Integration über die Kreise K_β und K'_β ergeben, so ist

$$E(xy)_\beta = E(xy\,|\,\omega_{1\beta}, \dots \omega_{\varrho\beta}),$$
$$E'(xy)_\beta = E(xy\,|\,\omega'_{1\beta}, \dots \omega'_{\varrho\beta});$$

es gelten daher für die Umgebung der Stellen $(a_1 b_1), \dots (a_\varrho b_\varrho)$ die Entwickelungen

$$E(\overset{\alpha}{x}_t \overset{\alpha}{y}_t)_\beta = E_{\alpha\beta}\, e^{2\omega_{\alpha\beta} t^{-1}} \{1 + t\mathfrak{P}_\alpha(t)\},$$
$$E'(\overset{\alpha}{x}_t \overset{\alpha}{y}_t)_\beta = E'_{\alpha\beta}\, e^{2\omega'_{\alpha\beta} t^{-1}} \{1 + t\mathfrak{P}'_\alpha(t)\}.$$

Jedes System simultaner Perioden $2\omega_1, \dots 2\omega_\varrho$ lässt sich nun als lineares homogenes Aggregat mit ganzzahligen Coefficienten der 2ϱ Systeme

$$\begin{matrix} 2\omega_{\alpha 1}, & 2\omega_{\alpha 2}, & \dots & 2\omega_{\alpha\varrho}, \\ 2\omega'_{\alpha 1}, & 2\omega'_{\alpha 2}, & \dots & 2\omega'_{\alpha\varrho} \end{matrix} \qquad (\alpha = 1, 2, \dots \varrho)$$

darstellen (S. 334); es sei

$$2\omega_\alpha = \sum_{\beta=1}^{\varrho}(2\mu_\beta\,\omega_{\alpha\beta}+2\mu'_\beta\,\omega'_{\alpha\beta}) \qquad (\alpha=1,2,\ldots\varrho).$$

Dann wird

$$E(xy\,|\,\omega_1,\ldots\omega_\varrho) = \prod_{\beta=1}^{\varrho}\left\{[E(xy)_\beta]^{\mu_\beta}[E'(xy)_\beta]^{\mu'_\beta}\right\};$$

die Entwickelung des Products auf der rechten Seite giebt nämlich für die Umgebung von $(a_\alpha b_\alpha)$

$$C_\alpha e^{2t^{-1}\sum_{\beta=1}^{\varrho}(\mu_\beta\,\omega_{\alpha\beta}+\mu'_\beta\,\omega'_{\alpha\beta})}\left\{1+t\mathfrak{P}_\alpha(t)\right\} = C_\alpha e^{2\omega_\alpha t^{-1}}\left\{1+t\mathfrak{P}_\alpha(t)\right\},$$

und für die Umgebung einer von $(a_1 b_1), \ldots (a_\varrho b_\varrho)$ verschiedenen Stelle

$$C\left\{1+t\mathfrak{P}(t)\right\}.$$

Da ferner

$$E(a_0 b_0)_\beta = 1 \text{ und } E'(a_0 b_0)_\beta = 1$$

ist, so hat auch das Product an der Stelle $(a_0 b_0)$ den Werth 1. Es kommen ihm also die charakteristischen Eigenschaften der Function $E(xy\,|\,\omega_1,\ldots\omega_\varrho)$ zu, womit die Übereinstimmung beider Seiten der Gleichung bewiesen ist.

Demnach hat sich ergeben, dass jede nicht verschwindende E-Function durch Multiplication und Division aus 2ϱ speciellen von ihnen, den Functionen $E(xy)_\beta$ und $E'(xy)_\beta$, in der Form

$$E(xy\,|\,\omega_1,\ldots\omega_\varrho) = \prod_{\beta=1}^{\varrho}\left\{[E(xy)_\beta]^{\mu_\beta}[E'(xy)_\beta]^{\mu'_\beta}\right\}$$

gebildet werden kann, wo μ_β und μ'_β ganze positive oder negative Zahlen oder Null sind.

Bei passender Wahl der ϱ Paare von Kreisen K_β und K'_β ist stets zu erreichen, dass keine der Zahlen μ_β und μ'_β einen negativen Werth hat. Die Function $E(xy\,|\,\omega_1,\ldots\omega_\varrho)$ kann daher auch durch ein aus 2ϱ Functionen $E(xy)_\beta$ und $E'(xy)_\beta$ gebildetes Product dargestellt werden.

Zum Schlusse des Kapitels wollen wir zu den Formeln zurückkehren (S. 316), welche die Darstellung der Functionen $H(xy)_\alpha$ und $H'(xy)_\alpha$ durch

Logarithmen der E-Functionen liefern. Wir gehen von der Gleichung (S. 313)

$$\frac{d\log E(xy)}{dx} = \sum_\alpha \{2\omega_\alpha H'(xy)_\alpha - 2\eta_\alpha H(xy)_\alpha\}$$

aus und führen für $2\omega_\alpha$, $2\eta_\alpha$ die speciellen Perioden $2\omega_{\alpha\beta}$, $2\eta_{\alpha\beta}$ und $2\omega'_{\alpha\beta}$, $2\eta'_{\alpha\beta}$ ein; dann erhalten wir

$$\begin{aligned} \frac{d\log E(xy)_\beta}{dx} &= \sum_\alpha \{2\omega_{\alpha\beta} H'(xy)_\alpha - 2\eta_{\alpha\beta} H(xy)_\alpha\}, \\ \frac{d\log E'(xy)_\beta}{dx} &= \sum_\alpha \{2\omega'_{\alpha\beta} H'(xy)_\alpha - 2\eta'_{\alpha\beta} H(xy)_\alpha\}. \end{aligned} \qquad (\beta = 1, 2, \ldots \varrho)$$

Hieraus folgt, wenn wir in dem ersten Gleichungssystem auf S. 332

$$\begin{aligned} 2q_\beta \pi i &= -\frac{d\log E(xy)_\beta}{dx}, \\ 2p_\beta \pi i &= \frac{d\log E'(xy)_\beta}{dx}, \\ Q_\alpha &= H(xy)_\alpha, \\ P_\alpha &= H'(xy)_\alpha \end{aligned}$$

setzen, mittels der letzten Relationen auf S. 331

$$\begin{aligned} H(xy)_\alpha &= \frac{1}{\pi i}\sum_\beta \left\{\omega_{\alpha\beta}\frac{d\log E'(xy)_\beta}{dx} - \omega'_{\alpha\beta}\frac{d\log E(xy)_\beta}{dx}\right\}, \\ H'(xy)_\alpha &= \frac{1}{\pi i}\sum_\beta \left\{\eta_{\alpha\beta}\frac{d\log E'(xy)_\beta}{dx} - \eta'_{\alpha\beta}\frac{d\log E(xy)_\beta}{dx}\right\} \end{aligned}$$

oder

$$\begin{aligned} H(xy)_\alpha dx &= d\left(\frac{1}{\pi i}\sum_\beta \{\omega_{\alpha\beta}\log E'(xy)_\beta - \omega'_{\alpha\beta}\log E(xy)_\beta\}\right), \\ H'(xy)_\alpha dx &= d\left(\frac{1}{\pi i}\sum_\beta \{\eta_{\alpha\beta}\log E'(xy)_\beta - \eta'_{\alpha\beta}\log E(xy)_\beta\}\right). \end{aligned}$$

Wir wollen nun für die Integralfunctionen erster und zweiter Art die folgenden bleibenden Bezeichnungen einführen:

$$\begin{aligned} \int_{(a_0 b_0)}^{(xy)} H(x'y')_\alpha dx' &= J(xy)_\alpha, \\ \int_{(a_0 b_0)}^{(xy)} H'(x'y')_\alpha dx' &= J'(xy)_\alpha. \end{aligned} \qquad (\alpha = 1, 2, \ldots \varrho)$$

Die so erklärten Functionen $J(xy)_\alpha$ und $J'(xy)_\alpha$ sind für alle Stellen des Gebildes definirt und verschwinden an der Stelle $(a_0 b_0)$.

Durch Integration der für $H(xy)_\alpha dx$ und $H'(xy)_\alpha dx$ gefundenen Formeln zwischen den Grenzen $(a_0 b_0)$ und (xy) ergiebt sich sodann

$$\left.\begin{aligned} J(xy)_\alpha &= \frac{1}{\pi i}\sum_{\beta=1}^{\varrho}\left\{\omega_{\alpha\beta}\log E'(xy)_\beta - \omega'_{\alpha\beta}\log E(xy)_\beta\right\}, \\ J'(xy)_\alpha &= \frac{1}{\pi i}\sum_{\beta=1}^{\varrho}\left\{\eta_{\alpha\beta}\log E'(xy)_\beta - \eta'_{\alpha\beta}\log E(xy)_\beta\right\}. \end{aligned}\right. \quad (\alpha = 1, 2, \ldots \varrho)$$

Hierbei sind den Logarithmen von $E(xy)_\beta$ und $E'(xy)_\beta$ diejenigen ihrer Werthe beizulegen, die durch stetigen Übergang auf dem Integrationswege $((a_0 b_0)\ldots(xy))$ erhalten werden und für die Stelle $(a_0 b_0)$ verschwinden.

Diese Gleichungen lassen das periodische Verhalten der Integralfunctionen erster und zweiter Art deutlich hervortreten. Die allgemeinen Ausdrücke für die Logarithmen der Functionen $E(xy)_\beta$ und $E'(xy)_\beta$ erhält man (S. 365), indem man von der Stelle $(a_0 b_0)$ zu der Stelle (xy) auf einem Wege übergeht, welcher unter Berücksichtigung des Sinnes der Durchkreuzung den Kreis K_β m_β-mal und den Kreis K'_β m'_β-mal schneidet; andererseits lässt sich auch der Integrationsweg stets so wählen, dass m_β und m'_β beliebig vorgeschriebene, ganzzahlige Werthe erhalten. Es ist daher

$$\begin{aligned} \log E(xy)_\beta &= \Omega(xy)_\beta - 2m_\beta \pi i, \\ \log E'(xy)_\beta &= \Omega'(xy)_\beta - 2m'_\beta \pi i, \end{aligned}$$

wo m_β und m'_β ganze positive oder negative Zahlen oder Null sind. Setzt man für einen Augenblick

$$\begin{aligned} \frac{1}{\pi i}\sum_\beta\left\{\omega_{\alpha\beta}\,\Omega'(xy)_\beta - \omega'_{\alpha\beta}\,\Omega(xy)_\beta\right\} &= \mathfrak{J}(xy)_\alpha, \\ \frac{1}{\pi i}\sum_\beta\left\{\eta_{\alpha\beta}\,\Omega'(xy)_\beta - \eta'_{\alpha\beta}\,\Omega(xy)_\beta\right\} &= \mathfrak{J}'(xy)_\alpha, \end{aligned}$$

so sind alle Werthe der vorher gefundenen Ausdrücke für $J(xy)_\alpha$ und $J'(xy)_\alpha$ in den Formeln

$$\begin{aligned} &\mathfrak{J}(xy)_\alpha + \sum_\beta(-2m'_\beta\,\omega_{\alpha\beta} + 2m_\beta\,\omega'_{\alpha\beta}), \\ &\mathfrak{J}'(xy)_\alpha + \sum_\beta(-2m'_\beta\,\eta_{\alpha\beta} + 2m_\beta\,\eta'_{\alpha\beta}) \end{aligned}$$

enthalten, sie unterscheiden sich mithin von den eindeutig fixirten Werthen $\mathfrak{J}(xy)_\alpha$ und $\mathfrak{J}'(xy)_\alpha$ nur um eine beliebige Periode (S. 334). In dem ersten Gleichungssystem auf v. S. ist daher jeder Werth einer der Summen rechts gleich einem Werthe der Integralfunctionen $J(xy)_\alpha$ oder $J'(xy)_\alpha$, und umgekehrt.

Ein Ausdruck der Form

$$\sum_{\beta=1}^{\varrho}\{A_\beta \log E'(xy)_\beta + A'_\beta \log E(xy)_\beta\}$$

ist immer eine Summe von Integralfunctionen erster und zweiter Art, da er differentiirt ein Aggregat von Functionen $H(xy)_\alpha$ und $H'(xy)_\alpha$ ergiebt. Die Grösse

$$\sum_{\beta=1}^{\varrho}(2m'_\beta A_\beta + 2m_\beta A'_\beta)\pi i$$

ist der allgemeinste Ausdruck für eine Periode dieser Function; man kann daher eine Summe von Integralfunctionen erster und zweiter Art bilden, der ein beliebig vorgeschriebenes System von 2ϱ Perioden zukommt.

Integrirt man die Formeln für $H(xy)_\alpha dx$ und $H'(xy)_\alpha dx$ (S. 373) auf dem Wege $((x_0 y_0)\dots(x_1 y_1))$, so folgt

$$\left.\begin{aligned} J(x_1 y_1)_\alpha - J(x_0 y_0)_\alpha &= \frac{1}{\pi i}\sum_{\beta=1}^{\varrho}\left\{\omega_{\alpha\beta}\log\frac{E'(x_1 y_1)_\beta}{E'(x_0 y_0)_\beta} - \omega'_{\alpha\beta}\log\frac{E(x_1 y_1)_\beta}{E(x_0 y_0)_\beta}\right\},\\ J'(x_1 y_1)_\alpha - J'(x_0 y_0)_\alpha &= \frac{1}{\pi i}\sum_{\beta=1}^{\varrho}\left\{\eta_{\alpha\beta}\log\frac{E'(x_1 y_1)_\beta}{E'(x_0 y_0)_\beta} - \eta'_{\alpha\beta}\log\frac{E(x_1 y_1)_\beta}{E(x_0 y_0)_\beta}\right\}. \end{aligned}\right\} \quad (\alpha = 1, 2, \dots \varrho)$$

Während hierin die Functionen $E(xy)_\beta$ und $E'(xy)_\beta$ selbst von der Stelle $(a_0 b_0)$ abhängen, sind die auf den rechten Seiten auftretenden Quotienten $\frac{E(x_1 y_1)_\beta}{E(x_0 y_0)_\beta}$ und $\frac{E'(x_1 y_1)_\beta}{E'(x_0 y_0)_\beta}$ von dieser Stelle unabhängig. Es seien nämlich $E(xy)$ und $\overline{E}(xy)$ zwei Functionen, welche dieselben wesentlich singulären Stellen $(a_1 b_1), (a_2 b_2), \dots (a_\varrho b_\varrho)$ haben und deren Entwickelungen in der Umgebung dieser Stellen dieselben Exponentialfactoren

$$e^{2\omega_1 t^{-1}},\ e^{2\omega_2 t^{-1}},\ \dots\ e^{2\omega_\varrho t^{-1}}$$

enthalten. Die erste Function $E(xy)$ werde für $(a_0 b_0)$, die zweite $\overline{E}(xy)$ jedoch für $(a'_0 b'_0)$ gleich 1. Dann ist der Quotient

$$\frac{\overline{E}(xy)}{E(xy)}$$

eine rationale Function des Paares (xy), die sich auf eine Constante reducirt, da sie nirgends unendlich gross werden kann. In Folge der Relation $E(a_0 b_0) = 1$ wird

$$\frac{\overline{E}(xy)}{E(xy)} = \overline{E}(a_0 b_0),$$

mithin folgt, wie bewiesen werden sollte,

$$\frac{E(x_1 y_1)}{E(x_0 y_0)} = \frac{\overline{E}(x_1 y_1)}{\overline{E}(x_0 y_0)}.$$

Neunzehntes Kapitel.

Die Functionen $\Omega(xy; x_1 y_1, x_0 y_0)$ und $E(xy; x_1 y_1, x_0 y_0)$.

Die Function $\Omega(xy)$ war durch das vollständige Integral $\overline{\int} H(xy, x'y')\,dx'$ definirt worden; wir hatten aber bereits im fünfzehnten Kapitel (S. 305) neben diesem vollständigen Integrale auch das zwischen den beliebigen Grenzen $(x_0 y_0)$ und $(x_1 y_1)$ erstreckte betrachtet und

$$\int_{(x_0 y_0)}^{(x_1 y_1)} H(xy, x'y')\,dx' = \Omega(xy; x_1 y_1, x_0 y_0)$$

gesetzt. Die Eigenschaften dieser Function $\Omega(xy; x_1 y_1, x_0 y_0)$ sind, wie wir sehen werden, ganz ähnlich denen von $\Omega(xy)$.

Bei der Ausführung der Integration darf $(x'y')$ mit keiner der beiden Stellen (xy) oder $(a_0 b_0)$ zusammenfallen, an denen die zu integrirende Function unendlich gross wird (S. 197). Wählen wir daher einen bestimmten Integrationsweg $((x_0 y_0) \ldots (x_1 y_1))$, der aber ein für alle Mal nicht durch die Stelle $(a_0 b_0)$ hindurchgehen darf, so ist die Function $\Omega(xy; x_1 y_1, x_0 y_0)$ für alle Stellen (xy) definirt, die ihm nicht angehören. Die frühere Bedingung (S. 304), dass $(x_0 y_0)$ und $(x_1 y_1)$ Stellen desselben Elements des algebraischen Gebildes seien, können wir jetzt fallen lassen.

Ist $(x_t y_t)$ ein beliebiges Element, dessen Mittelpunkt aber weder eine der Stellen $(a_1 b_1), \ldots (a_\varrho b_\varrho)$ noch eine Stelle des Integrationsweges ist, so giebt die Gleichung (S. 85, (III, 3))

$$H(x_t y_t, x'_\tau y'_\tau)\frac{dx'_\tau}{d\tau} = \mathfrak{P}(t, \tau)$$

unmittelbar die Entwickelung

$$\Omega(x_t y_t;\, x_1 y_1,\, x_0 y_0) = \mathfrak{P}(t),$$

wenn $(x_1 y_1)$ und $(x_0 y_0)$ demselben Element $(x'_\tau y'_\tau)$ des Gebildes angehören. Ist dies aber nicht der Fall, so zerlegen wir das die Function $\Omega(xy;\, x_1 y_1,\, x_0 y_0)$ definirende Integral in mehrere und gelangen so zu derselben Formel.

Um ferner die Entwickelung der betrachteten Function für die Umgebung einer Stelle $(a_\alpha b_\alpha)$ zu untersuchen, nehmen wir zunächst wieder an, dass $(x_1 y_1)$ und $(x_0 y_0)$ Stellen desselben Elements $(x_\tau y_\tau)$ sind, und zwar mögen sie den Werthen $\tau = \tau_1$ und $\tau = \tau_0$ entsprechen. Dann wird nach S. 85, (III, 2)

$$\begin{aligned}\Omega(\overset{\alpha}{x}_t \overset{\alpha}{y}_t;\, x_1 y_1,\, x_0 y_0) &= \int_{\tau_0}^{\tau_1} H(\overset{\alpha}{x}_t \overset{\alpha}{y}_t,\, x_\tau y_\tau)\frac{dx_\tau}{d\tau}\,d\tau \\ &= \int_{\tau_0}^{\tau_1}\Big\{t^{-1} H(x_\tau y_\tau)_\alpha \frac{dx_\tau}{d\tau} + \mathfrak{P}(t,\tau)\Big\}\,d\tau \qquad (\alpha = 1, 2, \ldots \varrho) \\ &= t^{-1}\int_{(x_0 y_0)}^{(x_1 y_1)} H(xy)_\alpha\, dx + \mathfrak{P}_\alpha(t).\end{aligned}$$

An jeder der ϱ Stellen $(a_1 b_1), \ldots (a_\varrho b_\varrho)$ wird also die Function $\Omega(xy;\, x_1 y_1,\, x_0 y_0)$ von der ersten Ordnung unendlich gross. Gehören $(x_1 y_1)$ und $(x_0 y_0)$ nicht beide demselben Element an, so schalten wir auf dem Integrationswege eine Reihe von Stellen der Art ein, dass dies für je zwei auf einander folgende der Fall ist; wenden wir dann die vorhergehenden Betrachtungen auf die einzelnen Theilintegrale an, so tritt im Ergebniss keine Änderung ein.

Nachdem wir das Verhalten der Function $\Omega(xy;\, x_1 y_1,\, x_0 y_0)$ ausserhalb des Integrationsweges untersucht haben, können wir ihr auch eine Bedeutung beilegen, wenn (xy) mit irgend einer Stelle $(\xi_0 \eta_0)$ des Integrationsweges zusammenfällt; wir verfahren dabei genau so wie bei der Function $\Omega(xy)$ (S. 307). Zu beiden Seiten von $(\xi_0 \eta_0)$ nehmen wir auf dem Integrationswege zwei Stellen $(\xi_1 \eta_1)$ und $(\xi_2 \eta_2)$ an, so ist

$$\Omega(xy;\, x_1 y_1,\, x_0 y_0) = \int_{(x_0 y_0)}^{(\xi_1 \eta_1)} + \int_{(\xi_1 \eta_1)}^{(\xi_2 \eta_2)} + \int_{(\xi_2 \eta_2)}^{(x_1 y_1)}.$$

Liegt nun, wenn (xy) sich der Stelle $(\xi_0 \eta_0)$ nähert, x zuerst auf der positiven Seite der Integrationslinie in der x-Ebene (S. 317), so werde auf ihrer negativen Seite in der Nähe des Punktes ξ_0 ein Punkt x'_0 fixirt, dem der Werth y'_0 von y entsprechen möge, und

$$\int_{(x_0 y_0)}^{(\xi_1 \eta_1)} + \int_{(\xi_1 \eta_1)}^{(x'_0 y'_0)} + \int_{(x'_0 y'_0)}^{(\xi_2 \eta_2)} + \int_{(\xi_2 \eta_2)}^{(x_1 y_1)} = \Omega_1(xy; x_1 y_1, x_0 y_0)$$

gesetzt. Diese Function hat für die Stelle $(\xi_0 \eta_0)$ eine Bedeutung, und ihr Werth stimmt für alle Paare (xy), für die x ausserhalb des Dreiecks $(\xi_1 \ldots x'_0 \ldots \xi_2)$ liegt, mit dem von $\Omega(xy; x_1 y_1, x_0 y_0)$ überein, wofür der Beweis ebenso geführt wird, wie früher (S. 308) der entsprechende für die Function $\Omega_1(xy)$ in ihrer Beziehung zu $\Omega(xy)$. Daher sagen wir auch hier, der Werth der Function $\Omega(xy; x_1 y_1, x_0 y_0)$ an der Stelle $(\xi_0 \eta_0)$ des Integrationsweges ist gleich $\Omega_1(\xi_0 \eta_0; x_1 y_1, x_0 y_0)$, falls der Punkt x von der positiven Seite her sich ξ_0 nähert. Diesen Werth wollen wir jetzt mit

$$\overset{+}{\Omega}(\xi_0 \eta_0; x_1 y_1, x_0 y_0)$$

bezeichnen.

Wenn aber x auf der negativen Seite der Integrationslinie liegt, so bilden wir in entsprechender Weise eine Function $\Omega_2(xy; x_1 y_1, x_0 y_0)$ und definiren auch hier

$$\Omega(\xi_0 \eta_0; x_1 y_1, x_0 y_0) = \Omega_2(\xi_0 \eta_0; x_1 y_1, x_0 y_0).$$

Führen wir nun für $\Omega_2(\xi_0 \eta_0; x_1 y_1, x_0 y_0)$ die Bezeichnung

$$\overset{-}{\Omega}(\xi_0 \eta_0; x_1 y_1, x_0 y_0)$$

ein, so ist in diesem Falle

$$\Omega(\xi_0 \eta_0; x_1 y_1, x_0 y_0) = \overset{-}{\Omega}(\xi_0 \eta_0; x_1 y_1, x_0 y_0).$$

Da die Differenz

$$\overset{+}{\Omega}(\xi_0 \eta_0; x_1 y_1, x_0 y_0) - \overset{-}{\Omega}(\xi_0 \eta_0, x_1 y_1, x_0 y_0)$$

ein vollständiges Integral $\int H(\xi_0 \eta_0, x'y')\,dx'$ ist, dessen Werth gleich $2\pi i$ gefunden wurde (S. 310), so wird für eine Stelle $(\xi_0 \eta_0)$ des Integrationsweges

$$\overset{+}{\Omega}(\xi_0 \eta_0; x_1 y_1, x_0 y_0) - \overset{-}{\Omega}(\xi_0 \eta_0; x_1 y_1, x_0 y_0) = 2\pi i.$$

Diese Betrachtung gilt für alle Werthepaare $(\xi_0 \eta_0)$ des Integrationsweges $((x_0 y_0) \dots (x_1 y_1))$ mit Ausnahme der beiden ihn begrenzenden Stellen $(x_0 y_0)$ und $(x_1 y_1)$, denn für diese können wir nicht $(\xi_1 \eta_1)$ und $(\xi_2 \eta_2)$ in einer solchen Lage einführen, wie sie oben vorausgesetzt wurde. Wir müssen daher das Verhalten von $\Omega(xy; x_1 y_1, x_0 y_0)$ in der Umgebung dieser beiden Stellen besonders untersuchen.

Es seien $(\overset{(1)}{x}_t \overset{(1)}{y}_t)$ und $(\overset{(0)}{x}_t \overset{(0)}{y}_t)$ die Elemente des algebraischen Gebildes mit den Mittelpunkten $(x_1 y_1)$ und $(x_0 y_0)$, wobei eine Verwechselung von $(\overset{(1)}{x}_t \overset{(1)}{y}_t)$ mit dem Element $(\overset{1}{x}_t \overset{1}{y}_t)$, das die Umgebung der Stelle $(a_1 b_1)$ darstellt, ausgeschlossen ist. Vorläufig soll angenommen werden, keine der beiden Stellen $(x_1 y_1)$ und $(x_0 y_0)$ falle mit einer der Stellen $(a_1 b_1), \dots (a_\varrho b_\varrho)$ zusammen. Um nun die Form der Entwickelung von $\Omega(\overset{(1)}{x}_t \overset{(1)}{y}_t; x_1 y_1, x_0 y_0)$ zu ermitteln, fixiren wir auf dem Integrationswege in hinreichender Nähe von $(x_1 y_1)$ eine Stelle $(x_1' y_1')$, die sich aus dem Functionenpaare $(\overset{(1)}{x}_t \overset{(1)}{y}_t)$ für $t = \tau'$ ergeben möge; dann ist τ' eine von Null verschiedene Constante, und es folgt

$$\Omega(\overset{(1)}{x}_t \overset{(1)}{y}_t; x_1 y_1, x_0 y_0) = \int_{(x_0 y_0)}^{(x_1' y_1')} H(\overset{(1)}{x}_t \overset{(1)}{y}_t, x'y')\, dx' + \int_{\tau'}^{0} H(\overset{(1)}{x}_t \overset{(1)}{y}_t, \overset{(1)}{x}_\tau \overset{(1)}{y}_\tau) \frac{d\overset{(1)}{x}_\tau}{d\tau}\, d\tau.$$

Nach dem Vorhergehenden wird nun

$$\int_{(x_0 y_0)}^{(x_1' y_1')} H(\overset{(1)}{x}_t \overset{(1)}{y}_t, x'y')\, dx' = \mathfrak{P}_1(t).$$

In dem zweiten Integral ist (S. 85, (III, 1))

$$H(\overset{(1)}{x}_t \overset{(1)}{y}_t, \overset{(1)}{x}_\tau \overset{(1)}{y}_\tau) \frac{d\overset{(1)}{x}_\tau}{d\tau} = \frac{1}{\tau - t} + \mathfrak{P}(t, \tau),$$

da die Stellen $(a_0 b_0)$ und $(x_1 y_1)$ nicht zusammenfallen können (S. 377), also ergiebt sich

$$\int_{\tau'}^{0} H(\overset{(1)}{x}_t \overset{(1)}{y}_t, \overset{(1)}{x}_\tau \overset{(1)}{y}_\tau) \frac{d\overset{(1)}{x}_\tau}{d\tau}\, d\tau = \log \frac{t}{t - \tau'} + \int_{\tau'}^{0} \mathfrak{P}(t, \tau)\, d\tau.$$

Wird $\log \frac{t}{t-\tau'}$ nach steigenden Potenzen von t entwickelt, so erhält man

$$\int_{\tau'}^{0} H(\overset{(1)}{x}_t \overset{(1)}{y}_t, \overset{(1)}{x}_\tau \overset{(1)}{y}_\tau) \frac{d\overset{(1)}{x}_\tau}{d\tau}\, d\tau = \log t + \mathfrak{P}_2(t),$$

mithin

$$\Omega(\overset{(1)}{x}_t \overset{(1)}{y}_t; x_1 y_1, x_0 y_0) = \log t + \mathfrak{P}(t).$$

Die Function $\Omega(xy; x_1y_1, x_0y_0)$ wird demnach logarithmisch unendlich, wenn sich (xy) der Stelle (x_1y_1) nähert, worin ein charakteristischer Unterschied der beiden Functionen $\Omega(xy; x_1y_1, x_0y_0)$ und $\Omega(xy)$ enthalten ist.

Hieraus folgt mit Hülfe der Gleichung

$$\Omega(xy; x_1y_1, x_0y_0) = -\Omega(xy; x_0y_0, x_1y_1),$$

die sich unmittelbar aus der Definition der Function ergiebt,

$$\Omega(\overset{(0)}{x}_t \overset{(0)}{y}_t; x_1 y_1, x_0 y_0) = -\log t + \mathfrak{P}(t).$$

Es falle nun (x_0y_0) mit $(a_\alpha b_\alpha)$ zusammen, und es liege (xy) in der Umgebung dieser Stelle. Dann schalten wir auf dem Integrationswege in hinreichender Nähe von (x_0y_0) eine Stelle $(x'_0y'_0)$ ein und zerlegen $\Omega(xy; x_1y_1, x_0y_0)$ in die Summe zweier Functionen derselben Art:

$$\begin{aligned}\Omega(xy; x_1y_1, x_0y_0) &= \int_{(x_0y_0)}^{(x'_0y'_0)} H(xy, x'y')\,dx' + \int_{(x'_0y'_0)}^{(x_1y_1)} H(xy, x'y')\,dx' \\ &= \Omega(xy; x'_0y'_0, x_0y_0) + \Omega(xy; x_1y_1, x'_0y'_0).\end{aligned}$$

Liefert nun das Element $(\overset{\alpha}{x}_\tau \overset{\alpha}{y}_\tau)$, dessen Mittelpunkt $(a_\alpha b_\alpha) = (x_0y_0)$ ist, für $\tau = \tau'_0$ die Stelle $(x'_0y'_0)$, so ist τ'_0 nicht gleich Null. Daher wird (S. 85, (IV, 1))

$$\begin{aligned}\Omega(\overset{\alpha}{x}_t \overset{\alpha}{y}_t; x'_0y'_0, x_0y_0) &= \int_0^{\tau'_0} H(\overset{\alpha}{x}_t \overset{\alpha}{y}_t, \overset{\alpha}{x}_\tau \overset{\alpha}{y}_\tau)\frac{d\overset{\alpha}{x}_\tau}{d\tau}\,d\tau \\ &= \int_0^{\tau'_0}\left\{\frac{1}{\tau - t} + t^{-1} H(\overset{\alpha}{x}_\tau \overset{\alpha}{y}_\tau)_\alpha \frac{d\overset{\alpha}{x}_\tau}{d\tau} + \mathfrak{P}(t,\tau)\right\} d\tau \\ &= \log\frac{t - \tau'_0}{t} + t^{-1}\int_{(x_0y_0)}^{(x'_0y'_0)} H(xy)_\alpha\,dx + \mathfrak{P}(t) \\ &= -\log t + t^{-1}\int_{(x_0y_0)}^{(x'_0y'_0)} H(xy)_\alpha\,dx + \overline{\mathfrak{P}}(t).\end{aligned}$$

In der zweiten Function $\Omega(xy; x_1y_1, x'_0y'_0)$ ist nach dem schon behandelten

Fall

$$\Omega(\overset{\alpha}{x}_t \overset{\alpha}{y}_t;\, x_1 y_1,\, x_0' y_0') = t^{-1}\int_{(x_0' y_0')}^{(x_1 y_1)} H(xy)_\alpha\, dx + \overline{\overline{\mathfrak{P}}}(t),$$

mithin ergiebt sich durch Addition

$$\Omega(\overset{\alpha}{x}_t \overset{\alpha}{y}_t;\, x_1 y_1,\, x_0 y_0) = -\log t + t^{-1}\int_{(x_0 y_0)}^{(x_1 y_1)} H(xy)_\alpha\, dx + \mathfrak{P}_\alpha(t),$$

oder da $(x_0 y_0) = (a_\alpha b_\alpha)$ ist,

$$\Omega(\overset{\alpha}{x}_t \overset{\alpha}{y}_t;\, x_1 y_1,\, a_\alpha b_\alpha) = -\log t + t^{-1}\int_{(a_\alpha b_\alpha)}^{(x_1 y_1)} H(xy)_\alpha\, dx + \mathfrak{P}_\alpha(t) \qquad (\alpha = 1, 2, \ldots \varrho).$$

Hieraus folgt unmittelbar

$$\Omega(\overset{\alpha}{x}_t \overset{\alpha}{y}_t;\, a_\alpha b_\alpha,\, x_0 y_0) = \log t + t^{-1}\int_{(x_0 y_0)}^{(a_\alpha b_\alpha)} H(xy)_\alpha\, dx + \mathfrak{P}_\alpha(t) \qquad (\alpha = 1, 2, \ldots \varrho).$$

Schliesslich ist, weil $H(xy, x'y')$ für $(xy) = (a_0 b_0)$ identisch verschwindet,

$$\Omega(a_0 b_0;\, x_1 y_1,\, x_0 y_0) = 0.$$

Damit haben wir das Verhalten der Function

$$\Omega(xy;\, x_1 y_1,\, x_0 y_0) = \int_{(x_0 y_0)}^{(x_1 y_1)} H(xy, x'y')\, dx'$$

untersucht und für sie das folgende System von Gleichungen gefunden:

$$(1)\quad \Omega(xy;\, x_1 y_1,\, x_0 y_0) = -\Omega(xy;\, x_0 y_0,\, x_1 y_1),$$

$$(2)\quad \Omega(a_0 b_0;\, x_1 y_1,\, x_0 y_0) = 0,$$

$$(3)\quad \Omega(x_t y_t;\, x_1 y_1,\, x_0 y_0) = \mathfrak{P}(t),$$

$$(4)\quad \Omega(\overset{\alpha}{x}_t \overset{\alpha}{y}_t;\, x_1 y_1,\, x_0 y_0) = t^{-1}\int_{(x_0 y_0)}^{(x_1 y_1)} H(xy)_\alpha\, dx + \mathfrak{P}_\alpha(t), \qquad (\alpha = 1, 2, \ldots \varrho)$$

$$(5)\quad \Omega(\overset{(1)}{x}_t \overset{(1)}{y}_t;\, x_1 y_1,\, x_0 y_0) = \log t + \mathfrak{P}(t),$$

$$(6)\quad \Omega(\overset{(0)}{x}_t \overset{(0)}{y}_t;\, x_1 y_1,\, x_0 y_0) = -\log t + \mathfrak{P}(t),$$

$$(7)\quad \Omega(\overset{\alpha}{x}_t \overset{\alpha}{y}_t;\, a_\alpha b_\alpha,\, x_0 y_0) = \log t + t^{-1}\int_{(x_0 y_0)}^{(a_\alpha b_\alpha)} H(xy)_\alpha\, dx + \mathfrak{P}_\alpha(t), \quad (\alpha = 1, 2, \ldots \varrho)$$

$$(8)\quad \Omega(\overset{\alpha}{x}_t \overset{\alpha}{y}_t;\, x_1 y_1,\, a_\alpha b_\alpha) = -\log t + t^{-1}\int_{(a_\alpha b_\alpha)}^{(x_1 y_1)} H(xy)_\alpha\, dx + \mathfrak{P}_\alpha(t) \quad (\alpha = 1, 2, \ldots \varrho).$$

In diesen Formeln haben die Elemente $(\overset{(1)}{x}_t \overset{(1)}{y}_t)$ und $(\overset{(0)}{x}_t \overset{(0)}{y}_t)$ die von $(a_\alpha b_\alpha)$ verschiedenen Stellen $(x_1 y_1)$ und $(x_0 y_0)$ zu Mittelpunkten, und die Integrale erster Art

$$\int_{(x_0 y_0)}^{(x_1 y_1)} H(xy)_\alpha dx \qquad (\alpha = 1, 2, \dots \varrho)$$

sind über denselben Weg $((x_0 y_0) \dots (x_1 y_1))$ zu erstrecken, wie das die Function $\Omega(xy; x_1 y_1, x_0 y_0)$ definirende Integral

$$\int_{(x_0 y_0)}^{(x_1 y_1)} H(xy, x'y') dx'.$$

Die Function $\Omega(xy; x_1 y_1, x_0 y_0)$ hat also an allen von $(a_1 b_1), \dots (a_\varrho b_\varrho)$, $(x_1 y_1)$ und $(x_0 y_0)$ verschiedenen Stellen des Gebildes den Charakter einer ganzen Function; sie wird an den ϱ Stellen $(a_1 b_1), \dots (a_\varrho b_\varrho)$ von der ersten Ordnung und an den beiden Stellen $(x_1 y_1)$ und $(x_0 y_0)$ logarithmisch unendlich gross. Mit Ausnahme der dem Integrationsweg angehörigen Stellen ist sie eindeutig definirt, für diese aber wird sie zweiwerthig, und zwar unterscheiden sich ihre beiden Werthe um $2\pi i$.

Führen wir nun eine Function

$$E(xy; x_1 y_1, x_0 y_0) = e^{\Omega(xy; x_1 y_1, x_0 y_0)} = e^{\int_{(x_0 y_0)}^{(x_1 y_1)} H(xy, x'y') dx'}$$

ein, die also mit $\Omega(xy; x_1 y_1, x_0 y_0)$ in derselben Weise zusammenhängt, wie $E(xy)$ mit $\Omega(xy)$, so ergeben sich aus den für $\Omega(xy; x_1 y_1, x_0 y_0)$ aufgestellten Gleichungen unmittelbar die folgenden für $E(xy; x_1 y_1, x_0 y_0)$:

$$(1) \qquad E(xy; x_1 y_1, x_0 y_0) = \frac{1}{E(xy; x_0 y_0, x_1 y_1)},$$

$$(2) \qquad E(a_0 b_0; x_1 y_1, x_0 y_0) = 1,$$

$$(3) \qquad E(x_t y_t; x_1 y_1, x_0 y_0) = E\{1 + t\mathfrak{P}(t)\},$$

$$(4) \qquad E(\overset{\alpha}{x}_t \overset{\alpha}{y}_t; x_1 y_1, x_0 y_0) = E_\alpha\{1 + t\mathfrak{P}_\alpha(t)\} \cdot e^{t^{-1}\int_{(x_0 y_0)}^{(x_1 y_1)} H(xy)_\alpha dx}, \qquad (\alpha = 1, 2, \dots \varrho)$$

$$(5) \qquad E(\overset{(1)}{x}_t \overset{(1)}{y}_t; x_1 y_1, x_0 y_0) = E^{(1)} t\{1 + t\mathfrak{P}(t)\},$$

$$(6)\qquad E(\overset{(0)}{x}_t\overset{(0)}{y}_t;\, x_1y_1,\, x_0y_0) = E^{(0)}\, t^{-1}\{1+t\,\mathfrak{P}(t)\},$$

$$(7)\qquad E(\overset{\alpha}{x}_t\overset{\alpha}{y}_t;\, a_\alpha b_\alpha,\, x_0y_0) = E_\alpha^{(1)}\, t\,\{1+t\,\mathfrak{P}_\alpha(t)\}\cdot e^{t^{-1}\int_{(x_0y_0)}^{(a_\alpha b_\alpha)} H(xy)_\alpha\, dx}, \qquad (\alpha = 1, 2, \dots \varrho)$$

$$(8)\qquad E(\overset{\alpha}{x}_t\overset{\alpha}{y}_t;\, x_1y_1,\, a_\alpha b_\alpha) = E_\alpha^{(0)}\, t^{-1}\{1+t\,\mathfrak{P}_\alpha(t)\}\cdot e^{t^{-1}\int_{(a_\alpha b_\alpha)}^{(x_1y_1)} H(xy)_\alpha\, dx} \qquad (\alpha = 1, 2, \dots \varrho).$$

Hierbei sind die Grössen E, E_α, $E^{(1)}$, $E^{(0)}$, $E_\alpha^{(1)}$, $E_\alpha^{(0)}$ von Null verschiedene Constanten; die auf den rechten Seiten der Gleichungen (4), (7) und (8) enthaltenen Integrale erster Art sind auf demselben Wege wie das in der Definitionsgleichung der Function auftretende Integral dritter Art zu bestimmen.

Da für jede Stelle (xy) des Integrationsweges die beiden Werthe von $\Omega(xy;\, x_1y_1,\, x_0y_0)$ nur um $2\pi i$ von einander verschieden sind, so ist $E(xy;\, x_1y_1,\, x_0y_0)$, ebenso wie $E(xy)$, eine allenthalben eindeutige Function des Paares (xy); sie unterscheidet sich aber von der Function $E(xy)$ wesentlich dadurch, dass sie an der Stelle (x_1y_1) verschwindet und an der Stelle (x_0y_0) unendlich gross wird, und zwar in beiden Fällen mit der Ordnungszahl 1. Für (x_0y_0) hat $E(xy;\, x_1y_1,\, x_0y_0)$ den Charakter einer gebrochenen rationalen Function, an allen übrigen von $(a_1b_1), \dots (a_\varrho b_\varrho)$ verschiedenen Stellen den einer ganzen Function; die ϱ Stellen $(a_1b_1), \dots (a_\varrho b_\varrho)$ sind dagegen wesentlich singuläre.

Es ist leicht nachzuweisen, dass die in den vorhergehenden Gleichungen ausgesprochenen Eigenschaften für $E(xy;\, x_1y_1,\, x_0y_0)$ charakteristisch sind. Eine Function $\overline{E}(xy;\, x_1y_1,\, x_0y_0)$ möge nämlich den folgenden Gleichungen genügen:

$$\overline{E}(a_0b_0;\, x_1y_1,\, x_0y_0) = 1,$$

$$\overline{E}(x_ty_t;\, x_1y_1,\, x_0y_0) = \overline{E}\{1+t\,\mathfrak{P}(t)\},$$

$$\overline{E}(\overset{(1)}{x}_t\overset{(1)}{y}_t;\, x_1y_1,\, x_0y_0) = \overline{E}^{(1)}\, t\,\{1+t\,\mathfrak{P}(t)\},$$

$$\overline{E}(\overset{(0)}{x}_t\overset{(0)}{y}_t;\, x_1y_1,\, x_0y_0) = \overline{E}^{(0)}\, t^{-1}\{1+t\,\mathfrak{P}(t)\},$$

$$\overline{E}(\overset{\alpha}{x}_t\overset{\alpha}{y}_t;\, x_1y_1,\, x_0y_0) = P(t).\, e^{t^{-1}\int_{(x_0y_0)}^{(x_1y_1)} H(xy)_\alpha\, dx}, \qquad (\alpha = 1, 2, \dots \varrho)$$

wobei die nach steigenden Potenzen von t fortschreitende Reihe $P(t)$ mit einer Constanten oder mit der ersten Potenz oder mit der $(-1)^{\text{ten}}$ Potenz beginnen soll, je nachdem die Stellen (x_1y_1) und (x_0y_0) von $(a_\alpha b_\alpha)$ verschieden sind, oder (x_1y_1) oder (x_0y_0) mit dieser Stelle zusammenfällt. Der Integrationsweg für die Integrale in den Exponenten der letzten ϱ Gleichungen ist beliebig, muss aber für alle ϱ Integrale

$$\int_{(x_0y_0)}^{(x_1y_1)} H(xy)_\alpha dx \qquad (\alpha = 1, 2, \ldots \varrho)$$

derselbe sein. Der Annahme nach hat also $\overline{E}(xy;x_1y_1,x_0y_0)$ für alle Werthepaare (xy) mit Ausnahme der ϱ Stellen $(a_1b_1), \ldots (a_\varrho b_\varrho)$ den Charakter einer ganzen oder gebrochenen rationalen Function.

Wir bilden nun die vorher definirte Function

$$E(xy;x_1y_1,x_0y_0) = e^{\int_{(x_0y_0)}^{(x_1y_1)} H(xy,x'y')\,dx'},$$

wo der Integrationsweg nicht derselbe zu sein braucht, wie eben für die Integrale erster Art. Die Entwickelung des Quotienten

$$\frac{\overline{E}(\overset{\alpha}{x_t}\overset{\alpha}{y_t};x_1y_1,x_0y_0)}{E(\overset{\alpha}{x_t}\overset{\alpha}{y_t};x_1y_1,x_0y_0)}$$

ergiebt dann, auch wenn (x_1y_1) oder (x_0y_0) mit der Stelle $(a_\alpha b_\alpha)$ zusammenfällt,

$$C_\alpha e^{2\omega_\alpha t^{-1}}\{1 + t\mathfrak{P}_\alpha(t)\},$$

denn der Unterschied der beiden Werthe des Integrals

$$\int_{(x_0y_0)}^{(x_1y_1)} H(xy)_\alpha dx$$

in der im Zähler und im Nenner auftretenden Exponentialfunction kann nur eine Periode

$$\overline{\int} H(xy)_\alpha dx = 2\omega_\alpha$$

sein. Für jedes von $(\overset{\alpha}{x}_t \overset{\alpha}{y}_t)$ verschiedene Functionenpaar $(x_t y_t)$ besteht aber die Entwickelung

$$\frac{\overline{E}(x_t y_t;\, x_1 y_1,\, x_0 y_0)}{E(x_t y_t;\, x_1 y_1,\, x_0 y_0)} = C\{1+t\mathfrak{P}(t)\},$$

und da ferner

$$\frac{\overline{E}(a_0 b_0;\, x_1 y_1,\, x_0 y_0)}{E(a_0 b_0;\, x_1 y_1,\, x_0 y_0)} = 1$$

ist, so wird nach dem im vorigen Kapitel (S. 367—370) Bewiesenen der Quotient

$$\frac{\overline{E}(xy;\, x_1 y_1,\, x_0 y_0)}{E(xy;\, x_1 y_1,\, x_0 y_0)}$$

die nicht verschwindende Function $E(xy\,|\,\omega_1, \dots \omega_\varrho)$, d. h. es ist

$$\overline{E}(xy;\, x_1 y_1,\, x_0 y_0) = E(xy\,|\,\omega_1, \dots \omega_\varrho) . E(xy;\, x_1 y_1,\, x_0 y_0).$$

Umgekehrt bleiben für das Product einer bestimmten Function $E(xy;\, x_1 y_1, x_0 y_0)$ und einer Function $E(xy\,|\,\omega_1, \dots \omega_\varrho)$ die charakteristischen Gleichungen bestehen, nur ändern sich die Integrale in den Exponenten für die in der Umgebung der wesentlich singulären Stellen gültigen Entwickelungen um ein System simultaner Perioden, d. h. ein solches Product ist eine Function $E(xy;\, x_1 y_1, x_0 y_0)$, bei welcher der Weg für das Integral $\int_{(x_0 y_0)}^{(x_1 y_1)} H(xy, x'y')\,dx'$ ein anderer ist.

In dem letzten Abschnitt dieser Vorlesungen wird von der Gleichung

$$E(xy;\, x_1 y_1,\, x_0 y_0) = \frac{E(xy;\, x_1 y_1,\, a_\beta b_\beta)}{E(xy;\, x_0 y_0,\, a_\beta b_\beta)},$$

in der $(a_\beta b_\beta)$ eine beliebige der ϱ Stellen $(a_1 b_1), \dots (a_\varrho b_\varrho)$ ist, Gebrauch gemacht werden. Die Integrationen sind dabei so auszuführen, dass

$$\int_{(x_0 y_0)}^{(x_1 y_1)} H(xy)_\alpha dx = \int_{(a_\beta b_\beta)}^{(x_1 y_1)} H(xy)_\alpha dx - \int_{(a_\beta b_\beta)}^{(x_0 y_0)} H(xy)_\alpha dx \qquad (\alpha = 1, 2, \dots \varrho)$$

ist. Die Richtigkeit der Formel erkennt man unmittelbar daraus, dass der Quotient rechts sämmtliche Eigenschaften hat, die als charakteristisch für die Function auf der linken Seite nachgewiesen worden sind.

Eine ähnliche Bedeutung, wie sie $E(xy; x_1 y_1, x_0 y_0)$ für die rationalen Functionen des Paares (xy) hat, kommt für die rationalen Functionen einer Variablen x derjenigen Function zu, welche im Punkte x_1 gleich Null und im Punkte x_0 mit der Ordnungszahl 1 unendlich gross wird, im Punkte a_0 aber den Werth 1 annimmt. Sie ist gleich

$$\frac{x-x_1}{x-x_0} \cdot \frac{a_0-x_0}{a_0-x_1}$$

und werde mit

$$(x; x_1, x_0)$$

bezeichnet.

Jede rationale Function $R(x)$ einer Variablen wird für ebenso viele Werthe des Arguments Null wie unendlich gross, vorausgesetzt dass die Null- und Unendlichkeitsstellen mit den richtigen Ordnungszahlen gerechnet werden. Es seien

$$x_1, x_2, \dots x_r$$

die Werthe, für welche $R(x)$ verschwindet, und

$$x'_1, x'_2, \dots x'_r$$

diejenigen, für welche die Function unendlich gross wird; ein Werth, dessen Ordnungszahl grösser als 1 ist, soll dabei mehrfach gesetzt werden. Dann ist

$$R(x) = R(a_0) . \prod_{\nu=1}^{r} (x; x_\nu, x'_\nu),$$

d. h. es lässt sich $R(x)$ als Product von Functionen darstellen, die nur an einer Stelle Null und an einer Stelle unendlich gross werden. Nennen wir eine solche Function $(x; x_\nu, x'_\nu)$ eine rationale Primfunction, so ist also jede rationale Function einer Veränderlichen als Product von rationalen Primfunctionen und einer Constanten darstellbar.

Die Function $E(xy; x_1 y_1, x_0 y_0)$ verschwindet, abgesehen von den wesentlich singulären Stellen $(a_1 b_1), \dots (a_\varrho b_\varrho)$, nur an der Stelle $(x_1 y_1)$ und wird für $(x_0 y_0)$ unendlich gross, in beiden Fällen mit der Ordnungszahl 1; sie hat daher den Charakter einer Primfunction, und wir wollen sie im Gegensatz zu der eben betrachteten rationalen als eine transcendente Primfunction bezeichnen. Jede rationale Function $R(xy)$ des durch eine algebraische

Gleichung $f(x, y) = 0$ verbundenen Paares (xy) lässt sich nun in ähnlicher Weise als Product von transcendenten Primfunctionen darstellen, wie die rationalen Functionen einer Veränderlichen durch rationale Primfunctionen.

Die Function $R(xy)$ verschwinde an den Stellen

$$(x_1 y_1),\ (x_2 y_2),\ \ldots\ (x_r y_r)$$

und werde unendlich gross für

$$(x'_1 y'_1),\ (x'_2 y'_2),\ \ldots\ (x'_r y'_r),$$

wobei jedes Werthepaar so oft aufzunehmen ist, wie die zugehörige Ordnungszahl angiebt. Jeder Stelle der ersten Reihe ordnen wir eine der zweiten zu, z. B. seien $(x_\nu y_\nu)$ und $(x'_\nu y'_\nu)$ für $\nu = 1, 2, \ldots r$ zusammengehörig. Sodann bilden wir für jedes dieser Paare von Stellen die Function

$$E(xy; x_\nu y_\nu, x'_\nu y'_\nu) = e^{\int_{(x'_\nu y'_\nu)}^{(x_\nu y_\nu)} H(xy, x'y')\, dx'};$$

die r Integrationswege $((x'_\nu y'_\nu) \ldots (x_\nu y_\nu))$ können hierbei beliebig angenommen werden. Setzen wir nun

$$\prod_{\nu=1}^{r} E(xy; x_\nu y_\nu, x'_\nu y'_\nu) = R_1(xy),$$

so lässt sich der Quotient

$$\frac{R(xy)}{R_1(xy)}$$

in der Umgebung einer von $(a_1 b_1), \ldots (a_\varrho b_\varrho), (x_1 y_1), \ldots (x_r y_r), (x'_1 y'_1), \ldots (x'_r y'_r)$ verschiedenen Stelle in eine nach steigenden Potenzen von t fortschreitende Reihe entwickeln, deren Anfangsglied eine von Null verschiedene Constante ist, denn diese Form hat sowohl die Entwickelung des Zählers, wie die des Nenners. Ferner ist

$$R(\overset{\alpha}{x}_t \overset{\alpha}{y}_t) = P(t) \qquad (\alpha = 1, 2, \ldots \varrho)$$

und

$$R_1(\overset{\alpha}{x}_t \overset{\alpha}{y}_t) = P_1(t) . e^{t^{-1} \sum_{\nu=1}^{r} \int_{(x'_\nu y'_\nu)}^{(x_\nu y_\nu)} H(xy)_\alpha\, dx} \qquad (\alpha = 1, 2, \ldots \varrho).$$

Wenn $(a_\alpha b_\alpha)$ nicht zu den Null- oder Unendlichkeitsstellen der Function $R(xy)$ gehört, so fangen $P(t)$ und $P_1(t)$ mit constanten Gliedern an. Verschwindet aber $R(xy)$ für $(a_\alpha b_\alpha)$ mit der Ordnungszahl λ, so beginnt $P(t)$ mit dem Gliede t^λ. Diese Stelle kommt dann auch in der Reihe der Nullstellen $(x_\nu y_\nu)$ λ-mal vor, sodass in dem Product $R_1(xy)$ λ Factoren $E(xy; x_\nu y_\nu, x'_\nu y'_\nu)$ vorhanden sind, deren Entwickelung, von der Exponentialgrösse abgesehen, mit dem Gliede t^1 beginnt; also ist t^λ auch das Anfangsglied in $P_1(t)$. Ebenso folgt, wenn $(a_\alpha b_\alpha)$ mit einer Stelle $(x'_\nu y'_\nu)$ zusammenfällt, an welcher die Function $R(xy)$ mit der Ordnungszahl λ unendlich gross wird, dass dann sowohl $P(t)$, wie $P_1(t)$ mit der Potenz $t^{-\lambda}$ anfängt. Die Entwickelung des Quotienten $\frac{P(t)}{P_1(t)}$ beginnt daher mit einer Constanten und enthält nur positive Potenzen von t; es ist demnach

$$\frac{R(\overset{\alpha}{x_t}\overset{\alpha}{y_t})}{R_1(\underset{\alpha}{x_t}\underset{\alpha}{y_t})} = C_\alpha\{1+t\mathfrak{P}_\alpha(t)\}\cdot e^{-t^{-1}\sum\limits_{\nu=1}^{r}\int\limits_{(x'_\nu y'_\nu)}^{(x_\nu y_\nu)} H(xy)_\alpha dx} \qquad (\alpha = 1, 2, \ldots \varrho).$$

Stellt $(x_t y_t)$ ein Element des Gebildes dar, dessen Mittelpunkt eine von $(a_1 b_1), \ldots (a_\varrho b_\varrho)$ verschiedene Stelle $(x_\nu y_\nu)$ oder $(x'_\nu y'_\nu)$ ist, so wird

$$\frac{R(x_t y_t)}{R_1(x_t y_t)} = \frac{P(t)}{P_1(t)},$$

und aus den für $E(xy; x_1 y_1, x_0 y_0)$ aufgestellten Formeln (S. 383—384) ergiebt sich, dass $P(t)$ und $P_1(t)$ mit derselben Potenz von t beginnen. Mithin folgt

$$\frac{R(x_t y_t)}{R_1(x_t y_t)} = C\{1+t\mathfrak{P}(t)\}.$$

Da schliesslich

$$R_1(a_0 b_0) = 1$$

ist, wobei wir voraussetzen, dass die Stelle $(a_0 b_0)$ weder zu den Null-, noch zu den Unendlichkeitsstellen der Function $R(xy)$ gehört, so hat der Quotient

$$\frac{1}{R(a_0 b_0)}\,\frac{R(xy)}{R_1(xy)}$$

die für eine nicht verschwindende E-Function charakteristischen Eigenschaften (S. 367). Demnach ist

$$\frac{1}{R(a_0 b_0)} \frac{R(xy)}{R_1(xy)} = E(xy),$$

also

$$\frac{R(xy)}{R(a_0 b_0)} = E(xy) . \prod_{\nu=1}^{r} E(xy; x_\nu y_\nu, x'_\nu y'_\nu).$$

Damit ist die Zerlegbarkeit jeder rationalen Function des Paares (xy) in transcendente Primfunctionen bewiesen. Nachdem man die r Werthepaare $(x_\nu y_\nu)$ und $(x'_\nu y'_\nu)$ beliebig in r Gruppen von je einer Null- und Unendlichkeitsstelle gesondert hat, bildet man das Product $R_1(xy)$ der r Primfunctionen $E(xy; x_\nu y_\nu, x'_\nu y'_\nu)$. Dann wird $R_1(xy)$ nach Multiplication mit einer nicht verschwindenden Function $E(xy)$ gleich $\frac{R(xy)}{R(a_0 b_0)}$.

Wir können in der vorstehenden Gleichung die Function

$$E(xy) = e^{\overline{\int} H(xy, x'y')\, dx'}$$

auch zu einer der Functionen $E(xy; x_\nu y_\nu, x'_\nu y'_\nu)$, z. B. zu $E(xy; x_r y_r, x'_r y'_r)$, hinzuziehen. Es ist nämlich

$$E(xy) . E(xy; x_r y_r, x'_r y'_r) = e^{\int_{(x'_r y'_r)}^{(x_r y_r)} H(xy, x'y')\, dx' + \overline{\int} H(xy, x'y')\, dx'};$$

bezeichnen wir also dieses Product wieder mit $E(xy; x_r y_r, x'_r y'_r)$, so unterscheiden sich die beiden gleich bezeichneten Functionen nur durch den Integrationsweg $((x'_r y'_r) \ldots (x_r y_r))$. Wir erhalten so

$$\frac{R(xy)}{R(a_0 b_0)} = \prod_{\nu=1}^{r} E(xy; x_\nu y_\nu, x'_\nu y'_\nu),$$

wo die Stelle $(a_0 b_0)$ von den Null- und Unendlichkeitsstellen der Function $R(xy)$ verschieden anzunehmen ist.

Jede rationale Function des Paares (xy) lässt sich also als Product von r transcendenten Primfunctionen $E(xy; x_\nu y_\nu, x'_\nu y'_\nu)$ darstellen. In $r-1$ von ihnen können die Integrationswege für die Integrale

$$\int_{(x'_\nu y'_\nu)}^{(x_\nu y_\nu)} H(xy, x'y')\, dx'$$

willkürlich gewählt werden, während in der r^{ten} Function der Integrationsweg durch die übrigen insoweit bestimmt ist, als nur solche Änderungen für ihn zulässig sind, die den Werth des Integrals unberührt lassen.

Die Darstellung als Product von E-Functionen gilt auch für eine rationale Function des Paares (xy), deren Grad $\leqq \varrho$ ist.

Diese Sätze bieten eine bemerkenswerthe Analogie mit solchen aus der Zahlentheorie dar. Zunächst gilt im Gebiete der reellen ganzen Zahlen der Satz, dass jede Zahl entweder selbst nicht in Factoren zerlegbar ist oder aus solchen unzerlegbaren Zahlen durch Multiplication gebildet werden kann. Dies führt zu dem Begriff der Primzahlen. Nimmt man die Primzahlen sämmtlich als positiv an, so kann man jede Zahl als Product von Primzahlen und einer Einheit $+1$ oder -1 darstellen, und zwar auf eine einzige Weise.

Der Begriff der Primzahlen kann im Gebiete der complexen ganzen Zahlen, die aus den vier Einheiten $1, -1, i, -i$ durch Addition zusammengesetzt sind, aufrecht erhalten werden. Denn jede Zahl $a+bi$ lässt sich auf eine einzige Weise durch ein Product von primären Primzahlen und einer der vier Einheiten ausdrücken.

Es wurde nun versucht, diese Zerlegung auf die verallgemeinerten complexen ganzen Zahlen, die ganzen algebraischen Zahlen, auszudehnen. Eine Zahl α heisst eine algebraische Zahl, wenn sie einer Gleichung

$$A_0 x^n + A_1 x^{n-1} + \cdots + A_n = 0$$

genügt, in der die Coefficienten $A_0, A_1, \ldots A_n$ reelle ganze Zahlen sind. Ist der Coefficient A_0 der höchsten Potenz gleich 1, so heisst α eine ganze algebraische Zahl; ist ausserdem auch der Coefficient A_n gleich ± 1, so heisst α eine algebraische Einheit. Jede rationale Function $\varphi(\alpha)$ von α ist ebenfalls eine algebraische Zahl, und zwar wird sie als eine aus α gebildete algebraische Zahl bezeichnet. Unter diesen Zahlen $\varphi(\alpha)$ giebt es wieder solche, die nach der vorhergehenden Definition ganze algebraische Zahlen sind. Bei dem Bestreben nun, im Gebiete dieser aus α gebildeten Zahlen den Begriff der Primzahlen einzuführen, versuchte man zunächst folgende Definition aufzustellen: Die ganze algebraische Zahl $\varphi(\alpha)$ wird eine Primzahl genannt, wenn sie sich nicht als Product zweier Zahlen derselben Art darstellen lässt, von denen keine eine Einheit ist. Es fand sich aber, dass das Product zweier so definirten Primzahlen noch durch andere dem betrachteten Gebiete angehörige Zahlen, als diese selbst, theilbar sein kann. Es blieb also nicht der fundamentale Satz bestehen, dass eine Zahl nur auf eine einzige Weise in Primzahlen zerlegbar ist.

Diesen Übelstand beseitigte Kummer durch Einführung der sogenannten idealen Primfactoren. Die Primzahlen, aus denen sich jede ganze algebraische Zahl $\varphi(\alpha)$ auf nur eine Art durch Multiplication zusammensetzen lässt, sind nämlich nicht in dem Gebiete dieser Zahlen selbst, sondern in einem ausgedehnteren zu suchen. Nimmt man eine ganze algebraische Zahl β an, die mit α durch eine gewisse algebraische Gleichung verbunden ist, so lässt sich jede ganze Zahl $\varphi(\alpha)$ auf eine einzige Weise als Product von Zahlen darstellen, die in α und β rational sind. Die Zahl β muss für jede Zahl α besonders bestimmt werden.

In der Functionentheorie versteht man unter Primfunctionen solche, die an je einer Stelle von der ersten Ordnung unendlich gross werden und verschwinden. Wenn der Rang des algebraischen Gebildes gleich Null ist, so lässt sich jede rationale Function des Paares (xy) mittels Multiplication aus Primfunctionen bilden, die ebenfalls in (xy) rational sind. Ist aber der Rang grösser als Null, so giebt es im Gebiete der rationalen Functionen des Paares (xy) keine Primfunctionen; man muss unter den transcendenten Functionen solche aufsuchen, welche nur an einer Stelle unendlich gross werden und an einer Stelle verschwinden und sich den rationalen Functionen möglichst eng anschliessen. Dies sind die Functionen $E(xy; x_\nu y_\nu, x'_\nu y'_\nu)$, als deren Product, wie gezeigt worden ist, sich jede rationale Function des Paares (xy) darstellen lässt, wenn man noch eine Function $E(xy)$, die nicht verschwindet und nicht unendlich gross wird, als Factor hinzunimmt.

Die Functionen $E(xy)$ sind mit den Einheiten in der Theorie der complexen Zahlen zu vergleichen. Denn nach der obigen Definition ist eine ganze algebraische Zahl eine Einheit, wenn ihr reciproker Werth ebenfalls ganz ist. Ebenso ist die Function $\frac{1}{E(xy)}$ von derselben Beschaffenheit, wie $E(xy)$ selbst, da $E(xy)$ an keiner Stelle Null oder unendlich gross wird.

Es hat sich nun im vorigen Kapitel (S. 372) ergeben, dass jede Function $E(xy)$ aus 2ϱ speciellen Functionen

$$E(xy)_\beta \quad \text{und} \quad E'(xy)_\beta \qquad (\beta = 1, 2, \ldots \varrho)$$

durch Multiplication erhalten werden kann, sodass stets

$$E(xy) = \prod_{\beta=1}^{\varrho} \left\{ [E(xy)_\beta]^{\mu_\beta} [E'(xy)_\beta]^{\mu'_\beta} \right\}$$

ist. Entsprechend giebt es in der Theorie der algebraischen Zahlen $\varphi(\alpha)$ eine geschlossene Anzahl Einheiten $E_1(\alpha)$, $E_2(\alpha)$, ... $E_r(\alpha)$, aus denen sich alle übrigen in der Form

$$E_1^{\mu_1}(\alpha)\, E_2^{\mu_2}(\alpha) \ldots E_r^{\mu_r}(\alpha)$$

zusammensetzen lassen, wobei die Exponenten μ_1, μ_2, ... μ_r ganze positive Zahlen oder Null sind.

Sowohl für die idealen Primfactoren, wie für die Einheiten in der Theorie der algebraischen Zahlen findet sich also bei den rationalen Functionen des durch eine algebraische Gleichung verbundenen Paares (xy) ein Analogon.

Zwanzigstes Kapitel.

Darstellung des Integrals dritter Art durch Logarithmen der E-Functionen.

Durch die Logarithmen der in den beiden vorhergehenden Kapiteln behandelten Functionen $E(xy)_\beta$, $E'(xy)_\beta$ und $E(xy; x_1 y_1, x_0 y_0)$ können die Integrale dritter Art in ähnlicher Weise dargestellt werden, wie die Integrale erster und zweiter Art durch die Logarithmen der Functionen $E(xy)_\beta$ und $E'(xy)_\beta$ allein (S. 374).

Um dies zu beweisen, gehen wir von der Gleichung (S. 304 und S. 383)

$$\frac{d}{dx}\log E(xy; x_1 y_1, x_0 y_0) = \frac{d}{dx}\int_{(x_0 y_0)}^{(x_1 y_1)} H(xy, x'y')\,dx'$$

$$= H(x_1 y_1, xy) - H(x_0 y_0, xy) + \sum_{\alpha=1}^{\varrho}\left\{H'(xy)_\alpha \int_{(x_0 y_0)}^{(x_1 y_1)} H(x'y')_\alpha\,dx' - H(xy)_\alpha \int_{(x_0 y_0)}^{(x_1 y_1)} H'(x'y')_\alpha\,dx'\right\}$$

aus, die zunächst nur unter der Voraussetzung abgeleitet worden ist, dass die beiden Stellen $(x_0 y_0)$ und $(x_1 y_1)$ demselben Element des Gebildes angehören. Ist dies nicht der Fall, so denken wir uns, wie früher (S. 305) bei der Function $\Omega(xy)$, das Integral

$$\int_{(x_0 y_0)}^{(x_1 y_1)} H(xy, x'y')\,dx'$$

als eine Summe von Integralen so dargestellt, dass die Grenzen jedes einzelnen Stellen desselben Elements sind. Da die Gleichung für jedes Theilintegral besteht, so folgt durch Addition ihre Allgemeingültigkeit. Wir müssen auch hier annehmen, dass die Stellen (xy) und $(a_0 b_0)$ nicht auf dem Integrationswege liegen, und zunächst auch, dass $(x_0 y_0)$ und $(x_1 y_1)$ mit keiner der Stellen $(a_1 b_1), \ldots (a_\varrho b_\varrho)$ zusammenfallen.

Für die Integrale erster und zweiter Art haben wir die Gleichungen gefunden (S. 375):

$$J(x_1 y_1)_\alpha - J(x_0 y_0)_\alpha = \frac{1}{\pi i} \sum_{\beta=1}^{\varrho} \left\{ \omega_{\alpha\beta} \log \frac{E'(x_1 y_1)_\beta}{E'(x_0 y_0)_\beta} - \omega'_{\alpha\beta} \log \frac{E(x_1 y_1)_\beta}{E(x_0 y_0)_\beta} \right\},$$

$$(\alpha = 1, 2, \dots \varrho)$$

$$J'(x_1 y_1)_\alpha - J'(x_0 y_0)_\alpha = \frac{1}{\pi i} \sum_{\beta=1}^{\varrho} \left\{ \eta_{\alpha\beta} \log \frac{E'(x_1 y_1)_\beta}{E'(x_0 y_0)_\beta} - \eta'_{\alpha\beta} \log \frac{E(x_1 y_1)_\beta}{E(x_0 y_0)_\beta} \right\},$$

in denen die Werthe der rechts auftretenden Logarithmen eindeutig bestimmt sind, sobald der Integrationsweg $((x_0 y_0) \dots (x_1 y_1))$ fixirt ist. Addiren wir diese 2ϱ Gleichungen nach Multiplication mit $H'(xy)_\alpha$ und $-H(xy)_\alpha$, so folgt

$$\sum_{\alpha=1}^{\varrho} \left\{ H'(xy)_\alpha \int_{(x_0 y_0)}^{(x_1 y_1)} H(x'y')_\alpha dx' - H(xy)_\alpha \int_{(x_0 y_0)}^{(x_1 y_1)} H'(x'y')_\alpha dx' \right\}$$

$$= \frac{1}{\pi i} \sum_{\beta=1}^{\varrho} \left\{ \log \frac{E'(x_1 y_1)_\beta}{E'(x_0 y_0)_\beta} \sum_{\alpha=1}^{\varrho} \{ \omega_{\alpha\beta} H'(xy)_\alpha - \eta_{\alpha\beta} H(xy)_\alpha \} \right.$$

$$\left. - \log \frac{E(x_1 y_1)_\beta}{E(x_0 y_0)_\beta} \sum_{\alpha=1}^{\varrho} \{ \omega'_{\alpha\beta} H'(xy)_\alpha - \eta'_{\alpha\beta} H(xy)_\alpha \} \right\}.$$

Die Summen, mit denen die Logarithmen auf der rechten Seite multiplicirt sind, kann man mit Hülfe der Relationen umformen, die sich aus der Gleichung (S. 313)

$$\frac{d \log E(xy)}{dx} = \sum_{\alpha=1}^{\varrho} \{ 2\omega_\alpha H'(xy)_\alpha - 2\eta_\alpha H(xy)_\alpha \}$$

für die Functionen $E(xy)_\beta$ und $E'(xy)_\beta$ ergeben, wenn man ω_α, η_α durch $\omega_{\alpha\beta}$, $\eta_{\alpha\beta}$ und durch $\omega'_{\alpha\beta}$, $\eta'_{\alpha\beta}$ ersetzt. Dann wird

$$\sum_{\alpha=1}^{\varrho} \left\{ H'(xy)_\alpha \int_{(x_0 y_0)}^{(x_1 y_1)} H(x'y')_\alpha dx' - H(xy)_\alpha \int_{(x_0 y_0)}^{(x_1 y_1)} H'(x'y')_\alpha dx' \right\}$$

$$= \frac{1}{2\pi i} \sum_{\beta=1}^{\varrho} \left\{ \log \frac{E'(x_1 y_1)_\beta}{E'(x_0 y_0)_\beta} \frac{d \log E(xy)_\beta}{dx} - \log \frac{E(x_1 y_1)_\beta}{E(x_0 y_0)_\beta} \frac{d \log E'(xy)_\beta}{dx} \right\},$$

mithin erhält man aus der ersten Gleichung dieses Kapitels

$$H(x_1 y_1, xy) - H(x_0 y_0, xy) = \frac{d}{dx} \log E(xy; x_1 y_1, x_0 y_0)$$

$$- \frac{1}{2\pi i} \sum_{\beta=1}^{\varrho} \left\{ \log \frac{E'(x_1 y_1)_\beta}{E'(x_0 y_0)_\beta} \frac{d \log E(xy)_\beta}{dx} - \log \frac{E(x_1 y_1)_\beta}{E(x_0 y_0)_\beta} \frac{d \log E'(xy)_\beta}{dx} \right\}.$$

Wenn $(a_0 b_0)$, wie immer, diejenige Stelle ist, für welche die Function $H(xy, x'y')$ verschwindet, die Functionen $E(xy)_\beta$, $E'(xy)_\beta$ und $E(xy; x_1 y_1, x_0 y_0)$ demnach gleich 1 werden, so setzen wir

$$\int_{(a_0 b_0)}^{(xy)} \{H(x_1 y_1, xy) - H(x_0 y_0, xy)\}\, dx = J(xy; x_1 y_1, x_0 y_0);$$

dann ist $J(xy; x_1 y_1, x_0 y_0)$ ein Abelsches Integral dritter Art. Denken wir uns nun beide Seiten der vorhergehenden Gleichung zwischen den Grenzen $(a_0 b_0)$ und (xy) integrirt und zwar auf einem beliebigen Wege, der aber keine der beiden Stellen $(x_0 y_0)$ und $(x_1 y_1)$ enthalten darf, so ergiebt sich

$$\begin{aligned} J(xy; x_1 y_1, x_0 y_0) &= \log E(xy; x_1 y_1, x_0 y_0) \\ &- \frac{1}{2\pi i} \sum_{\beta=1}^{\varrho} \left\{ \log \frac{E'(x_1 y_1)_\beta}{E'(x_0 y_0)_\beta} \log E(xy)_\beta - \log \frac{E(x_1 y_1)_\beta}{E(x_0 y_0)_\beta} \log E'(xy)_\beta \right\}. \end{aligned}$$

Die Werthe von

$$\log E(xy; x_1 y_1, x_0 y_0),$$
$$\log E(xy)_\beta, \quad \log E'(xy)_\beta, \qquad (\beta = 1, 2, \ldots \varrho)$$

in denen das unbestimmte Werthepaar (xy) vorkommt, werden durch den Integrationsweg $((a_0 b_0) \ldots (xy))$ bestimmt; für die Anfangsstelle $(a_0 b_0)$ sind sie sämmtlich gleich Null zu nehmen.

Ausserdem treten in der Formel noch die Logarithmen

$$\log \frac{E'(x_1 y_1)_\beta}{E'(x_0 y_0)_\beta}, \quad \log \frac{E(x_1 y_1)_\beta}{E(x_0 y_0)_\beta} \qquad (\beta = 1, 2, \ldots \varrho)$$

auf, deren Werthe von dem Integrationswege $((x_0 y_0) \ldots (x_1 y_1))$ für die Integrale

$$\int_{(x_0 y_0)}^{(x_1 y_1)} H(x'y')_\alpha \, dx', \qquad \int_{(x_0 y_0)}^{(x_1 y_1)} H'(x'y')_\alpha \, dx'$$

abhängen. Dieser Weg stimmt mit dem für das Integral

$$\int_{(x_0 y_0)}^{(x_1 y_1)} H(xy, x'y')\, dx'$$

überein, das in der Definitionsgleichung der Function $E(xy; x_1 y_1, x_0 y_0)$ auftritt

Wir wollen nun untersuchen, ob die verschiedenen Werthe, welche die beiden Seiten der Gleichung

$$J(xy; x_1 y_1, x_0 y_0) = \log E(xy; x_1 y_1, x_0 y_0)$$
$$- \frac{1}{2\pi i} \sum_{\beta=1}^{\varrho} \left\{ \log \frac{E'(x_1 y_1)_\beta}{E'(x_0 y_0)_\beta} \log E(xy)_\beta - \log \frac{E(x_1 y_1)_\beta}{E(x_0 y_0)_\beta} \log E'(xy)_\beta \right\}$$

für ein bestimmtes Werthepaar (xy) nach Fixirung des Weges $((x_0 y_0) \dots (x_1 y_1))$ annehmen können, sämmtlich übereinstimmen. Die Mehrdeutigkeit des Ausdrucks auf der rechten Seite rührt von den von (xy) abhängigen Logarithmen her. Demnach ergiebt sich jeder Werth der rechten Seite durch Hinzufügung der Summe

$$\sum_{\beta=1}^{\varrho} \left\{ \mu_\beta \log \frac{E'(x_1 y_1)_\beta}{E'(x_0 y_0)_\beta} - \mu'_\beta \log \frac{E(x_1 y_1)_\beta}{E(x_0 y_0)_\beta} \right\} - 2\mu_0 \pi i$$

zu einem beliebigen ihrer Werthe, wobei μ_0, μ_β und μ'_β $(\beta = 1, 2, \dots \varrho)$ gleich Null oder gleich ganzen positiven oder negativen Zahlen sind.

Nun muss aber gezeigt werden, dass alle so erhaltenen Werthe sich auch als Werthe des Integrals $J(xy; x_1 y_1, x_0 y_0)$ bei Ausführung der Integration auf verschiedenen Wegen ergeben. Wie bewiesen worden ist (S. 365), besteht die Gleichung

$$\log E(xy) = \int_{(a_0 b_0)}^{(xy)} \frac{d \log E(xy)}{dx} dx = \Omega(xy) - 2\mu\pi i.$$

Dabei ist der geschlossene Integrationsweg von

$$\Omega(xy) = \overline{\int} H(xy, x'y')\, dx'$$

in beliebiger Weise zu fixiren, während dann $\log E(xy)$ den eindeutig bestimmten Werth hat, der sich bei Ausführung der Integration auf dem Wege $((a_0 b_0) \dots (xy))$ ergiebt; μ ist die Anzahl der mit dem richtigen Vorzeichen versehenen Durchkreuzungen dieses Weges mit dem geschlossenen Integrationswege des Integrals $\overline{\int} H(xy, x'y')\, dx'$. Im Speciellen ergiebt sich hieraus (vgl. S. 371)

$$\log E(xy)_\beta = \Omega(xy)_\beta - 2\mu_\beta \pi i,$$
$$\log E'(xy)_\beta = \Omega'(xy)_\beta - 2\mu'_\beta \pi i,$$

wo die vollständigen Integrale $\Omega(xy)_\beta$ und $\Omega'(xy)_\beta$ sich über die Kreise K_β und K'_β erstrecken und μ_β und μ'_β die Anzahlen der Durchkreuzungen des Weges $((a_0 b_0)\dots(xy))$ mit diesen Kreisen sind.

Der Beweis der Gleichung

$$\log E(xy) = \Omega(xy) - 2\mu\pi i$$

lässt sich nun wörtlich auf den Fall übertragen, dass der Integrationsweg von $\int H(xy, x'y')dx'$ kein geschlossener ist, sondern von $(x_0 y_0)$ zu einer beliebigen Stelle $(x_1 y_1)$ führt. Daher wird

$$\log E(xy; x_1 y_1, x_0 y_0) = \Omega(xy; x_1 y_1, x_0 y_0) - 2\mu\pi i.$$

Auch hier ist der Werth von $\log E(xy; x_1 y_1, x_0 y_0)$ eindeutig durch den Integrationsweg $((a_0 b_0)\dots(xy))$ bestimmt, und μ ist gleich der Summe der Zahlen $+1$ und -1, welche die Schnittpunkte dieses Weges mit dem von $(x_0 y_0)$ nach $(x_1 y_1)$ führenden Integrationswege charakterisiren.

Durch Integration der Gleichung

$$H(x_1 y_1, xy) - H(x_0 y_0, xy) = \frac{d}{dx}\log E(xy; x_1 y_1, x_0 y_0)$$
$$-\frac{1}{2\pi i}\sum_{\beta=1}^{\varrho}\left\{\log\frac{E'(x_1 y_1)_\beta}{E'(x_0 y_0)_\beta}\frac{d\log E(xy)_\beta}{dx} - \log\frac{E(x_1 y_1)_\beta}{E(x_0 y_0)_\beta}\frac{d\log E'(xy)_\beta}{dx}\right\}$$

zwischen den Grenzen $(a_0 b_0)$ und (xy) ergiebt sich daher

$$J(xy; x_1 y_1, x_0 y_0) = \Omega(xy; x_1 y_1, x_0 y_0) - 2\mu_0\pi i$$
$$-\frac{1}{2\pi i}\sum_{\beta=1}^{\varrho}\left\{\log\frac{E'(x_1 y_1)_\beta}{E'(x_0 y_0)_\beta}[\Omega(xy)_\beta - 2\mu_\beta\pi i] - \log\frac{E(x_1 y_1)_\beta}{E(x_0 y_0)_\beta}[\Omega'(xy)_\beta - 2\mu'_\beta\pi i]\right\},$$

wobei auf der rechten Seite die Werthe der Logarithmen und die Zahlen $\mu_0, \mu_\beta, \mu'_\beta$ nach Fixirung der Wege $((a_0 b_0)\dots(xy))$ und $((x_0 y_0)\dots(x_1 y_1))$ bestimmt sind.

Wird der Weg $((a_0 b_0)\dots(xy))$ so gewählt, dass er weder den Integrationsweg $((x_0 y_0)\dots(x_1 y_1))$ noch einen der Kreise K_β, K'_β schneidet, so werden für ihn die sämmtlichen Zahlen $\mu_0, \mu_\beta, \mu'_\beta$ gleich Null. Bezeichnen wir nun den Werth des Integrals dritter Art, der sich bei Integration über diesen speciellen

Weg ergiebt, mit $\mathfrak{J}(xy; x_1y_1, x_0y_0)$, so wird für einen beliebigen Weg $((a_0b_0)\ldots(xy))$

$$J(xy; x_1y_1, x_0y_0) = \mathfrak{J}(xy; x_1y_1, x_0y_0) - 2\mu_0\pi i$$
$$+\sum_{\beta=1}^{\varrho}\left\{\mu_\beta \log\frac{E'(x_1y_1)_\beta}{E'(x_0y_0)_\beta} - \mu'_\beta \log\frac{E(x_1y_1)_\beta}{E(x_0y_0)_\beta}\right\}.$$

Nach der vorhergehenden Feststellung der Bedeutung der Zahlen μ_0, μ_β, μ'_β ist dabei unmittelbar klar, dass sie jeden beliebigen ganzzahligen Werth erhalten können.

Damit ist die auf S. 397 ausgesprochene Behauptung bewiesen und der gesuchte Ausdruck für das Integral dritter Art durch Logarithmen von E-Functionen gefunden.

Die Summe

$$\sum_{\beta=1}^{\varrho}\left\{\mu_\beta \log\frac{E'(x_1y_1)_\beta}{E'(x_0y_0)_\beta} - \mu'_\beta \log\frac{E(x_1y_1)_\beta}{E(x_0y_0)_\beta}\right\} - 2\mu_0\pi i$$

ist eine allgemeine Periode des betrachteten Integrals, d. h. jede seiner Perioden ist für specielle Werthe der Zahlen μ_0, μ_β, μ'_β darin enthalten. Daraus ergiebt sich sofort, dass die $2\varrho+1$ Grössen

$$2\pi i$$

und

$$\log\frac{E'(x_1y_1)_\beta}{E'(x_0y_0)_\beta}, \qquad \log\frac{E(x_1y_1)_\beta}{E(x_0y_0)_\beta} \qquad (\beta = 1, 2, \ldots \varrho)$$

ein primitives System von Perioden des Integrals

$$J(xy; x_1y_1, x_0y_0) = \int_{(a_0b_0)}^{(xy)}\{H(x_1y_1, xy) - H(x_0y_0, xy)\}\,dx$$

sind (S. 335), das Abelsche Integral dritter Art also $(2\varrho+1)$-fach periodisch ist. Wenn wir den Logarithmen in diesen Perioden andere als die vorher (S. 396) fixirten Werthe geben, so ändert sich der Ausdruck der allgemeinen Periode der Form nach nicht, da wir Vielfache von $2\pi i$ zu $2\mu_0\pi i$ hinzuziehen können; nur erhält die Zahl μ_0 eine andere, als die oben festgesetzte Bedeutung.

Bei diesen Betrachtungen ist der Fall ausgeschlossen worden, dass (x_0y_0) oder (x_1y_1) mit einer Stelle $(a_1b_1), \ldots (a_\varrho b_\varrho)$ zusammenfällt (S. 394). Ist jetzt

z. B. $(x_1 y_1) = (a_\alpha b_\alpha)$, so haben wir in der Formel, die das Integral dritter Art durch die Logarithmen der E-Functionen ausdrückt,

$$[H(\overset{\alpha}{x}_t \overset{\alpha}{y}_t, xy)]_{t^0}$$

statt $H(x_1 y_1, xy)$ zu setzen und gleichzeitig für die Logarithmen überall die constanten Glieder der betreffenden Entwickelungen einzuführen, also z. B.

$$\left[\log \frac{E'(\overset{\alpha}{x}_t \overset{\alpha}{y}_t)_\beta}{E'(x_0 y_0)_\beta}\right]_{t^0}$$

für

$$\log \frac{E'(x_1 y_1)_\beta}{E'(x_0 y_0)_\beta}$$

zu nehmen.

Da jede rationale Function $F(xy)$ des Paares (xy) als eine Summe von H-Functionen dargestellt werden kann, so lässt sich auch jedes Abelsche Integral durch Logarithmen von E-Functionen ausdrücken. Wir haben

$$F(xy) = \sum_{\nu=1}^{r} c_\nu H(x_\nu y_\nu, xy) - \sum_{\beta=1}^{\varrho} \{g'_\beta H(xy)_\beta - g_\beta H'(xy)_\beta\} + \frac{d\overline{F}(xy)}{dx}$$

gefunden (S. 264), wobei

$$\sum_{\nu=1}^{r} c_\nu = 0$$

ist. Daher kann auf der rechten Seite das Glied

$$-\sum_{\nu=1}^{r} c_\nu H(x_0 y_0, xy)$$

hinzugefügt werden, und es ergiebt sich durch Ausführung der Integration

$$\int F(xy)\,dx = C_0 + \sum_{\nu=1}^{r} c_\nu \log E(xy; x_\nu y_\nu, x_0 y_0)$$
$$+ \sum_{\beta=1}^{\varrho} \{C'_\beta \log E(xy)_\beta + C_\beta \log E'(xy)_\beta\} + \overline{F}(xy).$$

Die Perioden des Abelschen Integrals $\int F(xy)\,dx$ sind gleich den Werthen, um welche die rechte Seite sich ändert, wenn den Logarithmen ihre verschiedenen Werthe beigelegt werden.

Einundzwanzigstes Kapitel.

Das Abelsche Theorem.

Das Abelsche Theorem, zu dessen Beweis wir jetzt übergehen, ist von Jacobi als die grösste mathematische Entdeckung seiner Zeit bezeichnet worden.*) Es wird sich hier als eine einfache Folgerung aus den Sätzen über die E-Functionen ergeben, während Abel selbst das Theorem in ganz anderer Weise bewiesen hat; in der zweiten Hälfte des Kapitels werden wir kurz auf seine Beweismethode eingehen.

Von Abel rühren drei Mittheilungen über das Theorem her. Zuerst veröffentlichte er darüber im Jahre 1828 eine Abhandlung »Remarques sur quelques propriétés générales d'une certaine sorte de fonctions transcendantes« im 3. Bande des Crelleschen Journals,**) die sich auf die hyperelliptischen Integrale bezieht, wahrscheinlich aber am spätesten von ihm verfasst worden ist. Seine zweite Veröffentlichung »Démonstration d'une propriété générale d'une certaine classe de fonctions transcendantes« erschien 1829 im 4. Bande des Crelleschen Journals;***) sie enthält eine kurze Ankündigung des allgemeinen Theorems. Aber bereits im Jahre 1826 hatte Abel der Pariser Akademie eine umfangreiche Arbeit »Mémoire sur une propriété générale d'une classe très-étendue de fonctions transcendantes« eingereicht, die freilich erst lange nach Abel's Tode herausgegeben wurde.†) Ausserdem ist in den

*) Anzeige von Legendre, Théorie des fonctions elliptiques, troisième supplément, Jacobi's Ges. Werke, Bd. I (1881), S. 379.

**) Abel, Œuvres complètes, Nouvelle édition, T. I (1881), p. 444—456.

***) Ebenda, p. 515—517.

†) Mémoires présentés par divers savants, T. VII (1841); Abel, Œuvres complètes, Nouvelle édition, T. I (1881), p. 145—211.

gesammelten Werken Abel's*) ein von ihm hinterlassenes Manuscript »Sur la comparaison des fonctions transcendantes« veröffentlicht, worin ebenfalls das allgemeine Theorem enthalten ist.

Nach dem damaligen Gebrauche der Pariser Akademie wurde das eben erwähnte Abelsche Mémoire zwei Mathematikern, Cauchy und Legendre, zur Beurtheilung übergeben. Cauchy scheint die Wichtigkeit der eingereichten Abhandlung nicht erkannt zu haben; sie blieb in Folge dessen bei ihm liegen, ohne an Legendre zu gelangen, dem wohl die fundamentale Bedeutung der Arbeit nicht entgangen sein würde. Inzwischen starb Abel. Doch hatte Steiner von Abel selbst die Einreichung der Abhandlung an die Akademie erfahren. Als später Jacobi durch Steiner hiervon Kenntniss erhalten hatte, bemühte er sich um die Veröffentlichung, die endlich im Jahre 1841 erfolgte.

Die Abelschen Abhandlungen beginnen mit der Bemerkung, dass eine Summe von Integralen eines algebraischen Differentials stets durch algebraische und logarithmische Ausdrücke dargestellt werden kann, wenn zwischen den Grenzen der Integrale gewisse algebraische Relationen bestehen. Hieraus lässt sich erkennen, dass Abel auf seinen Satz durch die Untersuchung geführt worden ist, welche algebraischen Differentiale sich durch Logarithmen und algebraische Functionen integriren lassen. Dabei hatte er gefunden, dass das Integral einer rationalen Function $F(xy)$ des durch eine algebraische Gleichung $f(x, y) = 0$ verbundenen Paares (xy), wenn es sich überhaupt durch algebraische und logarithmische Operationen ausführen lässt, stets in der Form

$$\int F(xy)\,dx = F_0(xy) + \sum_{\varkappa} c_{\varkappa} \log F_{\varkappa}(xy) \qquad (\varkappa = 1, 2, \ldots)$$

darstellbar ist, wobei $F_0(xy)$, $F_1(xy)$, ... wieder rationale Functionen des Paares (xy) bedeuten.

Abel stellt das Theorem aber auch schon in der Form auf, wie es gegenwärtig meistens ausgesprochen wird, dass nämlich die Summe von beliebig vielen Integralen eines algebraischen Differentials sich auf die Summe einer gewissen Anzahl von Integralen desselben Differentials und einen alge-

*) Abel, Œuvres complètes, Nouvelle édition, T. II (1881), p. 55—66.

braisch-logarithmischen Ausdruck reduciren lässt. Allein die Bestimmung dieser geringsten Anzahl, d. h. in unserer Bezeichnung der Zahl ϱ, ist bei ihm unzureichend, sie gilt nur, wenn das zu Grunde gelegte algebraische Gebilde $f(x,y) = 0$ beschränkenden Bedingungen unterworfen ist.

Das Abelsche Theorem für die Integrale erster Art lautet folgendermassen: Die Summe beliebig vieler Integrale

$$\sum_{\nu=1}^{r} \int_{(x'_\nu y'_\nu)}^{(x_\nu y_\nu)} H(xy)_\beta \, dx, \qquad (\beta = 1, 2, \ldots \varrho)$$

deren obere und untere Grenzen $(x_\nu y_\nu)$ und $(x'_\nu y'_\nu)$ willkürlich gegeben sind, lässt sich stets als eine Summe von ϱ Integralen

$$\sum_{\alpha=1}^{\varrho} \int_{(g_\alpha h_\alpha)}^{(x_{r+\alpha} y_{r+\alpha})} H(xy)_\beta \, dx \qquad (\beta = 1, 2, \ldots \varrho)$$

darstellen, in denen die unteren Grenzen $(g_\alpha h_\alpha)$ ebenfalls beliebig gewählt werden können, während die oberen Grenzen $(x_{r+\alpha} y_{r+\alpha})$ algebraische Functionen der Paare $(x_\nu y_\nu)$, $(x'_\nu y'_\nu)$ und $(g_\alpha h_\alpha)$ sind, und zwar dieselben Functionen für jeden Werth des Index β.

Ist also $f(x,y) = 0$ die Gleichung des gegebenen algebraischen Gebildes, und bestehen zwischen den 2ϱ Unbekannten $x_{r+\alpha}$, $y_{r+\alpha}$ und den $2r+\varrho$ gegebenen Werthepaaren $(x_\nu y_\nu)$, $(x'_\nu y'_\nu)$ und $(g_\alpha h_\alpha)$ die ϱ transcendenten und die ϱ algebraischen Gleichungen:

$$\sum_{\nu=1}^{r} \int_{(x'_\nu y'_\nu)}^{(x_\nu y_\nu)} H(xy)_\beta \, dx = \sum_{\alpha=1}^{\varrho} \int_{(g_\alpha h_\alpha)}^{(x_{r+\alpha} y_{r+\alpha})} H(xy)_\beta \, dx \qquad (\beta = 1, 2, \ldots \varrho)$$

und

$$f(x_{r+\alpha}, y_{r+\alpha}) = 0, \qquad (\alpha = 1, 2, \ldots \varrho)$$

so sagt das Abelsche Theorem aus, dass die 2ϱ Unbekannten sich sämmtlich algebraisch bestimmen lassen.

Dieser Ausspruch des Theorems leidet noch an einer gewissen Unbestimmtheit, die zu Abel's Zeit nicht erkannt wurde und auch nicht bemerkt werden konnte, weil die Theorie der Perioden der Integrale algebraischer Differentiale noch nicht entwickelt war. Der Satz sagt in dieser Form nur aus, dass es bei geeigneter Wahl der Integrationswege möglich ist, die 2ϱ vorher aufgestellten Gleichungen algebraisch zu lösen. Wir werden jedoch sehen, dass die Integrationswege in den r Integralen links und in $\varrho-1$ der Integrale rechts sich in ganz beliebiger Weise wählen lassen, wenn nur in allen ϱ Gleichungen, die sich für $\beta = 1, 2, \dots \varrho$ ergeben, entsprechende Integrationen auf denselben Wegen ausgeführt werden. Der Weg für das ϱ^{te} Integral auf der rechten Seite lässt sich dann stets so bestimmen, dass der Ausspruch in der angeführten Form gilt.

Das Abelsche Theorem erstreckt sich auch auf die Integrale zweiter und dritter Art, nur kommt zu den ϱ Integralen, auf welche die Summe von beliebig vielen reducirt wird, in dem einen Falle eine rationale Function der gegebenen Grenzen $(x_\nu y_\nu)$, $(x'_\nu y'_\nu)$, $(g_\alpha h_\alpha)$, in dem anderen der Logarithmus einer solchen hinzu. Werden nämlich die Integrationswege ebenso gewählt, wie bei dem Theorem für die Integrale erster Art, so ist

$$\sum_{\nu=1}^{r} \int_{(x'_\nu y'_\nu)}^{(x_\nu y_\nu)} H'(xy)_\beta \, dx = \sum_{\alpha=1}^{\varrho} \int_{(g_\alpha h_\alpha)}^{(x_{r+\alpha} y_{r+\alpha})} H'(xy)_\beta \, dx + F_0(x_1 y_1, \dots x'_1 y'_1, \dots g_1 h_1, \dots)$$
$$(\beta = 1, 2, \dots \varrho)$$

und

$$\sum_{\nu=1}^{r} \int_{(x'_\nu y'_\nu)}^{(x_\nu y_\nu)} \{H(\xi\eta, xy) - H(\xi_0\eta_0, xy)\} dx = \sum_{\alpha=1}^{\varrho} \int_{(g_\alpha h_\alpha)}^{(x_{r+\alpha} y_{r+\alpha})} \{H(\xi\eta, xy) - H(\xi_0\eta_0, xy)\} dx$$
$$+ \log F_1(\xi\eta, \xi_0\eta_0; x_1 y_1, \dots x'_1 y'_1, \dots g_1 h_1, \dots),$$

wo F_0 und F_1 rationale Functionen ihrer Argumente, also algebraische Functionen von $x_1, \dots x_r$; $x'_1, \dots x'_r$, $g_1, \dots g_\varrho$ sind. Und zwar sind in diesen Gleichungen die oberen Grenzen $x_{r+\alpha}$, $y_{r+\alpha}$ der Integrale auf den rechten Seiten dieselben algebraischen Functionen von $(x_\nu y_\nu)$, $(x'_\nu y'_\nu)$, $(g_\alpha h_\alpha)$, wie bei dem Abelschen Theorem für die Integrale erster Art.

Da sich das Integral jeder rationalen Function des Paares (xy) aus den Integralen der drei verschiedenen Arten zusammensetzen lässt (S. 264), so lautet das allgemeine Abelsche Theorem: Die Summe von beliebig vielen Integralen einer rationalen Function des Paares (xy) lässt sich auf die Summe von ϱ Integralen derselben Function zurückführen, vermehrt um einen aus den gegebenen Integrationsgrenzen gebildeten algebraisch-logarithmischen Ausdruck.

Der Beweis des Abelschen Theorems für die Integrale erster Art hängt nun mit folgenden Betrachtungen unmittelbar zusammen. Es sei $R(xy)$ eine rationale Function des Paares (xy), die an den Stellen

$$(x_1 y_1),\ (x_2 y_2),\ \ldots\ (x_r y_r)$$

Null und an den Stellen

$$(x'_1 y'_1),\ (x'_2 y'_2),\ \ldots\ (x'_r y'_r)$$

unendlich gross wird, wobei jede Stelle so oft aufzunehmen ist, wie die zugehörige Ordnungszahl angiebt; r bezeichnet also den Grad der rationalen Function $R(xy)$ (S. 50 u. 56). Diese Null- und Unendlichkeitsstellen ordnen wir in willkürlicher Weise einander zu, und zwar mögen $(x_\nu y_\nu)$ und $(x'_\nu y'_\nu)$ zusammengehören. Durch Zerlegung der Function $R(xy)$ in Primfunctionen ergiebt sich dann (S. 390)

$$\frac{R(xy)}{R(a_0 b_0)} = \prod_{\nu=1}^{r} E(xy;\, x_\nu y_\nu,\, x'_\nu y'_\nu),$$

wenn $(a_0 b_0)$ die beliebige, aber von den Paaren $(x_\nu y_\nu)$ und $(x'_\nu y'_\nu)$ verschieden anzunehmende Stelle des Gebildes ist, für welche $H(xy, x'y')$ verschwindet. Die Primfunction $E(xy;\, x_\nu y_\nu,\, x'_\nu y'_\nu)$ wird durch die Gleichung

$$E(xy;\, x_\nu y_\nu,\, x'_\nu y'_\nu) = e^{\int_{(x'_\nu y'_\nu)}^{(x_\nu y_\nu)} H(xy,\, x'y')\, dx'}$$

definirt; dabei können in $r-1$ der r Primfunctionen die Integrationswege willkürlich gewählt werden, der r^{te} ist dann insoweit bestimmt, als seine Änderung keinen Einfluss auf den Werth des Integrals haben darf.

Für die Umgebung einer der Stellen $(a_\beta b_\beta)$ wird das Verhalten der E-Function durch die Gleichung (S. 383 u. 384)

$$E(\overset{\beta}{x}_t \overset{\beta}{y}_t;\, x_\nu y_\nu,\, x'_\nu y'_\nu) = P(t) . e^{t^{-1} \int_{(x'_\nu y'_\nu)}^{(x_\nu y_\nu)} H(xy)_\beta\, dx}$$

gegeben. $P(t)$ bezeichnet hierin eine nach steigenden Potenzen von t fortschreitende Reihe, die mit der $(-1)^{\text{ten}}$, 0ten oder 1ten Potenz von t beginnt, und der gemeinsame Integrationsweg der ϱ Integrale

$$\int_{(x'_\nu y'_\nu)}^{(x_\nu y_\nu)} H(xy)_\beta\, dx \qquad (\beta = 1, 2, \dots \varrho)$$

ist derselbe, wie in dem Integral

$$\int_{(x'_\nu y'_\nu)}^{(x_\nu y_\nu)} H(xy, x'y')\, dx'.$$

Führen wir das Element $(\overset{\beta}{x}_t \overset{\beta}{y}_t)$ in die Function $R(xy)$ ein, so folgt aus ihrer Darstellung als Product von Primfunctionen

$$\log \frac{R(\overset{\beta}{x}_t \overset{\beta}{y}_t)}{R(a_0 b_0)} = t^{-1} \sum_{\nu=1}^{r} \int_{(x'_\nu y'_\nu)}^{(x_\nu y_\nu)} H(xy)_\beta\, dx + \log \overline{P}(t).$$

Die Entwickelungen von $\frac{R(\overset{\beta}{x}_t \overset{\beta}{y}_t)}{R(a_0 b_0)}$ und $\overline{P}(t)$ sind beide von der Form

$$ct^\mu \{1 + t\mathfrak{P}(t)\},$$

wo μ eine ganze positive oder negative Zahl oder Null ist. Weder $\log \frac{R(\overset{\beta}{x}_t \overset{\beta}{y}_t)}{R(a_0 b_0)}$ noch $\log \overline{P}(t)$ liefert, nach Potenzen von t entwickelt, ein Glied mit t^{-1}, demnach muss

$$\sum_{\nu=1}^{r} \int_{(x'_\nu y'_\nu)}^{(x_\nu y_\nu)} H(xy)_\beta\, dx = 0 \qquad (\beta = 1, 2, \dots \varrho)$$

sein. Hierbei ist der Integrationsweg $((x'_\nu y'_\nu) \dots (x_\nu y_\nu))$ ebenso zu wählen, wie in dem Integral dritter Art, das in der Definitionsgleichung der Function $E(xy; x_\nu y_\nu, x'_\nu y'_\nu)$ auftritt. Die r Integrationswege sind daher nach dem Vorangeschickten bis auf einen willkürlich, müssen aber in den sämmtlichen für $\beta = 1, 2, \dots \varrho$ sich ergebenden Gleichungen für die entsprechenden Integrale in gleicher Weise gewählt werden.

Für ein anderes System von ϱ linear unabhängigen Functionen $\overset{\beta}{H}(xy)$, die ebenfalls für alle Elemente des Gebildes der Gleichung

$$\overset{\beta}{H}(x_t y_t) \frac{dx_t}{dt} = \mathfrak{P}(t)$$

genügen, ist (S. 108)

$$\overset{\beta}{H}(xy) = \sum_{\alpha=1}^{\varrho} C_{\beta\alpha} H(xy)_\alpha,$$

mithin wird

$$\sum_{\nu=1}^{r} \int_{(x'_\nu y'_\nu)}^{(x_\nu y_\nu)} \overset{\beta}{H}(xy)\,dx = \sum_{\alpha=1}^{\varrho} C_{\beta\alpha} \sum_{\nu=1}^{r} \int_{(x'_\nu y'_\nu)}^{(x_\nu y_\nu)} H(xy)_\alpha\,dx, \qquad (\beta = 1, 2, \ldots \varrho)$$

folglich

$$\sum_{\nu=1}^{r} \int_{(x'_\nu y'_\nu)}^{(x_\nu y_\nu)} \overset{\beta}{H}(xy)\,dx = 0 \qquad (\beta = 1, 2, \ldots \varrho).$$

Diese ϱ Gleichungen bestehen also für jedes System von ϱ linear unabhängigen Integralen erster Art.

Demnach sind wir zu dem Resultat gekommen: Wenn man die Null- und Unendlichkeitsstellen einer rationalen Function r^{ten} Grades paarweise einander zuordnet und von den r Integralen $\int H(xy)_\beta\,dx$, deren obere und untere Grenzen durch je ein solches Paar gebildet werden, $r-1$ auf beliebigem Wege ausführt, so lässt sich der r^{te} Integrationsweg stets so wählen, dass die Summe der r Integrale verschwindet; und zwar gilt dies für jeden der ϱ Indices $\beta = 1, 2, \ldots \varrho$. Hierbei kann auch $r \leqq \varrho$ sein (S. 391).

Führt man aber alle r Integrale auf beliebigen Wegen aus, so ändert sich die Summe nur um eine Periode, d. h. es ist dann

$$\sum_{\nu=1}^{r} \int_{(x'_\nu y'_\nu)}^{(x_\nu y_\nu)} H(xy)_\beta\,dx = 2\omega_\beta, \qquad (\beta = 1, 2, \ldots \varrho)$$

wo $2\omega_1, \ldots 2\omega_\varrho$ simultane Perioden der ϱ Integrale erster Art sind (S. 306).

Es seien nun unter der Annahme, dass $p > \varrho$ ist,

$$(\xi'_1 \eta'_1), \ldots (\xi'_{p-\varrho} \eta'_{p-\varrho}), (\xi'_{p-\varrho+1} \eta'_{p-\varrho+1}), \ldots (\xi'_p \eta'_p)$$

und

$$(\xi_1 \eta_1), \ldots (\xi_{p-\varrho} \eta_{p-\varrho})$$

zwei gegebene Reihen von Werthepaaren, wobei die Paare einer und derselben Reihe theilweise übereinstimmen können. Dann lässt sich, wie gezeigt werden soll, stets die zweite Reihe durch ϱ Stellen

$$(\xi_{p-\varrho+1} \eta_{p-\varrho+1}), \ldots (\xi_p \eta_p)$$

so ergänzen, dass eine rationale Function existirt, die nur an den Stellen der ersten Reihe unendlich gross und an denen der zweiten Reihe Null wird. Es kann indess vorkommen, dass die hinzuzufügenden Nullstellen sämmtlich oder zum Theil mit den gegebenen Unendlichkeitsstellen übereinstimmen. In allen Fällen sei $\mu'-\mu$ die Ordnungszahl des Unendlichwerdens, wenn eine Stelle μ'-mal in der ersten und μ-mal in der zweiten Reihe vorkommt und $\mu' > \mu$ ist; dagegen sei $\mu-\mu'$ die Ordnungszahl des Verschwindens, falls $\mu' < \mu$; ist aber $\mu' = \mu$, so soll an jener Stelle die Function einen von Null verschiedenen, endlichen Werth haben. Die Voraussetzung $p > \varrho$ ist erforderlich, weil im Allgemeinen eine Function, die an weniger als $\varrho+1$ vorgeschriebenen Stellen mit der Ordnungszahl 1 unendlich gross wird, nicht existirt (S. 69).

Die Stellen $(a_1 b_1), \dots (a_\varrho b_\varrho)$, die bei der Bildung der Function $H(xy, x'y')$ auftreten, mögen von den sämmtlichen Paaren $(\xi'_\nu \eta'_\nu)$ und $(\xi_\nu \eta_\nu)$ verschieden angenommen werden; $(\overset{\nu}{\xi'_t} \overset{\nu}{\eta'_t})$ und $(\overset{\nu}{\xi_t} \overset{\nu}{\eta_t})$ seien die Elemente mit den Mittelpunkten $(\xi'_\nu \eta'_\nu)$ und $(\xi_\nu \eta_\nu)$.

Ist $R(xy)$ eine rationale Function, die an keinen anderen als den Stellen $(\xi'_1 \eta'_1), \dots (\xi'_p \eta'_p)$ unendlich gross wird, so kann sie auf die Form:

$$R(xy) = C_0 + C_1 \overline{H}(xy, \xi'_1 \eta'_1) + C_2 \overline{H}(xy, \xi'_2 \eta'_2) + \cdots + C_p \overline{H}(xy, \xi'_p \eta'_p)$$

gebracht werden (S. 100). Unter den Unendlichkeitsstellen seien

$$(\xi'_1 \eta'_1), \dots (\xi'_m \eta'_m)$$

die von einander verschiedenen und

$$\varkappa_1, \quad \dots \quad \varkappa_m$$

deren Ordnungszahlen, sodass die Relation

$$\varkappa_1 + \cdots + \varkappa_m = p$$

besteht, dann stimmen $\overline{H}(xy, \xi'_1 \eta'_1), \dots \overline{H}(xy, \xi'_p \eta'_p)$ mit den Functionen

$$H(xy, \xi'_\nu \eta'_\nu)_0, \quad H(xy, \xi'_\nu \eta'_\nu)_1, \quad \dots \quad H(xy, \xi'_\nu \eta'_\nu)_{\varkappa_\nu - 1}$$

für $\nu = 1, 2, \dots m$ überein. Damit aber $R(xy)$ für die Paare $(a_1 b_1), \dots (a_\varrho b_\varrho)$ endlich bleibt, müssen $C_1, \dots C_p$ den ϱ Gleichungen

$$C_1 \overline{H}(\xi'_1 \eta'_1)_\alpha + C_2 \overline{H}(\xi'_2 \eta'_2)_\alpha + \cdots + C_p \overline{H}(\xi'_p \eta'_p)_\alpha = 0 \qquad (\alpha = 1, 2, \dots \varrho)$$

genügen, wobei

$$\overline{H}(\xi'_\nu \eta'_\nu)_\alpha = \left[H(\overset{\nu}{\xi}{}'_t \overset{\nu}{\eta}{}'_t)_\alpha \frac{d\overset{\nu}{\xi}{}'_t}{dt}\right]_{t^k}$$

ist, wenn der Stelle $(\xi'_\nu \eta'_\nu)$ noch k gleiche vorausgehen. Soll ferner $R(xy)$ für $(\xi_\nu \eta_\nu)$ mit der Ordnungszahl λ_ν verschwinden, so müssen in der Entwickelung von $R(\overset{\nu}{\xi}_t \overset{\nu}{\eta}_t)$ die Coefficienten von $t^0, t^1, \dots t^{\lambda_\nu - 1}$ gleich Null sein. Demnach ergeben sich für die $p-\varrho$ Nullstellen $p-\varrho$ Gleichungen, die in Bezug auf $C_0, C_1, \dots C_p$ linear und homogen sind. Man hat also im Ganzen $\varrho + (p-\varrho) = p$ Gleichungen dieser Beschaffenheit, aus denen sich die Verhältnisse der Constanten $C_0, C_1, \dots C_p$ bestimmen lassen. Die Coefficienten dieser Gleichungen sind rational in Bezug auf die Werthepaare $(\xi'_1 \eta'_1), \dots (\xi'_p \eta'_p)$ und $(\xi_1 \eta_1), \dots (\xi_{p-\varrho} \eta_{p-\varrho})$, mithin haben auch die Verhältnisse der Constanten $C_0, C_1, \dots C_p$ die gleiche Eigenschaft.

Bei der Auflösung sind zwei Fälle zu unterscheiden. Erstens können sämmtliche Constanten C, die als Coefficienten der Functionen

$$\overline{H}(xy, \xi'_\nu \eta'_\nu) = H(xy, \xi'_\nu \eta'_\nu)_{\varkappa_\nu - 1}$$

auftreten, von Null verschiedene Werthe erhalten, sodass der Grad von $R(xy)$ wirklich gleich p ist (vgl. S. 84, (I, 1)). Die Function $R(xy)$ hat dann ausser den $p-\varrho$ gegebenen Nullstellen noch ϱ andere:

$$(\xi_{p-\varrho+1} \eta_{p-\varrho+1}), \dots (\xi_p \eta_p),$$

die aber auch sämmtlich oder theilweise mit $(\xi_1 \eta_1), \dots (\xi_{p-\varrho} \eta_{p-\varrho})$, dagegen mit keiner der p Unendlichkeitsstellen zusammenfallen können, und erfüllt die Bedingung, für

$$(\xi'_1 \eta'_1), \dots (\xi'_{p-\varrho} \eta'_{p-\varrho}), (\xi'_{p-\varrho+1} \eta'_{p-\varrho+1}), \dots (\xi'_p \eta'_p)$$

unendlich gross und für

$$(\xi_1 \eta_1), \dots (\xi_{p-\varrho} \eta_{p-\varrho}), (\xi_{p-\varrho+1} \eta_{p-\varrho+1}), \dots (\xi_p \eta_p)$$

Null zu werden.

Zweitens mögen zu Folge jener linearen Gleichungen solche Constanten C den Werth Null annehmen, deren Verschwinden den Grad der rationalen Function $R(xy)$ erniedrigt, sodass sie nicht an allen Stellen $(\xi'_1 \eta'_1), \dots (\xi'_m \eta'_m)$

mit den Ordnungszahlen $\varkappa_1, \dots \varkappa_m$ unendlich gross wird. Es seien jetzt

$$(\xi_1' \eta_1'), \dots (\xi_l' \eta_l')$$

die von einander verschiedenen Unendlichkeitsstellen von $R(xy)$,

$$\varkappa_1', \quad \dots \quad \varkappa_l'$$

die zugehörigen Ordnungszahlen, so ist der Grad von $R(xy)$ gleich p', wenn

$$\varkappa_1' + \dots + \varkappa_l' = p'$$

gesetzt wird. Den Werthepaaren

$$(\xi_1 \eta_1), \dots (\xi_{p-\varrho} \eta_{p-\varrho})$$

sind daher nur noch $\varrho-(p-p')$ hinzuzufügen, da $p'<p$ ist.

Um aber den im ersten Falle gültigen Satz aufrecht zu erhalten, dass die gegebenen $p-\varrho$ Nullstellen noch durch ϱ weitere ergänzt werden können, schliessen wir folgendermassen. Da die Unendlichkeitsstellen der eben gebildeten Function $R(xy)$ sämmtlich unter den Stellen

$$(\xi_1' \eta_1'), \dots (\xi_p' \eta_p')$$

enthalten sein müssen, so ist

$$m \geqq l,$$

$$\varkappa_1 \geqq \varkappa_1', \dots \varkappa_l \geqq \varkappa_l'$$

und

$$p-p' = (\varkappa_1 - \varkappa_1') + \dots + (\varkappa_l - \varkappa_l') + \varkappa_{l+1} + \dots + \varkappa_m.$$

Wenn wir nun die Null- und Unendlichkeitsstellen in der oben (S. 408) angegebenen Art zählen, so können wir sagen, die Function $R(xy)$ wird für die Werthepaare

$$(\xi_1' \eta_1'), \dots (\xi_l' \eta_l'), \ (\xi_{l+1}' \eta_{l+1}'), \dots (\xi_m' \eta_m')$$

mit den Ordnungszahlen

$$\varkappa_1, \quad \dots \quad \varkappa_l, \qquad \varkappa_{l+1}, \quad \dots \quad \varkappa_m$$

unendlich gross, sobald wir diese Paare auch zu den vorher gefundenen $\varrho-(p-p')$ Nullstellen und zwar mit den Ordnungszahlen

$$\varkappa_1 - \varkappa_1', \dots \varkappa_l - \varkappa_l', \qquad \varkappa_{l+1}, \quad \dots \quad \varkappa_m$$

hinzufügen. Die gegebenen $p-\varrho$ Stellen

$$(\xi_1\eta_1),\ \ldots\ (\xi_{p-\varrho}\eta_{p-\varrho}),$$

für welche $R(xy)$ verschwinden soll, sind demnach noch durch

$$\varrho-(p-p')+(\varkappa_1-\varkappa_1')+\cdots+(\varkappa_l-\varkappa_l')+\varkappa_{l+1}+\cdots+\varkappa_m = \varrho$$

Werthepaare zu ergänzen.

Es gilt mithin der Satz: Sind für $p>\varrho$ zwei Reihen von p und $p-\varrho$ Stellen gegeben, so lässt sich stets eine rationale Function des Paares (xy) bilden, welche für die Stellen der ersten Reihe unendlich gross wird und ausser für diejenigen der zweiten Reihe noch an ϱ Stellen verschwindet; dabei sind die Null- und Unendlichkeitsstellen in der auf S. 408 angegebenen Weise zu zählen.

Wir wollen jetzt unter der Annahme, dass die Function $R(xy)$ vom p^{ten} Grade ist, den Zusammenhang zwischen ihren noch zu bestimmenden ϱ Nullstellen

$$(\xi_{p-\varrho+1}\eta_{p-\varrho+1}),\ \ldots\ (\xi_p\eta_p)$$

und den gegebenen p Unendlichkeits- und $p-\varrho$ Nullstellen

$$(\xi_1'\eta_1'),\ \ldots\ (\xi_{p-\varrho}'\eta_{p-\varrho}'),\ (\xi_{p-\varrho+1}'\eta_{p-\varrho+1}'),\ \ldots\ (\xi_p'\eta_p')$$

und

$$(\xi_1\eta_1),\ \ldots\ (\xi_{p-\varrho}\eta_{p-\varrho})$$

näher untersuchen. Dazu gehen wir auf die früher (S. 47—56) durchgeführte Bestimmung der Werthepaare (xy) zurück, für welche eine rationale Function p^{ten} Grades des durch eine Gleichung $f(x,y)=0$ verbundenen Paares (xy) einen vorgeschriebenen Werth s annimmt. Durch Elimination von y aus den beiden Gleichungen $f(x,y)=0$ und $R(xy)=s$ ergab sich eine Gleichung zwischen s und x, deren linke Seite irreductibel oder Potenz einer irreductiblen Function ist. Um diese beiden Fälle gemeinsam zu behandeln, führten wir statt x und y zwei neue Variable x' und y' durch die Substitution

$$x'=x+ky,\quad y'=y$$

ein, wobei die Constante k so zu wählen war, dass die aus

$$f(x'-ky', y') = 0$$

und

$$R(x'-ky', y') = s$$

durch Elimination von y' hervorgehende Gleichung

$$G(s, x') = 0$$

irreductibel ist; ihr Grad in Bezug auf x' ist dann gleich p. Werden für x' der Reihe nach die Wurzeln dieser Gleichung gesetzt, so ergeben sich die p Werthepaare (xy), für die $R(xy) = s$ wird, in der Form

$$x = x'-k\mathfrak{R}(s, x'), \quad y = \mathfrak{R}(s, x');$$

$\mathfrak{R}(s, x')$ ist dabei eine rationale Function ihrer Argumente.

Diese allgemeinen Betrachtungen mögen jetzt auf die eben bestimmte rationale Function

$$R(xy) = C_0 + C_1\overline{H}(xy, \xi_1'\eta_1') + C_2\overline{H}(xy, \xi_2'\eta_2') + \cdots + C_p\overline{H}(xy, \xi_p'\eta_p')$$

angewendet werden. Der Grösse s legen wir zunächst einen unendlich kleinen Werth bei und setzen sie zum Schluss der Untersuchung gleich Null; wollten wir von vorn herein $s = 0$ annehmen, so könnten die auf S. 52 erwähnten Ausnahmefälle eintreten. Werden die p Wurzeln der Gleichung $G(s, x') = 0$ mit

$$x_1', \ldots x_{p-\varrho}', \ x_{p-\varrho+1}', \ldots x_p'$$

bezeichnet, so liefern die Relationen

$$\xi_\nu = x_\nu' - k\mathfrak{R}(s, x_\nu'), \quad \eta_\nu = \mathfrak{R}(s, x_\nu') \qquad (\nu = 1, 2, \ldots p)$$

die p Stellen $(\xi_\nu \eta_\nu)$, für welche $R(xy) = s$ ist; und zwar mögen die Wurzeln $x_1', \ldots x_{p-\varrho}', x_{p-\varrho+1}', \ldots x_p'$ so geordnet werden, dass $(\xi_1\eta_1), \ldots (\xi_{p-\varrho}\eta_{p-\varrho})$ für $s = 0$ in die gegebenen Nullstellen von $R(xy)$, dagegen $(\xi_{p-\varrho+1}\eta_{p-\varrho+1}), \ldots (\xi_p\eta_p)$ in die zu bestimmenden übergehen.

Aus der Entstehung der Function

$$G(s, x') = x'^p - A_1x'^{p-1} + \cdots \pm A_p$$

ergiebt sich, dass ihre Coefficienten rational durch die in $R(xy)$ auftretenden Grössen $C_0, C_1, \ldots C_p$, also auch rational durch die Werthepaare $(\xi_1'\eta_1'), \ldots (\xi_p'\eta_p')$

und $(\xi_1\eta_1), \ldots (\xi_{p-\varrho}\eta_{p-\varrho})$ darstellbar sind (S. 409). Setzen wir ferner

$$(x'-x'_{p-\varrho+1})(x'-x'_{p-\varrho+2})\ldots(x'-x'_p) = x'^{\varrho}-B_1x'^{\varrho-1}+\cdots\pm B_\varrho,$$

so bestehen für die Coefficienten $B_1, \ldots B_\varrho$ die Relationen

$$B_1 = A_1-(x'_1+x'_2+\cdots+x'_{p-\varrho}),$$
$$B_2 = A_2-B_1(x'_1+x'_2+\cdots+x'_{p-\varrho})-(x'_1x'_2+x'_1x'_3+\cdots+x'_{p-\varrho-1}x'_{p-\varrho}),$$
$$\cdots\cdots\cdots\cdots\cdots$$

$A_1, \ldots A_p$ sind die elementaren symmetrischen Functionen von $x'_1, \ldots x'_p$ und $B_1, \ldots B_\varrho$ diejenigen von $x'_{p-\varrho+1}, \ldots x'_p$. Die Coefficienten $B_1, \ldots B_\varrho$ sind mithin ganze rationale Functionen von $A_1, \ldots A_\varrho$ und von

$$x'_1 = \xi_1+k\eta_1, \quad \ldots \quad x'_{p-\varrho} = \xi_{p-\varrho}+k\eta_{p-\varrho}.$$

Demnach ergeben sich die ϱ Grössen $x'_{p-\varrho+1}, \ldots x'_p$ als Wurzeln einer Gleichung ϱ^{ten} Grades

$$x'^{\varrho}-B_1x'^{\varrho-1}+\cdots\pm B_\varrho = 0,$$

deren Coefficienten rational in Bezug auf $(\xi'_1\eta'_1), \ldots (\xi'_p\eta'_p)$ und $(\xi_1\eta_1), \ldots (\xi_{p-\varrho}\eta_{p-\varrho})$ sind. Mit diesen Werthepaaren hängen sodann die Stellen

$$(\xi_{p-\varrho+1}\eta_{p-\varrho+1}), \ldots (\xi_p\eta_p)$$

durch die Gleichungen

$$\xi_{p-\varrho+\alpha} = x'_{p-\varrho+\alpha}-k\,\Re(s, x'_{p-\varrho+\alpha}), \quad \eta_{p-\varrho+\alpha} = \Re(s, x'_{p-\varrho+\alpha}) \qquad (\alpha = 1, 2, \ldots \varrho)$$

zusammen. Setzt man nun schliesslich $s = 0$, so kommt man zu dem Resultat: Sind von einer rationalen Function $R(xy)$ die sämmtlichen p Unendlichkeitsstellen, aber nur $p-\varrho$ Nullstellen gegeben, so lassen sich ihre übrigen ϱ Nullstellen durch Auflösung einer algebraischen Gleichung ϱ^{ten} Grades finden, deren Coefficienten rational aus den gegebenen Unendlichkeits- und Nullstellen gebildet sind.

Das Verfahren zur Aufstellung der Gleichung erleidet keine wesentliche Änderung, wenn sich der Grad der Function $R(xy)$ erniedrigt (S. 410). Nur tritt dann eine Gleichung niedrigeren Grades an die Stelle derjenigen vom Grade ϱ.

Das Abelsche Theorem für die Integrale erster Art ist nun eine unmittelbare Folgerung aus den vorhergehenden Betrachtungen. Nach dem Theorem sollen die Summen von r gegebenen Integralen, wo r eine beliebige ganze Zahl ist:

$$\sum_{\nu=1}^{r} \int_{(x'_\nu y'_\nu)}^{(x_\nu y_\nu)} H(xy)_\beta \, dx \qquad (\beta = 1, 2, \dots \varrho)$$

auf Summen von ϱ Integralen

$$\sum_{\alpha=1}^{\varrho} \int_{(g_\alpha h_\alpha)}^{(x_{r+\alpha} y_{r+\alpha})} H(xy)_\beta \, dx \qquad (\beta = 1, 2, \dots \varrho)$$

reducirt werden können, wobei die unteren Grenzen $(g_\alpha h_\alpha)$ gegeben, die oberen Grenzen dagegen zu bestimmen sind. Dabei können die gegebenen Werthepaare $(x_\nu y_\nu)$, $(x'_\nu y'_\nu)$ und $(g_\alpha h_\alpha)$ auch theilweise unter einander identisch sein, doch werde stets an der Annahme festgehalten, dass wenn diejenigen Stellen in der Reihe

$$(x_1 y_1), \dots (x_r y_r); \quad (g_1 h_1), \dots (g_\varrho h_\varrho)$$

weggelassen werden, welche einer der Stellen

$$(x'_1 y'_1), \dots (x'_r y'_r)$$

gleich sind, die erste Reihe wenigstens noch $\varrho + 1$ Stellen enthält. Nun ist bei willkürlicher Annahme von $r + \varrho - 1$ Integrationswegen und passender Fixirung des letzten die Summe

$$\sum_{\nu=1}^{r} \int_{(x_\nu y_\nu)}^{(x'_\nu y'_\nu)} H(xy)_\beta \, dx + \sum_{\alpha=1}^{\varrho} \int_{(g_\alpha h_\alpha)}^{(x_{r+\alpha} y_{r+\alpha})} H(xy)_\beta \, dx \qquad (\beta = 1, 2, \dots \varrho)$$

gleich Null, wenn es eine rationale Function $R(xy)$ giebt, die für die Paare

$$(x_1 y_1), \dots (x_r y_r); \quad (g_1 h_1), \dots (g_\varrho h_\varrho)$$

unendlich gross wird und für

$$(x'_1 y'_1), \dots (x'_r y'_r); \quad (x_{r+1} y_{r+1}), \dots (x_{r+\varrho} y_{r+\varrho})$$

verschwindet (S. 407). Der Beweis des Abelschen Theorems kommt also auf den Nachweis der Existenz einer solchen Function $R(xy)$ zurück.

Zunächst werde angenommen, dass alle Stellen $(x_\nu y_\nu)$ und $(g_\alpha h_\alpha)$ von $(x'_1 y'_1), \dots (x'_r y'_r)$ verschieden sind. Dann können die beiden Reihen

$$(x_1 y_1), \dots (x_r y_r); \quad (g_1 h_1), \dots (g_\varrho h_\varrho)$$

und

$$(x'_1 y'_1), \dots (x'_r y'_r)$$

nicht weiter reducirt werden, und da die Anzahl der Stellen in der ersten Reihe grösser als ϱ ist, so existirt eine rationale Function $R(xy)$, die an den Stellen der ersten Reihe unendlich gross und ausser an denen der zweiten Reihe noch für ϱ Paare Null wird, die mit

$$(x_{r+1}\,y_{r+1}),\ \ldots\ (x_{r+\varrho}\,y_{r+\varrho})$$

bezeichnet werden mögen (S. 411). Es besteht also das System von Gleichungen

$$\sum_{\nu=1}^{r}\int_{(x_\nu y_\nu)}^{(x'_\nu y'_\nu)} H(xy)_\beta\,dx + \sum_{\alpha=1}^{\varrho}\int_{(g_\alpha h_\alpha)}^{(x_{r+\alpha}\,y_{r+\alpha})} H(xy)_\beta\,dx = 0 \qquad (\beta = 1, 2, \ldots \varrho)$$

oder

$$\sum_{\nu=1}^{r}\int_{(x'_\nu y'_\nu)}^{(x_\nu y_\nu)} H(xy)_\beta\,dx = \sum_{\alpha=1}^{\varrho}\int_{(g_\alpha h_\alpha)}^{(x_{r+\alpha}\,y_{r+\alpha})} H(xy)_\beta\,dx, \qquad (\beta = 1, 2, \ldots \varrho)$$

wobei alle Integrationswege bis auf einen beliebig gewählt werden können, während der letzte bestimmt ist.

Nun seien zwar alle Stellen $(g_\alpha h_\alpha)$, nicht aber die Stellen $(x_\nu y_\nu)$ von denen der zweiten Reihe $(x'_\nu y'_\nu)$ verschieden, z. B. sei $(x_l y_l) = (x'_l y'_l)$. Dann ist das Integral

$$\int_{(x'_l y'_l)}^{(x_l y_l)} H(xy)_\beta\,dx$$

für jeden Integrationsweg gleich einer Periode $2\omega_\beta$. Die Summe der übrigen $r-1$ Integrale lässt sich nach dem eben behandelten Fall durch ϱ Integrale darstellen, von denen eines auf einem bestimmten Wege auszuführen ist. Ändern wir nun diesen so ab, dass dadurch der Werth des Integrals um die Periode $2\omega_\beta$ vermehrt wird, so erhalten wir wieder

$$\sum_{\nu=1}^{r}\int_{(x'_\nu y'_\nu)}^{(x_\nu y_\nu)} H(xy)_\beta\,dx = \sum_{\alpha=1}^{\varrho}\int_{(g_\alpha h_\alpha)}^{(x_{r+\alpha}\,y_{r+\alpha})} H(xy)_\beta\,dx, \qquad (\beta = 1, 2, \ldots \varrho)$$

wobei nur einer der Integrationswege nicht beliebig ist. Gleiches gilt, wenn mehrere Paare gleicher Stellen $(x_\nu y_\nu)$ und $(x'_\nu y'_\nu)$ vorhanden sind.

Sind aber zwei Stellen $(g_\alpha h_\alpha)$ und $(x'_\nu y'_\nu)$ einander gleich, so möge z. B. $(g_\varrho h_\varrho) = (x'_r y'_r)$ sein. Nach dem Abelschen Theorem für die Summe von

$r-1$ Integralen:

$$\sum_{\nu=1}^{r-1}\int_{(x'_\nu y'_\nu)}^{(x_\nu y_\nu)} H(xy)_\beta\, dx = \sum_{\alpha=1}^{\varrho-1}\int_{(g_\alpha h_\alpha)}^{(x_{r+\alpha} y_{r+\alpha})} H(xy)_\beta\, dx + \int_{(x_r y_r)}^{(x_{r+\varrho} y_{r+\varrho})} H(xy)_\beta\, dx$$

$$(\beta = 1, 2, \ldots \varrho)$$

folgt dann

$$\sum_{\nu=1}^{r-1}\int_{(x'_\nu y'_\nu)}^{(x_\nu y_\nu)} H(xy)_\beta\, dx + \int_{(g_\varrho h_\varrho)}^{(x_r y_r)} H(xy)_\beta\, dx = \sum_{\alpha=1}^{\varrho-1}\int_{(g_\alpha h_\alpha)}^{(x_{r+\alpha} y_{r+\alpha})} H(xy)_\beta\, dx + \int_{(g_\varrho h_\varrho)}^{(x_{r+\varrho} y_{r+\varrho})} H(xy)_\beta\, dx,$$

$$(\beta = 1, 2, \ldots \varrho)$$

mithin

$$\sum_{\nu=1}^{r}\int_{(x'_\nu y'_\nu)}^{(x_\nu y_\nu)} H(xy)_\beta\, dx = \sum_{\alpha=1}^{\varrho}\int_{(g_\alpha h_\alpha)}^{(x_{r+\alpha} y_{r+\alpha})} H(xy)_\beta\, dx \qquad (\beta = 1, 2, \ldots \varrho).$$

Sind mehrere der Stellen $(g_\alpha h_\alpha)$ oder sind gleichzeitig Stellen $(x_\nu y_\nu)$ und $(g_\alpha h_\alpha)$ mit Stellen $(x'_\nu y'_\nu)$ identisch, so verfahren wir entsprechend, wie in den beiden eben behandelten Fällen.

Ergiebt sich ein Werthepaar $(x_{r+\alpha} y_{r+\alpha})$ gleich einem der Paare $(g_\alpha h_\alpha)$, so reducirt sich die rechte Seite auf eine Summe von $\varrho-1$ Integralen, wobei aber der Integrationsweg eines dieser Integrale in geeigneter Weise zu wählen ist.

Die oberen Grenzen $(x_{r+\alpha} y_{r+\alpha})$ auf den rechten Seiten der Gleichungen des Abelschen Theorems sind dadurch bestimmt, dass es eine rationale Function $R(xy)$ giebt, die an den Stellen

$$(x_1 y_1), \ldots (x_r y_r), \quad (g_1 h_1), \ldots (g_\varrho h_\varrho)$$

unendlich gross wird und an den r gegebenen Stellen

$$(x'_1 y'_1), \ldots (x'_r y'_r)$$

und den ϱ gesuchten Stellen

$$(x_{r+1} y_{r+1}), \ldots (x_{r+\varrho} y_{r+\varrho})$$

verschwindet. Demnach lassen sich nach den vorher (S. 413) angestellten Erörterungen die ϱ gesuchten Werthepaare $(x_{r+\alpha} y_{r+\alpha})$ bei passender Bestimmung der Constanten k als rationale Functionen:

$$x_{r+\alpha} = z_{r+\alpha} - k\,\mathfrak{R}(z_{r+\alpha}), \quad y_{r+\alpha} = \mathfrak{R}(z_{r+\alpha}) \qquad (\alpha = 1, 2, \ldots \varrho)$$

der ϱ Wurzeln $z_{r+1}, \ldots z_{r+\varrho}$ einer Gleichung ϱ^{ten} Grades

$$z^\varrho - B_1 z^{\varrho-1} + \cdots \pm B_\varrho = 0$$

finden, deren Coefficienten $B_1, \ldots B_\varrho$ rational von den gegebenen Grenzen $(x_\nu y_\nu)$, $(x'_\nu y'_\nu)$ und $(g_\alpha h_\alpha)$ abhängen.

Oder, wie man auch sagen kann: Die gesuchten Grössen $x_{r+1}, \ldots x_{r+\varrho}$ sind die Wurzeln einer Gleichung ϱ^{ten} Grades

$$P_0 x^\varrho + P_1 x^{\varrho-1} + \cdots + P_\varrho = 0,$$

deren Coefficienten ganze rationale Functionen der Paare $(x_\nu y_\nu)$, $(x'_\nu y'_\nu)$ und $(g_\alpha h_\alpha)$ sind. Im Falle der Irreductibilität dieser Gleichung lässt sich $y_{r+\alpha}$ in der Form

$$y_{r+\alpha} = \frac{Q_1 x_{r+\alpha}^{\varrho-1} + Q_2 x_{r+\alpha}^{\varrho-2} + \cdots + Q_\varrho}{Q_0}$$

darstellen, wo die Functionen $Q_0, \ldots Q_\varrho$ ebenso beschaffen sind wie $P_0, \ldots P_\varrho$.

Das Abelsche Theorem hat sich als einfache Folgerung des Satzes (S. 407) erwiesen, dass die Summe von r Integralen erster Art $\int H(xy)_\beta dx$, deren Grenzen die Null- und Unendlichkeitsstellen einer rationalen Function sind, bei passender Bestimmung eines einzigen Integrationsweges für jeden Index $\beta = 1, 2, \ldots \varrho$ gleich Null ist; dieser Satz erlaubt auch eine Umkehrung. Wenn nämlich für die $2r$ Werthepaare

$$(x_1 y_1), \ldots (x_r y_r)$$

und

$$(x'_1 y'_1), \ldots (x'_r y'_r)$$

das System von ϱ Gleichungen

$$\sum_{\nu=1}^{r} \int_{(x'_\nu y'_\nu)}^{(x_\nu y_\nu)} H(xy)_\beta dx = 0 \qquad (\beta = 1, 2, \ldots \varrho)$$

besteht, so giebt es stets eine rationale Function des Paares (xy) vom Grade r, die an den Stellen der ersten Reihe verschwindet und an denen der zweiten unendlich gross wird.

Zum Beweise wollen wir die eindeutige Function des Paares (xy)

$$\prod_{\nu=1}^{r} E(xy; x_\nu y_\nu, x'_\nu y'_\nu)$$

untersuchen. Ist der Mittelpunkt des Elements $(x_t y_t)$ eine beliebige, im Endlichen gelegene oder unendlich ferne, von $(a_1 b_1), \dots (a_\varrho b_\varrho)$ verschiedene Stelle des Gebildes, so enthält die Entwickelung von $E(x_t y_t; x_\nu y_\nu, x'_\nu y'_\nu)$ keine negative Potenz von t oder nur die eine t^{-1} (S. 383 u. 384), mithin können auch in der des Productes negative Potenzen von t nur in endlicher Anzahl vorkommen. Dagegen folgt aus

$$E(\overset{\beta}{x}_t \overset{\beta}{y}_t; x_\nu y_\nu, x'_\nu y'_\nu) = P_\nu(t) . e^{t^{-1}\int_{(x'_\nu y'_\nu)}^{(x_\nu y_\nu)} H(xy)_\beta dx}$$

die Gleichung

$$\prod_{\nu=1}^{r} E(\overset{\beta}{x}_t \overset{\beta}{y}_t; x_\nu y_\nu, x'_\nu y'_\nu) = P(t) . e^{t^{-1}\sum_{\nu=1}^{r}\int_{(x'_\nu y'_\nu)}^{(x_\nu y_\nu)} H(xy)_\beta dx} \qquad (\beta = 1, 2, \dots \varrho).$$

Bestimmen wir nun das Integral dritter Art in der Definitionsgleichung:

$$E(xy; x_\nu y_\nu, x'_\nu y'_\nu) = e^{\int_{(x'_\nu y'_\nu)}^{(x_\nu y_\nu)} H(xy, x'y')\, dx'}$$

auf demselben Wege, wie in den der Annahme nach bestehenden Gleichungen das entsprechende Integral erster Art $\int_{(x'_\nu y'_\nu)}^{(x_\nu y_\nu)} H(xy)_\beta dx$, so lässt sich das Product $\prod_{\nu=1}^{r} E(xy; x_\nu y_\nu, x'_\nu y'_\nu)$ auch für die Umgebung jeder Stelle $(a_\beta b_\beta)$ in eine Potenzreihe von t entwickeln, die höchstens eine endliche Anzahl negativer Potenzen enthält. Mithin ist

$$\prod_{\nu=1}^{r} E(xy; x_\nu y_\nu, x'_\nu y'_\nu)$$

eine rationale Function des Paares (xy) (S. 244—246), und zwar folgt aus den Eigenschaften der E-Function unmittelbar, dass dieses Product die gesuchte rationale Function ist, die an den Stellen $(x'_\nu y'_\nu)$ unendlich gross und an den Stellen $(x_\nu y_\nu)$ gleich Null wird.

Das Bestehen der ϱ Gleichungen

$$\sum_{\nu=1}^{r} \int_{(x'_\nu y'_\nu)}^{(x_\nu y_\nu)} H(xy)_\beta dx = 0 \qquad (\beta = 1, 2, \dots \varrho)$$

ist also hinreichend und nothwendig dafür, dass die Stellen

$$(x_1 y_1), \dots (x_r y_r)$$

und

$$(x_1' y_1'), \dots (x_r' y_r')$$

die Null- und Unendlichkeitsstellen einer rationalen Function des Paares (xy) sind. Ist $r \leqq \varrho$, und haben die Stellen $(x_1' y_1'), \dots (x_r' y_r')$ eine solche specielle Lage, dass eine rationale Function existirt, die nur für sie und zwar jedes Mal von der ersten Ordnung unendlich gross wird, so bleibt der Satz unverändert bestehen.

Nun lässt sich leicht beweisen, dass die Darstellung der Summen von je r Integralen erster Art durch Summen von ϱ Integralen, wie sie mittels des Abelschen Theorems gegeben wird, im Allgemeinen nur auf eine einzige Weise möglich ist. Gesetzt nämlich, es wäre gleichzeitig

$$\sum_{\nu=1}^{r} \int_{(x_\nu' y_\nu')}^{(x_\nu y_\nu)} H(xy)_\beta \, dx = \sum_{\alpha=1}^{\varrho} \int_{(g_\alpha h_\alpha)}^{(x_{r+\alpha} y_{r+\alpha})} H(xy)_\beta \, dx \qquad (\beta = 1, 2, \dots \varrho)$$

und

$$\sum_{\nu=1}^{r} \int_{(x_\nu' y_\nu')}^{(x_\nu y_\nu)} H(xy)_\beta \, dx = \sum_{\alpha=1}^{\varrho} \int_{(g_\alpha h_\alpha)}^{(x_{r+\alpha}' y_{r+\alpha}')} H(xy)_\beta \, dx, \qquad (\beta = 1, 2, \dots \varrho)$$

so würde hieraus

$$\sum_{\alpha=1}^{\varrho} \int_{(x_{r+\alpha}' y_{r+\alpha}')}^{(x_{r+\alpha} y_{r+\alpha})} H(xy)_\beta \, dx = 0 \qquad (\beta = 1, 2, \dots \varrho)$$

folgen. Demnach müsste eine rationale Function des Paares (xy) existiren, die nur an den ϱ Stellen $(x_{r+1}' y_{r+1}'), \dots (x_{r+\varrho}' y_{r+\varrho}')$ von der ersten Ordnung unendlich gross wird. Eine solche Function lässt sich aber nur für specielle Werthepaare bilden (S. 69).

Ist jedoch

$$\sum_{\nu=1}^{r} \int_{(x_\nu' y_\nu')}^{(x_\nu y_\nu)} H(xy)_\beta \, dx = \sum_{\alpha=1}^{\varrho} \int_{(g_\alpha h_\alpha)}^{(x_{r+\alpha}' y_{r+\alpha}')} H(xy)_\beta \, dx, \qquad (\beta = 1, 2, \dots \varrho)$$

und giebt es eine rationale Function, welche nur an den Stellen $(x_{r+1}' y_{r+1}'), \dots (x_{r+\varrho}' y_{r+\varrho}')$ von der ersten Ordnung unendlich gross wird, so ist, wenn mit $(x_{r+1} y_{r+1}), \dots (x_{r+\varrho} y_{r+\varrho})$ ihre ϱ Nullstellen bezeichnet werden,

$$\sum_{\alpha=1}^{\varrho} \int_{(x_{r+\alpha}' y_{r+\alpha}')}^{(x_{r+\alpha} y_{r+\alpha})} H(xy)_\beta \, dx = 0, \qquad (\beta = 1, 2, \dots \varrho)$$

mithin besteht auch das Gleichungssystem

$$\sum_{\nu=1}^{r}\int_{(x'_\nu y'_\nu)}^{(x_\nu y_\nu)} H(xy)_\beta\, dx = \sum_{\alpha=1}^{\varrho}\int_{(g_\alpha h_\alpha)}^{(x_{r+\alpha} y_{r+\alpha})} H(xy)_\beta\, dx, \qquad (\beta = 1, 2, \dots \varrho)$$

d. h. die Reduction der Summen von r Integralen auf ϱ Glieder ist dann auf verschiedene Weisen möglich. Da man die rationale Function um eine Constante vermehren kann, ohne ihre Unendlichkeitsstellen zu beeinflussen, so darf eine der Stellen $(x_{r+\alpha} y_{r+\alpha})$ willkürlich angenommen werden.

Wenn eine rationale Function existirt, die nur an $\varrho - \varkappa$ der ϱ Stellen $(x_{r+\alpha} y_{r+\alpha})$ unendlich gross wird, so ergiebt sich auf dieselbe Weise, dass in der Gleichung

$$\sum_{\nu=1}^{r}\int_{(x'_\nu y'_\nu)}^{(x_\nu y_\nu)} H(xy)_\beta\, dx = \sum_{\alpha=1}^{\varrho}\int_{(g_\alpha h_\alpha)}^{(x_{r+\alpha} y_{r+\alpha})} H(xy)_\beta\, dx \qquad (\beta = 1, 2, \dots \varrho)$$

diese $\varrho - \varkappa$ Stellen durch andere ersetzt werden können. Damit gewinnen die Unendlichkeitsstellen einer rationalen Function ϱ^{ten} oder niedrigeren Grades eine neue eigenthümliche Bedeutung.

Der Nachweis, dass sich ein Integral $\int_{(x'_1 y'_1)}^{(x_1 y_1)} H(xy)_\beta\, dx$ bei beliebigen Grenzen $(x_1 y_1)$ und $(x'_1 y'_1)$ für $\beta = 1, 2, \dots \varrho$ durch eine Summe von ϱ Integralen derselben Art in der Form

$$\int_{(x'_1 y'_1)}^{(x_1 y_1)} H(xy)_\beta\, dx = \sum_{\alpha=1}^{\varrho}\int_{(g_\alpha h_\alpha)}^{(\bar{x}_\alpha \bar{y}_\alpha)} H(xy)_\beta\, dx$$

darstellen lässt, wobei die unteren Grenzen $(g_\alpha h_\alpha)$ willkürlich und die oberen Grenzen $(\bar{x}_\alpha \bar{y}_\alpha)$ algebraische Functionen von $(x_1 y_1)$, $(x'_1 y'_1)$, $(g_1 h_1)$, $\dots$ $(g_\varrho h_\varrho)$ sind, genügt zum Beweise des Abelschen Theorems für die Summe beliebig vieler Integrale. Denn dann lässt sich

$$\int_{(x'_2 y'_2)}^{(x_2 y_2)} H(xy)_\beta\, dx = \sum_{\alpha=1}^{\varrho}\int_{(\bar{x}_\alpha \bar{y}_\alpha)}^{(\bar{\bar{x}}_\alpha \bar{\bar{y}}_\alpha)} H(xy)_\beta\, dx \qquad (\beta = 1, 2, \dots \varrho)$$

setzen, mithin folgt

$$\int_{(x'_1 y'_1)}^{(x_1 y_1)} H(xy)_\beta\, dx + \int_{(x'_2 y'_2)}^{(x_2 y_2)} H(xy)_\beta\, dx = \sum_{\alpha=1}^{\varrho}\int_{(g_\alpha h_\alpha)}^{(\bar{\bar{x}}_\alpha \bar{\bar{y}}_\alpha)} H(xy)_\beta\, dx; \qquad (\beta = 1, 2, \dots \varrho)$$

hierin sind $\bar{\bar{x}}_\alpha$ und $\bar{\bar{y}}_\alpha$ algebraische Functionen der Grenzen der Integrale auf der linken Seite und der Werthepaare $(g_1 h_1), \ldots (g_\varrho h_\varrho)$. Schliessen wir so weiter, so erhalten wir den Satz für die Summen von r Integralen erster Art.

Dass die kleinste Anzahl von Integralen, auf die für jeden Werth des Index β eine Summe von beliebig vielen Integralen $\int H(xy)_\beta\, dx$ zurückgeführt werden kann, im Allgemeinen wirklich gleich ϱ ist, ergiebt sich folgendermassen. Ist die Reduction der Summe von r Integralen auf eine solche von $\varrho - 1$ Integralen möglich, so liefert die Hinzufügung eines ϱ^{ten} Integrals, dessen beide Grenzen einander gleich sind, eine Darstellung der gegebenen Summe durch eine von ϱ Integralen. Die Anwendung der vorhergehenden Betrachtungen liefert aber noch eine zweite Art der Zurückführung auf ϱ Integrale. Da es nun im Allgemeinen nicht zwei verschiedene solche Darstellungen giebt (S. 419), so kann die Reduction der Summe von ϱ oder mehr Integralen erster Art auf weniger als ϱ Integrale nur für specielle Werthe der Integrationsgrenzen möglich sein.

Im Laufe unserer Untersuchungen haben wir demnach sechs verschiedene Bedeutungen für die Zahl ϱ erhalten. Ursprünglich wurde sie dadurch definirt, dass zwar stets eine rationale Function des Paares (xy) existirt, welche an $\varrho + 1$ willkürlich gewählten Stellen von der ersten Ordnung unendlich gross wird, aber keine solche, die nur an ϱ, nicht speciellen Bedingungen unterworfenen Stellen in gleicher Weise unendlich wird (S. 65). Sodann ergab sich ϱ als die Anzahl der linear unabhängigen Functionen $H(xy)_\beta$ (S. 107). Drittens erhielten wir einen Zusammenhang des Ranges des algebraischen Gebildes mit seinen singulären Stellen (S. 130 und S. 171). Ferner war ϱ gleich der Anzahl der Zahlen $\varkappa_1, \varkappa_2, \ldots$, die dadurch definirt wurden, dass keine rationalen Functionen von den Graden $\varkappa_1, \varkappa_2, \ldots$ vorhanden sind, die nur an einer einzigen Stelle unendlich gross werden (S. 225). In der Theorie der Abelschen Integrale fanden wir, dass für die 2ϱ Integrale erster und zweiter Art ein primitives System simultaner Perioden aus 2ϱ Reihen von je 2ϱ Perioden gebildet wird (S. 337), und schliesslich stimmt, wie eben bewiesen worden ist, ϱ auch mit der kleinsten Anzahl von Integralen überein, auf welche im Allgemeinen die Summe von beliebig vielen Integralen erster Art

$$\sum_{\nu=1}^{r} \int_{(x'_\nu y'_\nu)}^{(x_\nu y_\nu)} H(xy)_\beta\, dx$$

für jeden der ϱ Werthe des Index β reducirt werden kann.

Wir gehen nun zu dem Abelschen Theorem für die Integrale dritter Art über. Es mögen die Paare

$$(x_1 y_1), \ldots (x_r y_r)$$

und

$$(x_1' y_1'), \ldots (x_r' y_r')$$

so bestimmt werden, dass die ϱ Relationen

$$\sum_{\nu=1}^{r} \int_{(x_\nu' y_\nu')}^{(x_\nu y_\nu)} H(xy)_\beta \, dx = 0 \qquad (\beta = 1, 2, \ldots \varrho)$$

erfüllt sind, sodass eine rationale Function $R(xy)$ existirt, die an den Stellen der ersten Reihe verschwindet und an denen der zweiten unendlich gross wird. Ihre Zerlegung in Primfunctionen ergiebt

$$\frac{R(xy)}{R(a_0 b_0)} = \prod_{\nu=1}^{r} E(xy; x_\nu y_\nu, x_\nu' y_\nu'),$$

wobei der Integrationsweg des in der Function

$$E(xy; x_\nu y_\nu, x_\nu' y_\nu') = e^{\int_{(x_\nu' y_\nu')}^{(x_\nu y_\nu)} H(xy, x'y')\, dx'}$$

vorkommenden Integrals ebenso zu wählen ist, wie in dem entsprechenden Integrale erster Art. Aus der Gleichung

$$\int_{(x_\nu' y_\nu')}^{(x_\nu y_\nu)} H(\xi\eta, xy)\, dx = \log E(\xi\eta; x_\nu y_\nu, x_\nu' y_\nu')$$

folgt nun, wenn $(\xi_0 \eta_0)$ eine beliebige Stelle des Gebildes ist,

$$\int_{(x_\nu' y_\nu')}^{(x_\nu y_\nu)} \{H(\xi\eta, xy) - H(\xi_0 \eta_0, xy)\}\, dx = \log \frac{E(\xi\eta; x_\nu y_\nu, x_\nu' y_\nu')}{E(\xi_0 \eta_0; x_\nu y_\nu, x_\nu' y_\nu')},$$

und daher

$$\sum_{\nu=1}^{r} \int_{(x_\nu' y_\nu')}^{(x_\nu y_\nu)} \{H(\xi\eta, xy) - H(\xi_0 \eta_0, xy)\}\, dx = \log \frac{R(\xi\eta)}{R(\xi_0 \eta_0)}.$$

Diese Gleichung enthält das Abelsche Theorem für die Integrale dritter Art. Die Paare $(\xi\eta)$ und $(\xi_0 \eta_0)$ sind hierbei von den Stellen $(x_\nu y_\nu)$ und $(x_\nu' y_\nu')$ verschieden anzunehmen, da sonst ein oder mehrere Integrale unendlich gross werden (S. 260); und wenn $(\xi\eta)$ oder $(\xi_0\eta_0)$ mit einer Stelle $(a_\beta b_\beta)$ zusammenfällt, so ist unter der betreffenden H-Function der Coefficient von t^0 in der Entwickelung von $H(\overset{\beta}{x}_t\overset{\beta}{y}_t, xy)$ zu verstehen (S. 262).

Wenn die Integrationswege $((x'_\nu y'_\nu)\ldots(x_\nu y_\nu))$ fixirt sind, so ist auch auf der rechten Seite der Werth des Logarithmus der rationalen Function eindeutig bestimmt. Umgekehrt können aber auch, nachdem über den Werth des Logarithmus in beliebiger Weise verfügt worden ist, stets Integrationswege gefunden werden, für welche die Summe der r Integrale links gleich dem vorgeschriebenen Werthe von $\log\frac{R(\xi\eta)}{R(\xi_0\eta_0)}$ ist; denn jedes Vielfache von $2\pi i$ ist eine Periode des Integrals dritter Art (S. 399).

Die zu Anfang des Kapitels (S. 404) ausgesprochene Form des Abelschen Theorems für die Integrale dritter Art, dass die Summe beliebig vieler Integrale auf eine Summe von ϱ Integralen reducirt werden kann, vermehrt um einen algebraisch-logarithmischen Ausdruck, ist eine unmittelbare Folgerung aus der vorhergehenden Gleichung.

Ist jetzt $F(xy)$ eine beliebige rationale Function des Paares (xy), so werde die Summe

$$\sum_{\nu=1}^{r}\int_{(x'_\nu y'_\nu)}^{(x_\nu y_\nu)} F(xy)\,dx$$

untersucht, unter der Annahme, dass die Stellen $(x_\nu y_\nu)$ und $(x'_\nu y'_\nu)$ wieder die sämmtlichen Null- und Unendlichkeitsstellen einer rationalen Function $R(xy)$ sind.

Diejenigen Elemente $(x_t y_t)$ des Gebildes, für welche in der Entwickelung von $F(x_t y_t)\frac{dx_t}{dt}$ negative Potenzen von t auftreten, mögen mit $(\xi_t^{(1)}\eta_t^{(1)})$, $(\xi_t^{(2)}\eta_t^{(2)}), \ldots$ bezeichnet werden; ihre Mittelpunkte seien $(\xi_1\eta_1), (\xi_2\eta_2), \ldots.$ Die für die Bildung der Function $H(\xi\eta, xy)$ erforderlichen Stellen $(a_0 b_0), (a_1 b_1), \ldots (a_\varrho b_\varrho)$ sollen zur Vermeidung von Weitläufigkeiten von $(\xi_1\eta_1), (\xi_2\eta_2), \ldots$ verschieden angenommen werden. Auch die Paare $(x_\nu y_\nu)$ und $(x'_\nu y'_\nu)$ sind der Bedingung zu unterwerfen, nicht mit $(\xi_1\eta_1), (\xi_2\eta_2), \ldots$ zusammenzufallen, und die Integrationswege $((x'_\nu y'_\nu)\ldots(x_\nu y_\nu))$ mögen so gewählt werden, dass sie durch keine dieser Stellen hindurchgehen. Dann hat jedes der r Integrale in der vorhergehenden Summe einen endlichen Werth.

Nach dem Früheren (S. 260) ist nun

$$F(xy) = \sum_\mu\left[F(\xi_t^{(\mu)}\eta_t^{(\mu)})\frac{d\xi_t^{(\mu)}}{dt}\cdot H(\xi_t^{(\mu)}\eta_t^{(\mu)}, xy)\right]_{t^{-1}} + \sum_\beta\left[F(\overset{\beta}{x}_t\overset{\beta}{y}_t)\frac{d\overset{\beta}{x}_t}{dt}\cdot H(\overset{\beta}{x}_t\overset{\beta}{y}_t, xy)\right]_{t^{-1}}.$$

Käme unter den Paaren $(\xi_\mu \eta_\mu)$, entgegen der Annahme, eine Stelle $(a_\beta b_\beta)$ vor, so dürfte das betreffende Glied auf der rechten Seite nur einmal aufgenommen werden, worauf früher durch einen Accent aufmerksam gemacht wurde. Aus der vorstehenden Gleichung folgt durch Integration und Summation

$$\sum_{\nu=1}^{r} \int_{(x'_\nu y'_\nu)}^{(x_\nu y_\nu)} F(xy)\,dx = \sum_{\nu=1}^{r} \sum_{\mu} \left[F(\xi_t^{(\mu)} \eta_t^{(\mu)}) \frac{d\xi_t^{(\mu)}}{dt} \cdot \int_{(x'_\nu y'_\nu)}^{(x_\nu y_\nu)} H(\xi_t^{(\mu)} \eta_t^{(\mu)}, xy)\,dx \right]_{t^{-1}}$$
$$+ \sum_{\nu=1}^{r} \sum_{\beta=1}^{\varrho} \left[F(\overset{\beta}{x}_t \overset{\beta}{y}_t) \frac{d\overset{\beta}{x}_t}{dt} \cdot \int_{(x'_\nu y'_\nu)}^{(x_\nu y_\nu)} H(\overset{\beta}{x}_t \overset{\beta}{y}_t, xy)\,dx \right]_{t^{-1}}.$$

Der absolute Betrag von t soll dabei so klein angenommen werden, dass das Element $(\xi_t^{(\mu)} \eta_t^{(\mu)})$ nur solche Stellen des Gebildes liefert, die keinem der Integrationswege angehören, was nach der Voraussetzung über die Stellen $(\xi_\mu \eta_\mu)$ möglich ist. Die erste Summe auf der rechten Seite kann nun mittels der Gleichung

$$\sum_{\nu=1}^{r} \int_{(x'_\nu y'_\nu)}^{(x_\nu y_\nu)} H(\xi_t^{(\mu)} \eta_t^{(\mu)}, xy)\,dx = \log \frac{R(\xi_t^{(\mu)} \eta_t^{(\mu)})}{R(a_0 b_0)}$$

umgeformt werden, die aus dem Abelschen Theorem für die Integrale dritter Art folgt, denn es ist $H(a_0 b_0, xy) = 0$. Der Werth des Logarithmus ist hierbei eindeutig bestimmt, wenn die Integrationswege fixirt sind. Zu Folge der auf S. 79 aufgestellten Gleichung (A.) ist

$$H(\overset{\beta}{x}_t \overset{\beta}{y}_t, xy) = t^{-1} H(xy)_\beta + \mathfrak{P}(t),$$

mithin wird die zweite Summe auf der rechten Seite der obigen Formel:

$$\sum_{\nu=1}^{r} \sum_{\beta=1}^{\varrho} \left[F(\overset{\beta}{x}_t \overset{\beta}{y}_t) \frac{d\overset{\beta}{x}_t}{dt} \cdot \int_{(x'_\nu y'_\nu)}^{(x_\nu y_\nu)} H(\overset{\beta}{x}_t \overset{\beta}{y}_t, xy)\,dx \right]_{t^{-1}} = \sum_{\beta=1}^{\varrho} \left[F(\overset{\beta}{x}_t \overset{\beta}{y}_t) \frac{d\overset{\beta}{x}_t}{dt} \right]_{t^0} \cdot \sum_{\nu=1}^{r} \int_{(x'_\nu y'_\nu)}^{(x_\nu y_\nu)} H(xy)_\beta\,dx,$$

denn in der Entwickelung von $F(\overset{\beta}{x}_t \overset{\beta}{y}_t) \frac{d\overset{\beta}{x}_t}{dt}$ kommen keine negativen Potenzen von t vor.

Bei willkürlicher Wahl von $r-1$ Integrationswegen und geeigneter Bestimmung des r^{ten} verschwindet nun die Summe der Integrale erster Art, es wird daher

$$\sum_{\nu=1}^{r}\int_{(x'_\nu y'_\nu)}^{(x_\nu y_\nu)} F(xy)\,dx = \sum_\mu \left[F(\xi_t^{(\mu)}\eta_t^{(\mu)})\frac{d\xi_t^{(\mu)}}{dt}\cdot\log\frac{R(\xi_t^{(\mu)}\eta_t^{(\mu)})}{R(a_0 b_0)}\right]_{t^{-1}}$$
$$= \sum_\mu \left[F(\xi_t^{(\mu)}\eta_t^{(\mu)})\frac{d\xi_t^{(\mu)}}{dt}\cdot\log R(\xi_t^{(\mu)}\eta_t^{(\mu)})\right]_{t^{-1}}$$
$$-\log R(a_0 b_0)\sum_\mu \left[F(\xi_t^{(\mu)}\eta_t^{(\mu)})\frac{d\xi_t^{(\mu)}}{dt}\right]_{t^{-1}}.$$

Für jede rationale Function $F(xy)$ ist aber zu Folge der Definition der Functionenpaare $(\xi_t^{(\mu)}\eta_t^{(\mu)})$ (S. 95)

$$\sum_\mu \left[F(\xi_t^{(\mu)}\eta_t^{(\mu)})\frac{d\xi_t^{(\mu)}}{dt}\right]_{t^{-1}} = 0,$$

demnach ergiebt sich

$$\sum_{\nu=1}^{r}\int_{(x'_\nu y'_\nu)}^{(x_\nu y_\nu)} F(xy)\,dx = \sum_\mu \left[F(\xi_t^{(\mu)}\eta_t^{(\mu)})\frac{d\xi_t^{(\mu)}}{dt}\cdot\log R(\xi_t^{(\mu)}\eta_t^{(\mu)})\right]_{t^{-1}}.$$

Aus dieser Formel ist Alles weggefallen, was sich auf die Werthepaare $(a_0 b_0)$, $(a_1 b_1)$, … $(a_\varrho b_\varrho)$ bezieht, daher wird durch die vorher für diese Paare gemachte specielle Annahme die Allgemeinheit des Schlussresultats nicht beschränkt. Man kommt aber auch ohne diese vorläufige Einschränkung bei einer geringen Abänderung des Beweises zu demselben Resultat.

Um den Coefficienten von t^{-1} in der Entwickelung von

$$F(\xi_t^{(\mu)}\eta_t^{(\mu)})\frac{d\xi_t^{(\mu)}}{dt}\cdot\log R(\xi_t^{(\mu)}\eta_t^{(\mu)})$$

zu berechnen, bilden wir

$$F(\xi_t^{(\mu)}\eta_t^{(\mu)})\frac{d\xi_t^{(\mu)}}{dt} = c_\mu t^{-1} + c'_\mu t^{-2} + \cdots + \mathfrak{P}_\mu(t),$$
$$R(\xi_t^{(\mu)}\eta_t^{(\mu)}) = R_\mu\{1 + t\overline{\mathfrak{P}}_\mu(t)\},$$
$$\log R(\xi_t^{(\mu)}\eta_t^{(\mu)}) = \log R_\mu + R'_\mu t + R''_\mu t^2 + \cdots$$

und erhalten dann

$$\sum_{\nu=1}^{r}\int_{(x'_\nu y'_\nu)}^{(x_\nu y_\nu)} F(xy)\,dx = \sum_\mu\{c_\mu \log R_\mu + c'_\mu R'_\mu + c''_\mu R''_\mu + \cdots\}.$$

Da die Anzahl der Coefficienten $c_\mu, c'_\mu, \ldots$ endlich ist, so enthält diese Summe nur eine endliche Anzahl von Gliedern. In $R_\mu, R'_\mu, \ldots$ kommen die Coefficienten der Function $R(xy)$ und der Reihen $\xi_t^{(\mu)}$ und $\eta_t^{(\mu)}$ rational vor. Die ersteren sind rational in Bezug auf die Paare $(x_\nu y_\nu)$ und $(x'_\nu y'_\nu)$, die letzteren in Bezug auf $(\xi_\mu \eta_\mu)$, mithin sind $R_\mu, R'_\mu, \ldots$ rational aus den Werthepaaren $(\xi_\mu \eta_\mu)$, $(x_\nu y_\nu)$, $(x'_\nu y'_\nu)$ und den Coefficienten von $f(x, y)$ gebildet. Die rechte Seite der vorstehenden Gleichung besteht also aus einem logarithmischen Theil

$$\sum_\mu c_\mu \log R_\mu$$

und einem algebraischen

$$\sum_\mu (c'_\mu R'_\mu + c''_\mu R''_\mu + \cdots).$$

Dies ist das Abelsche Theorem für das Integral einer beliebigen rationalen Function des Paares (xy). Sind

$$(x_1 y_1), \ldots (x_r y_r)$$

und

$$(x'_1 y'_1), \ldots (x'_r y'_r)$$

die Werthepaare, für die eine rationale Function $R(xy)$ Null und unendlich gross wird, jedes Paar so oft gesetzt, wie die zugehörige Ordnungszahl angiebt, so stelle man diese Null- und Unendlichkeitsstellen irgendwie paarweise zusammen; dann kann in

$$\sum_{\nu=1}^{r} \int_{(x'_\nu y'_\nu)}^{(x_\nu y_\nu)} F(xy)\, dx$$

bei willkürlicher Annahme von $r-1$ Integrationswegen der r^{te} so gewählt werden, dass diese Summe gleich wird einer algebraisch-logarithmischen Function der Werthepaare $(x_\nu y_\nu)$, $(x'_\nu y'_\nu)$ und der Stellen, für deren Umgebung die Entwickelung von $F(x_t y_t)\frac{dx_t}{dt}$ negative Potenzen von t enthält. Auch lässt sich mit Leichtigkeit nachweisen, dass die Summe von beliebig vielen Integralen einer rationalen Function des Paares (xy) stets dargestellt werden kann durch eine Summe von ϱ Integralen derselben Function, vermehrt um einen aus den gegebenen Integrationsgrenzen gebildeten algebraisch-logarithmischen Ausdruck.

Die vorher für die Integrale erster und dritter Art aufgestellten Gleichungen sind specielle Fälle der eben bewiesenen. Es ist für jedes Element $(x_t y_t)$

$$H(x_t y_t)_\beta \frac{dx_t}{dt} = \mathfrak{P}(t); \qquad (\beta = 1, 2, \ldots \varrho)$$

führt man daher die Functionen $H(xy)_1, \ldots H(xy)_\varrho$ der Reihe nach statt $F(xy)$ ein, so sind die Coefficienten $c_\mu, c'_\mu, \ldots$ sämmtlich gleich Null, und es ergiebt sich

$$\sum_{\nu=1}^{r} \int_{(x'_\nu y'_\nu)}^{(x_\nu y_\nu)} H(xy)_\beta dx = 0 \qquad (\beta = 1, 2, \ldots \varrho).$$

Setzt man aber

$$F(xy) = H(\xi\eta, xy) - H(\xi_0 \eta_0, xy),$$

so sind die Stellen $(\xi_\mu \eta_\mu)$ mit den beiden Werthepaaren $(\xi\eta)$ und $(\xi_0 \eta_0)$ identisch. Für die Umgebung dieser tritt in der Entwickelung von $F(x_t y_t)\frac{dx_t}{dt}$ nur ein Glied mit einer negativen Potenz und zwar $\pm t^{-1}$ auf (S. 197), daher ist $c_1 = 1$, $c'_1 = 0$, $c''_1 = 0, \ldots$ und $c_2 = -1$, $c'_2 = 0$, $c''_2 = 0, \ldots$. Demnach fällt der algebraische Theil weg, während der logarithmische, genau wie früher (S. 422), gleich $\log \frac{R(\xi\eta)}{R(\xi_0 \eta_0)}$ wird.

Wir wollen nun noch in die Gleichung des allgemeinen Theorems die Function $H'(xy)_\beta$ statt $F(xy)$ einführen. Es ist (S. 257, (I))

$$H'(x_t y_t)_\beta \frac{dx_t}{dt} = \mathfrak{P}(t),$$

$$H'(\overset{\beta}{x}_t \overset{\beta}{y}_t)_\beta \frac{d\overset{\beta}{x}_t}{dt} = -t^{-2} + t\,\mathfrak{P}(t), \qquad (\beta = 1, 2, \ldots \varrho)$$

$$H'(\overset{\alpha}{x}_t \overset{\alpha}{y}_t)_\beta \frac{d\overset{\alpha}{x}_t}{dt} = t\,\mathfrak{P}(t) \qquad (\alpha \gtrless \beta;\ \alpha, \beta = 1, 2, \ldots \varrho).$$

Da nun die Stelle $(a_\beta b_\beta)$ nicht auf den Integrationswegen liegen darf und daher von den Null- und Unendlichkeitsstellen $(x_\nu y_\nu)$ und $(x'_\nu y'_\nu)$ der Function $R(xy)$ verschieden sein muss, so kann

$$R(\overset{\beta}{x}_t \overset{\beta}{y}_t) = R(a_\beta b_\beta) + R_1(a_\beta b_\beta)\,t + \cdots,$$

also

$$\log R(\overset{\beta}{x}_t \overset{\beta}{y}_t) = \log R(a_\beta b_\beta) + \frac{R_1(a_\beta b_\beta)}{R(a_\beta b_\beta)}\,t + \cdots$$

54*

gesetzt werden, und es folgt

$$\sum_{\nu=1}^{r}\int_{(x'_\nu y'_\nu)}^{(x_\nu y_\nu)} H'(xy)_\beta\, dx = -[\log R(\overset{\beta}{x}_t\overset{\beta}{y}_t)]_t = -\frac{R_1(a_\beta b_\beta)}{R(a_\beta b_\beta)} \qquad (\beta = 1, 2, \ldots \varrho).$$

Dieses System von Gleichungen stellt das Abelsche Theorem für die Integrale zweiter Art dar; die rechten Seiten sind rational in Bezug auf die Werthepaare $(x_\nu y_\nu)$ und $(x'_\nu y'_\nu)$. Das Theorem hätte sich auch unmittelbar aus dem Satze für das Integral dritter Art herleiten lassen. Man braucht dazu nur für $(\xi_0\eta_0)$ die Stelle $(a_0 b_0)$ zu wählen, an der die Function $H(\xi\eta, xy)$ verschwindet, und für $(\xi\eta)$ der Reihe nach die Elemente $(\overset{1}{x}_t\overset{1}{y}_t), \ldots (\overset{\varrho}{x}_t\overset{\varrho}{y}_t)$ einzusetzen, deren Mittelpunkte die Stellen $(a_1 b_1), \ldots (a_\varrho b_\varrho)$ sind. Die Entwickelung der beiden Seiten der Gleichungen

$$\sum_{\nu=1}^{r}\int_{(x'_\nu y'_\nu)}^{(x_\nu y_\nu)} H(\overset{\beta}{x}_t\overset{\beta}{y}_t, xy)\, dx = \log\frac{R(\overset{\beta}{x}_t\overset{\beta}{y}_t)}{R(a_0 b_0)}$$

und die Vergleichung der Coefficienten von t^1 ergiebt dann das Theorem für die Integrale der zweiten Art (S. 252).

Bei der Untersuchung der Frage, welche algebraischen Differentiale sich durch Logarithmen integriren lassen, hat Abel nicht zuerst den Satz für die Integrale erster Art, sondern das allgemeine Theorem

$$\sum_{\nu=1}^{r}\int_{(x'_\nu y'_\nu)}^{(x_\nu y_\nu)} F(xy)\, dx = \sum_\mu\left[F(\xi_t^{(\mu)}\eta_t^{(\mu)})\frac{d\xi_t^{(\mu)}}{dt}\cdot\log R(\xi_t^{(\mu)}\eta_t^{(\mu)})\right]_{t^{-1}}$$

gefunden. Auf den von Abel selbst gegebenen Beweis dieser Gleichung gehe ich jetzt etwas näher ein und stütze mich dabei auf eine Aufzeichnung, die ich vor der Veröffentlichung des Abelschen Mémoires gemacht habe.

Um den Beweis möglichst einfach zu gestalten, wollen wir voraussetzen, dass die Dimension der Gleichung $f(x, y) = 0$ des gegebenen algebraischen Gebildes gleich dem Grade n in Bezug auf y sei, sodass das Gebilde keine unendlich fernen Stellen der Form (a, ∞) hat (S. 33). Die n Werthe von y, die zu einem Werthe von x gehören, mögen mit $\overset{1}{y}, \overset{2}{y}, \ldots \overset{n}{y}$ bezeichnet werden. Wir betrachten nun gleichzeitig mit $f(x, y) = 0$ eine algebraische Gleichung $g(x, y) = 0$, deren Coefficienten eindeutige Functionen von gewissen variablen Grössen $v, v', \ldots$ sind; es sei also $g(x, y)$ eine ganze rationale Function des

Paares (xy), die zu Folge der gemachten Voraussetzung nur gleichzeitig mit x unendlich gross werden kann. $F(xy)$ sei dagegen eine rationale Function des Paares (xy) mit constanten Coefficienten.

Die den beiden Gleichungen $f(x, y) = 0$ und $g(x, y) = 0$ gemeinsamen Werthepaare sind die Stellen des Gebildes $f(x, y) = 0$, für welche die rationale Function $g(x, y)$ verschwindet. Mit $(x_\nu y_\nu)$ $(\nu = 1, 2, \ldots r)$ wollen wir diejenigen bezeichnen, die von den Variablen $v, v', \ldots$ abhängen, dagegen mit $(\bar{x}_\varkappa \bar{y}_\varkappa)$ $(\varkappa = 1, 2, \ldots)$ die von ihnen unabhängigen Stellen. Dabei werde jede Stelle so oft in die betreffende Reihe aufgenommen, wie die zugehörige Ordnungszahl angiebt.

Die Art der Abhängigkeit der Function $g(x, y)$ von $v, v', \ldots$ und die Veränderlichkeit dieser Grössen unterwerfen wir folgenden Beschränkungen. Alle Stellen $(x_\nu y_\nu)$ mögen im Endlichen liegen, und für jeden der Werthe x_ν sollen die n zugehörigen Werthe $\overset{1}{y}, \overset{2}{y}, \ldots \overset{n}{y}$ von y sämmtlich unter einander verschieden sein. Liegt x in der Umgebung des Punktes x_ν, so sei

$$g(x, \overset{1}{y}) = c'_\nu (x - x_\nu)^{\lambda'_\nu} \{1 + (x - x_\nu) \overset{1}{\mathfrak{P}}(x - x_\nu)\},$$
$$g(x, \overset{2}{y}) = c''_\nu (x - x_\nu)^{\lambda''_\nu} \{1 + (x - x_\nu) \overset{2}{\mathfrak{P}}(x - x_\nu)\},$$
$$\cdots\cdots\cdots\cdots,$$

wo keine der ganzen Zahlen $\lambda'_\nu, \lambda''_\nu, \ldots$ negativ und wenigstens eine grösser als Null ist. Die Coefficienten $c'_\nu, c''_\nu, \ldots$ sind von $v, v', \ldots$ abhängig, und wir wollen auch diejenigen Werthsysteme dieser Variablen ausschliessen, für die einer dieser n Coefficienten verschwindet. Die Exponenten $\lambda'_\nu, \lambda''_\nu, \ldots$, welche angeben, wie oft die Stellen $(x_\nu \overset{1}{y}_\nu), (x_\nu \overset{2}{y}_\nu), \ldots$ in der Reihe $(x_1 y_1), \ldots (x_r y_r)$ enthalten sind, sollen demnach von $v, v', \ldots$ unabhängige Werthe haben.

Ferner werde die Function $F(xy)$ für keines der Werthepaare $(x_\nu y_\nu)$ Null oder unendlich gross. Sind schliesslich $(\xi_\mu \eta_\mu)$ $(\mu = 1, 2, \ldots)$ die sämmtlichen Unendlichkeitsstellen der Function $F(xy)$, für welche ξ_μ einen endlichen Werth hat, so werde für $x = \xi_\mu$ der Werth $\overset{1}{y}$ von y gleich η_μ, wobei aber nicht ausgeschlossen ist, dass ausser $\overset{1}{y}$ noch andere der Grössen $\overset{1}{y}, \ldots \overset{n}{y}$ den Werth η_μ für $x = \xi_\mu$ annehmen. Es sei ein Element des Gebildes $f(x, y) = 0$ mit dem Mittelpunkt $(\xi_\mu \eta_\mu)$ durch das Functionenpaar

$$\xi_t^{(\mu)} = \xi_\mu + t^m,$$
$$\eta_t^{(\mu)} = \eta_\mu + t\,\mathfrak{P}_\mu(t)$$

dargestellt, und es mögen die Entwickelungen von $g(x\overset{1}{y}), \dots g(x\overset{m}{y})$ für die Umgebung der Stelle $(\xi_\mu \eta_\mu)$ sich aus der Reihe

$$g(\xi_t^{(\mu)} \eta_t^{(\mu)}) = g t^l + \cdots$$

ergeben, wo der Exponent l nur dann grösser als Null ist, wenn $(\xi_\mu \eta_\mu)$ mit einer Stelle $(\bar{x}_\varkappa \bar{y}_\varkappa)$ zusammenfällt. Diejenigen speciellen Werthe der Variablen $v, v', \dots$ sollen nun ausgeschlossen werden, für welche der Coefficient g verschwindet. Entsprechendes werde auch vorausgesetzt, wenn statt $(\xi_t^{(\mu)} \eta_t^{(\mu)})$ ein unendlich fernes Element $x_t = t^{-m}$, $y_t = P(t)$ des Gebildes betrachtet wird.

Zum Beweise des Abelschen Theorems gehen wir nun von der Function

$$\Re(x) = F(x\overset{1}{y}) \frac{\delta g(x\overset{1}{y})}{g(x\overset{1}{y})} + F(x\overset{2}{y}) \frac{\delta g(x\overset{2}{y})}{g(x\overset{2}{y})} + \cdots + F(x\overset{n}{y}) \frac{\delta g(x\overset{n}{y})}{g(x\overset{n}{y})}$$

aus. Die durch den Buchstaben δ angedeutete Operation bedeute dabei die vollständige Differentiation der hinter δ stehenden Function in Bezug auf die Variablen $v, v', \dots$. $\Re(x)$ ist eine rationale symmetrische Function von $\overset{1}{y}, \overset{2}{y}, \dots \overset{n}{y}$, mithin eine rationale Function von x, deren Coefficienten rational aus denen von $F(xy)$ und $g(x, y)$ und linear und homogen aus den Differentialen $\delta v, \delta v', \dots$ gebildet sind.

Aus der Entwickelung

$$g(x, \overset{1}{y}) = c'_\nu (x - x_\nu)^{\lambda'_\nu} \{1 + (x - x_\nu) \overset{1}{\mathfrak{P}}(x - x_\nu)\}$$

erhalten wir durch logarithmische Differentiation nach $v, v', \dots$

$$\frac{\delta g(x, \overset{1}{y})}{g(x, \overset{1}{y})} = -\lambda'_\nu \frac{dx_\nu}{x - x_\nu} + \overline{\mathfrak{P}}(x - x_\nu),$$

wobei die Coefficienten in $\overline{\mathfrak{P}}(x - x_\nu)$ auch von den Differentialen $\delta v, \delta v', \dots$ abhängen. Für die Umgebung der Stelle $(x_\nu \overset{1}{y}_\nu)$ ist nun

$$F(x\overset{1}{y}) = F(x_\nu \overset{1}{y}_\nu) + (x - x_\nu) \overline{\overline{\mathfrak{P}}}(x - x_\nu),$$

mithin folgt

$$F(x\overset{1}{y}) \frac{\delta g(x, \overset{1}{y})}{g(x, \overset{1}{y})} = -\lambda'_\nu F(x_\nu \overset{1}{y}_\nu) \frac{dx_\nu}{x - x_\nu} + \mathfrak{P}_1(x - x_\nu).$$

In gleicher Weise ergiebt sich

$$F(x\overset{2}{y})\frac{\delta g(x,\overset{2}{y})}{g(x,\overset{2}{y})} = -\lambda_\nu'' F(x_\nu \overset{2}{y}_\nu)\frac{dx_\nu}{x-x_\nu} + \mathfrak{P}_2(x-x_\nu),$$

$$\cdot \quad \cdot \quad \cdot \quad \cdot \quad \cdot \quad \cdot \quad \cdot \quad \cdot \quad \cdot \quad \cdot \quad \cdot \; ,$$

demnach wird

$$[\Re(x)]_{(x-x_\nu)^{-1}} = -\{\lambda_\nu' F(x_\nu \overset{1}{y}_\nu) + \lambda_\nu'' F(x_\nu \overset{2}{y}_\nu) + \cdots\} dx_\nu,$$

wo auf der rechten Seite diejenigen Glieder von selbst wegfallen, in denen die zugehörigen Exponenten λ_ν', λ_ν'', ... gleich Null sind. Ist aber z. B. λ_ν' nicht gleich Null, so kommt die Stelle $(x_\nu \overset{1}{y}_\nu)$ in der Reihe $(x_1 y_1), \ldots (x_r y_r)$ λ_ν'-mal vor, und da der Annahme nach die Function $F(xy)$ für keines dieser r Werthepaare verschwindet, so hat dann auch $F(x_\nu \overset{1}{y}_\nu)$ einen von Null verschiedenen Werth. Daher erhält man

$$\sum_\nu [\Re(x)]_{(x-x_\nu)^{-1}} = -\{F(x_1 y_1)\,dx_1 + F(x_2 y_2)\,dx_2 + \cdots + F(x_r y_r)\,dx_r\}.$$

Nun müssen noch die Stellen der zweiten Art $(\bar{x}_\varkappa \bar{y}_\varkappa)$ $(\varkappa = 1, 2, \ldots)$, für welche ebenfalls die Function $g(x, y)$ verschwindet, betrachtet werden. Entwickeln wir für die Umgebung des Punktes $\bar{x}_\varkappa$ die n Werthe $\overset{1}{y}, \overset{2}{y}, \ldots \overset{n}{y}$ von y nach Potenzen von $x-\bar{x}_\varkappa$, so reducire sich $\overset{1}{y}$ für $x = \bar{x}_\varkappa$ auf $\bar{y}_\varkappa$, und es sei

$$g(x, \overset{1}{y}) = c_1(x-\bar{x}_\varkappa)^{\frac{p}{q}} + \cdots.$$

Dabei ist $q \geqq 1$, denn es können mehrere der Grössen $\overset{1}{y}, \overset{2}{y}, \ldots \overset{n}{y}$ für $x = \bar{x}_\varkappa$ den gemeinsamen Werth $\bar{y}_\varkappa$ annehmen. Die Entwickelung von

$$\frac{\delta g(x, \overset{1}{y})}{g(x, \overset{1}{y})}$$

enthält demnach keine negative Potenz von $x-\bar{x}_\varkappa$, und es findet daher, falls $\bar{x}_\varkappa$ nicht unter den Grössen $\xi_1, \xi_2, \ldots$ vorkommt, das Gleiche für $\Re(x)$ statt, sodass sich in diesem Falle

$$[\Re(x)]_{(x-\bar{x}_\varkappa)^{-1}} = 0$$

ergiebt.

Ausser für $x = \infty$ und für die Paare $(x_1 y_1), \ldots (x_r y_r)$ kann die Function $\Re(x)$ noch an den Stellen $(\xi_\mu \eta_\mu)$ $(\mu = 1, 2, \ldots)$ unendlich gross werden, da diese Unendlichkeitsstellen der Function $F(xy)$ sind; mithin folgt nach dem zu Anfang des dritten Kapitels (S. 88) bewiesenen Satze aus der Theorie der rationalen Functionen die Gleichung

$$\sum_{\nu}[\mathfrak{R}(x)]_{(x-x_\nu)^{-1}} + \sum_{\mu}[\mathfrak{R}(x)]_{(x-\xi_\mu)^{-1}} = [\mathfrak{R}(x)]_{x^{-1}},$$

wobei $[\mathfrak{R}(x)]_{x^{-1}}$ den Coefficienten von x^{-1} in der Entwickelung von $\mathfrak{R}(x)$ nach fallenden Potenzen von x bedeutet. Demnach wird

$$\sum_{\nu=1}^{r} F(x_\nu y_\nu)\,dx_\nu = \sum_{\mu}[\mathfrak{R}(x)]_{(x-\xi_\mu)^{-1}} - [\mathfrak{R}(x)]_{x^{-1}}.$$

Auf der rechten Seite führen wir jetzt statt $\mathfrak{R}(x)$ die Function

$$\Phi(x) = F(x\overset{1}{y})\log g(x,\overset{1}{y}) + F(x\overset{2}{y})\log g(x,\overset{2}{y}) + \cdots + F(x\overset{n}{y})\log g(x,\overset{n}{y})$$

ein, dann ist

$$\mathfrak{R}(x) = \delta\Phi(x)$$

und, wie sogleich gezeigt werden soll,

$$[\mathfrak{R}(x)]_{(x-\xi_\mu)^{-1}} = \delta[\Phi(x)]_{(x-\xi_\mu)^{-1}},$$

$$[\mathfrak{R}(x)]_{x^{-1}} = \delta[\Phi(x)]_{x^{-1}}.$$

Denn ist $x-\xi_\mu$ dem absoluten Betrage nach hinreichend klein, so haben die Entwickelungen von $F(x\overset{1}{y})$ und $g(x,\overset{1}{y})$ nach Potenzen von $x-\xi_\mu$ die Form

$$F(x\overset{1}{y}) = F(x-\xi_\mu)^{-\frac{k}{m}} + \cdots,$$

$$g(x,\overset{1}{y}) = g(x-\xi_\mu)^{\frac{l}{m}} + \cdots.$$

Hieraus folgt

$$\log g(x,\overset{1}{y}) = \log g + \frac{l}{m}\log(x-\xi_\mu) + \mathfrak{P}\Big((x-\xi_\mu)^{\frac{1}{m}}\Big),$$

mithin, da ξ_μ und die Zahlen l und m von den Variablen $v, v', \ldots$ unabhängig sind,

$$\frac{\delta g(x,\overset{1}{y})}{g(x,\overset{1}{y})} = \frac{\delta g}{g} + \delta\,\mathfrak{P}\Big((x-\xi_\mu)^{\frac{1}{m}}\Big).$$

Vergleicht man nun die Coefficienten von $(x-\xi_\mu)^{-1}$ in den Entwickelungen von $F(x\overset{1}{y})\frac{\delta g(x,\overset{1}{y})}{g(x,\overset{1}{y})}$ und $F(x\overset{1}{y})\log g(x,\overset{1}{y})$, so wird

$$\left[F(x\overset{1}{y})\frac{\delta g(x,\overset{1}{y})}{g(x,\overset{1}{y})}\right]_{(x-\xi_\mu)^{-1}} = \delta[F(x\overset{1}{y})\log g(x,\overset{1}{y})]_{(x-\xi_\mu)^{-1}}.$$

Die Addition dieser Gleichung zu den entsprechenden, die durch Vertauschung von $\overset{1}{y}$ mit $\overset{2}{y}, \dots \overset{n}{y}$ hervorgehen, ergiebt

$$[\mathfrak{R}(x)]_{(x-\xi_\mu)^{-1}} = \delta[\Phi(x)]_{(x-\xi_\mu)^{-1}};$$

und ebenso erhält man, wenn man $\mathfrak{R}(x)$ statt nach $x-\xi_\mu$ nach fallenden Potenzen von x entwickelt,

$$[\mathfrak{R}(x)]_{x^{-1}} = \delta[\Phi(x)]_{x^{-1}}.$$

Demnach folgt

$$\sum_{\nu=1}^{r} F(x_\nu y_\nu)\,dx_\nu = \delta\left\{\sum_\mu [\Phi(x)]_{(x-\xi_\mu)^{-1}} - [\Phi(x)]_{x^{-1}}\right\}.$$

Die Vieldeutigkeit der in $\Phi(x)$ enthaltenen Logarithmen bietet in dieser Formel keine Schwierigkeit, denn werden ihnen irgend welche andere ihrer Werthe beigelegt, so tritt auf der rechten Seite unter dem Differentialzeichen nur ein von $v, v', \dots$ unabhängiges Glied hinzu, das also beim Differentiiren nach diesen Variablen wegfällt.

Die letzte Gleichung wollen wir nun noch weiter umformen. Führt man statt $(x\overset{1}{y})$ das Element

$$\xi_t^{(\mu)} = \xi_\mu + t^m,$$
$$\eta_t^{(\mu)} = \eta_\mu + t\,\mathfrak{P}_\mu(t)$$

ein, dessen Mittelpunkt die Stelle $(\xi_\mu \eta_\mu)$ ist, so wird

$$[F(x\overset{1}{y})\log g(x,\overset{1}{y})]_{(x-\xi_\mu)^{-1}} = [F(\xi_t^{(\mu)}\eta_t^{(\mu)})\log g(\xi_t^{(\mu)},\eta_t^{(\mu)})]_{t^{-m}}.$$

Nun sollten $\overset{1}{y}, \overset{2}{y}, \dots \overset{m}{y}$ diejenigen m der Grössen $\overset{1}{y}, \overset{2}{y}, \dots \overset{n}{y}$ sein, die durch ebendasselbe Functionenpaar dargestellt werden, daher geht die linke Seite der vorstehenden Gleichung in

$$[F(x\overset{2}{y})\log g(x,\overset{2}{y})]_{(x-\xi_\mu)^{-1}}, \quad \dots \quad [F(x\overset{m}{y})\log g(x,\overset{m}{y})]_{(x-\xi_\mu)^{-1}}$$

über, wenn rechts der Reihe nach statt t das Product von t mit den $m-1$ von 1 verschiedenen m^{ten} Wurzeln der Einheit gesetzt wird. Bei diesen Vertauschungen ändert

$$[F(\xi_t^{(\mu)}\eta_t^{(\mu)})\log g(\xi_t^{(\mu)},\eta_t^{(\mu)})]_{t-m}$$

seinen Werth nicht, mithin folgt

$$[F(x\overset{1}{y})\log g(x,\overset{1}{y})+F(x\overset{2}{y})\log g(x,\overset{2}{y})+\cdots+F(x\overset{m}{y})\log g(x,\overset{m}{y})]_{(x-\xi_\mu)^{-1}}$$
$$= m\,[F(\xi_t^{(\mu)}\eta_t^{(\mu)})\log g(\xi_t^{(\mu)},\eta_t^{(\mu)})]_{t-m}.$$

Andererseits ist

$$\left[F(\xi_t^{(\mu)}\eta_t^{(\mu)})\frac{d\xi_t^{(\mu)}}{dt}\cdot\log g(\xi_t^{(\mu)},\eta_t^{(\mu)})\right]_{t-1} = [m t^{m-1}F(\xi_t^{(\mu)}\eta_t^{(\mu)})\log g(\xi_t^{(\mu)},\eta_t^{(\mu)})]_{t-1}$$
$$= m\,[F(\xi_t^{(\mu)}\eta_t^{(\mu)})\log g(\xi_t^{(\mu)},\eta_t^{(\mu)})]_{t-m},$$

daher besteht die Gleichung

$$[F(x\overset{1}{y})\log g(x,\overset{1}{y})+F(x\overset{2}{y})\log g(x,\overset{2}{y})+\cdots+F(x\overset{m}{y})\log g(x,\overset{m}{y})]_{(x-\xi_\mu)^{-1}}$$
$$= \left[F(\xi_t^{(\mu)}\eta_t^{(\mu)})\frac{d\xi_t^{(\mu)}}{dt}\cdot\log g(\xi_t^{(\mu)},\eta_t^{(\mu)})\right]_{t-1}.$$

In genau derselben Weise ergiebt sich für ein unendlich fernes Element

$$x_t = t^{-m},\quad y_t = P(t),$$

dessen Mittelpunkt eine Stelle der Form (∞,∞) oder (∞,b) ist, die Gleichung

$$[F(x\overset{1}{y})\log g(x,\overset{1}{y})+F(x\overset{2}{y})\log g(x,\overset{2}{y})+\cdots+F(x\overset{m}{y})\log g(x,\overset{m}{y})]_{x^{-1}}$$
$$= -\left[F(x_t y_t)\frac{dx_t}{dt}\cdot\log g(x_t,y_t)\right]_{t-1}.$$

Die Entwickelung von $\log g(x_t,y_t)$ enthält für kein einziges Element $(x_t y_t)$ des Gebildes eine negative Potenz von t, mithin kann nur dann in

$$F(x_t y_t)\frac{dx_t}{dt}\cdot\log g(x_t,y_t)$$

eine solche auftreten, wenn in $F(x_t y_t)\frac{dx_t}{dt}$ eine negative Potenz vorkommt.

Demnach ist

$$\sum_{\mu}[\Phi(x)]_{(x-\xi_\mu)^{-1}} - [\Phi(x)]_{x^{-1}} = \sum\left[F(x_t y_t)\frac{dx_t}{dt}\cdot\log g(x_t, y_t)\right]_{t^{-1}},$$

und daher

$$\sum_{\nu=1}^{r} F(x_\nu y_\nu)\,dx_\nu = \delta\sum\left[F(x_t y_t)\frac{dx_t}{dt}\cdot\log g(x_t, y_t)\right]_{t^{-1}},$$

die Summe rechts auf alle Elemente $(x_t y_t)$ des Gebildes bezogen, für welche die Entwickelung von $F(x_t y_t)\frac{dx_t}{dt}$ negative Potenzen von t enthält.

Diese Formel ist unter Ausschluss gewisser specieller Werthsysteme $v, v', \ldots$ abgeleitet worden; hinterher können wir schliessen, dass sie allgemein gilt.

Nun werde für die algebraische Gleichung $g(x, y) = 0$ eine Gleichung der speciellen Form

$$R(xy) = v$$

genommen, wobei $R(xy)$ irgend eine rationale Function des Paares (xy) mit constanten Coefficienten sei. Ist

$$R(xy) = \frac{G_1(xy)}{G_2(xy)},$$

wo $G_1(xy)$ und $G_2(xy)$ ganze rationale Functionen des Paares (xy) sein sollen, so ist also

$$g(x, y) = G_1(xy) - vG_2(xy)$$

zu setzen.

Irgend zwei Werthe v_0 und v_1 der Variablen v mögen durch eine stetige Folge von Punkten v der Art verbunden werden, dass vermöge der Gleichung $R(xy) = v$ zu keinem der Zwischenpunkte eine Stelle des Gebildes $f(x, y) = 0$ gehört, für welche die rationale Function $F(xy)$ unendlich gross wird oder die partielle Ableitung $f(x, y)_2$ verschwindet (vgl. S. 42); für v_0 und v_1 selbst kann dagegen das Letztere der Fall sein. Wie vorher seien $(x_1 y_1), \ldots (x_r y_r)$ die den beiden Gleichungen $f(x, y) = 0$ und $g(x, y) = 0$, d. h.

$$f(x, y) = 0$$

und

$$R(xy) - v = 0$$

gemeinsamen, von v abhängigen Werthepaare. Für die zwischen v_0 und v_1 eingeschaltete stetige Folge von Werthen v ändern sich auch x_ν und y_ν stetig, und es gehe $(x_\nu y_\nu)$ für $v = v_0$ in $(\overset{0}{x}_\nu \overset{0}{y}_\nu)$ und für $v = v_1$ in $(\overset{1}{x}_\nu \overset{1}{y}_\nu)$ über. Dann ergiebt sich durch Integration zwischen den Grenzen v_0 und v_1 aus der vorhergehenden Differentialformel:

$$\sum_{\nu=1}^{r} \int_{(\overset{1}{x}_\nu \overset{1}{y}_\nu)}^{(\overset{0}{x}_\nu \overset{0}{y}_\nu)} F(xy)\,dx = \Big[\sum\Big[F(x_t y_t)\frac{dx_t}{dt}\cdot\log\left(G_1(x_t y_t) - v\,G_2(x_t y_t)\right)\Big]_{t^{-1}}\Big]_{v_1}^{v_0}$$

$$= \sum\Big[F(x_t y_t)\frac{dx_t}{dt}\cdot\log\frac{G_1(x_t y_t) - v_0 G_2(x_t y_t)}{G_1(x_t y_t) - v_1 G_2(x_t y_t)}\Big]_{t^{-1}}$$

$$= \sum\Big[F(x_t y_t)\frac{dx_t}{dt}\cdot\log\frac{R(x_t y_t) - v_0}{R(x_t y_t) - v_1}\Big]_{t^{-1}}.$$

Um hieraus die frühere Form des Abelschen Theorems herzuleiten, gehen wir für $v_0 = 0$ und $v_1 = \infty$ zur Grenze über, ziehen also in der Ebene der Variablen v vom Nullpunkt in das Unendliche eine stetige Linie der Art, dass die vorher aufgestellten Bedingungen erfüllt sind. Für $v_1 = \infty$ werde $(\overset{1}{x}_\nu \overset{1}{y}_\nu) = (x'_\nu y'_\nu)$ und für $v_0 = 0$ $(\overset{0}{x}_\nu \overset{0}{y}_\nu) = (x_\nu y_\nu)$, dann sind wie früher (S. 423) $(x_1 y_1), \ldots (x_r y_r)$ die Nullstellen und $(x'_1 y'_1), \ldots (x'_r y'_r)$ die Unendlichkeitsstellen der gegebenen rationalen Function $R(xy)$. Durch diesen Grenzübergang sind die Stellen $(x_\nu y_\nu)$ und $(x'_\nu y'_\nu)$ in bestimmter Weise zu zweien einander zugeordnet.

Da

$$\sum\Big[F(x_t y_t)\frac{dx_t}{dt}\Big]_{t^{-1}} = 0$$

ist (S. 95), so wird

$$\sum\Big[F(x_t y_t)\frac{dx_t}{dt}\cdot\log\frac{R(x_t y_t) - v_0}{R(x_t y_t) - v_1}\Big]_{t^{-1}} = \sum\Big[F(x_t y_t)\frac{dx_t}{dt}\cdot\log\left(R(x_t y_t) - v_0\right)\Big]_{t^{-1}}$$
$$- \sum\Big[F(x_t y_t)\frac{dx_t}{dt}\cdot\log\Big(1 - \frac{R(x_t y_t)}{v_1}\Big)\Big]_{t^{-1}},$$

mithin folgt für $v_0 = 0$ und $v_1 = \infty$

$$\sum_{\nu=1}^{r} \int_{(x'_\nu y'_\nu)}^{(x_\nu y_\nu)} F(xy)\,dx = \sum\Big[F(x_t y_t)\frac{dx_t}{dt}\cdot\log R(x_t y_t)\Big]_{t^{-1}}.$$

In der Entwickelung des rechts in der Klammer stehenden Ausdrucks können negative Potenzen nur vorkommen, wenn sie in

$$F(x_t y_t)\frac{dx_t}{dt}$$

auftreten. Die Elemente, für welche dies der Fall ist, wollen wir jetzt, etwas abweichend von der bei dieser letzten Untersuchung für $(\xi_t^{(\mu)}\eta_t^{(\mu)})$ zu Grunde gelegten Definition (S. 429), wieder wie früher (S. 423) mit $(\xi_t^{(\mu)}\eta_t^{(\mu)})$ bezeichnen; dann ergiebt sich für die Summe der Integrale einer rationalen Function des Paares (xy) die Gleichung

$$\sum_{\nu=1}^{r}\int_{(x'_\nu y'_\nu)}^{(x_\nu y_\nu)} F(xy)\,dx = \sum_{\mu}\Big[F(\xi_t^{(\mu)}\eta_t^{(\mu)})\frac{d\xi_t^{(\mu)}}{dt}\cdot\log R(\xi_t^{(\mu)}\eta_t^{(\mu)})\Big]_{t^{-1}},$$

die das Abelsche Theorem für das Integral einer beliebigen rationalen Function des Paares (xy) enthält (S. 425 u. 426).

Der Beweis kann in ähnlicher Weise durchgeführt werden, auch wenn man die über die Gleichung $f(x,y)=0$ gemachte beschränkende Voraussetzung (S. 428) fallen lässt.

Nach Abel hat sich zuerst Jacobi eingehend mit dem Abelschen Theorem beschäftigt, doch stets nur für die hyperelliptischen Integrale. Jacobi zeigte, dass die vollständige Integration des Systems von ϱ Differentialgleichungen zwischen den $\varrho+1$ Veränderlichen $x_0, x_1, \ldots x_\varrho$

$$\sum_{\nu=0}^{\varrho}\frac{1}{2}\frac{P(x_\nu)}{x_\nu - a_{2\beta-1}}\frac{dx_\nu}{\sqrt{R(x_\nu)}} = 0, \qquad (\beta = 1, 2, \ldots \varrho)$$

in denen

$$R(x) = (x-a_0)(x-a_1)\ldots(x-a_{2\varrho})$$

und

$$P(x) = (x-a_1)(x-a_3)\ldots(x-a_{2\varrho-1})$$

gesetzt ist, durch das Abelsche Theorem gegeben wird. Um dies nachzuweisen, denken wir uns eine rationale Function $R(xy)$ des durch die Gleichung eines hyperelliptischen Gebildes $y^2 = R(x)$ verbundenen Paares (xy) der Art bestimmt, dass sie an $\varrho+1$ willkürlich angenommenen Stellen

$$(g_0 h_0),\ (g_1 h_1),\ \ldots\ (g_\varrho h_\varrho)$$

von der ersten Ordnung unendlich gross und an einer beliebig gewählten

Stelle

$$(x_0 y_0)$$

gleich Null wird. Diese Function verschwindet dann noch an ϱ anderen Stellen

$$(x_1 y_1),\ (x_2 y_2),\ \dots\ (x_\varrho y_\varrho),$$

und zwar hängen diese Werthepaare von $(x_0 y_0), (g_0 h_0), \dots (g_\varrho h_\varrho)$ algebraisch ab (S. 413). Da nun, wie wir gefunden haben (S. 344), für das hyperelliptische Gebilde $y^2 = R(x)$ die ϱ linear unabhängigen Functionen $H(xy)_\beta$ gleich

$$\frac{P(x)}{2y(x - a_{2\beta-1})} \qquad (\beta = 1, 2, \dots \varrho)$$

sind, so folgt nach dem Abelschen Theorem für die Integrale erster Art

$$\int_{(x_0 y_0)}^{(g_0 h_0)} \frac{1}{2} \frac{P(x)}{x - a_{2\beta-1}} \frac{dx}{\sqrt{R(x)}} = \sum_{\alpha=1}^{\varrho} \int_{(g_\alpha h_\alpha)}^{(x_\alpha y_\alpha)} \frac{1}{2} \frac{P(x)}{x - a_{2\beta-1}} \frac{dx}{\sqrt{R(x)}}, \qquad (\beta = 1, 2, \dots \varrho)$$

mithin wird

$$\sum_{\nu=0}^{\varrho} \int_{(g_\nu h_\nu)}^{(x_\nu y_\nu)} \frac{1}{2} \frac{P(x)}{x - a_{2\beta-1}} \frac{dx}{\sqrt{R(x)}} = 0 \qquad (\beta = 1, 2, \dots \varrho).$$

Aus diesen Integralgleichungen ergiebt sich durch Differentiation das gegebene System von Differentialgleichungen, dessen Integration damit geliefert ist; $(x_1 y_1), \dots (x_\varrho y_\varrho)$ sind algebraische Functionen von $(x_0 y_0)$ und den willkürlich angenommenen Werthepaaren $(g_0 h_0), (g_1 h_1), \dots (g_\varrho h_\varrho)$.

DRITTER ABSCHNITT.

DIE ABELSCHEN FUNCTIONEN.

Zweiundzwanzigstes Kapitel.

Definition der Abelschen Functionen.

Bezeichnet $R(x)$ eine ganze rationale Function dritten oder vierten Grades mit lauter verschiedenen Linearfactoren, und wird y durch die Gleichung $y^2 - R(x) = 0$ als algebraische Function von x definirt, so kann der Theorie der elliptischen Functionen die Differentialgleichung

$$du = \frac{dx}{y}$$

zu Grunde gelegt werden. Wenn

$$R(x) = A(x-a_1)(x-a_2)(x-a_3)(x-a_4)$$

ist, so werde als Nebenbedingung hinzugefügt, dass x für $u = 0$ einen bestimmten der Werthe a_1, a_2, a_3, a_4 annehme. Falls aber $R(x)$ vom dritten Grade ist:

$$R(x) = A(x-a_1)(x-a_2)(x-a_3),$$

so werde festgesetzt, dass x für $u = 0$ entweder gleich einem der Werthe a_1, a_2, a_3 oder unendlich gross werde.

Die Grundlage für die Theorie der elliptischen Functionen bildet der Nachweis, dass es zwei eindeutige, für alle endlichen Werthe des Arguments u definirte Functionen mit dem Charakter rationaler Functionen giebt, welche für x und y gesetzt die Differentialgleichung identisch befriedigen. Um diesen Beweis kurz zu charakterisiren, zeigen wir zunächst, dass zu jedem Werthe von u, dessen absoluter Betrag eine gewisse positive Grösse U_0 nicht überschreitet, nur ein einziges Werthepaar (xy) gehört. Wie aus den Resultaten über das hyperelliptische Gebilde hervorgeht (S. 132—133), wird die

Umgebung der Stelle $(a_\chi, 0)$ stets durch das eine Functionenpaar

$$x_t = a_\chi + \frac{t^2}{R'(a_\chi)}, \qquad y_t = t\{1 + t^2 \mathfrak{P}(t^2)\}$$

dargestellt. Ferner sind, wenn $R(x)$ vom vierten Grade ist, zwei unendlich ferne Elemente

$$x_t = t^{-1}, \qquad y_t = \sqrt{A}\, t^{-2}\{1 + t\mathfrak{P}(t)\}$$

und

$$x_t = t^{-1}, \qquad y_t = -\sqrt{A}\, t^{-2}\{1 + t\mathfrak{P}(t)\}$$

vorhanden; ist aber der Grad von $R(x)$ gleich drei, so hat das Gebilde nur das eine unendlich ferne Element

$$x_t = At^{-2}, \qquad y_t = A^2 t^{-3}\{1 + t^2 \mathfrak{P}(t^2)\}.$$

Setzt man je nach der vorgeschriebenen Nebenbedingung die für die Umgebung von $(a_\chi, 0)$ oder von (∞, ∞) gültigen Entwickelungen in die Differentialgleichung ein, so erhält man durch Integration

$$u = c_1 t + c_2 t^3 + \cdots,$$

wo die Constante c_1 von Null verschieden ist. Hieraus kann man t durch eine nach Potenzen von u fortschreitende Reihe darstellen, deren Convergenz innerhalb eines gewissen Bereiches aus allgemeinen Sätzen der Functionenlehre folgt. Ihre Substitution in das Functionenpaar $(x_t y_t)$ liefert für x und y zwei Potenzreihen:

$$x = \varphi(u), \qquad y = \psi(u),$$

die für $u = 0$ das Werthepaar $(a_\chi, 0)$ oder (∞, ∞) ergeben und die Differentialgleichung identisch befriedigen, sobald u dem absoluten Betrage nach unterhalb einer gewissen positiven Grösse U_0 liegt.

Das Abelsche Theorem geht für $\varrho = 1$ in das Eulersche Additionstheorem für die elliptischen Integrale über (S. 6). Mit Hülfe des letzteren lässt sich nun zeigen, dass die Grössen x und y für alle endlichen Werthe des Arguments u eindeutig definirt sind und den Charakter einer rationalen Function haben. Es sei nämlich U eine beliebig grosse, positive Grösse, so werde eine ganze positive Zahl n der Art bestimmt, dass

$$\frac{U}{n} \leqq U_0$$

ist. Dann sind

$$\xi = \varphi\left(\frac{u}{n}\right), \qquad \eta = \psi\left(\frac{u}{n}\right)$$

Potenzreihen von u, die für $|u| < U$ convergiren, der algebraischen Gleichung $\eta^2 - R(\xi) = 0$ und der Differentialgleichung

$$d\left(\frac{u}{n}\right) = \frac{d\xi}{\eta}$$

genügen und für $u = 0$ die vorgeschriebenen Werthe $(a_\chi, 0)$ oder (∞, ∞) annehmen. Mithin ist

$$u = n\int_{(a_\chi 0)}^{(\xi\eta)} \frac{dx}{y},$$

wobei, falls $R(x)$ vom dritten Grade ist, die untere Grenze dieses und der folgenden Integrale auch die Stelle (∞, ∞) sein kann. Wird nun

$$n\int_{(a_\chi 0)}^{(\xi\eta)} \frac{dx}{y} = \int_{(a_\chi 0)}^{(xy)} \frac{dx}{y}$$

gesetzt, so sind nach dem Eulerschen Additionstheorem x und y rationale Functionen des Paares $(\xi\eta)$. Jede der beiden Grössen x und y lässt sich daher als Quotient zweier Potenzreihen von u darstellen, die für $|u| < U$ convergiren; jedoch ist der Zähler und der Nenner dieser Darstellung von der Zahl n abhängig. Für jeden beliebig grossen Bereich haben wir demnach zwei Functionen x und y gefunden, welche für alle seinem Inneren angehörigen Punkte u den Charakter rationaler Functionen haben und der Differentialgleichung

$$du = \frac{dx}{y}$$

mit der vorgeschriebenen Nebenbedingung genügen; bei Zugrundelegung eines speciellen Werthes für die Zahl n sind diese Functionen eindeutig bestimmt. Für $|u| < U_0$ müssen ihre Werthe mit denen der Functionenelemente $\varphi(u)$ und $\psi(u)$ übereinstimmen.

Es lässt sich nun zeigen, dass man zu jedem Werthe von u dasselbe Werthepaar (xy) erhält, wenn n auf verschiedene Weisen, doch so gewählt wird, dass $\left|\frac{u}{n}\right| < U_0$ ist. Denn es sei bei zwei verschiedenen Festsetzungen über die Zahl n einmal

$$x = \frac{f(u)}{g(u)},$$

das andere Mal

$$x = \frac{f_1(u)}{g_1(u)},$$

wo $f(u)$, $g(u)$, $f_1(u)$, $g_1(u)$ Potenzreihen von u sind, von denen die beiden ersten für $|u| < U$, die beiden letzten für $|u| < U'$ convergiren mögen. Die Werthe der Quotienten $\frac{f(u)}{g(u)}$ und $\frac{f_1(u)}{g_1(u)}$ müssen nun für alle Argumente u, die dem absoluten Betrage nach hinreichend klein sind, mit den Werthen der Reihe $\varphi(u)$ übereinstimmen, demnach ist für diese Argumente

$$\frac{f(u)}{g(u)} = \frac{f_1(u)}{g_1(u)}$$

und

$$f(u)\,g_1(u) = f_1(u)\,g(u).$$

Entwickelt man beide Seiten dieser Gleichung nach Potenzen von u, so sind die Coefficienten der entsprechenden Potenzen einander gleich; es besteht daher diese Gleichung, mithin auch die zwischen den Quotienten, für alle Argumente, welche den Convergenzbereichen der vier Reihen $f(u)$, $g(u)$, $f_1(u)$, $g_1(u)$ gleichzeitig angehören. Dabei kann für specielle Werthe von u ein Quotient auch in der Form $\frac{0}{0}$ auftreten. In derselben Weise wird der Satz für die Function y bewiesen.

Die Werthe der Functionen x und y sind daher für jeden endlichen Werth von u eindeutig bestimmt. Wie man hiernach vermuthen kann, lassen sie sich auch in einer für alle endlichen Argumente u gültigen Form, nämlich als Quotienten zweier beständig convergenten Potenzreihen, darstellen, doch gehen wir hierauf nicht näher ein.

Es kam nun darauf an, diese Aufgabe, die für das eben zu Grunde gelegte Gebilde $y^2 - R(x) = 0$ auf die elliptischen Functionen führt, richtig zu erweitern. Diese Verallgemeinerung ist in dem Jacobischen Umkehrungsproblem enthalten (vgl. S. 7—9), das Jacobi zwar nicht gelöst, durch dessen genaue Formulirung er sich aber ein wesentliches Verdienst um die Theorie der Abelschen Functionen erworben hat. Die richtige Erkenntniss der Bedeutung der Zahl ϱ in dem Abelschen Theorem für die

Integrale erster Art (S. 415)

$$\sum_{\nu=1}^{r}\int_{(x'_\nu y'_\nu)}^{(x_\nu y_\nu)} H(xy)_\beta\, dx = \sum_{\alpha=1}^{\varrho}\int_{(g_\alpha h_\alpha)}^{(x_{r+\alpha} y_{r+\alpha})} H(xy)_\beta\, dx \qquad (\beta = 1, 2, \ldots \varrho)$$

führte ihn zunächst zu dem folgenden Problem, das hier gleich für die aus einem beliebigen algebraischen Gebilde $f(x, y) = 0$ entspringenden Functionen ausgesprochen werden soll; Jacobi selbst hat stets nur den speciellen Fall der hyperelliptischen Functionen betrachtet.

Aus den ϱ algebraischen Gleichungen

$$f(x_\alpha, y_\alpha) = 0 \qquad (\alpha = 1, 2, \ldots \varrho)$$

und den ϱ Differentialgleichungen

$$du_1 = \sum_{\alpha=1}^{\varrho} H(x_\alpha y_\alpha)_1\, dx_\alpha,$$

$$\cdots\cdots\cdots\cdots$$

$$du_\varrho = \sum_{\alpha=1}^{\varrho} H(x_\alpha y_\alpha)_\varrho\, dx_\alpha$$

mit der Nebenbedingung, dass für $u_1 = 0, \ldots u_\varrho = 0$ die Paare $(x_\alpha y_\alpha)$ gleich gegebenen Werthepaaren $(a_\alpha b_\alpha)$ werden, sind die 2ϱ Grössen x_α, y_α als Functionen der ϱ unabhängigen Veränderlichen $u_1, \ldots u_\varrho$ darzustellen. Dabei sollen $(a_1 b_1), \ldots (a_\varrho b_\varrho)$ die ϱ von einander verschiedenen Unendlichkeitsstellen der Function $H(xy, x'y')$ sein; es wird also vorausgesetzt, dass die Determinante

$$|\, H(a_\alpha b_\alpha)_\beta \,| \qquad (\alpha, \beta = 1, 2, \ldots \varrho)$$

nicht gleich Null ist (S. 68).

Dies ist ein wohl definirtes Problem. Allerdings wäre auch die Aufgabe eine bestimmte, x und y als Functionen der einen Variablen u aus den Gleichungen $f(x, y) = 0$ und

$$u = \int_{(ab)}^{(xy)} H(xy)\, dx$$

darzustellen. Aber es würde sich zeigen, dass diese Functionen einer Variablen durchaus keine Analogie mit den elliptischen Functionen haben, während dies bei den aus dem Jacobischen Umkehrungsproblem sich ergebenden Functionen mehrerer Veränderlichen der Fall ist.

Geht man bei dem Umkehrungsproblem statt von den Functionen $H(xy)_1, \ldots H(xy)_\varrho$, die in bestimmter Weise aus $H(xy, x'y')$ als Entwickelungscoefficienten entspringen (S. 79, (A.)), von irgend einem System von ϱ linear unabhängigen Functionen $\overset{1}{H}(xy), \ldots \overset{\varrho}{H}(xy)$ aus, setzt also

$$du_\beta = \sum_{\alpha=1}^{\varrho} \overset{\beta}{H}(x_\alpha y_\alpha)\, dx_\alpha, \qquad (\beta = 1, 2, \ldots \varrho)$$

so ändert sich nichts Wesentliches. Denn wenn aus dem Gleichungssysteme (S. 108)

$$\overset{\gamma}{H}(xy) = \sum_{\beta=1}^{\varrho} C_{\gamma\beta} H(xy)_\beta \qquad (\gamma = 1, 2, \ldots \varrho)$$

umgekehrt

$$H(xy)_\beta = \sum_{\gamma=1}^{\varrho} C'_{\gamma\beta} \overset{\gamma}{H}(xy)$$

folgt, so ist

$$\sum_{\gamma=1}^{\varrho} C'_{\gamma\beta} du_\gamma = \sum_{\alpha=1}^{\varrho} H(x_\alpha y_\alpha)_\beta\, dx_\alpha.$$

Durch die Substitution

$$\sum_{\gamma=1}^{\varrho} C'_{\gamma\beta} u_\gamma = u'_\beta \qquad (\beta = 1, 2, \ldots \varrho)$$

erhält man daher das System von Differentialgleichungen

$$du'_\beta = \sum_{\alpha=1}^{\varrho} H(x_\alpha y_\alpha)_\beta\, dx_\alpha \qquad (\beta = 1, 2, \ldots \varrho).$$

Die Einführung von ϱ neuen Variablen, die homogene lineare Functionen der ursprünglichen sind, führt also auf das Umkehrungsproblem mit den speciellen Functionen $H(xy)_\beta$ zurück; wir legen daher diese unseren Betrachtungen zu Grunde.

Zunächst weisen wir nun nach, dass für Werthe $u_1, \ldots u_\varrho$, die dem absoluten Betrage nach hinreichend klein sind, die Grössen x_α, y_α sich so nach Potenzen von $u_1, \ldots u_\varrho$ entwickeln lassen, dass die Differentialgleichungen

$$du_\beta = \sum_{\alpha=1}^{\varrho} H(x_\alpha y_\alpha)_\beta\, dx_\alpha \qquad (\beta = 1, 2, \ldots \varrho)$$

mit der festgesetzten Nebenbedingung identisch befriedigt werden. Das

Functionenpaar, welches das Element des algebraischen Gebildes $f(x, y) = 0$ mit dem Mittelpunkt $(a_\alpha b_\alpha)$ darstellt, bezeichnen wir mit

$$(\overset{\alpha}{x}_{t_\alpha} \overset{\alpha}{y}_{t_\alpha});$$

denn da wir jetzt die Elemente für die Umgebung der verschiedenen Stellen $(a_1 b_1), \dots (a_\varrho b_\varrho)$ gleichzeitig betrachten, so müssen wir die unabhängigen Variablen t in den verschiedenen Functionenpaaren durch Indices unterscheiden. Für $u_1 = 0, \dots u_\varrho = 0$ soll $(x_\alpha y_\alpha) = (a_\alpha b_\alpha)$ werden, mithin muss dann $t_1 = 0, \dots t_\varrho = 0$ sein.

Führen wir nun in die Differentialgleichungen die Entwickelungen (S. 257)

$$H(\overset{\alpha}{x}_{t_\alpha} \overset{\alpha}{y}_{t_\alpha})_\beta \frac{d\overset{\alpha}{x}_{t_\alpha}}{dt_\alpha} = t_\alpha \mathfrak{P}(t_\alpha), \qquad (\alpha, \beta = 1, 2, \dots \varrho;\ \alpha \gtrless \beta)$$

$$H(\overset{\beta}{x}_{t_\beta} \overset{\beta}{y}_{t_\beta})_\beta \frac{d\overset{\beta}{x}_{t_\beta}}{dt_\beta} = 1 + t_\beta \mathfrak{P}(t_\beta) \qquad (\beta = 1, 2, \dots \varrho)$$

ein, so erhalten wir mit Rücksicht auf die Nebenbedingung durch Integration

$$u_\beta = t_\beta + (t_1, \dots t_\varrho)_2^{(\beta)} + \cdots, \qquad (\beta = 1, 2, \dots \varrho)$$

wo $(t_1, \dots t_\varrho)_2^{(\beta)}, \dots$ Glieder zweiter und höherer Dimension von $t_1, \dots t_\varrho$ sein sollen. Diese ϱ Reihen convergiren, wenn $|t_1|, \dots |t_\varrho|$ eine gewisse Grenze nicht überschreiten, und ihre Coefficienten sind rational aus den ϱ Werthepaaren $(a_1 b_1), \dots (a_\varrho b_\varrho)$ und den Coefficienten der Gleichung $f(x, y) = 0$ zusammengesetzt.

Da die Determinante der homogenen Functionen erster Dimension von Null verschieden ist, so können wir auch $t_1, \dots t_\varrho$ als Potenzreihen von $u_1, \dots u_\varrho$ darstellen, und zwar erhalten wir Entwickelungen

$$t_\alpha = u_\alpha + (u_1, \dots u_\varrho)_2^{(\alpha)} + \cdots, \qquad (\alpha = 1, 2, \dots \varrho)$$

deren Coefficienten aus denen der für $u_1, \dots u_\varrho$ bestehenden Reihen rational zusammengesetzt sind. Führen wir nun diesen Ausdruck für t_α in das Functionenpaar $(\overset{\alpha}{x}_{t_\alpha} \overset{\alpha}{y}_{t_\alpha})$ ein, so ergeben sich x_α und y_α als Potenzreihen von $u_1, \dots u_\varrho$:

$$x_\alpha = \varphi_\alpha(u_1, \dots u_\varrho), \qquad y_\alpha = \psi_\alpha(u_1, \dots u_\varrho) \qquad (\alpha = 1, 2, \dots \varrho).$$

Wenn wir voraussetzen, dass alle Stellen $(a_\alpha b_\alpha)$ im Endlichen liegen, so enthalten die Reihen $\varphi_\alpha(u_1, \dots u_\varrho)$ und $\psi_\alpha(u_1, \dots u_\varrho)$ nur positive Potenzen ihrer Argumente. Ihre Coefficienten sind rational in Bezug auf die Paare $(a_1 b_1), \dots (a_\varrho b_\varrho)$ und die Coefficienten der Gleichung $f(x, y) = 0$. Für $u_1 = 0, \dots u_\varrho = 0$ wird $t_1 = 0, \dots t_\varrho = 0$, mithin $(x_\alpha y_\alpha) = (a_\alpha b_\alpha)$.

Somit haben wir für x_α und y_α völlig bestimmte Potenzreihen von $u_1, \dots u_\varrho$ gefunden, welche das gegebene System von Differentialgleichungen identisch befriedigen und für $u_1 = 0, \dots u_\varrho = 0$ die vorgeschriebenen Werthe annehmen, oder mit anderen Worten den ϱ Integralgleichungen

$$u_\beta = \sum_{\alpha=1}^{\varrho} \int_{(a_\alpha b_\alpha)}^{(x_\alpha y_\alpha)} H(xy)_\beta \, dx \qquad (\beta = 1, 2, \dots \varrho)$$

genügen. Sobald die absoluten Beträge von $u_1, \dots u_\varrho$ eine gewisse Grenze U_0 nicht überschreiten, oder, wie wir auch sagen wollen, dem Bereiche U_0 angehören, sind diese Potenzreihen die einzigen, welche die genannten Bedingungen erfüllen. Welches der wirkliche Werth von U_0 ist, ist für die anzustellenden Untersuchungen gleichgültig.

Die Functionenelemente

$$\varphi_\alpha(u_1, \dots u_\varrho) \quad \text{und} \quad \psi_\alpha(u_1, \dots u_\varrho) \qquad (\alpha = 1, 2, \dots \varrho)$$

besitzen ein algebraisches Additionstheorem. Die Bedeutung hiervon erkennen wir aus folgender allgemeinen Betrachtung.

Es seien

$$x_1 = \varphi_1(u_1, \dots u_n), \quad \dots \quad x_n = \varphi_n(u_1, \dots u_n)$$

n unabhängige Functionen von n Veränderlichen. In der Umgebung des Werthsystems $(a_1, \dots a_n)$ mögen sie sämmtlich den Charakter ganzer Functionen haben, und zwar sei

$$x_\varkappa = b_\varkappa + b_{\varkappa 1}(u_1 - a_1) + \cdots + b_{\varkappa n}(u_n - a_n) + \cdots, \qquad (\varkappa = 1, 2, \dots n)$$

wobei wir voraussetzen können, dass die aus den Coefficienten der linearen Glieder gebildete Determinante

$$|b_{\varkappa\lambda}| \qquad (\varkappa, \lambda = 1, 2, \dots n)$$

von Null verschieden ist; sonst werde statt $(a_1, \dots a_n)$ ein anderes, dieser Voraussetzung entsprechendes Werthsystem angenommen. Dann ergiebt sich

$$u_\varkappa = a_\varkappa + c_{\varkappa 1}(x_1 - b_1) + \cdots + c_{\varkappa n}(x_n - b_n) + \cdots, \qquad (\varkappa = 1, 2, \ldots n)$$

und zwar convergiren diese Reihen jedenfalls für alle Werthsysteme $(x_1, \ldots x_n)$, für welche die absoluten Beträge von $x_1 - b_1, \ldots x_n - b_n$ hinreichend klein sind.

Nun möge

$$\varphi_\varkappa(u_1, \ldots u_n) = x_\varkappa,$$
$$\varphi_\varkappa(v_1, \ldots v_n) = x'_\varkappa,$$
$$\varphi_\varkappa(u_1 + v_1, \ldots u_n + v_n) = x''_\varkappa$$

gesetzt werden, wobei $(u_1, \ldots u_n)$ und $(v_1, \ldots v_n)$ zwei von einander unabhängige Werthsysteme sein sollen, die in der Umgebung von $(a_1, \ldots a_n)$ so gelegen sind, dass auch das zusammengesetzte System $(u_1 + v_1, \ldots u_n + v_n)$ noch dieser Umgebung angehört und dass die Reihen

$$\left.\begin{aligned} u_\varkappa &= a_\varkappa + c_{\varkappa 1}(x_1 - b_1) + \cdots + c_{\varkappa n}(x_n - b_n) + \cdots, \\ v_\varkappa &= a_\varkappa + c_{\varkappa 1}(x'_1 - b_1) + \cdots + c_{\varkappa n}(x'_n - b_n) + \cdots \end{aligned}\right\} \qquad (\varkappa = 1, 2, \ldots n)$$

convergiren. Führt man diese Entwickelungen für $u_\varkappa$ und $v_\varkappa$ in die Functionen $\varphi_\varkappa(u_1 + v_1, \ldots u_n + v_n)$ ein, so bestehen n Relationen der Form

$$x''_\varkappa = F_\varkappa(x_1, \ldots x_n;\ x'_1, \ldots x'_n), \qquad (\varkappa = 1, 2, \ldots n)$$

in denen die Coefficienten der Functionen $F_\varkappa$ von den Argumenten $u_1, \ldots u_n$ und $v_1, \ldots v_n$ unabhängig sind. Wenn nun die Functionen $\varphi_1(u_1, \ldots u_n), \ldots \varphi_n(u_1, \ldots u_n)$ die bemerkenswerthe Eigenschaft haben, dass sich diese n Relationen sämmtlich auf algebraische Gleichungen

$$G_\varkappa(x''_\varkappa;\ x_1, \ldots x_n;\ x'_1, \ldots x'_n) = 0 \qquad (\varkappa = 1, 2, \ldots n)$$

zurückführen lassen, so sagt man, das System der n Functionen besitze ein algebraisches Additionstheorem.

Aus dem Abelschen Theorem für die Integrale erster Art folgt unmittelbar, dass die 2ϱ Functionenelemente

$$x_\alpha = \varphi_\alpha(u_1, \ldots u_\varrho) \qquad (\alpha = 1, 2, \ldots \varrho)$$

und

$$y_\alpha = \psi_\alpha(u_1, \ldots u_\varrho), \qquad (\alpha = 1, 2, \ldots \varrho)$$

die vorher (S. 447) gebildet worden sind, ein algebraisches Additionstheorem haben. Es werde nämlich

$$u_\beta = \sum_{\alpha=1}^{\varrho} \int_{(a_\alpha b_\alpha)}^{(x_\alpha y_\alpha)} H(xy)_\beta \, dx,$$

$$v_\beta = \sum_{\alpha=1}^{\varrho} \int_{(a_\alpha b_\alpha)}^{(x'_\alpha y'_\alpha)} H(xy)_\beta \, dx, \qquad (\beta = 1, 2, \dots \varrho)$$

$$u_\beta + v_\beta = \sum_{\alpha=1}^{\varrho} \int_{(a_\alpha b_\alpha)}^{(x''_\alpha y''_\alpha)} H(xy)_\beta \, dx$$

gesetzt, wobei $(u_1, \dots u_\varrho)$ und $(v_1, \dots v_\varrho)$ so klein angenommen werden mögen, dass nicht nur diese Werthsysteme selbst, sondern auch $(u_1 + v_1, \dots u_\varrho + v_\varrho)$ dem Bereiche U_0 angehören (S. 448); dann folgt

$$x_\alpha = \varphi_\alpha(u_1, \dots u_\varrho), \qquad y_\alpha = \psi_\alpha(u_1, \dots u_\varrho),$$

$$x'_\alpha = \varphi_\alpha(v_1, \dots v_\varrho), \qquad y'_\alpha = \psi_\alpha(v_1, \dots v_\varrho), \qquad (\alpha = 1, 2, \dots \varrho)$$

$$x''_\alpha = \varphi_\alpha(u_1 + v_1, \dots u_\varrho + v_\varrho), \qquad y''_\alpha = \psi_\alpha(u_1 + v_1, \dots u_\varrho + v_\varrho).$$

Nach dem Abelschen Theorem sind x''_α und y''_α algebraische Functionen der Paare $(x_1 y_1), \dots (x_\varrho y_\varrho)$, $(x'_1 y'_1), \dots (x'_\varrho y'_\varrho)$, und da zwischen x_α und y_α und zwischen x'_α und y'_α die Gleichung $f(x, y) = 0$ besteht, so ist

$$\varphi_\alpha(u_1 + v_1, \dots u_\varrho + v_\varrho) = F_\alpha(\varphi_1(u_1, \dots u_\varrho), \dots \varphi_\varrho(u_1, \dots u_\varrho);\ \varphi_1(v_1, \dots v_\varrho), \dots \varphi_\varrho(v_1, \dots v_\varrho))$$

und

$$\psi_\alpha(u_1 + v_1, \dots u_\varrho + v_\varrho) = \overline{F}_\alpha(\psi_1(u_1, \dots u_\varrho), \dots \psi_\varrho(u_1, \dots u_\varrho);\ \psi_1(v_1, \dots v_\varrho), \dots \psi_\varrho(v_1, \dots v_\varrho)),$$
$$(\alpha = 1, 2, \dots \varrho)$$

wo F_α und $\overline{F}_\alpha$ algebraische Functionen ihrer Argumente sind.

Den Functionenelementen $\varphi_\alpha(u_1, \dots u_\varrho)$ und $\psi_\alpha(u_1, \dots u_\varrho)$ kommt demnach ein algebraisches Additionstheorem zu. Aber gleich bei der ersten Beschäftigung mit dem Umkehrungsproblem leuchtet ein, dass die durch analytische Fortsetzung aus diesen Elementen entspringenden Functionen nicht das vollständige Analogon zu den eindeutigen elliptischen Functionen bilden. Denn bei Ausdehnung des Bereichs ihrer Argumente bleiben sie nicht eindeutig, ergeben sich vielmehr als Wurzeln einer Gleichung ϱ^{ten} Grades, deren Coefficienten sich eindeutig durch die Veränderlichen $u_1, \dots u_\varrho$ darstellen lassen. Diesen Nachweis führen wir wieder mittels des Abelschen Theorems.

Es sei U eine beliebig grosse, positive Grösse, und es werde eine ganze positive Zahl n so gewählt, dass

$$\frac{U}{n} \leqq U_0$$

ist. Beschränkt man dann die Werthe der Veränderlichen $u_1, \dots u_n$ der Art, dass ihre absoluten Beträge unterhalb U liegen, so convergiren die Reihen

$$\varphi_\alpha\left(\frac{u_1}{n}, \dots \frac{u_\varrho}{n}\right) = \xi_\alpha, \qquad \psi_\alpha\left(\frac{u_1}{n}, \dots \frac{u_\varrho}{n}\right) = \eta_\alpha \qquad (\alpha = 1, 2, \dots \varrho)$$

und genügen den Differentialgleichungen

$$d\left(\frac{u_\beta}{n}\right) = \sum_{\alpha=1}^{\varrho} H(\xi_\alpha \eta_\alpha)_\beta d\xi_\alpha \qquad (\beta = 1, 2, \dots \varrho).$$

Da für $u_1 = 0, \dots u_\varrho = 0$ $(\xi_\alpha \eta_\alpha) = (a_\alpha b_\alpha)$ wird, so ist

$$\frac{u_\beta}{n} = \sum_{\alpha=1}^{\varrho} \int_{(a_\alpha b_\alpha)}^{(\xi_\alpha \eta_\alpha)} H(xy)_\beta dx \qquad (\beta = 1, 2, \dots \varrho).$$

Definirt man andererseits die Werthepaare $(x_1 y_1), \dots (x_\varrho y_\varrho)$ durch die Gleichungen

$$u_\beta = \sum_{\alpha=1}^{\varrho} \int_{(a_\alpha b_\alpha)}^{(x_\alpha y_\alpha)} H(xy)_\beta dx, \qquad (\beta = 1, 2, \dots \varrho)$$

so bestehen die Relationen

$$\sum_{\alpha=1}^{\varrho} \int_{(a_\alpha b_\alpha)}^{(x_\alpha y_\alpha)} H(xy)_\beta dx = n \sum_{\alpha=1}^{\varrho} \int_{(a_\alpha b_\alpha)}^{(\xi_\alpha \eta_\alpha)} H(xy)_\beta dx, \qquad (\beta = 1, 2, \dots \varrho)$$

die sich auch in der Form

$$\sum_{\alpha=1}^{\varrho} \int_{(\xi_\alpha \eta_\alpha)}^{(x_\alpha y_\alpha)} H(xy)_\beta dx + (n-1) \sum_{\alpha=1}^{\varrho} \int_{(\xi_\alpha \eta_\alpha)}^{(a_\alpha b_\alpha)} H(xy)_\beta dx = 0 \qquad (\beta = 1, 2, \dots \varrho)$$

schreiben lassen. Ist demnach $R(xy)$ eine rationale Function des Paares (xy), die an den ϱ Stellen $(\xi_1 \eta_1), \dots (\xi_\varrho \eta_\varrho)$ von der n^{ten} Ordnung unendlich gross wird und an den Stellen $(a_1 b_1), \dots (a_\varrho b_\varrho)$ mit der Ordnungszahl $n-1$ verschwindet, so sind $(x_1 y_1), \dots (x_\varrho y_\varrho)$ die ϱ übrigen Stellen, an denen $R(xy)$ noch verschwinden muss (S. 418—419). Wir wollen nun zunächst die Bildungsweise dieser rationalen Function $R(xy)$ genauer untersuchen.

Da sich die Werthe der stetigen Functionen

$$\xi_\alpha = \varphi_\alpha\left(\frac{u_1}{n}, \dots \frac{u_\varrho}{n}\right), \qquad \eta_\alpha = \psi_\alpha\left(\frac{u_1}{n}, \dots \frac{u_\varrho}{n}\right)$$

für $u_1 = 0, \dots u_\varrho = 0$ auf a_α, b_α reduciren und der Voraussetzung nach (S. 445) die Determinante

$$|H(a_\alpha b_\alpha)_\beta| \qquad (\alpha, \beta = 1, 2, \dots \varrho)$$

nicht verschwindet, so können wir die positive Grösse U_0, unterhalb deren $\left|\frac{u_1}{n}\right|, \dots \left|\frac{u_\varrho}{n}\right|$ liegen müssen, so klein annehmen, dass die Determinante

$$|H(\xi_\alpha \eta_\alpha)_\beta| \qquad (\alpha, \beta = 1, 2, \dots \varrho)$$

ebenfalls für alle in Betracht kommenden Werthsysteme $(u_1, \dots u_\varrho)$ nicht gleich Null ist. Dann giebt es keine rationale Function des Paares (xy), die nur an den Stellen $(\xi_1 \eta_1), \dots (\xi_\varrho \eta_\varrho)$ von der ersten Ordnung unendlich gross wird; wir können demnach eine Function $H(xy, x'y'; \xi_1 \eta_1, \dots \xi_\varrho \eta_\varrho)$ ebenso aus $(xy), (x'y'), (\xi_1 \eta_1), \dots (\xi_\varrho \eta_\varrho)$ zusammensetzen, wie $H(xy, x'y')$ aus $(xy), (x'y')$, $(a_1 b_1), \dots (a_\varrho b_\varrho)$, sodass $H(xy, x'y'; \xi_1 \eta_1, \dots \xi_\varrho \eta_\varrho)$ an jeder der Stellen $(x'y')$, $(\xi_1 \eta_1), \dots (\xi_\varrho \eta_\varrho)$ von der ersten Ordnung unendlich gross wird.

Für die Functionen $H(xy, ab)_\mu$, die als Coefficienten in der Entwickelung

$$H(xy, x_\tau y_\tau)\frac{dx_\tau}{d\tau} = -\sum_\mu H(xy, ab)_\mu \tau^\mu$$

definirt worden sind (S. 79, (B.)), wobei der Mittelpunkt des Elements $(x_\tau y_\tau)$ die Stelle (ab) ist, bestehen die Gleichungen (S. 84, (II, 1 und 2))

$$H(\overset{\alpha}{x}_t \overset{\alpha}{y}_t, a_\alpha b_\alpha)_\mu = t^{-\mu-1} - t^{-1}\left[H(\overset{\alpha}{x}_\tau \overset{\alpha}{y}_\tau)_\alpha \frac{d\overset{\alpha}{x}_\tau}{d\tau}\right]_{\tau^\mu} + \mathfrak{P}(t), \qquad (\alpha = 1, 2, \dots \varrho)$$

$$H(\overset{\beta}{x}_t \overset{\beta}{y}_t, a_\alpha b_\alpha)_\mu = -t^{-1}\left[H(\overset{\alpha}{x}_\tau \overset{\alpha}{y}_\tau)_\beta \frac{d\overset{\alpha}{x}_\tau}{d\tau}\right]_{\tau^\mu} + \mathfrak{P}(t) \qquad (\alpha, \beta = 1, 2, \dots \varrho;\ \alpha \gtrless \beta).$$

Die Function $H(xy, a_\alpha b_\alpha)_\mu$ wird also an der Stelle $(a_\alpha b_\alpha)$ von der $(\mu+1)^{\text{ten}}$ Ordnung und an den Stellen $(a_\beta b_\beta)$ $(\beta \gtrless \alpha)$ von der ersten Ordnung unendlich gross. Bilden wir daher aus $H(xy, x'y'; \xi_1 \eta_1, \dots \xi_\varrho \eta_\varrho)$ die Functionen $\overline{H}(xy, \xi_\alpha \eta_\alpha)_\mu$ in gleicher Weise, wie aus $H(xy, x'y')$ die Functionen $H(xy, a_\alpha b_\alpha)_\mu$, so wird $\overline{H}(xy, \xi_\alpha \eta_\alpha)_u$ an der Stelle $(\xi_\alpha \eta_\alpha)$ von der $(\mu+1)^{\text{ten}}$ Ordnung und an den übrigen Stellen $(\xi_1 \eta_1), \dots (\xi_\varrho \eta_\varrho)$ von der ersten Ordnung unendlich gross.

Nun sollte die rationale Function $R(xy)$ an jeder der Stellen $(\xi_1\eta_1), \ldots (\xi_\varrho\eta_\varrho)$ mit der Ordnungszahl n unendlich gross werden, wir können demnach

$$R(xy) = C_0 + \sum_{\alpha=1}^{\varrho} \sum_{\nu=0}^{n-1} C_\nu^{(\alpha)} \overline{H}(xy, \xi_\alpha\eta_\alpha)_\nu$$

setzen (S. 97). Zwischen den $\varrho n+1$ hierin enthaltenen Constanten bestehen erstens die ϱ Relationen

$$\sum\left[R(x_t y_t)\, H(x_t y_t)_\alpha \frac{dx_t}{dt}\right]_{t^{-1}} = 0, \qquad (\alpha = 1, 2, \ldots \varrho)$$

denen jede rationale Function des Paares (xy) genügt (S. 98). Ferner müssen in der Entwickelung von $R(\overset{\alpha}{x}_t \overset{\alpha}{y}_t)$ für $\alpha = 1, 2, \ldots \varrho$ die Coefficienten von $t^0, t^1, \ldots t^{n-2}$ gleich Null sein, da $R(xy)$ an der Stelle $(a_\alpha b_\alpha)$ mit der Ordnungszahl $n-1$ verschwinden soll. Wir haben mithin insgesammt $\varrho + \varrho(n-1) = \varrho n$ lineare homogene Gleichungen unter den $\varrho n + 1$ Constanten, sodass deren Verhältnisse bestimmt sind.

Werden die absoluten Beträge der Variablen $u_1, \ldots u_\varrho$ hinreichend klein angenommen, so sind die Werthe der Paare $(x_\alpha y_\alpha)$, die sich als die noch zu bestimmenden Nullstellen der rationalen Function $R(xy)$ ergeben, mit den Werthen von $\varphi_\alpha(u_1, \ldots u_\varrho)$ und $\psi_\alpha(u_1, \ldots u_\varrho)$ identisch, reduciren sich also für $u_1 = 0, \ldots u_\varrho = 0$ auf die Paare $(a_\alpha b_\alpha)$. Denn wird für einen Augenblick $\varphi_\alpha(u_1, \ldots u_\varrho) = x'_\alpha$ und $\psi_\alpha(u_1, \ldots u_\varrho) = y'_\alpha$ gesetzt, so ist gleichzeitig

$$u_\beta = \sum_{\alpha=1}^{\varrho} \int_{(a_\alpha b_\alpha)}^{(x_\alpha y_\alpha)} H(xy)_\beta\, dx$$

und

$$u_\beta = \sum_{\alpha=1}^{\varrho} \int_{(a_\alpha b_\alpha)}^{(x'_\alpha y'_\alpha)} H(xy)_\beta\, dx,$$

mithin

$$\sum_{\alpha=1}^{\varrho} \int_{(x'_\alpha y'_\alpha)}^{(x_\alpha y_\alpha)} H(xy)_\beta\, dx = 0 \qquad (\beta = 1, 2, \ldots \varrho).$$

Nach der Umkehrung des Abelschen Theorems (S. 417) würde hieraus die Existenz einer rationalen Function folgen, deren Null- und Unendlichkeitsstellen die Paare $(x_1 y_1), \ldots (x_\varrho y_\varrho)$ und $(x'_1 y'_1), \ldots (x'_\varrho y'_\varrho)$ sind. Dies ist aber für Werthe von $u_1, \dots u_\varrho$, die dem Bereiche U_0 angehören, unmöglich, da für diese die Determinante $|H(x'_\alpha y'_\alpha)_\beta|$ nicht verschwindet. Jene Gleichungen können mithin nur bestehen, wenn für diesen Bereich die Paare $(x_1 y_1), \dots (x_\varrho y_\varrho)$ und $(x'_1 y'_1), \dots (x'_\varrho y'_\varrho)$ übereinstimmen.

Mittels der Function $R(xy)$ lässt sich nach dem Früheren (S. 417) die Gleichung ϱ^{ten} Grades

$$P_0 x^\varrho + P_1 x^{\varrho-1} + \dots + P_\varrho = 0$$

bilden, welche die Grössen $x_1, \dots x_\varrho$ zu Wurzeln hat; ihre Coefficienten sind ganz und rational in Bezug auf $(\xi_1 \eta_1), \dots (\xi_\varrho \eta_\varrho)$. Die Function auf der linken Seite dieser Gleichung ist entweder irreductibel oder Potenz einer irreductiblen Function. Im letzteren Falle müssten zwei Grössen x_α beständig denselben Werth haben, was unmöglich ist, denn für kleine Werthe von $|u_1|, \dots |u_\varrho|$ ist $x_\alpha = \varphi_\alpha(u_1, \dots u_\varrho)$, und nur für specielle Werthsysteme $(u_1, \dots u_\varrho)$ können zwei der Functionenelemente $\varphi_1(u_1, \dots u_\varrho), \dots \varphi_\varrho(u_1, \dots u_\varrho)$ übereinstimmen. Demnach ist die Gleichung ϱ^{ten} Grades irreductibel, und es lässt sich y_α rational durch x_α in der Form

$$y_\alpha = \frac{Q_1 x_\alpha^{\varrho-1} + Q_2 x_\alpha^{\varrho-2} + \dots + Q_\varrho}{Q_0}$$

darstellen, wo die Grössen $Q_0, \dots Q_\varrho$ dieselbe Eigenschaft haben, wie $P_0, \dots P_\varrho$.

Führen wir die Reihen

$$\xi_\alpha = \varphi_\alpha\left(\frac{u_1}{n}, \dots \frac{u_\varrho}{n}\right), \qquad \eta_\alpha = \psi_\alpha\left(\frac{u_1}{n}, \dots \frac{u_\varrho}{n}\right)$$

in die Coefficienten ein, so werden $P_0, \dots P_\varrho$, $Q_0, \dots Q_\varrho$ Potenzreihen von $u_1, \dots u_\varrho$, die innerhalb des Bereiches U convergiren. Da der Werth der positiven Grösse U keiner Beschränkung unterworfen ist, so sind wir daher zu folgendem Resultat gekommen:

Das System von Differentialgleichungen

$$du_\beta = \sum_{\alpha=1}^{\varrho} H(x_\alpha y_\alpha)_\beta \, dx_\alpha \qquad (\beta = 1, 2, \dots \varrho)$$

mit der Nebenbedingung, dass für $u_1 = 0, \dots u_\varrho = 0$

$$(x_\alpha y_\alpha) = (a_\alpha b_\alpha) \qquad (\alpha = 1, 2, \dots \varrho)$$

st, kann durch die ϱ Wurzeln $x_1, \dots x_\varrho$ einer Gleichung ϱ^{ten} Grades

$$P_0 x^\varrho + P_1 x^{\varrho-1} + \cdots + P_\varrho = 0$$

befriedigt werden, während sich die zu x_α zugehörige Grösse y_α als eine ganze rationale Function $(\varrho-1)^{\text{ten}}$ Grades von x_α:

$$y_\alpha = \frac{Q_1 x_\alpha^{\varrho-1} + Q_2 x_\alpha^{\varrho-2} + \cdots + Q_\varrho}{Q_0}$$

ergiebt. Für jeden beliebig grossen Bereich lassen sich die Coefficienten $P_0, \dots P_\varrho$, $Q_0, \dots Q_\varrho$ als convergirende Potenzreihen von $u_1, \dots u_\varrho$ darstellen.

Jetzt muss nachgewiesen werden, dass die Werthe der Functionen x_α und y_α von der Grösse U und der ganzen Zahl n unabhängig sind. Gehen wir in den vorhergehenden Betrachtungen statt von U und n von einer positiven Grösse U' und einer ganzen positiven Zahl n' aus, wobei aber

$$\frac{U'}{n'} \leqq U_0$$

sein muss, so möge sich zur Bestimmung von $x_1, \dots x_\varrho$ die Gleichung

$$P_0' x^\varrho + P_1' x^{\varrho-1} + \cdots + P_\varrho' = 0$$

ergeben. Da für alle Werthe von $u_1, \dots u_\varrho$, die dem absoluten Betrage nach unterhalb U_0 liegen, sowohl die Wurzeln dieser, wie die der obigen Gleichung mit den Werthen der Functionenelemente

$$\varphi_\alpha(u_1, \dots u_\varrho) \qquad (\alpha = 1, 2, \dots \varrho)$$

übereinstimmen müssen und beide Gleichungen irreductibel sind, so ist für alle jene Werthsysteme $(u_1, \dots u_\varrho)$

$$\frac{P_1}{P_0} = \frac{P_1'}{P_0'}, \quad \frac{P_2}{P_0} = \frac{P_2'}{P_0'}, \quad \dots \quad \frac{P_\varrho}{P_0} = \frac{P_\varrho'}{P_0'},$$

mithin

$$P_0 P_1' = P_0' P_1, \quad P_0 P_2' = P_0' P_2, \quad \dots \quad P_0 P_\varrho' = P_0' P_\varrho.$$

Demnach sind die Coefficienten der entsprechenden Potenzen von $u_1, \dots u_\varrho$ auf beiden Seiten dieser Gleichungen einander gleich, und die Relationen

$$\frac{P_1}{P_0} = \frac{P_1'}{P_0'}, \quad \frac{P_2}{P_0} = \frac{P_2'}{P_0'}, \quad \dots \quad \frac{P_\varrho}{P_0} = \frac{P_\varrho'}{P_0'}$$

bestehen für alle Werthsysteme, die dem kleineren der beiden Bereiche U und U' angehören. Für jedes den beiden Bereichen gemeinsame Werthsystem $(u_1, \ldots u_\varrho)$ stimmen daher die Wurzeln $x_1, \ldots x_\varrho$ der beiden Gleichungen

$$P_0 x^\varrho + P_1 x^{\varrho-1} + \cdots + P_\varrho = 0$$

und

$$P'_0 x^\varrho + P'_1 x^{\varrho-1} + \cdots + P'_\varrho = 0$$

ihren Werthen nach überein.

Durch ähnliche Schlüsse lässt sich zeigen, dass die Werthe von $y_1, \ldots y_\varrho$ nicht von der Grösse U und der Zahl n abhängen.

Für singuläre Werthsysteme der Argumente $u_1, \ldots u_\varrho$ kann eine Unbestimmtheit in den Werthen der zugehörigen Paare $(x_1 y_1), \ldots (x_\varrho y_\varrho)$ dadurch eintreten, dass die sämmtlichen Coefficienten $P_0, P_1, \ldots P_\varrho$ der algebraischen Gleichung ϱ^{ten} Grades gleichzeitig verschwinden. Wenn der Coefficient P_0 gleich Null, P_1 aber von Null verschieden ist, so wird eine Wurzel der Gleichung

$$P_0 x^\varrho + P_1 x^{\varrho-1} + \cdots + P_\varrho = 0$$

unendlich gross; verschwinden gleichzeitig P_0 und P_1, während P_2 nicht gleich Null ist, so werden zwei Wurzeln unendlich gross, u. s. f. Wenn aber alle $\varrho + 1$ Coefficienten $P_0, P_1, \ldots P_\varrho$ für ein Werthsystem $(u_1, \ldots u_\varrho)$ verschwinden, so können alle Wurzeln $x_1, \ldots x_\varrho$ der Gleichung unbestimmt werden.

In dem Auftreten solcher singulären Werthsysteme besteht ein beachtenswerther Unterschied zwischen Functionen einer und mehrerer Veränderlichen. Der Quotient zweier gewöhnlichen Potenzreihen einer Veränderlichen u, die gleichzeitig für $u = a$ verschwinden, hat für $u = a$ einen bestimmten, wenn auch vielleicht unendlich grossen Werth. Um ihn zu finden, entwickelt man Zähler und Nenner nach Potenzen von $u - a$ und dividirt durch die höchste als gemeinsamer Factor auftretende Potenz dieser Grösse.

Anders verhält es sich bei dem Quotienten zweier Reihen, die nach ganzen positiven Potenzen mehrerer Variablen fortschreiten. Wenn nämlich Zähler und Nenner für ein bestimmtes, dem gemeinsamen Convergenzbereich angehörendes Werthsystem gleichzeitig verschwinden, so kann der Quotient für dieses Werthsystem jeden beliebigen Werth annehmen,*) falls sich nicht die Division ausführen, d. h. der Quotient als gewöhnliche Potenzreihe oder als reciproker Werth einer solchen darstellen lässt. Z. B. kann der Quotient zweier homogenen linearen Functionen mehrerer Variablen nicht in dieser Weise reducirt werden.

Es sei jetzt $(c_1, \dots c_\varrho)$ irgend ein dem gemeinsamen Convergenzbereich der Reihen $P_0, P_1, \dots P_\varrho$ angehörendes Werthsystem. Dann werde für die Umgebung dieses Systems

$$u_1 = c_1 + k_1' \tau, \quad \dots \quad u_\varrho = c_\varrho + k_\varrho' \tau$$

gesetzt, wo τ eine Variable und $k_1', \dots k_\varrho'$ beliebige Constanten bedeuten. Führt man diese Ausdrücke in die Gleichung

$$P_0 x^\varrho + P_1 x^{\varrho-1} + \dots + P_\varrho = 0$$

ein, so gehe sie nach Division durch P_0 in

$$x^\varrho + \chi_1(\tau) x^{\varrho-1} + \chi_2(\tau) x^{\varrho-2} + \dots + \chi_\varrho(\tau) = 0$$

über. Die Coefficienten $\chi_1(\tau), \dots \chi_\varrho(\tau)$ sind Quotienten von Potenzreihen der Veränderlichen τ, erhalten daher für $\tau = 0$ bestimmte Werthe, auch wenn sie zunächst in der Form $\frac{0}{0}$ auftreten. Ist nun $(c_1, \dots c_\varrho)$ keines der eben betrachteten singulären Werthsysteme, so sind $\chi_1(0), \dots \chi_\varrho(0)$ von den Grössen $k_1', \dots k_\varrho'$ unabhängig, mithin haben auch für $u_1 = c_1, \dots u_\varrho = c_\varrho$ die Wurzeln $x_1, \dots x_\varrho$ der algebraischen Gleichung bestimmte Werthe. Wenn aber $(c_1, \dots c_\varrho)$ ein solches singuläres Werthsystem ist, welches von jetzt an mit

$$(\bar{u}_1, \bar{u}_2, \dots \bar{u}_\varrho)$$

bezeichnet werden möge, so hängen die Grössen $\chi_1(0), \dots \chi_\varrho(0)$ von $k_1', \dots k_\varrho'$ ab, sodass bei verschiedener Wahl dieser Constanten auch die Wurzeln $x_1, \dots x_\varrho$ verschiedene Werthe erhalten. Die Werthe von $x_1, \dots x_\varrho$ ändern sich also mit der Art der Annäherung der Variablen $u_1, \dots u_\varrho$ an das singuläre System $(\bar{u}_1, \dots \bar{u}_\varrho)$. Der zu x_α gehörige Werth y_α kann aus der Gleichung

$$y_\alpha = \frac{Q_1 x_\alpha^{\varrho-1} + Q_2 x_\alpha^{\varrho-2} + \dots + Q_\varrho}{Q_0}$$

*) Vgl. Art. 3 der Abhandlung »Einige auf die Theorie der analytischen Functionen mehrerer Veränderlichen sich beziehende Sätze«; Bd. II, S. 154—162 dieser Ausgabe.

berechnet werden, wobei in $Q_0, Q_1, \ldots Q_\varrho$ statt $u_1, \ldots u_\varrho$ die linearen Ausdrücke $\bar{u}_1 + k_1'\tau, \ldots \bar{u}_\varrho + k_\varrho'\tau$ einzuführen sind und dann τ gleich Null zu setzen ist. Auch für die symmetrischen Functionen, die im Folgenden aus den Paaren $(x_1 y_1), \ldots (x_\varrho y_\varrho)$ gebildet werden, sind diese Werthsysteme $(\bar{u}_1, \ldots \bar{u}_\varrho)$ singulär.

Da das zu dem singulären System $(\bar{u}_1, \ldots \bar{u}_\varrho)$ gehörende System von ϱ Werthepaaren $(x_1 y_1), \ldots (x_\varrho y_\varrho)$ nicht eindeutig bestimmt ist, so sei gleichzeitig

$$\bar{u}_\beta = \sum_{\alpha=1}^{\varrho} \int_{(a_\alpha b_\alpha)}^{(\bar{x}_\alpha \bar{y}_\alpha)} H(xy)_\beta \, dx \qquad (\beta = 1, 2, \ldots \varrho)$$

und

$$\bar{u}_\beta = \sum_{\alpha=1}^{\varrho} \int_{(a_\alpha b_\alpha)}^{(x'_\alpha y'_\alpha)} H(xy)_\beta \, dx, \qquad (\beta = 1, 2, \ldots \varrho)$$

woraus

$$\sum_{\alpha=1}^{\varrho} \int_{(\bar{x}_\alpha \bar{y}_\alpha)}^{(x'_\alpha y'_\alpha)} H(xy)_\beta \, dx = 0 \qquad (\beta = 1, 2, \ldots \varrho)$$

folgt. Nach der Umkehrung des Abelschen Theorems (S. 417) giebt es demnach eine rationale Function ϱ^{ten} Grades des Paares (xy), die nur an den Stellen $(\bar{x}_1 \bar{y}_1), \ldots (\bar{x}_\varrho \bar{y}_\varrho)$ von der ersten Ordnung unendlich gross und für $(x_1' y_1'), \ldots (x_\varrho' y_\varrho')$ in derselben Weise Null wird; mithin muss die Determinante

$$|H(\bar{x}_\alpha y_\alpha)_\beta| \qquad (\alpha, \beta = 1, 2, \ldots \varrho)$$

gleich Null sein (S. 68).

Sind umgekehrt die Stellen $(\bar{x}_1 \bar{y}_1), \ldots (\bar{x}_\varrho \bar{y}_\varrho)$ so beschaffen, dass eine rationale Function $R(xy)$ des Paares (xy) existirt, die nur für sie von der ersten Ordnung unendlich gross wird, und setzt man

$$\bar{u}_\beta = \sum_{\alpha=1}^{\varrho} \int_{(a_\alpha b_\alpha)}^{(\bar{x}_\alpha \bar{y}_\alpha)} H(xy)_\beta \, dx, \qquad (\beta = 1, 2, \ldots \varrho)$$

so ist $(\bar{u}_1, \ldots \bar{u}_\varrho)$ ein singuläres Werthsystem. Denn es seien $(x_1' y_1'), \ldots (x_\varrho' y_\varrho')$ die Nullstellen von $R(xy)$, wobei eine dieser Stellen willkürlich gewählt werden kann, so ist nach dem Abelschen Theorem

$$\sum_{\alpha=1}^{\varrho} \int_{(\bar{x}_\alpha \bar{y}_\alpha)}^{(x'_\alpha y'_\alpha)} H(xy)_\beta \, dx = 0 \qquad (\beta = 1, 2, \ldots \varrho).$$

Demnach wird auch

$$\bar{u}_\beta = \sum_{\alpha=1}^{\varrho} \int_{(a_\alpha b_\alpha)}^{(x'_\alpha y'_\alpha)} H(xy)_\beta dx; \qquad (\beta = 1, 2, \ldots \varrho)$$

dem Werthsystem $(\bar{u}_1, \ldots \bar{u}_\varrho)$ entsprechen also verschiedene Systeme $(x_1 y_1), \ldots (x_\varrho y_\varrho)$, d. h. $(\bar{u}_1, \ldots \bar{u}_\varrho)$ ist singulär.

Jede veränderliche complexe Grösse repräsentirt zwei Dimensionen, die Gesammtheit aller Werthsysteme der Veränderlichen $u_1, \ldots u_\varrho$ bildet daher ein Continuum von 2ϱ Dimensionen. Verschwindet aber die Determinante $|H(\bar{x}_\alpha \bar{y}_\alpha)_\beta|$, so besteht auch zwischen den Variablen $\bar{u}_1, \ldots \bar{u}_\varrho$ eine Gleichung, die singulären Systeme scheinen also ein Continuum von $2\varrho - 2$ Dimensionen zu bilden.

Es soll jedoch bewiesen werden, dass die Gesammtheit der singulären Werthsysteme $(\bar{u}_1, \ldots \bar{u}_\varrho)$ ein Continuum von nur $2\varrho - 4$ Dimensionen bildet. Für die elliptischen Functionen, d. h. für $\varrho = 1$, führt das Umkehrungsproblem auf Functionen einer Veränderlichen, die keine singulären Argumente dieser Art haben. Für $\varrho = 2$ treten nur einzelne singuläre Werthsysteme auf, und erst für $\varrho = 3$ existirt eine continuirliche Folge von zwei Dimensionen. In allen Fällen bewirkt aber die Ausschliessung der singulären Werthsysteme keine wesentliche Beschränkung, denn es bleibt auch dann noch die Möglichkeit bestehen, von jedem regulären System zu jedem anderen durch eine stetige Folge nicht ausgeschlossener Werthsysteme zu gelangen.

Ist

$$\bar{u}_\beta = \sum_{\alpha=1}^{\varrho} \int_{(a_\alpha b_\alpha)}^{(\bar{x}_\alpha \bar{y}_\alpha)} H(xy)_\beta dx, \qquad (\beta = 1, 2, \ldots \varrho)$$

so existirt nach dem Vorhergehenden eine Function $R(xy)$ vom ϱ^{ten} Grade, die an den Stellen $(\bar{x}_1 \bar{y}_1), \ldots (\bar{x}_\varrho \bar{y}_\varrho)$ von der ersten Ordnung unendlich gross wird. Die Function

$$R(xy) - R(ab)$$

hat nun, wenn (ab) eine beliebige Stelle des algebraischen Gebildes ist, dieselben Unendlichkeitsstellen wie $R(xy)$ und verschwindet ausser für $(xy) = (ab)$ noch an $\varrho - 1$ Stellen, die mit $(x'_1 y'_1), \ldots (x'_{\varrho-1} y'_{\varrho-1})$ bezeichnet werden mögen.

Nach dem Abelschen Theorem ist daher

$$\sum_{\alpha=1}^{\varrho-1}\int_{(\bar{x}_\alpha \bar{y}_\alpha)}^{(x'_\alpha y'_\alpha)} H(xy)_\beta\, dx + \int_{(\bar{x}_\varrho \bar{y}_\varrho)}^{(ab)} H(xy)_\beta\, dx = 0 \qquad (\beta = 1, 2, \dots \varrho)$$

oder

$$\sum_{\alpha=1}^{\varrho}\int_{(a_\alpha b_\alpha)}^{(\bar{x}_\alpha \bar{y}_\alpha)} H(xy)_\beta\, dx = \sum_{\alpha=1}^{\varrho-1}\int_{(a_\alpha b_\alpha)}^{(x'_\alpha y'_\alpha)} H(xy)_\beta\, dx + \int_{(a_\varrho b_\varrho)}^{(ab)} H(xy)_\beta\, dx \qquad (\beta = 1, 2, \dots \varrho).$$

Wählen wir nun für (ab) die Stelle $(a_\varrho b_\varrho)$, so folgt

$$\bar{u}_\beta = \sum_{\alpha=1}^{\varrho-1}\int_{(a_\alpha b_\alpha)}^{(x'_\alpha y'_\alpha)} H(xy)_\beta\, dx \qquad (\beta = 1, 2, \dots \varrho).$$

Wenn also $(\bar{u}_1, \dots \bar{u}_\varrho)$ ein singuläres Werthsystem ist, so lässt sich jede der Grössen $\bar{u}_\beta$ als Summe von $\varrho-1$ Integralen erster Art darstellen, d. h. als Function von $\varrho-1$ Werthepaaren $(x'_1 y'_1), \dots (x'_{\varrho-1} y'_{\varrho-1})$. Diese Paare sind aber nicht von einander unabhängig. Denn die Function

$$\frac{1}{R(xy) - R(a_\varrho b_\varrho)}$$

wird nur an den ϱ Stellen $(x'_1 y'_1), \dots (x'_{\varrho-1} y'_{\varrho-1}), (a_\varrho b_\varrho)$ von der ersten Ordnung unendlich gross, es muss daher die Determinante

$$|\, H(x'_\alpha y'_\alpha)_\beta \,| \qquad (\alpha, \beta = 1, 2, \dots \varrho;\ (x'_\varrho y'_\varrho) = (a_\varrho b_\varrho))$$

verschwinden. Nur $\varrho-2$ der Werthepaare $(x'_1 y'_1), \dots (x'_{\varrho-1} y'_{\varrho-1})$ können demnach beliebig gewählt werden, sodass $\bar{u}_1, \dots \bar{u}_\varrho$ nur Functionen von $\varrho-2$ unabhängigen Grössen, z. B. $x'_1, x'_2, \dots x'_{\varrho-2}$ sind; denn die Werthe von $y'_1, y'_2, \dots y'_{\varrho-2}$ sind durch $x'_1, x'_2, \dots x'_{\varrho-2}$ n-deutig bestimmt. Die singulären Werthsysteme $(\bar{u}_1, \dots \bar{u}_\varrho)$ bilden also ein Continuum von $2\varrho-4$ Dimensionen.

Dass der Fall wirklich eintritt, dass die $\varrho+1$ Functionen $P_0, P_1, \dots P_\varrho$ der ϱ Veränderlichen $u_1, \dots u_\varrho$ für eine continuirliche Folge von Werthsystemen gleichzeitig verschwinden, ist nicht unmittelbar einleuchtend. Wir haben diese Möglichkeit hier daraus erkannt, dass es rationale Functionen des Paares (xy) vom ϱ^{ten} Grade giebt. Die Nichtbeachtung dieser singulären Werthsysteme kann leicht Fehler bewirken.

Die vorhergehenden Betrachtungen haben also zu dem Resultat geführt: Die Coefficienten $\frac{P_1}{P_0}, \dots \frac{P_\varrho}{P_0}$ und $\frac{Q_1}{Q_0}, \dots \frac{Q_\varrho}{Q_0}$ in der Gleichung ϱ^{ten} Grades

$$x^\varrho + \frac{P_1}{P_0} x^{\varrho-1} + \dots + \frac{P_\varrho}{P_0} = 0$$

und in der ganzen rationalen Function $(\varrho - 1)^{\text{ten}}$ Grades

$$y_\alpha = \frac{Q_1}{Q_0} x_\alpha^{\varrho-1} + \frac{Q_2}{Q_0} x_\alpha^{\varrho-2} + \dots + \frac{Q_\varrho}{Q_0} \qquad (\alpha = 1, 2, \dots \varrho)$$

sind innerhalb jedes noch so grossen Bereiches eindeutige Functionen der veränderlichen Grössen $u_1, \dots u_\varrho$; diese Functionen haben stets bestimmte Werthe, wenn gewisse singuläre Systeme der Veränderlichen, die ein Continuum von $2\varrho - 4$ Dimensionen bilden, ausgeschlossen werden.

Es sei nun

$$F(x_1 y_1, x_2 y_2, \dots x_\varrho y_\varrho)$$

irgend eine Function, die rational und symmetrisch in Bezug auf die Werthepaare $(x_\alpha y_\alpha)$ ist, d. h. bei Vertauschung irgend zweier der Paare $(x_1 y_1), \dots (x_\varrho y_\varrho)$ ungeändert bleibt. Führen wir für y_α den vorhergehenden Ausdruck ein, so wird $F(x_1 y_1, \dots x_\varrho y_\varrho)$ eine rationale symmetrische Function von $x_1, \dots x_\varrho$, deren Coefficienten rational aus $\frac{Q_1}{Q_0}, \dots \frac{Q_\varrho}{Q_0}$ zusammengesetzt sind; mithin lässt sich $F(x_1 y_1, \dots x_\varrho y_\varrho)$ rational durch $\frac{P_1}{P_0}, \dots \frac{P_\varrho}{P_0}, \frac{Q_1}{Q_0}, \dots \frac{Q_\varrho}{Q_0}$ ausdrücken. Setzen wir nun

$$F(x_1 y_1, \dots x_\varrho y_\varrho) = \Phi(u_1, \dots u_\varrho),$$

so ist $\Phi(u_1, \dots u_\varrho)$ für jedes endliche Werthsystem $(u_1, \dots u_\varrho)$ eine eindeutige Function, denn der Bereich, innerhalb dessen die Quotienten $\frac{P_1}{P_0}, \dots \frac{P_\varrho}{P_0}, \frac{Q_1}{Q_0}, \dots \frac{Q_\varrho}{Q_0}$ eindeutig definirt sind, kann beliebig ausgedehnt werden. Und zwar hat $\Phi(u_1, \dots u_\varrho)$ im Endlichen überall den Charakter einer rationalen Function.

Wenn zwischen den Paaren $(x_1 y_1), \dots (x_\varrho y_\varrho)$ und den Variablen $u_1, \dots u_\varrho$ die Gleichungen

$$u_\beta = \sum_{\alpha=1}^{\varrho} \int_{(a_\alpha b_\alpha)}^{(x_\alpha y_\alpha)} H(xy)_\beta \, dx \qquad (\beta = 1, 2, \dots \varrho)$$

bestehen, so heisst jede rationale symmetrische Function der Werthepaare

$(x_\alpha y_\alpha)$, als Function von $u_1, \dots u_\varrho$ aufgefasst, eine Abelsche Function der ϱ Variablen $u_1, \dots u_\varrho$. Doch ist bereits in der Einleitung (S. 9) bemerkt worden, dass auch algebraische symmetrische Functionen der Paare $(x_1 y_1), \dots (x_\varrho y_\varrho)$, wenn sie eindeutige Functionen von $u_1, \dots u_\varrho$ sind, Abelsche Functionen genannt werden.

Da den Functionenelementen $x_\alpha = \varphi_\alpha(u_1, \dots u_\varrho)$ und $y_\alpha = \psi_\alpha(u_1, \dots u_\varrho)$ für Werthsysteme $(u_1, \dots u_\varrho)$, die dem absoluten Betrage nach hinreichend klein sind, ein algebraisches Additionstheorem zukommt (S. 450), so folgt das Gleiche für ein System von ϱ Abelschen Functionen. Es möge

$$F_1(x_1 y_1, \dots x_\varrho y_\varrho), \quad F_2(x_1 y_1, \dots x_\varrho y_\varrho), \quad \dots \quad F_\varrho(x_1 y_1, \dots x_\varrho y_\varrho)$$

ein System von ϱ von einander unabhängigen rationalen symmetrischen Functionen der Werthepaare $(x_1 y_1), \dots (x_\varrho y_\varrho)$ sein und

$$F_\alpha(x_1 y_1, \dots x_\varrho y_\varrho) = \Phi_\alpha(u_1, \dots u_\varrho) \qquad (\alpha = 1, 2, \dots \varrho)$$

gesetzt werden, so sagt, entsprechend den allgemeinen Erörterungen (S. 449), das algebraische Additionstheorem dieser ϱ Abelschen Functionen aus, dass in dem System

$$\begin{array}{ccc} \Phi_1(u_1, \dots u_\varrho), & \dots & \Phi_\varrho(u_1, \dots u_\varrho), \\ \Phi_1(v_1, \dots v_\varrho), & \dots & \Phi_\varrho(v_1, \dots v_\varrho), \\ \Phi_1(u_1 + v_1, \dots u_\varrho + v_\varrho), & \dots & \Phi_\varrho(u_1 + v_1, \dots u_\varrho + v_\varrho) \end{array}$$

jede Function der dritten Reihe sich algebraisch durch die Functionen der beiden ersten Reihen ausdrücken lässt. Dabei können die Argumente $u_1, \dots u_\varrho$ und $v_1, \dots v_\varrho$ beliebige endliche Werthe haben.

Es sei nämlich

$$\sum_{\alpha=1}^{\varrho} \int_{(a_\alpha b_\alpha)}^{(x_\alpha y_\alpha)} H(xy)_\beta \, dx = u_\beta$$

und

$$\sum_{\alpha=1}^{\varrho} \int_{(a_\alpha b_\alpha)}^{(x'_\alpha y'_\alpha)} H(xy)_\beta \, dx = v_\beta;$$

wird dann

$$u_\beta + v_\beta = \sum_{\alpha=1}^{\varrho} \int_{(a_\alpha b_\alpha)}^{(x''_\alpha y''_\alpha)} H(xy)_\beta \, dx$$

gesetzt, so ist

$$F_\alpha(x_1''y_1'', \dots x_\varrho''y_\varrho'') = \Phi_\alpha(u_1+v_1, \dots u_\varrho+v_\varrho).$$

Nach dem Abelschen Theorem ergeben sich die Grössen $x_1'', \dots x_\varrho''$ durch Auflösung einer Gleichung ϱ^{ten} Grades, deren Coefficienten rationale Functionen der Paare $(x_1y_1), \dots (x_\varrho y_\varrho)$, $(x_1'y_1'), \dots (x_\varrho'y_\varrho')$ sind, während y_α'' rational in Bezug auf x_α'' ist. Daher lässt sich $F_\alpha(x_1''y_1'', \dots x_\varrho''y_\varrho'')$, als symmetrische Function der Wurzeln $x_1'', \dots x_\varrho''$, rational durch die Paare $(x_1y_1), \dots (x_\varrho y_\varrho)$, $(x_1'y_1'), \dots (x_\varrho'y_\varrho')$ darstellen. Setzt man nun

$$F_\alpha(x_1''y_1'', \dots x_\varrho''y_\varrho'') = \overline{F}_\alpha(x_1y_1, \dots x_\varrho y_\varrho;\, x_1'y_1', \dots x_\varrho'y_\varrho'),$$

so folgt

$$\overline{F}_\alpha(x_1y_1, \dots x_\varrho y_\varrho;\, x_1'y_1', \dots x_\varrho'y_\varrho') = \Phi_\alpha(u_1+v_1, \dots u_\varrho+v_\varrho).$$

Für die 4ϱ Grössen $x_\alpha, y_\alpha, x_\alpha', y_\alpha'$ bestehen die 4ϱ Gleichungen

$$\left.\begin{aligned} F_\alpha(x_1y_1, \dots x_\varrho y_\varrho) &= \Phi_\alpha(u_1, \dots u_\varrho), \\ F_\alpha(x_1'y_1', \dots x_\varrho'y_\varrho') &= \Phi_\alpha(v_1, \dots v_\varrho), \\ f(x_\alpha, y_\alpha) &= 0, \\ f(x_\alpha', y_\alpha') &= 0, \end{aligned}\right\} \qquad (\alpha = 1, 2, \dots \varrho)$$

demnach sind $x_\alpha, y_\alpha, x_\alpha', y_\alpha'$ algebraische Functionen von $\Phi_1(u_1, \dots u_\varrho), \dots \Phi_\varrho(u_1, \dots u_\varrho)$, $\Phi_1(v_1, \dots v_\varrho), \dots \Phi_\varrho(v_1, \dots v_\varrho)$, deren Einführung in

$$\overline{F}_\alpha(x_1y_1, \dots x_\varrho y_\varrho;\, x_1'y_1', \dots x_\varrho'y_\varrho')$$

zwischen $\Phi_\alpha(u_1+v_1, \dots u_\varrho+v_\varrho)$ und denselben Functionen mit den einfachen Argumenten $u_1, \dots u_\varrho$ und $v_1, \dots v_\varrho$ eine algebraische Gleichung liefert. Auf die wirkliche Bildung dieser ϱ Gleichungen, in denen das Additionstheorem für die gegebenen Abelschen Functionen enthalten ist, kommt es hier nicht an.

Das Additionstheorem lässt sich auch in der Form aufstellen, dass jede Function $\Phi_\alpha(u_1+v_1, \dots u_\varrho+v_\varrho)$ rational durch die Functionen mit den einfachen Argumenten und deren erste partielle Ableitungen ausgedrückt wird.

Wie eine elliptische Function doppelt periodisch ist, so ist eine Abelsche Function

$$F(x_1y_1, \dots x_\varrho y_\varrho) = \Phi(u_1, \dots u_\varrho)$$

in Bezug auf die ϱ unabhängigen Variablen $u_1, \dots u_\varrho$ 2ϱ-fach periodisch. Für eine bestimmte Wahl der ϱ Wege $((a_\alpha b_\alpha) \dots (x_\alpha y_\alpha))$ möge

$$\sum_{\alpha=1}^{\varrho} \int_{(a_\alpha b_\alpha)}^{(x_\alpha y_\alpha)} H(xy)_\beta \, dx = u_\beta \qquad (\beta = 1, 2, \dots \varrho)$$

sein, und es ergebe sich aus diesen Gleichungen

$$F(x_1 y_1, \dots x_\varrho y_\varrho) = \Phi(u_1, \dots u_\varrho).$$

Bei Festhaltung der unteren und oberen Grenzen, aber einer anderen Fixirung der Integrationswege sei dagegen

$$\sum_{\alpha=1}^{\varrho} \int_{(a_\alpha b_\alpha)}^{(x_\alpha y_\alpha)} H(xy)_\beta \, dx = u_\beta + 2\omega_\beta, \qquad (\beta = 1, 2, \dots \varrho)$$

wo $(2\omega_1, \dots 2\omega_\varrho)$ ein System simultaner Perioden der ϱ Integrale erster Art ist (S. 306). Zu den ϱ Werthepaaren $(x_1 y_1), \dots (x_\varrho y_\varrho)$ gehören also unendlich viele verschiedene Werthsysteme der Variablen $u_1, \dots u_\varrho$, während umgekehrt nach Ausschluss der singulären jedem System $(u_1, \dots u_\varrho)$ nur ein einziges bestimmtes System $(x_1 y_1), \dots (x_\varrho y_\varrho)$ entspricht (S. 456). Dann folgt aus den letzten Gleichungen

$$F(x_1 y_1, \dots x_\varrho y_\varrho) = \Phi(u_1 + 2\omega_1, \dots u_\varrho + 2\omega_\varrho),$$

mithin ist

$$\Phi(u_1 + 2\omega_1, \dots u_\varrho + 2\omega_\varrho) = \Phi(u_1, \dots u_\varrho).$$

Die Abelsche Function $\Phi(u_1, \dots u_\varrho)$ bleibt ungeändert, wenn die Argumente gleichzeitig um die simultanen Perioden $2\omega_1, \dots 2\omega_\varrho$ vermehrt werden; wir nennen daher die Grössen

$$2\omega_1, \; 2\omega_2, \; \dots \; 2\omega_\varrho$$

ein Periodensystem der Abelschen Function.

Bilden

$$2\omega_{\beta 1}, \; \dots \; 2\omega_{\beta\varrho}, \quad 2\omega'_{\beta 1}, \; \dots \; 2\omega'_{\beta\varrho} \qquad (\beta = 1, 2, \dots \varrho)$$

und

$$2\eta_{\beta 1}, \; \dots \; 2\eta_{\beta\varrho}, \quad 2\eta'_{\beta 1}, \; \dots \; 2\eta'_{\beta\varrho} \qquad (\beta = 1, 2, \dots \varrho)$$

ein primitives System von simultanen Perioden der Integrale

$$\int H(xy)_\beta \, dx \quad \text{und} \quad \int H'(xy)_\beta \, dx, \qquad (\beta = 1, 2, \dots \varrho)$$

das sich durch Integration über die Kreise $K_1, \dots K_\varrho$, $K'_1, \dots K'_\varrho$ ergiebt (S. 337), so können alle Systeme von simultanen Perioden $(2\omega_1, \dots 2\omega_\varrho)$ der ϱ Integrale erster Art in der Form

$$2\omega_\beta = \sum_{\alpha=1}^{\varrho} (-2m'_\alpha \omega_{\beta\alpha} + 2m_\alpha \omega'_{\beta\alpha}) \qquad (\beta = 1, 2, \dots \varrho)$$

dargestellt werden, wobei m_α und m'_α ganze Zahlen oder Null sind (S. 334). Wählt man daher im Vorhergehenden die Integrationswege $((a_\alpha b_\alpha) \dots (x_\alpha y_\alpha))$ in geeigneter Weise, so folgt unmittelbar, dass die ϱ Grössen jeder der 2ϱ Horizontalreihen

$$\begin{array}{cccc} 2\omega_{11}, & 2\omega_{21}, & \dots & 2\omega_{\varrho 1}, \\ . & . & \dots & . \\ 2\omega_{1\varrho}, & 2\omega_{2\varrho}, & \dots & 2\omega_{\varrho\varrho} \end{array}$$

und

$$\begin{array}{cccc} 2\omega'_{11}, & 2\omega'_{21}, & \dots & 2\omega'_{\varrho 1}, \\ . & . & \dots & . \\ 2\omega'_{1\varrho}, & 2\omega'_{2\varrho}, & \dots & 2\omega'_{\varrho\varrho} \end{array}$$

ein Periodensystem der Abelschen Function $\Phi(u_1, u_2, \dots u_\varrho)$ bilden. Es existiren also 2ϱ Systeme von je ϱ constanten Grössen der Beschaffenheit, dass die Vermehrung der Argumente $u_1, \dots u_\varrho$ um die ϱ Grössen eines Systems den Werth der Function ungeändert lässt. Alle Periodensysteme $(2\omega_1, \dots 2\omega_\varrho)$ der Abelschen Function lassen sich durch Addition und Subtraction aus diesen 2ϱ Systemen zusammensetzen. Andererseits ist es unmöglich, aus irgend welchen $2\varrho-1$ Periodensystemen in gleicher Weise alle übrigen Periodensysteme einer Abelschen Function von ϱ Veränderlichen abzuleiten. Dies ergiebt sich aus der Abhandlung: »Neuer Beweis eines Hauptsatzes der Theorie der periodischen Functionen von mehreren Veränderlichen«.*) Auf einige Betrachtungen, welche noch erforderlich sind, um die dort bewiesenen Sätze hier anwenden zu können, kommen wir später zurück.

Aus diesen Gründen nennt man die Abelsche Function $\Phi(u_1, \dots u_\varrho)$ 2ϱ-fach periodisch.

*) Monatsbericht der Akademie der Wissenschaften vom 9. November 1876; Bd. II S. 55—69 dieser Ausgabe.

Für die singulären Werthsysteme (S. 458) gilt bei Änderung um ein System simultaner Perioden der Satz: Ist $(2\omega_1, \ldots 2\omega_\varrho)$ irgend ein System simultaner Perioden der Abelschen Function $\Phi(u_1, \ldots u_\varrho)$, so sind

$$(\bar{u}_1, \ldots \bar{u}_\varrho)$$

und

$$(\bar{u}_1 + 2\omega_1, \ldots \bar{u}_\varrho + 2\omega_\varrho)$$

gleichzeitig singuläre Werthsysteme der Argumente. Denn ist, wie früher,

$$\bar{u}_\beta = \sum_{\alpha=1}^{\varrho} \int_{(a_\alpha b_\alpha)}^{(\bar{x}_\alpha \bar{y}_\alpha)} H(xy)_\beta \, dx \qquad (\beta = 1, 2, \ldots \varrho)$$

und zugleich

$$\bar{u}_\beta = \sum_{\alpha=1}^{\varrho} \int_{(a_\alpha b_\alpha)}^{(x'_\alpha y'_\alpha)} H(xy)_\beta \, dx, \qquad (\beta = 1, 2, \ldots \varrho)$$

und werden die Integrationswege in beiden Formeln so geändert, dass die Summen auf den rechten Seiten sich um dieselbe Periode $2\omega_\beta$ vermehren, so folgt

$$\bar{u}_\beta + 2\omega_\beta = \sum_{\alpha=1}^{\varrho} \int_{(a_\alpha b_\alpha)}^{(\bar{x}_\alpha \bar{y}_\alpha)} H(xy)_\beta \, dx = \sum_{\alpha=1}^{\varrho} \int_{(a_\alpha b_\alpha)}^{(x'_\alpha y'_\alpha)} H(xy)_\beta \, dx, \qquad (\beta = 1, 2, \ldots \varrho)$$

wobei sich die Integrale auf die neuen Integrationswege beziehen. Mithin gehören auch den Argumenten $\bar{u}_1 + 2\omega_1, \ldots \bar{u}_\varrho + 2\omega_\varrho$ verschiedene Systeme von Werthepaaren $(x_1 y_1), \ldots (x_\varrho y_\varrho)$ zu, d. h. sie bilden ein singuläres System.

Umgekehrt, wenn $(u_1, \ldots u_\varrho)$ kein singuläres System ist, so ist dies auch mit $(u_1 + 2\omega_1, \ldots u_\varrho + 2\omega_\varrho)$ nicht der Fall, denn das erste System unterscheidet sich von dem zweiten nur durch die simultanen Perioden $-2\omega_1, \cdots -2\omega_\varrho$.

Die im Folgenden zu lösende Aufgabe besteht nun darin, die in diesem Kapitel definirten Abelschen Functionen durch analytische Ausdrücke darzustellen. Hierzu können wir nicht den Weg benutzen, der zum Beweise der Existenz dieser Functionen geführt hat, denn wir würden auf ihm nicht zu Darstellungen gelangen, die für alle endlichen Werthsysteme der Argumente gültig sind.

Dreiundzwanzigstes Kapitel.

Die Functionen $E(xy;\, u_1, u_2, \dots u_\varrho)$ und $J(u_1, u_2, \dots u_\varrho)_\beta$.

Im neunzehnten Kapitel haben wir die eindeutige transcendente Function des Paares (xy)

$$E(xy;\, x_1 y_1,\, x_0 y_0) = e^{\int_{(x_0 y_0)}^{(x_1 y_1)} H(xy,\, x'y')\, dx'}$$

mit ϱ wesentlich singulären Stellen $(a_1 b_1), \dots (a_\varrho b_\varrho)$ eingeführt und die Formen ihrer Entwickelung für die verschiedenen Elemente des algebraischen Gebildes zusammengestellt (S. 383 u. 384). Für alle von $(a_1 b_1), \dots (a_\varrho b_\varrho)$ verschiedenen Stellen hat $E(xy;\, x_1 y_1,\, x_0 y_0)$ den Charakter einer rationalen, und zwar mit Ausnahme der Stelle $(x_0 y_0)$ den einer ganzen Function. Die Function verschwindet nur für das Paar $(x_1 y_1)$ und wird für $(x_0 y_0)$ unendlich gross, in beiden Fällen mit der Ordnungszahl 1.

Wir wollen jetzt das System von ϱ E-Functionen

$$E(xy;\, x_\alpha y_\alpha,\, a_\alpha b_\alpha) \qquad (\alpha = 1, 2, \dots \varrho)$$

betrachten, bei denen das vorher mit $(x_0 y_0)$ bezeichnete Werthepaar der Reihe nach durch die ϱ wesentlich singulären Stellen $(a_1 b_1), \dots (a_\varrho b_\varrho)$, das Paar $(x_1 y_1)$ aber durch ϱ beliebige Stellen $(x_1 y_1), \dots (x_\varrho y_\varrho)$ ersetzt ist. Das Product dieser ϱ Functionen:

$$\prod_{\alpha=1}^{\varrho} E(xy;\, x_\alpha y_\alpha,\, a_\alpha b_\alpha)$$

ist eine eindeutige transcendente, in Bezug auf die ϱ Werthepaare $(x_1 y_1), \dots (x_\varrho y_\varrho)$ symmetrische Function des Paares (xy). Zwischen $(x_1 y_1), \dots (x_\varrho y_\varrho)$ und den

Variablen $u_1, \dots u_\varrho$ bestehe nun das System von Gleichungen

$$u_\beta = \sum_{\alpha=1}^{\varrho} \int_{(a_\alpha b_\alpha)}^{(x_\alpha y_\alpha)} H(xy)_\beta dx, \qquad (\beta = 1, 2, \dots \varrho)$$

in denen die Integrationswege beliebig bestimmt sein mögen. Die Wege $((a_\alpha b_\alpha) \dots (x_\alpha y_\alpha))$ für die Integrale dritter Art $\int_{(a_\alpha b_\alpha)}^{(x_\alpha y_\alpha)} H(xy, x'y')\, dx'$, welche in den Exponenten der Functionen $E(xy; x_\alpha y_\alpha, a_\alpha b_\alpha)$ auftreten, seien mit diesen identisch. Dann soll zunächst gezeigt werden, dass der Werth des Productes der E-Functionen sich nicht ändert, wenn sowohl in den vorstehenden Gleichungen, als auch in den Integralen dritter Art die Integrationswege $((a_\alpha b_\alpha) \dots (x_\alpha y_\alpha))$ beliebig, aber so verändert werden, dass $u_1, \dots u_\varrho$ ihre Werthe beibehalten; d. h. dass das Product eine eindeutige Function der Argumente $u_1, \dots u_\varrho$ ist. Dabei werde aber in diesem Kapitel angenommen, dass das Werthsystem $(u_1, \dots u_\varrho)$ mit keinem der singulären Systeme der Variablen zusammenfalle.

Um diesen Beweis zu führen, setzen wir zur Abkürzung

$$\prod_{\alpha=1}^{\varrho} E(xy; x_\alpha y_\alpha, a_\alpha b_\alpha) = F(xy),$$

so ergiebt sich für die Umgebung einer singulären Stelle $(a_\beta b_\beta)$

$$F(\overset{\beta}{x_t}\overset{\beta}{y_t}) = E_\beta t^{-1}\{1 + t\,\mathfrak{P}_\beta(t)\} \cdot e^{t^{-1} \sum_{\alpha=1}^{\varrho} \int_{(a_\alpha b_\alpha)}^{(x_\alpha y_\alpha)} H(xy)_\beta dx},$$

oder

$$F(\overset{\beta}{x_t}\overset{\beta}{y_t}) = E_\beta t^{-1}\{1 + t\,\mathfrak{P}_\beta(t)\} \cdot e^{t^{-1} u_\beta},$$

wobei E_β eine von Null verschiedene Constante ist. Nun sei $\overline{F}(xy)$ gleich dem Product derjenigen E-Functionen, die sich auf die in der angegebenen Weise veränderten Integrationswege beziehen. Dann ist auch

$$\overline{F}(\overset{\beta}{x_t}\overset{\beta}{y_t}) = \overline{E}_\beta t^{-1}\{1 + t\,\overline{\mathfrak{P}}_\beta(t)\} \cdot e^{t^{-1} u_\beta},$$

mithin wird

$$\frac{\overline{F}(\overset{\beta}{x_t}\overset{\beta}{y_t})}{F(\overset{\beta}{x_t}\overset{\beta}{y_t})} = \mathfrak{P}(t) \qquad (\beta = 1, 2, \dots \varrho).$$

Aus der Tabelle auf S. 383 u. 384 folgt unmittelbar, dass für die Umgebung jeder anderen Stelle des Gebildes ebenfalls

$$\frac{\overline{F}(x_t y_t)}{F(x_t y_t)} = \mathfrak{P}(t)$$

ist. Der Quotient $\frac{\overline{F}(xy)}{F(xy)}$ hat demnach überall den Charakter einer ganzen Function, d. h. er reducirt sich auf eine Constante. Für $(xy) = (a_0 b_0)$ nimmt aber jede Function $E(xy; x_\alpha y_\alpha, a_\alpha b_\alpha)$ den Werth 1 an, es ist daher

$$\overline{F}(xy) = F(xy).$$

Zu jedem Werthsystem $(u_1, \dots u_\varrho)$ gehört nur ein einziges System von Paaren $(x_1 y_1), \dots (x_\varrho y_\varrho)$ (S. 464), und da eine zulässige Abänderung der Integrationswege den Werth des Productes nicht ändert, so ist $\prod_{\alpha=1}^{\varrho} E(xy; x_\alpha y_\alpha, a_\alpha b_\alpha)$ eine eindeutige Function von $u_1, \dots u_\varrho$.

Wenn zwischen den ϱ Werthepaaren $(x_1 y_1), \dots (x_\varrho y_\varrho)$ und den ϱ Variablen $u_1, \dots u_\varrho$ die Gleichungen

$$u_\beta = \sum_{\alpha=1}^{\varrho} \int_{(a_\alpha b_\alpha)}^{(x_\alpha y_\alpha)} H(xy)_\beta \, dx \qquad (\beta = 1, 2, \dots \varrho)$$

bestehen, so werde nun bleibend

$$\prod_{\alpha=1}^{\varrho} E(xy; x_\alpha y_\alpha, a_\alpha b_\alpha) = E(xy; u_1, \dots u_\varrho)$$

gesetzt. Die so definirte Function $E(xy; u_1, \dots u_\varrho)$ ist eine transcendente Function des durch die algebraische Gleichung $f(x, y) = 0$ verbundenen Paares (xy) und der ϱ variablen Parameter $u_1, \dots u_\varrho$, und zwar ist sie, wie wir bewiesen haben, sowohl in Bezug auf das Paar (xy), wie in Bezug auf $u_1, \dots u_\varrho$ eindeutig. Dabei haben wir allerdings diejenigen singulären Werthsysteme $(u_1, \dots u_\varrho)$ von der Betrachtung ausgeschlossen, denen verschiedene Systeme von Werthepaaren $(x_1 y_1), \dots (x_\varrho y_\varrho)$ und folglich auch verschiedene Systeme von Functionen $E(xy; x_\alpha y_\alpha, a_\alpha b_\alpha)$ entsprechen. Da aber $E(xy; u_1, \dots u_\varrho)$ im Allgemeinen in Bezug auf $u_1, \dots u_\varrho$ eindeutig ist, so lässt sich vermuthen, dass diese Function für die singulären Werthsysteme unbestimmt wird; in der That lässt sie sich als Quotient zweier beständig convergenten Potenzreihen darstellen, welche für die singulären Systeme gleichzeitig verschwinden.

Als Function des Paares (xy) hat $E(xy; u_1, \dots u_\varrho)$ die in den Gleichungen

$$(1) \quad E(x_t y_t; u_1, \dots u_\varrho) = E\{1 + t\mathfrak{P}(t)\},$$

$$(2) \quad E(\overset{0}{x}_t \overset{0}{y}_t; u_1, \dots u_\varrho) = 1 + t\mathfrak{P}(t),$$

$$(3) \quad E(\overset{(\alpha)}{x}_t \overset{(\alpha)}{y}_t; u_1, \dots u_\varrho) = E^{(\alpha)} t\{1 + t\mathfrak{P}^{(\alpha)}(t)\}, \qquad (\alpha = 1, 2, \dots \varrho)$$

$$(4) \quad E(\overset{\beta}{x}_t \overset{\beta}{y}_t; u_1, \dots u_\varrho) = E_\beta t^{-1}\{1 + t\mathfrak{P}_\beta(t)\} \cdot e^{t^{-1} u_\beta} \qquad (\beta = 1, 2, \dots \varrho)$$

enthaltenen Eigenschaften. Hierbei darf der Mittelpunkt des Elements $(x_t y_t)$ mit keiner der Stellen $(x_1 y_1), \dots (x_\varrho y_\varrho)$ oder der wesentlich singulären Stellen $(a_1 b_1), \dots (a_\varrho b_\varrho)$ zusammenfallen; das Element $(\overset{0}{x}_t \overset{0}{y}_t)$ hat den Mittelpunkt $(a_0 b_0)$; $(\overset{(\alpha)}{x}_t \overset{(\alpha)}{y}_t)$ ist das von $(\overset{\alpha}{x}_t \overset{\alpha}{y}_t)$ zu unterscheidende Element für die Umgebung der Stelle $(x_\alpha y_\alpha)$, während $(\overset{\beta}{x}_t \overset{\beta}{y}_t)$, wie immer, die Umgebung von $(a_\beta b_\beta)$ darstellt. Die erste, zweite und dritte dieser Gleichungen ergiebt sich unmittelbar aus den Eigenschaften der einzelnen Factoren $E(xy; x_\alpha y_\alpha, a_\alpha b_\alpha)$ von $E(xy; u_1, \dots u_\varrho)$, die vierte Gleichung haben wir eben bewiesen. Da die linken Seiten dieser Gleichungen eindeutige Functionen von $u_1, \dots u_\varrho$ sind, so hängen auch die Coefficienten der Potenzreihen auf den rechten Seiten von diesen Variablen eindeutig ab. $E(xy; u_1, \dots u_\varrho)$ verschwindet an den Stellen $(x_1 y_1), \dots (x_\varrho y_\varrho)$, und nur an diesen, mit der Ordnungszahl 1.

Diese vier Gleichungen sind für die Function $E(xy; u_1, \dots u_\varrho)$ charakteristisch, d. h. eine eindeutige Function $F(xy)$ des Paares (xy) und der mit den Stellen $(x_1 y_1), \dots (x_\varrho y_\varrho)$ durch die Relationen

$$u_\beta = \sum_{\alpha=1}^{\varrho} \int_{(a_\alpha b_\alpha)}^{(x_\alpha y_\alpha)} H(xy)_\beta \, dx \qquad (\beta = 1, 2, \dots \varrho)$$

verbundenen Parameter $u_1, \dots u_\varrho$, welche den Gleichungen

$$F(x_t y_t) = \mathfrak{P}(t),$$

$$F(\overset{0}{x}_t \overset{0}{y}_t) = 1 + t\mathfrak{P}(t),$$

$$F(\overset{(\alpha)}{x}_t \overset{(\alpha)}{y}_t) = C^{(\alpha)} t\{1 + t\mathfrak{P}^{(\alpha)}(t)\}, \qquad (\alpha = 1, 2, \dots \varrho)$$

$$F(\overset{\beta}{x}_t \overset{\beta}{y}_t) = C_\beta t^{-1}\{1 + t\mathfrak{P}_\beta(t)\} \cdot e^{t^{-1} u_\beta} \qquad (\beta = 1, 2, \dots \varrho)$$

genügt, ist mit der Function $E(xy; u_1, \dots u_\varrho)$ identisch. Denn aus diesen und den vorhergehenden vier Gleichungen folgt für jedes beliebige Element $(x_t y_t)$ des Gebildes

$$\frac{F(x_t y_t)}{E(x_t y_t; u_1, \dots u_\varrho)} = P(t),$$

wobei höchstens für eine endliche Anzahl nicht äquivalenter Elemente in den Reihen $P(t)$ negative Potenzen von t auftreten könnten. Der Quotient

$$\frac{F(xy)}{E(xy; u_1, \dots u_\varrho)}$$

hat demnach an allen Stellen den Charakter einer rationalen Function des Paares (xy) und ist daher eine solche (S. 244—246). Die Function im Nenner wird nur an den ϱ Stellen $(x_1 y_1), \dots (x_\varrho y_\varrho)$ und zwar mit der Ordnungszahl 1 gleich Null; da aber der Annahme nach die Function $F(xy)$ ebenfalls an diesen Stellen mit der gleichen Ordnungszahl verschwindet, so bleibt der Quotient für $(x_1 y_1), \dots (x_\varrho y_\varrho)$ endlich. Auch an den Stellen $(a_1 b_1), \dots (a_\varrho b_\varrho)$, für die $F(xy)$ unendlich gross wird, hat der Quotient einen endlichen Werth, demnach muss er sich auf eine Constante reduciren, und zwar auf 1, da Zähler und Nenner an der Stelle $(a_0 b_0)$ beide diesen Werth haben. Es wird daher, wie behauptet,

$$F(xy) = E(xy; u_1, \dots u_\varrho).$$

Jetzt gehen wir dazu über, $E(xy; u_1, \dots u_\varrho)$ als Function der variablen Parameter $u_1, \dots u_\varrho$ zu betrachten, und ermitteln zunächst, wie sich der Werth der Function für jedes endliche Werthsystem $(u_1, \dots u_\varrho)$ berechnen lässt. Wir wenden dabei dieselbe Methode an wie im vorhergehenden Kapitel (S. 451—456) bei dem Nachweise, dass sich die Paare $(x_1 y_1), \dots (x_\varrho y_\varrho)$ aus den Gleichungen

$$u_\beta = \sum_{\alpha=1}^{\varrho} \int_{(a_\alpha b_\alpha)}^{(x_\alpha y_\alpha)} H(xy)_\beta \, dx \qquad (\beta = 1, 2, \dots \varrho)$$

für beliebige Werthsysteme $(u_1, \dots u_\varrho)$ bestimmen lassen. Wir haben (S. 447) diese Gleichungen durch Einführung des Elements $(\overset{\alpha}{x}_{t_\alpha} \overset{\alpha}{y}_{t_\alpha})$ mit dem Mittelpunkt $(a_\alpha b_\alpha)$ für Werthe $t_1, \dots t_\varrho$, deren absolute Beträge hinreichend klein sind, in der Form

$$u_\beta = t_\beta + (t_1, \dots t_\varrho)_2^{(\beta)} + \cdots \qquad (\beta = 1, 2, \dots \varrho)$$

dargestellt und dann die Grössen t_α durch Potenzreihen von $u_1, \dots u_\varrho$ ausgedrückt. Für x_α und y_α haben sich die Functionenelemente:

$$x_\alpha = \varphi_\alpha(u_1, \dots u_\varrho), \qquad y_\alpha = \psi_\alpha(u_1, \dots u_\varrho)$$

ergeben, welche für einen gewissen Bereich U_0 gelten und für alle ihm angehörigen Werthsysteme $(u_1, \dots u_\varrho)$ die vorhergehenden Integralgleichungen identisch befriedigen. Um nun Ausdrücke für die Werthepaare $(x_\alpha y_\alpha)$ zu erhalten, die in einem beliebig grossen Bereich U gültig sind, haben wir eine ganze positive Zahl n der Ungleichung

$$\frac{U}{n} \leqq U_0$$

gemäss gewählt und

$$\xi_\alpha = \varphi_\alpha\left(\frac{u_1}{n}, \dots \frac{u_\varrho}{n}\right), \qquad \eta_\alpha = \psi_\alpha\left(\frac{u_1}{n}, \dots \frac{u_\varrho}{n}\right) \qquad (\alpha = 1, 2, \dots \varrho)$$

gesetzt. Diese Reihen convergiren dann für alle Werthsysteme $(u_1, \dots u_\varrho)$, für welche $|u_1| < U, \dots |u_\varrho| < U$ ist, und genügen den Gleichungen

$$\frac{u_\beta}{n} = \sum_{\alpha=1}^{\varrho} \int_{(a_\alpha b_\alpha)}^{(\xi_\alpha \eta_\alpha)} H(xy)_\beta \, dx \qquad (\beta = 1, 2, \dots \varrho).$$

In den Functionen

$$E(xy; \xi_\alpha \eta_\alpha, a_\alpha b_\alpha) = e^{\int_{(a_\alpha b_\alpha)}^{(\xi_\alpha \eta_\alpha)} H(xy, x'y') \, dx'}$$

mögen nun die rechts auftretenden Integrale dritter Art auf denselben Wegen ausgeführt werden, wie die entsprechenden Integrale erster Art in den vorhergehenden Gleichungen für $\frac{u_\beta}{n}$, dann ist das Product

$$\prod_{\alpha=1}^{\varrho} E(xy; \xi_\alpha \eta_\alpha, a_\alpha b_\alpha),$$

als Function von $u_1, \dots u_\varrho$ betrachtet, gleich

$$E\left(xy; \frac{u_1}{n}, \dots \frac{u_\varrho}{n}\right),$$

und zwar ist diese Function für alle Werthsysteme $(u_1, \dots u_\varrho)$ bestimmt, die dem absoluten Betrage nach kleiner sind als die beliebig grosse, positive Grösse U.

Nun muss der Zusammenhang der beiden Functionen $E(xy; u_1, \dots u_\varrho)$ und $E\left(xy; \frac{u_1}{n}, \dots \frac{u_\varrho}{n}\right)$ näher untersucht werden. Hierzu bilden wir eine rationale Function $R(xy)$ des Paares (xy) vom $(n\varrho)^{\text{ten}}$ Grade, die an den Stellen $(\xi_1 \eta_1), \dots (\xi_\varrho \eta_\varrho)$ mit der Ordnungszahl n unendlich gross wird, für $(a_1 b_1), \dots (a_\varrho b_\varrho)$ mit der Ordnungszahl $n-1$ verschwindet und für $(a_0 b_0)$ den Werth 1 annimmt; durch diese Bedingungen ist die Function bestimmt (S. 411). Ausser für $(a_1 b_1), \dots (a_\varrho b_\varrho)$ verschwindet $R(xy)$ noch an ϱ anderen Stellen $(x_1 y_1), \dots (x_\varrho y_\varrho)$, welche rational von den Wurzeln einer Gleichung ϱ^{ten} Grades abhängen, deren Coefficienten rationale Functionen der Paare $(\xi_1 \eta_1), \dots (\xi_\varrho \eta_\varrho)$ sind (S. 413).

Nach der Formel, die wir im neunzehnten Kapitel (S. 390) für die Darstellung einer rationalen Function des durch eine Gleichung $f(x, y) = 0$ verbundenen Paares (xy) als Product von Primfunctionen gefunden haben, ist

$$R(xy) = \prod_{\alpha=1}^{\varrho} [E(xy; a_\alpha b_\alpha, \xi_\alpha \eta_\alpha)]^{n-1} \cdot \prod_{\alpha=1}^{\varrho} E(xy; x_\alpha y_\alpha, \xi_\alpha \eta_\alpha),$$

denn der Annahme nach ist $R(a_0 b_0) = 1$. In Folge der beiden Eigenschaften der E-Function (S. 383 (1) u. 386)

$$E(xy; a_\alpha b_\alpha, \xi_\alpha \eta_\alpha) = \frac{1}{E(xy; \xi_\alpha \eta_\alpha, a_\alpha b_\alpha)},$$

$$E(xy; x_\alpha y_\alpha, \xi_\alpha \eta_\alpha) = \frac{E(xy; x_\alpha y_\alpha, a_\alpha b_\alpha)}{E(xy; \xi_\alpha \eta_\alpha, a_\alpha b_\alpha)}$$

lässt sich diese Gleichung auch in der Form

$$R(xy) = \frac{\prod\limits_{\alpha=1}^{\varrho} E(xy; x_\alpha y_\alpha, a_\alpha b_\alpha)}{\prod\limits_{\alpha=1}^{\varrho} [E(xy; \xi_\alpha \eta_\alpha, a_\alpha b_\alpha)]^n}$$

schreiben. Hierbei kann man die Integrationswege in den bestimmenden Integralen der einzelnen E-Functionen mit Ausnahme eines einzigen willkürlich annehmen, der Integrationsweg des letzten ist dann aber bestimmt. Und zwar muss er so gewählt werden, dass die rechte Seite dieser Gleichung auch für die singulären Stellen $(a_1 b_1), \dots (a_\varrho b_\varrho)$ den Charakter einer rationalen Function hat, d. h. es muss sein

$$n \sum_{\alpha=1}^{\varrho} \int_{(a_\alpha b_\alpha)}^{(\xi_\alpha \eta_\alpha)} H(xy)_\beta \, dx = \sum_{\alpha=1}^{\varrho} \int_{(a_\alpha b_\alpha)}^{(x_\alpha y_\alpha)} H(xy)_\beta \, dx, \qquad (\beta = 1, 2, \dots \varrho)$$

wobei die Integrale in den Summen links auf denselben Wegen, wie die entsprechenden Integrale in den Gleichungen

$$\frac{u_\beta}{n} = \sum_{\alpha=1}^{\varrho} \int_{(a_\alpha b_\alpha)}^{(\xi_\alpha \eta_\alpha)} H(xy)_\beta \, dx$$

genommen werden mögen, sodass

$$\prod_{\alpha=1}^{\varrho} E(xy; \xi_\alpha \eta_\alpha, a_\alpha b_\alpha) = E\left(xy; \frac{u_1}{n}, \dots \frac{u_\varrho}{n}\right)$$

ist. Dann wird

$$\sum_{\alpha=1}^{\varrho} \int_{(a_\alpha b_\alpha)}^{(x_\alpha y_\alpha)} H(xy)_\beta \, dx = u_\beta,$$

mithin folgt

$$\prod_{\alpha=1}^{\varrho} E(xy; x_\alpha y_\alpha, a_\alpha b_\alpha) = E(xy; u_1, \dots u_\varrho),$$

und demnach ist

$$E(xy; u_1, \dots u_\varrho) = R(xy) . \left[E\left(xy; \frac{u_1}{n}, \dots \frac{u_\varrho}{n}\right)\right]^n .$$

Mittels dieser Gleichung lässt sich der Werth der Function $E(xy; u_1, \dots u_\varrho)$ für jedes Werthsystem $(u_1, \dots u_\varrho)$ berechnen, für das die absoluten Beträge der einzelnen Variablen kleiner als die beliebig grosse, positive Grösse U sind. Denn die Function $E\left(xy; \frac{u_1}{n}, \dots \frac{u_\varrho}{n}\right)$ ist für alle diese Werthsysteme bestimmt, und die Coefficienten von $R(xy)$ sind rationale Functionen von $(\xi_1 \eta_1), \dots (\xi_\varrho \eta_\varrho)$, lassen sich daher als Quotienten zweier Potenzreihen von $u_1, \dots u_\varrho$ darstellen, die für $|u_1| < U, \dots |u_\varrho| < U$ convergiren. Um den Werth der Function

$$E(xy; u_1, \dots u_\varrho) = \prod_{\alpha=1}^{\varrho} E(xy; x_\alpha y_\alpha, a_\alpha b_\alpha)$$

für ein beliebiges Werthsystem $(u_1, \dots u_\varrho)$ zu ermitteln, ist es demnach nicht nöthig, die Gleichung ϱ^{ten} Grades aufzulösen, welche die für jenes Werthsystem gültigen Ausdrücke der Grössen $x_1, \dots x_\varrho$ liefert, man kann vielmehr den Werth von $E(xy; u_1, \dots u_\varrho)$ mit Hülfe der in einem hinreichend kleinen Bereiche gültigen Functionenelemente $\varphi_\alpha(u_1, \dots u_\varrho)$ und $\psi_\alpha(u_1, \dots u_\varrho)$ finden. Für alle endlichen Werthsysteme $(u_1, \dots u_\varrho)$ ist also $E(xy; u_1, \dots u_\varrho)$ eindeutig definirt und lässt sich berechnen, sobald man die Argumente auf einen bestimmten Bereich U, der beliebig gross angenommen werden kann, beschränkt. Die Function hat im Endlichen keine wesentlich singulären Stellen $(u_1, \dots u_\varrho)$.

Wir wenden uns jetzt zu der Frage, welche Änderung die Function $E(xy; u_1, \dots u_\varrho)$ erleidet, wenn die Parameter $u_1, \dots u_\varrho$ um ein System simultaner Perioden vermehrt werden. Es mögen in den Gleichungen

$$u_\beta = \sum_{\alpha=1}^{\varrho} \int_{(a_\alpha b_\alpha)}^{(x_\alpha y_\alpha)} H(xy)_\beta \, dx \qquad (\beta = 1, 2, \dots \varrho)$$

die Integrationswege so geändert werden, dass $u_1, u_2, \dots u_\varrho$ um die Perioden

$$2\omega_1, \; 2\omega_2, \; \dots \; 2\omega_\varrho$$

wachsen; sind dann $\overline{E}(xy; x_\alpha y_\alpha, a_\alpha b_\alpha)$ die E-Functionen, die sich auf die neuen Integrationswege beziehen, so ist

$$\prod_{\alpha=1}^{\varrho} \overline{E}(xy; x_\alpha y_\alpha, a_\alpha b_\alpha) = E(xy; u_1 + 2\omega_1, \dots u_\varrho + 2\omega_\varrho).$$

Der Quotient:

$$\Phi(xy) = \frac{\prod\limits_{\alpha=1}^{\varrho} \overline{E}(xy; x_\alpha y_\alpha, a_\alpha b_\alpha)}{\prod\limits_{\alpha=1}^{\varrho} E(xy; x_\alpha y_\alpha, a_\alpha b_\alpha)}$$

wird an einer von $(a_1 b_1), \dots (a_\varrho b_\varrho)$ verschiedenen Stelle weder Null noch unendlich gross (S. 383 u. 384); wenn daher der Mittelpunkt des Elements $(x_t y_t)$ nicht mit einer dieser singulären Stellen zusammenfällt, so gilt die Entwickelung

$$\Phi(x_t y_t) = C\{1 + t\mathfrak{P}(t)\},$$

wo C eine von Null verschiedene Constante ist. Für die Umgebung einer

Stelle $(a_\alpha b_\alpha)$ aber wird

$$\Phi(\overset{\alpha}{x}_t \overset{\alpha}{y}_t) = C_\alpha e^{2\omega_\alpha t^{-1}} \{1 + t\mathfrak{P}_\alpha(t)\},$$

und da

$$\Phi(a_0 b_0) = 1$$

ist, so ist $\Phi(xy)$ die zu dem Periodensystem $(2\omega_1, \ldots 2\omega_\varrho)$ gehörende, nicht verschwindende E-Function (S. 365 u. 367):

$$E(xy \,|\, \omega_1, \ldots \omega_\varrho).$$

Da nun, als Function von $u_1, \ldots u_\varrho$ betrachtet,

$$\Phi(xy) = \frac{E(xy;\, u_1 + 2\omega_1, \ldots u_\varrho + 2\omega_\varrho)}{E(xy;\, u_1, \ldots u_\varrho)}$$

ist, so ergiebt sich

$$E(xy;\, u_1 + 2\omega_1, \ldots u_\varrho + 2\omega_\varrho) = E(xy;\, u_1, \ldots u_\varrho) . E(xy \,|\, \omega_1, \ldots \omega_\varrho).$$

Wenn also die variablen Parameter $u_1, \ldots u_\varrho$ gleichzeitig um die zusammengehörigen Perioden $2\omega_1, \ldots 2\omega_\varrho$ vermehrt werden, so ist die E-Function für das veränderte System der Parameter gleich der E-Function für das ursprüngliche System, multiplicirt mit der nicht verschwindenden Function $E(xy \,|\, \omega_1, \ldots \omega_\varrho)$.

Daraus ist sofort ersichtlich, dass

$$\frac{\partial \log E(xy;\, u_1 + 2\omega_1, \ldots u_\varrho + 2\omega_\varrho)}{\partial u_\alpha} = \frac{\partial \log E(xy;\, u_1, \ldots u_\varrho)}{\partial u_\alpha} \qquad (\alpha = 1, 2, \ldots \varrho)$$

ist; die partiellen Ableitungen des Logarithmus der Function $E(xy; u_1, \ldots u_\varrho)$ nach den einzelnen Variablen $u_1, \ldots u_\varrho$ sind demnach periodische Functionen.

Mit der Function $E(xy; u_1, \ldots u_\varrho)$ hängen die ϱ Functionen

$$J(u_1, \ldots u_\varrho)_1, \quad J(u_1, \ldots u_\varrho)_2, \quad \ldots \quad J(u_1, \ldots u_\varrho)_\varrho$$

eng zusammen, die wir im nächsten Kapitel bei der Darstellung von $E(xy; u_1, \ldots u_\varrho)$ durch einen Quotienten zweier beständig convergenten Potenzreihen gebrauchen werden. Wir definiren sie durch die Gleichungen

$$J(u_1, \ldots u_\varrho)_\beta = -[\log E(\overset{\beta}{x}_t \overset{\beta}{y}_t;\, u_1, \ldots u_\varrho)]_{t'}, \qquad (\beta = 1, 2, \ldots \varrho)$$

in denen das Element $(\overset{\beta}{x}_t \overset{\beta}{y}_t)$ die Umgebung der Stelle $(a_\beta b_\beta)$ darstellt.

Diese Functionen haben eine einfache Beziehung zu den Functionen $H'(xy)_\beta$. Aus der Gleichung (S. 467 und 469)

$$\log E(xy; u_1, \dots u_\varrho) = \sum_{\alpha=1}^{\varrho} \int_{(a_\alpha b_\alpha)}^{(x_\alpha y_\alpha)} H(xy, x'y')\, dx'$$

ergiebt sich nämlich durch vollständige Differentiation in Bezug auf die Variablen $u_1, \dots u_\varrho$

$$d \log E(xy; u_1, \dots u_\varrho) = \sum_{\alpha=1}^{\varrho} H(xy, x_\alpha y_\alpha)\, dx_\alpha,$$

mithin nach Einführung des Elements $(\overset{\beta}{x}_t \overset{\beta}{y}_t)$ statt (xy)

$$d \log E(\overset{\beta}{x}_t \overset{\beta}{y}_t; u_1, \dots u_\varrho) = \sum_{\alpha=1}^{\varrho} H(\overset{\beta}{x}_t \overset{\beta}{y}_t; x_\alpha y_\alpha)\, dx_\alpha.$$

Entwickelt man nun beide Seiten nach Potenzen von t und vergleicht die Coefficienten von t^1, so folgt (S. 252)

$$dJ(u_1, \dots u_\varrho)_\beta = \sum_{\alpha=1}^{\varrho} H'(x_\alpha y_\alpha)_\beta\, dx_\alpha, \qquad (\beta = 1, 2, \dots \varrho)$$

eine Gleichung, von der ebenfalls bei der Definition von $J(u_1, \dots u_\varrho)_\beta$ hätte ausgegangen werden können.

Die Function $E(xy; u_1, \dots u_\varrho)$ ist für endliche Werthsysteme $(u_1, \dots u_\varrho)$ eindeutig definirt und hat im Endlichen keine wesentlich singuläre Stelle; mit Hülfe der Gleichung

$$J(u_1, \dots u_\varrho)_\beta = -[\log E(\overset{\beta}{x}_t \overset{\beta}{y}_t; u_1, \dots u_\varrho)]_t$$

ergeben sich daher dieselben Eigenschaften für die Functionen $J(u_1, \dots u_\varrho)_\beta$.

Es sei nun

$$u_\beta = \sum_{\alpha=1}^{\varrho} \int_{(a_\alpha b_\alpha)}^{(x_\alpha y_\alpha)} H(xy)_\beta\, dx, \qquad (\beta = 1, 2, \dots \varrho)$$

und es seien

$$u_1', \dots u_\varrho' \text{ und } u_1'', \dots u_\varrho''$$

diejenigen Werthsysteme der Variablen $u_1, \dots u_\varrho$, die den Stellen

$$(x_1' y_1'), \dots (x_\varrho' y_\varrho') \text{ und } (x_1'' y_1''), \dots (x_\varrho'' y_\varrho'')$$

entsprechen, sodass also

$$u'_\beta = \sum_{\alpha=1}^{\varrho} \int_{(a_\alpha b_\alpha)}^{(x'_\alpha y'_\alpha)} H(xy)_\beta \, dx \quad \text{und} \quad u''_\beta = \sum_{\alpha=1}^{\varrho} \int_{(a_\alpha b_\alpha)}^{(x''_\alpha y''_\alpha)} H(xy)_\beta \, dx$$

ist, dann folgt

$$u''_\beta - u'_\beta = \sum_{\alpha=1}^{\varrho} \int_{(x'_\alpha y'_\alpha)}^{(x''_\alpha y''_\alpha)} H(xy)_\beta \, dx \qquad (\beta = 1, 2, \dots \varrho).$$

Andererseits ergiebt sich durch Integration der Differentialgleichungen für die Functionen $J(u_1, \dots u_\varrho)_\beta$ zwischen den Grenzen $(x'_\alpha y'_\alpha)$ und $(x''_\alpha y''_\alpha)$

$$J(u''_1, \dots u''_\varrho)_\beta - J(u'_1, \dots u'_\varrho)_\beta = \sum_{\alpha=1}^{\varrho} \int_{(x'_\alpha y'_\alpha)}^{(x''_\alpha y''_\alpha)} H'(xy)_\beta \, dx \qquad (\beta = 1, 2, \dots \varrho).$$

In den beiden vorstehenden Gleichungssystemen müssen die Integrationswege für die einander entsprechenden Integrale erster und zweiter Art dieselben sein, weil in den Gleichungen

$$\log E(xy; u_1, \dots u_\varrho) = \sum_{\alpha=1}^{\varrho} \int_{(a_\alpha b_\alpha)}^{(x_\alpha y_\alpha)} H(xy, x'y') \, dx'$$

und

$$u_\beta = \sum_{\alpha=1}^{\varrho} \int_{(a_\alpha b_\alpha)}^{(x_\alpha y_\alpha)} H(xy)_\beta \, dx \qquad (\beta = 1, 2, \dots \varrho)$$

die Integrale zwischen den Grenzen $(a_\alpha b_\alpha)$ und $(x_\alpha y_\alpha)$ auf gleichen Wegen zu nehmen sind.

Lässt man die Paare $(x'_1 y'_1)$ und $(x''_1 y''_1)$, $(x'_2 y'_2)$ und $(x''_2 y''_2)$, u. s. w. zusammenfallen, so bilden die Differenzen

$$u''_1 - u'_1 = \sum_{\alpha=1}^{\varrho} \int_{(x'_\alpha y'_\alpha)}^{(x''_\alpha y''_\alpha)} H(xy)_1 \, dx, \quad \dots \quad u''_\varrho - u'_\varrho = \sum_{\alpha=1}^{\varrho} \int_{(x'_\alpha y'_\alpha)}^{(x''_\alpha y''_\alpha)} H(xy)_\varrho \, dx$$

ein System simultaner Perioden

$$(2\omega_1, \; \dots \; 2\omega_\varrho)$$

der ϱ Integrale erster Art, und es werden daher die Summen

$$\sum_{\alpha=1}^{\varrho} \int_{(x'_\alpha y'_\alpha)}^{(x''_\alpha y''_\alpha)} H'(xy)_1 \, dx, \quad \dots \quad \sum_{\alpha=1}^{\varrho} \int_{(x'_\alpha y'_\alpha)}^{(x''_\alpha y''_\alpha)} H'(xy)_\varrho \, dx,$$

da sich die Integrale auf dieselben Wege beziehen, gleich dem zugehörigen System simultaner Perioden

$$(2\eta_1, \;\dots\; 2\eta_\varrho)$$

der ϱ Integrale zweiter Art. Demnach ergeben sich die Relationen

$$J(u_1 + 2\omega_1, \dots u_\varrho + 2\omega_\varrho)_\beta = J(u_1, \dots u_\varrho)_\beta + 2\eta_\beta, \qquad (\beta = 1, 2, \dots \varrho)$$

wenn jetzt $u_1, \dots u_\varrho$ statt $u_1', \dots u_\varrho'$ geschrieben wird. Die geschlossenen Wege $((x_\alpha' y_\alpha') \dots (x_\alpha' y_\alpha'))$ können willkürlich gewählt werden, es ist daher in diesen Gleichungen $(2\omega_1, \dots 2\omega_\varrho, 2\eta_1, \dots 2\eta_\varrho)$ ein beliebiges System simultaner Perioden der Integrale erster und zweiter Art.

Vierundzwanzigstes Kapitel.

Darstellung der Function $E(xy, x_0 y_0; u_1, \dots u_\varrho)$ durch einen Quotienten zweier beständig convergenten Potenzreihen.

Während die Function $E(xy; u_1, \dots u_\varrho)$ den Werth 1 an der Stelle $(a_0 b_0)$ annimmt, für welche $H(xy, x'y')$ verschwindet, sei

$$E(xy, x_0 y_0; u_1, \dots u_\varrho)$$

eine Function, die zwar die erste, dritte und vierte der früher (S. 470) für $E(xy; u_1, \dots u_\varrho)$ als charakteristisch erkannten Eigenschaften hat, aber an der beliebig gewählten Stelle $(x_0 y_0)$ gleich 1 wird. Diese etwas allgemeinere Function wollen wir jetzt unseren Betrachtungen zu Grunde legen.

Wenn die Elemente $(\overset{(0)}{x_t}\overset{(0)}{y_t})$ und $(\overset{(\alpha)}{x_t}\overset{(\alpha)}{y_t})$ die Umgebungen der Stellen $(x_0 y_0)$ und $(x_\alpha y_\alpha)$ darstellen und

$$u_\beta = \sum_{\alpha=1}^{\varrho} \int_{(a_\alpha b_\alpha)}^{(x_\alpha y_\alpha)} H(xy)_\beta \, dx \qquad (\beta = 1, 2, \dots \varrho)$$

gesetzt wird, so soll

$$(1) \quad E(x_t y_t, x_0 y_0; u_1, \dots u_\varrho) = E\{1 + t\,\mathfrak{P}(t)\},$$

$$(2) \quad E(\overset{(0)}{x_t}\overset{(0)}{y_t}, x_0 y_0; u_1, \dots u_\varrho) = 1 + t\,\mathfrak{P}(t),$$

$$(3) \quad E(\overset{(\alpha)}{x_t}\overset{(\alpha)}{y_t}, x_0 y_0; u_1, \dots u_\varrho) = E^{(\alpha)} t\{1 + t\,\mathfrak{P}^{(\alpha)}(t)\}, \qquad (\alpha = 1, 2, \dots \varrho)$$

$$(4) \quad E(\overset{\beta}{x_t}\overset{\beta}{y_t}, x_0 y_0; u_1, \dots u_\varrho) = E_\beta t^{-1}\{1 + t\,\mathfrak{P}_\beta(t)\} \cdot e^{t^{-1} u_\beta} \qquad (\beta = 1, 2, \dots \varrho)$$

sein. Dann ist

$$E(xy, x_0 y_0; u_1, \dots u_\varrho) = \frac{E(xy; u_1, \dots u_\varrho)}{E(x_0 y_0; u_1, \dots u_\varrho)},$$

wie sich unmittelbar aus den Eigenschaften der Functionen auf der rechten Seite ergiebt. Die im vorhergehenden Kapitel untersuchte Function $E(xy; u_1, \dots u_\varrho)$ ist also gleich $E(xy, a_0 b_0; u_1, \dots u_\varrho)$.

Aus der Gleichung (S. 477)

$$\log E(xy; u_1, \dots u_\varrho) = \sum_{\alpha=1}^{\varrho} \int_{(a_\alpha b_\alpha)}^{(x_\alpha y_\alpha)} H(xy, x'y')\, dx'$$

folgt für die allgemeinere Function:

$$\log E(xy, x_0 y_0; u_1, \dots u_\varrho) = \sum_{\alpha=1}^{\varrho} \int_{(a_\alpha b_\alpha)}^{(x_\alpha y_\alpha)} \{H(xy, x'y') - H(x_0 y_0, x'y')\}\, dx'.$$

Als Function der Paare (xy) und $(x_0 y_0)$ betrachtet, ist $E(xy, x_0 y_0; u_1, \dots u_\varrho)$ eine eindeutige transcendente Function (S. 469), und auch in Bezug auf die Parameter $u_1, \dots u_\varrho$ ist sie, ebenso wie $E(xy; u_1, \dots u_\varrho)$ (S. 475), innerhalb jedes noch so grossen Bereiches eindeutig definirt.

Nun tritt die wichtige Frage auf, ob die Darstellung von $E(xy, x_0 y_0; u_1, \dots u_\varrho)$ in Form eines Quotienten zweier beständig convergenten Potenzreihen möglich ist. Ihre Beantwortung bot zunächst erhebliche Schwierigkeiten; sie lässt sich auf den folgenden allgemeinen Satz stützen, dessen Beweis sich in der schon im ersten Kapitel (S. 15) erwähnten Abhandlung »Einige auf die Theorie der analytischen Functionen mehrerer Veränderlichen sich beziehende Sätze«*) findet:

»Es seien ϱ Functionen

$$f_1(u_1, \dots u_\varrho), \quad \dots \quad f_\varrho(u_1, \dots u_\varrho)$$

gegeben, welche den folgenden Bedingungen genügen:

1) Sie sollen eindeutige Functionen sein, für die wesentlich singuläre Stellen im Endlichen des Grössengebiets $(u_1, \dots u_\varrho)$ nicht existiren.

2) Der Differentialausdruck

$$\sum_{\beta=1}^{\varrho} f_\beta(u_1, \dots u_\varrho)\, du_\beta$$

*) Vgl. Art. 4 der Abhandlung; Bd. II S. 163—177 dieser Ausgabe.

soll die durch die Gleichungen

$$\frac{\partial f_\beta(u_1, \dots u_\varrho)}{\partial u_\alpha} = \frac{\partial f_\alpha(u_1, \dots u_\varrho)}{\partial u_\beta} \qquad (\alpha, \beta = 1, 2, \dots \varrho)$$

ausgedrückten Integrabilitätsbedingungen erfüllen.

3) Es soll, wenn man für $u_1, \dots u_\varrho$ irgend welche ganze lineare Functionen einer Veränderlichen τ substituirt:

$$u_1 = k_1 + k_1' \tau, \quad \dots \quad u_\varrho = k_\varrho + k_\varrho' \tau,$$

für hinlänglich kleine Werthe von $|\tau|$

$$\sum_{\beta=1}^{\varrho} f_\beta(u_1, \dots u_\varrho)\, du_\beta$$

die Form

$$(\mu \tau^{-1} + \mathfrak{P}(\tau))\, d\tau$$

annehmen, und dann μ entweder gleich Null oder eine positive ganze Zahl sein, vorausgesetzt, dass von den beiden Potenzreihen von $u_1 - k_1, \dots u_\varrho - k_\varrho$, als deren Quotient

$$\sum_{\beta=1}^{\varrho} k_\beta' f_\beta(u_1, \dots u_\varrho)$$

in der Umgebung der Stelle $(k_1, \dots k_\varrho)$ dargestellt werden kann, der Divisor durch die angegebenen Substitutionen nicht identisch gleich Null werde.

Alsdann existirt eine ganze Function $f(u_1, \dots u_\varrho)$, welche der Differentialgleichung

$$d \log f(u_1, \dots u_\varrho) = \sum_{\beta=1}^{\varrho} f_\beta(u_1, \dots u_\varrho)\, du_\beta$$

genügt und völlig bestimmt ist, wenn der Werth irgend eines ihrer Coefficienten, der in Folge der vorstehenden Gleichung nicht nothwendig gleich Null ist, fixirt wird, was in beliebiger Weise geschehen kann.«

Nach der in jener Abhandlung gebrauchten Terminologie ist eine transcendente ganze Function $f(u_1, \dots u_\varrho)$ eine solche, die durch eine für jedes System endlicher Werthe von $u_1, \dots u_\varrho$ convergirende Potenzreihe $\mathfrak{P}(u_1, \dots u_\varrho)$ ausgedrückt werden kann.*)

---

*) Bd. II S. 163 dieser Ausgabe.

Um mittels dieses Satzes nachzuweisen, dass sich die Function

$$E(xy, x_0 y_0; u_1, \dots u_\varrho)$$

als Quotient zweier beständig convergenten Potenzreihen darstellen lässt, ist erstens zu zeigen, dass eine Gleichung der Form

$$d \log E(xy, x_0 y_0; u_1, \dots u_\varrho) = \sum_{\beta=1}^{\varrho} f_\beta(u_1, \dots u_\varrho)\, du_\beta - \sum_{\beta=1}^{\varrho} g_\beta(u_1, \dots u_\varrho)\, du_\beta$$

besteht, in der die 2ϱ Functionen $f_\beta(u_1, \dots u_\varrho)$ und $g_\beta(u_1, \dots u_\varrho)$ eindeutige Functionen ohne wesentlich singuläre Stellen im Endlichen sind, zweitens, dass die Integrabilitätsbedingungen

$$\frac{\partial f_\beta(u_1, \dots u_\varrho)}{\partial u_\alpha} = \frac{\partial f_\alpha(u_1, \dots u_\varrho)}{\partial u_\beta}$$

und $$(\alpha, \beta = 1, 2, \dots \varrho)$$

$$\frac{\partial g_\beta(u_1, \dots u_\varrho)}{\partial u_\alpha} = \frac{\partial g_\alpha(u_1, \dots u_\varrho)}{\partial u_\beta}$$

erfüllt sind, und drittens, dass nach Substitution der linearen Functionen $k_1 + k_1'\tau, \dots k_\varrho + k_\varrho'\tau$ für die Veränderlichen $u_1, \dots u_\varrho$ bei hinlänglich kleinen Werthen von $|\tau|$ die Gleichungen

$$\sum_{\beta=1}^{\varrho} f_\beta(u_1, \dots u_\varrho)\, du_\beta = (\mu_1 \tau^{-1} + \mathfrak{P}_1(\tau))\, d\tau,$$

$$\sum_{\beta=1}^{\varrho} g_\beta(u_1, \dots u_\varrho)\, du_\beta = (\mu_2 \tau^{-1} + \mathfrak{P}_2(\tau))\, d\tau$$

bestehen, wo μ_1 und μ_2 ganze positive Zahlen oder Null sind. Dann existiren nach dem angeführten Satze zwei beständig convergente Potenzreihen $F(u_1, \dots u_\varrho)$ und $G(u_1, \dots u_\varrho)$, für welche

$$\sum_{\beta=1}^{\varrho} f_\beta(u_1, \dots u_\varrho)\, du_\beta = d \log F(u_1, \dots u_\varrho),$$

$$\sum_{\beta=1}^{\varrho} g_\beta(u_1, \dots u_\varrho)\, du_\beta = d \log G(u_1, \dots u_\varrho)$$

ist, mithin wird, wie behauptet,

$$E(xy, x_0 y_0; u_1, \dots u_\varrho) = C \frac{F(u_1, \dots u_\varrho)}{G(u_1, \dots u_\varrho)}.$$

Die Zerlegung des Differentials $d \log E(xy, x_0 y_0; u_1, \ldots u_\varrho)$ in die angegebenen beiden Bestandtheile habe ich zunächst für die hyperelliptischen Functionen auf einem sehr mühsamen Wege durchgeführt.*) Aus der Gleichung

$$\log E(xy, x_0 y_0; u_1, \ldots u_\varrho) = \sum_{\alpha=1}^{\varrho} \int_{(a_\alpha b_\alpha)}^{(x_\alpha y_\alpha)} \{H(xy, x'y') - H(x_0 y_0, x'y')\} dx'$$

erhält man für das vollständige Differential in Bezug auf $u_1, \ldots u_\varrho$

$$d \log E(xy, x_0 y_0; u_1, \ldots u_\varrho) = \sum_{\alpha=1}^{\varrho} \{H(xy, x_\alpha y_\alpha) - H(x_0 y_0, x_\alpha y_\alpha)\} dx_\alpha.$$

Auf der rechten Seite wurden nun mittels der Gleichungen

$$u_\beta = \sum_{\alpha=1}^{\varrho} \int_{(a_\alpha b_\alpha)}^{(x_\alpha y_\alpha)} H(xy)_\beta dx \qquad (\beta = 1, 2, \ldots \varrho)$$

die Differentiale $dx_1, \ldots dx_\varrho$ durch $du_1, \ldots du_\varrho$ dargestellt, und sodann jeder Coefficient eines Differentials du_α in zwei Theile zerlegt, wodurch sich schliesslich

$$d \log E(xy, x_0 y_0; u_1, \ldots u_\varrho) = \sum_{\beta=1}^{\varrho} f_\beta(u_1, \ldots u_\varrho) du_\beta - \sum_{\beta=1}^{\varrho} g_\beta(u_1, \ldots u_\varrho) du_\beta$$

ergab. Hinterher zeigte sich, dass die Functionen $f_\beta(u_1, \ldots u_\varrho)$ und $g_\beta(u_1, \ldots u_\varrho)$ mit Summen von Integralen zweiter Art zusammenhängen, was für den Fall der hyperelliptischen Functionen nicht sogleich erkannt werden konnte, weil die Function $\log E(xy, x_0 y_0; u_1, \ldots u_\varrho)$ nur in einer Form dargestellt war, aus der ihre Entstehung aus $H(xy, x'y')$ nicht deutlich hervorging. Nach Ermittelung dieser Beziehung kann man aber durch eine verhältnissmässig einfache Rechnung zum Ziele gelangen, wenn man von vornherein die Integrale zweiter Art einführt. Als ich diese Untersuchungen in Angriff nahm, waren überhaupt die Abelschen Integrale der drei verschiedenen Arten noch nicht aus der gemeinsamen Quelle der H-Function hergeleitet worden.

Aus dem Gebiete der Variablen $u_1, \ldots u_\varrho$ scheiden wir vorläufig alle diejenigen singulären Systeme aus, für welche zu Folge der Gleichungen

$$u_\beta = \sum_{\alpha=1}^{\varrho} \int_{(a_\alpha b_\alpha)}^{(x_\alpha y_\alpha)} H(xy)_\beta dx \qquad (\beta = 1, 2, \ldots \varrho)$$

*) Vgl. Bd. I S. 140—143 dieser Ausgabe.

die zugehörigen Werthepaare $(x_1 y_1), \dots (x_\varrho y_\varrho)$ nicht eindeutig bestimmt sind (S. 458—459).

Dann sind, wie wir gesehen haben, die übrig bleibenden Werthsysteme $(u_1, \dots u_\varrho)$ so beschaffen, dass es keine rationale Function des Paares (xy) giebt, welche nur für die ihnen entsprechenden Stellen $(x_1 y_1), \dots (x_\varrho y_\varrho)$ mit der Ordnungszahl 1 unendlich gross wird. Es ist mithin möglich, anstatt $(a_1 b_1), \dots (a_\varrho b_\varrho)$ die Paare $(x_1 y_1), \dots (x_\varrho y_\varrho)$ zu Unendlichkeitsstellen einer Function $H(xy, x'y')$ zu wählen, während statt $(x'y')$ jetzt die Stelle $(x_0 y_0)$ genommen werden soll. Wird für einen Augenblick die bisherige H-Function mit $H(xy, x'y'; a_1 b_1, \dots a_\varrho b_\varrho)$ bezeichnet, so haben wir

$$H(xy, x'y'; a_1 b_1, \dots a_\varrho b_\varrho) = \frac{F(xy, x'y'; a_1 b_1, \dots a_\varrho b_\varrho) - F(a_0 b_0, x'y'; a_1 b_1, \dots a_\varrho b_\varrho)}{f(x'y')_2}$$

gefunden (S. 73). Setzen wir daher zur Abkürzung

$$F(xy, x_0 y_0; x_1 y_1, \dots x_\varrho y_\varrho) - F(a_0 b_0, x_0 y_0; x_1 y_1, \dots x_\varrho y_\varrho) = F(xy),$$

so bildet $F(xy)$ den Zähler der neuen H-Function, sodass

$$H(xy, x_0 y_0; x_1 y_1, \dots x_\varrho y_\varrho) = \frac{F(xy)}{f(x_0 y_0)_2}$$

wird.

Es sei nun $(\xi\eta)$ ein zweites variables Werthepaar, dann ist

$$\frac{F(xy) - F(\xi\eta)}{F(a_0 b_0) - F(\xi\eta)}$$

eine rationale Function $(\varrho+1)^{\text{ten}}$ Grades des Paares (xy), die an denselben $\varrho+1$ Stellen $(x_0 y_0), (x_1 y_1), \dots (x_\varrho y_\varrho)$ wie

$$H(xy, x_0 y_0; x_1 y_1, \dots x_\varrho y_\varrho)$$

mit der Ordnungszahl 1 unendlich gross wird, an der Stelle $(\xi\eta)$ verschwindet und für $(xy) = (a_0 b_0)$ den Werth 1 annimmt. Diese Function muss ausser für $(\xi\eta)$ noch an ϱ anderen Stellen

$$(x_1' y_1'), (x_2' y_2'), \dots (x_\varrho' y_\varrho')$$

gleich Null werden; ihre Darstellung als Product von Primfunctionen, die an der Stelle $(a_0 b_0)$ den Werth 1 haben, ergiebt daher (S. 390 u. 386)

$$\frac{F(xy)-F(\xi\eta)}{F(a_0 b_0)-F(\xi\eta)} = E(xy;\,\xi\eta,\,x_0 y_0)\cdot\prod_{\alpha=1}^{\varrho} E(xy;\,x'_\alpha y'_\alpha,\,x_\alpha y_\alpha)$$

$$= E(xy;\,\xi\eta,\,x_0 y_0)\cdot\frac{\prod\limits_{\alpha=1}^{\varrho} E(xy;\,x'_\alpha y'_\alpha,\,a_\alpha b_\alpha)}{\prod\limits_{\alpha=1}^{\varrho} E(xy;\,x_\alpha y_\alpha,\,a_\alpha b_\alpha)}.$$

Nach dem Abelschen Theorem bestehen die Relationen (S. 406)

$$\int_{(x_0 y_0)}^{(\xi\eta)} H(xy)_\beta\,dx + \sum_{\alpha=1}^{\varrho}\int_{(x_\alpha y_\alpha)}^{(x'_\alpha y'_\alpha)} H(xy)_\beta\,dx = 0, \qquad (\beta = 1, 2, \dots \varrho)$$

wobei die Integrale auf denselben Wegen zu nehmen sind, wie die ihnen entsprechenden bestimmenden Integrale in den E-Functionen. Wenn die Integrationswege $((a_\alpha b_\alpha)\dots(x'_\alpha y'_\alpha))$ so gewählt werden, dass für die eben betrachteten Summen die Gleichungen

$$\sum_{\alpha=1}^{\varrho}\int_{(x_\alpha y_\alpha)}^{(x'_\alpha y'_\alpha)} H(xy)_\beta\,dx = \sum_{\alpha=1}^{\varrho}\int_{(a_\alpha b_\alpha)}^{(x'_\alpha y'_\alpha)} H(xy)_\beta\,dx - u_\beta \qquad (\beta = 1, 2, \dots \varrho)$$

gelten, so folgt

$$\sum_{\alpha=1}^{\varrho}\int_{(a_\alpha b_\alpha)}^{(x'_\alpha y'_\alpha)} H(xy)_\beta\,dx = u_\beta - \int_{(x_0 y_0)}^{(\xi\eta)} H(xy)_\beta\,dx \qquad (\beta = 1, 2, \dots \varrho).$$

Zur Abkürzung wollen wir nun die folgenden bleibenden Bezeichnungen einführen:

$$w_\beta = \int_{(a_0 b_0)}^{(xy)} H(xy)_\beta\,dx = J(xy)_\beta,$$

$$\overset{0}{w}_\beta = \int_{(a_0 b_0)}^{(x_0 y_0)} H(xy)_\beta\,dx = J(x_0 y_0)_\beta, \qquad (\beta = 1, 2, \dots \varrho)$$

$$v_\beta = \int_{(a_0 b_0)}^{(\xi\eta)} H(xy)_\beta\,dx = J(\xi\eta)_\beta,$$

$$w_{\beta\alpha} = \int_{(a_0 b_0)}^{(a_\alpha b_\alpha)} H(xy)_\beta\,dx = J(a_\alpha b_\alpha)_\beta; \qquad (\alpha, \beta = 1, 2, \dots \varrho)$$

die Integrationswege sollen hierbei in jedem einzelnen Falle näher angegeben werden.

Dann ist

$$\sum_{\alpha=1}^{\varrho} \int_{(a_\alpha b_\alpha)}^{(x'_\alpha y'_\alpha)} H(xy)_\beta \, dx = u_\beta - v_\beta + \overset{0}{w}_\beta, \qquad (\beta = 1, 2, \dots \varrho)$$

wobei die Integrationswege in v_β und $\overset{0}{w}_\beta$ so zu wählen sind, dass $v_\beta - \overset{0}{w}_\beta$ mit dem Integral

$$\int_{(x_0 y_0)}^{(\xi\eta)} H(xy)_\beta \, dx$$

übereinstimmt. In Folge dieser Relationen gehören die Werthepaare $(x'_1 y'_1), \dots (x'_\varrho y'_\varrho)$ zu dem zusammengesetzten System

$$(u_1 - v_1 + \overset{0}{w}_1, \quad \dots \quad u_\varrho - v_\varrho + \overset{0}{w}_\varrho)$$

genau so, wie vermöge der Gleichungen

$$\sum_{\alpha=1}^{\varrho} \int_{(a_\alpha b_\alpha)}^{(x_\alpha y_\alpha)} H(xy)_\beta \, dx = u_\beta \qquad (\beta = 1, 2, \dots \varrho)$$

die Paare $(x_1 y_1), \dots (x_\varrho y_\varrho)$ zu dem einfachen System

$$(u_1, \dots u_\varrho).$$

Unter Berücksichtigung der Definition der Function $E(xy; u_1, \dots u_\varrho)$ ergiebt sich daher

$$\frac{F(xy) - F(\xi\eta)}{F(a_0 b_0) - F(\xi\eta)} = E(xy; \xi\eta, x_0 y_0) \cdot \frac{E(xy; u_1 - v_1 + \overset{0}{w}_1, \dots)}{E(xy; u_1, \dots)}.$$

Wir können uns auch hinterher von der Identität der beiden Seiten dieser Gleichung leicht überzeugen. Denn wie aus den Eigenschaften (S. 383, 384 u. 470) der Functionen $E(xy; \xi\eta, x_0 y_0)$ und $E(xy; u_1, \dots u_\varrho)$ hervorgeht, hat der Ausdruck auf der rechten Seite, zunächst mit Ausnahme der Stellen $(a_\beta b_\beta)$, überall den Charakter einer rationalen Function des Paares (xy). Für die Umgebung der Stelle $(a_\beta b_\beta)$ lässt sich aber

$$E(\overset{\beta}{x}_t \overset{\beta}{y}_t; \xi\eta, x_0 y_0) \cdot \frac{E(\overset{\beta}{x}_t \overset{\beta}{y}_t; u_1 - v_1 + \overset{0}{w}_1, \dots)}{E(\overset{\beta}{x}_t \overset{\beta}{y}_t, u_1, \dots)}$$

ebenfalls nach steigenden Potenzen von t entwickeln, denn der Exponent des auf der rechten Seite auftretenden Exponentialfactors wird

$$t^{-1}(v_\beta - \overset{0}{w}_\beta) + t^{-1}(u_\beta - v_\beta + \overset{0}{w}_\beta) - t^{-1} u_\beta = 0.$$

Mithin hat die Function

$$E(xy; \xi\eta, x_0 y_0) \cdot \frac{E(xy; u_1 - v_1 + \overset{0}{w}_1, \ldots)}{E(xy; u_1, \ldots)}$$

auch an den Stellen $(a_1 b_1), \ldots (a_\varrho b_\varrho)$ den Charakter einer rationalen Function, sie ist demnach eine solche (S. 244—246), und zwar wird sie für $(x_0 y_0)$ und $(x_1 y_1), \ldots (x_\varrho y_\varrho)$ unendlich gross, denn an den letzteren Stellen verschwindet der Nenner. Ferner ist die Function für die Werthepaare $(\xi\eta)$, $(x_1' y_1'), \ldots (x_\varrho' y_\varrho')$ gleich Null und nimmt für $(xy) = (a_0 b_0)$ den Werth 1 an. Da der Quotient

$$\frac{F(xy) - F(\xi\eta)}{F(a_0 b_0) - F(\xi\eta)}$$

dieselben Eigenschaften hat, so müssen beide Seiten der obigen Gleichung einander identisch gleich sein.

Vertauschen wir in der Formel

$$\frac{F(xy) - F(\xi\eta)}{F(a_0 b_0) - F(\xi\eta)} = E(xy; \xi\eta, x_0 y_0) \cdot \frac{E(xy; u_1 - v_1 + \overset{0}{w}_1, \ldots)}{E(xy; u_1, \ldots)}$$

die Paare (xy) und $(\xi\eta)$, so ergiebt sich

$$\frac{F(xy) - F(\xi\eta)}{F(xy) - F(a_0 b_0)} = E(\xi\eta; xy, x_0 y_0) \cdot \frac{E(\xi\eta; u_1 - w_1 + \overset{0}{w}_1, \ldots)}{E(\xi\eta; u_1, \ldots)},$$

wobei der Integrationsweg in den Integralen w_β so zu wählen ist, dass $w_\beta - \overset{0}{w}_\beta$ mit dem Integrale erster Art übereinstimmt, das in der Entwickelung von $E(\xi\eta; xy, x_0 y_0)$ für die Umgebung der Stelle $(a_\beta b_\beta)$ auftritt. Durch Übergang zu den Logarithmen und Differentiation nach x und ξ gehen die linken Seiten der beiden vorstehenden Gleichungen übereinstimmend in

$$\frac{d^2}{dx\, d\xi} \log (F(xy) - F(\xi\eta))$$

über. Demnach muss auch die entsprechende Differentiation der Logarithmen der rechten Seiten gleiche Resultate liefern, wodurch sich

$$\frac{d}{dx}\left\{\frac{d}{d\xi}\log E(xy;\, \xi\eta,\, x_0 y_0) + \frac{d}{d\xi}\log E(xy;\, u_1 - v_1 + \overset{0}{w}_1, \dots)\right\}$$

$$= \frac{d}{dx}\left\{\frac{d}{d\xi}\log E(\xi\eta;\, xy,\, x_0 y_0) + \frac{d}{d\xi}\log E(\xi\eta;\, u_1 - w_1 + \overset{0}{w}_1, \dots)\right\}$$

ergiebt. Nun ist

$$\log E(xy;\, \xi\eta,\, x_0 y_0) = \int_{(x_0 y_0)}^{(\xi\eta)} H(xy,\, x'y')\, dx',$$

mithin wird

$$\frac{d}{d\xi}\log E(xy;\, \xi\eta,\, x_0 y_0) = H(xy,\, \xi\eta);$$

substituirt man diesen Werth in die vorhergehende Gleichung und führt für $(\xi\eta)$ das Functionenpaar $(\overset{\alpha}{x}_t \overset{\alpha}{y}_t)$ ein, so folgt nach Multiplication beider Seiten mit $\frac{d\overset{\alpha}{x}_t}{dt}$

$$\frac{d}{dx}\left\{H(xy,\, \overset{\alpha}{x}_t \overset{\alpha}{y}_t)\frac{d\overset{\alpha}{x}_t}{dt} + \frac{d}{dt}\log E(xy;\, u_1 - v_1 + \overset{0}{w}_1, \dots)\right\}$$

$$= \frac{d}{dx}\left\{\frac{d}{dt}\log E(\overset{\alpha}{x}_t \overset{\alpha}{y}_t;\, xy,\, x_0 y_0) + \frac{d}{dt}\log E(\overset{\alpha}{x}_t \overset{\alpha}{y}_t;\, u_1 - w_1 + \overset{0}{w}_1, \dots)\right\}.$$

Hierbei muss aber beachtet werden, dass jetzt v_β gleich $J(\overset{\alpha}{x}_t \overset{\alpha}{y}_t)_\beta$ ist, also von t abhängt.

Beide Seiten dieser Gleichung entwickeln wir nach Potenzen von t und setzen die Coefficienten von t^0 einander gleich. Das erste Glied links liefert nur Potenzen, welche die 0te übersteigen, denn es ist (S. 198)

$$H(xy,\, \overset{\alpha}{x}_t \overset{\alpha}{y}_t)\frac{d\overset{\alpha}{x}_t}{dt} = -\sum_{\mu=1}^{\infty} H(xy,\, a_\alpha b_\alpha)_\mu t^\mu.$$

Ferner wird

$$\frac{d}{dt}\log E(xy;\, u_1 - v_1 + \overset{0}{w}_1, \dots) = \sum_{\beta=1}^{\varrho} \frac{\partial \log E(xy;\, u_1 - v_1 + \overset{0}{w}_1, \dots)}{\partial(u_\beta - v_\beta + \overset{0}{w}_\beta)} \cdot \frac{d(u_\beta - v_\beta + \overset{0}{w}_\beta)}{dt}$$

$$= -\sum_{\beta=1}^{\varrho} \frac{\partial \log E(xy;\, u_1 - v_1 + \overset{0}{w}_1, \dots)}{\partial u_\beta} \cdot \frac{dv_\beta}{dt};$$

mit Hülfe der Gleichung

$$\frac{dv_\beta}{dt} = H(\overset{\alpha}{x}_t \overset{\alpha}{y}_t)_\beta \frac{d\overset{\alpha}{x}_t}{dt}$$

ergiebt sich demnach

$$\frac{d}{dt}\log E(xy;\, u_1 - v_1 + \overset{0}{w}_1, \ldots) = -\sum_{\beta=1}^{\varrho}\left\{\frac{\partial \log E(xy;\, u_1 - v_1 + \overset{0}{w}_1, \ldots)}{\partial u_\beta}\cdot H(\overset{\alpha}{x}_t \overset{\alpha}{y}_t)_\beta \frac{d\overset{\alpha}{x}_t}{dt}\right\}.$$

Benutzt man nun die in den Formeln (S. 107)

$$\left[H(\overset{\alpha}{x}_t \overset{\alpha}{y}_t)_\beta \frac{d\overset{\alpha}{x}_t}{dt}\right]_{t^0} = 0,$$

$$(\alpha, \beta = 1, 2, \ldots \varrho;\ \alpha \gtrless \beta)$$

$$\left[H(\overset{\alpha}{x}_t \overset{\alpha}{y}_t)_\alpha \frac{d\overset{\alpha}{x}_t}{dt}\right]_{t^0} = 1$$

ausgedrückten Eigenschaften der Functionen $H(xy)_\beta$, sowie die Relation

$$w_{\beta\alpha} = [J(\overset{\alpha}{x}_t \overset{\alpha}{y}_t)_\beta]_{t^0} = [v_\beta]_{t^0},$$

so erhält man

$$\left[\frac{d}{dt}\log E(xy;\, u_1 - v_1 + \overset{0}{w}_1, \ldots)\right]_{t^0} = -\frac{\partial \log E(xy;\, u_1 - w_{1\alpha} + \overset{0}{w}_1, \ldots)}{\partial u_\alpha}.$$

Der Coefficient von t^0 in der Entwickelung der linken Seite der obigen Gleichung ist daher gleich

$$-\frac{d}{dx}\frac{\partial \log E(xy;\, u_1 - w_{1\alpha} + \overset{0}{w}_1, \ldots)}{\partial u_\alpha}.$$

Aus der Relation

$$\log E(\overset{\alpha}{x}_t \overset{\alpha}{y}_t;\, xy,\, x_0 y_0) = \int_{(x_0 y_0)}^{(xy)} H(\overset{\alpha}{x}_t \overset{\alpha}{y}_t;\, x'y')\, dx'$$

ergiebt sich (S. 252) für das erste Glied auf der Rechten jener Gleichung

$$\left[\frac{d}{dt}\log E(\overset{\alpha}{x}_t \overset{\alpha}{y}_t;\, xy,\, x_0 y_0)\right]_{t^0} = \int_{(x_0 y_0)}^{(xy)} \left[\frac{d}{dt} H(\overset{\alpha}{x}_t \overset{\alpha}{y}_t,\, x'y')\right]_{t^0} dx'$$

$$= \int_{(x_0 y_0)}^{(xy)} \left[H(\overset{\alpha}{x}_t \overset{\alpha}{y}_t;\, x'y')\right]_t dx'$$

$$= -\int_{(x_0 y_0)}^{(xy)} H'(x'y')_\alpha\, dx',$$

oder wenn die auf S. 373 eingeführte Bezeichnung für die Integrale zweiter Art gebraucht wird,

$$\left[\frac{d}{dt}\log E(\overset{\alpha}{x}_t \overset{\alpha}{y}_t; xy, x_0 y_0)\right]_{t^0} = -\{J'(xy)_\alpha - J'(x_0 y_0)_\alpha\}.$$

Die Integration ist hierbei so auszuführen, dass $J'(xy)_\alpha - J'(x_0 y_0)_\alpha$ mit $\int_{(x_0 y_0)}^{(xy)} H'(x'y')_\alpha dx'$ übereinstimmt, wobei das letztere Integral sich über denselben Weg erstrecken muss, wie das Integral dritter Art

$$\int_{(x_0 y_0)}^{(xy)} H(\xi\eta, x'y')\, dx';$$

es können demnach (S. 488) für $J(xy)_\alpha = w_\alpha$ und $J'(xy)_\alpha$ dieselben Integrationswege angenommen werden, wenn das Gleiche für $J(x_0 y_0)_\alpha = \overset{0}{w}_\alpha$ und $J'(x_0 y_0)_\alpha$ geschieht.

Im zweiten Gliede der rechten Seite wird (S. 476)

$$\begin{aligned}\left[\frac{d}{dt}\log E(\overset{\alpha}{x}_t \overset{\alpha}{y}_t; u_1 - w_1 + \overset{0}{w}_1, \dots)\right]_{t^0} &= [\log E(\overset{\alpha}{x}_t \overset{\alpha}{y}_t; u_1 - w_1 + \overset{0}{w}_1, \dots)]_t \\ &= -J(u_1 - w_1 + \overset{0}{w}_1, \dots)_\alpha,\end{aligned}$$

mithin folgt, wenn wir die Coefficienten von t^0 auf beiden Seiten der obigen Gleichung einander gleich setzen,

$$\frac{d}{dx}\frac{\partial \log E(xy; u_1 - w_{1\alpha} + \overset{0}{w}_1, \dots)}{\partial u_\alpha} = \frac{d}{dx}\{J'(xy)_\alpha - J'(x_0 y_0)_\alpha + J(u_1 - w_1 + \overset{0}{w}_1, \dots)_\alpha\}$$

$$(\alpha = 1, 2, \dots \varrho).$$

Da die Variablen u_β und die Grössen $w_{\beta\alpha} - \overset{0}{w}_\beta$ nicht von x abhängen, so kann man in der vorstehenden Formel u_β durch $u_\beta + w_{\beta\alpha} - \overset{0}{w}_\beta$ ersetzen; dann ergiebt sich

$$\frac{d}{dx}\frac{\partial \log E(xy; u_1, \dots u_\varrho)}{\partial u_\alpha} = \frac{d}{dx}\{J'(xy)_\alpha - J'(x_0 y_0)_\alpha + J(u_1 - w_1 + w_{1\alpha}, \dots)_\alpha\}.$$

Hieraus folgt durch Ausführung der Integration in Bezug auf x

$$\frac{\partial \log E(xy; u_1, \dots u_\varrho)}{\partial u_\alpha} = J'(xy)_\alpha - J'(x_0 y_0)_\alpha + J(u_1 - w_1 + w_{1\alpha}, \dots)_\alpha + C_\alpha,$$

wo C_α eine nicht von dem Werthepaar (xy), aber von $u_1, \dots u_\varrho$ abhängige Grösse ist. Um sie zu bestimmen, kann man $(xy) = (a_0 b_0)$ setzen.

Wenn das Element $(\overset{0}{x}_t \overset{0}{y}_t)$ den Mittelpunkt $(a_0 b_0)$ hat, so ist (S. 470, (2))

$$E(\overset{0}{x}_t \overset{0}{y}_t; u_1, \dots u_\varrho) = 1 + t\mathfrak{P}(t),$$

mithin folgt

$$\frac{\partial \log E(\overset{0}{x}_t \overset{0}{y}_t; u_1, \dots u_\varrho)}{\partial u_\alpha} = t\overline{\mathfrak{P}}(t),$$

und man erhält daher für $t = 0$, d. h. für $(xy) = (a_0 b_0)$,

$$\frac{\partial \log E(a_0 b_0; u_1, \dots u_\varrho)}{\partial u_\alpha} = 0.$$

Auf der rechten Seite gehen für $(xy) = (a_0 b_0)$ die Integrale $w_1, \dots w_\varrho$ und $J'(xy)_1, \dots J'(xy)_\varrho$ in simultane Perioden $2\omega_1, \dots 2\omega_\varrho$ und $2\eta_1, \dots 2\eta_\varrho$ über, sodass

$$J'(xy)_\alpha + J(u_1 - w_1 + w_{1\alpha}, \dots)_\alpha = 2\eta_\alpha + (J(u_1 + w_{1\alpha}, \dots)_\alpha - 2\eta_\alpha) = J(u_1 + w_{1\alpha}, \dots)_\alpha$$

ist. Demnach ergiebt sich zur Bestimmung der Grösse C_α die Gleichung

$$0 = -J'(x_0 y_0)_\alpha + J(u_1 + w_{1\alpha}, \dots)_\alpha + C_\alpha,$$

mit Hülfe deren

$$\frac{\partial \log E(xy; u_1, \dots u_\varrho)}{\partial u_\alpha} = J'(xy)_\alpha + J(u_1 - w_1 + w_{1\alpha}, \dots)_\alpha - J(u_1 + w_{1\alpha}, \dots)_\alpha \quad (\alpha = 1, 2, \dots \varrho)$$

wird.

Diese Ausdrücke, für die partiellen Ableitungen in das vollständige Differential

$$d \log E(xy; u_1, \dots u_\varrho) = \sum_{\beta=1}^{\varrho} \frac{\partial \log E(xy; u_1, \dots u_\varrho)}{\partial u_\beta} du_\beta$$

eingesetzt, liefern die wichtige Gleichung

$$d \log E(xy; u_1, \dots u_\varrho) = \sum_{\beta=1}^{\varrho} \left\{ J'(xy)_\beta + J(u_1 - w_1 + w_{1\beta}, \dots)_\beta - J(u_1 + w_{1\beta}, \dots)_\beta \right\} du_\beta.$$

In dieser Formel kann nun der gemeinsame Integrationsweg für die Integrale $w_1, \dots w_\varrho$ und $J'(xy)_1, \dots J'(xy)_\varrho$ beliebig angenommen werden, und das Gleiche gilt auch für die Integrale $w_{1\beta} = J(a_\beta b_\beta)_1, \dots w_{\varrho\beta} = J(a_\beta b_\beta)_\varrho$; denn ändern sich z. B. $w_{1\beta}, \dots w_{\varrho\beta}$ um die Perioden $2\omega_1, \dots 2\omega_\varrho$, so erhalten die Werthe der Functionen

$$J(u_1 - w_1 + w_{1\beta}, \dots)_\beta \quad \text{und} \quad J(u_1 + w_{1\beta}, \dots)_\beta$$

beide den Zuwachs $2\eta_\beta$, ihre Differenz bleibt also ungeändert.

Aus dieser Darstellung von $d \log E(xy; u_1, \dots u_\varrho)$ ergiebt sich sofort eine entsprechende für das vollständige Differential des Logarithmus von

$$E(xy, x_0 y_0; u_1, \dots u_\varrho) = \frac{E(xy; u_1, \dots u_\varrho)}{E(x_0 y_0; u_1, \dots u_\varrho)};$$

es wird nämlich

$$d \log E(xy, x_0 y_0; u_1, \dots u_\varrho) = \sum_{\beta=1}^{\varrho} \{J(u_1 - w_1 + w_{1\beta}, \dots)_\beta + J'(xy)_\beta\} du_\beta$$
$$- \sum_{\beta=1}^{\varrho} \{J(u_1 - \overset{0}{w}_1 + w_{1\beta}, \dots)_\beta + J'(x_0 y_0)_\beta\} du_\beta.$$

Die Stellen (xy) und $(x_0 y_0)$ müssen dabei von $(a_1 b_1), \dots (a_\varrho b_\varrho)$ verschieden angenommen werden, damit die Integrale $J'(xy)_\beta$ und $J'(x_0 y_0)_\beta$ endliche Werthe haben (S. 259).

Setzen wir nun

$$\left.\begin{aligned} J(u_1 - w_1 + w_{1\beta}, \dots)_\beta + J'(xy)_\beta &= f_\beta(u_1, \dots u_\varrho), \\ J(u_1 - \overset{0}{w}_1 + w_{1\beta}, \dots)_\beta + J'(x_0 y_0)_\beta &= g_\beta(u_1, \dots u_\varrho), \end{aligned}\right\} \quad (\beta = 1, 2, \dots \varrho)$$

so besteht die Gleichung

$$d \log E(xy, x_0 y_0; u_1, \dots u_\varrho) = \sum_{\beta=1}^{\varrho} f_\beta(u_1, \dots u_\varrho) du_\beta - \sum_{\beta=1}^{\varrho} g_\beta(u_1, \dots u_\varrho) du_\beta,$$

und die Functionen $f_\beta(u_1, \dots u_\varrho)$ und $g_\beta(u_1, \dots u_\varrho)$ sind für alle endlichen Werthsysteme $(u_1, \dots u_\varrho)$ eindeutig definirt und haben im Endlichen keine wesentlich singuläre Stelle (S. 477).

Mit dieser Zerlegung des Differentials von $\log E(xy, x_0 y_0; u_1, \dots u_\varrho)$ in zwei Theile ist die erste Bedingung (S. 483) für die Gültigkeit des allgemeinen Satzes über die Darstellung einer Function durch einen Quotienten zweier beständig convergenten Potenzreihen erfüllt.

Nun müssen wir zweitens nachweisen, dass die beiden Theile

$$\sum_{\beta=1}^{\varrho} f_\beta(u_1, \dots u_\varrho) du_\beta = \sum_{\beta=1}^{\varrho} \{J(u_1 - w_1 + w_{1\beta}, \dots)_\beta + J'(xy)_\beta\} du_\beta$$

und

$$\sum_{\beta=1}^{\varrho} g_\beta(u_1, \ldots u_\varrho)\, du_\beta = \sum_{\beta=1}^{\varrho} \{J(u_1 - \overset{0}{w}_1 + w_{1\beta}, \ldots)_\beta + J'(x_0 y_0)_\beta\}\, du_\beta$$

vollständige Differentiale sind, dass also die Integrabilitätsbedingungen

$$\frac{\partial f_\beta(u_1, \ldots u_\varrho)}{\partial u_\alpha} = \frac{\partial f_\alpha(u_1, \ldots u_\varrho)}{\partial u_\beta} \qquad (\alpha, \beta = 1, 2, \ldots \varrho)$$

und

$$\frac{\partial g_\beta(u_1, \ldots u_\varrho)}{\partial u_\alpha} = \frac{\partial g_\alpha(u_1, \ldots u_\varrho)}{\partial u_\beta} \qquad (\alpha, \beta = 1, 2, \ldots \varrho)$$

befriedigt werden, d. h. dass

$$\frac{\partial}{\partial u_\alpha}\{J(u_1 - w_1 + w_{1\beta}, \ldots)_\beta + J'(xy)_\beta\} = \frac{\partial}{\partial u_\beta}\{J(u_1 - w_1 + w_{1\alpha}, \ldots)_\alpha + J'(xy)_\alpha\}$$

und

$$\frac{\partial}{\partial u_\alpha}\{J(u_1 - \overset{0}{w}_1 + w_{1\beta}, \ldots)_\beta + J'(x_0 y_0)_\beta\} = \frac{\partial}{\partial u_\beta}\{J(u_1 - \overset{0}{w}_1 + w_{1\alpha}, \ldots)_\alpha + J'(x_0 y_0)_\alpha\}$$

ist. Da die Grössen $J'(xy)_\beta$ und $J'(x_0 y_0)_\beta$ nicht von $u_1, \ldots u_\varrho$ abhängen, so lassen sich die zu beweisenden Gleichungen auch in der Form

$$\frac{\partial}{\partial u_\alpha} J(u_1 - w_1 + w_{1\beta}, \ldots)_\beta = \frac{\partial}{\partial u_\beta} J(u_1 - w_1 + w_{1\alpha}, \ldots)_\alpha$$

und

$$\frac{\partial}{\partial u_\alpha} J(u_1 - \overset{0}{w}_1 + w_{1\beta}, \ldots)_\beta = \frac{\partial}{\partial u_\beta} J(u_1 - \overset{0}{w}_1 + w_{1\alpha}, \ldots)_\alpha$$

schreiben, und diese sind erfüllt, wenn das eine Gleichungssystem

$$\frac{\partial}{\partial u_\alpha} J(u_1 + w_{1\beta}, \ldots)_\beta = \frac{\partial}{\partial u_\beta} J(u_1 + w_{1\alpha}, \ldots)_\alpha \qquad (\alpha, \beta = 1, 2, \ldots \varrho)$$

besteht. Denn aus ihm folgen die beiden vorhergehenden Systeme, wenn

$$u_1 - w_1, \ \ldots \ u_\varrho - w_\varrho$$

oder

$$u_1 - \overset{0}{w}_1, \ \ldots \ u_\varrho - \overset{0}{w}_\varrho$$

statt

$$u_1, \ \ldots \ u_\varrho$$

gesetzt wird.

Die Gleichungen

$$\frac{\partial}{\partial u_\alpha} J(u_1 + w_{1\beta}, \dots)_\beta = \frac{\partial}{\partial u_\beta} J(u_1 + w_{1\alpha}, \dots)_\alpha \qquad (\alpha, \beta = 1, 2, \dots \varrho)$$

können nun mittels der für die Zerlegung von $d \log E(xy; u_1, \dots u_\varrho)$ entwickelten Formeln bewiesen werden, ein Kennzeichen dafür, dass der hier eingeschlagene Weg naturgemäss ist. Wird in

$$\frac{\partial \log E(xy; u_1, \dots u_\varrho)}{\partial u_\beta} = J'(xy)_\beta + J(u_1 - w_1 + w_{1\beta}, \dots)_\beta - J(u_1 + w_{1\beta}, \dots)_\beta$$

für (xy) das Functionenpaar $(\overset{\alpha}{x}_t \overset{\alpha}{y}_t)$ eingesetzt und dann die Gleichung nach t differentiirt, so folgt

$$\begin{aligned} \frac{d}{dt} \frac{\partial \log E(\overset{\alpha}{x}_t \overset{\alpha}{y}_t; u_1, \dots u_\varrho)}{\partial u_\beta} &= \frac{d}{dt} J'(\overset{\alpha}{x}_t \overset{\alpha}{y}_t)_\beta + \frac{d}{dt} J(u_1 - w_1 + w_{1\beta}, \dots)_\beta \\ &= H'(\overset{\alpha}{x}_t \overset{\alpha}{y}_t)_\beta \frac{d\overset{\alpha}{x}_t}{dt} - \sum_{\gamma=1}^{\varrho} \frac{\partial}{\partial u_\gamma} J(u_1 - w_1 + w_{1\beta}, \dots)_\beta \,.\, H(\overset{\alpha}{x}_t \overset{\alpha}{y}_t)_\gamma \frac{d\overset{\alpha}{x}_t}{dt}. \end{aligned}$$

Da die Variablen $u_1, \dots u_\varrho$ von t unabhängig sind, so kann man links die Reihenfolge der Differentiationen vertauschen. Entwickelt man sodann beide Seiten nach Potenzen von t und setzt die Coefficienten von t^0 einander gleich, so ergiebt sich für $\alpha \gtrless \beta$ mit Rücksicht auf die Gleichungen

$$\left[\frac{d}{dt} \log E(\overset{\alpha}{x}_t \overset{\alpha}{y}_t; u_1, \dots u_\varrho)\right]_{t^0} = -J(u_1, \dots u_\varrho)_\alpha,$$

$$\left[H'(\overset{\alpha}{x}_t \overset{\alpha}{y}_t)_\beta \frac{d\overset{\alpha}{x}_t}{dt}\right]_{t^0} = 0, \quad (\alpha \gtrless \beta)$$

$$\left[H(\overset{\alpha}{x}_t \overset{\alpha}{y}_t)_\gamma \frac{d\overset{\alpha}{x}_t}{dt}\right]_{t^0} = \begin{cases} 0 & (\alpha \gtrless \gamma) \\ 1, & (\alpha = \gamma) \end{cases}$$

$$[w_\gamma]_{t^0} = J(a_\alpha b_\alpha)_\gamma = w_{\gamma\alpha}$$

die Relation

$$\frac{\partial}{\partial u_\beta} J(u_1, \dots u_\varrho)_\alpha = \frac{\partial}{\partial u_\alpha} J(u_1 - w_{1\alpha} + w_{1\beta}, \dots)_\beta,$$

oder nach Vertauschung von $u_1, \dots u_\varrho$ mit $u_1 + w_{1\alpha}, \dots u_\varrho + w_{\varrho\alpha}$:

$$\frac{\partial}{\partial u_\beta} J(u_1 + w_{1\alpha}, \dots)_\alpha = \frac{\partial}{\partial u_\alpha} J(u_1 + w_{1\beta}, \dots)_\beta.$$

Hieraus folgt aber, wie vorher gezeigt worden ist, dass die Integrabilitätsbedingungen erfüllt sind. Die beiden Summen auf der rechten Seite der Gleichung

$$d\log E(xy, x_0 y_0; u_1, \dots u_\varrho) = \sum_{\beta=1}^{\varrho} \{J(u_1 - w_1 + w_{1\beta}, \dots)_\beta + J'(xy)_\beta\} du_\beta$$
$$- \sum_{\beta=1}^{\varrho} \{J(u_1 - \overset{0}{w}_1 + w_{1\beta}, \dots)_\beta + J'(x_0 y_0)_\beta\} du_\beta$$

sind demnach vollständige Differentiale, womit der zweite Punkt in dem zu führenden Beweise erledigt ist.

Die dritte Eigenschaft der Functionen $f_\beta(u_1, \dots u_\varrho)$ und $g_\beta(u_1, \dots u_\varrho)$, die für die Darstellbarkeit von $E(xy, x_0 y_0; u_1, \dots u_\varrho)$ durch einen Quotienten zweier beständig convergenten Potenzreihen erforderlich ist, besteht darin, dass nach Einführung der linearen Functionen $k_1 + k_1'\tau, \dots k_\varrho + k_\varrho'\tau$ an Stelle der Veränderlichen $u_1, \dots u_\varrho$ für hinlänglich kleine Werthe von $|\tau|$ die Gleichungen

$$\sum_{\beta=1}^{\varrho} f_\beta(u_1, \dots u_\varrho) du_\beta = (\mu_1 \tau^{-1} + \mathfrak{P}_1(\tau)) d\tau,$$
$$\sum_{\beta=1}^{\varrho} g_\beta(u_1, \dots u_\varrho) du_\beta = (\mu_2 \tau^{-1} + \mathfrak{P}_2(\tau)) d\tau$$

bestehen; μ_1 und μ_2 müssen dabei ganze positive Zahlen oder Null sein. Die Existenz von singulären Werthsystemen $(\bar{u}_1, \dots \bar{u}_\varrho)$ ist sorgfältig in Betracht zu ziehen.

Wird in die für $d\log E(xy, x_0 y_0; u_1, \dots u_\varrho)$ bestehende Gleichung

$$u_\beta + \overset{0}{w}_\beta = u_\beta + J(x_0 y_0)_\beta$$

statt u_β eingeführt, so geht sie über in

$$d\log E(xy, x_0 y_0; u_1 + \overset{0}{w}_1, \dots) = \sum_{\beta=1}^{\varrho} J(u_1 + \overset{0}{w}_1 - w_1 + w_{1\beta}, \dots)_\beta du_\beta - \sum_{\beta=1}^{\varrho} J(u_1 + w_{1\beta}, \dots)_\beta du_\beta$$
$$+ \sum_{\beta=1}^{\varrho} \{J'(xy)_\beta - J'(x_0 y_0)_\beta\} du_\beta.$$

Wir substituiren nun auf der linken Seite dieser Gleichung für $u_1, \dots u_\varrho$ die linearen Functionen $k_1 + k_1'\tau, \dots k_\varrho + k_\varrho'\tau$ und untersuchen, welche Form die

Entwickelung nach Potenzen von τ annimmt. Es ist

$$\log E(xy, x_0 y_0; u_1, \dots u_\varrho) = \sum_{\alpha=1}^{\varrho} \int_{(a_\alpha b_\alpha)}^{(x_\alpha y_\alpha)} \{H(xy, x'y') - H(x_0 y_0, x'y')\}\, dx',$$

mithin folgt durch Differentiation in Bezug auf die Variablen $u_1, \dots u_\varrho$

$$d \log E(xy, x_0 y_0; u_1, \dots u_\varrho) = \sum_{\alpha=1}^{\varrho} \{H(xy, x_\alpha y_\alpha) - H(x_0 y_0, x_\alpha y_\alpha)\}\, dx_\alpha.$$

Hierin sind die Grössen $x_1, \dots x_\varrho$ Wurzeln einer Gleichung ϱ^{ten} Grades (S. 455)

$$P_0 x^\varrho + P_1 x^{\varrho-1} + \cdots + P_\varrho = 0,$$

deren Coefficienten $P_0, P_1, \dots P_\varrho$ Potenzreihen der Variablen $u_1, \dots u_\varrho$ sind. Der zu x_α gehörige Werth y_α ist dagegen eine rationale Function von x_α:

$$\frac{Q_1 x_\alpha^{\varrho-1} + Q_2 x_\alpha^{\varrho-2} + \cdots + Q_\varrho}{Q_0},$$

in welcher die Coefficienten $Q_0, Q_1, \dots Q_\varrho$ die gleiche Beschaffenheit wie $P_0, P_1, \dots P_\varrho$ haben. Durch Einführung der linearen Functionen gehen $P_0, \dots P_\varrho, Q_0, \dots Q_\varrho$ in Potenzreihen von τ über, und zwar verschwinden für $\tau = 0$ in den sämmtlichen Quotienten $\frac{P_\alpha}{P_0}$ ($\alpha = 1, 2, \dots \varrho$) die Zähler und der Nenner nur dann gleichzeitig, wenn das Werthsystem $(k_1, \dots k_\varrho)$ mit einem der früher betrachteten singulären Systeme $(\bar{u}_1, \dots \bar{u}_\varrho)$ zusammenfällt. In diesem Falle haben die Quotienten $\frac{P_1}{P_0}, \dots \frac{P_\varrho}{P_0}$ für $\tau = 0$ zwar noch bestimmte Werthe, diese hängen jedoch von den Constanten $k'_1, \dots k'_\varrho$ ab, d. h. von der Art der Annäherung der Variablen $u_1, \dots u_\varrho$ an das Werthsystem $(\bar{u}_1, \dots \bar{u}_\varrho)$ (S. 457). Da aber die Grössen $u_1, \dots u_\varrho$ ein Continuum von 2ϱ Dimensionen bilden, die singulären Systeme ein solches von nur $2\varrho - 4$ Dimensionen, so giebt es in der Umgebung jedes Systems $(\bar{u}_1, \dots \bar{u}_\varrho)$ unendlich viele nicht singuläre. Wir nehmen stets an, dass die linearen Functionen $u_1 = k_1 + k'_1\tau, \dots u_\varrho = k_\varrho + k'_\varrho\tau$ so beschaffen sind, dass sie nur für singuläre Werthe von τ singuläre Systeme $(\bar{u}_1, \dots \bar{u}_\varrho)$ liefern, und zunächst wollen wir auch voraussetzen, dass $(k_1, \dots k_\varrho)$ nicht zu diesen letzteren gehört.

Aus der Gleichung ϱ^{ten} Grades ergiebt sich für jede der Wurzeln $x_1, \dots x_\varrho$ eine Potenzreihe:

$$x_\alpha = \bar{P}_\alpha(\tau^{\frac{1}{\lambda}}),$$

in der $\lambda \geqq 1$ ist. Substituirt man diese Reihe in den Ausdruck für y_α, so erhält man eine Potenzreihe derselben Beschaffenheit:

$$y_\alpha = \overline{Q}_\alpha(\tau^{\frac{1}{\lambda}}).$$

Beide Reihen enthalten keine oder nur eine endliche Anzahl negativer Potenzen von $\tau^{\frac{1}{\lambda}}$ und convergiren, wenn τ dem absoluten Betrage nach hinreichend klein angenommen wird. Ist $\lambda > 1$ und ε eine primitive λ^{te} Wurzel der Einheit, so liefern die beiden Potenzreihen $\overline{P}_\alpha(\tau^{\frac{1}{\lambda}})$ und $\overline{Q}_\alpha(\tau^{\frac{1}{\lambda}})$ λ Paare $(x_\alpha y_\alpha)$, wenn für $\tau^{\frac{1}{\lambda}}$ der Reihe nach

$$\tau^{\frac{1}{\lambda}},\ \varepsilon\tau^{\frac{1}{\lambda}},\ \ldots\ \varepsilon^{\lambda-1}\tau^{\frac{1}{\lambda}}$$

gesetzt wird.

Führt man nun diese Reihen in die Summe

$$\sum_{\alpha=1}^{\varrho}\{H(xy,\, x_\alpha y_\alpha) - H(x_0 y_0,\, x_\alpha y_\alpha)\}\, dx_\alpha$$

ein, so geht sie in

$$\sum_{\alpha=1}^{\varrho}\{H(xy,\, \overline{P}_\alpha \overline{Q}_\alpha) - H(x_0 y_0,\, \overline{P}_\alpha \overline{Q}_\alpha)\}\frac{d\overline{P}_\alpha}{d\tau}\, d\tau$$

über. Die Entwickelung von

$$\{H(xy,\, \overline{P}_\alpha \overline{Q}_\alpha) - H(x_0 y_0,\, \overline{P}_\alpha \overline{Q}_\alpha)\}\frac{d\overline{P}_\alpha}{d\tau^{\frac{1}{\lambda}}}$$

enthält negative Potenzen von $\tau^{\frac{1}{\lambda}}$ nur dann, wenn die Reihen $\overline{P}_\alpha$, $\overline{Q}_\alpha$ für $\tau = 0$ eines der beiden Werthepaare (xy) oder $(x_0 y_0)$ ergeben, und zwar im ersten Fall nur das eine Glied $\tau^{-\frac{1}{\lambda}}$, im zweiten $-\tau^{-\frac{1}{\lambda}}$ (S. 197).

Wenn daher zunächst die Stellen (xy) und $(x_0 y_0)$ so gewählt werden, dass keines der ϱ Paare $(\overline{P}_\alpha \overline{Q}_\alpha)$ für $\tau = 0$ eine dieser beiden Stellen liefert, so ist

$$\{H(xy,\, \overline{P}_\alpha \overline{Q}_\alpha) - H(x_0 y_0,\, \overline{P}_\alpha \overline{Q}_\alpha)\}\frac{d\overline{P}_\alpha}{d\tau^{\frac{1}{\lambda}}} = \mathfrak{P}_\alpha(\tau^{\frac{1}{\lambda}}),$$

mithin

$$\{H(xy,\, \overline{P}_\alpha \overline{Q}_\alpha) - H(x_0 y_0,\, \overline{P}_\alpha \overline{Q}_\alpha)\}\frac{d\overline{P}_\alpha}{d\tau}\, d\tau = \frac{1}{\lambda}\tau^{\frac{1}{\lambda}-1}\mathfrak{P}_\alpha(\tau^{\frac{1}{\lambda}})\, d\tau.$$

Falls $\lambda = 1$ ist, treten auf der rechten Seite dieser Gleichung ausser dem constanten Gliede nur Glieder mit ganzen positiven Potenzen von τ auf. Ist aber $\lambda > 1$, so kommen in der Summe

$$\sum_{\alpha=1}^{\varrho} \{H(xy, \overline{P}_\alpha \overline{Q}_\alpha) - H(x_0 y_0, \overline{P}_\alpha \overline{Q}_\alpha)\} \frac{d\overline{P}_\alpha}{d\tau} d\tau$$

$\lambda - 1$ Glieder vor, deren Entwickelungen aus

$$\frac{1}{\lambda} \tau^{\frac{1}{\lambda}-1} \mathfrak{P}_\alpha(\tau^{\frac{1}{\lambda}}) d\tau$$

entstehen, wenn $\tau^{\frac{1}{\lambda}}$ mit $\varepsilon\tau^{\frac{1}{\lambda}}, \varepsilon^2\tau^{\frac{1}{\lambda}}, \dots \varepsilon^{\lambda-1}\tau^{\frac{1}{\lambda}}$ vertauscht wird. Die Summe dieser Gruppe von λ Reihen enthält daher weder gebrochene Potenzen von τ, noch negative, da $\frac{1}{\lambda} - 1 > -1$ ist. Das Gleiche gilt für die Entwickelung der übrigen Gruppen, in welche die Summe der ϱ Glieder zerfallen kann. Es ist daher

$$\sum_{\alpha=1}^{\varrho} \{H(xy, \overline{P}_\alpha \overline{Q}_\alpha) - H(x_0 y_0, \overline{P}_\alpha \overline{Q}_\alpha)\} \frac{d\overline{P}_\alpha}{d\tau} d\tau = \mathfrak{P}(\tau) d\tau,$$

d. h. es ergiebt sich

$$d \log E(xy; x_0 y_0; u_1, \dots u_\varrho) = \mathfrak{P}(\tau) d\tau,$$

wenn

$$u_1 = k_1 + k_1'\tau, \quad \dots \quad u_\varrho = k_\varrho + k_\varrho'\tau$$

gesetzt wird und sich keines der ϱ Werthepaare $(x_\alpha y_\alpha) = (\overline{P}_\alpha \overline{Q}_\alpha)$ für $\tau = 0$ auf eine der Stellen (xy) oder $(x_0 y_0)$ reducirt.

Zweitens gehe $(x_\alpha y_\alpha)$ für $\tau = 0$ in die Stelle (xy) über, so ist

$$\{H(xy, \overline{P}_\alpha \overline{Q}_\alpha) - H(x_0 y_0, \overline{P}_\alpha \overline{Q}_\alpha)\} \frac{d\overline{P}_\alpha}{d\tau^{\frac{1}{\lambda}}} = \tau^{-\frac{1}{\lambda}} + \mathfrak{P}_\alpha(\tau^{\frac{1}{\lambda}}),$$

folglich wird

$$\{H(xy, \overline{P}_\alpha \overline{Q}_\alpha) - H(x_0 y_0, \overline{P}_\alpha \overline{Q}_\alpha)\} \frac{d\overline{P}_\alpha}{d\tau} d\tau = \frac{1}{\lambda}\left(\tau^{-1} + \mathfrak{P}_\alpha(\tau^{\frac{1}{\lambda}}) \tau^{\frac{1}{\lambda}-1}\right) d\tau.$$

Addirt man nun wieder die λ zusammengehörigen Potenzreihen, so kommt in der Summe das Glied $\frac{1}{\lambda}\tau^{-1}$ genau λ-mal vor, während alle gebrochenen Potenzen herausfallen; die Entwickelung hat daher die Form

$$(\tau^{-1} + \overline{\mathfrak{P}}(\tau)) d\tau.$$

Reduciren sich daher ν Werthepaare $(x_\alpha y_\alpha)$, die verschiedenen Gruppen angehören, sich also unter einander nicht nur dadurch unterscheiden, dass in den Reihen $\overline{P}_\alpha$, $\overline{Q}_\alpha$ das Argument $\tau^{\frac{1}{\lambda}}$ mit verschiedenen Einheitswurzeln multiplicirt ist, für $\tau = 0$ auf das Paar (xy), während hierfür kein Werthepaar $(x_\alpha y_\alpha)$ in $(x_0 y_0)$ übergeht, so erhält man

$$d \log E(xy, x_0 y_0; u_1, \dots u_\varrho) = (\nu\tau^{-1} + \mathfrak{P}(\tau))\, d\tau.$$

Ergiebt sich drittens aus den Reihen

$$x_\alpha = \overline{P}_\alpha(\tau^{\frac{1}{\lambda}}), \qquad y_\alpha = \overline{Q}_\alpha(\tau^{\frac{1}{\lambda}})$$

für $\tau = 0$ die Stelle $(x_0 y_0)$, so hat die Summe der λ zusammengehörigen Reihen eine Entwickelung der Form

$$(-\tau^{-1} + \overline{\mathfrak{P}}(\tau))\, d\tau;$$

liefern daher μ Gruppen der Paare $(x_\alpha y_\alpha)$ für $\tau = 0$ die Stelle $(x_0 y_0)$, jedoch keines dieser Paare die Stelle (xy), so ist

$$d \log E(xy, x_0 y_0; u_1, \dots u_\varrho) = (-\mu\tau^{-1} + \mathfrak{P}(\tau))\, d\tau.$$

Aus dem Vorhergehenden folgt nun der Satz: Wenn von den ϱ Paaren $(x_\alpha y_\alpha)$ für $\tau = 0$ ν Gruppen in die Stelle (xy) und μ Gruppen in die Stelle $(x_0 y_0)$ übergehen, während die übrigen Gruppen für $\tau = 0$ beliebige, hiervon verschiedene Werthepaare liefern, so ist für $u_\beta = k_\beta + k'_\beta \tau$

$$d \log E(xy, x_0 y_0; u_1, \dots u_\varrho) = (\nu\tau^{-1} - \mu\tau^{-1} + \mathfrak{P}(\tau))\, d\tau;$$

hierbei sind μ und ν ganze positive Zahlen oder Null.

Ehe wir diese Gleichung auf die Entwickelung von

$$d \log E(xy, x_0 y_0; u_1 + \overset{0}{w}_1, \dots)$$

anwenden können, müssen wir zeigen, dass bei geeigneter Wahl der Stelle $(x_0 y_0)$ die linearen Functionen

$$u_\beta + \overset{0}{w}_\beta = k_\beta + J(x_0 y_0)_\beta + k'_\beta \tau \qquad (\beta = 1, 2, \dots \varrho)$$

für $\tau = 0$ kein singuläres Werthsystem der hier in Frage kommenden Art liefern und dass dies überhaupt nur für singuläre Werthe von τ der Fall sein kann, denn wir hatten dies in den vorhergehenden Betrachtungen für die Functionen $k_\beta + k'_\beta \tau$ vorausgesetzt. Wir beweisen dazu allgemeiner: Wenn das System $u_\beta = k_\beta + k'_\beta \tau$ nur für singuläre Werthe von τ ein singuläres Werthsystem ergiebt, so können in der Umgebung zweier beliebigen Stellen (ab) und $(a'b')$ des Gebildes stets zwei Paare $(\xi\eta)$ und $(\xi'\eta')$ so angenommen werden, dass das System

$$u_\beta + J(\xi\eta)_\beta - J(\xi'\eta')_\beta = k_\beta + J(\xi\eta)_\beta - J(\xi'\eta')_\beta + k'_\beta \tau \qquad (\beta = 1, 2, \dots \varrho)$$

die gleiche Eigenschaft hat. Nachher werden wir $(\xi\eta) = (x_0 y_0)$ und $(\xi'\eta') = (a_0 b_0)$ setzen.

Von den Systemen

$$(u_1 + J(\xi\eta)_1 - J(\xi'\eta')_1, \ \dots \ u_\varrho + J(\xi\eta)_\varrho - J(\xi'\eta')_\varrho)$$

und

$$(u_1, \ \dots \ u_\varrho)$$

kann das eine nur dann singulär sein, wenn das andere es ist, vorausgesetzt dass keine der Stellen $(\xi\eta)$ und $(\xi'\eta')$ mit einem der Paare $(x_1 y_1), \dots (x_\varrho y_\varrho)$ zusammenfällt. Bei dem Beweise dieses Satzes können wir $(\xi\eta)$ und $(\xi'\eta')$ unter einander verschieden annehmen, sonst kommen wir auf den früher (S. 466) bewiesenen Satz zurück. Unter der Voraussetzung, dass das System $(u_1, \dots u_\varrho)$ nicht singulär ist, haben die durch die Gleichungen

$$u_\beta = \sum_{\alpha=1}^{\varrho} \int_{(a_\alpha b_\alpha)}^{(x_\alpha y_\alpha)} H(xy)_\beta \, dx \qquad (\beta = 1, 2, \dots \varrho)$$

bestimmten Stellen $(x_1 y_1), \dots (x_\varrho y_\varrho)$ die Eigenschaft, dass es keine rationale Function des Paares (xy) giebt, die nur für sie von der ersten Ordnung unendlich gross wird. Es sei nun $F(xy)$ eine Function $(\varrho + 1)^{\text{ten}}$ Grades, die ausser den Paaren $(x_1 y_1), \dots (x_\varrho y_\varrho)$ noch $(\xi\eta)$ zur Unendlichkeitsstelle hat. Die Function

$$F(xy) - F(\xi'\eta')$$

wird an denselben Stellen wie $F(xy)$ unendlich gross und verschwindet für $(\xi'\eta')$; werden daher ihre ϱ übrigen Nullstellen mit $(x'_1 y'_1), \dots (x'_\varrho y'_\varrho)$ bezeichnet, so ist nach dem Abelschen Theorem

$$\int_{(\xi\eta)}^{(\xi'\eta')} H(xy)_\beta\, dx + \sum_{\alpha=1}^{\varrho} \int_{(x_\alpha y_\alpha)}^{(x'_\alpha y'_\alpha)} H(xy)_\beta\, dx = 0, \qquad (\beta = 1, 2, \dots \varrho)$$

mithin

$$\sum_{\alpha=1}^{\varrho} \int_{(a_\alpha b_\alpha)}^{(x_\alpha y_\alpha)} H(xy)_\beta\, dx + \int_{(\xi'\eta')}^{(\xi\eta)} H(xy)_\beta\, dx = \sum_{\alpha=1}^{\varrho} \int_{(a_\alpha b_\alpha)}^{(x'_\alpha y'_\alpha)} H(xy)_\beta\, dx,$$

d. h.

$$u_\beta + J(\xi\eta)_\beta - J(\xi'\eta')_\beta = \sum_{\alpha=1}^{\varrho} \int_{(a_\alpha b_\alpha)}^{(x'_\alpha y'_\alpha)} H(xy)_\beta\, dx \qquad (\beta = 1, 2, \dots \varrho).$$

Wenn nun das durch die Grössen

$$u_1 + J(\xi\eta)_1 - J(\xi'\eta')_1, \quad \dots \quad u_\varrho + J(\xi\eta)_\varrho - J(\xi'\eta')_\varrho$$

gebildete Werthsystem singulär wäre, so würden ϱ von $(x'_1 y'_1), \dots (x'_\varrho y'_\varrho)$ verschiedene Paare $(x''_1 y''_1), \dots (x''_\varrho y''_\varrho)$ existiren, für die auch

$$u_\beta + J(\xi\eta)_\beta - J(\xi'\eta')_\beta = \sum_{\alpha=1}^{\varrho} \int_{(a_\alpha b_\alpha)}^{(x''_\alpha y''_\alpha)} H(xy)_\beta\, dx \qquad (\beta = 1, 2, \dots \varrho)$$

ist, folglich wäre

$$\sum_{\alpha=1}^{\varrho} \int_{(a_\alpha b_\alpha)}^{(x'_\alpha y'_\alpha)} H(xy)_\beta\, dx = \sum_{\alpha=1}^{\varrho} \int_{(a_\alpha b_\alpha)}^{(x''_\alpha y''_\alpha)} H(xy)_\beta\, dx,$$

und daher

$$\int_{(\xi\eta)}^{(\xi'\eta')} H(xy)_\beta\, dx + \sum_{\alpha=1}^{\varrho} \int_{(x_\alpha y_\alpha)}^{(x''_\alpha y''_\alpha)} H(xy)_\beta\, dx = 0 \qquad (\beta = 1, 2, \dots \varrho).$$

Nach der Umkehrung des Abelschen Theorems (S. 417) ist das Bestehen dieser ϱ Gleichungen gleichbedeutend mit der Existenz einer rationalen Function des Paares (xy), die an den Stellen

$$(x_1 y_1), \dots (x_\varrho y_\varrho), (\xi\eta)$$

von der ersten Ordnung unendlich gross wird und an den Stellen

$$(x''_1 y''_1), \dots (x''_\varrho y''_\varrho), (\xi'\eta')$$

mit derselben Ordnungszahl verschwindet. Nun ist eine Function, welche für die Paare der ersten Reihe unendlich gross und für $(\xi'\eta')$ gleich Null wird, bis auf eine multiplicative Constante bestimmt, ihre Nullstellen müssen daher dieselben, wie die der Function $F(xy) - F(\xi'\eta')$ sein, d. h. die Gesammtheit der Stellen

$$(x''_1 y''_1), \dots (x''_\varrho y''_\varrho)$$

stimmt mit der der Paare

$$(x'_1 y'_1), \dots (x'_\varrho y'_\varrho)$$

überein.

Aus den Gleichungen

$$u_\beta + J(\xi\eta)_\beta - J(\xi'\eta')_\beta = \sum_{\alpha=1}^{\varrho} \int_{(a_\alpha b_\alpha)}^{(x'_\alpha y'_\alpha)} H(xy)_\beta \, dx \qquad (\beta = 1, 2, \dots \varrho)$$

ergiebt sich mithin nur ein einziges System von Paaren $(x'_1 y'_1), \dots (x'_\varrho y'_\varrho)$; das System

$$(u_1 + J(\xi\eta)_1 - J(\xi'\eta')_1, \dots u_\varrho + J(\xi\eta)_\varrho - J(\xi'\eta')_\varrho)$$

ist daher nur singulär, falls

$$(u_1, \dots u_\varrho)$$

diese Eigenschaft hat, und umgekehrt.

Wenn demnach das System $(k_1, \dots k_\varrho)$ nicht singulär ist und die linearen Functionen

$$u_1 = k_1 + k'_1 \tau, \quad \dots \quad u_\varrho = k_\varrho + k'_\varrho \tau$$

nur für singuläre Werthe von τ ein solches Werthsystem liefern, so bilden auch die Grössen

$$u_\beta + J(\xi\eta)_\beta - J(\xi'\eta')_\beta = k_\beta + J(\xi\eta)_\beta - J(\xi'\eta')_\beta + k'_\beta \tau \qquad (\beta = 1, 2, \dots \varrho)$$

nur für singuläre Werthe von τ ein singuläres System, und insbesondere nicht für $\tau = 0$. Hierbei mussten die Stellen $(\xi\eta)$ und $(\xi'\eta')$ von den Werthepaaren $(x_1 y_1), \dots (x_\varrho y_\varrho)$ verschieden sein. Diese Bedingung lässt sich erfüllen, auch wenn $(\xi\eta)$ und $(\xi'\eta')$ in der Umgebung von beliebig vorgeschriebenen Stellen (ab) und $(a'b')$ liegen sollen.

Wählen wir jetzt für $(\xi\eta)$ die beliebige Stelle $(x_0 y_0)$ und für $(\xi'\eta')$ die Stelle $(a_0 b_0)$, für welche die Function $H(xy, x'y')$ verschwindet, so kann $J(\xi'\eta')_\beta = J(a_0 b_0)_\beta$ gleich 0 angenommen werden, und aus dem Vorhergehenden folgt, dass unter der für die linearen Functionen $u_\beta = k_\beta + k'_\beta \tau$ gemachten

Annahme die Grössen

$$u_\beta + \overset{0}{w}_\beta = u_\beta + J(x_0 y_0)_\beta = k_\beta + J(x_0 y_0)_\beta + k'_\beta \tau \qquad (\beta = 1, 2, \ldots \varrho)$$

nur für singuläre Werthe von τ, und jedenfalls nicht für $\tau = 0$, ein singuläres System bilden.

Nun vertauschen wir in der Gleichung (S. 500)

$$d \log E(xy, x_0 y_0; u_1, \ldots u_\varrho) = (\nu \tau^{-1} - \mu \tau^{-1} + \mathfrak{P}(\tau))\, d\tau$$

die Variablen $u_1, \ldots u_\varrho$ mit $u_1 + \overset{0}{w}_1, \ldots u_\varrho + \overset{0}{w}_\varrho$, was nach dem eben Bewiesenen zulässig ist. Wird die Stelle (xy) so angenommen, dass keines der durch die Gleichungen

$$u_\beta + \overset{0}{w}_\beta = \sum_{\alpha=1}^{\varrho} \int_{(a_\alpha b_\alpha)}^{(x_\alpha y_\alpha)} H(xy)_\beta\, dx \qquad (\beta = 1, 2, \ldots \varrho)$$

definirten Paare $(x_\alpha y_\alpha)$ für $\tau = 0$ mit ihr zusammenfällt, so ist in der Formel, die aus der vorhergehenden bei dieser Vertauschung entsteht, ν gleich Null zu setzen, und es ergiebt sich

$$d \log E(xy, x_0 y_0; u_1 + \overset{0}{w}_1, \ldots) = (-\mu \tau^{-1} + \mathfrak{P}(\tau))\, d\tau,$$

wo μ eine ganze positive Zahl oder Null ist.

Führen wir diese Entwickelung in die Gleichung (S. 496)

$$d \log E(xy, x_0 y_0; u_1 + \overset{0}{w}_1, \ldots) = \sum_{\beta=1}^{\varrho} J(u_1 + \overset{0}{w}_1 - w_1 + w_{1\beta}, \ldots)_\beta\, du_\beta - \sum_{\beta=1}^{\varrho} J(u_1 + w_{1\beta}, \ldots)_\beta\, du_\beta$$
$$+ \sum_{\beta=1}^{\varrho} \left\{ J'(xy)_\beta - J'(x_0 y_0)_\beta \right\} du_\beta$$

ein, so folgt

$$\sum_{\beta=1}^{\varrho} J(u_1 + w_{1\beta}, \ldots)_\beta\, du_\beta = \sum_{\beta=1}^{\varrho} J(u_1 + \overset{0}{w}_1 - w_1 + w_{1\beta}, \ldots)_\beta\, du_\beta + (\mu \tau^{-1} + \overline{\mathfrak{P}}(\tau))\, d\tau,$$

wobei

$$u_1 = k_1 + k'_1 \tau, \quad \ldots \quad u_\varrho = k_\varrho + k'_\varrho \tau$$

gesetzt ist. Dabei darf $(k_1, \ldots k_\varrho)$ kein singuläres Werthsystem sein, und es dürfen überhaupt die linearen Functionen rechts nur für singuläre Werthe von τ solche Werthsysteme liefern. Die Paare (xy) und $(x_0 y_0)$ müssen von den Stellen $(a_1 b_1), \ldots (a_\varrho b_\varrho)$ verschieden angenommen werden, und die Integrationswege der Integrale $J'(xy)_\beta$ und $J'(x_0 y_0)_\beta$ dürfen durch keine dieser Stellen hindurchführen.

Ist der Rang des Gebildes gleich 1, so ergiebt sich das gesuchte Resultat unmittelbar aus dieser Gleichung, die dann in

$$J(u+w_1)\,du = J(u+\overset{0}{w}-w+w_1)\,du + (\mu\tau^{-1}+\overline{\mathfrak{P}}(\tau))\,d\tau$$

übergeht. Die Stelle (xy) möge nun so gewählt werden, dass die Function

$$J(u+\overset{0}{w}-w+w_1)$$

für $\tau = 0$ einen endlichen Werth hat, mithin in ihrer Entwickelung nur positive Potenzen von τ auftreten. Dann ergiebt sich

$$J(u+w_1)\,du = (\mu\tau^{-1}+\mathfrak{P}(\tau))\,d\tau.$$

Da die Function $J(u+w_1)$ die erste Bedingung des allgemeinen Satzes (S. 481) erfüllt, die zweite für $\varrho = 1$ aber ihre Bedeutung verliert, so ist diese Gleichung die nothwendige und hinreichende Bedingung dafür, dass die der Differentialgleichung

$$d\log f(u) = J(u+w_1)\,du$$

genügende Function $f(u)$ sich in eine beständig convergente Potenzreihe von u entwickeln lässt.

Wenn aber der Rang des Gebildes grösser als 1 ist, so gestaltet sich die Untersuchung nicht so einfach, da für $\varrho \geqq 2$ singuläre Werthsysteme $(u_1, \dots u_\varrho)$ existiren. Sind die Stellen (xy) und $(x_0 y_0)$ so beschaffen, dass das Werthsystem

$$(u_1+\overset{0}{w}_1-w_1+w_{1\beta}, \;\dots\; u_\varrho+\overset{0}{w}_\varrho-w_\varrho+w_{\varrho\beta}) \qquad (\beta = 1, 2, \dots \varrho)$$

für $\tau = 0$ sich weder auf ein singuläres noch auf ein solches reducirt, wofür die Function $J(u_1, \dots u_\varrho)_\beta$ unendlich gross wird, so können wir dieselben Schlüsse wie für $\varrho = 1$ machen; aber es lässt sich nicht von vornherein erkennen, ob diese Bedingungen stets erfüllbar sind. Um dennoch ähnlich, wie in diesem speciellen Falle, schliessen zu können, wenden wir die Gleichung

$$d\log E(xy, x_0 y_0; u_1+\overset{0}{w}_1, \dots) = \sum_{\beta=1}^{\varrho} J(u_1+\overset{0}{w}_1-w_1+w_{1\beta}, \dots)_\beta\, du_\beta - \sum_{\beta=1}^{\varrho} J(u_1+w_{1\beta}, \dots)_\beta\, du_\beta$$
$$+ \sum_{\beta=1}^{\varrho} \{J'(xy)_\beta - J'(x_0 y_0)_\beta\}\, du_\beta$$

wiederholt an. Wir schreiben dabei der Gleichmässigkeit der Bezeichnung wegen $(\xi_1\eta_1)$ statt (xy) und $(\xi_0\eta_0)$ statt (x_0y_0), wobei wir also annehmen müssen, dass die Integrationswege der Integrale $J'(\xi_1\eta_1)_\beta$ und $J'(\xi_0\eta_0)_\beta$ nicht durch eine der Stellen $(a_1b_1), \ldots (a_\varrho b_\varrho)$ hindurchführen. Setzen wir dann

$$J(\xi_0\eta_0)_\beta = \overset{0}{v}_\beta, \qquad J(\xi_1\eta_1)_\beta = \overset{1}{v}_\beta, \qquad (\beta = 1, 2, \ldots \varrho)$$

so geht die vorhergehende Formel in

$$d\log E(\xi_1\eta_1, \xi_0\eta_0; u_1+\overset{0}{v}_1, \ldots) = \sum_{\beta=1}^{\varrho} J(u_1+\overset{0}{v}_1-\overset{1}{v}_1+w_{1\beta}, \ldots)_\beta du_\beta - \sum_{\beta=1}^{\varrho} J(u_1+w_{1\beta}, \ldots)_\beta du_\beta$$
$$+ \sum_{\beta=1}^{\varrho}\{J'(\xi_1\eta_1)_\beta - J'(\xi_0\eta_0)_\beta\} du_\beta$$

über. Führt man nun die Werthepaare $(\xi_2\eta_2)$ und $(\xi_3\eta_3)$ an Stelle von (x_0y_0) und (xy) und das System $(u_1+\overset{0}{v}_1-\overset{1}{v}_1, \ldots u_\varrho+\overset{0}{v}_\varrho-\overset{1}{v}_\varrho)$ statt $(u_1, \ldots u_\varrho)$ ein und setzt

$$J(\xi_2\eta_2)_\beta = \overset{2}{v}_\beta, \qquad J(\xi_3\eta_3)_\beta = \overset{3}{v}_\beta, \qquad (\beta = 1, 2, \ldots \varrho)$$

so folgt

$$d\log E(\xi_3\eta_3, \xi_2\eta_2; u_1+\overset{0}{v}_1-\overset{1}{v}_1+\overset{2}{v}_1, \ldots)$$
$$= \sum_{\beta=1}^{\varrho} J(u_1+\overset{0}{v}_1-\overset{1}{v}_1+\overset{2}{v}_1-\overset{3}{v}_1+w_{1\beta}, \ldots)_\beta du_\beta - \sum_{\beta=1}^{\varrho} J(u_1+\overset{0}{v}_1-\overset{1}{v}_1+w_{1\beta}, \ldots)_\beta du_\beta$$
$$+ \sum_{\beta=1}^{\varrho}\{J'(\xi_3\eta_3)_\beta - J'(\xi_2\eta_2)_\beta\} du_\beta.$$

Für die Stellen $(\xi_4\eta_4), (\xi_5\eta_5), \ldots (\xi_{2\nu-2}\eta_{2\nu-2}), (\xi_{2\nu-1}\eta_{2\nu-1})$ werde

$$J(\xi_4\eta_4)_\beta = \overset{4}{v}_\beta, \qquad J(\xi_5\eta_5)_\beta = \overset{5}{v}_\beta,$$
$$\cdot \quad \cdot \quad \cdot \quad \cdot \quad \cdot \quad \cdot \quad \cdot \quad \cdot \quad \cdot \quad \cdot \quad \cdot \qquad (\beta = 1, 2, \ldots \varrho)$$
$$J(\xi_{2\nu-2}\eta_{2\nu-2})_\beta = \overset{2\nu-2}{v}_\beta, \qquad J(\xi_{2\nu-1}\eta_{2\nu-1})_\beta = \overset{2\nu-1}{v}_\beta$$

gesetzt, so ergiebt sich schliesslich die Gleichung

$$d\log E(\xi_{2\nu-1}\eta_{2\nu-1}, \xi_{2\nu-2}\eta_{2\nu-2}; u_1+\overset{0}{v}_1-\overset{1}{v}_1+\overset{2}{v}_1-\overset{3}{v}_1+\cdots-\overset{2\nu-3}{v_1}+\overset{2\nu-2}{v_1}, \ldots)$$
$$= \sum_{\beta=1}^{\varrho} J(u_1+\overset{0}{v}_1-\overset{1}{v}_1+\overset{2}{v}_1-\overset{3}{v}_1+\cdots-\overset{2\nu-3}{v_1}+\overset{2\nu-2}{v_1}-\overset{2\nu-1}{v_1}+w_{1\beta}, \ldots)_\beta du_\beta$$
$$- \sum_{\beta=1}^{\varrho} J(u_1+\overset{0}{v}_1-\overset{1}{v}_1+\overset{2}{v}_1-\overset{3}{v}_1+\cdots-\overset{2\nu-3}{v_1}+w_{1\beta}, \ldots)_\beta du_\beta$$
$$+ \sum_{\beta=1}^{\varrho}\{J'(\xi_{2\nu-1}\eta_{2\nu-1})_\beta - J'(\xi_{2\nu-2}\eta_{2\nu-2})_\beta\} du_\beta.$$

Durch Addition aller dieser Gleichungen erhält man

$$\sum_{\beta=1}^{\varrho} J(u_1 + w_{1\beta}, \dots)_\beta \, du_\beta$$

$$= \sum_{\beta=1}^{\varrho} J(u_1 + \overset{0}{v}_1 - \overset{1}{v}_1 + \overset{2}{v}_1 - \overset{3}{v}_1 + \cdots - \overset{2\nu-3}{v_1} + \overset{2\nu-2}{v_1} - \overset{2\nu-1}{v_1} + w_{1\beta}, \dots)_\beta \, du_\beta$$

$$- \sum_{\beta=1}^{\varrho} \{ J'(\xi_0 \eta_0)_\beta - J'(\xi_1 \eta_1)_\beta + J'(\xi_2 \eta_2)_\beta - J'(\xi_3 \eta_3)_\beta + \cdots + J'(\xi_{2\nu-2} \eta_{2\nu-2})_\beta - J'(\xi_{2\nu-1} \eta_{2\nu-1})_\beta \} \, du_\beta$$

$$- d \log E(\xi_1 \eta_1, \xi_0 \eta_0; u_1 + \overset{0}{v}_1, \dots) - d \log E(\xi_3 \eta_3, \xi_2 \eta_2; u_1 + \overset{0}{v}_1 - \overset{1}{v}_1 + \overset{2}{v}_1, \dots) - \cdots$$

$$- d \log E(\xi_{2\nu-1} \eta_{2\nu-1}, \xi_{2\nu-2} \eta_{2\nu-2}; u_1 + \overset{0}{v}_1 - \overset{1}{v}_1 + \cdots - \overset{2\nu-3}{v_1} + \overset{2\nu-2}{v_1}, \dots).$$

Nun mögen für $u_1, \dots u_\varrho$ die linearen Functionen $k_1 + k_1' \tau, \dots k_\varrho + k_\varrho' \tau$ eingeführt und die Werthepaare $(\xi_0 \eta_0), (\xi_1 \eta_1), \dots (\xi_{2\nu-1} \eta_{2\nu-1})$ den folgenden Bedingungen gemäss gewählt werden: Erstens seien sie von den Stellen $(a_1 b_1), \dots (a_\varrho b_\varrho)$ verschieden; zweitens sollen sie successive so bestimmt werden, dass die Systeme, die sich aus den Grössen

$$u_\beta + \overset{0}{v}_\beta, \quad u_\beta + \overset{0}{v}_\beta - \overset{1}{v}_\beta + \overset{2}{v}_\beta, \quad \dots \quad u_\beta + \overset{0}{v}_\beta - \overset{1}{v}_\beta + \overset{2}{v}_\beta - \cdots - \overset{2\nu-3}{v_\beta} + \overset{2\nu-2}{v_\beta}$$

für $\beta = 1, 2, \dots \varrho$ ergeben, nur für einzelne Werthe von τ und jedenfalls nicht für $\tau = 0$ singulär sind (S. 500—503); drittens dürfen sich für keinen der Werthe $\varkappa = 1, 2, \dots \nu$ die durch das Gleichungssystem

$$u_\beta + \overset{0}{v}_\beta - \overset{1}{v}_\beta + \cdots - \overset{2\varkappa-3}{v_\beta} + \overset{2\varkappa-2}{v_\beta} = \sum_{\alpha=1}^{\varrho} \int_{(a_\alpha b_\alpha)}^{(x_\alpha y_\alpha)} H(xy)_\beta \, dx \qquad (\beta = 1, 2, \dots \varrho)$$

definirten Paare $(x_1 y_1), \dots (x_\varrho y_\varrho)$ auf $(\xi_{2\varkappa-1} \eta_{2\varkappa-1})$ reduciren, wenn τ gleich Null gesetzt wird (S. 504). Dann nimmt die Entwickelung jedes der in der letzten Gleichung vorkommenden Differentiale des Logarithmus einer E-Function die Form

$$(-\mu \tau^{-1} + \mathfrak{P}(\tau)) \, d\tau$$

an, und es wird

$$\sum_{\beta=1}^{\varrho} J(u_1 + w_{1\beta}, \dots)_\beta \, du_\beta = \sum_{\beta=1}^{\varrho} J(u_1 + \overset{0}{v}_1 - \overset{1}{v}_1 + \overset{2}{v}_1 - \overset{3}{v}_1 + \cdots + \overset{2\nu-2}{v_1} - \overset{2\nu-1}{v_1} + w_{1\beta}, \dots)_\beta \, du_\beta$$
$$+ (\mu^{(\nu)} \tau^{-1} + \overline{\mathfrak{P}}_\nu(\tau)) \, d\tau,$$

wo $\mu^{(\nu)}$ eine ganze, nicht negative Zahl ist.

Die Zahl ν ist in dieser Formel beliebig. Wir wollen nun $\nu = \varrho$ setzen, da, selbst wenn die linearen Functionen

$$u_1 + w_{1\beta} = k_1 + w_{1\beta} + k_1' \tau, \quad \dots \quad u_\varrho + w_{\varrho\beta} = k_\varrho + w_{\varrho\beta} + k_\varrho' \tau$$

sich für $\tau = 0$ auf ein singuläres Werthsystem $(\bar{u}_1, \dots \bar{u}_\varrho)$ reduciren, also $k_1 + w_{1\beta} = \bar{u}_1, \dots k_\varrho + w_{\varrho\beta} = \bar{u}_\varrho$ ist, die Werthepaare $(\xi_0 \eta_0), (\xi_1 \eta_1), \dots (\xi_{2\varrho-1} \eta_{2\varrho-1})$ so bestimmt werden können, dass das System

$$(\bar{u}_1 + \overset{0}{v}_1 - \overset{1}{v}_1 + \dots + \overset{2\varrho-2}{v_1} - \overset{2\varrho-1}{v_1}, \quad \dots \quad \bar{u}_\varrho + \overset{0}{v}_\varrho - \overset{1}{v}_\varrho + \dots + \overset{2\varrho-2}{v_\varrho} - \overset{2\varrho-1}{v_\varrho})$$

nicht singulär ist.

Es sei nämlich

$$\bar{u}_\beta = \sum_{\alpha=1}^{\varrho} \int_{(a_\alpha b_\alpha)}^{(g'_\alpha h'_\alpha)} H(xy)_\beta dx \qquad (\beta = 1, 2, \dots \varrho)$$

und

$$\sum_{\alpha=1}^{\varrho} \int_{(g'_\alpha h'_\alpha)}^{(g_\alpha h_\alpha)} H(xy)_\beta dx = \sum_{\alpha=1}^{\varrho} \int_{(a'_\alpha b'_\alpha)}^{(a''_\alpha b''_\alpha)} H(xy)_\beta dx \qquad (\beta = 1, 2, \dots \varrho).$$

Dann sind nach dem Abelschen Theorem die Paare $(g_\alpha h_\alpha)$ algebraisch von $(g'_1 h'_1), \dots (g'_\varrho h'_\varrho), (a'_1 b'_1), \dots (a'_\varrho b'_\varrho), (a''_1 b''_1), \dots (a''_\varrho b''_\varrho)$ abhängig, man kann daher $(a'_1 b'_1), \dots (a'_\varrho b'_\varrho), (a''_1 b''_1), \dots (a''_\varrho b''_\varrho)$ in der Umgebung von 2ϱ beliebigen Stellen so wählen, dass es keine rationale Function giebt, die nur für $(g_1 h_1), \dots (g_\varrho h_\varrho)$ von der ersten Ordnung unendlich gross wird. Setzt man dann

$$u'_\beta = \sum_{\alpha=1}^{\varrho} \int_{(g'_\alpha h'_\alpha)}^{(g_\alpha h_\alpha)} H(xy)_\beta dx, \qquad (\beta = 1, 2, \dots \varrho)$$

so ist das System

$$\bar{u}_\beta + u'_\beta = \sum_{\alpha=1}^{\varrho} \int_{(a_\alpha b_\alpha)}^{(g_\alpha h_\alpha)} H(xy)_\beta dx \qquad (\beta = 1, 2, \dots \varrho)$$

nicht singulär (S. 458—459). Die Annahme

$$a'_\alpha = \xi_{2\alpha-1}, \quad b'_\alpha = \eta_{2\alpha-1}, \quad a''_\alpha = \xi_{2\alpha-2}, \quad b''_\alpha = \eta_{2\alpha-2}$$

zeigt daher, dass die 2ϱ Paare $(\xi_0 \eta_0), (\xi_1 \eta_1), \dots (\xi_{2\varrho-1} \eta_{2\varrho-1})$ in der Umgebung von 2ϱ beliebigen Stellen so bestimmt werden können, dass die Grössen

$$\begin{aligned} \bar{u}_\beta + u'_\beta &= \bar{u}_\beta + \sum_{\alpha=1}^{\varrho} \int_{(\xi_{2\alpha-1} \eta_{2\alpha-1})}^{(\xi_{2\alpha-2} \eta_{2\alpha-2})} H(xy)_\beta dx \\ &= \bar{u}_\beta + \sum_{\alpha=1}^{\varrho} \left\{ J(\xi_{2\alpha-2} \eta_{2\alpha-2})_\beta - J(\xi_{2\alpha-1} \eta_{2\alpha-1})_\beta \right\} \qquad (\beta = 1, 2, \dots \varrho) \\ &= \bar{u}_\beta + \overset{0}{v}_\beta - \overset{1}{v}_\beta + \dots + \overset{2\varrho-2}{v_\beta} - \overset{2\varrho-1}{v_\beta} \end{aligned}$$

ein nicht singuläres Werthsystem bilden. Durch Hinzufügung der geeignet bestimmten Constanten

$$\overset{0}{v}_\beta - \overset{1}{v}_\beta + \cdots + \overset{2\varrho-2}{v}_\beta - \overset{2\varrho-1}{v}_\beta$$

geht also aus dem singulären Systeme $(\bar{u}_1, \dots \bar{u}_\varrho)$ ein nicht singuläres hervor.

Da ferner die Function $J(u_1, \dots u_\varrho)_\beta$ in einem endlichen Bereich nur eine endliche Anzahl Unendlichkeitsstellen haben kann, so ist es immer möglich den Werthepaaren $(\xi_0 \eta_0), \dots (\xi_{2\varrho-1} \eta_{2\varrho-1})$ ausser den obigen Bedingungen (S. 507) noch die aufzuerlegen, dass für das System

$$(k_1 + \overset{0}{v}_1 - \overset{1}{v}_1 + \cdots + \overset{2\varrho-2}{v}_1 - \overset{2\varrho-1}{v}_1 + w_{1\beta}, \quad \dots \quad k_\varrho + \overset{0}{v}_\varrho - \overset{1}{v}_\varrho + \cdots + \overset{2\varrho-2}{v}_\varrho - \overset{2\varrho-1}{v}_\varrho + w_{\varrho\beta})$$

die Function $J(u_1, \dots u_\varrho)_\beta$ endlich bleibt, selbst wenn sie für das System $(k_1 + w_{1\beta}, \dots k_\varrho + w_{\varrho\beta})$ unendlich gross werden sollte. Dann enthält die Entwickelung der Function

$$J(u_1 + \overset{0}{v}_1 - \overset{1}{v}_1 + \cdots + \overset{2\varrho-2}{v}_1 - \overset{2\varrho-1}{v}_1 + w_{1\beta}, \dots)_\beta$$

keine negativen Potenzen von τ; mithin folgt aus der Gleichung

$$\sum_{\beta=1}^{\varrho} J(u_1 + w_{1\beta}, \dots)_\beta du_\beta = \sum_{\beta=1}^{\varrho} J(u_1 + \overset{0}{v}_1 - \overset{1}{v}_1 + \overset{2}{v}_1 - \cdots + \overset{2\varrho-2}{v}_1 - \overset{2\varrho-1}{v}_1 + w_{1\beta}, \dots)_\beta du_\beta$$
$$+ (\mu^{(\varrho)} \tau^{-1} + \overline{\mathfrak{P}}_\varrho(\tau))\, d\tau$$

auch für den Fall, dass sich das System $(u_1 + w_{1\beta}, \dots u_\varrho + w_{\varrho\beta})$ für $\tau = 0$ auf ein singuläres reduciren sollte,

$$\sum_{\beta=1}^{\varrho} J(u_1 + w_{1\beta}, \dots)_\beta du_\beta = (\mu^{(\varrho)} \tau^{-1} + \mathfrak{P}(\tau))\, d\tau.$$

Demnach ist auch für

$$u_1 = k_1 + k_1' \tau, \quad \dots \quad u_\varrho = k_\varrho + k_\varrho' \tau$$

bei hinreichend kleinen Werthen von $|\tau|$

$$\sum_{\beta=1}^{\varrho} f_\beta(u_1, \dots u_\varrho) du_\beta = \sum_{\beta=1}^{\varrho} \{J(u_1 - w_1 + w_{1\beta}, \dots)_\beta + J'(xy)_\beta\} du_\beta = (\mu_1 \tau^{-1} + \mathfrak{P}_1(\tau))\, d\tau$$

und, wenn man (xy) mit $(x_0 y_0)$ vertauscht,

$$\sum_{\beta=1}^{\varrho} g_\beta(u_1, \dots u_\varrho) du_\beta = \sum_{\beta=1}^{\varrho} \{J(u_1 - \overset{0}{w}_1 + w_{1\beta}, \dots)_\beta + J'(x_0 y_0)_\beta\} du_\beta = (\mu_2 \tau^{-1} + \mathfrak{P}_2(\tau))\, d\tau,$$

wo μ_1 und μ_2 ganze positive Zahlen oder Null sind.

Damit ist die dritte Eigenschaft der Functionen $f_\beta(u_1, \dots u_\varrho)$ und $g_\beta(u_1, \dots u_\varrho)$ bewiesen, die für den Nachweis der Darstellbarkeit von $E(xy, x_0 y_0; u_1, \dots u_\varrho)$ durch einen Quotienten zweier beständig convergenten Potenzreihen erforderlich war (S. 483).

Die entwickelten Formeln zeigen sofort, dass die im Zähler und Nenner von $E(xy, x_0 y_0; u_1, \dots u_\varrho)$ auftretenden Potenzreihen in einfacher Weise zusammenhängen. Um dies noch deutlicher hervortreten zu lassen, definiren wir eine Function $f(u_1, \dots u_\varrho)$ durch die Gleichung

$$d \log f(u_1, \dots u_\varrho) = \sum_{\beta=1}^{\varrho} J(u_1 + w_{1\beta}, \dots u_\varrho + w_{\varrho\beta})_\beta \, du_\beta.$$

Da die Functionen $J(u_1 + w_{1\beta}, \dots)_\beta$ eindeutig und ohne wesentlich singuläre Stellen im Endlichen sind, den Integrabilitätsbedingungen

$$\frac{\partial J(u_1 + w_{1\beta}, \dots)_\beta}{\partial u_\alpha} = \frac{\partial J(u_1 + w_{1\alpha}, \dots)_\alpha}{\partial u_\beta} \qquad (\alpha, \beta = 1, 2, \dots \varrho)$$

genügen (S. 494) und für $u_\beta = k_\beta + k'_\beta \tau$ die Summe $\sum_{\beta=1}^{\varrho} J(u_1 + w_{1\beta}, \dots)_\beta \, du_\beta$ gleich

$$(\mu^{(\varrho)} \tau^{-1} + \mathfrak{P}(\tau)) \, d\tau$$

wird, so lässt sich nach dem allgemeinen, zu Anfang des Kapitels angeführten Satze die Function $f(u_1, \dots u_\varrho)$ durch eine beständig convergente Potenzreihe darstellen.

Nun ist

$$d \log E(xy, x_0 y_0; u_1, \dots u_\varrho) = d \log f(u_1 - w_1, \dots u_\varrho - w_\varrho) - d \log f(u_1 - \overset{0}{w}_1, \dots u_\varrho - \overset{0}{w}_\varrho)$$
$$+ d \sum_{\beta=1}^{\varrho} \{J'(xy)_\beta - J'(x_0 y_0)_\beta\} u_\beta,$$

wobei sich die Differentiation auf die Variablen $u_1, \dots u_\varrho$ bezieht. Mithin ergiebt sich durch Integration

$$E(xy, x_0 y_0; u_1, \dots u_\varrho) = \frac{f(u_1 - w_1, \dots u_\varrho - w_\varrho)}{f(u_1 - \overset{0}{w}_1, \dots u_\varrho - \overset{0}{w}_\varrho)} \cdot e^{\sum_{\beta=1}^{\varrho} \{J'(xy)_\beta - J'(x_0 y_0)_\beta\} u_\beta}$$

Hierbei sind die Integrale $J(xy)_1 = w_1, \dots J(xy)_\varrho = w_\varrho$ und $J'(xy)_1, \dots J'(xy)_\varrho$ über einen gemeinsamen, beliebig anzunehmenden Integrationsweg zu erstrecken, und das Gleiche gilt auch für die Integrale $J(x_0 y_0)_1 = \overset{0}{w}_1, \dots J(x_0 y_0)_\varrho = \overset{0}{w}_\varrho$ und $J'(x_0 y_0)_1, \dots J'(x_0 y_0)_\varrho$ (S. 492). Eine Integrationsconstante braucht nicht hinzugefügt zu werden, denn für $(xy) = (x_0 y_0)$ kann man $w_\alpha = \overset{0}{w}_\alpha$ setzen, mithin werden beide Seiten der Gleichung gleich 1.

Schreibt man die Gleichung in der Form

$$E(xy, x_0 y_0; u_1, \dots u_\varrho) = \frac{f(u_1 - w_1, \dots u_\varrho - w_\varrho) \cdot e^{\sum\limits_\beta J'(xy)_\beta u_\beta}}{f(u_1 - \overset{0}{w}_1, \dots u_\varrho - \overset{0}{w}_\varrho) \cdot e^{\sum\limits_\beta J'(x_0 y_0)_\beta u_\beta}},$$

so ist $E(xy, x_0 y_0; u_1, \dots u_\varrho)$ der Art als Quotient zweier beständig convergenten Potenzreihen dargestellt, dass der Zähler ausser von $u_1, \dots u_\varrho$ nur von dem Paare (xy), der Nenner nur von $(x_0 y_0)$ abhängt. $f(u_1, \dots u_\varrho)$ entspricht der σ-Function in der Theorie der elliptischen Transcendenten.

Die in der Definitionsgleichung der Function $f(u_1, \dots u_\varrho)$ vorkommenden Integrale erster Art

$$w_{1\beta} = J(a_\beta b_\beta)_1, \quad \dots \quad w_{\varrho\beta} = J(a_\beta b_\beta)_\varrho$$

haben unendlich viele Werthe. Bei einer anderen Bestimmung des Integrationsweges $((a_0 b_0) \dots (a_\beta b_\beta))$ können sich die ϱ Integrale um ein System simultaner Perioden ändern. Es giebt daher unendlich viele Functionen $f(u_1, \dots u_\varrho)$, von denen wir uns eine bestimmte herausgehoben denken. Wir haben bereits gesehen (S. 492—493), dass diese Vieldeutigkeit der Grössen $w_{1\beta}, \dots w_{\varrho\beta}$ auf den Ausdruck von $d \log E(xy; u_1, \dots u_\varrho)$, mithin auch auf den von $d \log E(xy, x_0 y_0; u_1, \dots u_\varrho)$, keinen Einfluss hat.

Für den Fall der hyperelliptischen Functionen habe ich die Darstellung der Function $E(xy; u_1, \dots u_\varrho)$ durch einen Quotienten zweier beständig convergenten Potenzreihen bereits in der im Jahre 1853 verfassten Abhandlung »Zur Theorie der Abelschen Functionen«*) gegeben. Für das hyperelliptische Gebilde

$$y^2 = (x - a_0)(x - a_1) \dots (x - a_{2\varrho})$$

ist

$$H(xy, x'y') = \frac{P(x')}{2(x' - x)\, y'} \left\{ \frac{y}{P(x)} + \frac{y'}{P(x')} \right\},$$

*) Crelle's Journal, Bd. 47 (1854); Bd. I S. 133—152 dieser Ausgabe.

wo

$$P(x) = (x-a_1)(x-a_3)\dots(x-a_{2\varrho-1})$$

gesetzt ist (S. 341). Dabei fällt die Stelle $(a_0 b_0)$ mit der unendlich fernen Stelle des Gebildes zusammen, während für $(a_1 b_1), (a_2 b_2), \dots (a_\varrho b_\varrho)$ die Paare $(a_1 0), (a_3 0), \dots (a_{2\varrho-1} 0)$ gewählt sind. Mithin wird in diesem Falle

$$E(xy; u_1, \dots u_\varrho) = e^{\sum\limits_{\alpha=1}^{\varrho} \int_{(a_\alpha b_\alpha)}^{(x_\alpha y_\alpha)} H(xy, x'y')\, dx'}$$

$$= e^{\sum\limits_{\alpha=1}^{\varrho} \int_{(a_{2\alpha-1}\, 0)}^{(x_\alpha y_\alpha)} \frac{1}{2}\left\{1+\frac{P(x')}{P(x)}\frac{y}{y'}\right\}\frac{dx'}{x'-x}},$$

und genau diese Function ist in der erwähnten Abhandlung*) in der Form

$$e^{-\sum\limits_{\alpha} u_\alpha \overset{\alpha}{\mathrm{Al}}(w_1, \dots)} \frac{\mathrm{Al}(u_1+w_1, \dots)}{\mathrm{Al}(w_1, \dots)\,\mathrm{Al}(u_1, \dots)}$$

dargestellt worden, wo $\mathrm{Al}(u_1, \dots)$ eine für alle Werthe von $u_1, u_2, \dots$ convergente Potenzreihe ist.

Im nächsten Kapitel soll aus $f(u_1, \dots u_\varrho)$ eine neue Function hergeleitet werden, die den Thetafunctionen in der Theorie der elliptischen Transcendenten entspricht. Durch diese stellen wir dann zunächst $E(xy, x_0 y_0; u_1, \dots u_\varrho)$ und später die Abelschen Functionen dar.

*) Bd. I S. 146 dieser Ausgabe.

Fünfundzwanzigstes Kapitel.

Einführung der Function $\Theta(u_1, \dots u_\varrho)$.

Die als beständig convergente Potenzreihe darstellbare Function $f(u_1, \dots u_\varrho)$ ist durch die Differentialgleichung

$$d \log f(u_1, \dots u_\varrho) = \sum_{\alpha=1}^{\varrho} J(u_1 + w_{1\alpha}, \dots u_\varrho + w_{\varrho\alpha})_\alpha du_\alpha$$

definirt worden (S. 510). Bevor wir zu ihrer wirklichen Darstellung übergehen können, müssen wir noch für sie Relationen entwickeln, welche den für die Thetafunctionen einer Variablen aus der Theorie der elliptischen Transcendenten bekannten entsprechen.

Wird mit

$$(2\omega_1, \dots 2\omega_\varrho, \quad 2\eta_1, \dots 2\eta_\varrho)$$

ein System simultaner Perioden der Abelschen Integrale erster und zweiter Art bezeichnet, so ist (S. 479)

$$J(u_1 + 2\omega_1, \dots u_\varrho + 2\omega_\varrho)_\alpha = J(u_1, \dots u_\varrho)_\alpha + 2\eta_\alpha \qquad (\alpha = 1, 2, \dots \varrho).$$

Demnach erhält man aus der Definitionsgleichung der Function $f(u_1, \dots u_\varrho)$

$$d \log f(u_1 + 2\omega_1, \dots u_\varrho + 2\omega_\varrho) = d \log f(u_1, \dots u_\varrho) + \sum_{\alpha=1}^{\varrho} 2\eta_\alpha du_\alpha,$$

oder nach Ausführung der Integration

$$f(u_1 + 2\omega_1, \dots u_\varrho + 2\omega_\varrho) = C f(u_1, \dots u_\varrho) . e^{\sum\limits_{\alpha=1}^{\varrho} 2\eta_\alpha u_\alpha}.$$

Setzt man nun für

$$2\omega_1, \dots 2\omega_\varrho, \quad 2\eta_1, \dots 2\eta_\varrho$$

der Reihe nach die simultanen Perioden eines primitiven Systems (S. 337)

$$2\omega_{1\beta}, \ldots 2\omega_{\varrho\beta}, \quad 2\eta_{1\beta}, \ldots 2\eta_{\varrho\beta} \qquad (\beta = 1, 2, \ldots \varrho)$$

und

$$2\omega'_{1\beta}, \ldots 2\omega'_{\varrho\beta}, \quad 2\eta'_{1\beta}, \ldots 2\eta'_{\varrho\beta}, \qquad (\beta = 1, 2, \ldots \varrho)$$

so ergeben sich die 2ϱ Fundamentalgleichungen

$$f(u_1 + 2\omega_{1\beta}, \ldots u_\varrho + 2\omega_{\varrho\beta}) = C_\beta f(u_1, \ldots u_\varrho) . e^{\sum_{\alpha=1}^{\varrho} 2\eta_{\alpha\beta} u_\alpha} \qquad (\beta = 1, 2, \ldots \varrho)$$

und

$$f(u_1 + 2\omega'_{1\beta}, \ldots u_\varrho + 2\omega'_{\varrho\beta}) = C'_\beta f(u_1, \ldots u_\varrho) . e^{\sum_{\alpha=1}^{\varrho} 2\eta'_{\alpha\beta} u_\alpha} \qquad (\beta = 1, 2, \ldots \varrho).$$

In der Theorie der elliptischen Transcendenten ist $\Theta_3(u)$ die einfachste der vier Functionen $\Theta_0(u)$, $\Theta_1(u)$, $\Theta_2(u)$, $\Theta_3(u)$, weil die Fundamentalgleichungen für sie die Form

$$\Theta_3(u + 2\omega) = \Theta_3(u) . e^{2\eta(u+\omega)},$$
$$\Theta_3(u + 2\omega') = \Theta_3(u) . e^{2\eta'(u+\omega')}$$

haben, während bei den drei anderen Functionen wenigstens in einer der beiden Gleichungen ein negatives Zeichen auf der rechten Seite hinzukommt. Hierdurch geleitet, wollen wir die Constanten C_β und C'_β durch 2ϱ andere der Art ersetzen, dass in den Exponentialfactoren

$$e^{\sum_{\alpha=1}^{\varrho} 2\eta_{\alpha\beta} u_\alpha} \quad \text{und} \quad e^{\sum_{\alpha=1}^{\varrho} 2\eta'_{\alpha\beta} u_\alpha},$$

welche auf den rechten Seiten der Fundamentalgleichungen vorkommen, $u_\alpha + \omega_{\alpha\beta}$ und $u_\alpha + \omega'_{\alpha\beta}$ an die Stelle von u_α treten. Dazu bestimmen wir die 2ϱ neuen Grössen

$$\mu_1, \ldots \mu_\varrho, \quad \mu'_1, \ldots \mu'_\varrho$$

mittels der Formeln

$$C_\beta = e^{\sum_{\alpha=1}^{\varrho} 2\eta_{\alpha\beta}\omega_{\alpha\beta} + \mu'_\beta \pi i},$$

$$C'_\beta = e^{\sum_{\alpha=1}^{\varrho} 2\eta'_{\alpha\beta}\omega'_{\alpha\beta} - \mu_\beta \pi i}.$$

Zu jeder der Grössen μ_β und μ'_β, die nicht etwa ganze Zahlen zu sein brauchen, können wir ein beliebiges, positives oder negatives Vielfaches von 2 hinzufügen, da die Exponentialgrössen dadurch keine Änderung erleiden. Die Fundamentalgleichungen für die Function $f(u_1, \dots u_\varrho)$ nehmen jetzt die Gestalt an

$$f(u_1 + 2\omega_{1\beta}, \dots u_\varrho + 2\omega_{\varrho\beta}) = f(u_1, \dots u_\varrho) . e^{\sum\limits_{\alpha=1}^{\varrho} 2\eta_{\alpha\beta}(u_\alpha + \omega_{\alpha\beta}) + \mu'_\beta \pi i},$$

$$f(u_1 + 2\omega'_{1\beta}, \dots u_\varrho + 2\omega'_{\varrho\beta}) = f(u_1, \dots u_\varrho) . e^{\sum\limits_{\alpha=1}^{\varrho} 2\eta'_{\alpha\beta}(u_\alpha + \omega'_{\alpha\beta}) - \mu_\beta \pi i}. \qquad (\beta = 1, 2, \dots \varrho)$$

Es mögen nun C und zunächst auch

$$\overline{\omega}_1, \dots \overline{\omega}_\varrho, \quad \overline{\eta}_1, \dots \overline{\eta}_\varrho$$

beliebige Constanten sein, so werde eine Function

$$F(u_1, \dots u_\varrho)$$

durch die Gleichung

$$F(u_1, \dots u_\varrho) = \frac{1}{C} f(u_1 - \overline{\omega}_1, \dots u_\varrho - \overline{\omega}_\varrho) . e^{\sum\limits_{\alpha=1}^{\varrho} \overline{\eta}_\alpha u_\alpha}$$

definirt. Dann ist $F(u_1, \dots u_\varrho)$, ebenso wie $f(u_1, \dots u_\varrho)$, durch eine beständig convergente Potenzreihe darstellbar und genügt den 2ϱ Gleichungen

$$F(u_1 + 2\omega_{1\beta}, \dots u_\varrho + 2\omega_{\varrho\beta}) = F(u_1, \dots u_\varrho) . e^{\sum\limits_{\alpha=1}^{\varrho} 2\eta_{\alpha\beta}(u_\alpha + \omega_{\alpha\beta}) - \sum\limits_{\alpha=1}^{\varrho} 2(\overline{\omega}_\alpha \eta_{\alpha\beta} - \overline{\eta}_\alpha \omega_{\alpha\beta}) + \mu'_\beta \pi i},$$

$$F(u_1 + 2\omega'_{1\beta}, \dots u_\varrho + 2\omega'_{\varrho\beta}) = F(u_1, \dots u_\varrho) . e^{\sum\limits_{\alpha=1}^{\varrho} 2\eta'_{\alpha\beta}(u_\alpha + \omega'_{\alpha\beta}) - \sum\limits_{\alpha=1}^{\varrho} 2(\overline{\omega}_\alpha \eta'_{\alpha\beta} - \overline{\eta}_\alpha \omega'_{\alpha\beta}) - \mu_\beta \pi i}$$

$$(\beta = 1, 2, \dots \varrho).$$

Werden aber nun zwischen den 4ϱ Constanten

$$\overline{\omega}_1, \dots \overline{\omega}_\varrho, \quad \overline{\eta}_1, \dots \overline{\eta}_\varrho$$

und

$$\mu_1, \dots \mu_\varrho, \quad \mu'_1, \dots \mu'_\varrho$$

die 2ϱ Relationen

$$\overline{\omega}_\alpha = \sum_{\beta=1}^{\varrho} (\mu_\beta \omega_{\alpha\beta} + \mu'_\beta \omega'_{\alpha\beta}),$$

$$\overline{\eta}_\alpha = \sum_{\beta=1}^{\varrho} (\mu_\beta \eta_{\alpha\beta} + \mu'_\beta \eta'_{\alpha\beta}) \qquad (\alpha = 1, 2, \dots \varrho)$$

angenommen, aus denen umgekehrt

$$\sum_{\alpha=1}^{\varrho} 2(\overline{\omega}_\alpha \eta_{\alpha\beta} - \overline{\eta}_\alpha \omega_{\alpha\beta}) = \mu'_\beta \pi i, \qquad \sum_{\alpha=1}^{\varrho} 2(\overline{\omega}_\alpha \eta'_{\alpha\beta} - \overline{\eta}_\alpha \omega'_{\alpha\beta}) = -\mu_\beta \pi i \qquad (\beta = 1, 2, \ldots \varrho)$$

folgt (S. 331—332), so erhält man für $F(u_1, \ldots u_\varrho)$ die 2ϱ Gleichungen

$$F(u_1 + 2\omega_{1\beta}, \ldots u_\varrho + 2\omega_{\varrho\beta}) = F(u_1, \ldots u_\varrho) . e^{\sum\limits_{\alpha=1}^{\varrho} 2\eta_{\alpha\beta}(u_\alpha + \omega_{\alpha\beta})},$$
$$F(u_1 + 2\omega'_{1\beta}, \ldots u_\varrho + 2\omega'_{\varrho\beta}) = F(u_1, \ldots u_\varrho) . e^{\sum\limits_{\alpha=1}^{\varrho} 2\eta'_{\alpha\beta}(u_\alpha + \omega'_{\alpha\beta})}. \qquad (\beta = 1, 2, \ldots \varrho)$$

Diese bilden das vollkommene Analogon zu den vorher aus der Theorie der elliptischen Transcendenten für die Function $\Theta_3(u)$ angeführten.

Aus diesem Grunde schreiben wir von jetzt an

$$\Theta(u_1, \ldots u_\varrho)$$

statt $F(u_1, \ldots u_\varrho)$, sodass $\Theta(u_1, \ldots u_\varrho)$ eine bis auf einen constanten Factor bestimmte, durch eine beständig convergente Potenzreihe darstellbare Function ist, für welche die 2ϱ Fundamentalgleichungen

$$\Theta(u_1 + 2\omega_{1\beta}, \ldots u_\varrho + 2\omega_{\varrho\beta}) = \Theta(u_1, \ldots u_\varrho) . e^{\sum\limits_{\alpha=1}^{\varrho} 2\eta_{\alpha\beta}(u_\alpha + \omega_{\alpha\beta})},$$
$$\Theta(u_1 + 2\omega'_{1\beta}, \ldots u_\varrho + 2\omega'_{\varrho\beta}) = \Theta(u_1, \ldots u_\varrho) . e^{\sum\limits_{\alpha=1}^{\varrho} 2\eta'_{\alpha\beta}(u_\alpha + \omega'_{\alpha\beta})} \qquad (\beta = 1, 2, \ldots \varrho)$$

bestehen.

Ist $(2\omega_1, \ldots 2\omega_\varrho, 2\eta_1, \ldots 2\eta_\varrho)$ ein beliebiges System simultaner Perioden der Abelschen Integrale erster und zweiter Art und wird

$$2\omega_\alpha = \sum_{\beta=1}^{\varrho} (2m_\beta \omega_{\alpha\beta} + 2n_\beta \omega'_{\alpha\beta}), \qquad 2\eta_\alpha = \sum_{\beta=1}^{\varrho} (2m_\beta \eta_{\alpha\beta} + 2n_\beta \eta'_{\alpha\beta}) \qquad (\alpha = 1, 2, \ldots \varrho)$$

gesetzt (S. 334), so ergiebt sich

$$\Theta(u_1 + 2\omega_1, \ldots u_\varrho + 2\omega_\varrho) = (-1)^{\sum\limits_{\alpha=1}^{\varrho} m_\alpha n_\alpha} \Theta(u_1, \ldots u_\varrho) . e^{\sum\limits_{\alpha=1}^{\varrho} 2\eta_\alpha(u_\alpha + \omega_\alpha)}.$$

Diese Gleichung lässt sich leicht mit Hülfe der unter den Perioden eines primitiven Systems bestehenden Relationen (S. 330) beweisen. Denn unter der Annahme ihrer Gültigkeit folgt mittels der vorhergehenden Fundamentalgleichungen

$$\Theta(u_1 + 2\omega_1 \pm 2\omega_{1\beta}, \dots)$$
$$= (-1)^{\sum\limits_\alpha m_\alpha n_\alpha} \Theta(u_1, \dots) . e^{\sum\limits_\alpha \{2(\eta_\alpha \pm \eta_{\alpha\beta})(u_\alpha + \omega_\alpha \pm \omega_{\alpha\beta}) \pm 2(\eta_\alpha \omega_{\alpha\beta} - \omega_\alpha \eta_{\alpha\beta})\}}.$$

Nun ist

$$\sum_\alpha (\eta_\alpha \omega_{\alpha\beta} - \omega_\alpha \eta_{\alpha\beta}) = \sum_\gamma \{m_\gamma \sum_\alpha (\eta_{\alpha\gamma} \omega_{\alpha\beta} - \omega_{\alpha\gamma} \eta_{\alpha\beta}) + n_\gamma \sum_\alpha (\eta'_{\alpha\gamma} \omega_{\alpha\beta} - \omega'_{\alpha\gamma} \eta_{\alpha\beta})\} = -\frac{\pi i}{2} n_\beta,$$

mithin wird

$$\Theta(u_1 + 2\omega_1 \pm 2\omega_{1\beta}, \dots) = (-1)^{\sum\limits_\alpha m_\alpha n_\alpha \pm n_\beta} \Theta(u_1, \dots) . e^{\sum\limits_\alpha 2(\eta_\alpha \pm \eta_{\alpha\beta})(u_\alpha + \omega_\alpha \pm \omega_{\alpha\beta})}.$$

Auf gleiche Weise ergiebt sich

$$\Theta(u_1 + 2\omega_1 \pm 2\omega'_{1\beta}, \dots) = (-1)^{\sum\limits_\alpha m_\alpha n_\alpha \pm m_\beta} \Theta(u_1, \dots) . e^{\sum\limits_\alpha 2(\eta_\alpha \pm \eta'_{\alpha\beta})(u_\alpha + \omega_\alpha \pm \omega'_{\alpha\beta})}.$$

Die als richtig angenommene Gleichung bleibt also bestehen, wenn man eine der Zahlen $m_1, \dots m_\varrho$, $n_1, \dots n_\varrho$ um eine Einheit vermehrt oder vermindert, die übrigen aber ungeändert lässt; sie ist daher allgemein bewiesen, da ihre Gültigkeit für $m_1 = 0, \dots m_\varrho = 0$, $n_1 = 0, \dots n_\varrho = 0$ unmittelbar klar ist.

Die Functionen $f(u_1, \dots u_\varrho)$ und $\Theta(u_1, \dots u_\varrho)$ hängen nach dem Vorhergehenden durch die Gleichung

$$f(u_1 - \overline{\omega}_1, \dots u_\varrho - \overline{\omega}_\varrho) = C\Theta(u_1, \dots u_\varrho) . e^{-\sum\limits_{\alpha=1}^{\varrho} \overline{\eta}_\alpha u_\alpha}$$

oder die damit identische

$$f(u_1, \dots u_\varrho) = C\Theta(u_1 + \overline{\omega}_1, \dots u_\varrho + \overline{\omega}_\varrho) . e^{-\sum\limits_{\alpha=1}^{\varrho} \overline{\eta}_\alpha (u_\alpha + \overline{\omega}_\alpha)}$$

zusammen, wobei die in den Fundamentalgleichungen für $f(u_1, \dots u_\varrho)$ enthaltenen Constanten $\mu_1, \dots \mu_\varrho$, $\mu'_1, \dots \mu'_\varrho$ und die Grössen $\overline{\omega}_1, \dots \overline{\omega}_\varrho$, $\overline{\eta}_1, \dots \overline{\eta}_\varrho$ durch die Relationen

$$\overline{\omega}_\alpha = \sum_{\beta=1}^{\varrho} (\mu_\beta \omega_{\alpha\beta} + \mu'_\beta \omega'_{\alpha\beta}),$$
$$(\alpha = 1, 2, \dots \varrho)$$
$$\overline{\eta}_\alpha = \sum_{\beta=1}^{\varrho} (\mu_\beta \eta_{\alpha\beta} + \mu'_\beta \eta'_{\alpha\beta})$$

mit einander verbunden sind.

Führt man nun in die am Schlusse des vorigen Kapitels (S. 510) gefundene Formel

$$E(xy, x_0 y_0; u_1, \dots u_\varrho) = \frac{f(u_1 - w_1, \dots u_\varrho - w_\varrho)}{f(u_1 - \overset{0}{w}_1, \dots u_\varrho - \overset{0}{w}_\varrho)} \cdot e^{\sum\limits_{\alpha=1}^{\varrho} \left\{ J'(xy)_\alpha - J'(x_0 y_0)_\alpha \right\} u_\alpha}$$

die Function $\Theta(u_1, \dots u_\varrho)$ statt $f(u_1, \dots u_\varrho)$ ein, so ergiebt sich

$$E(xy, x_0 y_0; u_1, \dots u_\varrho) = A \frac{\Theta(u_1 - w_1 + \overline{\omega}_1, \dots)}{\Theta(u_1 - \overset{0}{w}_1 + \overline{\omega}_1, \dots)} \cdot e^{\sum\limits_{\alpha=1}^{\varrho} \left\{ J'(xy)_\alpha - J'(x_0 y_0)_\alpha \right\} u_\alpha},$$

wo A eine von $u_1, \dots u_\varrho$ unabhängige Grösse ist. Diese Gleichung lässt unmittelbar erkennen, dass bei der Bestimmung der Grössen $\overline{\omega}_1, \dots \overline{\omega}_\varrho$, die später durchgeführt werden muss, die Werthsysteme $(u_1, \dots u_\varrho)$ in Betracht kommen, für welche $E(xy, x_0 y_0; u_1, \dots u_\varrho)$ verschwindet und unendlich gross wird.

Um die Grösse A zu ermitteln, geben wir den sämmtlichen Variablen $u_1, \dots u_\varrho$ den Werth Null. Dann fallen zu Folge der Gleichungen

$$u_\beta = \sum_{\alpha=1}^{\varrho} \int_{(a_\alpha b_\alpha)}^{(x_\alpha y_\alpha)} H(xy)_\beta \, dx \qquad (\beta = 1, 2, \dots \varrho)$$

die Stellen $(x_\alpha y_\alpha)$ und $(a_\alpha b_\alpha)$ zusammen, und aus der Formel (S. 481)

$$E(xy, x_0 y_0; u_1, \dots u_\varrho) = e^{\sum\limits_{\alpha=1}^{\varrho} \int_{(a_\alpha b_\alpha)}^{(x_\alpha y_\alpha)} \left\{ H(xy, x'y') - H(x_0 y_0, x'y') \right\} dx'}$$

ergiebt sich

$$E(xy, x_0 y_0; 0, \dots 0) = 1.$$

Daher wird

$$A = \frac{\Theta(-\overset{0}{w}_1 + \overline{\omega}_1, \dots)}{\Theta(-w_1 + \overline{\omega}_1, \dots)},$$

mithin folgt

$$E(xy, x_0 y_0; u_1, \dots u_\varrho) = \frac{\Theta(-\overset{0}{w}_1 + \overline{\omega}_1, \dots)}{\Theta(-w_1 + \overline{\omega}_1, \dots)} \cdot \frac{\Theta(u_1 - w_1 + \overline{\omega}_1, \dots)}{\Theta(u_1 - \overset{0}{w}_1 + \overline{\omega}_1, \dots)} \cdot e^{\sum\limits_{\alpha=1}^{\varrho} \left\{ J'(xy)_\alpha - J'(x_0 y_0)_\alpha \right\} u_\alpha}$$

Man sieht unmittelbar, dass der constante Factor, der zu der Function

$\Theta(u_1, \dots u_\varrho)$ hinzugefügt werden kann, auf die rechte Seite dieser Gleichung keinen Einfluss hat.

Da $\Theta(u_1, \dots u_\varrho)$ als beständig convergente Potenzreihe eine eindeutige Function der Argumente ist, so zeigt die vorstehende Formel explicite, dass $E(xy, x_0 y_0; u_1, \dots u_\varrho)$ eindeutig von den Parametern $u_1, \dots u_\varrho$ abhängt (S. 481).

Die Function $E(xy, x_0 y_0; u_1, \dots u_\varrho)$ ist auch in Bezug auf die Werthepaare (xy) und $(x_0 y_0)$ eindeutig (S. 481), was sich ebenfalls an dem für sie gefundenen Ausdruck erkennen lässt. Das Paar (xy) kommt nämlich nur in den über denselben Weg $((a_0 b_0) \dots (xy))$ zu erstreckenden Integralen (S. 510)

$$J(xy)_1 = w_1, \quad \dots \quad J(xy)_\varrho = w_\varrho$$

und

$$J'(xy)_1, \quad \dots \quad J'(xy)_\varrho$$

vor. Ändert man nun diesen Integrationsweg so ab, dass die Werthe der Integrale um die einem primitiven System angehörigen simultanen Perioden $(2\omega_{1\beta}, \dots 2\omega_{\varrho\beta}, 2\eta_{1\beta}, \dots 2\eta_{\varrho\beta})$ wachsen, so folgt

$$\Theta(u_1 - w_1 + \overline{\omega}_1 - 2\omega_{1\beta}, \dots) = \Theta(u_1 - w_1 + \overline{\omega}_1, \dots) . e^{-\sum\limits_{\alpha=1}^{\varrho} 2\eta_{\alpha\beta}(u_\alpha - w_\alpha + \overline{\omega}_\alpha - \omega_{\alpha\beta})}$$

und

$$\Theta(-w_1 + \overline{\omega}_1 - 2\omega_{1\beta}, \dots) = \Theta(-w_1 + \overline{\omega}_1, \dots) . e^{-\sum\limits_{\alpha=1}^{\varrho} 2\eta_{\alpha\beta}(-w_\alpha + \overline{\omega}_\alpha - \omega_{\alpha\beta})},$$

mithin wird

$$\frac{\Theta(u_1 - w_1 + \overline{\omega}_1 - 2\omega_{1\beta}, \dots)}{\Theta(-w_1 + \overline{\omega}_1 - 2\omega_{1\beta}, \dots)} = \frac{\Theta(u_1 - w_1 + \overline{\omega}_1, \dots)}{\Theta(-w_1 + \overline{\omega}_1, \dots)} . e^{-\sum\limits_{\alpha=1}^{\varrho} 2\eta_{\alpha\beta} u_\alpha}.$$

Gleichzeitig geht $J'(xy)_\alpha$ in $J'(xy)_\alpha + 2\eta_{\alpha\beta}$ über (S. 374), es bleibt daher

$$\frac{\Theta(u_1 - w_1 + \overline{\omega}_1, \dots)}{\Theta(-w_1 + \overline{\omega}_1, \dots)} . e^{\sum\limits_{\alpha=1}^{\varrho} J'(xy)_\alpha u_\alpha}$$

ungeändert, woraus sich das Gleiche für $E(xy, x_0 y_0; u_1, \dots u_\varrho)$ ergiebt. In derselben Weise lässt sich zeigen, dass $E(xy, x_0 y_0; u_1, \dots u_\varrho)$ seinen Werth bei einer Vermehrung der Integrale $J(xy)_1 = w_1, \dots J(xy)_\varrho = w_\varrho$, $J'(xy)_1, \dots J'(xy)_\varrho$

um die Grössen $2\omega'_{1\beta}, \dots 2\omega'_{\varrho\beta}, 2\eta'_{1\beta}, \dots 2\eta'_{\varrho\beta}$ beibehält, womit die Unabhängigkeit dieser Function von dem Integrationsweg $((a_0 b_0) \dots (xy))$ und damit ihre Eindeutigkeit in Bezug auf das Paar (xy) bewiesen ist. Durch dieselben Schlüsse wird dieser Nachweis für das Paar $(x_0 y_0)$ geführt.

Wenn $(2\omega_1, \dots 2\omega_\varrho, 2\eta_1, \dots 2\eta_\varrho)$ ein beliebiges System simultaner Perioden der Abelschen Integrale ist, so genügt die Function $\Theta(u_1, \dots u_\varrho)$ einer Gleichung der Form

$$\Theta(u_1 + 2\omega_1, \dots u_\varrho + 2\omega_\varrho) = c\,\Theta(u_1, \dots u_\varrho) \,.\, e^{\sum\limits_{\alpha=1}^{\varrho} 2\eta_\alpha u_\alpha} .$$

Können nun ausser den simultanen Perioden noch andere Systeme von 2ϱ Grössen

$$(a_1, \dots a_\varrho, b_1, \dots b_\varrho)$$

der Art existiren, dass für jedes Werthsystem $(u_1, \dots u_\varrho)$ die Gleichung

$$\Theta(u_1 + a_1, \dots u_\varrho + a_\varrho) = A\,\Theta(u_1, \dots u_\varrho) \,.\, e^{\sum\limits_{\alpha=1}^{\varrho} b_\alpha u_\alpha}$$

besteht? c, A, und im Folgenden c_β und c'_β, bedeuten dabei von $u_1, \dots u_\varrho$ unabhängige Grössen. Führen wir hier $u_1 + 2\omega_{1\beta}, \dots u_\varrho + 2\omega_{\varrho\beta}$ statt $u_1, \dots u_\varrho$ ein, so ergiebt sich mit Hülfe der Gleichung

$$\Theta(u_1 + 2\omega_{1\beta}, \dots u_\varrho + 2\omega_{\varrho\beta}) = c_\beta\,\Theta(u_1, \dots u_\varrho) \,.\, e^{\sum\limits_{\alpha=1}^{\varrho} 2\eta_{\alpha\beta} u_\alpha}$$

die Formel

$$\Theta(u_1 + 2\omega_{1\beta} + a_1, \dots u_\varrho + 2\omega_{\varrho\beta} + a_\varrho) = A c_\beta\,\Theta(u_1, \dots u_\varrho) \,.\, e^{\sum\limits_{\alpha=1}^{\varrho} \left\{ b_\alpha(u_\alpha + 2\omega_{\alpha\beta}) + 2\eta_{\alpha\beta} u_\alpha \right\}} .$$

Wenn aber in der vorletzten Gleichung $u_1 + a_1, \dots u_\varrho + a_\varrho$ statt $u_1, \dots u_\varrho$ gesetzt wird, so folgt

$$\Theta(u_1 + 2\omega_{1\beta} + a_1, \dots u_\varrho + 2\omega_{\varrho\beta} + a_\varrho) = A c_\beta\,\Theta(u_1, \dots u_\varrho) \,.\, e^{\sum\limits_{\alpha=1}^{\varrho} \left\{ 2\eta_{\alpha\beta}(u_\alpha + a_\alpha) + b_\alpha u_\alpha \right\}} .$$

Demnach muss

$$\sum_{\alpha=1}^{\varrho} (2\eta_{\alpha\beta} a_\alpha - 2\omega_{\alpha\beta} b_\alpha) = 2 m_\beta \pi i \qquad (\beta = 1, 2, \dots \varrho)$$

sein. In derselben Weise werden mit Hülfe von

$$\Theta(u_1 + 2\omega'_{1\beta}, \ldots u_\varrho + 2\omega'_{\varrho\beta}) = c'_\beta \Theta(u_1, \ldots u_\varrho) . e^{\sum\limits_{\alpha=1}^{\varrho} 2\eta'_{\alpha\beta} u_\alpha}$$

die Relationen

$$\sum_{\alpha=1}^{\varrho} (2\eta'_{\alpha\beta} a_\alpha - 2\omega'_{\alpha\beta} b_\alpha) = 2m'_\beta \pi i \qquad (\beta = 1, 2, \ldots \varrho)$$

abgeleitet, wobei m_β und m'_β ganze Zahlen oder Null sind. Durch Auflösung dieser 2ϱ Relationen nach a_α und b_α erhält man (S. 331—332)

$$\begin{aligned} a_\alpha &= \sum_{\beta=1}^{\varrho} (-2m'_\beta \omega_{\alpha\beta} + 2m_\beta \omega'_{\alpha\beta}), \\ b_\alpha &= \sum_{\beta=1}^{\varrho} (-2m'_\beta \eta_{\alpha\beta} + 2m_\beta \eta'_{\alpha\beta}), \end{aligned} \qquad (\alpha = 1, 2, \ldots \varrho)$$

d. h. die Grössen $a_1, \ldots a_\varrho, b_1, \ldots b_\varrho$ bilden ein System simultaner Perioden der Integrale erster und zweiter Art. Es giebt also nur die schon vorher gefundenen Grössensysteme, welche die der Annahme nach für die Θ-Function bestehende Gleichung befriedigen.

Nun handelt es sich darum, die Function $\Theta(u_1, \ldots u_\varrho)$ durch einen analytischen Ausdruck darzustellen. Wir werden sehen, dass wir dazu keine anderen Eigenschaften der Function zu kennen brauchen, als dass sie für alle endlichen Werthsysteme $(u_1, \ldots u_\varrho)$ den Charakter einer ganzen Function hat und den 2ϱ Fundamentalgleichungen

$$\begin{aligned} \Theta(u_1 + 2\omega_{1\beta}, \ldots u_\varrho + 2\omega_{\varrho\beta}) &= \Theta(u_1, \ldots u_\varrho) . e^{\sum\limits_{\alpha=1}^{\varrho} 2\eta_{\alpha\beta}(u_\alpha + \omega_{\alpha\beta})}, \\ \Theta(u_1 + 2\omega'_{1\beta}, \ldots u_\varrho + 2\omega'_{\varrho\beta}) &= \Theta(u_1, \ldots u_\varrho) . e^{\sum\limits_{\alpha=1}^{\varrho} 2\eta'_{\alpha\beta}(u_\alpha + \omega'_{\alpha\beta})} \end{aligned} \qquad (\beta = 1, 2, \ldots \varrho)$$

genügt. Daraus ergiebt sich sofort, dass die Function jedenfalls nur bis auf einen constanten Factor bestimmt sein kann. Von den Grössen $2\omega_{\alpha\beta}$ und $2\eta_{\alpha\beta}$ braucht nichts weiter vorausgesetzt zu werden, als dass sie den Relationen (S. 330, (A.)) genügen, die zwischen den Perioden eines primitiven Systems bestehen.

In der Theorie der elliptischen Transcendenten wird die Function $\Theta_3(u)$ zunächst auf eine Function $\vartheta_3(v)$ zurückgeführt; setzt man

$$v = \frac{u}{2\omega}, \qquad \tau = \frac{\omega'}{\omega},$$

so ist

$$\Theta_3(u) = e^{2\eta\omega v^2}\vartheta_3(v).$$

Während $\Theta_3(u)$ sich bei Vermehrung des Arguments um 2ω oder $2\omega'$ um einen Exponentialfactor ändert (S. 514), bestehen für $\vartheta_3(v)$ die Gleichungen

$$\vartheta_3(v+1) = \vartheta_3(v),$$
$$\vartheta_3(v+\tau) = \vartheta_3(v).e^{-\pi i(2v+\tau)}.$$

In ganz ähnlicher Weise wollen wir nun auch in die Θ-Function von ϱ Variablen statt $u_1, \dots u_\varrho$ neue Veränderliche $v_1, \dots v_\varrho$ so einführen, dass einer Änderung von

$$u_1, \quad u_2, \quad \dots \quad u_\varrho$$

um die in einer der ϱ Horizontalreihen

$$\begin{array}{cccc} 2\omega_{11}, & 2\omega_{21}, & \dots & 2\omega_{\varrho 1}, \\ 2\omega_{12}, & 2\omega_{22}, & \dots & 2\omega_{\varrho 2}, \\ . & . & \dots & . \\ 2\omega_{1\varrho}, & 2\omega_{2\varrho}, & \dots & 2\omega_{\varrho\varrho} \end{array}$$

enthaltenen Perioden eine Vermehrung der Argumente

$$v_1, \quad v_2, \quad \dots \quad v_\varrho$$

um die in der gleichen Horizontalreihe des Systems

$$\begin{array}{cccc} 1, & 0, & \dots & 0, \\ 0, & 1, & \dots & 0, \\ . & . & \dots & . \\ 0, & 0, & \dots & 1 \end{array}$$

enthaltenen Zahlen entspricht. Dazu haben wir

$$u_\alpha = \sum_{\beta=1}^{\varrho} 2\omega_{\alpha\beta} v_\beta \qquad (\alpha = 1, 2, \dots \varrho)$$

zu setzen, denn vermehren wir v_γ um 1 und lassen $v_1, \dots v_{\gamma-1}, v_{\gamma+1}, \dots v_\varrho$ unverändert, so wachsen $u_1, \dots u_\varrho$ um die Perioden $2\omega_{1\gamma}, \dots 2\omega_{\varrho\gamma}$, und umgekehrt.

Eine derartige Zurückführung der beiden Systeme $u_1, \dots u_\varrho$ und $v_1, \dots v_\varrho$ von je ϱ unabhängigen Variablen auf einander ist aber offenbar nur dann möglich, wenn die Determinante

$$|\omega_{\alpha\beta}| \qquad (\alpha, \beta = 1, 2, \dots \varrho)$$

nicht verschwindet. Denn sonst haben die zu einem beliebigen System endlicher Grössen $u_1, \dots u_\varrho$ gehörigen $v_1, \dots v_\varrho$ nicht sämmtlich bestimmte endliche Werthe.

Aus der Definition der Perioden der Abelschen Integrale erster Art lässt sich nicht beweisen, dass die Determinante $|\omega_{\alpha\beta}|$ von Null verschieden ist. Es kann von vornherein nicht einmal behauptet werden, dass sie im Allgemeinen nicht verschwindet. Ich habe früher den Beweis für das Nichtverschwinden dieser Determinante ausschliesslich aus den Relationen unter den Grössen $\omega_{\alpha\beta}$ und $\eta_{\alpha\beta}$ (S. 330, (A.)) herzuleiten versucht, gelangte jedoch damit nicht vollständig zum Ziel. Es konnte auf diese Weise nur gezeigt werden, dass es unter den möglichen Systemen der Grössen $\omega_{\alpha\beta}$ solche giebt, deren Determinante von Null verschieden ist. Im weiteren Verlauf der Untersuchung stellte sich jedoch mit Hülfe der Eigenschaften der Thetafunctionen heraus, dass für jedes primitive System von simultanen Perioden der Integrale erster und zweiter Art die Determinante $|\omega_{\alpha\beta}|$ nicht verschwindet. Dies gilt, wenn die Gleichung $f(x, y) = 0$ des algebraischen Gebildes wirklich vom Range ϱ ist. Lassen wir aber die Constanten in dieser Gleichung solche Werthe annehmen, für die $|\omega_{\alpha\beta}|$ gleich Null wird, so erniedrigt sich der Rang des Gebildes.

Wir gehen nun zur Untersuchung dieser Determinante über.

Sechsundzwanzigstes Kapitel.

Die Determinante $|\omega_{\alpha\beta}|$.

Im sechzehnten Kapitel ist gezeigt worden, dass sich für die 2ϱ Abelschen Integrale erster und zweiter Art

$$J(xy)_1, \dots J(xy)_\varrho, \quad J'(xy)_1, \dots J'(xy)_\varrho$$

ein primitives System simultaner Perioden

$$\begin{array}{cccccc} 2\omega_{11}, & \dots & 2\omega_{\varrho 1}, & 2\eta_{11}, & \dots & 2\eta_{\varrho 1}, \\ \cdot & \cdots & \cdot & \cdot & \cdots & \cdot \\ 2\omega_{1\varrho}, & \dots & 2\omega_{\varrho\varrho}, & 2\eta_{1\varrho}, & \dots & 2\eta_{\varrho\varrho}, \\ 2\omega'_{11}, & \dots & 2\omega'_{\varrho 1}, & 2\eta'_{11}, & \dots & 2\eta'_{\varrho 1}, \\ \cdot & \cdots & \cdot & \cdot & \cdots & \cdot \\ 2\omega'_{1\varrho}, & \dots & 2\omega'_{\varrho\varrho}, & 2\eta'_{1\varrho}, & \dots & 2\eta'_{\varrho\varrho} \end{array}$$

bestimmen lässt. Um nun die eben aufgeworfene, wichtige Frage zu beantworten, ob die aus den Grössen

$$\begin{array}{cccc} \omega_{11}, & \omega_{12}, & \dots & \omega_{1\varrho}, \\ \cdot & \cdot & \cdots & \cdot \\ \omega_{\varrho 1}, & \omega_{\varrho 2}, & \dots & \omega_{\varrho\varrho} \end{array}$$

gebildete Determinante

$$|\omega_{\alpha\beta}| \qquad (\alpha, \beta = 1, 2, \dots \varrho)$$

verschwinden könne, zeigen wir zunächst, dass wenn dies der Fall sein sollte, sich jedenfalls eine von Null verschiedene Determinante dadurch bilden lässt, dass man eine hinreichende Anzahl geeignet gewählter Verticalreihen des vorstehenden Systems durch die gleichstelligen Verticalreihen des Systems

$$\begin{matrix} \omega'_{11}, & \omega'_{12}, & \dots & \omega'_{1\varrho}, \\ . & . & \dots & . \\ \omega'_{\varrho 1}, & \omega'_{\varrho 2}, & \dots & \omega'_{\varrho\varrho} \end{matrix}$$

ersetzt.

Hängen 3ϱ Grössen $P_1, \dots P_\varrho, P'_1, \dots P'_\varrho, p_1, \dots p_\varrho$ durch die 2ϱ Gleichungen

$$P_\gamma = \sum_{\alpha=1}^{\varrho} p_\alpha \omega_{\alpha\gamma}, \qquad P'_\gamma = \sum_{\alpha=1}^{\varrho} p_\alpha \omega'_{\alpha\gamma} \qquad (\gamma = 1, 2, \dots \varrho)$$

zusammen, so erhält man mittels der Relationen (S. 332, (B.))

$$\sum_{\gamma=1}^{\varrho} (\omega_{\alpha\gamma}\omega'_{\beta\gamma} - \omega_{\beta\gamma}\omega'_{\alpha\gamma}) = 0,$$

$$\sum_{\gamma=1}^{\varrho} (\eta_{\alpha\gamma}\omega'_{\beta\gamma} - \omega_{\beta\gamma}\eta'_{\alpha\gamma}) = \begin{cases} 0 & (\beta \gtrless \alpha) \\ \frac{\pi i}{2} & (\beta = \alpha) \end{cases}$$

zwischen $P_1, \dots P_\varrho, P'_1, \dots P'_\varrho$ die ϱ Gleichungen

$$\sum_{\gamma=1}^{\varrho} (\omega_{\alpha\gamma} P'_\gamma - \omega'_{\alpha\gamma} P_\gamma) = 0, \qquad (\alpha = 1, 2, \dots \varrho)$$

während sich $p_1, \dots p_\varrho$ mit Hülfe der Formeln

$$\frac{1}{2} p_\alpha \pi i = \sum_{\gamma=1}^{\varrho} (\eta_{\alpha\gamma} P'_\gamma - \eta'_{\alpha\gamma} P_\gamma) \qquad (\alpha = 1, 2, \dots \varrho)$$

durch $P_1, \dots P_\varrho$ darstellen lassen. Es sind daher $P_1, \dots P_\varrho, P'_1, \dots P'_\varrho$ nur dann sämmtlich gleich Null, wenn auch alle Grössen $p_1, \dots p_\varrho$ diesen Werth haben.

Verschwindet nun die Determinante $|\omega_{\alpha\beta}|$ dadurch, dass sich ihre sämmtlichen Elemente $\omega_{\alpha\beta}$ einzeln auf Null reduciren, so ist $P_1 = 0, \dots P_\varrho = 0$, mithin können die ϱ Gleichungen

$$P'_1 = 0, \quad P'_2 = 0, \quad \dots \quad P'_\varrho = 0$$

nur befriedigt werden, wenn jede der Grössen $p_1, \dots p_\varrho$ gleich Null gesetzt wird, d. h. es ist in diesem Falle die Determinante

$$|\omega'_{\alpha\beta}| \qquad (\alpha, \beta = 1, 2, \dots \varrho)$$

von Null verschieden.

Ist aber zweitens die Determinante $|\omega_{\alpha\beta}|$ gleich Null, ohne dass der eben behandelte specielle Fall eintritt, so wählen wir unter denjenigen ihrer Unterdeterminanten, die von Null verschieden sind, eine möglichst hohen Grades aus. Sie sei vom r^{ten} Grade, wo r auch gleich Eins sein kann, und aus den Elementen der $\alpha_1^{\text{ten}}, \dots \alpha_r^{\text{ten}}$ Horizontalreihe und der $\beta_1^{\text{ten}}, \dots \beta_r^{\text{ten}}$ Verticalreihe von $|\omega_{\alpha\beta}|$ gebildet; $\beta_{r+1}, \dots \beta_\varrho$ seien die von $\beta_1, \dots \beta_r$ verschiedenen der Zahlen $1, 2, \dots \varrho$. Dann verschwinden alle Grössen $P_1, \dots P_\varrho$, wenn wir $p_1, \dots p_\varrho$ so bestimmen, dass $P_{\beta_1}, P_{\beta_2}, \dots P_{\beta_r}$ gleich Null sind. Sobald daher die Werthe von $p_1, \dots p_\varrho$ die Gleichungen

$$P_{\beta_1} = 0, \quad \dots \quad P_{\beta_r} = 0, \qquad P'_{\beta_{r+1}} = 0, \quad \dots \quad P'_{\beta_\varrho} = 0$$

befriedigen, was jedenfalls für $p_1 = 0, p_2 = 0, \dots p_\varrho = 0$ der Fall ist, so sind sämmtliche Grössen $P_1, \dots P_\varrho$ gleich Null, und aus den Relationen

$$\sum_{\gamma=1}^{\varrho} (\omega_{\alpha\gamma} P'_\gamma - \omega'_{\alpha\gamma} P_\gamma) = 0$$

ergiebt sich

$$\omega_{\alpha\beta_1} P'_{\beta_1} + \omega_{\alpha\beta_2} P'_{\beta_2} + \dots + \omega_{\alpha\beta_r} P'_{\beta_r} = 0 \qquad (\alpha = 1, 2, \dots \varrho).$$

Behalten wir von diesen ϱ Gleichungen nur diejenigen r bei, in denen $\alpha = \alpha_1, \dots \alpha_r$ ist, und berücksichtigen, dass die Determinante

$$\begin{vmatrix} \omega_{\alpha_1\beta_1} & \dots & \omega_{\alpha_1\beta_r} \\ \cdot & \dots & \cdot \\ \omega_{\alpha_r\beta_1} & \dots & \omega_{\alpha_r\beta_r} \end{vmatrix}$$

nicht verschwindet, so folgt

$$P'_{\beta_1} = 0, \quad P'_{\beta_2} = 0, \quad \dots \quad P'_{\beta_r} = 0.$$

Für jedes System $p_1, \dots p_\varrho$, das den Gleichungen

$$P_{\beta_1} = 0, \quad \dots \quad P_{\beta_r} = 0, \qquad P'_{\beta_{r+1}} = 0, \quad \dots \quad P'_{\beta_\varrho} = 0$$

genügt, sind daher alle Grössen $P_1, \dots P_\varrho$, $P'_1, \dots P'_\varrho$ gleich Null. Dies ist zu Folge der Relationen

$$\frac{1}{2} p_\alpha \pi i = \sum_{\gamma=1}^{\varrho} (\eta_{\alpha\gamma} P'_\gamma - \eta'_{\alpha\gamma} P_\gamma)$$

nur für $p_1 = 0, \dots p_\varrho = 0$ der Fall. Wenn aber das Gleichungssystem

$$P_{\beta_1} = 0, \quad \dots \quad P_{\beta_r} = 0, \qquad P'_{\beta_{r+1}} = 0, \quad \dots \quad P'_{\beta_\varrho} = 0$$

nur dadurch befriedigt werden kann, dass $p_1, \dots p_\varrho$ sämmtlich gleich Null angenommen werden, so ist die Determinante

$$\begin{vmatrix} \omega_{1\beta_1} & \dots & \omega_{1\beta_r} & \omega'_{1\beta_{r+1}} & \dots & \omega'_{1\beta_\varrho} \\ \cdot & \dots & \cdot & \cdot & \dots & \cdot \\ \omega_{\varrho\beta_1} & \dots & \omega_{\varrho\beta_r} & \omega'_{\varrho\beta_{r+1}} & \dots & \omega'_{\varrho\beta_\varrho} \end{vmatrix}$$

von Null verschieden.

Auch das Ergebniss des zuerst behandelten Falles, bei dem alle Elemente der Determinante $|\omega_{\alpha\beta}|$ einzeln verschwinden sollten, ist für $r = 0$ als Grenzfall hierin enthalten.

Das gegebene primitive System simultaner Perioden

$$2\omega_{1\beta}, \dots 2\omega_{\varrho\beta}, \quad 2\eta_{1\beta}, \dots 2\eta_{\varrho\beta}$$

und $\qquad\qquad (\beta = 1, 2, \dots \varrho)$

$$2\omega'_{1\beta}, \dots 2\omega'_{\varrho\beta}, \quad 2\eta'_{1\beta}, \dots 2\eta'_{\varrho\beta}$$

lässt sich auf mannigfaltige Weise durch ein anderes ersetzen, für welches ebenfalls die Relationen (A.) auf S. 330 bestehen, aus denen die vorher benutzten folgen (S. 331—332). Im Speciellen kann dies dadurch geschehen, dass für

$$2\omega_{1\varkappa}, \dots 2\omega_{\varrho\varkappa}, \quad 2\eta_{1\varkappa}, \dots 2\eta_{\varrho\varkappa},$$

wo $\varkappa$ eine bestimmte der Zahlen $1, 2, \dots \varrho$ bezeichnen soll, die Perioden

$$2\omega'_{1\varkappa}, \dots 2\omega'_{\varrho\varkappa}, \quad 2\eta'_{1\varkappa}, \dots 2\eta'_{\varrho\varkappa}$$

eingeführt werden, und an die Stelle der letzteren

$$-2\omega_{1\varkappa}, \dots -2\omega_{\varrho\varkappa}, \quad -2\eta_{1\varkappa}, \dots -2\eta_{\varrho\varkappa}$$

treten (vgl. S. 326). Denn setzen wir

$$\begin{aligned} \bar{\omega}_{\alpha\varkappa} &= \omega'_{\alpha\varkappa}, & \bar{\eta}_{\alpha\varkappa} &= \eta'_{\alpha\varkappa}, \\ \bar{\omega}'_{\alpha\varkappa} &= -\omega_{\alpha\varkappa}, & \bar{\eta}'_{\alpha\varkappa} &= -\eta_{\alpha\varkappa} \end{aligned} \qquad (\alpha = 1, 2, \dots \varrho)$$

und für jede von $\varkappa$ verschiedene Zahl β

$$\begin{aligned} \bar{\omega}_{\alpha\beta} &= \omega_{\alpha\beta}, & \bar{\eta}_{\alpha\beta} &= \eta_{\alpha\beta}, \\ \bar{\omega}'_{\alpha\beta} &= \omega'_{\alpha\beta}, & \bar{\eta}'_{\alpha\beta} &= \eta'_{\alpha\beta}, \end{aligned} \qquad (\alpha = 1, 2, \dots \varrho)$$

so geht jeder der Ausdrücke

$$\sum_{\alpha=1}^{\varrho}(\bar{\eta}_{\alpha\beta}\,\bar{\omega}_{\alpha\gamma}-\bar{\omega}_{\alpha\beta}\,\bar{\eta}_{\alpha\gamma}),$$

$$\sum_{\alpha=1}^{\varrho}(\bar{\eta}'_{\alpha\beta}\,\bar{\omega}'_{\alpha\gamma}-\bar{\omega}'_{\alpha\beta}\,\bar{\eta}'_{\alpha\gamma}),$$

$$\sum_{\alpha=1}^{\varrho}(\bar{\eta}_{\alpha\beta}\,\bar{\omega}'_{\alpha\gamma}-\bar{\omega}_{\alpha\beta}\,\bar{\eta}'_{\alpha\gamma}),$$

wenn $\gamma \gtrless \beta$ ist, in eine Summe über, die zu Folge der unter den Grössen $\omega_{\alpha\beta}, \omega'_{\alpha\beta}, \eta_{\alpha\beta}, \eta'_{\alpha\beta}$ bestehenden Gleichungen den Werth Null hat; ist aber $\gamma=\beta$, so verschwinden die beiden ersten Ausdrücke identisch, während der dritte gleich

$$\sum_{\alpha=1}^{\varrho}(\eta_{\alpha\beta}\,\omega'_{\alpha\beta}-\omega_{\alpha\beta}\,\eta'_{\alpha\beta})=\frac{\pi i}{2}$$

wird. Dabei kann β auch gleich $\varkappa$ sein.

Durch wiederholte Anwendung dieser Vertauschung ergiebt sich unmittelbar das gesuchte Resultat. Es seien $\alpha_1, \ldots \alpha_r$ und $\beta_1, \ldots \beta_r$ die oben bestimmten Zahlen aus der Reihe $1, 2, \ldots \varrho$, für welche die Determinante

$$\begin{vmatrix} \omega_{\alpha_1\beta_1} & \cdots & \omega_{\alpha_1\beta_r} \\ \cdot & \cdots & \cdot \\ \omega_{\alpha_r\beta_1} & \cdots & \omega_{\alpha_r\beta_r} \end{vmatrix}$$

nicht Null ist, so werde für $\beta=\beta_1, \ldots \beta_r$

$$\begin{aligned} \tilde{\omega}_{\alpha\beta} &= \omega_{\alpha\beta}, & \tilde{\eta}_{\alpha\beta} &= \eta_{\alpha\beta}, \\ \tilde{\omega}'_{\alpha\beta} &= \omega'_{\alpha\beta}, & \tilde{\eta}'_{\alpha\beta} &= \eta'_{\alpha\beta} \end{aligned} \qquad (\alpha=1,2,\ldots\varrho)$$

und für $\beta=\beta_{r+1}, \ldots \beta_\varrho$

$$\begin{aligned} \tilde{\omega}_{\alpha\beta} &= \omega'_{\alpha\beta}, & \tilde{\eta}_{\alpha\beta} &= \eta'_{\alpha\beta}, \\ \tilde{\omega}'_{\alpha\beta} &= -\omega_{\alpha\beta}, & \tilde{\eta}'_{\alpha\beta} &= -\eta_{\alpha\beta} \end{aligned} \qquad (\alpha=1,2,\ldots\varrho)$$

gesetzt. Dann bestehen unter den Grössen $\tilde{\omega}_{\alpha\beta}, \tilde{\omega}'_{\alpha\beta}, \tilde{\eta}_{\alpha\beta}, \tilde{\eta}'_{\alpha\beta}$ die Relationen

$$\sum_{\alpha=1}^{\varrho}(\tilde{\eta}_{\alpha\beta}\,\tilde{\omega}_{\alpha\gamma}-\tilde{\omega}_{\alpha\beta}\,\tilde{\eta}_{\alpha\gamma})=0,$$

$$\sum_{\alpha=1}^{\varrho}(\tilde{\eta}'_{\alpha\beta}\,\tilde{\omega}'_{\alpha\gamma}-\tilde{\omega}'_{\alpha\beta}\,\tilde{\eta}'_{\alpha\gamma})=0,$$

$$\sum_{\alpha=1}^{\varrho}(\tilde{\eta}_{\alpha\beta}\,\tilde{\omega}'_{\alpha\gamma}-\tilde{\omega}_{\alpha\beta}\,\tilde{\eta}'_{\alpha\gamma})=\begin{cases} 0 & (\beta \gtrless \gamma) \\ \dfrac{\pi i}{2}, & (\beta=\gamma) \end{cases}$$

und es ist

$$|\tilde{\omega}_{\alpha\beta}| = \pm \begin{vmatrix} \omega_{1\beta_1} & \dots & \omega_{1\beta_r} & \omega'_{1\beta_{r+1}} & \dots & \omega'_{1\beta_\varrho} \\ . & \dots & . & . & \dots & . \\ \omega_{\varrho\beta_1} & \dots & \omega_{\varrho\beta_r} & \omega'_{\varrho\beta_{r+1}} & \dots & \omega'_{\varrho\beta_\varrho} \end{vmatrix};$$

von der Determinante auf der rechten Seite ist aber bewiesen worden (S. 527), dass sie nicht den Werth Null hat.

Die Function $\Theta(u_1, \dots u_\varrho)$, die wir im vorigen Kapitel definirt haben, genügt den 2ϱ Fundamentalgleichungen (S. 516)

$$\left.\begin{aligned} \Theta(u_1 + 2\omega_{1\beta}, \dots u_\varrho + 2\omega_{\varrho\beta}) &= \Theta(u_1, \dots u_\varrho) . e^{\sum\limits_{\alpha=1}^{\varrho} 2\eta_{\alpha\beta}(u_\alpha + \omega_{\alpha\beta})}, \\ \Theta(u_1 + 2\omega'_{1\beta}, \dots u_\varrho + 2\omega'_{\varrho\beta}) &= \Theta(u_1, \dots u_\varrho) . e^{\sum\limits_{\alpha=1}^{\varrho} 2\eta'_{\alpha\beta}(u_\alpha + \omega'_{\alpha\beta})}. \end{aligned}\right\} \quad (\beta = 1, 2, \dots \varrho)$$

Wir müssen nun noch untersuchen, wie sich diese Formeln ändern, wenn die Argumente u_α statt um $2\omega_{\alpha\beta}$ und $2\omega'_{\alpha\beta}$ um die simultanen Perioden $2\tilde{\omega}_{\alpha\beta}$ und $2\tilde{\omega}'_{\alpha\beta}$ vermehrt werden. Führen wir wieder

$$\begin{aligned} \bar{\omega}_{\alpha\varkappa} &= \omega'_{\alpha\varkappa}, & \bar{\eta}_{\alpha\varkappa} &= \eta'_{\alpha\varkappa}, \\ \bar{\omega}'_{\alpha\varkappa} &= -\omega_{\alpha\varkappa}, & \bar{\eta}'_{\alpha\varkappa} &= -\eta_{\alpha\varkappa} \end{aligned}$$

ein, während für jede von $\varkappa$ verschiedene Zahl β die Grössen $\bar{\omega}_{\alpha\beta}, \bar{\omega}'_{\alpha\beta}, \bar{\eta}_{\alpha\beta}, \bar{\eta}'_{\alpha\beta}$ mit $\omega_{\alpha\beta}, \omega'_{\alpha\beta}, \eta_{\alpha\beta}, \eta'_{\alpha\beta}$ übereinstimmen sollen, so ergiebt sich

$$\begin{aligned} \Theta(u_1 + 2\bar{\omega}_{1\beta}, \dots u_\varrho + 2\bar{\omega}_{\varrho\beta}) &= \Theta(u_1, \dots u_\varrho) . e^{\sum\limits_{\alpha=1}^{\varrho} 2\bar{\eta}_{\alpha\beta}(u_\alpha + \bar{\omega}_{\alpha\beta})}, \\ \Theta(u_1 + 2\bar{\omega}'_{1\beta}, \dots u_\varrho + 2\bar{\omega}'_{\varrho\beta}) &= \Theta(u_1, \dots u_\varrho) . e^{\sum\limits_{\alpha=1}^{\varrho} 2\bar{\eta}'_{\alpha\beta}(u_\alpha + \bar{\omega}'_{\alpha\beta})}. \end{aligned}$$

Denn ist β von $\varkappa$ verschieden, so sind diese Gleichungen mit den vorhergehenden identisch; ist aber $\beta = \varkappa$, so sind sie gleichbedeutend mit den Formeln

$$\begin{aligned} \Theta(u_1 + 2\omega'_{1\varkappa}, \dots u_\varrho + 2\omega'_{\varrho\varkappa}) &= \Theta(u_1, \dots u_\varrho) . e^{\sum\limits_{\alpha=1}^{\varrho} 2\eta'_{\alpha\varkappa}(u_\alpha + \omega'_{\alpha\varkappa})}, \\ \Theta(u_1 - 2\omega_{1\varkappa}, \dots u_\varrho - 2\omega_{\varrho\varkappa}) &= \Theta(u_1, \dots u_\varrho) . e^{-\sum\limits_{\alpha=1}^{\varrho} 2\eta_{\alpha\varkappa}(u_\alpha - \omega_{\alpha\varkappa})}. \end{aligned}$$

Zu Folge der Definition der Perioden $2\tilde{\omega}_{\alpha\beta}, 2\tilde{\omega}'_{\alpha\beta}, 2\tilde{\eta}_{\alpha\beta}, 2\tilde{\eta}'_{\alpha\beta}$ erhält man daher

$$\left.\begin{aligned}\Theta(u_1+2\tilde{\omega}_{1\beta},\dots u_\varrho+2\tilde{\omega}_{\varrho\beta}) &= \Theta(u_1,\dots u_\varrho).e^{\sum\limits_{\alpha=1}^{\varrho} 2\tilde{\eta}_{\alpha\beta}(u_\alpha+\tilde{\omega}_{\alpha\beta})},\\ \Theta(u_1+2\tilde{\omega}'_{1\beta},\dots u_\varrho+2\tilde{\omega}'_{\varrho\beta}) &= \Theta(u_1,\dots u_\varrho).e^{\sum\limits_{\alpha=1}^{\varrho} 2\tilde{\eta}'_{\alpha\beta}(u_\alpha+\tilde{\omega}'_{\alpha\beta})},\end{aligned}\right\} \quad (\beta = 1,2,\dots\varrho)$$

sodass die Fundamentalgleichungen, denen die Function $\Theta(u_1,\dots u_\varrho)$ genügt, ihrer Form nach ungeändert bleiben, wenn man statt $2\omega_{\alpha\beta}$, $2\omega'_{\alpha\beta}$, $2\eta_{\alpha\beta}$, $2\eta'_{\alpha\beta}$ ein anderes System simultaner Perioden in der angegebenen Weise einführt.

Es wird sich zeigen, dass zur wirklichen Darstellung der Function $\Theta(u_1,\dots u_\varrho)$ irgend 2ϱ simultane Periodensysteme ausreichen, für welche die Relationen

$$\left.\begin{aligned}\sum_{\alpha=1}^{\varrho}(\tilde{\eta}_{\alpha\beta}\tilde{\omega}_{\alpha\gamma}-\tilde{\omega}_{\alpha\beta}\tilde{\eta}_{\alpha\gamma}) &= 0,\\ \sum_{\alpha=1}^{\varrho}(\tilde{\eta}'_{\alpha\beta}\tilde{\omega}'_{\alpha\gamma}-\tilde{\omega}'_{\alpha\beta}\tilde{\eta}'_{\alpha\gamma}) &= 0,\\ \sum_{\alpha=1}^{\varrho}(\tilde{\eta}_{\alpha\beta}\tilde{\omega}'_{\alpha\gamma}-\tilde{\omega}_{\alpha\beta}\tilde{\eta}'_{\alpha\gamma}) &= \begin{cases} 0 & (\beta \gtrless \gamma)\\ \dfrac{\pi i}{2} & (\beta = \gamma)\end{cases}\end{aligned}\right. \quad (\beta,\gamma = 1,2,\dots\varrho)$$

bestehen und die Determinante $|\tilde{\omega}_{\alpha\beta}|$ nicht verschwindet.

Siebenundzwanzigstes Kapitel.

Einführung der Function $\vartheta(v_1, \dots v_\varrho)$.

Die Grössen $\tilde{\omega}_{\alpha\beta}$ und $\tilde{\eta}_{\alpha\beta}$, die am Schlusse des vorigen Kapitels eingeführt worden sind, mögen jetzt einfach mit $\omega_{\alpha\beta}$ und $\eta_{\alpha\beta}$ bezeichnet werden. Setzt man die Determinante

$$|\omega_{\alpha\beta}|, \qquad (\alpha, \beta = 1, 2, \dots \varrho)$$

deren Werth also von Null verschieden ist, gleich ω, und ferner

$$\frac{\partial \omega}{\partial \omega_{\alpha\beta}} = (\omega)_{\alpha\beta}, \qquad (\alpha, \beta = 1, 2, \dots \varrho)$$

so folgen aus den Gleichungen (S. 522)

$$u_\alpha = \sum_{\beta=1}^{\varrho} 2\omega_{\alpha\beta} v_\beta \qquad (\alpha = 1, 2, \dots \varrho)$$

die nachstehenden:

$$v_\beta = \sum_{\alpha=1}^{\varrho} \frac{(\omega)_{\alpha\beta}}{2\omega} u_\alpha \qquad (\beta = 1, 2, \dots \varrho).$$

Es ist a. a. O. bereits erwähnt worden, dass wenn man die Grösse v_γ um 1 vermehrt und die übrigen Grössen des Systems $(v_1, \dots v_\varrho)$ ungeändert lässt, u_α um $2\omega_{\alpha\gamma}$ vermehrt wird. Auch ist sofort zu sehen, dass man auf keine andere Art eine Vermehrung von u_α um $2\omega_{\alpha\gamma}$ bewirken kann; d. h. die beiden auf S. 522 angegebenen Periodensysteme der Grössen u_α und v_β entsprechen einander vollständig. Bezeichnet man nun

$$\Theta(u_1, \dots u_\varrho),$$

als Function von $v_1, \dots v_\varrho$ betrachtet, mit

$$\overline{\Theta}(v_1, \dots v_\varrho),$$

so ergeben sich aus den ersten ϱ der für die Θ-Function aufgestellten Gleichungen (S. 521) die folgenden:

$$\overline{\Theta}(v_1+1, v_2, \dots v_\varrho) = \overline{\Theta}(v_1, v_2, \dots v_\varrho) . e^{\sum\limits_{\alpha=1}^{\varrho} 2\eta_{\alpha 1}(u_\alpha + \omega_{\alpha 1})},$$

$$\overline{\Theta}(v_1, v_2+1, \dots v_\varrho) = \overline{\Theta}(v_1, v_2, \dots v_\varrho) . e^{\sum\limits_{\alpha=1}^{\varrho} 2\eta_{\alpha 2}(u_\alpha + \omega_{\alpha 2})},$$

$$\dots\dots\dots\dots\dots\dots$$

$$\overline{\Theta}(v_1, v_2, \dots v_\varrho+1) = \overline{\Theta}(v_1, v_2, \dots v_\varrho) . e^{\sum\limits_{\alpha=1}^{\varrho} 2\eta_{\alpha \varrho}(u_\alpha + \omega_{\alpha \varrho})}.$$

Führt man in die Summe

$$\sum_{\alpha=1}^{\varrho} 2\eta_{\alpha\beta}(u_\alpha + \omega_{\alpha\beta})$$

für die Grössen u_α ihre Ausdrücke durch $v_1, \dots v_\varrho$ ein, so ergiebt sich

$$\sum_{\alpha} 2\eta_{\alpha\beta}(u_\alpha + \omega_{\alpha\beta}) = \sum_{\alpha,\gamma} 4\eta_{\alpha\beta}\,\omega_{\alpha\gamma}\,v_\gamma + \sum_{\alpha} 2\,\omega_{\alpha\beta}\,\eta_{\alpha\beta}.$$

Wird sodann

$$\sum_{\alpha=1}^{\varrho} \omega_{\alpha\beta}\,\eta_{\alpha\gamma} = \varepsilon_{\beta\gamma} \qquad (\beta, \gamma = 1, 2, \dots \varrho)$$

gesetzt, so besteht zu Folge der Gleichung (S. 530)

$$\sum_{\alpha=1}^{\varrho} \omega_{\alpha\gamma}\,\eta_{\alpha\beta} = \sum_{\alpha=1}^{\varrho} \eta_{\alpha\gamma}\,\omega_{\alpha\beta}$$

die Relation

$$\varepsilon_{\gamma\beta} = \varepsilon_{\beta\gamma},$$

und man erhält

$$\sum_{\alpha=1}^{\varrho} 2\eta_{\alpha\beta}(u_\alpha + \omega_{\alpha\beta}) = \sum_{\gamma=1}^{\varrho} 4\varepsilon_{\gamma\beta}\,v_\gamma + 2\varepsilon_{\beta\beta}.$$

Man kann demnach die Exponenten, die auf den rechten Seiten der für die $\overline{\Theta}$-Function gefundenen Formeln auftreten, durch die Grössen auf den rechten Seiten der eben aufgestellten Gleichungen ersetzen.

Es lässt sich nun zeigen, dass durch Multiplication mit einem Exponentialfactor aus der Function $\overline{\Theta}(v_1, \dots v_\varrho)$ eine periodische Function gebildet werden kann. Durch die Gleichung

$$\sum_{\beta=1}^{\varrho}\sum_{\gamma=1}^{\varrho} 2\varepsilon_{\beta\gamma} v_\beta v_\gamma = \varepsilon(v_1, \dots v_\varrho)$$

werde eine homogene Function zweiten Grades von $v_1, \dots v_\varrho$ eingeführt, so hat man bei beliebigen Werthen der Constanten $\mu_1, \mu_2, \dots \mu_\varrho$

$$\varepsilon(v_1+\mu_1, \dots v_\varrho+\mu_\varrho) = \varepsilon(v_1, \dots v_\varrho) + \varepsilon(\mu_1, \dots \mu_\varrho) + \sum_{\beta,\gamma} 2\varepsilon_{\beta\gamma} v_\beta \mu_\gamma + \sum_{\beta,\gamma} 2\varepsilon_{\beta\gamma} \mu_\beta v_\gamma,$$

oder, da $\varepsilon_{\gamma\beta} = \varepsilon_{\beta\gamma}$ ist,

$$\begin{aligned} \varepsilon(v_1+\mu_1, \dots v_\varrho+\mu_\varrho) - \varepsilon(v_1, \dots v_\varrho) &= \sum_{\beta,\gamma} 2\varepsilon_{\gamma\beta}\mu_\beta\mu_\gamma + \sum_{\beta,\gamma} 4\varepsilon_{\gamma\beta}\mu_\beta v_\gamma \\ &= 2\sum_{\beta,\gamma}\varepsilon_{\gamma\beta}\,\mu_\beta(2v_\gamma+\mu_\gamma). \end{aligned}$$

Mithin ergiebt sich

$$\varepsilon(v_1+1, v_2, \dots v_\varrho) - \varepsilon(v_1, v_2, \dots v_\varrho) = \sum_{\gamma=1}^{\varrho} 4\varepsilon_{\gamma 1} v_\gamma + 2\varepsilon_{11},$$

$$\varepsilon(v_1, v_2+1, \dots v_\varrho) - \varepsilon(v_1, v_2, \dots v_\varrho) = \sum_{\gamma=1}^{\varrho} 4\varepsilon_{\gamma 2} v_\gamma + 2\varepsilon_{22},$$

$$\cdot \quad \cdot \quad \cdot \quad \cdot \quad \cdot \quad \cdot \quad \cdot \quad \cdot \quad \cdot \quad \cdot$$

$$\varepsilon(v_1, v_2, \dots v_\varrho+1) - \varepsilon(v_1, v_2, \dots v_\varrho) = \sum_{\gamma=1}^{\varrho} 4\varepsilon_{\gamma\varrho} v_\gamma + 2\varepsilon_{\varrho\varrho}.$$

Setzt man daher

$$\Theta(u_1, \dots u_\varrho) = \overline{\Theta}(v_1, \dots v_\varrho) = e^{\varepsilon(v_1, \dots v_\varrho)} . \vartheta(v_1, \dots v_\varrho),$$

woraus umgekehrt

$$\vartheta(v_1, \dots v_\varrho) = \Theta(u_1, \dots u_\varrho) . e^{-\varepsilon(v_1, \dots v_\varrho)}$$

folgt, so erhält man

$$\vartheta(v_1+1, v_2, \dots v_\varrho) = \vartheta(v_1, v_2, \dots v_\varrho),$$

$$\vartheta(v_1, v_2+1, \dots v_\varrho) = \vartheta(v_1, v_2, \dots v_\varrho),$$

$$\cdot \quad \cdot \quad \cdot \quad \cdot \quad \cdot \quad \cdot \quad \cdot$$

$$\vartheta(v_1, v_2, \dots v_\varrho+1) = \vartheta(v_1, v_2, \dots v_\varrho).$$

Man kann also in der That aus der ursprünglichen Function

$$\Theta(u_1, \dots u_\varrho)$$

eine andere

$$\vartheta(v_1, \dots v_\varrho)$$

herleiten, die in Bezug auf jedes einzelne Argument, unabhängig von den übrigen, periodisch ist und zwar mit der Periode 1. Die Function $\vartheta(v_1, \ldots v_\varrho)$ ist als beständig convergente Potenzreihe von $v_1, \ldots v_\varrho$ darstellbar, da $\Theta(u_1, \ldots u_\varrho)$ in Bezug auf $u_1, \ldots u_\varrho$ diese Eigenschaft hat (S. 516). Jedes aus den Perioden des Systems

$$\begin{matrix} 1, & 0, & \ldots & 0, \\ 0, & 1, & \ldots & 0, \\ \cdot & \cdot & \ldots & \cdot \\ 0, & 0, & \ldots & 1 \end{matrix}$$

durch Addition und Subtraction zusammengesetzte Periodensystem hat die Gestalt

$$\begin{matrix} \mu_1, & 0, & \ldots & 0, \\ 0, & \mu_2, & \ldots & 0, \\ \cdot & \cdot & \ldots & \cdot \\ 0, & 0, & \ldots & \mu_\varrho, \end{matrix}$$

wo $\mu_1, \ldots \mu_\varrho$ beliebige ganze Zahlen sind. Wie sofort ersichtlich ist, erhält man bei gleichzeitiger Vermehrung von $v_1, \ldots v_\varrho$ um $\mu_1, \ldots \mu_\varrho$

$$\vartheta(v_1 + \mu_1, \ldots v_\varrho + \mu_\varrho) = \vartheta(v_1, \ldots v_\varrho).$$

Diese Eigenschaft der ϑ-Function, auf welcher ihre Darstellbarkeit in Form einer Fourierschen Reihe beruht, hat im Wesentlichen ihren Grund in der Gleichung

$$\varepsilon_{\beta\gamma} = \varepsilon_{\gamma\beta},$$

d. h. in dem einen System von Relationen, die unter den Grössen $\omega_{\alpha\beta}$ und $\eta_{\alpha\beta}$ bestehen.

Es soll nun untersucht werden, welche Eigenschaft der Function $\vartheta(v_1, \ldots v_\varrho)$ sich aus dem zweiten für $\Theta(u_1, \ldots u_\varrho)$ gefundenen Gleichungssystem (S. 521)

$$\Theta(u_1 + 2\omega'_{1\beta}, \ldots u_\varrho + 2\omega'_{\varrho\beta}) = \Theta(u_1, \ldots u_\varrho) . e^{\sum\limits_{\alpha=1}^{\varrho} 2\eta'_{\alpha\beta}(u_\alpha + \omega'_{\alpha\beta})} \qquad (\beta = 1, 2, \ldots \varrho)$$

ergiebt. Es mögen, wenn

$$u_1, \ \ldots \ u_\varrho$$

um

$$2\omega'_{1\beta}, \ \ldots \ 2\omega'_{\varrho\beta}$$

vermehrt werden, die Variablen

$$v_1, \ \ldots \ v_\varrho$$

sich um die Grössen

$$\tau_{1\beta}, \ldots \tau_{\varrho\beta}$$

ändern. Da

$$v_\gamma = \sum_{\alpha=1}^{\varrho} \frac{(\omega)_{\alpha\gamma} u_\alpha}{2\omega}$$

ist, so ergiebt sich

$$\tau_{1\beta} = \sum_{\alpha=1}^{\varrho} \frac{(\omega)_{\alpha 1} \omega'_{\alpha\beta}}{\omega}, \quad \ldots \quad \tau_{\varrho\beta} = \sum_{\alpha=1}^{\varrho} \frac{(\omega)_{\alpha\varrho} \omega'_{\alpha\beta}}{\omega},$$

d. h.

$$\tau_{\alpha\beta} = \sum_{\gamma=1}^{\varrho} \frac{(\omega)_{\gamma\alpha} \omega'_{\gamma\beta}}{\omega} \qquad (\alpha, \beta = 1, 2, \ldots \varrho).$$

Für diese Grössen bestehen, wie jetzt bewiesen werden soll, die Relationen

$$\tau_{\beta\alpha} = \tau_{\alpha\beta} \qquad (\alpha, \beta = 1, 2, \ldots \varrho).$$

Aus den Gleichungen zwischen den Perioden $2\omega_{\alpha\beta}$ und $2\omega'_{\alpha\beta}$ (S. 332 (B.))

$$\sum_{\gamma=1}^{\varrho} \omega_{\alpha\gamma} \omega'_{\beta\gamma} = \sum_{\gamma=1}^{\varrho} \omega_{\beta\gamma} \omega'_{\alpha\gamma}$$

folgt sofort

$$\sum_{\gamma,\delta,\varepsilon} (\omega)_{\delta\alpha} (\omega)_{\varepsilon\beta} \omega_{\delta\gamma} \omega'_{\varepsilon\gamma} = \sum_{\gamma,\delta,\varepsilon} (\omega)_{\delta\alpha} (\omega)_{\varepsilon\beta} \omega_{\varepsilon\gamma} \omega'_{\delta\gamma} \quad (\alpha, \beta = 1, 2, \ldots \varrho).$$

Nun ist

$$\sum_{\delta=1}^{\varrho} (\omega)_{\delta\alpha} \omega_{\delta\gamma} = \begin{cases} 0 & (\gamma \gtrless \alpha) \\ \omega & (\gamma = \alpha) \end{cases}$$

und

$$\sum_{\varepsilon=1}^{\varrho} (\omega)_{\varepsilon\beta} \omega_{\varepsilon\gamma} = \begin{cases} 0 & (\gamma \gtrless \beta) \\ \omega, & (\gamma = \beta) \end{cases}$$

mithin wird

$$\sum_{\varepsilon=1}^{\varrho} (\omega)_{\varepsilon\beta} \omega'_{\varepsilon\alpha} \omega = \sum_{\delta=1}^{\varrho} (\omega)_{\delta\alpha} \omega'_{\delta\beta} \omega \qquad (\alpha, \beta = 1, 2, \ldots \varrho).$$

Da nun die Determinante ω von Null verschieden ist, so erhält man, wie behauptet,

$$\tau_{\beta\alpha} = \tau_{\alpha\beta} \qquad (\alpha, \beta = 1, 2, \ldots \varrho).$$

Diese Beziehungen sind also eine einfache Folge eines anderen Systems der unter den Perioden $2\omega_{\alpha\beta}$ und $2\omega'_{\alpha\beta}$ bestehenden Relationen.

Es werde jetzt untersucht, welche Veränderung die ϑ-Function erfährt, wenn man die Variablen

$$v_1, \dots v_\varrho$$

um

$$\tau_{1\beta}, \dots \tau_{\varrho\beta}$$

vermehrt. Zunächst erhält man

$$\vartheta(v_1+\tau_{1\delta}, \dots v_\varrho+\tau_{\varrho\delta}) = e^{-\varepsilon(v_1+\tau_{1\delta}, \dots v_\varrho+\tau_{\varrho\delta})}\,\Theta(u_1+2\omega'_{1\delta}, \dots u_\varrho+2\omega'_{\varrho\delta})$$

$$= e^{-\varepsilon(v_1+\tau_{1\delta}, \dots)+\varepsilon(v_1, \dots v_\varrho)+\sum\limits_\alpha 2\eta'_{\alpha\delta}(u_\alpha+\omega'_{\alpha\delta})}\,\vartheta(v_1, \dots v_\varrho).$$

Nun ist (S. 533)

$$\varepsilon(v_1+\tau_{1\delta}, \dots v_\varrho+\tau_{\varrho\delta})-\varepsilon(v_1, \dots v_\varrho) = 2\sum_{\beta,\gamma}\varepsilon_{\beta\gamma}(2v_\beta+\tau_{\beta\delta})\tau_{\gamma\delta}$$

$$= 2\sum_{\alpha,\beta,\gamma}\eta_{\alpha\beta}\,\omega_{\alpha\gamma}(2v_\beta+\tau_{\beta\delta})\tau_{\gamma\delta}.$$

Nach der Definition der Grössen $\tau_{\alpha\beta}$ hat man aber

$$\sum_{\gamma=1}^{\varrho}\omega_{\alpha\gamma}\tau_{\gamma\delta} = \omega'_{\alpha\delta},$$

mithin folgt

$$\varepsilon(v_1+\tau_{1\delta}, \dots v_\varrho+\tau_{\varrho\delta})-\varepsilon(v_1, \dots v_\varrho) = 2\sum_{\alpha,\beta}\eta_{\alpha\beta}\,\omega'_{\alpha\delta}(2v_\beta+\tau_{\beta\delta}).$$

Wird

$$(\delta, \beta) = \begin{cases} 0 & \text{für } \beta \gtrless \delta \\ 1 & \text{für } \beta = \delta \end{cases}$$

gesetzt, so lässt sich ein drittes der unter den Perioden bestehenden Gleichungssysteme in der Form

$$\sum_{\alpha=1}^{\varrho} 2\eta_{\alpha\beta}\,\omega'_{\alpha\delta} = \sum_{\alpha=1}^{\varrho} 2\omega_{\alpha\beta}\,\eta'_{\alpha\delta}+(\delta, \beta)\pi i$$

schreiben. Mit Hülfe hiervon ergiebt sich

$$\varepsilon(v_1+\tau_{1\delta}, \dots v_\varrho+\tau_{\varrho\delta})-\varepsilon(v_1, \dots v_\varrho) = \pi i(2v_\delta+\tau_{\delta\delta})+2\sum_{\alpha,\beta}\eta'_{\alpha\delta}\,\omega_{\alpha\beta}(2v_\beta+\tau_{\beta\delta})$$

und daher, wenn man die Gleichung

$$2\sum_{\alpha,\beta}\eta'_{\alpha\delta}\,\omega_{\alpha\beta}(2v_\beta+\tau_{\beta\delta}) = \sum_\alpha 2\eta'_{\alpha\delta}(u_\alpha+\omega'_{\alpha\delta})$$

benutzt,

$$-\varepsilon(v_1+\tau_{1\delta}, \dots v_\varrho+\tau_{\varrho\delta})+\varepsilon(v_1, \dots v_\varrho)+\sum_\alpha 2\eta'_{\alpha\delta}(u_\alpha+\omega'_{\alpha\delta}) = -\pi i(2v_\delta+\tau_{\delta\delta}).$$

Demnach erhält man das Resultat

$$\vartheta(v_1 + \tau_{1\beta}, \dots v_\varrho + \tau_{\varrho\beta}) = \vartheta(v_1, \dots v_\varrho) \, . \, e^{-(2v_\beta + \tau_{\beta\beta})\pi i} \qquad (\beta = 1, 2, \dots \varrho).$$

Nunmehr seien

$$\nu_1, \dots \nu_\varrho$$

beliebige ganze Zahlen oder Null, und es werde

$$\sum_{\beta=1}^{\varrho} \nu_\beta \tau_{\alpha\beta} = \tau_\alpha \qquad (\alpha = 1, 2, \dots \varrho)$$

gesetzt. Dann folgt, wie jetzt bewiesen werden soll, durch wiederholte Anwendung der vorhergehenden Formel

$$\vartheta(v_1 + \tau_1, \dots v_\varrho + \tau_\varrho) = \vartheta(v_1, \dots v_\varrho) \, . \, e^{-\sum\limits_\alpha \nu_\alpha (2v_\alpha + \tau_\alpha)\pi i}.$$

Wir wollen annehmen, diese Gleichung gelte für ein gewisses System der Zahlen $\nu_1, \dots \nu_\varrho$, und zeigen, dass sie auch noch gilt, wenn man die β^{te} dieser Zahlen um eine Einheit vermehrt oder vermindert. Es treten dann

$$\tau_1 \pm \tau_{1\beta}, \dots \tau_\varrho \pm \tau_{\varrho\beta}$$

an die Stelle der Grössen

$$\tau_1, \dots \tau_\varrho.$$

Daraus ist ersichtlich, dass die Vermehrung der Zahl ν_β um ± 1 einer Vermehrung der Grössen

$$v_1, \dots v_\varrho$$

um

$$\pm \tau_{1\beta}, \dots \pm \tau_{\varrho\beta}$$

gleichkommt. Nun ist nach der bewiesenen Formel

$$\vartheta(v_1 + \tau_1 \pm \tau_{1\beta}, \dots v_\varrho + \tau_\varrho \pm \tau_{\varrho\beta}) = \vartheta(v_1 + \tau_1, \dots v_\varrho + \tau_\varrho) \, . \, e^{\mp(2v_\beta + 2\tau_\beta \pm \tau_{\beta\beta})\pi i},$$

mithin, wenn

$$\tau'_\alpha = \tau_\alpha \pm \tau_{\alpha\beta} \qquad (\alpha = 1, 2, \dots \varrho)$$

gesetzt wird,

$$\vartheta(v_1 + \tau'_1, \dots v_\varrho + \tau'_\varrho) = \vartheta(v_1, \dots v_\varrho) \, . \, e^{-\sum\limits_\alpha \nu_\alpha (2v_\alpha + \tau_\alpha)\pi i \mp (2v_\beta + 2\tau_\beta \pm \tau_{\beta\beta})\pi i}$$

Bezeichnet man das veränderte Grössensystem ν_α mit ν'_α, sodass

$$\nu'_\alpha = \nu_\alpha, \quad \nu'_\beta = \nu_\beta \pm 1 \qquad (\alpha = 1, 2, \dots \varrho;\ \alpha \gtrless \beta)$$

ist, so erhält man

$$\sum_{\alpha=1}^{\varrho} \nu_\alpha (2v_\alpha + \tau_\alpha)\pi i \pm (2v_\beta + 2\tau_\beta \pm \tau_{\beta\beta})\pi i = \sum_{\alpha=1}^{\varrho} \nu'_\alpha (2v_\alpha + \tau'_\alpha)\pi i,$$

folglich

$$\vartheta(v_1 + \tau'_1, \dots v_\varrho + \tau'_\varrho) = \vartheta(v_1, \dots v_\varrho) \cdot e^{-\sum\limits_\alpha \nu'_\alpha (2v_\alpha + \tau'_\alpha)\pi i}.$$

Der für

$$\vartheta(v_1 + \tau_1, \dots v_\varrho + \tau_\varrho)$$

aufgestellte Ausdruck bleibt also bestehen, wenn irgend eine der Zahlen ν_α um 1 vermehrt oder vermindert wird, und da er gilt, wenn sämmtliche Zahlen ν_α gleich Null sind, so ist er allgemein richtig.

Die eben bewiesene Formel kann noch mit der auf S. 534 gefundenen

$$\vartheta(v_1 + \mu_1, \dots v_\varrho + \mu_\varrho) = \vartheta(v_1, \dots v_\varrho)$$

zu der allgemeineren

$$\vartheta(v_1 + \mu_1 + \tau_1, \dots v_\varrho + \mu_\varrho + \tau_\varrho) = \vartheta(v_1, \dots v_\varrho) \cdot e^{-\sum\limits_{\alpha=1}^{\varrho} \nu_\alpha (2v_\alpha + \tau_\alpha)\pi i}$$

vereinigt werden, in der $\mu_1, \dots \mu_\varrho, \nu_1, \dots \nu_\varrho$ beliebige ganze Zahlen oder Null bedeuten. Wir hätten diese Gleichung auch aus der ebenfalls auf inductivem Wege bewiesenen Formel (S. 516)

$$\Theta(u_1 + 2\omega_1, \dots u_\varrho + 2\omega_\varrho) = (-1)^{\sum\limits_{\alpha=1}^{\varrho} \mu_\alpha \nu_\alpha} \Theta(u_1, \dots u_\varrho) \cdot e^{\sum\limits_{\alpha=1}^{\varrho} 2\eta_\alpha (u_\alpha + \omega_\alpha)},$$

in der

$$\omega_\alpha = \sum_{\beta=1}^{\varrho} (\mu_\beta \omega_{\alpha\beta} + \nu_\beta \omega'_{\alpha\beta}),$$

$$\eta_\alpha = \sum_{\beta=1}^{\varrho} (\mu_\beta \eta_{\alpha\beta} + \nu_\beta \eta'_{\alpha\beta})$$

ist, durch Übergang von der Function $\Theta(u_1, \dots u_\varrho)$ zur Function $\vartheta(v_1, \dots v_\varrho)$ herleiten können.

Achtundzwanzigstes Kapitel.

Darstellung der Function $\vartheta(v_1, \ldots v_\varrho)$.

Um die für die ϑ-Function aufgestellten Formeln zur Entwickelung dieser Function zu verwenden, schicken wir einige Erörterungen über die Darstellung einer Function durch eine trigonometrische Reihe voraus.

Es sei v eine reelle, zwischen den Grenzen 0 und 1 gelegene Variable und $\varphi(v)$ eine in dem Intervall $(0 \ldots 1)$ stetige Function, die nur eine endliche Anzahl Maxima und Minima besitzt, so ist nach dem Fourierschen Lehrsatz

$$\varphi(v) = \frac{1}{2} A_0 + \sum_{\nu=1}^{\infty} (A_\nu \cos 2\nu v\pi + B_\nu \sin 2\nu v\pi) = \sum_n C_n e^{2nv\pi i},$$

wo die Zahl n alle ganzzahligen Werthe von $-\infty$ bis $+\infty$ durchläuft. Dabei ist

$$C_0 = \frac{1}{2} A_0,$$

$$C_n = \frac{1}{2}(A_n - iB_n), \qquad C_{-n} = \frac{1}{2}(A_n + iB_n), \quad (n > 0)$$

und

$$C_n = \int_0^1 \varphi(v)\, e^{-2nv\pi i}\, dv \quad (n \gtrless 0).$$

An den Grenzen 0 und 1 liefert die Reihe den Mittelwerth von $\varphi(0)$ und $\varphi(1)$. Ist $\varphi(v)$ für alle endlichen reellen Werthe des Arguments als stetige Function mit der Periode 1 definirt, so gilt die obige Entwickelung von $\varphi(v)$

für alle diese Werthe von v. Dabei ist es gleichgültig, ob $\varphi(v)$ eine reelle oder complexe Function ist; denn der Satz besteht für eine complexe Function, wenn er für ihren reellen und ihren imaginären Bestandtheil gilt.

Nun werde angenommen, dass die Function $\varphi(v)$ auch noch für alle im Endlichen gelegenen, complexen Werthe des Arguments definirt sei, für diese den Charakter einer ganzen Function besitze, und die Periode 1 habe; dann soll gezeigt werden, dass die obige Reihenentwickelung auch für complexe Werthe von v den Werth der Function giebt.

Es sei

$$v = t + si,$$

wo t und s reell sind. Dann kann

$$\varphi(t+si)$$

als eine complexe Function der reellen Grösse t betrachtet werden, welche für alle endlichen Werthe von t stetig ist und die Periode 1 hat. Diese Function lässt sich daher in der Form:

$$\varphi(t+si) = \sum_n C'_n e^{2nt\pi i}$$

entwickeln, wo

$$C'_n = \int_0^1 \varphi(t+si)\, e^{-2nt\pi i}\, dt$$

ist. Wird

$$C'_n = C_n e^{-2ns\pi}$$

gesetzt, so folgt

$$\varphi(t+si) = \sum_n C_n e^{2n(t+si)\pi i},$$

$$C_n = \int_0^1 \varphi(t+si)\, e^{-2n(t+si)\pi i}\, dt.$$

Wenn nun die Entwickelung für complexe Werthe von v dieselbe sein soll wie für reelle, so muss dieser Werth von C_n mit dem vorher angegebenen übereinstimmen, d. h. es müssen sämmtliche Coefficienten C_n von s unabhängig sein. Unter dem Integralzeichen steht eine analytische Function von s; denn sowohl $\varphi(t+si)$ als die Exponentialgrösse sind in beständig convergente

Potenzreihen von s entwickelbar. Man kann daher die Ableitung von C_n nach s durch Differentiation unter dem Integralzeichen bilden. Wird zur Abkürzung

$$\varphi(v)\, e^{-2n v\pi i} = \psi(v),$$

mithin

$$C_n = \int_0^1 \psi(t+si)\, dt$$

gesetzt, so folgt demnach

$$\frac{\partial C_n}{\partial s} = i\int_0^1 \psi'(t+si)\, dt = i(\psi(1+si)-\psi(si)).$$

Da nun die Functionen $\varphi(v)$ und $e^{-2n v\pi i}$ beide die Periode 1 haben, so ist

$$\psi(1+si) = \psi(si),$$

folglich

$$\frac{\partial C_n}{\partial s} = 0,$$

d. h. C_n ist von s unabhängig. Das Integral C_n muss aber, als stetige Function des Parameters s, stets denselben constanten Werth haben; es ergiebt sich daher für $s = 0$

$$C_n = \int_0^1 \varphi(t)\, e^{-2nt\pi i} dt,$$

d. h. die Coefficienten C_n in der Reihe

$$\varphi(t+si) = \sum_n C_n\, e^{2n(t+si)\pi i}$$

haben unter den über die Function $\varphi(v)$ gemachten Voraussetzungen dieselben Werthe wie in der für reelle Argumente v gültigen Entwickelung

$$\varphi(v) = \sum_n C_n\, e^{2n v\pi i}.$$

Dieser Satz lässt sich nun leicht auf Functionen von mehreren Veränderlichen ausdehnen.*)

---

*) Vgl. für das Folgende Bd. II S. 183—188 dieser Ausgabe.

Die Function

$$\varphi(v_1, \dots v_\varrho)$$

habe für jedes beliebige System endlicher Werthe der Argumente $v_1, \dots v_\varrho$ den Charakter einer ganzen Function und in Bezug auf jede einzelne Variable die Periode 1. Wenn $v_1, \dots v_\varrho$ reell sind, so lautet der Fouriersche Satz über die Entwickelung dieser Function:

$$\varphi(v_1, \dots v_\varrho) = \sum_{(n)} C_{n_1 \dots n_\varrho} e^{(2n_1 v_1 + \dots + 2n_\varrho v_\varrho)\pi i},$$

wo das Zeichen $\sum\limits_{(n)}$ die ϱ-fache Summe, ausgedehnt über die Zahlen $n_1, \dots n_\varrho$, bedeutet, deren jede alle ganzzahligen Werthe von $-\infty$ bis $+\infty$ durchläuft. Diese Entwickelung gilt zunächst, wenn jede der Grössen $v_1, \dots v_\varrho$ in dem Intervall $(0 \dots 1)$ liegt; da aber die Function $\varphi(v_1, \dots v_\varrho)$ in Bezug auf jede Variable die Periode 1 hat, so besteht die obige Gleichung für alle endlichen reellen Werthe der Argumente. Die Coefficienten werden durch die Formeln

$$C_{n_1 \dots n_\varrho} = \int_0^1 \cdots \int_0^1 \varphi(v_1, \dots v_\varrho)\, e^{-(2n_1 v_1 + \dots + 2n_\varrho v_\varrho)\pi i} dv_1 \dots dv_\varrho$$

bestimmt. Man kann nun ähnlich wie in dem Falle einer Variablen beweisen, dass die eben betrachtete Entwickelung der Function $\varphi(v_1, \dots v_\varrho)$ auch gilt, wenn man für $v_1, \dots v_\varrho$ beliebige complexe Werthe einführt, da vorausgesetzt worden ist, dass die Function $\varphi(v_1, \dots v_\varrho)$ auch für solche Werthe den Charakter einer ganzen Function hat; und zwar sind die Coefficienten $C_{n_1 \dots n_\varrho}$ dabei in derselben Weise wie für reelle Argumente zu berechnen. Betrachtet man nämlich $\varphi(t_1 + s_1 i, \dots t_\varrho + s_\varrho i)$ als Function der reellen Variablen $t_1, \dots t_\varrho$, so kann nach dem Vorhergehenden für beliebige reelle Werthe der Grössen $s_1, \dots s_\varrho$

$$\varphi(t_1 + s_1 i, \dots t_\varrho + s_\varrho i) = \sum_{(n)} C_{n_1 \dots n_\varrho} e^{(2n_1 (t_1 + s_1 i) + \dots + 2n_\varrho (t_\varrho + s_\varrho i))\pi i}$$

gesetzt werden, wobei

$$C_{n_1 \dots n_\varrho} = \int_0^1 \cdots \int_0^1 \varphi(t_1 + s_1 i, \dots t_\varrho + s_\varrho i)\, e^{-(2n_1 (t_1 + s_1 i) + \dots + 2n_\varrho (t_\varrho + s_\varrho i))\pi i} dt_1 \dots dt_\varrho$$

ist. Um nun zu zeigen, dass diese Coefficienten von $s_1, \dots s_\varrho$ unabhängig sind, setze man zur Abkürzung

$$\varphi(t_1+s_1 i,\dots t_\varrho+s_\varrho i)\, e^{-(2n_1(t_1+s_1 i)+\cdots+2n_\varrho(t_\varrho+s_\varrho i))\pi i} = \psi(t_1+s_1 i,\dots t_\varrho+s_\varrho i),$$

so folgt, da man aus denselben Gründen wie für den Fall einer Variablen (S. 540—541) auch hier unter dem Integralzeichen differentiiren kann,

$$\frac{\partial C_{n_1\dots n_\varrho}}{\partial s_1} = i\int_0^1\cdots\int_0^1 \frac{\partial\psi(t_1+s_1 i,\dots t_\varrho+s_\varrho i)}{\partial t_1}\,dt_1\dots dt_\varrho$$

$$= i\int_0^1\cdots\int_0^1 \{\psi(1+s_1 i,\, t_2+s_2 i,\dots)-\psi(s_1 i,\, t_2+s_2 i,\dots)\}\,dt_2\dots dt_\varrho.$$

Weil aber die Function $\psi(t_1+s_1 i,\dots t_\varrho+s_\varrho i)$ in Bezug auf t_1 die Periode 1 hat, so ergiebt sich hieraus

$$\frac{\partial C_{n_1\dots n_\varrho}}{\partial s_1} = 0,$$

d. h. die Coefficienten $C_{n_1\dots n_\varrho}$ sind von s_1 unabhängig. Ebenso wird auch die Unabhängigkeit von den Grössen $s_2,\dots s_\varrho$ bewiesen. Man erhält daher, wenn man $s_1,\dots s_\varrho$ gleich Null setzt,

$$C_{n_1\dots n_\varrho} = \int_0^1\cdots\int_0^1 \varphi(t_1,\dots t_\varrho)\, e^{-(2n_1 t_1+\cdots+2n_\varrho t_\varrho)\pi i}\,dt_1\dots dt_\varrho.$$

Damit ist gezeigt, dass die Entwickelung der Function $\varphi(v_1,\dots v_\varrho)$, die für reelle Werthe der Argumente gilt, unter den gemachten Voraussetzungen auch für complexe Werthe der Veränderlichen bestehen bleibt.

Man hat hiernach folgenden Satz:

»Eine für jedes System endlicher Werthe der Veränderlichen $v_1,\dots v_\varrho$ eindeutig definirte Function $\varphi(v_1,\dots v_\varrho)$ ändere ihren Werth nicht, wenn ein beliebiges ihrer Argumente um eine Einheit vermehrt wird, während die übrigen unverändert bleiben; und sie besitze überall den Charakter einer ganzen Function, sodass sie als beständig convergirende Potenzreihe von $v_1,\dots v_\varrho$ darstellbar ist. Dann lässt sie sich auch stets in der Form

$$\sum_{(n)} C_{n_1\dots n_\varrho}\, e^{2(n_1 v_1+\cdots+n_\varrho v_\varrho)\pi i}$$

darstellen, wo $n_1, \ldots n_\varrho$ alle ganzen positiven oder negativen Zahlen mit Einschluss der Null durchlaufen. Die Coefficienten $C_{n_1 \ldots n_\varrho}$ sind von $v_1, \ldots v_\varrho$ unabhängige Grössen, und zwar ist

$$C_{n_1 \ldots n_\varrho} = \int_0^1 \cdots \int_0^1 \varphi(v_1, \ldots v_\varrho)\, e^{-2(n_1 v_1 + \cdots + n_\varrho v_\varrho)\pi i}\, dv_1 \ldots dv_\varrho.\text{«}$$

Der hier mit Hülfe des Fourierschen Theorems geführte Beweis dieses Satzes kann auch ohne Voraussetzung desselben aus den Fundamentalsätzen der Theorie der gewöhnlichen Potenzreihen abgeleitet werden. Aus den Gleichungen

$$\begin{gathered}\varphi(v_1+1, v_2, \ldots v_\varrho) = \varphi(v_1, v_2, \ldots v_\varrho),\\ \varphi(v_1, v_2+1, \ldots v_\varrho) = \varphi(v_1, v_2, \ldots v_\varrho),\\ \cdot \quad \cdot \quad \cdot \quad \cdot \quad \cdot \quad \cdot \quad \cdot\\ \varphi(v_1, v_2, \ldots v_\varrho+1) = \varphi(v_1, v_2, \ldots v_\varrho)\end{gathered}$$

folgt die allgemeinere

$$\varphi(v_1+n_1, v_2+n_2, \ldots v_\varrho+n_\varrho) = \varphi(v_1, v_2, \ldots v_\varrho),$$

in welcher $n_1, n_2, \ldots n_\varrho$ beliebige ganze Zahlen bedeuten.

Setzt man nun

$$\begin{aligned}\tfrac{1}{2}\varphi(v_1, v_2, \ldots v_\varrho) + \tfrac{1}{2}\varphi(-v_1, v_2, \ldots v_\varrho) &= \varphi_0(v_1, v_2, \ldots v_\varrho),\\ \frac{\tfrac{1}{2}\varphi(v_1, v_2, \ldots v_\varrho) - \tfrac{1}{2}\varphi(-v_1, v_2, \ldots v_\varrho)}{\sin 2v_1\pi} &= \varphi_1(v_1, v_2, \ldots v_\varrho),\end{aligned}$$

so ist auch

$$\begin{gathered}\varphi_0(v_1+n_1, v_2+n_2, \ldots v_\varrho+n_\varrho) = \varphi_0(v_1, v_2, \ldots v_\varrho),\\ \varphi_1(v_1+n_1, v_2+n_2, \ldots v_\varrho+n_\varrho) = \varphi_1(v_1, v_2, \ldots v_\varrho).\end{gathered}$$

Die Function $\varphi_0(v_1, \ldots v_\varrho)$ ist als eine Potenzreihe von $v_1, \ldots v_\varrho$, in der nur gerade Potenzen von v_1 vorkommen, darstellbar; dasselbe gilt aber auch von $\varphi_1(v_1, \ldots v_\varrho)$. Denn die Function

$$\tfrac{1}{2}\varphi(v_1, v_2, \ldots v_\varrho) - \tfrac{1}{2}\varphi(-v_1, v_2, \ldots v_\varrho) = \sum_{\nu=0}^{\infty} \mathfrak{P}_{2\nu+1}(v_2, \ldots v_\varrho)\, v_1^{2\nu+1}$$

verschwindet bei beliebigen Werthen von $v_2, \ldots v_\varrho$ für $v_1 = 0$ und $v_1 = \frac{1}{2}$, also auch, wenn $v_1 = \frac{m}{2}$ ist, wo m eine ganze Zahl bedeutet. Nur für diese Werthe von v_1 wird aber $\sin 2v_1\pi$ gleich Null, und zwar mit der Ordnungszahl 1. Daraus folgt, dass sich $\varphi_1(v_1, \dots v_\varrho)$ in eine beständig convergirende Potenzreihe von $v_1, \dots v_\varrho$ entwickeln lässt, die wir erhalten, indem wir die vorstehende Reihe für den Zähler von $\varphi_1(v_1, \dots v_\varrho)$ mit der für hinlänglich kleine Werthe von $|v_1|$ geltenden Entwickelung

$$\frac{1}{\sin 2v_1\pi} = \frac{1}{v_1}\left\{\frac{1}{2\pi} + v_1^2 \mathfrak{P}(v_1^2)\right\}$$

multipliciren. So ergiebt sich

$$\varphi_1(v_1, \dots v_\varrho) = \sum_{\nu=0}^{\infty} \mathfrak{P}'_{2\nu}(v_2, \dots v_\varrho)\, v_1^{2\nu}.$$

Zugleich ist ersichtlich, dass wenn in der Entwickelung von $\varphi(v_1, \dots v_\varrho)$ nur gerade Potenzen einer der Grössen $v_2, \dots v_\varrho$ vorkommen, auch die Entwickelungen von $\varphi_0(v_1, \dots v_\varrho)$ und $\varphi_1(v_1, \dots v_\varrho)$ nur solche Potenzen dieser Grösse enthalten.

Hiernach kann man

$$\varphi(v_1, v_2, \dots v_\varrho) = \sum_{\nu=0}^{\infty} \mathfrak{P}_{2\nu}(v_2, \dots v_\varrho)\, v_1^{2\nu} + \sin 2v_1\pi \, . \sum_{\nu=0}^{\infty} \mathfrak{P}'_{2\nu}(v_2, \dots v_\varrho)\, v_1^{2\nu}$$

setzen, wobei man auf der rechten Seite statt v_1 auch eine der anderen Variablen bevorzugen darf.

Für $\varrho = 1$ hat man

$$\varphi(v_1) = \mathfrak{P}(v_1^2)_0 + \sin 2v_1\pi \, . \, \mathfrak{P}(v_1^2)_1 = \sum_{\varepsilon_1=0}^{1} (\sin 2v_1\pi)^{\varepsilon_1} \mathfrak{P}(v_1^2)_{\varepsilon_1}.$$

Für $\varrho = 2$ erhält man zunächst

$$\varphi(v_1, v_2) = \sum_{\varepsilon_1=0}^{1} (\sin 2v_1\pi)^{\varepsilon_1} \mathfrak{P}(v_1^2, v_2)_{\varepsilon_1}$$

und hieraus, da

$$\mathfrak{P}(v_1^2, v_2)_{\varepsilon_1} = \sum_{\varepsilon_2=0}^{1} (\sin 2v_2\pi)^{\varepsilon_2} \mathfrak{P}(v_1^2, v_2^2)_{\varepsilon_1 \varepsilon_2}$$

ist,

$$\varphi(v_1, v_2) = \sum_{\varepsilon_1=0}^{1} \sum_{\varepsilon_2=0}^{1} (\sin 2v_1\pi)^{\varepsilon_1} (\sin 2v_2\pi)^{\varepsilon_2} \mathfrak{P}(v_1^2, v_2^2)_{\varepsilon_1 \varepsilon_2}.$$

Für $\varrho = 3$ ergiebt sich weiter

$$\varphi(v_1, v_2, v_3) = \sum_{\varepsilon_1=0}^{1} \sum_{\varepsilon_2=0}^{1} (\sin 2v_1\pi)^{\varepsilon_1} (\sin 2v_2\pi)^{\varepsilon_2} \mathfrak{P}(v_1^2, v_2^2, v_3)_{\varepsilon_1 \varepsilon_2}$$

und daher, wenn $\mathfrak{P}(v_1^2, v_2^2, v_3)_{\varepsilon_1 \varepsilon_2}$ auf die Form

$$\sum_{\varepsilon_3=0}^{1} (\sin 2v_3\pi)^{\varepsilon_3} \mathfrak{P}(v_1^2, v_2^2, v_3^2)_{\varepsilon_1 \varepsilon_2 \varepsilon_3}$$

gebracht wird,

$$\varphi(v_1, v_2, v_3) = \sum_{\varepsilon_1=0}^{1} \sum_{\varepsilon_2=0}^{1} \sum_{\varepsilon_3=0}^{1} (\sin 2v_1\pi)^{\varepsilon_1} (\sin 2v_2\pi)^{\varepsilon_2} (\sin 2v_3\pi)^{\varepsilon_3} \mathfrak{P}(v_1^2, v_2^2, v_3^2)_{\varepsilon_1 \varepsilon_2 \varepsilon_3}.$$

So fortfahrend erhält man allgemein

$$\varphi(v_1, \ldots v_\varrho) = \sum_{\varepsilon_1=0}^{1} \sum_{\varepsilon_2=0}^{1} \cdots \sum_{\varepsilon_\varrho=0}^{1} (\sin 2v_1\pi)^{\varepsilon_1} (\sin 2v_2\pi)^{\varepsilon_2} \ldots (\sin 2v_\varrho\pi)^{\varepsilon_\varrho} \mathfrak{P}(v_1^2, \ldots v_\varrho^2)_{\varepsilon_1 \varepsilon_2 \ldots \varepsilon_\varrho},$$

wobei sämmtliche Reihen

$$\mathfrak{P}(v_1^2, v_2^2, \ldots v_\varrho^2)_{\varepsilon_1 \varepsilon_2 \ldots \varepsilon_\varrho},$$

als Functionen von $v_1, \ldots v_\varrho$ betrachtet, dieselbe Beschaffenheit wie $\varphi(v_1, \ldots v_\varrho)$ haben.

Wird nun eine dieser Functionen herausgehoben und mit

$$\varphi(v_1, v_2, \ldots v_\varrho)_0$$

bezeichnet, so lässt sich zeigen, dass sie nach Potenzen von $\cos 2v_1\pi, \ldots \cos 2v_\varrho\pi$ entwickelt werden kann.

Es seien $s_1, \ldots s_\varrho$ unbeschränkt veränderliche Grössen, so bestimmen wir zu jedem Werthsystem $(s_1, \ldots s_\varrho)$ ein Werthsystem $(v_1, \ldots v_\varrho)$ der Art, dass

$$\cos 2v_1\pi = s_1, \quad \cos 2v_2\pi = s_2, \quad \ldots \quad \cos 2v_\varrho\pi = s_\varrho$$

wird, und definiren eine Function $\psi(s_1, \ldots s_\varrho)$ durch die Gleichung

$$\psi(s_1, \ldots s_\varrho) = \varphi(v_1, \ldots v_\varrho)_0.$$

Dann hat $\psi(s_1, \ldots s_\varrho)$ für jedes System endlicher Werthe von $s_1, \ldots s_\varrho$ einen bestimmten endlichen Werth. Denn ist $(v_1', \ldots v_\varrho')$ irgend eines der unendlich vielen, zu einem Werthsystem $(s_1, \ldots s_\varrho)$ gehörigen Systeme $(v_1, \ldots v_\varrho)$, so werden alle übrigen durch die Formeln

$$v_1 = \pm v_1' + n_1, \quad \ldots \quad v_\varrho = \pm v_\varrho' + n_\varrho$$

gegeben, wo $n_1, \dots n_\varrho$ beliebige ganze Zahlen bedeuten. Hierfür ist aber stets

$$\varphi(v_1, \dots v_\varrho)_0 = \varphi(v'_1, \dots v'_\varrho)_0,$$

also $\psi(s_1, \dots s_\varrho)$ eindeutig bestimmt. Ferner gehört zu jedem System endlicher Werthe $s_1, \dots s_\varrho$ auch ein gleiches System $(v_1, \dots v_\varrho)$, und es hat daher auch die Function $\psi(s_1, \dots s_\varrho)$ einen endlichen Werth.

Nun sei $(\bar{s}_1, \dots \bar{s}_\varrho)$ irgend ein bestimmtes System der Grössen $s_1, \dots s_\varrho$ und $(\bar{v}_1, \dots \bar{v}_\varrho)$ eines der zugehörigen Werthsysteme der Grössen $v_1, \dots v_\varrho$. Wir nehmen s_α hinlänglich nahe bei $\bar{s}_\alpha$ an und bringen, um einen die Gleichung

$$\cos 2v_\alpha\pi = s_\alpha$$

befriedigenden, in der Nähe von $\bar{v}_\alpha$ gelegenen Werth von v_α zu erhalten, diese Gleichung auf die Form

$$\cos 2v_\alpha\pi - \cos 2\bar{v}_\alpha\pi = s_\alpha - \bar{s}_\alpha$$

oder

$$\cos 2\bar{v}_\alpha\pi(\cos 2(v_\alpha - \bar{v}_\alpha)\pi - 1) - \sin 2\bar{v}_\alpha\pi \sin 2(v_\alpha - \bar{v}_\alpha)\pi = s_\alpha - \bar{s}_\alpha,$$

woraus sich, wenn $\sin 2\bar{v}_\alpha\pi$ nicht gleich Null ist,

$$v_\alpha - \bar{v}_\alpha = \mathfrak{P}(s_\alpha - \bar{s}_\alpha)$$

ergiebt. Ist aber $\sin 2\bar{v}_\alpha\pi = 0$, so wird

$$(v_\alpha - \bar{v}_\alpha)^2 = \mathfrak{P}(s_\alpha - \bar{s}_\alpha),$$

und entwickelt man dann $\varphi(v_1, \dots v_\varrho)_0$ nach Potenzen von

$$v_1 - \bar{v}_1, \; \dots \; v_\varrho - \bar{v}_\varrho,$$

so enthält diese Reihe nur gerade Potenzen von $v_\alpha - \bar{v}_\alpha$. Denn ist z. B. $\sin 2\bar{v}_1\pi = 0$, also $\bar{v}_1 = \frac{m_1}{2}$, so hat man (S. 544)

$$\varphi(v_1, v_2, \dots v_\varrho)_0 = \varphi(-v_1 + m_1, v_2, \dots v_\varrho)_0$$

oder

$$\varphi\left(\frac{m_1}{2} + \left(v_1 - \frac{m_1}{2}\right), v_2, \dots v_\varrho\right)_0 = \varphi\left(\frac{m_1}{2} - \left(v_1 - \frac{m_1}{2}\right), v_2, \dots v_\varrho\right)_0$$

und daher

$$\varphi(v_1, v_2, \dots v_\varrho)_0 = \mathfrak{P}\left(\left(v_1 - \frac{m_1}{2}\right)^2, v_2, \dots v_\varrho\right) = \mathfrak{P}((v_1 - \bar{v}_1)^2, v_2, \dots v_\varrho).$$

Daraus folgt, dass sich $\varphi(v_1, \dots v_\varrho)_0$ in beiden Fällen mit Hülfe der Gleichung

$$\varphi(v_1, \dots v_\varrho)_0 = \mathfrak{P}(v_1 - \bar{v}_1, \dots v_\varrho - \bar{v}_\varrho)$$

auf die Form

$$\mathfrak{P}_1(s_1 - \bar{s}_1, \dots s_\varrho - \bar{s}_\varrho)$$

bringen lässt, sodass man in der Umgebung jedes im Endlichen gelegenen Werthsystems $(\bar{s}_1, \dots \bar{s}_\varrho)$

$$\psi(s_1, \dots s_\varrho) = \mathfrak{P}_1(s_1 - \bar{s}_1, \dots s_\varrho - \bar{s}_\varrho)$$

hat. Es besitzt also $\psi(s_1, \dots s_\varrho)$ im Endlichen überall den Charakter einer ganzen Function und lässt sich somit durch eine beständig convergirende Reihe

$$\mathfrak{P}_0(s_1, \dots s_\varrho)$$

darstellen. Aus der Definition von $\psi(s_1, \dots s_\varrho)$ ergiebt sich mithin

$$\varphi(v_1, \dots v_\varrho)_0 = \mathfrak{P}_0(\cos 2v_1\pi, \dots \cos 2v_\varrho\pi)$$

für jedes System endlicher Werthe von $v_1, \dots v_\varrho$.

Setzt man nun, unter $t_1, t_1', \dots t_\varrho, t_\varrho'$ unbeschränkt veränderliche Grössen verstehend,

$$s_1 = t_1 + t_1', \quad \dots \quad s_\varrho = t_\varrho + t_\varrho',$$

so geht $\mathfrak{P}_0(s_1, \dots s_\varrho)$ in eine beständig convergente Potenzreihe

$$\overline{\mathfrak{P}}(t_1, t_1', \dots t_\varrho, t_\varrho')$$

über, aus der man für

$$t_\alpha = \frac{1}{2} e^{2v_\alpha \pi i}, \qquad t_\alpha' = \frac{1}{2} e^{-2v_\alpha \pi i}$$

$$\varphi(v_1, \dots v_\varrho)_0 = \overline{\overline{\mathfrak{P}}}\left(e^{2v_1\pi i}, e^{-2v_1\pi i}, \dots e^{2v_\varrho\pi i}, e^{-2v_\varrho\pi i}\right)$$

erhält.

Wendet man dieses Resultat auf jede der in dem obigen Ausdruck (S. 546) von $\varphi(v_1, \dots v_\varrho)$ vorkommenden Potenzreihen $\mathfrak{P}(v_1^2, \dots v_\varrho^2)_{\varepsilon_1 \dots \varepsilon_\varrho}$ an, so ergiebt sich, dass auch $\varphi(v_1, \ldots v_\varrho)$ durch eine Reihe von der vorstehenden Form dargestellt werden kann. Jedes Glied dieser Reihe ist das Product aus einem Exponentialfactor

$$e^{2(n_1 v_1 + \cdots + n_\varrho v_\varrho)\pi i},$$

in welchem $n_1, \ldots n_\varrho$ ganze positive oder negative Zahlen oder Null sind, und einer von $v_1, \ldots v_\varrho$ unabhängigen Grösse, und da die Reihe unbedingt convergent ist, so kann man alle Glieder, für welche das System der Zahlen $n_1, \ldots n_\varrho$ dasselbe ist, in ein einziges zusammenziehen. Auf diese Weise erhält man

$$\varphi(v_1, \ldots v_\varrho) = \sum_{(n)} C_{n_1 \ldots n_\varrho} e^{2(n_1 v_1 + \cdots + n_\varrho v_\varrho)\pi i},$$

und zwar ist diese Reihe ebenfalls unbedingt convergent.

Die Reihe $\mathfrak{P}(t_1, t_1', \ldots t_\varrho, t_\varrho')$ ist ferner, wenn jede der Grössen $t_1, t_1', \ldots t_\varrho, t_\varrho'$ auf einen im Endlichen liegenden Bereich beschränkt wird, für alle alsdann zulässigen Werthsysteme dieser Grössen gleichmässig convergent. Daraus folgt, dass auch die vorstehende Reihe für alle Systeme $(v_1, \ldots v_\varrho)$ eines endlichen Bereiches dieselbe Eigenschaft hat. Mithin ist das ϱ-fache Integral

$$\int_0^1 \cdots \int_0^1 \varphi(v_1, \ldots v_\varrho)\, e^{-2(\nu_1 v_1 + \cdots + \nu_\varrho v_\varrho)\pi i}\, dv_1 \ldots dv_\varrho,$$

in dem die Integrationswege mit den reellen Strecken $(0 \ldots 1)$ übereinstimmen sollen, für ein gegebenes System ganzer Zahlen $(\nu_1, \ldots \nu_\varrho)$ gleich

$$\sum_{(n)} C_{n_1 \ldots n_\varrho} \int_0^1 \cdots \int_0^1 e^{2\{(n_1 - \nu_1) v_1 + \cdots + (n_\varrho - \nu_\varrho) v_\varrho\}\pi i}\, dv_1 \ldots dv_\varrho = C_{\nu_1 \ldots \nu_\varrho},$$

also ergiebt sich

$$C_{n_1 \ldots n_\varrho} = \int_0^1 \cdots \int_0^1 \varphi(v_1, \ldots v_\varrho)\, e^{-2(n_1 v_1 + \cdots + n_\varrho v_\varrho)\pi i}\, dv_1 \ldots dv_\varrho.$$

Damit ist der vorher mittels des Fourierschen Theorems bewiesene Satz auf eine andere Art begründet.

Nun hat die Function $\vartheta(v_1, \ldots v_\varrho)$ dieselben Eigenschaften wie die im Vorhergehenden mit $\varphi(v_1, \ldots v_\varrho)$ bezeichnete Function, denn sie ist in der Form einer beständig convergirenden Potenzreihe darstellbar (S. 534) und hat in Bezug auf jede Variable die Periode 1. Man kann daher

$$\vartheta(v_1, \dots v_\varrho) = \sum_{(n)} C_{n_1 \dots n_\varrho} e^{2\pi i \sum_\alpha n_\alpha v_\alpha}$$

setzen, und es handelt sich jetzt darum, die Coefficienten

$$C_{n_1 \dots n_\varrho} = \int_0^1 \cdots \int_0^1 \vartheta(v_1, \dots v_\varrho)\, e^{-2\pi i \sum_\alpha n_\alpha v_\alpha} dv_1 \dots dv_\varrho$$

genauer zu bestimmen. Multiplicirt man beide Seiten dieser Gleichung, in der $v_1, \dots v_\varrho$ bei der Integration reelle Werthe zu durchlaufen haben, mit

$$e^{-\pi i \sum_\alpha n_\alpha \tau_\alpha},$$

wo wie früher (S. 537)

$$\tau_\alpha = \sum_{\beta=1}^{\varrho} n_\beta \tau_{\alpha\beta}$$

gesetzt ist, so folgt mit Hülfe der Relation

$$\vartheta(v_1 + \tau_1, \dots v_\varrho + \tau_\varrho) = \vartheta(v_1, \dots v_\varrho) . e^{-\sum_{\alpha=1}^{\varrho} n_\alpha (2 v_\alpha + \tau_\alpha) \pi i}$$

die Gleichung

$$C_{n_1 \dots n_\varrho} . e^{-\pi i \sum_\alpha n_\alpha \tau_\alpha} = \int_0^1 \cdots \int_0^1 \vartheta(v_1 + \tau_1, \dots v_\varrho + \tau_\varrho)\, dv_1 \dots dv_\varrho .$$

Nun kann man durch ganz ähnliche Schlüsse wie auf S. 542—543 beweisen, dass das ϱ-fache Integral von $\tau_1, \dots \tau_\varrho$ unabhängig ist, und erhält mithin

$$C_{n_1 \dots n_\varrho} . e^{-\pi i \sum_\alpha n_\alpha \tau_\alpha} = \int_0^1 \cdots \int_0^1 \vartheta(v_1, \dots v_\varrho)\, dv_1 \dots dv_\varrho .$$

Die rechte Seite ist eine Constante, die mit $\mathfrak{C}$ bezeichnet werden soll; dann ergiebt sich

$$C_{n_1 \dots n_\varrho} = \mathfrak{C}\, e^{\pi i \sum_{\alpha=1}^{\varrho} n_\alpha \tau_\alpha},$$

womit die Bestimmung der Entwickelungscoefficienten auch für die ϑ-Function vollständig durchgeführt ist.

Setzt man den Werth von $C_{n_1 \dots n_\varrho}$ ein, so folgt

$$\vartheta(v_1, \dots v_\varrho) = \mathfrak{C} . \sum_{(n)} e^{\pi i (n_1 (2 v_1 + \tau_1) + \cdots + n_\varrho (2 v_\varrho + \tau_\varrho))}.$$

Nun ist aber auf S. 521 gezeigt worden, dass die Function $\Theta(u_1, \dots u_\varrho)$, aus welcher die Function $\vartheta(v_1, \dots v_\varrho)$ abgeleitet wurde, nur bis auf einen constanten Factor bestimmt ist; man kann daher $\mathfrak{C} = 1$, mithin

$$\vartheta(v_1, \dots v_\varrho) = \sum_{(n)} e^{\pi i \{ n_1 (2 v_1 + \tau_1) + \cdots + n_\varrho (2 v_\varrho + \tau_\varrho) \}}$$

setzen, womit auch über die willkürliche Constante in der Function $\Theta(u_1, \dots u_\varrho)$ verfügt ist, da die Gleichung (S. 533)

$$\Theta(u_1, \dots u_\varrho) = e^{\varepsilon(v_1, \dots v_\varrho)} . \vartheta(v_1, \dots v_\varrho)$$

bestehen bleiben soll.

Für $\varrho = 1$ ergiebt sich hieraus die Darstellung der elliptischen Thetafunction $\vartheta_3(v)$ in der Form

$$\vartheta_3(v) = \sum_n e^{\pi i n^2 \tau + 2 n v \pi i}.$$

Da die Zahl n alle Werthe von $-\infty$ bis $+\infty$ durchläuft, so kann man $-n$ für n setzen und erhält dann

$$\vartheta_3(v) = \sum_n e^{\pi i n^2 \tau - 2 n v \pi i}.$$

Addirt man diesen Ausdruck zu dem ersten und dividirt durch 2, so folgt

$$\vartheta_3(v) = \sum_n e^{\pi i n^2 \tau} \cos 2 n v \pi = 1 + 2 \sum_{n=1}^{\infty} e^{\pi i n^2 \tau} \cos 2 n v \pi.$$

Auf eine ganz ähnliche Form lässt sich auch die Entwickelung der ϑ-Function von ϱ Variablen bringen. Es werde

$$\pi i \sum_{\alpha=1}^{\varrho} n_\alpha \tau_\alpha = \pi i \sum_{\alpha, \beta} n_\alpha n_\beta \tau_{\alpha\beta} = \chi(n_1, \dots n_\varrho)$$

gesetzt, sodass $\chi(n_1, \dots n_\varrho)$ eine homogene Function zweiten Grades der ganzen Zahlen $n_1, \dots n_\varrho$ ist. Dann ergiebt sich

$$\vartheta(v_1, \dots v_\varrho) = \sum_{(n)} e^{\chi(n_1, \dots n_\varrho)} . e^{(2 n_1 v_1 + \cdots + 2 n_\varrho v_\varrho) \pi i}.$$

Jede der Zahlen $n_1, \dots n_\varrho$ durchläuft unabhängig von den übrigen alle Werthe von $-\infty$ bis $+\infty$; daher ist auch

$$\vartheta(v_1, \dots v_\varrho) = \sum_{(n)} e^{\chi(n_1, \dots n_\varrho)} \,.\, e^{-(2n_1 v_1 + \cdots + 2n_\varrho v_\varrho)\pi i}.$$

Addirt man jetzt wieder die beiden Ausdrücke und dividirt durch 2, so folgt

$$\vartheta(v_1, \dots v_\varrho) = \sum_{(n)} e^{\chi(n_1, \dots n_\varrho)} \cos(2n_1 v_1 + \cdots + 2n_\varrho v_\varrho)\pi.$$

Aus der Gestalt dieser Reihe ist ersichtlich, dass sie einen hohen Grad von Convergenz besitzt.

Besonders hervorzuheben ist, dass in der Reihe ausser den Variablen $v_1, \dots v_\varrho$ nur die Constanten $\tau_{\alpha\beta}$ auftreten, die aus den Grössen $\omega_{\alpha\beta}$ und $\omega'_{\alpha\beta}$ zusammengesetzt sind (S. 535), während die Grössen $\eta_{\alpha\beta}$ und $\eta'_{\alpha\beta}$ nicht vorkommen.

Aus dieser für die ϑ-Function geltenden Reihe kann man mit Hülfe der Gleichung

$$\Theta(u_1, \dots u_\varrho) = e^{\varepsilon(v_1, \dots v_\varrho)} \,.\, \vartheta(v_1, \dots v_\varrho)$$

eine Entwickelung der Function $\Theta(u_1, \dots u_\varrho)$ ableiten, wenn man die Grössen $v_1, \dots v_\varrho$ durch $u_1, \dots u_\varrho$ ersetzt (S. 531). In dieser werden aber auch die Grössen $\eta_{\alpha\beta}$ auftreten, denn sie kommen in den Coefficienten der Function

$$\varepsilon(v_1, \dots v_\varrho) = \sum_{\beta, \gamma} 2\varepsilon_{\beta\gamma} v_\beta v_\gamma$$

vor (S. 533).

Die Function

$$\chi(n_1, \dots n_\varrho) + (2n_1 v_1 + \cdots + 2n_\varrho v_\varrho)\pi i = \pi i \sum_{\alpha, \beta} n_\alpha n_\beta \tau_{\alpha\beta} + \pi i \sum_\alpha 2 n_\alpha v_\alpha$$

in den Exponenten der Reihe für die ϑ-Function ist eine homogene Function zweiten Grades von

$$v_1, \dots v_\varrho, \quad n_1, \dots n_\varrho,$$

in der aber $v_1, \dots v_\varrho$ nicht mit einander multiplicirt oder zur zweiten Potenz erhoben vorkommen. Bei der Entwickelung von $\Theta(u_1, \dots u_\varrho)$ tritt im Exponenten des allgemeinen Gliedes die Function

$$\chi(n_1, \dots n_\varrho) + (2n_1 v_1 + \cdots + 2n_\varrho v_\varrho)\pi i + \varepsilon(v_1, \dots v_\varrho)$$

auf, also eine vollständige homogene Function zweiten Grades der 2ϱ Argumente. Bezeichnet man sie nach Einführung der Variablen $u_1, \ldots u_\varrho$ statt $v_1, \ldots v_\varrho$ mit $g(u_1, \ldots u_\varrho; n_1, \ldots n_\varrho)$, so erhält die Entwickelung von $\Theta(u_1, \ldots u_\varrho)$ die Form

$$\Theta(u_1, \ldots u_\varrho) = \sum_{(n)} e^{g(u_1, \ldots u_\varrho;\, n_1, \ldots n_\varrho)}.$$

Das hier auseinandergesetzte Verfahren zur Herstellung der Θ-Function ist genau dasselbe, welches ich in den vierziger Jahren gefunden habe.*) Göpel und Rosenhain haben sich gleichzeitig mit mir mit den Abelschen Functionen zweier unabhängigen Variablen beschäftigt und sind zu derselben Form ihrer Darstellung gelangt, aber auf einem anderen Wege. Die Reihe

$$\sum_n e^{an^2+bn+c},$$

in der b und c als lineare Functionen einer Variablen u betrachtet werden, während a eine Constante bedeutet, war den Schülern Jacobi's sehr geläufig; sie geht z. B. für

$$a = \frac{\omega'}{\omega}\pi i = \tau\pi i, \qquad b = \frac{u\pi i}{\omega} = 2v\pi i, \qquad c = 0$$

in die Function $\vartheta_3(v)$ über (S. 551). Göpel und Rosenhain kamen nun auf den glücklichen Gedanken, sie in der Form

$$\sum_{(n)} e^{an_1^2+a'n_1n_2+a''n_2^2+bn_1+b'n_2+c}$$

zu verallgemeinern, wo a, a', a'' Constanten, b, b' und c dagegen lineare Functionen zweier Veränderlichen u_1 und u_2 sind. Sie gaben auch die Bedingung dafür an, dass diese Reihe beständig convergent ist, und stellten mit ihrer Hülfe periodische Functionen her.

Mir war die Entwickelung

$$\sum_n e^{n^2\tau\pi i+2nv\pi i}$$

für die Function $\vartheta_3(v)$ und die entsprechenden für die anderen elliptischen Thetafunctionen geläufiger als die eben erwähnte Jacobische Form. Es lag

*) Vgl. Bd. I S. 131 dieser Ausgabe.

mir daher nicht nahe, denselben Weg einzuschlagen wie Göpel und Rosenhain. Ihr Verfahren, für zwei Variable die Θ-Function in einer bestimmten Form von vornherein anzunehmen und aus ihr periodische Functionen zu bilden, bietet übrigens bei Verallgemeinerung auf mehrere Veränderliche grosse Schwierigkeiten dar; für mehr als drei Variable ist es überhaupt noch nicht durchgeführt worden. Auf den von mir eingeschlagenen Weg wurde ich durch die Analogie mit der Theorie der elliptischen Functionen in dem Punkte geführt, dass sich die Integrale erster und zweiter Art durch Logarithmen von nicht verschwindenden E-Functionen darstellen lassen (S. 374).

Neunundzwanzigstes Kapitel.

Beweis für das Nichtverschwinden der Determinante $|\omega_{\alpha\beta}|$.

Der Übergang von der Function $\Theta(u_1, \dots u_\varrho)$ zu der Function $\vartheta(v_1, \dots v_\varrho)$ erforderte (S. 523), dass die Determinante $|\omega_{\alpha\beta}|$ einen von Null verschiedenen Werth hat. Es würde daher, wenn ein bestimmtes Periodensystem $(2\omega_{\alpha\beta}, 2\omega'_{\alpha\beta}, 2\eta_{\alpha\beta}, 2\eta'_{\alpha\beta})$ gegeben ist, zunächst zu untersuchen sein, ob sie nicht etwa für dieses System verschwindet. Nun wird für $\varrho = 1$ in der Theorie der elliptischen Functionen gezeigt, dass keine der Grössen 2ω und $2\omega'$, die zusammen ein primitives Periodenpaar bilden, jemals verschwindet. Für die Perioden der Abelschen Integrale

$$J(xy)_1, \dots J(xy)_\varrho$$

lässt sich ein analoger Satz begründen, der folgendermassen lautet:

Sind für die Integrale erster und zweiter Art

$$J(xy)_1, \dots J(xy)_\varrho, \quad J'(xy)_1, \dots J'(xy)_\varrho$$

irgend 2ϱ Systeme von je 2ϱ zusammengehörigen Perioden

$$\begin{array}{llll} 2\omega_{11} \dots 2\omega_{\varrho 1}, & 2\eta_{11} \dots 2\eta_{\varrho 1}, \\ \cdot \quad \dots \quad \cdot & \cdot \quad \dots \quad \cdot \\ 2\omega_{1\varrho} \dots 2\omega_{\varrho\varrho}, & 2\eta_{1\varrho} \dots 2\eta_{\varrho\varrho}, \\ 2\omega'_{11} \dots 2\omega'_{\varrho 1}, & 2\eta'_{11} \dots 2\eta'_{\varrho 1}, \\ \cdot \quad \dots \quad \cdot & \cdot \quad \dots \quad \cdot \\ 2\omega'_{1\varrho} \dots 2\omega'_{\varrho\varrho}, & 2\eta'_{1\varrho} \dots 2\eta'_{\varrho\varrho} \end{array}$$

so bestimmt, dass die Relationen (A.) auf S. 330 bestehen, so hat die Determinante

$$\omega = \begin{vmatrix} \omega_{11} & \dots & \omega_{1\varrho} \\ \cdot & \dots & \cdot \\ \omega_{\varrho 1} & \dots & \omega_{\varrho\varrho} \end{vmatrix}$$

stets einen von Null verschiedenen Werth.

Das vorstehende System der Grössen $\omega_{\alpha\beta}, \omega'_{\alpha\beta}, \eta_{\alpha\beta}, \eta'_{\alpha\beta}$ werde mit

$$(\omega, \eta)$$

bezeichnet, und es bedeute, wenn $\varkappa$ eine der Zahlen $1, 2, \dots \varrho$ ist,

$$(\omega, \eta)^{\varkappa}$$

das Grössensystem, welches aus (ω, η) hervorgeht, indem jedes Glied der $\varkappa^{\text{ten}}$ Reihe durch das gleichstellige der $(\varrho + \varkappa)^{\text{ten}}$ Reihe und zugleich das letztere durch jenes mit entgegengesetztem Zeichen ersetzt wird.

Ferner werde mit $(\omega)^{\varkappa}$ die Determinante bezeichnet, in welche ω übergeht, wenn das System $(\omega, \eta)^{\varkappa}$ an die Stelle von (ω, η) tritt.

Dann lässt sich zuerst zeigen, dass wenn für das System (ω, η) die Determinante ω nicht gleich Null ist, auch sämmtliche Determinanten $(\omega)^{\varkappa}$ von Null verschieden sind.

Es war (S. 535)

$$\tau_{\alpha\beta} = \sum_{\gamma=1}^{\varrho} \frac{(\omega)_{\gamma\alpha}\, \omega'_{\gamma\beta}}{\omega} \qquad (\alpha, \beta = 1, 2, \dots \varrho)$$

gesetzt worden, daher ergiebt sich

$$\omega\tau_{11} = (\omega)^1, \quad \omega\tau_{22} = (\omega)^2, \quad \dots \quad \omega\tau_{\varrho\varrho} = (\omega)^{\varrho}.$$

Unter der über die Determinante ω gemachten Annahme verschwindet also auch keine der Determinanten $(\omega)^{\varkappa}$, wenn die Grössen $\tau_{\beta\beta}$ nicht gleich Null sind. Die Reihe

$$\sum_{(n)} e^{(2n_1 v_1 + \cdots + 2n_{\varrho} v_{\varrho})\pi i + \sum\limits_{\alpha,\beta} n_\alpha n_\beta \tau_{\alpha\beta}\pi i}$$

(S. 551) ist für alle endlichen Werthsysteme $(v_1, \dots v_{\varrho})$ convergent, also auch für das specielle System

$$v_1 = 0, \quad \dots \quad v_{\varrho} = 0.$$

Man betrachte nun die Gesammtheit der Grössen, die durch den Ausdruck

$$e^{\pi i \sum_{\alpha,\beta} n_\alpha n_\beta \tau_{\alpha\beta}}$$

dargestellt werden, wenn $n_1, \dots n_\varrho$ unabhängig von einander alle ganzen Zahlen von $-\infty$ bis $+\infty$ durchlaufen. Sondert man alle diejenigen aus, für welche jede der Zahlen $n_1, \dots n_\varrho$ zwischen zwei Grenzen

$$-N \text{ und } +N$$

liegt, so muss es aus dem eben angegebenen Grunde möglich sein, nach Annahme einer beliebig kleinen positiven Grösse δ die Zahl N so gross zu wählen, dass jede der übrig bleibenden Grössen ihrem absoluten Betrage nach kleiner als δ ist. Daraus folgt, dass für einen hinreichend grossen Werth der ganzen Zahl $\varkappa$

$$\left| e^{\pi i \varkappa^2 \sum_{\alpha,\beta} \nu_\alpha \nu_\beta \tau_{\alpha\beta}} \right| < \delta$$

sein muss, wenn man für $\nu_1, \dots \nu_\varrho$ irgend ein System bestimmter ganzer Zahlen annimmt, die nicht sämmtlich gleich Null sind. Denn welchen Werth auch N haben möge, immer sind unter den Zahlen

$$\varkappa\nu_1, \varkappa\nu_2, \dots \varkappa\nu_\varrho,$$

sobald der absolute Betrag von $\varkappa$ eine gewisse Grenze überschreitet, solche vorhanden, die nicht zwischen $-N$ und $+N$ liegen. Daraus ergiebt sich nun weiter, dass der reelle Theil der Grösse

$$i \sum_{\alpha,\beta} \nu_\alpha \nu_\beta \tau_{\alpha\beta}$$

negativ sein muss. Nimmt man insbesondere eine der Zahlen ν_α gleich Eins, alle übrigen aber gleich Null an, so findet sich, dass die reellen Theile von

$$i\tau_{11}, i\tau_{22}, \dots i\tau_{\varrho\varrho}$$

sämmtlich negativ sind, sodass also keine der Grössen

$$\tau_{11}, \tau_{22}, \dots \tau_{\varrho\varrho}$$

und somit auch keine der Determinanten

$$(\omega)^1,\ (\omega)^2,\ \ldots\ (\omega)^\varrho$$

gleich Null sein kann.

Nunmehr werde von dem Grössensystem (ω, η) nur angenommen, dass für dasselbe die Relationen

$$\begin{aligned}
&\sum_{\alpha=1}^{\varrho} (\eta_{\alpha\beta}\,\omega_{\alpha\gamma} - \omega_{\alpha\beta}\,\eta_{\alpha\gamma}) = 0, \\
&\sum_{\alpha=1}^{\varrho} (\eta'_{\alpha\beta}\,\omega'_{\alpha\gamma} - \omega'_{\alpha\beta}\,\eta'_{\alpha\gamma}) = 0, \qquad\qquad (\beta, \gamma = 1, 2, \ldots \varrho) \\
&\sum_{\alpha=1}^{\varrho} (\eta_{\alpha\beta}\,\omega'_{\alpha\gamma} - \omega_{\alpha\beta}\,\eta'_{\alpha\gamma}) = \begin{cases} 0 & (\beta \gtrless \gamma) \\ \dfrac{\pi i}{2} & (\beta = \gamma) \end{cases}
\end{aligned}$$

bestehen und dass eine Function $\Theta(u_1, \ldots u_\varrho)$ existire, die für alle im Endlichen gelegenen Werthsysteme den Charakter einer ganzen Function hat und den 2ϱ Gleichungen

$$\begin{aligned}
\Theta(u_1 + 2\omega_{1\beta}, \ldots u_\varrho + 2\omega_{\varrho\beta}) &= \Theta(u_1, \ldots u_\varrho)\,.\,e^{\sum\limits_{\alpha} 2\eta_{\alpha\beta}(u_\alpha + \omega_{\alpha\beta})}, \\
\Theta(u_1 + 2\omega'_{1\beta}, \ldots u_\varrho + 2\omega'_{\varrho\beta}) &= \Theta(u_1, \ldots u_\varrho)\,.\,e^{\sum\limits_{\alpha} 2\eta'_{\alpha\beta}(u_\alpha + \omega'_{\alpha\beta})}
\end{aligned} \qquad (\beta = 1, 2, \ldots \varrho)$$

genügt (S. 516).

Wir bezeichnen, wenn $\varkappa_1, \varkappa_2, \ldots$ beliebig viele Zahlen aus der Reihe $1, 2, \ldots \varrho$ sind, wobei es gestattet sein soll, dass jede einzelne wiederholt vorkomme, mit

$$(\omega, \eta)^{\varkappa_1 \varkappa_2}$$

das Grössensystem, welches aus $(\omega, \eta)^{\varkappa_1}$ durch dieselbe Operation hervorgeht wie $(\omega, \eta)^{\varkappa_2}$ aus (ω, η); ferner mit

$$(\omega, \eta)^{\varkappa_1 \varkappa_2 \varkappa_3}$$

dasjenige Grössensystem, welches aus $(\omega, \eta)^{\varkappa_1 \varkappa_2}$ durch dieselbe Operation hervorgeht wie $(\omega, \eta)^{\varkappa_3}$ aus (ω, η); u. s. w.

Ferner werde mit $(\omega)^{\varkappa_1 \ldots \varkappa_r}$ die Determinante bezeichnet, in welche ω übergeht, wenn das System (ω, η) durch $(\omega, \eta)^{\varkappa_1 \ldots \varkappa_r}$ ersetzt wird.

Wie im sechsundzwanzigsten Kapitel bewiesen worden ist, existirt nun jedenfalls ein System $(\omega, \eta)^{\varkappa_1 \ldots \varkappa_r}$, für welches die Determinante $(\omega)^{\varkappa_1 \ldots \varkappa_r}$ einen von Null verschiedenen Werth hat (S. 529). Bezeichnet man die Elemente desselben mit $\tilde{\omega}_{\alpha\beta}, \tilde{\eta}_{\alpha\beta}, \tilde{\omega}'_{\alpha\beta}, \tilde{\eta}'_{\alpha\beta}$, so gelten für die Function $\Theta(u_1, \ldots u_\varrho)$ auch die 2ϱ Gleichungen (S. 530)

$$\Theta(u_1 + 2\tilde{\omega}_{1\beta}, \ldots u_\varrho + 2\tilde{\omega}_{\varrho\beta}) = \Theta(u_1, \ldots u_\varrho) . e^{\sum\limits_\alpha 2\tilde{\eta}_{\alpha\beta}(u_\alpha + \tilde{\omega}_{\alpha\beta})},$$

$$\Theta(u_1 + 2\tilde{\omega}'_{1\beta}, \ldots u_\varrho + 2\tilde{\omega}'_{\varrho\beta}) = \Theta(u_1, \ldots u_\varrho) . e^{\sum\limits_\alpha 2\tilde{\eta}'_{\alpha\beta}(u_\alpha + \tilde{\omega}'_{\alpha\beta})}.$$

Nach dem eben Bewiesenen ist also auch

$$(\omega)^{\varkappa_1 \ldots \varkappa_r \varkappa_{r+1}}$$

für einen beliebigen Werth von $\varkappa_{r+1}$ nicht gleich Null. Daraus folgt weiter, dass jede Determinante

$$(\omega)^{\varkappa_1 \ldots \varkappa_r \varkappa_{r+1} \ldots \varkappa_{r+s}}$$

einen von Null verschiedenen Werth hat, wenn man von den Zahlen $\varkappa_1, \ldots \varkappa_{r+s}$ die r ersten so wählt, dass $(\omega)^{\varkappa_1 \ldots \varkappa_r}$ nicht gleich Null ist, die übrigen aber willkürlich annimmt. Nun lässt sich aber zeigen, dass in dem Grössensystem

$$(\omega, \eta)^{\varkappa_1 \ldots \varkappa_r \varkappa_{r+1} \ldots \varkappa_{r+s}},$$

wie auch $\varkappa_1, \ldots \varkappa_r$ gewählt sein mögen, das ursprüngliche (ω, η) enthalten ist. Denn es ist für jeden Werth von $\varkappa$ das System

$$(\omega, \eta)^{\varkappa\varkappa\varkappa\varkappa} \text{ identisch mit } (\omega, \eta),$$

also auch, wenn $\varkappa_1, \ldots \varkappa_{m-1}, \varkappa_m$ beliebig angenommen werden,

$$(\omega, \eta)^{\varkappa_1 \ldots \varkappa_{m-1} \varkappa_m \varkappa_m \varkappa_m \varkappa_m} \text{ identisch mit } (\omega, \eta)^{\varkappa_1 \ldots \varkappa_{m-1}}.$$

Daraus folgt, dass bei beliebigen Werthen von $\varkappa_1, \ldots \varkappa_r$ das System

$$(\omega, \eta)^{\varkappa_1 \ldots \varkappa_r \varkappa_{r+1} \ldots \varkappa_{r+s}}$$

mit dem zuerst angenommenen identisch wird, wenn man $s = 3r$ und für die Reihe der Zahlen $\varkappa_{r+1} \ldots \varkappa_{r+s}$ die folgende annimmt:

$$\varkappa_r \varkappa_r \varkappa_r \varkappa_{r-1} \varkappa_{r-1} \varkappa_{r-1} \ldots \varkappa_1 \varkappa_1 \varkappa_1.$$

Hiermit ist bewiesen, dass auch die zu dem ursprünglichen System (ω, η) gehörige Determinante ω einen von Null verschiedenen Werth hat.

Die $4\varrho^2$ Grössen

$$2\omega_{\alpha 1}, \ldots 2\omega_{\alpha\varrho}, \quad 2\omega'_{\alpha 1}, \ldots 2\omega'_{\alpha\varrho} \qquad (\alpha = 1, 2, \ldots \varrho)$$

und

$$2\eta_{\alpha 1}, \ldots 2\eta_{\alpha\varrho}, \quad 2\eta'_{\alpha 1}, \ldots 2\eta'_{\alpha\varrho}, \qquad (\alpha = 1, 2, \ldots \varrho)$$

die gleich den Werthen der Integrale $\int H(xy)_\alpha dx$ und $\int H'(xy)_\alpha dx$ $(\alpha = 1, 2, \ldots \varrho)$ sind, wenn die Integration über die Kreise $K_1, \ldots K_\varrho, K'_1, \ldots K'_\varrho$ erstreckt wird, bilden ein primitives System simultaner Perioden dieser 2ϱ Integrale erster und zweiter Art (S. 337). Jetzt soll gezeigt werden, dass es keine reellen ganzen Zahlen $\mu_1, \ldots \mu_\varrho, \nu_1, \ldots \nu_\varrho$ giebt, welche, ohne sämmtlich gleich Null zu sein, den ϱ linearen homogenen Relationen

$$\mu_1 \omega_{\alpha 1} + \cdots + \mu_\varrho \omega_{\alpha\varrho} + \nu_1 \omega'_{\alpha 1} + \cdots + \nu_\varrho \omega'_{\alpha\varrho} = 0 \qquad (\alpha = 1, 2, \ldots \varrho)$$

genügen. Daraus folgt dann, dass die $2\varrho^2$ Grössen

$$2\omega_{\alpha 1}, \ldots 2\omega_{\alpha\varrho}, \quad 2\omega'_{\alpha 1}, \ldots 2\omega'_{\alpha\varrho} \qquad (\alpha = 1, 2, \ldots \varrho)$$

für die Abelschen Integrale erster Art allein ein primitives Periodensystem bilden (S. 336).

Mit Hülfe der Formeln

$$\sum_{\alpha=1}^{\varrho} \frac{(\omega)_{\alpha\beta}\, \omega_{\alpha\gamma}}{\omega} = \begin{cases} 0 & (\beta \gtrless \gamma) \\ 1, & (\beta = \gamma) \end{cases}$$

$$\sum_{\gamma=1}^{\varrho} \omega_{\alpha\gamma} \tau_{\gamma\beta} = \omega'_{\alpha\beta}$$

ergiebt sich, wenn wieder

$$\sum_{\gamma=1}^{\varrho} \nu_\gamma \tau_{\beta\gamma} = \tau_\beta$$

gesetzt wird,

$$\mu_\beta + \tau_\beta = \sum_{\alpha=1}^{\varrho} \frac{(\omega)_{\alpha\beta}}{\omega} \left\{ \mu_1 \omega_{\alpha 1} + \cdots + \mu_\varrho \omega_{\alpha\varrho} + \nu_1 \omega'_{\alpha 1} + \cdots + \nu_\varrho \omega'_{\alpha\varrho} \right\}$$

und

$$\mu_1 \omega_{\alpha 1} + \cdots + \mu_\varrho \omega_{\alpha\varrho} + \nu_1 \omega'_{\alpha 1} + \cdots + \nu_\varrho \omega'_{\alpha\varrho} = \sum_{\beta=1}^{\varrho} \omega_{\alpha\beta} (\mu_\beta + \tau_\beta).$$

Existiren also reelle ganze Zahlen $\mu_1, \ldots \mu_\varrho, \nu_1, \ldots \nu_\varrho$, für welche

$$\mu_1 \omega_{\alpha 1} + \cdots + \mu_\varrho \omega_{\alpha\varrho} + \nu_1 \omega'_{\alpha 1} + \cdots + \nu_\varrho \omega'_{\alpha\varrho} = 0 \qquad (\alpha = 1, 2, \ldots \varrho)$$

ist, so genügen diese Zahlen den ϱ Gleichungen

$$\mu_\beta + \tau_\beta = 0, \qquad (\beta = 1, 2, \ldots \varrho)$$

und umgekehrt. Oder wenn

$$\tau_{\alpha\beta} = t_{\alpha\beta} + i t'_{\alpha\beta}$$

gesetzt wird, wo $t_{\alpha\beta}$ und $t'_{\alpha\beta}$ reelle Grössen sein sollen, so müssen $\mu_1, \ldots \mu_\varrho$, $\nu_1, \ldots \nu_\varrho$ die 2ϱ Gleichungen

$$\begin{aligned} \mu_\beta + \nu_1 t_{\beta 1} + \cdots + \nu_\varrho t_{\beta\varrho} &= 0, \\ \nu_1 t'_{\beta 1} + \cdots + \nu_\varrho t'_{\beta\varrho} &= 0 \end{aligned} \qquad (\beta = 1, 2, \ldots \varrho)$$

befriedigen.

Um zu zeigen, dass die Determinante dieses Gleichungssystems von Null verschieden ist, schicken wir folgenden Hülfssatz voraus. Sind $y_1, \ldots y_k$ homogene lineare Functionen von k Variablen $x_1, \ldots x_k$ mit reellen Coefficienten, und ist die Determinante dieser Functionen gleich Null, so lassen sich stets Systeme reeller ganzzahliger Werthe von $x_1, \ldots x_k$ angeben, welche nicht sämmtlich gleich Null sind und für welche jede der Functionen $y_1, \ldots y_k$ einen Werth erhält, dessen absoluter Betrag unterhalb einer beliebig klein angenommenen, positiven Grösse liegt.*)

Ist die Determinante der Functionen $y_1, \ldots y_k$ nicht gleich Null, so kann man $x_1, \ldots x_k$ als homogene lineare Functionen von $y_1, \ldots y_k$ darstellen; es ist daher unmöglich, für ganzzahlige Werthe von $x_1, \ldots x_k$, die nicht alle verschwinden, die zugehörigen Werthe von $y_1, \ldots y_k$ sämmtlich dem absoluten Betrage nach beliebig klein zu machen.

Verschwindet dagegen die Determinante, so mögen zunächst den unabhängigen Variablen $x_1, \ldots x_k$ reelle Werthe zwischen 0 und 1 beigelegt werden; dann sind die zugehörigen Werthe von $y_1, \ldots y_k$ endlich, d. h. es lässt sich

*) Vgl. Bd. III S. 117—119 dieser Ausgabe.

eine positive Grösse G so angeben, dass für

$$0 \leqq x_1 < 1, \quad \ldots \quad 0 \leqq x_k < 1$$

die absoluten Beträge von $y_1, \ldots y_k$ sämmtlich kleiner als G sind. Zu Folge der über die Determinante gemachten Voraussetzung kann man mindestens einer der Variablen $x_1, \ldots x_k$, z. B. x_1, einen beliebigen ganzzahligen Werth n_1 geben und dann $x_2, \ldots x_k$ so annehmen, dass $y_1 = 0, \ldots y_k = 0$ wird. Sind dann $n_2, \ldots n_k$ die grössten, in den so bestimmten Werthen von $x_2, \ldots x_k$ enthaltenen ganzen Zahlen, und werden die Werthe, welche die Functionen $y_1, \ldots y_k$ für $x_1 = n_1, \ldots x_k = n_k$ annehmen, mit $N_1, \ldots N_k$ bezeichnet, so ist

$$|N_1| < G, \quad \ldots \quad |N_k| < G.$$

Nun sei δ eine beliebig kleine, positive Grösse und $m_1, \ldots m_k$ die grössten ganzen, in $\frac{N_1}{\delta}, \cdots \frac{N_k}{\delta}$ enthaltenen Zahlen. Wird dann

$$N_1 = m_1\delta + \delta_1, \quad \ldots \quad N_k = m_k\delta + \delta_k$$

gesetzt, so ist

$$0 \leqq \delta_1 < \delta, \quad \ldots \quad 0 \leqq \delta_k < \delta,$$

mithin

$$|m_1| < \frac{G}{\delta} + 1, \quad \ldots \quad |m_k| < \frac{G}{\delta} + 1.$$

Jedem bestimmten Werth von δ entspricht demnach nur eine endliche Anzahl möglicher Systeme $(m_1, \ldots m_k)$. Wenn man daher für die ganze Zahl n_1 mehr Werthe annimmt, als die Anzahl der möglichen Systeme $(m_1, \ldots m_k)$ beträgt, so muss man mindestens zwei verschiedene Systeme $(n_1, \ldots n_k)$ erhalten, zu denen identische Systeme $(m_1, \ldots m_k)$ gehören. Bezeichnet man nun zwei solche Systeme von $n_1, \ldots n_k$ mit $(n'_1, \ldots n'_k)$ und $(n''_1, \ldots n''_k)$ und die zugehörigen Werthe von $y_1, \ldots y_k$ mit $N'_1, \ldots N'_k$ und $N''_1, \ldots N''_k$, so ist für die reellen ganzzahligen Werthe $x_1 = n'_1 - n''_1, \ldots x_k = n'_k - n''_k$

$$y_1 = N'_1 - N''_1, \quad \ldots \quad y_k = N' - N''_k,$$

mithin

$$|y_1| < 2\delta, \ldots |y_k| < 2\delta,$$

womit der Hülfssatz bewiesen ist.

Aus der Annahme, dass die Determinante

$$\begin{vmatrix} 1 \dots 0 & t_{11} \dots t_{1\varrho} \\ \cdot \dots \cdot & \cdot \dots \cdot \\ 0 \dots 1 & t_{\varrho 1} \dots t_{\varrho\varrho} \\ 0 \dots 0 & t'_{11} \dots t'_{1\varrho} \\ \cdot \dots \cdot & \cdot \dots \cdot \\ 0 \dots 0 & t'_{\varrho 1} \dots t'_{\varrho\varrho} \end{vmatrix}$$

der 2ϱ Functionen von $\mu_1, \dots \mu_\varrho, \nu_1, \dots \nu_\varrho$

$$\begin{aligned} &\mu_\beta + \nu_1 t_{\beta 1} + \dots + \nu_\varrho t_{\beta\varrho}, \\ &\nu_1 t'_{\beta 1} + \dots + \nu_\varrho t'_{\beta\varrho} \end{aligned} \qquad (\beta = 1, 2, \dots \varrho)$$

gleich Null ist, würde daher folgen, dass sich für $\mu_1, \dots \mu_\varrho, \nu_1, \dots \nu_\varrho$ ganzzahlige Werthe finden lassen, welche nicht sämmtlich verschwinden und den Ungleichungen

$$|\mu_\beta + \nu_1 t_{\beta 1} + \dots + \nu_\varrho t_{\beta\varrho}| < \frac{\varepsilon}{\sqrt{2}}$$

und

$$|\nu_1 t'_{\beta 1} + \dots + \nu_\varrho t'_{\beta\varrho}| < \frac{\varepsilon}{\sqrt{2}},$$

d. h.

$$|\mu_\beta + \tau_\beta| < \varepsilon$$

genügen, in denen ε eine beliebig kleine, positive Grösse bedeutet. Und zwar können hierbei schon die Zahlen $\nu_1, \dots \nu_\varrho$ nicht sämmtlich gleich Null sein, da sonst auch $\mu_1, \dots \mu_\varrho$ verschwinden müssten.

Wenn nun zur Abkürzung

$$\frac{\partial \vartheta(v_1, \dots v_\varrho)}{\partial v_\alpha} = \vartheta^{(\alpha)}(v_1, \dots v_\varrho)$$

gesetzt wird, so ergiebt sich aus der Relation (S. 538)

$$\vartheta(v_1 + \mu_1 + \tau_1, \dots v_\varrho + \mu_\varrho + \tau_\varrho) = \vartheta(v_1, \dots v_\varrho) \cdot e^{-\sum\limits_{\alpha=1}^{\varrho} \nu_\alpha (2 v_\alpha + \tau_\alpha)\pi i},$$

in der $\mu_1, \dots \mu_\varrho, \nu_1, \dots \nu_\varrho$ beliebige ganze Zahlen sein können, durch logarithmische Differentiation nach der Variablen v_α

$$\frac{\vartheta^{(\alpha)}(v_1 + \mu_1 + \tau_1, \dots v_\varrho + \mu_\varrho + \tau_\varrho)}{\vartheta(v_1 + \mu_1 + \tau_1, \dots v_\varrho + \mu_\varrho + \tau_\varrho)} - \frac{\vartheta^{(\alpha)}(v_1, \dots v_\varrho)}{\vartheta(v_1, \dots v_\varrho)} = -2\nu_\alpha \pi i \quad (\alpha = 1, 2, \dots \varrho).$$

Wählt man hierin für $(v_1, \dots v_\varrho)$ ein Werthsystem, wofür $\vartheta(v_1, \dots v_\varrho)$ nicht Null ist, und setzt $\mu_1, \dots \mu_\varrho$, $\nu_1, \dots \nu_\varrho$ gleich den eben bestimmten ganzen Zahlen, für welche $|\mu_1 + \tau_1|, \dots |\mu_\varrho + \tau_\varrho|$ kleiner als ε sind, so können die absoluten Beträge der linken Seiten dieser ϱ Gleichungen durch passende Wahl von ε beliebig klein gemacht werden, während wenigstens eine der Grössen $|-2\nu_1 \pi i|, \dots |-2\nu_\varrho \pi i|$ nicht kleiner als 2π ist.

Demnach ist die Determinante der obigen 2ϱ Functionen nicht gleich Null, woraus sich sofort ergiebt, dass auch

$$|t'_{\alpha\beta}| \qquad (\alpha, \beta = 1, 2, \dots \varrho)$$

nicht verschwindet, was für manche Untersuchungen von Wichtigkeit ist.

Daher lassen sich die 2ϱ linearen homogenen Gleichungen

$$\begin{aligned} \mu_\beta + \nu_1 t_{\beta 1} + \cdots + \nu_\varrho t_{\beta\varrho} &= 0, \\ \nu_1 t'_{\beta 1} + \cdots + \nu_\varrho t'_{\beta\varrho} &= 0 \end{aligned} \qquad (\beta = 1, 2, \dots \varrho)$$

nur durch die Werthe $\mu_1 = 0, \dots \mu_\varrho = 0$, $\nu_1 = 0, \dots \nu_\varrho = 0$ befriedigen, d. h. es existiren keine reellen, ganzen Zahlen $\mu_1, \dots \mu_\varrho$, $\nu_1, \dots \nu_\varrho$, die nicht sämmtlich gleich Null sind, für welche die ϱ Relationen

$$\mu_1 \omega_{\alpha 1} + \cdots + \mu_\varrho \omega_{\alpha\varrho} + \nu_1 \omega'_{\alpha 1} + \cdots + \nu_\varrho \omega'_{\alpha\varrho} = 0 \qquad (\alpha = 1, 2, \dots \varrho)$$

gleichzeitig bestehen. Dies ist aber der zu beweisende Satz.

Hieraus ergiebt sich auch, dass man für eine Abelsche Function

$$F(x_1 y_1, \dots x_\varrho y_\varrho) = \Phi(u_1, \dots u_\varrho)$$

(S. 461—462) nicht sämmtliche Periodensysteme aus irgend welchen r von ihnen durch Addition und Subtraction ableiten kann, sobald $r \leqq 2\varrho - 1$ ist.

Denn angenommen, es sei $r \leqq 2\varrho - 1$, und es seien

$$(2\Omega_{1\lambda}, \dots 2\Omega_{\varrho\lambda}) \qquad (\lambda = 1, 2, \dots r)$$

r Periodensysteme der Function, durch die alle übrigen Systeme in der angegebenen Weise dargestellt werden können, während sie selbst sich nicht weiter reduciren lassen. Ist dann

$$(2\omega_{\alpha 1}, \dots 2\omega_{\alpha\varrho}, \; 2\omega'_{\alpha 1}, \dots 2\omega'_{\alpha\varrho}), \qquad (\alpha = 1, 2, \dots \varrho)$$

oder wenn

$$\omega'_{\alpha\beta} = \omega_{\alpha, \varrho+\beta}$$

gesetzt wird,

$$(2\omega_{\alpha 1}, \ldots 2\omega_{\alpha\varrho}, \; 2\omega_{\alpha,\varrho+1}, \ldots 2\omega_{\alpha,2\varrho}) \qquad (\alpha = 1, 2, \ldots \varrho)$$

das vorhin betrachtete primitive Periodensystem der Abelschen Integrale erster Art, so lassen sich reelle, ganze, von α unabhängige Zahlen $m_{\varkappa\lambda}$ so bestimmen, dass

$$\omega_{\alpha\varkappa} = \sum_{\lambda=1}^{r} m_{\varkappa\lambda}\Omega_{\alpha\lambda} \qquad (\varkappa = 1, 2, \ldots 2\varrho)$$

ist, wo $m_{\varkappa 1}, \ldots m_{\varkappa r}$ für keinen Werth von $\varkappa$ sämmtlich verschwinden. Die Determinante

$$|m_{\varkappa\lambda}| \qquad (\varkappa, \lambda = 1, 2, \ldots r)$$

der r Aggregate $\sum_{\lambda=1}^{r} m_{1\lambda}\Omega_{\alpha\lambda}, \ldots \sum_{\lambda=1}^{r} m_{r\lambda}\Omega_{\alpha\lambda}$ ist von Null verschieden, da sonst zwischen $\omega_{\alpha 1}, \ldots \omega_{\alpha r}$ ϱ lineare homogene Gleichungen mit ganzzahligen Coefficienten der Form

$$M_1\omega_{\alpha 1} + M_2\omega_{\alpha 2} + \cdots + M_r\omega_{\alpha r} = 0 \qquad (\alpha = 1, 2, \ldots \varrho)$$

bestehen würden. Daher giebt es r reelle, rationale Zahlen $k_1, \ldots k_r$, welche nicht sämmtlich gleich Null sind und die Gleichungen

$$\sum_{\varkappa=1}^{r} m_{\varkappa\lambda}k_{\varkappa} = m_{r+1,\lambda} \qquad (\lambda = 1, 2, \ldots r)$$

erfüllen, mithin wird

$$\omega_{\alpha,r+1} = \sum_{\varkappa=1}^{r} k_{\varkappa}\omega_{\alpha\varkappa} \qquad (\alpha = 1, 2, \ldots \varrho).$$

Setzt man nun

$$k_{\varkappa} = -\frac{K_{\varkappa}}{K_{r+1}},$$

wo $K_1, \ldots K_r, K_{r+1}$ reelle, ganze Zahlen bedeuten, von denen ausser K_{r+1} wenigstens noch eine von Null verschieden ist, so ergeben sich die Gleichungen

$$K_1\omega_{\alpha 1} + \cdots + K_r\omega_{\alpha r} + K_{r+1}\omega_{\alpha,r+1} = 0 \qquad (\alpha = 1, 2, \ldots \varrho).$$

Da aber die Grössen $2\omega_{\alpha 1}, \ldots 2\omega_{\alpha,2\varrho}$ ein primitives Periodensystem der Abelschen Integrale erster Art bilden, so führen diese Gleichungen ebenso wie die vorangehenden, zwischen $\omega_{\alpha 1}, \ldots \omega_{\alpha r}$ bestehenden auf einen Widerspruch.

Eine Abelsche Function von ϱ Variablen ist also in der That 2ϱ-fach periodisch. Dies kann auch mit Hülfe der vorangeschickten Betrachtungen aus der früher (S. 465) erwähnten Abhandlung gefolgert werden.

Dreissigstes Kapitel.

Die allgemeinen Thetafunctionen.

Auf Grund der für die Function $f(u_1, \dots u_\varrho)$ geltenden Gleichungen (S. 515)

$$f(u_1 + 2\omega_{1\beta}, \dots u_\varrho + 2\omega_{\varrho\beta}) = f(u_1, \dots u_\varrho) . e^{\sum\limits_{\alpha=1}^{\varrho} 2\eta_{\alpha\beta}(u_\alpha + \omega_{\alpha\beta}) + \mu'_\beta \pi i},$$

$$f(u_1 + 2\omega'_{1\beta}, \dots u_\varrho + 2\omega'_{\varrho\beta}) = f(u_1, \dots u_\varrho) . e^{\sum\limits_{\alpha=1}^{\varrho} 2\eta'_{\alpha\beta}(u_\alpha + \omega'_{\alpha\beta}) - \mu_\beta \pi i}, \qquad (\beta = 1, 2, \dots \varrho)$$

in denen $\mu_1, \dots \mu_\varrho, \mu'_1, \dots \mu'_\varrho$ Constanten bedeuten, lässt die Θ-Function eine Verallgemeinerung zu. Es war

$$\overline{\omega}_\alpha = \sum_{\beta=1}^{\varrho} (\mu_\beta \omega_{\alpha\beta} + \mu'_\beta \omega'_{\alpha\beta}),$$

$$\overline{\eta}_\alpha = \sum_{\beta=1}^{\varrho} (\mu_\beta \eta_{\alpha\beta} + \mu'_\beta \eta'_{\alpha\beta})$$

gesetzt und dann $\Theta(u_1, \dots u_\varrho)$ durch die Gleichung

$$f(u_1, \dots u_\varrho) = C\,\Theta(u_1 + \overline{\omega}_1, \dots u_\varrho + \overline{\omega}_\varrho) . e^{-\sum\limits_{\alpha=1}^{\varrho} \overline{\eta}_\alpha (u_\alpha + \overline{\omega}_\alpha)}$$

definirt worden (S. 517). Die Fundamentalgleichungen für die Function $f(u_1, \dots u_\varrho)$ unterscheiden sich von denen der Function $\Theta(u_1, \dots u_\varrho)$ (S. 516) nur durch das Auftreten der die Parameter $\mu_1, \dots \mu_\varrho, \mu'_1, \dots \mu'_\varrho$ enthaltenden Factoren

$$e^{\mu'_\beta \pi i} \quad \text{und} \quad e^{-\mu_\beta \pi i} \qquad (\beta = 1, 2, \dots \varrho).$$

Wir wollen daher auch $f(u_1, \dots u_\varrho)$ eine Θ-Function, und zwar die Θ-Function mit den 2ϱ Parametern $\mu_1, \dots \mu_\varrho, \mu'_1, \dots \mu'_\varrho$ nennen und

$$f(u_1, \dots u_\varrho) = \overline{C}\,\Theta(u_1, \dots u_\varrho; \mu, \mu')$$

setzen, wobei $\overline{C}$ eine Constante sein soll; dann ergiebt sich

$$\Theta(u_1, \dots u_\varrho; \mu, \mu') = \frac{C}{\overline{C}}\,\Theta(u_1 + \overline{\omega}_1, \dots u_\varrho + \overline{\omega}_\varrho) . e^{-\sum\limits_\alpha \overline{\eta}_\alpha (u_\alpha + \overline{\omega}_\alpha)} .$$

Es möge nun die Summe

$$\sum_{\alpha=1}^{\varrho} \left\{ \overline{\eta}_\alpha \left(u_\alpha + \frac{1}{2}\overline{\omega}_\alpha\right) - \frac{1}{4}\mu_\alpha \mu'_\alpha \pi i \right\}$$

mit

$$\eta(u_1, \dots u_\varrho; \mu, \mu')$$

bezeichnet und die bisher willkürliche Constante $\overline{C}$ so bestimmt werden, dass

$$\Theta(u_1, \dots u_\varrho; \mu, \mu') = \Theta(u_1 + \overline{\omega}_1, \dots u_\varrho + \overline{\omega}_\varrho) . e^{-\eta(u_1, \dots u_\varrho; \mu, \mu')}$$

ist.

Am Schlusse des achtundzwanzigsten Kapitels haben wir gesehen, dass die Entwickelung von $\Theta(u_1, \dots u_\varrho)$ auf die Form

$$\sum_{(n)} e^{g(u_1, \dots u_\varrho; n_1, \dots n_\varrho)}$$

gebracht werden kann, wo $g(u_1, \dots u_\varrho; n_1, \dots n_\varrho)$ eine homogene Function zweiten Grades ist. Demnach erhalten wir für $\Theta(u_1, \dots u_\varrho; \mu, \mu')$ eine Summe

$$\sum_{(n)} e^{G(u_1, \dots u_\varrho; n_1, \dots n_\varrho)},$$

in der $G(u_1, \dots u_\varrho; n_1, \dots n_\varrho)$ eine nicht homogene Function zweiten Grades ihrer 2ϱ Argumente bedeutet.

Nun liegt die Frage nahe, ob bei willkürlicher Annahme einer allgemeinen Function zweiten Grades $G(u_1, \dots u_\varrho; n_1, \dots n_\varrho)$ durch die Summe

$$\sum_{(n)} e^{G(u_1, \dots u_\varrho; n_1, \dots n_\varrho)},$$

in der, wie vorher, $n_1, \dots n_\varrho$ unabhängig von einander alle ganzen Zahlen von $-\infty$ bis $+\infty$ durchlaufen sollen, eine analytische Function von $u_1, \dots u_\varrho$ mit den charakteristischen Eigenschaften einer Thetafunction definirt wird. Damit diese Reihe für ein beliebig angenommenes System endlicher Werthe von $u_1, \dots u_\varrho$ convergirt, müssen die Coefficienten der Function $G(u_1, \dots u_\varrho; n_1, \dots n_\varrho)$ so beschaffen sein, dass der reelle Bestandtheil von

$$\frac{1}{2} \sum_{\alpha, \beta} \frac{\partial^2 G}{\partial n_\alpha \partial n_\beta} n_\alpha n_\beta \qquad (\alpha, \beta = 1, 2, \dots \varrho)$$

für reelle Werthe von $n_1, \dots n_\varrho$, die nicht sämmtlich gleich Null sind, beständig negativ ist; und ist diese Bedingung erfüllt, so stellt diese Reihe eine transcendente ganze Function von $u_1, \dots u_\varrho$ dar. Der Beweis für diesen Satz soll hier übergangen werden.*) Ferner darf die Determinante

$$\left| \frac{\partial^2 G}{\partial u_\alpha \partial n_\beta} \right| \qquad (\alpha, \beta = 1, 2, \dots \varrho)$$

nicht verschwinden, da sonst die Summe nach Multiplication mit dem Factor $e^{-G(u_1, \dots u_\varrho; 0, \dots 0)}$ in eine Function von weniger als ϱ Argumenten übergeht.

Zunächst betrachten wir den speciellen Fall, dass an die Stelle der allgemeinen Function eine homogene Function zweiten Grades $g(u_1, \dots u_\varrho; n_1, \dots n_\varrho)$ tritt, deren Coefficienten die beiden vorher aufgestellten Bedingungen erfüllen, und setzen zur Abkürzung

$$\begin{aligned} \frac{\partial g}{\partial u_\alpha} &= g(u_1, \dots; n_1, \dots)_\alpha, \\ \frac{\partial g}{\partial n_\alpha} &= g(u_1, \dots; n_1, \dots)_{\varrho+\alpha}. \end{aligned} \qquad (\alpha = 1, 2, \dots \varrho)$$

Dann ist die Summe

$$\sum_{(n)} e^{g(u_1, \dots u_\varrho; n_1, \dots n_\varrho)}$$

eine für alle endlichen Werthsysteme der Veränderlichen $u_1, \dots u_\varrho$ in Form einer beständig convergenten Potenzreihe darstellbare analytische Function, welche wieder mit

$$\Theta(u_1, \dots u_\varrho)$$

bezeichnet und die allgemeine Θ-Function ohne Parameter genannt

*) Siehe Bd. III S. 115—122 dieser Ausgabe.

werden möge.*) Die für die Convergenz dieser Reihe erforderliche Bedingung kann jetzt so ausgesprochen werden, dass bei reellen Werthen von $n_1, \dots n_\varrho$, die nicht sämmtlich gleich Null sind, der reelle Theil von $g(0, \dots 0; n_1, \dots n_\varrho)$ beständig negativ sein muss, während die zweite unter den Coefficienten von $g(u_1, \dots u_\varrho; n_1, \dots n_\varrho)$ bestehende Bedingung aussagt, dass die aus den Coefficienten der ϱ linearen homogenen Functionen $g(u_1, \dots u_\varrho; 0, \dots 0)_{\varrho+\alpha}$, oder was dasselbe ist, aus denen der Functionen $g(0, \dots 0; n_1, \dots n_\varrho)_\alpha$ gebildete Determinante nicht verschwindet.

Aus der Relation

$$g(u_1, \dots; n_1, \dots) = \frac{1}{2} \sum_\alpha \{u_\alpha g(u_1, \dots; n_1, \dots)_\alpha + n_\alpha g(u_1, \dots; n_1, \dots)_{\varrho+\alpha}\}$$

folgt, wenn $(n_1, \dots n_\varrho)$, $(w_1, \dots w_\varrho)$ und $(\lambda_1, \dots \lambda_\varrho)$ drei zunächst beliebige Grössensysteme sind,

$$\begin{aligned} g(u_1 + w_1, \dots; n_1 + \lambda_1, \dots) = g(u_1, \dots; n_1, \dots) &+ \sum_\alpha (u_\alpha + \tfrac{1}{2} w_\alpha)\, g(w_1, \dots; \lambda_1, \dots)_\alpha \\ &+ \sum_\alpha (n_\alpha + \tfrac{1}{2} \lambda_\alpha)\, g(w_1, \dots; \lambda_1, \dots)_{\varrho+\alpha}, \end{aligned}$$

woraus sich nach Einführung von $-\lambda_\alpha$ für λ_α und $n_\alpha + \lambda_\alpha$ für n_α

$$\begin{aligned} g(u_1 + w_1, \dots; n_1, \dots) = g(u_1, \dots; n_1 + \lambda_1, \dots) &+ \sum_\alpha (u_\alpha + \tfrac{1}{2} w_\alpha)\, g(w_1, \dots; -\lambda_1, \dots)_\alpha \\ &+ \sum_\alpha (n_\alpha + \tfrac{1}{2} \lambda_\alpha)\, g(w_1, \dots; -\lambda_1, \dots)_{\varrho+\alpha} \end{aligned}$$

ergiebt.

Jetzt mögen $\varkappa_1, \dots \varkappa_\varrho$ beliebige Grössen sein, $w_1, \dots w_\varrho$ aber aus den linearen Gleichungen

$$g(w_1, \dots; -\lambda_1, \dots)_{\varrho+\alpha} = 2\varkappa_\alpha \pi i \qquad (\alpha = 1, 2, \dots \varrho)$$

bestimmt werden, die mit Hülfe der Relation

$$g(w_1, \dots; -\lambda_1, \dots)_{\varrho+\alpha} = g(w_1, \dots; 0, \dots)_{\varrho+\alpha} + g(0, \dots; -\lambda_1, \dots)_{\varrho+\alpha}$$

die Form

$$g(w_1, \dots; 0, \dots)_{\varrho+\alpha} = 2\varkappa_\alpha \pi i + g(0, \dots; \lambda_1, \dots)_{\varrho+\alpha} \qquad (\alpha = 1, 2, \dots \varrho)$$

annehmen. Da die aus den Coefficienten der Functionen $g(w_1, \dots; 0, \dots)_{\varrho+\alpha}$

*) Vgl. für das Folgende Bd. III S. 54—62 dieser Ausgabe.

gebildete Determinante der Voraussetzung nach von Null verschieden ist, so erhält man für $w_1, \dots w_\varrho$ lineare homogene Functionen von $\varkappa_1, \dots \varkappa_\varrho, \lambda_1, \dots \lambda_\varrho$, sodass

$$w_\alpha = \sum_\beta (2\varkappa_\beta\, \omega_{\alpha\beta} + 2\lambda_\beta\, \omega'_{\alpha\beta}) \qquad (\alpha = 1, 2, \dots \varrho)$$

gesetzt werden kann. Durch die Gleichungen

$$g(w_1, \dots; -\lambda_1, \dots)_\alpha = W_\alpha, \qquad (\alpha = 1, 2, \dots \varrho)$$

d. h.

$$g(w_1, \dots; 0, \dots)_\alpha - g(0, \dots; \lambda_1, \dots)_\alpha = W_\alpha,$$

in denen $w_1, \dots w_\varrho$ die eben bestimmten Werthe haben sollen, mögen nun die Grössen $W_1, \dots W_\varrho$ eingeführt werden, so ist W_α ebenfalls eine lineare homogene Function von $\varkappa_1, \dots \varkappa_\varrho, \lambda_1, \dots \lambda_\varrho$, und zwar sei

$$W_\alpha = \sum_\beta (2\varkappa_\beta\, \eta_{\alpha\beta} + 2\lambda_\beta\, \eta'_{\alpha\beta}) \qquad (\alpha = 1, 2, \dots \varrho).$$

Dabei sind die Grössen $\omega_{\alpha\beta}, \omega'_{\alpha\beta}, \eta_{\alpha\beta}, \eta'_{\alpha\beta}$ rational aus den Coefficienten der Function $g(u_1, \dots u_\varrho; n_1, \dots n_\varrho)$ zusammengesetzt.

Da in der homogenen Function $g(u_1, \dots u_\varrho; n_1, \dots n_\varrho)$ nur $\varrho(2\varrho+1)$ willkürliche Coefficienten vorkommen, so müssen $\varrho(2\varrho-1)$ Relationen unter den $4\varrho^2$ Grössen $\omega_{\alpha\beta}, \omega'_{\alpha\beta}, \eta_{\alpha\beta}, \eta'_{\alpha\beta}$ bestehen, die sich leicht aus der in der Gleichung

$$\sum_{\nu=1}^{2\varrho} x_\nu \frac{\partial \varphi(y_1, \dots y_{2\varrho})}{\partial y_\nu} = \sum_{\nu=1}^{2\varrho} y_\nu \frac{\partial \varphi(x_1, \dots x_{2\varrho})}{\partial x_\nu}$$

ausgesprochenen Eigenschaft einer quadratischen Form $\varphi(x_1, \dots x_{2\varrho})$ herleiten lassen. Denn sind $(\varkappa'_1, \dots \varkappa'_\varrho)$ und $(\lambda'_1, \dots \lambda'_\varrho)$ zwei beliebige Grössensysteme, so ist für die quadratische Form $g(w_1, \dots; -\lambda_1, \dots)$

$$\sum_\alpha \{w_\alpha\, g(w'_1, \dots; -\lambda'_1, \dots)_\alpha - \lambda_\alpha\, g(w'_1, \dots; -\lambda'_1, \dots)_{\varrho+\alpha}\}$$
$$= \sum_\alpha \{w'_\alpha\, g(w_1, \dots; -\lambda_1, \dots)_\alpha - \lambda'_\alpha\, g(w_1, \dots; -\lambda_1, \dots)_{\varrho+\alpha}\}.$$

Setzt man mithin

$$\sum_\beta (2\varkappa'_\beta\, \omega_{\alpha\beta} + 2\lambda'_\beta\, \omega'_{\alpha\beta}) = w'_\alpha,$$
$$\sum_\beta (2\varkappa'_\beta\, \eta_{\alpha\beta} + 2\lambda'_\beta\, \eta'_{\alpha\beta}) = W'_\alpha,$$

so erhält man

$$\sum_\alpha (W'_\alpha w_\alpha - W_\alpha w'_\alpha) = 2\pi i \sum_\alpha (\lambda_\alpha \varkappa'_\alpha - \lambda'_\alpha \varkappa_\alpha).$$

Zu Folge der Willkürlichkeit der Grössen $\varkappa_\alpha, \lambda_\alpha, \varkappa'_\alpha, \lambda'_\alpha$ ergeben sich hieraus die $\varrho(2\varrho-1)$ Relationen:

$$\sum_{\alpha=1}^{\varrho}(\eta_{\alpha\beta}\,\omega_{\alpha\gamma}-\omega_{\alpha\beta}\,\eta_{\alpha\gamma}) = 0,$$

$$\sum_{\alpha=1}^{\varrho}(\eta'_{\alpha\beta}\,\omega'_{\alpha\gamma}-\omega'_{\alpha\beta}\,\eta'_{\alpha\gamma}) = 0,$$

$$\sum_{\alpha=1}^{\varrho}(\eta_{\alpha\beta}\,\omega'_{\alpha\gamma}-\omega_{\alpha\beta}\,\eta'_{\alpha\gamma}) = \begin{cases} 0 & (\beta \gtrless \gamma) \\ \frac{\pi i}{2}, & (\beta=\gamma) \end{cases}$$

und umgekehrt geht die allgemeine Relation auch aus diesen speciellen wieder hervor. Dieses System von $\varrho(2\varrho-1)$ Gleichungen entspricht dem auf S. 330 (A.) gefundenen, und es lassen sich aus ihm auch für die hier betrachteten Grössen $\omega_{\alpha\beta}, \omega'_{\alpha\beta}, \eta_{\alpha\beta}, \eta'_{\alpha\beta}$ die Gleichungen (B.) auf S. 332 herleiten. Die Formelsysteme (A.) und (B.) werden also nicht dadurch bedingt, dass $2\omega_{\alpha\beta}, 2\omega'_{\alpha\beta}, 2\eta_{\alpha\beta}, 2\eta'_{\alpha\beta}$ Perioden der Abelschen Integrale erster und zweiter Art sind.

Nimmt man nun die bisher noch beliebigen Grössensysteme $(n_1, \dots n_\varrho)$, $(\varkappa_1, \dots \varkappa_\varrho)$, $(\lambda_1, \dots \lambda_\varrho)$ sämmtlich als ganzzahlig an, so folgt

$$\sum_{(n)} e^{g(u_1+w_1,\dots;\,n_1,\dots)} = \sum_{(n)} e^{g(u_1,\dots;\,n_1+\lambda_1,\dots)+\sum\limits_\alpha W_\alpha(u_\alpha+\frac{1}{2}w_\alpha)+\sum\limits_\alpha 2\varkappa_\alpha(n_\alpha+\frac{1}{2}\lambda_\alpha)\pi i},$$

d. h.

$$\Theta(u_1+w_1,\dots) = (-1)^{\sum\limits_\alpha \varkappa_\alpha\lambda_\alpha}\,\Theta(u_1,\dots).\,e^{\sum\limits_\alpha W_\alpha(u_\alpha+\frac{1}{2}w_\alpha)}.$$

Als Specialfälle sind hierin die 2ϱ Fundamentalgleichungen für die Θ-Function

$$\Theta(u_1+2\omega_{1\beta},\dots) = \Theta(u_1,\dots).\,e^{\sum\limits_\alpha 2\eta_{\alpha\beta}(u_\alpha+\omega_{\alpha\beta})},$$

$$\Theta(u_1+2\omega'_{1\beta},\dots) = \Theta(u_1,\dots).\,e^{\sum\limits_\alpha 2\eta'_{\alpha\beta}(u_\alpha+\omega'_{\alpha\beta})} \qquad (\beta=1,2,\dots\varrho)$$

enthalten.

Wir kehren jetzt zur Betrachtung der Summe

$$\sum_{(n)} e^{G(u_1,\dots u_\varrho;\,n_1,\dots n_\varrho)}$$

zurück, bei der die im Exponenten auftretende Function $G(u_1, \dots u_\varrho; n_1, \dots n_\varrho)$ eine allgemeine, nicht homogene Function zweiten Grades ihrer sämmtlichen Argumente bedeutet, für welche die für die Convergenz erforderliche Bedingung erfüllt ist und die Determinante $\left|\frac{\partial^2 G}{\partial u_\alpha \partial n_\beta}\right|$ nicht verschwindet. Es werde

$$G(u_1, \dots; n_1, \dots) = g(u_1, \dots; n_1, \dots) + g_1(u_1, \dots; n_1, \dots) + g_0$$

gesetzt, wo $g(u_1, \dots; n_1, \dots)$ eine homogene Function zweiten Grades, $g_1(u_1, \dots; n_1, \dots)$ eine solche ersten Grades und g_0 eine Constante sei. Aus der Relation (S. 569)

$$\begin{aligned} g(u_1 + w_1, \dots; n_1 + \tfrac{1}{2}\mu_1', \dots) = g(u_1, \dots; n_1, \dots) &+ \sum_\alpha (u_\alpha + \tfrac{1}{2} w_\alpha)\, g(w_1, \dots; \tfrac{1}{2}\mu_1', \dots)_\alpha \\ &+ \sum_\alpha (n_\alpha + \tfrac{1}{4}\mu_\alpha')\, g(w_1, \dots; \tfrac{1}{2}\mu_1', \dots)_{\varrho+\alpha}, \end{aligned}$$

in der $(\mu_1', \dots \mu_\varrho')$ ein System willkürlicher Grössen sein soll, ergiebt sich für $w_1 = 0, \dots w_\varrho = 0$

$$\begin{aligned} g(u_1, \dots; n_1, \dots) = g(u_1, \dots; n_1 + \tfrac{1}{2}\mu_1', \dots) &- \sum_\alpha u_\alpha\, g(0, \dots; \tfrac{1}{2}\mu_1', \dots)_\alpha \\ &- \sum_\alpha (n_\alpha + \tfrac{1}{4}\mu_\alpha')\, g(0, \dots; \tfrac{1}{2}\mu_1', \dots)_{\varrho+\alpha}; \end{aligned}$$

mithin wird, da für die homogene Function ersten Grades die Gleichung

$$g_1(u_1, \dots; n_1, \dots) = \sum_\alpha \left(u_\alpha \frac{\partial g_1}{\partial u_\alpha} + n_\alpha \frac{\partial g_1}{\partial n_\alpha}\right)$$

besteht,

$$\begin{aligned} &G(u_1, \dots; n_1, \dots) \\ &= g(u_1, \dots; n_1 + \tfrac{1}{2}\mu_1', \dots) - \sum_\alpha \tfrac{1}{4}\mu_\alpha'\, g(0, \dots; \tfrac{1}{2}\mu_1', \dots)_{\varrho+\alpha} \\ &+ \sum_\alpha u_\alpha \left\{\frac{\partial g_1}{\partial u_\alpha} - g(0, \dots; \tfrac{1}{2}\mu_1', \dots)_\alpha\right\} + \sum_\alpha n_\alpha \left\{\frac{\partial g_1}{\partial n_\alpha} - g(0, \dots; \tfrac{1}{2}\mu_1', \dots)_{\varrho+\alpha}\right\} + g_0. \end{aligned}$$

Die Grössen $\mu_1', \dots \mu_\varrho'$ bestimmen wir nun mittels der linearen Gleichungen

$$g(0, \dots; \tfrac{1}{2}\mu_1', \dots)_\alpha = \frac{\partial g_1}{\partial u_\alpha}, \qquad (\alpha = 1, 2, \dots \varrho)$$

in denen die rechten Seiten Constanten sind; unter der über die Determinante $\left|\frac{\partial^2 G}{\partial u_\alpha \partial n_\beta}\right|$ gemachten Voraussetzung ist dies stets möglich (S. 569). Führen wir ferner ϱ neue constante Grössen $\mu_1, \dots \mu_\varrho$ ein, indem wir

$$\frac{\partial g_1}{\partial n_\alpha} - g(0, \dots; \tfrac{1}{2}\mu_1', \dots)_{\varrho+\alpha} = \mu_\alpha \pi i \qquad (\alpha = 1, 2, \dots \varrho)$$

setzen, so erhalten wir

$$G(u_1, \dots; n_1, \dots) = g(u_1, \dots; n_1 + \tfrac{1}{2}\mu_1', \dots) + \pi i \sum_\alpha \mu_\alpha (n_\alpha + \tfrac{1}{2}\mu_\alpha') + \bar{g}_0,$$

wobei $\bar{g}_0$ eine von $u_1, \dots u_\varrho, n_1, \dots n_\varrho$ unabhängige Grösse ist. Hieraus ergiebt sich, wenn $e^{\bar{g}_0}$ mit C bezeichnet wird,

$$\sum_{(n)} e^{G(u_1, \dots; n_1, \dots)} = C \sum_{(n)} e^{g(u_1, \dots; n_1 + \frac{1}{2}\mu_1', \dots) + \pi i \sum_\alpha \mu_\alpha (n_\alpha + \frac{1}{2}\mu_\alpha')}.$$

Die durch diese Reihe definirte Function hängt ausser von den $\varrho(2\varrho+1)$ in $g(u_1, \dots; n_1, \dots)$ enthaltenen Constanten noch von den 2ϱ Constanten in $g_1(u_1, \dots; n_1, \dots)$ und von g_0 ab, und in der That treten in der Entwickelung auf der rechten Seite zu den Constanten der Function $g(u_1, \dots; n_1, \dots)$ noch die $2\varrho+1$ Grössen $C, \mu_\alpha, \mu_\alpha'$ hinzu, welche man bei passender Bestimmung der Coefficienten in $G(u_1, \dots; n_1, \dots)$ willkürlich annehmen kann.

Wird nun durch die Gleichung

$$\sum_{(n)} e^{g(u_1, \dots; n_1 + \frac{1}{2}\mu_1', \dots) + \pi i \sum_\alpha \mu_\alpha (n_\alpha + \frac{1}{2}\mu_\alpha')} = \Theta(u_1, \dots u_\varrho; \mu, \mu')$$

die allgemeine Θ-Function mit den 2ϱ Parametern $\mu_1, \dots \mu_\varrho, \mu_1', \dots \mu_\varrho'$ definirt, so ist $\Theta(u_1, \dots u_\varrho; \mu, \mu')$, abgesehen von einem von $u_1, \dots u_\varrho$ unabhängigen Factor, die allgemeinste Function, die aus der Reihe

$$\sum_{(n)} e^{G(u_1, \dots; n_1, \dots)}$$

entspringt. Die vorher betrachtete Function $\Theta(u_1, \dots u_\varrho)$ ist gleich $\Theta(u_1, \dots u_\varrho; 0, 0)$.

Die allgemeine Θ-Function mit Parametern lässt sich nun wieder auf die ohne Parameter zurückführen. Sind nämlich $\omega_{\alpha\beta}, \omega_{\alpha\beta}', \eta_{\alpha\beta}, \eta_{\alpha\beta}'$ die oben definirten, rational aus den Coefficienten der Function $g(u_1, \dots; n_1, \dots)$ gebildeten Grössen, und wird

$$\sum_\beta (\mu_\beta \omega_{\alpha\beta} + \mu_\beta' \omega_{\alpha\beta}') = \bar{\omega}_\alpha,$$
$$\sum_\beta (\mu_\beta \eta_{\alpha\beta} + \mu_\beta' \eta_{\alpha\beta}') = \bar{\eta}_\alpha \qquad (\alpha = 1, 2, \dots \varrho)$$

gesetzt, so ist (S. 569 und 570)

$$g(\overline{\omega}_1, \ldots; -\tfrac{1}{2}\mu'_1, \ldots)_{\varrho+\alpha} = \mu_\alpha \pi i$$

und

$$g(\overline{\omega}_1, \ldots; -\tfrac{1}{2}\mu'_1, \ldots)_\alpha = \overline{\eta}_\alpha,$$

folglich

$$g(u_1 + \overline{\omega}_1, \ldots; n_1, \ldots)$$
$$= g(u_1, \ldots; n_1 + \tfrac{1}{2}\mu'_1, \ldots) + \pi i \sum_\alpha \mu_\alpha (n_\alpha + \tfrac{1}{2}\mu'_\alpha) + \sum_\alpha \left\{ \overline{\eta}_\alpha (u_\alpha + \tfrac{1}{2}\overline{\omega}_\alpha) - \tfrac{1}{4}\mu_\alpha \mu'_\alpha \pi i \right\}.$$

Führt man nun die Function $\eta(u_1, \ldots u_\varrho; \mu, \mu')$ durch die Gleichung

$$\sum_\alpha \left\{ \overline{\eta}_\alpha (u_\alpha + \tfrac{1}{2}\overline{\omega}_\alpha) - \tfrac{1}{4}\mu_\alpha \mu'_\alpha \pi i \right\} = \eta(u_1, \ldots u_\varrho; \mu, \mu')$$

ein, so wird

$$\Theta(u_1, \ldots u_\varrho; \mu, \mu') = \Theta(u_1 + \overline{\omega}_1, \ldots u_\varrho + \overline{\omega}_\varrho) \,.\, e^{-\eta(u_1, \ldots u_\varrho; \mu, \mu')}.$$

Diese Beziehung zwischen den beiden allgemeinen Θ-Functionen entspricht derjenigen zwischen den speciellen Θ-Functionen, die wir zu Anfang dieses Kapitels (S. 567) aufgestellt haben.

Es sollen jetzt die wichtigsten Relationen für die allgemeine Θ-Function mit Parametern abgeleitet werden, und zwar wollen wir zunächst den Zusammenhang zwischen zwei Θ-Functionen mit verschiedenen Parametern untersuchen. Wird entsprechend der Definition von $\overline{\omega}_\alpha$ und $\overline{\eta}_\alpha$

$$\sum_\beta (\nu_\beta \omega_{\alpha\beta} + \nu'_\beta \omega'_{\alpha\beta}) = \overline{\omega}'_\alpha,$$
$$\sum_\beta (\nu_\beta \eta_{\alpha\beta} + \nu'_\beta \eta'_{\alpha\beta}) = \overline{\eta}'_\alpha \qquad (\alpha = 1, 2, \ldots \varrho)$$

gesetzt, wo $(\nu_1, \ldots \nu_\varrho)$ und $(\nu'_1, \ldots \nu'_\varrho)$ zwei Systeme von beliebigen Grössen sind, so bestehen die Relationen

$$g(\overline{\omega}'_1, \ldots; -\tfrac{1}{2}\nu'_1, \ldots)_{\varrho+\alpha} = \nu_\alpha \pi i,$$

$$g(\overline{\omega}'_1, \ldots; -\tfrac{1}{2}\nu'_1, \ldots)_\alpha = \overline{\eta}'_\alpha.$$

Aus der Gleichung

$$g(u_1+w_1,\ldots;\, n_1-\lambda_1,\ldots) = g(u_1,\ldots;\, n_1,\ldots)+\sum_\alpha\left(u_\alpha+\frac{1}{2}w_\alpha\right)g(w_1,\ldots;\,-\lambda_1,\ldots)_\alpha$$
$$+\sum_\alpha\left(n_\alpha-\frac{1}{2}\lambda_\alpha\right)\,g(w_1,\ldots;\,-\lambda_1,\ldots)_{\varrho+\alpha}$$

folgt nun, wenn $\overline{\omega}'_\alpha$ statt w_α und $n_\alpha+\frac{1}{2}(\mu'_\alpha+\nu'_\alpha)$ statt n_α eingeführt wird,

$$g\left(u_1+\overline{\omega}'_1,\ldots;\, n_1+\frac{1}{2}\mu'_1,\ldots\right)$$
$$= g\left(u_1,\ldots;\, n_1+\frac{1}{2}(\mu'_1+\nu'_1),\ldots\right)+\sum_\alpha\overline{\eta}'_\alpha\left(u_\alpha+\frac{1}{2}\overline{\omega}'_\alpha\right)+\pi i\sum_\alpha\nu_\alpha\left(n_\alpha+\frac{1}{2}\mu'_\alpha+\frac{1}{4}\nu'_\alpha\right)$$
$$= g\left(u_1,\ldots;\, n_1+\frac{1}{2}(\mu'_1+\nu'_1),\ldots\right)+\pi i\sum_\alpha\nu_\alpha\left(n_\alpha+\frac{1}{2}(\mu'_\alpha+\nu'_\alpha)\right)+\eta(u_1,\ldots;\,\nu,\nu'),$$

mithin erhält man

$$g\left(u_1+\overline{\omega}'_1,\ldots;\, n_1+\frac{1}{2}\mu'_1,\ldots\right)+\pi i\sum_\alpha\mu_\alpha\left(n_\alpha+\frac{1}{2}\mu'_\alpha\right)$$
$$= g\left(u_1,\ldots;\, n_1+\frac{1}{2}(\mu'_1+\nu'_1),\ldots\right)+\pi i\sum_\alpha(\mu_\alpha+\nu_\alpha)\left(n_\alpha+\frac{1}{2}(\mu'_\alpha+\nu'_\alpha)\right)-\frac{\pi i}{2}\sum_\alpha\mu_\alpha\nu'_\alpha$$
$$+\eta(u_1,\ldots;\,\nu,\nu'),$$

woraus sich

$$\Theta(u_1+\overline{\omega}'_1,\ldots;\,\mu,\mu') = \Theta(u_1,\ldots;\,\mu+\nu,\,\mu'+\nu')\,.\,e^{\eta(u_1,\ldots;\,\nu,\nu')-\frac{1}{2}\pi i\sum_\alpha\mu_\alpha\nu'_\alpha}$$

ergiebt.

Sind $(p_1,\ldots p_\varrho)$ und $(q_1,\ldots q_\varrho)$ zwei beliebige Systeme von ganzen Zahlen, so folgt aus der Darstellung von $\Theta(u_1,\ldots u_\varrho;\,\mu,\mu')$ durch die Summe

$$\sum_{(n)} e^{g(u_1,\ldots;\, n_1+\frac{1}{2}\mu'_1,\ldots)+\pi i\sum_\alpha\mu_\alpha(n_\alpha+\frac{1}{2}\mu'_\alpha)}$$

unmittelbar

$$\Theta(u_1,\ldots;\,\mu+2p,\,\mu'+2q)$$
$$= \sum_{(n)} e^{g(u_1,\ldots;\,(n_1+q_1)+\frac{1}{2}\mu'_1,\ldots)+\pi i\sum_\alpha\mu_\alpha\left\{(n_\alpha+q_\alpha)+\frac{1}{2}\mu'_\alpha\right\}+\pi i\sum_\alpha p_\alpha\mu'_\alpha}$$
$$= \Theta(u_1,\ldots;\,\mu,\mu')\,.\,e^{\pi i\sum_\alpha p_\alpha\mu'_\alpha},$$

da bei der Summation die ganzen Zahlen $n_1+q_1,\ldots n_\varrho+q_\varrho$ durch $n_1,\ldots n_\varrho$

ersetzt werden können. Hieraus erhält man die beiden Relationen

$$\Theta(u_1, \ldots; \mu, \mu' + 2q) = \Theta(u_1, \ldots; \mu, \mu')$$

und

$$\Theta(u_1, \ldots; \mu + 2p, \mu') = \Theta(u_1, \ldots; \mu, \mu') . e^{\pi i \sum\limits_\alpha p_\alpha \mu'_\alpha}.$$

Führt man ferner die Grössen $2\omega_\alpha$, $2\eta_\alpha$ durch die Gleichungen

$$\sum_\beta (2p_\beta \omega_{\alpha\beta} + 2q_\beta \omega'_{\alpha\beta}) = 2\omega_\alpha,$$
$$\sum_\beta (2p_\beta \eta_{\alpha\beta} + 2q_\beta \eta'_{\alpha\beta}) = 2\eta_\alpha \qquad (\alpha = 1, 2, \ldots \varrho)$$

ein, so folgt aus der Relation zwischen zwei Θ-Functionen mit verschiedenen Parametern

$$\Theta(u_1 + 2\omega_1, \ldots; \mu, \mu') = \Theta(u_1, \ldots; \mu + 2p, \mu' + 2q) . e^{\eta(u_1, \ldots; 2p, 2q) - \pi i \sum\limits_\alpha q_\alpha \mu_\alpha}$$
$$= \Theta(u_1, \ldots; \mu, \mu') . e^{\eta(u_1, \ldots; 2p, 2q) + \pi i \sum\limits_\alpha (p_\alpha \mu'_\alpha - q_\alpha \mu_\alpha)}.$$

Nach der Definition der Function $\eta(u_1, \ldots; \mu, \mu')$ (S. 574) ist nun

$$\eta(u_1, \ldots; 2p, 2q) = \sum_\alpha \{2\eta_\alpha(u_\alpha + \omega_\alpha) - p_\alpha q_\alpha \pi i\},$$

sodass sich

$$\Theta(u_1 + 2\omega_1, \ldots; \mu, \mu') = (-1)^{\sum\limits_\alpha p_\alpha q_\alpha} e^{\pi i \sum\limits_\alpha (p_\alpha \mu'_\alpha - q_\alpha \mu_\alpha)} \Theta(u_1, \ldots; \mu, \mu') . e^{\sum\limits_\alpha 2\eta_\alpha(u_\alpha + \omega_\alpha)}$$

ergiebt. Wenn also in $\Theta(u_1, \ldots; \mu, \mu')$ die Argumente $u_1, \ldots u_\varrho$ um die Grössen $2\omega_1, \ldots 2\omega_\varrho$ vermehrt werden, so ändert sich die Function um einen Exponentialfactor.

Im Besonderen ergiebt sich, dass für $\Theta(u_1, \ldots; \mu, \mu')$ die 2ϱ Fundamentalgleichungen

$$\Theta(u_1 + 2\omega_{1\beta}, \ldots u_\varrho + 2\omega_{\varrho\beta}; \mu, \mu') = e^{\mu'_\beta \pi i} \Theta(u_1, \ldots u_\varrho; \mu, \mu') . e^{\sum\limits_\alpha 2\eta_{\alpha\beta}(u_\alpha + \omega_{\alpha\beta})},$$
$$\Theta(u_1 + 2\omega'_{1\beta}, \ldots u_\varrho + 2\omega'_{\varrho\beta}; \mu, \mu') = e^{-\mu_\beta \pi i} \Theta(u_1, \ldots u_\varrho; \mu, \mu') . e^{\sum\limits_\alpha 2\eta'_{\alpha\beta}(u_\alpha + \omega'_{\alpha\beta})}$$
$$(\beta = 1, 2, \ldots \varrho)$$

befriedigt werden (vgl. S. 566—567). Hieraus lässt sich durch dieselben Schlüsse wie auf S. 520—521 folgern, dass es keine anderen Systeme von

Grössen $(2\omega_1, \dots 2\omega_\varrho, 2\eta_1, \dots 2\eta_\varrho)$ giebt, für welche eine Gleichung der Form

$$\Theta(u_1+2\omega_1, \dots; \mu, \mu') = C\Theta(u_1, \dots; \mu, \mu') \, . \, e^{\sum\limits_\alpha 2\eta_\alpha(u_\alpha+\omega_\alpha)}$$

besteht, als die in den Formeln

$$2\omega_\alpha = \sum_\beta (2p_\beta \omega_{\alpha\beta} + 2q_\beta \omega'_{\alpha\beta}),$$
$$2\eta_\alpha = \sum_\beta (2p_\beta \eta_{\alpha\beta} + 2q_\beta \eta'_{\alpha\beta})$$

für specielle Werthe der ganzen Zahlen $p_1, \dots p_\varrho, q_1, \dots q_\varrho$ enthaltenen.

Die 2ϱ für die Function $\Theta(u_1, \dots u_\varrho; \mu, \mu')$ aufgestellten Gleichungen sind für diese charakteristisch, d. h. wenn eine Function $f(u_1, \dots u_\varrho)$ für alle endlichen Werthsysteme der Variablen den Charakter einer ganzen Function hat und den 2ϱ Gleichungen

$$f(u_1+2\omega_{1\beta}, \dots) = f(u_1, \dots) \, . \, e^{\sum\limits_\alpha 2\eta_{\alpha\beta}(u_\alpha+\omega_{\alpha\beta}) + \mu'_\beta \pi i},$$
$$f(u_1+2\omega'_{1\beta}, \dots) = f(u_1, \dots) \, . \, e^{\sum\limits_\alpha 2\eta'_{\alpha\beta}(u_\alpha+\omega'_{\alpha\beta}) - \mu_\beta \pi i} \qquad (\beta = 1, 2, \dots \varrho)$$

genügt, so ist

$$f(u_1, \dots u_\varrho) = c\Theta(u_1, \dots u_\varrho; \mu, \mu'),$$

wo c nicht von $u_1, \dots u_\varrho$ abhängt. Dabei müssen die Grössen $2\omega_{\alpha\beta}$, $2\omega'_{\alpha\beta}$, $2\eta_{\alpha\beta}$, $2\eta'_{\alpha\beta}$ die Relationen auf S. 571 befriedigen. Sind nämlich $a_1, \dots a_\varrho$, $c_1, \dots c_\varrho$ zunächst beliebige Constanten, so werde die Function $F(u_1, \dots u_\varrho)$ durch die Gleichung

$$F(u_1, \dots) = f(u_1-a_1, \dots) \, . \, e^{\sum\limits_\alpha c_\alpha u_\alpha}$$

eingeführt; dann ist

$$F(u_1+2\omega_{1\beta}, \dots) = F(u_1, \dots) \, . \, e^{\sum\limits_\alpha 2\left\{\eta_{\alpha\beta}(u_\alpha - a_\alpha + \omega_{\alpha\beta}) + \omega_{\alpha\beta} c_\alpha\right\} + \mu'_\beta \pi i},$$
$$F(u_1+2\omega'_{1\beta}, \dots) = F(u_1, \dots) \, . \, e^{\sum\limits_\alpha 2\left\{\eta'_{\alpha\beta}(u_\alpha - a_\alpha + \omega'_{\alpha\beta}) + \omega'_{\alpha\beta} c_\alpha\right\} - \mu_\beta \pi i}.$$

Bestimmt man nun die Grössen a_α und c_α mittels der Gleichungen

$$\sum_\alpha 2(\eta_{\alpha\beta} a_\alpha - \omega_{\alpha\beta} c_\alpha) = \mu'_\beta \pi i,$$
$$\sum_\alpha 2(\eta'_{\alpha\beta} a_\alpha - \omega'_{\alpha\beta} c_\alpha) = -\mu_\beta \pi i, \qquad (\beta = 1, 2, \dots \varrho)$$

so ergiebt sich

$$F(u_1 + 2\omega_{1\beta}, \ldots) = F(u_1, \ldots) . e^{\sum\limits_{\alpha} 2\eta_{\alpha\beta}(u_\alpha + \omega_{\alpha\beta})},$$

$$F(u_1 + 2\omega'_{1\beta}, \ldots) = F(u_1, \ldots) . e^{\sum\limits_{\alpha} 2\eta'_{\alpha\beta}(u_\alpha + \omega'_{\alpha\beta})} \qquad (\beta = 1, 2, \ldots \varrho)$$

und (S. 331—332)

$$a_\alpha = \sum_\beta (\mu_\beta \omega_{\alpha\beta} + \mu'_\beta \omega'_{\alpha\beta}),$$

$$c_\alpha = \sum_\beta (\mu_\beta \eta_{\alpha\beta} + \mu'_\beta \eta'_{\alpha\beta});$$

es sind demnach a_α und c_α die vorher (S. 573) mit $\overline{\omega}_\alpha$ und $\overline{\eta}_\alpha$ bezeichneten Grössen. Für die Function $F(u_1, \ldots u_\varrho)$ bestehen daher dieselben 2ϱ Fundamentalgleichungen wie für $\Theta(u_1, \ldots u_\varrho)$ (S. 516 und 571), und da eine Function durch diese und durch die Eigenschaft, für alle endlichen Werthsysteme $(u_1, \ldots u_\varrho)$ den Charakter einer ganzen Function zu haben, bis auf einen constanten Factor bestimmt ist (S. 550—551), so erhält man

$$F(u_1, \ldots) = C\,\Theta(u_1, \ldots),$$

mithin

$$f(u_1, \ldots) = c\,\Theta(u_1 + \overline{\omega}_1, \ldots) . e^{-\eta(u_1, \ldots; \mu, \mu')}$$

$$= c\,\Theta(u_1, \ldots; \mu, \mu').$$

Von den allgemeinen Θ-Functionen mit den Argumenten $u_1, \ldots u_\varrho$ kann man nun, entsprechend den Erörterungen im siebenundzwanzigsten Kapitel, zu ϑ-Functionen mit den Argumenten $v_1, \ldots v_\varrho$ übergehen. Die Constanten in der homogenen Function zweiten Grades $g(u_1, \ldots u_\varrho; n_1, \ldots n_\varrho)$ mögen die auf S. 569 angegebenen Bedingungen erfüllen, sodass

$$\Theta(u_1, \ldots u_\varrho) = \sum_{(n)} e^{g(u_1, \ldots u_\varrho; n_1, \ldots n_\varrho)}$$

für jedes im Endlichen gelegene Werthsystem $(u_1, \ldots u_\varrho)$ den Charakter einer ganzen Function hat. Haben dann die Grössen $\omega_{\alpha\beta}, \omega'_{\alpha\beta}, \eta_{\alpha\beta}, \eta'_{\alpha\beta}$ die in diesem Kapitel festgestellte Bedeutung, so werde wieder

$$u_\alpha = \sum_\beta 2\omega_{\alpha\beta} v_\beta,$$

$$|\omega_{\alpha\beta}| = \omega,$$

$$\frac{1}{\omega} \sum_\gamma (\omega)_{\gamma\alpha} \omega'_{\gamma\beta} = \tau_{\alpha\beta},$$

$$\sum_\alpha \omega_{\alpha\beta} \eta_{\alpha\gamma} = \varepsilon_{\beta\gamma}$$

gesetzt. Die Determinante ω ist dann von Null verschieden (S. 558—560), und wie früher (S. 532 und 535) lässt sich beweisen, dass auch jetzt die Relationen

$$\varepsilon_{\beta\gamma} = \varepsilon_{\gamma\beta}, \qquad \tau_{\alpha\beta} = \tau_{\beta\alpha}$$

bestehen. Die quadratische Form

$$\sum_{\beta,\gamma} 2\varepsilon_{\beta\gamma} v_\beta v_\gamma,$$

die durch Einführung von $u_1, \dots u_\varrho$ statt $v_1, \dots v_\varrho$ in

$$\frac{1}{2\omega} \sum_{\alpha,\beta,\gamma} (\omega)_{\alpha\gamma} \eta_{\beta\gamma} u_\alpha u_\beta$$

übergeht, werde wieder mit

$$\varepsilon(v_1, \dots v_\varrho)$$

bezeichnet, und sodann die Function $\vartheta(v_1, \dots v_\varrho)$ durch die Gleichung

$$\Theta(u_1, \dots u_\varrho) = e^{\varepsilon(v_1, \dots v_\varrho)} . \vartheta(v_1, \dots v_\varrho)$$

definirt. Diese Function, die für alle endlichen Werthsysteme $(v_1, \dots v_\varrho)$ den Charakter einer ganzen Function hat, soll die allgemeine ϑ-Function ohne Parameter genannt werden. Aus den Fundamentalgleichungen für die allgemeine Θ-Function lassen sich dem Früheren (S. 534 und 537) entsprechend die Gleichungen

$$\vartheta(v_1 + \mu_1, \dots v_\varrho + \mu_\varrho) = \vartheta(v_1, \dots v_\varrho)$$

und

$$\vartheta(v_1 + \tau_1, \dots v_\varrho + \tau_\varrho) = \vartheta(v_1, \dots v_\varrho) . e^{-\sum\limits_\alpha \nu_\alpha (2v_\alpha + \tau_\alpha)\pi i}$$

herleiten, in denen $(\mu_1, \dots \mu_\varrho)$ und $(\nu_1, \dots \nu_\varrho)$ zwei beliebige Systeme ganzer Zahlen sind und

$$\sum_\beta \nu_\beta \tau_{\alpha\beta} = \tau_\alpha$$

gesetzt ist.

Das Bestehen der vorstehenden Gleichungen war nun allein für die Entwickelung der ϑ-Function in eine Fouriersche Reihe erforderlich (S. 549—551), demnach gilt auch bei geeigneter Wahl des constanten Factors für die allgemeine ϑ-Function die Darstellung

$$\vartheta(v_1, \dots v_\varrho) = \sum_{(n)} e^{\pi i \sum\limits_\alpha n_\alpha (2v_\alpha + n_1 \tau_{\alpha 1} + \dots + n_\varrho \tau_{\alpha\varrho})},$$

und durch Vergleichung der Reihen für die Functionen $\Theta(u_1, \ldots u_\varrho)$ und $\vartheta(v_1, \ldots v_\varrho)$ ergiebt sich

$$g(u_1, \ldots u_\varrho;\, n_1, \ldots n_\varrho) = \varepsilon(v_1, \ldots v_\varrho) + \pi i \sum_\alpha n_\alpha(2v_\alpha + n_1\tau_{\alpha 1} + \cdots + n_\varrho \tau_{\alpha\varrho}).$$

Wählt man andererseits $\frac{1}{2}\varrho(\varrho+1)$ Grössen $\tau_{\alpha\beta}$ beliebig, nur so, dass $\tau_{\alpha\beta} = \tau_{\beta\alpha}$ und der reelle Bestandtheil von

$$i\sum_{\alpha,\beta} n_\alpha n_\beta \tau_{\alpha\beta}$$

für reelle, von Null verschiedene Werthe von $n_1, \ldots n_\varrho$ beständig negativ ist, so convergirt die Summe

$$\sum_{(n)} e^{\pi i \sum\limits_\alpha n_\alpha(2v_\alpha + n_1\tau_{\alpha 1} + \cdots + n_\varrho\tau_{\alpha\varrho})}$$

für alle endlichen Werthsysteme $(v_1, \ldots v_\varrho)$. Dies ergiebt sich, wenn man in den auf S. 569 angestellten Betrachtungen

$$\pi i \sum_\alpha n_\alpha(2v_\alpha + \sum_\beta n_\beta \tau_{\alpha\beta})$$

an die Stelle von

$$g(u_1, \ldots u_\varrho;\, n_1, \ldots n_\varrho)$$

setzt; die zweite früher für die Function $g(u_1, \ldots u_\varrho;\, n_1, \ldots n_\varrho)$ aufgestellte Bedingung ist dagegen hier von selbst erfüllt. Die durch die obige Summe definirte Function genügt dann stets den für die ϑ-Function geltenden Fundamentalgleichungen.

Da diese ϑ-Function $\frac{1}{2}\varrho(\varrho+1)$ unabhängige Grössen $\tau_{\alpha\beta}$ enthält, so ist sie allgemeiner, als die in den vorhergehenden Kapiteln untersuchte. Denn dort sind die Grössen $\tau_{\alpha\beta}$ durch die Constanten der Gleichung $f(x, y) = 0$ des den Betrachtungen zu Grunde gelegten algebraischen Gebildes bestimmt. Eine gegebene algebraische Gleichung lässt sich nun, wie schon auf S. 60 erwähnt worden ist, rational so transformiren, dass die transformirte Gleichung ein Minimum von Constanten enthält. Durch Untersuchungen, auf die wir in diesen Vorlesungen nicht eingegangen sind, kann gezeigt werden, dass dieses Minimum für $\varrho = 1$ gleich 1 und für $\varrho \geqq 2$ höchstens gleich $3\varrho - 3$ ist; d. h. die allgemeinste algebraische Gleichung vom Range $\varrho \geqq 2$ enthält $3\varrho - 3$

wesentliche Constanten, und diese Anzahl lässt sich durch rationale Transformation nicht weiter reduciren. Für $\varrho \geqq 4$ hängen also die ϑ-Functionen, welche mittels der Perioden der aus einem gegebenen algebraischen Gebilde entspringenden Integrale erster und zweiter Art gebildet werden, von weniger unabhängigen Constanten ab, als die hier definirten. Es tritt demnach bei den Thetafunctionen der merkwürdige Umstand ein, dass man durch Lösung des Jacobischen Umkehrungsproblems nicht zu den allgemeinsten Functionen der gleichen Beschaffenheit gelangt.

Entsprechend der zwischen den Functionen $\Theta(u_1, \ldots u_\varrho)$ und $\vartheta(v_1, \ldots v_\varrho)$ angenommenen Relation definiren wir jetzt die allgemeine ϑ-Function mit den Parametern $\mu_1, \ldots \mu_\varrho, \mu'_1, \ldots \mu'_\varrho$ durch die Gleichung

$$\Theta(u_1, \ldots u_\varrho; \mu, \mu') = e^{\varepsilon(v_1, \ldots v_\varrho)} \cdot \vartheta(v_1, \ldots v_\varrho; \mu, \mu').$$

Die Entwickelung von $\vartheta(v_1, \ldots v_\varrho; \mu, \mu')$ ergiebt sich sofort aus der Summe

$$\sum_{(n)} e^{g(u_1, \ldots; n_1 + \frac{1}{2}\mu'_1, \ldots) + \pi i \sum\limits_{\alpha} \mu_\alpha (n_\alpha + \frac{1}{2}\mu'_\alpha)},$$

durch welche die Function $\Theta(u_1, \ldots u_\varrho; \mu, \mu')$ erklärt worden ist (S. 573). Denn es ist

$$g(u_1, \ldots u_\varrho; n_1, \ldots n_\varrho) = \varepsilon(v_1, \ldots v_\varrho) + \pi i \sum_{\alpha} n_\alpha (2 v_\alpha + n_1 \tau_{\alpha 1} + \cdots + n_\varrho \tau_{\alpha\varrho}),$$

mithin

$$\vartheta(v_1, \ldots v_\varrho; \mu, \mu') = \sum_{(n)} e^{\pi i \sum\limits_{\alpha} (n_\alpha + \frac{1}{2}\mu'_\alpha)(2 v_\alpha + \mu_\alpha + \tau_\alpha + \frac{1}{2}\tau'_\alpha)},$$

wenn

$$\tau_\alpha = \sum_{\beta} n_\beta \tau_{\alpha\beta},$$

$$\tau'_\alpha = \sum_{\beta} \mu'_\beta \tau_{\alpha\beta}$$

gesetzt wird. Die Reihe für $\vartheta(v_1, \ldots v_\varrho; \mu, \mu')$ geht durch Vertauschung von n_α mit $n_\alpha + \frac{1}{2}\mu'_\alpha$ und von v_α mit $v_\alpha + \frac{1}{2}\mu_\alpha$ aus der für $\vartheta(v_1, \ldots v_\varrho)$ hervor.

Wir wollen jetzt noch einige Eigenschaften der Function $\vartheta(v_1, \ldots v_\varrho; \mu, \mu')$ entwickeln. In der für sie gefundenen Summe werde zunächst an Stelle von

$$(n_1, \ldots n_\varrho)$$

das Grössensystem

$$(n_1+q_1, \dots n_\varrho+q_\varrho)$$

gesetzt, wo $q_1, \dots q_\varrho$ beliebige ganze Zahlen bedeuten. Dann ändert sich die Function nicht, denn jede der Zahlen $n_\alpha+q_\alpha$ durchläuft ebenso alle Werthe von $-\infty$ bis $+\infty$ wie n_α selbst. Man kann aber statt dessen auch jeden der Parameter μ'_α um die gerade Zahl $2q_\alpha$ vermehren und erhält daher

$$\vartheta(v_1, \dots v_\varrho; \mu, \mu'+2q) = \vartheta(v_1, \dots v_\varrho; \mu, \mu').$$

Vermehrt man dagegen die Parameter $\mu_1, \dots \mu_\varrho$ um die geraden Zahlen $2p_1, \dots 2p_\varrho$, so tritt aus jedem Gliede der Reihe der Factor

$$e^{\pi i \sum\limits_\alpha (n_\alpha + \frac{1}{2}\mu'_\alpha) 2p_\alpha} = e^{\pi i \sum\limits_\alpha p_\alpha \mu'_\alpha}$$

heraus, mithin ergiebt sich

$$\vartheta(v_1, \dots v_\varrho; \mu+2p, \mu') = \vartheta(v_1, \dots v_\varrho; \mu, \mu') . e^{\pi i \sum\limits_\alpha p_\alpha \mu'_\alpha}.$$

Durch Zusammenziehung beider Formeln folgt

$$\vartheta(v_1, \dots v_\varrho; \mu+2p, \mu'+2q) = \vartheta(v_1, \dots v_\varrho; \mu, \mu') . e^{\pi i \sum\limits_\alpha p_\alpha \mu'_\alpha}.$$

Wenn man also die Parameter der ϑ-Function um beliebige gerade Zahlen ändert, so geht die Function in sich selbst über, multiplicirt mit einer von $v_1, \dots v_\varrho$ unabhängigen Grösse. Diese Gleichungen hätten sich auch aus den entsprechenden für die Function $\Theta(u_1, \dots u_\varrho; \mu, \mu')$ herleiten lassen.

Nimmt man die Parameter $\mu_1, \dots \mu_\varrho, \mu'_1, \dots \mu'_\varrho$ als ganze Zahlen an, so erkennt man hieraus, dass sich alle zugehörigen Thetafunctionen auf eine geschlossene Anzahl, nämlich $2^{2\varrho}$, zurückführen lassen, in denen sämmtliche Zahlen μ_β und μ'_β z. B. die Werthe 0 und 1 haben. In der Theorie der hyperelliptischen Functionen werden diese Parameter zweckmässig so gewählt, dass die Zahlen μ_β sämmtlich gleich 0 oder gleich -1, die Zahlen μ'_β gleich 0 oder gleich $+1$ sind.

Die Functionen $\Theta(u_1, \dots u_\varrho; \mu, \mu')$ und $\vartheta(v_1, \dots v_\varrho; \mu, \mu')$ mit ganzzahligen Parametern $\mu_1, \dots \mu_\varrho, \mu'_1, \dots \mu'_\varrho$ sind durch einige wesentliche Eigenschaften vor denen mit beliebigen Parametern ausgezeichnet; insbesondere sind sie stets gerade oder ungerade Functionen ihrer Argumente. Die Gleichung (S. 573)

$$\Theta(-u_1,\cdots -u_\varrho;\,\mu,\mu') = \sum_{(n)} e^{g(-u_1,\cdots -u_\varrho;\, n_1+\frac{1}{2}\mu_1',\ldots)+\pi i\sum\limits_\alpha \mu_\alpha(n_\alpha+\frac{1}{2}\mu_\alpha')}$$

lässt sich nämlich, da

$$g(-u_1,\ldots;\,n_1+\frac{1}{2}\mu_1',\ldots) = g(u_1,\ldots;\,-n_1-\frac{1}{2}\mu_1',\ldots)$$

ist, auf die Form

$$\Theta(-u_1,\cdots -u_\varrho;\,\mu,\mu') = (-1)^{\sum\limits_\alpha \mu_\alpha\mu_\alpha'} \sum_{(n)} e^{g(u_1,\ldots u_\varrho;\,-n_1-\frac{1}{2}\mu_1',\ldots)-\pi i\sum\limits_\alpha \mu_\alpha(n_\alpha+\frac{1}{2}\mu_\alpha')}$$

bringen. Setzt man nun hier $-n_\alpha-\mu_\alpha'$ statt n_α, so ergiebt sich

$$\Theta(-u_1,\cdots -u_\varrho;\,\mu,\mu') = (-1)^{\sum\limits_\alpha \mu_\alpha\mu_\alpha'} \sum_{(n)} e^{g(u_1,\ldots u_\varrho;\,n_1+\frac{1}{2}\mu_1',\ldots)+\pi i\sum\limits_\alpha \mu_\alpha(n_\alpha+\frac{1}{2}\mu_\alpha')}$$

$$= (-1)^{\sum\limits_\alpha \mu_\alpha\mu_\alpha'}\,\Theta(u_1,\ldots u_\varrho;\,\mu,\mu').$$

Je nachdem also $\sum\limits_\alpha \mu_\alpha\mu_\alpha'$ eine gerade oder ungerade Zahl ist, ist $\Theta(u_1,\ldots u_\varrho;\,\mu,\mu')$ eine gerade oder ungerade Function von $u_1,\ldots u_\varrho$.

Führt man in den Ausdruck der Function $\vartheta(v_1,\ldots v_\varrho;\,\mu,\mu')$ wieder $-n_\alpha-\mu_\alpha'$ an Stelle von n_α ein, so erhält man

$$\vartheta(v_1,\ldots v_\varrho;\,\mu,\mu') = \sum_{(n)} e^{\pi i\sum\limits_\alpha (n_\alpha+\frac{1}{2}\mu_\alpha')(-2v_\alpha-\mu_\alpha+\tau_\alpha+\frac{1}{2}\tau_\alpha')}.$$

Addirt man diesen Ausdruck zu dem ursprünglichen und dividirt durch 2, so folgt, wenn wie früher (S. 551) die Function $\chi(n_1,\ldots n_\varrho)$ durch die Gleichung

$$\pi i\sum_\alpha n_\alpha\tau_\alpha = \chi(n_1,\ldots n_\varrho)$$

definirt wird,

$$\vartheta(v_1,\ldots v_\varrho;\,\mu,\mu') = \sum_{(n)} e^{\chi(n_1+\frac{1}{2}\mu_1',\ldots)} \cos\left\{\sum_\alpha (2v_\alpha+\mu_\alpha)(n_\alpha+\frac{1}{2}\mu_\alpha')\pi\right\}.$$

Wenn man nun den Cosinus des zusammengesetzten Arguments auflöst und

$$\frac{1}{2}\sum_\alpha \mu_\alpha\mu_\alpha' = \bar{\mu}$$

setzt, so ergiebt sich für

I) $$\sum_\alpha \mu_\alpha \mu'_\alpha \equiv 0 \pmod 2:$$

$$(-1)^{\bar{\mu}}\,\vartheta(v_1,\ldots v_\varrho;\mu,\mu') = \sum_{(n)} (-1)^{\sum_\alpha n_\alpha \mu_\alpha}\, e^{\chi(n_1+\frac{1}{2}\mu'_1,\ldots)} \cos\left\{\sum_\alpha (2n_\alpha+\mu'_\alpha)\,v_\alpha \pi\right\},$$

und für

II) $$\sum_\alpha \mu_\alpha \mu'_\alpha \equiv 1 \pmod 2:$$

$$(-1)^{\bar{\mu}+\frac{1}{2}}\,\vartheta(v_1,\ldots v_\varrho;\mu,\mu') = \sum_{(n)} (-1)^{\sum_\alpha n_\alpha \mu_\alpha}\, e^{\chi(n_1+\frac{1}{2}\mu'_1,\ldots)} \sin\left\{\sum_\alpha (2n_\alpha+\mu'_\alpha)\,v_\alpha \pi\right\}.$$

Im ersten Falle ist also auch die Function $\vartheta(v_1,\ldots v_\varrho;\mu,\mu')$ gerade, im zweiten ungerade.

Jetzt kehren wir zu den speciellen Thetafunctionen zurück, auf die uns die Lösung des Umkehrungsproblems geführt hat, bei denen also die Grössen $2\omega_{\alpha\beta}$, $2\omega'_{\alpha\beta}$, $2\eta_{\alpha\beta}$, $2\eta'_{\alpha\beta}$ Perioden der Abelschen Integrale erster und zweiter Art sind.

Einunddreissigstes Kapitel.

Darstellung der Abelschen Integrale zweiter und dritter Art mit Hülfe der Θ-Function.

Um die Θ-Function mit Hülfe der Function $f(u_1, \dots u_\varrho)$ zu definiren, hatten wir die in den Fundamentalgleichungen für $f(u_1, \dots u_\varrho)$ (S. 514) auftretenden constanten, bisher noch nicht bestimmten Factoren $C_1, \dots C_\varrho$, $C'_1, \dots C'_\varrho$ durch 2ϱ andere Grössen $\mu_1, \dots \mu_\varrho, \mu'_1, \dots \mu'_\varrho$ ersetzt und an Stelle von diesen wieder ebenso viele Constanten $\overline{\omega}_1, \dots \overline{\omega}_\varrho, \overline{\eta}_1, \dots \overline{\eta}_\varrho$ eingeführt (S. 515). Ueber die Bestimmung dieser Constanten ist Folgendes zu bemerken.

Die beiden Functionen $f(u_1, \dots u_\varrho)$ und $\Theta(u_1, \dots u_\varrho)$ waren durch die Gleichung (S. 517)

$$f(u_1, \dots u_\varrho) = C\Theta(u_1 + \overline{\omega}_1, \dots u_\varrho + \overline{\omega}_\varrho) \cdot e^{-\sum\limits_{\alpha=1}^{\varrho} \overline{\eta}_\alpha (u_\alpha + \overline{\omega}_\alpha)}$$

verbunden, aus der, wenn

$$\frac{\partial \Theta(u_1, \dots u_\varrho)}{\partial u_\alpha} = \overset{(\alpha)}{\Theta}(u_1, \dots u_\varrho)$$

gesetzt wird,

$$d \log f(u_1, \dots u_\varrho) = \sum_{\alpha=1}^{\varrho} \left(\frac{\overset{(\alpha)}{\Theta}(u_1 + \overline{\omega}_1, \dots u_\varrho + \overline{\omega}_\varrho)}{\Theta(u_1 + \overline{\omega}_1, \dots u_\varrho + \overline{\omega}_\varrho)} - \overline{\eta}_\alpha \right) du_\alpha$$

folgt. Andererseits ist (S. 510)

$$d \log f(u_1, \dots u_\varrho) = \sum_{\alpha=1}^{\varrho} J(u_1 + w_{1\alpha}, \dots u_\varrho + w_{\varrho\alpha})_\alpha \, du_\alpha,$$

mithin erhält man

$$J(u_1 + w_{1\alpha}, \dots u_\varrho + w_{\varrho\alpha})_\alpha = \frac{\overset{(\alpha)}{\Theta}(u_1 + \overline{\omega}_1, \dots u_\varrho + \overline{\omega}_\varrho)}{\Theta(u_1 + \overline{\omega}_1, \dots u_\varrho + \overline{\omega}_\varrho)} - \overline{\eta}_\alpha,$$

oder wenn man $u_\beta - \overline{\omega}_\beta$ für u_β setzt,

$$J(u_1 + w_{1\alpha} - \overline{\omega}_1, \dots u_\varrho + w_{\varrho\alpha} - \overline{\omega}_\varrho)_\alpha = \frac{\overset{(\alpha)}{\Theta}(u_1, \dots u_\varrho)}{\Theta(u_1, \dots u_\varrho)} - \overline{\eta}_\alpha.$$

Da nun $\Theta(u_1, \dots u_\varrho)$ eine gerade Function ist (S. 583), also $\overset{(\alpha)}{\Theta}(u_1, \dots u_\varrho)$ eine ungerade, so ergiebt sich

$$J(-u_1 + w_{1\alpha} - \overline{\omega}_1, \dots -u_\varrho + w_{\varrho\alpha} - \overline{\omega}_\varrho)_\alpha + \overline{\eta}_\alpha = -J(u_1 + w_{1\alpha} - \overline{\omega}_1, \dots u_\varrho + w_{\varrho\alpha} - \overline{\omega}_\varrho)_\alpha - \overline{\eta}_\alpha$$

oder

$$J(-u_1 + 2w_{1\alpha} - 2\overline{\omega}_1, \dots -u_\varrho + 2w_{\varrho\alpha} - 2\overline{\omega}_\varrho)_\alpha + J(u_1, \dots u_\varrho)_\alpha = -2\overline{\eta}_\alpha \qquad (\alpha = 1, 2, \dots \varrho).$$

Hängen nun die Variablen $u_1, \dots u_\varrho$ mit den Paaren $(x_1 y_1), \dots (x_\varrho y_\varrho)$ durch die Gleichungen

$$u_\beta = \sum_{\gamma=1}^{\varrho} \int_{(a_\gamma b_\gamma)}^{(x_\gamma y_\gamma)} H(xy)_\beta \, dx = \sum_{\gamma=1}^{\varrho} \left\{ J(x_\gamma y_\gamma)_\beta - J(a_\gamma b_\gamma)_\beta \right\} \qquad (\beta = 1, 2, \dots \varrho)$$

zusammen, so ist (S. 477)

$$dJ(u_1, \dots u_\varrho)_\alpha = \sum_{\gamma=1}^{\varrho} H'(x_\gamma y_\gamma)_\alpha \, dx_\gamma,$$

mithin

$$J(u_1, \dots u_\varrho)_\alpha = \sum_{\gamma=1}^{\varrho} J'(x_\gamma y_\gamma)_\alpha - c'_\alpha,$$

wo $c'_1, \dots c'_\varrho$ Constanten sind. Dabei sollen die Integrationswege $((a_0 b_0) \dots (a_\gamma b_\gamma))$ beliebig fixirt werden und diejenigen der einander entsprechenden Integrale $J(x_\gamma y_\gamma)_\alpha$ und $J'(x_\gamma y_\gamma)_\alpha$ dieselben sein.

Setzt man zur Abkürzung

$$\sum_{\gamma=1}^{\varrho} J(a_\gamma b_\gamma)_\beta = \sum_{\gamma=1}^{\varrho} w_{\beta\gamma} = c_\beta,$$

so gelten gleichzeitig die beiden Gleichungssysteme

$$u_\alpha = \sum_{\gamma=1}^{\varrho} J(x_\gamma y_\gamma)_\alpha - c_\alpha, \qquad (\alpha = 1, 2, \dots \varrho)$$

$$J(u_1, \dots u_\varrho)_\alpha = \sum_{\gamma=1}^{\varrho} J'(x_\gamma y_\gamma)_\alpha - c'_\alpha \qquad (\alpha = 1, 2, \dots \varrho).$$

Lässt man nun alle Stellen $(x_1 y_1), \dots (x_\varrho y_\varrho)$ mit $(a_0 b_0)$ zusammenfallen und wählt die Integrationswege so, dass

$$u_\beta = -c_\beta$$

wird, so ergiebt sich

$$J(-c_1, \cdots -c_\varrho)_\beta = -c'_\beta,$$

und die Formel

$$J(-u_1 + 2w_{1\alpha} - 2\bar{\omega}_1, \ldots -u_\varrho + 2w_{\varrho\alpha} - 2\bar{\omega}_\varrho)_\alpha + J(u_1, \ldots u_\varrho)_\alpha = -2\bar{\eta}_\alpha$$

liefert

$$J(c_1 + 2w_{1\alpha} - 2\bar{\omega}_1, \ldots c_\varrho + 2w_{\varrho\alpha} - 2\bar{\omega}_\varrho)_\alpha - c'_\alpha = -2\bar{\eta}_\alpha.$$

Erklärt man ferner ϱ Grössenpaare $(x'_1 y'_1), \ldots (x'_\varrho y'_\varrho)$ für einen bestimmten Werth von α durch die Gleichungen

$$-u_\beta + 2w_{\beta\alpha} - 2\bar{\omega}_\beta = \sum_{\gamma=1}^{\varrho} \int_{(a_\gamma b_\gamma)}^{(x'_\gamma y'_\gamma)} H(xy)_\beta \, dx = \sum_{\gamma=1}^{\varrho} J(x'_\gamma y'_\gamma)_\beta - c_\beta \qquad (\beta = 1, 2, \ldots \varrho)$$

und erstreckt die Integrale $J(x'_\gamma y'_\gamma)_\beta$ und $J'(x'_\gamma y'_\gamma)_\beta$ wieder über dieselben Wege, so kann man

$$J(-u_1 + 2w_{1\alpha} - 2\bar{\omega}_1, \ldots -u_\varrho + 2w_{\varrho\alpha} - 2\bar{\omega}_\varrho)_\alpha = \sum_{\gamma=1}^{\varrho} J'(x'_\gamma y'_\gamma)_\alpha - c'_\alpha$$

setzen; die Gleichung zwischen den Functionen $J(-u_1+2w_{1\alpha}-2\bar{\omega}_1, \ldots -u_\varrho+2w_{\varrho\alpha}-2\bar{\omega}_\varrho)_\alpha$ und $J(u_1, \ldots u_\varrho)_\alpha$ lässt sich demnach auf die Form

$$\sum_{\gamma=1}^{\varrho} J'(x_\gamma y_\gamma)_\alpha + \sum_{\gamma=1}^{\varrho} J'(x'_\gamma y'_\gamma)_\alpha = \bar{J}_\alpha$$

bringen, wo $\bar{J}_\alpha$ eine Constante bedeutet.

Nun ergiebt sich aus den Ausdrücken für u_β und $-u_\beta + 2w_{\beta\alpha} - 2\bar{\omega}_\beta$

$$\sum_{\gamma=1}^{\varrho} J(x_\gamma y_\gamma)_\beta + \sum_{\gamma=1}^{\varrho} J(x'_\gamma y'_\gamma)_\beta = 2w_{\beta\alpha} - 2\bar{\omega}_\beta + 2\sum_{\gamma=1}^{\varrho} J(a_\gamma b_\gamma)_\beta \qquad (\beta = 1, 2, \ldots \varrho).$$

Denkt man sich die rechten Seiten dieser Gleichungen auf die Form

$$\sum_{\nu=1}^{2\varrho} J(a'_\nu b'_\nu)_\beta$$

gebracht, wo $(a'_1 b'_1), \ldots (a'_{2\varrho} b'_{2\varrho})$ passend zu bestimmende Werthepaare sind, so folgt aus der Umkehrung des Abelschen Theorems für die Integrale erster Art (S. 417), dass eine rationale Function $R(xy)_\alpha$ vom Grade 2ϱ existirt, die für die 2ϱ Paare $(x_1 y_1), \ldots (x_\varrho y_\varrho), (x'_1 y'_1), \ldots (x'_\varrho y'_\varrho)$ verschwindet und für die 2ϱ Paare $(a'_1 b'_1), \ldots (a'_{2\varrho} b'_{2\varrho})$ unendlich gross wird.

Umgekehrt, wenn eine rationale Function $(2\varrho)^{\text{ten}}$ Grades $\dot{R}(xy)_\alpha$ für $(xy) = (x_\gamma y_\gamma)$ $(\gamma = 1, 2, \ldots \varrho)$ verschwindet, und wenn ihre übrigen Nullstellen mit $(x'_1 y'_1), \ldots (x'_\varrho y'_\varrho)$ und ihre 2ϱ Unendlichkeitsstellen mit $(a'_1 b'_1), \ldots (a'_{2\varrho} b'_{2\varrho})$ bezeichnet werden, so besteht ein Gleichungssystem der Form

$$\sum_{\gamma=1}^{\varrho} J(x_\gamma y_\gamma)_\beta + \sum_{\gamma=1}^{\varrho} J(x'_\gamma y'_\gamma)_\beta = \sum_{\nu=1}^{2\varrho} J(a'_\nu b'_\nu)_\beta, \qquad (\beta = 1, 2, \ldots \varrho)$$

und nach dem Abelschen Theorem für das Integral $\int H'(xy)_\alpha dx$ ist (S. 428)

$$\sum_{\gamma=1}^{\varrho} J'(x_\gamma y_\gamma)_\alpha + \sum_{\gamma=1}^{\varrho} J'(x'_\gamma y'_\gamma)_\alpha = \sum_{\nu=1}^{2\varrho} J'(a'_\nu b'_\nu)_\alpha - [\log R(\overset{\alpha}{x}_t \overset{\alpha}{y}_t)_\alpha]_t.$$

Hat dann die Function $R(xy)_\alpha$ die weitere Eigenschaft, dass $[\log R(\overset{\alpha}{x}_t \overset{\alpha}{y}_t)_\alpha]_t$ gleich Null ist, und werden die Grössen $u_1, \ldots u_\varrho$ durch die Gleichungen

$$u_\beta = \sum_{\gamma=1}^{\varrho} \int_{(a_\gamma b_\gamma)}^{(x_\gamma y_\gamma)} H(xy)_\beta dx, \qquad (\beta = 1, 2, \ldots \varrho)$$

$\overset{\alpha}{v}_1, \ldots \overset{\alpha}{v}_\varrho$ durch

$$\overset{\alpha}{v}_\beta - u_\beta = \sum_{\gamma=1}^{\varrho} \int_{(a_\gamma b_\gamma)}^{(x'_\gamma y'_\gamma)} H(xy)_\beta dx \qquad (\beta = 1, 2, \ldots \varrho)$$

definirt, wobei eine Verwechselung mit den auf S. 506—509 ebenso bezeichneten Grössen nicht eintreten kann, so bestehen die Relationen

$$J(\overset{\alpha}{v}_1 - u_1, \ldots \overset{\alpha}{v}_\varrho - u_\varrho)_\alpha + J(u_1, \ldots u_\varrho)_\alpha = \sum_{\nu=1}^{2\varrho} J'(a'_\nu b'_\nu)_\alpha - 2c'_\alpha \qquad (\alpha = 1, 2 \ldots \varrho).$$

Um eine solche Function zu ermitteln, setzen wir zunächst voraus, das algebraische Gebilde

$$f(x, y) = 0$$

sei so beschaffen, dass die zu $x = \infty$ gehörigen n Werthe von y sämmtlich endlich und von einander verschieden sind (S. 117). Dann ist, wie im fünften Kapitel bei der Bestimmung der Zahl ϱ gezeigt worden,

$$K_1 H(xy)_1 + \cdots + K_\varrho H(xy)_\varrho$$

eine rationale Function des Grades $s = 2\varrho + 2n - 2$ (S. 125—126); dabei sollen specielle Relationen unter den Constanten $K_1, \dots K_\varrho$ ausgeschlossen werden. Von den $2\varrho + 2n - 2$ Nullstellen liessen sich $2n$ unmittelbar angeben: es sind die n Paare, für die x unendlich gross wird, jedes mit der Ordnungszahl 2 gezählt. Für die Unendlichkeitsstellen $(g_1 h_1), (g_2 h_2), \dots$ ist $f(x,y)_2$ gleich Null (S. 119), und es sei für die Umgebung von $(g_\lambda h_\lambda)$ (S. 118)

$$\overset{\lambda}{x}_t = g_\lambda + g'_\lambda t^{s_\lambda} + \cdots,$$
$$\overset{\lambda}{y}_t = h_\lambda + t\,\mathfrak{P}_\lambda(t).$$

Wir wollen jetzt den Grad der Function

$$H'(xy)_\alpha + \sum_{\beta=1}^{\varrho} K_\beta H(xy)_\beta$$

untersuchen. An jeder von $(g_1 h_1), (g_2 h_2), \dots$ und von $(a_\alpha b_\alpha)$ verschiedenen Stelle (ab) bleibt sie endlich; denn ist $(x_t y_t)$ das Element mit dem Mittelpunkt (ab), so hat man

$$\left\{H'(x_t y_t)_\alpha + \sum_{\beta=1}^{\varrho} K_\beta H(x_t y_t)_\beta\right\} \frac{dx_t}{dt} = \mathfrak{P}(t),$$

und $\frac{dx_t}{dt}$ beginnt nicht mit einer positiven Potenz. Was ferner die Paare $(g_1 h_1)$, $(g_2 h_2), \dots$ angeht, so seien diese erstens sämmtlich von $(a_\alpha b_\alpha)$ verschieden, dann gilt die Gleichung (S. 257, (I, 1 und 3))

$$H'(\overset{\lambda}{x}_t \overset{\lambda}{y}_t)_\alpha \frac{d\overset{\lambda}{x}_t}{dt} = \mathfrak{P}(t),$$

mithin folgt

$$H'(\overset{\lambda}{x}_t \overset{\lambda}{y}_t)_\alpha = t^{-(s_\lambda - 1)}\overline{\mathfrak{P}}(t).$$

Da aber $s_\lambda \geqq 2$ ist (S. 119), so wird $H'(xy)_\alpha$ für $(xy) = (g_\lambda h_\lambda)$ unendlich gross und zwar mit der Ordnungszahl $s_\lambda - 1$, die sich erniedrigt, wenn $\overline{\mathfrak{P}}(t)$ nicht mit einer Constanten beginnt. Die Stelle $(a_\alpha b_\alpha)$ ist, wie aus der Formel (S. 257, (I, 2))

$$H'(\overset{\alpha}{x}_t \overset{\alpha}{y}_t)_\alpha \frac{d\overset{\alpha}{x}_t}{dt} = -t^{-2} + t\,\mathfrak{P}(t)$$

hervorgeht, in die Reihe der Unendlichkeitsstellen mit der Ordnungszahl 2 aufzunehmen. Unter der gemachten Voraussetzung wird also $H'(xy)_\alpha + \sum_\beta K_\beta H(xy)_\alpha$ nur an den Stellen $(g_1 h_1), (g_2 h_2), \ldots$ mit den Ordnungszahlen $s_1 - 1, s_2 - 1, \ldots$ und für die Stelle $(a_\alpha b_\alpha)$ mit der Ordnungszahl 2 unendlich gross, der Grad der Function ist gleich

$$\sum_{(\lambda)} (s_\lambda - 1) + 2.$$

Wenn zweitens $(g_\mu h_\mu)$ mit der Stelle $(a_\alpha b_\alpha)$ zusammenfällt, so liefert die Einführung des Functionenpaares $(\overset{\mu}{x}_t \overset{\mu}{y}_t)$ für $(\overset{\alpha}{x}_t \overset{\alpha}{y}_t)$ in die Formel

$$H'(\overset{\alpha}{x}_t \overset{\alpha}{y}_t) \frac{d\overset{\alpha}{x}_t}{dt} = -t^{-2} + t\mathfrak{P}(t)$$

als Anfangsglied der Entwickelung von $H'(\overset{\mu}{x}_t \overset{\mu}{y}_t)_\alpha$ die Potenz $t^{-(s_\mu + 1)}$, sodass das Paar $(s_\mu + 1)$-mal unter die Unendlichkeitsstellen von $H'(xy)_\alpha$ aufgenommen werden muss. Der Grad von $H'(xy)_\alpha + \sum_\beta K_\beta H(xy)_\beta$ wird daher jetzt

$$s_\mu + 1 + \sum_{(\lambda \gtrless \mu)} (s_\lambda - 1),$$

also wieder gleich

$$\sum_{(\lambda)} (s_\lambda - 1) + 2.$$

Nun war (S. 120)

$$\sum_{(\lambda)} (s_\lambda - 1) = s,$$

mithin ist $H'(xy)_\alpha + \sum_\beta K_\beta H(xy)_\beta$ vom Grade

$$2\varrho + 2n.$$

Wir betrachten nun den Quotienten zweier solchen Functionen:

$$\frac{H'(xy)_\alpha + \sum\limits_{\beta=1}^{\varrho} K_\beta H(xy)_\beta}{H'(xy)_\alpha + \sum\limits_{\beta=1}^{\varrho} K'_\beta H(xy)_\beta} = R(xy)_\alpha$$

und sehen zu, an welchen Stellen er unendlich gross wird, wenn die Constanten $K_1, \ldots K_\varrho, K'_1, \ldots K'_\varrho$ beliebige Werthe haben. Die Unendlichkeitsstellen des Zählers sind $(a_\alpha b_\alpha), (g_1 h_1), (g_2 h_2), \ldots$; für dieselben Paare wird aber auch der Nenner, und zwar jedesmal von derselben Ordnung, unendlich gross, sodass der Quotient endlich bleibt. Er kann demnach nur dann unendlich werden, wenn der Nenner verschwindet, was für $2\varrho+2n$ Stellen eintritt. Allein von diesen Werthepaaren kommen diejenigen, für die $x=\infty$ wird, nicht in Betracht, weil sie auch Nullstellen des Zählers sind; denn es lässt sich genau so wie auf S. 118 auch für die Function $H'(xy)_\alpha$ zeigen, dass sie für $x=\infty$ wenigstens von der zweiten Ordnung verschwindet. Die Anzahl dieser Stellen ist, wenn man jede mit der zugehörigen Ordnungszahl rechnet, gleich $2n$. Demnach wird die Function $R(xy)_\alpha$ an 2ϱ Stellen unendlich gross, d. h. ihr Grad ist 2ϱ.

Es seien nun

$$(a_1' b_1'), \dots (a_{2\varrho}' b_{2\varrho}')$$

die von den unendlich fernen Stellen verschiedenen Nullstellen des Nenners

$$H'(xy)_\alpha + \sum_{\beta=1}^{\varrho} K_\beta' H(xy)_\beta$$

der Function $R(xy)_\alpha$. Die Coefficienten $K_1, \dots K_\varrho$ mögen jetzt so bestimmt werden, dass der Zähler

$$H'(xy)_\alpha + \sum_{\beta=1}^{\varrho} K_\beta H(xy)_\beta$$

für die beliebig gegebenen Paare $(x_1 y_1), \dots (x_\varrho y_\varrho)$ verschwindet. Dann wird $R(xy)_\alpha$ noch an ϱ anderen Stellen Null, die mit

$$(x_1' y_1'), \dots (x_\varrho' y_\varrho')$$

bezeichnet werden sollen. Nach dem Abelschen Theorem für das Integral $\int H'(xy)_\alpha dx$ ist, wie schon vorher bemerkt worden,

$$\sum_{\gamma=1}^{\varrho} J'(x_\gamma y_\gamma)_\alpha + \sum_{\gamma=1}^{\varrho} J'(x_\gamma' y_\gamma')_\alpha = \sum_{\nu=1}^{2\varrho} J'(a_\nu' b_\nu')_\alpha - [\log R(\overset{\alpha}{x}_t \overset{\alpha}{y}_t)_\alpha]_t.$$

Da aber

$$R(\overset{\alpha}{x}_t \overset{\alpha}{y}_t)_\alpha = \frac{-t^{-2} + \mathfrak{P}_1(t)}{-t^{-2} + \mathfrak{P}_2(t)} = 1 + t^2 \mathfrak{P}(t)$$

wird, so ergiebt sich

$$[\log R(\overset{\alpha}{x}_t \overset{\alpha}{y}_t)_\alpha]_t = 0,$$

d. h. die Function $R(xy)_\alpha$ hat die Eigenschaft, dass bei ihrer Einführung in die Formel des Abelschen Theorems für das Integral zweiter Art $\int H'(xy)_\alpha dx$

das algebraische Glied wegfällt. Demnach erhält man

$$\sum_{\gamma=1}^{\varrho} J'(x_\gamma y_\gamma)_\alpha + \sum_{\gamma=1}^{\varrho} J'(x'_\gamma y'_\gamma)_\alpha = \sum_{\nu=1}^{2\varrho} J'(a'_\nu b'_\nu)_\alpha$$

und nach dem Abelschen Theorem für die Integrale erster Art

$$\sum_{\gamma=1}^{\varrho} J(x_\gamma y_\gamma)_\beta + \sum_{\gamma=1}^{\varrho} J(x'_\gamma y'_\gamma)_\beta = \sum_{\nu=1}^{2\varrho} J(a'_\nu b'_\nu)_\beta \qquad (\beta = 1, 2, \ldots \varrho).$$

Setzt man daher (vgl. S. 588)

$$u_\beta = \sum_{\gamma=1}^{\varrho} \{J(x_\gamma y_\gamma)_\beta - J(a_\gamma b_\gamma)_\beta\}$$

und

$$\overset{\alpha}{v}_\beta - u_\beta = \sum_{\gamma=1}^{\varrho} \{J(x'_\gamma y'_\gamma)_\beta - J(a_\gamma b_\gamma)_\beta\},$$

so erhält man

$$\overset{\alpha}{v}_\beta = \sum_{\nu=1}^{2\varrho} J(a'_\nu b'_\nu)_\beta - 2\sum_{\gamma=1}^{\varrho} J(a_\gamma b_\gamma)_\beta$$

und

$$J(\overset{\alpha}{v}_1 - u_1, \ldots \overset{\alpha}{v}_\varrho - u_\varrho)_\alpha + J(u_1, \ldots u_\varrho)_\alpha = \sum_{\nu=1}^{2\varrho} J'(a'_\nu b'_\nu)_\alpha - 2c'_\alpha.$$

Werden nun die Grössen $\overline{\omega}'_1, \ldots \overline{\omega}'_\varrho$ durch die Gleichungen

$$w_{\beta\alpha} - \frac{1}{2}\overset{\alpha}{v}_\beta = \overline{\omega}'_\beta \qquad (\beta = 1, 2, \ldots \varrho)$$

eingeführt, wo

$$w_{\beta\alpha} = J(a_\alpha b_\alpha)_\beta$$

ist (S. 486), so wird

$$J(-u_1 + 2w_{1\alpha} - 2\overline{\omega}'_1, \ldots -u_\varrho + 2w_{\varrho\alpha} - 2\overline{\omega}'_\varrho)_\alpha + J(u_1, \ldots u_\varrho)_\alpha = \sum_{\nu=1}^{2\varrho} J'(a_\nu b'_\nu)_\alpha - 2c'_\alpha,$$

und für $\overline{\omega}'_\beta$ gilt die Formel

$$\overline{\omega}'_\beta = J(a_\alpha b_\alpha)_\beta - \frac{1}{2}\sum_{\nu=1}^{2\varrho} J(a'_\nu b'_\nu)_\beta + \sum_{\gamma=1}^{\varrho} J(a_\gamma b_\gamma)_\beta \qquad (\beta = 1, 2, \ldots \varrho).$$

Die Grössen $\overline{\omega}'_1, \ldots \overline{\omega}'_\varrho$ können noch in einer etwas anderen Weise dargestellt werden. Es werde eine neue rationale Function des Paares (xy)

durch die Gleichung

$$\frac{\sum_{\beta=1}^{\varrho} \overline{K}_\beta H(xy)_\beta}{H'(xy)_\alpha + \sum_{\beta=1}^{\varrho} K'_\beta H(xy)_\beta} = \overline{R}(xy)_\alpha$$

definirt. Auch für sie werden Zähler und Nenner an jeder der Stellen $(g_1 h_1)$, $(g_2 h_2), \ldots$ mit derselben Ordnungszahl unendlich gross, sodass die Function nur an den Nullstellen des Nenners unendlich werden kann, und von diesen kommen die Stellen, für welche $x = \infty$ ist, nicht in Betracht, da für sie auch der Zähler verschwindet. Daher bleiben als Unendlichkeitsstellen nur die auf S. 591 eingeführten Werthepaare $(a'_1 b'_1), \ldots (a'_{2\varrho} b'_{2\varrho})$ übrig, die Function $\overline{R}(xy)_\alpha$ ist vom Grade 2ϱ. Sie verschwindet an der zweimal zu zählenden Stelle $(a_\alpha b_\alpha)$, für die der Nenner von der zweiten Ordnung unendlich gross wird, und für $2\varrho - 2$ andere Werthepaare $(p_1 q_1), \ldots (p_{2\varrho-2} q_{2\varrho-2})$, die übrigen Nullstellen des Zählers.

Nach dem Abelschen Theorem für die Integrale erster Art ist daher

$$\sum_{\nu=1}^{2\varrho-2} J(p_\nu q_\nu)_\beta + 2J(a_\alpha b_\alpha)_\beta = \sum_{\nu=1}^{2\varrho} J(a'_\nu b'_\nu)_\beta, \qquad (\beta = 1, 2, \ldots \varrho)$$

und man erhält

$$\overline{\omega}'_\beta = -\frac{1}{2} \sum_{\nu=1}^{2\varrho-2} J(p_\nu q_\nu)_\beta + \sum_{\gamma=1}^{\varrho} J(a_\gamma b_\gamma)_\beta \qquad (\beta = 1, 2, \ldots \varrho).$$

Endlich kann die Bestimmung der Werthepaare $(p_\nu q_\nu)$ noch durch Einführung der Function

$$\frac{\sum_{\beta=1}^{\varrho} \overline{K}_\beta H(xy)_\beta}{\sum_{\beta=1}^{\varrho} \overline{K}'_\beta H(xy)_\beta} = R(xy)$$

vereinfacht werden. Mit Hülfe der vorangehenden Betrachtungen ergiebt sich nämlich unmittelbar, dass $R(xy)$ vom Grade $2\varrho - 2$ ist und an den Stellen $(p_1 q_1), \ldots (p_{2\varrho-2} q_{2\varrho-2})$ verschwindet. Diese Stellen und damit auch die Grössen $\overline{\omega}'_1, \ldots \overline{\omega}'_\varrho$ sind demnach von dem Index α unabhängig.

Setzt man nun nach S. 109

$$H(xy)_\beta = \frac{G(xy)_\beta}{f(xy)_2},$$

so kann man die zuletzt eingeführte Function auch in der Form

$$\frac{\sum\limits_{\beta=1}^{\varrho} \overline{K}_\beta G(xy)_\beta}{\sum\limits_{\beta=1}^{\varrho} \overline{K}'_\beta G(xy)_\beta} = \frac{G(xy)}{G_1(xy)}$$

schreiben, wo Zähler und Nenner ganze Functionen des Paares (xy) sind. Sucht man die Stellen auf, an denen der Zähler, aber nicht zugleich der Nenner verschwindet, so erhält man die Werthepaare $(p_\nu q_\nu)$.

Bei der Bestimmung der Constanten $\overline{\omega}'_\beta$ scheint insofern noch eine grosse Willkür zu herrschen, als man die Grössen $\overline{K}_\beta$ auf unendlich viele Weisen annehmen darf und daher auch unendlich viele Werthsysteme $(p_\nu q_\nu)$ erhält. Es sei nun $(\overline{p}_1 \overline{q}_1), \dots (\overline{p}_{2\varrho-2} \overline{q}_{2\varrho-2})$ das System der Nullstellen einer durch Veränderung der Coefficienten $\overline{K}_\beta$, unter Festhaltung der Grössen $\overline{K}'_\beta$, erhaltenen rationalen Function der zuletzt betrachteten Form. Dann ergiebt sich, wenn man das Abelsche Theorem auf die ursprüngliche und die veränderte Function anwendet und die ihnen beiden gemeinsamen Unendlichkeitsstellen eliminirt,

$$\sum_{\nu=1}^{2\varrho-2} J(\overline{p}_\nu \overline{q}_\nu)_\beta = \sum_{\nu=1}^{2\varrho-2} J(p_\nu q_\nu)_\beta \qquad (\beta = 1, 2, \dots \varrho).$$

Hieraus ist ersichtlich, dass bei einer Veränderung der Constanten $\overline{K}_\beta$ die Grössen $\overline{\omega}'_\beta$ ihre Werthe behalten.

Diese Ergebnisse gelten zunächst nur unter der Voraussetzung, dass das algebraische Gebilde im Unendlichen die specielle, auf S. 588 angenommene Beschaffenheit hat. Allein es ist leicht, sich von dieser Beschränkung frei zu machen. Transformirt man nämlich die Gleichung

$$\varphi(\xi, \eta) = 0$$

eines beliebigen algebraischen Gebildes durch rationale Substitution in eine andere

$$f(x, y) = 0,$$

welche die vorausgesetzte Eigenschaft hat, so wird

$$\sum_{\beta=1}^{\varrho} \overline{C}_\beta \overline{H}(\xi\eta)_\beta d\xi = \sum_{\beta=1}^{\varrho} \overline{K}_\beta H(xy)_\beta dx.$$

Multiplicirt man demnach Zähler und Nenner der rationalen Function

$$\frac{\sum_{\beta=1}^{\varrho} \overline{C}_\beta \overline{H}(\xi\eta)_\beta}{\sum_{\beta=1}^{\varrho} \overline{C}'_\beta \overline{H}(\xi\eta)_\beta} = \overline{R}(\xi\eta)$$

mit $d\xi$, so erhält man

$$\overline{R}(\xi\eta) = R(xy)$$

und gewinnt daher, wie auch die Gleichung des Gebildes beschaffen sein möge, auf die angegebene Weise immer eine rationale Function $(2\varrho-2)^{\text{ten}}$ Grades von den verlangten Eigenschaften. Dasselbe gilt auch von den Functionen $R(xy)_\alpha$ und $\overline{R}(xy)_\alpha$, mit deren Hülfe die Grössen $\overline{\omega}'_1, \ldots \overline{\omega}'_\varrho$ zuerst bestimmt worden sind.

Mit den Grössen $\overline{\omega}'_1, \ldots \overline{\omega}'_\varrho$ stehen die gesuchten $\overline{\omega}_1, \ldots \overline{\omega}_\varrho$ in einem einfachen Zusammenhange. Aus einem Gleichungssystem der Form (vgl. S. 592)

$$J(-u_1+2w_{1\alpha}-2\overline{\omega}'_1, \ldots)_\alpha + J(u_1, \ldots)_\alpha = -2\overline{\eta}'_\alpha, \qquad (\alpha = 1, 2, \ldots \varrho)$$

in dem $\overline{\eta}'_1, \ldots \overline{\eta}'_\varrho$ von $u_1, \ldots u_\varrho$ unabhängige Grössen sein sollen, folgt nämlich in Verbindung mit

$$J(-u_1+2w_{1\alpha}-2\overline{\omega}_1, \ldots)_\alpha + J(u_1, \ldots)_\alpha = -2\overline{\eta}_\alpha \qquad (\alpha = 1, 2, \ldots \varrho)$$

die Gleichung

$$J(-u_1+2w_{1\alpha}-2\overline{\omega}'_1, \ldots)_\alpha - J(-u_1+2w_{1\alpha}-2\overline{\omega}_1, \ldots)_\alpha = 2\overline{\eta}_\alpha - 2\overline{\eta}'_\alpha,$$

d. h. (S. 585)

$$\frac{\overset{(\alpha)}{\Theta}(u_1+2(\overline{\omega}_1-\overline{\omega}'_1), \ldots)}{\Theta(u_1+2(\overline{\omega}_1-\overline{\omega}'_1), \ldots)} - \frac{\overset{(\alpha)}{\Theta}(u_1, \ldots)}{\Theta(u_1, \ldots)} = 2(\overline{\eta}_\alpha - \overline{\eta}'_\alpha)$$

und demnach

$$\Theta(u_1+2(\overline{\omega}_1-\overline{\omega}'_1), \ldots) = A\,\Theta(u_1, \ldots) . e^{\sum\limits_\alpha 2(\overline{\eta}_\alpha-\overline{\eta}'_\alpha)u_\alpha},$$

wo A eine Constante bedeutet. Nach dem auf S. 520—521 Bewiesenen kann diese Gleichung aber nur bestehen, wenn

$$\left.\begin{aligned} 2\overline{\omega}'_\alpha &= 2\overline{\omega}_\alpha + 2\omega_\alpha, \\ 2\overline{\eta}'_\alpha &= 2\overline{\eta}_\alpha + 2\eta_\alpha \end{aligned}\right\} \qquad (\alpha = 1, 2, \ldots \varrho)$$

ist, wo $(2\omega_1, \dots 2\omega_\varrho, 2\eta_1, \dots 2\eta_\varrho)$ ein System simultaner Perioden der Abelschen Integrale erster und zweiter Art bedeutet. Es unterscheiden sich also im Besonderen $\overline{\omega}_1, \dots \overline{\omega}_\varrho$ von den Grössen $\overline{\omega}'_1, \dots \overline{\omega}'_\varrho$ nur durch ein System simultaner halber Perioden der Integrale erster Art; durch welches, bleibt hier unentschieden. Man kann daher die Integrationswege der Integrale $J(p_\nu q_\nu)_\beta$ immer so bestimmen, dass

$$\overline{\omega}_\beta = -\frac{1}{2}\sum_{\nu=1}^{2\varrho-2} J(p_\nu q_\nu)_\beta + \sum_{\gamma=1}^{\varrho} J(a_\gamma b_\gamma)_\beta \qquad (\beta = 1, 2, \dots \varrho)$$

wird.

Es sei noch bemerkt, dass die Grössen $\overline{\eta}_1, \dots \overline{\eta}_\varrho$ mit den auf S. 586 eingeführten $c'_1, \dots c'_\varrho$ in einfacher Weise zusammenhängen. Aus den beiden Gleichungen (S. 586 und 592)

$$J(-u_1 + 2w_{1\alpha} - 2\overline{\omega}_1, \dots)_\alpha + J(u_1, \dots)_\alpha = -2\overline{\eta}_\alpha,$$

$$J(-u_1 + 2w_{1\alpha} - 2\overline{\omega}'_1, \dots)_\alpha + J(u_1, \dots)_\alpha = \sum_{\nu=1}^{2\varrho} J'(a'_\nu b'_\nu)_\alpha - 2c'_\alpha,$$

deren zweite wegen

$$2\overline{\omega}'_\alpha = 2\overline{\omega}_\alpha + 2\omega_\alpha$$

auch in der Form

$$J(-u_1 + 2w_{1\alpha} - 2\overline{\omega}_1, \dots)_\alpha + J(u_1, \dots)_\alpha = \sum_{\nu=1}^{2\varrho} J'(a'_\nu b'_\nu)_\alpha - 2c'_\alpha + 2\eta_\alpha$$

geschrieben werden kann, folgt nämlich

$$\overline{\eta}_\alpha = -\frac{1}{2}\sum_{\nu=1}^{2\varrho} J'(a'_\nu b'_\nu)_\alpha + c'_\alpha - \eta_\alpha \qquad (\alpha = 1, 2, \dots \varrho).$$

Wenn man die Grössen $\overline{\omega}_1, \dots \overline{\omega}_\varrho$ kennt, so kann man vermittelst der auf S. 518 aufgestellten Gleichung

$$E(xy, x_0 y_0; u_1, \dots u_\varrho) = \frac{\Theta(-\overset{0}{w}_1 + \overline{\omega}_1, \dots)}{\Theta(-w_1 + \overline{\omega}_1, \dots)} \cdot \frac{\Theta(u_1 - w_1 + \overline{\omega}_1, \dots)}{\Theta(u_1 - \overset{0}{w}_1 + \overline{\omega}_1, \dots)} \cdot e^{\sum\limits_{\alpha=1}^{\varrho} \left\{ J'(xy)_\alpha - J'(x_0 y_0)_\alpha \right\} u_\alpha}$$

einen Ausdruck für das Integral dritter Art herleiten. Hierin ist (S. 481 und 469)

$$E(xy, x_0 y_0; u_1, \dots u_\varrho) = \frac{E(xy; u_1, \dots u_\varrho)}{E(x_0 y_0; u_1, \dots u_\varrho)} = \prod_{\beta=1}^{\varrho} \frac{E(xy; x_\beta y_\beta, a_\beta b_\beta)}{E(x_0 y_0; x_\beta y_\beta, a_\beta b_\beta)}$$

eine eindeutige Function sämmtlicher Grössen, von denen sie abhängt.

An Stelle von $u_1, \dots u_\varrho$ werde in diese Gleichung ein anderes Grössensystem $u'_1, \dots u'_\varrho$ eingeführt, zu dem die Paare $(x'_1 y'_1), \dots (x'_\varrho y'_\varrho)$ gehören mögen, sodass

$$u'_\alpha = \sum_{\gamma=1}^{\varrho} \left\{ J(x'_\gamma y'_\gamma)_\alpha - J(a_\gamma b_\gamma)_\alpha \right\} \qquad (\alpha = 1, 2, \dots \varrho)$$

ist. Aus der so entstehenden und der ursprünglichen Formel folgt durch Division (S. 386), wenn statt $\overline{\omega}_1, \dots \overline{\omega}_\varrho$ die durch die Gleichungen

$$\overline{w}_\alpha = -\overline{\omega}_\alpha \qquad (\alpha = 1, 2, \dots \varrho)$$

definirten Grössen $\overline{w}_1, \dots \overline{w}_\varrho$ eingesetzt werden,

$$\frac{E(xy, x_0 y_0; u_1, \dots u_\varrho)}{E(xy, x_0 y_0; u'_1, \dots u'_\varrho)} = \prod_{\alpha=1}^{\varrho} \frac{E(xy; x_\alpha y_\alpha, x'_\alpha y'_\alpha)}{E(x_0 y_0; x_\alpha y_\alpha, x'_\alpha y'_\alpha)}$$

$$= \frac{\Theta(u_1 - w_1 - \overline{w}_1, \dots)}{\Theta(u_1 - \overset{0}{w}_1 - \overline{w}_1, \dots)} \cdot \frac{\Theta(u'_1 - \overset{0}{w}_1 - \overline{w}_1, \dots)}{\Theta(u'_1 - w_1 - \overline{w}_1, \dots)} \cdot e^{\sum\limits_{\alpha=1}^{\varrho} (u_\alpha - u'_\alpha)\left\{ J'(xy)_\alpha - J'(x_0 y_0)_\alpha \right\}}.$$

Man kann diese Gleichung dadurch specialisiren, dass man sämmtliche Paare $(x_\beta y_\beta)$ und $(x'_\beta y'_\beta)$ bis auf zwei zusammengehörige, etwa $(x_1 y_1)$ und $(x'_1 y'_1)$, gleich $(a_0 b_0)$ annimmt. Setzt man dann, der Definition von $w_\alpha = J(xy)_\alpha$ (S. 486) entsprechend,

$$\left.\begin{aligned} J(x_1 y_1)_\alpha &= \overset{\alpha}{w}, \\ J(x'_1 y'_1)_\alpha &= \overset{\alpha}{w}{}', \end{aligned}\right\} \qquad (\alpha = 1, 2, \dots \varrho)$$

so reduciren sich u_α und u'_α auf $\overset{\alpha}{w} - c_\alpha$ und $\overset{\alpha}{w}{}' - c_\alpha$. Führt man ferner zur Abkürzung

$$\frac{1}{2} \sum_{\nu=1}^{2\varrho-2} J(p_\nu q_\nu)_\alpha = \widetilde{w}_\alpha \qquad (\alpha = 1, 2, \dots \varrho)$$

ein, woraus

$$\overline{w}_\alpha = \widetilde{w}_\alpha - c_\alpha$$

folgt (S. 586 und 596), so ergiebt sich

$$\frac{E(xy; x_1 y_1, x'_1 y'_1)}{E(x_0 y_0; x_1 y_1, x'_1 y'_1)}$$

$$= \frac{\Theta(\overset{1}{w} - w_1 - \widetilde{w}_1, \dots)}{\Theta(\overset{1}{w} - \overset{0}{w}_1 - \widetilde{w}_1, \dots)} \cdot \frac{\Theta(\overset{1}{w}{}' - \overset{0}{w}_1 - \widetilde{w}_1, \dots)}{\Theta(\overset{1}{w}{}' - w_1 - \widetilde{w}_1, \dots)} \cdot e^{\sum\limits_{\alpha=1}^{\varrho} (\overset{\alpha}{w} - \overset{\alpha}{w}{}')\left\{ J'(xy)_\alpha - J'(x_0 y_0)_\alpha \right\}}.$$

Nun ist

$$\int_{(x_1' y_1')}^{(x_1 y_1)} \{H(xy, x'y') - H(x_0 y_0, x'y')\}\, dx' = \log \frac{E(xy;\, x_1 y_1,\, x_1' y_1')}{E(x_0 y_0;\, x_1 y_1,\, x_1' y_1')},$$

mithin lassen sich, ähnlich wie in der Theorie der elliptischen Functionen, die Integrale dritter Art durch Logarithmen von Θ-Functionen ausdrücken, deren Argumente Integrale erster Art sind. Allerdings treten dabei zunächst noch Integrale zweiter Art auf, doch können diese ebenfalls durch Θ-Functionen und ihre Ableitungen dargestellt werden.

Wir greifen, um dies zu beweisen, auf die Gleichung

$$J(u_1 + w_{1\alpha}, \ldots)_\alpha = \frac{\overset{(\alpha)}{\Theta}(u_1 + \overline{\omega}_1, \ldots)}{\Theta(u_1 + \overline{\omega}_1, \ldots)} - \overline{\eta}_\alpha$$

zurück, die, wenn $u_\beta - w_{\beta\alpha}$ für u_β und $\overline{\omega}_\beta = -\overline{w}_\beta$ gesetzt wird, die Form

$$J(u_1, \ldots u_\varrho)_\alpha = \frac{\overset{(\alpha)}{\Theta}(u_1 - \overline{w}_1 - w_{1\alpha}, \ldots)}{\Theta(u_1 - \overline{w}_1 - w_{1\alpha}, \ldots)} - \overline{\eta}_\alpha$$

erhält. Nimmt man hierin $u_\beta = -c_\beta$, benutzt die Relation (S. 587)

$$J(-c_1, \cdots - c_\varrho)_\alpha = -c_\alpha'$$

und subtrahirt die entstehende Formel von der ersten, so erhält man wegen

$$J(u_1, \ldots u_\varrho)_\alpha + c_\alpha' = \sum_{\gamma=1}^{\varrho} J'(x_\gamma y_\gamma)_\alpha$$

(S. 586) die Gleichung

$$\sum_{\gamma=1}^{\varrho} J'(x_\gamma y_\gamma)_\alpha = \frac{\overset{(\alpha)}{\Theta}(u_1 - \overline{w}_1 - w_{1\alpha}, \ldots)}{\Theta(u_1 - \overline{w}_1 - w_{1\alpha}, \ldots)} - \frac{\overset{(\alpha)}{\Theta}(-c_1 - \overline{w}_1 - w_{1\alpha}, \ldots)}{\Theta(-c_1 - \overline{w}_1 - w_{1\alpha}, \ldots)}.$$

Setzt man jetzt sämmtliche Paare $(x_\gamma y_\gamma)$ gleich $(a_0 b_0)$ bis auf eines, das mit (xy) bezeichnet werden möge, so folgt, da

$$u_\alpha = J(xy)_\alpha - c_\alpha = w_\alpha - c_\alpha$$

wird,

$$J'(xy)_\alpha = \frac{\overset{(\alpha)}{\Theta}(w_1 - \widetilde{w}_1 - w_{1\alpha}, \ldots)}{\Theta(w_1 - \widetilde{w}_1 - w_{1\alpha}, \ldots)} - \frac{\overset{(\alpha)}{\Theta}(-\widetilde{w}_1 - w_{1\alpha}, \ldots)}{\Theta(-\widetilde{w}_1 - w_{1\alpha}, \ldots)}$$

oder allgemeiner, wenn $J(x_0 y_0)_\alpha = \overset{0}{w}_\alpha$ gesetzt wird,

$$J'(xy)_\alpha - J'(x_0 y_0)_\alpha = \frac{\overset{(\alpha)}{\Theta}(w_1 - \widetilde{w}_1 - w_{1\alpha}, \ldots)}{\Theta(w_1 - \widetilde{w}_1 - w_{1\alpha}, \ldots)} - \frac{\overset{(\alpha)}{\Theta}(\overset{0}{w}_1 - \widetilde{w}_1 - w_{1\alpha}, \ldots)}{\Theta(\overset{0}{w}_1 - \widetilde{w}_1 - w_{1\alpha}, \ldots)}.$$

Dies ist der Ausdruck für das Integral zweiter Art durch die Θ-Function. Denkt man sich ihn in die Formeln für

$$E(xy, x_0 y_0; u_1, \ldots u_\varrho)$$

und

$$\int_{(x_1' y_1')}^{(x_1 y_1)} \{H(xy, x'y') - H(x_0 y_0, x'y')\} dx'$$

eingesetzt, so sieht man, dass auf den rechten Seiten nur noch Θ-Functionen, deren Argumente aus Integralen erster Art gebildet sind, und die ersten Ableitungen solcher Functionen vorkommen.

Zweiunddreissigstes Kapitel.

Die Werthsysteme, für welche die Θ-Function verschwindet.

Aus der im vorigen Kapitel (S. 597) aufgestellten Formel für die Function

$$\frac{E(xy, x_0 y_0; u_1, \dots u_\varrho)}{E(xy, x_0 y_0; u_1', \dots u_\varrho')}$$

lassen sich die Argumentensysteme bestimmen, für die die Function $\Theta(u_1, \dots u_\varrho)$ gleich Null wird. Die Function auf der linken Seite dieser Formel, in der die Paare $(x_1' y_1'), \dots (x_\varrho' y_\varrho')$ so gewählt werden sollen, dass $\Theta(u_1' - \overset{0}{w}_1 - \overline{w}_1, \dots)$ nicht gleich Null ist, verschwindet, wenn man (xy) gleich $(x_\alpha y_\alpha)$ $(\alpha = 1, 2, \dots \varrho)$ setzt (S. 480, (3)), und aus der Gleichung

$$\frac{E(xy, x_0 y_0; u_1, \dots u_\varrho)}{E(xy, x_0 y_0; u_1', \dots u_\varrho')} \cdot \Theta(u_1 - \overset{0}{w}_1 - \overline{w}_1, \dots)\, \Theta(u_1' - w_1 - \overline{w}_1, \dots)$$

$$= \Theta(u_1 - w_1 - \overline{w}_1, \dots)\, \Theta(u_1' - \overset{0}{w}_1 - \overline{w}_1, \dots) \,.\, e^{\sum\limits_\alpha (u_\alpha - u_\alpha') \left\{ J'(xy)_\alpha - J'(x_0 y_0)_\alpha \right\}}$$

folgt alsdann

$$\Theta(u_1 - w_1 - \overline{w}_1, \dots) = 0.$$

Nun ist

$$u_\alpha - w_\alpha = \sum_{\beta=1}^{\varrho} J(x_\beta y_\beta)_\alpha - J(xy)_\alpha - c_\alpha;$$

nimmt man also z. B.

$$(xy) = (x_\varrho y_\varrho)$$

und setzt zur Abkürzung

$$\sum_{\beta=1}^{\varrho-1} J(x_\beta y_\beta)_\alpha = t_\alpha, \qquad (\alpha = 1, 2, \dots \varrho)$$

so verschwindet die Function $\Theta(u_1 - w_1 - \overline{w}_1, \ldots)$ für

$$u_\alpha - w_\alpha = t_\alpha - c_\alpha.$$

Mit anderen Worten, die Gleichung

$$\Theta(u_1, \ldots u_\varrho) = 0$$

gilt, wenn

$$u_\alpha = t_\alpha - c_\alpha - \overline{w}_\alpha \qquad (\alpha = 1, 2, \ldots \varrho)$$

oder, da

$$\overline{w}_\alpha = \widetilde{w}_\alpha - c_\alpha$$

ist (S. 597),

$$u_\alpha = t_\alpha - \widetilde{w}_\alpha \qquad (\alpha = 1, 2, \ldots \varrho)$$

gesetzt wird. Die in t_α enthaltenen Integrale können dabei über beliebige Wege erstreckt werden, wenn nur die einander entsprechenden Integrale $J(x_\beta y_\beta)_1, \ldots J(x_\beta y_\beta)_\varrho$ sich auf denselben Weg beziehen. Denn vermehrt man die Grössen $u_1, \ldots u_\varrho$ um ein beliebiges System zusammengehöriger Perioden, so geht die Θ-Function in sich selbst über, multiplicirt mit einem Exponentialfactor (S. 516), d. h. sie wird auch für das veränderte Grössensystem gleich Null.

Es könnte sein, dass ausser den Werthsystemen $(t_1 - \widetilde{w}_1, \ldots t_\varrho - \widetilde{w}_\varrho)$ noch andere existiren, für welche $\Theta(u_1, \ldots u_\varrho) = 0$ ist, da auch der zweite Factor auf der linken Seite der Ausgangsgleichung verschwinden kann. Wir müssen daher noch auf einem anderen Wege sämmtliche Werthsysteme ermitteln, für welche die Θ-Function gleich Null wird.

Angenommen zunächst, die Gleichung

$$\Theta(u_1 - \overline{w}_1, \ldots u_\varrho - \overline{w}_\varrho) = 0$$

gelte für ein nicht singuläres Grössensystem

$$u_\alpha = k_\alpha, \qquad (\alpha = 1, 2, \ldots \varrho)$$

sodass man nur ein einziges System von Werthepaaren $(x_\beta y_\beta)$ den Gleichungen

$$k_\alpha = \sum_{\beta=1}^{\varrho} J(x_\beta y_\beta)_\alpha - c_\alpha \qquad (\alpha = 1, 2, \ldots \varrho)$$

gemäss finden kann (S. 457—459). Nach den Formeln auf S. 585 in Verbindung mit der Gleichung $\overline{\omega}_\alpha = -\overline{w}_\alpha$ ist

$$d \log \Theta(u_1 - \overline{w}_1, \ldots) = \sum_{\alpha=1}^{\varrho} \{J(u_1 + w_{1\alpha}, \ldots)_\alpha + \overline{\eta}_\alpha\} du_\alpha,$$

und hieraus folgt, wenn $k'_1, \ldots k'_\varrho$ beliebige Constanten und τ eine Variable bedeutet,

$$d \log \Theta(k_1 + k'_1\tau - \overline{w}_1, \ldots) = \sum_{\alpha=1}^{\varrho} \{J(k_1 + k'_1\tau + w_{1\alpha}, \ldots)_\alpha + \overline{\eta}_\alpha\} k'_\alpha d\tau.$$

Für hinreichend kleine Werthe von $|\tau|$ besteht nach S. 510 eine Entwickelung der Form

$$\frac{d \log \Theta(k_1 + k'_1\tau - \overline{w}_1, \ldots)}{d\tau} = \mu\tau^{-1} + \mathfrak{P}(\tau),$$

wo μ positiv sein muss, denn für $\mu = 0$ würde $\Theta(k_1 - \overline{w}_1, \ldots)$ nicht verschwinden. Demnach wird in der Summe

$$\sum_{\alpha=1}^{\varrho} \{J(k_1 + k'_1\tau + w_{1\alpha}, \ldots)_\alpha + \overline{\eta}_\alpha\} k'_\alpha$$

mindestens eine der Functionen $J(k_1 + k'_1\tau + w_{1\alpha}, \ldots)_\alpha$ für $\tau = 0$ unendlich gross. Da nun das Grössensystem $(k_1, \ldots k_\varrho)$ nicht singulär ist, so kann man die Grösse τ dem absoluten Betrage nach hinreichend klein und so annehmen, dass das Gleiche auch für das System $(k_1 + k'_1\tau + w_{1\alpha}, \ldots k_\varrho + k'_\varrho\tau + w_{\varrho\alpha})$ gilt (vgl. S. 501—503). Gehört zu ihm das System von Werthepaaren $(x'_1 y'_1), \ldots (x'_\varrho y'_\varrho)$ vermöge der Gleichungen

$$k_\alpha + k'_\alpha\tau + w_{\alpha\gamma} = \sum_{\beta=1}^{\varrho} J(x'_\beta y'_\beta)_\alpha - c_\alpha, \qquad (\alpha = 1, 2, \ldots \varrho)$$

so wird (S. 477)

$$\frac{d J(k_1 + k'_1\tau + w_{1\alpha}, \ldots)_\alpha}{d\tau} = \sum_{\beta=1}^{\varrho} H'(x'_\beta y'_\beta)_\alpha \frac{dx'_\beta}{d\tau} \qquad (\alpha = 1, 2, \ldots \varrho)$$

Auf Grund dieser Gleichungen kann aber ein Unendlichwerden einer der Functionen $J(k_1 + k'_1\tau + w_{1\alpha}, \ldots)_\alpha$ für $\tau = 0$ nur dadurch eintreten, dass eines der Paare $(x'_\beta y'_\beta)$ mit einem der Paare $(a_\gamma b_\gamma)$ zusammenfällt (S. 257). Bei passender Wahl der Bezeichnungen ergiebt sich dann für $\tau = 0$

$$k_\alpha + w_{\alpha\gamma} = \sum_{\beta=1}^{\varrho-1} J(x_\beta y_\beta)_\alpha + w_{\alpha\gamma} - c_\alpha$$

oder

$$k_\alpha = t_\alpha - c_\alpha \qquad (\alpha = 1, 2, \ldots \varrho).$$

Wenn also $\Theta(u_1, \dots u_\varrho)$ für ein nicht singuläres System $(u_1, \dots u_\varrho)$ verschwindet, so ist hinreichend und nothwendig, dass $u_1, \dots u_\varrho$ die Gestalt

$$u_\alpha = t_\alpha - \widetilde{w}_\alpha \qquad (\alpha = 1, 2, \dots \varrho)$$

haben.

Es sei zweitens $(\overline{u}_1, \dots \overline{u}_\varrho)$ ein singuläres Werthsystem, sodass die Gleichungen

$$\overline{u}_\alpha = \sum_{\beta=1}^{\varrho} J(\overline{x}_\beta \overline{y}_\beta)_\alpha - c_\alpha \qquad (\alpha = 1, 2, \dots \varrho)$$

durch unendlich viele Systeme von Grössenpaaren $(\overline{x}_1\overline{y}_1), \dots (\overline{x}_\varrho\overline{y}_\varrho)$ befriedigt werden können. Dann existirt (S. 458) eine rationale Function ϱ^{ten} Grades $R(xy)$, die nur an den Stellen $(\overline{x}_1\overline{y}_1), \dots (\overline{x}_\varrho\overline{y}_\varrho)$ von der ersten Ordnung unendlich gross wird. Die Function $R(xy) - R(a_0 b_0)$ hat dieselben Unendlichkeitsstellen wie $R(xy)$; sind daher $(x_1' y_1'), \dots (x_{\varrho-1}' y_{\varrho-1}')$ ihre von $(a_0 b_0)$ verschiedenen Nullstellen, so ist

$$\sum_{\beta=1}^{\varrho} J(\overline{x}_\beta \overline{y}_\beta)_\alpha = \sum_{\gamma=1}^{\varrho-1} J(x_\gamma' y_\gamma')_\alpha, \qquad (\alpha = 1, 2, \dots \varrho)$$

mithin erhält $\overline{u}_\alpha$ die Form:

$$\overline{u}_\alpha = \sum_{\gamma=1}^{\varrho-1} J(x_\gamma' y_\gamma')_\alpha - c_\alpha,$$

und daher wird

$$\overline{u}_\alpha + w_\alpha = \sum_{\gamma=1}^{\varrho-1} \int_{(a_\gamma b_\gamma)}^{(x_\gamma' y_\gamma')} H(xy)_\alpha dx + \int_{(a_\varrho b_\varrho)}^{(xy)} H(xy)_\alpha dx \qquad (\alpha = 1, 2, \dots \varrho).$$

Da jetzt das Paar (xy) als Grenze der Integrale erster Art erscheint, also an die Stelle eines Paares $(x_\alpha y_\alpha)$ getreten ist, so wird (S. 480, (3))

$$E(xy,\ x_0 y_0;\ \overline{u}_1 + w_1, \dots) = 0.$$

Schreibt man demnach die Gleichung, von der wir in diesem Kapitel ausgegangen sind, in der Form

$$\frac{E(xy,\ x_0 y_0;\ \overline{u}_1 + w_1, \dots)}{E(xy,\ x_0 y_0;\ u_1' + w_1, \dots)}\, \Theta(\overline{u}_1 + w_1 - \overset{0}{w}_1 - \overline{w}_1, \dots)\, \Theta(u_1' - \overline{w}_1, \dots)$$
$$= \Theta(\overline{u}_1 - \overline{w}_1, \dots)\, \Theta(u_1' + w_1 - \overset{0}{w}_1 - \overline{w}_1, \dots) . e^{\sum\limits_\alpha (\overline{u}_\alpha - u_\alpha') \left\{ J'(xy)_\alpha - J'(x_0 y_0)_\alpha \right\}},$$

so ergiebt sich, dass für alle singulären Werthsysteme $(\overline{u}_1, \dots \overline{u}_\varrho)$ die Gleichung

$$\Theta(\overline{u}_1 - \overline{w}_1, \dots \overline{u}_\varrho - \overline{w}_\varrho) = 0$$

besteht.

Dreiunddreissigstes Kapitel.

Darstellung Abelscher Functionen.

Schon im zweiundzwanzigsten Kapitel (S. 461—462) sind die rationalen symmetrischen Functionen der durch die Gleichungen

$$u_\beta = \sum_{\alpha=1}^{\varrho} \int_{(a_\alpha b_\alpha)}^{(x_\alpha y_\alpha)} H(xy)_\beta \, dx \qquad (\beta = 1, 2, \ldots \varrho)$$

definirten Werthepaare $(x_1 y_1), \ldots (x_\varrho y_\varrho)$ als Abelsche Functionen der Argumente $u_1, \ldots u_\varrho$ bezeichnet worden. Eine ausgedehnte Klasse solcher Functionen hat die Form

$$\prod_{\alpha=1}^{\varrho} F(x_\alpha y_\alpha),$$

wo $F(xy)$ eine beliebige rationale Function des Paares (xy) bedeutet. Nach dem im vorigen Kapitel Bewiesenen hat es keine Schwierigkeit, Functionen dieser Art durch Θ-Functionen darzustellen.

Es seien

$$(\xi_1' \eta_1'), \; (\xi_2' \eta_2'), \; \ldots$$

die Unendlichkeitsstellen und

$$(\xi_1 \eta_1), \; (\xi_2 \eta_2), \; \ldots$$

die Nullstellen der Function $F(xy)$. Ferner sei $(\xi_t^{(\nu)} \eta_t^{(\nu)})$ das die Umgebung von $(\xi_\nu \eta_\nu)$ darstellende Functionenpaar, l_ν die zu dieser Stelle gehörige Ordnungszahl, sodass

$$F(\xi_t^{(\nu)} \eta_t^{(\nu)}) = t^{l_\nu}(F_\nu + t\mathfrak{P}_\nu(t))$$

ist. Dann folgt

$$\frac{d\log F(\xi_t^{(\nu)}\eta_t^{(\nu)})}{dt} = l_\nu t^{-1} + \overline{\mathfrak{P}}_\nu(t),$$

und für die Entwickelung in der Nähe der Unendlichkeitsstelle $(\xi'_\nu \eta'_\nu)$ mit der Ordnungszahl l'_ν gilt eine ähnliche Formel, in der nur $-l'_\nu$ an die Stelle von l_ν tritt. Nach S. 264 kann daher

$$\frac{d\log F(xy)}{dx} = \sum_\nu l_\nu H(\xi_\nu \eta_\nu, xy) - \sum_{\nu'} l'_{\nu'} H(\xi'_{\nu'} \eta'_{\nu'}, xy) + \sum_{\beta=1}^{\varrho} c^{(\beta)} H(xy)_\beta$$

gesetzt werden. Wie aus den dort angegebenen Formeln ersichtlich, treten zu dem Ausdrucke rechts weder Functionen $H'(xy)_\beta$ noch die Ableitung einer rationalen Function des Paares (xy) hinzu. Da nun für jede rationale Function die Anzahl der Nullstellen gleich der der Unendlichkeitsstellen ist, wenn jede mit der zugehörigen Ordnungszahl gerechnet wird, so kann man, indem man in die Reihen $(\xi_1 \eta_1), \ldots$ und $(\xi'_1 \eta'_1), \ldots$ jede Stelle so oft aufnimmt wie die Ordnungszahl angiebt, auch einfach schreiben:

$$\frac{d\log F(xy)}{dx} = \sum_\mu \left\{H(\xi_\mu \eta_\mu, xy) - H(\xi'_\mu \eta'_\mu, xy)\right\} + \sum_{\beta=1}^{\varrho} c^{(\beta)} H(xy)_\beta .$$

Hierin ist

$$c^{(\beta)} = \left[\frac{d\log F(\overset{\beta}{x}_t \overset{\beta}{y}_t)}{dt}\right]_{t^0} = \left[\log F(\overset{\beta}{x}_t \overset{\beta}{y}_t)\right]_t .$$

Bezeichnet jetzt (ab) eine beliebige, nur von den Null- und Unendlichkeitsstellen der Function $F(xy)$ verschiedene Stelle des algebraischen Gebildes, so folgt durch Integration

$$\log\frac{F(xy)}{F(ab)} = \sum_\mu \int_{(ab)}^{(xy)} \left\{H(\xi_\mu \eta_\mu, x'y') - H(\xi'_\mu \eta'_\mu, x'y')\right\} dx' + \sum_{\beta=1}^{\varrho} c^{(\beta)} \int_{(ab)}^{(xy)} H(x'y')_\beta\, dx'.$$

Nun ist (S. 598)

$$\int_{(ab)}^{(xy)} \left\{H(\xi_\mu \eta_\mu, x'y') - H(\xi'_\mu \eta'_\mu, x'y')\right\} dx' = \log\frac{E(\xi_\mu \eta_\mu;\ xy,\ ab)}{E(\xi'_\mu \eta'_\mu;\ xy,\ ab)},$$

mithin wird

$$\frac{F(xy)}{F(ab)} = \prod_\mu \frac{E(\xi_\mu \eta_\mu;\ xy,\ ab)}{E(\xi'_\mu \eta'_\mu;\ xy,\ ab)} \cdot e^{\sum\limits_{\beta=1}^{\varrho} c^{(\beta)}\left\{J(xy)_\beta - J(ab)_\beta\right\}} .$$

Während früher (S. 390) eine rationale Function $F(xy)$ durch ein Product von E-Functionen des Paares (xy) ausgedrückt wurde, erscheint sie hier dargestellt mittels eines Productes von E-Functionen, in denen das Paar (xy) als Parameter auftritt. Setzen wir in die letzte Formel statt (xy) der Reihe nach die ϱ Werthepaare $(x_1 y_1), \dots (x_\varrho y_\varrho)$ ein, so erhalten wir durch Multiplication

$$\prod_{\alpha=1}^{\varrho} \frac{F(x_\alpha y_\alpha)}{F(ab)} = \prod_{\alpha=1}^{\varrho} \prod_{\mu} \frac{E(\xi_\mu \eta_\mu;\; x_\alpha y_\alpha,\, ab)}{E(\xi'_\mu \eta'_\mu;\; x_\alpha y_\alpha,\, ab)} \cdot e^{\sum\limits_{\alpha,\beta} c^{(\beta)} \left\{ J(x_\alpha y_\alpha)_\beta - J(ab)_\beta \right\}}.$$

Werden sodann die Variablen $u_1, \dots u_\varrho$ und $u'_1, \dots u'_\varrho$ durch die Gleichungen

$$u_\beta = \sum_{\alpha=1}^{\varrho} J(x_\alpha y_\alpha)_\beta - c_\beta \qquad (\beta = 1, 2, \dots \varrho)$$

und

$$u'_\beta = \varrho\, J(ab)_\beta - c_\beta \qquad (\beta = 1, 2, \dots \varrho)$$

eingeführt, und wird

$$w_{\beta\mu} = J(\xi_\mu \eta_\mu)_\beta, \qquad w'_{\beta\mu} = J(\xi'_\mu \eta'_\mu)_\beta \qquad \begin{pmatrix} \beta = 1, 2, \dots \varrho \\ \mu = 1, 2, \dots \varrho \end{pmatrix}$$

gesetzt, wobei eine Verwechselung mit den auf S. 486 eingeführten Grössen $w_{\beta 1}, \dots w_{\beta\varrho}$ ausgeschlossen ist, so folgt (S. 597)

$$\prod_{\alpha=1}^{\varrho} \frac{F(x_\alpha y_\alpha)}{F(ab)} = \prod_{\mu} \frac{E(\xi_\mu \eta_\mu,\, \xi'_\mu \eta'_\mu;\; u_1, \dots u_\varrho)}{E(\xi_\mu \eta_\mu,\, \xi'_\mu \eta'_\mu;\; u'_1, \dots u'_\varrho)} \cdot e^{\sum\limits_{\beta=1}^{\varrho} c^{(\beta)} (u_\beta - u'_\beta)}$$

$$= \prod_{\mu} \left\{ \frac{\Theta(u_1 - \overline{w}_1 - w_{1\mu}, \dots)}{\Theta(u_1 - \overline{w}_1 - w'_{1\mu}, \dots)} \, \frac{\Theta(u'_1 - \overline{w}_1 - w'_{1\mu}, \dots)}{\Theta(u'_1 - \overline{w}_1 - w_{1\mu}, \dots)} \right\}$$

$$\cdot e^{\sum\limits_{\mu} \sum\limits_{\alpha=1}^{\varrho} (u_\alpha - u'_\alpha) \left\{ J'(\xi_\mu \eta_\mu)_\alpha - J'(\xi'_\mu \eta'_\mu)_\alpha \right\}} \; e^{\sum\limits_{\beta=1}^{\varrho} c^{(\beta)} (u_\beta - u'_\beta)}.$$

Setzt man endlich

$$\sum_{\mu} \left\{ J'(\xi_\mu \eta_\mu)_\alpha - J'(\xi'_\mu \eta'_\mu)_\alpha \right\} + c^{(\alpha)} = k_\alpha,$$

so ergiebt sich

$$\prod_{\alpha=1}^{\varrho} \frac{F(x_\alpha y_\alpha)}{F(ab)} = \prod_{\mu} \frac{\Theta(u_1 - \overline{w}_1 - w_{1\mu}, \dots)}{\Theta(u_1 - \overline{w}_1 - w'_{1\mu}, \dots)} \, \frac{\Theta(u'_1 - \overline{w}_1 - w'_{1\mu}, \dots)}{\Theta(u'_1 - \overline{w}_1 - w_{1\mu}, \dots)} \cdot e^{\sum\limits_{\alpha=1}^{\varrho} k_\alpha (u_\alpha - u'_\alpha)}.$$

Nun hat man nach dem Abelschen Theorem für die Integrale erster und zweiter Art

$$\sum_\mu \int_{(\xi'_\mu \eta'_\mu)}^{(\xi_\mu \eta_\mu)} H(xy)_\alpha dx = 0,$$

$$\sum_\mu \int_{(\xi'_\mu \eta'_\mu)}^{(\xi_\mu \eta_\mu)} H'(xy)_\alpha dx = -[\log F(\overset{\alpha}{x}_t \overset{\alpha}{y}_t)]_t = -c^{(\alpha)}, \qquad (\alpha = 1, 2, \ldots \varrho)$$

wenn die Integrationswege passend und in beiden Gleichungssystemen übereinstimmend gewählt werden. Fixirt man daher die Integrationswege der Integrale $w_{\alpha\mu}$ und $w'_{\alpha\mu}$ in geeigneter Weise, so ist

$$\sum_\mu (w_{\alpha\mu} - w'_{\alpha\mu}) = 0$$

und

$$\sum_\mu \{J'(\xi_\mu \eta_\mu)_\alpha - J'(\xi'_\mu \eta'_\mu)_\alpha\} = -c^{(\alpha)},$$

mithin

$$k_\alpha = 0.$$

In der obigen Formel fällt demnach der Exponentialfactor weg, und man erhält

$$\prod_{\alpha=1}^{\varrho} \frac{F(x_\alpha y_\alpha)}{F(ab)} = \prod_\mu \frac{\Theta(u_1 - \overline{w}_1 - w_{1\mu}, \ldots)}{\Theta(u_1 - \overline{w}_1 - w'_{1\mu}, \ldots)} \frac{\Theta(u'_1 - \overline{w}_1 - w'_{1\mu}, \ldots)}{\Theta(u'_1 - \overline{w}_1 - w_{1\mu}, \ldots)}.$$

Dabei sind die Integrationswege für die in $u_1, \ldots u_\varrho$ und $u'_1, \ldots u'_\varrho$ vorkommenden Integrale willkürlich, während für die Grössen $w_{\alpha\mu}$ und $w'_{\alpha\mu}$ die Bedingungen

$$\sum_\mu (w_{\alpha\mu} - w'_{\alpha\mu}) = 0 \qquad (\alpha = 1, 2, \ldots \varrho)$$

bestehen.

Es verdient hervorgehoben zu werden, dass die betrachtete Function unabhängig von dem Werthe der Zahl ϱ durch ein Product von Quotienten von Θ-Functionen dargestellt werden kann, deren Anzahl gleich der der Null- oder Unendlichkeitsstellen der Function $F(xy)$ ist.

Ist z. B. $F(xy)$ eine lineare Function von x und y, so giebt es r Werthepaare (S. 155), wofür sie Null wird, wenn r, wie früher, die Dimension der Gleichung $f(x, y) = 0$ bedeutet. Die Anzahl der Factoren auf der rechten Seite wird also in diesem Falle gleich r.

Stellt man sich die Aufgabe, eine beliebige rationale symmetrische Function der Paare $(x_1 y_1), \ldots (x_\varrho y_\varrho)$ als Function der Grössen $u_1, \ldots u_\varrho$ darzustellen, so wird man die Lösung dieser Aufgabe dann, wenn das algebraische Gebilde durch eine specielle Gleichung gegeben ist, leicht dadurch vereinfachen können, dass man zunächst gewisse einfache symmetrische Functionen, aus denen sich alle übrigen Functionen derselben Art zusammensetzen lassen, in der verlangten Form ausdrückt. So spielt für $\varrho = 1$ die $\wp$-Function eine ausgezeichnete Rolle, insofern alle elliptischen Functionen rational durch $\wp u$ und $\wp' u$ darstellbar sind.

Wie in der Theorie der elliptischen Transcendenten bewiesen wird, lässt sich jede elliptische Function auch in der Form

$$C\frac{\sigma(u-u_1)\,\sigma(u-u_2)\ldots\sigma(u-u_r)}{\sigma(u-v_1)\,\sigma(u-v_2)\ldots\sigma(u-v_r)}$$

darstellen, wobei zwischen den Grössen $u_1, \ldots u_r$ und $v_1, \ldots v_r$ die Beziehung

$$u_1 + u_2 + \cdots + u_r = v_1 + v_2 + \cdots + v_r$$

besteht. Umgekehrt, wenn $u_1, \ldots u_r, v_1, \ldots v_r$ beliebig, aber dieser Bedingung gemäss angenommen werden, so ist dieser Quotient eine elliptische Function. Diese Resultate bleiben bestehen, wenn statt der σ-Function eine der Θ-Functionen einer Variablen eingeführt wird.

Der letzte, eben erwähnte Satz lässt sich nun leicht auf Functionen von ϱ Variablen ausdehnen. Es sei

$$u_\beta = \sum_{\alpha=1}^{\varrho}\int_{(a_\alpha b_\alpha)}^{(x_\alpha y_\alpha)} H(xy)_\beta\, dx \qquad (\beta = 1, 2, \ldots \varrho)$$

und $(2\omega_1, \ldots 2\omega_\varrho, 2\eta_1, \ldots 2\eta_\varrho)$ ein System simultaner Perioden der Abelschen Integrale erster und zweiter Art, so ist bei beliebigen Werthen der Grössen $u'_1, \ldots u'_\varrho, v'_1, \ldots v'_\varrho$ (S. 516)

$$\frac{\Theta(u_1+2\omega_1-u'_1, \ldots u_\varrho+2\omega_\varrho-u'_\varrho)}{\Theta(u_1+2\omega_1-v'_1, \ldots u_\varrho+2\omega_\varrho-v'_\varrho)} = \frac{\Theta(u_1-u'_1, \ldots u_\varrho-u'_\varrho)}{\Theta(u_1-v'_1, \ldots u_\varrho-v'_\varrho)}\cdot e^{\sum\limits_\alpha 2\eta_\alpha(v'_\alpha-u'_\alpha)}.$$

Der Quotient

$$\frac{\Theta(u_1-u'_1, \ldots u_\varrho-u'_\varrho)}{\Theta(u_1-v'_1, \ldots u_\varrho-v'_\varrho)}$$

ändert sich demnach um einen Exponentialfactor, wenn die Argumente

$u_1, \dots u_\varrho$ um $2\omega_1, \dots 2\omega_\varrho$ vermehrt werden. Sind nun

$$(\overset{\varkappa}{u}_1, \dots \overset{\varkappa}{u}_\varrho, \overset{\varkappa}{v}_1, \dots \overset{\varkappa}{v}_\varrho) \qquad (\varkappa = 1, 2, \dots r)$$

r Systeme von je 2ϱ beliebigen Grössen, so ergiebt sich aus der vorhergehenden Relation

$$\prod_{\varkappa=1}^{r} \frac{\Theta(u_1 + 2\omega_1 - \overset{\varkappa}{u}_1, \dots)}{\Theta(u_1 + 2\omega_1 - \overset{\varkappa}{v}_1, \dots)} = \prod_{\varkappa=1}^{r} \frac{\Theta(u_1 - \overset{\varkappa}{u}_1, \dots)}{\Theta(u_1 - \overset{\varkappa}{v}_1, \dots)} \cdot e^{\sum\limits_\alpha 2\eta_\alpha (\sum\limits_\varkappa \overset{\varkappa}{v}_\alpha - \sum\limits_\varkappa \overset{\varkappa}{u}_\alpha)}.$$

Genügen daher die Grössen $\overset{1}{u}_1, \dots \overset{r}{v}_\varrho$ den ϱ Bedingungen

$$\sum_{\varkappa=1}^{r} \overset{\varkappa}{u}_\alpha = \sum_{\varkappa=1}^{r} \overset{\varkappa}{v}_\alpha, \qquad (\alpha = 1, 2, \dots \varrho)$$

so ist, wenn C eine willkürliche Constante bedeutet, die durch die Gleichung

$$C \prod_{\varkappa=1}^{r} \frac{\Theta(u_1 - \overset{\varkappa}{u}_1, \dots u_\varrho - \overset{\varkappa}{u}_\varrho)}{\Theta(u_1 - \overset{\varkappa}{v}_1, \dots u_\varrho - \overset{\varkappa}{v}_\varrho)} = \varphi(u_1, \dots u_\varrho)$$

definirte Function $\varphi(u_1, \dots u_\varrho)$ 2ϱ-fach periodisch, da für sie die Relationen

$$\left.\begin{aligned} \varphi(u_1 + 2\omega_{1\beta}, \dots u_\varrho + 2\omega_{\varrho\beta}) &= \varphi(u_1, \dots u_\varrho), \\ \varphi(u_1 + 2\omega'_{1\beta}, \dots u_\varrho + 2\omega'_{\varrho\beta}) &= \varphi(u_1, \dots u_\varrho) \end{aligned}\right\} \qquad (\beta = 1, 2, \dots \varrho)$$

bestehen.

Führt man für das Paar $(x_\alpha y_\alpha)$ ein Element $(x_t y_t)$ ein, dessen Mittelpunkt eine beliebige Stelle des algebraischen Gebildes ist, so lassen sich $u_1, \dots u_\varrho$ für hinreichend kleine Werthe von $|t|$ als Potenzreihen von t dardarstellen. Bei der Entwickelung des Products

$$\varphi(u_1, \dots u_\varrho) = C \prod_{\varkappa=1}^{r} \frac{\Theta(u_1 - \overset{\varkappa}{u}_1, \dots u_\varrho - \overset{\varkappa}{u}_\varrho)}{\Theta(u_1 - \overset{\varkappa}{v}_1, \dots u_\varrho - \overset{\varkappa}{v}_\varrho)}$$

können dann nur in der Umgebung einer endlichen Anzahl Stellen negative Potenzen auftreten. Es ist demnach $\varphi(u_1, \dots u_\varrho)$ eine rationale Function des Paares $(x_\alpha y_\alpha)$ (S. 244—246) und daher auch eine rationale und symmetrische Function der Paare $(x_1 y_1), \dots (x_\varrho y_\varrho)$, d. h. eine Abelsche Function der Variablen $u_1, \dots u_\varrho$.

Für $r = 1$ wird $\overset{1}{u}_\alpha = \overset{1}{v}_\alpha$, und $\varphi(u_1, \dots u_\varrho)$ reducirt sich auf eine Constante. Nehmen wir aber $r = 2$ an und geben, um eine möglichst einfache Abelsche Function zu erhalten, den sämmtlichen Grössen $\overset{1}{v}_1, \dots \overset{1}{v}_\varrho$ und $\overset{2}{v}_1, \dots \overset{2}{v}_\varrho$ den Werth Null, so wird

$$\overset{1}{u}_\alpha = -\overset{2}{u}_\alpha, \qquad (\alpha = 1, 2, \dots \varrho)$$

mithin

$$\varphi(u_1, \dots u_\varrho) = C \frac{\Theta(u_1 - \overset{1}{u}_1, \dots u_\varrho - \overset{1}{u}_\varrho)\,\Theta(u_1 + \overset{1}{u}_1, \dots u_\varrho + \overset{1}{u}_\varrho)}{\Theta^2(u_1, \dots u_\varrho)}.$$

Es seien nun $\mu_1, \dots \mu_\varrho, \mu'_1, \dots \mu'_\varrho$ beliebige ganze Zahlen, und es werde

$$\begin{aligned} \sum_\beta (\mu_\beta\, \omega_{\alpha\beta} + \mu'_\beta\, \omega'_{\alpha\beta}) &= \omega_\alpha, \\ \sum_\beta (\mu_\beta\, \eta_{\alpha\beta} + \mu'_\beta\, \eta'_{\alpha\beta}) &= \eta_\alpha \end{aligned} \qquad (\alpha = 1, 2, \dots \varrho)$$

gesetzt, sodass $2\omega_1, \dots 2\omega_\varrho, 2\eta_1, \dots 2\eta_\varrho$ dieselbe Bedeutung haben wie vorher. Dann wird für $\overset{1}{u}_1 = \omega_1, \dots \overset{1}{u}_\varrho = \omega_\varrho$ (S. 574)

$$\varphi(u_1, \dots u_\varrho) = C \frac{\Theta(u_1, \dots; \mu, \mu')\,\Theta(-u_1, \dots; \mu, \mu')}{\Theta^2(u_1, \dots)} \cdot e^{\eta(u_1, \dots; \mu, \mu') + \eta(-u_1, \dots; \mu, \mu')},$$

und da die Θ-Functionen mit ganzzahligen Parametern gerade oder ungerade sind und

$$\eta(u_1, \dots; \mu, \mu') + \eta(-u_1, \dots; \mu, \mu') = \sum_\alpha (\eta_\alpha\, \omega_\alpha - \tfrac{1}{2} \mu_\alpha\, \mu'_\alpha\, \pi i)$$

ist, so folgt

$$\varphi(u_1, \dots u_\varrho) = C' \frac{\Theta^2(u_1, \dots u_\varrho; \mu, \mu')}{\Theta^2(u_1, \dots u_\varrho)},$$

wo C' wieder eine Constante bedeutet. Das Quadrat des Quotienten einer Θ-Function mit ganzzahligen Parametern und der Function $\Theta(u_1, \dots u_\varrho)$ ist daher eine Abelsche Function. Das Gleiche ergiebt sich hieraus auch für das Quadrat des Quotienten irgend zweier Θ-Functionen mit ganzzahligen Parametern. Auf die Quotienten selbst wollen wir hier nicht eingehen.

Vierunddreissigstes Kapitel.

Relationen unter Producten von Thetafunctionen.

Es seien

$$(\overset{\varkappa}{\mu}_1, \ldots \overset{\varkappa}{\mu}_\varrho, \overset{\varkappa}{\mu}'_1, \ldots \overset{\varkappa}{\mu}'_\varrho) \qquad (\varkappa = 1, 2, \ldots r)$$

r Systeme von je 2ϱ beliebigen Parametern, wo r eine beliebige ganze Zahl bedeutet, und

$$\Theta(u_1, \ldots u_\varrho; \overset{\varkappa}{\mu}, \overset{\varkappa}{\mu}') \qquad (\varkappa = 1, 2, \ldots r)$$

die r zugehörigen allgemeinen Θ-Functionen, wie wir sie im dreissigsten Kapitel untersucht haben. Dann soll das Product dieser r Functionen

$$\prod_{\varkappa=1}^{r} \Theta(u_1, \ldots u_\varrho; \overset{\varkappa}{\mu}, \overset{\varkappa}{\mu}')$$

betrachtet und mit

$$\Pi(u_1, \ldots u_\varrho)$$

bezeichnet werden.

Wird

$$\begin{aligned} \sum_\beta (2p_\beta \omega_{\alpha\beta} + 2q_\beta \omega'_{\alpha\beta}) &= 2\omega_\alpha, \\ \sum_\beta (2p_\beta \eta_{\alpha\beta} + 2q_\beta \eta'_{\alpha\beta}) &= 2\eta_\alpha \end{aligned} \qquad (\alpha = 1, 2, \ldots \varrho)$$

gesetzt, wo $p_1, \ldots p_\varrho$ und $q_1, \ldots q_\varrho$ irgend welche ganzen Zahlen sein sollen, so besteht die Relation (S. 576)

$$\Theta(u_1 + 2\omega_1, \ldots; \overset{\varkappa}{\mu}, \overset{\varkappa}{\mu}') = (-1)^{\sum\limits_\alpha p_\alpha q_\alpha} e^{\pi i \sum\limits_\alpha (p_\alpha \overset{\varkappa}{\mu}'_\alpha - q_\alpha \overset{\varkappa}{\mu}_\alpha)} \Theta(u_1, \ldots; \overset{\varkappa}{\mu}, \overset{\varkappa}{\mu}') \cdot e^{\sum\limits_\alpha 2\eta_\alpha(u_\alpha + \omega_\alpha)}.$$

Setzt man daher zur Abkürzung

$$\overset{1}{\mu}_\alpha + \overset{2}{\mu}_\alpha + \cdots + \overset{r}{\mu}_\alpha = \mu_\alpha,$$
$$\overset{1}{\mu}{}'_\alpha + \overset{2}{\mu}{}'_\alpha + \cdots + \overset{r}{\mu}{}'_\alpha = \mu'_\alpha, \qquad (\alpha = 1, 2, \ldots \varrho)$$

so folgt

$$\Pi(u_1 + 2\omega_1, \ldots) = (-1)^{r\sum\limits_\alpha p_\alpha q_\alpha} e^{\pi i \sum\limits_\alpha (p_\alpha \mu'_\alpha - q_\alpha \mu_\alpha)} \Pi(u_1, \ldots) . e^{r\sum\limits_\alpha 2\eta_\alpha(u_\alpha + \omega_\alpha)},$$

woraus sich

$$\Pi(u_1 + 2\omega_{1\beta}, \ldots) = \Pi(u_1, \ldots) . e^{r\sum\limits_\alpha 2\eta_{\alpha\beta}(u_\alpha + \omega_{\alpha\beta}) + \mu'_\beta \pi i},$$
$$\Pi(u_1 + 2\omega'_{1\beta}, \ldots) = \Pi(u_1, \ldots) . e^{r\sum\limits_\alpha 2\eta'_{\alpha\beta}(u_\alpha + \omega'_{\alpha\beta}) - \mu_\beta \pi i} \qquad (\beta = 1, 2, \ldots \varrho)$$

ergiebt.

Ist auch $(v_1, \ldots v_\varrho, v'_1, \ldots v'_\varrho)$ ein System von 2ϱ beliebigen Grössen, und wird wie früher (S. 574)

$$\sum_\beta (v_\beta \omega_{\alpha\beta} + v'_\beta \omega'_{\alpha\beta}) = \overline{\omega}'_\alpha,$$
$$\sum_\beta (v_\beta \eta_{\alpha\beta} + v'_\beta \eta'_{\alpha\beta}) = \overline{\eta}'_\alpha, \qquad (\alpha = 1, 2 \ldots \varrho)$$

$$\sum_\alpha \left\{ \overline{\eta}'_\alpha (u_\alpha + \tfrac{1}{2} \overline{\omega}'_\alpha) - \tfrac{1}{4} v_\alpha v'_\alpha \pi i \right\} = \eta(u_1, \ldots u_\varrho; v, v')$$

gesetzt, so werde eine Function

$$\Pi(u_1, \ldots u_\varrho; v, v')$$

mit den 2ϱ Parametern $v_1, \ldots v_\varrho, v'_1, \ldots v'_\varrho$ durch die der Gleichung

$$\Theta(u_1, \ldots; v, v') = \Theta(u_1 + \overline{\omega}'_1, \ldots) . e^{-\eta(u_1, \ldots; v, v')}$$

entsprechende

$$\Pi(u_1, \ldots; v, v') = \Pi(u_1 + \overline{\omega}'_1, \ldots) . e^{-r\eta(u_1, \ldots; v, v')}$$

eingeführt; dann ist $\Pi(u_1, \ldots; 0, 0)$ mit $\Pi(u_1, \ldots)$ identisch. Zunächst mögen nun einige Eigenschaften der Function $\Pi(u_1, \ldots; v, v')$ entwickelt werden.

Nimmt man für die Parameter v_β und v'_β beliebige ganze, und zwar gerade Zahlen $2p_\beta$ und $2q_\beta$, so treten $2\omega_\alpha$ und $2\eta_\alpha$ an die Stelle von $\overline{\omega}'_\alpha$ und $\overline{\eta}'_\alpha$, und man erhält

$$\Pi(u_1, \ldots; 2p, 2q) = e^{\pi i \sum\limits_\alpha (p_\alpha \mu'_\alpha - q_\alpha \mu_\alpha)} \Pi(u_1, \ldots).$$

Wenn ferner $(\lambda_1, \ldots \lambda_\varrho)$ und $(\lambda'_1, \ldots \lambda'_\varrho)$ zwei Systeme von je ϱ beliebigen Grössen bedeuten und

$$\begin{aligned} \sum_\beta (\lambda_\beta \omega_{\alpha\beta} + \lambda'_\beta \omega'_{\alpha\beta}) &= \overline{\omega}''_\alpha, \\ \sum_\beta (\lambda_\beta \eta_{\alpha\beta} + \lambda'_\beta \eta'_{\alpha\beta}) &= \overline{\eta}''_\alpha \end{aligned} \qquad (\alpha = 1, 2, \ldots \varrho)$$

gesetzt wird, so findet sich zunächst

$$\begin{aligned} &\Pi(u_1 + \overline{\omega}''_1, \ldots; \nu, \nu') \\ &= \Pi(u_1, \ldots; \nu + \lambda, \nu' + \lambda') . e^{r\left\{\eta(u_1, \ldots; \nu+\lambda, \nu'+\lambda') - \eta(u_1 + \overline{\omega}''_1, \ldots; \nu, \nu')\right\}}. \end{aligned}$$

Mit Hülfe der Relation (vgl. S. 570)

$$\sum_\alpha (\overline{\eta}''_\alpha \overline{\omega}'_\alpha - \overline{\omega}''_\alpha \overline{\eta}'_\alpha) = \frac{1}{2} \pi i \sum_\alpha (\lambda_\alpha \nu'_\alpha - \lambda'_\alpha \nu_\alpha)$$

folgt dann

$$\eta(u_1, \ldots; \nu + \lambda, \nu' + \lambda') - \eta(u_1 + \overline{\omega}''_1, \ldots; \nu, \nu') = \eta(u_1, \ldots; \lambda, \lambda') - \frac{1}{2} \pi i \sum_\alpha \nu_\alpha \lambda'_\alpha,$$

sodass sich

$$\Pi(u_1 + \overline{\omega}''_1, \ldots; \nu, \nu') = \Pi(u_1, \ldots; \nu + \lambda, \nu' + \lambda') . e^{r\eta(u_1, \ldots; \lambda, \lambda') - \frac{1}{2} r\pi i \sum\limits_\alpha \nu_\alpha \lambda'_\alpha}$$

ergiebt.

Werden wieder für $(\nu_1, \ldots \nu_\varrho)$ und $(\nu'_1, \ldots \nu'_\varrho)$ zwei Systeme gerader Zahlen $(2p_1, \ldots 2p_\varrho)$ und $(2q_1, \ldots 2q_\varrho)$ angenommen, so liefert die vorstehende Gleichung in Verbindung mit der ersten auf dieser und der letzten auf der vorigen Seite:

$$\Pi(u_1, \ldots; \lambda + 2p, \lambda' + 2q) = \Pi(u_1, \ldots; \lambda, \lambda') . e^{\pi i \sum\limits_\alpha \left\{p_\alpha(\mu'_\alpha + r\lambda'_\alpha) - q_\alpha \mu_\alpha\right\}}.$$

Setzt man aber bei beliebigen Werthen von $\nu_1, \ldots \nu_\varrho$ für $(\lambda_1, \ldots \lambda_\varrho)$ und $(\lambda'_1, \ldots \lambda'_\varrho)$ zwei Systeme gerader Zahlen $(2p_1, \ldots 2p_\varrho)$ und $(2q_1, \ldots 2q_\varrho)$, so erhält man

$$\Pi(u_1 + 2\omega_1, \ldots; \nu, \nu') = \Pi(u_1, \ldots; \nu + 2p, \nu' + 2q) . e^{r\eta(u_1, \ldots; 2p, 2q) - r\pi i \sum\limits_\alpha q_\alpha \nu_\alpha},$$

woraus mit Hülfe der eben bewiesenen Relation

$$\Pi(u_1+2\omega_1,\ldots;\nu,\nu') = \Pi(u_1,\ldots;\nu,\nu').e^{r\eta(u_1,\ldots;2p,2q)+\pi i\sum\limits_{\alpha}\{p_\alpha(\mu'_\alpha+r\nu'_\alpha)-q_\alpha(\mu_\alpha+r\nu_\alpha)\}}$$

folgt.

Mittels dieser Formeln lässt sich das mit $\Pi(u_1,\ldots u_\varrho)$ bezeichnete Product von Θ-Functionen linear und homogen durch transformirte Thetafunctionen

$$\overset{r}{\Theta}(u_1,\ldots u_\varrho;\mu,\mu')$$

darstellen, die aus $\Theta(u_1,\ldots u_\varrho;\mu,\mu')$ bei Einführung der Grössen

$$\frac{\omega_{\alpha\beta}}{r},\ \omega'_{\alpha\beta},\ \eta_{\alpha\beta},\ r\eta'_{\alpha\beta}$$

an Stelle von

$$\omega_{\alpha\beta},\ \omega'_{\alpha\beta},\ \eta_{\alpha\beta},\ \eta'_{\alpha\beta}$$

hervorgehen. Die Summe

$$\sum_{(m)}\left\{e^{-\frac{\pi i}{r}\sum\limits_{\alpha}m_\alpha\mu'_\alpha}\Pi\left(u_1,\ldots;\frac{2m}{r},0\right)\right\},$$

in deren allgemeinem Gliede für $(m_1,\ldots m_\varrho)$ der Reihe nach alle r^ϱ Variationen ϱ^{ter} Klasse mit Wiederholung aus den Zahlen $0, 1, \ldots r-1$ zu setzen sind, wollen wir zur Abkürzung mit

$$S(u_1,\ldots u_\varrho)$$

bezeichnen; ferner sei

$$\left.\begin{aligned}\sum_\beta\left(2p_\beta\frac{\omega_{\alpha\beta}}{r}+2q_\beta\,\omega'_{\alpha\beta}\right) &= 2\tilde{\omega}_\alpha,\\ \sum_\beta\left(2p_\beta\,\eta_{\alpha\beta}+2q_\beta\,r\eta'_{\alpha\beta}\right) &= 2\tilde{\eta}_\alpha,\end{aligned}\right\}\qquad(\alpha=1,2,\ldots\varrho)$$

wobei $(2p_1,\ldots 2p_\varrho)$ und $(2q_1,\ldots 2q_\varrho)$ wieder zwei beliebige Systeme gerader Zahlen sein sollen. Wir untersuchen nun das Verhalten der Function $S(u_1,\ldots u$ bei Vermehrung der Argumente $u_1,\ldots u_\varrho$ um $2\tilde{\omega}_1,\ldots 2\tilde{\omega}_\varrho$.

Aus der Gleichung

$$\Pi(u_1+\overline{\omega}''_1,\ldots;\nu,\nu') = \Pi(u_1,\ldots;\nu+\lambda,\nu'+\lambda').e^{r\eta(u_1,\ldots;\lambda,\lambda')-\frac{1}{2}r\pi i\sum\limits_{\alpha}\nu_\alpha\lambda'_\alpha}$$

ergiebt sich für $\lambda_\beta = \frac{2p_\beta}{r}$, $\lambda'_\beta = 2q_\beta$, $\nu_\beta = \frac{2m_\beta}{r}$, $\nu'_\beta = 0$

$$\Pi(u_1+2\tilde{\omega}_1,\ldots;\ \frac{2m}{r},0) = \Pi(u_1,\ldots;\ \frac{2(m+p)}{r},2q).e^{\sum\limits_\alpha\left\{2\tilde{\eta}_\alpha(u_\alpha+\tilde{\omega}_\alpha)-p_\alpha q_\alpha\pi i\right\}}.$$

Ist nun p'_α die grösste, in $\frac{m_\alpha+p_\alpha}{r}$ enthaltene ganze Zahl, und wird

$$\frac{m_\alpha+p_\alpha}{r} = p'_\alpha+\frac{m'_\alpha}{r} \qquad (\alpha=1,2,\ldots\varrho)$$

gesetzt, so ist

$$\Pi(u_1,\ldots;\ \frac{2(m+p)}{r},2q) = \Pi(u_1,\ldots;\ \frac{2m'}{r},0).e^{\pi i\sum\limits_\alpha(p'_\alpha\mu'_\alpha-q_\alpha\mu_\alpha)};$$

man erhält demnach

$$e^{-\frac{\pi i}{r}\sum\limits_\alpha m_\alpha\mu'_\alpha}\,\Pi(u_1+2\tilde{\omega}_1,\ldots;\ \frac{2m}{r},0)$$

$$= e^{-\frac{\pi i}{r}\sum\limits_\alpha m'_\alpha\mu'_\alpha}\,\Pi(u_1,\ldots;\ \frac{2m'}{r},0).e^{\sum\limits_\alpha\left\{2\tilde{\eta}_\alpha(u_\alpha+\tilde{\omega}_\alpha)-p_\alpha q_\alpha\pi i\right\}+\pi i\sum\limits_\alpha(p_\alpha\frac{\mu'_\alpha}{r}-q_\alpha\mu_\alpha)}.$$

Diese Gleichung bleibt bestehen, wenn man $\mu'_1,\ldots\mu'_\varrho$ um beliebige gerade Zahlen $2n_1,\ldots 2n_\varrho$ vermehrt, da sich dann beide Seiten um den Exponentialfactor

$$e^{-\frac{2\pi i}{r}\sum\limits_\alpha m_\alpha n_\alpha}$$

ändern.

Wenn für $(m_1,\ldots m_\varrho)$ der Reihe nach die r^ϱ Variationen ϱ^{ter} Klasse mit Wiederholung aus den r Elementen $0, 1, \ldots r-1$ gesetzt werden, so ist die Gesammtheit der Systeme $(m_1,\ldots m_\varrho)$ mit der der Systeme $(m'_1,\ldots m'_\varrho)$ identisch, mithin ergiebt sich aus der vorhergehenden Formel

$$S(u_1+2\tilde{\omega}_1,\ldots) = S(u_1,\ldots).e^{\sum\limits_\alpha\left\{2\tilde{\eta}_\alpha(u_\alpha+\tilde{\omega}_\alpha)-p_\alpha q_\alpha\pi i\right\}+\pi i\sum\limits_\alpha(p_\alpha\frac{\mu'_\alpha}{r}-q_\alpha\mu_\alpha)}.$$

Als Specialfälle sind hierin die 2ϱ Gleichungen

$$\left.\begin{aligned} S(u_1+\frac{2\omega_{1\beta}}{r},\ldots) &= e^{\frac{\mu'_\beta\pi i}{r}}\,S(u_1,\ldots).e^{\sum\limits_\alpha 2\eta_{\alpha\beta}(u_\alpha+\frac{\omega_{\alpha\beta}}{r})},\\ S(u_1+2\omega'_{1\beta},\ldots) &= e^{-\mu_\beta\pi i}\,S(u_1,\ldots).e^{r\sum\limits_\alpha 2\eta'_{\alpha\beta}(u_\alpha+\omega'_{\alpha\beta})}\end{aligned}\right\} \qquad (\beta=1,2,\ldots\varrho)$$

enthalten.

Für die allgemeine Θ-Function mit 2ϱ Parametern haben wir nun die Fundamentalgleichungen (S. 576)

$$\left.\begin{aligned}\Theta(u_1+2\omega_{1\beta},\ldots;\mu,\mu') &= e^{\mu'_\beta\pi i}\;\Theta(u_1,\ldots;\mu,\mu').e^{\sum\limits_\alpha 2\eta_{\alpha\beta}(u_\alpha+\omega_{\alpha\beta})},\\ \Theta(u_1+2\omega'_{1\beta},\ldots;\mu,\mu') &= e^{-\mu_\beta\pi i}\,\Theta(u_1,\ldots;\mu,\mu').e^{\sum\limits_\alpha 2\eta'_{\alpha\beta}(u_\alpha+\omega'_{\alpha\beta})}\end{aligned}\right\}\quad(\beta=1,2,\ldots\varrho)$$

gefunden. Führen wir in diese statt

$$\omega_{\alpha\beta},\ \omega'_{\alpha\beta},\ \eta_{\alpha\beta},\ \eta'_{\alpha\beta}$$

die Grössen

$$\frac{\omega_{\alpha\beta}}{r},\ \omega'_{\alpha\beta},\ \eta_{\alpha\beta},\ r\eta'_{\alpha\beta}$$

ein, was erlaubt ist, da sie ebenfalls die auf S. 571 aufgestellten $\varrho(2\varrho-1)$ Relationen befriedigen, so ist

$$\overset{r}{\Theta}(u_1,\ldots u_\varrho;\mu,\mu')$$

die zu den Grössen der zweiten Reihe gehörende allgemeine Θ-Function mit den 2ϱ Parametern $\mu_1,\ldots\mu_\varrho,\mu'_1,\ldots\mu'_\varrho$, und es bestehen für

$$\overset{r}{\Theta}(u_1,\ldots;\mu,\frac{\mu'}{r})$$

die 2ϱ Gleichungen

$$\left.\begin{aligned}\overset{r}{\Theta}(u_1+\frac{2\omega_{1\beta}}{r},\ldots;\mu,\frac{\mu'}{r}) &= e^{\frac{\mu'_\beta\pi i}{r}}\;\overset{r}{\Theta}(u_1,\ldots;\mu,\frac{\mu'}{r})\cdot e^{\sum\limits_\alpha 2\eta_{\alpha\beta}(u_\alpha+\frac{\omega_{\alpha\beta}}{r})},\\ \overset{r}{\Theta}(u_1+2\omega'_{1\beta},\ldots;\mu,\frac{\mu'}{r}) &= e^{-\mu_\beta\pi i}\,\overset{r}{\Theta}(u_1,\ldots;\mu,\frac{\mu'}{r})\cdot e^{r\sum\limits_\alpha 2\eta'_{\alpha\beta}(u_\alpha+\omega'_{\alpha\beta})}.\end{aligned}\right\}\quad(\beta=1,2,\ldots\varrho)$$

Da nun $S(u_1,\ldots u_\varrho)$, als Summe von Producten von Θ-Functionen, in der Umgebung jedes im Endlichen gelegenen Werthsystems $(u_1,\ldots u_\varrho)$ den Charakter einer ganzen Function hat und denselben 2ϱ Fundamentalgleichungen wie

$$\overset{r}{\Theta}(u_1,\ldots u_\varrho;\mu,\frac{\mu'}{r})$$

genügt, so ist

$$S(u_1,\ldots) = c\,\overset{r}{\Theta}(u_1,\ldots;\mu,\frac{\mu'}{r}),$$

wo c eine Constante bedeutet (S. 577—578).

Wie auf S. 615 kann man sich davon überzeugen, dass diese Gleichung gültig bleibt, wenn $\mu'_1, \ldots \mu'_\varrho$ um beliebige gerade Zahlen $2n_1, \ldots 2n_\varrho$ vermehrt werden. Demnach erhält man mit Hülfe der Definition der Function $S(u_1, \ldots u_\varrho)$ die Gleichung

$$\sum_{(m)} \left\{ e^{-\frac{\pi i}{r} \sum\limits_\alpha m_\alpha (\mu'_\alpha + 2n_\alpha)} \Pi\left(u_1, \ldots; \frac{2m}{r}, 0\right) \right\} = C_{n_1, \ldots n_\varrho} \overset{r}{\Theta}\left(u_1, \ldots; \mu, \frac{\mu' + 2n}{r}\right),$$

in welcher $C_{n_1, \ldots n_\varrho}$ eine in Bezug auf $u_1, \ldots u_\varrho$ constante Grösse bezeichnet, die sich bestimmen lässt, indem man für $(u_1, \ldots u_\varrho)$ ein geeignetes specielles Werthsystem einführt.

Setzen wir nun für die Zahlen $n_1, \ldots n_\varrho$ der Reihe nach dieselben r^ϱ Variationen wie vorher für $m_1, \ldots m_\varrho$, und addiren alle so entstehenden Gleichungen, so geht aus der linken Seite die Grösse

$$\sum_{(m)} \left\{ e^{-\frac{\pi i}{r} \sum\limits_\alpha m_\alpha \mu'_\alpha} \Pi\left(u_1, \ldots; \frac{2m}{r}, 0\right) . \sum_{(n)} e^{-\frac{2\pi i}{r} \sum\limits_\alpha m_\alpha n_\alpha} \right\}$$

hervor. Da aber die Summe

$$\sum_{(n)} e^{-\frac{2\pi i}{r} \sum\limits_\alpha m_\alpha n_\alpha} = \sum_{n_1=0}^{r-1} e^{-\frac{2\pi i m_1 n_1}{r}} \cdots \sum_{n_\varrho=0}^{r-1} e^{-\frac{2\pi i m_\varrho n_\varrho}{r}}$$

gleich Null ist, wenn irgend eine der Zahlen $m_1, \ldots m_\varrho$ einen von Null verschiedenen Werth hat, dagegen gleich r^ϱ, wenn gleichzeitig $m_1 = 0, \ldots m_\varrho = 0$ ist, so erhält man

$$\Pi(u_1, \ldots) = \frac{1}{r^\varrho} \sum_{(n)} C_{n_1, \ldots n_\varrho} \overset{r}{\Theta}\left(u_1, \ldots; \mu, \frac{\mu' + 2n}{r}\right).$$

Diese Formel giebt die Darstellung des Products

$$\Pi(u_1, \ldots) = \prod_{\varkappa=1}^{r} \Theta(u_1, \ldots; \overset{\varkappa}{\mu}, \overset{\varkappa}{\mu}{}')$$

als lineare homogene Function der r^ϱ transformirten Thetafunctionen.

Wenn man die Werthe der Grössen $\mu_1, \ldots \mu_\varrho, \mu'_1, \ldots \mu'_\varrho$ fixirt, so sind in der eben aufgestellten Gleichung die r^ϱ Functionen

$$\overset{r}{\Theta}\left(u_1, \ldots; \mu, \frac{\mu' + 2n}{r}\right)$$

bestimmt, während die einzelnen in $\Pi(u_1, \ldots)$ enthaltenen Θ-Functionen noch auf beliebig viele Weisen gewählt werden können. Zerlegt man nämlich das gegebene System $(\mu_1, \ldots \mu_\varrho, \mu'_1, \ldots \mu'_\varrho)$ auf verschiedene Arten in Summen (vgl. S. 612):

$$\mu_\alpha = \overset{1}{\mu}_\alpha + \overset{2}{\mu}_\alpha + \cdots + \overset{r}{\mu}_\alpha, \quad \mu'_\alpha = \overset{1}{\mu}{}'_\alpha + \overset{2}{\mu}{}'_\alpha + \cdots + \overset{r}{\mu}{}'_\alpha,$$

$$\mu_\alpha = \overset{1}{\nu}_\alpha + \overset{2}{\nu}_\alpha + \cdots + \overset{r}{\nu}_\alpha, \quad \mu'_\alpha = \overset{1}{\nu}{}'_\alpha + \overset{2}{\nu}{}'_\alpha + \cdots + \overset{r}{\nu}{}'_\alpha,$$

$$\cdot \quad \cdot \quad \cdot \quad \cdot \quad \cdot \quad \cdot \quad \cdot \quad \cdot \quad \cdot \quad \cdot$$

so liefern die Producte

$$\prod_{\varkappa=1}^{r} \Theta(u_1, \ldots; \overset{\varkappa}{\mu}, \overset{\varkappa}{\mu}{}'),$$

$$\prod_{\varkappa=1}^{r} \Theta(u_1, \ldots; \overset{\varkappa}{\nu}, \overset{\varkappa}{\nu}{}'),$$

$$\cdot \quad \cdot \quad \cdot \quad \cdot$$

im Allgemeinen verschiedene Functionen $\Pi(u_1, \ldots)$. Bildet man nun in dieser Weise $r^\varrho + 1$ verschiedene Functionen $\Pi(u_1, \ldots)$, so kann man aus den $r^\varrho + 1$ Gleichungen der Form

$$\Pi(u_1, \ldots) = \frac{1}{r^\varrho} \sum_{(n)} C_{n_1, \ldots n_\varrho} \overset{r}{\Theta}\left(u_1, \ldots; \mu, \frac{\mu' + 2n}{r}\right),$$

deren rechte Seiten sich nur durch die Coefficienten $C_{n_1, \ldots n_\varrho}$ unterscheiden, die r^ϱ $\overset{r}{\Theta}$-Functionen eliminiren, wodurch sich eine lineare homogene Gleichung zwischen den $r^\varrho + 1$ Functionen $\Pi(u_1, \ldots)$ ergiebt.

Die Gleichung zwischen dem Product von Θ-Functionen und den transformirten Thetafunctionen lässt sich noch etwas verallgemeinern. Es seien

$$\begin{matrix} \overset{1}{v}_1, & \overset{1}{v}_2, & \ldots & \overset{1}{v}_\varrho, \\ \cdot & \cdot & \cdots & \cdot \\ \overset{r}{v}_1, & \overset{r}{v}_2, & \ldots & \overset{r}{v}_\varrho \end{matrix}$$

$r\varrho$ nur den Bedingungen

$$\sum_{\varkappa=1}^{r} \overset{\varkappa}{v}_\alpha = 0 \qquad (\alpha = 1, 2, \ldots \varrho)$$

unterworfene Grössen. Definirt man nun eine Function

$$\Pi(u_1, \ldots u_\varrho)$$

durch die Gleichung

$$\prod_{\varkappa=1}^{r} \Theta(u_1 - \overset{\varkappa}{v}_1, \ldots u_\varrho - \overset{\varkappa}{v}_\varrho; \overset{\varkappa}{\mu}, \overset{\varkappa}{\mu}') = \Pi(u_1, \ldots u_\varrho),$$

so genügt sie derselben Relation (S. 612)

$$\Pi(u_1 + 2\omega_1, \ldots) = (-1)^{r\sum\limits_\alpha p_\alpha q_\alpha} e^{\pi i \sum\limits_\alpha (p_\alpha \mu'_\alpha - q_\alpha \mu_\alpha)} \Pi(u_1, \ldots) . e^{r \sum\limits_\alpha 2\eta_\alpha (u_\alpha + \omega_\alpha)}$$

wie die bisher mit $\Pi(u_1, \ldots)$ bezeichnete. Denn die Gleichung zwischen $\Theta(u_1 - \overset{\varkappa}{v}_1 + 2\omega_1, \ldots; \overset{\varkappa}{\mu}, \overset{\varkappa}{\mu}')$ und $\Theta(u_1 - \overset{\varkappa}{v}_1, \ldots; \overset{\varkappa}{\mu}, \overset{\varkappa}{\mu}')$ unterscheidet sich von der zwischen $\Theta(u_1 + 2\omega_1, \ldots; \overset{\varkappa}{\mu}, \overset{\varkappa}{\mu}')$ und $\Theta(u_1, \ldots; \overset{\varkappa}{\mu}, \overset{\varkappa}{\mu}')$ (S. 611) nur dadurch, dass auf der rechten Seite der Factor

$$e^{-\sum\limits_\alpha 2\eta_\alpha \overset{\varkappa}{v}_\alpha}$$

hinzutritt, und es wird

$$\prod_\varkappa e^{-\sum\limits_\alpha 2\eta_\alpha \overset{\varkappa}{v}_\alpha} = e^{-\sum\limits_{\varkappa,\alpha} 2\eta_\alpha \overset{\varkappa}{v}_\alpha} = 1.$$

Dieselben Schlüsse, durch welche die Darstellung der Function $\Pi(u_1, \ldots)$ in Form einer Summe von transformirten Thetafunctionen hergeleitet wurde, und die wesentlich auf jener Relation beruhten, führen zu der Gleichung

$$\prod_{\varkappa=1}^{r} \Theta(u_1 - \overset{\varkappa}{v}_1, \ldots; \overset{\varkappa}{\mu}, \overset{\varkappa}{\mu}') = \frac{1}{r^\varrho} \sum_{(n)} C_{n_1, \ldots n_\varrho} \overset{r}{\Theta}(u_1, \ldots; \mu, \frac{\mu' + 2n}{r}),$$

wo jetzt die Coefficienten $C_{n_1, \ldots n_\varrho}$ auch von den Grössen $\overset{1}{v}_1, \ldots \overset{r}{v}_\varrho$ abhängen.

Mit einer kleinen Änderung bleibt dieses Resultat bestehen, wenn von den ϱ Bedingungen

$$\sum_{\varkappa=1}^{r} \overset{\varkappa}{v}_\alpha = 0 \qquad (\alpha = 1, 2, \ldots \varrho)$$

abgesehen wird. Denn führen wir alsdann die Grössen $\overset{0}{v}_1, \ldots \overset{0}{v}_\varrho$ durch die Gleichungen

$$\sum_{\varkappa=1}^{r} \overset{\varkappa}{v}_\alpha = r\overset{0}{v}_\alpha \qquad (\alpha = 1, 2, \ldots \varrho)$$

ein, so ist

$$\sum_{\varkappa=1}^{r} (\overset{\varkappa}{v}_\alpha - \overset{0}{v}_\alpha) = 0 \qquad (\alpha = 1, 2, \ldots \varrho).$$

Wegen

$$\Theta(u_1-\overset{\varkappa}{v}_1,\ldots;\overset{\varkappa}{\mu},\overset{\varkappa}{\mu}') = \Theta(u_1-\overset{0}{v}_1-(\overset{\varkappa}{v}_1-\overset{0}{v}_1),\ldots;\overset{\varkappa}{\mu},\overset{\varkappa}{\mu}')$$

folgt daher

$$\prod_{\varkappa=1}^{r}\Theta(u_1-\overset{\varkappa}{v}_1,\ldots;\overset{\varkappa}{\mu},\overset{\varkappa}{\mu}') = \frac{1}{r^\varrho}\sum_{(n)}C_{n_1,\ldots n_\varrho}\overset{r}{\Theta}(u_1-\overset{0}{v}_1,\ldots;\mu,\frac{\mu'+2n}{r}).$$

Wird im Folgenden $r=2$, $\overset{1}{v}_\alpha=-\overset{2}{v}_\alpha$ angenommen und v_α für $\overset{2}{v}_\alpha$ geschrieben, so ergiebt sich

$$\Theta(u_1+v_1,\ldots;\overset{1}{\mu},\overset{1}{\mu}').\Theta(u_1-v_1,\ldots;\overset{2}{\mu},\overset{2}{\mu}') = \frac{1}{2^\varrho}\sum_{(n)}C_{n_1,\ldots n_\varrho}\overset{2}{\Theta}(u_1,\ldots;\mu,\frac{\mu'}{2}+n),$$

wobei

$$\left.\begin{aligned}\overset{1}{\mu}_\alpha+\overset{2}{\mu}_\alpha &= \mu_\alpha,\\ \overset{1}{\mu}{}'_\alpha+\overset{2}{\mu}{}'_\alpha &= \mu'_\alpha\end{aligned}\right\}\qquad(\alpha=1,2,\ldots\varrho)$$

sein muss und unter $v_1,\ldots v_\varrho$ beliebige, von $u_1,\ldots u_\varrho$ unabhängige Variable verstanden werden können. Da die Grössen $C_{n_1,\ldots n_\varrho}$ ausser von $n_1,\ldots n_\varrho$ nur von den Parametern und von $v_1,\ldots v_\varrho$ abhängen, so kommen auf der rechten Seite der Gleichung die Variablen $u_1,\ldots u_\varrho$ und $v_1,\ldots v_\varrho$ getrennt vor.

Die Parameter $\mu_1,\ldots\mu_\varrho$, $\mu'_1,\ldots\mu'_\varrho$ mögen jetzt als ganzzahlig angenommen werden, und zwar mögen $\mu_1,\ldots\mu_\varrho$ einen der Werthe 0 oder -1 und $\mu'_1,\ldots\mu'_\varrho$ einen der Werthe 0 oder 1 haben. Wenn für $\overset{1}{\mu}_\alpha,\overset{1}{\mu}{}'_\alpha$ und $\overset{2}{\mu}_\alpha,\overset{2}{\mu}{}'_\alpha$ ebenfalls ganze Zahlen gesetzt werden, so genügt es zu Folge der Formel (S. 575)

$$\Theta(u_1,\ldots;\overset{\varkappa}{\mu}+2p,\overset{\varkappa}{\mu}'+2q) = \Theta(u_1,\ldots;\overset{\varkappa}{\mu},\overset{\varkappa}{\mu}').e^{\pi i\sum_\alpha p_\alpha\overset{\varkappa}{\mu}{}'_\alpha},$$

in der $p_1,\ldots p_\varrho$ und $q_1,\ldots q_\varrho$ ganze Zahlen bedeuten, die Grössen $\overset{\varkappa}{\mu}_\alpha$ und $\overset{\varkappa}{\mu}{}'_\alpha$ so zu wählen, dass

$$\left.\begin{aligned}\overset{1}{\mu}_\alpha+\overset{2}{\mu}_\alpha &\equiv \mu_\alpha,\\ \overset{1}{\mu}{}'_\alpha+\overset{2}{\mu}{}'_\alpha &\equiv \mu'_\alpha\end{aligned}\right\}\pmod 2$$

wird, und ihre Werthe in derselben Weise wie die von μ_α und μ'_α zu beschränken. Dann erhält man für $(\mu_\alpha,\mu'_\alpha)=(0,0)$

$$(\overset{1}{\mu}_\alpha,\overset{2}{\mu}_\alpha,\overset{1}{\mu}{}'_\alpha,\overset{2}{\mu}{}'_\alpha) = (0,0,0,0),\ (0,0,1,1),\ (-1,-1,0,0),\ (-1,-1,1,1),$$

und ebenso können zu jedem der drei anderen möglichen Werthsysteme $(0,1)$, $(-1,0)$, $(-1,1)$ von $(\mu_\alpha, \mu'_\alpha)$ die Parameter $\overset{1}{\mu}_\alpha, \overset{2}{\mu}_\alpha, \overset{1}{\mu}{}'_\alpha, \overset{2}{\mu}{}'_\alpha$ auf vier verschiedene Arten angenommen werden. Für ein bestimmtes, in der angegebenen Weise aus den Zahlen $(0,-1)$ und $(0,1)$ gebildetes System der Parameter $\mu_1, \dots \mu_\varrho$ und $\mu'_1, \dots \mu'_\varrho$ gehen demnach aus der Gleichung

$$\Theta(u_1+v_1, \dots; \overset{1}{\mu}, \overset{1}{\mu}{}').\Theta(u_1-v_1, \dots; \overset{2}{\mu}, \overset{2}{\mu}{}') = \frac{1}{2^\varrho} \sum_{(n)} C_{n_1, \dots n_\varrho} \overset{2}{\Theta}(u_1, \dots; \mu, \frac{\mu'}{2}+n)$$

insgesammt 4^ϱ Gleichungen hervor, in denen auf den linken Seiten die Θ-Functionen verschiedene Systeme von Parametern enthalten, während die rechten Seiten sich nur durch die Werthe der Coefficienten $C_{n_1, \dots n_\varrho}$ unterscheiden. Wird von je zweien dieser Gleichungen, deren linke Seiten bei Vertauschung von $v_1, \dots v_\varrho$ mit $-v_1, \dots -v_\varrho$ in einander übergehen, nur eine beibehalten, so bleiben, jedenfalls für $\varrho > 1$, noch mehr als 2^ϱ Gleichungen übrig. Die rechten Seiten:

$$\frac{1}{2^\varrho} \sum_{(n)} C_{n_1, \dots n_\varrho} \overset{2}{\Theta}(u_1, \dots; \mu, \frac{\mu'}{2}+n)$$

enthalten nun für ein bestimmtes Werthsystem der Parameter $\mu_1, \dots \mu_\varrho, \mu'_1, \dots \mu'_\varrho$ nur 2^ϱ verschiedene $\overset{2}{\Theta}$-Functionen, durch deren Elimination aus $2^\varrho+1$ dieser Gleichungen sich eine lineare homogene Relation zwischen $2^\varrho+1$ Producten

$$\Theta(u_1+v_1, \dots; \overset{1}{\mu}, \overset{1}{\mu}{}').\Theta(u_1-v_1, \dots; \overset{2}{\mu}, \overset{2}{\mu}{}')$$

ergiebt, die sich durch die Systeme der Parameter unterscheiden. Die Coefficienten sind Functionen von $v_1, \dots v_\varrho$. Es steht frei, diesen Grössen vor der Elimination der Functionen $\overset{2}{\Theta}(u_1, \dots; \mu, \frac{\mu'}{2}+n)$ in den verschiedenen Gleichungen verschiedene Werthe beizulegen.

Setzen wir in allen $2^\varrho+1$ Gleichungen $v_1, \dots v_\varrho$ gleich Null, so erhalten wir durch Elimination der Functionen $\overset{2}{\Theta}(u_1, \dots; \mu, \frac{\mu'}{2}+n)$ eine lineare homogene Relation zwischen $2^\varrho+1$ Producten

$$\Theta(u_1, \dots; \overset{1}{\mu}, \overset{1}{\mu}{}').\Theta(u_1, \dots; \overset{2}{\mu}, \overset{2}{\mu}{}'),$$

wo aber stets

$$\left.\begin{aligned} \overset{1}{\mu}_\alpha + \overset{2}{\mu}_\alpha &\equiv \mu_\alpha, \\ \overset{1}{\mu}{}'_\alpha + \overset{2}{\mu}{}'_\alpha &\equiv \mu'_\alpha \end{aligned}\right\} \pmod 2$$

sein muss. Demnach gilt der Satz: Wenn die ganzen Zahlen μ_α und μ'_α beliebig angenommen und alle Producte

$$\Theta(u_1, \ldots; \overset{1}{\mu}, \overset{1}{\mu}{}') \, . \, \Theta(u_1, \ldots; \overset{2}{\mu}, \overset{2}{\mu}{}')$$

gebildet werden, in denen $\overset{1}{\mu}_\alpha, \overset{1}{\mu}{}'_\alpha, \overset{2}{\mu}_\alpha, \overset{2}{\mu}{}'_\alpha$ den vorstehenden Congruenzen genügen, so besteht zwischen je $2^\varrho + 1$ dieser Producte eine lineare homogene Relation. Setzt man z. B. die sämmtlichen Parameter $\mu_1, \ldots \mu_\varrho, \mu'_1, \ldots \mu'_\varrho$ gleich Null, so kann $\overset{1}{\mu}_\alpha = \overset{2}{\mu}_\alpha$ und $\overset{1}{\mu}{}'_\alpha = \overset{2}{\mu}{}'_\alpha$ angenommen werden, mithin gehen die eben betrachteten Producte in die Quadrate von Θ-Functionen über, und es ergiebt sich unter den Quadraten von je $2^\varrho + 1$ Θ-Functionen mit beliebigen ganzzahligen Parametern eine solche Relation.

Wird aber nur in 2^ϱ der Producte

$$\Theta(u_1 + v_1, \ldots; \overset{1}{\mu}, \overset{1}{\mu}{}') \, . \, \Theta(u_1 - v_1, \ldots; \overset{2}{\mu}, \overset{2}{\mu}{}')$$

den Grössen $v_1, \ldots v_\varrho$ der Werth Null beigelegt, während die Werthe von $v_1, \ldots v_\varrho$ in einem Product beliebig bleiben, so entsteht eine Gleichung

$$\Theta(u_1 + v_1, \ldots; \mu, \mu') \, . \, \Theta(u_1 - v_1, \ldots; \nu, \nu') = \sum_{l=1}^{2^\varrho} (v_1, \ldots)_l \, \Theta(u_1, \ldots; \overset{l}{\mu}, \overset{l}{\mu}{}') \, . \, \Theta(u_1, \ldots; \overset{l}{\nu}, \overset{l}{\nu}{}'),$$

in der die Parameter $\mu_\alpha, \nu_\alpha, \overset{l}{\mu}_\alpha, \overset{l}{\nu}_\alpha$ gleich 0 oder -1, die Parameter $\mu'_\alpha, \nu'_\alpha, \overset{l}{\mu}{}'_\alpha, \overset{l}{\nu}{}'_\alpha$ gleich 0 oder 1 sind und

$$\left.\begin{aligned} \overset{l}{\mu}_\alpha + \overset{l}{\nu}_\alpha &\equiv \mu_\alpha + \nu_\alpha, \\ \overset{l}{\mu}{}'_\alpha + \overset{l}{\nu}{}'_\alpha &\equiv \mu'_\alpha + \nu'_\alpha \end{aligned}\right\} \pmod 2$$

ist. Dabei soll der Beweis für die Möglichkeit übergangen werden, die in dieser Relation benutzten Producte von Thetafunctionen so zu wählen, dass sie von einander linear unabhängig sind. Die Coefficienten $(v_1, \ldots)_l$ lassen sich bestimmen, indem man für u_α Grössen der Form

$$\omega_\alpha = \sum_\beta (p_\beta \, \omega_{\alpha\beta} + q_\beta \, \omega'_{\alpha\beta})$$

einführt. Da die Parameter μ_α, μ'_α und ν_α, ν'_α ganze Zahlen, die Θ-Functionen mithin gerade oder ungerade sind, so besteht die Relation (vgl. S. 575)

$$\begin{aligned} &\Theta(\omega_1 + v_1, \ldots; \mu, \mu') \, . \, \Theta(\omega_1 - v_1, \ldots; \nu, \nu') \\ &\quad = C \, \Theta(v_1, \ldots; \mu + p, \mu' + q) \, . \, \Theta(v_1, \ldots; \nu + p, \nu' + q) \, . \, e^{\sum\limits_\alpha \eta_\alpha \omega_\alpha}, \end{aligned}$$

in der rechts die Parameter $\mu_\alpha + p_\alpha$, $\nu_\alpha + p_\alpha$ wieder durch die ihnen mod 2 congruenten Zahlen 0, −1, die Parameter $\mu'_\alpha + q_\alpha$, $\nu'_\alpha + q_\alpha$ durch die congruenten Zahlen 0, 1 ersetzt werden sollen. C bedeutet eine von $\mu_\alpha, \mu'_\alpha, \nu_\alpha, \nu'_\alpha, p_\beta, q_\beta$ abhängige Potenz von i. Formt man in gleicher Weise jedes der Producte

$$\Theta(\omega_1, \ldots; \overset{l}{\mu}, \overset{l}{\mu'}) . \Theta(\omega_1, \ldots; \overset{l}{\nu}, \overset{l}{\nu'})$$

um, so liefert die in Rede stehende Gleichung für $u_1 = \omega_1, \ldots u_\varrho = \omega_\varrho$ die Relation

$$\begin{aligned}&\Theta(v_1, \ldots; \mu + p, \mu' + q) . \Theta(v_1, \ldots; \nu + p, \nu' + q)\\ &\quad = \sum_{l=1}^{2\varrho} c_l (v_1, \ldots)_l \, \Theta(0, \ldots; \overset{l}{\mu} + p, \overset{l}{\mu'} + q) . \Theta(0, \ldots; \overset{l}{\nu} + p, \overset{l}{\nu'} + q),\end{aligned}$$

wenn mit c_l eine Potenz von i bezeichnet wird. Auf diese Weise kann man durch geeignete Wahl verschiedener Systeme $(\omega_1, \ldots \omega_\varrho)$ die zur Bestimmung der Coefficienten $(v_1, \ldots)_l$ erforderliche Anzahl von unabhängigen Relationen finden, durch deren Auflösung $(v_1, \ldots)_l$ sich als lineare homogene Function von Producten je zweier Θ-Functionen der Form

$$\Theta(v_1, \ldots; \mu + p, \mu' + q) . \Theta(v_1, \ldots; \nu + p, \nu' + q)$$

ergiebt. Dann nimmt die betrachtete Gleichung die Gestalt

$$\begin{aligned}&\Theta(u_1 + v_1, \ldots; \mu, \mu') . \Theta(u_1 - v_1, \ldots; \nu, \nu')\\ &\quad = \sum (\varkappa, \lambda) \, \Theta(u_1, \ldots; \overset{(1)}{\varkappa}, \overset{(1)}{\varkappa'}) \, \Theta(u_1, \ldots; \overset{(2)}{\varkappa}, \overset{(2)}{\varkappa'}) \, \Theta(v_1, \ldots; \overset{(1)}{\lambda}, \overset{(1)}{\lambda'}) \, \Theta(v_1, \ldots; \overset{(2)}{\lambda}, \overset{(2)}{\lambda'})\end{aligned}$$

an, wobei die Parameter $\overset{(1)}{\varkappa}_\alpha, \overset{(2)}{\varkappa}_\alpha, \overset{(1)}{\lambda}_\alpha, \overset{(2)}{\lambda}_\alpha$ die Werthe 0 und −1, die Parameter $\overset{(1)}{\varkappa}{}'_\alpha, \overset{(2)}{\varkappa}{}'_\alpha, \overset{(1)}{\lambda}{}'_\alpha, \overset{(2)}{\lambda}{}'_\alpha$ die Werthe 0 und 1 haben.

In dieser Gleichung setzen wir jetzt die Parameter $\nu_1, \ldots \nu_\varrho, \nu'_1, \ldots \nu'_\varrho$ sämmtlich gleich Null, so folgt, da

$$\Theta(u_1, \ldots u_\varrho; 0, 0) = \Theta(u_1, \ldots u_\varrho)$$

ist,

$$\begin{aligned}&\Theta(u_1 + v_1, \ldots; \mu, \mu') . \Theta(u_1 - v_1, \ldots)\\ &\quad = \sum (\varkappa, \lambda) \, \Theta(u_1, \ldots; \overset{(1)}{\varkappa}, \overset{(1)}{\varkappa'}) \, \Theta(u_1, \ldots; \overset{(2)}{\varkappa}, \overset{(2)}{\varkappa'}) \, \Theta(v_1, \ldots; \overset{(1)}{\lambda}, \overset{(1)}{\lambda'}) \, \Theta(v_1, \ldots; \overset{(2)}{\lambda}, \overset{(2)}{\lambda'}).\end{aligned}$$

Ist nun $(\bar{\mu}_1, \ldots \bar{\mu}_\varrho)$ irgend eine von $(\mu_1, \ldots \mu_\varrho)$ verschiedene Variation der Zahlen 0 und −1 und $(\bar{\mu}'_1, \ldots \bar{\mu}'_\varrho)$ eine von $(\mu'_1, \ldots \mu'_\varrho)$ verschiedene der Zahlen

0 und 1, so werde der Quotient

$$\frac{\Theta(u_1, \ldots u_\varrho; \mu, \mu')}{\Theta(u_1, \ldots u_\varrho; \bar{\mu}, \bar{\mu}')}$$

mit

$$\varphi_n(u_1, \ldots u_\varrho)$$

bezeichnet, wobei die Indices n die $2^{2\varrho}$ Quotienten unterscheiden, die sich für die verschiedenen zulässigen Werthsysteme der Parameter $\mu_1, \ldots \mu_\varrho, \mu'_1, \ldots \mu'_\varrho$ ergeben und von denen sich einer auf 1 reducirt. Für das Product

$$\Theta(u_1+v_1, \ldots; \bar{\mu}, \bar{\mu}') . \Theta(u_1-v_1, \ldots)$$

lässt sich nun eine der vorhergehenden entsprechende Gleichung aufstellen, und man erhält, indem man die obige Gleichung durch diese dividirt, für

$$\varphi_n(u_1+v_1, \ldots) = \frac{\Theta(u_1+v_1, \ldots; \mu, \mu')}{\Theta(u_1+v_1, \ldots; \bar{\mu}, \bar{\mu}')}$$

einen Quotienten von zwei Summen. Nach Division durch

$$\Theta^2(u_1, \ldots; \bar{\mu}, \bar{\mu}') . \Theta^2(v_1, \ldots; \bar{\mu}, \bar{\mu}')$$

ergeben sich für den Zähler und den Nenner dieses Quotienten Ausdrücke der Form

$$\sum(\varkappa, \lambda) \frac{\Theta(u_1, \ldots; \overset{(1)}{\varkappa}, \overset{(1)}{\varkappa'})}{\Theta(u_1, \ldots; \bar{\mu}, \bar{\mu}')} \frac{\Theta(u_1, \ldots; \overset{(2)}{\varkappa}, \overset{(2)}{\varkappa'})}{\Theta(u_1, \ldots; \bar{\mu}, \bar{\mu}')} \frac{\Theta(v_1, \ldots; \overset{(1)}{\lambda}, \overset{(1)}{\lambda'})}{\Theta(v_1, \ldots; \bar{\mu}, \bar{\mu}')} \frac{\Theta(v_1, \ldots; \overset{(2)}{\lambda}, \overset{(2)}{\lambda'})}{\Theta(v_1, \ldots; \bar{\mu}, \bar{\mu}')}$$
$$= \sum(\varkappa, \lambda)\, \varphi_{\varkappa'}(u_1, \ldots)\, \varphi_{\varkappa''}(u_1, \ldots)\, \varphi_{\lambda'}(v_1, \ldots)\, \varphi_{\lambda''}(v_1, \ldots).$$

Der Quotient zweier Θ-Functionen mit den zusammengesetzten Argumenten $u_1+v_1, \ldots u_\varrho+v_\varrho$ ist damit rational durch Quotienten von Θ-Functionen mit den einfachen Argumenten $u_1, \ldots u_\varrho$ und $v_1, \ldots v_\varrho$ dargestellt.

ALPHABETISCHES INHALTS-VERZEICHNISS.

Das Manuscript für die Einleitung und die Kapitel 1, 5—10, 13, 18—26, 29 (S. 560—565), 30, 33 (S. 608—610) und 34 ist von G. Hettner, das für die Kapitel 2—4, 11, 12, 14—17, 27, 28, 29 (S. 555—559), 31, 32 und 33 (S. 600—607) von J. Knoblauch verfasst worden, doch hat jeder die von dem Anderen bearbeiteten Theile eingehend geprüft. Eine Correctur sämmtlicher Bogen hat Herr R. Rothe gelesen; von Herrn C. Barich, der vor Beendigung des Druckes gestorben ist, sind die Bogen 1—67 in typographischer Hinsicht revidirt worden.

Berichtigungen.

S. 47 Z. 15 statt s und x lies s.

S. 115 Z. 10 v. u. statt (p, q_0) lies $(p, q)_0$.

S. 254 Z. 4 statt 253 lies 252.

Göttingen, Druck der Dieterich'schen Univ.-Buchdruckerei (W. Fr. Kästner).

www.ingramcontent.com/pod-product-compliance
Lightning Source LLC
LaVergne TN
LVHW011243110826
845149LV00001B/30

* 9 7 8 1 4 1 8 1 8 6 0 2 9 *